彼女自身ひとつのミュージアムであった
私の偉大なる祖母
マーガレット・ブラック・エイヴリーに捧ぐ

Paula FINDLEN
POSSESSING NATURE
Museum, Collecting, and Scientific Culture in Early Modern Italy

Published by arrangement with the University of California Press

Japanese translation published by arrangement through
The Sakai Agency

Translated by Hiroaki ITO, Akira ISHII

ミュージアム、蒐集、そして初期近代イタリアの科学文化

自然の占有

ポーラ・フィンドレン著　伊藤博明＋石井朗訳

ありな書房

自然の占有——ミュージアム、蒐集、そして初期近代イタリアの科学文化

目次

自然の占有——ミュージアム、蒐集、そして初期近代イタリアの科学文化

人間の魂はオブジェの中の無限なるものを愛でる。
希求は常に新たなる歓喜のあとからもたらされ、
欲望は新たなる占有のあとから姿を表わし、……
眼は決して見ることに満足することはない。

――ジョン・スペンサー『予兆についての論議』（一六六五年）

謝辞

本書の、初期近代の学術的な儀礼について論じるという内容からして、私はこのジャンルを生みだした文化とわれわれ自身とがなおも有機的に結びついていることのひとつの証として、謝辞を書くという慣例に倣いたい誘惑にかられている。われわれがいまだアルドロヴァンディやキルヒャーとなにがしかの共通点を有しているのだと考えることは、私には大きな喜びである。というのも、彼らの世界のほとんどのことが、われわれの近代的な感覚とは異質のものになっているからである。この企画は、シカゴ大学における大学院セミナーでの論文から始まって、カリフォルニア大学バークレー校での博士論文、そして(最終的に)カリフォルニア大学デイヴィス校で著わされた一冊の書物へと、変貌を遂げてきた。この流れの中で協力していただいた多くの方々に、私は感謝の意を捧げねばならない。

長い論文を根気よく読んでいただいたランディ・スターン、ロジャー・ハーン、バーバラ・シャピロからは、また多くの励ましと鋭い批判をいただいた。ロレイン・ダストン、ビル・イーモン、アンソニー・グラフトン、ローリー・ヌスドルファーは、論文を書物のかたちに仕上げるのは決して容易なことでなく、それゆえ急いではいけないと教えてくれた。エリザベス・ノルは、もっとも優秀な編集者であった。最後まで成し遂げるよう私を励ましつつも、忍耐とユーモアをもって、どんなに急な計画の変更にもいつも耳を傾けてくれた。寸評や有益な批評、そして文献についての示唆を与えてくれた友人たちのことも忘れられない。中でも、ビル・アシュワース、マーサ・ボールドウィン、クリステル・バスキンズ、アン・ブレア、マリオ・ビアジョーリ、ジム・ボーノ、ケン・グーウェンズ、フィリス・ジェスティス、ジェフ・ラヴェル、ナンシー・シライシ、パメラ・スミス、そしてジェイ・トリビーといった人たちである。科学史・科学哲学のカリキュラムと歴史学科の同僚たち、とりわけビル・ボウスキーとベティ・ジョー・ダブズの存在によって、デイヴィス校は、私の原稿に修正を加えていくうえで最適の環境となった。ライアン・ヘンソンは、図書館から資料を発掘するために、二夏をともにしてくれた。ジェニファー・セルウィンは、校正と索引作りに協力してくれた。マルタ・カヴァッツァとジュリアーノ・パンカルディは親切にも、「アルドロヴァンディの書斎」の平面図を発見してくれた。さらに、多くの草稿に目を通してくれたことに対して、キャシー・クードリックとケイティ・パークに、出版にまでこぎつけたことに対して、カリフォルニア大学出版のマイケル・ノードンとマイケル・ボニース、そして編集局長キャシー・ウォーカーに、特別に感謝したい。本書の議論がはるかに明解なものになったのは、彼らの意見や質問のおかげである。

蒐集、博物学、さらには一六世紀と一七世紀の文化変容に関する、多くの先学たち（そのほとんどはイタリア）の優れた研究がなければ、本書の計画は思いつかれなかったであろうし、完成もされなかったであろう。このような計画をいかに成し遂げるべきか、その模範を示してくれたことに対して、私は、リナ・ボルツォーニ、ジリオラ・フラニート、パオロ・ガルッツィ、アダルジーザ・ルーリ、アーサー・マクグレガー、ジュゼッペ・オルミ、クシシトフ・ポミアン、ルチーア・トンジョルジ・トマージにとりわけ謝意を捧げたい。二人の学者、エリック・コクランとチャールズ・シュミットの仕事にも、私は別の意味で敬意を払っているが、残念ながら彼らと議論する機会には恵まれなかった。もちろん彼らは、多くの点で私の方法論と解釈に同意しないであろう。しかし、一六世紀と一七世紀におけるアカデミーの文化のさまざまな気まぐれに私自身が魅了されていることは、彼らも認めてくれるであろう。彼らのいずれも、この文化を詳細にいたるまで生き生きと解説しているのだから。

この研究のためにイギリスとイタリアでおこなわれた調査にさいしては、フルブライト財団、アメリカ薬学史協会、ウェルズリー・カレッジ特別研究員の奨学金を得た。カリフォルニア大学バークレー校の歴史学科の特別研究員という資格で私は、博士論文として本書の計画を練りあげ、そして完成させることができた。さらに、カリフォルニア大学デイヴィス校において、学部研究補助金と若手研究員の資格を得て、本書の計画を再考し、出版のための原稿を作成することができた。

バークレー校のバンクロフト図書館、カリフォルニア大学デイヴィス校、ニューベリー図書館、さらにシカゴ大学のそれぞれの司書の方々には、新旧いずれの文献も、必要なときに提供していただいた。イギリスでの調査にさいしては、大英博物館付属図書館と手写本室、医学史のウェルカム・インスティテュート、ヴァールブルク研究所のそれぞれのスタッフの方々に大いに助けられた。イタリアでは、ボローニャ滞在のおり、大学図書館の方々、クリスティーナ・バッキ、イレーネ・ヴェントゥーラ・フォッリ、ラウラ・ミアーニ、パトリツィア・モスカテッリ、そしてマリア・クリスティーナ・タリアフェッリの方々には、文献検索や古文書解読について協力いただき、また、親切にもアルドロヴァンディの手写本に関する各自の知識を提供していただいた。アルキジンナージオ［旧ボローニャ大学］市立図書館とボローニャ国立文書館のスタッフの方々についても同様である。教皇庁グレゴリオ大学のモナキーノ神父は、キルヒャーの書簡を見せてくださり、ローマのイエズス会文書館の文書係の方々からは、親切にも手写本の未刊行カタログのコピーを提供していただいた。火災に遭い粉々になっているとはいえ、ボローニャのイゾラーニ文書館の館長が、パレオッティ文書の断片を見せてくださったおかげで、私はその文書の意味を理解することができた。そのほかにも多くの方々に感謝の意を表わしたいが、ただ紙幅の都合上、このあたりで止めにしておこう。記載の省略が物語るのは、本書が、さまざまな地方の文書館と図書館への数多くの旅によって編みだされた企画だ、ということである。

何度かボローニャを訪れるたびに、ジュリアーノ・パンカルディとニコレッタ・カラメッリ、そして彼らの家族は私を喜んで迎え入れてくれた。そのおかげで、私のボローニャ滞在は、計り知れないほど楽しいものになった。ジェフ・ヴァンスは、私の不在──精神的で地理的な──に耐えてくれ、私の強迫観念をいつもうまく操ってくれた。私自身の家族は、ミュージアムに入ろうとするときはいつも、一六世紀のアルマジロがどこに展示されているのかと探さずにはいられない自分たちに、次第に気づくようになった。彼らのミュージアム体験を、私が台無しにしてしまったわけではないことを望みたい。最後に、数年前の一夏、私をツアー・ガイドとして雇っていただいた、ニューヨーク州カトナーにあるカラムーア芸術財団に感謝の意を捧げたい。どちらかというと折衷的なこの二〇世紀のミュージアムで解説の仕事をするという、このときの体験は、蒐集の歴史と実践に対する私の興味にたしかに影響を与えている。もちろん、近代のミュージアムとルネサンスの「珍品奇物のキャビネット」とのあいだに多くの差異があるのは事実である。しかし、両者は必ずしも峻別されるわけではない、と考える方向に私は向かっている。

プロローグ

この研究では、重なりあう二つの歴史が語られる。ひとつは、初期近代のヨーロッパにおけるミュージアムの出現、とりわけひとつの空間の中に自然の全体をとりこもうと目論むコレクションの出現をつまびらかにすること。そしてもうひとつは、学問分野としての博物学の発展を読み解くことである。どちらの歴史も、イタリアをケース・スタディとしている。遺物を所有することで過去をそのあらゆる形態において知ろうと望むエリートたちのあいだで、蒐集という実践は、まずこの地において広まった。古物の蒐集と、自然のオブジェの占有とは、ほかのヨーロッパのどの地域よりも先にイタリアに出現した。どちらの場合も、歴史化への強い衝動が、イタリア・ルネサンスの人文主義者たちを衝き動かし、彼らの行動を促進した。自然は、ピサとパドヴァとボローニャの大学でそれぞれ同時に、さらにイタリアの各宮廷、アカデミーや薬種店において、プリニウスの時代以来、またアルベルトゥス・マグヌスの偉大な百科全書的な成果以来、かつてなかったほどに徹底した研究の対象となった。自然の蒐集と問いかけという二つの行為は、ウリッセ・アルドロヴァンディ（一五二二―一六〇五年）やアタナシウス・キルヒャー（一六〇二―八〇年）のような博物学者の書斎で出会い、蒐集しうる総体としての自然に対する新しい態度を生み、のちに博物学へと変貌していく新たな探求の技法を育んだのである。

同時代の人々は、博物学の再生におけるイタリアの優位をはっきりと自覚していた。「博物学に関しては、イタリア人たちによって出版された書物と、さまざまな時代に調えられたすばらしいコレクションを見れば、いかに彼らの苦労が他国に先駆けていたかが証明される」と書いているのは、ミケーレ・メルカーティの著わした『金属学』(*Metallotheca*, 1717) の一八世紀の校訂者である[☆1]。ピサとパドヴァとボローニャで、最初の博物学の教授たちが任命され、最初の植物園が設立され、そしてミュージアムが、自然を医学的に理解すること、すなわち「医学素材論（薬物学）」(materia medica) を教えるのに有効な教育施設の主要な部分として設置された。このような制度的成功の表徴は、ガレノスやプリニウスの校訂板や翻訳、さらにプリニウスに対する評論などが活字に組まれて流通していたヴェネツィアやフェッラーラのような中心地で、人文主義者や博物学者たちによってなされた文献学的かつ内容校訂的な作業からもたらされた。一六六九年の時点で、パオロ・ボッコーネは、「博物学のミュージアムがイタリアで得ている高い評価」について語ることができたほどである[☆2]。

自然を占有することは、科学的に価値ある対象を蒐集するという、より大きな喜びの一部であった。一六世紀と一七世紀のあいだに、最初の科学ミュージアム——技術と民族学的珍品奇物と自然の驚異の貯蔵庫——が出現した[☆3]。その出現は、全ヨーロッパが蒐集に熱を上げていた時代と重なる。後期ルネサンスとバロックのヨーロッパの風景には、ミュージアム、図書館、精緻な庭園、人工洞窟（グロッタ）、そして美術のギャラリーが満ちあふれている[☆4]。蒐集に魅了されていた人文主義者の書記官アントニオ・ジガンティは、自分にはシエナのイッポーリト・アゴスティーニのミュージアムの書棚を飾るにふさわしい研究書を著わすという喜びを味わう余裕がなかった、と嘆いている[☆5]。二代にわたる大公の信任篤く、またアルドロヴァンディの友人でもあったトスカーナの貴族ニッコロ・ガッディは、自らの世襲財産の蒐集という側面を非常に高く評価して、「私の蒐集品を見たいと切に望んでいる、礼儀正しいすべてのフィレンツェ人と外国の紳士たちから、その要求があるならば、……私の相続人たちはこれを拒んではならない」と明言している[☆6]。つまり蒐集は、教養ある社交的エリートのあいだでもとくに選ばれた人たちの活動となったのである。彼らの余暇はもっぱらこの活動に充てられ、起きている時間はすべてこれに捧げたのではないかとすら思われる人物もいる。オブジェの占有を通して、知識が物質的に獲得され、その展示を通して、教養ある人の誰もが自らもそうありたいと願う名声と栄光が得られたのである。

蒐集というより広い基盤において、自然を占有することは中でも抜きんでた存在というイメージを帯びていた。芸術、古物、珍奇なものと並んで、自然は、占有してみたいオブジェとみなされた。この世の中で記憶に値するすべてのもの、というプリニウスの百科全書的な自然の定義に基づいて、またより狭義には、薬として役立つオブジェの研究として博物学を定義したディオスコリデスやガレノスのような著作家たちの見解に基づいて、蒐集家たちは、ありきたりな自然も異国風の風変わりな（エキゾティックな）自然もともにそのミュージアムにもちこんだ。伝説上の被造物の生き残りと考えられたもの――巨人、一角獣、サテュロス、バシリスク［怪竜］――が、化石、天然磁石、植虫類のような、実際に存在するが理解を超えた現象の隣に並べられた。以前には知られていなかったアルマジロや極楽鳥のような生きものを初めとして、ひとつのパラドックスと次のパラドックスの断絶を埋めるかのような収蔵品の数々が常時、過剰なまでに場を占めていた。想像上のものから、異国風の風変わりな（エキゾティックな）もの、そしてありきたりなものにいたるまで、ミュージアムは、自然をひとつの連続体として表象すべく設計されていたのである［参考図1・2］。

それにしてもなぜそれほど多くのヨーロッパ人が、蒐集を、自分たちの世界を理解する鍵とみなしたのであろうか。古代のテクストの広範な流布、頻繁になされた旅行、探検航海、そしてコミュニケーションや交換のより体系的な形式がもたらした、日ごとに増え続ける素材を実証的観察という操作のもとに置こうとする試みこそが、ある意味で、ミュージアム創設の企図であった。これらすべての要因によって、ほかの諸文化に対するヨーロッパ人の好奇心がいっそう増幅され、究極的には、絶対的というより相対的な「文明」の基準として、ヨーロッパの世界観が再定義される一方で、自然と博物学という学問分野に対する新たな態度が形成された。一七世紀に、博物学を新しい自然哲学のパラダイムとみなしたフランシス・ベーコンは、「近年の探検航海や探査行によって、以前のどの時代に知られていた自然にもまして、豊かな自然が新たに発見されたことはけっして過小評価されるべきことではな

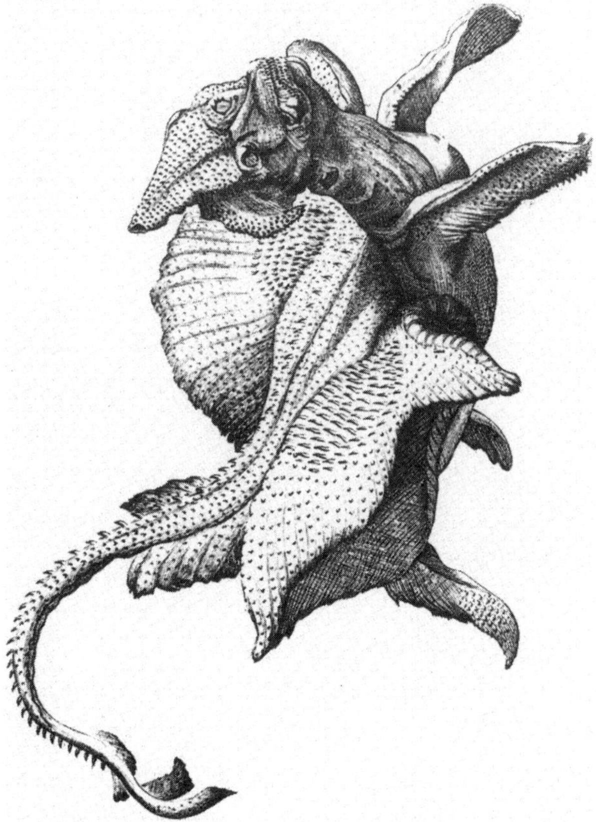

参考図1——バシリスク（合成ドラゴン）（I., Moscardo, *Museo Moscardo*, 1656）
参考図2——極楽鳥（U. Aldrovandi, Tavole di animali, II, c. 67）
アルマジロ（U. Aldrovandi, Tavole di animali, V, c. 3）

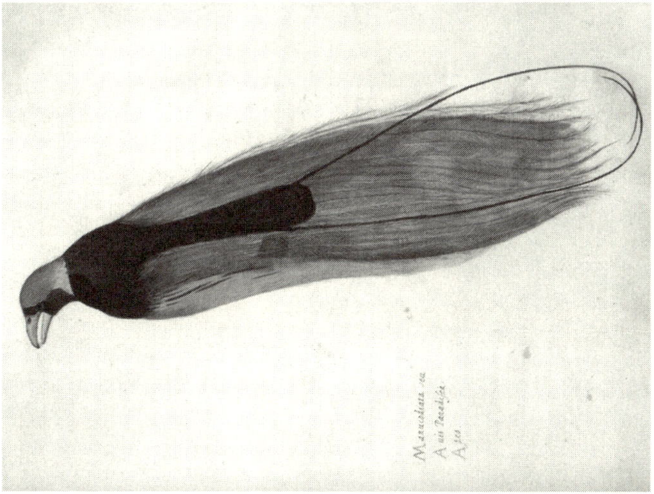

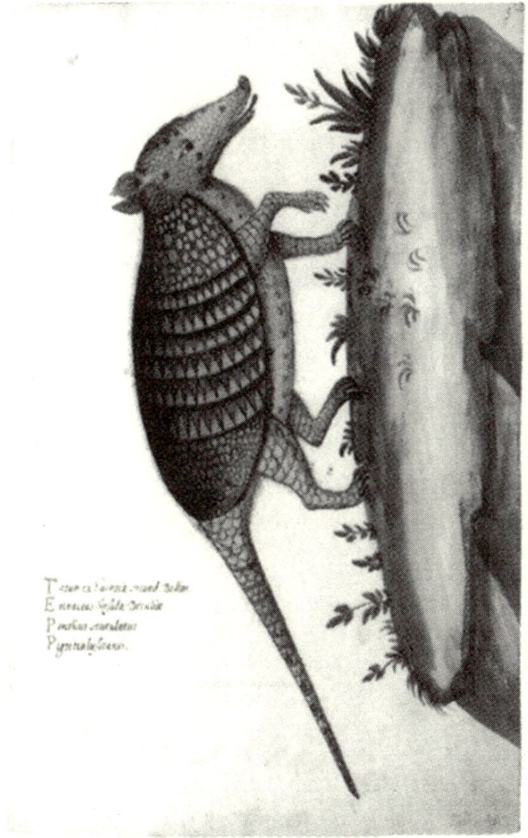

い」と書いている。

以前には知られていなかった物質世界の広がり——横断された多くの海洋、探検された多くの国々、発見された多くの星——が開示されたあとで、哲学あるいは知的な世界が、かつてと同じ境界に閉じこめられているとすれば、それこそまさに人類にとって不名誉なことである。[☆7]

博物学は、ベーコンが主張しているように、人類の利益と改善のために世界の知識を記録しようとする探求の形式であった。ヨーロッパ人が頻繁に遠くまで旅行するようになると、この知識も拡大し、予期しない新たな結果を生みだした。蒐集は、自然界の統御をいくらかでも維持し、それに対処する方法であった。世界の知識は、たとえ基本となる正典テクストの内容を超えるものであったとしても、それをミュージアムに展示することは可能であったはずである。それゆえ、もっとも重要なベーコンを筆頭とする、知的な共同体における先駆的な哲学者たちは、意を同じくする自然の探求者たちに、氾濫するオブジェや情報を監視／調整するための貯蔵庫／宝庫を設立することを提唱した。こうした活動を通じて、新しい自然哲学は、学識というよりはむしろ経験に基づいて出現することになる。

ベーコンの忠告にもかかわらず、私がここで論じた蒐集家たちは誰も、自分たちの世界の境界を解消させることはなかった。[☆8]イタリアの博物学者たちは、経験は知識の必要不可欠の部分であるにもかかわらずしばしば過小評価されてきた、というベーコンの見解には同意したかもしれないが、古代の典拠＝権威を棄却しようとする彼の態度は認めなかったであろう。アルドロヴァンディやキルヒャーのような蒐集家は、自分たちの活動を、アリストテレスやその後継者たちの仕事を実現／拡充させるものであると理解していた。彼らにとって、経験は、典拠＝権威と競合するのではなくて、むしろそれを補完し高めるものであった。彼らが遭遇した新奇な事象は、彼らに自分たちの哲学的枠組みを捨て去るように導いたのではなくて、それを修正するように導いた。知識のパラダイムとして、蒐集は拡大する物質文化を組み入れるために既知という媒介要因(パラメーター)を拡張した。新世界の植物を旧世界のカテゴリーに組みこんだ一六世紀の博物学者から、あらゆる文化とその所産をキリスト教のもとに総合した一七世紀のイエズス会士にいたるまで、彼らのミュージアムは、古いシステムを覆すというよりも、「その体裁を保持した」のである。一七世紀の半ばには、ミュージアムは「新しい」科学の象徴となり、イギリスの王立協会、フランスの科学アカデミー、そしてのちにはボローニャの科学協会のような科学組織に統合されることになる。そのまえの世紀においては、しかしながら、ミュージアムはアリストテレスの自然哲学とプリニウスの博物学の再活性化を象徴していた。すなわちミュージアムは、新しいものを形成したのではなく、古いものを最初から構成し直したのである。

蒐集は、直接的には、「知識／科学」(scientia)の新しい哲学的定義と構造を先導するものではなかったが、たしかに初期近代における哲学的思索の実践において重要な貢献をしたことは事実である。対象をめぐる概念を組み立てることで、博物学者たちはますます、物質文化との絶えざる格闘の産物こそが哲学の探求であるとみなすようになった。蒐集した果実を展示しようという決意は次第に、博物学者に知識を、ミュージアムに入館し、それゆえこのミュージアムという文脈において生じた特異な言説行為へ参加する観者との関係によって形成される合意に基づくものとして定義させるようになった。ミュージアムの中とそのまわりで展開した哲学的思索は、触知可能でしかも社交的なものであり、自然との感覚的な格闘の産物としての知識というアリストテレスの定義を強化した。最終的に、諸感覚の経験に基づく価値観は伝統的な哲学的枠組みからその袂を分かつことになった。しかしこの点でも、博物学者たちは、自分たちが古代の自然研究に関わっているということの触知可能な徴こそミュージアムであるという考えを抱いていた。一六世紀においてこのことはほかでもなく、蒐集されたすべてのものを、諸科学の伝統的な分類によって決定された、適切な哲学的枠組みの中に包摂することを必然的に意味していた。ベーコン、デカルト、ガリレオの新しい実験哲学が勃興した一七世紀、古代の自然観は敵対する批判に応えるという挑戦に直面していたにもかかわらず、博物学者たちはいまだにこの自然観を保持しようとしていた。「新しい」哲学の技法を古いそれに奉仕させることによって、アリストテレス主義の博物学者たちは、批判的統合の場としてミュージアムを計画したのである。後世の知識で彼らの失敗を予言することはわれわれにとって容易なことである。しかし当時にあって、彼らは二〇〇〇年以上もの典拠＝権威の重みに支えられていたのである。

失敗に終わったこの百科全書的な夢物語について語ることは、かなり込み入った試みとなる。この研究の中で私は、この主題にとって役立つ豊かな一次資料を駆使して、一六世紀と一七世紀における自然の蒐集行為の幅広い肖像をスケッチしようとした。アルドロヴァンディとキルヒャーのあいだには、注目に値する数多くの学芸庇護者や自然の蒐集家たちがいる。そのうちの何人か――ピエル・アンドレーア・マッティオーリ（一五〇〇―七七年）、ジョヴァン・バッティスタ・デッラ・ポルタ（一五三五―一六一五年）、フェデリコ・チェージ（一五八五―一六三〇年）、マンフレード・セッターラ（一六〇〇―八〇年）、フランチェスコ・レーディ（一六二六―九七年）――は、少なくともその名前はよく知られている。それ以外の人々は、時間の経過とともに忘れ去られ、その著書は埃にまみれ、ミュージアムは消滅した。多くの同時代人たちが、著名な薬種商としてフランチェスコ・カルツォラーリ（一五二二―一六〇〇年）やフェッランテ・インペラート（一五五〇―一六二五年）を知っていたが、『科学人名辞典』（*Dictionary of Scientific Biography*）に短いながらも記載されているのは後者だけである。同様に、人文主義者で宮廷仲介者のジョヴァン・ヴィンチェンツォ・ピネッリ（一五三五―一六〇一年）、教皇の侍医ミケーレ・メルカーティ（一五四一―九三年）、大公の植物学者パオロ・ボッコーネ（一六三三―一七一五年）、そしてイエズス会の博物学者フィリッポ・ボナンニ（一六三八―一七二五年）は、たとえ登場するとしてもごくわずかに、近代の科学史を飾るにすぎない。彼らの貢献は、われわれの基準からすれば、回顧すべき評価に値しなかったのである。われわれがなぜ、もっとも多作であった人物を記憶にとどめ、重厚な大冊の数でその人物の重要性を測るのかを自ら問うてみることには意義がある。たとえ出版したものは少なくても、異なる種類の文書群――学生たちをいかに訓練し教育したかということ、あるいはどんな出版にもつきものの共同作業の過程などを重視した記録——によれば、多大なとは言わないまでも多くの貢献をした別の人々がいたこともまた明らかである。言い換えれば、多作性のひとつの形態——つまり、当時の例をあげれば、ガリレオやニュートンの多作性——は注目に値するのに、別の形態——アルドロヴァンディやレーディ、キルヒャーの多作性——はそれほど注目されてこなかったのはなぜなのか、とわれわれはあえて疑問に付したいのである。「科学」について現代のわれわれが抱いているイメージを実証してくれるような種類の歴史を著わそうとすると、このカテゴリーにうまく適合しないものは無視する方が得策だと考えてしまいがちである。この研究の主たる目的のひとつは、われわれ自身の科学観にとっては周縁的だが、初期近代における科学文化の定義にとっては中心的な、幾人かの人物を甦らせることである。

ボローニャとピサの大学で博物学の最初の講座を開き、「単体薬物という学問の第一人者」[☆9]として知られていたルカ・ギーニ（一四九〇頃—一五五六年）のような博物学者は、学者たちを訓練し、自然の詳細を蓄えることにあまりにも奔走したため、自分の考えを公刊するだけの時間の余裕がなかった。[☆10]教皇の侍医メルカーティも、学芸庇護者（パトロン）たちの相次ぐ病気を介護し、突発するペストを封じこめ、オベリスクの建立などの文化事業を監督し、ヴァティカンの鉱物コレクションを見学する訪問者たちを案内することに忙しかったため、待望久しかったミュージアムのカタログを書き終えることすらできなかった。それが出版されたのは、一七一七年のことであった。[☆11]そのほかにも数多くの博物学者たちの名前を挙げることができる。そのほとんどは、医者、薬種商、植物園の管理人で、自然の哲学的枠組みの輪郭を描こうとする意志や能力はなかったものの、その物質的な基礎を忍耐強く構築しようとした点で、博物学という学科に重要な貢献をしたのである。

ジョヴァン・ヴィンチェンツォ・ピネッリのような人々は、自らの地位の向上に対して仲介者としての役割を選ぶことによって、野望を抱く人文主義者や博物学者や蒐集家たちの著作の出版を可能にするという彼らの能力に満足を見いだした。[☆12]彼らは、自分の著作を出版することよりも、ほかの学者たちの研究を促進したのである。彼らをとりまき、彼らのあとに続いた豊かな活動は、変革された新しい自然研究の推進者として彼らが成功したことを証言している。ここで私は、適切な試みとして、彼らよりもさらに著名ではない人々をも蘇生させようとした。というのも、より輝かしい同時代人たちとの固有の関係の中で彼らをとらえることで、博物学が学問分野として、また実践としてもっていた広がりの幾分かを読者に理解してもらうためである。不幸にも、彼らの多くはここでほんの一瞬しか姿を見せることはないだろう。なぜなら、予想できることだが、アルドロヴァンディやキルヒャー、そしてこの二人と同様に自覚的で自己宣伝にも長けたほかの同時代の人々によって後世に遺された資料の宝の山と比較すると、彼らはそうした資料や記録というものを、ほとんどあるいはまったく後代に遺すことはなかったからである。

この研究に登場するもっと著名な人々に再び目を向けるなら、われわれがここでとりあげたのは、これまでとは異なる一連の問題である。アルドロヴァンディの場合、多量の著述を残したものの、新しい博物学が要求する、ふんだんに挿絵のほどこされた大冊を公刊するのは非常に困難であることに気づいていた。彼にとって、新たなアリストテレスの継承者として常に最前線で活躍し続けるという重荷は、彼の生涯にとってあまりにも大きすぎた。死後、彼は数々の手稿を遺し、それは、その中に記述されたオブジェとともに彼のミュージアムの一部となったが、そのほとんどが出版されることはなかった。蒐集と照合に明け暮れたアルドロヴァンディに対して、同じ博物学者であるマッティオーリは、それほど多作ではなかったが、蒐集よりも出版を選択することで報酬を得ていた。そのさい彼は、友人たちとの文通によって苦心して集めた情報をうまく活用したことを付け加えておこう。「私はけっして薬草（単体薬物）を保管して利用しようとしたことはない」と、マッティオーリは一五五三年に後悔の気配もなく書いている。「自然という庭に見つかるものと、私の著作に印刷されたものだけで、いつも満足してきたのである」[☆13]。一五四四年にマッティオーリが著わした、ディオスコリデスの翻訳と註釈は、アルドロヴァンディやカルツォラーリやギーニの仕事よりも記憶にとどめられてはいるが、それとても顕著なわけではない[☆14]。これとは対照的に、デッラ・ポルタやキルヒャーのような博物学者は、大冊の出版に成功したとはいえ、アルドロヴァンディと同じく、その死後にはもはや観客を引きつけておくことはできなかった。科学の共同体の進路／傾向の変化が、いくら本を著わしても、すぐに時代遅れのものにしてしまったのである。皮肉なことにも、この点では、彼らを辛辣に批判したパオロ・ボッコーネやフランチェスコ・レーディもまた同類であった。というのも、この二人は、宮廷付きの並外れた博物学者で、より進んだ実験科学の飽くことなき推奨者であったが、それでもなお、その論争相手のキルヒャーやボナンニと同じく忘れ去られてきたからである。[☆15] ボッコーネもレーディも、それを実を結ぶことのない博学の聖水盤と描写することで、イエズス会の自然哲学の問題を分節化するのに貢献したのだが、それにもかかわらず、「新」哲学の代弁者たる王立協会の会員たちがきわめて不愉快なものとみなしたこのバロックの科学文化と同類のものとして片付けられてしまった。

いかにすればわれわれは、これらすべての自然学者と蒐集家とパトロンたちを一堂に会することができるのだろうか。ミュージアムの所蔵一覧とカタログ、大学やアカデミーの古文書、博物学者たちのあいだで交わされた書簡、旅行記録、そして自然の蒐集の成果である出版物、こうした資料に基づくことで、この研究は、自然の蒐集家たちの知的で、文化的で、社会学的な肖像を提起しようとするものである。その効果的な呈示のために私は、この研究を三つの部分に分けた。第一部では、ミュージアムに精密な知的かつ空間的な輪郭を与える、言語学的、哲学的、社会的な基盤が考察される。つまり、学術的活動の場としてミュージアムを定義している、言葉、イメージ、位置が論じられる。第二部では、実験研究室としてのミュージアムの役割が詳細に検討される。自然をミュージアムへともたらすことに始まり、ミクロコスモスの中で自然を分析し利用することにいきつく、博物学と医学のための、ミュージアムの中で自然を「経験／実験すること」の意義が探究される。最後に第三部では、蒐集の社会学と、博物学者たちが時間と私財と情熱を注ぎこんだ文化的論理について推敲される。つまり、あらゆる状況下で博物学者たちを導いていた言語や振る舞いの規範（プロトコル）において、また彼らが属する社会の複雑な環境において、彼らがいかにして自らのアイデンティティを、学者や宮廷仲介者(ファローリ)や学芸庇護者(パトロン)としての鋳型に流しこんでいった方法が検討される。

英米のイタリア史研究者たちによって長いあいだ無視されてきた時代である、一六世紀と一七世紀に焦点を合わせることで[16]、私は、一般にはイタリアの政治と文化が凋落のどん底にあったとみなされているこの時代の複雑さと活力を証明してみたいと考えている。ミュージアムは、異なる多様な世界に属していた。ミュージアムを所有していたのは、君侯、聖職者、医学者、薬種商、そして有徳文化人(ヴィルトゥオーソ)たちであった。このようにミュージアムは、これら社会の異なる構成要素のすべてが交わりあう軸を提供し、そうすることで、初期近代イタリアの社会的かつ文化的構造をくっきりと浮かびあがらせてくれる。ミュージアムは、単にオブジェが収納されている場なのではなく、そこでさまざまな関係が形成される環境なのである。多様なコレクションによってつくりだされ維持される人間的な相互作用は、いかに知的生活が貴族社会の慣習によって導かれていたかを、われわれに想起させるだろう。学芸庇護(パトロネージ)、嗜み(シヴィリティ)、名声への関心、記念祝典への強迫観念、こういったもののすべてが、この世界の標準的な姿を映しだしていた。

この研究を、科学文化についての試論として提示するにあたり、私はとりわけ、初期近代イタリアに科学活動の繁栄をもたらすことを可能にした、状況と戦略、そして文脈に関心をもった。職業的な博物学者たち——大学の教授、医師、薬種商——がなぜ、自然の探求についての新しい概念と技術をたいそう魅力的なものとして発見したのかについて、われわれはいくらかのことを知っている。自然を知ることで、彼らは生計を立てていた。しかし、宮廷人や都市の貴族たちに、科学的な知識のもつ価値を認識させたのは、何であったのだろうか[17]。一五四三年にフェッラーラ大学医学部の単体薬物学講座の初代教授に就任したガスパーレ・ガブリエーリは、その記念講演で次のように主張した。博物学にふさわしいのは、「身分の卑しい人ではなく、政治権力、富、高貴さ、知識において異彩を放つ、国王、皇帝、君侯、英雄、詩人、哲学者のような階層の出身者たちである[18]」。彼を初めとする博物学者たちは、学生たちが、自分の選択した学科が有益であると同時に高貴なものでもあると考えるように促した。その努力が実を結んだことは、パオラ・ボッコーネの『自然学と経験のミュージアム』（*Museo dei fisica e di esperienze*, 1697）の次のようなコメントに見られる。「フィレンツェでは、自分たちの支配者を真似て、すべての貴族が、医薬と経験の研究に心を奪われている」[☆19]。

この企画を進めるにあたり、私は暗黙のうちに、「科学文化」（scientific culture）の形成を、新しい舞台——宮廷、アカデミー、薬種店、広場、市場、ミュージアム——の中に科学というカテゴリーを包摂する、活動の広がりとして定義した。こうすることで私は、これら博物学者たちがおこなったことを、当の彼らが与り知らないカテゴリーである「科学」として記述するという落とし穴を避けたいと考えたのである。ほとんどの博物学者たちは、医学と博物学と自然哲学の境界を横断することを可能にする、要は科学的な知識のあらゆる領域で意見を述べる資格を付与する名称たる、「自然哲学者」であることを熱望していた。もしもわれわれが、「科学者」というレッテルを貼ることで、彼らの包括的な百科全書的活動の意義を薄めてしまうなら、彼らは困惑し、名誉を傷つけられたと感じることだろう。われわれの科学という概念は、彼らが「科学／知識」（scientia）の定義にとって本質的であると考えていた多くの実践を切り捨ててきた。われわれが、博物学のミュージアムを、研究機関か公共教育の場と考えるのに対して、彼らは、自分たちの社会の集合的な想像力の貯蔵庫であると理解していたのである。

同時に、ミュージアムはまた、以前には学者的言説に限定されていた科学文化を公共のものとした。ミュージアムは、知識の人文主義的ヴィジョンを視覚的に提示する中心的施設であった。自然哲学が、学識の高い人々にしか近づくことのできない、テクストに依拠した机上の文化から、さまざまな聴衆に訴えかける、触知可能な劇場的文化へと変貌を遂げることができたのには、蒐集が重要な機能を果たした。この変貌は、新たに再構成された実践の多様な形態、たとえば実験すること、観察すること、説明／翻訳することなどによって条件づけられていた。ミュージアムの形成にともなう言葉とイメージとオブジェの増殖は、後期ルネサンスの博物学が、博物学の変化し続ける媒介要因（パラメーター）の輪郭を描く書物ばかりでなく、聴衆によっても定義されていたことを証言している。博物学が獲得した新たな視覚性は、知的な編成ないしは制度的な解決であると同時に、文化的生産という行為でもあった。蒐集は、博物学という学問分野の再定式化にとって中心的役割を果たし、それによって、科学共同体の境界を再編成するうえでも大きな力を発揮した。

無数の医師、薬種商、自然哲学者たちにとって、博物学は職業としての成功を約束するものであったが、このことはまた、博物学が貴族のあいだで教養ある娯楽として広まったことと相俟って、「科学者」と「アマチュア」とのあいだの適切な区分が広く普及していた、当時の科学の歴史にひとつの共通の問題を投げかけた。こうした裂け目をそのままなぞるよりもむしろ、一六世紀と一七世紀には、古いものと新しいもの、聖なるものと俗なるもの、魔術的なものと科学的なもの、知識の専門的システムとアマチュア的なそれとが共存でき、また実際に共存していたという考え方を、私は奨励したい。われわれがおそらく近代科学の先駆と呼ぼうとする何かが形成されつつあったのだが、それは、いまだ「科学」をよりすぐれたより真なる知識の形式とは考えてもいなかったために「科学」を特権化することなどあるはずのない、もっとも「非科学的」な哲学的思弁の世界に後押しされ、また実際にそこから由来したものであった。ルネサンスの博物学者たちが「科学をする」ときに、彼らが抱いていた意味とは何かを理解しようとする知的な問題は、社会的な帰結をもたらすことになる。博物学が、学術的な文化の側面と宮廷的な文化の側面を見分けることができないがゆえに、科学史家たちが一致して認めているように、科学共同体という概念がたしかに問題として召喚されることになる。ミュージアムは、新しい実験的態度や新しい社会学的形成を先触れすると同時に、実験室で秘密を捏造する魔術師たちやアリストテレス的託宣（dictum）の支配する地でもあった。外見上は異なるこれら二つの科学文化の十字路に位置するミュージアムは、すべてに共通の空間を提供したのである。

私の目的は一貫して、博物学という学問分野を全体として——少なくともそれがイタリアでとっていた形態において——再構築することにある。私の関心は、単に「なぜ」博物学が復活したのか——こうした研究の形成においてもっとも広く問われてきた知的問題——という点にあるばかりか、「いかに」、そして「どこで」復活したのかという点にもある。博物学が、闇に葬られ忘れ去られていた状態から姿を現わし、学者たちに称讃され、アカデミーや大学によって推進され、宮廷に受け入れられる実践となるには、どのような条件が必要だったのであろうか。「自然の劇場」の形成は、いかにしてこの変化を促進させたのであろうか。この時代、博物学は、多様な側面をもつ活気にあふれた企図であった。科学革命の歴史記述において、博物学がこれまであまり注目されてこなかった[☆20]にもかかわらず、博物学は、宮廷人に加えて学者たちを、あるいは自然の各部の複雑さや巧妙さや豊かさに喜びを見いだす有徳文化人（ヴァーチュオーソ）たちに加えて専門的な関心を自然に対して向ける人たちを、つまりは学識ある人と好奇の心をもつ人のいずれをも魅了したのである。博物学者たちは、さまざまな理由から生じた多様な目的をもって自然の研究に従事するようになったが、自然そのもののミクロコスモスであると同時にエリート社会のミクロコスモスでもある、ミュージアムの中で交わされる相互作用という共通の基盤をもっていた。われわれが眼を向けるのは、貴族的な諸価値と科学的な野心と蒐集の営為とのあいだのこうした相互作用なのである。

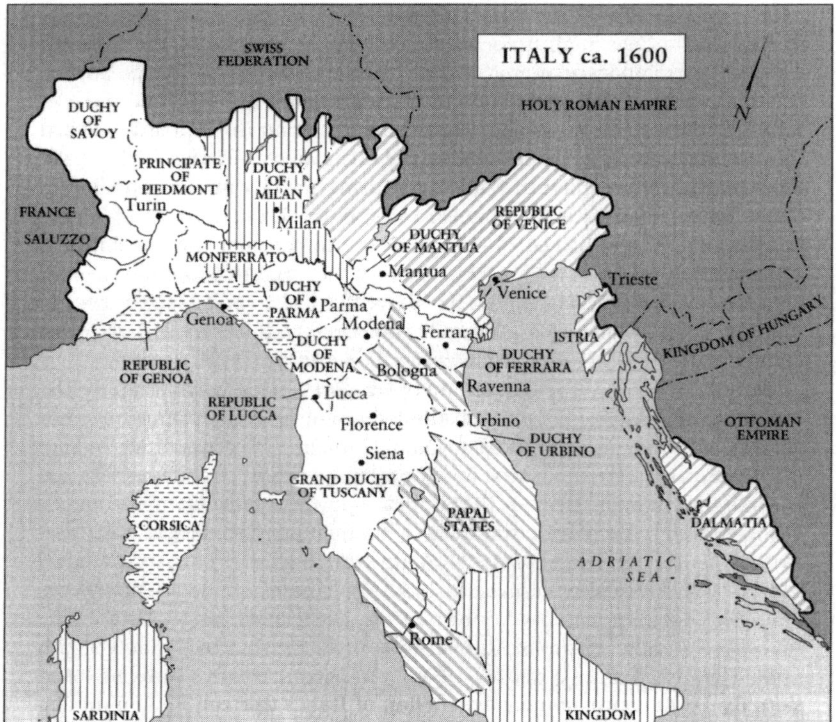
ITALY ca. 1600
SWISS FEDERATION
HOLY ROMAN EMPIRE
DUCHY OF SAVOY
PRINCIPATE OF PIEDMONT
DUCHY OF MILAN
FRANCE
SALUZZO
Turin
Milan
MONFERRATO
REPUBLIC OF VENICE
DUCHY OF MANTUA
Mantua
Venice
Trieste
DUCHY OF PARMA
Parma
Genoa
Modena
Ferrara
ISTRIA
KINGDOM OF HUNGARY
DUCHY OF MODENA
Bologna
DUCHY OF FERRARA
REPUBLIC OF GENOA
Ravenna
REPUBLIC OF LUCCA
Lucca
Florence
Urbino
DUCHY OF URBINO
OTTOMAN EMPIRE
Siena
GRAND DUCHY OF TUSCANY
CORSICA
PAPAL STATES
DALMATIA
ADRIATIC SEA
Rome
SARDINIA
KINGDOM OF NAPLES
Naples
Bari
TYRRHENIAN SEA
Taranto
Brindisi
Otranto
Papal State
Genoese
Spanish
Venetian
Non-Italian
Palermo
Messina
IONIAN SEA
KINGDOM OF SICILY
MEDITERRANEAN SEA
0 50 100 Mi.
0 50 100 150 Km.

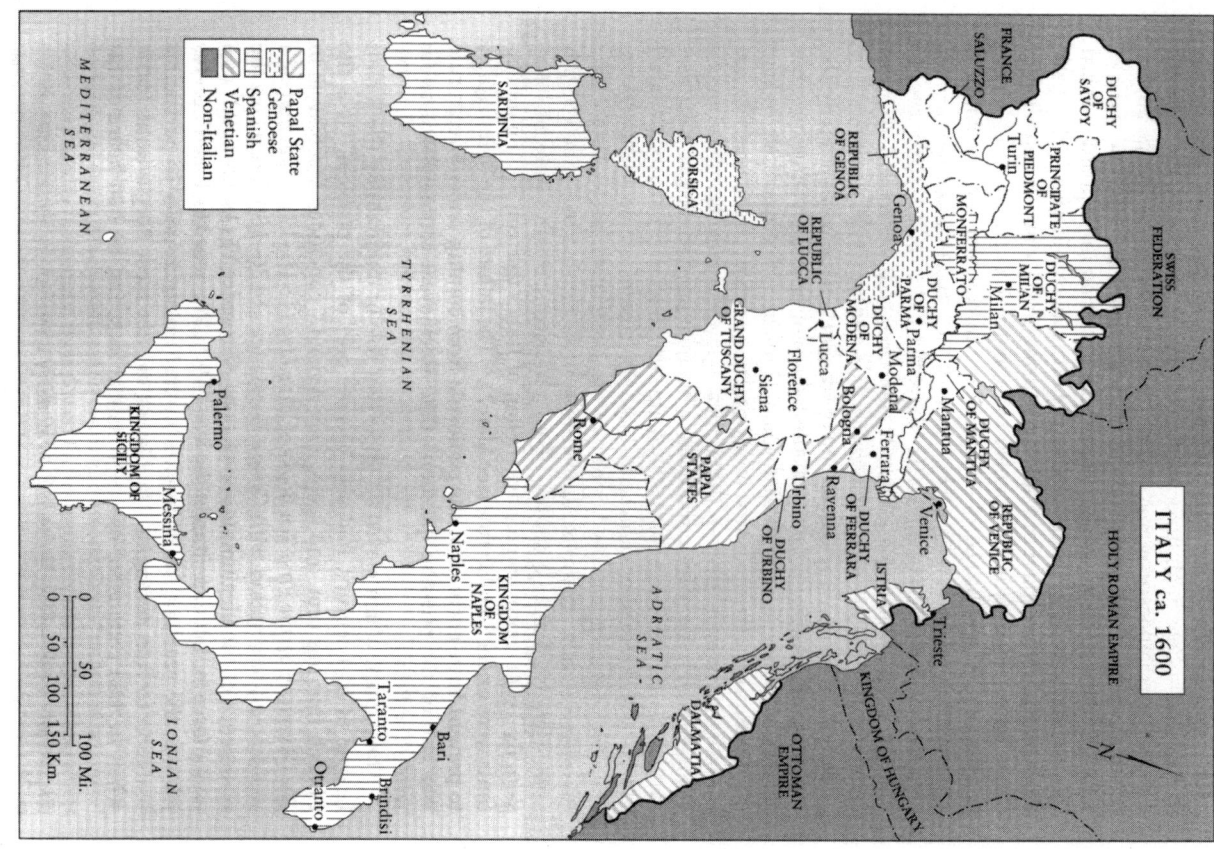

第1部　ミュージアムの位置づけ

第1部は、時間と空間の中にミュージアムを位置づける。それは、三つの主要な問題——蒐集をめぐる言語的、認識論的、社会的な位相——を考察することである。蒐集に関するルネサンスのイデアをかたちづくるのに与った幾重にも層をなす定義から考察を始め、ミュージアムを百科全書的な伝統と、それを貴族文化と連係させている社会構造の中に明確に位置づけた、多様な知的構造を探査するものである。第1章は、蒐集家の活動を社会に結びつけている象徴的な出来事を読み解くことによって、また最初のミュージアムのカタログと初期のミュージアムのイメージを分析することによって、ミュージアムの出現を描写する。第2章は、蒐集に関する語彙、さらにその人文主義的な起源や哲学的な用法を、読者の方々に提示する。ここでは、蒐集を、その時代の百科全書的な企図の中に、そして自然に関する全体的な認識の探求の中に据えることになる。第3章は、言語に意味を与え、ミュージアムの儀礼的な存在形態をかたちづくっている、社会的な構造を明らかにする。古代文化、好奇心、そして嗜み（シヴィリティ）、いずれのレンズを通してであれ、蒐集家たちは、都市的であり、また人文主義的な文化との関連においてミュージアムを定義した。本書で私がくりかえし示唆することになるように、後期ルネサンスとバロック期のイタリアの多面的な文化は、その社会的な文脈から切り離すことはできないのである。すべての人文主義的な実践と同じく、蒐集も、貴顕紳士の余暇であった。蒐集家たちは、対象の選択においては無差別であったが、その一方で同好の士の選択に関しては、きわめて神経質であった。彼らの言葉や行動がしばしば示しているように、特権と学識のある個人にしか、世界を蒐集し分類する権利は認められなかったのである。

一六世紀と一七世紀イタリアの貴族文化に培われた蒐集家たちは、社会的エリートのほかの構成員たちと、多くの点で共通の特徴をもっていた。彼らの記憶への関心、むしろそれへの執着は、家系に対する広範な関心を反映している。人文主義者と貴族たちは、始源への関心を共有していた。過去を探求することは、彼らの生に意味を与えることであり、ほかの状況なら決して差異化されることのない歴史的連続性に抗して、それを定義することであった。同様に、人間の傲慢さの表徴として、以前には両義的に見られていた好奇心という感性は、美徳の地位にまで高められた。アルドロヴァンディからキルヒャーにいたる博物学者たちの計画を導いていた好奇心はまた、初期近代の社会に特有のエートス——知識をして、限定的というよりもむしろ拡張的な企てたらしめようとする欲望——を表わしていたのである。この社会において、いったい「好奇の心を抱く者」とは誰だったのか。それは、ヨーロッパに届けられる新しいデータを上手に分析し統合できる、機知と学識と経験を具えた個人のことであった。換言するならば、世界を探求／探険するための枠組みとして、博物学という古代のパラダイムを再び活性化させた人文主義者たちであった。彼らに、好奇心が自らのアイデンティティの相対的なステータスを模索させたとすれば、記憶はこうした探求／探険に乗りだすための基盤を供給したのである。人文主義者たちが互いに認識しあっていたように、「己が何者であるかを知る」者だけに、再創出への可能性が開かれていたのである。

記憶と好奇心を、博物学者たちを分析するための二つの中心的なカテゴリーと同定する文化的な枠組みはまた、蒐集家たちのあいだの関係を定義する社会的な語彙を明確に表わしている。紳士的な振る舞いのあらゆる形式を包摂する第一規定としての「嗜み」(civiltà) がそれであり、コレクションを配置するさいの慣習や、博物学者たちがコレクションを見学しうるための条件を決定している。社会的な相互作用を促進するために編みだされたミュージアムは、人間の振る舞いの実験室であった。優れて嗜みある社会の産物であるミュージアムは、科学文化が初期近代の「文明化の過程」とともにかたちづくられてきたその大きさを、われわれに想い起こさせる。しかし、「嗜み」はまた、自己を社会的に認識するためのもうひとつの形式でもあった。振る舞いの規範（プロトコル）を共有すること、それはまず、人文主義者たちの文芸界において形成され、ついには博物学者と蒐集家たちの共同体の境界を定義した。

まさしくこれら三つの要因——記憶、好奇心、嗜み——の結合が、初期近代のヨーロッパにおけるもっとも重要な知識の場のひとつ、すなわちミュージアムを定義している。ミュージアムを位置づけることは、この用語によって定義された活動や背景の変動範囲（レンジ）を考慮に入れるならば、一般的に言われているようにとらえどころのない骨の折れる作業である。以下の三つの章ではいずれも、ミュージアムの定義を社会的で文化的な特性を帯びたものとする、鍵となる実践に光が当てられている。そうすることで、このとりわけ人間的な施設のダイナミックな性格が明らかになるのである。

第1章 「閉ざされた小部屋の中の驚異の世界」[☆1]

アルドロヴァンディのミュージアム

一五七二年五月一三日、ウーゴ・ブオンコンパーニが生まれ故郷の町に帰って教皇グレゴリウス一三世（在一五七二―八五年）として叙任されることを選択したまさしくその日、恐ろしいドラゴンがボローニャの近郊に出没した。それは、来たるべき災禍の前兆であった。たちまちその噂は広まり、ドラゴンを捕らえるべく一部隊が遣わされた。捕獲されたこの不吉な生きものは、滞りなくボローニャの町の城壁内へと運ばれ、市民たちの検分するところとなった。事件の処理を任された市の評議員オラツィオ・フォンターナは、この大蛇を、珍品驚異の蒐集家であり、ドラゴン学（Draconology）の第一人者でもある、義兄弟のウリッセ・アルドロヴァンディに託した。新しく選出された教皇の従兄弟でもあったアルドロヴァンディは、加えて巨大な蛇を所有する権利を手に入れたが、奇妙なことにも彼の運命は、その発見に強く縛られることになったのである。

この博物学者は、手に入れたばかりの獲物を、ただちにその名高いミュージアムに展示した。そして、「無数の貴顕たちが、それを見に私の家にやってきた」[☆2]。このドラゴンの出現は、アウグストゥス・ゴットゥヴィウスの作品のような即興詩に格好の機会を提供した。彼は、アルドロヴァンディを、半神話的な被造物との遭遇者であった最初のウリッセ（このイタリア語名は、ラテン語では「ウリクセス」、古典ギリシア語では「オデュッセウス」にあたる）にも劣らないほど幸運で、いまやそのミュージアムは完璧であると記している[☆3]。間髪を入れずアルドロヴァンディは、彼がこれまでに見たり聞いたりしたことのあるすべての蛇の事例を含む、そのドラゴンに関する論文を書き始めた[☆4]。「そのとき私は、一カ月足らずでドラゴンの歴史をラテン語で書きあげ、七巻にまとめて『ドラコロギア』(*Dracologia*)というタイトルをつけた」と、トスカーナ大公フランチェスコ一世に説明している[☆5]。この博物学者はまた、この機会を利用して、同じ博物学者の仲間たちを悩ませていたパラドックスのひとつに関する議論を再燃させた。すなわち、蛇は、雄鶏の卵と言われるものから自然に孵化するのかどうか、というパラドックスである。さらに彼は、ドラゴンの図絵を後世に残すために、ミュージアムで雇っていた専任の画家から一人を充てた[図1]。アルドロヴァンディは、寸時を惜しまず、この有名になった自然の珍品から学問的な成果を最大限引きだそうとした。彼の権威ある記述はたちまち、イタリア中の噂になった。

その蛇の出現は、当初は一地方の出来事にすぎなかったが、新しい教皇の選出と結びついたことで、ボローニャの町の境界を越えて広く喧伝されることとなった。さらに、その蛇がアルドロヴァンディのコレクションに加えられたことで、民衆的な伝承の領域から、科学の分野へとたちまち高められた[☆6]。ものの二、三週間もたたないうちに、イタリア全土の博物学者や蒐集家たち、さらにはたんに詮索好きの人々までもが、教皇の凶兆についての情報を求めてアルドロヴァンディを質問攻めにした。イーモラからは、フィリッポ・セーガが、なんらかの徴――「エンブレムかヒエログリフであるかのような[☆7]」――がそのドラゴンに刻印されていたのでしょうか、と書き送っている。ほかの多くの文通者たちと同じく、セーガもまた、ドラゴンの注目すべき部分の詳細な記述を望んでおり、それによって、この奇怪な現象の意味を正確に読みとろうとしたのである。アルドロヴァンディは、凶兆の所有者としての資格において、この自然の特異な一片に関する完璧な知識を所有する権限を付与された人物であった。

この噂がイタリアの諸都市を駆けめぐるにつれて、夏までには、さまざまな尾鰭が教皇のこの凶兆につけられて誇張されていった。「先日、チェルトーザからきた何人かの修道士が私に語ってくれたところによりますと、鳥の足……と魚の頭をもつ蛇がボローニャの地で見つかったそうです」と、医師アルフォンソ・パンチョが、一五七二年七月六日に、フェッラーラから書き送っている。「彼らが言うには、貴台がそれを所有され、絵にも描かせになったということです。それが本当かどうか、貴台に手紙でたしかめてくれるようにと、彼らは私に望んでおります」[☆8]。フェッラーラの良識ある市民たちとこの珍問について話しあっているうちに、パンチョは、甥のフランチェスコ・アングイッラがその蛇を見たことがあり、実在を証明できることを聞き知った。それに続いてパンチョは、友人アルドロヴァンディに、彼らの友情のしるしとして、自らの学芸庇護者（パトロン）であるアルフォンソ・デステ二世侯に図解を送ってくれるよう依頼している。強力な君主を喜ばせようと、ボローニャの博物学者はただちにその義務を果たした。一二月二五日、パンチョは報告している。「貴台の手紙を、ドラゴンの図解とともに受けとりました。その図解は、とても私の気に入りました。感謝の念にたえません。それについてお話をうかがうことを楽しみにしております」[☆9]。ドラゴンの出現という現象を正確に報告するアルドロヴァンディの権威は、いま再び承認された。その対象を彼が所有しているという事実によって、医師パンチョとフェッラーラ侯に送られた何枚かの図解は、高い信憑性を獲得したのである。

『ドラコロギア』の出版を待ち望んでいたパトロンは、フェッラーラ侯だけではなかった。パドヴァには、植物園の監督官メルキオール・ヴィーラント（イタリアではグイッランディーノとして知られる）のような博物学者たち、さらに最新の驚異の知らせに心躍らせた人文主義者、ジョヴァン・ヴィンチェンツォ・ピネッリがいた。一五七二年八月二五日、ピネッリはこう書いている。「彼と私は、貴台が執筆された二本足のドラゴンについてのご研究をわれわれに送ってくださることを、切に望んでおります」[☆10]。同じ年の冬、おそらく、要求のあったすべての人に対して『ドラコロギア』の手写本を提供できるだけの時間も写字生もいないというアルドロヴァンディの抗議に応えて、ピネッリはできるだけすみやかに公刊するようにとうながした。「われわれは、ドラゴンの歴史の出版を待っております」。こうした嘆願にもかかわらず、アルドロヴァンディによる蛇の博物学は、彼の死後三〇年以上たった、一六三

図1——一五七二年に出現したドラゴン。
(U. Aldrovandi, Tavole di animali, IV, 130)

九年まで刊行されなかった。このころまでにはすでに、その著作は、誇張されたその道徳的意義はもちろんのこと、緊迫感も失っていた。奇怪な蛇の出現という自然発生的な出来事をもっともよくとらえているのは、アルドロヴァンディのミュージアムを訪れ、その蛇を実見した人々の証言に由来し、ときおり書きとどめられた、口頭による報告の中においてである。ちょうどボローニャの博物学者が、ドラゴンを所有することで自らの権威を高めていったように、そのドラゴンをその眼で確認した者はすべて、自然の珍品を流通させる人々のあいだで、自らのステイタスを高めたのである。

論攷の手写本のコピーを友人ピネッリに送るのに手間どっているあいだも、アルドロヴァンディは、学者や権力者たちの希望をすみやかにかなえる必要があった。博物学者と貴族の蒐集家たちは、驚くべき蛇に興味を抱き続けており、君侯たちがこれに注目した期間はさらに限定されていた。教皇の凶兆の図解を友人たちに送ったことに加えて、アルドロヴァンディは、この機会を利用して、フィレンツェとローマのパトロンとの絆を強めた。彼らの誰もが、ドラゴンのもつ学問的でかつ政治的な含意についてこの蒐集家に見解を求めたのである。一五七八年になると、トスカーナ大公フランチェスコ一世は、「まさしくグレゴリウス一三世が教皇に選出されたその日に、一農夫によって殺害された」特別な蛇について、さらに詳しい説明を聞きたいと、興味深々のところを示している。その一〇年後、フェルディナンド一世が兄の大公のあとを継いだ直後にも、アルドロヴァンディは、今度はこの新しい大公の学芸庇護（パトロネージ）を得ようと、『ドラコロギア』のことを自分のもっとも重要な学術論文のひとつと述べている。[☆11]

「奇怪なドラゴン」（Dragone mostroficato）の出現に続く何カ月かのあいだ、不穏な空気に包まれていたローマの宮廷は、アルドロヴァンディの判断を待っていた。[☆12]この博物学者は、教皇にうまくとりいって支持を得るために策を弄して、甥でサン・シストの枢機卿フィリッポ・ブオンコンパーニに『ドラコロギア』を献呈した。ドラゴンの出現からわずか五日後、アルドロヴァンディは、それについての短い記述を急いでこの教皇庁の甥にしたためている。さらにちょうど一カ月後、彼はふたたび枢機卿に手紙を書いて、この異例の獣が荘厳なものであることを保証している。サン・シストの枢機卿は教皇に話を聞いてもらえたので、アルドロヴァンディが自分の発見のことを伝えるべきもっとも重要な人物は、おそらくこの枢機卿であった。疑いもなく枢機卿は、事態をさらに究明するようにグレゴリウス一三世から委任されていた。偉大なパトロンで申し分のない人間としての教皇は、自ら凶兆に悩まされているところを、蒐集家の従兄弟に対してさえ見せようとはしなかったのであろう。しかしながら、超自然の現象に満ちあふれた世界に育った者として、グレゴリウス一三世は、たしかにこの現象の意味に驚かないではいられなかった。とりわけ西洋のキリスト教界が、数多くのキリスト教社会に分裂して以来、教皇たちは、三重冠を授かることに同意したときから心配の種を抱えることになった。グレゴリウス一三世は、凶兆にまつわる議論から距離をとることを選択したとしても、それを無視することはできなかった。なんと言っても、ブオンコンパーニ家の紋章の盾には、「生まれでるドラゴン」(drago nascente)が飾られていたのである。この一族にとって凶兆がもつ意味を、人々が見過ごすはずはなかった。教皇が、従兄弟のアルドロヴァンディにドラゴンの完璧な哲学的分析を求めたのは、ひとえに、その不吉な潜在的意味から注意をそらせて、博物学的な価値に集中させるためだったのである。

ボローニャに戻るとアルドロヴァンディは、凶兆の異例の解剖について記述し説明するという仕事にとりかかり、定期的に甥の枢機卿に報告した。二本の足が生えているという不可解な事態に当惑して、彼は、「このような不完全さによってこそ、その動物がもっとも高い完全性をもっていることが証明されるのでなければ」、その足はいかなる明白な目的にも役立ちえない、と指摘している。[☆13] 初期近代の多くの哲学者たちと同様、彼はパラドックスを楽しんでいた。無用の足を生みだすほど過剰なその質料のためにいかに奇怪に見えようとも、ドラゴンは、自然の領域の外にいるのではないし、それゆえ博物学者としてのアルドロヴァンディの視野を超えているわけでもない。ドラゴンは、新しくて予期できない結果をたえずもたらしている自然の驚異の証言なのだ。発見された年の末までには、彼は、このような解釈の筋道をさらに発展させた。グレゴリウス一三世の息子でカステル・サンタンジェロの城主、ジャーコモ・ブオンコンパーニのために起草された論文の中で、アルドロヴァンディは、自分のコレクションにあるこの特異な蛇の価値を強調している。彼は次のように説明している。

　いとも卓越せる司教グレゴリウス一三世が教皇となられるそのときまでは、正確にはその日までは、当然ながら蛇には足はありません。まさにその日、二本の足をもった二匹の蛇ないしドラゴンが、ボローニャの田舎で目撃されました。私はすでに、私の所有するそのうちの一匹について詳しく論じ、私の見解を述べております。できるだけ早く――というのもかなり長いものになるでしょうから――その研究について記録し、お約束しましたように、このドラゴンの絵を添えて、いとも名高きサン・シスト閣下にお送りしようと存じます。☆14

このようにして博物学者は、悲惨な結果をもたらす恐れのある事件を、自分のミュージアムに対するパトロネージを求めるための幸運な機会へと一転させる。蛇を、悪魔的な破局としてよりもむしろ自然の豊饒性を示す一例として釈明することによって、彼は蛇のサトゥルヌス的な含蓄を流布させ、ローマのパトロンたちのために、新しい教皇の礎を学問的に保証したのである。

　ドラゴンを自然現象として解釈しようとする彼の決定は、形而上学的な含意を欠いてはいるが、解剖学的な意味は豊かであり、アルドロヴァンディは、驚異的なものを標準化しようとする、一六世紀末から一七世紀の広範な文化的傾向に属しているのである。ロレイン・ダストンが指摘しているように、「超自然的な出来事は常に驚異として特徴づけられてきたが、表徴として特徴づけられることは稀であった」☆15。彼女を初めとする多くの研究者は、「珍品奇物のキャビネット」、「驚異の部屋」、「自然の劇場」といったさまざまな名で呼ばれるミュージアムを、このような脱神話化のプロセスが生じる主要な場として規定している。異例の意味をもつ動物について判断を下すように求められたとき、アルドロヴァンディは、「表徴」よりもむしろ「驚異」とみなすことによって、主として博物学的な説明に組みこむことを選んだ。ドラゴンのヒエログリフ的な意味に関するフィリッポ・イーモラの質問に答えるにあたって、おそらくアルドロヴァンディは、かなり慎重になったことだろう。というのも、この種の知識は、少なくともこの場合、彼の目的には役立たなかったからである。その解釈がローマで引き起こすであろう反響を気遣って、彼は、独特な哲学的言語の中で注意深く自らの報告を組みたて、人文主義者としての熟練を利用して、教皇の眼にとってその所見が雄弁で、適切なものとして映るようにした。

ドラゴンの発見は、グレゴリウス一三世にとっては不吉な前兆だったのに対して、親戚のアルドロヴァンディにとっては、「驚嘆すべきめぐりあわせ」のようなものとして記述されるものだったのかもしれない。[☆16] 新しいパトロンを獲得できる好機を常に求め、学問の世界で一旗揚げようとしていたアルドロヴァンディは、しばらくのあいだ、イタリア中の注目を集めることとなった。凶兆の意味を決定し、その不吉な性格を世に知らしめるべく、緊張に満ちた会議が頻繁に開かれたが、それは、ボローニャの博物学者の恐るべき科学的な学殖を見せつけるのに絶好の機会となった。アルドロヴァンディが、大司教、教皇特使、市の評議員、さらにボローニャ大学医学部の同僚たちを招いて、たとえば外科医ガスパーレ・タリアコッツィのような助手に命じて、ミュージアムに収めた蛇を解剖させる様子を見学してもらった、ということは大いにありうるだろう。[☆17] 自らの果たすべき仕事を市民の見世物へと変貌させることで、彼は、解剖学者の手があばきだした事実を、すなわちその動物はほんとうに自然の存在だということを、市民の代表者たちに確信させたのである。市民たちは、観察者として参加することによって、アルドロヴァンディの解釈の正当性を集団として保証した。このように、凶兆によって引き起こされた疑念が何であれ、それらが居座っていたのは、神学者たちの手中にあるローマの宮廷の「秘密の間」ではなく、アルドロヴァンディのミュージアムだったのである。グレゴリウス一三世がヴァティカン宮に増設した「風の塔」（Torre dei Venti）を飾っていた数々のドラゴンは、おそらく、たんにローマを一族の紋章の盾で装飾するという模範的な教皇の衝動の表われだったばかりでなく、不吉の表徴という古い伝統――従兄弟のアルドロヴァンディの助けをかりて教皇はそれとの縁を絶ち切った――への挑戦のしるしでもあった。[☆18]

奇怪なドラゴンの到着は、一六世紀イタリアの政治的、市民的生活にとって、いかにアルドロヴァンディの「自然の劇場」（teatro di natura）が重要であったかをはっきりと例証している。新しい教皇の選出をめぐってくりひろげられた論争においてアルドロヴァンディのミュージアムが果たした中心的な役割は、実際、重要な科学的問題を仲裁し、顕著な凶兆のようなパラドックスを脱神話化するためにボローニャの博物学者が呼びだされた数々の機会の中でも、その頂点を示すものであった。この点において、彼のミュージアムが果たした機能は、彼のパトロン、トスカーナ大公フランチェスコ一世のミュージアムのそれと異なるものではなかった。大公は、科学的な実験室の中に宮廷を置いていたのである。一五七六年、フィレンツェのヴェネツィア大使は次のように報告している。「彼［大公］は、〈カシーノ〉と呼ばれる場所で、ほとんど一日中過ごしている。……しかし、それにもかかわらず、合間あいまに、国家の業務に関わる折衝を書記官たちと執りおこない……、また正義と慈愛に基づいて、多くの要求を迅速に処理している。その様子は、あたかも彼が、楽しみと仕事、仕事と楽しみを混和させているかのようである」[19]。蒐集とは、一六世紀と一七世紀の有徳文化人（ヴィルトゥオーソ）たちにとって、単なる娯楽の実践だったのではなく、知識を力へと変容させる正確なメカニズムでもあった。アルドロヴァンディがパトロンたちの意向に従ってそのミュージアムをかたちづくったとすれば、大公フランチェスコは、国家の業務が執行される科学的な空間を創出した。二人はそれぞれ、異なる方法によってではあるが、自分たちが創出した環境が自然哲学者としての自己のアイデンティティの形成にとって本質的な役割を果たすことを、理解していたのである。

こうした全努力の見返りとして、アルドロヴァンディはいったい何を望んでいたのだろうか。同時代人たちは彼のことを「ボローニャのアリストテレス」と呼んでおり、一八世紀においてさえ、彼は「当時のプリニウス」[20]と歓迎されていた。こうした呼び名は、事の全容を明かすものではないが、アルドロヴァンディが得ることのできた評判を示唆し、たしかに博物学者としての彼の成功を測る物差しとなっている。彼の名声の中心となるのは、自然の珍奇な品々を集めたそのミュージアムであり、それらの蒐集品は一族の邸宅にあるいくつかの部屋に保管され、ヨーロッパの学識ある人々や好奇の心をもつ人々に開かれていた。一六〇五年に彼が歿すると、ボローニャの評議会によって市のミュージアムとして維持された。その生前、同時代人たちは、自然の事物を蓄える彼の能力に対して驚嘆の念を表明していた。一五九八年、あるミラノ人がアルドロヴァンディに宛てて次のように書いている。「コンテスタービレ氏が帰られたあとは、次の金曜日まで、あなたのことについて彼と話せる機会はなくなってしまいました。彼が言うには、あなたの書斎（studio）であまりにもたくさんいろいろなものを見たので、びっくり仰天してしまったということです。ヨーロッパ全土を見渡しても、あなたの書斎に匹敵するものはないとのことです」[☆21]。ピエル・アンドレーア・マッティオーリのような学識ある博物学者も、アルドロヴァンディのミュージアムがその時代でもっとも該博な自然のミクロコスモスであると公言していた。一五五三年、彼はこう告白している。「あなたが蒐集されたすべての単体薬物を拝見したいものだと、私の心はいつも高鳴り、呼吸は乱れています。まことに、この目的のためだけに、できればすぐにでもボローニャにうかがいたいものです」[☆22]。多くの貴族や学者たちが、その珍品奇物を見るためにだけミュージアムを訪れたのに対して、マッティオーリのような人々は、より特殊な目的をもっていた。彼らもまた、博物学を新たに書き換えるための準備を始めていて、その研究を完成させるために標本を調査したいと望んでいたのである。彼らがミュージアムを訪れることによって、その栄光はいっそう高められた。そのコレクションの名声と重要性に花を添えるべく、アルドロヴァンディは、自らのミュージアムを世界の八番目の不思議として誇らしげに記述している[☆23]。

一六〇三年、アルドロヴァンディは、自分が歿したあとは書斎（ストゥディオ）の膨大な蒐集品を、町の中心のマッジョーレ広場から少し外れたところにある政治の場、市庁舎（パラッツォ・プッブリコ）に移すというとりきめを、正式にボローニャの評議会とのあいだに交わした。修道士グレゴリオ・ダ・レッジョは、一六〇二年、ライデンの植物学者カロルス・クルシウスに次のように書き送っている。「アルドロヴァンディ氏の書斎については、あなたはすでに、しばらくまえからすべてをご存知でしょうから、もはやこれ以上は言わないでおきましょう。その書斎は、ボローニャの評議員の方々に遺贈され、彼らもそれを大いに喜んで受け入れ、固い決意をもって、氏の遺した著作の刊行を続けていくそうです」。[☆24] かつて一五七二年に出現した教皇の凶兆というニュースを広めたのと同じ伝達のネットワークを通じて、その三〇年後には、アルドロヴァンディのコレクションの運命は学者たちに知れ渡るようになり、他方、学者たちはその情報を、彼ら自身の百科全書的な企画を実現するための基準点としたのである。

生前に著作の出版を見ることができなかったアルドロヴァンディは、評議会への遺贈と引きかえに、彼らがその著作を辛抱強く刊行してくれることを要求した。一六世紀の終わりまでは、新しいアリストテレスは、その称号をただおずおずと主張できただけであった。その知識の本体は、出版によって正式に認められたものではなかったからである。それに続く半世紀、「アルドロヴァンディの書斎」(Studio Aldrovandi)——そう呼ばれるようになっていたのだが——の保管管理者たちは、「ミュージアム全体の歴史」を物語るもっとも重要な数巻を編集し、註を施し、そして出版した。[☆25] 公刊された一二の論攷のうち八つが、このようにして出版された。[☆26] 一六三二年から五七年までアルドロヴァンディのミュージアムの保管管理者を務めたバルトロメオ・アンブロジーニは、一六三九年に、蛇やドラゴンに関するアルドロヴァンディの研究の出版を指揮した。その五年まえ、アンブロジーニは、出版のための手写本の整理を終えるため、休暇を申請した。評議会に対する彼の請願は、ボローニャ市の科学的、市民的生活にとってアルドロヴァンディのミュージアムが引き続き中心的な位置を占めていたことを示している。

> バルトロメオ・アンブロジーニ博士は、公共のミュージアムを、誰もが訪れることができるように整備し終え、動物誌の編纂にとりかかりたいと[いまや望んでおります]。その動物たちの図版は、……いとも卓越したアルドロヴァンディ博士閣下にかつて帰属していた上記のミュージアムに保管されております。[☆27]

アルドロヴァンディの寄贈の契約に従って、保管管理者によって実施される研究のすべては、ミュージアムの敷地内でおこなわれた。「博士閣下——現在はトリオンフェッティ閣下であるが——は、先述の著作を出版することを政府（Reggimento）から許可され、いちばん奥の部屋でその研究にいそしんでいる」と、一七二九年に地方の年代記者のギゼッリは述べている。[☆28]

一六七二年、ジョヴァン・バッティスタ・カッポーニは、ミュージアムの保管管理者オヴィディオ・モンタルバーニと植物園の保管管理者ジャーコモ・ザノーニの死去にともない、つい最近アルドロヴァンディ講座の教授に昇格し、それに付随するすべての職責を引き受けたことを、フランチェスコ・レーディに書き送っている。「数カ月まえ私は、かつて偉大なるアルドロヴァンディが就いていた博物学の講座と薬草庭園の管理とを、われわれの令名高き評議会から任されました。これに加えて、アルドロヴァンディのミュージアムと図書館の管理、さらにモンタルバーニ氏の死によって中断されたアルドロヴァンディの研究の出版を継続するという任務もあります」[☆29]。残念ながら、アルドロヴァンディの手写本の編集と出版を継続するというカッポーニの計画については、われわれはそれ以上何も聞くことはできない。おそらくカッポーニは、モンタルバーニと同様、実質的には自分の仕事を別の名前で出版することを渋っていたのではないかと思われる。[☆30] 初期近代のアリストテレスの著作に手を加えるという務めを任されて、ミュージアムの保管管理者たちは、自分たち自身の博識をテクストに挿入しようとする気持を抑えることはできなかった。それらはときに、彼らによるバロック風の粉飾が、アルドロヴァンディによる博物学のルネサンス風のスタイルを圧倒するほどであった。

一六七〇年代までには、出版計画の価値は減少していた。というのも、博物学の伝統的な枠組みにあまりとらわれない科学の共同体にとって、アルドロヴァンディの観察と結論は、ますます時代遅れに見えるようになっていたからである。疑いもなくボローニャの有名な解剖学者マルチェッロ・マルピーギのような博物学者たちは、アルドロヴァンディの論攷を市の認可のもとで出版し続けることは幾分やっかいなことだと、当市の評議会に忠告した。もし、アルドロヴァンディの学識に満ちた膨大で際限のない大冊を出版し続けるならば、イタリア人たちはフランシス・ベーコンの名前を聞いたことがないと、イギリス王立協会──マルピーギは名誉あるその外国人会員であった──が考えることはまちがいないだろう。こうした理由と、おそらくは財政上の理由から、出版は中断された。出版という任務が衰退していたにもかかわらず、カッポーニが自らの任務を記述しているのは、博物学を教えることと「アルドロヴァンディの書斎」の管理維持との関係がボローニャにおいて一八世紀まで続いていくことを示している。

一六五七年、フェルディナンド・コスピ侯爵のミュージアムが「アルドロヴァンディの書斎」に併合された。一六六〇年の評議会の布告によると、行政長官（gonfaloniere）のコレクションのためにひとつの部屋が恒常的に割りあてられ、一六六七年にそのコレクションは正式に評議会に寄贈された。[31]選ばれた政府の長としてのコスピの執務室が書斎に近かったこと──同時代の記述によると、書斎は、「行政長官の部屋の隣に位置しており、そこから大塔に向かう階段を昇っていくことができる」[32]──が影響して、この貴族は自分のコレクションを市に寄贈しようと決心したことはまちがいない。市の象徴的な中心に位置することで、そのコレクションは、私的な興味と公的な義務とを結びつける役割を果たしていた。さらに、アルドロヴァンディのミュージアムと結びつくことで、このボローニャのアリストテレスの活動への連想から、コスピのコレクションに哲学的な信憑性が与えられた。同時代の人々は、二つのコレクションの統合を、驚異のもとに驚異が重ねられたものとして称讃した。

かつて凶兆の師、まさしく怪物の師たる
ウリッセ・アルドロヴァンディなる御仁がいたとしても、
いまや彼のような人物は珍しくはないし、われわれの時代にとって、
彼のミュージアムももはや頂点（non plus urtra）ではない。[33]

ジョヴァンニ・バッティスタ・フェッローニは、ロレンツォ・レガーティによる一六六七年のミュージアム・カタログへの献辞の中で、このように主張している。アルドロヴァンディ自身の意図を故意に誤解することによって、フェッローニは、「凶兆の師」としてのルネサンスの博物学者というイメージをつくりだし、バロックの蒐集家コスピをしてこれに挑戦させたのである。保管管理者は博物学の教授でなければならないという点を強調したアルドロヴァンディに対して、ミュージアムの訪問者を案内する役としてコスピが選んだのは、生きた驚異ともいうべき侏儒であった。一六世紀のコレクションがその百科全書的な特徴によって際立ち、あらゆる自然のオブジェを無差別にとりこんでいたとすれば、一七世紀半ばのコレクションは、その異国趣味（エキゾティシズム）によって区別され、「驚異／不思議」(wonder / meraviglia）と「驚異／驚嘆」(marvel / meraviglia）というカテゴリーに新しい意味を与えた。

ミュージアムが一六六〇年代にバロックの驚異の劇場として再出発したことは、しかし、アルドロヴァンディの手写本の出版が中止されたもうひとつの理由であった。オヴィディオ・モンタルバーニの『樹木学』(*Dendrologia*, 1667)は、樹木に関する総括的で遊び心のある奇妙な研究で、アルドロヴァンディの名前で出版されたが、「アルドロヴァンディの書斎」よりもむしろ、コスピのミュージアムの精神に近い。モンタルバーニ――その助手ロレンツォ・レガーティがコスピのミュージアムのカタログを執筆した――は、イエズス会士キルヒャーの熱烈な崇拝者で、二人は、それぞれの著作の出版を準備するために、果物や樹木に自然に刻まれた驚異的なイメージの話や、エトルリアの銘板の話を交換しあった。モンタルバーニは、アルドロヴァンディとコスピのコレクション、ルネサンスの好奇心とバロックの驚異とのあいだの強い結びつきを準備した。自然についての新しいより実験的なパラダイムを支持しようとする博物学者たちが、モンタルバーニのあとにミュージアムの管理を引き継ぎ、もはや時代遅れになった責務から解放されるにつれて、マルピーギと彼の支持者のグループの存在はたしかに目立ってきたにちがいない[☆34]。

一六世紀と一七世紀を通じて、多くの訪問者がボローニャのミュージアムに集まった。多くの人々が、アルドロヴァンディによって生き生きと記述されたドラゴンを、コレクションでもっとも注目すべき品目のひとつとして強

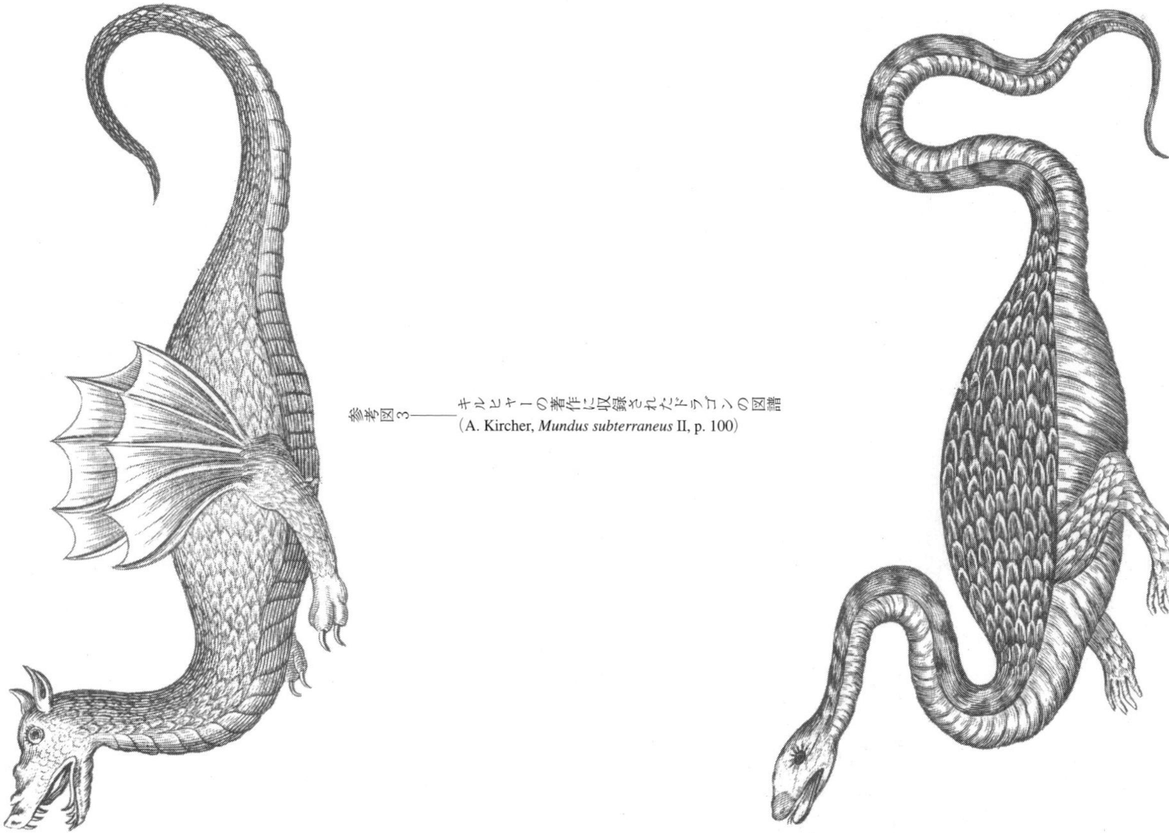

参考図3――キルヒャーの著作に収録されたドラゴンの図譜（A. Kircher, *Mundus subterraneus* II, p. 100）

Figura prodigiosi Draconis alati, ex Museo
Cardinalis Barberrini, apud Terrentinum Lynceum

調した。一六六四年、フィリップ・スキッポンは「この町の近郊で殺害された、ドラゴン、すなわち二本足で翼をもった蛇」と記している。アタナシウス・キルヒャーは、『地下世界』(*Mundi subterrannei*)の中の有名なドラゴンについての議論に挿図を添えている［参考図3］。一方、フランチェスコ・レーディは、双頭のドラゴンに関する自分の議論と比較するために、ボローニャのドラゴンを引き合いに出して、「ボローニャの名高いアルドロヴァンディのミュージアムには、ミイラ化したドラゴンがいまも保管されている」と述べている。一六九三年になっても、ウィリアム・ブロムリーは、「一五七二年、グレゴリウス八世の治世にボローニャの近郊で捕獲されたドラゴン」は、アルドロヴァンディのミュージアムに所蔵されていた「ガラス瓶に詰めて名前を付した七一二点の自然の珍品」の中でもいっそう興味深いもののひとつであると、感想をもらしている。☆35

マルピーギのような学者たちは、「自然」(naturalia)と「驚異」(mirabilia)の賜物を送ってくれるよう、保管管理者たちにしきりに催促していた。この解剖学者は、ミュージアムの出版物を酷評していたかもしれないが、それにもかかわらず、自然のオブジェの貯蔵庫として、またボローニャの科学文化の主要な社会的中心のひとつとして、ミュージアムの重要性を認識していたのである。「アルドロヴァンディの公共の書斎とミュージアムに陳列するために、水に棲息する珍しい生きもの、稀少なもの、石化した事物の標本など調達してくださるようお願いします」と、マルピーギはジョヴァン・バッティスタ・カプッチに書き送っている。ローマ教皇の特使が新しい支配者としてボローニャに着任するとき、市のすばらしい宝を視察するためにミュージアムを訪れるということが、その入場の儀式の一環として慣例になっていた。この訪問は、アルドロヴァンディのミュージアムがその町のアイデンティティにとって中心的な役割を果たしていることを、儀式によって確認するものであった。パンフィーリ枢機卿は、一六九〇年に到着して数週間のうちに、ミュージアムを観覧した。「彼は、『アルドロヴァンディの書斎』を見学したおり、ボンフィリオーリ博士殿といくつかの珍奇な品々について議論を交わしておられました。また、この枢機卿猊下は、学識者のような明敏な好奇心を示しておられました」と、マルピーギは教皇特使の甥マルカントニオ・ボルゲーゼに報告している。[36]

特使の行動を記述するにあたって、マルピーギは、ミュージアムの参観者の適切な振る舞いとして彼が考える、標準的な見解を示している。理想的なミュージアムの訪問者とは、ミュージアムを見学するという経験を理解できる人のことである。驚異への抑制のない欲望よりも、むしろ「分別のある好奇心」が、理想的な訪問者を決定するのである。教皇特使が示した判断の能力に対するマルピーギの評価は、ガリレオやデカルトのような自然哲学者たちによる好奇心への批判が自然の研究に浸透し始めていた、一七世紀後半という時代の感受性を喚起させる。一六九〇年代までには、学識あるミュージアム訪問者の行動は、すでに一六世紀のものとなっていた紳士的な振る舞いの規範（プロトコル）によってではなく、驚異の不適切な利用を厳しく咎める、新しい実験哲学の作用によって「教化され」ていたのである。[37]

それでも、マルピーギたちの努力にもかかわらず、驚異への感情的な反応を完全に抑えることはできなかった。一八世紀の末においても、アルドロヴァンディとコスピのコレクションはいずれも科学研究所（Istituto delle Scienze）のミュージアムに統合されてすでに久しかったが、好奇のオブジェに眼のない余暇と知識をもてあましたこれらの有徳文化人（ヴァーチュオーソ）たちは、アルドロヴァンディが集めた自然の驚異を見るためになおもボローニャを訪れていた。「彼が遺言で故郷ボローニャの評議会に遺した特異なミュージアムは、今日もなお、かの名高い町の勲章であり、教養ある旅行者たちにとって主たる名所であり続けている」[38]。彼の巨大なコレクションの面影は現在、この蒐集家の書籍、手写本、彩色図解、版画や、わずかに残された陳列品を収蔵するボローニャ大学図書館の特別室で見ることができる（一九八八年には市立中世ミュージアムが開館し、コスピのミュージアムの収蔵品で現存するものを常時展示している）。三次元の形態をもつものは、化石のように耐久性があり、アルマジロのような雑多のものを除いて、ほとんどが残存してはいない。大部分は図解や文字による記述という形態で「存在」しているのであり、それらは、個人の栄光と哲学的達成のために自然のあらゆる部分を保存しようとするアルドロヴァンディの願望を反映したコレクションの断片となっている。

アルドロヴァンディは、自分の莫大な仕事が死後にも影響を及ぼすことを意識していた。ちょうどアリストテレスが自らの仕事を弟子たちに伝えたように、アルドロヴァンディは、決定的な博物学を書くという未完の仕事を自分の弟子たちが引き継いでくれることを望んでいた。その晩年、彼の著述——ほとんどはそのミュージアムのオブジェに関するもの——は、合わせて四〇〇巻を越えていたが、それは、出版するのに一世紀以上かかるだろうと彼は公言していた。「これらすべてとともに、私は自宅に三人の写字生、優秀な画家、素描家、版画家を雇い、［陳列品の］輸送に多くの時間を費やし、イタリアのほかのいかなる図書館にも引けをとらない図書館で過ごしている」[39]。もしわれわれが、知るべきことは常に増え続けていくと仮定するならば、あらゆる知識をひとつの屋根の下に集めようとするアルドロヴァンディの試みが途方もないものに思われるとしても、それは驚くべきことではないだろう。他方、未完成に終わった彼の計画の膨大な数と巨大な規模は、その同時代人たちをも驚愕させたのである。一六八七年のイタリア旅行のおり、マクシミリアン・ミッソンは次のように報告している。

> われわれは［市庁舎で］アルドロ［ヴ］アンドゥス（Aldro [v] andus）の珍品奇物のキャビネットを見学しました。コスピ侯爵のキャビネットがそこに併合されていて、全体が市の所有となっています。……とはいえ、これら二つのキャビネットで、いちばん稀少で驚かされるのは、私がこれからあなたに報告しようとしているものです。つまり、ひとつの部屋の側壁には、すべてアルドロ［ヴ］アンドゥス自身の手で書かれた二折り（フォリオ）の写本が一八七巻、さらに綴じられていない原稿のつまった二〇〇以上もの鞄があったのです[40]。

一連の論題——鳥、昆虫、魚、四足獣、蛇、怪物、さらに石、金属、宝石、化石といった鉱物——にわたって出版された一三巻は別にすると、手写本には、アルドロヴァンディの夥しい書簡、論文の草稿、自然界を分類して表にまとめた一覧表、さらに、読書ノートをアルファベット順、話題別、地域別に整理した、彼自身の百科全書的な提要などが含まれる。一七世紀半ばに何度かミュージアムを訪れた、饒舌なリチャード・ラッセルズは、次のように述べている。「手写本群を見て私は、その人は三〇〇年以上も生きたのではないですか、と尋ねたほどだ。……しかし、彼はほんの八三歳まで生きただけです、という答えが返ってきた。かくも膨大な仕事にしては短い年齢である。しかし、そのことがわれわれに示しているのは、もし人が早朝に目を覚まし、起きているあいだずっと粘り強く仕事をするならば、一生にどれだけ遠くまで学問の旅ができるかということである」[☆41]。

われわれは、本章の口火を切った教皇の凶兆からかなり遠くまできてしまった。アルドロヴァンディのコレクションには幾千ものオブジェがあり、その各々がそれ自身の歴史をもっている。見学者たちは、引きだしや瓶の中で剝製にされたり、壁や天井に吊されたりしたそれらの蒐集展示品の一つひとつに眼を向けては、いったいどのようにしてこれほど多くのものがこうして一カ所に集められたのかと思いをめぐらせるようにうながされる。とはいえ、同時代人たちをもっとも驚かせたのは、アルドロヴァンディの計画の膨大な総計である。さまざまな百科全書的な企画に自ら従事している人々はいたが、それにもかかわらず彼らは、アルドロヴァンディ——彼に匹敵するのは、スイスの博物学者コンラート・ゲスナーのみであるが、同様の野心的計画は、一五六五年の早すぎた死によって中断されてしまった——が、古代の哲学的原理に従って完全な博物学を著わすためにそのミュージアムを役立てていたことを、よく心得ていた。

アルドロヴァンディ以後

アルドロヴァンディのミュージアムは、一六世紀と一七世紀のイタリアにおいて、唯一の名高いコレクションだったわけではない。それと並んで、ほかにもいくつかの初期の科学ミュージアムがあったが、それらが時の試練に耐えてきたのは、蒐集展示品によってではなくて、記録（メモ）／記憶（リー）によってである[☆42]。ヴェローナの薬種商フランチェスコ・カルツォラーリとナポリの薬種商フェッランテ・インペラート、ローマの教皇の医師ミケーレ・メルカーティのような同時代人は、自然のミュージアムを創設し、それらは一七世紀の驚異に数えられた。「遠路はるばるナポリを訪れた貴族や要人たちの誰もが、珍品奇物からなるそのミュージアムを見学したいと望み、実際に見学を終えたあかつきには、誰もが驚きに圧倒される」と、フランチェスコ・インペラートは、自らの父親のコレクションのことを自慢している。[☆43] 一世紀後、ヴァティカンの鉱物学コレクションについての、メルカーティによる手写本版のカタログを偶然目にしたパオロ・ボッコーネは、「この手写本は、……そこに含まれる博物学と学識のゆえに、医術を愛好しそれに精通したすべての旅行者に読まれるに値する」と推奨している。[☆44] カルツォラーリ、インペラート、メルカーティの三人ともアルドロヴァンディと面識があったが、おそらくは彼らは、ボローニャの蒐集家の桁外れの野心には匹敵すべくもなかった。とはいえ、彼らが創設した自然のオブジェを集めたミュージアムは、一六世紀の後半までには、博物学者にとって蒐集が共通の実践として広まっていたことを証言している。

ナポリでは、薬種商フェッランテとフランチェスコのインペラート父子の蒐集活動は、アカデミア・デイ・リンチェイ（「大山猫の眼をもった［慧眼な］人々のアカデミー」、一六〇三—三〇年）の会員たちとの親密な交流をもたらした。このアカデミーは、ローマの貴族フェデリコ・チェージによって一六〇三年に設立され、会員の一人に数学者ガリレオがいた。インペラートは、アカデミア・デイ・リンチェイの多くの会員たちと同様に、観察に基づいて自然の歴史を書き換えようとしていた。アルドロヴァンディほど古代の権威に頼ろうとしないインペラート——薬種商としての彼には、古典の資料を渉猟するのに必要な人文主義的な能力が欠けていた——は、コレクションの素材を使って、自然界の輪郭を新たに描きだそうとしていた。同様に、知識の新たな百科全書を創出しようとしていた多くのアカデミー会員たちも、ナポリを訪れたさいにはインペラートのミュージアムに足を運んだ。一方、ナポリ在住の会員たちのほとんどは、自分たちの研究を続行するうえで、インペラートの博物陳列室に依存していたのである。その見返りに、薬種商の方はリンチェイ側に、もっとも有名な会員であるガリレオがミュージアムを訪れるよう説得してくれることを期待していた。「ガリレオ氏がナポリにやってくるとうかがっておりますが、私は、多くのことについて、とりわけ光を吸収し保持している石について議論したいと思っております」と、一六一一年に薬種商は博物学者ヨーハン・ファーベルに書き送っている。[45]チェージやバルベリーニのように、望遠鏡を手にすることができないとすれば、せめて無熱光について哲学的な議論を楽しむことを、インペラートは望んだのである。

リンチェイ会員たちの活動は、全体として見ると、ガリレオのような人物によって宣伝された、実験哲学の合理的な数学的計算よりもむしろ、アルドロヴァンディの百科全書的な企図の拡充により類似していた。彼らもまた、アルドロヴァンディと同様に、自然を研究するためにミュージアムが重要であることを認識していたが、彼らが自然を蒐集しようとしたのは、アリストテレスの博物学を高めるというよりもむしろ解体するためであった。チェージ、ファーベル、デッラ・ポルタ、そして彼らのパトロンであるフランチェスコ・バルベリーニたちはみな、ミュージアムを所有しており、中でもカッシャーノ・ダル・ポッツォは、バロックのローマにおいておそらく第一級の芸術の蒐集家であった。[46]マドリッド旅行から一六〇八年にローマに戻ったヤン・エックは、フランチェスコ・ステッルーティに「私は約一〇〇種にものぼる植物を手に入れました。……私は、自然の事物を集めたミュージアムを準備しているところです」と報告している。[47]蒐集は、伝統的な制度――大学と医師や薬種商の職業的ギルド――に属していたアルドロヴァンディやカルツォラーリ、インペラートのような博物学者たちの独占物ではなかった。それはまた、一七世紀にヨーロッパ中で生まれていた新しい科学アカデミーの知的生活をも鼓舞していた。アリストテレスにとってかわるためにアリストテレスを却下したベーコンと同じ精神をもって、チェージは、知識の地図を描き直すために、自ら蒐集した自然のオブジェを利用した。とはいえ、リンチェイ会員たちの活動の新しさは、彼らの行動というよりも、彼らのレトリックの中にあった。何か新しいことを実行すると声高に宣言しながらも、結果を得るために彼らが用いていたのは、アルドロヴァンディと実質的には同じテクニックだったのである。[48]

リンチェイ会員たちがインペラートに助けられて、一七世紀の初めに博物学の顔をかたちづくったのにもかかわらず、一六三〇年のチェージの死によるアカデミーの解体は、その後の数十年のあいだ、彼らの努力が報われる機会を奪ってしまった。コペルニクスの天文学に固執したためにガリレオが一六三三年に断罪されたことを受けて、イタリアの自然哲学者たちは、哲学的な新しさが中心的な特徴であることを謳った知的企てを公刊することにますます用心深くなっていった。リンチェイ会員たちの時代は終わり、そしてイエズス会とアカデミア・デル・チメント（Accademia del Cimento［分析アカデミー、一六五七―六七年］）の時代が始まった。仲間のアカデミー会員ガリレオの有罪宣告に署名したインクが乾くか乾かないかのうちに、フランチェスコ・バルベリーニは、コプト語の手写本を翻訳させ、自分が魅了されていたエジプトのヒエログリフについて調査させるために、ローマにアタナシウス・キルヒャーを呼び寄せる交渉を続けていた。アルドロヴァンディ、ガリレオ、そしてキルヒャーのような哲学者は、ある特殊な探求形態に専心することを選んだであろう。彼らにとってそれは、知的な投資であった。バルベリーニのような有徳文化人（ヴァーチュオーソ）は、知識が学識ある宮廷的世界の強制的な要求に応じてそれ自身変化する、より可変的な、社会的に規定されたカテゴリーであると考えていた。ガリレオは、教皇の宮廷とのつながりを断ち切ることを余儀なくされた。そこには、ウルバヌス八世の甥であったバルベリーニが留まっていたからである。[☆49] 枢機卿は、宮廷で自分を楽しませてくれる新しい哲学者を必要としていた。イエズス会士キルヒャー——人文主義者にして哲学者、しかも良きカトリック教徒——に白羽の矢を立てたことは、すぐれて中立的な選択となった。キルヒャーは、バロックにおける科学文化のエンブレムとなったが、マルピーギのような同時代人たちは、彼のことを非難すべき存在とみなしており、ロバート・ボイルや書記官ヘンリー・オルデンバーグのようなイギリスの王立協会会員も大きな疑いの目で彼のことを見ていた。

一七世紀のイタリアにおいては、有徳文化人（ヴァーチュオーソ）たちは競って、ローマのアタナシウス・キルヒャーとミラノのマンフレード・セッターラの気を引こうとした。一六八〇年に歿するまでイエズス会のローマ学院（Collegio romano）で数学の教師を務めたイエズス会士キルヒャーは、「とりわけもっとも難解な言語や文字や記号の解読に異彩を放つて」いた。[☆50] 自然を文字どおり脱神話化するためにその珍品奇物を用いようとしたアルドロヴァンディとは異なり、キルヒャーは自然を、神から霊感を受けた栄光あるヒエログリフととらえ、その表徴を、ローマ学院のミュージアムに展示した。古代の諸言語や世界の諸言語、考古学、天文学、磁気学、中国およびエジプトの文化についての彼の研究は、科学的にも民族誌的にも稀少な品々からなる彼のコレクションによって大いに進展した。そのコレクションは、特別展示品として、また教育の道具として、一九世紀になるまでローマ学院に保管されていた。[☆51] キルヒャーの死後、一六九八年に「賢明なるアリストテレス主義者」であるイエズス会士のフィリッポ・ボナンニがミュージアムの館長となるまで、ミュージアムは崩壊していた。[☆52] 一六八七年に、ミッソンは次のように述べている。「ローマ学院にあるキルヒャー神父のキャビネットは、以前はヨーロッパでもっとも興味深いもののひとつでしたが、荒れ放題で散り散りになっています。とはいえ、いくつかの機械仕掛けとともに、自然の珍品奇物のコレクションでかなりのものはまだ残っております」。[☆53] キルヒャーは、アルドロヴァンディのミュージアムを保持し援助していたような都市との結びつきを欠いていたので、キルヒャーのコレクションは、たちまちのうちに消滅してしまいかねない危機的な状況にあった。ボナンニがその再建を引き受け、彼自身の専門的な貝のコレクションと、精緻に製作された数多くの顕微鏡を元来のミュージアムに加えたのである。完璧な、認識論的に紛れもないアリストテレス主義者であることを自認していた最後の自然哲学者ボナンニは、キルヒャーのミュージアムの保存を、アリストテレスとプリニウス以来実践されてきた博物学の目的と方法を解体させかねない、実験哲学に対する最後の防衛であると理解していたのである。

ミラノにあるセッターラのギャラリーを、「自然のものも技芸によるものも含めて、保管されているその作品の多様性において、イタリアのすべての［ミュージアムの］中でもっとも名高い」と一六八一年に描写したのは、ボナンニであった。[☆54] 著名な医師ロドヴィーコ・セッターラの息子で聖職者のマンフレードは、科学的に珍奇なものへの父親の情熱を受け継いだ。イエズス会士の修辞学者エマヌエーレ・テザウロの弟子を自認していたセッターラは、自分のコレクションを、このうえなく機知に富むテクストとみなしていた。[☆55] あらゆるオブジェに隠れた意味で充満しており、伝えることよりもむしろ驚かせることが意図されていた。セッタータの創設したミュージアムには、彼自身の考案による視覚装置はもちろんのこと、カトリックの布教の侮りがたい膨大なネットワークによってはるか遠方からもたらされた、自然の珍品奇物や民族誌的な珍品奇物で溢れていた。彼はまた、一七世紀の最初の数十年間、ミラノの大司教で芸術の大蒐集家でもあったフェデリーコ・ボッロメーオの温かいパトロネージを受けるという幸運にも恵まれた。一六八〇年にセッタータが歿してからは、ミュージアムは何世代かその一族のもとに残されたが、一七五一年最終的に、ボッロメーオが一六三〇年に設立したアンブロジアーナ図書館に移された。[☆56]

収蔵した数々のオブジェがキルヒャーのミュージアムよりもはるかに用心深く管理されたという幸運にもかかわらず、セッタータ自身は、そのミュージアムを地方の科学文化の基盤として活用するという——ボローニャでアルドロヴァンディが、フィレンツェでレーディが、ローマでキルヒャーがおこなったような——試みには失敗した。そのミュージアムに外国人たちを引き寄せることには成功したものの、知的な交流を当てにできる地方の学者たちが、彼のまわりにはほとんどいなかったのである。ヘンリー・オルデンバーグに宛てて、一六六七年にセッタータは次のように書いている。「われわれに欠けているのは、科学の研究者を庇護するパトロンたちと、自然を解明するというよりも宝を貯えようとする忍耐強い努力でありま[☆57]す」。ミラノは、二、三のアカデミーや神学校を誇ってはいたものの、学者たちをボローニャに引きつけたような卓越した大学、フィレンツェのメディチ宮廷のような政治の中心、あるいはカトリック世界の心臓たるローマに見られるような多彩な公共施設を欠いていた。訪問者や文通相手は、セッタータが文芸界に参加することを可能にしたが、それでも、ミュージアムを都市的存在と定義する政治的かつ文化的な機関の不在を補うことはできなかったのである。

キルヒャーやセッタータのような蒐集家たちをとりまいていたのは、枢機卿、君主、文芸愛好家（ディレッタント）たち——もっとも名高いのはフランチェスコ・バルベリーニ、フラヴィオ・キージ、カッシャーノ・ダル・ポッツォ、ロドヴィーコ・モスカルドなど[☆58]——で、芸術と自然のコレクションに対する彼らの関心は、学識あるカトリック教徒たちの学問的かつ見世物的活動をいっそう活気づけた。これらパトロンたちの先導に従って、バロックの蒐集家たちは、異国趣味のものや科学的装置により強い関心を示し、自然の驚異とともに、民族誌的な珍品奇物、望遠鏡、顕微鏡、さらには遊び心のある無数の装置をそのミュージアムに詰めこんだ。彼らが表象しようと望んだのは、自然界の広範な大要というよりも、自然と技芸の弁証法であり、それは、オブジェと装置とを乱雑に並置することによって明らかとなるものであった。ルネサンスの博物学者たちは、コレクションの究極の目的として、自然の百科全書を設定した。この探求を推し進めつつ、バロックの博物学者たちは、百科全書がとるべき形式について思案し、たえずその境界を検証した。彼らもやはり伝統的な文化の探求をふたたび活性化させたが、しかし、彼らが採用した方法は異なっていた[☆59]。とはいえ、アルドロヴァンディからボナンニへと続く博物学者の系譜は、経験と結びついた学識こそもっとも信頼できる知識の形態であるという信念において揺らぐことはなかった。

フランチェスコ・レーディが、昆虫と毒蛇——一七世紀の後半にメディチ家の宮廷にあった博物学のコレクションに由来する——に関する一連の論攷の中で、古い権威の拒絶を宣言したとき、彼は実践よりもレトリックにより新奇さを発揮したチェージとよく似ていた。ほとんどの哲学的問題に関して、レーディは、キルヒャーやボナンニと鋭く対立していたが、それにもかかわらず、その方法のあらゆる段階で古代人たちの言葉に導かれていたのである。さらに重要なことは、レーディがフィレンツェで練りあげた実験は、ローマ学院におけるキルヒャー自身の実演が告げているのと同じ展示方法によって遂行されていたということである。レーディがどれほど自然を秩序立てようとしても、自然は彼に抵抗し続け、最後まで気紛れのままであった。おそらくはしぶしぶながら、しかし意を決して、レーディは並み居るバロックの自然の蒐集家たちと肩を並べようとしたが、驚異の探求から蒐集という行為を解放することは、後代の博物学者たちに委ねたのである。

ミュージアムとそのカタログ

そのほかにも多くのミュージアムやコレクションを抜粋することはできるが、それらの個々の歴史について論じることは控えたい[60]。これまでわれわれは、さまざまな博物学者たちの意図に注目することによって、博物学のミュージアムの出現を略述してきた。かわってこの節では、彼らが残したカタログに目を向けることにしたい。われわれがミュージアムについて考えるとき、カタログのことを考えないわけにはいかない。カタログは、コレクションが生みだしたもっとも重要な所産である。所蔵目録（inventario）が明らかに中世から存在していたのに対して、カタログ（catalogo）は初期近代の発明である。目録は、ミュージアムの内容を記録する。目録は、対象に分析的な意味を与えることなく、その一覧を作成することによって、ミュージアムの現実を量として示す。これに対してカタログは、解釈しようとする。一六世紀後半にカタログが出現したことは、ルネサンスの蒐集家たちの実践がいかに新しいものだったかを示唆している。

面白味に欠けるリストよりもはるかに、カタログはそのコレクションについての自意識に満ちた表示を提供している。カタログは、それぞれのオブジェをテクスト化し、かつコン・テクスト化する、複合し交差しあう物語／歴史の貯蔵庫である[61]。記述は一般に、二つの基本的な機能に役立っている。第一にカタログは、あるオブジェがミュージアムに入った状況を語る。しばしばそれは、偉業の英雄的な物語——一五七二年にドラゴンが捕獲されたこと、あるいは一六三七年から翌年にかけてキルヒャーがヴェスヴィオ山とエトナ山の噴火口に下りていったこと——であったり、遠方の征服であったり、重要なパトロンの特別の訪問であったりする。第二にカタログは、オブジェを、歴史的、文献学的、相互比較的に位置づける。蒐集家たちはいつの場合でも、名前の語源と、それがつくられた状況を知りたいと望む。このようにして、ひとつの蒐集展示品は、アリストテレスとプリニウスによって決定された科学的な規範と同時に、オウィディウスとホラティウスによって決定された文学的な規範によっても位置づけられることになる。新たな蒐集展示品が加わると、予期していたかのように、ミュージアムがそれを保持できるかどうかについて思案され始め、科学的特性や医学的特性について長々とした解釈が展開されることになる。最後に蒐集家たちは、オブジェを、できれば同等かまたはより大きな規模のミュージアムが所蔵している同じ種類のものと比較しないではいられなくなる。最新の獲得物を検査して、「それはほかよりも大きくて、良質で、強力で、高貴なものなのか、それとも――もっとも好ましいことなのだが――比較しようもないものなのか」と問うのである。以上が、入手したそれぞれのオブジェを蒐集家たちが調べるさまざまな方法の一例である。

カタログの、単純な目録から科学的な集成、そして文学的な著述への発展は、段階を経て進んでいった。最初に出版された博物学のミュージアムの記述は、コンラート・ゲスナーの『化石について』(*De rerum fossilium, 1565*) に補遺として付された、ヨーハン・ケントマンの「化石の箱船」(*Arca rerum fosilium*) であった。[☆62] 多くの一六世紀のミュージアム――たとえばアルドロヴァンディやアントニオ・ジガンティのミュージアム[☆63]――は、いずれも出版された記述を現在まで伝えてはいない。一六世紀の後半までには、蒐集家たちは、競ってそのミュージアムの内容を公にしようとしていた。印刷という媒体は、個人的にミュージアムに足を運ぶ人以外にも、観衆を広げるのに一役買った。出版されたカタログは、新しい次元のステータスを蒐集家にもたらした。博物学者自身によって著わされた場合には、カタログは彼の学識を顕示した。別の学者によって書かれた場合でも、その学者に記述を依頼するという権利を得ていた蒐集家にあるステータスが与えられた。フランチェスコ・カルツォラーリとフェッランテ・インペラートは二人とも、おそらく、飽くことなきアルドロヴァンディや根気強いデッラ・ポルタに比べると、はるかに慎ましい学問領域への貢献に甘んじていたが、何巻もの『博物学』を執筆するかわりに、自分たちのミュージアムの内容を記述するカタログを制作した。

カルツォラーリとインペラートのコレクションの場合には、それぞれのミュージアムで二冊ずつのカタログが出版されているため、われわれは、文学形式としてのカタログの発展をたどることができる。いずれも一六世紀の版は、一七世紀の版とは著しく異なっている。一五八四年のカルツォラーリのミュージアム・カタログは、医師ジョヴァン・バッティスタ・オリーヴィによって著わされた、図解のない簡潔なテクストで、二人の共通の友人で医師の、そのときパドヴァで教鞭を執っていたジロラモ・メルクリアーレに献呈されている。☆64 オリーヴィの主たる目的は、カルツォラーリが集めた壮観たる薬物類を宣伝することであった。そのため、注目すべきオブジェの存在は、詩や機知を紡ぎだすためというよりも、その医学的効能の分析を熟慮するための機会となった。それぞれの展示品は、薬種商としてのカルツォラーリの力量を確証するものであった。珍しい香料、一角獣の角、そのほか異国産の自然の断片すべてが、よりよい薬をつくるために調合された。カタログは、彼の商売のためのひとつの広告であった。これに対して、フェッランテ・インペラートの一五九九年の「カタログ」は、大要でもなければ、調剤における彼の技術を議論するものでもない（頻繁に蒸留／抽出の技術に言及することで、同業の読者の注意を引こうとしているとはいえ）。そのかわりにインペラートは、自らのミュージアムに展示されている自然の素材すべてに関する長年の考察から抜粋して、簡略な博物学を著わすことを選択した。☆65 それは、リンチェイ会員たちがとりくんでいた博物学の改訂作業に対して、多大な貢献をもたらすことになった。オリーヴィのカタログがラテン語で書かれているのに対して、インペラートの博物学はイタリア語で出版され、豊富な図解が添えられた。その中には、ミュージアムを描いた最初の図版も含まれている（図2）。それは一六七二年に再版され、大きな成功を収めた。

インペラートが素材を多様な本質的特性――塩類、脂肪、金属質、土、水、空気、そして可燃物質――に分類し、オリーヴィがカルツォラーリの高価な薬剤の香に陶酔し、その蒸留装置の見事なコレクションを称讃していた一方で、彼らの後継者たちは、そうしたオブジェに価値を付与する異なる戦略を用いている。一六二二年、カルツォラーリのミュージアムの二番目のカタログが世に出た。孫のフランチェスコ（小）によって注文され、二人の地元の医師、ベネデット・チェルーティとアンドレーア・キオッコ（もしかすると、オリーヴィのカタログの序文を飾ったソネットの作者ニッコロ・キオッコの親戚かもしれない）によって著わされたそのカタログは、ミュージアムとその新しい所有者の高いステータスを証言している。オリーヴィはかろうじて五〇ページを埋めたにすぎないが、彼の後継者た

図2――フェッランテ・インペラートのミュージアム。
Ferrante Imperato, *Dell'historia naturale* (Napoli, 1599).

ちは、その一〇倍以上ものページを召喚して、基本的には同じ蒐集展示品の価値を正当に評価しようとした。挿絵によって優雅に装飾された新しいカタログは、チェルーティとキオッコの適切な哲学的機知を示している。タイトルが示唆しているように、ミュージアムの媒介領域（パラメーター）は大きく広がり、「自然哲学と道徳哲学に属する多くの標本、さらに学識を発揮して展示され記述された……薬剤に適するそのほかの少なからざるもの、きわめて豊富な異国産の標本」も含まれていた。たとえば、珊瑚が引かれているのは、単にそれが薬として使われるためばかりではなく、複雑だが愉快なその語源のためでもある。珊瑚という語は、ゴルゴンに関するオウィディウスの物語［『変身物語』四・七四〇以下］の起源だったのだろうか、それともこの有名な神話の結果だったのだろうか。自然が詩を模倣したのだろうか、それとも詩が自然を模倣したのだろうか。☆66 一五八四年のカタログは、何よりもまず薬学の論文として記述されていたのに対して、一六二二年版は、ミュージアム所蔵のオブジェによって惹起された哲学的補説であった。つまり、三人とも医師であった。しかし、カタログを書く目的についての理解は大きく異なっていたのである。

医師ばかりではなく有徳文化人（ヴァーチュオーソ）を初めとする広い観衆を視野に入れて、チェルーティとキオッコは、さまざまな自然の創造物（naturalia）の特徴についての薬学的議論を、珍品奇物についてのより精妙な議論へと広げていった。この二人とフランチェスコ（小）は、このカタログの第二版を献呈したマントヴァ公ならば、もっとも完璧なテリアカ薬（theriaca）――カルツォラーリが見事に調合した「解毒剤の中の解毒剤」――の大要よりも機知に富んだ綺想の方をいっそう好むということに、疑いもなく気づいていた。一五八四年版のひたむきな目的から解放された一六二二年に刊行の巻は、自然と技芸のパラドックスに関するさまざまな哲学的議論の襞の中にオブジェを包みこむことによって、無数の異なる方向へと枝を広げていった。チェルーティは、ピサ大学の博物学の教授パンクラツィオ・マッツァンガ・バルゴエウス（在一六一七―二八年）とヴェローナの当地のアカデミーの会員たちとの論争について、楽しげに詳しく記録している。その論争でマッツァンガは、木からひとりでに産まれる鳥がいることを立証し、そ

れゆえコレクション中のいくつかのオブジェについては、それらの起源とされるものが正しいことを認めている。[☆67]
最初のカタログは、一六世紀後半に大きな関心を引いていた話題である、薬の適切な成分についての議論の産物であった。他方、二番目のカタログは、後期ルネサンスとバロックのイタリアのアカデミーで培われてきた人文主義的学識に折り紙をつけるものであった。オリーヴィが自然の「可能な利用法」を追求したのに対して、チェルーティとキオッコは、自然現象の「想像の可能性」を追求したのである。

第一版のカタログの著者として、オリーヴィ——息子の命を救ったカルツォラーリのテリアカ薬の効能を、彼は身をもって証明することになった——が最良の候補者として挙がったように、キオッコは、第二版を完成させるのに適した人物であった。インプレーサ——当時の学識ある貴族たちを大いに楽しませていたエンブレム——についての論文の著者でもあったキオッコは[☆68]、石に自然に十字の徴ができるというような現象と、隠された真理を顕わにすることを約束するヒエログリフとのあいだに、即座に関係性を打ち立てたのである。自然的象徴と人工的象徴とのあいだにもっともらしい関係を見るという能力によって、カタログ作者としての彼の技量はいっそう高められることになった[☆69]。オリーヴィとキオッコという二人の医師の異なる傾向性が示しているのは、前者のカタログが主に医師や薬種商たちに向けられたもので、そこで想定されていたのは比較的狭い観衆だったのに対して、後者のカタログでは、教養ある宮廷人や貴族へと観衆が移行しているということである。カルツォラーリこそイタリアの高貴な君主たちが見習うべき模範である、とチェルーティとキオッコが宣言したとき、彼らは、蒐集という威信を当てにすることで、卑賤な——名声を導くとはいえ——薬種商の実践を社会的に卓越した人々に模倣させているという事実に蓋をしたのである。[☆70]

カルツォラーリの第二のカタログほど豊富ではないが、フランチェスコ・インペラートが一六二八年に父親のミュージアムについて叙述していることも、実用性から芸術愛好性への同様の移行を示している。フェッランテもフランチェスコ・インペラートも、ともにナポリの最盛期の文化において顕著な地位を占めていた。フェッランテは、一五八四年にニド広場で起こったスペイン総督に対する反乱で、「民衆の首領」（capitano del popolo）となり、さらに「アンヌンツィアータの民衆長官」（governatore popolare dell'Annunziata）に二度任命された。その息子のフランチェスコは、政治活動についての一族の伝統を引き継ぎ、地元の政府の再建に関する論文を一六〇四年に著わした。[☆71] フェッランテもフランチェスコも、スペイン総督がナポリ滞在のおりに彼らの美術館をしばしば訪れたことを吹聴していたが、それは疑いなく、この都市の社交界における彼らの地位を高めるためであった。[☆72] この文脈において、博物学に対するフェッランテの情熱についての記述は、かなり啓発的なものである。ジョヴァン・ベルナルディーノ・ディ・ジュリアーノが物語るところによれば、フェッランテは、博物学の高貴さと有益さに引かれて、博物学者になった。そして「彼の父親が、……アラゴン王殿下やカール五世陛下の旗印のもとで果たしていた軍事や騎馬の訓練を放棄し、もっぱら哲学の研究に身を捧げ、先祖の栄光と張りあうほどまでに前進した」。[☆73] この社会的なメッセージは明らかである。すなわち、フェッランテの物語は、育ちの良さの勝利なのである。出自の正しい良き血筋の一族の薬種商だけが、博物学の職能において、そのような高い地位にまで昇ることができた。一五九九年のカタログでフェッランテが、自らの社会的出自についてはほとんど語っていないのに対して、彼の息子は、熱心に一族の系譜をつまびらかにしようとしている。蒐集と自然の研究は、初期近代のイタリアにおける多くのほかの実践と同様、ますます貴族化していく社会を反映していたのである。

第二のカタログに寄せたディ・ジュリアーノの序文は、さらに、インペラート一族の社会的地位の向上にミュージアムが果たした役割について示唆している。フランチェスコの生涯の記述にいたると、ディ・ジュリアーノは、余暇に嗜む訓練としての博物学の重要性を強調している。「実際、好奇の心を満たすことにより大きな満足を覚え、法律の勉強や、町の公務の処理に携わっているあいだでさえも、……目下の議論を具体化したいと彼は望んでいた」。いまやスピネート公となり、「卓越した政客となった」フランチェスコをとりまく状況のおかげで、一族は、兵士から薬種商へ、そして政治家へと昇っていったのである。この父子とそのミュージアムは、ナポリの貴族社会に同化しようという、「有力な市民たち」(principali cittadini)の側の企ての一翼を担っていた☆74。ミュージアムの所有は、社会の階段を昇っていくひとつの方法だったのである。好奇の心(curiosità)はたしかに、社会的平準化の動因ではなかったが、しかしそれは、出生や家系の差異を和らげることで、社会的に差異化されたさまざまな集団の交差点となった。

フランチェスコの『自然のさまざまな事物についての議論』(*Discorsi intorno a diverse cose naturali*)の内容に話を戻すならば、一族の状況が変化したさらなる証拠が見いだされる。フェッランテ・インペラートのカタログが、専門的な博物学者と「好奇愛好家」(curioso)の両方に向けられていたのに対して、彼の息子は後者のカテゴリーだけのために執筆した。一五九九年のカタログ『博物学』は、自然の隠れた特性に関する生涯にわたる探求の結実であった。そのカタログには、インペラートによる、ほとんどすべての薬剤の組成や化学についての深い知識について、また長年にわたる化石や、そのほかの特異で興味深い自然の断片の蒐集について報告されている。これに対してフランチェスコの『議論』は、ミュージアムでもっとも目立つ謎に満ちた蒐集展示品だけをとりあげ、せいぜいが博物学に関する標準的な参照著作——一族の図書館を飾っていたにちがいない——を大急ぎで読んだにすぎないことを示している。ピグミー、鰐、マンダラゲ、毒蜘蛛、胃石、パピルス、「石に変わった動物やそのほかの事物」、さらに別の自然の驚異が、そのカタログのページに溢れている。この著作を献呈されたフェデリコ・チェージが、インペラートの息子をアカデミア・デイ・リンチェイの会員に迎え入れる——彼はそれを望んでいたのだが——十分な根拠を見つけられなかったとしても、ほとんど驚くべきことではない☆75。カルツォラーリの第二のカタログと同じく、フランチェスコ・インペラートも、同僚というよりもパトロンたちに向けて書いた。カルツォラーリの息子と同じく、フランチェスコも、もはや強く結束した博物学者たちの共同体に属しているのではなく、自然の珍品奇物に興味を抱くより広い貴族文化に属していると自らをみなしていたのである。

カタログの形式と——それほど大きな程度ではないが——オブジェの選択において、カルツォラーリとインペラートのミュージアムが見せる変貌は、職業的な活動から高貴な娯楽へのコレクションの変化をよく物語っている。そのほかのコレクションの構造や展示もまた、この軌道を踏み固めている。ヴェローナの貴族ロドヴィーコ・モスカルド、フェルディナンド・コスピ、そしてマンフレード・セッターラのような一七世紀の蒐集家たちのカタログは、すべて機知と説得のモデルとなっている。侏儒、カメレオン、楽園の鳥たち、「自然の造形による異様な木」といったものが、数学的器具、「トルコの短刀と剣」、著名人たちの肖像画やメダルと、幸運にも一緒に並べられているのである。[76] セッターラのミュージアムの場合には、二つのカタログ――ひとつはラテン語でもうひとつはイタリア語――が二年のあいだに出版され、それぞれ医師パオロ・マリア・テルツァーゴとやはり医師ピエトロ・フランチェスコ・スカラベッリによって著わされた。[77] スカラベッリが述べているように、「テルツァーゴ博士の学識あるペンによる簡潔なラテン語」が、学者の観衆の必要に応えたのに対して、ミュージアムを見学したいと望む「勲爵士や好奇の心をもつご婦人方の多種多様な要請」によって、異なる観衆の必要に応えるために、俗語によるカタログを作成することを余儀なくされた。[78] ロレンツォ・レガーティとロドヴィーコ・モスカルドは、自分たちが求めていた宮廷人や貴族の観衆への返礼として、貴族たちのミュージアムを記述するさい、最初から俗語で執筆した。[79] 世紀の変わり目にあって、最後までラテン文学界の擁護者であったイエズス会士だけが、カタログをラテン語で出版することに固執したのである。

オリーヴィが、カルツォラーリの解毒剤の効能、とりわけその名高いテリアカ薬の効能について、カタログの大半を費やして論じたのに対して、一六二二年のチェルーティとキオッコの浩瀚なカタログでは、この第一級の薬の記述はわずか一ページにも充たないもので、一六五六年と一六七二年のモスカルドのカタログにいたっては、まったく言及すらされていない。[80] このように医薬の情報が周縁に追いやられ、古代の壺、エジプトの偶像、そして自然のパラドックスが優勢を占めるようになったことは、一六世紀と一七世紀のあいだに起こった自然を蒐集することのステータスの変化について、ある事実を物語っている。つまり蒐集は、当初「自然の利用」に関心を抱いていたアルドロヴァンディ、カルツォラーリ、インペラートら博物学者たちの一活動であったが、一世紀も経たないうちに、貴族や宮廷人たちを楽しませる余暇の娯楽となったということである。実用的な実践として好奇心を称えるよりもむしろ、一七世紀の蒐集家たちは、好奇心をそれだけでひとつの美徳とみなした。[☆81] 両方のグループは、ともにパラドックスや理解しがたい現象に魅了されていた。[☆82] しかしながら、後期ルネサンスの博物学者がより良い薬をつくり、自然界を分類するというアリストテレスの企図を完成させるために自然の秘密を探求したのに対して、バロック期の片割れは、エマヌエーレ・テザウロの『アリストテレスの望遠鏡』（*Cannocchiale aristotelico*）のような論攷の熱心な読者であり、精妙な区別を認識し創案することを究極の目的と考えていた。一七〇九年の『キルヒャーのミュージアム』（*Musaeum Kircherianum*）において、顕微鏡に一章全体を割こうとするフィリッポ・ボナンニの決定ですら、驚異のカテゴリーが顕微鏡の世界にまで拡張されたことを示している。[☆83] スティーヴン・グリーンブラットが指摘したように、「驚異」とは、物質的対象に固有の性質とそれへの反応の両方を記述するカテゴリーであった。[☆84] ミュージアムのカタログは、その最初の一世紀半のあいだに発展する中で、これら二つの定義を具現化させ、蒐集という経験を定義している好奇心の文化をコード化していったのである。

バロックの鏡

ボローニャの近郊でドラゴンが目撃されてからおよそ一世紀の後、もう一人の教皇にまつわる話が生じる。とはいえこれは、ひとつのオブジェというよりもイメージについての話で、まさに象徴的な変化を示している。というのも、一七世紀半ばという時代は、表象のもつさまざまな特性に強迫観念的にとり憑かれた時代として特徴づけられるからで、そのことをこのイメージはよく物語っているからである。イタリアで制作されたわけではないにもかかわらず、フランドルの画家ヤン・ファン・ケッセルの《ヨーロッパ》（一六六四年［図3］）は、コレクションの場としてのイタリアのもっとも完璧なイメージのひとつになっている。四大陸を描いた四枚のパネル［参考図4］のひとつである《ヨーロッパ》は、とりわけローマというイメージによって表象されている。中央に蒐集家が立っている（民族誌的な意図を充たすためだけに詰めこまれた他の三大陸のイメージとは対照的に）。彼は、蝶の標本の額を指さしながら、自らが蒐集したものたちに囲まれている。前景には、西洋双六のボード、トランプ、テニスのラケットなどの遊び道具があり、左の角の一部だけカーテンの引かれた後ろには、マンダラゲや怪物のような好奇のオブジェが見える。昆虫は天井近くに並べられ、貝類は床のうえに散らばっている。数々の武器甲冑、太鼓、旗、盾によって象徴される権力の対象は、戦闘の文脈から移され、教皇の三重冠と錫杖／笏は、コルヌコピアを立ててもつローマ［の女性寓意像］が座るテーブルに用心深く置かれている。二冊の本だけが際立つように示されている。プリニウスの『博物誌』と聖書である。

背景には、陰に沈む古代風の女性彫像が壁龕の中に据えられていて、蒐集家とその周囲のものがムーサたちの神殿にあることをわれわれに気づかせている。さらに正確に言うならば、それはローマのどこかにあるミュージアムである。教皇ゆかりの貴重な蒐集品に一面覆われているテーブルの向こう側に目をやると、カステル・サンタンジェロが遠望される。これは、時間と場所の外に分離されたローマなのではなくて、ウルバヌス八世亡きあと、技芸と学問の庇護で名高い教皇、アレクサンデル七世（在位一六五五―一六七年）の時代のローマである[☆85]。テーブルの角から垂れ下がっている教皇教書と、蒐集家の背後にある肖像画は、蒐集家たるこの「ヨーロッパ」のイメージを、キージ家の教皇の表象として位置づけているのである。

ファン・ケッセルは、このイメージの中に蒐集家を蒐集する。蒐集家をさまざまな蒐集展示品で囲むことによって、それらを展示するという彼の能力もまた「展示」されることになる。オブジェの集積は、たんに蒐集家が何を集積したかにかぎられるわけではなく、いかにしてどこにコレクションがつくりだされたかにも関わっている。こうして、ファン・ケッセルによる「ヨーロッパ」の肖像は、われわれがすでにミュージアムのカタログに帰したのと同じ特性を見せることになる。蓋の開いた手紙箱と、前景に散らばっている貨幣は、ミュージアムを創設するた

図3——ヤン・ファン・ケッセル《ヨーロッパ》一六六四年（Bayerische Staatsgemäldesammlungen, Alte Pinakotek, München）

参考図4——ヤン・ファン・ケッセル
《アジア》
《アフリカ》
《アメリカ》
一六六四—一六六年
(Bayerische Staatsgemäldesammlungen, Alte Pinakotek, München)

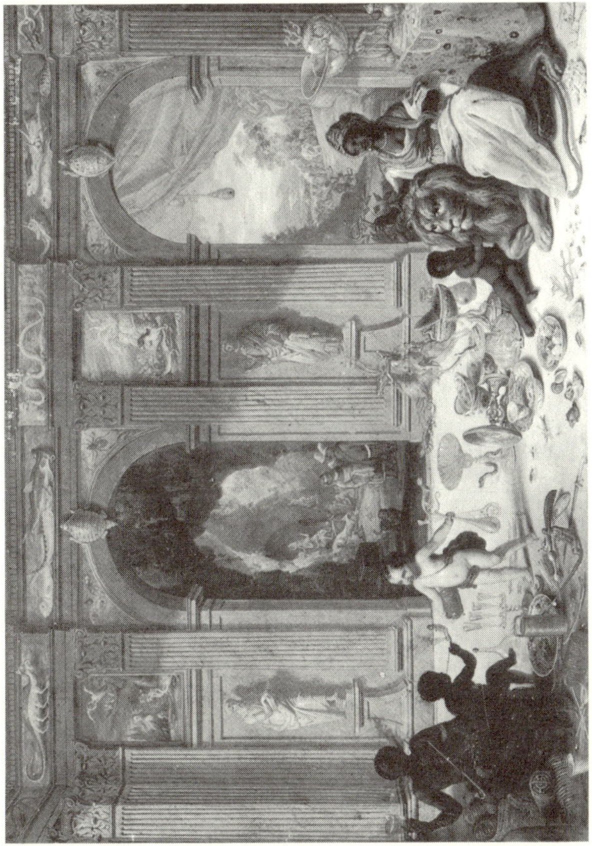

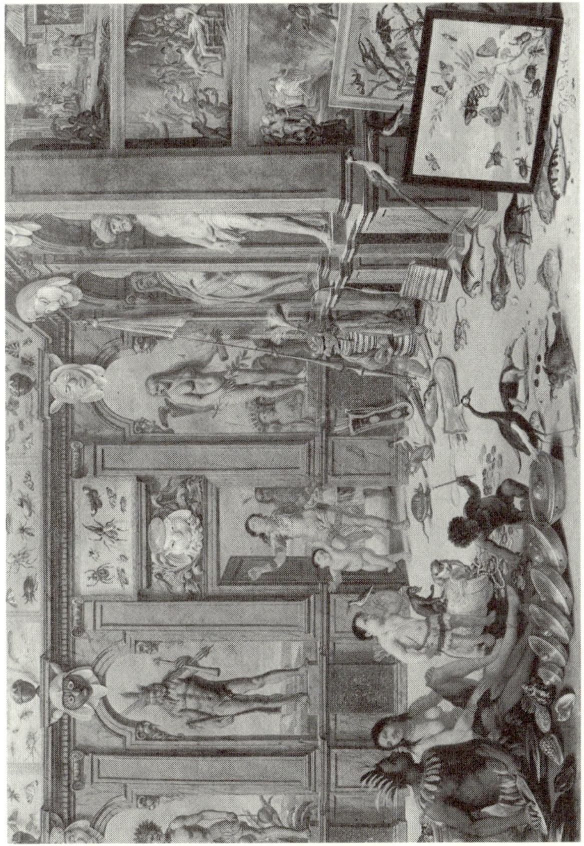

第Ⅰ部 ミュージアムの位置づけ 第1章「閉ざされた小部屋の中の驚異の世界」

めに必要となる社会的で財政的な資源――友人と富――を暗示している。キージ家の教皇への再三の言及が暗示しているのは、成功したすべてのミュージアムの背後にある、こみいった庇護／被庇護（パトロネージ）のネットワークと訪問可能性の原則である。ペトラルカ的な孤独の神殿としてミュージアムを表象するというよりも、ファン・ケッセルの《ヨーロッパ》は、後期ルネサンスとバロック期のイタリアの人文主義文化を描破している。それは、書斎（ストゥディオーロ）に入ってくる蒐集家を迎える不協和音を、視覚と言葉によって奏でているのである。

画家ファン・ケッセルがこの四連画を制作した当時、アレクサンデル七世は、その権力の絶頂にあった。ファン・ケッセルがアムステルダム――アントウェルペンの宮廷画家としての彼の地位により適した町――ではなくて、ローマに焦点を当てることを選んだとすれば、そのことは、一七世紀における「世界の劇場」(theatrum mundi) としてのローマというイメージの力を立証するものである。[☆86] その時代、信仰告白について不和があったにもかかわらず、ローマのみが一瞥のうちにヨーロッパ全体を象徴しえたのである。この「世界の劇場」の心臓部に横たわるのが、「百の技芸の師」アタナシウス・キルヒャーによって編成／演出されたローマ学院のミュージアムである。ファン・ケッセルの描くコレクターは世俗の服装をしているが、画家がバロックのローマについてのこのイメージを制作したとき、その念頭にあったのはキルヒャーではなかったのかと、推測することすらできるだろう。キルヒャーとそのミュージアムはたしかに、一七世紀のローマを都市 (urbs) にして世界 (orbis) たらしめていたものの心臓部にあり、そこでは、権力と特権、叡知と好奇心とが相互に作用しあっていた。プロテスタントにもカトリックにも等しく庇護されたイエズス会士とそのコレクションは、当時、信仰告白の境界を超越しているように思われたのである。

絵画の肖像からテクストによる解釈に目を転じるなら、助手のジョルジョ・デ・セーピによる、キルヒャーのミュージアムの一六七八年のカタログは、アレクサンデル七世のローマと、驚異とコレクションの場としてのそのイメージとの、もうひとつの結びつきを提供してくれる。ヨーロッパ［の女性寓意像］がもたれかかるテーブルの上に教皇の肖像を慎重に置いたファン・ケッセルに対して、キルヒャーはもっと遊び心のあるオマージュを捧げる。彼の有名な反射装置のひとつ、多面鏡の機械の中に、アレクサンデル七世の肖像を据えるのである。[☆87] 複数の鏡が組み合わされて、ひとつではない無数の教皇のイメージがつくりだされる。これこそ、まさにイエズス会の「反射の劇場」の中心に位置するものである。この劇場には、驚くべき視覚効果をつくりだす数々の仕掛けがあった。ボローニャのコスピのミュージアムにも、変幻自在の術策によって、観客とコレクションとを一体化させるような鏡が蒐集展示品の上に据えられていたが、[☆88] それと同様に、キルヒャーの幻映（イリュージョン）の劇場は、内と外との、ミュージアムとそれを創出した世界との境界を曖昧なものにした。それと同時に、こうした仕掛けは、蒐集家と蒐集されたものとの距離を増大させた。ミュージアムは、キルヒャーはわれわれに言うかもしれない、教皇の統治権と同じくらい遠くに広がった。一人のローマ教皇と支配下の多くの領国は、鏡の広間とその光学的な模倣を通して生みだされるエコーとしてよく描きだされる。多くの一六世紀の蒐集を背後から衝き動かしていた原動力が、奇妙な形状の蛇に関するアルドロヴァンディのテクスト操作によって要約されるとするならば、その一世紀後、バロックのミュージアムを特徴づけることになるのは、技術的な介入による「文字どおりの形態の操作」である。[☆89] ジル・ドゥルーズが指摘するように、「バロックは、……際限なく襞を生みだす」[☆90] のである。無限に続く屈折作用を生じさせることで、文字どおり教皇のイメージの襞を刻んでいく反射機械こそは、バロックの究極の蒐集展示品であった。

キルヒャーに倣って、キージやセッターラのような蒐集家たちは、訪問者たちの喜びと教育のために、数々の機械、自動人形（オートマタ）、視覚装置を寄せ集めた。ローマのキージ家のミュージアムの所蔵目録は、多くの貴重なオブジェに混じって、家族の住居へとつながる扉の隣に戦略的に置かれたマジック・ランタンと、そして中央舞台で、二つの振り子をもち、エジプトのミイラの墓に寄りかかり、「流暢な動きを見せる」[☆91] 操り人形をはっきりと記載している。機器制作者としての技術を誇りにしていたセッターラは、そのコレクションのいたるところに多くの仕掛けを備えていたが、ピエトロ・スカラベッリはそれを、「とてつもない多様性」を示し、「遊び心のある無数の欺き」に満ちたものとして記述している。[☆92] キルヒャーのミュージアムには、アトランティスの沈没をミニチュアで再現した「円球の泉」（fonticulus sphaerum）があったように、セッターラのそれには、中空に漂うキリストの像を浮かびあがらせるプリズムのような装置があった[☆93]。

キルヒャーの世界をアルドロヴァンディの世界から分けている、そしてアレクサンデル七世とグレゴリウス八世という二人のパトロンを分けている分水嶺を越えることは、個人の謙虚な実践から、集団の豪勢な活動へと変容するコレクションの歴史をたどることである。自然の豊富さに対する歓喜から、その豊饒（copia）に人間自身が貢献することによってもたらされる戦慄（スリル）にいたるまで、博物学者と蒐集家たちは、驚異を包容し、そして産出しうる自らの能力に満足を見いだしたのである。

第2章　パラダイムの探求

それに、どれほど多くのことを知り、天と地の大きさ、海の広さ、天体の運行、草木や石の働き、自然の秘密などを知ったとしても、君たち自身について無知だとすれば、それが何になるだろう。

——ペトラルカ『わが秘密』

「ミュージアムは」、とイエズス会士クロード・クレメンスが書いている、「きわめて厳密には、ムーサたちが住まう場所である」[☆1]。初期近代の蒐集家たちにの脳裏から決して去ることのなかったのは、自分たちが関わっている活動と、その活動を遂行する場とを明確に定義する能力であった。蒐集家たちは人文主義者として、言葉のもつ力を称揚し、彼らが過去に負っている恩義に謝意を表わすために、精緻な語源学や系譜学を紡ぎだした。ある単語の起源を知るということは、その単語のもつ視野を制限することではない。もしもなんらかの起源があるとすれば、それによってその単語の複雑さは増幅される。ミュージアムそれ自体の厳密な境界を超える活動様式を表わすカテゴリーとしての、「ムーサエウム」(musaeum)というイデアは、その当時の百科全書的な傾向を示す適切なメタファーとであった。「ムーサエウム」という用語についてのもっとも抗しがたい魅力は、この用語が広範囲に及ぶ言説の実践の中に挿入されうる能力であった。ボローニャにあるアルドロヴァンディの自然の珍品奇物のコレクションは同時に、「陳列館」(museo)、「書斎」(studio)、「劇場」(teatro)、「小宇宙」(microcosmo)、「文書館」(archivio)、そしてほかの多数の関連する用語で呼ばれており、それらのいずれもが、彼のコレクションが抱くさまざまに異なる目的を形容するとともに、さらに重要なことには、各構造間の類似性をも暗示している[☆2]。「ムーサエウム」という用語は、その独特な包括力のおかげで、「図書館」(bibliotheca)、「宝物室」(thesaurus)、「万象殿」(pandechion)というような哲学的なカテゴリーと、「書斎」(studio)や「実験工房」(casino)、「陳列室」(cabinet)、「画廊」(galleria)、「劇場」(theatrum)というような視覚的な構造物とを交叉させ、混淆させることを可能にした。こうして「ムーサエウム」は、初期近代のヨーロッパの知的で文化的な生の重要な局面を描写する豊かで複雑な用語法を創出したのである。ミュージアムは、「書物の部屋」でもあれば、「宝物の部屋」でもあり、また「合切蔵」でもあった。[☆3] つまりそれは、見るための場所、「宝物館」(gazaphylacium)であるとともに、満たすべき空間、「豊穣の角」(cornucopia)でもあった。同時に「書斎」にして「田舎家」、「陳列室」にして「画廊」、しかも「劇場」でもあったミュージアムは、貴重な品々を収める空間がさまざまに理解されていたということを反映している。私的空間と公的空間とを媒介するものとして、さらには観想的実践としての学習という修道院的な概念と、テクスト上の戦略としての蒐集という人文主義的な概念と、コレクションによってかなえられる威光と誇示という社会的要請とのあいだで、「ムーサエウム」は、後期ルネサンスとバロックの文化にとって中心的イデア、イメージ、制度を包括する認識論的な構造となった。

蒐集家たちによる「ムーサエウム」という言葉の強度かつ精密な吟味は、彼らが言語のもつ想像力豊かな可能性を正しく認識していたことを強調している。「ムーサたちの家」というギリシア的イデアや、アレクサンドリアの有名な図書館である「ムーセイオン」(μουσεῖον)に端を発するこの言葉がたどってきた道程は、ミュージアムが詩的構成物から、この体系を通して蒐集家たちが自らの世界を探求し解釈する概念的体系へと変容したことを示している。[☆4] 新しい活動は新しい定義を必要とした。「ムーサたちの崇められる場が、ムーサエウムと呼ばれるのです」と、フェルディナンド・コスピのミュージアムの一六七七年のカタログ序文で、テオドーロ・ボンディーニは説明している。「同様にあなたはご理解なさることでしょう。古代人の多くは、詩や歌の守護のためだけにムーサという名を承認したのですが、それにもかかわらず、その名のもとにあらゆる知識を組みこもうと望む人もたくさんいたということを」。[☆5] あらゆる学問分野の結び目としての「ムーサエウム」という、ボンディーニによる意味の拡張は、とりわけ百科全書的な蒐集家たちの活動について同時代の評価と対応している。「私の小さなミュージアムもついにその名に値するものとなりました」と、キルヒャーの著作を寄贈されたジャコモ・スカフィーリは、その礼状に記している。「貴方の偉大なる労作にして贈りもの、『普遍的音楽学』(*Musurgia universalis*) のおかげで豊かとなり完璧となったいまや、神父様、たとえ、かりにそこには貴方の著作ただ一冊しかないとしても、ムーサたちの部屋と呼ぶのがふさわしいでしょう。というのも、それはムーサたちすべてを含んでいるのですから」[☆6]。イタリアに最初のミュージアムが出現して一世紀ののち、蒐集という言語は、キルヒャーのような蒐集家たちの企図を、学者たちが知識を貯え展示する部屋を意味するようになっていた「ミュージアム」という言葉で称するほどに発展を遂げていた。このような文化的推移をさらに先へとたどるならば、キルヒャーのもう一人の文通者がその記憶をたぐり寄せて、「この世の稀少でもっとも精妙な品々が保管されているギャラリー」[☆7]と想い起こしている。このように、「ムーサエウム」(musaeum) の定義と再定義、さらにはそれに付随する語彙は、百科全書派を定義するための最初の出発点となったのであり、そのミュージアムは、所有者があらゆる知識の支配者であることを示していた。

一七世紀の終わりまでには、蒐集家たちは、それが描写する活動の範囲をそのまま映しだす複雑さをもつ、当惑するほど夥しい語彙を蓄積した。イエズス会士フィリッポ・ボナンニは、ローマ学院のミュージアムを、「もっぱら壮麗さのためだけにつくられた」コレクションや自然科学的組織を主に指し示す用語である「ギャラリー」として分類することを拒絶し、このキルヒャーのコレクションを「ムーサエウム」と呼ぶことを好んだ。ボナンニは自分の選択を正当化するのに、古典的資料から豊富に引用してくるばかりか、ボナンニにとってもっとも魅力的な百科全書的イメージを与えてくれる、一七世紀フランスの学者ドミニク・ドュ・カンジュの文献学的な著述に根拠を求めている。ドュ・カンジュのミュージアムとモザイクとの誤った語源学的比較をそのまま引き継いで、ボナンニは、ローマ学院のミュージアムを次のような用語で定義した。「われわれはドュ・カンジュとともに次のように言おう。『〈ムーサたちの仕事〉(Opus Musiuum) はさまざまな色彩の小石を寄せ集めてつくられたものという意味を暗に含んでいる』言葉であり、それゆえ、博学な人がそぞろ歩きするために設えられた場には、モザイクによって目を喜ばせるばかりか、精神を豊かにするさまざまに多様な事物が存在するだろう」[☆8]。モザイクとしてのミュージアムは、幾世紀もの時の経過のうちにすべてがばらばらの状態におちいってしまった宇宙論（cosmologia）の諸断片を寄せ集めた。知りうるすべてのイデアと蒐集収蔵品を「ムーサエウム」という表題のもとに組織化することによって、蒐集家たちは、知識の危機を甘受しつつも、ミュージアムを建造することでその危機を解消しようと思い描いていたのである。

モザイクを再び組み立てること

ミュージアムのモザイクは、いかなる「断片」から構成されていたのだろうか。言葉の訓練として始まるボナンニの示唆的な類比は、「ムーサエウム」の定義の根幹をなす概念的な枠組みについての重要な側面、すなわち類型をつくりだすムーサエウムの能力を明らかにしている。相異なるオブジェを選択し並置することによって、初期近代の博物学者たちは、あらゆる蒐集行為の根底に横たわる、解釈のプロセスを反映する「モザイク」を形成した。知識の広大な領野を概観しつつ、彼らは、世界についての有意義な理解を発展させる一助となる項目を選択した。彼らの知的推定がいたるところで彼らを導き、どの蒐集収蔵品が博物学者たちにもっとも興味を抱かせるかを決定し、そこから引きだされる意味を統制した。そしてついには、具体的な知識の獲得によって、そもそも学者たちを蒐集へと導いていたイデアをも変容させるにいたった。一六世紀と一七世紀の博物学者たちを蒐集へと駆り立てていたのは何であったのかを理解するためには、まず第一に、世界を把握しようとした彼らの哲学的な大志を見極めなければならない。自然のオブジェをひとつの場所に集結させることで、彼らはいったい何を得ようと望んだのだろうか。彼らの百科全書的な企図を実現させるために、彼らはいかに物質的文化を利用したのだろうか。

一六世紀半ばまでに、自然哲学者たちは、選択可能な知識への多種多様な接近法を身につけていた。もっとも伝統的で正統的な方法は、それらが生みだし強化する普遍的な公理に直接関連するときにのみ個別のデータの蒐集を支持する、アリストテレス的な自然観であった。アリストテレスもまた、すぐれた科学的方法の基石としての演繹法の重要性を強調することによって、知識を広める明断な手続きを示した[☆9]。アカデミア・デイ・リンチェイの会員たちや、おそらくはレーディを別にして、ここで論じられた博物学者たちのすべては、ある程度はアリストテレス主義者であった。この資格／条件は重要である。アリストテレス哲学は、一三世紀と一四世紀に、アルベルトゥス・マグヌスとその弟子トマス・アクィナスの手によって、数々の変形／変質をこうむっていた。アリストテレスの言葉をより動的に解釈しようとするこうしたアプローチは、一六世紀と一七世紀においても続き、チャールズ・シュミットが適切にも「アリストテレス主義」(Aristotelianisms)と名づけた流れのより大きな展開を豊富に生みだした[☆10]。アリストテレス哲学は、ちょうど中世末期のキリスト教の要請に応えて修正を加えられたように、後期ルネサンスの人文主義とカトリック改革の文化という文脈の中で、同じような変容をこうむってきたのである。高まりつつあった感覚的経験の世界に向けてアリストテレス主義の扉を開いたのがアルドロヴァンディだったとすれば、キルヒャーは、宇宙の隠された意味についてのバロック的な省察への出発点として、アリストテレス主義を利用した。彼らは、一五世紀末におけるアリストテレスの全著作(コルプス)の再編集や再翻訳に始まり、エマヌエーレ・テザウロの『アリストテレスの望遠鏡』(*Cannocchiale aristotelico*, 1654)のような作品で幕を閉じる哲学的道程を反映していた。

アルドロヴァンディもキルヒャーも、ひとつの哲学的な枠組みに閉じこもっていたわけではない。それどころか彼らは、その時代の折衷的な傾向を映しだすかのように、自然への異なるアプローチを結びつけている。古代の権威に対して健全な敬意を払いつつも、彼らは、自然についての新しい哲学を熱心に受け容れ、知識を開放することで彼らが支持する知的伝統の可能性を促進し、知識を確実なものしていったのである。多くの同時代人たちと同じく、彼らの新しさは、根本的に新しい何かを創出したというよりも、知識のより古い形式を再び組み立て直したことにある。アリストテレスを再び構築し直しながら、彼らはまたプリニウスを再び組み立て直し、前者の哲学を改めつつ、自然の研究のより中心的な役割を後者の著作に与えた。古代の規範に対する彼らの包括的な態度はまた、以前は自然を研究する哲学者として規範的なステータスには値しないと思われていたさまざまな著作家たち——アリストテレスの弟子テオフラストス、ギリシアの医者ディオスコリデス、ローマの著作家オウィディウスとプリニウス、神話的なヘルメスなど——を自然哲学者の列に加えることを可能にした。このように改訂され増大する「権威者たち」の折衷的なリストは、自然を観察した伝統的な医学の著作家たちへの敬意の念をも高めることになった。その中には、アヴィケンナ——彼のアリストテレス註解は中世とルネサンスの大学における必須のテクストであった——とローマ時代の医師ガレノスが含まれていた。[☆11] アリストテレスと同じく、両者とも、その著作が出版されるにつれて、一般に普及するようになった。知識を伝達し交換するための新しい形式——印刷機、およびそれをとりまく出版や書簡の活動——は、導き手として古代の賢者から学ぶという昔ながらの企図を甦らせた。ついには、この新たに発見された古代との親密な関係は、学者たちに、古代の権威者たちの超越的なステータスに疑念を抱かせ、オリュンポスの高みから死をまぬがれることのできない地上へと彼らを引きずり降ろさせることになった。古代の賢人たちに対する拒絶は、遅々として進まぬ骨の折れる過程を踏まねばならず、多くの人々がこれに抵抗したものの、皮肉なことにそれらの人々がこれを可能にしたのである。ルネサンスとバロックの博物学者たちは、それぞれ異なった仕方ではあれ、古代の博物学のパラダイムを解体するよりもむしろ拡大することを選んだ。しかし、この構造を侵害する恐れのある新しい影響力をも容認する彼らの決定は、まさしくそれを根拠のあやふやな壮大な殿堂としてしまったのである。

博物学の視野を定義していた古典的な枠組みを超えて、ほかの自然を扱う哲学領域も、初期近代という時代に特有の流れとして、蒐集家たちを招き寄せた。ヘルメス文書、すなわちエジプトの神ヘルメス・トリスメギストスに帰される前キリスト教的論攷の集積が一五世紀に発見されたことは、自然の象徴的研究を大きく促進した。[☆12] ヘルメス文書がマルシリオ・フィチーノによってラテン語に翻訳されると、それはたちまち、人文主義者たち、とりわけ新プラトン主義と秘教的自然哲学の信奉者たちにとって模範的なテクストとなった。神によって暗号化された構造として自然を提示したヘルメス主義的な自然観は、宇宙が秘密の状態にあることよりも開放されていることに夢中になった大多数のルネサンスの博物学者たちには、ほとんど魅力のないものだった。一世紀のちキルヒャーは、ヘルメス主義的な自然観を、イエズス会の知識のシステムの中心的な特徴とした。アルドロヴァンディは、ヘルメス文書やルルスの記憶術を、自らのミュージアムの構成と自然観にとっての哲学的な指針とすることを拒絶したが、それにもかかわらず、象徴的言説の拡張された役割から恩恵を受けていた。ウィリアム・アシュワースが指摘しているように、アルドロヴァンディは、一六世紀末に頂点に達するエンブレム的なものの文化にどっぷりと浸っていた。[☆13]その中で、アルドロヴァンディの「あらゆる自然の創造についての完璧な知識」への願望は、彼をして、格言、教訓、エンブレム、諺、共感、そして反感を、解剖学や生理学、そして調査されるオブジェの多様な利用法についての議論と結合させたのである。[☆14]このように、ボローニャの博物学者は、象徴的な言説それ自体には関心はなかったものの、知識の人文主義的な定義にとって必要な部分として、この言説を研究し発展させたのである。アルドロヴァンディは、「一組」の原理に基づくのではなく、異なる多数の哲学的システムを織りあわせることによって探求を定義しようとするルネサンスの百科全書主義者たちに共通の傾向を証言している。

たとえば『磁石、すなわち磁力術について』(*Magnes, sive de Arte magnetica*, 1641)、『光と影の大いなる術』(*Ars magna lucis et umbrae*, 1646)、『地下世界』(*Mundus subterraneus*, 1664)のようなキルヒャーの論文に目を向けるならば、そこには、アルドロヴァンディの分類図式を特徴づけていた細分化がなにひとつ見当たらないことがわかる。キルヒャーは、有機的で自己再生的な全体として世界を理解していた。彼が探求した構造は、ルネサンスの知識の人文主義的なカテゴリーにではなく、普遍的な哲学的原理の中にある。古代の叡知の中でも最古のヘルメス主義——ヘルメス文書は前キリスト教的なものではなくて古代末期の捏造であるという、一六一四年のイザーク・カゾボンの発表にも、キルヒャーは決してひるむことはなかった——は、このような枠組みのひとつを提供した。いかなるテクストよりも人類の始源に近く、聖書よりも古いとみなされたヘルメス文書は、読者に神聖な知識をもたらした。これは、自然の研究において神との霊的交渉を見いだす自然哲学者にとって、何にもかえがたい叡知を表わしていた。人文主義的探求の形式的カテゴリーに基づいて組織化されたアルドロヴァンディの博物学とは対照的に、キルヒャーの百科全書は、人文主義的文化のより神秘的で寓意的な連鎖が頂点に達したことを表わしている。神聖な秩序や調和に関心をもったキルヒャーは、ルネサンスのアリストテレス主義者であるアルドロヴァンディよりも、フィチーノやケプラーのような新プラトン主義者たちと類縁関係があったのである。

ヘルメス主義は自然哲学に新しい哲学的枠組みを提供し、この枠組みは、自然を同時代人のための道徳的な教訓の対象にしようとした博物学者たちにとって、とりわけ魅力的なものであった。自然魔術は、それらの博物学者たちに自然の働きを解説するという彼ら自身の役割を定義する機会を提供した。アルドロヴァンディは、明らかにこの伝統にある程度まで通じていた。彼は、デッラ・ポルタの『自然魔術』(*Magia naturalis*, 1558)を読んでおり、このやや年下のナポリの哲学者と文通していた。ジローラモ・カルダーノは、少しのあいだ、彼のボローニャ大学での同僚であった。[☆15] これら二人の哲学者と同じく、アルドロヴァンディもまた、自然には隠された意味をもつ数多くの実例があると信じ、それらを識別し理解しようと努めた。彼は、ヒエログリフ、(とりわけデッラ・ポルタの)観相学、そして一五七二年に出現したドラゴンのような凶兆に関心を抱いていた。しかしアルドロヴァンディは、自然の変化／変形に対するその両義的な態度において、一六世紀の博物学者の典型であった。このことは、彼が求めたのとは異なる知識のレヴェルをともなっていた。進んで人間身体を切開するヴェサリウスと同様の感覚で、アルドロヴァンディは自然を解剖することを熱望しつつも、自然の作用の人為的な実証をつくりだすことにはあまり気が進まなかったのである。アリストテレスやガレノスやプリニウスの経験主義的な要項を再興することに関心がある者にとって、自然を巧みに操ろうとするアルドロヴァンディの主たる目標は、根拠のある効果を期待できるものではなかった。

カルダーノとデッラ・ポルタのもっとも活動的な追随者は、セッターラやキルヒャーのような蒐集家たちとガスパール・ショットとフランチェスコ・ラーナ・テルツィなどの晩年の弟子たちであった。一七世紀の博物学者たちにとって、自然に関する知識はますます「自然を支配する力」を意味するようになっていった。彼らは、途方もなく予想しえない実験を遂行しようという主張が推論を超えて好奇に走っているとしてルネサンスの自然魔術を常に批判していたが、それにもかかわらず、そうした活動から霊感を引きだしていた。自然界の働きを再現しようとする彼ら自身の試み——彼らの展示室を満たしていた永久運動の機械、空気ポンプ、望遠鏡、そして顕微鏡といった標準的な発明は言うに及ばず、噴火する火山、沈没するアトランティス、反射し屈折する光、伝播する音など——は、われわれにバロックのミュージアムを連想させる奇矯なテクノロジーをつくりだした。[☆16] ヘルメス主義が蒐集家を魔術師（magus）と定義したとすれば、自然魔術は、哲学者を自然の真の支配者にしようとした。ブライアン・コーペンヘイヴァーが指摘しているように、「自然魔術の理論は、一連の物質的な対象を参照することで実例をあげて示された」。[☆17] アルドロヴァンディや大多数のルネサンスの博物学者たちにとって、これらの対象は単に自然の中に見いだされるものであり、キルヒャーやバロックの博物学者たちにとって、それらの対象は加えて自然から引きだされるものであった。

先の例が示しているように、博物学者たちは、伝統的なものから、秘教的なもの、実験的なものにいたるまで、この時代に特有の多くの異なる軌道の上を動いていた。彼らがこうした分岐した路を歩んでいたとはいえ、彼らはすべて好奇心という共通の特性を分かちもっていた。好奇心は博物学者たちを世界の内部へと誘った。そして好奇心は、彼らを驚異と経験という観点から知識を定義するよう導いた。[☆18]「驚異」は、予期しないものとの直面が惹き起こすさまざまな感情をその中に含み、「経験」は、そうした遭遇の反復によって獲得される知識を定義した。旅行と探検の最初の高まりの申し子であるアルドロヴァンディは、好奇心と彼の百科全書主義とを結びつけ、その両者を全体的な知識獲得のための探求と定義した。イエズス会の布教文化に培われたキルヒャーは、最古の秘教的な知識の形態に精通しようという欲望を通じて、その好奇心を表明した。アルドロヴァンディは、アメリカ大陸について知りたいという希望を抱いていたのに対して、キルヒャーは、支那と古代エジプトについて並ぶ者のない専門家となることを目標としていた。アルドロヴァンディは、人文主義者の標準的な言語、つまりラテン語、ギリシア語、そしてなにがしかのアラビア語とヘブライ語を身につけようと努力したのに対して、キルヒャーはさらに、支那語、サンスクリット語、アラム語、エトルリア語をリストに加え、ヒエログリフの神秘を解こうと試みた。二人とも、好奇心に導かれて努力を重ねた。ミュージアムは、権威＝典拠（オーソリティ）と好奇心のあいだで、過去の叡知への敬意と現在の可能性への昂奮とのあいだで姿を現わした弁証法から生みだされた。『学問の進歩』(*Advancement of Learning*, 1605) の中でフランシス・ベーコンは、知識を「飽くなき探求心が横たわる寝椅子」と定義した。[19]ミュージアムは一六世紀の末以来、「飽くなき探求心」を抱く大多数の者たちが集う場となった。ミュージアムの中で、博物学者たちが想像しえたのは、世界中のあらゆるものに完全に精通しようとすることにほかならず、そしてこれこそが、彼らが努力を傾注した最終的な目的であった。

一六世紀と一七世紀の博物学者たちは、いくつかの共通の傾向を分かちもっていた。彼らは権威を重んじ、自らの哲学的思索を高度にキリスト教化された枠組みの中に包摂した。中世の先導者たちとは対照的に、彼らは、知識の百科全書が無限に浸透しうるものであること、複層した影響に対して閉じられているよりも開かれていること、連続的というよりも不連続的であることを理解していた。[20]彼らはまた、自然をひとつのテクストと理解していた。「自然という書物」を読むことは、初期近代の博物学者たちにとって主要な活動のひとつであった。[21]蒐集は、書物というメタファーを再活性化させ再定義するのに役立つ活動であった。自然を占有することは、人文主義者たちが古代人の叡知を占有することと平行する過程であり、一五世紀の末にニコラウス・クザーヌスは、自然の占有を、ペトラルカによるギリシア写本の占有になぞらえている。ペトラルカは、ギリシア語が読めなかったために、それらの写本の意味を解き明かすことはできなかったが、彼がそれらを占有していたことになにがしかの価値があるとすれば、それは写本の内容に対する彼の共感のゆえであった。[22]同様に博物学者たちは、自然の占有が自然の内実の理解を最終的には早めてくれるのではないかと期待していた。

自然と学識という一対の書物に対して初期の人文主義者たちが抱いていた小心さは、一六世紀の終わりごろまでに、新たな信頼にとってかわっていった。古代哲学の諸言語を再活性化させ、ペトラルカの文献学的問題を解決する彼らの能力に勇気づけられて、博物学者たちは、自然の言語を解読するために彼らの人文主義的鍛錬を役立てた。ドメニコ会の植物学者アゴスティーノ・デル・リッチョは、それらの読みやすさを促進するため、自然のあらゆる部分に対してアルファベットを指定した。[☆23] ガリレオは、自らが自然の書物に精通したことを、ライヴァルであったフォルトゥーニオ・リチェーティがアリストテレスの全文献に精通したことと対比し、両者がいかに両立しがたいものであるかを強調したが、[☆24] ほとんどの博物学者たちにとって、こうした区分は想定しえないことであった。神以外のいかなる権威＝典拠の著述も火中に投じてしまったパラケルススとは異なり、自然に関する権威者たちの崇敬すべき言葉は探求のあらゆる段階で博物学者たちを導いた。古代のテクストを注意深く精読することは、自然という原テクストを哲学者たちが再読するように導いた。これは、アルドロヴァンディとキルヒャーの伝統の中で仕事をしていた博物学者たちははっきりと認識していた負債であった。たとえばボナンニは、「貝を集めること／読むこと」（Conchas legere）というキケロの格言を想起しつつ、貝を蒐集する過程を読むことのひとつの形式として特徴づけた。[☆25] ボナンニは同時に、アリストテレスの博物学の綱領に対するあらゆる攻撃を論駁するために、オウィディウスとキケロのレンズを通して、また彼自身が巧みに設計した顕微鏡のレンズを通して、「貝を読んだ」。貝を集めることと貝を読むこととの相互作用は、自然をテクストとして見ようとする願望をさらに強めた。ボナンニの宇宙においては、アリストテレスやプリニウスの著作のような規範的なテクストを読むことは、博物学者たちに自然を読むための準備をさせたのである。

ボナンニがこのような原則を主張していたときには、彼が支持していた自然のパラダイムはすでに衰退していた。一七世紀を通して、実験哲学の提唱者たちは、ほかのいかなるテクストをも省察することなく自然を解読することを強調していた。「何かを成就しようとするときにわれわれに必要なのは」と、フェデリコ・チェージはアカデミア・デイ・リンチェイの会員たちに宣言している。「この偉大な、真に普遍的と呼びうる世界という書物を読むことである」[26]。書物としての自然というメタファーを敷衍し、そして自然の新たな書物を形成するうえで蒐集の役割をさらに発展させることによって、チェージのような博物学者たちは、伝統的なイメージを革新の中心に据えたのである。『自然学と経験のミュージアム』(*Museo di fisica e di esperienze*, 1697) において、パオロ・ボッコーネは自然はひとつの偉大な暗号であるとなおも主張し、さらに彼は「実験哲学の愛好者たちの思索にふさわしい数多くのヒエログリフ」という言い回しで記述している[27]。自然は、もはやアルドロヴァンディやキルヒャーやボナンニのように頑固なアリストテレス主義者のためのテクストではなく、かわりにベーコンやガリレオの教えを吸収した博物学者に自らを啓示したのである。自然の占有は、もはやアリストテレスのプログラムを洗練し敷衍することはなかった。前者はただ、後者の根幹を揺さぶり、ついには破滅させるだけであった。

内容の性質や意味は大きく異なるとはいえ、一六世紀と一七世紀の博物学者たちは、「自然という書物」を、その意義が彼らの理解の限度を超えるものではないテクストと思い描いていた。自然を実体として占有することが、このメタファーに根拠を与え、それはまさに、自然の占有が自然哲学のほかの多くの側面を視覚的に明白なものとしたのと同様である。自然の研究という、移ろいやすく不安定な知識の領域と組みあうための方法を模索することで、蒐集家たちはミュージアムを、哲学的考察を加えるための「パラダイム的」空間に仕立てたのである。

古典的モデルとルネサンスの疑問

ルネサンスのミュージアムは、その名称だけを過去に負っていたわけではない。古典的モデルと現代的実践とを結びつけることによって、蒐集のプロセスの根幹をなす哲学的プログラムが形成された。博物学のミュージアムは、一般に、一八世紀における自然の歴史の再公式化と結びつけて考えられているが、そうしたミュージアムは、もっぱらアリストテレスとプリニウスの枠組みに起源をもつものであった。自然に関する権威者たち——アリストテレス、テオフラストス、ディオスコリデス、そしてそれらの統合者プリニウス——が博物学者たちを探求のあらゆる段階で導いたのである。それまで同定されていなかった現象にそれ固有の名称を与える方法論を述べながら、アルドロヴァンディは、「われらが哲学者アリストテレスの証言によれば、名称のないところに名称を創案することは哲学者には認められている」と説明している。[☆28] 一七世紀においてもいまだ、フィリッポ・ボナンニのような博物学者たちは、古典的伝統を自らの業績を計る基準点であると考え続けていた。『巻貝の観察における眼と精神の気晴らし』(*Recreatione dell'occhio e delle mente nell'osservatione delle chiocchiole*, 1683)の中でボナンニは、「プリニウスとアリストテレス以上に、誰が自然の事物について多くのことを知っているだろうか」と、書いている。[☆29]「幾世紀ものあいだ知識の支配者であった彼ら以上に」。

博物学のミュージアムは、ルネサンスの大学において、アリストテレス的な探求のプログラムを再構成するのに重要な貢献をした。それはまさに、多くの博物学者にとって、アリストテレスの初期の弟子たちによって普及された本来の「ムーサエウム」を復興させ、その背景の中でアリストテレス的な探求のプログラムを再構成することを表わしていた。パドヴァでは一六世紀の末、解剖学者のヒエロニムス・ファブリキウスが二つの劇場を組み立てた。ひとつは、ウィリアム・ハーヴェイのような学生の注意深い慎重な視線のもとで解剖をおこなっていた有名な解剖学劇場であり、そしてもうひとつは、動物世界の「諸部位」を定義するさまざまな生理学的過程や個々の器官についての自著を集成した「劇場」、すなわち『動物の全組織の劇場』(*Totius animalis fabricae theatrum*)である。[☆30] ファブリキウスが雛の幼胚(embryos)の発育に関する有名な研究を公にするよりも約四〇年ほどまえの一五六四年、アルドロヴァンディは、雌鶏の卵の胚子(fetus)の変化を毎日観察していた。そしてこれは、彼が野心的にも『棘学、あるいは万物の普遍史』(*Acanthologia, sive historia universalis omnium*)と名づけた著作の一部となった。[☆31] 換言するならば、ファブリキウスは、ボローニャでの彼の同僚アルドロヴァンディの探求をも包摂するある連続体の一部をなしていたのである。

動物の発生に関する探求においてアリストテレスを「自分にとって唯一の先導者」とみなしていたファブリキウスが誇示したようなアリストテレスに対するひたむきな崇敬の念を、アルドロヴァンディは抱くことはなかったが[☆32]、両者はともに、アリストテレスの科学的な仕事を——完成とまでは言わないとしても——拡張しているという仮定を共有していた。『動物誌』(*De historia animalium*)、『動物発生論』(*De generatione animalium*)、そして『動物部分論』(*De partibus animalium*)などのアリストテレスのテクストは、彼らの手引書であった。この点で彼らと合流するのは、アンドレーア・チェザルピーノやヤーコポ・ザバレッラのような同時代人たちである。前者は、ピサの医学部の教授で、有名な『逍遙学派の諸問題』(*Quaestiones peripateticae*, 1571)や『植物論』(*De plantis libri XVI*, 1583)の著者であり、後者は、一六世紀半ばにその著作がアリストテレス的方法論の復興に役割を果たしたパドヴァの哲学者であった。チェザルピーノは、植物の本質的特徴——すなわち生命ある存在に関するアリストテレスの哲学において彼が中心的なものとみなした「種差」(differentiae)——を決定する手段として、アリストテレスの方法論を復興させようと試みた[☆33]。これに対してアルドロヴァンディは、自らの出版物を通して、アリストテレスの著作全体を再生しようと力を尽くした。チェザルピーノが体系的本質主義者としてのプログラムを再確認することで、自然界のめくるめく豊富さと格闘したのに対して、アルドロヴァンディは、自然のめくるめく詳細さに夢中になったのである。

アルドロヴァンディとザバレッラはともに、パドヴァの理論医学の教授ベルナルディーノ・トミターノの後見を仰ぎ、彼から論理学の手ほどきを受けた[☆34]。スタゲイロス生まれの人［アリストテレス］の言説を、逐語的に受け入れるのではなく、生あるものの自然の姿についての適切な批判的見解を発展させる枠組みとして利用する、アリストテレス主義という形態へとアルドロヴァンディを導き入れたのは、トミターノと彼のボローニャでの指導者たちであった。たとえばザバレッラは一五八五年に、「何かを打ち立てようとするとき、私は決してアリストテレスの権威だけに満足しないで、常に理性に依拠するだろう」と見解を述べている[☆35]。アリストテレスのプログラム全体を疑問に付した、ポルトガルの哲学者フランシスコ・サンチェスのような懐疑的な同時代人ですら、こうしたアプローチを肯定したことだろう[☆36]。「理性」のための探求を掲げることでアルドロヴァンディは、自然の理解における観察と経験の役割を重視し、アリストテレス個人が事実をすべて検証したわけではないことを批判した。こうして自然のミュージアムは、アリストテレスの生物学についての著述やその追随者たちの博物学の中で準備されていた経験的プログラムの論理的な延長となった。後期ルネサンスの博物学者にとって、自然のミュージアムは、古代人たちの叡知を可視化するための、伝統の仲介者にして、つまるところはその擁護者という自らの役割を宣伝するための手段となったのである[☆37]。

アリストテレスを模倣しようとする欲求は、いくつかの方法でその姿を明らかにした。多くの博物学者たちは、アルドロヴァンディやファブリキウスのように、活字化された自然の劇場を創案し、とりわけ生物学の分野でアリストテレス自身が推し進めた自然の調査の区分と発展を模倣した。それぞれがその切片である彼らの著作を刊行した。ある者たちはまた、生物を無生物よりも特権化し、人間にもっとも近い被造物である四足獣を、人間の感受性からもっとも遠い被造物である昆虫よりも上に位置づけるという、古いヒエラルキーに従ってミュージアムのオブジェを配置した。別の者たちは、分類への衝動が高じて、自然をさらに細分化し、書籍の編成をもそこに組みこもうとした。たとえばアルドロヴァンディは、自然と人間の全経験をカタログ化したのと同じ情熱をもって、主題による図書館の編成を詳細に検討した。ゲスナーと同様、アルドロヴァンディも、自らの自然の百科全書が知識の百科全書に基づいていると考えていた。このようにして、あたかも書籍のタイトルそのものが象徴的にその内容を把握させるかのように、参考文献が蓄積され、諸学の標準的な分類に従って書籍は編成された[☆38]。より一般的には、蒐集家たちは、自然の「詳細」に、すなわちアリストテレスが奨めていた知識の形成に寄与する個別のデータに光を当てるために物質文化を利用した。この企ての結末にあったのは、世界を蒐集することによって、人間は最終的に普遍的な真理に到達するかもしれないというとらえどころのない期待であった。

多くの博物学者たちと同じく、アルドロヴァンディも、ほかの哲学や医学の伝統を自由に借用していた。医学に関心のあった彼は、ガレノスの言葉に格別に重きを置き、自然を正確に知りうるためには、良き自然哲学者であると「同時に」、良き医師でもあらねばならないと宣言した。自らの図書館の想像上の分類を思い描きながら、アルドロヴァンディは、彼の書物を参照する学者たちにそれら三者の強い類縁性が理解できるように、自然哲学と医学のあいだに博物学を配置した[☆39]。ガレノス、ディオスコリデス、そしてアヴィケンナは、自然の利用と、その知識の医学的必要性について多くの洞察を加えたが、しかし、それを哲学の地位にまで高めたのは、博物学のアリストテレス的枠組みであった。古代の医学の著作家たちは、彼がのちに自然の研究に適用することになる、ガレノスがくりかえし強調した特性である「経験」についてのアルドロヴァンディの理解を高めた。アリストテレス主義はまた、彼の探求に哲学的な正当性をもたらした。この文脈においてわれわれは、その編成が彼のミュージアムに集められたオブジェの意味を解く鍵を提供する、彼の「総観一覧表」(synoptic tables)にアルドロヴァンディが与えた重要性を想いだす必要があるだろう。「一六世紀後半にテクストに共通の特徴となり、それ自体が文学的形式となった[☆40]」ところの「図表／一覧表」(tabulae)と同様に、アルドロヴァンディの一覧表は、自然と知識の相異なる部分のあいだの関係性を要約していた。まさしくこのアリストテレス的な訓練をもってしてはじめて、訪問者たちに、ミュージアムに展示されたオブジェのあいだの関係性を理解させることができたのである。一五七一年の終わりにボローニャの博物学者が書いているように、「『すべての生物と無生物の種属を区分する普遍的方法』において、われわれは、既知のすべての可視的なものが、それらを正しく定義し記述するために、もっとも近い属に分類されるように［これらの事物の］輪郭をはっきり示し詳細に説明した[☆41]」。アルドロヴァンディにとって、記述は定義を、定義は秩序を、秩序は知識をもたらしたのである。

化石、怪物、植虫類、天使、さらには言語にまでいたる地上のあらゆるものを相互に適切な関係性の中に位置づける図表からなる、アルドロヴァンディの一覧表(methodi［体系表］)は、類と知識のヒエラルキーを打ち立てた。ミユージアムそのものと同様に、この一覧表は、哲学的に規定された様式／型を正しいと認める包括的な実体へと自然を「蒐集し、そして分類する」。この一覧表は、世界の「普遍的な体系的排列論」を打ち立てたのである☆42。類似した一覧表は、メルカーティの『金属学』（*Metallotheca*）のページにあふれ、チェザルピーノの『金属論』（*De metallicus libri tres*, 1596）を系統立てている。両者ともしばしばアルドロヴァンディと書簡を交わしていた。メルカーティは、自分の研究と蒐集の対象を「硬いもの」（res durae）という定義から書き起こしている。続いて彼は、本来の意味での石とそうでない石とを識別する。前者は、土と水と空気と火という四大元素からなり変化しないが、後者は、磁石や石綿のようにより変幻自在で複雑な形態を含んでいる☆43。これらの区別を決定するうえで、メルカーティは、「その差異が類縁の種をまとめて属を形成するために、そして……ほかの何ものももちえない固有の名称を対象に付与するその特殊な差異」を選り分けるという伝統に追従していた☆44。これは、アリストテレス主義者なら誰でも認識し称賛していた実践であった。

一六〇三年に、ボローニャの評議会に彼のミュージアムの編成を教示する中で、アルドロヴァンディは、訪問者がミュージアムの内容を適切に読みとることができるように、標本の陳列箱と「総観一覧表」を一緒に展示することが大切であると強調した☆45。それらの様式／型は世界の「普遍的な体系的排列論」を展開している、と彼は考えていた。四〇年以上にも及ぶ探求の成果であるその一覧表は、ルネサンスのアリストテレス主義者たちの全世代が蓄積した知識を表象していた。アルドロヴァンディの死から二〇年も経たないころ、フェデリコ・チェージのように公然と反アリストテレス主義を標榜する人々は、それぞれのコレクションからかたちづくられる一覧表を立案して、自然の古代のヒエラルキーを解体しようとした。チェージの『自然の劇場』（*Theatrum naturale*）には、アルドロヴァンディのような人々の著作に依拠しているところがまったく認められないとしても、自然を蒐集することと分類することの結びつきをについての強い主張は、彼らとの関連を十分に明白なものにしている。キルヒャーは『地下世界』（*Mundus subterraneus*）のような著作を通して、機会あるごとに一覧表を頻繁に入れこみ続け、ボナンニもまた、貝を分類したさいに、一覧表の論理的構造に訴えた。しかし、ルネサンスの博物学者たちだけが、知識の哲学的位置づけに対する一七世紀の懐疑主義者たちから浴びせられた批判にも惑わされることはなく、このような実践が真に権威ある行為であると思い描いていたのである。

アリストテレスが、自然を蒐集するための形式的な構造と哲学的な趣旨を提供したのに対して、プリニウスの『博物誌』（*Naturalis historia*）は、既知の世界をさらに遠くまで範囲を広げて探索し、その驚異をカタログ化するよう博物学者たちの好奇心を鼓舞した。フェデリコ・ボッロメーオは『ムーサエウム』（*Musaeum*, 1625）の冒頭に次のように書いている。「この著作を書き始めるにあたり、私はまず、ほかの誰よりもプリニウスを念頭に置いている。というのも、私は彼と競わねばならないと望んでいるわけではなく、それはあまりにもばかげているし無礼なことだ、そうではなくて、私の気持ちに反して、彼のとりあげている例が卓越しているからである」[☆46]。プリニウスを読むことによって博物学者たちは、宇宙内のあらゆるものを包含する能力において博物学という範疇がいかに広大で膨大なものであるかを思い知らされた。アルドロヴァンディは言っている。「太陽の下にあるもので、三つの類のいずれかに分類されないものはなにもない。すなわち、大地の内部から掘りだされた無生物や化石、植物、そして動物である。人工物でさえ、［それを構成する］素材に応じてこれら三つの類のいずれかに含まれる」[☆47]。プリニウスに従って、自然の蒐集家たちのほとんどは、自らのミュージアムに芸術、古物、科学機器を所有していた。メルカーティでさえ、大理石の例として、ベルヴェデーレの有名な彫刻のいくつかの記述をその『金属学』（*Metallotheca*）に含めている。

プリニウスが要求しているのは、総観的というよりも拡張的な知識へのアプローチである。彼の自然に関する哲学は、もっとも本質的な意味において、アリストテレス的な哲学の前提を完全に侵食している。アリストテレスは、博物学者たちが自然を第一原理に還元し、そうすることで自然についての形式的な哲学を創出することを支えたが、これに対してプリニウスは、博物学者たちを世界の特殊性と無限性に夢中にさせた。新世界の植物相や動物相の観察者たちはなによりもまず、それらの驚くべき特性がプリニウスを「ますます信用に値するものに」したということに気づかされた。プリニウスは、頻繁におこなわれるようになった旅行によってヨーロッパ人が発見した新奇なものの案内役を果たしていたのである。[☆48] アリストテレスが、宇宙を永遠なるものとして、時間を超越した真理によって充たされたコスモスとして記述したのに対して、プリニウスは、自然についての知識の増大をよりうまく収容しうる枠組みを提供することで、宇宙の広がりを博物学者たちに示したのである。

『博物誌』の構成は、蒐集家たちに、いかなる自然の細部も無視できるような無意味なものはなにもないということを気づかせた。その構成はまた、簡潔さではなくて統合こそが百科全書主義者の存在証明であることを示唆していた。プリニウスは、その記念碑的な著作の序文で次のように概説している。

> ドミトゥス・ピソが述べているように、書物ではなく宝庫（thesauri）が必要なのであるから、われわれは、約二〇〇〇冊——そのほとんどは内容の難解さゆえにこれまで研究者によって論及されることがなかった——を読破し、これまで調査した一〇〇人の著作家からとりだした二万の考慮に値する事象に、先駆者たちに知られていなかった事象や、それ以降の経験によって発見された多くの事象を加えて、全三六巻にまとめた。[☆49]

蒐集することの貪欲な本性は、いまやプリニウス本来の概算二万という数をはるかに上まわる、「考慮に値する事象」のすべてをカタログ化しようとする類似した欲求を顕わにする。ルネサンスの博物学者たちは、自らの創意と洞察力への挑戦として、まずプリニウスの序文を読んだのである。プリニウスが古代の人々を凌駕しえたのであれば、このローマの百科全書主義者を打ち負かすことは、人文主義者の野望にふさわしい称讃されるべき目標であった。

プリニウスと同様に、アルドロヴァンディは、自らのコレクションの大きさにとり憑かれており、彼が蓄積した

「事象」の総数を数え直さない週はなかった。彼は、一五七七年には約一万三〇〇〇品目を所有し、一五九五年には一万八〇〇〇、そしてついに世紀の変わり目には、その数はおよそ二万に達していた。疑いもなく彼は、古代のもっとも偉大な自然の蒐集家を凌駕したとは言わないまでも、少なくとも肩を並べたことに満足を覚えたにちがいない。「私が観察し、描写し、そして乾燥させた——われわれの小宇宙で誰もが見ることの可能な——多様な魚類を記述しようとすれば、その名前を数えあげるだけでも多くのページを費やす必要があるだろう」[50]。プリニウスと同様に、ルネサンスの百科全書主義者たちは、その文学的著述の長さと量を誇っていた。たとえ「事象」の数が膨大であるとしても、それらの事象に対応して生みだされる言葉の数は、それよりもさらに膨大なものになる。一七世紀半ばに「アルドロヴァンディの書斎」を訪れたリチャード・ラッセルズは、次のように述べている。「この邸館の中で私はたぐいまれな陳列室（キャビネット）と『アルドロヴァンドゥスの書斎』を見た。彼は『第二のプリニウス』と言われているが、もしいま生きていたら、とにかく『第六のプリニウス』となるだろう。というのも彼は、自然のあらゆる事物の本性に関する大著を六巻も出版し、しかもその各々の巻がプリニウスの著作と同じ大きさをもつからである」[51]。疑いもなくアルドロヴァンディは、彼の百科全書主義が古代人たちのそれに真っ向から挑戦していることにミュージアムの訪問者たちが気づいてくれるのを見て、大きな喜びに浸っていたにちがいない。

蒐集家たちはさらに、プリニウスを真似て、自らを文字どおり知識の探求に没頭している人物として表わしている。ヤコピーノ・ブロンズィーノは、アルドロヴァンディを「自然の事物の研究に全精力を注いでいる」と描写した[52]。彼は自らの素材の中で仕事をする蒐集家の百科全書的な情熱を巧みに要約している。自然の全事象を占有しようとする欲望に駆られた博物学者たちは、そのすべての活動を蒐集を中心に組織した。「私は、あなたが管理しておられるすばらしいものを見たいと望んでおります」と、アルドロヴァンディはフェッラーラのエステ家の医師アルフォンソ・パンチョに書き送っている。「私は、新しい事象を学ぶのにいまだ満足してはおりません。何か特別のものをお送りしない週——日とは言わないでおきましょう——はひとつたりともないほどです。それは驚くべきことではありません。というのも、この自然の学はわれわれの知識と同様に無限なのですから」[53]。生涯を蒐集に捧げる博物学者たちは、彼らが所有する情報とオブジェを組織化しようと奮闘した。プリニウスは、数多くの書物から情報を引きだすことによって彼の博物学を創出したのであり、この技術は、一六世紀の人文主義者のあいだで流行を見た。アン・ブレアが指摘しているように、多くのルネサンスの学者たち、とりわけ百科全書的な計画に従事した学者たちは、よく知られている書物を、読んだ事柄を選り分けたり組み換えたりすることで、将来著作を書くさいに利用していた[54]。この慣例については、アルドロヴァンディも例外ではなかった。

プリニウスによるギリシア語の書名のリストから引いて、アルドロヴァンディはもっとも大規模な自分の計画を、その名のもとにほかのすべての計画を包摂する『知の万象殿』(*Pandechion Epistemonicon*)と名づけた。彼はそれを「人が知りたいと思い、組み立てたいと思うすべての自然や人工の事物について、詩人、神学者、法律家、哲学者、歴史家……がこれまで書いてきたことなら何でも見つけだすことのできる、知識の宇宙の森[55]」と定義している。アルドロヴァンディが実際に蒐集に携わっていた半世紀にわたって、彼は一貫して自分がつくりあげた空間を充たそうと努めた。言葉、イメージ、そしてテクストはすべて、彼が視覚化した知識の普遍的な百科全書の中へと統合された。アルドロヴァンディの「万象殿」(pandechion)の遍在は、それ自体、言葉の柔軟な使用法の中で証明されている。他の百科全書的な用語と同様に、その語は、「豊かさそのものの概念ばかりか、その豊かさが見いだされる場所をも、さらに厳密に言えば、場所とその内容を」含むように編成された意味論的な構造をもっている[56]。アルドロヴァンディは、そのコレクションを一般的に「この下位の世界に生成した事物の宝物殿(cimilarchion)にして万象殿」として記述した。こうして百科全書は、彼のコレクションの一部をなす経験的データによって定義された。彼はこの用語を自分自身のコレクション以外にはごくまれにしか用いることはなかった——おそらく彼の評価では、他のコレクションはそれほど広範でもなければ、人文主義的認識論にとって中心的でもなかった——が、トスカーナ大公のコレクションは、「実験にまつわる果てしない数の秘密に満ちている」ために、「万象殿(パンデキオン)」の名に値するものであった。[57] トスカーナ大公のコレクションを自分自身のものにも匹敵する百科全書的な構造をもつものと呼びうるとするアルドロヴァンディの決断に、充溢の原理が働いていたとしても驚くべきではない。同じ精神において、オリーヴィはカルツォラーリのミュージアムを「豊穣の角」(cornucopia) と呼んでいる。[58] 自然が、博物学者の興味を引きつける「豊穣の角 (cornucopia) のテクスト」であるとするならば、ミュージアムそれ自体は、その「豊穣」(copia) の貯蔵庫であった。

「後代の人々の役に立つようにと、私の自然の万象殿にある一五巻の標本集の中に貼りつけられて保管されている」珍しい乾燥植物のいくつかについて、フランドルの博物学者マティアス・ロベルと議論しながら、アルドロヴァンディは、アリストテレス的でプリニウス的な自然の分類法に従って編成され、「書物」となった蒐集収蔵品のテクスト的な性格についてくりかえし述べている。「豊穣な事象 (rerum copia) は豊穣な言葉をもたらす」と、キケロは助言している。[59] もっとも重要なことは、文字どおりの万象殿が存在していたことである。すなわち、一五八九年までにアルドロヴァンディとその妻、そして助手たちが注意深く選びだし、アルファベット順に並べた抜粋――この博物学者がそれまで読んだすべての書物から抜粋した文章や情報の数々――からなる八三巻である。[60] この綱要は、あらゆる既知の主題に関して、ひとつの辞書のような機能を果たした。一五八七年、ワインの製法についてのロレンツォ・ジャコミーニの質問に答えて、アルドロヴァンディはプリニウスを引用したが、その正確な引用を思いだすことはできなかった。「かつて見たときには最初から最後まで註釈を加えたのだが、彼［プリニウス］がどの箇所でそれについて教えていたのか、いま私は思いだせない。そこで、もし君が私の『知の万象殿』(*Pandechion Epistemonicon*) にざっと目を通してくれるならば、そのことばかりかほかの無数の所見をも見いだすことだろう」。[61] アルドロヴァンディにとって百科全書は、テクストの中だけにあるのでも、オブジェの中だけにあるのでもなく、むしろ「事象」(res) と「言葉」(verba) の弁証法であり、この弁証法が彼の計画の普遍性を十全にしていたのである。

プリニウスと同じように、アルドロヴァンディもまた、事象の諸カテゴリーのあいだに区別を設けない万象殿を創造した。[☆62] 現実的なものと空想的なもの、通常のものと特異なもの、これらはすべてアルドロヴァンディの百科全書的なパラダイムの中にその場を見いだし、真理という基準によって差異化されることはなかった。ニコロ・セルペトロは一六五三年に、博物学を「自然の驚異の市場」と定義した。[☆63] セルペトロのこの比喩的表現は、アルドロヴァンディ自身の蒐集癖の後ろに潜む衝動を的確に言い当てている。世界中の全職業を集めた、トンマーゾ・ガルツォーニの「普遍の広場」（piazza universale）という概念と同じく、[☆64] 科学の市場は、万物が入ることを許容するという点で無差別的であると同時に、特異なものを特権化しているという点で分類体系的でもあった。セルペトロの博物学の驚くべき内容は、規模の大きいミュージアムでなら必ず所蔵されている驚異の標準的なリストと解された。すなわち、マンドラゴラ、巨人の骨、ピグミー、化石化したオブジェ、「タカワラビ」（Cibotium barometz）のような伝説上の植虫類、さらに——動物の体内で形成される貴石、木から生まれる鳥のような——多様な変容する存在などである。セルペトロによる一六五三年の珍品奇物のカタログにおいてもっとも注目すべきなのは、おそらくその平凡さである。同じような目録は当時、およそどのような博物学のミュージアムにも見いだすことができた。一五七一年、ヴェローナにカルツォラーリのミュージアム（ミュージアム・プラン1）を訪ねたあとで、アルドロヴァンディは、もっとも特異な品目のリストを作成している。興味を引くオブジェの中でも、彼はとくにカメレオン［参考図5A］、一角獣の角、極楽鳥、一片のパピルスの存在に注目した。[☆65] 彼のノートには、カメレオンや極楽鳥のような新奇なオブジェが、彼の『知の万象殿』を純粋にプリニウス的な百科全書とする、人文主義的な過去を想い起こさせる由緒あるもの（一片のパピルス）や神話的な蒐集収蔵品（一角獣の角）と共存している。

ローマ時代の博物学からは除外されていたが、驚異のリストに加えられたのは、とくにキリスト教的なオブジェであった。自分の思索の宗教的な枠組みを無視することのなかった者として、アルドロヴァンディは、トレント公会議時代の改革者パレオッティに刺激され、聖書の中に見いだされる自然についてのすべての言及に註釈をほどこす『聖書の自然的劇場』（*Theatrum naturale sacrae bibliae*）を創出した。一五八八年に作成された彼の主要な計画のリス

ミュージアム・プラン1
フランチェスコ・カルツォラーリのミュージアム（1584年）

ミュージアムは、薬種商の自邸の二階部分に位置していた。
図に示した部屋の配置は、ミュージアム訪問者が目にする順番に沿って配置したもので、各部屋の具体的な大きさや、部屋どうしのつながりについては、顧慮していない。

（Olivi, sig. +3v; Tergolina-Gislanzoni-Brasco, p. 12）

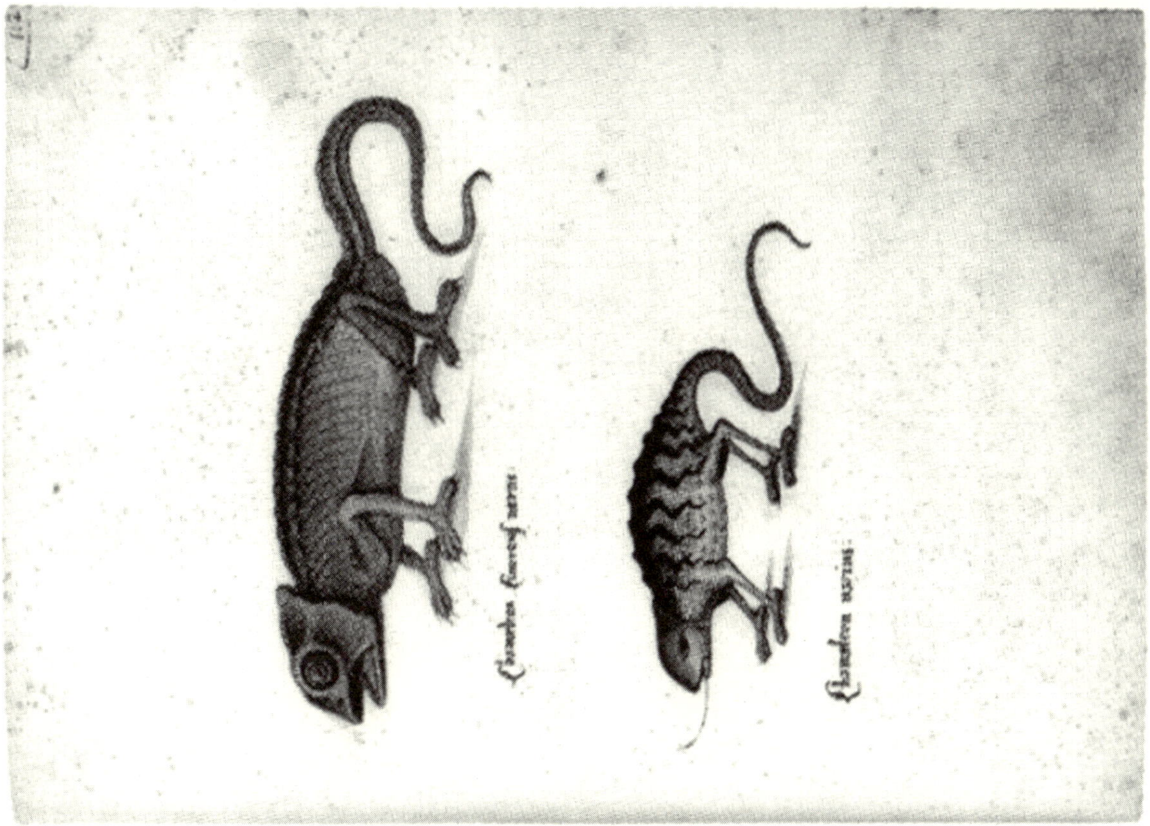

参考図5 A——カメレオン（U. Aldrovandi, Tavole di animali. VII, c. 112）

参考図5B——ペルーの菊（向日葵）（U. Aldrovandi, Tavole di Piante, I, c. 75）

図4——アルドロヴァンディ『博物誌』のページに溢れる図像
（U. Aldrovandi, Tavole di animali. IV, c. 59）

トでは、それは「聖書の解明」と記されている。[☆66]この計画の一部として、彼は「十字架について」(*De cruce*)という論文を起草し、その一章全体を博物学に割いている。ピエトロ・アントニオ・ミケーリから受けとろうと望んでいた植物のリストの末尾に、彼は「ほかのいかなるものよりもまず私が所有したいと思うのは、十字架が刻印されたものである」と記している。[☆67]良き百科全書家の伝統の中で、アルドロヴァンディは、彼自身の観察に関心を向ける「驚異／不思議」(wonder)の蒐集展示品をその中に含めることで、「驚異／驚嘆」(mirabilia)というプリニウスのカテゴリーを修正している。キリスト教的博物学への衝動は、さらにキルヒャーの手によって、「数々の不思議な十字架」に関する十全な論文に結実した。[☆68]

このようなオブジェが一六世紀に帯びていた新奇さは、セルペトロが『自然の驚異の市場』(*Il mercato delle maraviglie della medicina*, 1659)を著わしたころにはもう消滅していたが、それでもなお、そのリストはもとのままであった。とはいえこれは、必ずしもほかのオブジェにあてはまるわけではない。パレオッティに宛てた一五九四年の手紙の中で、アルドロヴァンディは、イタリアで最初にお目見えした向日葵、「ペルーの菊」(Peruvian Chrysanthamum)の彼の栽培がボローニャで湧き起こした興奮を回想している[参考図5B]。「その花の大きさと美しさのために、紳士淑女たちがこぞって見に訪れたのでした。しかしいまやその花は平凡なものとなってしまい、誰も見向きもしません」。[☆69]パレオッティへのアルドロヴァンディのこの所感は、自然の研究において新奇さが失われていくことへのある種のノスタルジーを明らかにしている。アルドロヴァンディにとって、またその普及者セルペトロにとっても、驚異への渇い昂奮とは、無限に(ad infinitum)求められる感動であった。向日葵が「流行していた」ときには、アルドロヴァンディは、その見本のすばらしさと数の多さで訪問者たちを喜ばせた。彼の直観が正しかったとすれば、彼は、向日葵がいずれ平凡なものの領域へと移行することを予感していた点で、その驚異が消滅する――そして別の価値あるものと置き換わる――ころあいを見計らっていた。とはいえ彼は、自然のすべての種目が驚異のオブジェとなる日を、待ち望まずにいられなかったのである。

アルドロヴァンディがミュージアムに保管していた図譜集は、たしかにこのプリニウス的感性を呼び起こすものである。[☆70] 図譜の範囲は、セルペトロによる自然の驚異の目録以上に、さまざまなレヴェルの好奇心が働いていることを示している。まったく普通の現象——鸚鵡、蝶、桃、あるいはベリーの木の実のついた小枝（図4）——が描かれた紙葉にはさまれるようにして、一本の触手を突きだした「虹魚」のような風変わりな被造物が姿を見せている。一五七二年のドラゴンの場合（図1）のように、多くのオブジェが実際の標本から描き起こされている。ほかのオブジェは、通俗的な驚異本、博物学、あるいはその当時流布していた最新の片面刷りの版画から選びとられていた。ルネサンスの自然のミュージアムにおいては、好奇心が平凡なことと異常なこと、「現実的なもの」と蓋然的なものを調停しえたのである。この眺望点から見ると、アルドロヴァンディはアリストテレスによりもプリニウスにより多くを負っていた。

アルドロヴァンディと彼の同僚たちは、古代の権威への対抗とともに批判をもたらす、古典テクストの徹底的な調査という伝統の頂点を体現していた。古代ローマの百科全書家プリニウスの軽信、不適切な観察、さらにギリシア語の貧弱な知識を攻撃して、その過ちを数えあげた一五世紀の目録解題者と同様に、後期ルネサンスの博物学者たちは、無から立ちあげるよりも、ほかの権威と「プリニウスの命題を救済する」方を好んだ。[☆71] とはいえ同時に、彼らの解読のためのテクスト的かつ経験的な方法論が洗練されたことで、過去との関係も改変していた。たとえば、アルドロヴァンディもボッロメーオも、古代人たちが論文に図譜を付さなかったことを厳しく非難し、自らが図解の作成計画を推し進めることで、この欠陥を改善しようとしたのである。「もしプリニウスが言葉だけで語った事物をこの目で見ることができるならば、著作家たち、わけてもプリニウスの文章を解釈することで、われわれはいったいどれだけ多くの光明を得ることができるのだろうか」と嘆いているのは、ボッロメーオである。[☆72] その哲学的ヒエラルキーの中で明らかにイメージを低い位置においていたアルドロヴァンディでさえ、原標本（オリジナル）がない場合には、図解の有効性を認めていたのであり、そのことは、彼のコレクションの中にある何千もの博物図譜の存在が証言している。

> 歴史とともにこうした図譜によって、学者は、古代人たちに従えば［植物や動物が］いかなるものであったのについての十全な知識を得ることができる。これ以上に有益なものを想像することは誰もできない。もし古代人たちが、記述したすべてのものを図譜に残し、彩色していたならば、著作家たちのあいだにこれほど多くの疑いや際限のない過ちを見いだすことはなかっただろう。[☆73]

こうして、過去からの声は、ルネサンスの博物学者たちが探求した問題を提起しつづけた。たとえば、はたしてフェニックスは自分の灰から再生できるのか、母熊は自分の子を舌で舐めて熊の形態に育てあげるのか、あるいは蛙は月経や塵から自然と生まれるのか、といった古典的かつ聖書的な難問である。その一方で、過去からの声は、このような問いが解決される条件も解決へと導く素材も決定することはなかった。

一五六一年にカイロから戻ったメルキオール・ヴィーラントは、アルドロヴァンディに次のように書簡を書き送っている。「プリニウスやディオスコリデスばかりか、古代のすべての人々と争うつもりで私はヨーロッパを立ち、プリニウスの主題である博物学を扱うことを企てました」。しかし、その旅を終えてみると、このパドヴァの植物学者は、「旅行中になされた無数の観察」のために当惑してしまった。[☆74]過去の誤謬を正そうと試みたものの、大旅行という経験といっそう正確な観察を通して、彼は、古代の百科全書的な計画の困難さとその相関的な成果を思い知ることになったのである。疑いもなくアルドロヴァンディは、植物や動物の名称に関してはアリストテレスに勝り、事象の数においてはプリニウスを凌駕している点を友人たちが認めていることに満足していたが、それにもかかわらず彼は、彼に先立つ博物学の長い伝統がなければ、自然をその全体において把握できなかったことを感じていたのである。

リンチェイの百科全書

アルドロヴァンディの百科全書の図式は、アリストテレスやプリニウスの著述群があらかじめ定義していた領域にかぎられていたが、一七世紀の自然哲学者たちの考察は、この領域を超えることを必要とした。古典的規範が指示していたパラダイムを遂行しようとした一六世紀の百科全書主義とは対照的に、一七世紀の蒐集の論理は、初期のカテゴリーの純然たる受容をあらかじめ排除していた。一七世紀の博物学者たちは、後見の明を有利に使い、古代の蒐集計画を具体化しようとしたアルドロヴァンディのような先行者たちの失敗を、新しい方法論と問題設定の必要性を指し示すものと解釈した。アルドロヴァンディは、自らの知的作業について楽観的だったにもかかわらず、少なくとも後続者たちの目には、哲学的に満足しうる結果をほとんど後世に残さなかった。実際に博物学の形成に多大な貢献をしたにもかかわらず、アルドロヴァンディは結局のところ、新たなアリストテレス的カテゴリーの中に世界の全被造物を包摂することはできなかったし、プリニウスの『博物誌』を完成させようとして計画された事象 - 蒐集のプロセスを最後まで成し遂げることもできなかった。自然の事物の量はたしかに増大したが、理解の質はより深まったのであろうか。アルドロヴァンディが、その新たな博物学において、自然の各部分を系統立てていたときでさえ、懐疑主義者フランシスコ・サンチェスのような同時代人たちは、彼の企図の有効性に疑問を投げかけていた。「論証にあたって私は、ひたすら自然だけに従おう」と、このポルトガルの哲学者は『知られざること』(*Quod nihil scitur*, 1581)の中で書いている。☆75 五感以外のいかなる権威の必要性をも廃して、サンチェスは、確証性が論理的に導かれる伝統的な知的論拠、すなわちテクストと歴史的に不確定な理解に基づく知識を批判する過激な認識論を提唱した。サンチェスの極端な立場に同調する哲学者はほとんどいなかったが、彼のその立場は、来たるべき未来を予言していた。一七世紀の初めになると、博物学者の共同体は、百科全書的企図の範囲と目的を再定義しようとする渦中にあった。

地球上のあらゆる場所からヨーロッパに流入した蒐集品が知識の新しいモデルに道を拓くとともに、蒐集家たちは、伝統的な説明を自分たちが集めた情報やオブジェに合わせることが次第にできなくなっていると感じていた。「新しい世界――新しい現実――が、新スペインすなわち西インド諸島と東インド諸島で発見された」と、サンチェスは書いている。[☆76] ルネサンスの博物学者たちが、この「新しい現実」と、時には新奇さ自体を否定することによって、折りあいをつけようと苦闘した一方で、続く世代は、「新しい現実」の存在にそれほど惑わされることなく、その意義について深く考察した。権威の異なる形態に異議を唱える、宗教改革期の政治的かつ宗教的な大変動の余波の中で、「古い現実」はもはや、以前にそれが享受していた意味の確証性を保つことができなくなった。キリスト教世界の分断と伝統的な社会的権利や政治的特権の侵食は、ヨーロッパの内部に、新世界そのものと同様に奇妙で予測しえない潜在力を秘めたひとつの世界をつくりだした。一七世紀の自然哲学者にして新しい百科全書の創作者は、混乱し、次第に拡張し、多元化する宇宙を説明しうる新たなモデルを探していた。現在と直面して過去の優越性を想定できなくなったとき彼は、イエズス会士たちの仕事においてもっともよく例証されているように、なぜそうなりえたのかを証明するか、あるいは自然の探索のための代替の枠組みを創出するべく議論するか、いずれかをなさねばならなかった。

後者の傾向をもっとも典型的に示していたのは、一六〇三年にアカデミア・デイ・リンチェイを設立したローマの侯爵フェデリコ・チェージである。一七世紀の初頭にチェージは、自然哲学の改革という共通の目的をもつ一群の人々――博物学者、数学者、そして有徳文化人(ヴァーチュオーソ)――を組織した。このアカデミーの会員となるための要件として、チェージは、申請者が「アリストテレスや他のいかなる哲学者の奴隷ではなく、自然の事物について自由で高貴な知識の僕となること」を強調した。彼は、伝統的な哲学者を、「哲学者」(filosofi)――真に叡知を愛する者たち――としてではなく「教義崇拝者」(filodossi)――盲目的に後塵を拝する党派的な者たち――であるとして攻撃した。[☆77] 二〇〇〇年にわたる伝統は、自分たちが過去を改善できると考えていた幾人かのイタリアの貴族たちの楽観主義と批判に遭遇した。テクストにしばられた学者たちに真っ向から対立して、リンチェイの会員たちは、ただ自己の正しい直観以外にはいかなる権威も介在させることなく、あからさまに自然という書物を「読み」、そして蒐集した。一六一〇年代には、ガリレオとデッラ・ポルタも会員としてそのアカデミーに名を連ねていた。彼らは、ナポリの博物学者ファビオ・コロンナ、教皇の植物園を管理していた医師ヨーハン・ファーベル、さらに数学者のフランチェスコ・ステッルーティのようなほかのリンチェイ会員たちと書簡を交わし、情報を交換しあった。一六二三年には、教皇ウルバヌス八世の宮廷で影響力をもっていた、フランチェスコ・バルベリーニとカッシャーノ・ダル・ポッツォも会員に加わった☆[78]。二〇年のあいだ、アカデミア・デイ・リンチェイは「新しい哲学」の前衛を象徴していた。彼らは、書物や手写本や植物学の標本を蒐集し、ガリレオが発明した新しい器具——望遠鏡と顕微鏡——をのぞきこんだ。彼らは、ヨーロッパ中の学者たちと文通し、イタリア全土にリンチェイの「拠点（コロニー）」のネットワーク——唯一ナポリのものだけが日の目を見た——を張りめぐらせようと企てた。こうした彼らのコロニーたるミュージアムや薬種商や植物園で、学者たちは、知識の地図を描き直すべく、会合していたのである。

この活動の台風の目となっていたのが、チェージ自慢の計画「自然の劇場」であった。これは、チェージが生みだそうとした知識の新しい百科全書であった。カルロ・ダーティがカッシャーノ・ダル・ポッツォへの讃辞の中で書いているように、アカデミア・デイ・リンチェイの目標は「博物誌を編纂すること」であった☆[79]。それはチェージにとって、若い侯爵の思索の遊戯をまったく理解できず、ますます論争的になる彼の行動に度肝を抜かしていた一族の怒りに耐え、勘当という不名誉を受ける危険を冒しても、充分に価値のあることだった☆[80]。「知識の領域とはなんとかくも広大であることか」と、『知識への生来の欲求と、これを満たすためのリンチェイ会員たちの制度について』(*Del natural desiderio di sapere et institutzione de' Lincei per adempimento di esso*)の中でチェージは語っている。「読書の量が増えるとともにまた思索の深さも増すのであれば☆[81]」。チェージは、アルドロヴァンディが老境にいたって学んだこと、つまり、知識の蒐集と獲得は終わりのない仕事であるということを、若くして発見したのである。それに応えるべく彼は、その時代の叡知を注ぎこむ新しい容器をつくることを選択した。ルネサンスの人文主義者たちは、「百科全書」を過去の哲学者たちへの評価を意味する広義の用語として定義したのであるが、一七世紀の博物学者たちは、それを変革の用語として示したのである。☆82

リンチェイの百科全書を定義しているものは何か。チェージが一族の邸館に設えたミュージアムと同じく、それは「書物、文書、秘密、自然の事物」を、要するにアルドロヴァンディの著作においてすでに顕著であった素材すべてを含んでいた。☆83 百科全書のための初期の概要には、不可思議なものや自然の生みだす多義性に満ちたものが含まれていた。チェージはとりわけ、カテゴリー間の混淆に魅了され、「カテゴリー間を横断する事物」の包括的な研究を計画していた。☆84 一六二〇年代の終わりには、ファビオ・コロンナの植物の研究書『エクフラシス』(*Ekphrasis*, 1616)、スペインの医師フランシスコ・エルナンデスの『新スペイン由来の医学的事物の宝典』(*Thesauri rerum medicarum Novæ Hispaniæ*, 1628)のリンチェイ版、そしてチェージ自身の蜂の研究『蜜蜂館』(*Apiarium*, 1625)のような著書が、百科全書の共同計画に貢献するものとして数えられている。ほかの論文の多くもまた進行中であった。そのあいだにもチェージは、植物学に関する新しい哲学を要約した『植物学一覧表』(*Tabulae Phytosophicae*)を精密化し続けていた。それらは最初個別に出版されたが、最終的には、未完成に終わったリンチェイの計画の多くと同様に、エルナンデスの「メキシコ宝典」(『新メキシコ植物・動物・鉱物誌』[*Nova plantarum, animalium et mineralium Mexicanorum historia*])の第二版に付論として掲載された。

一六二八年に完成した『植物学一覧表』は、形成途上にあった植物分類学の承認された伝統に適合するものであった。チェージが最初にアカデミーを設立したとき、彼は、ヤン・エックに命じて、カスパール・ボーアンとマテイアス・ロベルとカロルス・クルシウスという一七世紀初頭の北ヨーロッパを代表する三人の植物学者に手紙を書き送っている。☆85 三人の誰もリンチェイ会員の手紙に応えなかったが、彼らの研究は、チェージ自身の自然探求を刺激し続けた。一六二一年にチェージは、アクアスパルタにある田舎の別邸で多様な自然観察の探査行を楽しむ一方で、ボーアンの分類計画の進行状況について、ヨーハン・ファーベルに手紙で問いあわせている。「石化木」（metallophyte）の特異な形態を自ら発見したことに心を躍らせたものの、ほかの博物学者が彼の分類学と同じようなものをすでに組み立てていたのではないかという疑問がチェージの脳裏をよぎった。「私はまた、秩序づけられた自らの分類の中で、化石を、とりわけ金属やいわゆる半鉱物として識別し列挙した者がいるのかどうか知りたい。同じように、諸科学を総観的に系統樹や一覧表へと体系化した者がいるのだろうか[☆86]」。

疑いなく、これらの問いかけをしたとき、チェージはボーアンを念頭に置いていた。このスイスの植物学者はすでに『植物学の劇場の先駆』（*Prodromos theatri botanici*, 1620）を出版しており、このよく解説された論文は、用途や効能を重要な記述要素として含めていたアルドロヴァンディのようなルネサンスの博物学者たちの著作を退けていた。その三年後、ボーアンの『植物学の劇場の指標』（*Pinax theatri botanici*, 1623）が出版された。六〇〇〇の植物を分類し、それらの本質的な特性の実地観察を徹底的に脱文脈化したことで、この著作は、一七世紀の植物学の標準的なテクストとなった[☆87]。ボーアンと同様に、チェージもまた、分類学を発展させるうえで植物が重要であることを認識していた。ボーアンと異なるのは、チェージが、植物の研究を、それ自体を目的としたのではなく、より大きな自然の研究の一部とみなしていたことである。リンチェイ会員たちが「新しい」植物学について決定的な著作を刊行するという栄誉に浴していないことに、チェージはたしかに失望していたものの、その一方で彼は、ボーアンが化石について何も言及していないのはおそらく石化木を一度も見たことがないからだと考えて自らを慰めていた。もっとも重要なことは、『植物学一覧表』の完成が宇宙のカオスの中に秩序を見いだすチェージの能力を再確認したことである。「私は、植物の方法論的な分類という一大カオスの中に身を置きましたが、完全にそれを克服できたと思います」と、彼は一六二二年にファーベルに書き送っている。「それは、『理性の鏡』と『自然の劇場』のかなりの部分を占めることでしょう」。その二年後、彼はカッシャーノ・ダル・ポッツォに、自分が「鉱物化した木を一覧表に体系化した」ことを誇らしげに報告している[☆88]。アカデミー会員たちは、彼が作成したいくつかの一覧表を口々に称えることで、公爵の自己顕揚の意識を助長していた。「たしかに、もしテオフラストスが生き返ったとしたら、これらの分類一覧表を見て驚嘆したことだろう」と、コロンナはステッルーティに書き送っている[☆89]。リンチェイ会員たちの目には、チェージが古代の著述家を凌駕しているかのように映ったのである。

たとえボーアンがチェージの『植物学一覧表』を精読する機会に恵まれたとしても、彼が感銘を受けることはまちがいなくありえなかった。少なくともボーアンは、テオフラストスを自分の師として認めていた。スイスのこの博物学者の著作に関心を抱いていたにもかかわらず、チェージは、食物や医学、あるいは技芸や自由学芸における植物の用途についても一章すべてを捧げた。アルドロヴァンディの博物学の企図は非難されたかもしれないが、それでもリンチェイの百科全書からそれが厳密に削除されたわけではなかった。「自由学芸」というカテゴリーは、公の行列や葬儀、そして凱旋式に見られるような、また謎やヒエログリフ、そしてイメージとして表象されるような詩、雄弁術、幾何学、音楽、絵画、そして建築を含んでいたのである[☆90]。その新奇さを自己主張したにもかかわらず、『植物学一覧表』は、アルドロヴァンディの博物学を「エンブレム的」なものとしていた特徴の多くを、周縁的なかたちではあれ、内包していた。アルドロヴァンディは象徴的な知識のそれぞれのカテゴリーについて愛おしむように詳述したが、チェージはいまや、それらすべてを自由学芸という標題のもとに崩壊させてしまったのである。

もしもボーアンが総観一覧表の第二部を吟味したとすれば、さらに仰天したことだろう。というのも、そこでチェージは、植物学に直接関連するすべての科学と学芸を要約し、それぞれの分野に対して称讃に値する貢献をした著作家たちを列挙しているのである。チェージが、伝統的な自然哲学者たちを断罪していたことを想いだしておきたい。「著作家たちとのこのような友好関係は、アリストテレスによってはっきりと禁じられたにもかかわらず、いまやアリストテレス主義者たちによって見事に保持されており、……宇宙という書物を読む必要性を妨げている」[☆91]。ファビオ・コロンナは、ほかのどの著作家よりも頻繁に登場している。ボーアン、ゲスナー、クルシウス、マッテイオーリ、そしてエルナンデスの手写本をイタリアにもたらしたナポリの医師ナルド・アントニオ・レッキなどの博物学者は複合的に登場している。ヨアヒム・カメラリウス、アンドレーア・チェザルピーノ、ジョヴァンニ・ポーナ、カルツォラーリ、そして高名なデッラ・ポルタは、ガレノスやプリニウス、そのほか幾人かの古代の著作家やその註釈者たちと同じく、一度だけ姿を現わす。チェージが、彼の知識の見取り図において自然魔術に顕著な位置を与えることになったのは、疑いもなくデッラ・ポルタとの交際によるもので、この探求の形態は「本質的な」知識というボーアンの基準にはほとんど適合しなかった。

アリストテレスとテオフラストス、そしてアルドロヴァンディは、注目すべきことになんと、植物学の権威者たちのリストに記載されていない。チェージは寛大にも、植物の調和、植物の観相学――デッラ・ポルタのもっとも有名な著作のひとつは『植物観相学』(*Phytognomonica*, 1588) である――や薬草学、さらには花譜 (florilegium) のような領域まで含めたにもかかわらず、これらのジャンルでもっともよく知られた大家の一人であるアルドロヴァンディのことを認めようとはしていない。チェージの一覧表は、植物の研究における倫理学、政治学、論理学、そして形而上学の重要性を強調しているが、アリストテレスには言及していない。プリニウスは、医学のカテゴリーのもとに登場しているのであって、すべての上位に位置するカテゴリーである百科全書(チェージはこれを形而上学の上に置いた) のもとにではない。このカテゴリーのもとで彼が読者に参照させているのは、ゲスナーとボーアンである。われわれが一覧表を点検すればするほど、それらの一覧表はますます謎めいたものとなり、それにつれて新しさを減じていく。たとえ当事者たちが関連を認めようとはしないとしても、分類学とは根本的にアリストテレス的な実践なのだという視点を、この一覧表ははからずも強調しているのである。[☆92] チェージは、古代の哲学という道具とルネサンスの博物学という技術によって、自己を過去から解放した。

リンチェイ会員たちの行動は、権威との軋轢を増大させただけであった。一六〇二年に新たにリンチェイ会員となったヤン・エックは、自らを「自然の諸科学の弟子」と呼んで、アルドロヴァンディに二度手紙を書いている。[☆93] 自分を「弟子」(discipulus) と記したことで、彼は、アルドロヴァンディを博物学における自分の「師」として認めた。

エックは、アルドロヴァンディと文通した唯一のリンチェイ会員ではない。一五九〇年代には、デッラ・ポルタは数度にわたり、またコロンナは少なくとも一度、ボローニャの博物学者に手紙を書いている。当時ナルド・アントニオ・レッキの所有していたエルナンデスの手写本に、アルドロヴァンディは大きな関心を示し、デッラ・ポルタもまた、彼のために「ペルーの単体薬物のリスト」を手に入れようと試みた。そのあいだにもアルドロヴァンディは、船を止め水中に引きずりこむことができると言い伝えられてきた魚である小判鮫の形姿を描いた図譜を送っている。より重要なのは、デッラ・ポルタがアルドロヴァンディに、自分の『植物観相学』を読んだかどうか尋ねていることである。ナポリの博物学者はその再版を計画していて、新しい版に「ある賢明な人物」の意見を添えたいと望んでいたのである。[☆94]アルドロヴァンディがその著作を所有していなければ、デッラ・ポルタは喜んでそれを彼に送っただろう。おそらくはアルドロヴァンディの視力が衰えたか、あるいはナポリでのデッラ・ポルタのライヴァル、インペラートとの交友のためか、その計画が実を結ぶことはなかった。とはいえ、デッラ・ポルタのこの要求は、エックの讃辞と同様、一六世紀の末に博物学者たちの共同体におけるアルドロヴァンディのステータスを反映していた。一六二〇年代になると、この状況ははっきりと変化した。エックの手紙からおよそ二五年後、リンチェイ会員の書状、ファビオ・コロンナがチェージに宛てた手紙の中にアルドロヴァンディの名前がふたたび侵入する。「私はアルドロヴァンディ［の著作］を見ました」と、コロンナは報告しながら、その内容と制作方法をきびしく批判しているのである。[☆95]エックやデッラ・ポルタがアルドロヴァンディに抱いた親近感と、コロンナ自身の感じた距離感とは、鋭い対比をなしている。アルドロヴァンディは、初期のリンチェイ会員たちの尊敬と崇拝の的であったが、彼らの後継者たちからはただ軽蔑されただけであった。

アカデミア・デイ・リンチェイについての議論の中で、ピエトロ・レドンディは、チェージの企図を、「伝統的な形而上学的思弁（共感と類比）に、あるいはルネサンスの博物学とヘルメス主義的伝統の純粋に質的な原理に汚されていない、秘教的で、魔術的で、錬金術的な蔵書すべてを」とりこもうとする百科全書と記している。[☆96]この眺望点から見ると、デッラ・ポルタはコロンナと同様、計画にとってなくてはならない存在であり、それは両者が新しい方向性を開く異なる哲学の軌道をそれぞれ表象していたからである。一六一〇年にデッラ・ポルタがアカデミーに加入したとき、彼の名前が会員の名簿に加わって、チェージは多いに興奮したにちがいない。デッラ・ポルタは国際的な名声をもつ人物で、多くの著作を刊行し、学術界ではよく知られた存在であった。彼は、生まれてまもないアカデミーに知的な正当性とともに名声をもたらしたことだろう。だが、デッラ・ポルタが他界した一六一五年には、チェージはもはやこのナポリの魔術師にそれほど熱をあげてはいなかった。ガリレオという星が昇りつつあり、デッラ・ポルタという星は沈みかけていたのである。一六二〇年代には、チェージは自然魔術に興味を抱き続けてはいたものの、錬金術師やほかの「秘密」の占有者たちから会員の申請者を募ることにはあまり乗り気ではなくなっていた。彼らは、チェージがもはや関係をもとうとはしなかった古いパラダイムを身に帯びていたのである。数学、実験哲学、そして感覚の力を高める装置の世界が、未来への波であった。彼は、時代からとりのこされることを拒んだ。『自然の劇場』は、ただ単にこうした変化／変質のすべてと折りあいをつけなければならなかったのである。

一六二五年、チェージは、蜂についての決定的な研究『蜜蜂館』を出版した。『植物学一覧表』がリンチェイの百科全書の編成に光を当てていたとすれば、『蜜蜂館』は内容を照らしだしていた。チェージは、原則的な区別――単独のものと集団を組むもの、都市に棲息するものと田園に棲息するもの、針をもつものともたないもの、自由なものと隷属したもの、鳴くものとブンブン唸るもの、等々――に従って蜂を分類する一連の一覧表から出発する[☆97]。蜂に関するなんらかの生物学的ないしは形態学的な記述をチェージが試みるかぎりにおいて、それは、基本的にアリストテレスとプリニウスから引きだされており、チェージ自身とコロンナによるやや無原則な観察がそこに加えられている[☆98]。『蜜蜂館』は学芸庇護者（パトロン）であるマッフェオ・バルベリーニに献呈される一方で、「喜ばしき自然科学の師」プリニウスにも捧げられたが、そのことによってチェージは、暗黙のうちに自らを古代ローマの百科全書家の弟子にしたてた。自然の秘密はもっとも小さなものに宿ることをプリニウスは教示し、チェージはいまこの呼びかけに応えたのである。

> 小さな物体の構造に驚きそれを尊重するあなた、プリニウスは、できるだけ小さい形をとっているときに事物はその本来の性格をもっとも完全に表わすということを認めている。もしもあなたが顕微鏡を使うことができたならば、ライオンのような鬣（たてがみ）をもち、多くの舌をもち、毛深い眼をした蜂について、それを眼にするやあなたは何と言葉を発したであろうか☆99［参考図6］。

このような讃辞にあふれる蜂の博物誌の結論部で、チェージは、そのテクストが恩恵をこうむった「もっとも偉大な哲学者たち、もっとも偉大な詩人たち、古代人と同時代人の中でも卓越した医師や道徳家たち」に謝意を表わしている。大部分はアリストテレスとプリニウスから、さらにわずかとはいえ、称讃に値しないアルドロヴァンディからも抜粋された引用のモザイクとして、『蜜蜂館』は、人文主義者の学問的探求の典型であった。

一六二五年三月に、ヨーハン・ファーベルはチェージに宛てて、「閣下に私のプリニウスをお送りいたします」としたためている☆100。「教義崇拝者」(philodox)の酷評者であるチェージが、『博物誌』を読みたがっていたというのは奇妙なことと感じないであろうか。だが、チェージがプリニウスをいそいそと読むことができたのは、まさしく彼が古代の権威の束縛から逃れていたからなのである。彼の自然についての新しい哲学と、それがもたらした観察の新しい技術は、彼を規範的なテクストの徹底的に反規範的な読者とした。「［プリニウスの］『博物誌』の各部分［への註釈］ほどに、私の葦の筆をすり減らしたものがあろうか」と、『蜜蜂館』の結末で彼は公言している☆101。蜂の記述——アルドロヴァンディのような人の仕事、とチェージなら説明しただろう——に彼が付け加えた単なる言葉以上の知識を過信していたこのリンチェイの若き君主は、解剖学的な観察にはいかなる寄与もなしえなかったということに

参考図6——アカアデミア・デイ・リンチェイの蜜蜂の顕微鏡的生検（Johann F. Greuter, *Melissographia*, 1648）

は気づきさえしなかった。ガリレオから贈られた顕微鏡は、蜂を、より大きく、奇妙な、どこか異なるものとして映しだした。まさか、これが彼の主張を証明するのに十分だとでもいうのだろうか。

アリストテレスを却下し、アルドロヴァンディを疑ったチェージは、その最期にいたるまで百科全書にとりくみ続けた。しかし時は、アルドロヴァンディに味方したようには、チェージに味方しなかった。アルドロヴァンディは、八五歳の誕生日を見るまでその生を全うしたが、チェージは四五歳を迎えることすらできなかった。ほぼ一世紀という歳月ですら、アリストテレス的な探求計画を完成させるのに不十分だとすると、半世紀にも充たない時間は、アリストテレス的な探求計画を解体し、しかも何か新しいものを創造するのに十分とはとても言えない。結局のところ、チェージが残した手写本はアルドロヴァンディよりもはるかに少なかったし、百科全書の継続についても、弟子たちに残した指針は少なかった。とりわけガリレオに有罪判決を下そうとしていた時代の科学文化において、リンチェイ会員たちを前進させるのに、希望と夢と情熱では十分とは言えなかった。自らの百科全書がいかに多くを過去に負っているかを認めようとはしなかったチェージは、新しい科学文化のヴィジョンに手をつけないまま世を去った。アカデミー会員のうち、ステッルーティ、コロンナ、バルベリーニ、ダル・ポッツォだけが世紀半ばまで生きた。目的に忠実なステッルーティは、チェージの『新しく発見された石化木に関する論攷』（*Trattato del legno fossile minerale nuovamente scoperto*, 1637）の出版を実現させた。コロンナは、化石の有機的起源についての自らの考えを洗練させた。枢機卿とその忠実な従者は、政治的動乱の時代の栄枯盛衰を精一杯生き延びて、自分たちのミュージアムの範囲を拡大し続けた。時が経過するとともに、アカデミア・デイ・リンチェイとそれによる知識の改革について語られることは少なくなっていった。

自らの世界を秩序立てるイエズス会士たち

チェージとアカデミー会員たちが自然の新しい百科全書の分冊を次々と出版していたときですら、キルヒャーのようなイエズス会の哲学者は、彼らの文化的要求に適合させるためにそれらに新たな方向性を与えることによって、古代の百科全書的戦略の重要性を再確認していた。アカデミア・デイ・リンチェイが消滅して三年後、キルヒャーは、フランスの学識者ペレスクによるフランチェスコ・バルベリーニ宛ての推薦状を携えてローマに到着した。一六三三年九月、ペレスクはキルヒャーを、「彼が日々実践し、増大させている、好奇心をそそってやまない発明や稀少このうえない実験」のゆえに、バルベリーニとダル・ポッツォに推奨した。ペレスクは二人に次のように請け負っている。若いイエズス会士は「きわめて敬虔で潔癖であることのもっとも明白な徴をもっています。そればかりか、その不屈の精神と鋭い知性は、時代を超えて、自然と古代とキリスト教の主たる言語についての多くの秘密を発見し真相を見抜くことを可能にしたのです[102]」。一六三四年、コペルニクス派であることが曝露されたあと、自宅に軟禁されていたガリレオのもとにも、この若い博識家についての消息が届いた。「さらにローマには、東方（オリエント）に長く滞在した一人のイエズス会士がおります。彼は、一二の言語を操るうえに、優れた幾何学者であり、しかもとても多くのすばらしい品々を所有しています」と、ラファエッロ・マッジョーティが書き送っている[103]。ガリレオが他界した一六四二年には、キルヒャーはすでに、教皇の都市の新しい科学的秩序の使徒として歓迎されていた。チェージとガリレオが、一七世紀初頭における新しい哲学への信頼を表象していたのに対して、キルヒャーは、当時教皇の「至上権」が地球のはるか彼方にまで拡張しつつある過程の中で、世紀半ばに更新された「教会君主制」の力を具現していた[104]。この過程の中心的課題は、科学的正統性を再定義することであった。

　リンチェイの百科全書をめぐる活動が下火となったちょうどそのとき、新しい計画が明らかになりつつあった。ヨーロッパ中の学者たちが、時代の隠された叡知を解く鍵として、言語の問題に注意を集中し始めたのである。ヒエログリフはとくにルネサンスの想像力を引きつけ、フィチーノを囲む新プラトン主義的サークルから、エンブレム・ブックの著者や新たな教皇像をつくりあげた人文主義者たちにいたるまで、誰もがこれらの「秘儀中の秘儀」(arcana arcanissima)を解読しようと試みていた[105]。おそらくは教皇の医師メルカーティによって一五八九年に著わされた、ローマのオベリスクに関する本を偶然に発見したキルヒャーは、言語と自然、そして宗教の研究にとって、神秘的なエンブレムが価値をもつことを認識するにいたる。キルヒャーは自伝の中で次のように書いている。

たちまち私の好奇心は刺激され、これらヒエログリフの意味について思索が回りだした。最初私はそれらを単なる装飾で、彫刻師の想像力によって考案された図案とみなしていたが、その著作の文章を読んでみると、それらが本当に古代エジプトの記念碑に彫られた図像であることが理解された。記憶のとどかないはるか昔から、これらのオベリスクと碑銘はローマにあったが、いままで誰もそれを解読することができなかった。[☆106]

メルカーティは、自然の研究とは別に、オベリスクの調査を続けていた。キルヒャーは即座に、これら二つを総合する可能性を見抜いた。アヴィニョンのイエズス会の神学校に滞在していた間にペレスクと知りあったことが、ついにこの興味に炎を注いだのである。

あらゆる象徴の中でもっとも不可解なものであるヒエログリフに関する人文主義的な探求は、一六三〇年代には、なにがしかの成果をいまにも生みだそうとしていた。ペレスクがカッシャーノ・ダル・ポッツォに宛てたキルヒャーについての手紙を読むと、われわれは文字どおり興奮を感じることができる。「しかし、もしも彼［キルヒャー］が解読の糸口を見つけ、何か小さなことでも見抜くことができるなら、おそらく彼はやがてほかの困難をも克服し、少しずつ、［ヒエログリフについて］すべてとは言わなくても、少なくともそのうちの何かを知るようになるでしょう」。[☆107]その二年後、キルヒャーは『コプト語、すなわちエジプト語の先駆』(*Prodromus coptus sive Aegyptiacus*, 1636)を、続いて『復元されたエジプトの言語』(*Lingua aegyptiaca restituta*, 1643)を出版した。晩年彼は、世界に秩序をとりもどすキリスト教のヘルメスを自認していた。[☆108]ヒエログリフを解読して翻訳することは、自然の秘密を解くうえで彼が権威を主張する基礎となるべきものであった。

ガスパール・ショット、フランチェスコ・ラーナ・テルツィ、ジョルジョ・デ・セーピ、ジョゼッフォ・ペトルッチといった弟子や、同僚の蒐集家のセッターラらの助けを得て、キルヒャーは、知識の古代の百科全書の根元を深く掘り下げ、その素材的基盤を拡張した。アルドロヴァンディがアリストテレスを知識の源泉とみなしたのに対して、キルヒャーは、時間の幅をさらに広げて、原初的な根源にまでさかのぼった。彼にとってエジプトの叡知は、西洋の学問の根源であった。ヘルメスとアリストテレスが彼を導いたであろう。およそ三八冊の著作の中で、キルヒャーは、自然界のさまざまな部分と知識の多様な形態の間の照応関係を詳細に調査し、当時としてはもっとも焦眉の知的問題を提示した。磁気学、ヒエログリフ、ミイラ、普遍的で人工的な言語、天文学、数学、光学、音響学、音楽的調和、ペスト、そして博物学、これらすべてがキルヒャーの精査の対象となった。中国旅行はかなわなかったが、ほかの人々の報告を集めることによって、活字化することでは主導的な専門家であることを自認していた。彼は、ローマをとりまく地域、古代のラティウムの研究に与えたのと同じ権威をもって、ノアの箱船やバベルの塔を再構成し、聖書の世界の「考古学」を出版した。自らの言語的能力を用いながらキルヒャーは、全体的な知識というものを得がたくとらえどころのない目標としている、言語の人工的な区分を融解しようと試みた。アルドロヴァンディが、アリストテレス的でプリニウス的な博物学の綱領をとりもどそうと望み、チェージが、自然の新しい百科全書を構想していたのに対して、キルヒャーは、世界の原型的な構造を明らかにするという、より壮大な課題に立ち向かった。ジョゼッフォ・ペトルッチが『キルヒャーの研究を擁護する先駆』（*Prodromo apologetico alli studi chircheriani*, 1677）の中で解説しているように、キルヒャーは、「知識の大劇場」たるバロックの百科全書の中心的存在であった。☆109

キルヒャーは、決して典型的なカトリック教徒でもなければ、模範的なイエズス会士でもなかった。当時の異国趣味（エキゾティック）で瞑想的な傾向が、ほかの多くの同時代人たちの誰よりも深くキルヒャーに影響を与えており、彼は自分のヴィジョンを表現することにおいて彼は機敏であった。とはいえ、地域の境界と同じく信仰の境界を超えてグローバルな伝道のネットワークと科学的な文化の中心となった、キルヒャーのミュージアムの成功は、彼をヨーロッパ・バロックの核心にして精髄たらしめている。同時代人たちから尊敬されるにせよ不信を買うにせよ、キルヒャーは人々の注目の的であった。キルヒャーの哲学を絶望的なまでに時代遅れとみなしていた、アカデミア・デル・チメントや王立協会の会員のような新しい実験哲学の創始者たちでさえ、彼を無視する余裕はなかった。自らの知識の大綜合体に組み入れるために手に入るあらゆる新旧の哲学を吸収しようと決意したキルヒャーは、ルネサンスにおける諸説混淆(シンクレティズム)を論理的に実現させようとするバロックの哲学者の傾向を体現していた。[110]その結果は、とても魅力的で不安を抱かせるほど異端的な知的産物であり、あらゆる瞬間に手の中から横溢しそうな恐れを抱かせるイデアと情報の豊穣の角(コルヌコピア)であった。「神のより大いなる栄光のために」(ad maiorem gloriam Dei)という、キルヒャーの哲学に概念的な明快さを与えている宗教的な枠組みの中に包摂されることで、彼の自然界への探求は、諸対象とその特性との間にある隠された有縁性について、触知しうる証明をいくつも提示したのである。ローマ学院のミュージアムという小宇宙においてのみ、またそこから生まれた出版物においてのみ、自然からの蒐集収蔵品——世界の広大な地域に散在している——は、実質的にカタログ化され、比較検討されることが可能であった。

R・J・W・エヴァンスがハプスブルク家の知的生活についての研究の中で述べているように、カトリック改革運動の文化がたどった哲学的な軌道は、前の世紀の学問においては明白ではなかった知的な言説に異国趣味を加味した。[111]一七世紀の半ばに知識の媒介要因(パラメーター)は著しく拡大した。アメリカ大陸の「新しい現実」は、かつてアルドロヴァンディにとってそうであったほど新奇なものではなくなっていたし、エルナンデスによるメキシコの博物誌を編纂したリンチェイ会員たちを興奮させた経験の決定的な対象でもなかった。旅行と探検と改宗の一世紀を経て、西欧の境界はいっそう鋭く浮きあがってきた。キルヒャーの想像した地理学は、新世界ばかりでなく、アジアとエジプトという、とりわけイエズス会士たちを魅了した二つの地域も含んでいた。キルヒャーは、ある反射光学の機械の中に、「アジアとアフリカで蒐集されたと思われる」象のイメージ映像を据えた。[112]複数の鏡の組みあわせによって無限に増殖するこの象のイメージは、教会にもっとも忠実なそのメンバーが彼らのミュージアムに象の一群を集めることを可能にした、カトリック教会の現前と権力を寓意的に表象していた。一六世紀の博物学者たちがアメリカ大陸由来の蒐集収蔵品を彼らの宇宙の中に組みこむというジレンマに直面していたのに対して、一七世紀のイエズス会士たちは、世界中の異なる地域すべてを結びつける道徳的、宗教的、そして哲学的な枠組みを発展させようとしていた。こうした営為を通して、新しい綜合が出現するだろうと彼らは確信していたのである。

蒐集のための戦略は、もはや単に「古代の叡智」(**prisca scientia**) への人文主義的な要求を充たすためだけに企図されたものではなく、ミュージアムもまた、政治的で宗教的なメッセージを伝達したのである。スペインのフェリペ三世の司書をしていたクロード・クレメンスは、エスコリアル宮殿を「キリスト教国のミュージアム」と描写し、カトリック改革の修辞学に同調して、それを制御するための知識を蒐集し秩序立てる構造の創出を提案した。[☆113] ミュージアムは、成長しつつある学者たちの共同体にとって公的な有用性をもつがゆえに必要であるばかりでなく、また誤った学識からカトリック世界を守るものでもあった。キルヒャーによる、悪魔的な魔術、錬金術やパラケルススの医術のような不敬な学芸、太陽中心説、そして永久運動や自然界における真空の概念のような非正統的な自然科学的教義——これらすべてが彼のミュージアムで実演／展覧されていた——に対する執拗な攻撃は、科学的な目的と宗教的な目的とが彼において密接に結びついていたことを例証している。蒐集は、新たな知的綜合の基礎を形成するとともに、新たなカトリック的秩序の土台を提供した。[☆114]『エジプトのオイディプス』(*Oedipys aegyptiacus*, 1652-54) の中でキルヒャーが宣言しているように、「統一性こそ神の本質である」。[☆115]

百科全書的な衝動は、カトリック世界だけにかぎられるわけではなく、知識の古代のモデルの保持が正統や伝統の存続と結びついていた環境の中でより浸透した。ローマ教皇庁とウィーンの王宮に結びついていたキルヒャーは、時代を主導していた二つの正統派——ひとつは政治的なもので、もうひとつは宗教的なもの——の文脈の中で自分の考えを発展させた。三〇年戦争(一六一八—四八年)の混乱によって解体されたが、それでもカトリックの布教ネットワークによって一体となっていた世界の落とし子として、キルヒャーは、秩序の創出と維持にとり憑かれていた。チェージが、植物学の「カオス」を総観一覧表に変え、彼のアカデミーの集団的な知識に基づいて自然界に秩序をもたらそうとしたのに対して、キルヒャーは、イエズス会の資源を頼りにして、宇宙を自ら再創造するために必要な素材を集めた。キルヒャーは、カトリック改革の政治的かつ宗教的文化と強く結びついていたにもかかわらず、一七世紀半ばのもうひとつの傾向を体現していた。すなわち、さまざまな宗教的背景をもつ学者たちをとらえた「汎知」(pansophia) の探求である。たしかにイエズス会士としての教皇への忠誠の誓いは、知識が改宗のための強力な道具であることをキルヒャーに想い起こさせた。しかしながら、このことによって彼が、プロテスタントのままでいた学者や蒐集家たちと文通することや、同じくプロテスタントのままのパトロンたちから贈りものを受けとることを厭うことはなかった。宗教は異なっていても、彼らは共通の知的興味を分かちあっていたのである。キルヒャー本人が確言しているように、あらゆる学問の形態への開放とあらゆる人々――カトリック教徒、プロテスタント、異教徒――と意志を通じあわせる能力が、教会君主制を復興する唯一の道であった。

イエズス会の布教活動のための情報交換所であるローマに居を定めて、キルヒャーは、あらゆる文明と自然全体の知識への乾きを癒やした。書物と蒐集品／古遺物と報告がひっきりなしに彼のミュージアムに流れこんできた。この大量の情報からキルヒャーは、神によって書きこまれた世界の原型を明らかにする「類比術」(ars analogica) を精密に構想した。一七世紀の百科全書主義に関する研究の中でチェーザレ・ヴァゾーリは次のように解説している。「カトリックの学者の仕事は、このように、神秘、秘密、そして世界の〈感応〉の力からなる百科全書の〈森〉を通って進み、文化や教義や文明の流れを超えて、その源にある不動で変わることのない真理が集中している一種の原型的な言語を探求することにあったと思われる」[☆116]。このような百科全書的傾向の化身であるイエズス会の蒐集家は、世界のあらゆる秘密を集め展示した。キルヒャーとその同時代人たちの好んだメタファーを引き合いに出すならば、ミュージアムは、忠実な信者たちを迷宮から連れだす「アリアドネの糸」であった[☆117]。

バロックのアリストテレス主義――キルヒャーはその崇高な例である――は、ルネサンス哲学の諸説混淆的(シンクレティック)な傾向をいっそう強めた。[☆118] 経験の鏡ともみなされた古代の素朴な真実のより広範な領域に照らしてアリストテレスの教説を検証したのである。チャールズ・シュミットが指摘しているように、ルネサンス末期には、アリストテレス主義は多種多様な哲学を吸収しうる浸透性のある海綿体のようなものと化していた。ヘルメス主義や自然魔術もその例外ではなかった。[☆119] それらは、イエズス会の教堂で制定された教育プログラムや、キルヒャーのような学者たちの研究の中にその姿を現わしていた。アリストテレスの自然についての哲学をよみがえらせるための手段として、真正なアリストテレスを探すことから出発した博物学者たちは、いまや大規模な古代の発掘によって白日のもとに曝(さら)された、既存のものに代わる自然哲学の光のもとでアリストテレスを徹底的につくりかえている自分たちを見いだした。一五九九年にイエズス会の教育の手引書『学習要覧』(*Ratio studiorum*)が姿を現わしたときには、それはこうした変更／修正をすでに反映していた。その中でイエズス会は、哲学の教授に助言して、次のように勧めている。「何らかの重要性をもつ事柄においては、教義と無関係なことや各アカデミーがどこででも承認していること以外には、アリストテレスから逸脱しないようにせよ。もし正統なる信仰と対立する場合には、なおさらそうせねばならない[☆120]」。かくしてイエズス会士たちは、信仰上の理由のためにも、カトリックの自然哲学者たちの共同体の同意を得るためにも、ほかの知識の形態が入ることを可能にする十分な余地を有した哲学的「正統性」を唱導した。

アリストテレスの両義的な権威は、キルヒャーをこのギリシアの哲学者の知識の定義から意義深くも逸脱するよう導いた。ペレスクがダル・ポッツォに、キルヒャーが「古代人たちの権威を破壊する」かもしれないという恐れをほのめかしたとき、ペレスクは初期の多くの哲学者たちが共有していたイエズス会の知的プログラムに対するある種の保守性を反映していた。[☆121] ペレスクが生きていて『エジプトのオイディプス』の出版を見たとしたら、彼の危惧は最悪のかたちで証明されることになっただろう。その三巻からなる大著をキルヒャーは、「エジプトの叡智、フェニキアの神学、カルデアの占星術、ヘブライのカバラ、ペルシアの魔術、ピュタゴラスの数学、ギリシアの神智学、神話学、アラビアの錬金術、古代ローマの文献学」を含むものとして、エジプト哲学とその変遷についての知識の集大成として宣伝した[☆122]。自然界の異なる部分を結びつける磁石の効能と同じように、古代人たちの叡知もまた、キリスト教のマグス［魔術師／賢者］にだけ操作可能な、不可視の神秘的な力によって結びつけられたのである。

叡知は、多種多様な形態の経験の中で明らかにされる普遍的な真理から成る、という点でキルヒャーはアリストテレスに同意していたが、知識を確立し、その目的を理解するための基準は鋭く意見を異にしていた。キルヒャーの百科全書の第一の機能は、「表徴」を同定することにあった。象徴は、彼は断定する、「ある種の類似性を通して、われわれの外的な感覚に与えられるものとはきわめて異なるものを理解させるように、われわれの精神を導く。象徴の特性は、あいまいさのヴェールの下に隠されていることである」[☆123]。これらの表徴を結びつける照応のシステムが、キルヒャーの同僚のダニエッロ・バルトリも表明しているように、「あたかも自然が自らの教えを、さながら暗号のごとく、いたるところに書きこんだかのように、自然の哲学」をかたちづくっている[☆124]。キルヒャーが良きカトリック教徒として露骨に非難したパラケルススによる表徴の教義や、フィチーノによる星辰の魔術とも異なることなく、キルヒャーの「表徴術」(ars signata)は、カトリックの自然哲学者だけが正しく読むことのできる、自然を神によってコード化された構造として提示した[☆125]。

キルヒャーによる象徴の定義は、「自然の大いなる神秘の懐の中に隠されたもの」の研究として定義された、「観照的魔術」(comtemplative magic)についての彼の見解と呼応している。ヒエログリフ、モナド、賢者の石、そのほかの形而上学的な真理がこのカテゴリーの中に分類された。『数論、すなわち数の隠された神秘について』(*Arithmologia sive de abditis numerorum mysteriis*, 1665)のような書物は、「数によって表現される自然の事物の連鎖」を明らかにしており、数はキルヒャーの自然の哲学にとって、ヒエログリフと同じく、触知しがたいものではあるが決定的に重要な真理であった[☆126]。これとは対照的に、天然磁石、コブラ石（優れた治癒力で有名だった）、さらに自然の作用力を視覚的に証明するその他の自然界で生起する現象は、キルヒャーによる「実効的魔術」(effective magic)の定義を充たしていた。これを通して、「さまざまな学問や学芸において称讃されうることは何であれ、まったく知られていない手段によって、現実のものとなる」と、『光と影の大いなる術』（*Ars magna lucis et umbrae*, 1646 ed.）の中でこのイエズス会士は書いている。[☆127]「観照的魔術」が錬金術や新プラトン主義への関心に由来する一方、「実効的魔術」は、カルダーノやデッラ・ポルタの著作の読解に基づいていた。この場合もまたほかの場合も、キルヒャーは、古代人たちの叡知を、もっとも新しい自然哲学者たちの知識に調合したのである。

キルヒャーのミュージアムに展示されているオブジェは、彼が象徴的知識や宇宙的照応に付加した重要性を反映していた。ヒエログリフを別にすると、磁気学がキルヒャーの大きな関心を引いた主題であった。ローマに着く以前の最初の彼の著作は『磁力術』（*Ars magnesia*, 1630）であった。これに続いて、『磁石、すなわち磁力術について』（*Magnes sive de arte magnetica libri tres*, 1641）と『自然の磁力の支配』（*Magneticum naturae regnum*, 1667）が出版された。[☆128]彼は、ほかにも多くの論文の中でこの現象について論じている。ヒエログリフと同様に、磁力は、自然の作用すべてのメタファーであるとともに触知しうる現実を表わしていた。ヒエログリフが共感的魔術（sympathetic magic）を具体化しているように、磁力は、実効的魔術を寓意的に表象していたため、「操作可能な自然学」（Physica operativa）の一部となった。[☆129]『自然の磁力の支配』の扉を、「世界は秘密の絆で結びつけられている」という文言が称揚している。デッラ・ポルタとキルヒャーが好んだメタファーを引き合いに出すならば、磁力は、宇宙のあらゆる階層をはっきりと連接する黄金の鎖であった。ローマ学院のミュージアムに展示されたオブジェは、このような連結を視覚的に理解させるのに役立ったのである。

磁気の力を示す実例が、ミュージアム中にちりばめられた。「共感質をもつ種」、おそらく向日性の植物からキルヒャーが創作した植物時計が窓台を飾っていた。傷から毒を共感によって体外へ抜きとることがキルヒャーによって実験的に証明されたコブラ石が、誇らしげに展示されていた。「あらゆる自然物のもつ諸力は、天然磁石の力を模倣する」とキルヒャーは書いている。[☆130]ミュージアムの心臓部には天然磁石そのものがあり、デ・セーピはそれを「キルヒャー・ミュージアムの中心」とみなした。[☆131] 訪問者たちの注意を即座に引きつける機械類や巨大な蒐集収蔵品に比べると大きさでは圧倒されていたが、この小さなオブジェは、それにもかかわらずミュージアムの「鍵」であった。天然磁石は、その隠れた力を証明するさまざまな機械的装置の中に埋めこまれていたために、文字どおりコレクションを陰で動かす存在となった。磁力は、キルヒャーが書いているように、「全世界の宝への道であり、何であれあらゆる運動の唯一の指針にして鍵」であった。[☆132] これは、「自然哲学の実践的部分」という、デッラ・ポルタによる自然魔術の定義をキルヒャーが発展させた多くの実例のひとつであった。[☆133]

もっとも小さなオブジェからもっとも大きなコレクションに目を転じれば、ジョルジョ・デ・セーピの『イエズス会のローマ学院のいとも名高きムーサエウム』(*Romani Collegii Societatis Jesu Musaeum Celeberrimum*, 1678) の口絵が暗示しているように、廊下に戦略的に配置された五本のオベリスクは、コレクションの中でもっとも記念碑的な蒐集収蔵品であった(図5)。何人もの教皇や枢機卿のためにキルヒャーがローマで復元を手助けしたオベリスクを、このように縮小して表現することで、彼がエジプトのヒエログリフの解読に「成功したこと」が具体化されていた。ヒエログリフは、人間の手になる考古遺物以上のものであり、神聖なる表徴 (signum) として、自然と人間のあらゆる創造をその上に刻印／銘記するものだからである。キルヒャーお好みの発明のひとつに口を利く悪魔の彫像があり、その操作について彼は次のように記述している。「その口を大きく開ける彫像によって、われわれのヒエログリフは機械的に制御されている」。[☆134] オベリスクの中に刻印され、神がその聖なる印影を残した自然の断片の中に顕現し、さらにミュージアムの技巧的幻像 (phantasma) の中に姿を現わす、キルヒャーの「ヒエログリフ」は、あらゆる知識の原型を表象していた。

キルヒャーがヒエログリフに魅了されたことは、コミュニケーションの問題により広い関心をもっていたことを示している。ローマ学院のミュージアムにある数々のオブジェは、コミュニケーションの実験室としてのその重要性を証言している。中国の巻物、エジプトのヒエログリフ、エトルリアの銘板、さらには古代と近代の手書きの断

図5——イエズス会のローマ学院のミュージアム
（Giorgio Sepi, *Romani Collegii Societatis Iesu Musaeum Celeberrimum*, Amsterdam, 1678）

片は、人類の原初的な言語を再構成するための素材であった。クロード・デュレの『この宇宙の言語の歴史の宝典』（*Thresor de l'histoire des langues de cest univers*, 1607）のように、後期ルネサンスの哲学者たちが巨大な多国語辞書を創案したのに対して、キルヒャーは、さらに数歩その先に進んだ。『新たな普遍的な多言語書記法』（*Poligraphia nova et universalis*, 1663）や『知識の大いなる術』（*Ars magna sciendi*, 1669）の中でキルヒャーは、何度も人工言語の提案をおこなったが、それに加えて、機械への傾倒から、「語彙配列櫃」（Arca Glottotactica）なるものを考案した。この情報伝達装置は、おそらくほかの驚くべき発明と並んで彼のミュージアムに展示されていたはずである。[135] それは、より多くの数字をつくりだすために数字を操作するパスカルの計算機のように、さまざまなレバーを動かすと、多種多様な言語の言葉をつくりだすことのできる装置であった。

キルヒャーと彼の同時代人の多くは、人類の原初的な言語を復元することは不可能だと感じていたのだが、それにもかかわらず彼らは、アダムの言語の堕落した派生物を新しい普遍言語に置き換えるためにはその言語を知ることが必要であると信じてもいた。[136] キルヒャーの使命が緊急を要するものであったことは、ヨハネス・ヴァンデリウスのような同時代人が彼に宛てた手紙の中にも反映している。ヴァンデリウスはキルヒャーに、バベルの結末が完遂しないように、かねてより期待されていたヒエログリフについての著作を完成させるようにキルヒャーを急きたてている。「すでに時間とその暗影がヒエログリフをほとんど食い尽くし、そしてエンブレムを実質的に破壊してしまいました」と、彼は書いている。「遠い諸言語が失われていくことは、われわれの知性を曇らせ、知識を剝ぎとっていくでしょう」。[137] ヴァンデリウスやほかの多くの人々の讃辞において、キルヒャーは、社会をカオスから救いだすのにもっとも適した哲学者として登場している。そのミュージアムと出版物を通して、このイエズス会士は、バベルの負の遺産を解決しようと試みた。『新しい普遍的書記法』の扉の上に紋章として記されたモットーは言う、「すべては一のうちに」。

口絵からはまた、さまざまな形態の書きものが重ねて置かれていることが、そしてバベルの塔をミニアチュールとして表象した、たとえばセッターラによって制作されたもの[☆138]（図6）のような、象牙製の塔に魅せられていたことが見てとれるのだが、ミュージアムの中にバベルの塔を再現しようとする試みはなされなかった。そのかわりに、仮説に基づいた実験によってバベルの塔の存在を科学的に突きとめる試みがなされた。自然学と天文学の最先端の研究に基づいてキルヒャーは、塔の月への到達が不可能であることを計算し、その重みだけで地球は軌道から投げだされ燃え尽きてしまうだろうと予言したのである。[☆139]縮小サイズのバベルの塔が文化と言語にもたらした結果は決して否定することはできない。しかしながら、バベルの塔を、知識に対する自分自身の記念碑のまぎれもないアンチテーゼ、すなわち「野心の劇場」として記述することで、キルヒャーは、コミュニケーションの歴史を、単一の「聖なる言語」（lingua sancta）から、バベル以降に二七五もの異なる言語が出現し、時代とともにますます増えていくものとしてその輪郭を描きだした。[☆140]この主題にふさわしい『バベルの塔』（*Turris Babel*, 1679）が彼の最後の出版となった。ニムロデの町に堂々とそびえ立つ巨大な大建築物というバベルのイメージは、神の叡知によっても阻止できない知識の危険性を想い起こさせるのに有効であった。それはまた、キルヒャーの百科全書的な思索を、彼が断罪していたパラケルススやカルダーノ、そしてデッラ・ポルタのような哲学者たちの宗教的に疑わしい活動からはっきりと隔てる知覚的深淵を表わすエンブレムであった［参考図7］。

バベルの塔の研究に先立って、キルヒャーはノアの箱船を調査した。多くの博物学者たちにとって、箱船は、不名誉なバベルの塔よりもはるかに成功した、ソロモンの神殿よりもさらに大きく、およそ知られているかぎりでこれまで建設されたものの中でもっとも巨大な構築物であった[☆141]（図7）。キルヒャーもネイケリウスも、箱船を最初の博物学のミュージアムとして記述し、ヨーハン・ケントマンやジョン・トラディスカントのような蒐集家も、自らのミュージアムを「箱船」と呼んでいた。[☆142]エデンの園が、そしてより広くは宇宙が神のミュージアムであるならば、箱船は、創造主の命令で人間が自然を蒐集した最初の試みを表象していた。一六三五年に新任の教皇使節が「アルドロヴァンディの書斎」を表敬訪問したとき、この使節はそれを「もう一人のノアの仕事」と述べている。[☆143]

ダニエッロ・クレスピ
図6———《マンフレード・セッターラの肖像画》17世紀
ミラノ　アンブロジアーナ絵画館

参考図7 A——バベルの塔（Athanasius Kircher, *Turis Babel*, 1679, pp. 40-41）

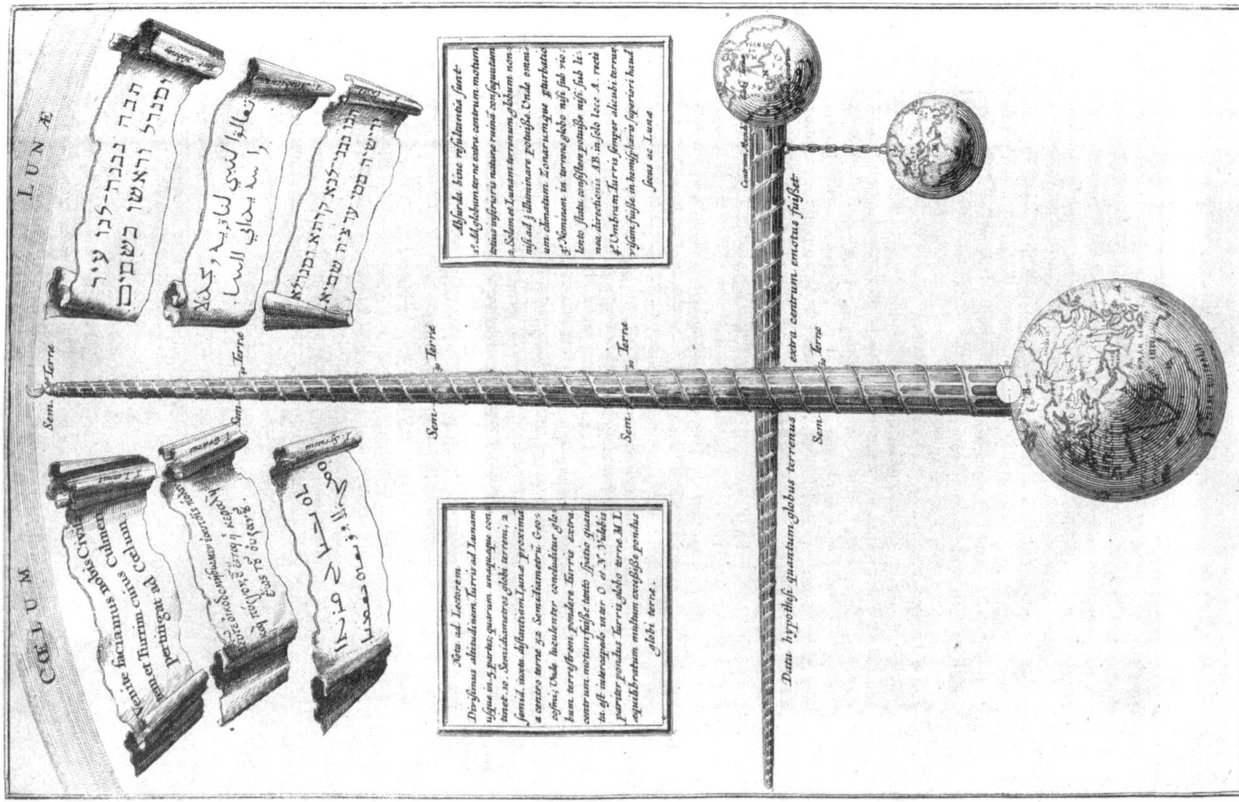

参考図7B——「バベル塔の月への到達が不可能であることの計算」(Athanasius Kircher, *Turis Babel*, 1679, p. 38)

図7——ノアの箱船（Athanasius Kircher, *Arca Noë*, Amsterdam, 1675）

箱船の大きさと内容は、一七世紀まで大いに憶測を呼んだ事柄であった。早くも一五〇〇年頃、アメリゴ・ヴェスプッチは、その旅の途中で遭遇した新種の動物たちのすべてをどのようにして箱船が収容できたのか首を傾げている[144]。ヨーロッパ中で、神学者や哲学者、そして蒐集家が、箱船というひとつの出来事がもたらした数々の——大いに魅力的な——パラドックスについて論争している。ガリレオの友人ジョヴァンフランチェスコ・サグレードのような文芸愛好家的な興味を抱く貴族たちは、最初の箱船を遊び心で模倣した動物見世物小屋を開設した[145]。ローマでは、建築家のボッロミーニが、カミッロ・パンフィーリの庭園のために、「箱船がそうであったように、三つの階に区切る装置があり、それぞれの階の中央から人が歩いて降りることができるほど大きい、ノアの箱船のような形をした動物のための場所」を建設することを提案している[146]。アタナシウス・キルヒャーのような学者たちは、より明確な目的をもって、文字どおりの意味で箱船の科学的可能性について議論した。キルヒャーにとって、自然に関する原初のミュージアムの「現実性」を立証することは、自分自身のコレクションと箱船との連想を強めることであった。すべての動物たちが適合できる空間を記述し測定することによって、ノアの計画を再製しようというキルヒャーの試みが成功する蓋然性は高まった。洪水前後の世界に関するいくつかの論文の著者でもあったドイツの博物学者、ゲオルク・カスパル・キルヒマイアーのような称讃者たちは、箱船のサイズを確定するためにキルヒャーがローマ学院でおこなった一連の再現実験のことをくわしく語っている[147]。バベルの塔をミュージアムの中に収めることはできないものの、箱船は、この規範的な環境の中に再生することが可能であった。

何世紀もの間、博物学者たちを悩ませてきた問題のひとつは、すべての動物を収容できるとする箱船の能力についてであった。キルヒャーによる聖書の地誌の輪郭が示すところでは、エデンの近くに建設された箱船は、楽園の道徳的宇宙の外側に位置するが、その面影をとどめている。その著『ノアの箱船』(*Arca Noë*, 1675)の中でキルヒャーは、箱船の性質と内容に関するさまざまな実践的問題に折りあいをつけようと試みた。種をあますことなく一番(ひとつがい)ずつ収容することなど、人間の手になる構築物にはおよそ不可能であるとほのめかす批判者たちを打ち消して、キルヒャーは「純粋種」だけが箱船に収容されたのだと論じている。このことは、発見されたばかりの土地から由来した騾馬やわけのわからない動物のような、あるいはキルヒャーのミュージアムに展示されていたアルマジロのような現存するハイブリッド種は箱船から排除されたが、キルヒャーがそれらの実在を肯定した一角獣やグリフォンのような空想上の獣には、その場が与えられた。☆148 不死鳥は、番(つが)いで入れという命令に反したという理由で除外され、ほかの多くの動物たち——蛙、鼠、蠍、そして蛇を除くすべての「虫」——も、自然に発生してくると考えられるものには寝場所を与える必要はないという、良きアリストテレス的流儀に則ったキルヒャーの論拠によって、箱船の外に残された。☆149 セイレーンは、しかしながら、特別に例外的な扱いを受けた。キルヒャーは、一体のセイレーンをミュージアムに所有していたため、洪水の生き残りの中にセイレーンを含めることに躊躇しなかったのである(セイレーンが混合種として分類されうるという可能性に悩まされることはなかった)。「そのような被造物が現存したことは疑いない。なぜなら、われわれのミュージアムには、その骨と尾があるからだ」と、彼は断言している。☆150 蛇が箱船に入ったのは、堕落の原因を人間に想い起こさせるためであり、さらにはその驚くべき薬効によって、航海中や航海後のいろいろな病気からわれわれを救ってくれるからである。☆151 このように、箱船の比喩は、キルヒャーのミュージアムに入った動物たちを、大洪水との関係に基づいて分類する手段を提供した。諸言語の復権と同様、洪水の前と後の被造物をひとつの空間に集めてくるキルヒャーの能力は、自然をその存在の異なる階梯すべてにおいて和解させることのできる蒐集家としての彼の成功を証明している。

植物園におけるエデンの復元から、ミュージアムにおける箱船の再現やバベルの解明にいたるまで、博物学者たちは、その自然の蒐集を贖罪と救済のメッセージという枠組みの中に置いた。ほかのすべてのものがなしえなかったとしても、自然は、ただ神のみが著わし、人間が手をつけて汚すことすらなしえなかったテクストとして、宇宙という偉大な書物を解く鍵を提供した。ミュージアムは、一六世紀末と一七世紀の博物学者たちの新たな確信への投資対象であった。彼らは、最初はおずおずとだが、のちには大胆に、自分たちの庭園はエデンを超え、箱船はノアのものを凌駕し、人間の言語の再構成はバベルの恥を成功の寓話に変えた、と宣言した。博物学者たちは実質的に、ミュージアムの中で、原初の天地創造を縮小して再創造したのである。[☆152] キルヒャーは、後期ルネサンスとバロックの蒐集家たちを特徴づけている、百科全書主義における一新された楽観主義の頂点にいた。

博物学のアリストテレス主義的かつ聖書的な枠組みを、イエズス会によって制度的に保証された二つのパラダイムとして支持する一方で、キルヒャーは、オカルティズムの可能性を探求するためにそれらを利用した。R・J・W・エヴァンスはそれを「バロックの世界観の核心的問題」と定義している。[☆153] 正統の旗印のもとに異端を永存させつつ、このイエズス会の蒐集家は、百科全書それ自体を分解しながら、先行するすべての百科全書的構図がもっている諸問題を解決／解体しようと試みた。アダルジーザ・ルーリが指摘しているように、キルヒャーのコレクションは、どんな一冊の書物にも、あるいは彼のミュージアムにさえも、十分に収まりきるものではなかった。[☆154] 一六七八年のカタログの口絵に戻るならば、このイメージで驚かされるのは、その解放性と距離の感覚である（図5）。オベリスクはわれわれの目を上方のヴォールト天井へと誘い、天井の宇宙論的なモティーフは、ミュージアムの空間からわれわれを連れだし、コレクションの旗幟が掲げられた天空へと導く。キルヒャーと訪問者たちは、ミュージアムの中央で天然磁石と同じくらい小さく、ミュージアムのオブジェや空間に比べるととるに足らない存在に見える。アルドロヴァンディやチェージ以上に、キルヒャーは、自らの知識の百科全書の成功を公言した——結局彼はそれを書物の中に見ることもできた——が、ミュージアムの口絵のメッセージは、彼の意図と相反している。自然のすべてをミュージアムにもたらしながら、人間は、最終的にその過程で縮小され続けていたのである。キルヒャーがコレクションの中のオブジェを統御していたのではなく、それらオブジェが彼を統御していたのである。

アルドロヴァンディの見境のない好奇心や、チェージのよりほどよく調整された好奇心を焚きつけていた自然の詳細は、キルヒャーの自然哲学にとってはほとんど副次的なものだったように思われる。キルヒャーにとって、オブジェは、そのものが目的ではなく、宇宙が神の叡知と介入を反映するさまざまな方法について考察するための出発点であった。アルドロヴァンディと同様に、キルヒャーはドラゴンを蒐集し、チェージと同様に、彼はリンチェイ会員の「君主」が発見した「石化木」(legno-fossili-minerale) の標本をミュージアムに展示した。[☆155] しかしながら彼は、これら個々の現象の顕著な特徴に光を当てる論文を書くことはなかった。そのかわりに、それらの自然の特異性は「科学的探求が奇跡的に把握することに成功した物質的な明示」に道を譲った。[☆156] アカデミア・デイ・リンチェイの称讃者にして熱狂的な実験家であったキルヒャーは、彼なりの仕方で、新しい哲学の支持者でもあった。だが彼は、ガリレオやデカルト、そしてほかの多くの王立協会会員たちによって実践されていたような方法とは、ひとつの重要な点で意見を異にしていた。すなわち、驚異はたんにより高い真理の熟考へと人々を導く道具であるというよりも分析のカテゴリーであると、キルヒャーは強調していたのである。

終わりなきパラダイム?

一七世紀の末になると、蒐集家が自分たちの世界を見ていた構造は内向的なものと化し、彼らがつくりだした行動様式は分解してしまった。驚異的なものの文化の無秩序に対するガリレオの断罪や、知識を組織化する見せかけの方法としての好奇心に対するデカルトの批判は、いずれも、終わりなき知識というイメージに彼らが挫折感を抱いていたことを示している。[☆157] クシシトフ・ポミアンがヴェローナのモスカルドのミュージアムについて、「奇妙な生きものやオブジェが住んでいる宇宙、そこではすべてが起こりうるし、その結果、そこではあらゆる問いが正当に提起されうるのである」と述べたとき、彼は奇しくも、内容の「真理」についていかなる責任も問わなくてすむようなミュージアムの構造に彼らが確信を抱くことを可能にしたバロックの蒐集家たちの傾向を要約していたのである。[☆158] どちらかと言うと、バロックの蒐集家たちは、驚異に対する人文主義の先駆者たちの歓喜を敷衍した。多くの研究者がおこなってきたように、[☆159] 彼らの思弁を「非科学的」と判断するよりもむしろ、われわれは、どの程度まで彼らが、「真理」や「確実性」についての明快な基準がいまだ確立されていなかった初期近代の科学文化を反映しているのかを考察する必要がある。

レガーティによって一六七七年にコスピのミュージアムで公開された二つの陳列品は、一七世紀の博物学者たちにとってこれらのカテゴリーの両義性を例証している。最初は、「ひとつの頭部に臍のところまで一体となった二つの胴体をもつ猫」で、これは解剖学的に精妙な価値をもつものとみなされた。☆160 レガーティの良き指導者であったオヴィディオ・モンタルバーニによってミュージアムにもたらされたこの猫は、一六六〇年に産まれて以来、とくに一度に数匹もの子どもを産む猫のような動物における、発生をめぐる不明瞭な問題に関する数々の哲学的省察の出発点を提供した。「このような奇形の考えられうる原因は、別の二つの身体の生殖物質がひとつの個体の中で混淆し一体化する能力にある」と、ミュージアムにもたらされた奇形の猫の原因について議論したアカデミー会員たちは、楽しげに主張している。もうひとつは、「足指のある四足獣」の部門に属する頭部のない犬であり、動物の発生において脳よりも心臓が優位に立つというアリストテレスの説に対して、別の議論を展開する余地のあることを示していた。この犬と同様、モンタルバーニの猫は、パラドックスを生みだす自然の力の証明であった。両者とも、「その途方もなさのために」蒐集と省察に値した。キルヒャーが、聖トマス主義的なイエズス会の教えに忠実に、厳密なヒエラルキーの枠組みの中に驚異についての自分の省察を服従させたのに対して、世俗の蒐集家たちは、科学的好奇心をより広く働かせた。自然は、『アリストテレスの望遠鏡』の中でテザウロがまさに助言しているように、バロックの修辞学にとって出発点となったのである。

レガーティのカタログではまた、「人間の姿をした木の根」が、自然とその技芸が省略して生みだしたオブジェの積極的な証拠として光を当てられていた。☆161「背中が自然な釣りあいをもつトルソ（胴体）は」と、レガーティは観察している。「あまりにも完璧なので、単なる自然の戯れというよりも、ひとつの芸術作品と断言できるほどである」。この比較は単なるメタファーを超えており、レガーティはさらにその体型の特徴の評価へと話を進め、両脚と「握り拳」の片腕の形をした枝については肯定的に、「手のない無味乾燥の枝」については批判的に語っている。コスピのミュージアムのそうした挑戦的な現象は、レガーティがかつてボローニャという地方に属する博物学的文化の中で出会った、機知に富んだ綺想の数々を想いださせるきっかけになった。その中には、植物学者ザノーニが所有する梟に似た金雀児の木の根や、鳩を象った自然のままの（al naturale）「曲がった楓の小枝」があった。しかしながら、これらすべての現象は、その戯れに満ちた外見のもとで、レガーティが観察をしたときには解体されつつあった、博物学の伝統的な枠組みを反復していた。彼のカタログが再三再四証明しているように、所有に値するオブジェは、珍品奇物そのものを目的として見る観衆を喜ばせるのに役立つものであった。それでも、バロックのミュージアムの技巧を凝らしたどのオブジェも、アルドロヴァンディによって触知しうる形態で再生され、一七世紀の間もずっと継続していたアリストテレス-プリニウス的なプログラムの擁護を強化することを阻むことはできなかった。ほかの自然哲学者たちが、「もっとも近くにあるなじみ深いもの」を犠牲にして異国趣味的なものを特権化することを、「多くの人々の精神を混乱させるもっとも深刻な誤謬[☆162]」のひとつとして非難していたときでさえ、キルヒャー、セッターラ、レガーティ、そしてモンタルバーニのような自然の蒐集家たちは、アルドロヴァンディが確立し、自分たちが固執しようとした、驚異の市場という媒介要因をなおも擁護したのである。

自然の無限性を見いだした蒐集家たちは、知識の境界を解放することで対応した。ミュージアムのパラドックスは、知識の媒介要因が拡張しているのに、知識を閉じこめようと企てたところにある。表面上は権威の厳格な支配が自然を蒐集する過程を安定化したものの、常に柔軟性のある好奇心のレンズが、蒐集家だけが埋めることのできる——未開発の細部と思弁の領域の間の——溝をたえず発見することで、蒐集の意味を調整していた。このような世界観を共有していなかったガリレオのような同時代人が抱いた困惑は、主に過去に照明を当てる手段として現在を眺め、すでに知られていることを証明するもうひとつの形態として実験的文化を受け入れる、百科全書的な言説の中心的な特徴を浮かびあがらせるのに役立った。キルヒャーの『地下世界』を読んだあとで、ヘンリー・オルデンバーグは、この書物はわれわれをどこに導いていこうとしているのか定かではない、とロバート・ボイルに告白している。「さしあたって」と、彼は結論する。「私が大いに危惧しているのは、彼［キルヒャー］が、考慮に値する新しい発見というよりも——それが彼の習性なのでしょうが——むしろすでに存在し知られていることを集めては、それをわれわれに提供しているということです」[163]。哲学的な前提としての確実性という目標は、ルネサンスとバロックの百科全書的なパラダイムの解体とともにもたらされることになる[164]。しかし、一六八〇年に他界したキルヒャーは、自分の仕事が最終的に宇宙の神聖な計画をつかみえなかったと認識することを担保したまま、天国に昇っていったのである。

第3章　知識の場

人間は互いを研究しあう。

——アントニオ・リッコ

人文主義と空間の関係についての古典的な研究において、アルフォンス・デュプロンは、「人文主義が［ルネサンスの諸価値の中で］もっとも特徴的なものであるならば、それでは人文主義者と言われる人々はどこにいたのだろうか」と問いを発している[☆1]。一六世紀と一七世紀の人文主義的文化を具現していた蒐集家たちは、彼らの行為を司る知的パラダイムの形成に関与していたばかりか、彼らが生を営んでいる空間をも決定していた。人文主義者、博物学者、蒐集家は、ただ単に社会のどこかにいたのではない。彼らは、明確に画定された環境の中で、すなわち、学識ある選び抜かれた文化が集中する空間として、後期ルネサンスからバロックにかけての時代のイタリアの宮廷とアカデミーの傍らに位置を占めていた。ミュージアムの中で自然を調査していたのである。当初、ミュージアムは、都市の名士たちの邸宅やルネサンスの君主の宮廷に出現した。一四九二年、ロレンツォ・イル・マニーフィコの死後に作成されたフィレンツェのメディチ家の資産目録には、ロレンツォがもっとも珍重した所有物を保管している場として書斎がはっきりと記載されている。この伝統は、後代のメディチ家、すなわち第二代トスカーナ大公フランチェスコ一世の「ストゥディオーロ（小書斎）」(Studiolo) で頂点に達する[☆2]。たしかにロレンツォは革新者ではなかった。貴族として人文主義者として、彼は、人文主義者の活動の場や政治権力の中心を、研究の場と結びつけるプロセスのひとつの段階を代表していた。とはいえ、ミュージアムを定義しようとする、メディチ家を初めとする有力な一族たちの執拗な関心が示唆しているのは、蒐集家と彼らがつくりだした知識とが、いかにこの時期の社会的、政治的変容を反映しているかという点である。「人文主義者たちはどこにいるのか」というデュプロンの問いに戻るならば、「嗜みある社会の中に」と答えることができるだろう。嗜み（civiltà）は、そのあらゆる形態において、蒐集の社会的パラダイムを形成していた。リチャード・ゴールドスウェイトが指摘しているように、「一六世紀の末にイタリア人たちは、ほかのヨーロッパの人々から彼らを明確に際立たせるそれ固有の所有物の世界によって、生活様式を創出した」[☆3]。「嗜み」（civiltà）、「さりげなさ」（sprezzatura）、「良き作法」（buon creanza）というような用語は、イタリアの名士たちの心を奪った。所有と権力、展示と自己顕示との意識的な結びつきを具体的に表現している。

一六世紀の末、数多くの嗜みある空間を決定していたのは、ミュージアムであった。ピサやパドヴァの植物園は、博物学のミュージアムを自らの構造にとりこんでいる。アカデミア・デイ・リンチェイのような学術的な組織は、植物園を彼らの活動の焦点に置いた。すでに見たようにボローニャでは、評議会議員や市民たちは、「アルドロヴァンディの書斎」を都市の中核として称揚し、市庁舎にそれを設置することで、当地の政体のイメージを形成する役割をそれに与えた。隣国フィレンツェでも、トスカーナ大公の「ストゥディオーロ（小書斎）」やのちのウフィッツィ・ギャラリーは、同じような目的に役立った。アルドロヴァンディとコスピのコレクションが、教皇の統治者と当地の評議会が同時に治めているボローニャの「混淆」支配を反映していたのに対して、メディチ家のコレクションは、フィレンツェという国家の世襲制と個人的な統治を強化するものであった[☆4]。とはいえ両者はともに、都市の名士たちにとっての蒐集の重要性を証言している。大都市と同じく小さな町でも、イタリア全土にあった多数のミュージアムが示しているのは、蒐集の社会的基盤の方が政治的特異性——その多様性は注目に値するとしても——よりも重要だという点である。ヴェネツィア共和国、トスカーナ大公国、教皇領、スペインに占領されたミラノ公国やナポリ王国、あるいはイタリア半島のそのほかの数々の領国、これらのいずれに住んでいようと、博物学者や蒐集家たちは、身元を保証する共通項を分かちもっていた。すなわち、彼らは、その大部分が都市に住む貴族で、学識という徳を、嗜みある生活の欠くことのできない部分として称揚していた。

このような共通のアイデンティティの感覚は、イタリアの主要都市のほとんどすべてに鍵となる文化的組織が存在していたことによって育まれた。ボローニャ、パドヴァ、ピサ、フェッラーラ、ローマなどの名高い大学や、それらに続くフィレンツェ、シエナ、パルマ、ナポリ、メッシーナ、パレルモの各都市にあった大学は、異なる中心都市のあいだに知識人たちのネットワークをつくりだし、さらにイタリアを越えて、法学部や医学部の名声ゆえにそこに学ぶ多くの外国の学者たちをも巻きこむまでに広がった☆5。同じように、数多く出現していた文学や芸術や科学のアカデミーは、潜在的には地方的な関心の域を超えた、学識ある者たちのあいだの連携を確立した。ローマとナポリとフィレンツェに会員を擁していたアカデミア・デイ・リンチェイは、こうした趨勢のよい例である☆6。さらに地方のレヴェルでは、薬種店が、諸見解の嗜みある交換の場として役立った。

さらにもっと決定的だったのは、イエズス会の神学校の組織であり、ジャン・パオロ・ブリッツィが述べているように、それは若い貴族の子弟たちを教育して、社会へと送りだしていた☆7。「貴顕の学校」(seminaria nobilium)は、支配階級のエリートたちのネットワークをつくりだし、彼らは、自らの共有しているアイデンティティが自らの享受している都市の嗜みある教育に由来することを理解していた。イエズス会の神学校を卒業すると、彼らは、大学に入学したりアカデミーに参加したりして、貴族の男性文化の中で自らの位置をさらに固めていった。一七世紀には、イエズス会の神学校のほとんどがミュージアムをもつようになった。それらは、イエズス会の教育組織の展示見本というべきローマ学院のミュージアムほど有名ではないが、それでも目を瞠るものであった。若い貴族たちは、これらのミュージアムの周囲で勃興していた科学文化を観察しそれに参与することによって、自らの邸館にギャラリーをつくるように促された。そのさい彼らは、学校でその価値を学び、教えを受けた年長者たちの自宅で実見した例を模倣した。イエズス会の神学校、各種の科学組織、ミュージアムの形成は、学問の共和国を活気づけ、名誉ある人々の連携に新たな意味を与えたのである。

共有されていた文化的実践は、教育制度ほど顕著ではないにしても同じように影響力のあるもので、エリート社会の、ひいては社会全体の境界を明確化した。「徹底的に都市化された生活様式の発展によって、ついにイタリアの上流階級のあいだに……完全に新しい文化の概念が育まれた」と、ゴールドスウェイトは書いている[8]。蒐集は、このような変化のひとつの顕われであった。「文明化の過程」を担う一翼として、蒐集はまた、物質的所有によって社会的差異が明確化されるもうひとつの領域を提供した。新しい科学文化の形成に参加しようとする博物学者たちにとって、自然の占有と、その研究のために必要な対象——書物、写本、挿絵、器具——の所有は、嗜みある社会に彼らが登録されるしるしであった。物質的な対象とその展示という観点から社会的な価値を計る世界において、蒐集家たちはすぐに卓越した位置を占めるようになった。人間が所有できるもっとも大きな対象は自然である、と考えていた社会では、博物学者たちは、知識と自然の占有とは潜在的に同義であるとみなすプリニウスの定義に従うことで、多大な注目を浴びる存在となった。カッシャーノ・ダル・ポッツォを自然の研究に向かわせた「高貴な環境」を、カルロ・ダーティが称讃したとき、彼は、蒐集と博物学を、イタリアの上流階級のための娯楽として受け容れる社会を定義していたのである[9]。

ミュージアムにおいてその相対的な価値を決定するのは、オブジェの珍奇性、希少性、完全性であり、別のコレクションに挑戦することでミュージアム全体はさらに膨らんでいたが、他方では、蒐集展示品をめぐって議論するという実践によって、ミュージアムはさらに社会的なパラダイムとなった。百科全書主義と、それにともなう科学文化を定義する過程において、自然の蒐集家たちはまた、学者の行動を支配する規範を洗練させていった。好奇心は、単にそれを通して世界を眺める哲学的レンズなのではない。それは、貴族社会に属し、それに結びついている博物学者だけが獲得することを望みうる、「特殊な社会的属性」だったのである。この俯瞰的な観点から見るならば、ミュージアムは単なるコミュニケーションの実験室だったわけではなく、なぜなら、キルヒャーのような蒐集家が彼らの普遍言語の哲学大系を案出するためにそれらの施設を利用していたからである。ミュージアムは、「社交に適する空間」として、イタリアの貴族たちが書物や教室で学んだ教えを実践する環境を彼らに提供した。[☆10] 一六一四年、ジョヴァンニ・バルディは、チェージのミュージアムを訪れたときの経験をガリレオに書き送っている。ガリレオがチェージに献呈した著作を手に、バルディはチェージの邸館に到着した。

> 私は、そこにほぼ一時間滞在して語りあいました。彼［チェージ］は、数多くの興味深い品々を私に見せてくれました。……さらに、別の機会に写本をもってそこにいったときにも、私はふたたびそこにしばらくのあいだ滞在し、おおいに熱中して語りあったものです。かなうことなら繁くそこに通いたいものだと考えています。というのも、彼ほど知識の豊かな人物と会話することによって私が学びうるものは別にしても、私はいつも、とりわけこうした学問を研究したいという不思議な欲望にとらわれているからです。[☆11]

博物学は、当時のあらゆる哲学の形式と同じく、コミュニケーションの企てであった。自然を展示することは、博物学について会話するための序奏であった。知識を探求しようとする蒐集家とその学芸庇護者(パトロン)、そして訪問者たち全員が参加した精巧な儀式は、この傾向を十全に反映している。

有徳文化人(ヴァーチュオーソ)たちが集って意見を交換し、その技能を誇示していたアカデミーを、「諸侯」がとりしきっていたのと同様に、蒐集家たちは、ミュージアムに入ってくる訪問者たちのために振る舞いの規則を制定した。入場の条件を制限し、性差や社会的地位や人文主義者としての身元保証によって敷居を越えることの許された人々に、体験の意味を具現化して見せたのである。この点で蒐集家たちは、初期近代における差異化への傾向を例証していた。彼らは、その社会の突出した文化の宮廷仲介者たちであった。[☆12] 政治手法や家族管理についての論考や新しい作法書とともに、彼らは、新しい生活様式に合致する新しい模範を求めて、エリートの振る舞いを統制していた。芸術家や著述家、音楽家や数学者、建築家やほかの「文化の生産者たち」と共通していたのは、蒐集家たちが、社会における自らのステータスを向上させるために新しい状況を利用したことである。こうした計略を通じて、ミュージアムは知識の特権的な場となった。

嗜みある社会、嗜みある空間

ミュージアムは沈黙とざわめきとのあいだに位置していた。[☆13] 修道院の書斎（studium）の静寂さや、隠者のように社会から身を引くことは、後期ルネサンスになると、ミュージアムにおける視覚と言葉の不協和音に場を譲り、研究から蒐集への移行が画された。ペトラルカからマキアヴェッリまでの人文主義者たちは、沈黙と雄弁の弁証法を評価していた。[☆14] 彼らにとって、書斎は瞑想の空間であった［参考図8］。寝室と個人礼拝堂のあいだに位置する書斎は、住居の中の奥まったところにあった。暗く、しばしば窓のない、ただテーブルや机や椅子、そして書物を並べた壁龕（ニッチ）や書物を収めた櫃（ひつ）だけが変化を与えている視覚的な単調さ、すなわち、最初期のミュージアム（「ムーサたちの神殿」という本来の言葉の意味において）は、われわれがのちにミュージアムに結びつけるようになる社会性の表徴を欠いた空間であった。[☆15] 贈りもの、訪問者の芳名録、そしてミュージアムと社会とをつなぐそのほかの蒐集展示品において見られるような、初期近代のミュージアムにとって中心的な要素であった、人文学／古典の学識の交換／交易の触知しうる連想物を欠いていたのである。

一六世紀半ばになると、学問の空間は、社交的なものと私的なものという相反する二つの模範を反映していた。後者が、フランスやイギリスのようなイタリア以外の国で長く存続していたのは、驚くべきことではない。これらの国では、アカデミーとミュージアムのネットワークは、イタリアにおけるほど広く、あるいは早く発達することはなかった。アルドロヴァンディの有名な同時代人で、フランスの人文主義者ミシェル・ド・モンテーニュにとって、図書室は社会的な意味での「ミュージアム」ではなくて、「瞑想の場」（solitarium）であった。モンテーニュは、自分自身の知識への道を阻む実践について認識していることを表明しながら、「伏魔殿」（pandemonium）で研究しう

参考図8——ヴィットーレ・カルパッチョ
《書斎の聖アウグスティヌス》
ヴェネツィア　サン・ジョルジョ・デッリ・スキアヴォーニ同信会

るような学者たちに疑念を抱いていた。[16] イギリスの自然哲学者ロバート・ボイルは、「自然に仕える聖職者」としての自らの義務を強調することで、訪問者たちを自分の仕事場から追い払う機会を必死で求めた。スティーヴン・シェイピンが最近指摘したように、「科学革命のもっとも影響力の大きい方法論的洞察は孤独の中で獲得されたと言われてきた」。[17] 疑いもなくこのことは、われわれがこの時期のボイルやデカルトやニュートンを贔屓にするゆえんである。彼らは、数学と自然学の発展における手本であり、そこでは協同作業は別の意味をもっていた。たしかにアルドロヴァンディ以後の博物学者たちは、博物学は潜在的に協同作業の企てであると考えており、その成功は、人文主義的な文芸界に依存していた。しかしながら、この前提は、一六世紀初頭には当てはまらない。われわれは、それを可能にした人文主義者の社交性の形態について調べる必要がある。一世紀のあいだに、私的な研究へと社会を導いたものは何だったのだろうか。また逆に、この研究の空間を画定した学者たちがそれを公共化するように導いたものは何だったのだろうか。

人文主義者のサークルの形成において明らかなように、集団の知的活動のパラダイムとしてアレクサンドリアのミュージアムが銘記されていたにもかかわらず、一六世紀の研究の理想は、もっぱら排他的なものであった。[18] このような学問のイメージは、初期近代を通してずっと続いていたことは明白である。イタリアの文脈でもっとも有名なものは、マキアヴェッリが書斎における活動を、文学を介して、「不在のままで」(in absentia) 公的生活に再び関わるための手段とみなしていたことである。しかし、このフィレンツェの人文主義者は、学問それ自体が社会的な基盤をもった企てだとは考えていなかった。マキアヴェッリ、モンテーニュ、ボイルのような学者たちを魅了した孤独な空間は、ミュージアムのイメージに反響している。「ミュージアムとは、他人から隔絶された学者が一人で座り、読書に耽り、研究に没頭する場である」と、一七世紀の教育者コメニウスは説明している。[19] 学問は、「研究に没頭する者」(studiis debitus) を巻きこむプロセスであり、研究の場であるミュージアムは、学者と外界とのあいだに、一見したところ通過不能な物理的障壁をつくりだした。ミュージアムがまぎれもなく公共のスペクタクルとなった一八世紀になってもなお、ミュージアムの挿絵は、秘密の魅惑的な環境というイメージを強調している。たとえばカスパル・ネイケリウスの『ムゼオグラフィア（博物館展示分類学）』（*Museographia*, 1727）の表紙では、学者は、時代遅れの書斎というよりもむしろギャラリーの中にいるが、それにもかかわらず、ミュージアムは孤独な活動の場として想定されている。人文主義者たちがますますミュージアムの社会的で実利的な機能を擁護するようになる一方で、伝統的に研究を霊的交渉の一形態と定義してきたキリスト教文化の中に人文主義者たちが参与していたために、その隠遁的な研究のイメージは有効なままであり続けた。

後期ルネサンスのミュージアムは、蒐集の人文主義的世界と、観照の場としての研究というより、宗教的に動機づけられたイメージとにまたがることによって、公的空間と私的空間のあいだを媒介した。両者とも知識を構築するのに有効な方法であったが、その組織に対しては別の模範を提供した。隠遁と社会性との緊張は、一五一〇年にパオロ・コルテージが枢機卿たちに向けた、一族の形成に関する助言の中にもすでに見てとれる。コルテージは、枢機卿はローマのどこに居を構えるべきかについて「都心」(in oculis urbis) がいいか、それとも「公衆からずっと離れたところ」がいいか議論しているのである[☆20]。彼の意見では、前者は社会的生活にとって、後者は研究にとって都合がいい。しかし、一六世紀の末には、これら二つの活動は、次第に共存可能なものと思われるようになった。「仕事」(negotium) と「閑暇」(otium) との区別の緩和は、嗜みある領域の拡大の兆候であり、この領域はついには学問的世界の重要な諸局面を包含することになる。嗜みある空間としてのミュージアムの発展は、この移行を反映していた。

大司教としてラグーサに着任したばかりの高位聖職者ルドヴィーコ・ベッカデッリは、その地からヴィンチェンツォ・パルパリアに宛てて、「孤独は人々に好奇心を抱かせる」と書いている[☆21]。ジリオラ・フラニートがベッカデッリとその仲間たち（sodalitas）に関する研究において明らかにしたように、一六世紀の多くの人文主義者は、観照的生活に対する嗜みある生活の優位を強調し、活動的生（vita activa）と観照的生（vita contemplativa）の利点についての積年の論争を再燃させた。ベッカデッリのパトロンであったヴェネツィアのガスパーロ・コンタリーニは、「嗜みある会話から離れて」生活することは不可能だと断言した。[☆22] 彼が閑暇に求めていたのは沈黙ではなくて、ざわめきであった。こうした考えは、一六世紀に出現した作法に関する論考の中で、その規範的な表現を見いだした。ベッカデッリのサークルでとくに重要な会員は、礼儀作法書『ガラテーオ』(*Galateo*, 1558) の著者として有名なフィレンツェの人文主義者ジョヴァンニ・デッラ・カーサである。デッラ・カーサが述べているように、ほかの人々と同じく学者たちも社会から身を引くことはできなかった。「このため、荒涼たる砂漠や隠遁者の独居房ではなくて都市の中で、人々のあいだで生きようと決めた者にとっては、いかに上品で感じのよい習慣や作法を身につけるかを知ることがきわめて有益であることを否定する者はいないだろう」[☆23]。このイメージ――読者層の大多数を構成していた都市のエリートを夢中にした――の中に、嗜み、洗練、そして学問の空間が合流した。一五五〇年代にダルマチアの海岸に追放を余儀なくされたベッカデッリは、ローマの宮廷の喧騒から離れて、世間とのコミュニケーションを保つ手段として蒐集を始めた。孤独の中で彼は、静寂よりもむしろ好奇心を発見した。蒐集を通じて彼は、自分があとにしてきた特殊な共同体とのつながりを再び確認した。世界に対する好奇心は、貴族生活の中心からはるかに離れた彼の現在の位置と、同じ趣味の人文主義者たちとの交流を必要としていた過去の探求とのあいだの橋渡しをしたのである。

一六世紀のあいだに、デッラ・カーサの大まかな示唆は、嗜みあるエートス全体の基盤となり、ステーファノ・グァッツォの『嗜みある会話』(*La civil conversatione*, 1574) のような礼儀作法書の中で明確にされ、イタリア中のミュージアムやアカデミーで実践される生活様式となった。マッティオーリはアルドロヴァンディに宛てて、博物学者は「謙虚さ、人間性、礼儀、上品さ」を培うように勧めている[☆24]。有名な『宮廷人』(*Il libro del cortegiano*, 1528) の著者カスティリオーネは、このことを自ら巧みに提示することはできなかった。デッラ・カーサが関心をもったのは、成功する紳士をつくりあげるうえで中心的な二つの観点、すなわち身体的振る舞いと言語であったが、これに対してグァッツォは、「嗜みある会話」を成功の本質的な基準とした。グァッツォによれば、会話は「知識の出発点にして目標」である。[☆25] 孤独という徳目を称讃したにもかかわらず、教皇の宮廷での社交を満喫していたペトラルカのような初期人文主義者たちを、グアッツォは非難した。会話は、彼は結論している、孤独から自然と進みでる、なぜなら、それはあらゆる学問的研究の中心にある自己の探求を推し進めるからである。「それゆえ私はこう結論する。学識者や学生たちは、自分と同じ境遇の者がいないために孤独を愛するとしても、それでも彼らは、自分と同じ境遇の仲間たちを自然本性的に愛する」と、彼は書いている。「……そのため、彼らの多くが、自邸で親しんでいる書物の学識ある著者たちと会話を交わすために、たいへんな苦労の末にはるかな時を超えて旅をしているのである」[☆26]。グアッツォがこのような意見を述べたとき、彼の念頭にあったのはたしかに、自然哲学者たちや有徳文化人たちが互いのミュージアムを巡礼しあっていたという事実である。

ミュージアムの物理的な構成もまた、社交向きの空間としてのその機能を明らかにした。ベッカデッリの場合、友人の人文主義者や有名な学者たちの肖像画を書斎に飾ることで、会話を自らの書斎に導き入れ、こうして、不在の彼らとの「会話」を楽しむことができたのである。彼の図像的なプログラムは、ペトラルカにキケロ宛の書簡を書くように導き、ほかの多くの人文主義者たちに自己に固有のムーサと会話するようにうながした衝動から着想を受けている。ベッカデッリの著名人たちのギャラリーは［アドリア海に浮かぶ］シパン島の邸館にあったが、それとは異なり、ほとんどのミュージアムは、都市空間の中に位置しており、それゆえ都市で交わされていた人文主義者たちの会話により結びつきやすかった。コルテージはローマの枢機卿たち――ベッカデッリの友人コンタリーニのような人々を含むカテゴリー――に、「講堂で議論する人たちの声が夜に書斎に聞こえてくるような盗聴装置」を据えつけるように勧めている。[☆27] さらに奇抜なのは、ベッカデッリの秘書ジガンティの場合であり、彼は、ボローニャのサント・ステーファノ聖堂を見下ろすベッカデッリ一族の邸宅に自分の書斎があったのを利用して、広場を挟んで、オブジェや質問状や学識ある論考を行き来させながら、より有名な隣人アルドロヴァンディとの対話を続けていた。地理的に近いことで、アルドロヴァンディとジガンティのあいだに結ばれた友好は促進された。ジガンティの場合は、ミュージアムの存在がほかの学識者との会話を助長した多くの事例のほんのひとつにすぎない。蒐集家たちのあいだの多様な会話について語っている収蔵目録、手紙、贈答品を通覧してみると、われわれはミュージアムに浸透していたざわめきを聞きとれるほどである。アルドロヴァンディやチェージのような博物学者たちが、自らの手紙に「われわれのミュージアムより」(ex Musaeo nostro) とか「チェージ・ミュージアムにて書かれた」と署名したとき、彼らは、ミュージアムの空間と人文主義的な知識の生産とのつながりを強化していたのであり、それは、嗜みある社会の結束をつくりだす、絶えまない言葉の交換によって媒介されていた。[28]

マントヴァの薬種商フィリッポ・コスタの小書斎 (studiolino) について詳述したジョヴァン・バッティスタ・カヴァッツーラは、その書斎のことを「われわれの時代に発見された、きわめて稀な単体薬物を所有する、まことに上品な劇場」と記している。[29] カヴァッツーラの言葉はよく考えて選ばれている。コスタのミュージアムに上品さを帰すことで、彼はミュージアムが据えられるべき正確な社会的、道徳的基盤を読者に知らせたのである。蒐集は、一定のステータスをもつ人々だけにふさわしい活動であり、蒐集とステータスとの密接な関係は、ミュージアムの位置に影響を与え、ミュージアムの実践を条件づけた。アルドロヴァンディの同時代人で、このボローニャの博物学者と折に触れて書簡を交わしていたコスタは、蒐集の文化の中で成功を収めた「好奇心にあふれた小人物」(ometti curiosi) の典型であった。[30] 自然研究への募る興味のゆえに、彼の薬種店とミュージアムは、ゴンザーガ領における科学活動の多くの中心地のひとつとなった。そのことによって彼は、マントヴァ公の目にとまり、博物学者たちの共同体に参加するという信任状を得た。秘書のジガンティ同様、コスタは、自らの地位を高めるためにミュージアムを利用し、おそらくそのことが、彼の嗜みある社会への参入を決定したのである。彼は、デッラ・カーサやグァッツォが自らの論考の中で概略を述べていたテーブルマナーや洗練された言葉遣いと同様、ミュージアムもまた、彼の成功にとって決定的であることを理解していたのである。

デッラ・カーサやグァッツォのような、後期ルネサンスの社会的振る舞いを法典化した人々が、嗜みある社会と嗜みある会話の境界を定義しようとしていたのに対して、バロックの作法の達人たちは、社会的慣習と学識者の慣習とのあいだのつながりを当然のものとみなした。一七世紀初頭、マッテオ・ペッレグリーニのようなアカデミー会員たちは、彼の『賢者には宮仕えがふさわしいこと』（*Che al savio e convenevole il corteggiare*, 1624）のような論考において、宮廷の嗜みと研究との関係を洗練させたが、それは、これらの活動を対に置くことへの疑念がなかなか消えないことを反映している。しかし、その世紀の半ばには、イエズス会の著述家たちが、この前提のもとで学者の振る舞いに関する助言をおこなうようになった。ダニエッロ・バルトリが『学者の気晴らし』（*La ricreatione del savio*, 1659）を書いたとき、蝸牛や貝やそのほかの多くの自然の喜ばしい「小さな事物」を楽しむためにミュージアムをつくるべきだろうということを、読者に知らせる必要があるとは考えなかった。[☆31] 嗜みある言説は、イエズス会の教室で教えられていたアリストテレス的なカリキュラムの倫理的規範と結びつけられることで再び活性化し、エマヌエーレ・テザウロのようなバロックの哲学者たちは、社交性がエリートの際立った属性であることを強調し、カトリックの教育者たちが提供する訓練の所産として、この社交性を描きだしている。[☆32]

テザウロの『道徳哲学』（*La Filospfia Morale*, 1670）は、「貴顕の学校」（seminaria nobilium）において標準的な読みものだった。[☆33] アリストテレスの『弁論術』（*Rhetorica*）と『倫理学』（*Ethica*）の規範や、『ガラテーオ』の規定は、社会的言説に関するテザウロの哲学の基礎となった。「こうした規則は」、とテザウロは助言している。「道徳的な訓練を積むことのできる、嗜みある人物に対してのみ向けられている」。一六九〇年にボローニャを訪れ、「思慮分別のある好奇心」をもって「アルドロヴァンディの書斎」のオブジェを眺めた教皇特使のことを、マルピーギが称讃していたことを思いだそう。ある同時代人もまた、「賢明な人物は過剰な好奇心を嫌う」と勧告している。[☆34] 欲求や情動の制御が、「『ガラテーオ』の非難に同意しない……恥ずべき卑俗な者たち」から蒐集家と観客を区別した。[☆35] この制御によって、蒐集家と観客は、暗黙のうちにであれ公然とであれ、当時の作法書に示された振る舞いの規則の信奉者となった。

一六世紀の人文主義者たちの著作に最初に現われた、学問の社会的評価をバロックが完成させた。☆36 ダニエル・ゲオルク・モルホフがこのジャンルの学術大全『博識家』（*Polyhistor*, 1688）を著わしたころまでは、一六世紀と一七世紀の人文主義的な文芸の共和国を形成していた、嗜みある言説の伝統全体について省察することができた。「礼儀正しいすべての人々のあいだには」と、彼はミュージアムと神学校に関する章で書いている。「自然の事象や諸学芸やあらゆる種類の研究について共通に議論できる学識者たちの公的な集まりがあった」。モルホフはさらに、「学識ある会話について」と題された章において、友好と学問の関係の特質について詳しく記している。ここで彼は、「ミュージアムと神学校は、……通常、学者たちの会話によって相互の学問が向上するように設置されている」と述べている。☆37 一七世紀の学問の世界を特徴づけている、イエズス会の神学校、科学協会、ミュージアムの興隆についての鋭い観察者であったモルホフは、キルヒャーのような博学者たちの百科全書的プログラムを、彼らが関与した社交的実践に明確に結びつけていた。「本当のところ、学識ある人々との頻繁な会話ほど、知識を集めるのに向いているものはない」とモルホフは書いている。☆38 ラテン語の学識に裏打ちされた二〇〇〇ページにも及ぶその著作の中でモルホフが長々と詳述しているように、百科全書主義は究極の嗜みある言説であった。というのは、それは談話すべき無数の事柄を提供するからである。モルホフが学問の模範として挙げたキルヒャーは、たしかに、この言明の賢明さを称讃したことであろう。

一七世紀になると、ミュージアムと「会話術」（ars conversandi）との関係は、新しい技術に基づく「驚異」（mirabilia）を生みだし、それをミュージアムに組みこむ機会をもたらした。ローマ学院にキルヒャーは、彼の有名な「デルポイの神託」のような彫像があたかも生きているかのように見せる「喋るトランペット」ばかりか、彼が世間の人々と十分に話すことができるようにする通話管を設置した［参考図9］。この聴覚装置は、長さ三〇スパンで、ミュージアムとキルヒャー個人の住居とをつないでいた。この装置を通じて、守衛は訪問客たちの到着を告げ、「離れた寝室に引きこもっている」キルヒャーと接触することができた。☆39 一六五一年にローマ学院の三階のギャラリーにミュ

参考図9――キルヒャーの〈通話管〉
(Athanasius Kircher, *Phonurgia Nova*, Campidone, 1673)

ージアムが移されてからは、このイエズス会士は、自らの個人的な書斎とミュージアムとを分離することを選んだが、それは、自分の珍品奇物を見にくる多くの訪問者たちから逃れるためではなかった。ベッカデッリが、著名人たちのギャラリーのゆえに、遠くからでも人文主義的会話に参加し続けることができたのと同じように、またジガンティが、自らのミュージアムのゆえにボローニャの人文主義的文化に参入しやすくなったのと同じように、キルヒャーは喋るトランペットのゆえに、一貫して自分の生活の中に、嗜みある社会をとりこむことができた。同時代人のボイルが、訪問者たちを自分の実験室から遠ざけるために手のこんだ儀式を開発したのに対して、キルヒャーは、彼らをミュージアムに入りやすくするための技術を発明したのである。

イタリアの貴族たちによって培われた科学の嗜み（シヴィリティ）は、たちまち海外にも市場を見いだした。一七世紀も半ばになると、パリやほかの都市の貴族たちは、自然についていかに会話するかを学ぼうと必死になった。新たに設立されたパリ科学アカデミーの本拠地であり、ヨーロッパ最大の宮廷であるルイ一四世のヴェルサイユ宮殿にほど近いパリは、礼儀正しさ（politesse）——嗜み（civiltà）や良き作法（buona creanza）に対応するフランス語——の中心として、すぐにローマやフィレンツェにとってかわった[☆40]。嗜みある世界におけるパリの地位の向上は、たちまちイタリアの博物学者や蒐集家たちを引きつけた。その中でもとりわけ顕著なのは、パオロ・ボッコーネであり、彼は、自著『多くの岩石の形成に関する自然探求と観察』(*Recherches et observations naturelles sur la production de plusieurs pierres*, 1671)において、彼のパリへの到着を、そして、フランス人をイタリア人と同じように自然の蒐集において巧妙にする自分の能力を宣伝している。この著作は、「自宅で講演する」という形式での博物学の講義を宣伝し、「フランスの宮廷人」はいかにして自然の陳列室（キャビネット）をつくりうるのか助言している。前者については、ボッコーネはイタリア貴族たちの教師としての体験を強調している。「イタリアで私は、第一級の紳士たちを何人か教えました[☆41]」。続いてボッコーネは、王以外の者でも「珍品奇物の陳列室」を蓄えることはできることを、フランスの読者に請け負い、そして次のように述べている。「インペラートやカルツォラーリのような私人でも、これら貴重な品々のかなり立派なコレクションをつくることができたのですから、長年のあいだ、稀少な珍品が豊富にあり、礼儀正しさ（politesse）がいきわたっているパリにお住まいの閣下は、より優れたことをなしえます」[☆42]。いまやフィレンツェやローマの宮廷を凌ぐほどになった、ヴェルサイユの宮廷世界が都市へと拡張したパリは、ボッコーネがあとにしてきた文化以上に、自然の蒐集に資する環境であった。

ボッコーネの言明は、蒐集の環境を決定していた社会的期待のいくつかの様相を明らかにしている。たとえば彼は、紳士や例外的な女性たちを自然の神秘へと手ほどきした経験、言い換えれば、トスカーナ大公の植物学者として宮廷で信任を得た経験を周到に強調した。彼はまた、自然の研究が、かつてはイタリア人ほど博物学に喜びを見いだしていなかったパリの上流階級にふさわしい、嗜みある探求であることを力説した。カルツォラーリやインペラートのようなイタリアの蒐集家たちが自然の劇場を形成することに成功した点を認めつつも、ボッコーネは、フランスの宮廷人の能力がより優れていることを力説した。というのも、フランスの宮廷人は、活気のないヴェローナや騒々しいナポリよりも都会的な環境にいて、多くの事物を蒐集できる状態にあり、またそれらが探求に値するものとみなす嗜みをもちあわせていたからである。自然を蒐集することは、もはや、単に学識を具え、好奇心をもつ者たちを共通の努力において結びつけるという理由だけで重要なのではない。それは、勃興しつつある絶対主義的な権力の中心と、そこに制定された新しい嗜み（シヴィリティ）とを反映していたのである[☆43]。

書斎からギャラリーへ

書斎からギャラリーへというミュージアムの変容は、孤独からざわめきへの移行と対応している。ミュージアムの社交性が、嗜みある空間としてのその機能を示していたように、嗜みの目的と手段にとり憑かれた社会において、邸宅の内奥からより近づきやすい環境へのミュージアムの移動は、蒐集という活動にとって新たな宣伝効果の兆しとなった。だが、この発展過程は決して単純でもなければ、この発展を可能にした蒐集家たちにとって必ずしも自明のことでもなかった。アルドロヴァンディは、自分の書斎は「全キリスト教国のあらゆる学者の便宜のために」あると宣言し、このことは、彼が生涯にわたって書斎を広く公開し、一六〇三年にはボローニャの評議会にミュージアムを寄贈したことで証明されるが、彼が称讃したのはほかでもなく、フィレンツェの窓のない「ストゥディオーロ（小書斎）」に身を潜めた大公フランチェスコ一世の、より自己充足的な活動であった。[☆44] 両者とも、競いあう価値のある蒐集のモデルとして受け入れられていたのである。

クラウディオ・フランツォーニが、古物蒐集についての研究の中で示唆しているように、蒐集に関する語彙の中でもっとも重要な言語の区別のひとつは、コレクションを空間的に定義する用語と、コレクションの哲学的な配置を暗示する用語との区別である。[☆45] スタンツァ（展覧室）、カーザ（展覧館）、カシーノ（実験工房）、グアルダローバ（収蔵室）、ストゥディオーロ（小書斎）、トリブーナ（特別展覧室）、ガッレリーア（回廊）といった用語は、ミュージアムの邸宅内の領域を系統づけている。「閣下のカシーノはまことに自然の家と呼ぶことができます。そこでは、数多くの驚くべき実験がおこなわれています」と、アルドロヴァンディはフランチェスコ一世に書き送り、サン・マルコ聖堂の錬金術の実験室における、大公による自然の馴致についてほのめかしている。[☆46] 同時代人たちは、バロック時代のローマの、枢機卿フラヴィオ・キージのコレクションを、それを収蔵する空間とその内容物の性格とを結びつけながら「珍品奇物の部屋」として記述している。[☆47] ルネサンスの蒐集家たちがミュージアムをしばしばストゥディオ（書斎）、スタンツィーノ（小部屋）、ときにはグアルダローバ（収蔵室）と呼んだのに対して、バロックの蒐集家たちは、トリブーナ（特別展覧室）──しばしばウフィツィ美術館を指すために使われた──とか、ガッレリーア（回廊）といった用語を好んだ。前者は、蔵匿と内密という意味を、後者は、開放性と社交性という意味を反映している。

一六〇四年三月五日付けの遺言書で、薬種商のカルツォラーリは、「ヴェローナの私の家にある古代遺物／骨董の書斎（studio di antichità）」を甥に遺贈し、ミュージアムは家族の所有になるものであって、地元の統治機関に寄贈するよりも親族に遺されるべきであるという自分の考えを強調している。[☆48] もともと書斎としてのミュージアムは、

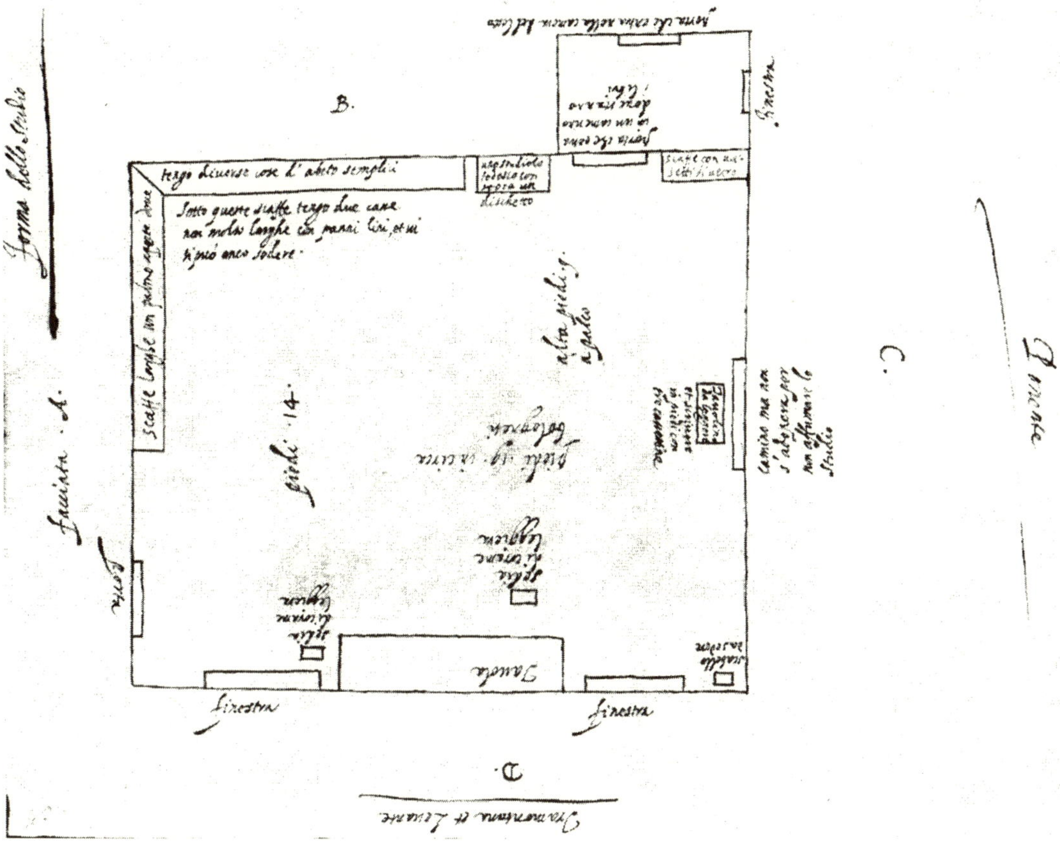

ミュージアム・プラン2——アントニオ・ジガンティの「書斎」
(Ambr. S. 85 sup., f. 235r.)

蒐集家の空間を、彼が蒐集した社会の空間から隔てていた。ベネデット・コトルーリは一五七三年に次のように指摘している。

> 文学に喜びを見いだしている者は、公の書斎（scrittoio comune）に蔵書を置くべきではなく、邸宅のもっとも奥まった、離れたところに小書斎をもつべきである。寝室に近ければ最適であるし、健康にも良い。より容易に研究できるからである。[☆49]

同じく一六世紀の、彼より以前に、人文主義者のコルテージは、「とりわけ侵入に対して安全を確保する」ために、書斎を「邸宅の奥の場所に」置くように助言している。[☆50]後期ルネサンスのミュージアムのための現存する平面図は、このような構成を支持している。たとえば、ボローニャのジガンティの書斎は、邸宅の内部空間にコレクションを置こうという意識を立証している。寝室とミュージアムに隣接する小さな図書室が、唯一の入口である（ミュージアム・プラン2）。蒐集家は、ムーサたちに誘われて、寝室に引っこむのと同じように書斎に籠もる。おそらく、書物やオブジェの検索が、カルダーノのような哲学者たちが重要な意味を与えた夢を燃えたたせたのである。[☆51]デッラ・ポルタのミュージアムの収蔵目録は、控えの間にはベッドが置かれ、これら二つの相異なる、しかし潜在的には親密な環境の混同がさらに助長されていたことを明らかにしている。[☆52]

カルロ・ディオニソッティが指摘したように、初期近代という時代における公的なものと私的なものとの関連を理解するためには、これら両者の区別を疑問に付さなければならない。上流階級の邸館の中で、理論上はもっとも親密な空間であるはずの寝室は、完全に私的というわけではなかったし、ミュージアムもまたそうであった。[☆53]書斎を邸宅の中のもっとも私的な部屋で囲むことによって、蒐集家は、訪問者たちにミュージアムを見せるときに、彼が大きな特権を与えていることを示そうとした。訪問者たちは、その当時のエリート文化が認めていた、数少ない親密さの敷居のひとつを横切っていった――この「親密さ」とは、おそらく邸館の中でもっとも公の空間のひとつであった寝室のそれではなく、書斎のそれであった。この暗黙の敷居をくりかえし越えることで、書斎はミュージアムへと変容していった。

邸館の中でもっとも「個人的な」空間に隣接して、ミュージアム、図書室、書斎を設けるようにという助言は、このような部屋の配置をめぐる同時代の経験からのみならず、古典から霊感を受けたアルベルティの設計からも引きだされていた。『建築十書』(*De re aedificatoria libli X*, 1485)の中でアルベルティは、田園の邸宅の配置について述べながら、「妻の部屋は納戸に、夫の部屋は図書室に通じるようにすべきである」と明記している[☆54]。この空間の配置は、アルドロヴァンディの書斎からフランチェスコ一世の小書斎にわたるコレクションの位置によって支持されている。家族生活に関するアルベルティの論考の対話者、ジャンノッツォは、次のように回想している。「私は常日頃から私の記録を保持し、……あたかも聖なる宗教的対象でもあるかのように、書斎にしまいこんで整然と並べておきました。妻がその場所に入ることは、私と一緒でも、ましてや一人では決して認めませんでした[☆55]」。商人のプライヴァシーはこのようにして守られ、男性の職務は男性へと伝えられた。一七世紀になると、このような空間のジェンダーによる分割は、ほとんどの貴顕、貴族たちの邸館において標準的な慣例となる[☆56]。

アルベルティは、書斎をもっぱら男性の空間として明解に規定しており、このイメージは、蒐集や科学の分野における女性の相対的な不在によってもまた支持されるが、他方、いくつかの注目すべき例外を挙げることができる――一五世紀末のマントヴァにおけるイザベッラ・デステの蒐集活動や、バロック時代のローマで学問の庇護者として特異な役割を果たしたスウェーデンのクリスティーナのそれである[☆57]。しかし、ほとんどの場合、蒐集は、ほぼすべてが男性のものである、個人的で家族内の文化から生まれた。ミュージアムは、学問的な活動のために自宅用に設けられた空間で、公的生活から完全に分離されていたわけではない。私的な家族礼拝堂の瞑想空間に類似していた。このようにミュージアムは、女性が近づくことを暗黙のうちに拒否していた。蒐集の空間は、住居の中で公的であると同時に私的な男性の空間であり、それゆえもっとも重要な意味において、嗜みある空間であった。[58]

「館の中の世界」(orbis in domo) としてのミュージアムは、文字どおり世界を自邸の中にもちこもうとする試みによって、公的なものと私的なものとを仲介した。きわめて名高いミュージアムの戸口の上り段に出現する、事物と情報と訪問者たちの絶え間のない流れは、ミュージアムがもはや、「書斎」(Studium) という修道院士的、隠修士的なイメージが暗示するような隠れた世界ではありえなかったことを確定した。[59]「私の写字生のジョヴァン・コルネリオが帰ってまいりましても、貴台がお望みのように早くはご返事を差しあげられないでしょうが」と、アルドロヴァンディは自らのミュージアムからピネッリに書き送っている。「公私にわたるさまざまな交渉でずっと忙しくしていることに免じて閣下は私をお許しくださることでしょう」[60]。「その所有している広範な知識のゆえに並ぶもののない、学識豊かな人物」、古物蒐集家のジョヴァン・ヴィンチェンツォ・デッラ・ポルタは、「もっとも高貴なミュージアムを自らの努力によってつくりだし、その名声に引かれて、ヨーロッパのもっとも遠い地からも学者たちが訪れてくる」[61]ことで注目を浴びていた。彼の兄弟ジョヴァン・バッティスタ家の一六一五年の資産目録から知られるところでは、デッラ・ポルタのコレクションは、まさに私的なものではあったが、開かれた空間で、人文主義的な科学的共同体の基盤を形成する、文通という非公式のネットワークを通じて宣伝されていた。このコレクションは、研究と熟考の場としての書斎から、展示と会話の空間としてのギャラリーへという、ミュージアムの移行を反映している。空間の再編成は、同様に意義深い文化上の変化を反映しており、この変化によって、人文主義的な友好と宮廷(男性の社会)の社交性(両性の社会)のいずれもが、知識の生産にとって受容すべきモデルとなった。科学文化は前者を特権化したが、後者をまったく拒絶したわけでもなかった。

君主たちのコレクションの進展は、後期ルネサンスのミュージアムが、空間の私的および公的概念の双方を、彼らの構想と利用において、合体させ続けていた方法を完璧に例示している。ウルビーノのフェデリーコ・ダ・モンテフェルトロの小書斎は、もっぱら個人的な機能に供されていたが、一五六九年から一五八七年に大公によって使

ジョルジョ・ヴァザーリ
参考図10——フランチェスコ1世の〈ストゥディオーロ（小書斎）〉1572年完成
フィレンツェ　パラッツォ・ヴェッキオ

用されたフランチェスコ一世の「ストゥディオーロ（小書斎）」は、私的および公的いずれの文脈においても機能していた［参考図10］。市政府の座であると同時にメディチ家の住居でもある、フィレンツェのパラッツォ・ヴェッキオの中の、国家の用務が執りおこなわれる大広間（サーラ・グランデ）のはずれに位置し、私的な一族の各部屋に通じる「ストゥディオーロ」は驚くべき通過点、すなわち大公が公務の領域を完全に離れることなく、大公が自らに沈潜しうる部屋なのである。[☆62] フランチェスコ一世の「ストゥディオーロ」は、公的というより私的であった。この「ストゥディオーロ」についての記述は存在していない。というのは、その着想（invenzioni）の図像的プログラムを計画した宮廷の人文主義者ボルギーニやジョルジョ・ヴァザーリ、そしてその部屋の装飾に当たったほかの芸術家たちを除いて、そこに入ることを許された者はほとんどいなかったからである。トスカーナの宮廷の政治的術策に囲まれたこの「ストゥディオーロ」とその所蔵品は、大公の目だけに向けられていた。

フランチェスコ一世の「ストゥディオーロ」が個人的な空間であったのに対して、上品なガラス器具からペストの治療薬まであらゆるものがつくられていた彼のカシーノ（実験工房）は、公的な利益のために宣伝された。大公の個人的な実験室の有用性と、一五八〇年代の末にピサの植物園に設置されたギャラリーをめぐる評判と対応していた。もともと医学用単体薬物や、薬に有益と考えられる博物学のほかの諸側面について学生に教授するために設計されたこのギャラリーは、旅行者の道程中、注目すべき名所として、すぐに同じような種類のコレクションに匹敵するものになった。一五九六年にロバート・ダーリントンがトスカーナを訪れたとき、彼は、ミュージアムの外観を大公の住むピサの邸館の構造に結びつけ、ギャラリーのことを「パドヴァのそれにも劣らないほどの薬草園に隣接する……小さな家」と記述している[☆63]（ミュージアム・プラン3）。いまやピサをも傘下に入れたトスカーナ大公国の拡張の証として、ギャラリーはメディチ家の権力の象徴であった。その公開性は、フィレンツェにある一族の私的コレクションの閉鎖性とは対照的に、植物園と博物学のミュージアムの設立によって知の増進を促した政治的名家の恩恵を、訪問者たちに気づかせるのに役立った［参考図11］。一族のコレクションをウフィツィの公的なギャラリーに変容させようというフランチェスコ一世の決定は、蒐集を、フィレンツェを支配する一族の政治的で公的なアイデンティティと同等のものとするプロセスの最後の段階を画している。☆64 一六世紀の末にメディチ家は、その庇護依頼者(クライアント)アルドロヴァンディとまさに同様に、自らのコレクションをあらゆる貴族に開放することによって、学問と展示の場としてのミュージアムに対する関心の高まりを承認した。

トスカーナ大公の政治的計略は、科学的空間の公共的な有用性をめぐるレトリックの発展と軌を一にしていた。アルドロヴァンディの同時代人、化学哲学者アンドレアス・リバヴィウスは、化学実験室のための彼自身の嗜みに満ちた構想と、[デンマークのフヴェーン島の] ウラニボルク城に設置されたティコ・ブラーエによる君主の実験室とを明確に対照させて、デンマークの天文学者の実験室を「自分の企てをほかの誰のものよりも優れたものにするための私的な書斎にして隠れ家」として、そして彼自身の構想を「社会への作法にかなった参加に適した内在性を有する」哲学するための理想の空間として、記述している。リバヴィウスによる私的な書斎への攻撃は、彼が、初期近代に広範な議論が展開された、秘匿か解放かをめぐる論争に参加していたこと——より重要なのはそれを認識していたこと——を示している。☆65 実験室は、市民の建造物であって君主のそれではなく、特権性よりも科学的共同体の感覚を養うのに貢献する、とリバヴィウスは論じた。ミュージアムと同様に、実験室も、知識を公共空間の中に据えて社会に役立てようとする、有用性という人文主義的な、また、のちのベーコン的な概念に応えなければならなかった。こうして、アルドロヴァンディのような博物学者にして自然哲学者は、意図した利用法を批判的に検討することで知識の場を変容させた。彼らは、こうした新しいコミュニケーションの形態の価値を発見したばかりでなく、一六世紀末から一七世紀初めの理想主義を反映していた。

一七世紀までにミュージアムは、書斎というよりもギャラリーに、すなわち人々が通り抜けることのできる空間に属するようになった。このことは、蒐集を公表された活動とみなす貴族的な理想と、ミュージアムを教養ある人間が集まる空間とみなす人文主義的な見解——リバヴィウスの言う「礼会への作法にかなった参加に適した内在性

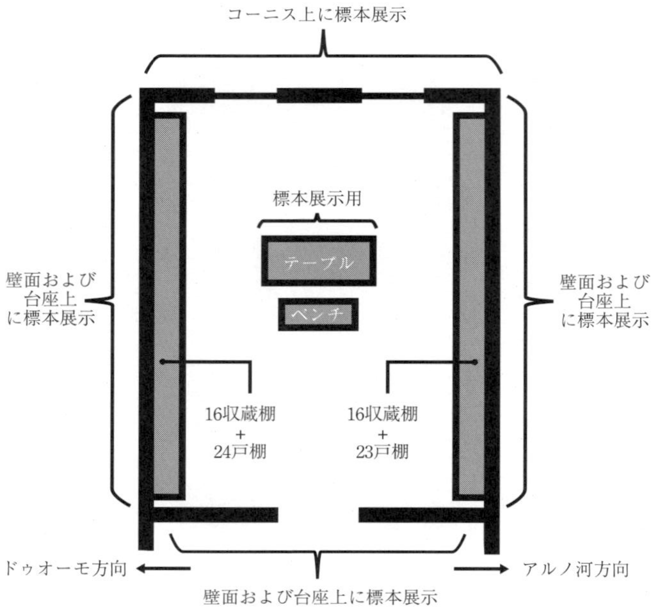

ミュージアム・プラン3——ピサの植物園の大展示室

植物園の管理者も、おそらくはこの建物の一階部分に暮らしていた。図に示したのは、目録中で「大展示室」（Stanza Grande）と呼ばれている、博物標本展示室。この他にも、三階部分には「絵画室」（stanza dei quadri）地上階部分には著名な博物学者たちの肖像画を展示した回廊などが設置されていた。

（ASP, Università, 531, serie 5, cc. 1-31; Livorno e Pisa, pp. 516-517）

参考図11——ピサの植物園の俯瞰図
(C. Mogalli, *Pianta del Giardino dei Senplici di Pisa*, In M. Tilli, *Catalogus Plantarum Horti Pasano*)

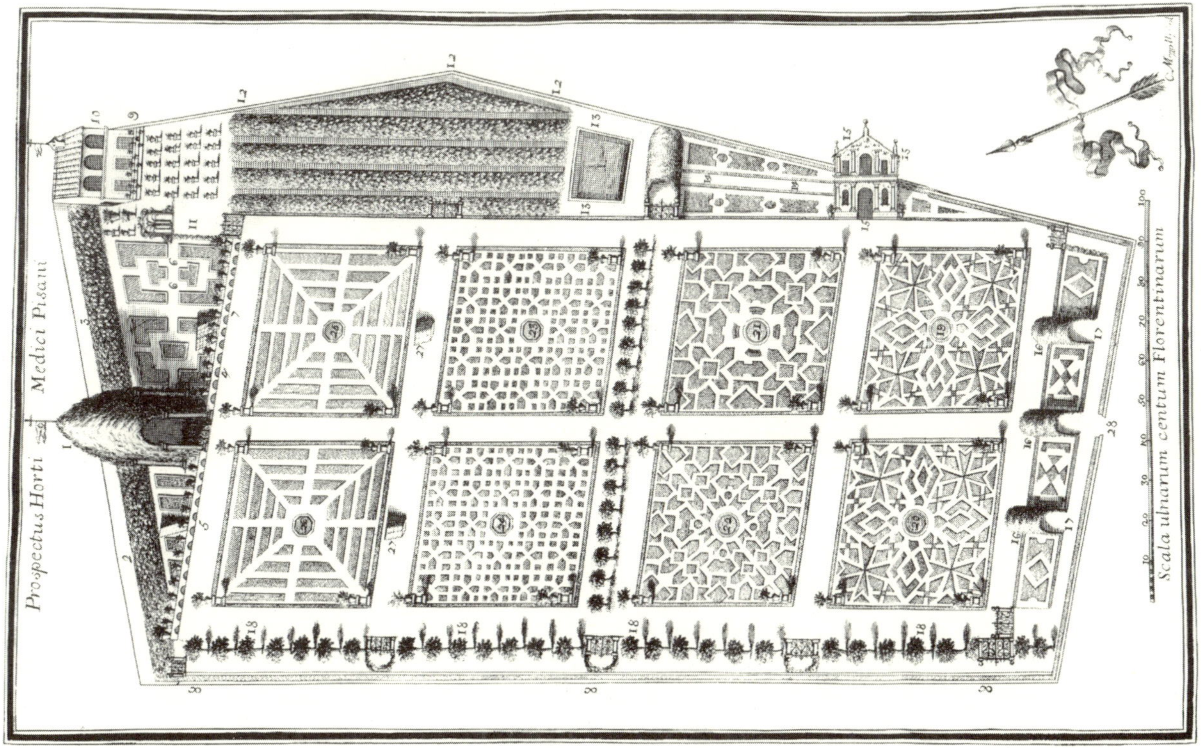

を有する」空間——の双方を反映していた。フィレンツェのクルスカ・アカデミーの『語彙集』(*Vacabolario*) の一六九一年版は、「ガッレリーア」を、「絵画や貴重な品々が保管されている散策の部屋 (stanza da passeggiare)」と定義している。[☆66] この規範的な定義によると、ギャラリーは、社会とエリートたちがもっとも称讃する品々を所蔵するその能力のために注目に値するものになる。ナポリでは、貴族たちは、邸館の公的な空間の一部としてギャラリーを付設し始め、より私的な衣裳部屋に代替した。[☆67] 建築上の慣習の注意深い観察者であったヴィンチェンツォ・スカモッツィは、同じころヴェネツィアにギャラリーが出現したことを、次のように記している。「それにもかかわらず、ローマの例に倣ってここでも、しばらくのあいだ［ギャラリーが］評議会議員や紳士や有徳人の邸宅に蒐集のために設えられていた」。[☆68] 評議会議員が都市における自らの優位性のゆえに、また紳士たちが自らの社会的地位のために、それぞれギャラリーをもつことを余儀なくされていたのに対して、スカモッツィが別のカテゴリーとして「有徳文化人」(virtuosi) を区別したことは、書斎をギャラリーにつくりかえるうえで珍品奇物／好奇心が果たした重要性を彼が認識していたことを明らかにしている。建築上の慣習が、この変化を反映するよりもまえから、もっとも顕著な嗜みの言説である好奇心によって、ミュージアムを変容させていた。アルドロヴァンディの蒐集計画の重要性について、ボローニャの行政長官ヴィンチェンツォ・カンペッジに報告したフラ・ジョヴァンニ・ヴォルーラは、一五七四年に、「この町を通過する学者たちの全員がたえまなく彼の自然の劇場を訪れている」と称讃している。[☆69] ミュージアムの公的概念は、ミュージアムそのものを動揺させた。訪問者たちに常にその扉を開いているギャラリーとしてのミュージアムは、書斎のアンチテーゼであり、そのことは、社会における学問の徳について初期の人文主義が内包していた両義性を反映し続けていたのである。

一七世紀の半ばに、キルヒャーやセッターラのような蒐集家が自らのミュージアムを「ギャラリー」と分類したとき、その用語はすでに広く使用されていた。ガリレオが、アリオストの『狂えるオルランド』(*Orlando furioso*) によって形成された「王のギャラリー」(galleria regia) と比較して、タッソの『イェルサレム解放』(*Gerusalemme liberata*)

を辛辣にも「小さな書斎」(studietto)と呼びながら指摘したように、ミュージアムの規範的な形態として、ギャラリーが書斎にとってかわったのである。[☆70] ギャラリーは、バロックの蒐集家たちが培おうと望んだ高貴さと嗜みを具えていた。注目すべきことに、レガーティはコスピの個人的なコレクションを「ギャラリー」と述べる一方で、市庁舎にあるコスピのコレクションには「ミュージアム」として言及している。彼の区別は、ギャラリーが貴族の宮殿に輝きを添える豊かなコレクションを主に指すのに対して、ミュージアムは、過去との継続した関係を反映する自然や古物のコレクションを含意しているという、ヴォルフガング・リーベンヴァインの指摘を支持している。[☆71] おそらくこのことが、ボナンニが一六九〇年代に自ら修復したローマ学院のミュージアムについての記述として「ギャラリー」という用語を断固として拒絶したことを説明している。彼は、そのコレクションが、貴族の訪問者たちに公開されていることに加えて、真面目な研究の場となることを意図していた。用語法における洗練はまた、公的なミュージアムと私的なミュージアムとの区別への意識が高まっていたことを示している。アルドロヴァンディの書斎の保管管理人であったオヴィディオ・モンタルバーニは、自分が監督するアルドロヴァンディの公的なコレクション(ミュージアム[museum])から、自分自身の個人的なコレクションを縮小辞(「私用の小ミュージアム」[privatum museolum]、「私の小ミュージアム」[museolum meum])を用いることによって区別した。[☆72] 多くの異なる言葉を用いながら蒐集家たちは、ミュージアムの成長が彼らに直面させ、説明を促した新しい概念的可能性を探求した。

ミュージアムの諸表象は、解放性、社交性、そして公共性への傾向を明らかにした。インペラートの『博物誌』(*Dell'historia naturale*)の一五九九年と一六七二年の版に添えられた口絵は、薬種商のミュージアムを、紳士たちが集って自然の驚異を見たり議論したりする空間として描きだしている(図2)。三人の訪問者の服装から見て、彼らが貴族階級に属することは疑いない。剣、羽毛のついた帽子、肩マントを身に着けている彼らは、自らの社会階級を示す記号すべてを携えている。二つの嗜みある身振りが、ミュージアムの社交的機能の特徴を示している。すなわち、訪問者たちの視線——カタログを見る人も暗にこのカテゴリーに含まれる——を導いているフェッランテの息子フランチェスコの腕と、そうした驚異を眺めた反応を刻印している中央の紳士の手である。[☆73] まさにカスティリオーネの『宮廷人』やデッラ・カーサの『ガラテーオ』から抜けだしたような訪問者たちの優雅な身のこなしから、イタリアの上流階級に人気のペットであった小犬が前景に登場することまで、挿絵のあらゆる細部がインペラートのミュージアムの嗜みあるステータスを確証している。書斎(ストゥディオ)がその起源であることを示唆する、ひとつの部屋に限定されてはいるが、このインペラートのミュージアムは、ギャラリーとしての社会的利点をすべて具えている。これとは対照的に、ヴェローナにあるカルツォラーリのミュージアムを描いた一六二二年の版画(図8)は、人間が不在で、オブジェだけに焦点が当てられている。それにもかかわらず、そのイメージに込められたメッセージは、「観者」がそこに「眼差しを注ぐこと」でミュージアムに驚嘆するように促している。こうした指図は、ジュリオ・カミッロの『記憶術』(*Ars memoriae*)における、「学者を観客に変えよう」という規定を想い起こさせる。[☆74] 蒐集家や訪問者たちが不在のミュージアムの挿絵の中にも、人文主義的な社交性が介入していたのである。

バロックのミュージアムは、この印象を強化するばかりであった。一六七七年と一六七八年にそれぞれ描かれた、コスピとキルヒャーのミュージアムの洗練された肖像は、いずれのギャラリーも、上流階級の成員を受け入れたことを暗に示している。前者では、コスピと保管管理人とのあいだの力学がわれわれの注意を引く(図9)。後者では、ミュージアムの物理的な壮大さと、入口で訪問者を迎えるキルヒャーの示す控えめな嗜みが並置されている(図5)。再び、ミュージアムの中に描かれた人々の身振りや外見によって、鑑賞者は絵画の中に導かれる。侏儒の保管管理人セバスティアーノ・ビアヴァーティが、埃を払うような所作で、コスピのコレクションの一品を差しだしているのに対して、コスピの手は何も握ってはいない。ミュージアムの広い空間を大きく横切るような身振りのコスピは、明らかに、これらすべてのオブジェの「占有者」なのである。[☆75] ビアヴァーティの身振りは、一度にひとつの品物をつかむことができるだけだが、コスピの宙を舞う腕は、ミュージアム全体を覆っている。一六世紀末というより一七世紀半ばの高貴なファッション――インペラートの訪問者たちとの仕立ての違いに注目されたい――に身を包んだコスピは、ほかの貴族たちに、彼がすでに成し遂げたこと、すなわち、自然の征服、文化の享受、社会的名声、潜在的な不滅を達成するように促している。

デ・セーピのローマ学院のミュージアムの口絵（図5）は、より古典的なギャラリーのイメージを提示している。セッターラのギャラリーのイメージ［参考図12］同様、それはミュージアムを無限に後退していく長く狭い廊下によって構成された空間として描いている。ローマ学院のミュージアムは、天へと上昇する一方で、社会へ向けて広がっていた。前景では、コレクションの前で侏儒と化したキルヒャーが、訪問者を迎えながら立っている。口絵のこの部分に注目すると、このイエズス会の嗜みある身振りの重要性が明白になる。彼の手は、年長の紳士の方に伸ばされ、手紙を受けとっている。若者は、訪問者の連れで、名高い博識家に面会したいと熱望していた多くの学者たちの一人であるか、あるいは、客人の入館を監視している管理人である。口絵に描かれたものの中でおそらくもっとも小さい手紙は、このミュージアムにとって、巨大なオベリスクや神秘的な天然磁石と同様に、知識の哲学的な展示を組織する鍵となるものであった。手紙は、ギャラリーを「歩きまわる部屋」として定義づける、本質的に人文主義的な接近の身振り――コミュニケーションと交換――を表象している。ミュージアムを前にして、学者たちは、ギャラリーを見ることが許される最初の交換に参加している。その背後ではキルヒャーが、友人やパトロンたちに送られるべき手紙を彼らに渡しており、この手紙が、今度は、それを携える者が別のミュージアムに入ることを許可するのである。この身振りは、初期近代のイタリアのミュージアムのイメージに描かれた、ほかのいかなるものにもまして、ストゥディオ（書斎）からガッレリーア（展示回廊）への変容をしるしづけている。

蒐集の作法は、その設立者と後続の代理人たちの言語や身振りに現われるばかりではなく、またそれは、空間の組織化にも影響を与えた。ミュージアムは、結局のところ、自分たちが培ってきた嗜みのエートスの反映としてミュージアムの配置や位置を理解する貴族たちによってなされた余暇の活動への増え続ける投資の表徴であった。コレクションの大部分は、邸館の一階か二階に置かれ、このことは、コレクションが最初は私的な研究と結びついて

図8——フランチェスコ・カルツォラーリのミュージアム
(Benedetto Ceruti and Andrea Chiocco, *Musaeum Francisci Calceolari Iunioris Veronensis*, Verona, 1622)

図9——フェルディナンド・コスピのミュージアム。
(Lorenzo Legati, *Museo Cospiano annesso a quello del famoso Ulisse Aldrovandi e donato alla sua patria dall'illustrissimo Signor Ferdinando Cospi*, Bologna, 1677)

ERVDITA HÆC ARTIS ET NATVRÆ
MACHINAMENTA AD EXCITANDAM ANTIQVITATIS MEMORIAM FERDINANDVS EQ. BAYVL: ARRETII MAR. PETRIOLI SENATORQ. DE COSPIS
DICAVIT IMMORTALITATI
DANTE
G. Mitelli. F.

参考図12――マンフレード・セッターラのミュージアム
（P. M. Terzargo - P. F. Scarabelli, *Museo o galleria adunata dal sapere*, 1666）

いたことの反映であるとともに、時とともに一階から邸館のより奥まった区域へ移っていった彼ら所有者たちのステータスが上昇したことの表徴であった。一七世紀の半ばになると蒐集家たちは、しかしながら、もっとも目立つ品々を、一般には商業活動に当てられていた一階へと移動させ始め、より容易に親しむことができるようにした。これら一階のギャラリーはもともとは、以前であれば、書斎に入ったときに感じられた親密さの錯覚を与える、儀礼上の寝室を含んでいた[☆76]。蒐集の社交性が増し、蒐集家たちが自らのミュージアムへの訪問者に与える効果を意識するにつれて、提示表象（praesentatio）の問題にいっそう注意を向けることが要請された。

一七世紀までに、とりわけバロック時代のローマのような環境に敏感な状況において、建築的作法は、各部屋の設計についての一連の禁止規則によって公式化されていた。パトリシア・ワッデイが、ローマのパラッツォに関する研究の中で詳細に論じているように、空間の利用はステータスを明示していた。一六世紀の住居の各部屋は、しばしば房状に配置されており、このことは、私的な空間と公的な空間の区別がある意味で曖昧であったことを反映していたのに対して、一七世紀の住居は、階段に面したもっとも公的な広間から、寝室の奥にあり誰も訪ねることのない私的な部屋まで、直線的な進行を強調していた[☆77]。主人が、どの程度まで公の場所に出向いて訪問者を迎えるかが、双方の相対的なステータスを計る尺度になった。高い序列の訪問者が階段で挨拶を受ける一方、それほど重要ではない者は、控えの間で迎えられたことだろう[☆78]。キルヒャーが通話管を使ったり、コスピやローマ学院のミュージアムで管理人が雇われたりしたのは、社会的な差異を明示する同様のメカニズムを反映していた。

ミュージアムの空間の発展は、さらに、イタリア社会で進んでいた貴族化の過程においてミュージアムが果たした役割を確証している。ジョン・イーヴリンが一六四五年にインペラートのミュージアムを訪ねたさいには、彼はそれを「町でもっとも注目すべき邸館のひとつ」であると記している[☆79]。たしかに、ナポリの貴族たちを自らの領地から遠く離れた都市へ引き寄せた壮麗な建物のひとつにミュージアムを置くという戦略は、インペラート一族がミュージアムを利用して自らの地位を向上させようとしたという見解をまさに確証している。一七世紀のナポリにおいて、文化的に新奇なものとしてのコレクションは、社交的で建築的に新奇なものとしての貴族の邸館の中に収まった。[☆80] インペラートの自然の劇場を収めていたようなギャラリーは、ますますヒエラルキーが強調されるようになったことを反映している。イタリアにおける上流階級の状況の変化は、ミュージアムのイメージを変容させ、可視的で劇場的な空間としてのその機能を際立たせていった。アルドロヴァンディのコレクションの「アルドロヴァンディの書斎」への変容を詳しく検討すると、このことが生じた過程がよく理解できる。

アルドロヴァンディの生存中、同時代人たちは、サント・ステーファノ広場近くの一族の邸館にある彼の個人的なミュージアムを、ほとんどひとつの部屋を占有するものとして記述している。「ミュージアム」として知られていたこの部屋は、より私的な彼の「ストゥディオ」に隣接はしていたが、しかしそれからは区別されていた。[☆81] コレクションは彼の書斎の中で始まったが、その規模と評判が広がるにつれて、ついに自立したものになったことは疑いない。書斎の隣にミュージアムを設けるというアルドロヴァンディの決定は、これら二つの空間のあいだにある有機的な連結をわれわれに想い起こさせる。一六〇三年、自分のミュージアムが市庁舎に移管される件で、ボローニャの評議会に助言したとき、アルドロヴァンディは自らのコレクションを新たに構想する機会を得た。ミュージアムがギャラリーへと拡張されたことで、それに含まれる諸対象を分類するうえでの、空間の利用について考察する機会が与えられたのである。アルドロヴァンディは、素材の性格に応じて新しいミュージアムの部屋を区分し、文字と挿図と乾燥標本からなる写本は印刷本から区別し、より大きな自然のオブジェ――たとえば、剥製標本や分解標本――は、より小さいそれから区別した。彼は、構想されたミュージアムの最後の部屋に、七〇〇〇の区画に分けられた六六個のキャビネット型の標本箱を満たす、化石、岩石、宝石、鉱物、そして種子を置いた(ミュージアム・プラン4)。キャビネットのそばには、知識の広範な領域の中に諸対象を位置づける「総観一覧表」が備えつけられていた。その構成は、自らのコレクションの公的ミュージアムへの変容が、彼の死後も維持し続けていくようにアルドロヴァンディが望んだ、学問的な理想を反映していた。

アルドロヴァンディが、百科全書的な情熱でもって自らのミュージアムの空間を組織化したのに対して、「アルドロヴァンディの書斎」の後代の収蔵目録は、少し異なる目的を明らかにしている。一六九六年の収蔵目録と一七二九年のギゼッリによる記述は、アルドロヴァンディとコスピの両方のコレクションを含んでおり、ミュージアムを公共のモニュメントとして指定することが、ボローニャの科学文化にもたらした政治的重要性を際立たせている。[☆82]イタリアの多くの公的建築物と同様に、市庁舎は当地の政治の変遷がその部屋の分割に反映している邸館であった。一六六四年二月にそこを訪れたジョン・レイが記しているように、アルドロヴァンディのコレクションは、「一般にパラッツォ・デル・コンファロニエーロ（ママ）［行政長官の邸館］と呼ばれる、教皇特使である枢機卿の住まう邸館の中に保存されていた」。[☆83]ベンティヴォリオ家が没落し、一六世紀の初頭にボローニャが教皇領に組みこまれてからは、市庁舎には、二人の主な居住者、すなわち評議会によって二カ月ごとに選ばれる市政府の長たる行政長官（ゴンファロニエーロ）と領地の管理を遂行するためにローマで任命された教皇特使がいた。[☆84]いくらか議論があったのち、ミュージアムは教皇特使の住居に組みこまれた（ミュージアム・プラン5）。特使はローマの教皇庁にとどまったまま、世俗的な政治の用務をしだいに評議会や副特使に任せるようになっていた教皇特使が市庁舎に常にいなかったために、ミュージアムが彼の部屋に置かれたのは、もっとも合理的なことだったのかもしれない。おそらく、市民から選ばれた統治者も、教会から任命された統治者も、アルドロヴァンディが自らのミュージアムを寄贈した「都市」を定義するものに対する信頼の身振りとして、ミュージアムのこの位置づけを強調したのである。アルドロヴァンディ自身が、自らの博物誌の出版に資金を提供してもらうために、何人かの教皇特使に援助を求めていたのかもしれない。いずれにせよ、アルドロヴァンディの遺産を執行すべく任命された評議会議員、ポンペオ・アルドロヴァンディとガレアッツォ・パレオッティによって、一六〇七年に場所が選定され、一六〇九年に「新しい部屋」の建設のための費用が算定された。そして一六一七年に、ミュージアムは公式にその場に移された。[☆85]この観点から見ると、ミュージアムは、アルドロヴァンディの個人的な所有物であることを止め、ボローニャの高度に政治的な儀式空間へと統合されたので

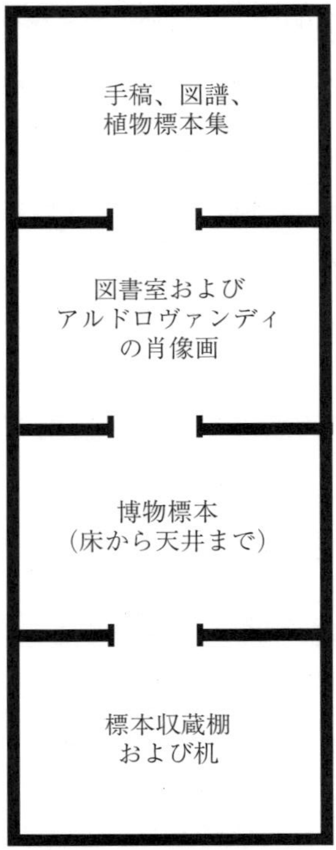

ミュージアム・プラン4
アルドロヴァンディが提示したミュージアム計画（1603年）

（Fantuzzi, p. 78）

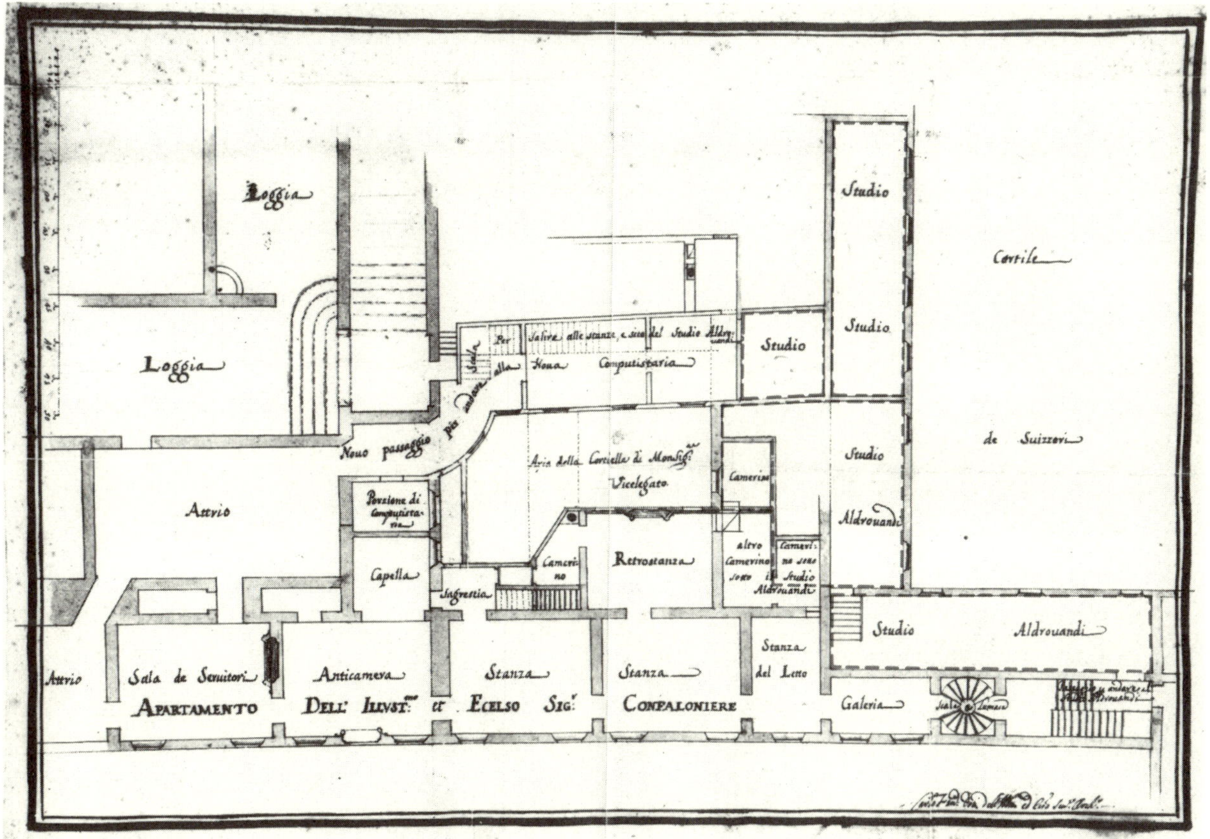

ミュージアム・プラン5——一八世紀初期における「アルドロヴァンディの書斎」(ASB, *Assunteria di Munizione. Recapiti* 2, f. 8)

ある。

この空間に加えられた社会的で政治的な圧力は、不可避的にアルドロヴァンディの元来の計画を変更させた。たとえば一六九六年の収蔵目録では、ミュージアムは四つの「隣接する部屋」に分けられ、[☆86]それぞれに、アルドロヴァンディのコレクション、図書館、副特使の書斎、そしてかつての「行政長官」コスピによる追加の蒐集展示品が収められている。ギゼッリは、保管管理人の書斎はミュージアムの最後の部屋だったと述べている。おそらくそれは、「ムセオルム」(museolum)のことで、そこにはオヴィディオ・モンタルバーニのような学芸研究官たちが蒐集した自然界のオブジェが保管され、彼らは、アルドロヴァンディの著作の出版のさいにそれらの図版で装飾した。一六九〇年代初頭のウィリアム・ブロムリーによるミュージアムの正確な記述は、このミュージアムのプランをよく伝えている。すなわち、最初の部屋はアルドロヴァンディの標本を収納していて、その中には「名称が付された、小さなガラス瓶に入っている七一二個の自然界の珍品奇物」があり、第二室は彼の「書物の書斎」であり、第三室には、手写本と、彼の版画のための版木があり、そして第四室には、「さらなる珍品奇物と、いくつかは自然界の、そのほか人の手の加えられた蒐集展示品」があった。これとは対照的に、一六六四年にイタリアを二人で旅行したフィリップ・スキッポンとジョン・レイによる記述は、アルドロヴァンディの元来のプランとかなりの程度まで一致している。[☆87]アルドロヴァンディのものほど規模の大きいミュージアムの構築は、明らかに徐々に達成されたのである。すべてのものが移設されたときには、ミュージアムを任された評議会議員や保管管理人たちは、アルドロヴァンディの元来の示唆をほとんど忘れてしまったか、あるいは、自分たちの使用目的にはあまり合致しなくなったとみなした。彼らは、いまは亡き博物学者よりも、教皇特使と副特使と行政長官をとりなすことに気を遣ったのである。

コスピのコレクションの寄贈が、ミュージアム全体の再編成を促進した。短いあいだであったが、二人の保管管理人すらいた。すなわち、一人は、「アルドロヴァンディの書斎」を任された博物学の教授で、もう一人は、コスピの寵愛を受けた侏儒セバスティアーノ・ビアヴァーティであり、後者には「ミュージアムの保管管理人」（Custode del Museo）というステータスが与えられた（図9）。このころには、副特使の書斎がミュージアムの空間にまで侵入していた。ミュージアムの編成は、もともとアルドロヴァンディが意図していたような、知識のさまざまな部分からなる地図というよりも、ミュージアムをめぐって拮抗しあう管轄権の要求を反映するものになった。本来アルドロヴァンディは、自らのコレクションをボローニャに、「都市の名誉と便宜のために、私の亡きあとも私の多くの労苦が継続されて、無駄に帰さないことを望んで[☆88]」寄贈したのではあるが、しかしこの目的は、より切迫した社会的要求をまえにして、つまり都市のもっとも有力な成員の一人が自分自身のコレクションを「アルドロヴァンディの書斎」に加えたいと望んだために、たちまち放棄され、かろうじて、学問の神聖な広間であったミュージアムは、博物学者、有徳文化人、侏儒、評議会議員、教皇特使とその取り巻きたちが同時に住みつく、弛緩した、高度に社交化された空間となったのである。「アルドロヴァンディの書斎」の空間において、政治、宗教、好奇心、学問が幸福にも混じりあった。アルドロヴァンディという存在が消えると、ミュージアムは、もはや学識ある博物学者たちの共同体の中心という機能を、このイメージのなにがしかは与え続けたとはいえ、第一義的には果たさなくなった。ミュージアムそれ自体が、都市になくてはならない公的な展示物となったのである。

書斎からギャラリーへという、アルドロヴァンディのミュージアムの発展は、ほとんど一世紀にわたって起こった。キルヒャーの場合には、同じ移行が達成されるのに一五年もかからなかった。ローマに到着するや、このイエズス会士は、ローマ学院の中の私的な宿所にミュージアムを創出し始めた。貴族アルフォンソ・ドンニーノのコレクションが一六五一年に寄贈され、それをローマ学院に設置する役目をキルヒャーに任す旨の決定がなされたことで、キルヒャーのオブジェの、彼の書斎から神学校の図書館に隣接する廊下に設えられたギャラリーへの移動が促進された。とはいえ、ギャラリーはローマ学院の中でその位置を三回変えた。一六五一年から一六七二年までは、それは四階の廊下にあった（ミュージアム・プラン6）。サンティニャーツィオ聖堂の完成によって、ミュージアムの訪

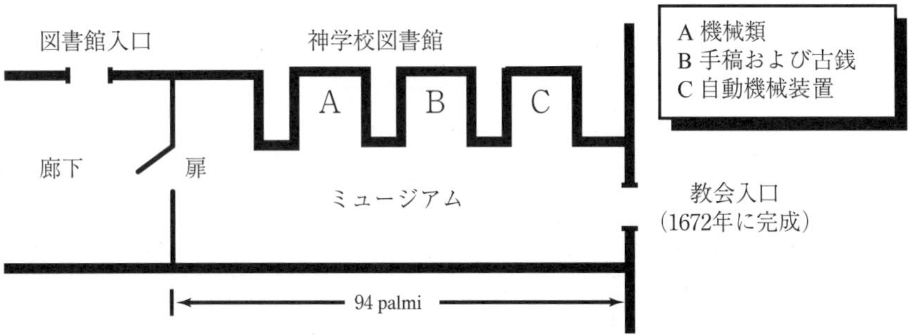

ミュージアム・プラン６　ローマ学院のミュージアム（1651-1672年）

扉が廊下に設置されたのは１６５１年。ミュージアムへの「無断入館」を阻止する目的であった。側面に広がる三つのギャラリーの内容は、ミュージアム再編後の１７０９年に編まれたカタログによる。したがって、ミュージアム建設当初のものとは異なる部分もあると思われる。

（ARSI. Rom. Historia [1704-29]. 138. XVI, ff. 174v-175r;
Filippo Bonanni, Musaeum Kircherianum [Rome, 1709, p. 3]）

問者というよりも、むしろ聖歌隊が通ることができるように、この廊下は明け渡されなければならなくなった。一六七二年から一六九八年のあいだは、三階の付属診療所に近い、暗くて狭い廊下にあった。たしかに、この貧弱な場所の選択は、ミッソンが一六八七年に指摘しているように、なぜギャラリーが「圧縮され解体され」ることになったのかを説明している。このあいだにギャラリーは、主にイエズス会が管理人として、キルヒャーの適切な後継者を見いだすことができなかったがゆえに、実質的に社交的な空間であることを止めていた。一六九八年、ボナンニは、聖ルイ礼拝堂の近くの五階に移動させ、ギャラリーをふたたび活性化させた。[☆89] 彼は、天井を装飾し、自分の博物学コレクションを加え、一七七三年にイエズス会がその活動を停止するまで、ミュージアムに訪問者たちを呼び戻した。一八世紀の訪問者たちの目には、コレクションの科学的価値は減少していたにもかかわらず、ローマ学院のミュージアムは、キルヒャーの死後ほぼ一世紀にわたって、社交的空間としてのその役割を維持し続けたのである。

ミュージアムが神学校の内部に置かれたことは、ミュージアムの特別なステータスを強調するのに役立った。一六七五年にイングランド人のある訪問者は、ミュージアムは中庭に隔てられた「大きな部屋」のひとつである、と記している。[☆90] イエズス会の神学校の中庭は、若い貴族たちの教育にとって、とりわけ重要な舞台になっていた。一七世紀の半ばに、中庭は、「貴顕の学校」（seminaria nobilium）の学生たちが参加する、数々の演劇的行事がおこなわれる場であった。[☆91] そこで、若い貴族たちは、教室で学んだ嗜みある振る舞いの実践を身に着けた。ミュージアムと中庭が近接していたことは、イエズス会の教育システムが培ったイタリアのエリート社会におけるミュージアムの役割をいっそう強調している。注目すべきことに、そこには、訪問者たち、すなわち神学校の非構成員たちが招かれる二つの「スペクタクル」だけが、すなわち劇場とミュージアムだけが存在した。

ボナンニによる一七一六年のギャラリーの記述は、キルヒャーによるミュージアムの配列について興味深い詳細を報告している。「未完成の教会の方にある図書館に隣接した廊下の一部」がミュージアムに割り当てられたあとで、ミュージアムの空間をより明確に定義し、また「自由な出入り」を禁止するために、ひとつの門がキルヒャーによって設けられた。[☆92]この門と、キルヒャーの有名な話すトランペットとは、一見すると正反対の働きをしているが、補完的な目的をもっていた。前者が距離を確定したのに対して、後者は、新しい公共のミュージアムと、もはや訪問者たちが足を踏み入れることのない、キルヒャーの私的な書斎とのあいだの分離を橋渡しした。デ・セーピの口絵に描かれているように、ミュージアムの空間の向こう側にある門は、ある同時代人が記しているように、「世界のほとんどすべてが君主たちによって支配されていた」時代である。[☆93]一七世紀のあいだに著しく増大した社会的障壁を具体的に想い起こさせるものとして役立っている。巧妙にも距離と同時に接近をも可能にする通話管は同様に、バロック時代のローマにおける嗜みある会話の錯綜性を証言している。管と門は異なる仕方で、知識の新しい敷居=閾を表現していた。[☆94]

友人、外国人、訪問者

ミュージアムへの入館は、ローマ学院の廊下に続く門のように、単にその門の設置や、その場所の公私の区別によって規制されていただけではなかった。宮廷と都市の上流社会の所産として、ミュージアムでの行動は、いくつかの振る舞いのコードへの執着によって厳密に統制されていたのである。蒐集の実践と紳士的な行動の作法とを密接に結びつける、一連のこみいった社会的計略が、ミュージアムへの入館を条件づけていた。一八世紀初めにおいてすら、「科学協会」のコレクションとの併合以前の、アルドロヴァンディ・ミュージアムの最後の訪問者の一人は、「評議会議員の立ち会いのもとでないかぎり、ミュージアムは開かない」と記している。[☆95]保管管理人が、ミュージアムの科学的な価値を訪問者に保証していたのに対して、評議会議員は、ボローニャ市にとってのミュージアムの社会的、政治的価値を補強していた。

入館の規則は一律ではなく、一般に、友好や社交性の原理に応じて機能していた。訪問者の数がミュージアムの成功を決定したので、博物学者たちは、嗜みある振る舞いを身につけた者であれば誰に対しても、入場を拒むことはできなくなり、こうしてミュージアムは、宮廷やアカデミーよりも本質的に開かれた空間として定義された。カルツォラーリは、自分のミュージアムのことを誇らしげに、「毎日無数の有徳文化人が集まってくる」場所と書いている。薬種商として、このことは喜びであるとともに商業的な成功を表わすことでもあった。これとは対照的に、インペラートは、自らのミュージアムを訪れる「人が少ないこと」を嘆いている。「ここナポリで、私は、地の果てにいるように感じている」[☆96]。その後の一〇年間に、彼がアカデミア・デイ・リンチェイと結びついたことで状況が改善されたことは疑いない。彼は、それまで財源に恵まれなかったという点では、文芸界でより名を知られていたデッラ・ポルタに匹敵していた。その当時も今も、南イタリアは、カルツォラーリやアルドロヴァンディが住んでいた北部および中部の地方ほど、訪問者たちを引き寄せることはなかった。スペインの支配も、外国の学者たちを引きつけるような優れた大学の欠如を埋めることはできなかった。

ほぼ同じころ、アルドロヴァンディは、夜になると学者の小集団が彼のミュージアムで会合している、とドイツの博物学者ヨアヒム・カメラリウスに満足げに書き送っている。ローマへの往復の途次に、多くの旅行者たちが通過する都市、ボローニャに住んでいたアルドロヴァンディは、すべての蒐集家たちが望む一種の学問的な友好をより容易に培うことができたのである。自らの旅行の途上で「多くの名誉ある紳士や教養ある学者たち」と出会っていたアルドロヴァンディは、彼らの好意に対して、それに見合う歓待を自分の町で示すことでお返しをしていた[☆97]。一五七〇年代には、アルドロヴァンディは、自分のミュージアムが「この町を通過する多くの紳士たちによって見学されている。彼らは、まるで世界の八番目の不思議であるかのように、私の自然の万象殿（Pandechio di natura）を訪れる」と、高い誇りをもって書くことができた[☆98]。その一世紀後にキルヒャーは、自らのミュージアムが、永遠の都市ローマの中心地点であることを自慢する。「ローマ学院のミュージアムを見たことがない外国の訪問者は誰も、真にローマにやってきたと主張することはできない」と、彼は声を大にして述べている[☆99]。当初蒐集家たちは、ミュージアムを当地の学者の共同体にとっての連結点と考え始めていたが、もっとも成功を博した蒐集家たちは、ミュージアムを貴族社会全体の宝庫であるとみなすようになった。

オブジェの展示を管理する規範はすべて、人文主義的な文芸界と、都市の社会関係をかたちづくっている友情と共同体の修辞学に由来していた。[☆100] 前者、すなわち人文主義的な文芸界は、学識ある世界の境界を画定し、後者、すなわち友情と都市の社会関係は、前者が繁栄する環境を画定していた。蒐集と展示の特性は、「友人」や「異邦人」――いずれもミュージアムの訪問者たち――といったカテゴリーの意味を精緻化した。ヴェネツィアの貴族ピエール・アントニオ・ミキエルがアルドロヴァンディに自分の植物園を見せることを拒否したとき、マッティオーリは、アルドロヴァンディの怒りに油を注ぐかのように、「もしも彼［ミキエル］が紳士であるなら、教養あるあなた［アルドロヴァンディ］のような紳士に対して、それほど無作法なことはしないでしょう」と書いている。ミキエルはあまり素性のよくない人間――「奴隷の息子か、ギリシア人か、あるいはいずれかの紳士の召使い」――に相違ない、とマッティオーリはほのめかしている。[☆101] この出来事は、アルドロヴァンディが評判を得る以前の一五五四年に起こったので、ミキエルは、若いボローニャの貴族を博物学者たちの共同体にとって十分に資格を具えた成員と認知していなかった。このヴェネツィア人から見ると、アルドロヴァンディはまだ「友人」ではなく、あくまで「異邦人」だったのである。

ルネサンスのフィレンツェに関する研究の中でロナルド・ヴァイスマンが指摘しているように、「ルネサンスのモラリストたちは、必ず社会を二つの陣営――友人と見知らぬ人――に分け、後者を避けることは、前者を育むことと同じくらい重要である、と考えていた」。[☆102] この広く普及した助言が、一四世紀と一五世紀におけるイタリアの都市の規範的な世界を表わしている。アルベルティのような著作家たちは、何にせよ「見知らぬ」人は信用しないようにと、しばしば忠告していた。一六世紀のあいだに私人の邸宅や公共の施設の中にミュージアムが登場してくることは、このような基準が緩んできたことを反映している。グアッツォは、「見知らぬ人と外で」おこなわれる会話を公的と呼び、「家の中でうちとけて」おこなわれる会話を私的と呼んだが、この区別は、自らの邸宅に見知らぬ人を頻繁に受け入れる蒐集家たちにとっては、ほとんど意味をもたなかった。[☆108] 拡張した社交性の領域は、友情の道徳的意味を広げたのである。

「友情のネットワークは、社会的言説と政治の積み木であった」と、リチャード・トレクスラーは書いている。[☆104] この主張はまた、科学文化にも当てはまり、そこでは、このようなネットワークが、都市を越えて、さまざまな地方や職業からなる人々を結びつけた。博物館に対する情熱が——グァッツォの言葉を言い換えるなら——似たもの同志の友情を求めることへと彼らを駆り立てたのである。博物学者たちは、手紙を書いたり、標本を交換したり、訪問したりすることで、お互いに「敬意を表わした」。そして、このような行動は、彼らがつくりだそうとしているアイデンティティを強化したのである。マッティオーリは、ルカ・ギーニの資料と植物標本を所有する権利は誰に属するのかをめぐって、ライヴァルのマランタと激しい論争を戦わせていた最中にも、「マランタの友情は私にとってなんと貴重なものか」と、アルドロヴァンディに書いている。[☆105] 教養高いエリートのほとんどと同様に、博物学者たちもまた友情というレトリックを用いて、互いのコミュニケーションと交換を促進させ、永久に不安定な関係の世界の中で確実な居場所を求めようとした。他者を知るための確実な手段である友情は、蒐集家の生活を編成している一連の手紙や訪問から生まれた。テザウロは、会話と友情を次のような言葉で比較している。「友情が感情のコミュニケーションであるのとまさに同じように、嗜みのある会話は思想の相互的コミュニケーションである」。初期近代の博物学者たちの手紙の中では、これら二つの実践が統合されている。訪問者たちは、アルドロヴァンディやキルヒャーのミュージアムに保管されている膨大な数の手紙に注目したとき、二人の蒐集家が文芸界において傑出した存在であることに気づかされた。この文芸界は、ひとえにその成員たちが参加する書簡による儀礼や面会の儀礼を通じて、さらにこうした実践を育んだ文化的制度を通して、存続したのである。

一七世紀になると、旅行の機会は増大し、いたるところにギャラリーが出現したことで、少なくとも同じ共同体に属していると自認していた貴族や学者たちのあいだでは、「友人」と「異邦人」の区別は実質的に解消した。「キルヒャー師は私の特別の友人で、彼と彼のギャラリーを私は毎日訪ねている」と、ロバート・サウスウェルは一六六一年にボイルに書き送っている。「彼はまた、私が出会った中でもっとも飾らない善良な人物の一人で、何であれ自分の知っていることを伝達するのに長けている。彼はいわば、自らが身につけている格言によって行動しているのである」[106]。サウスウェルは、ローマ滞在中にキルヒャーのミュージアムを繁く訪ねた多くのプロテスタントの一人であった。この例では、有徳文化人たちの友情は、信仰上の相違を超えていた（とはいえ、オルデンバーグとボイルは、イエズス会士の歓待の裏には下心があるのではないかと疑い続けていた）。一六七八年にローマに到着したボッコーネは、アントニオ・マリアヴェッキに、「私は、……キルヒャー師と……そのほかの多くの有徳文化人たちを目撃した」と報告している[107]。イエズス会士たちが制定した博物学のプログラムとボッコーネの哲学的立場との相違が、彼らが会話を楽しむのを妨げたわけではない。蒐集への関心を共有し、好奇心の文化に互いに関わっていたおかげで、彼らは、嗜みのある関係を維持することができた。実際、ローマ学院のミュージアムは、バロックのローマにおいてもっとも「談話に適した」空間のひとつであると、旅行案内の著者たちは推奨している。「学識者たちの講演が君たちを喜ばせるだろうか。未知の言語や数学に関しては、キルヒャー師を見たまえ」と、ヤーコプ・シュポンは助言している[108]。

　誰かの住居がミュージアムに入るのを許されることが、友情を得たことの証になるならば、このことはまた、ヨーロッパ中の蒐集家と訪問者を結びつける絆にもなった。このような交換は、文芸界の社会的な媒介要因を定義することによって、その「現実」を確証した。ライプニッツが一六八九年にボローニャに到着したとき、彼は、フィレンツェのメディチ家の図書館司書で、イタリアの文芸界の中心人物であったマリアヴェッキからの紹介状を携えていた。この手紙は、数学者のドメニコ・グリエルミーニに宛てられており、後者は、このドイツの哲学者をただちに、当時の「アルドロヴァンディの書斎」の保管管理人シルヴェストロ・ボンフィリオーリとマルピーギを含む、その町を代表する知識人たちに紹介した。ライプニッツはマリアヴェッキに、「グリエルミーニは私をマルピーギのもとに連れていった。彼は、少なくとも傑出した人物で、彼の邸宅で私は、心地よい会話を交わしながらきわめて有意義に時を過ごした」[☆109]と報告している。この特異なエピソードは、多くの学問的交換には典型的なもので、科学的言説の嗜みある世界の中でもっとも重要ないくつかの要素が、そこに含まれている。マリアヴェッキの紹介状、グリエルミーニの親切、マルピーギの歓待、これらすべてがライプニッツに、かなりの名誉と評判をもつ旅行者としてのステータスを公式に保証したのである。この行動様式は、ミュージアムの訪問においてくりかえしおこなわれていた。

一七世紀に刊行された旅行記という、とくにイタリアに旅行したイングランド人によって完成されたジャンルは、蒐集家と訪問者のあいだの関係を知る最良の案内書である。こうした旅行記は、「グランド・ツアー」と同じ旅程をたどることが期待される潜在的な旅行者が読むように企画されており、ミュージアムのイメージを「異邦人」がもっとも訪れたいと思う空間のひとつとして画定する、見て、要求して、受けとる文化へと読書を誘った[☆110]。一六六〇年代にイタリアを旅行したスコットランドの医師アンドリュー・バルフォー卿は、ある匿名の有徳文化人に多くの手紙を書き送り、いかに旅の作法を上手にこなすかについて助言している。彼の頭の中にあったもっとも重要なこととは、まず第一に、自然の珍品奇物を見るための能力であった。ピサの植物園で栽培されている異国産種のサンプルを手に入れるよう友人に促しつつ、バルフォーは、入場許可を得る手段として、次のように薦めている。

> ……あなたは、医師、つまり現在植物学の教授をしている方の推薦なしには、そこに入ることはできません。それゆえ、まずは植物園とギャラリーを見るという特典を、次に庭師かあるいは教授自身から種子や……一片の乾燥用の植物を取得するという特典を得るために、彼に請願するだけの価値はあると思います。

ピサでは公式の手続きが必要だったのとは対照的に、パドヴァでは、このスコットランドの医師は次のように勧めている。「あなたは、庭園を管理している教授に簡単に請願することができるでしょう。……とはいえ、あなたの番が回ってくるようにするには、庭師で十分でしょう」[☆111]。礼儀作法書と同じく人気を博した新しいジャンルであった旅行記という書物において、有徳文化人たちは、ほかの各地方の社交的な階層の中を首尾よく横切った成功談を公表しており、それゆえわれわれは、彼らの目を通してイタリアの学識ある世界を見ることができるのである。彼らは、主導的な文化施設——ミュージアム、アカデミー、宮廷、庭園、学識者の邸宅——に入った数と関わった質によって、自らの成功を測った。バルフォーが助言しているように、ミュージアムへの入館許可は、その人物が何を知っていて、いかにその知識を役立てているかというよりもむしろ、誰を知っているかに基づいていた。初期近代イタリアを訪れたもっとも興味深く、明晰な人々の幾人か——いずれも王立協会に名を連ねていたイングランドの博物学者ジョン・レイ、医師フィリップ・スキッポン、そして神学者ギルバート・バーネット——をたどっていくと、われわれは、こうしたメカニズムが働いていたことを見てとることができるのである。

ボローニャにおける彼らの多様な経験は、ミュージアムの訪問をめぐって張られた慣習の織り目に光を当てる。一六六四年二月にこの都市に到着したレイとスキッポンはともに——正確に同じ表現で——「オヴィディオ・モンタルバーノ博士のご好意により」アルドロヴァンディのコレクションを見学することができた、と記している[☆112]。モンタルバーニへの紹介は、王立協会と接触のあったボローニャの自然哲学者たち、たとえばマルピーギによって計られた可能性は高い。「アルドロヴァンディの書斎」の手続きに従って、この二人の旅行者は、アルドロヴァンディによって設立された植物園の保管管理人ジャコモ・ザノーニに紹介されたのを、われわれは見る。「モンタルバーニ博士は、たいへん丁重にもわれわれを、薬剤師、有能な植物学者、珍品奇物の蒐集家であったヤコプス・ザノーニ氏の邸宅に連れていってくれた」[☆113]。愛想のいいザノーニは、彼らに自分の庭園と博物学コレクションを見せ、その埋め合わせに最近マントヴァ公に収蔵品を売却したために貧弱なコレクションになったことを弁明した。そして、その埋めあわせとして彼は、モデナのテアティーノ修道会士のガンツィア師に宛てて、公爵のコレクションを見学できるよう保証する手紙を、二人に与えた。こうして旅は、全体としてとても楽しいものとなった。

一六八五年から八六年にかけて、同じような経路を通って旅したギルバート・バーネットは、まったく別の経験をした。嗜みある社会に参入する手段として個人の書面による紹介の重要性は、イタリア人の行動にいつも好奇心を抱いていたボイルへの手紙という形態で著わされた、バーネットの報告によっても支持される。[☆114]バーネットの記述に関してもっとも注目すべき点は、有名なギャラリーや植物園に関する所見がほとんどないということである。われわれは、バーネットが興味がなかったとか、あるいは蔑んでいたとかと考えないように、彼がボローニャ滞在中に発した、残念そうな所感を考慮すべきである。すなわち、「私は、この土地の主要な栄光のどれひとつとして見ることができませんでした」と、彼は不平を漏らしている。「というのは、私の滞在中、名高いマルピギウス「マルピーギ」はこの町にいなかったからです[☆115]」。イタリア人で二番目に王立協会への加入が認められた会員として、マルピーギは、この故郷の町を通過していく多くのイングランド人旅行者たちの訪問に便宜を計っていたのである。彼の不在が、バーネットをきわめて狼狽させたとしても、さして不思議ではない。おそらくバーネットは、オルデンバーグとボイルの手紙を携えてやってきたのだが、その受取人は家にいなかったのである。彼はこの予想外の展開を埋めあわせることができず、このことは、行為の規則の厳格さと形式性について、われわれの印象をますます強める。

旅行の報告から振る舞いの行動様式がわかる一方で、それらの報告は、紹介のシステムがいかに作用したかについて、それによって何が成就されたのか(あるいは阻止されたのか)については語っていない。そのかわり、紹介状それ自体は、規範がいかに実践に移されたかを明らかにしている。フェッラーラ大学の医学と自然哲学の教授アルフォンソ・カターネオが、一五六一年一〇月にアルドロヴァンディに、リドルフォ・アルジェントを温かく同僚に推薦している。「この人物は私の親しい友人であります」と、カターネオは説明している。「彼がボローニャに着き次第、私は彼を閣下のところにお連れいたします。と申しますのも、彼は小さな事物(cosette)に興味を抱いており、それらを見せるに値する学者にして紳士だからです。私は貴台が、私への愛ゆえに、いつものご好意を彼にもきっと示してくださるものと存じております[116]。カターネオの手紙は、いくつかの重要な基準を確立している。第一に、訪問者は学問的にも社会的にも、アルドロヴァンディの驚異の品々を見るに値する「学者にして紳士」であるということ。夥しい数の学者たちが旅行し、蒐集していたこと、また彼らの地位が初期近代を通じて着実に向上したことを考えると、この表現は、この特殊な職業に登録されることでもたらされる社会的属性を要約している[117]。第二に、社会的ステータスが、自然の「小さなオブジェ」を見る可能性を条件づけていること。定義上、『ガラテーオ』の世界から排除された者よりもそれに値する者が、ミュージアムにあふれている繊細に織りこまれた議論の錯綜や、科学的パラドックスの不思議をよりよく理解できるのである。そして最後に、入館の作法は、両面交通の道であったということ。アルジェントへの信用を保証することによって、カターネオはアルドロヴァンディに、規定された行為の手続きをアルジェントが踏んでいる以上、博物学者はその被保護者を許可することを「余儀なく」されている、と想い起こさせたのである。

フェッラーラからのある訪問者の到着は、一回きりの、実際、注目に値する出来事ではなかったが、彼の到着にまつわる儀式はそうではなかった。要人たちのあいだで不断に反復されることで、それは嗜みある振る舞いを定義する特徴となった。ほかの手紙を携えた者たちは、「教養があり育ちがよい」とか、「美徳と良き作法をわきまえた」人物とか、「礼儀正しい」とか、「尊敬すべき」人物として、アルドロヴァンディに紹介されていた[118]。手紙は、訪問者たちが「自分と同じような人物」であり、それゆえ入館が許可されることを決定する唯一の方法だったのである。たしかにこのことは、なぜそれほど多くの推薦者たちが、手紙の持参者について自分自身の名代として取り扱うべき人物として述べているのかを説明している。一六〇〇年にペレスクがパドヴァからローマを訪れようと決心したとき、彼は、庇護者であるピネッリに手紙を書いて、紹介状を懇請している。晩年になると、今度は彼が、教皇の都市に向かおうとしている多くの学者たちに同じ世話をすることになった。[☆119] ほどなく一六〇一年にピネッリが他界すると、ペレスクは、文芸界を代表する宮廷仲介者の一人として、ピネッリの責務を引き継ぐことで、人文主義的な指導者という理想を達成した。ある意味では、ペレスクという人格は、ピネッリのアイデンティティの延長線上にあったのである。

一七世紀の半ばまでに、手紙を書くという人文主義的な作法は、紹介の正式な方法になった。文芸界とコネクションがあるというはっきりとした証拠がなければ、すでにバーネットの場合で見たように、学者は、訪れた都市のミュージアムやアカデミーに出入りする機会はほとんど得られなかった。世評によれば、ロバート・ボイルは一六四一年のイタリア旅行中に、ローマ学院の開設されたばかりのミュージアムを見るという機会を逃してしまったが、それは、イギリス人イエズス会士たちの心遣いをボイルが、彼らによって自分が改宗させられるのではないかと恐れて、むげに断わってしまったからである。逆に、彼の友人ジョン・イーヴリンは、ローマにあるイングランド人の神学校と巧みに接触して、比類なきキルヒャーに会うことができた。[☆120] イングランドのカトリック教徒たちにとって、イエズス会のネットワークは、さらに頼りになる存在であった。一六五二年、ローマのスコットランド人神学校のアンドリュー・レスリー師に宛てて、パリ滞在のある同郷の士が、「良家の若者たちの一団が、……希望を胸にローマに向かいました」と書き、さらに次のように続けている。「私は尊師が彼らにお会いくださるばかりか、アタナシオ［キルヒャー］師にご紹介いただけるものと期待しております」。[☆121] このような紹介を通じて、訪問者たちは、キルヒャーのような評判の高い学識者に会うことが可能になったのである。これに対してキルヒャーは、ちょうど、デ・セーピの口絵が示唆しているように、ほかの学者たちの旅行に便宜を計るために、自分のコネクションを喜んで用いる旨を表明している。デンマークの博物学者ニコラウス・ステーノが一六六九年にウィーンを訪ねたとき、彼はキルヒャーに、ハプスブルクの宮廷の然るべき人物に自分を紹介してくれるように頼んだ。「かつて私がローマで尊師のもとで学んでいたときに私にお示しくださったご親切を、このたびもお願いしたく存じます。ウィーンとその周辺にある珍品奇物の数々が見られますように、貴台のお手紙によって保証していただきたいのです」[122]。卓越した博物学者として、また著名な改宗者として、ステーノは、中央ヨーロッパのカトリックの君主たちや学者たちへの熱のこもった紹介状を、キルヒャーからたしかに受けとった。

リチャード・ラッセルズは、自らが指導している貴族の若者がイタリア旅行後に身につけてほしいと望む美徳を列挙しつつ、次のように述べている。「訪問者を丁重でうやうやしくもてなすために、私は彼に、イタリア人たちのことを学ばせるであろう」。応接の慣習への敏感さが、ラッセルズの旅行案内の中心的課題であった。ギャラリーと庭園を見るためにメディチの宮廷に到着したラッセルズは、大公は「身分のある者ならば、外国人の訪問も喜んで認めている」と、記している。この振る舞いをイタリア人全般へと敷衍しつつ、ラッセルズは、「彼らイタリア人たちは、お互いにとても礼儀正しく、……次が誰の番かもわからないほどで、それは彼らにとってたいへん名誉なことである」[123]。デザウロが貴族の若者への助言の中で略述しているように、「品位」(decorum)は、「嗜みのある人たちとの訓練」によってのみ学ばれる[124]。このことは最初に、家庭とイエズス会の神学校――そこでは「同伴と応接」[125]というような技術が教えこまれる――において、そして第二に、自然の同時に嗜みの実験室でもあるミュージアムのような社会的環境においておこなわれる。たしかにさまざまなアカデミーや科学協会の会員には入場が容易だったとしても、ミュージアムへの接近は、単に科学的な身元の保証に関わることではなく、また好奇心のみに条件づけられているわけでもなかった。都市と宮廷のヒエラルキーの変動によって決定される文化においては、ほかの社会の構成員と同様、蒐集家も両方の保証をとりつけて危険を防いだうえ、自らの扉を開けたのである。

誰がミュージアムを訪れたかについて、われわれはほとんど正確に知ることはできない。旅行記や手紙から推量はできるが、その総数を想像することは、その意義を理解することと同じくむずかしい。しかしながら、「アルドロヴァンディのミュージアム」の場合には、無類の出発点が残されている。この博物学者と彼の助手たちは、一六世紀の末に、訪問者たちの芳名録を注意深く保管していたのである。アルドロヴァンディは、訪問者たちの芳名録の存在をたどることのできる数少ない蒐集家たちに属しており、彼のそれは、おそらく現存するものの中でもっとも広範なものである。スイス人のライヴァル、コンラート・ゲスナーは、その晩年の一〇年間で（一五五五―六五年）、『友人録』（*Liber amicorum*）を著わし、それは二二七人の著名を含んでいる。[☆126] そのうちの何人か――たとえば、ゲスナーとアルドロヴァンディを訪ねたことのあるミュージアム学者、ザムエル・クヴィヒエベルク――は、アルドロヴァンディの芳名録に登場する人物とも重なっている。[☆127] フランチェスコ・バルベリーニとセッターラもまた、ゲスナーの『友人録』に似たカタログを所有していた。たとえばセッターラの『小録』（*libriccuolo*）は、「世界中にいる多くの文通者や友人たちのたぐい稀なる名前を挙げていた」。バルベリーニは「学識者たち……の芳名録」をもっていて、そこに彼は、図書館とミュージアムを見学しに彼の邸館を訪れた「著名人たち」（viri illustres）の名前を記録していた。[☆128] デンマークの蒐集家オーレ・ウォルムによる、コペンハーゲンのミュージアムの芳名録も、この様式をくりかえしている。すなわち、「コペンハーゲンを訪れる各国の王家の人々や使節の多くが、その大きな名声ゆえに、また海外から集められた蒐集展示品のゆえに、ミュージアムを見ることを求め、そして彼らは、自分たちが見たものに、目を瞠り、驚嘆する」と、ある同時代人が報告している。「それを見た証拠として、彼らは自らの手で彼の本に署名している」。[☆129] このような訪問者の芳名録は、ミュージアムとその創立者の、社会的、政治的、知的な権力の中枢との結びつきを記録することによって、ミュージアムとその名声を不死のものにした。

二二七人の自署を集めたゲスナーに対して、アルドロヴァンディは、ほぼその七倍（一五七九人）の署名を獲得し、「友人録」と「著名人録」の利用を拡充し、ミュージアムのもっとも広い意味での社会的世界を定義した。アルドロヴァンディと何人かの観察者たちが述べているように、二種類の冊子があり、一方は、もっとも著名な訪問者たちのためのもの、他方は、ミュージアムを訪ねて回る大多数の人たちのためのものであった。[☆130] アルドロヴァンディが没する少しまえ、一六〇四年にミュージアムを見たポンペオ・ヴィツィアーノは、この博物学者の「書斎」を訪ねる者たちの多さに目を瞠り、訪問者録について次のように記している。

……ほかの冊子とともに彼［アルドロヴァンディ］が保管している二つの冊子には、君主、枢機卿、高位聖職者、騎士、さらに、そのほか注目に値する人々（名士［alto affare］や優れた才人［elevato ingegno］）の名前が無数にあり、彼らは、ボローニャに立ち寄って、［ミュージアムを］熱心に見て回り、たいへん満足したことを、自らの手で証言しているのである。☆131

最初の冊子は、一五六六年から一六四四年にかけてのもので、際立った訪問、すなわち、ボローニャ大司教（ガブリエーレ・パレオッティ）、ゴンザーガ公、ラヴェンナ大司教、そして何人かの教皇特使――その居住している場所にミュージアムが移されたばかりだった――という人々の到着だけを記録している。その冊子、『いとも卓越したウリッセ・アルドロヴァンディよりボローニャの令名高き評議会に与えられたミュージアムを見学した、高貴で名誉と徳のある要人たちが、永遠に記憶にとどめるべく自身の名前をしたためた書』（*Liber in quo viri nobilitate, honore et virtute insignes, viso musaeo quod Excellentissimus Ulyssis Aldrovandus Illustriss. Senatui Bononiensi dono dedit, propria nomina ad perpetuam rei memoriam scribunt*）中の、一五八七年のある記帳欄に、「ボローニャの教皇特使である枢機卿エンリコ・ガエターノは、ウリッセ・アルドロヴァンディ博士の書斎の中で自然の驚異を見た」と記されている。☆132 高貴さと名誉と徳という、イタリアのすべての貴族によって培われてきた特徴が、どちらの冊子においても署名の基準であった。高価な赤い織物で包まれ、金で縁取られた冊子に自らの名前を記載した数少ない訪問者たちを識別したものは、当地の政治的文化において彼らが占めていた卓越した地位であった（図10）。疑いもなく、この冊子への署名は、重要な儀式的訪問の頂点であり、この訪問とそれにまつわる活動によって、ミュージアムのより日常的な見学と区別されていた。

二番目の冊子は、アルドロヴァンディと助手たちによって何十年にもわたって編纂された、クロスレファランスが可能な名前の索引という形態で伝わっている。それは、自然の万象殿（Pandechion）と同じく壮大で無限な企てで

図10——アルドロヴァンディのミュージアム来訪者カタログ。
(BUB, Aldrovandi, ms. 41)

あり、博物学に関心があるすべての者の名前を記録し分類する、都市の貴族層と学問的共同体の「ミュージアム」を創出した。この第二の冊子の配列は、カタログを社会的分類学の一形式とみなす、アルドロヴァンディの考えを反映している。『われわれのミュージアムを訪れた人名録』の第一部は、「身分、学識、職業の順番に従って」配列されている。一方、第二部は、出身の都市や地方による。それは主に、アルドロヴァンディ、その助手たち、そして訪問者自身によって紙片にしたためられた署名からなっており、そして、のちに冊子のさまざまな箇所に糊づけされ、アルファベット順に並べられていた。このようにしてただ訪問者の数だけが記録されていることは、ボローニャの博物学者の、自らの自然の劇場を世界に向けて開こうとした意志を証言している。

忍耐強く、そして細心の注意を払って、アルドロヴァンディと彼の助手たちは、各々の訪問者たちの境遇の詳細を抜きだしている（表1・2）。何人かはきわめて有名で、疑問を差しはさむ余地はない。特定されてはいないが教皇——おそらくはグレゴリウス一三世で、一五七二年にドラゴンが目撃されたことに関連するのだろう——を初め、さまざまな君主、枢機卿、司教、カルロ・シゴーニオのような名高い学識者たちがそれである。ちなみにシゴーニオは、教師や大学卒業者たちの中でも、「博士（ドクトール）」や「講師（レットーレ）」としてではなくて、「きわめて学識が高く、すべてに通じた、並外れた」人物として、特別に登録されている。おそらく、のちにアルドロヴァンディは、シゴーニオの徳が社会的というよりも知的なものであることは認めたとしても、より貴重な冊子に彼の名前を記載しなかったことを後悔した。シゴーニオは、そのミュージアムを訪問した多くの人文主義者の一人であり、実際、後期ルネサンスのイタリアにおいて、学識者たちの世界とつながりを主張した者でミュージアムを見なかった人はほとんどいなかった。評判、文通、あるいはボローニャ大学での研究を通じて個人的にアルドロヴァンディと知己になった学者や博物学者たちが、冊子のページを飾っている。すなわち、ヨアヒム・カメラリウス[☆133]、ガスパール・ボーアン、デンマークの蒐集家ベルナルド・パルダヌス、フラ・エヴァンジェリスタ・クアットラーミ（モデナのエステ家の植物学者）、ジョヴァンン・アントーニ・ベルティオーリ（マントヴァ公付き薬剤師）、フィレンツェの宮廷画家ヤーコポ・

リゴッツィ、アルドロヴァンディのかつての同僚ジローラモ・カルダーノ、そして、人文主義者の中でもとりわけ善意に満ちた人物であるジョヴァン・ヴィンチェンツォ・ピネッリである。教授、博士、そして学者たちのリストに混じって、アルドロヴァンディの多くの学生たちが、「弟子」(discipulus) ないしは「わが学生」(scolaris meus) として登場している。いくつかの場合にアルドロヴァンディは、彼らの現在の職業を得意げに記録している。すなわち「マグデブルグのアンドレアス・ランゲネルス博士は、私の弟子にして写字生で、哲学と医学の学部に私が進学させた」。あるいはピエトロ・ディ・ヴィッテンデルは、医師メルクリアーレの秘書（amanuensis）として、「パドヴァとボローニャとピサの大学で八年間、学術研究に身を捧げた」[☆134]、等々。大多数は、ただ名前が記載されているだけで、彼らがアルドロヴァンディによる知識の探求にほんの束の間関わっていたことを反映している。

記載の方法の分析から、いくつかの顕著な特徴が浮かびあがってくる。カタログのタイトルが明らかにしていた「身分、学識、職業」という順番の重要性がもつ特性について、正確さのレヴェルを無視することはできない。この前提を実現するのにさいして、リストは以下のような個別的事項を、すなわち「ボローニャの司教補」、「天文学者」、「宝石商」、「ローマ教皇庁の聖職者」、「神聖ローマ帝国の顧問官ならびにイタリアの教皇と諸君主の使者」、さらに愉快なものとしては「ポーランド王の彫刻師」を記録している。実際、この冊子は、初期近代のエリートが従事したもっとも注目すべき、そしてある意味で、非凡な職業の集成であった。ここでわれわれは、しばらくのあいだとどまって、そこに蓄積されている細部について考察すべきである。アルドロヴァンディの助手たちは、訪問者がミュージアムに入り、また出るにあたって、いかなる種類の問いを課さなければならなかったのだろうか。われわれは、次のような質問を、すなわち、「どちらからいらっしゃったのですか」、「どなたの推薦状をおもちですか」、「ご職業は何ですか」などを想像することができるだろう。このような質問をし、そしてそれに応えるという必要性は、貴族たちのあいだで、アイデンティティの性格についての意識が高かったことを示唆している。基本的にアルドロヴァンディが訪問者たちに要求したのは、社会におけるあらゆる職業とアイデンティティの分類において、彼らが

表1　一六〇五年までのウリッセ・アルドロヴァンディのミュージアムへの訪問者

訪問者	訪問者数
ローマ教皇	1
ローマ教皇特使／代理特使	7
ローマ教皇領長官	4
枢機卿	10
大司教	11
司教	21
神学者	15
宗教裁判官	3
その他の聖職者	190
君主／諸侯	6
貴族	118
宮廷人	4
外交官および諸外国の要人	7
有名人	26
任命／選出された政府高官	26
法律学者／弁護士	43
書記官	8
公証人	1
軍事指揮官	6
大学教授	21
哲学者	6
大学卒業者／学士	21
学者	907＊1
医者	87
解剖学者	1
外科医	1
薬種商	6
蒸留薬剤師	1
数学者	2
天文学者	1
古物研究家	1
印刷業者	2
書籍商	2
画家	6
詩人	1
宝石商	1
女性	1＊2
不明	4

出典　BUB, Aldrovandi, ms. 110 (*Catalogus virorum, qui visitarunt Musaeum nostrum, et manu propria subscripserun in nostris libris Musaei. Secundum ordinem dignitatum, studiorum, et professionum*). アルドロヴァンディと助手はミュージアムへの訪問者を１５７９人と記録している。

＊１——この学識者（studiosus）というカテゴリーはもともと、私が数に加えなかった、不確定の数の入場者をも含んでいた。

＊２——唯一の女性訪問者はイッポリータ・パレオッティであり、女学者（studiosa）としてリストされている。

表2　アルドロヴァンディのミュージアムを訪れた人々の職種の内訳

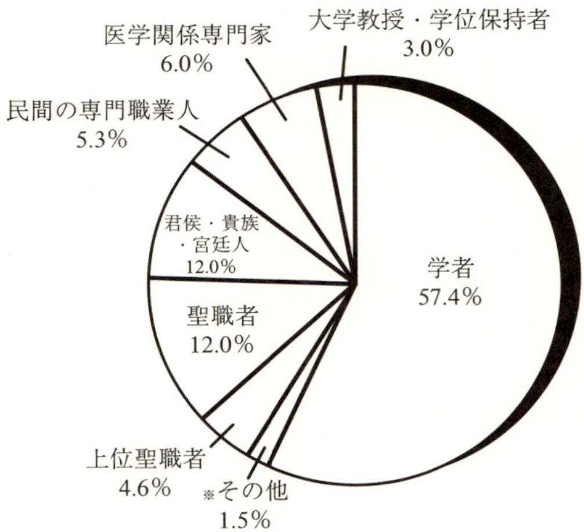

※「その他」の項目には、以下に挙げる個別の少数グループを含む：
古物研究家（0.06%）、天文学者（0.06%）、数学者（0.1%）、
画家（0.4%）、詩人（0.06%）、蒸留薬剤師（0.06%）、宝石商（0.06%）、
女性（0.06%）。このほかに、職種不明の訪問者が四名いる。

いかなる手段で記憶されたいと願っているか、ということであった。アルドロヴァンディが芳名録を作成していたのとまさに同じ時期に何度も版を重ねていた、トンマーゾ・ガルツォーニの『この世の全職業からなる普遍の広場』（*La piazza universale di tutte le professioni del mondo*, 1585）に似て、芳名録は、ひとつの社会地図を形成していた。それらのページには、記憶とステータスとアイデンティティが集められ、そのリストは増え続けた。

訪問者たちのいくつかの回答は、社会的な規範と習慣のよく知られた側面を反映している。その冊子に署名した数多くの公爵、男爵、伯爵たちの中で、四つの事項が際立っている。それらは、身分の高い者たちを記録しており、彼らは——おそらく「研究」や「職業」を問われることを軽蔑して——「宮廷人」（aulicus）とか、より多くは、「宮廷人と召使い」（aulicus et familiaris）と答えている。後者はわれわれに、芳名録に記載されるという名誉に与った一五七八名の訪問者に加えて、ほかの多くの「見えない」訪問者たち——アルドロヴァンディの驚異（mirabilia）を見学したが、数に入れられなかった人々——がいたことを想い起こさせる。[135] 女性で記載されているのは、ただ一人——学識あるイッポーリタ・パレオッティ——だけである。「町を代表する名家の華たる一五〇人の淑女たちを乗せた一四、五もの馬車を従え、一五〇人もの紳士たちを引き連れて」一五七六年に到着したカテリーナ・スフォルツァですら、訪問者帳に署名するよう求められてはいない。[136] この重要な儀礼的訪問について、アルドロヴァンディは、兄弟のテセオに長々と報告し、「かくも誉れ高い一行」を篤くもてなすことで、多くの恩恵が得られることを期待したが、それにもかかわらず、この重要な女性庇護者の訪問という名誉でさえ、芳名録に名前の登場している訪問者の名誉に匹敵するものではなかった。

女性が次第に姿を現わすバロックのギャラリー——たとえば一六五六年に、ローマ学院のミュージアムへのスウェーデン女王クリスティーナの訪問の重要性が注目される[137]——と異なって、芳名録に描きだされたアルドロヴァンディのミュージアムは、宮廷の社交性よりも、むしろ人文主義的友好の理想を反映していた。嗜みある社交をほかの男性たちとともに、もっともよく実践される言説の形式として喧伝したデッラ・カーサやグアッツォのような社交の註釈者たちの手本に従って、アルドロヴァンディや多くの同時代人たちは、女性を、ミュージアムにおける正真正銘の「異邦人」とみなしていた。[☆138]召使いたちは、同じ社会階層には属さないため、無視することができた。女性たちは、排除されなければならなかった。女性たちからの手紙や贈りものがないことに暗黙のうちに明らかにされている、このような慣習は、アカデミア・デイ・リンチェイのような科学的団体を管理する規則において、また男性の集団としてのイエズス会の神学校のホモソーシャルな組織において定式化されていた。[☆139]たしかに、チェージのミュージアムには、かつて女性が足を踏み入れたことはなかった。また、ローマ学院にクリスティーナがうやうやしく現われたときも、イエズス会の施設の扉はほとんど飾られることがなかったのである。

当時の蒐集文化にまつわるほかのどんな記録よりも、アルドロヴァンディの芳名録が示唆しているように、勃興しつつあった科学文化は、その公式の代表者たちから女性を広く排除していた。一方では、宮廷的模範の力と、博物学者や蒐集家、そして訪問者としての宮廷人の重要性が、女性にも限定された場所を許容していたが、それは、この言説への参加者としてではなく、男性たちの嗜みのある会話を潤滑に進めるための観衆としてであった。カテリーナ・スフォルツァの訪問がアルドロヴァンディの自尊心を刺激したのは、このことによって説明される。彼女の列席によって、アルドロヴァンディは、カスティリオーネが『宮廷人』の中で描いたような会話が実践される空間として、自らのミュージアムを想像しえたのである。この特別の訪問に敬意を表わして、さらに彼は、自分の妻と姉妹に扉口で来客たちを出迎えさせ、こうして、自然についての嗜みある会話の脇を固めたのである。他方、芳名録の組織化は、こうした出会いを記録するいかなる場も認めなかったし、それが文芸界におけるアルドロヴァンディの評判に加わることもなかった。同時代人のほとんどと同様に、葛藤する二つのモデルにはさまれて、それらの実践的な役割についてアルドロヴァンディは両義的であったが、正確に記録を残すという点では決意が固かった。[☆140]「女学者」(studiosa)という、ジェンダーに疑念を差しはさむようなカテゴリーのもとに置かれないかぎり、女性が含まれることはなかったであろう。[☆141]この基準に合致した唯一の女性は、彼のもっとも重要な当地のパトロンであるパレオッティの近親者であった。

女性と召使いが「見えない」という事実は、すべての訪問者を無差別に記録しているわけではないアルドロヴァンディの芳名録の社会的機能を強調している。各々の事項は、それに値する人々を各々のページに集めることによって、ミュージアムとその設立者の評判を高めるための、計算された試みであった。名前もない、召使いたちと「女学者」(studiosa) の称号が認められていない女性に加えて、われわれが注目しなければならないのは、大量に芳名録には登場するが、実態のない多くの学者たちの存在である。彼らは、人文主義的な学問世界の周縁的な成員として、少なくとも、大急ぎで記載されるに値するだけの存在であった。その内容の統計的な分析が示しているように、学者——第一に研究者を、あるいはそのほかの固定の手段をもたない訪問者、学者たちを指すカテゴリー——は、訪問者の半数以上（五七・四パーセント）を占めている（表2）。多くの学者は個人で記載されているが、かなりの部分、とりわけ外国人は「六人のドイツの学者」、「二人のスペインの学者」、「四人のフランスの学者」、あるいは単に「もう一人の学者」という、匿名の頭書で記載されていた。彼らは、質よりも量のために芳名録に加えられているのである。評判の点で際立ってはいないが、知的な領域——万人の共有する共通の好奇心 (curiositas) ——への参加に値する彼らは、アルドロヴァンディのコレクションのもつ強い教育的機能と、社会的慣習の境界内において、その芳名録の幅を拡大しようとする彼の欲望を証言している。

アルドロヴァンディのミュージアムを訪問する者たちの全般的なパターンは、いくつかの興味深い傾向を明らかにしている。ほぼ三分の二が、大学の学位をもっているか、そのために勉強しており、このことは、学問の世界と蒐集の世界とのかなり緊密な関係を示唆している。医学を職とする多くの成員——医家、解剖学者、外科医（八九名）、少数の薬種商（六名）——も現われている。学者に続いて、聖職者たちもまた、訪問者のきわめて大きなグループを形成しており、その二六二名が、アルドロヴァンディの扉を叩いた。聖職者たちは、霊的な義務の一部として、一般の人々よりも頻繁に旅をしており、こうして、宗教裁判官、巡視官、教皇使節、院長などが登場して、すべてが命じられた役回りを演じている。聖職者に続いて、貴族、外交官、宮廷人から成る三番目に大きいグループ（一六一名）は、同様に各地を移動していた。これほど多くの聖職者や宮廷人や高位高官たちを、自らの自然の劇場に招き入れることができたアルドロヴァンディの成功は、こうしたタイプのミュージアムが自然を眺めることと占有することを教養あるエリートの魅力的な娯楽とした、その広がりをわれわれに瞥見させる。一七世紀の末に、植物学者パオロ・ボッコーネが、さまざまな「自然観察」について自らしたためた手紙を編纂したとき、受取人の多くが高貴な人物であることはもはや言及するまでもなかった。[☆142]

アルドロヴァンディは、生前に訪問者たちの記録を保持したばかりでなく、死後も名前が記録され続けるよう明言している。一六〇三年の遺言書の中で彼はこう明言している。「私の死後も、ミュージアムを訪れたり、また訪れようとしている紳士や文人が、私の二つの冊子にその名前を書き続けてくれるのであれば、私は嬉しいのだが。これらの冊子はまさにその目的のために命名されたのだから」[☆143]。不幸にも、一七世紀初頭に保管管理人たちは、ただ出鱈目にこの慣例を続け、ついに一六四四年頃には中断してしまった。あらゆる情報を記録することを、無限の、不断のプロセスであると考えていたアルドロヴァンディとは異なり、ミュージアムの保管管理人たちは、創設者が抱いていたミュージアムへの個人的な愛着を欠いていたので、この慣習の理由をたちまち忘れてしまった。ミュージアム自体と同様、芳名録もまた、コレクションを見学した社会的価値のある者を永遠化する手段として、いわば人間を蒐集したのである。この芳名録は、この特殊な世界が提供しうる「最上の」肖像であった。アルドロヴァンディが他界する前年、芳名録がほぼ完成した一六〇四年にミュージアムを訪れたポンペオ・ヴィッツィアーノは、古の教皇、高位聖職者、君主、名高い学者たちが足を踏み入れた空間に自分がしばし滞在したことに、驚きを隠せなかった。自らの名前を芳名録に書き入れつつ、彼は、自分がこのもっとも嗜みある企てに参与しえたということに感動を覚えたのである。

背後からの眺め

アルドロヴァンディの芳名録や、キルヒャーの門と喋るトランペットのような注目すべき装置によってしるしづけられた蒐集の空間は、初期近代の複雑な社会構造を反映していた。ジェンダー、特権、そして地位が学問の文化を決定していた。知識の場としてのミュージアムは、科学文化の根本的な基盤のいくつかを明らかにしている。アルドロヴァンディによる「自然の劇場」(teatro di natura)のような環境のもと、社交性の新しい模範、知識人たちの地位の変化、そして科学という物質文化の拡張が、博物学という学問分野を鍛えた。ガッサンディによるペレスクの記述を借りるならば、ほとんどの蒐集家たちは「女性社会を避けていた」が、その一方で、場合によっては友好の原理を緩めて、例外的に学識があり、社会的ステータスの高い女性に、自然界が提供する驚異を瞥見することを許した。[☆144] また蒐集家たちは、社交性の利得を知りつつも、ちょうどモンテーニュが「独居」(solitarium)を楽しんだように、自らのミュージアムの中にときおり引きこもった。知識の場を定義する、多様な競合しあうモデル——孤独と話好き、男性の人文主義者たちの交友と宮廷人たちの劇場——に直面して、イタリアの博物学者たちは、ひとつの決定的な行動様式を選択するよりもむしろ、時には同じミュージアムの中でさえ、これらの異なる形式すべてが共存していることを好んだ。たしかにイタリアは、哲学的思索のための空間が再編成された唯一の地域ではない。われわれは、この章の大部分をイタリアを訪れたイングランドの有徳文化人たちの旅を追跡することに費やしてきたので、エピローグは視点を裏返して、イングランドが外国の学者たちにいかに映っていたかを簡単に考察する場とするのが適当だろう。

ベーコン主義の本国である、王政復古時代のイングランドと、博物学についてのベーコンの宣言をもって、哲学的探求のための新しい形式とした王立協会が、自然の蒐集を中心に据えた科学文化を創出した。[☆145] ピーター・ディアー、スティーヴン・シェイピン、サイモン・シェーファーが詳細に論じたように、そこにおいて、紳士的な振る舞いに基づく自然哲学が出現した。[☆146] オルデンバーグのような人々は、アルドロヴァンディやキルヒャーにも匹敵するような広範囲の書簡のネットワークを築きあげた。初期の王立協会の会員たちは、ベーコンの『ニュー・アトランティス』(*New Atlantis*) のような論考で述べられている助言に従って、情報の収集とオブジェの所有こそが、同時に理想的かつ功利的な目標である、新しい百科全書的な知識の創造にとって本質的な特徴であると考えた。暗黙のうちにではあるが、紳士こそが、王立協会による数多くの企画を可能にする種々の交換を実行するためにもっとも適した個人であった。紳士だけが、科学組織に提示された知識を権威づけうる信任状をもっていた。イングランドとイタリアがたどった軌跡の一般的な類似にもかかわらず、仔細に検討すると、いくつかの本質的な差異が現われるが、それは両国の社会的、政治的な環境の差異を反映している。

一七世紀の半ばに起こった二つのエピソードが、両者の対比を浮かびあがらせている。一六八三年、オックスフォードにアシュモリアン・ミュージアムが開館した。王立協会の会員で、錬金術師、魔術師、そして自然哲学者でもあったエリアス・アシュモールが寄贈したこのミュージアムは、大学における科学文化の再活性化の表徴として、先駆的な存在であった。これまでに見てきたような多くの科学ミュージアムと同様に、このミュージアムも、科学的探求の新しい形態を促進するために計画された。しかしそれは、ひとつの重要な点、すなわち入館許可の基準において異なっていた。一七世紀末から一八世紀にかけて、大陸からこのミュージアムにやってきた訪問者たちは、アシュモリアン・ミュージアムの公的地位について失望し、ときには恐怖すら覚えた。「八月二三日にアシュモリアン・ミュージアムにいきたいと思いました」と、ドイツの旅行者ザカリアス・コンラート・フォン・ウッフェンバッハは一七一〇年に書いている。「しかし、市の立つ日だったため、男も女もあらゆる種類の田舎者がやってきていました(扉に掲げられた『控えめに、誠実に、寛大に』[parum honeste & liberaliter]という『規定』[leges]によって、誰でも入館が許されているためです)。われわれは、群衆のせいで何も見ることができなかったので、ふたたび階段を降りて、別の日にくることにしました」。フォン・ウッフェンバッハが不機嫌に記しているように、アシュモリアン・ミュージアムは新しい種類の公共施設で、まさに学問の世界から排除されていた人々に開かれていた。以前はこの排除が、学者の共同体の嗜みある境界を定義し、ルネサンスとバロックのミュージアムへの入館許可の原則を暗黙のうちに規定していたのである。アシュモリアン・ミュージアムは、高度に嗜みに欠ける空間であった。

アシュモリアン・ミュージアムの文字どおりの開放性に対するフォン・ウッフェンバッハの不満は、イングランドにおける「公共の」施設の一般的定義をめぐる辛辣なコメントに翻訳された。開かれた入館許可の基準は、個人的で、したがって排他的なミュージアムの性格を定義していたジェンダーや階級の障壁を解体した——「六ペンスで女性すらもここに入ることが許されている」——ばかりでなく、入館料の設定が、学問の経験を商品化したのである。「この大学の世に名だたる公立図書館」、つまりボードリアン・ライブラリーでの彼の体験も、学問の環境に公衆が入ってくる危険性に対する彼の恐れを確信させるだけであった。

入館するには八シリングと少しばかりの手続きが必要なので、ほとんどの外国人は略式の視察だけで満足しています。刻一刻と新しい見物人たちがやってくるのですが、とても驚いたことに、その中には農民や女たちもいて、あたかも雌牛が新しい門を見つめるかのように、騒音を立て脚を踏みならしながら、図書館を見つめていますので、ほかの人々はたいへんな迷惑を受けています。☆147

イングランド旅行の頂点となる、名誉ある王立協会への訪問もまた、同じように彼を失望させることになった。協会とそのミュージアムがまったく無秩序な状態にあるのを見てとって、フォン・ウッフェンバッハは、それも不可避なことだと批評している。

しかし、それが公共の協会すべての状態です。しばしのあいだ、協会が栄えているときに、設立者と当初の会員たちは基準を定めなければなりません。それから、あるときは妬みや意見の不一致によって、またあるときはあらゆる種類のつまらぬ人々が会員になることよって、あらゆる種類の蹉跌が生じます。その行き着く先は、ある種の無関心と怠惰です。[☆148]

王立協会の紳士の会員が自らを広い意味の協会から区別しようと骨を折っていたにもかかわらず、大陸からの訪問者たちの多くは、一七世紀末から一八世紀初頭のイギリスにおける無秩序な状況は両義的な社会的階層を反映したものだとみなしていた。当時のイングランドは、大陸のヨーロッパの都市や宮廷世界で用いられていた基準に従って人々のカテゴリーを区別してはいなかった。高貴、名誉、そして徳力——アルドロヴァンディのカテゴリーを引き合いに出すならば——はすべて、イングランドに流布していた用語であるが、まったく同じ意味をもっていたわけではない。王立協会の会員たちが、入場の基準として料金を請求する、つまり紳士というよりも商人の要求を満たし、また女性や農民——ファン・ウッフェンバッハもたしかに読んでいたモルホフの『博識家』（*Polyhistor*）によってはっきりと排除された人々——をも適切な観客として想定してミュージアムを創出したならば、これほどまでに嗜みを欠いた行為はありえないだろう。

このようにフォン・ウッフェンバッハやほかの訪問者たちは、ますます宮廷的儀礼から離れて商人社会と結びついているベーコン的科学の公共的計画に不平を漏らしたが、このことは、文芸界がさまざまな国と地域の学者たちのあいだに結束をつくりだしたにもかかわらず、まだ限界をも内に孕んでいたという印象を強める。イタリアの貴族とまったく同様に、フォン・ウッフェンバッハも、「公共」というカテゴリーが相対的に閉ざされた世界を定義するものと理解していた。このことは、疑いもなく、彼と同じ国のミュージアム研究者ミヒャエル・ベルンハルト・ヴァレンティーニが、自著『ミュージアムの中のミュージアム』（*Museum Museorum*, 1714）で、「イタリアでは、完全な公共のミュージアムを見つけることはほとんどできない[☆149]」という所見で説明している。イングランドの旅行者たちは、自国のものとはかなり異なる、イタリアの嗜みある振る舞いの複雑さに驚いてはいたが、それによって付加される特典をしばしば享受していた。これと対照的に、イギリスを訪れた外国人たちは、規範の相対的な不在と、王立協会とイングランドの宮廷文化との明確な結びつきの欠如に当惑した。フィレンツェ、マドリッド、ヴェルサイユ、ウィーンのような絶対主義的宮廷に仕えることに慣れていた彼らには、なぜ学者が宮廷人でありえないのかが理解しがたかったのである。

一六六八年、自称アカデミア・デル・チメントの秘書ロレンツォ・マガロッティがイングランドを訪れた。チャールズ二世と王立協会に、アカデミー刊行の『アカデミア・デル・チメントでおこなわれた、自然的実験についての論考』（*I saggi di naturali esperienze fatte nell'Accademia del cimento*, 1667）を献上するというのが主たる目的であった。「宮廷人にして哲学者」を自認するマガロッティは、当時イタリアで栄えていた科学文化の縮図であった。[☆150]ローマ学院とピサ大学で学んだ彼は、学識豊かであるとともに、嗜みある人物でもあった。彼は、たとえ身元証明書を携えていたとしても、ミュージアムやアカデミーや宮廷を訪ねるのは苦労するだろうと予期していた。イングランドに到着すると、マガロッティは忠実にもロンドンにある二つの著名なミュージアムを訪問した。すなわち、ランベスのジョン・トラディスカントのコレクション（当時はまだアシュモリアン・ミュージアムに統合されてはいなかった）と、当時ロバート・フックの邸宅にあった王立協会の陳列館である。しかし、どちらも彼にはそれほど強い印象を残さなかった。メディチ家の邸館のあちこちで、また大公の実験室や薬剤局で、フランチェスコ・レーディが自然の実験に勤しんでいた宮廷をあとにしてきたばかりのマガロッティは、おそらくより途方もない自然の展示を期待していたにちがいない。旅を続けていた彼は、一六六八年二月一三日、木曜会の集まりの日に王立協会の扉口の上り段に姿を現わしたが、結局その中へは入らなかった。マガロッティがアカデミア・デル・チメントの会長であるレオポルド・デ・メディチに説明しているように、「一介の通りがかりの者には、入ることは許されていないことがわかりました。私は、自らが学者としてそこに席を得ようとは思いませんでした。というのも、まず第一に私は学者ではありませんし、また第二に、たとえ学者であるとしても、そのことが宮廷に入るためにもっとも有利な資格であるとは考えるべきではないからです」[151]。

たとえ実質的な新参者であったにせよ、マガロッティは、イングランドにおける「学者」というカテゴリーは、イタリアの「宮廷人にして哲学者」というイメージとは異なるステータスに属していることを理解していた。その四カ月後、イングランドで良家の人々の作法を目の当たりにしたマガロッティは、ディレンマにおちいっていた。「山脈の向こう側［イタリア］からきた上流社会の男にとって、哲学者と数学者として通用することがいかに有害なことか、私は殿下に申しあげることもできませんでした。淑女たちはただちに、この男が月か金星に、あるいはそのようなばかげたものに心を奪われているにちがいないと思うのです」[152]。哲学者というより宮廷人としての自己のイメージにとらわれていたマガロッティは、少なくとも学問的能力において、王立協会から距離をとろうと望んだ。彼らの哲学を称讃してはいたが、彼らの社会的基盤については、自らの宮廷的な感受性とはどこか相容れないものがあると本能的に気づいていたため、それに信を置かなかった。王立協会の陳列館は、抽象的な意味では、知識の増加に貢献したかもしれないが、一七世紀のイタリア人がミュージアムにいくという経験と結びつけて考えていた洗練／嗜みを欠くものだったのである。

マガロッティは、あらゆる意味で宮廷的かつ貴族的な文化であったバロック期イタリアの社会の申し子として、本国から遠く離れていても、その社会が彼に課した重みを感じずにはいられなかった。彼にとっては、われわれがこれまで検討してきたすべての博物学者や有徳文化人たちと同じく、嗜みある社会が、どこに知識の場があるのか、そしてその知識はいかなる形式をとるのかを決定していたのである。トラディスカントのミュージアムを観覧したあと、マガロッティはこう指摘している。「実のところ、今日でも珍奇だと呼びうるものはそこには何もないし、わざわざ川を渡って見にいくまでのこともない」[153]。トラディスカントのミュージアムは、オブジェは所有していても、知識は内包してはいなかったのである。フォン・ウッフェンバッハならば、この主張をアシュモリアン・ミュージアムにも同様に適用したことであろう。

第2部　自然の実験室

百科全書的な夢を育み、人文主義的な社交を営む場であったミュージアムはまた、自然を検証する舞台でもあった。自然は、そのもっとも広義の意味において、蒐集家たちが努力を傾注して手に入れ展示しようとした事物／対象（オブジェ）であった。蒐集家たちはさまざまな活動を営む中で、博物学がひとつの学問分野として姿を現わしたことを示す、自然を知覚する新たな方法を生みだしていった。一六世紀の初頭においては、博物学はいまだ、人文主義的な探求に資するとみなされたもろもろの主題から切り離して扱うことができなかった。経験を積んだ文献学者たちの注目を喚起するほかのテクストと同様に精査に付して、一四九〇年代にプリニウス『博物誌』の真価を議論していた人文主義者にとって、「自然」は最初の出発点とはならなかった。プリニウスをめぐる議論は、それまで比較的探求されなかった物質世界へと踏みだす可能性を開き、この可能性は、一四九二年のコロンブスによる「アメリカ」への到着に続いて急速に拡大していった。一六世紀の中葉までには、人文主義者の書斎（ストゥディオ）における自然のオブジェの集積は、元来は言語に関わる問題を解決するためにおこなわれたものであったが、人文主義的探求の場を自然の実験室へと変容させていった。もちろん、すべての博物学者たちがただちにこの新しい探求の形態を受け入れたわけではない。幾人かの博物学者にとってはいまだ、書物は、いまやそれに匹敵するほどの「書物」となっていた自然よりも、優位に立ち続けていたのである。アリストテレスやプリニウスにもはや信を置かなくなった博物学者たちでさえも、過去の遺産と批判的な対話を交わすことが時代遅れの理論／学説を消滅させる唯一の方法であると感じていた。自然をテクスト的主題というよりも物質的対象として研究するというイデアに蒐集家たちが次第になじんでいくにつれて、彼らは自然の蒐集にともなうさまざまな活動に書物を通してするそれと同等の比重を置くようになっていく。しかしその一方で、古いテクストを読解することで新しいテクストを生産することの重要性もまた強調され続けた。テクストに自然を定義させたのではなく、彼らはむしろ、新たなテクストをかたちづくるために自然を利用したのである。

本書の第2部では、博物学という学問分野が変容していく中で蒐集活動が果たした役割について、いくつかの事例を選んで描きだすことになる。ここでは、自然の研究をめぐって展開するさまざまな儀式が、ミュージアムの内と外の両面にわたって探究される。植物園の出現と博物学講義の開設に加えて、われわれがただちに博物学の出現とその学問分野の形成と結びつけて考える制度的な成功を示す表徴はまた、蒐集家の共同体を定義する共有の経験を通してたどることが可能である。たとえば、旅行というものの象徴的かつ科学知識的な意味、自然を実験の対象として知解したいといういや増しに募る欲求、そしてガレノス、ディオスコリデス、アヴィケンナらが「医学素材論（薬物学）」(materia medica) として位置づけた領域である、自然の医学的利用に対する永続的な興味。第4章では、自然がミュージアムの中へと入りこんでくるプロセスが概略的に描かれる。事物／対象は、実に多くのさまざまな経路を伝ってコレクションの中に入ってくる。オブジェは、贔屓の学芸庇護者や協力者たちから贈られるばかりではなく、定期的に実施される植物採集のための遠征の賜物でもあれば、漁師や鷹匠といった人々との結びつきからもたらされることもあり、市場で売りさばかれている自然の売品を日々検分して得た結果でもあった。これらさまざまに異なる活動のすべてが、数世代にわたる博物学者たちによってくりかえしなされてきたのであり、それは自然への巡礼行とも言えるものであった。博物標本の採集のための探査行は、自然を、熟視熟考にふさわしい場であり、また博物学者たちが親しく交わることのできる環境である、最初のムーサエウム (musaeum) と認識させた。この自然というミュージアムの中で蒐集家たちはさらに、人文主義的な社交に求められる特質をさらに洗練させ、誰が自然を蒐集する能力を有しているのか、そして誰がその自然を解釈する権威／信用を有しているのかを決定していったのである。

これらの活動が、ミュージアムの実験主義的な存在のための舞台を準備した。ミュージアムでなされた実験と生産された医薬は、その中で自然を検証し解剖し蒸留抽出することを、蒐集家たちが次第に、ミュージアムの主要な目的のひとつとして、テクストの校訂や研究計画の分類化のような博物学の再構成にとって重要なものとして考えるようになる実験室へとミュージアムを変容させていった。蒐集は、自然を操作するための序幕となり、知識は実演可能なものとなった。第5章と第6章では、ミュージアムで生じた一連の科学的論争を詳細に描きだす。第5章は、化石、自然発生、そしてさまざまな自然のパラドックスをめぐる論争において実験文化がいかなる役割を果たしたのかを考察しながら、ミュージアムの実験文化を概観する。第6章は、とりわけテリアカ薬のような解毒剤や医薬の適正な調合をめぐる論争に著名な蒐集家たちが関与した事例に見られる、ミュージアムが医学のアリーナとして機能した側面を探究する。どちらの章も、ミュージアムが有していた「道具／手段」――顕微鏡のように自然を拡大する能力には長けているが、内部に利害の不一致を抱えこんだもの――としての役割を強調している。ミュージアムはたしかに、そのあらゆる形態において、科学的活動のための新たなスペースを提供した。そして、蒐集家たちはこの点を認めるのに一瞬たりとも躊躇することはなかった。その新奇な意義は、しかしながら、両義的なものであった。はたしてミュージアムは正統的学説を擁護するのに役立ったのだろうか、それとも消滅させる手助けをしたのだろうか。このミュージアムという環境で発展した経験主義的なプログラムを通して、蒐集家たちは、論争／競合の場としか描写のしようがない位相を生みだす、これら二つの可能性をともに現実化していった。しかしながら、そうした中で競合にさらされることなく保持されたのは、蒐集家たちがこれら自然の実験室を管掌することを通して獲得した、その権威であった。

第4章　科学の巡礼

書を繙くことが学究にとって有益ならば、旅行にはその一〇倍の価値がある。

——ウリッセ・アルドロヴァンディ

蒐集という営為は、ミュージアムの中で始まったのではない。われわれはミュージアムを出発点とみなすのではなく、むしろ終着点と、すなわち長く錯綜した行程を経た末にたどりついた解答と考えるべきであろう。この行程においては、はじめにあるオブジェがある人物の手に入り、彼が所有し続けることによって、やがてそのオブジェは蒐集に値する一品とみなされ、そしてついにはミュージアムの中へ運びこまれて、展覧されることになるのである。そこにいたるまでの中間段階で、実にさまざまな活動がおこなわれ、自然は馴致されていく。本章が扱うのは、自然を蒐集するための方法の数々である。いったいいかなる衝動が、ルネサンスの博物学者を自然へと駆り立てたのだろうか。かつていかなる先人も抱いたことのないほどの熱意を燃やし、自らの五感のプリズムを通して自然を経験させたものとは何か。あるいは、博物学者たちはどのようにして知識を集積し、また適合させることができたのだろうか。最初の「自然の劇場」（theater of nature）とはつまるところ、「自然の歴史／博物学」（natural history）のミュージアムではなく、自然そのものであった。自前の自然の劇場を創造しようとすれば、蒐集家はまずもって、その原点たる「ムーサの住まいし地」（musaeum）と折りあいをつけねばならなかった。そのためには、入手可能なあらゆる文化資産が活用された。とりわけ人文主義的素養を駆使することで、自らと自然との関係を打ち立て、時にはその関係を擬人化した。こうした多様な活動を通して、博物学者は単に自然を蒐集するのみならず、そこで得た知識を意味あるものへと変換したのである。

旅行は、それが近くへのものであろうと遠くへのものであろうと、自然を馴致するための前提条件であった。旅行は、自然とミュージアムとのあいだに橋を架け、旅行先の土地とそこでの調査結果とを結びつけた。旅行をしたいという熱望が、学者を書斎の中から連れだし、自然の懐へと導いた。そこで彼らは、自然が「心地よき場」(locus amoenus) であることを再び発見し、これを称讃するにいたった。「自然は沈黙しているのではなく、いたるところでわれわれに話しかけてくる。注意深い観察者には、自然は多くの事柄を教えてくれるだろう、もしも自然が、この者には注意力があり、理解する能力があると認めてくれたならば」と、エラスムスは『神聖なる饗宴』(*Convivium religiosum*, 1522) の中で述べている。[☆1] 博物学者は、まさにエラスムスが示唆したように、博物学を親密な知識形態とするために精魂を傾け、(博物学者同士はもとより) 自然をも対話の中に引きこんだのである。カルロ・オッソラとジリオラ・フラニートが述べているように、ミュージアムは数々の珍奇で驚異に満ちたオブジェに耽溺することで、異国の自然がもつ神秘をいや増しに高めた。だが同時に、もっと卑近の自然をも管掌することができる蒐集家の能力を、世に喧伝することにもなった。[☆2] ミュージアムの中で、未知なるものは認知可能なものとなり、ひとたび認知されるや、それは展示可能なものとなったのである。

世界の多様な地域との交流が増大することによって、疑いなく、博物学者たちは自然をめぐる権威ある言説の起源に関してより自由に探求できるようになった。とはいうものの、博物学は依然として文献学者の聖域であり続け、彼らは生ある被造物の名称をめぐる語源学的考察に嬉々として没頭していた。それは、ムーサエウム (musaeum) をめぐる語源学的考察に人々が魅せられていたのと径庭はない。たとえば、旅行経験の豊かな植物学者メルキオール・ヴィーラントのような人物でさえ、観察能力よりも言語学的能力の方に信を置いていた。[☆3] しかしながら、博物学が文献学に基礎を置いているというまさにその一点が、一種の経験主義を助長することにもつながった。というのも、それがほかでもなく言語をめぐる問題であったがゆえに、さらには古代の博物学文献にはほとんど図譜が掲載されていなかったがために、博物学者たちは解決策として、生きとし生けるものの適正な名称と記述について交わされた人文主義者たちの議論に耳を傾けることになったからである。「ただ書物を読んだだけでは、単体薬物（薬草）を知ることはできない」と、カルツォラーリは訓戒している。「直接的な観察がともなってはじめて理解しうるのである」[☆4]。医学的活動に直接的な観察を実践していた医師をモデルとして、アルドロヴァンディは、以下のようにのみ記述しうると明言している。

> 自らの目でしかと見たもの。自分の手でじかに触れ、解剖したもの。あるいは私が有する自然の小世界の中に並べてあり、誰もが普段から目にし、熟慮しうるようになっているもの。これらの事物は学究に益するべく、図譜や標本として（in pitture et al vivo）私のミュージアムに収蔵されている。どれもみな、旅の途上で手に入れたものだ。私がまだ学生であった時分に落掌したものもあるが、その大半は、学位を取得してからのちに入手したものである。[☆5]

このころすでに博物学は、学問と結びついた活動と、知解の哲学体系の基盤を形成する特別な操作と手続きをともなった実践となっていた。一六世紀の世界にあっては、博物学、権威＝典拠、知識のいずれもが、「事実」――後期ルネサンスの自然哲学の礎石であった科学的普遍概念を改訂する、前ベーコン的な個別的事象――の集積を通じて獲得されていった[☆6]。いまや経験が科学的権威の構築にあたってより大きな役割を果たすようになり、もっとも高度な「経験」を積んでいることを誇る博物学者は、結果として、もっとも高度な知識を所有するにいたったのである。

大学で教育を受けた博物学者たちは、研究調査の技法として、観察という手段を広範にとりいれることになり、そのため学問的素養をほとんどもちあわせていない同時代の人々と親しく交わる機会が増えていった。該博な書物を脇に抱えた学者たちが野にくりだすと、それを見た市井の薬種商や本草家は、プリニウスやテオフラストス、そしてディオスコリデスの著作を、それらの註釈や俗語訳を通じて、書かれている知識を理解するようになっていった。そのかわりに、常日頃から生きとし生ける自然に精通していた人々は、標本を採集する時期と場所のみならず、それらの品種が地方では何という名で呼ばれ、またどのように用いられているのかといった得がたい貴重な情報を、教授や医師に提供したのである。たとえばカルツォラーリのような薬種商は、大学の学位も、ラテン語を理解する高度な力も所有していたわけではなかった。しかしながら、北イタリアの植物に関してカルツォラーリが有している知識を、彼とともに植物採取をおこなう機会に恵まれた人々、中でもギーニやマッティオーリ、そしてアルドロヴァンディは絶讃している。博物学者たちは自らの足場を、宮廷や大学、医学の専門的職能といった圏域にしっかりと築きあげており、自己の社会的地位を決定づけるヒエラルキーに関しては、これをかたく遵守することに意を払っていた。しかし、こと知識に関しては、それ自体に境界が存在しないことをよく心得ていたのである。このことを別の文脈に置き直してみるならば、また異なる様相と意味合いを帯びることになる。すなわち知識が、それ自体では反正統的なものであっても、その知識を所有することを許された者はそうではなかった、ということである。博物学はたしかに、研究の物質的な基盤を築く過程においては、さまざまな人生の路程を歩んできた人々の参画を認めはする。しかしながら、博物学の研究領野を定義する資格を有するのは、人文主義的研鑽を積み、社会的にも高い地位を有する博物学者のみであるとみなされていたのである。たとえば医師は、自らを哲学者と規定し、自らがおこなう活動を、外科医や薬種商、助産婦、経験一辺倒の医者といった人々の作業からは区別する。博物学者もこれに倣って、自らがおこなう研究を、ほかのあらゆる人々の作業の上に位置するものと理解した。というのは、博物学者のおこなう研究は自然哲学の教義に根ざしていたからである。経験はそれだけでは十分ではなく、それを意味ある知識へと変換するためには、適切な知的枠組みを必要としたのである。

ミュージアムが貴族文化の中にしっかりと埋めこまれていたのに対して、蒐集それ自体には、「高尚」だとか「低俗」だとかいう区分はなかった。蒐集は、伝達と交換が織りなすネットワークに依拠した活動であり、その網目を構成するのは、たとえばイタリアの港に停泊する漁船や、医学や科学にまつわる民間伝承であった。こうした伝承は、街の広場に陣取った大道薬売師が、延々と語り継いできたものであり、さらにはその情報を熱心に集めた有徳文化人（ヴァーチュオーソ）からの手紙もこのネットワークに参画した。ついには、図書館、薬種店、初期近代イタリアに生まれたミュージアムまでもがこの網目に連なり、これらの現場において、知識はしかるべき場を得ることとなったのである。これらさまざまに異なる活動領域すべてを横断してオブジェが動き回ることによって、こうした知識が産出されるプロセスこそが、この章の中心的な関心である。たとえば野外調査、市場での商品検分、標本交換など、この種の実践的活動にこれまで以上に従事することによって、博物学者は蒐集という営為を、自然を再創造する試みの中心に据え、蒐集を人文主義的探求の目的としたのである。強力な文化的傾向が、自然の懐へと旅立つ博物学者たちを導いていく。巡礼とは、旅行の起源ともなる原初的な行為であるが、そこにはあらゆる種類の精神的、象徴的な意味合いが込められていた。これをさらに一般化して言うならば、巡礼とは、真理の探求であり、その真理とは、いまや自然を熟視することによって見いだされるものであった。旅行が自然研究のためにはもっとも重要なことであると主張して、アルドロヴァンディやキルヒャーのような蒐集家たちは、自らの知識を鍛錬するためにいままで慣れ親しんできた都市をやがては自分たちも離れなくてはならないと感じていた。自然は彼らに、書斎に籠もっていたのでは決して得ることのできない視野（パースペクティヴァ）を与えたのである。旅行をすることによってのみ、博物学者は自らを知ることが可能となった。

自然の巡礼

自然をその原初の状態のままに経験したいという願望が、蒐集家を旅行へと駆り立てていった。フェッラーラの医学教授であり、プリニウスの批判者でもあったニコロ・レオニチェーノは、一四九三年にこう問うている。「なにゆえに自然はわれわれに目を与え、あるいはほかの感覚器官を与えたのか。それはまさに、自然を認識し、研究し、自ら進んで知識を獲得するためではないのか」[7]。自然をあるがままの姿で（in situ）とらえてみたいという熱い思いに衝き動かされた博物学者は、深山幽谷を跋渉し、あるいは森で、あるいは野で草木を採取して回った。窪地や大地の裂け目を見つければその都度のぞきこみ、標本を求めて回った。アルドロヴァンディが言うように、ミュージアムとは、「旅の途上で手に入れる」ものであった。この基本的な信条は、とりわけ一六世紀以降、博物学者の活動を強く規定していくことになる。彼らの回想録を繙いてみると、新たなタイプの博物学者となるためには、旅行をすることがほとんど前提条件ともなっているかのように見受けられる。自伝的な色調を帯びた省察の中では、常にこうした旅行のテーマへの回帰がおこなわれている。ドイツの博物学者レオンハルト・ラウヴォルフは一五八一年にこう述べている。「幼いころより、異国の地にいってみたいという思いを強く抱いていた。とりわけオリエントは私を魅了した。なぜなら、かの地こそ、ほかのどの地域にもまして名高く、また豊穣であったからである。……しかしながら、さらに強く私を惹きつけたのは、異国で数々の美しい植物や香草を発見し、その知識を手に入れることであった。あのテオフラストス、ディオスコリデス、アヴィケンナ、セラピオンたちが語っている植物を、それらが自生している土地まで実際に出かけていって見つけだすことであった」[8]。こうした熱意は、驚くほど背景を異にするさまざまな出自の博物学者たちのあいだに、貴族の出であるアルドロヴァンディから本草家のアングイッラーラにいたるまで、等しく見られる。彼らは次第に、自然というものを、単なる願望の対象というよりも、むしろ自らの知識探求に「解答」を与えうる存在とみなすようになっていったのである。

ひとつのコレクションは、自然への幾多もの旅行を経た末の成果であった。「貴君からの先日のお便りをとても嬉しく拝読いたしました。山地への旅路からたいへん満足してお戻りになり、貴重な宝石のごとき薬草類を、たくさん採集して帰られたそうですね」。マッティオーリはアルドロヴァンディに宛てて、こう書き送っている。このときアルドロヴァンディは、バルド山を登攀した一五五四年の旅路から戻ったところであった[9]。一六世紀の終わりまでに、旅行は青雲の志を抱く博物学徒にとっては欠くことのできない通過儀礼となっていった。「このことを否定し去る方はよもやいないと思うのだが、自然の事物を探求するにさいして、旅行ほど効果的なものはほかにはないだろう」と、ジェローム・ターラーは一五七五年に書いている。[☆10] カルダーノも、これと似たような助言を自伝の中に反響させている。「ほかの土地を知ることは、……植物や動物のもつ性質や豊かな有益性に興味を抱く人々には、まことにとても役に立つ」。[☆11] 医師であったカルダーノが旅行を称讃しているということは、この助言がもともとは医学的観点からなされたものだということを物語っている。そもそもガレノスがこの医師＝旅行家の雛形を生みだしたのである。パレスティナ、キプロス、アレクサンドリア、レムノス島などを巡る旅を利用して、ガレノスは医薬の源泉たる自然を見つめ、その知識を増大させる機会としたのである。この常套主題は、「ガレノスの顰みに倣って」旅行をしたと主張する初期近代の博物学者たちの著述の中に、くりかえし姿を現わすことになる。[☆12] あるいはディオスコリデスの『医学素材論（薬物学）』（*De materia medica*）やガレノスの『単体薬物の性質と効能について』（*De simplicium medicamentorum temperamentis ac facultatibus*）を読むことによって、ヨーロッパを横断し、その土地その土地で自然が見せるありのままの姿を探求したいという、博物学者たちの想いを鼓舞したのである。たとえばウリッセ・アルドロヴァンディは、自らの名前の由来となったオデュッセウス／ウリクセスに倣い、あるいは師ルカ・ギーニの薫陶を受け、さらには尊崇する権威ガレノスの教えに従い、ほかの多くの博物学者と同様に、旅行をする医学的人文主義者の原型となった。[☆13] 自然をじかに観察するという指針は、アルドロヴァンディが受けた人文主義教育の成果であり、あるいは学生時代に一世を風靡した博物学熱の産物でもあった。それはまた、来たるべき新たな時代の新たなオデュッセウス／ウリクセスたらんとする、自らが背負った明白な宿命にふさわしい認識でもあったのである。

このモデルはもともとルネサンスの博物学者が実践し始めたものであり、一世紀と経たぬうちに、デンマーク人医師トマス・バルトリンが著わした『医学的巡礼について』（*De peregrinatione medica*, 1674）などのような規範的な論攷が生まれ、そこで定式化されていった。息子のカスパーとクリストファー、および甥のホルガー・ヤコブセンのために筆をとったバルトリンは、息子たちが医学を修めるべく外国に向けて発つまえの晩に、こう言葉をかけている。「近頃では、旅行者の姿をよく見かける。いやよく見かけるどころか、まるでヨーロッパ全体で人が動き回っているかのようだ[☆14]」。「古代の賢人たちの事例」に倣うようにと助言を与えながらバルトリンは、医師を究極の「旅行家」――その職能からして、地方的経験の境界を越えて、多くのものを目にし、知ることを定められた者――として描きだす。カルダーノやターラーが自著で導入したテーマを、ここではさらに一歩進めて、こう宣言している。「生まれ故郷の土地から一歩も外に出たことのない医師など、その権威はとうてい信用がおけるものではない」。旅行は、換言するならば、一種の信任状となったのである。ルネサンスの博物学者の個人的な経験は、いまや一七世紀の医師にとって、医師という職業に共通する通過儀礼の形態となった。このことは、自然のあらゆる部分が研究の対象となることを強調する、新たな医学教育のカリキュラムから生みだされた。こうした状況を念頭に置けば、ホルガー・ヤコブセンがこの世紀の終わりに、デンマーク王立コレクションの管理人として再び登場することは十分に予測しうる事態であった。彼のような医師たちは、蒐集家となるべく訓練されていたのである[☆15]。おそらくこの「旅行家」としての医師という規定は、「アルドロヴァンディの書斎」(Studio Aldrovandi)を訪れた人々の芳名録に、なぜ医師の数が圧倒的に多いのかを説明してくれるだろう。

博物学者のほとんどが、実践的活動としての蒐集という経験に対する最初の回想として、なにかしらのかたちで「徒弟時代」のことを想い起こしている。たとえば、アンコーナにあったイエズス会の神学校で一七世紀の中葉に学んだフィリッポ・ボナンニは、博物学、とりわけ貝類学への彼の興味を発展させるきっかけとして、海というものへの近親感を想い起こしている。彼は、初めのころアンコーナの港に出かけていき、そこで目にすることのできる魚介類をかつてカミッロ・ピーキのミュージアムで見学した標本と比較した。そして、蒐集というプロセスの知的なおもしろさに夢中になり、すぐさま自らのミュージアムを形成する作業にとりかかったのである[☆16]。その一世紀まえに、アルドロヴァンディもまた、海岸へと足繁く通ったことが蒐集のもっとも成功した方法のひとつであった、と告白している。

同じような場所で、よく集めて回ったものだ。そしていくたびも、惚れ惚れするような、すばらしい標本を見つけることができた。いまから三〇年まえ、ラヴェンナで釣をしていたときのことだった。ラヴェンナでは当時、私の兄弟が大修道院長の職を勤めており、そこから三マイルほど離れた海岸で、海が幸運を運んできたおかげか、珍妙極まる海洋生物の標本を、十分に手に入れることができた。その中には、海豚（イルカ）の骨格などという逸品もあった……私はこれをボローニャへもち帰り、私の「自然の劇場」の中に納めた。いまでもそこに、その当時のままの姿で目にすることができる。[☆17]

自然の懐への旅は、遠く離れた地の驚異と同じくごく近くの驚異の発見にもつながった。こうして博物学者という集団は、旅行という行為自体が旅程の距離よりも重要であることを学ぶにいたる。ミュージアムの中での体験がそうであったように、この旅行もまた、博物学者たちの共同体を特徴づける、人文主義的な連帯の念を強める役割を果たした。旅行は、博物学者ならば誰しもが分かちあうことのできる経験であり、あとに続く博物学者の世代を、この集団的な通過儀礼に参入させることを通して、自然の神秘へと誘ったのである。

博物学者は自らの姿を、単に好奇心に衝き動かされ、あるいは人類の知的向上という義務感に駆り立てられた旅行家としてだけではなく、また巡礼の徒としても描きだしている。パドヴァ植物園の園長であったアングイッラーラは、自著『単体薬物』（*Simplici*, 1561）の中で、「私はさまざまな土地への巡礼を何度もおこなった」[☆18]と述べている。自らを自然へと旅立つ「巡礼者」と規定しているのは、アングイッラーラ一人にかぎったことではない。アルドロヴァンディの師フランチェスコ・ペトロッリーニもまた、「巡礼」に出かけたいという感懐をもらしている。[☆19]予想どおり、アルドロヴァンディは自伝の中でこの巡礼というイメージを精巧につくりあげている。一六歳のとき、アルドロヴァンディは、シチリアの巡礼者に誘われ、「巡礼者の衣裳に身を包み」、世界をこの目で見るためにボローニヤをあとにした。[☆20]家を離れて彷徨するのは実はこれがはじめてのことではなく、この二度目の冒険行は先のローマ行よりもはるかに足を延ばすことになった。ジェノヴァを過ぎ、サヴォーナを越えて南仏に入り、さらにピレネー山脈を踏破してスペインにまで到達し、かの地の聖地をいくつか巡って聖体を拝領している。帰路マルセイユからジェノヴァに向かう途中、危うく溺死しそうになりながらも──実は同じような出来事が、興味深いことにも、一六三四年にキルヒャーがイタリア入りしたさいにも起こっている[☆21]──若きアルドロヴァンディは自らの経験に大いに鼓舞されたのである。「ようやく終着地のジェノヴァに到着したとき、彼［アルドロヴァンディ］は、さらに数カ月をかけて世界を旅して回りたいと願っていた。実にさまざまなものを目にしては好奇心を抱き、喜びを覚える旅の暮らしにすっかりなじんでいたのである」。何が旅を愉快なものにしたかを事細かに述べながら、アルドロヴァンディは、「信仰ゆえに拝謁した聖者の遺骨を納めた聖遺物だけではなく、その当時知りたいと望んでいたさまざまな自然の事物の数々」をも回想している。燃え盛る情熱の炎に身を灼かれたアルドロヴァンディは、ボローニャに着いたと思うやすぐさま、イェルサレムに向けて発とうと計画したのである。

アルドロヴァンディは一五三八年以降、二度とイタリア国外へ旅立つことはなかったが、青年期の経験がその後に彼が歩む人生の道筋を決定することとなった。アルドロヴァンディが自ら記している、商人──最初の旅行経験のあとに商業についての勉学を始めている──から巡礼する博物学者への移行、広漠たる世界の光景に魅惑された一人の人間の選択を特徴的に表わしている。「勉学を続けてはいたのだが、学生のころは、それこそ休みともなれば毎年のように、さまざまな自然の事物を見いだすべく、イタリアのさまざまな地方を訪ね歩き、多大な犠牲を払って、中央アペニン山脈の最高峰たるバルド山……とシビニ山系に攻め登りもした」[☆22]。一五五〇年代から一五七〇年代にかけて、アルドロヴァンディはさまざまな学芸庇護者に、インド諸国や近東への遠征、あるいはもう少し控えめなクレタ島への探査行などへの興味をかきたて、財政援助をもちかけている。この遠征計画をマッテイオーリに打ち明けると、この年長の博物学者は励ましの返答を送っている。「私も君ぐらいに若かったのなら、なにも妨げられることもなくエジプト、シリア、コンスタンティノープル、レムノス、キプロス、クレタなどの地域を見て回ることができたであろう。もし望みさえすれば、多島海の島々にだっていくことができたはずだ。しかし、いまとなってはそれも無理な話だ。貴君が、いままでにいったことのある地域を越え、さらに遠方にまで足を伸ばしたいと願っているのを知り、たいへん嬉しく思っている[☆23]」。不可避なことではあったが、アルドロヴァンディは、それから四〇年後、自ら旅行することがもはや不可能となった年齢を迎えて、大公付き植物学者ジュゼッペ・カサボーナがいままさにクレタ島に向けて船出しようとしているとき、彼に宛てて似たような助言を送っている自分を見いだすことになるだろう。コスモポリタン的性格をもつ博物学者＝探検家、たとえば『インディアスの一般史および博物誌』（*Historia general y netural de las Indias*, 1535-57）を著わしたゴンサロ・フェルナンデス・デ・オビエドのような人物を念頭に置いてみるならば、一六世紀末葉の博物学者たちは、探査行を地中海沿岸地方に限定せざるをえなかった古代人の作成した自然のカタログを超えて、さらなる価値を内に秘めた自然の有する無限の潜在能力に気づいていたのである。

中国派遣の宣教師になろうとして挫折した[☆24]キルヒャーと同じように、アルドロヴァンディもまた、他人のおこなった探査行の成果を手に入れる一方、未来の学者の卵たちに新しい自然の歴史のために必要な技能を教練することで、事実上満足するしかなかった。キルヒャーもアルドロヴァンディも真の巡礼者になることはなかったとしても、若かりしころに彼ら二人が成し遂げようとしたように、崇敬を集める聖なる土地に赴き、そして遠方の地における自然の驚異の数々を自らの手でカタログ化することで、自然は巡礼行に値する場なのだということを確立するのに与って力があったのである。皮肉なことに、最良の蒐集家が、必ずしももっとも巧みな旅行家というわけではなかった[☆25]。というよりも、彼らは旅行を味わう者であり、いきたいと願ったところに自由にいくことができないがゆえに、そのことが彼らをして自然や人類の営為の多様性を思いださせる有形の触知しうる事物を蓄積させていったのである。旅行家は、ヨーロッパ人が広範な世界と邂逅するための最初の道筋を確立した。一方で蒐集家は、自らのミュージアムにもたらされる旅行の報告書やオブジェを検分することによって、その遭遇がいかなる意味をもつのかを明確に位置づけ、旅行家には望むべくもない批評的な視点からの総合化を提供したのである。そして彼ら蒐集家たちは、こうした営為を、旅行の好ましいメタファーとして巡礼というイメージを重用する、宗教的な枠組みの中でおこなっていたのである。

異端審問所とのあいだに一悶着あったものの、アルドロヴァンディは善良なカトリックの一信徒として、また霊操の教えに通じる者として、旅行を巡礼の一形態とみなさずにはいられなかった。一方キルヒャーにとっての旅行とは宗教的召命であり、彼の百科全書的かつ思索的な傾向がその思いをさらに高めた。キルヒャーは精力的に、巡礼、法悦的ヴィジョン、自然の研究を結びあわせる方途を探る。一六六一年にマリーノ近郊の丘陵地を踏査したさいには、そこが「聖エウスタキウスが、角のあいだに光り輝くキリスト磔刑像をつけた白い雄鹿を幻視した地」であったことを明らかにした☆26［参考図13］。この重要な回心の地（locus conversionis）を再発見し、のちにそこを新たな巡礼の地へと変容させたことは、このイエズス会の蒐集家キルヒャーが、地誌風景（ランドスケープ）をいかに広い範囲でとらえ、またそこで目にしたあらゆる事物をどれほど神学的意義という観点から見ていたのかを指し示している。こうした傾向は、対話形式で書かれた自然への二つの想像上の航海、『忘我の旅』（*Itinerarium exstaticum*, 1656）と『忘我の旅 II』（*Itinerarium exstaticum II*, 1657）の二著で絶頂に達している。第一の旅では、キルヒャー（作中ではテオディダクトゥスと名を変えて登場）は天使コスミエルに導かれて天へと昇り、月上界の機構を目の当たりにする。他方、第二の旅では、ハイドリエルとコスミエルに先導され、月下界を探査して回る。どちらの事例でも、天使の伴走が、キルヒャーをして、世界についての独自のパースペクティヴを会得させている。ハイドリエルとコスミエルに抱えられ、未曾有の高さにまで舞いあがり、すべての惑星を訪れ、極地を旋回し、そして世界を構成する元素間のバランスに関する彼の理論にとっては鍵となるはずの、火山の噴火口へと突入するのである。いまや、地上世界の博物学者を縛りつけている物理法則や時間の束縛から逃れ、キルヒャーは、自然のあらゆる領域を活動範囲とする一人の巡礼者とな

参考図13——メントレッラでの聖エウスタキウスの幻視
（Athanasius Kircher, *Latium*, Amsterdum, 1671）

る。アルドロヴァンディはかつて、自分はクレタ島やインド諸島を一度としてこの目で見ることができなかったと後悔しているが、キルヒャーは、聖なる霊感に満ちた想像力を駆使して経験の限界を押し広げることによって、自らをローマに縛りつけているさまざまな障害も信仰の力で回避することができる、と感じていた。旅行とは、一種の認識論的な営為である。このことをほかの誰にもましてキルヒャーがよく示していた。それは蒐集も同じことで、その潜在的可能性を最大限に汲み尽くそうとするならば、「精神の眼」をもって体験しなくてはならない。キルヒャーは「忘我の旅」の最後に、宇宙の構成に関する真実を見いだす。それこそは、彼が生涯を捧げて解き明かそうと試みたものであった。

現実のものであれ想像上のものであれ、博物学者は旅行を通して、観察と調査という活動を次第に重要な意義をもつものへと変えていった。先に見たヤン・ファン・ケッセルの《ヨーロッパ》にいま一度立ち戻ってみよう。画面右下の部分の、博物図譜を収載した本のページの上に、碑文が書き記されている。――「巡礼者とは、さまざまな都市をめぐっては、自分たちの杖にくくりつける貝殻を探し求める人々の謂である」(図3)。サンティアゴ・デ・コンポステラにたどりついた巡礼者たちは、慣行として、彼らが訪れてきた土地を記録する貝殻を数多く携えていたという。ファン・ケッセルは、自らの航海の進行を記録する記念品を孜々として蓄積する、同じような探求に従事するものとして蒐集家の姿を思い描いた。かつて踏破した無限の距離が刻みこまれ、無言のうちに数々の聖地が封じこめられた、重たい杖を携えた巡礼者のように、博物学者にとっての「杖」――ミュージアム――は、その所有者が、自然への献身と巡礼行の途上でしか手に入れることのできない知識の探求の量と質と広がりを示す指標なのである。

地方の知識

こうした思潮変化の中から生まれたもっとも重要な教訓のひとつは、地方の知識がいかに必要であるかが明らかにされたことである。たしかに観察に対する新たな情熱は、さまざまな君主や修道会によって組織された、世界各地に向けておこなわれた科学的な探査行の中で培われたものではあった。けれどもその一方で、旅行家としての自然哲学者というイメージは、博物学者が日々おこなう実践のうちにも明らかに見てとれるのである。蒐集家は、見果てぬ遠方の土地を夢に見つつ、すぐ身近な環境にその代理を見いだしては、これを調査して地図を作成していった。トマス・バルトリンは、医師に携わる旅行家、すなわち博物学者のプロトタイプのことを、金の羊毛をもち帰ったアルゴー探検隊の勇士になぞらえている。たしかにこうしたイメージはたとえば、フェリペ二世の命によりメキシコの動植物相を調査し、博物学者たちの共同体をたいそう刺激することとなった、スペインの医師フランシスコ・エルナンデスのような人物に当てはまるだろう。あるいはまた、ピエール・ブロン、メルキオール・ヴィーラント、プロスペロ・アルピーノらの著作や、近東に出かけていったあらゆる旅行家の報告書を渉猟する、レヴァント地方の植生記録を克明に記述したアウクスブルクの医師レオンハルト・ラウヴォルフのような人物にも当てはまるだろう。[☆27]けれどもそれ以外の多くの者たちは、そのような途方もない遠征行を敢行するだけの資金を調達することができず、地方を対象とした探査行で満足せざるをえず、どこからか友人がたまたま現われて、価値ある珍品奇物をもたらしてくれることを期待していたのである。たしかに博物学者は異国のオブジェを蒐集することになによりもまして専心してはいたものの、彼らの大半はその後、その魅力を再発見する必要にかられて、地方の自然を讃美するようになっていった。

若いころに燃やした野心も下火になると、多くの博物学者は、日常的なありふれた自然こそが重要だとするルカ・ギーニの忠告も与って、細部にわたる地域の博物誌研究にのりだし、これを発展させていった。アルドロヴァンディは、百科全書的な好奇心を向ける対象として、夏の探査旅行の大半はボローニャの周辺を探査して回り、あえて足を延ばしたとしても、北はヴェローナとトレントまで、南はせいぜいローマか、さらにその少し先ぐらいまでを旅程の限度としていた。この探査行が特定の場所に集中していることは、外国種よりも国産種の方をより多く収載している、彼の「植物標本集」(herbarium)が傍証してくれる。学生や同僚の助けを得て、アルドロヴァンディはボローニャ近郊に育成する異なる五六五種の植物を同定することに成功している。実際これは称讃に値する功績であり、これに比してプロスペロ・アルピーノとオノーリオ・ベッリがクレタ島で同定した植物は八四種であったし、カルツォラーリがヴェローナからバルド山にかけての植相として挙げているのは三五〇種あまりであった。[☆28]マッティオーリは、一般的な植物採集の慣習を見下していることを公言してはばからず、自らの手でおこなうよりは人を遣わして採集させることを好んでいたが、その彼でさえも、一五二七年にトレント近郊で目にした植物種の数々を嬉々として記述しているのを見ると、その本性をはからずも露見させている。[☆29]プリニウスの『博物誌』に記された包括的な自然を再現しようと試みたものの、蒐集家のほとんどは、自然のあらゆる側面を把握しようとして、そのどれについても不完全な知識しか得られないよりは、たとえ自然のごく一部でしかなくても、その部分に関しては完全に知悉していることの方がより重要なのだ、と悟るにいたったのである。

ごく身近の環境を出発点に外界へ拡大しようとする傾向は、広範に旅をした博物学者の記述においてさえも、明らかに見てとることができる。プロスペロ・アルピーノは、当地のヴェネツィア領事の侍医という身分で、カイロに一五八一年から一五八四年にかけて三年間滞在し、この絶好の機会を有効に活用したアルピーノは、エジプトの医学と博物誌に関する当代随一の専門家となった。任期を終えてパドヴァに戻ると、さっそくかの地で目にしたコーヒーの驚異について、そしてかの地に育成する無数の未知の品種について書き記し、それらの植物をヨーロッパに移植栽培する可能性の可否を論じている。[☆30]また、アルピーノの親友であり、書簡で情報交換していたオノーリオ・ベッリは、クレタ駐在のヴェネツィア領事の侍医を一五八三年から一五九九年まで務め、彼もまたかの地の植生に関する権威となり、クレタ島から標本をとりよせたいと願う者の情報源となった。だがヴェネツィア共和国の医師たちが提供するこれらの便宜は、イエズス会が果たした役割と比べるならば、比較的限定されたものであったと言える。ヴェネツィアの博物学者の共同体がおこなった研究は、あくまで自国の領域内および外交上のネットワークが許す範囲のみにかぎられていたからである。それに対してイエズス会の宣教団は、広大な領域にわたって縦横に勢力を伸ばし、その版図は世界のほぼ全地域を覆っていた。中国では、マルティーノ・マルティーニ師やミケーレ・ボイム師らのようなイエズス会士が活動しており、中国の地誌と文化に関する知識を蒐集したいと希求していたキルヒャーにとって、両者は欠くべからざる存在となった。キルヒャーは二人の著作――『支那新図』（*Novus atlas sinensis*, 1654）ならびに『支那の植相』（*Flora sinensis*, 1656）――をそれぞれ自著『支那図説』（*China illustrata*, 1667）でしばしば引用している［参考図14］。キルヒャーは、かつての弟子マルティーニを、次のように称讃している。「彼は数々の事柄を私のもとに伝え知らせてくれた。その鋭い洞察力は、まさにその目的のために、数学の研鑽を通じて培われたものである」[☆31]。ボイムの方は一六六四年にローマに帰還しており、そのさいに手稿や標本を山ともち帰って、キルヒャーの著作の出版に益している。かつての先人たちがそうであったように、キルヒャーもまた、彼らが描写を必要とする対象を実際に彼ら自身の目で視認している博物学者たちとの交流を確立することの重要性を認識していた。キルヒャーは彼らの観察証言を自著に収録することで、自分の著作に信憑性を与えようとしたのである。こうして徐々に、博物学者たちは、経験の蓄積というものがもつ価値を理解するようになった。このような蓄積は、長期にわたり、ある特定の地域の自然を知悉することによって得られるものであり、蒐集のパターンもまた、そうした局所的な活動に適合したものとなっていった。しかしながら、研究することを願っている地域に旅をすることがかなわない場合もあり、そのときには、信用のおける報告、あるいはまさにその場所の観察証言が、博物学者個人の経験の代用として十分その役割を果たすことができたのである。ほかの多くのイエズス会士たちも、さまざまな地域へ宣教に赴くまえにローマにおいて訓練を受けていて、信頼しうる観察証言の基準を身につけていた。

個人的経験の重要性が増していく背後で、さらに大きな変動が進行していた。すなわち、普遍的な「自然万有」の研究から個別的な自然の調査研究へという、博物学の変革である。それでは、どのような要因がこの移行を促進したのであろうか。一四九〇年代には、プリニウスの批判者も擁護者もともに、自然の研究はより洗練されたものに

参考図14――支那・蒙古帝国の至高の皇帝
（Atanasius Kircher, *China illustrata*, Amsterdum, 1667）

なるべきであるという要求を掲げていた。プリニウスの『博物誌』の功績をめぐっては、それこそ激しい論争が展開されたが、「新たなる観察」こそが論争を解決する手段をもたらすにちがいないという点で、皆が等しく意見の一致をみた。[☆32] ニコロ・レオニチェーノの論敵であり、プリニウスの強力な擁護者でもあったパンドルフォ・コッレヌッチョが、博物学のルネサンスの劈頭を飾るこのエピソードからやがて姿を現わすことになる共通認識を、上手に約言して述べている。「私の意見では、いやしくも草本についての記述をおこない、その知識を授けようとする者は、書物ばかりでなく、大地の表面をも研究すべきである。文字だけではなく、野に出て学ばなくてはならない」。彼は、『プリニウス擁護』（*Pliniena defensio*, 1493）中で次のように書いている。

> 植物学を教授するのにふさわしい資格を得るには、ただ本を読んだり植物図譜を眺めたり、あるいはギリシア語の用語集にじっと見入っているだけでは十分ではない。……田舎に暮らす人々や山岳地の民に問いかけ、植物そのものをじっくりと観察し、植物種同士が見せる差異によくよく注意を払うべきである。そしてもし必要とあらば、植物の特性や治療に対する効果を検査するために、危険をともなう実験を進んでおこなうぐらいでなくてはならない。[☆33]

半世紀と経たぬうちに、そうした技法は標準的に実践されるものとなった。たとえば次のような論著、エウリクス・コルドゥスの『植物学鑑』（*Botanologicon*, 1534）——コルドゥスはレオニチェーノの弟子である——およびアントニオ・ムーサ・ブラサヴォーラの『単体薬物総覧』（*Examen omnium simplicium medicamentorum*, 1536）は、どちらも植物採集の適切な方法に関する対話形式の論文であり、博物学者が自然の施しものを集めるのに必要な技術のあれこれを助言している。「自然の観察は、ただ一度実践すればよいというものではなく、継続的におこなうべきものである」というディオスコリデスの助言を金言として、博物学者たちは、同じ場所に何度も足を運んでは季節の変化に目をとめ、同じ品種であっても、四季の折々にさまざまな部分の標本を採取した。こうした実践は、心地よき場(ロクス・アモエヌス)として の自然観に特別な意味合いを与えることとなった。もはや誰も偶然かつ無計画に自然を観察することなどなく、蒐集家たちは、自らが世界のうちでもとりわけ豊穣な一角に精通しているのだと自負するようになる。もちろんその一角は、ある程度は蒐集家の生まれた土地や環境という偶発的要素によって選びとられたものではあるものの、自らこそがまさにその環境を知るべく「運命づけられた」者だとする設定がなされた。

これと時を同じくして、ルカ・ギーニのような大学教授たちは、ボローニャならびにピサ大学において自然研究の講座を開設し、学生の修練の一環として野外調査をその標準的な活動として確立していった。一五四〇年代までには、教授も学生も、まだ見ぬ自然の欠片(かけら)を求めて定期的に地方を駆けめぐり、あちこち観察して回るようになった。ギーニの顰みに倣い、アルドロヴァンディは学生たちを引率して夏期の博物探査行にしばしば出かけたし、パドヴァ大学のアングイッラーラのもとで学んだ学生たちは、ゴリティアまでマッティオーリ詣での巡礼をおこない、このディオスコリデス研究の泰斗から教えを受けようとした。植物採集行は、欠くべからざる入会儀式のひとつとして、師匠と弟子との絆をさらに強固なものとした。これらの採集行に招かれた学生たちは、大学の講義室という格式ばった場を離れ、自然の只中で卓越した博物学の師の知己を得ることができたのである。黎明期の博物学者の多くは自然をあるがままの姿で(in situ)観察することの重要性を認識してはいたのだが、中でもギーニとその弟子たちは、標本を実地に蒐集することにかけてその先鞭を切っていた。せっかく発見した自然をそのままに残し、ただ書物と記録ノートのみを手に帰路につくのではなく、彼らは標本を採取して研究室までもち帰ったのである。[☆34]アルドロヴァンディやチェザルピーノといった学者たちの所有する植物標本室(herbaria)の充実は、植物採集の技術があらゆる相に広まっていったことを証明している。アルドロヴァンディは一五七〇年までに、一万四五〇〇点以上の標本と二〇〇〇点の植物図譜を所有するにいたる。その速度といい、その徹底振りといい、アルドロヴァンディが標本を獲得していく勢いを目にしたマッティオーリは、こんな感懐をもらしている。「いやしくも今日のヨーロッパで研究する者ならば、誰でも膨大な量の植物を目にし、蒐集しているのだろうが、その中にあっても貴君こそは、誰にもましてその最先端に位置している」[☆35]。アルドロヴァンディは、博物学の新しいカリキュラムのもとで育った学生の中でも、その成果を存分に享受した最初の世代の一人であった。

あまり名を知られていないが、博物学者ゲラルド・チーボの活動がこの潮流をよく例証している。ギーニもそうであったが、チーボ（一五一二―一六〇〇年）もまた、いかなる著作も発表しなかった。唯一、マッティオーリのペンがチーボのことを記録していて、ディオスコリデスの翻訳の改訂版において、彼の蒐集活動を称讃している。というのも、この貴顕-学者、ロッカ・コントラーダの地に静かに暮らしたチーボこそは、この時期におこなわれた自然探求の中でもっとも委細を極めた研究を生みだし、数千種に及ぶ植物を蒐集して図譜に描いたのである[☆36]。アルドロヴァンディと同じく、チーボもまた若いころに旅を経験し、主として、ローマと、ドイツのカール五世の宮廷、スペイン、低地地方の諸国とのあいだを探査している。おそらくチーボは、ギーニがボローニャ大学でおこなった単体薬物に関する講義を聴講したものと思われる。アンドレア・バッチはチーボを指して、植物採集をおこなうのにイタリア国内だけでは「満足しない」人物の一人だと記述しているが、一五四〇年以降、彼が自邸をあとにしたのはたった一度、ローマに帰還したときだけであった。生涯のほとんどの期間、彼がおこなった自然の研究は、自邸を中心に広がる、アドリア海を見晴るかすマルケ地方にかぎられている。しかしチーボは、マッティオーリ、アルドロヴァンディ、そしてラ・サピエンツァ（ローマ大学）の博物学教授バッチといった面々から、鋭敏なる自然の観察者として多くの称讃を得ている。ルチーア・トンジョルジ・トマージが近年明らかにしたところによれば、チーボが名声を得たのは、彼の手になる植物図譜の、精密なスケッチや細部にわたるみごとな彩色が、とりわけ高く評価されたためであった。博物学者の多くは、自然をその場で写しとるために標本採取行に画家を連れて回るか、あるいは事後的に自然を画布にとらえるためにミュージアムで画家を雇うかのどちらかであった。ところがチーボは、観察と図譜作成という、この二つの技能を自らのうちに統合して実践したのである[☆37]。一五六三年にチーボの兄

図11A——チーボの博物図譜（Ms. Add. 22332, f. 171, London, B. L.）

図11B——チーボの博物図譜（Ms. Add. 22332, f. 95, London, B. L.）

弟のシピオーネから図譜の見本を何点か受けとると、マッティオーリは、まるで「最高純度の水晶でつくった鏡」のようだと驚嘆の言葉を発している。なぜならそこには、これ以上はないというほど見事に自然の姿がとらえられていたからである☆38。だがチーボは自然をただ引き写しただけではなかった。同時に、野外探査における種々の活動の模様が微に入り細を穿った視覚描写の記録として後世に残されたことで、自然の苑をいく博物学者のイメージをも発展させたのである。これらの図譜を通じて、作業にいそしむルネサンス期の博物学者の典型的な姿を追うことができる。

チーボが選んで描いた植物はどの部分も注意深く明確に表現され、その背景には、自然を発見し、詳細に描写し、蒐集している博物学者の姿がくりかえし姿を現わしている。ある図譜には、二人の男性が、ヘレボルスの標本を手に、思索を凝らしている姿が描かれている（図11）。標本植物が、葉から根まで前景に大きく描きだされている。その左手には、二人の博物学者が座しており、チーボの植物標本集のこのページの中で、なんとか自らの存在を認めさせようとしているようである。そのうちの一人が同じ標本を手にし、もう一人が本の該当箇所を参照している。こうした情景は、野外探査行についての記述と言葉どおり一致するものである。それを大いに想い起こさせるのは、たとえば、フェッラーラの博物学者ブラサヴォーラが、老薬種商セネクスとその助手ヘルバリウスを相手に交わす想像上の会話を書き記した『単体薬物総覧』である。この対話篇は、読書ならびに観察から得られる知識がいかに優れたものであるかを示すことを意図して編まれたものであり、この中でブラサヴォーラは、無学な薬種商に標本植物をもたせておいて、自分はディオスコリデスの『医学素材論（薬物学）』を声高に朗読するのである。

セネクス――さあもちましたよ、ディオスコリデスの本を読んで聞かせてください。
ブラサヴォーラ――いいですか、読みますよ、ここに彼の記述がありますから☆39。

ブラサヴォーラが言葉によって記録したもの、すなわち自然研究の中心をなす、テクストと自然の造形との絶えざる相互作用を、チーボは絵筆によって象ったのである。チーボの図譜はまた、ムーサエウム（musaeum）としての自然というイメージをも明瞭に表現していた。新緑に覆われ、無数の植物標本で満ち溢れた自然界、チーボが安らぎを感じるのは、家の中ではなく、こうした自然の中に佇んでいるときである。同時代を生きたインペラートとは異なり、チーボはミュージアムの中に自らの肖像を描きだそうとはしなかった。そのかわりに彼は、博物学者というアイデンティティをもっとも明瞭に連想させるイメージとして、自然を蒐集するという営為を絵筆で描くほうを好んだのである。

チーボの植物標本集は静的な記録ではない。旅を再開して新たな結果を得た場合には、常に内容を改訂することを彼は怠らなかった。[☆40]調査対象とした自然環境にいっそう精通すればするほど、あるいはほかの博物学者との議論を通じてもっと精確な情報が得られるようになるにつれて、記載事項の多くが線を引いて消され、あるいは古い名称が新しい名に置き換わっていった。チーボにとって植物標本集とは、常に変化を続ける調査研究用の道具なのであり、観察した自然を記録し、それがいかなる意味をもつのかを確定していく装置であった。同時代の多くの博物学者と同様に、チーボもまた、記述内容については正確に場所を特定しなければならないという忠告に誠実に従っていた。どの採取報告にも、「標本が採取された場所と日時、それに加えて特定の薬草を採取するための遠征に同伴した人物の名前」が記載されていた。[☆41]こうした配慮は、博物学者たちが地域ごとの差異の重要性を深く理解するにつれ、情報の正確さに対する関心が徐々に高まっていったことを反映している。ブラサヴォーラはこう忠言している。「蒐集家たる者は、地方の事象や気候風土の特性に無関心であってはならない」[☆42]。かつて完全なる未知の世界であった自然——たとえば一四九〇年代の人文主義者たちの目にはそう映っていた——は、いまや時とともにその本質が顕わになっていく一幅の世界地図となったのである。

観察という手法を復活させ、改訂するにさいして、植物学者が先駆的役割を果たしたことはたしかである。だがこれらの技法は、なにも植物研究のみに限定されたものではなかった。アルドロヴァンディは、師ルカ・ギーニの研究を基盤に据え、そこから自然のあらゆる領域を研究するための——気鋭の精神に富んだ博物学者のほとんどがのちに模倣することになる——行動様式を発展させた。『昆虫について』(*De Animalibus insectis libri septum*, 1602)の中で、アルドロヴァンディは自然を観察する方式を解説している。「この研究にかけた日数や投じた費用のことを思うにつけ、驚きを禁じえない。よくもまあ、これだけの数の小さな生きものを、手に入れ、吟味し、記述できたものだ」。続いて、アルドロヴァンディは次のように述べている。

研究用の標本を手に入れるために、夏と秋の数カ月間、よく田園にでかけていったものだ。もちろん、皆がよくやるような気晴らしが目的ではない。これらの期間、私は自分の影響力を最大限に行使し、またもてるかぎりの金銭も注ぎこんで、地方に暮らす人々に、自分のところに、羽のあるものでも地を這うものでも、とにかく野や地中や川や池で捕獲できる、これこれの昆虫種をもってきてくれるように働きかけた。そして人々が昆虫をもってやってくると、なんという名前なのかね、この虫にはどういう習性があって、どこで見つけのかね、などと聞きとり調査をするのが常だった。また自分でもよく沼沢地を歩き、山に登ったりした。そのさいには絵描きを一人と数名の筆記生を同伴し、絵描きにはペンを、筆記生たちにはノートをそれぞれ持参させた。ふさわしい画題があればスケッチをさせ、筆記生たちには、私が思いついたことを次々と書きとめさせた。こうして、膨大な量の標本を集めたのである。[☆43]

この一節において、アルドロヴァンディは、自然を蒐集しカタログ化するのに不可欠な活動と人員構成を、あますところなく記述している。自然の観察というものは、無計画になされるものではなく、博物学者の注意深い監督のもとに画家や書記や助手を統御する複雑なマネジメントを必然的にともなうものなのである。一六世紀の後半までには、こうした自然観察行は途方もない大掛かりな規模でなされるようになった。多くの点で、チーボが枠組みをつくった牧歌的なイメージは、アルドロヴァンディのような著名な博物学者が企図した自然観察活動にはほとんどいかなる影響も与えることはなかった。アルドロヴァンディは一方で、自らの自然の劇場を豊かにするためにチーボのような人物にたよってはいたものの、仲間一人をともない、採集袋ひとつで野外にくりだすなどということはすでに久しい以前にやめていたのである。事実、野外探査行の最中にあれこれとなさねばならぬ手仕事を自分でするのではなく、自らが「視た」ものを画家や筆記者に記録させるということが、おそらくは威厳を示す身振りであったにちがいない。

ギーニ、マッティオーリ、アルドロヴァンディならびにその同僚たちによる数々の努力の結果、一六世紀の末葉には、アメリカやアフリカの動植物はそれに対応するヨーロッパの品種とは交換がきかないと推定されることから、もはや博物学者は普遍的な品種などといった標本を探すのではなく、博物学が記録し図譜を作成するのはそれぞれの品種が属している地域のコンテクストに従わなければならないということを理解していた。たとえばローマの博物学者カストール・ドゥランテの『新植物標本集』(*Herbario novo*, 1585) のような印刷に付された著作は、各植物品種を体系的に図譜化し、また記述のカテゴリー——名称、形態、採集地、特性、効能——を標準化しており、自然を知り、記述するための正しい手段についてほとんど一世紀もの長きにわたってなされた議論の帰結であった。どこで自然を研究したか、あるいは何を蒐集したかとは関係なく、記述にさいしては場所を特定することが優先されるべき基本的な原理となった。こうした著作群が、チェージの『植物学一覧表』(*Phytosophicae tabulae*) のようなさらなる壮大な計画を編む基礎を形成した。チェージはこの中で、ドゥランテの『新植物標本集』への称讃を惜しまない。自然の個別の形態をすべて知り尽くすことによってのみ、自然の新しい百科全書がはじめて姿を現わすのである。

市場の中の自然

自然を経験したいという熱い想いに駆られた博物学者たちは、学者ではなく、自然のオブジェに最初に目を向けた、実経験の豊富な者や学識に通じていない職人といった人々と親密な関係をもつようになった。地方に関する知識は、広範囲にわたる社会階層や職業からなる蒐集家たちの地域的共同体が生みだしたのである。博物学者は自らを文芸界の一員と任ずる一方で、いまだ書かれざる新たな自然の歴史を完成させるために、職業柄常に自然と親しんでいる人々の知識に頼っていた。そもそも「自然の書物」とは、人文主義者の書斎に存在することを許されてはいなかったものである。この書物を所有しているのは、医師でもなければ文献学者でもなく、そこに経済的な生存を依存している、自然を商取引の対象と理解していた商人たちであった。「自然」とは、宮廷人や人文主義者だけが占有する知識ではなく、一方ではさまざまな職種の職人たちの知識でもあった。自然とはまずもって商品であったのであり、これがのちに人々の知的好奇心を刺激する対象へと変貌したのである。このように、市場は、自然を事実として知悉していると博物学者が主張するために足を踏み入れねばならない、蒐集の競技場であった。日々の生計を立てるために、自然のさまざまな部分を掻き集め、これを売りさばく商人たちこそが、博物学者たちが価値あるものとして主張する経験を所有していたのである。市場の中に分け入った蒐集家は、そこにあふれる経験的な実践的情報を、人文主義的な知識へと変換していく。蒐集家はたしかに自然を求めて市場の中に足を踏み入れはするのだが、だからといって、非宮廷的で洗練されない、不名誉になりかねない交際を続けるようなことはなかった。最新の自然の珍品奇物を博物学者に通報する、屠殺屋、漁夫、行商人といった人々は、博物学者のミュージアムに公式に迎え入れられることなどまずありえず、ましてや芳名録に名前を記すことなど望むべくもなかった。彼らは「不可視の協力者」であり、彼らのおかげで蒐集は可能となるが、貢献できるのはあくまで匿名性のもとでのことであった。☆44 蒐集活動をとりまく環境の中からこれら匿名の人々の痕跡を消し去ろうとする努力が払われてきたにもかかわらず、博物学者たちが書簡という形態で記録した、どこで彼らが標本を手に入れたかを互いに説明している会話の中から、この種の人々が博物学に対して及ぼしていた影響力を、われわれはいくつかの観点から再構成することができる。

もっとも顕著なのは、経験一辺倒の観察者たちが、学術的な自然研究に新たな用語体系を注入したことである。一六世紀の中葉には、博物学は「二つの言語の境界上」（川端香男里訳）に位置するようになった[☆45]。一方では、人文主義的学究によって、古典中の学術用語が純化され、博物学という学問的規律が復興する。文献学と語源学をより綿密にきわめた結果、アリストテレス、テオフラストス、ディオスコリデスといった著作がより正確な校訂版として供給され、もはや改竄や誤訳に悩まされることなくプリニウスを読むことができるようになったのである。こうして博物学者たちは、言葉と事物とを比較することができるようになり、正確な言語における正確な言葉を手に入れたことで知識を確保することができたのである。これと時を同じくして、経験的知識への依存度がしだいに高まるにつれて、また別の問題がルネサンスの博物学者の前に新たに顔を出した。経験という言語は、ラテン語でもギリシア語でもなく、その地域ごとのコスモロジー体系の中に個々の事物を位置づけていた、当惑させるほどの俗語と方言の群れであった。一六世紀の中葉に、カルツォラーリの友人であるプロスペロ・ボルガルッチは、その地域に生息する植物についてさらに知りたいと思い、「ウェルチ地方の植物採集人に取材聴取しようと」試みている[☆46]。彼は、良き博物学研究には適切なコミュニケーションが欠かせないということを理解していた多くの博物学者の一人であった。品種を同定すること、これが標本蒐集のもっとも重要な到達点である。集めた標本を秩序づけるためには、命名する必要がある。「木曜日の早朝、五月二〇日、マラマコの上流にて、これらの漁師たちが一〇〇〇リブラはくだらない魚を一匹釣りあげた。何という名か、誰も知らなかった[☆47]」。名称があるのかないのか、通常はまずこの点について記述された。ひとたび新種が見つかるや、博物学者の本能はまず「名称の有無を確認すること」を命じる[☆48]。既存の命名用語では拡大を遂げた博物学には対処できないという思いを博物学者たちが強めるにつれて、徐々に、その地で使われている命名が自然に関する公式な語彙目録に——あるものはギリシア語やラテン語の新造語に変換され、あるものは俗語のまま残されて――忍びこんでいったのである。

ラブレーの世界を論じたすばらしい研究の中でバフチンは、その時代の言語の問題を考察するための興味深い端緒を切り拓いた。ラブレーが口承資料を駆使して百科全書的な物語を描きだしたと主張したうえで、バフチンは、『ガルガンチュアとパンタグリュエル』の第四之書に、六〇以上の異なる魚の名称が記載されていることをその例として挙げている。ラブレーがこの作品を執筆したのは、ピエール・ブロンやギョーム・ロンドレらの魚類誌が出版される数十年以上もまえであることに注意をうながしながら、ラブレーが、ブルターニュ、ノルマンディー、マルセイユの漁師たちと会話することで魚に関する知識を得ていたと、バフチンは結論を下している。「これらはまだ完全に新鮮な魚名だったのである。おそらくラブレーが、漁師の籠の中にあるものを見ながら聞いた、その魚と同じぐらい新鮮であった。これらの名称は記述・文章語の中で響いたことはなく、まだ抽象的・書物的な一般化し体系化する文脈の推敲を受けていない」☆49(川端香男里訳)。ボローニャと多くの性格を共有するモンペリエの医学文化の中で教養を身につけたラブレーのように、博物学者たちもまた、「新鮮な言葉」を自らのものにすることによって、口承言語と記述言語との相互作用を促進していった。アントニオ・ジガンティのミュージアムの所蔵品目録の中には、たとえばこんな記述が見られる。

新世界で獲れた二匹の魚を描いた図譜で、さかさ魚と呼ばれているものがる。あるいはこの二匹を、漁師魚と呼んでもいいだろう。というのも片方の魚が、体に生やした護身用の棘でもう片方を貫いており、その一方で貫かれた方の魚は、尻尾についている袋で相手を捕まえているからである。袋を広げておいて、ぱっと閉じて捕まえてしまうのである。人々は、ちょうど陸の上で武器と鶴(はいたか)を利用して狩をおこなうように、この魚を海の漁に利用している。☆50

その土地その土地の慣用表現を使って一〇〇〇をも超える事柄を記載したラブレーの表現は、たとえば「さかさ魚」のような慣用表現が自然についての学術論文の中にも見られるように、ごく一般的な記述の中に方言を組み入れていく同時代の雅俗混淆の流れと平行する現象である。疑いなく、多くの博物学者は、教養をもちあわせていない同時代人が話す方言や世俗の記述言語を調査検討しなければならなかったことから、自らを市場‐言語学者、あるいは原‐人類学者とみなしていたのである。そうすることで、博物学者たちは改めて、自然を研究するには人文主義的教養がいかに重要であるかという事実を再確認するにいたる。

博物学者のあいだで交わされた往復書簡は、当時どのように言葉を置換／翻訳していたかというメカニズムを証言している。書簡こそは、刊行された学術著作にましてこの点についての資料をより多く提供してくれる。というのも、書簡の中には、意味／対象を同定するプロセスが反映しており、印刷されると、こうしたプロセスを経たあとの結果しか見ることができないからである。「貴兄に送った植物は……現地の植物採集家たちが『丸い脹石(lunaria tonda)』と呼んでいるものです」と、コスタンツォ・フェリーチはアルドロヴァンディに宛てて書き送っている。同様にして、アルフォンソ・カターネオもまた、ある魚の種を同定するにさいして、「金槌魚という俗名で地元の漁師たちが呼んでいる」ものだとして、地方の通称に依拠している。[☆51] ルネサンスの博物学者が言語に対する感受性をもっていたとするならば、とりわけそれが発揮されたのは、俗語名と古典的な学名とをいかに調和させるか、という点であった。「この地方では水鳥と呼ばれているが……」と、アンニーバレ・カミッロはアルドロヴァンディに宛てて書き送っている。「貴兄のご意見と、古代の人々の記述においては何という名称なのかを、ぜひお教えくださいますよう」。[☆52] 自然を命名するプロセスは、ひとつのミュージアムがいかにして形成されていくのかをわれわれに語っている。蒐集家たちの情報源は、彼らが日常的に動き回り接している社会的で知的なサークルの中にかぎられたものではなかった。そこにはむしろ、高尚文化と世俗文化との実り多き相互作用が反映していたのである。[☆53] アルドロヴァンディの書簡、ノート、旅行記[☆54]は、博物学者たちが、日常的な実践活動の中で生じる医学的かつ科学的問題に決定的な解答を提供するはずの文献資料の無力さのため当惑におちいり、知的な訓練を積んだことのない観察者たちの説明を当てにせざるをえない、数かぎりない実例を明らかにしている。ジェノヴァに住むベルナルド・カステッレッティ、リミニ在住の薬種商ジュリオ・チェーザレ・モデラーティと医師コスタンツォ・フェリーチたちとの交流は、アルドロヴァンディに、地中海やアドリア海の海岸に打ちあげられた豊富な海洋生物についての貴重な情報をもたらした。「貴殿のもとに、もっともありきたりな標本を送っているという現実に、どうか驚かないでください。念のために申しておきますが、私の意図は貴殿にあらゆる種類の魚を可能なかぎり送ること、珍しかろうがありふれていようが、港で獲れるすべての魚をお送りすることなのです」と、フェリーチは書き送っている。[55] 一五八四年のこと、アンコーナの港に魁偉な鯨が漂着したさいには、アントニオ・ジガンティはこの出来事をここぞとばかりにアルドロヴァンディに急報している。またフランチェスコ・ペトロッツィーニは、「ラヴェンナの海辺」で見つけたものであれば、それが何であれ送り届けることを約束している。[56] けれども博物学者たちは、海岸への海洋生物探査行や山岳に分け入る植物採取行を通して到達した地方の植物層や動物層についての知識に決して満足することはなかった。「魚市場に足繁く通っていました」と、アントニオ・デ・カンパニョーニは感懐している。「そこで多種多様な魚を見つけたのです」。[57]

一六四四年に、スフォルツァ・パッラヴィチーノはこう述べている。「哲学は、書物やアカデミーの中ばかりでなく、商店にも田園にも生きづいている」。[58] 科学的探究をおこなう新たな場として「商店と田園」が結びついたことは、博物学者たちから自然の研究の吟味に適した場所として支持された。トマス・バルトリンは、多くの異なる環境——薬屋、錬金術工房、病院、そして市場——から医学的情報を抜きだすことができると医師に忠告しながら、「あらゆるものから何かを（学びうる）」と述べている。[59] 博物学者たちは、役に立たない古典的テクストなどより民間伝承の方がよほど深い真実を生みだすことができるという期待感から「民衆の記憶」を記録して回った。[60] パラケルススにまったく似ていないというわけではない。博物学者たちは、古代人に絶対不可侵の権威をまとわせようとするスコラ主義的な風潮に対して穏やかな批判を加えながら、経験的な観察情報が、古代ギリシアやローマの世界に対してというより、初期近代の社会に存在するさまざまな要請に彼らを適応させつつ、すでに文献の中に含まれている真実をより明確に映るものとすることができるのではないか、と示唆したのである。

口承による自然の歴史（博物誌）を探査していると、蒐集家たちは、大学や宮廷アカデミーの与り知らぬ、未知の世界と遭遇していることに気がついた。「市場（広場）はあらゆる非公式的なものの中心であり」と、バフチンは書いている。「公式の秩序、公式のイデオロギーの世界にあっていわば治外法権を享受していた」[61]（川端香男里訳）。自然研究の新たな素材を探索するために市場の中に分け入っていこうとする決断は、知識と経験との新しい関係を築くこととなった。魚の行商人の言葉や秘密の売人の言葉に向ける博物学者の注意深い新たな眼差しは、自然哲学者という伝統的なイメージからはいくぶん異なった役を演じる者として彼を映しだすだろう。彼のおこなう解釈は、註釈ばかりではなく観察から、学識からばかりではなく実験から導きだされたものであった。自然哲学を構成するものの定義が拡大していく一方で、博物学者は、自然の唯一の解釈者として医師と哲学者をその地位に据える、知的ヒエラルキーを頑健に維持し続けた。学術的素養を身につけた博物学者と教養のない実践家とのあいだに広がる裂け目がいかに広いものであり続けたかを理解するためには、ある植物学者が庭師を描写した、「[博物学の]敵であり、食用植物の友である」という言葉を想い起こすだけで十分である。[62]

科学的な情報を市場の中で集めようとする着想は、ラブレー一人からではなく、古典的権威からもまた、同じように推奨されていたのである。アリストテレスは、自らの自然の歴史を書き記すために、何千もの語られることのない蒐集実践者を個別に雇った、とアルドロヴァンディは語っている。

> [アリストテレスは]アフリカ、アジア、ヨーロッパの多様な地域で、さまざまな漁夫や狩人、鳥捕獲人、植物採集人らを雇い、あるいは各種鉱物に詳しい人々に依頼するなどして、陸海に生息するあらゆる動植物を集めさ

せた。そして、採取した標本を、アレクサンドリアにいるアリストテレスのもとへともってこさせた。アリストテレスはそれらの標本を詳細に調べあげ、内的な部分と外的な部分とを考慮しながら、その特性や系統について書き記した。☆63

経験に基づく証言の一六世紀的な用法を経験の古典的概念から識別するものは何かと言えば、それは、こうした情報を能動的に用いて記述を展開する、後期ルネサンスの博物学者たちの能力であった。バルトロメオ・マランタは、「それぞれ異なる地域でよく観察し、さまざまな職業の熟練した専門家から話を聞くことなしには……単体薬物の知識を進歩させることは」誰にとっても不可能である、と語っている。☆64 蒐集家が研究を操作しうる枠組みは依然としてアリストテレスに全面的に依拠していたのだが、その一方で、彼らの体系的記述の中には、直接観察や口頭伝承から得た情報がとりこまれていた。彼らは、のちにちょうどベーコンが新たな博物学を構想するさいにしたように、事実‐収集のプロセスに欠くことのできない「職業的専門家」たちが有する権威を認めていた。古典的な叡智は徐々に、正規の教育を受けていない薬種商、庭師、漁夫、猟師といった職種に就く、自然の秘密に特権的に接近することができる人々の記述によって適度に調節されていった。

自伝の一五八六年の項でアルドロヴァンディは、博物学への興味をかきたてる導火線となった出来事として、一五四九年から五〇年にかけてローマの魚市場へ足を運んだときのことを説明している。「その同じ時期に、［ギョーム・ロンドレが］ローマに滞在していたこともあり、植物について、また動物の剝製標本についても、魚市場でよく眼にした魚類についてはことのほか、それらへの感覚的な知識に興味を覚えるようになった」。☆65 さらに興味深いことには、人文主義者パオロ・ジョーヴィオの、主として同じ魚市場という環境でなされた実際の観察に基づいて著わされた『ローマの魚類について』(*De romanis piscibus libellus*, 1524) を読んだことが、魚市場へ足を踏み入れてみたいという望みを誘発したと示唆していることである。この一世紀のちに、パリの肉屋を訪れては動物を観察し解剖したデカルトと同様に、アルドロヴァンディもまた、魚類について学ぶために魚屋へ通いつめたのである。[☆66] アルドロヴァンディはたしかに、人文主義の教養を具えてはいたものの、この個別の魚類誌という自然事象については、どんなに自分が手に入れたいと望んだところで、彼ら魚売りの豊富な知識には及ぶべくもないということもまたよく理解していた［参考図15］。

魚市場で博物学者は、食用のためというより蒐集のためあるいは解剖のために役に立つかもしれない、珍しい普通では見られない魚を求めて、売場をくまなく捜して回った。それに続くようにして、定期的に開かれる市場の周期（リズム）がそのまま蒐集活動の基本形として統合されていった。ちょうど植物採集にそれぞれ季節があったように、魚の標本集めにも季節というものがあった。「まさに今ごろは、魚市場にいってもそう多くの魚にはお目にかかれません。レントにいってもきっと同じことでしょう」と注意をうながしているのは、『水棲生物誌』（*Acquatilium animalium historia*, 1554）の著者にして、ローマの博物学者イッポーリト・サルヴィアーニである。彼は、この手紙の中で、アルドロヴァンディに宛てて書いている。「貴兄に申しあげなくてはなりません。ご依頼のあった四〇匹の魚の件ですが、そのうちいくつかはローマでは手に入れることはできません」[☆67]。国の内外を問わず、アルドロヴァンディには、標本に対する終わりのない追究にも快く援助を惜しまない友人や協力者がいた。「貴兄からいただいたリストをもって、さっそく市場や橋のたもとへと通ってみましょう」と、ボローニャのピエトロ・フマガッリは約束している。「そして、見つけたものはすべて購入いたします。そのさい漁師たちから、それがどういうタイプの魚で、またどこで捕獲したのかを、彼らの知りうる範囲で聞きだしておきましょう。したがって時間はかかりますが、貴兄が要求された魚を、さすがに全部とはいかないかもしれませんが、あらかた入手していくつもりです」[☆68]。こうして集められた資料はすべて、情報を定期的に送ってくれた協力者の寛大な行為に対する謝意が示された、アルドロヴァンディの大部な著作の中にしっかりと姿を誇示している。ミュージアムの訪問者リストでは、社会的に著名な貴紳は特別扱いされ、そのほか大勢の学者たちからは区別されていたのだが、同じように社会的に著名な協力者たちには名

参考図15 A——海燕（U. Aldrovandi, Tavole di animali, IV, c. 14）

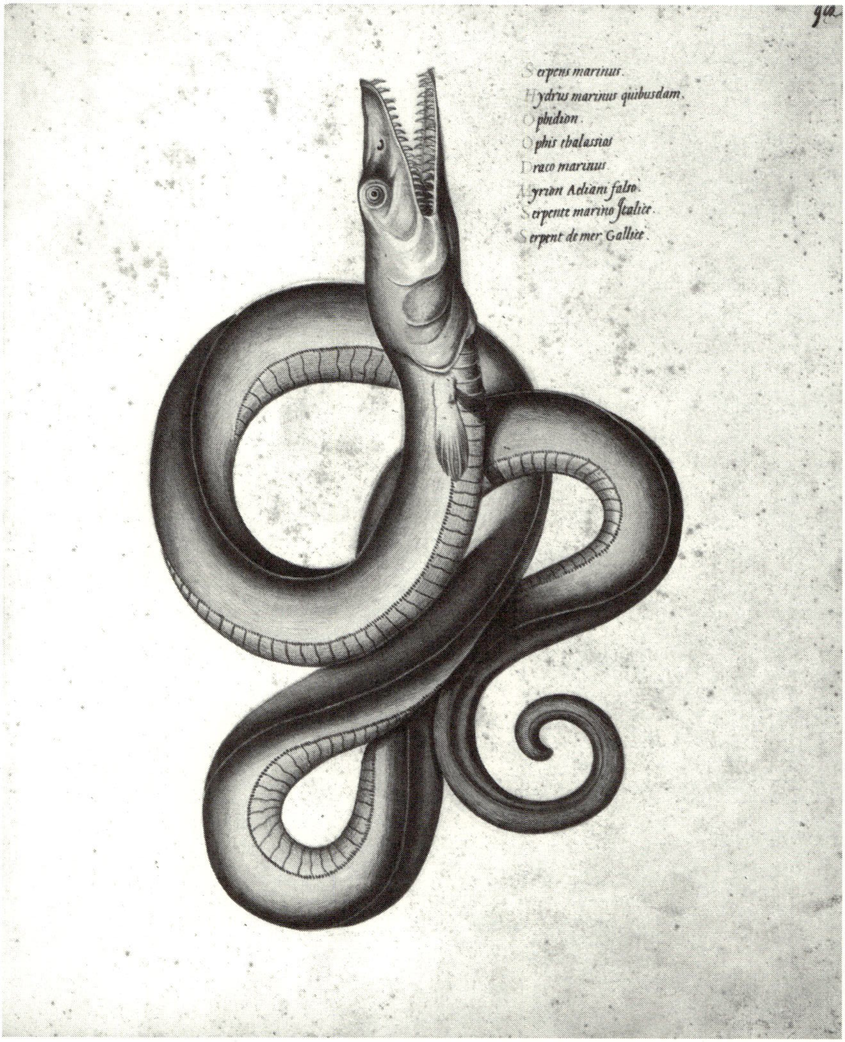

参考図15 B———海蛇（U. Aldrovandi, Tavole di animali, IV, c. 98）

前を挙げて謝意を表明しているものの、経験を旨とする「専門家」の協力者たちは名前を記されることはなく、ミュージアムの訪問記録から抹消されたのと同様に著作からもその姿を抹消されている。これらの商人のほとんどは、結局、博物学者の共同体のもっとも周縁に参入するとしても、その資格として欠くことのできない技能、すなわち文芸界の要請する基本的な読み書きの能力をもちあわせていなかったのである。この読みかつ書く能力こそは、情報を提供する者とその情報をもとに知識を生みだす者とのあいだに截然たる区別を設けていた。

市場のほかにも、蒐集家はまた、風変わりな魚類を探し求めて、舟から荷揚げされる日々の漁獲を検分するために波止場や海辺に足繁く通うことで標本を見つけだすことができた。「ここでは、海に生息する魚のうちでも、きわめて稀少でとりわけ珍しい品種が手に入ります」と、ベルナルド・カステッレッティは一五七八年に、アルドロヴァンディに宛てて書き送っている。「貴兄にお送りしましたように、私はその魚を乾燥標本の状態で手に入れました。獲らえた漁師がしてくれたのです。こうした珍妙な魚が網にかかると、普通は役に立たないものとして海に戻してしまうのですが、この漁師はそうしませんでした。それどころか、この魚を可能なかぎり生きた状態で保っておいて、そのあと、驚異を目で見えるようにするべく、乾燥標本にしたわけです」。この怪物魚をめぐる事の次第が表わしているように、美しく風変わりな標本を入手することを最優先とした博物学者に対して、漁師の方はそれとは異なり、日々の漁獲が食用に適しているのかいないのかを見分けることがなにより優先されることであった。それでも、これら二通りの異なる自然の観察眼——一方は栄養食物という観点から、そして他方は審美という観点から——は、まったく相容れないというわけではなかった。事実、珍品奇物がもうひとつの別の商品になりうることを認識した、自然界の経験を積んだ「専門家」にとって、蒐集家そのものが一般とは異なる市場を形成したのである。その数カ月後にカステッレッティは、あの同じ漁師にいっぱいくわされたことをしぶしぶ認めている。例の漁師は自然の珍品奇物に新たな市場ができたことを知っていて、怪物を発明したのである☆69［参考図1］。社会的に最下層に位置する漁師や植物採集人を潜在力のある情報源として信任したために、自然が産出しえないものを市場が提造するのに直面して、博物学者たちは苦杯を身をもって嘗めさせられることになった。やがて、博物学者の側も鋭敏な鑑識眼を身につけるようになり、これら新参の「協力者」に対するある種の警戒心を抱くようになっていった。

経験豊かな実践家たちは、自然を調達することにだけ携わっていたわけではなかった。博物学者たちに、標本の同定と分類に関する情報も助言していたのである。実際ジュリオ・チェーザレ・モデラーティは、ひとたび水に浸すや「まるで小さな生きものたちで満ちているかのごとくにむくむくと成長していく」乾燥した海綿動物の能力に関して、リミニの漁師の証言を援用している。ミラノのオッタヴィオ・フェッリやピアチェンツァの医師アントニオ・アングイッショーラのような蒐集家は、ともに標本の分類学上の疑問を、地方の漁師や魚市場の店主に問い質している。「お問いあわせがあった魚の名称の件ですが、調べがついたものをご報告します」と、フェッリはアルドロヴァンディに宛てて書いている。「そして、私の情報は市場で魚を売っているこれらの人々から得ることができたのです」[☆70]。情報源が市場であると明記することで、多くの博物学者は情報の真偽を証明することから解放されたのである。もし、口頭描写による情報が博物学の記述とよく一致するならば、たとえ詳細に修正を加える必要があるとしても、テクストの卓越性を強化することにつながる。逆にもし、特定の現象がいかなるテクストのうちにも突きとめることができないとすれば、市場から出たとされるその情報は、いまだあいまいな社会的起源を完全には振り払っておらず、したがっていまだ人文主義者の扱う知識として変換されてはいないというわけである。市場は、蒐集家が自らの手のうちに集められた自然のオブジェすべてを断固として規定しようと試みる人文主義的な統合化に多様なかたちで抗う、あらゆる知識を突きとめることのできる想像上の場となった。自然界と同じく、市場は、オブジェ／自然が転移していくところのミュージアムに先行する、知識の宝庫であった。

漁師のほかに、博物学者に展示品と情報を定期的に供給していた人々として、どのような職種の人々を指摘できるのだろうか。それは、薬種商、蒸留抽出師（distillatore）、植物採集家、鉱夫、鷹匠、そして科学的「秘密」を売ると称する人々であり、彼らもみな、漁師と同様に情報源であった。カルツォラーリの薬種店を訪れた人々は、そこでの体験と公共の魚市場での体験とを比較している。このことはまた、薬種商が科学の市場文化に参入していた範囲を示唆している[☆71]。多くの薬種商が社会的に著名な地位をかなりな程度謳歌していたのだが、彼らの自然に対する興味が生業上の必要性に由来していることが、大学で教育を受けた博物学者の目には何か漁師と同じたぐいのものと映る原因ともなった。薬種商はたしかに自然の産物を集め展示するのだが、それはなによりもまず、無数にある、粉薬、丸薬、油薬、そして裕福な顧客が求めてやまない錬金薬の原材料を売りこんでいるのにすぎないのである。しかしながら一六世紀を迎えるころまでには、薬種店の多くが、蒐集の価値あるアイテムを探しだすことのできる格好の場と化したのである。「貴兄のためには、めぼしいものは見つけることができませんでした」と、ジュリオ・マスカレッリはアルドロヴァンディに宛てて書き送っている。「ただし一点だけ、まさに驚倒ものと言うべき品、石化したナツメグの欠片をある薬種商の店で入手しました。ほかではどうしても手に入れることができなかったものです[☆72]」。一方では薬品の原料となり、また一方では展示に供するためのオブジェとなる、この相反する要求のために、蒐集家は時として手ぶらで薬種店から帰らなくてはならないこともあった。たとえば疫病が流行すると、通常ならば蒐集家に売りつけていた珍品奇物も、流行の死にいたる病を寄せつけないと伝えられる薬に姿を変えてしまうのである。

これと似たような交渉のプロセスが、博物学者とさまざまな職業の経験を積んだ専門家とのあいだに確認することができる。「何人かの鷹匠の知己を得ました」と、アルフォンソ・カターネオはフェッラーラのエステ家宮廷から書き送っている。「すばらしい獲物をとってくれると約束しています[☆73]」。カターネオを初め、北イタリアの宮廷の友人たち、中でも鷹匠の盛んなマントヴァとフェッラーラの友人たちが中継して送ってくれた新たな情報や標本は、アルドロヴァンディの三巻にまとめられた『鳥類学』（*Ornithologiae*, 1599-1603）の成功に貴重な資料を提供することで大きな貢献をした。宮廷は、狩猟が宮廷生活に欠かせないものであったため、鷹匠を見つけるのに最適の場所であった［参考図16］。そのため、アルドロヴァンディは鳥類研究に着手すると、カターネオのような宮廷侍医や博物学者に宛てて手紙を書いて協力を求めたのである。同様にして、鉱物についての情報が必要になると、マッティオーリを初めとする中央ヨーロッパの友人たちに協力を求めた。パラケルススやゲオルク・アグリーコラがそうしたように、イタリアの博物学者もまた、鉱物学に関する情報を求めて縦坑に向かって目を凝らす。カミッロ・パレオッティをともなって一五六二年にトレントまで旅をしたさいに、アルドロヴァンディは近郊の山にあったペレグリーネの鉱坑を訪れている。[☆74] またマッティオーリは、皇帝マクシミリアン二世の宮廷侍医に任命されると、過去に自分の研究に協力してくれたイタリアの友人たちに次々と新種の標本を送って恩返しをしている。「もし今年もプラハに滞在することになれば」と、アルドロヴァンディに打ち明けて、「必ず鉱山を訪ねて、貴君にとって価値あるものが見つかるかどうか探してみます」[☆75]と確約している。プラハに着いてまもない一五五五年、マッティオーリはアグリーコラの訃報に接して、ひどく落胆している。このドイツ人医師の豊富な経験に学んで、中央ヨーロッパ地方の岩石および鉱物累層の形成について教えを受けようと期待していたのに、それが突然の訃報で水の泡となってしまったことで、彼の嘆きもひとしおであった。これは大きな挫折ではあったが、それでもさまざまな鉱山都市の名もない紹介者たちと接触を保つことで、最終的には望んでいた情報を得ることに成功している［参考図17］。

あらゆる都市で、アルドロヴァンディやデッラ・ポルタのような蒐集家は、蒸留抽出師、ガラス職人、金属細工師らの協力を仰ぎ、化学変化や錬金術の作業過程に関する貴重な情報の提供を受けている。薬種商と同じく、これら職人たちは、それ自体で蒐集の対象ともなりうる自然の材料を加工し、文化的蒐集品といっても過言ではない新たな価値あるオブジェをつくりだした。「マルツァリアにいるジョルジョ・ダル・ストゥッツォ師は……偉大な蒸留抽出師であり……」と報告しながら、レオナルド・フィオラヴァンティはこう続けている。「そして、美しい品々をつくりだしては、店頭に展示している」[☆76]。デッラ・ポルタは一五六〇年代に、ナポリにある自らのアカデミーで一人の蒸留抽出師を雇い、自らもその職人の工房に頻繁に足を運び、のちの『自然魔術』（*Magia naturalis*, 1562）を構成するいくつかの節の核心を形成することになる、ガラスの製法や金属の変成過程を観察している。[☆77] これら教養をもた

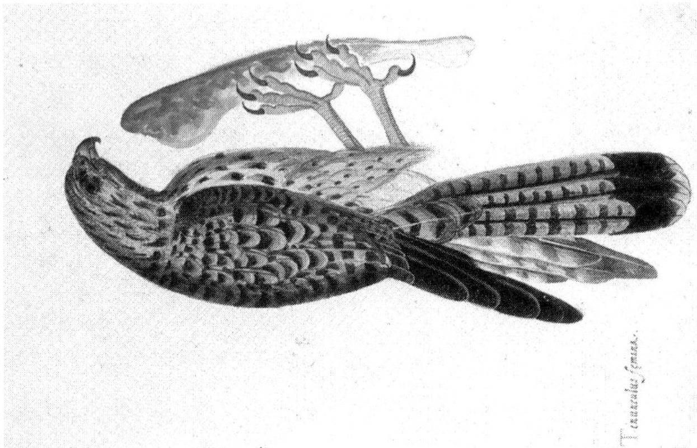

参考図16 A――長元坊（*Manoscritti aldrovandiani. Tavole animali*, II, ms. sec. XVI, BUB）
B――長元坊（U. Aldrovandi, *Ornitholigiae hoc est de avibus historiae,* Bologna, 1599）

参考図17――鮃の化石（U. Aldrovandi, *Musaeum Metallicum*, 1648, p. 101-104）

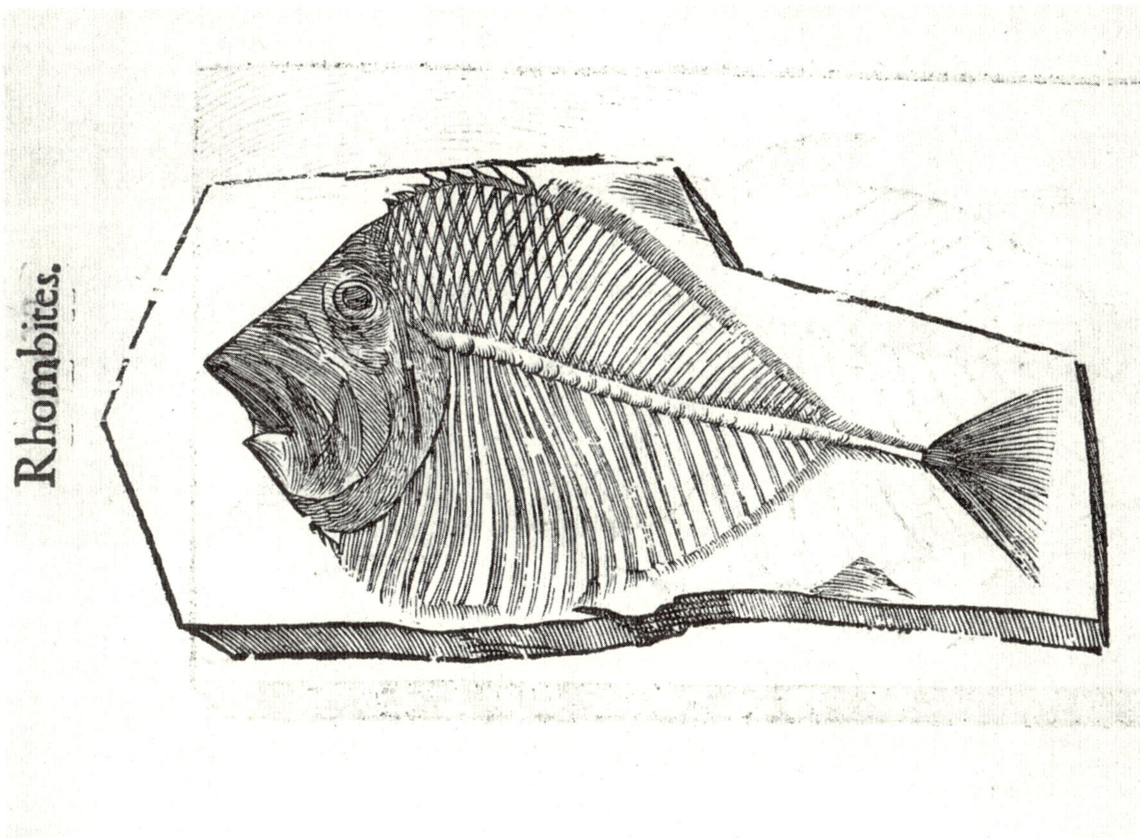
Rhombites.

ない人々が情報源となって供給したのは、経験／実験（experimence）という契機であり、博物学者はこの契機をとらえ、それをミュージアムの中の実験（experiment）へと昇華させていった。トマス・バルトリンが適切に言葉を置いているように、自然哲学者は「経験それ自体が売られている市場の中で商品」を捜し求めていた。このように、蒐集家は経験／実験（experimentia）を手に入れることのできる場所であればどこにでも姿を現わしたのである。☆78

奴隷もまた、異なる文化、異なる慣習をもたらす存在として、貴重な情報源であった。ジェノヴァにおけるアルドロヴァンディの主要な交信相手であったベルナルド・カステッレッティが、港にいた男たちへの聞きとり調査をもとに、最近エルバ島で見つけ同定した、ある植物の薬効に関する貴重な情報を伝えている。

この植物については、島民の一人から主だった情報を手に入れました。この男は奴隷として何年もバーバリで過ごした経験があって、彼の話によれば、その地ではムーア人たちがこの植物をたいへん珍重していると言います。なんでもさまざまな病気、とくに梅毒の治療に効果があり、もう助からないと諦めていた患者も、奇跡的に治癒してしまうのだとか……こちら［ジェノヴァ］では、この植物に関する情報は、何人かのムーア人のガレー船奴隷から入手いたしました。話を聞くと、この植物には下半身を浄化する効果があるということです。☆79

特定の標本の同定にあらゆる階層の人々が寄与してきたというカステッレッティの認識は、いわば口承文化が印刷メディアを通じて結晶化した事例として、そうした情報がおびただしい科学的テクストの中に導入されてきたことから生まれてきたものである。アングイッラーラのような植物学者や、フィオラヴァンティのような「秘密の教授たち」（professori segreti）もまた、奴隷という権威に基づく情報をもとに、異国産植物の特性について記述している。☆80市場に由来するあらゆる情報がそうであったように、この種の奴隷に由来する情報もまた、それを権威筋が正しいと承認するなんらかの公認された形式を経ることなくして、そのままでは知識として扱われることはなかった。実験的な生活を送る主要な場が書斎という内なる空間であったのに対して、ミュージアムを形成する展示品や情報を入手するプロセスには、そのような境界はなかった。ミュージアムから外へ足を運び、広場へとくりだす一方、初期近代における博物学の「経験／実験的生活」を構成していた、書を繙き、旅を企て、観察するという、入り組んではいるが実り多い並行活動を通して、蒐集家たちはデータを蓄積していったのである。

バルド山登攀

自然の懐への航海は、すべてが同じ価値をもつというわけではなかった。ギーニは、どんなにとるに足らぬ雑草でさえ研究する価値があるのだと門弟たちを諭して説いていたのだが、それでもなお、ほかのもの以上にある特定の自然の劇場に魅かれる傾向は否定できなかった。ヨーロッパの中にあって、イタリアは博物学的探査行にとってとりわけ繁殖力のある肥沃な地域とみなされており、多くの学者が外国から訪れては研究と旅行を愉しんでいた。そうした人々の名前をほんの少し挙げるだけでも、ジャンとガスパールのボーアン親子、ヨアヒム・カメラリウス、カロルス・クルシウス、コンラート・ゲスナー、フランソワ・ラブレー、ギョーム・ロンドレ、レオンハルト・ラウヴォルフ、ウィリアム・ターナーといった錚々たる顔ぶれである。一五世紀の末に、人文学者ルドルフ・アグリーコラは、正確に言えば「かのプリニウスが見知っていた植物を、自分の目と手でじかに確認するために」イタリアを訪れている。[☆81] イタリアの中でもとりわけ豊穣な土地としていくつかの地域が姿を現わした。たとえば、ヴェローナ近郊の山岳地帯と言えば植物相が豊かなことで有名であったし、トレントの近隣一帯は豊富な鉱床があることでよく知られた地域であり、そしてシチリアは、キルヒャーが一六三八年に当地を訪れたあとに美しい「自然の劇場」と描写した場所であった。とりわけ名声を博したのが、バルド山であった。ヴェローナを見下ろして威厳に満ちた姿で聳立するこの山は、博物学者たちが好んで訪れる――それは今日でも変わらない――場所であった。「バルドゥスはいろいろな種類の選りすぐりの薬草が豊富に生育していることで有名であり……」と、ジョン・レイは一六六三年に記している。「ここの薬草に注目したパドヴァの植物採集家たちが毎年毎年採りにくるものだから、バルドゥスの名声はますます高まるばかりである」。同じく一六六〇年代に、アンドリュー・バルフォアもまた、ヴェローナ一帯の土地は実に肥沃であると感懐して述べている。「街の近郊にある丘は植物採集にもっとも優れた場所である。その中でもとりわけ優れているのはバルド山という、街からは二〇マイルの距離にある山である」[☆82]。エジプト、クレタ島、新大陸という神秘の地を直接体験する博物学者は稀であったが、この地方の「エデンの園」とも言うべきバルド山が提供する喜悦は誰もが等しく享受することができたのである。

バルド山の驚異は二つの論攷として公表されている。フランチェスコ・カルツォラーリの著わした『バルド山への旅』(*Il viaggio di Monte Baldo*, 1565)、および、オリジナルが一六〇一年にラテン語で刊行された、ジョヴァンニ・ポーナの『バルド山誌』(*Monte Baldo descritto*, 1617)である。カルツォラーリもポーナもともに、博物学の貴重なミュージアムを営むヴェローナの薬種商であったのは決して偶然ではない。とはいえ、カルツォラーリの蒐集は圧倒的な名声を獲得している[☆83]。いずれの場合も、バルド山の近くに住んでいたということが薬種商としての名を高め、また博物学者としての名声をもたらした。著名な訪問客があると、彼らは山腹の豊かな自然を案内している。カルツォラーリは、病が登山への情熱に水を差さないかぎりは、例年夏になると物見遊山の人々をこの山へと先導していった。カルツォラーリへの讃辞として、マッティオーリは、バルド山に固有の、それ以前にはカタログ化されたことのない菫を、「カルケオラリア」(calceolaria)とラテン語で命名している。これは、実在の人物を記念して植物が命名された最初の事例のひとつであった[☆84]。一六〇四年にカルツォラーリが没するころまでには、名だたる博物学者の中で、彼に案内されてバルド山の景観を楽しまなかった者はほとんどいなかった。

バルド山を目指したもっとも有名な探査行は一五五四年になされている。一五五一年に、ルイージ・アングイッラーラはカルツォラーリとともにこの山で植物採集をおこなった。その三年後、アングイッラーラは、カルツォラーリとアルドロヴァンディ、医師のアンドレーア・アルパーゴ、さらにはヴェローナの植物学者たちのグループを仲間に加え、より規模の大きい植物採集の探査行を敢行するためにパドヴァを発った。ことによると、アルドロヴァンディがフランチェスコ・ペトロッリーニに参加を説得しようとしたのがこの探査行であった可能性は高い。この誘いに対してペトロッリーニは、コディニョーラでの医師としての義務感から、二週間以上もの長期にわたって留守にすることは不可能であるという理由で丁重に断わっている。[☆85]誰に聞いても、この探査行は大きな成功を収めた。アルドロヴァンディは、植物標本室に標本をどっさりと抱えてボローニャに帰還し、これらの植物標本の一部を寛大にもギーニと分かちあっている［参考図18］。そしてこのとき、アルドロヴァンディは自分が博物学者の共同体の中でしっかりと足場を築いたことを意識し始めていた。この探査行は、彼の博物学者としての経歴の重要な転換点となったのである。数年が過ぎると、この無類の探査行に参加した者たちは、几帳面さと懐旧とを交えて、この旅が人生にいかに大きな影響を与えたかを回想している。実にこの探査行こそは、後期ルネサンスの博物学者たちの共同体の発展にとって、一方では彼らの企図が成功した客観的な教訓として、そして他方では一部の参加者がこの新たな自然探求の技術を正しく理解して創造し実行するのに失敗した喩えとして、参照すべき共通点となったのである。アルドロヴァンディとカルツォラーリはおそらく、アルドロヴァンディがパドヴァで学んでいたころから互いに知りあっていたと思われるが、一五五四年のバルド山登攀行は、互いの技能を計り、親交を深める最初の機会となった。この邂逅は相互に喜びをもたらし、生涯にわたる交流を続けていくきっかけとなった。早くも一五五五年の七月にカルツォラーリは、「ともにバルド山をめざした旅路は実に幸福なひとときであった」[☆86]とため息まじりに回顧している。

アルドロヴァンディがはじめてアングイッラーラに出会ったのは一五五四年のことであり、おそらく彼は、二人がヴェローナで出会う以前にすでにこの人物の名声を聞き知っていたものと思われる。人文主義者であるよりまず旅行家であり植物学者であったこのアングイッラーラは、パドヴァ植物園の園長であったものの（一五四六―六一年）、大学教授ではなかった。アングイッラーラはかつてマッティオーリの激しい怒りを買ったことがあり、このマ

参考図18——バルサミナ［上］（U. Aldrovandi, Tavole di piante, III, c. 47）
未同定種［左］（U. Aldrovandi, Tavole di piante, VII, c. 18）
擬 - マンドラゴラ［270ページ］（U. Aldrovandi, Tavole di piante, IX, c. 419）

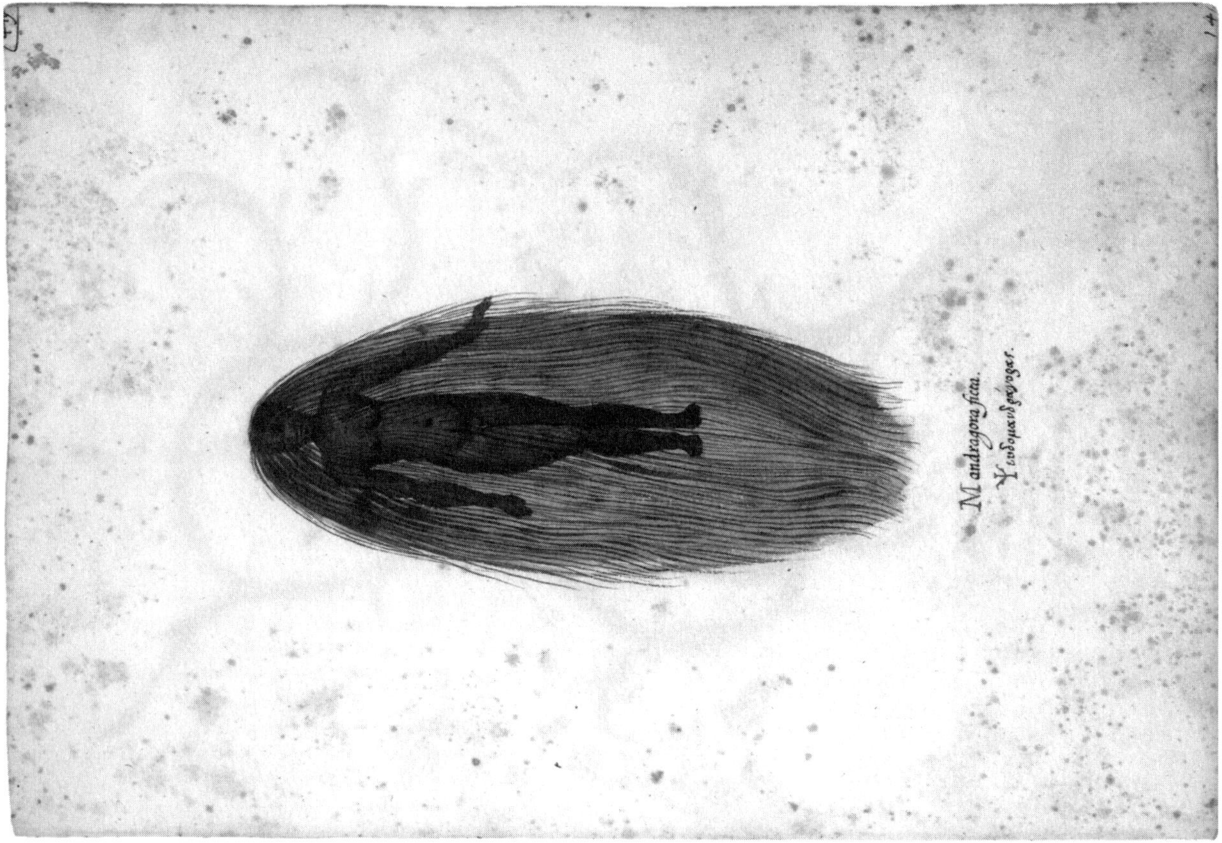
Mandragora ficta.

ッティオーリという人物にはどこかしら友人よりも敵をつくって楽しむようなところがあるのだが、その彼がアングイッラーラの弟子たちの無知を声高にまくしたてたのである。彼の意見では、この連中たちときたら「ディオスコリデスの植物」をまるで知らず、ましてや「バジルとレタス」の区別すらろくにできないというのである。[☆87]マッティオーリからまえもって話を聞かされていたアルドロヴァンディにしてみれば、バルド山でのアングイッラーラとの出会いは相手の無知をあばく機会ともなった。「バルド山登攀の旅で貴君も、鰻の皮剝野郎（鰻［anguilla］を意味するアングイッラーラの名前［anguillara］にひっかけた地口）のルイージがどんなに無知な男かよくわかったはずで、こんなに喜ばしいことはない……」と、マッティオーリはさも満足げに書き送っている。「それにしても残念に思うのは、彼らが貴君のような人々と同伴できるという栄誉に与ったことです。なぜなら、彼らが数々の驚異に満ちた事柄を貴君から学びとることができたのにひきかえ、貴君は彼らからはほとんど何も学ぶところがないのだから[☆88]」。ヴィーラントでさえも、彼はマッティオーリの友人ではなかったが、アングイッラーラの無知の発覚に可笑しさをこらえきれず笑っている。「ガブリエッレ（・ファッロッピア）師に宛てた（お手紙）を拝見いたしました」と、ヴィーラントはアルドロヴァンディに宛てて一五五四年の九月に書き送っている。「ミケーリと、あの大馬鹿者のローマ人ルイージのことがあまさず列挙されておりましたが、どうやら貴殿も、彼らの間抜けぶりに気がつかれたようですね[☆89]」。

カルツォラーリはこのバルド山登攀の旅路をさも光輝に満ちたものとして描きだしているのだが、一方でアルドロヴァンディとアングイッラーラの二人の博物学者のあいだには、それが何に起因するものかは誰にもはっきりとしたことはわからないものの、一触即発の雰囲気が漂っていた。もっともありそうなことは、アングイッラーラが、ブラサヴォーラが描きだす想像上の植物採集家セネックスとは異なり、古典的な原資料への知識に対するアルドロヴァンディの批判を進んで受け入れようとするような人物ではなかったことであろう。この二人は、博物学者というものの二つの異なるイメージを表象していた。アングイッラーラが主として経験に礎づく知識を具えていたのに対し、アルドロヴァンディは、経験――これを今回の旅行で獲得しようと望んでいた――はほとんどないものの、膨大な学識を具えていた。この旅からほぼ六カ月が経過しても、まだカルツォラーリは気を揉んでいて、「貴殿とアルイーゼ師との不和」に困惑している。「もちろん私はたいそう心を痛めております……」と、アルドロヴァンディに宛てて一五五四年の一一月に書き送っている。「お二人が互いに信頼を回復してくれたら、と願っているのですが(voria cum il proprio sangue potervi quieter fra noi)、どうも貴殿はあまり忍耐をもちあわせておられぬようですね[90]」。その報復としてアングイッラーラは、自著『単体薬物』の中で一度たりともアルドロヴァンディには言及しておらず、この新たな礼を失した行為がまたマッティオーリを激昂させ、彼から「ケダモノ野郎」という罵り言葉を浴びせられている[91]。

対外的に気を遣い、カルツォラーリは、探査行の主要かつ高尚な場面のみを回想している。バルド山登攀の模様を語る彼の一五六五年の優雅な著述は、自然の最良の環境のひとつに集結した博物学者たちの織りなす不和は一切を黙して語らず、実り多き成果はあまさずとらえ、人文主義者の同胞愛を示す典型としてこの探査行を描きだしている。それ自身の植物相の多様性に加えて、バルド山の土壌と気候風土は、外国種の植物も驚くほど容易に移植することを可能にしたため、観察ばかりか実験のためのまたとない劇場空間を構成した。「われらの山は、異なる多様な地域から栽培人たちによってもたらされた珍らかな植物の繁茂する、ほかのどこよりも美しき庭にほかならず、天然のもっとも肥沃多産なところである」と、カルツォラーリは讃歎している[92]。この特別な場所にいけば、彼が読者に請けあうところでは、諸君は「ほんの小さな一画に何百もの品種の植物が繁茂している」のを目にし、「このうえなく視覚を楽しませる場」(amenessimi luoghi)を無数に見つけることができるだろう。

簡潔な、しかし典雅な筆致で、カルツォラーリは自らとほかの多くの者がたどった登攀の道のりを回想する。目にする植物を出現した順に記述しながら、「進路を識別するために必要な注記すべき景色」をも差し挟み、薬種商は、「豊穣な丘を訪れ、翳った小さな谷間を」抜けて頂上へと読者を導いていく。山頂から眼下を見下ろせば、そこには一面に広がるヴェローナの平原、ぽつりぽつりと点綴する城郭や街。それは「あたかも、もっとも美しいフランドルの絵画を目にしているようであった」。ヴェローナの街からバルド山の麓にかけての草原では、ゼラニウム、向日葵、蘭、石楠花、ヘリオトープなどの植生を目にすることができ、ジギタリス、ベッラドンナ［西洋ハシリドコロ］、ミルラ、イヌハッカといった標本も摘むことができる。次いでアルティローネの深谷を上へと登っていくと、「きわめて美しく珍らかな植物のあらゆる品種が、これだけは言っておきたいのだが、イタリアはおろかおそらく全ヨーロッパの植物種が自生している」のを発見するだろう。たとえば、欅、菫、鳳仙花、さらにはコスト（costo）の標本や、テリアカなどの解毒剤の成分となる貴重な薬草なども手にすることができる。この小冊子に結末をつけるにあたって、カルツォラーリは、バルド山を、クレタ島、キプロス島、シリア、インド諸島――要するに誰もが旅をしてみたいと願うあらゆる場所――と比較し、最期に語気を強めて叫んでいる。「バルド山こそは、植物採集のもっとも重要な場所のひとつに挙げられるべきではないだろうか」。この主張を支持するために、彼は、「数回にわたって私とともにバルド山を調査するために多大な努力を払った」著名な博物学者、ヴェネツィアの貴族、そしてヴェローナの貴紳といった人々の名を列挙している。

　この特権的な自然の劇場で経験した感覚を再現しようとしてカルツォラーリが使う言語は、なによりもまず、ペトラルカが「ヴァントゥー山登攀」［『親近書簡集』第四巻一］で用いた記述的な戦略への高度な追憶であった。ペトラルカの書簡と同じように、カルツォラーリの『バルド山への旅』もまた、まず登攀の準備をあれこれと論じ、次いで登攀路の模様を描き、頂上での出来事を描写したのち、下山となる[☆93]。おそらくカルツォラーリは、ヴェネツィアで一五四九年に出版されたもののように、数多く出版されていたペトラルカの作品集のイタリア語版のひとつに目を通していたと思われる。あるいは地方の人文主義者たちとの交流から、道徳的徳を涵養する場としての一般的な山のイメージを吸収していたのかもしれない。一三三六年にペトラルカは、「際立って標高が高い」ことで知られていた、ヴァントゥー山に登攀した[☆94]。ヴァントゥー山への登攀は、ペトラルカが何年もまえから期待を寄せていた旅であり、同伴者——実の弟と使用人一人——も注意深く選んでいる。書簡の一節には奇妙なことに、まるでカルツォラーリが同伴者たちに手を焼いていたことを思いださせるような記述がある。ペトラルカは観察の結果こう述べている。「ふしぎなもので、どこから見てもこの人ならうってつけと思える者は、友人のなかにもほとんど見あたりません。親しい人たちのあいだでさえ、願望も性格もすべてぴったり一致するということは至ってまれなものです」（近藤恒一訳［以下同］）。登攀への情熱を成就する抜け道はないかと思案するのだが、結局は楽な登山路を見つけだそうとする試みは挫折する。このことは彼に反省を促した。「しかし事物の本性なるものは人間の才知などで変えられるものではないし、いかなる物体も下りていくことによって高みに到達するなどということはありえないのです」（同）。マッティオーリもまた、一五五三年に夏の探査行から戻った若きアルドロヴァンディに次のように教え諭している。「高い山をいくつも登ってさぞ苦労しただろうが、きっと貴君を充実させたことだろう。徳に到達する道のりがいかに困難であるかを、以前よりもずっとよくわかっただろうから」☆95。ペトラルカと同様、ルネサンスの博物学者もまた「途上」（in via）を存在の主要なメタファーのひとつと思い描いていた。山に登るという行為は道徳的向上を目指すための一形態であった☆96。頂上には知識が広がっており、その知識はペトラルカにとって孤独と挫折に満ちた旅路の末に得られるものであり、ルネサンスの博物学者にとっては共通の経験が生みだす成果であった。

ヴァントゥー山の頂上にたどりついたペトラルカは、携えていたアウグスティヌスの『告白』——ペトラルカにとってのポケット版ディオスコリデスとでも言うべきもの——をおもむろに開くと、次の一文を読みあげた（第一〇巻八章）。

> 人びとは外に出て、山の高い頂、海の巨大な波浪、河川の広大な流れ、広漠たる海原、星辰の運行などに讃嘆し、自己自身のことはなおざりにしている。（同）

帰路、ペトラルカは何度もヴァントゥー山の山頂を振り返っては、その高みで得た教訓を心の中で反芻したのである。ルネサンスの博物学者たちは、自然の懐へと分け入っていく行為を精神的探求と同一視したが、山頂でアウグスティヌスがペトラルカに与えた道徳的訓戒に同意することはなかっただろう。自然とは、自己発見をする場であって、決して自己喪失の場ではなかったからである。一五五四年のバルド山登攀をめぐるさまざまな出来事が示しているように、自然への旅路とは、博物学者にとってはお互いの能力を測る機会であり、またテクスト批評の新しい手法を経験主義的な実践に対抗させてみる場でもあった。つまるところ自然への旅とは、自然そのものに挑む戦いなのである。ペトラルカの登攀行が単独でおこなわれ、地上的生における霊的成就の挫折を照らしだす、反復不可能の行為であったのに対し、博物学者は何度も登攀をくりかえすたびに増加する成功を手中に収めていった。バルド山の頂上に立ったカルツォラーリは、山腹を覆う無数の植物を思いのままに命名する権限を手に入れ、自然の驚異を通して人は神をも認識することができるのだと感じていた。

ペトラルカとカルツォラーリの二人にとって、山頂という場所は、類のない好都合な位置を提供した。ヴァントゥー山の頂上で、ペトラルカは自己認識の困難さとキリスト教世界における古代人崇敬の問題を凝視したのである。バルド山の頂上で、カルツォラーリは自然研究のための新たなパースペクティヴを獲得した。だが彼はまた、アルドロヴァンディとアングイッラーラの確執が悩みの種であったように、博物学者の共同体を旧来のままのかたちで維持していくことの困難さにあれこれと思慮をめぐらせていた。ちょうどペトラルカが自身の啓示体験を文章に著わしたように、カルツォラーリもまた、彼自身のとるべき方向と、おそらく学術界全体の動向をも決定づけたこの山を世に喧伝し、その意義を公表することを選んだのである。ペトラルカの得た「知識と総体的視野の新たなる充足」がもっぱら精神的なものであったのに対し、カルツォラーリの得たものは、精神的であると同時に物質的なものでもあったと言える☆97。バルド山へと何度も足を運ぶことによって、カルツォラーリはこの山を、「心地よき場（ロクス・アモエヌス）」から、あとに続く博物学者たちがこの聖山をめざして巡礼をおこなうことになる「自然の劇場」へと変換させたのである。

「ウルカヌスの炉」

天国の至福に浴するまえに地獄の恐怖を目の当たりにしなくてはならなかったダンテの『神曲』の主人公のように、博物学者たちもまた、博物探査行を自然の奥へ下降するものと感覚していた。北イタリアから中央イタリアへ旅する者は、アルプスやアペニンの山中に自然の生みだす庭園的なる場所を探し回ったのに対して、南イタリアへ旅する者は、「険しく荒涼とした小径[☆98]」を通らなければならない。硫黄がごぼごぼと沸き立つポッツオーリの火山地帯へと分け入り、潮流が渦巻くメッシーナ海峡を望見し、スロープを登りつめては、エトナ山やヴェスヴィオ山の地獄の火口を覗きこむ。もし仮にウェルギリウスが一七世紀にも先導役を務めたならば、きっとダンテに発したのと同じ問いを、博物学者たちに発した可能性は十分にある。「汝なは何を凝視るや、何ぞなは汝の目を下なる幸なき斬りくだかれし魂の間にそそぐや[☆99]」（山川丙三郎訳）。ローマ以南の土地は危険に満ちていたが、旅行者にとっては約束された土地であった。イタリアの地誌が観念上の道徳的論理に一致しているということに、博物学者たちは驚くことはなく、喜びさえした。ローマからナポリを経てシチリアを目指す道程は、当時の博物学の記述から抜粋するなら、まっすぐ冥府降下へと通じていた。古典文学と宗教的モティーフが混じりあい、博物学者はシチリアを、地獄への通路とも地下世界への入口とも思い描いている。地獄と地下世界との形而下での共存は、人文主義者たちが著述の中でおこなった表現上の形而上的合成を模倣したものである。

アルドロヴァンディと同じく、キルヒャーもまた、そのもっとも大きな冒険を若いときに体験している。一六三七年から三八年にかけてシチリアを旅行したのを最後に、旅の範囲を、いずれも拠点としたローマの近隣の地域である、ラツィオとウンブリアに限定している。キルヒャーは、後年博物学に寄せることになる積極的な関心を、南イタリアへ旅をする以前にはみじんも表わすことはなかった[☆100]。フランチェスコ・バルベリーニの要請でローマに招聘されたこのイエズス会士は、当初コプト語の語彙の編纂とエジプトのヒエログリフの解読に打ちこんでいたのだが、そこに外交上の任務が割って入ってきた。最近カトリックに改宗したヘッセンのフレデリク侯［のちにデンマーク王フレデリク三世］が、シチリアに興味をもち実際に見てみたいという希望を伝えてきた。キルヒャーは、当時ローマのイエズス会士の中でもっとも聡明なドイツ人哲学者であったため、その側近として任命されたのである。ローマからカラブリアへと向かう途中、彼はナポリ近郊の硫黄地帯で、一〇年ほどまえにチェージによってはじめて同定された「石化木」(wood-fossil-mineral)として知られる特異な構成物を検分するために、しばらく時を過ごしている。そうこうするうちに、一行はシチリアに到着した。カターニアではじめてキルヒャーは、街にのしかかるように不気味に聳えるエトナ山の姿を目にとらえると、スロープを登り始めた。キルヒャーはこのとき、栗の木を巨大に生長させる火山灰の驚くほどの肥沃さを書きとどめている。[☆101] 火口から距離をとり、溶岩を噴出するエトナ山を観測したキルヒャーは、その註解書で「著者が一六三七年に観測した」光景として図解している[☆102](図12)。地球の全領域で活発に生起する強力な自然の力に対して、はじめて審美眼を向けた瞬間であった。

一六三八年三月、キルヒャーとその一行がメッシーナ海峡の横断を試みると、一天にわかにかき曇り、あたりはたちまちのうちに暗くなった。まさにこれこそカロンの渡し舟、スキラとカルビュディスのあいだの危険の待ちかまえる水路の舵をとり、流れを横切るあの冥府の渡し船ではないか。こうして、カラブリアへ一行がまさに上陸したその瞬間に地震が勃発した。イスキア諸島にあるストロンボリ山の一帯が噴火したのである。そのはるか彼方では、ヴェスヴィオ火山が噴煙を上げ、鳴動を始めた。このとき好奇心が恐怖に打ち勝ち、キルヒャーは一気に頂上まで登りつめた。煙をかき分け、火の粉を振り払いながら、噴火口に探査の眼を凝らしたキルヒャーは、その光景を「炉が燃え滾るウルカヌスの工房」のようであったと描写している。[☆103] キルヒャーはこの目撃報告を、「著者がこの目で一六三八年に実見したもの」として『地下世界』に収載し、伝えられるところでは、この目撃体験が契機となって、自然の膨大な百科全書を編纂することを思いついたらしい。噴火からおよそ三〇年後にキルヒャーが刊行した、この火山に関する描写を読むと、いまだに文中から興奮と畏怖の感情が伝わってくるのである。

　とうとう噴火口にたどりついた。それは目にするだに恐ろしい光景であった。周辺の地面がすべて立ち昇る火炎に吹き散らされ、硫黄がぶくぶくと泡を立て、溶岩が流れでて灼熱の蒸気を巻きあげている。まさに地獄の光景と言うべきか、ここに悪魔の姿でもあれば、見事な地獄絵巻になったにちがいない。[☆104] 104

猛り狂う火山の力に圧倒されて、キルヒャーは思わず叫んだ。「神よ、……あなたの御業はかくも無限にして」。[☆105]

　ヴェスヴィオ山は、一七世紀初頭のあいだ、この時期に火山活動が活発化していたため、ぞっとするような光景を呈していた。博物学者の多くが、この威風堂々たる火山の雄大で猛々しい姿に心を打たれている。たとえばペレスクは、パドヴァ大学の学生であった一六〇一年に、ナポリに旅行した機会を利用してヴェスヴィオ山の雄姿を望見している。[☆106] 一六三一年一二月、ヴェスヴィオ山が空中に噴きあげた火山灰は遠くヴェネツィアの地にまで降っている。それから一〇年後、トマス・バルトリンはこの山をつぶさに実見して、報告している。「一六四三年の一一月にヴェスヴィオ山に登攀したときには、いまだ噴煙がおさまるどころか、大地が鋭く裂け、その基部で硫黄が湧き滾っているのを眼にした」。キルヒャーと同じく、バルトリンもまたストロンボリ山の火山活動を目撃し、「悪魔でも住んでいそうな場所だ」と述べている。[☆107] 植物学者たちがバルド山の豊かな植相を称讃したのに対し、地質学者志望の者たちは、自然の壮麗なスペクタクルを見逃すまいと、エトナ山やヴェスヴィオ山に群がり寄せたのである。

　南イタリアでの体験に関するキルヒャーの叙述は、最初期の火山活動のよく知られた古典的描写と恐ろしいほど類似している。キルヒャーの旅路は、生命の危機に直面させられたことで人間存在の儚さに気づかされることになる、かつてペトラルカがヴァントゥー山で体験したものとは異なる宗教的儀式としての、魂の試練であった。自伝の中で、このイエズス会士は自らの旅行体験を次のような言葉で描いている。「こうして、新たな生命の危機をなん

図12——エトナ山の噴火
(Athanasius Lircher, *Mundus subterraneus* I, Amsterdam, 1664)

とか切り抜けた……もうだめかと思うほどの危険が差し迫っていたが、主がお救いくださった。ここで死なせては惜しいと、そう判断されたのだ」[108]。同様に、エトナ山やヴェズヴィオ山への斜面への冒険登攀行も「生命に差し迫る危険」を覚悟しなければならなかった[109]。これらの出来事を述べるにさいし、キルヒャーはごく最近の噴火記録と平行して古典作家の記述も進んで引用している。彼が用いたもっとも人を惹きつける火山のイメージ、すなわち「ウルカヌスの炉」としての火山のイメージも、彼の独創的表現というわけではなかった。古代ローマの著述家ルカヌスは『内乱記』(*Bellum civile*) の中で、火山の噴火を次のような言葉で描写している。「シチリアでは、猛り立つウルカヌスがエトナの口を開け、燃え滾るその岩屑をまっすぐ天に向けて放つというよりもむしろ、下方へと振りまき、イタリアの海岸を恐怖におとしいれている」。またルクレティウスも名高い詩作品『事物の本性について』(*De rerum natura*) の中で、火山噴火の根源を「エトナの巨大な竈」と謳っている[110]。『アエネイス』の中でウェルギリウスは、ウルカヌスの住まいとして、閉じこめられ休みなく動く巨人たちが住まうエトナ山の地下ではなく、シチリアの北に浮かぶリーパリ諸島の中の、その名もヴルカーノという島を選んだ。ウェルギリウスはこの島を次のように描写している。

さてシキリアの海岸と、アエオルスのリパレーに、
接して一島、海に立ち、険しい岸は煙吐く、
岩におおわれこの島の、下には一つ洞穴が、
キュクロープスが鍛冶をする、場として掘られ、アエトナの、
ように火を吹く響き立て、鍛冶の鉄床打つ音は、
聞こえて遠くこだまして、カリュベス人の鉄塊は、
洞穴内に唧々の、音立て火床に火は喘ぐ。——

ウォルカースの家はここ、この地の名前はウォルカーニア。
ウォルカースはこの場所へ、その時天から降りて来る。☆111（泉井久之助訳）

バルド山への登攀を、自然が心地よき場（ロクス・アモエヌス）であるというペトラルカの発見を再現するものとみなしていた博物学者たちのように、キルヒャーを初め、南イタリアを旅した人たちの多くが、火山との遭遇、ウェルギリウス、ルカヌス、ルクレティウス、そしてたまさかダンテらの語った土地への旅路として、人文主義者の歴史的知識に対する実観察による資料的な対決の場として、描きだしたのである。

一六三七年から三八年に起こった自然災害の恐ろしい続発——エトナ、ヴェズヴィオ、ストロンボリの火山噴火、そしてカラブリア地方を襲った地震——は、キルヒャーの人生にとっての転換点となった。打ち続く災害を体験したキルヒャーは、ヒエログリフの研究をひとまず棚上げにして、自然界の包括的な探求にとりくみ始める。キルヒャーは、紀元七九年にプリニウスを葬り去ったヴェズヴィオ山の噴火を生き延び、そしてスロープを登ってヴェズヴィオ山のエネルギーに直接立ち向かった。ダンテと同じように、キルヒャーも説明している、「深みへの無作為な旅ではなく、それは高みへ昇ろうとするものなのである」☆112。『地下世界』第一巻の口絵は、キルヒャーの哲学的興味の対象が新しい方向に向けられたことを図解している（図13）。ヒエログリフの研究に集中しようとしている女神の姿で表象されたキルヒャーに、メルクリウスが、人間界の事物と人文主義者の書斎（ストゥディオ）を後ろに置き、背景に見える鉱山の存在が指し示す自然の秘密を探求するよう説得している。この口絵が読者に思い起こさせるように、キルヒャーは天啓に導かれて自然の研究へと向かった。自然の構造は、ヒエログリフそのものと同じように神秘的で測り知れない謎に満ちていたのである。キルヒャーの自然への旅とは、まさに言葉の真の意味における召命とも言うべきものであり、この巡礼行は、古典作家の著述に描写された火山噴火の偏在するイメージと地上界における霊的成就へのキリスト教徒的探求とで、形成されている。このイエズス会士が自伝で説明しているように、なにかしらの

図13——『地下世界』第2巻の口絵（Athanasius Kircher, *Mundus subterraneus* II, Amsterdam, 1664）

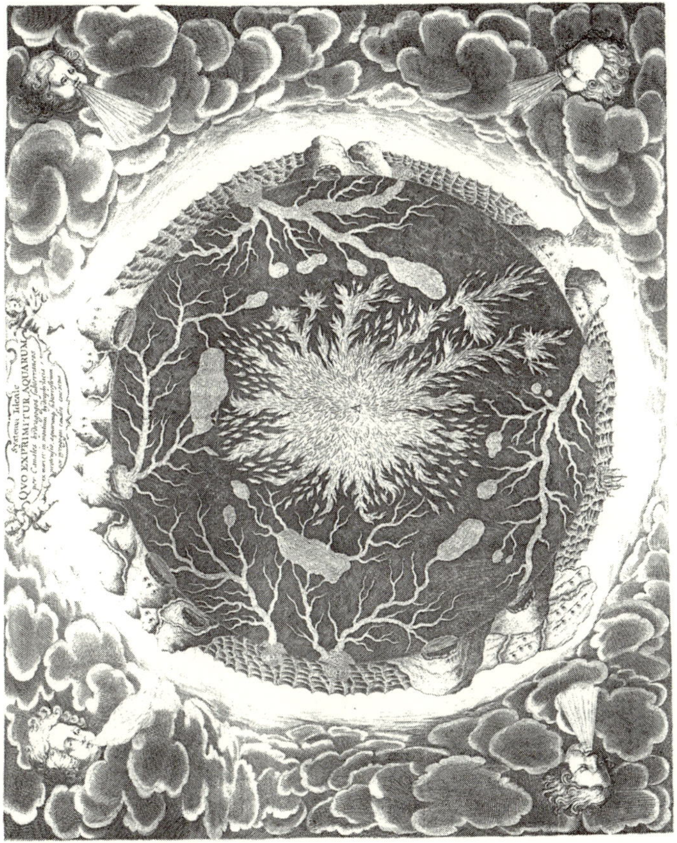

参考図19——地球の地下で流動するマグマ
(Athanasius Kircher, *Mundus subterraneus* I, Amsterdam, 1664)

理由で神が不可避の死から彼を救った。このとき以来、かつて自らの寂滅を引き起こしそうになった火山噴火という現象そのものに正面から向きあいこれを理解することが、キルヒャーに課された天命となった。汲み尽くせぬほどの好奇心と広大な博識はついにその目的を見つけたのである。

キルヒャーは自らの体験を通じて、次のような問いを抱くようになった。どのような事象の連鎖が地震や火山の噴火を誘発するのか。地球の地殻の激変は、宇宙の構成要素の微妙なバランスの中でいかなる機能を計っているのだろうか。これらの推論から、キルヒャーは、一連の競合しあう内的作用で満たされた球体としての地球というイメージを発展させていった[参考図19]。中でも、地下で流動するマグマの動きのシステムは、地核から外表部分に向けて伸び広がっており、大地に亀裂を生じさせ、時おり沸き立ちながら地殻を突き破り、火山を形成するのだという。こうしたイメージは、世界のほとんどすべての事象の原因として誘引と反発の力の存在を仮定する、キルヒャーの「宇宙磁気（＝神）」の理論ともよく調和するものである。[☆113] ルネサンスの博物学者が、種の命名や同定や分類といった問題になによりもまず専心していたのと対照的に、キルヒャーは「自然の生成作用」を研究するのを好んだ。こうしてキルヒャーは、バルド山を凌駕する好ましい「自然の劇場」としてナポリとシチリアを思い描いていた。なぜならそこには、地球の亀裂があり、宇宙の魂が顔を覗かせる窓があったからである。かつてルクレティウスがシチリアを指して「驚異の地」と描写したこの島は、想像力を自由に飛翔させうる驚異の土地でありつづけていた。[☆114]

自然の劇場

エトナやヴェズヴィオの山頂で、キルヒャーやペレスクやバルトリンらの探求者、そしてボッコーネのような当地の人の目に、噴火音を轟かす光景が姿を現わした。そして、新たな観察成果と新発見によって博物学熱が招来され、一五世紀の末葉に端を開き、一六世紀中葉にかけて徐々に加速していった自然研究の伝統が絶頂をきわめた瞬間でもあった。たしかにバルド、エトナ、ヴェズヴィオの山々は、おそらくもっとも著名な土地ではあったが、そうした徹底的な調査に適した唯一の場所というわけではなかった。博物学者のさまざまな共同体やさまざまな世代は、それぞれが自らの「このうえなく心地よき場」（amenessimi luoghi）を――カルツォラーリの言葉を借りるならば――保持していたのである。一五九〇年代の初頭、イタリア全土で、少なくともこの国で自然を蒐集していた者たちはすべて、ジュゼッペ・カサボーナがクレタ遠征の成果を携えて帰るのを固唾を呑んで見守っていた。☆[115] シチリアと同じくクレタもまた、いちじるしく自然が豊穣なことで有名であり、古典作家もこの島を称讃している。アルドロヴァンディは常々、自らのコレクションを豊かにする機会を進んで利用しており、このクレタ遠征に関しては、この探査行を援助したトスカーナ大公フェルディナンド一世を褒め称えるとともに、彼の宮廷植物学者カサボーナに対して観察と蒐集の対象について助言を与えている。一五九一年一一月、カサボーナの帰りを待つのにしびれを切らしたアルドロヴァンディは、フェルディナンド一世にふたたび書簡をしたため、植物学者の安否を尋ねている。「単体薬物の宝庫とも言えるかの島に一年あまりも滞在しているのですから、さぞかしすばらしい標本をたくさんもち帰ってくるものと思います」☆[116]。疑いなくアルドロヴァンディは、自然研究の成果を地理学的に分けてまとめた『世界のさまざまな地域で生みだされた自然の諸事物に関する観察報告』☆[117]というタイトルの研究報告書に書き加える情報を、心待ちにしていたのである。四年後に、カサボーナはアルドロヴァンディに書簡を送り、大公が今度はコルシカ島に自分を派遣しようと計画していることを知らせている。これに対してアルドロヴァンディは、かつてテオフラストスの著作を読んだことでやはりコルシカ島への旅を一度は夢に見たことがある、と応じている。いかにも彼らしいことであるが、サルデーニャとエルバとシチリア、そして「ティレニア海に浮かぶ小さな島々のすべて」も加えて旅程を拡大するべきだと、若き同僚を勇気づけている。☆[118] カルツォラーリは、自ら思い描く心地よき場（ロクス・アモエヌス）としての自然のイメージをある特定な場所に限定していたのだが、アルドロヴァンディはこのイメージを拡大して、自然が提供するものすべてに適応している。

バルド山は博物学者たちを惹きつけてやまない土地であり続けたが、ほどなくそのほかの山々もまた植物の楽園として肩を並べるようになった。一七世紀初頭、チェージはアカデミア・デイ・リンチェイのメンバーを引き連れ、ティヴォリの上方、チェージが所有する田園のヴィッラの近くで、ローマ貴族たちが行楽にでかける場所のひとつの、ジェンナーロ山に登攀した。ガリレオに宛てた一六一一年一〇月二一日付けの手紙でチェージは、近くの「わがジェンナーロ山を足繁く訪ねては、博識な四人の植物学者たちとともに、くまなく調査して回りました」と報告している。[☆119] カルツォラーリ以上に、チェージもまた、お気に入りの山に何度も足を運んでは、そこに自生する植物の季節変化に精通していった。一六一二年六月には、ヨーハン・ファーベルにこう書き送っている。「日曜に、ジェンナーロ山に登ろうと思っています……多くの植物を見られると思うと心が浮き浮きしてきます」。それから一年後にチェージは、この友人に「われらの円形劇場で何か少しでも歓喜をもたらす自然が手に入りましたら」、それを送ると約束している。[☆120] ジェンナーロ山を「われらの円形劇場」(Amphitheatrum nostrum)と描写しているところからも、チェージが、植物採集を人文主義者の友愛を培う一形態としていた、カルツォラーリのような博物学者と多くの類似点をもっていることを示している。自ら博物学者の共同体をもって任ずるリンチェイの会員たちは、ちょうど自然を研究し解剖するための空間としてミュージアムを必要としたように、自然と親しく接することのできるなんらかの「心地よき場」を必要としていた。チェージにとって、ヴィッラの背後に広がるジェンナーロの丘陵こそ、自らが宰領するアカデミーにとって主たる心地よき場(ロクス・アモエヌス)を提供したのである。

モンテ・ジェンナーロに次ぐものとして「石化木」(wood-fossil-mineral)を産出する地形／土壌もまた得がたいものであり、チェージは、一六二〇年代に足繁くその地に通って、この自然の驚異を探査している。ジェンナーロ山がアカデミーの直接の——まさに心地よき場(ロクス・アモエヌス)が真に個人的な空間であることのゆえんでもある——メンバーを超えて人気を博することは決してありえなかった。それに対して、鉱物化植物(メタロフィーティ)を発見することのできる場所は、その風聞が文芸界のあいだで広まると、それなりの人気を博することになった。たとえばペレスクは、ステッルーティが出版した石化植物についての解説を読むと、この自然のパラドックスにたいそう好奇心をそそられ、イタリアへ赴く友人に、鉱物化植物（メタロフィーティ）の標本を一欠片（ひとかけら）もち帰ってくれるように懇願している。ペレスクの伝えるところによると、トスカーナ大公フェルディナンド二世はこのパラドックスに魅せられ、アクアスパルタ地方に向けて新たな遠征行を送りだし、その珍奇な木のサンプルを蒐集しようと計画したのである。[☆21] トスカーナの宮廷人の一行が本当にかの地に到着したのかどうかはさして重要ではない。しかしながら、遠征行を企ててもよいとまで思わせたその願望のほうは、見逃すわけにはいかない。こうした象徴的な身振りは、博物学者とそのパトロンたちが自然を探求するという営為の中で満足して安らぐことのできる、まさに想像上の景観を可視化するからである。

キルヒャーが考える、道徳的な選択としてなされる博物学者の旅のイメージは、キルヒャーの追随者たちにも失われることはなかった。彼の『地下世界』はシチリアへの航海を魅惑的に語ったものであったが、その出版から二〇年近く経とうかというころ、弟子のボナンニが軟体動物［主に貝類］の研究書を発表した。この二つの著述の関連は、アリストテレスの教義を墨守しているということ以外には、テクストの中にはほとんど確認することはできないが、口絵が両著の直接の関連性を指し示している（図14）。ボナンニの著作『巻貝の観察における眼と精神の気晴らし』（*Recreatione dell'occhio e delle mente nell'osservatione delle chiocchiole*）のタイトル・ページには、若き貴紳――おそらくアンコーナで学生生活を送っていたころのボナンニ自身――が、巻貝の螺旋状の殻を手に高く掲げている。彼は、口の開いた二枚貝（真珠貝）の殻を手にして中にある一粒の真珠に見入っている女神（ムーサ）に、それを差しだしている。さらに青年のもう片方の手が、海洋が生みだす貝殻のあまりの豊穣さに思わずたじろぐ貝殻蒐集家の姿を表わしている。女神（ムーサ）は、よく知られた二枚貝（真珠貝）の神秘の世界にすでに魅入られているのだが、今にも巻貝の解剖学や発生／生殖の神秘へ陶然たる凝視を向けようとしている。このイメージがボナンニの自己発見の瞬間を描いていることは明らかである。彼の背後では、海神ネプトゥヌスが支配者然と海から姿を現わし、さらなる広漠たる豊穣の世界の到来を予告している。かつてキルヒャーは地下世界への旅にウルカヌスを神話的な導き手としてイメージし

図14——ボナンニのタイトル・ページの貝の蒐集家
（Filippo Bonanni, *Recreatio mentis et oculi in observatione animalium testaceorum*, Roma, 1684 ed.）

たが、ボナンニはネプトゥヌスを自らの指導者（メントール）かつ慈悲深き富の供給者として表現した。ネプトゥヌスにともなわれ、キケロとともに「貝殻を読み解く」ボナンニは、手にした貝殻によって表象される自然を女神ムーサとして擬人化された哲学に気づかせようとしているのである。彼は、自然界に存する小さな事物にこそ、深い意義があることを明らかにした。ペレスクの「石化木」についての熟考の仕方とは異なる流儀で、ボナンニの口絵は、蒐集家が目指して旅立っていった、想像上の景観のもうひとつ別の切子面を図として示している。強力な神話体系を採用することによって、ボナンニと彼の指導者（メントール）たるキルヒャーは、自然を所有するという営為を、彼らが読者として想定した人々が正しく理解し評価しうる、ひとつの文化的枠組みの中に位置づけたのである。カルツォラーリが巧緻にペトラルカの霊感を召喚したように、ボナンニとキルヒャーの図解もまた、博物学のイメージを文化的に受け入れられうる追究のかたちとして促進したのである。

博物学者たちが足を運んださまざまな「自然の劇場」――活気に溢れた市場、薄暗く照らされた採掘坑、豊かな海産標本が打ちあげられる海岸、青翡の緑が輝く山腹の小森、活動を続ける火山の噴火口――を想い起こし、そしてそののち彼らがそれらを描きだす手法を見ると、それらの場所が文字どおり芝居を上演していることに、何度も何度も心を打たれるのである。「一六三五年の最後の噴火はさまざまなスペクタクルをくりひろげた」と、バルトリンはエトナ山を記述する中で書いている。☆122 初期近代の博物学者たちの目には、自然とは擬人化されたドラマと映ったのである。自然は博物学者たちを自らの懐に招き入れ、見せかけの無限の可能性と英雄的な冒険を成し遂げる潜在力とで彼らを誘惑する。そして、ちょうどバルトリンがエトナ山の「凝固した溶岩流の一塊」を『ムーサエウム・ウォルミアヌム』（Musaeum Wormianum）のために☆123」もち帰ったように、蒐集家は自然をミュージアムへともち帰る。そのさいに蒐集家は、自然のすべてをそっくりそのままミュージアムにとりこもうとしただけでなく、広大な「自然の」劇場へのはじめての旅がもたらした興奮、葛藤、そして期待というものまでをもとりこもうとしたのである。

第5章　経験／実験の遂行

自然の秘密を探求する者は、大まかな言い方だが、不幸なことに難解な問題に絶えず悩まされ、問いの罠にはまりこんでしまい、細かい論争の糸を織っては解き、解いては織ることしかできない。　――ヨーハン・ヨンストン

トスカーナ大公国の宮廷博物学者フランチェスコ・レーディが著わした『昆虫の発生に関する実験』（*Experimentia circa generatiorum insectorum*, 1668）の一六七一年に出版されたラテン語版を飾る図版を見ると、自然は実験室の中に表象されている[☆1]（図15）。画面上部にはムーサ――おそらく自然そのものの姿――が横臥しており、女神が見つめている昆虫や蝶やそのほかの羽根のある生きものを蒐集しようとしてはしゃいでいる二人のプットーに、うれしそうな視線を向けている。レーディが属する哲学的かつ文化的活動領域の中で、これらの自然の小さな生きものたちがいまや実験観察の対象として価値ある存在になり、これらの生物の発生学的神秘――そしてレーディのこれらの生物の自然発生説への否定――は、テクストのページを読み進めるうちに解きほぐされていく。図版の下方では、学問（scientia）を体現するミネルウァ女神が自然を検分している。女神が昆虫を観察している顕微鏡とその左に置かれたガラスの小瓶は、女神が作業している――レーディが数々の実験をおこなったメディチ家の博物学的コレクションで蒐集品を編成するさいの営為を表象する――「実験室風」の環境にわれわれの注意を喚起する。画面の右方には、自然を実験室の中に運んでいる女神が、あたかも実験観察を宰領するかのように、画面上方の牧歌的な情景と下方の科学的な領土とのあいだに橋を架け渡そうとして、実験にいそしむ姉妹の活動を上から監視している。右手を使って観察や実験にいそしむ一方、左手を使って誰のものか特定できない参照書を広げて押さえているミネルウァ女

図15——フランチェスコ・レーディ『昆虫の発生に関する実験』（一六六八年）を飾る図版
(Francisci Redi *Patritii Aretini Experimenta circa generationem insectorum ad nobilissimum virum Carolum Dati*, Amsterdam, 1671 ed.)

図16——フランチェスコ・レーディ『さまざまな自然の事物、とりわけインド諸島に産する事物に関する実験』（一六七一年）を飾る図版
（Francisci Redi *Nobilis Aretini, Experimenta circa res diversas naturals speciatim illas, quae ex Indiis adferuntur. Ex Italico Latinitate donata*, Amsterdam, 1675 ed.）

神は、観察が過去の権威の言葉に基づいて熟考されたときにのみそれが根拠のたしかなものとなるということをわれわれに想起させる[☆2]。古代の権威と現代の科学的実践活動とのあいだの弁証法は、口絵を装飾するモットー「死者こそは最良の先導者である」(Optimi consultatores mortui) によってさらに強固なものとなる。実験机の下では、検体を容赦なく解体することで得られる喜ばしき実験結果だけでなく、一七世紀の中葉までに最前衛の自然哲学者たちが涵養してきた反復に主眼を置く実験のエートス——レーディが属していたアカデミア・デル・チメントのモットーが言う「検証と再検証」(provando e riprovando) ——をも想起させるかのように、ミネルウァ女神が何気なく足を亀の上に載せている[☆3]。

レーディの実験室の中の自然というイメージは、対となるもう一枚のイメージがあり、キルヒャーが『地下世界』(*Mundus subterraneus*) に埋めこんだ哲学的規範に対応してさらなる考察を進めた。彼の別の著作『自然のさまざまな事物、とりわけインド諸島に産する事物に関する実験』(*Experimenta circa res diversas naturales speciatim illas, quae ex Irdiis adferuntur*, 1671) の一六七五年のラテン語版を飾る図版によって完全なものとなる (図16)。キルヒャーへの書簡というかたちで報告された、これらの一連の実験で、レーディは蛇石の問題にまっこうからとりくみ、毒液に犯されたいかなる傷に対してもその磁気効果によって驚くべき治癒力を発揮するという話は伝説にすぎないと結論している。キルヒャーは逆に、この視点を支持し、ローマ学院［イエズス会の神学校］でこの石を使った多くの実験を遂行して、その効能の証明に成功したと公表している。これに対してレーディは、いかなる生きものといえども蛇石などというものを使って傷を治療することなどかつてできたためしはないと、慇懃に対応している。一六七五年版の著作の口絵は、反対意見に立ち向かうレーディの毅然とした姿が寓意的に描かれている。そこにはミネルウァ女神が、今度は豪華に飾り立てられた実験机に座り、「インド諸島」からの自然の富を受けとっている。アルマジロを脇に抱え、蛇石を差しだす原地人の顔を高みからじっと見つめる女神は、なぜ実験して治癒現象の真偽を検証しないのかとたしなめているのである。レーディは常に報告の中で断言している。「実験の結果、明らかにされなかったことには、大きな信頼を置くことはできない」[☆4]。机上の書物と顕微鏡、すなわち自然哲学の手段と要具を毅然とした態度で指し示し、ミネルウァ女神は、学識の過去と実験の現代を対決させることで、「定説」に挑戦している。女神はいまや、一七世紀の半ばに博物学と自然哲学をあまねく特徴づけていた、実験による弁証法を象徴する存在となったのである。

レーディの口絵が主張する普遍的な真理の背後には、彼の研究すべてに浸透するあるコンテクストが暗流している。それは、トスカーナ大公の宮廷というコンテクストである。レーディが図像学を駆使して当意即妙に描きだした実験室としてのメディチ宮廷は、自然を集めて検証する「実験の劇場」であったばかりではなく、「実験の劇場」としておそらく当時もっともよく知られたものでもあった。パオロ・ロッシが観察しているように、自然哲学の多様なイメージは自然の多様なイメージに対応しており、そしてレーディの著作中の寓意的な図解もまた、知識を獲得するための適切な手段として彼が評価したヴィジョンを表明しているのである[☆5]。実験室というイメージ——それを使って新たな知識を発生させる、さまざまなオブジェや実験器具に満ちあふれた空間——は、トスカーナの博物学者が喧伝しようと欲したものを哲学的に考察するあるスタイルを表象している。レーディは孤立しようとしたわけではなかったが、結果的にはそうなっていた。一七世紀の中葉には、ミュージアムと実験室を知識生成の特権的な場とする、自然を「実験すること」についての新たなイデアの頂点を、彼は表わしていたのである。博物学者たちは、旅をすることで「自然」を媒介する変数を拡大する一方、真理を評価するための大きな役割をオブジェに付与する、何が知識を構成するかという視点を再概念化していった。アディ・オフィールは次のように述べている。「知識を検証するために特別な場所を制度として確立すること——そこでは、言葉は体系的に事物と結びつき、推論に基づく権威的思考が接近と視界との相互関係を示し、そして認識論的なるものは社会的なるものと現実に調和する——は、ひとつの確立された文化システムとして科学を構成していく歴史的プロセスにとって必須の段階であった」[☆6]。自然を知るための適切な手段についての視野を実質的につくりかえさせていく、これらのさまざまに異なる活動が、ミュージアムのような環境において一堂に会することになるのである。

こうした特権的な空間を占めるレーディの博物学のようなイメージは、科学的実践の精密な視覚的母型（マトリックス）として、ミュージアムの機能を強化することになった。ウィリアム・アシュワースが観察しているように、一七世紀の中葉には、自然を研究する博物学者の姿は、自然の懐に（イン・シトゥ）（in situ）いるよりも、実験室の中で研究する姿で描かれることが多くなった☆7。自然の研究を特定の自然学的空間と結びつけることにより、その著しい自然からの隔絶は措くとして、博物学者たちは、全体からその一部を人工的に分離するという環境の中で自然を科学的な凝視の下に置く博物学の新たな研究手法とミュージアムとを図像学的に提携させたのである。ゲラルド・チーボのスケッチを見れば一目瞭然のように、後期ルネサンスの博物学者のイメージが「旅する人」（homo viator）であったのと対照的に、一七世紀の芸術家は好んで博物学者の姿を、インペラートが一五九九年に出版したカタログの口絵（図2）に例示されているような、まずなによりも蒐集品誇示者、解説者として、そして最終的には実験研究者として描くようになる。自然について書かれたものを読むという営為がかきたてた激しい憧憬から発した自然への旅は、さまざまな研究書や実験器具が、人文主義的かつ実験中心的な知識の生成と困難な調査研究事業としての博物学の形成とに貢献する、実験室へと最終的にたどりつくことになる。

ルネサンスから初期バロックにかけて、フィレンツェのレーディの自然の劇場、ローマのキルヒャーのミュージアム、そしてミラノのセッターラのミュージアムはいずれも、一世紀半近くものあいだ、学知（Scientia）が形成され、蒐集家の果たす自然の源泉の支配が進むにつれ、自然という環境の徹底的な再概念化の流れの頂点に位置していた。アルドロヴァンディやカルツォラーリ、インペラートなどの蒐集家たちは、研究室の中で自然と交流し始めたのである。そこで彼らは、アリストテレス、ガレノス、ディオスコリデス、そしてそのほかの古代的権威の文献から抜粋した、自然哲学や医学知識、そして感覚的経験のあいだの関係をより深く理解しようとして、別個の部分からなる自然の一部を集めて検証したのである。アルドロヴァンディが広い視野から判断しているように、ミュージアムは、ルネサンス期の博物学者が広く共有していた見解である、「理論と実践の結合」を可能にする場にほかならない[☆8]。これに対してバロック期の博物学者は、ガリレオとその同時代人たちの研究や実験器具の助けを借りた感覚的な考究によって進歩した科学的風土の中で研究操作ができるようになり、自然そのもののプロセスを一層大胆に調査することができたのである。彼らの見地からすれば、くりかえし自然を観察し、かつくりかえし自然に介入することで、はじめて自然研究は成し遂げられるのである。ここでいう自然の観察とは、博物学者がもっとも初期の段階から培ってきた技術であり、自然への介入とは、正確には一七世紀に発展する実験中心的文化に属するものである。顕微鏡やエア・ポンプ、さらにはバロックのミュージアムによく見られた数多くの機械装置を使うことで、博物学者たちは、自然を経験することが何を意味するのかを精査していった。こうした人為的な介入は、たとえば顕微鏡の場合のように、自然との親密さの新たな形態と自然との隔たりの新たな理解を生みだすことになった。それは、博物学者が少数の高貴な人々のみをミュージアムに招待するのではなく、科学的な文脈の中で公開実験の意義を明らかにする、実験の目撃証人となる人々を広く招くように変換していったことにも見てとれる[☆9]。

王立協会を論じた研究の中で、スティーヴン・シェイピンはこう問いかけている、「実験の場」はどこに存在していたのであろうか[☆10]。初期近代ヨーロッパにおける、ミュージアム、実験室、植物園、解剖学劇場などの出現は、推論を重ねるものから視覚的な実験場へという知識の置き換えに重大な役割を演じた。最終的に学知をテクスト偏重の環境から救いだすことに寄与したこれらの施設はすべて、知識を展示し収蔵することを共通の目的として分かちあっていた。ウィリアム・ハーヴェイの方法論の議論の中で、アンドリュー・ウェアは鋭くもこう言及している、「自然に関する個々人の知識が書物として体現される公共の知識にとってかわる必要があった」[☆11]。こうして、ミュージアムの設立は、科学の主体である自然哲学がその対象である自然をとりこむためのひとつの道を切り拓いた。かつて書物の奥深くに埋もれていた知識はいまや、自然を眼で検分することによって信頼すべきイメージというものを確立し始めた、蒐集家と実験者と聴衆という共同体によって創造されるようになる。博物学を論述する潜在可能性を広げる新たな姿勢に自然観察の重要性についての古典的な慣習／処方を注入することで、蒐集家たちは、標本を解剖し、比較し、そして記述し、公開実演の実験中心的な科学文化を創造していったのである。この科学文化は過去の権威＝典拠に深く依拠したものであった――一六七〇年代においてさえも、レーディが「死せる相談役たち」に敬意を払っていたことに注目されたい――のだが、完全にこれらの言葉を解消するにはいたらないものの、現実の蒐集品に即してそれらの意味を新たに確立しようとする博物学の願望を通して、段階を追って「重きのある言葉」の地位は侵食されていった。一七世紀の中葉には、ボナンニやラーナ・テルツィといったキルヒャーの弟子たちでさえもが、知識は実験と権威＝典拠の参照によって立証される、と主張していた。このことは、この新たな調査研究モードが学術界の隅々にまで浸透していた、その広がりがよく示している。

イタリアの後期ルネサンスとバロックのミュージアムは、他国の「実験室」的空間と比較するとどのようなことが言えるのだろうか。『リヴァイアサンとエア・ポンプ』（*Leviathan and the Air-Pnmp*）の中で、スティーヴン・シェイピンとサイモン・シェイファーは王政復古期イングランドにおける実験室的空間を次のように定義している。

> 実験室はそれゆえ、実験の推論に基づく実施や社会的な実行が資格をもつ適任の学究たちの手で集中的に管理される、統制のとれた空間であった。これらの観点から、実験を遂行する実験室は、自然を単純に観察することしかできない外部の空間より、真正の知識を生みだすのに優れた場所であった。☆12

王立協会の実験室全体を規定する、実験をおこなううえでの明確に言葉で定められた礼儀作法は、もっとも流動的な――王立協会の創設者たちが公然とその両義性をおもしろがっていた――ミュージアムの媒介要因／基本概念に照らしてみても、著しい対比をなすものである。☆13 彼ら創設者たちの文化的存在は、ほかの共同体――大学の学術文化、宮廷の社交界、そして競合する知的スタイルをもつ新しい科学アカデミーやイエズス会の神学校――に対してしばしば、これらの組織への忠誠の義務というものをそれぞれのミュージアムがそれぞれに異なる目的として規定していたため、相互に矛盾しあう状況をもたらすことになった。蒐集家たちは、自らの企図が新奇なものであることを自覚していたものの、アカデミーに比べるとメンバーの参入と排除についてのルールを明瞭なものにしようなどとは考えていなかった。単純なことにもその理由は、蒐集家たちが、いったい誰が自分たちの共同体に属しているのか、ある程度の教養と嗜みを具えていること以上に会員であることの選定基準は何なのか、ということについてまったく確たる意識をもっていたわけではなかったのである。

蒐集家の集団が正統とは程遠いものであったにもかかわらず、自然を蒐集する人々をひとつの集団として識別する共通の目標が出来した。蒐集家たちは、自らのミュージアムが生みだす自然の精密なイメージについては著しい不一致を見せたが、その一方で、自然を集積しこれを展示するという営為が知識生成のプロセスにとって不可欠なものであるという点については意見の一致を見たのである(さらに学者と富裕な貴顕こそがこうした活動を遂行するのにもっともふさわしいとみなしてもいた)。アルドロヴァンディは自らのミュージアムを、彼に先立ついかなる医師や自然哲学者もなしえなかった、加えてほかのいかなる蒐集家も真似のできない、さらなる正確な博物学を形成するための自らの能力を引きだす鍵と見ていたのである。蒐集家たちの自信は、より多くの詳しい情報が進歩を生むとする百科全書的な仮説ばかりでなく、ミュージアムが自然の近似像を比類なくつくりだすことができるというイデアにも根拠を置いていた。ちょうど顕微鏡や望遠鏡と同じように、ミュージアムが感覚を増幅させるひとつの装置として機能したのである。それと同時に、蒐集という営為が、博物学者たちの共同体にひとつの明確な社会的アイデンティティを与えることにもなった。それは決してアカデミーのメンバーの一員であることが要求するような厳格なものではなかったが、それでもひとつの集団として存立する可能性と明確性を保持していた。ミュージアムへの来館を完全に制限することはできなかったが、それでも蒐集家たちは、誰を受け入れ、そして何を展示するかということについては高度に自覚していたのである。

初期近代文化における公共展示への趣好を利用しながら、蒐集家は、スペクタクルを研究調査の技術へと変えていった。学芸庇護者を探し求めていた博物学者たちは、ミュージアムの威信と重要性を飛躍的に高めてくれる支援を求めて、権力のある君侯や貴族たちの注意を少しでも惹こうという想いから、宮廷スペクタクルを模倣して成果の公開展示を演出したのである。博物学者たちは、自然研究を高貴なものにしようとして、自然が目に心地よいものだということを強調してみせた。こうして自然を経験するという営為は、後期ルネサンスからバロック期の宮廷において、審美的な創作行為の一部となり、そこでは知識は単に展示のもうひとつの形態と化していた。それに付随して、展示としての知識はまた、公共空間の中心であらゆる形態のスペクタクルが演じられていた都市や市場の文化をも活力の源泉とするものであった[☆14]。ミュージアムの中では、ちょうどほかの多くの科学的環境におけるのと同様に、信憑性は哲学的には鋭敏さの問題であると同時に社会的には価値の問題でもあった。

この章は、経験主義的かつ実験中心的文化の中でミュージアムがどのような役割を果たしたかという点に焦点を当てる。「経験」は自然を蒐集するという生産行為であり、「実験」は、実験室の中で自然を剝がして解体し、自然の構造を顕在化させ、自然の営為を再現した成果となる。こうした活動のゆえにミュージアムは、当時交わされたもっとも重要な科学的議論の中で中心的位置を占めることになった。ミュージアムの壁の中で、化石の性質について、磁気の効力について、あるいは自然発生する生ある形相の力について、そして科学的共同体を当惑させていた多様なパラドックスについて、議論がなされ、決定がなされていった。博物学者の手の中で、ミュージアムは、彼らの占有になるオブジェが自然をめぐる哲学に物質的な根拠を置くようになるにつれて、せめぎあう意味形成の場となっていたのである。

経験の蒐集

一六世紀のボローニャに「書斎／実験室」(studio)を構えていたアントニオ・ジガンティは、「経験／実験を遂行するため」(per far l'esperienza) にいくつかの光学器機を所有していた。[☆15] コレクションを実際に見にきた訪問者にジガンティが何を見せたのかは、記録が残っていないため正確には知ることができない。これらの光学器機を自分の楽しみのため、自己啓発のために操っていたのだろうか。おそらく同じ街のアルドロヴァンディの助けを借りて遂行したであろう数々の実験は、これより一世紀後にレーディやキルヒャーやセッターラらが実践することになるスペクタクル満点の公開実験に先駆けるものであった。ジガンティはおそらくデッラ・ポルタの『自然魔術』(*Magia naturalis*) を読んでいて、このナポリの魔術師が叙述した対象を、自分でもいくつか組み立ててみようと試みたのである。ジガンティの光学器機は、後代の哲学者たちが享受したいと思うような成果をなんら生まなかったし、同時代の人々が記録に残そうと思うような発見ももたらさなかった。しかしながら、ミュージアムの簡素な所蔵目録を執筆するさいに、それらの光学器機がもつ実験例証的な役割を周知させようとしたジガンティの決意は、一六世紀の末には、いかに蒐集文化と実験文化とが混淆していたかを示唆している。アルドロヴァンディやデッラ・ポルタのようなよく知られた博物学者ばかりではなく、ジガンティのような聖職者にしてイエス・キリストの僕でさえもが、書斎／実験室(ストゥディオ)を見学にきた訪問者の前でなにがしかの実験を実演せざるをえないと感じていたのである。

ミュージアムにおける実験中心文化は、学問として見ても質も内容も雑多なイメージを与えるものであった。書斎／実験室(ストゥディオ)という空間の中で、蒐集とデータの比較と記録された実験の再演を通して、自然哲学に関する古典的な問題が分析の俎上に載せられる。このプロセスは、ごくありきたりな事象の検証から、アスベストや燐といった驚異的な力をもつ自然界の物質の展示や、毒物と解毒物質とのスペクタクルに満ちた対決にいたるまで、実に幅広い現象を考察の対象にしていた。それはまた、とくに化石、植虫類、珊瑚、糞石／結石(ベソアール)、一角獣の角といった特別に問題となっていた事象について、そして古典的な分類枠の中にすんなり収めることができず、以前に記述されたことのない自然物 (*naturalia*) について、種の適切な記述と分類をめぐって議論を呼ぶことになった。いずれの事例においても、博物学者たちは、自然についての真理を保持しているとされてきた通説を確認し、その誤りを証明し、あるいはその意味を拡張するために、自然から蒐集してきたオブジェを用いたのである。オヴィディオ・モンタルバーニはおそらく、当時のほとんどの蒐集家をタイプとして代表する人物であり、博物誌の記述に必要なオブジェに対する無差別な趣好を強調しながら、キルヒャーに「何か哲学的な思弁をめぐらせることができるものならどのようなものでもすべてのもの」を送ってくれるよう懇願している。☆16

蒐集家はこれらの課役から何を獲得しようと願っていたのだろうか。社会的な条件からすれば、それは威信と庇護の獲得であり、哲学的な条件からすれば、「経験」の獲得であった。経験とは、多くの人がこれを達成しようと望むが、ごく少数の博物学者だけが手にすることができるものであった。自然をより深く理解するのにもっとも理に適った方法論としてしばしば援用されきた「経験」(experientia)は、「個別で特殊な事象についての知識☆17」の謂であり、優れた自然哲学の根幹となるものであった。パドヴァの植物園からアングイッラーラは、理想的な博物学者とは「実践ばかりでなく理論にも精通しており、加えて多くの事柄を経験している者☆18」であると書いている。アルドロヴァンディからボッコーネまで、これらの著述家が読者に想い起こさせているように、経験とは、当時の人々がこぞって貢献したいと望んだ、新たな「感覚博物学」の礎石となるものであった☆19。最初のうちは、自然についての規範的な見解を再活性化したものの、最終的には、それらを疑問に付すところまでいきついた。一五四四年、フィレンツェの哲学者ベネデット・ヴァルキが、ルネサンスの科学的な言説において、「経験」が早々と舞台に登場した瞬間をこう観察している。

> 現代の哲学者たちの慣行を見ると、とくにアリストテレスにもっともその傾向が強いのだが、優れた著述家の書いたものを見つけるとそれが何であれ信用してしまい、決して実際に証明しようとしない。そのつど経験の領域にまで降りてみれば、もっと確実で望ましい方法があるのは疑いを入れない☆20。

ヴァルキは、自然に対する新たなアプローチの例として学生のころにボローニャで聴いたルカ・ギーニの講義を特別に引用している。ルネサンスの博物学者たちは、大方が古文書学をも修めていたが、次第に「経験」を博物学の講義に導入していった。アルドロヴァンディをはじめ、人文主義的素養を修得した博物学者たちは、経験に対する興味が古代の権威＝典拠への帰依を計るひとつの指標であることを理解していたが、彼らはまた、人文主義者としての信用証明は不十分ながら自然の体験ということでは偉大なカルツォラーリやインペラートのような専門家たちによってなされた自然研究に基礎を置く、文献主義的なものではなくより経験主義的な活動の舞台を設定していたのである。ルネサンスの博物学者たちの、経験ということのもつ意味に向けた関心は、一七世紀におけるこのカテゴリーのさらなる批評的な追求の進展に大きく貢献した。

人文主義者たちの抱いた好奇心の帰結は、ほかの方法論によって進めようなどと思いもしなかったボッコーネのような博物学者の著述を見るにしくはない。「感覚を重んじる哲学者たちの誰もが、経験することなく新種の植物の特性を理解することなどできるはずがないということに同意している」と、ボッコーネは『珍花奇葉のミュージアム』(*Museo di piante rare*, 1697) に書いている。ボッコーネは、新しい哲学の構成要素である博物学の自覚的な教養を示唆する彼の論集を、明確に「植物学者と実験哲学の徒」を対象にしていた。☆21 ルネサンスの博物学者はしぶしぶ、博物学に新しい活力を与えるためには経験を学術界の基盤に置くことが必要であると認めていたが、一七世紀の末には、時代の先端をいく博物学者たちは、経験こそが真理を確立するための主要な手段であるとまで主張するようになっていく。いったいいかなる要因が、博物学者たちに「経験」(experientia) という事象を、この一世紀半のあいだに自然の研究の中心的位置に据えさせるようになったのだろうか。

経験は、科学的言説の中で広範囲の研究活動と密接にして不可分の観念である。中世の自然哲学の言語体系では、'experientia'(経験／実験) と 'experimentum'(実験／証明) は「試験され、そして証明された治療法」を記述する言語であり、証明を通して知識を認証するものであった。☆22 'experientia' とは、知識に達成／到達する手段を記述する公式的なカテゴリーのことで、アリストテレス自身もしばしば自然を研究するさいに主張したものでもあった。ガリレオの言葉を借りるならば、アリストテレスは「常に感覚的経験（sensata esperienza）を自然との対話の前に置いた」のであり、大哲学者の賢慮から着想を思い描く後代の博物学者たちにとって研究原理を導くものであった。[☆23]ピーター・ディアーは、イエズス会の数学についての研究の中で、経験ということの意味が中世から初期近代にかけて劇的に変化したと確信をもって指摘している。経験のスコラ哲学的観念が、経験を、いかなる検証も必要とせずに自然の普遍的法則を支持する共通の知識として強調したのに対して、初期近代の哲学者たちは、経験を自然現象の性質や様相を明確に記述するものとして定義している。ここにいたって、経験は証拠（evidence）となり、そうなることで、公理に基づく諸原理を構築していく過程において積極的な役割を演じたのである。[☆24]多くの観点で、蒐集の経験主義的文化は、アリストテレス以来累代の博物学者たちが熱望していた知識についてのさらに詳細な知識に対する渇仰を癒やしたのである。王立協会の陳列館（repository）がベーコン的な「事実」の生産と収蔵の場と化した一方で、初期近代イタリアのミュージアムはアリストテレス的な情報を豊富に公開展示していた。[☆25]それぞれの哲学的枠組みがどちらも、博物学の基盤となる活動として蒐集の重要性を強調しつつ、これらの叡智の金塊と巧みな操作によって生みだされた知識に大きな意義をまとわせていた。

'experientia' というラテン語は、「経験」（experience）だけでなく、「実験」（experiment）も意味していた。「秘密の書」（libli secretorum）の言語を研究したウィリアム・イーモンは、この二つの言葉の概念、「経験（experience）とは科学的発見を導くものであり、実験（experiment）とは真理を検証するものである」と識別している。[☆26]しかしながら、この二つの言葉の言語的両義性は、手続き上の両義性にわれわれの注意を喚起しないではおかない。カテゴリーの境界が変化しやすい世界においては、'experientia'（経験／実験）というラテン語は、決して固定的な不変の実体などではなく、また決して経験手順として一般的な同意のもとに生みだされたものでもなかった。そうではなく、対象とそれを観察する人の研ぎ澄まされた感覚とが切り結ぶ何らかの交信によって統合された、多数の異なる実践を便宜的に要約したものなのである。したがって、ひとつの「経験」とは、広場でもミュージアムの中でもひとしく体験できるものであった。「長年にわたり、偽医者が一人と、毒蛇使いが一人いて、この男は毒蛇を使って実験をいくつか演じてみせるのです……大聖堂広場で」と、セッターラはミラノからレーディに宛てて書いている[☆27]。蒐集家がそれぞれのミュージアムにおいて共有していた経験については、なにがしかは知ることができるものの、彼らが回想して、自らの営為を「実験的なもの」なものであったと分類したとしても、その意味するところは実際のところ確証することはできない。せいぜいのところ、この「実験的なもの」というラベルを貼ることによって、事物と言葉との混淆を、つまり物理的な公開実演と文献上での証明との混淆を、そしてある種のアプローチの新奇さを示唆する、哲学的思弁化のひとつの例として、同時代の人々の目にはそれが重要な活動であると映ったのではないかと想像してみることができるだけである。

　経験を新たに強調することによって、テクストの支配的であった学問の世界において、感覚的な明証性が大きな位置を占めるようになった。「人々は、目にした証拠から学ぶことができる、実践的な自然哲学に大いに興じています」と、ガブリエーレ・ファッロッピアは一五六〇年にフェッラーラのエステ家のアルフォンソ二世に宛てて書いている[☆28]。博物学者たちは、教養を具え、鑑識眼をもつ聴衆たちを前にして、ずらりと並んだ広範な自然現象を検証していくことで、この種の経験的な好奇心を活性化させていったのである。「明日、冷たい生命の水（aqua vitae［救命酒］）とコエンドロの実を火の中に放りこんでみます」と、アングイッラーラは、パドヴァ植物園にあった自分の実験室からフェッラーラの公爵に宛てて報告している[☆29]。嗅覚、知覚、そして視覚、これらすべてが、自然現象の記述においてより大きな位置を占めるようになり、博物学者たちは、それらの品種をより正確に同定し分類するために、植物、動物、鉱物の古典的記述のこうした感覚的側面に細心の注意を払うようになったのである。オリーヴィは、カルツォラーリがミュージアムに集めた単体薬物について、その嗅覚を記したリストを作成し、記述中に感覚的な情報をも書き加えているこの薬種商に讃辞を送っている[☆30]。インペラートもまた、自著『博物誌』（*Dell'historia naturale*）で、本質的な知識のひとつの形態としてあらゆる現象と物理的に接触することの重要性を強調しつつ、さまざまな水の嗅覚、味覚、そして触覚に光を当てている。[☆31]

訪問者は、五感を研ぎ澄ませながら、ミュージアムで得ることのできる「経験」を構成する、視覚、聴覚、嗅覚、そして触覚などの感覚情報を心にとどめようとして、博物学のミュージアムの中へと足を踏み入れていく。植物採集行の中で培ったさまざまな技能は、ミュージアムの中において、一種の名人芸として展示されることになる。たとえば、ローマに向かう旅の途上でアングイッラーラは、解毒剤を製薬するための価値ある原料となる植物である、アスパラート（aspalatho）の真の標本を同定している。アングイッラーラはある博物学者のところでも、自然を直接「読む」ことによって、この植物を同定している。

……一五四五年にローマで、きわめて優れた医師ジュゼッペ・チンチョ師の邸宅を、私は訪れていた。同行したのは、非常に有能で博学なチェーザレ・オドーネ氏である。書斎（ストゥディオ）に入ると、机の上に木片が置いてあるのが目にとまった。……薔薇のような芳香がして、口に入れても苦みはなかった。これはアスパラートにちがいない、そう即座に判断した私は、この情報をそこにいた人々に伝えた。[☆32]

アンティトーラ（antitora）という植物――ある形態で用いると疫病や蛇嚙傷に対する解毒剤となり、別の形態では毒薬ともなる――のサンプルを検証するために、アルドロヴァンディは「根の部分の味をたしかめている」。あるオブジェを個人的に経験したことに特別な価値を与えるという意味においては、アルドロヴァンディは、自身が誇る驚異的な治癒力をもつ療法をすべて自分自身で試してみたと言い放っている。同時代人のフィオラヴァンティに似ていなくもない。[☆33] ファッロッピアの視覚上のさまざまな感覚、アングイッラーラの鋭い嗅覚、アルドロヴァンディの微妙な差異を見分ける味覚などのような、こうした研ぎ澄まされた能力を通して、ルネサンスの博物学者たちは、古典的権威によって正当化された方法として、自らの自然の研究を純化していった。「私はこの感覚（哲学）を、ここに起源を発するがゆえに、普遍哲学の母と呼ぶ」と、アリストテレスの言葉をパラフレーズしながらアルドロヴァンディは説明している。「もし、この個別的なものが失われてしまうのならば、普遍的なものもまた残るはずはなく、なぜなら記憶は感覚的経験に由来するものであり、そして普遍は記憶に由来するものだからである。……というのも、最初に感覚の中に存在しないものは、知性の中に存在するはずがないからである」[☆34]。経験を蒐集していくうちに、アルドロヴァンディは「真の感覚的哲学者」として知られるようになった[☆35]。自然とは、彼とその同時代の人々が理解していたように、書物のページを通してと同様に、感覚的情報を通して容易に読解することができたのである。これこそが、テクストから得たイメージを経験的な実践活動の中へ移し入れていくさいに、博物学者たちが求めてやまない経験だった。

ルネサンスの博物学者が感覚情報すべてに等しい比重を与えていたのに対して、彼らの後継者たちは、自然の研究における視覚の役割を優先させるようになっていく[☆36]。たとえば、アカデミア・デイ・リンチェイの会員たちは、解剖学研究において顕微鏡が重大な役割を占めるようになるにつれて、ほかの研究記述に比して、次第に対象の視覚的特徴に多くの紙幅を割くようになったのである。バロック期の後継者であるキルヒャー、レーディ、ボッコーネもそうであったように、リンチェイ会員もまた、味覚、触覚、嗅覚に関する議論をほとんど提起していない。『鎖蛇の観察報告』（*Osservatione intorno alle vipere*, 1664）の中で毒液について記述するときでさえ、レーディはこれを、かつてのアルドロヴァンディ流の触覚的経験としてではなく、むしろ視覚的なスペクタクルとして論を立てている。レーディは、毒の効き目を自分自身で試してみるかわりに、使っていた毒蛇捕獲人のヤーコポ・ソッツィを観察した。この人物が自然哲学者でなかったことは明白で、それゆえこの種の危険に満ちた実験に携わっていたのである[☆37]。視覚が重要視されるようになったのは、博物学が宮廷文化の中でその存在を拡大していたことを反映している。実験の実演は、かつてのオブジェと親密な関係を結ぶことで手に入れることができる個人的な啓示という側面が弱くなり、いまや現象そのものと接触をもたない聴衆を説得する技巧(テクネー)という側面が強くなっていった。カルツォラーリとインペラートは、薬種商としての職能から、所有するあらゆる薬種を実際に口にし、あるいはその芳香を嗅いでいたものと思われる。キルヒャー、レーディ、そしてセッターラは、君侯と有徳文化人たちの余暇を満たしていた、いかにして陳列収蔵品をスペクタクルへと変換するかという技巧(テクネー)をよく心得ていた。実験を実地検証の方途ではなくスペクタクルとして受容する科学文化に属していた彼ら三人は、実験を見につめかける観衆を、蒐集品の所有を通じて味わうことのできる一般的な「経験」からはたいして感銘を受けず、むしろ個々の品目から引き起こすことのできるスペクタクル化され手の込んだ「経験」のほうを嬉々として受け入れる人々としてイメージしていた。

実験文化の起源は、権威の一形態として経験が出現した事情に求めることができる。一六一〇年代に、インペラートの博物学から大きな影響を受け、またガリレオが発展させた新しい哲学に惹きつけられた、アカデミア・デイ・リンチェイの会員たちは、経験と権威とのあいだの伝統的な関係を反転させようとしていた。「それゆえわれわれはこう考える。人々は、想像上のオブジェや学問的推測などよりも、自然の諸事物の観察に、事物そのもの意味や目的とはかかわりなく、公式を構築することのできる、唯一観察可能な原理を演繹するところの観察に、さらなる信頼を置くべきなのである」。コロンナは一六一八年に次のように書いている。

方法論というものを完全なかたちで提供してくれるものは、観察可能な事物である。それは、対象をその仮定に従わせるような方法論ではない。事物の本性というものが、人間の考えることを想像して、人の奇想にあわせてそれ自身を形成することなどありえない。むしろ人間が、自然の事物を精密に観察することによって、自らの奇想を形成すべきなのである。ここから、まさしく方法論なるものが出来するのである。[☆38]

リンチェイ会員たちは、科学的方法論は自然の中に見いだすことができると示唆することで、テクストがもつ権威を衰えさせることに一役買った。こうした巧妙な手段を用いて、対象／事物（オブジェ）が着こんでいた、アリストテレスやプリニウスの博物学の世界においてそれらに重要な意義を与えていた哲学的な装具をみぐるみ剝がそうとしたのである。それはひとつの技術であり、後世の博物学者たちがこれを用いて絶大な効果をあげることになるものであった。リンチェイ会員たちにとって、蒐集展示品は伝統的な学識の言語を呼び起こすものではなく、アリストテレス的な「経験」よりもむしろ実験に基づく知識に貢献することで、新たな哲学の到来を高らかに鳴り知らせる存在であった。それは、この文化の分水嶺を形成するうえで欠くべからざる本質的な一段階として、自然を経験することから知識を発生させるための新たな技術の確立を意味していた。

一五七〇年代にすでに、ミュージアムに蒐集品を提示することは「目の前にはっきりと（哲学を）置いて見せること」であると示唆していたアルドロヴァンディは、科学的な正典／規範を無効にするというよりもむしろ強化するためにオブジェを用いる、視ることと哲学的な思弁化とのあいだの公然たる関係をほのめかしていた。[☆39] 一六一〇年代までには、コロンナを初めとする博物学者たちは、このような広く受け入れられていたルネサンスの実践に対して批判を加えるようになり、こうした技術はむしろ、自然界に実在するものの輪郭を明らかにするというよりは「想像上のオブジェ」を産出するだけであると論じている。後世の研究者には、博物学の記述における対象／事物（オブジェ）の用い方について議論を戦わせるために、哲学的な思弁化のための二つの——アリストテレス主義の伝統を信奉するイエズス会士たちと新たな実験哲学において博物学が占める位置を擁護したトスカーナ宮廷の博物学者たちの——スタイルが残されることとなった。最終的には、前者の調査モードが後者に道を譲ることになったのだが、しかし一八世紀の初頭まで事のなりゆきは決して明らかにはならなかった。したがってそのあいだ、博物学者たちは、彼らが共有していた経験から召喚することによって得られた知識を主張しあうことで互いに異議を唱えあっていたのである。

ミュージアムにおける解剖学

博物学者たちは経験の重要性について議論を交わす一方で、そうした経験が意味あるものとなるための環境について考察し、その観念を精錬させていった。かつて学者は観客になるべきであると提唱したジュリオ・カミッロは、知識の改革と、ミュージアムを探求のための演劇的な場と化すことになる科学的な実践活動の再定義とのあいだに、重要な関係が存在することを認知していたのである。カミッロが想像した人文主義的な衒学の徒（ペダゴーグ）の変容は、蒐集家たちが展開していた、あらゆる事物を視覚的娯楽に変えてしまう社会的な活動から生まれたものであった。人々は、蒐集展示品を巧みに操作することで、知識そのものを一種の展覧形式へと仕立てあげる、こうした美意識を獲得していった。自然現象を解剖し、あるいは検証をすること、これら二つの作業こそは、知識の展覧化という効果を生みだす主要な手段であった。解剖することは個々の事物に隠された秘密を明らかにし、一方検証することは、その事物に哲学的な定義を付与する一連の規範的真理を批判的に吟味することであった。どちらの技術も、それが有効であることを保障する観衆の出現を必要としていた。

ミュージアムの実験文化は、蒐集家と観衆とが、互いに互いの存在を期待しあった結果、生まれてきたものであった。コレクションに収められた数々のオブジェは、読解することと観察することの文化を定義する、一連の推論を要する課題の焦点として機能するようになっていく。人文主義者たちの実験への理解は、それを過去との対話、歴史的な時間の産物として位置づけている。[☆40]この姿勢こそが、アルドロヴァンディによる、インペラートによる、そしてレーディによる毒蛇の実験から、さらには集光発火鏡を用いてキルヒャーやセッターラがおこなったアルキメデスの著名な実験の再演にいたる、さまざまな自然現象の検証を条件づけていたのである。アリストテレスは、たとえば、熊は肉の塊を産み落とし、次いでこれを舌で舐めて小熊の形状にする、と言明していた。一七世紀までには、この証明なき信念への反証として、アルドロヴァンディの書斎に熊の胎児の標本が飾られているのを見ることができるようになった。「ボローニャの市庁舎内にあるミュージアムには、瓶に詰められた一体の小熊の標本が保

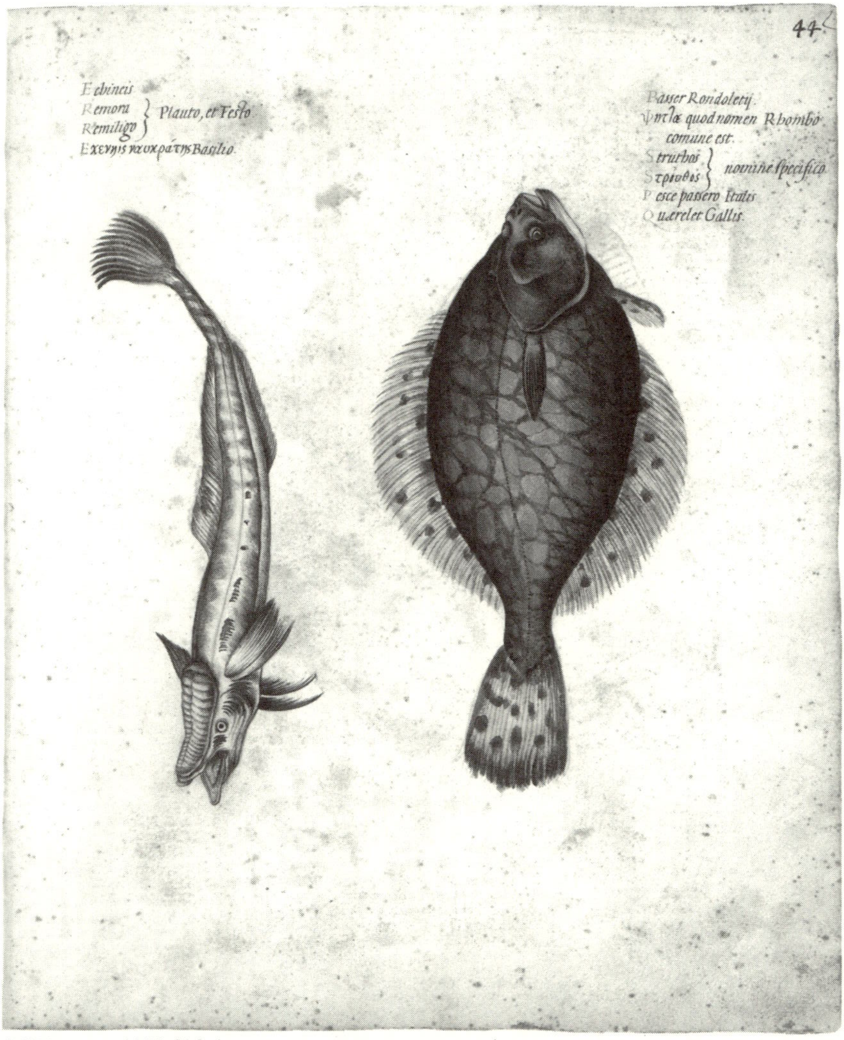

参考図20——小判鮫［左］（U. Aldrovandi, Tavole di animali, IV, c. 44）

存されており、母熊の子宮からとりだしたとされているが、見たところ、不完全なところはどこにもなかった」と、ゴットフリート・フォークトが、自著『自然学の楽しみ』（*Deliciae Physicae*, 1671）中で述べている[☆41]。大半のミュージアムにおいて、収蔵棚をぎっしり埋め尽くしていたのは、古典的な神話を覆す小熊の例のように、古代の科学的信念に直接対応する数百点にも及ぶ標本群であった。これらの標本は、文献記述による表象と対決すべく収められたものであり、歴史的な時間がつくりあげた表象に対して現代の物質的現実を突きつけることで、これに挑戦しようとしたのである。一六三三年、ペレスクはカッシャーノ・ダル・ポッツォに、次のような情報を流している。「証明のため、カメレオンを解剖してみると、プリニウスの見解に反して、この生きものが歯を有していること、それゆえ空気のみを食べて生きているのではないことがわかりました[☆42]」。古代の信念を失墜させるこれらの標本の傍らには、たとえばセイレーンの体の一部、一角獣の角らしきもの、あるいはおなじみの小判鮫(remora)など、いずれも古代人の信奉した真実をいまだに支持するたぐいの、やはり同様に議論を呼び起こす多様なオブジェが展示されていた［参考図20］。科学的な規範の仮面を剝ぎとるにせよ、あるいはそれが正しいと支持するにせよ、博物学者たちはますます、彼らが知っていることの何がすでに確定的なものであるのかを公開実演せざるをえないと、日増しに感じるようになっていた。

解剖学の実演は、ミュージアムの経験的な活動の中で、科学的なスペクタクルを探し求めて解剖学劇場につめかける人々をミュージアムにも呼び寄せることを可能にする、重要な部分を占めるものであった。一三世紀の末期から、解剖は医学教育の現場において広く実践されていたものの、解剖学劇場の出現と解剖学の学問分野としての確立は、徐々に解剖を人気のある展示の技術へと変えていった［参考図21］。一六世紀の半ばには、自然に興味をもっていると表白する教養ある貴族たちの集まる場所ならばどこでも、きまって解剖の観覧がおこなわれるまでになった。一五四八年にベネデット・ヴァルキは、解剖学の正しい認識を美術の研究になぞらえていた。どちらも、文化的素養のある人々ならば惹きつけられずにはいられない、驚くべき技巧を披露するからである。パッラ・ルチェッラーイの庭園に参集した「もっとも高貴なアカデミー会員の諸賢、ならびに清廉高潔なる観衆諸士」を前にしたヴァルキは、人体解剖に関する講義をおこない、その中で学識高き聴衆たちこそが解剖学を文化的美学として評価できる人々であると認めていたのである。[☆43] 有名なオルティ・オリチェッラーリの庭園、かつてフィレンツェの有力貴族たちが数々の政治談議に花を咲かせた場所、この有名な庭園に地方で発見された二体の怪物に関するヴァルキの講義を聴くために参集した医師、画家、有徳文化人たちは、ミュージアムという科学文化にとっても欠かすことのできない部分を担う、解剖学を嗜みある会話にとってふさわしい題材とする過程に参与していたのである。

フィレンツェの貴族の一グループが、市の有力一族の庭園で二体の怪物を解剖することを、協議のうえ決定した。この決定は、ミュージアムの中で次第に定期的におこなわれるようになった解剖の実演に、背景となる基本的な環境を調えることになった。二つの異なる学術モデルが、それぞれ「経験」の一形態として解剖学の重要性を強調した。第一の大学というコンテクストの中では、自邸で私的な講義をおこなうのが慣習であった教授たちは、学生のために個人的な解剖の実演をくりかえし教授していた。個人実験室（ストゥディオ）でおこなわれたこれらの解剖は、蒐集という営為がもつ教育的な機能を一層高めることになった。もともとは公共の解剖学劇場や植物園で始められた講義が、ミュージアムの中に移動し、完結とまではいかないものの、さらに内容が高度に洗練されたものになっていった。ドイツ人博物学者ヴォルヒャー・コイターは、自分がボローニャ大学の学生であったころに、アルドロヴァンディの邸館で観察した数々の解剖をのちに回想している。[☆44] 解剖学演習は講義形式を踏襲しておこなうものであったため、参加者の制限という原則が強調されることとなった。ガッサンディが記すところによれば、ペレスクはパドヴァのファブリキウスがおこなう解剖学演習に、それが個人的なものであれ公開されたものであれ、足繁く通ったという。「ペイレスキウス［ペレスク］のうちに類まれなる善良な意思を認め、演習に立ち会うことを許可した」と、ガッサンディは、ファブリキウスの個人実験室（ストゥディオ）に迎え入れられるに十分な自然に関する知識を所有していた、若きフランス人の法学生に与えられた特権を伝えている。一五九〇年代にファブリキウスがペレスクの前で実演したような、

参考図21A——バルトロメオ・パッセロッティ（ボローニャ）《解剖学講義》一六世紀後半　ローマ　ガッレリーア・ボルゲーゼ

参考図21B——ヴェサリウスの『人体解剖学』のタイトル・ページ（Andreas Vesalius, *De humani corporis fabrica*, 1543）

ANDREAE VESALII
BRVXELLENSIS, SCHOLAE
medicorum Patauinæ professoris, suorum de
Humani corporis fabrica librorum
EPITOME.
CVM CAESAREAE
Maiest. Galliarum Regis, ac Senatus Veneti gra-
tia & priuilegio, ut in diplomatis eorundem continetur.

個人的な解剖学演習は、新たな博物学のための素材を提供する新たな観察結果を生みだした。したがって、合理的な知識に精通した観察者――医師、外科医、博物学者、社会的に高い地位にある人物、そして大学識者――のみが、のちに解剖結果を記録する段になって、これに意味を付与することに貢献しえたのである[☆45]。解剖学の分野に、こうした人々が集団で参画したことによって、人文主義者的同朋愛と経験主義的好奇心との一体化が一層強まることになった。

社会的な慣習に基づく、解剖知識の公開／展示に関する第二のモデルは、たとえばヴァルキが毎日曜の午後に同僚のアカデミー会員やその高貴な訪問者たちを前におこなった演習に、よくその輪郭が描きだされている。このコンテクストにおいて、解剖学演習が貢献したのは、哲学的な学知に対してというより、むしろ社会的な知識に対してであった。イタリア諸都市の大学がカーニヴァルの期間に解剖学劇場でおこなった解剖と同じように、ミュージアムで実演された公開解剖もやはり、実にさまざまな階層の観衆に娯楽を提供した[☆46]。地方政府でもっとも重要な地位を占める人物から、高名な訪問者、宮廷人、有徳文化人、そして時には女性の姿まで、いずれも解剖の実演が有していた儀式としての重要性を強調する、高貴な人々が臨席していた。というのも、たとえば教皇の蛇（ドラゴン）の解剖、あるいはアルドロヴァンディのテリアカ薬（解毒剤）の成分となった毒蛇の切開などの注目に値する催しには、いずれもボローニャの大司教ならびに就任中の行政長官が立ち会ったからである[☆47]。ミュージアムに地方の貴顕たちが列席するようになったことは、解剖することと観察することを社会的に受容しうる探求に変えることによって表象される知識の形態を公に承認することになったのである。解剖は、アルドロヴァンディが一五九二年に述べているように、「学識と洞察力を具えた眼」を堪能させるに十分なスペクタクルであった[☆48]。二回の解剖学演習をフィレンツェの貴紳たちに対しておこなうというヴァルキが下した決定は、自然を公開／展示することが上級階級の人々が嗜む余暇として急速に人気を得るようになっていた、当時の一般的な風潮によく順応したものであった。人文主義者や大学で研究する学者たちは、優れた観察を優れた自然哲学へと精錬させる学識をもたらし、宮廷人たちは、博物学熱を帯びた社会的環境によって研ぎ澄まされた彼らの感覚によって、解剖を審美眼のある企てとする見識をもたらした。

一六世紀のすべての博物学者の中でも、解剖をとりかこむ実験計画とそこから彼が獲得したいと望んでいた知識については、とりわけアルドロヴァンディがもっとも明確に言明していた。彼のミュージアムは、「植物標本を集め置く」乾燥庭園(hortus siccus)としてばかりでなく、自然の臓腑や外皮を精密に調べ尽くすための解剖学劇場や化学実験室としても機能した。自然を読解する過程において、博物標本の能動的な役割は、ことあるごとにアルドロヴァンディが博物学についての記述の中でくりかえし述べていたことである。

これらの自然の事物を判断したいと望む者は、理論を超えて、外側の各部の記述のみならず、動植物の内側の各部の解剖をも実践せねばならない。現在印刷中の私の『鳥類学』中の数種の鳥の記述に明らかなように。[☆49]

別のところで、アルドロヴァンディは、手の中に舞いこんできたすべての標本を解剖し観察することに力を入れていると表明している。「これこそ真の哲学なのである」と彼は続けて、アリストテレスが抱いた「経験」(experientia)のイメージをうまくかいつまみ、「それぞれの事物の発生、温度、特質、そして身体機能を、経験に照らしてありのままにすべてを知ること」と要約している。[☆50]

アルドロヴァンディにとって、それぞれの標本は知識の複合した形態を産出する可能性を秘めていたのである。標本が生きているあいだは、その習性を観察し、動きを図解することができた。生を全うしたあとは、まずそのことで標本の世代長が把握でき、さらに骨格の構造を明らかにし、あらゆる部分の観察が可能なように保存することが可能であった。自然からは研究のプロセスに内なる眼を開く方法を、書籍からは直面したあらゆる蒐集展示品について問いかける方法を学んだのである。アルドロヴァンディは単に毒蛇を蒐集しただけではなく、外科医のガスパーレ・タリアコッツィを雇い、地方の医学組織の人々を前に集めた毒蛇を解剖して見せた。これらの研究調査は、ボローニャ市公認のテリアカ薬に挿入するため毒蛇を殺す正確な時についてアルドロヴァンディの見解が正しいことを証明したばかりでなく、毒蛇に生殖器官があり、「したがって雌が雄の頭を喰いちぎって妊娠するのではない」ことも論証された[☆51]。アルドロヴァンディのミュージアムに運びこまれた生きものの中で、無傷のまま生き永らえたものはほとんどなかった。アルドロヴァンディの注意深い監視のもと、助手のアントニオ・ウルモが、「研究者の共有の利益となるため」に、受精した雌鳥を何羽か解剖し、卵が隔膜から子宮へ降りてくるところを観察したのである。アリストテレスとガレノスのどちらの見解が正しいのか、すなわち生物の発生においてどちらの器官――心臓か肝臓か――が最初に出現するのか、ということについてはいまだ決着を見ていなかった。アルドロヴァンディは、自らの手で二二個の孵化中の卵を割り、雛の胚を観察した結果、最終的には心臓説を掲げたアリストテレスに軍配を上げた[☆52]。また、捕獲された鷲がミュージアムに運びこまれたさいには、八日間これを観察したのちに、解剖に付した。おそらく、アルドロヴァンディが落掌した動物の中で唯一解剖してみようという気を起こさせなかったのは、ペットの猿ぐらいであろう。そのかわり、この猿にはいろいろな種類のワインを飲ませ、どのような効果が現われるのかを観察するために何度も実験している。その結果、その滑稽な仕草が彼の訪問客たちをさぞおもしろがらせたであろう、類人猿のアルコール中毒者をつくりだしてしまった[☆53]。

古代と同時代の博物学の研究書が、解剖のための哲学的な枠組みをアルドロヴァンディに供給した一方で、巷間で人気を博していた「秘密の書」(libri secretorum) は、自然現象の実験にとりくむための精確な教えを彼に伝授した。アルドロヴァンディが個人的に書写した多様なジャンルの「秘密の書」に施した註解やアンダーラインの数々は、とりわけ当時の蒐集家が絶えることのない疫病への治療薬として称讃していた外国産の薬剤成分の種類に関する記述に着目しており、彼の実験作業にこの種の医学文献が重要な役割を果たしたことを論証している。「小生ことウリッセ・アルドロヴァンディ、(書籍の) 全体を読了、一五六八年一一月二八日」と、この博物学者は『ドンノ・

アレッシオの秘密』(*De' secreti del Revererdo Donno Alessio Piemontese*)の書写の欄外下に書きこんでいる。アルドロヴァンディは、ボローニャの同輩であるレオナルド・フィオラヴァンティが執筆して巷間で人気を博していた医療文献にも、同様の注目を向けていた[☆54]。フィオラヴァンティの数ある論文の中からひとつを手にして、疫病に効くという解毒剤とか長寿を保障する一服とかを実験し、あるいは入念に蓄積した外国産の成分を使ってさまざまに調剤を試みる、そうしたアルドロヴァンディの姿を想像してみるのもそれほど困難なことではないだろう。アルドロヴァンディをおいてほかに、記載された事柄を理解し、その内容に興味をもち、そしてもっとも重要なことは、記されたページの内容を実験室で再製剤するためのそれぞれの調合法を促進する外国産の成分をもちあわせている、この種の文献が望みうる最良の読者がいただろうか。アルドロヴァンディとその同時代の人々が所有していたミュージアムの中では、教本に基づく実験(experimenta)とスペクタクルとしての経験(experientia)とが、「秘密」という見出しのもとに収斂したのである。作業手順の序列では、しかしながら、熱心なアリストテレス主義者としてアルドロヴァンディが明らかにしようと望んでいた自然の構造を見抜くためのもっとも確実な方法論を供給するがゆえに、解剖がほかのあらゆる形態の公開／展示に先行していた。

一五九二年に、アルフォンソ・カターネオはアルドロヴァンディに、この著名な友人[カターネオ]の「貴兄がその鳥獣解剖の神のような天分によって観察することのできるものを共有したい」という要求とともに、三羽の鳥を贈っている。この贈りものに対してアルドロヴァンディは、白鳥の解剖を詳細に記述した手紙を送って応えている。この解剖を実践したのは、タリアコッツィの弟子であるジョヴァンニ・バッティスタ・コルテージであった。このほかに二人の大学教授、一人は哲学者のフェデリコ・ペンダージオ、もう一人はボローニャ大学の理論医学の教授であったジロラモ・メルクリアーレが解剖の現場に立ち会っている。解剖にさいしてアルドロヴァンディは、自らの『自然論議』(*Discorso naturale*)の中で概説した手順に厳密に従っている。ただちに「外観の記述」を終えると、即座にコルテージを促して、三人が集まったまさにその晩に教授連の前で、白鳥の解剖をさせた。「われわれはあらゆる部分を観察した……かつてアリストテレスもそのほかの著述家も記憶に残すことのなかった部分を」。アルドロヴァンディがとりわけ紙幅を割いて記述しているのが、気管についてである。その「仕組み」があまりに「驚くべき目を瞠らせるスペクタクルであった」ため、ペンダージオとメルクリアーレの両教授の口をついて、この器官についての議論が自然に湧きでてきたほどであった。最後に博物学者は、カターネオに宛てた手紙を、この白鳥の図版ならびに完全な記述は自著『鳥類学』に収録されるはずであると請けあうことで締めくくっている。[☆55]

いくつかの要素が、ミュージアムに収蔵された博物標本を扱うさいの典型的な手順として、この解剖作業を特徴づけている。まず第一は、アルドロヴァンディは自らの手で解剖をおこなうのではなく、執刀医の技術に頼っていたという点である。一五七〇年代には、タリアコッツィが彼のために執刀を引き受けており、一五九〇年代にかけては、この有名な医師の弟子たちがアルドロヴァンディのミュージアムとの提携を続けている。ほかの多くの博物学者たちと同様にアルドロヴァンディもまた、自ら手を下すかわりに専門家の熟練した手を通して経験を得ることを必要としたのである。コルテージは白鳥を解剖することはできたが、その結果について議論を展開することができるのは、アルドロヴァンディやそのほかの自然哲学者のみであった。ミュージアムの中でおこなわれる解剖は、技術（ars）と学問（scientia）の区別を侵食するというよりはむしろ、これら二つの技術のあいだに認められてきた差異を際立たせる役割を果たした一方で、蒐集家にどちらも自らの属性／権能であると主張させることになったのである。そして、解剖スペクタクルを促進するアルドロヴァンディの役割は、白鳥を視ることから得られた新たな知識によって、アリストテレスを凌駕する功績を世に認めさせることになった。居合わせた二人の同僚はともに大学の哲学者であり、アルドロヴァンディが見たものを目撃する証人となりうる、のちに公にする報告記録に権威を付与する資格のある人物たちであった。最後の特徴として、白鳥の解剖の詳細を描くさいにアルドロヴァンディが用いた記述言語は、解剖の文化的価値を表わしていた。きわめて精巧な技能を要する解剖は、それを見る者にとって、目にする価値のある（degno di spettacolo）出来事となったのである。異国の鳥獣類で名高いある宮廷から――カターネオは以前にアルドロヴァンディにエステ宮廷の鷹匠から得た情報を送っている――ボローニャに運ばれてきた白鳥は、そこに存在することによってミュージアムを高貴な空間へと高めたのである。

解剖学研究は、アルドロヴァンディやファブリキウスのような大学教授の館の中でおこなわれており、そこには経験／実験（experientia）というアリストテレス的なイデアを支持する教養を具えた人々が詰めかけ、解剖のさらなる社交的なスペクタクルへと道を切り拓いていった。アカデミア・デイ・リンチェイの会員たちに導かれ、ほどなくして自然を解剖することはローマ貴族たちの熱狂となった。たとえばヨーハン・ファーベルは、ローマにあった自身の書斎（ストゥディオ）／実験室に、専用のテーブルを「当の解剖を自邸でおこなうために」設置していた[☆56]。解剖は、ラ・サピエンツァ（La Sapienza／ローマ大学）の医学生たちにとって役立ったばかりでなく、学芸庇護者（パトロン）や同僚のアカデミー会員たちにとっても利益をもたらした。ファーベルは、枢機卿自身の要請によって、フランチェスコ・バルベリーニのミュージアムにあった一体の標本を一六二四年に解剖したさいの実演の模様を描写している。

> バルベリーニ枢機卿猊下は私に、一体の小さな怪物（モストロ）の解剖学的研究を遂行する栄誉を与えてくださった。この怪物は、かつて枢機卿に贈答されたもので、二つの頭をもつ子牛であった。私は自邸において、二日前、居合わせた同僚の学者たちの眼前で、これを四時間の時をかけて解剖した。解剖にさいしてはあらゆる部分を観察し、図解を作成した[☆57]。

この出来事を物語るファーベルの描写が示しているように、一六二〇年代を迎えるころまでには、かつて八〇年前にパッラ・ルチェッラーイの庭園でおこなわれたたぐいの解剖公開実演が、枢機卿のミュージアムの中にまで入りこんでいたことがわかる。庭園もミュージアムもどちらも、一方はルネサンス期フィレンツェの、他方はバロック期ローマの文化を代表する、最先端の文化鑑定人たる蒐集家が制御する基本的な環境であった。彼らの自然を解剖するという行為との提携は、それが庭園から、ミュージアムを経て、そしてイタリアのエリートたちが集う社交空間へと進出していったように、この科学的なスペクタクルがたどった変化の道程を示している。解剖の公開実演を個人的な書斎／実験室よりもバルベリーニのミュージアムでおこなおうとしたファーベルの想いは、このリンチェイ会員が解剖という行為を、あらゆる知識が教皇ウルバヌス八世の外延的存在とも言うべき甥のバルベリーニに集中しそして拡散していった教皇の宮廷という社会的ヒエラルキーの中に組み入れようとした、その強度をよく示している。またこれより数年後の一六六〇年に、ローマの地にドラゴンが出現したときには、キルヒャーはここぞとばかり、その調査の許可を得ようと、バルベリーニ・ミュージアムの館長ヒエロニュモ・ランチャのもとに駆けつけている☆58。そのときにはすでに、バルベリーニは教皇の甥という身分ではなかったのだが、博物学者の解剖を可能にするパトロンとして、それでも依然としてローマにおいては強力な影響力をもつ存在であった。

ファーベルがバルベリーニのミュージアムに押しかけて、二つの頭をもつ子牛を解剖した詳細を確証しようと躍起になっていたその傍らで、同僚のリンチェイ会員であるガリレオは、やがては解剖の意味までも変革することになる新たな器具を開発していた。一六二四年九月、ガリレオはチェージに「小さな事物を接近率を上げて見るための小さな単眼鏡（occhialino）」を贈呈している。翌年の五月を迎えるころまでには、ファーベルはチェージに、ガリレオの「優雅な小さな単眼鏡」を使って蠅を検視したときの経験を驚きとともに物語っている。その一年後に彼は、デッラ・ポルタとガリレオが有名にしたそのほかのリンチェイの発案になる機器類とこの新たな機器の効果を比較対照させるため、「顕微鏡」（microscopio）という新語を考案した☆59。アカデミーが存続した残りの期間、会員たちはそれまで自分たちが標本を調査するさいに従ってきた手順を根本から改変し、また調査に値すると思われる蒐集展示品の範囲を大幅に拡大した。マッフェオ・バルベリーニが教皇に選出されたまさにその年に顕微鏡が発明されたという事実は、一方で大志を抱く有徳科学家たちの生に明確な区切りを引くことになる、「驚くべき緊急の事態」であったと思われる。ガリレオが考案した最新の実験機器のおかげで、リンチェイ会員たちは、かつて誰もなしえなかったほど完璧に、バルベリーニ家の家紋であった蜜蜂の解剖を描写しえたのである。

チェージ、ステッルーティ、ファーベルの三人は、すぐさまローマの蜜蜂を観察し始め、そしてコロンナにナポリの亜種とそれらを比較検討するように促した。彼らの研究成果は、チェージの『蜜蜂館』(*Apiarium*)に収録されたほか、ステッルーティが翻訳して一六三〇年に出版したペルシウスの『諷刺詩』(*Saturae*)の中に、五ページにわたる脚注として記述されている。ステッルーティはこう書いている。「顕微鏡を使って蜜蜂のあらゆる部分を微細に観察してみると、その形態は、それが知識に役立ち、誰もが見るに値するものであるため、ここで視覚に訴えるに十分価値があると判断する」(図17・参考図22)。かつてアルドロヴァンディが、自らの解剖学の技能を新たなアリストテレスとしての自己イメージを形成する中心的な姿勢として喧伝していたのに対して、ステッルーティは、「アリストテレスもほかのどのような哲学者も、そして古今の博物学者のうち誰一人として、(これらの事象を)観察したこともなければ、知悉することもなかったのである」[☆60]と公言している。カターネオの白鳥と同じように、蜜蜂は解剖するに値する標本であり、その意義は収蔵していたミュージアムの壁を越えて広がっていき、教皇宮廷の政治文化と交錯するにいたった。というのも、ウルバヌス八世がチェージの『蜜蜂館』に満足の意を示し、そのことが彼らの手にした調査のための新たな観察技術の成功を意味していたからである。ステッルーティやコロンナといった熱狂の徒は、すぐさま別の生きものに目を向け、埃ダニや「われわれのものより大きい瞼をもつ」蝿などに関心を向け始めた。[☆61]顕微鏡を駆使した観察は、解剖だけでは成し遂げることのできない方法で、想像力に満ちた博物学の秘めたる可能性に力を与えることになった。一六二〇年代に、顕微鏡は、かつていかなる古代人も、当時においてもほとんどの者が主張しえない「経験」をもたらすがゆえに、それまでリンチェイの博物学者たちが常に理解しようにも理解を超えていると思われた、新奇性に対する権利を主張するための手段を提供したのである。

それと同時に、アカデミーの会員中もっともよく旅行をした人物の一人であるカッシャーノ・ダル・ポッツォは、出版を企画していたエルナンデスの「メキシコ宝典」にさらなる輝きを加えるため、昆虫と同様にいまだ研究対象

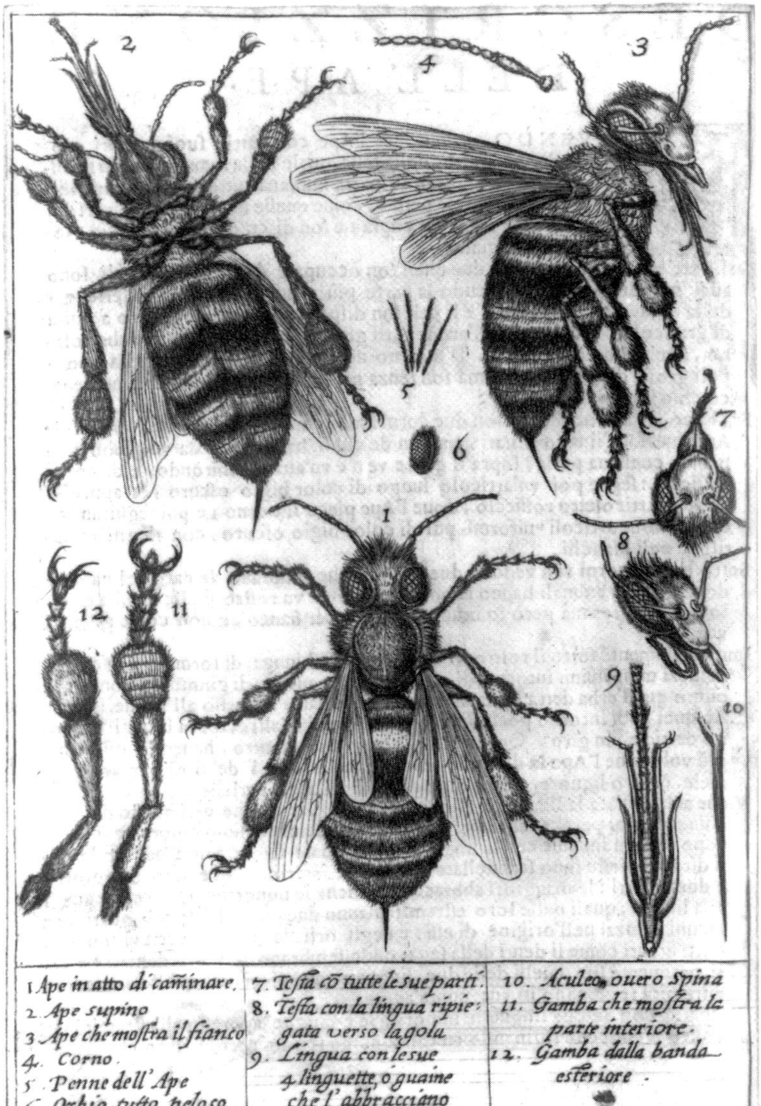

図17――アカデミア・デイ・リンチェイの蜜蜂解剖図（Francesco Stelluti, *Persio tradotto*, Roma, 1630）
参考図22――フェデリーコ・チェージ『蜜蜂館』の分類一覧表（ブロードシート）

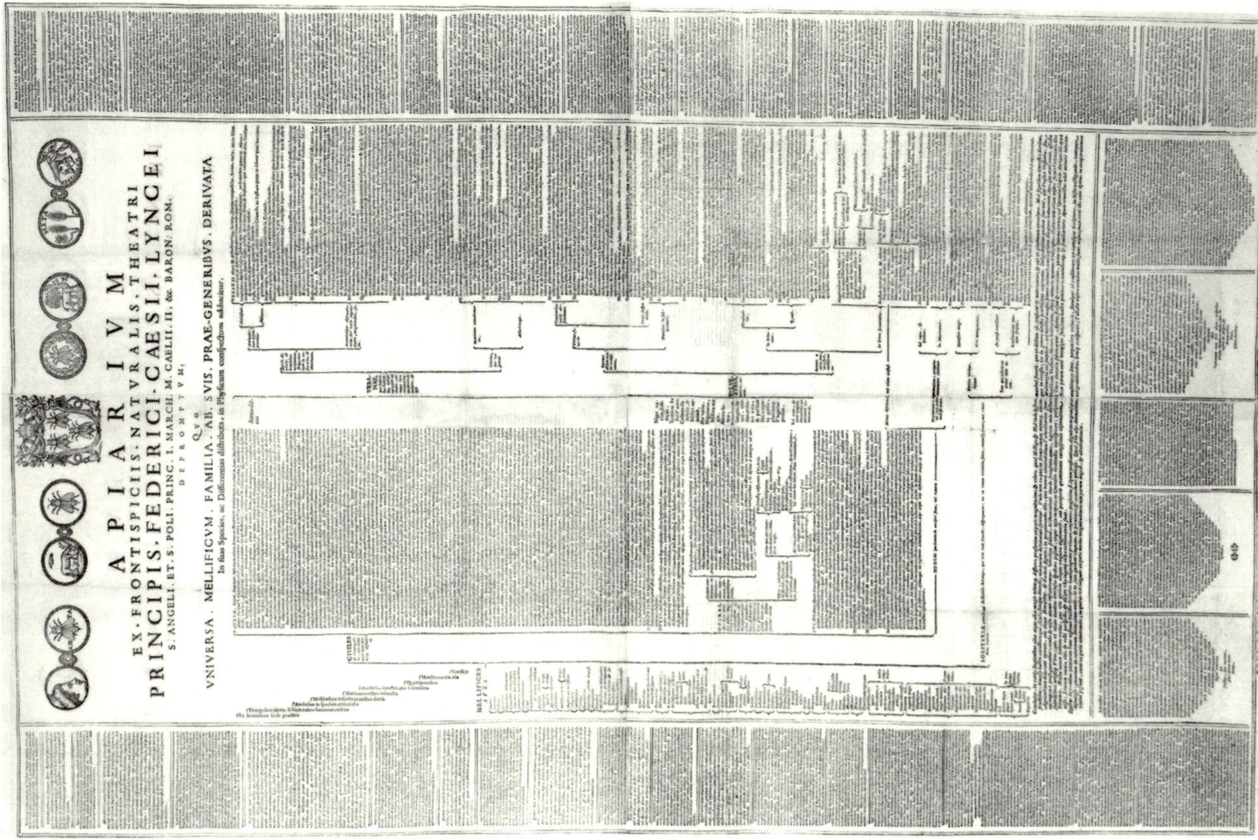
APIARIVM
EX·FRONTISPICIIS·NATVRALIS·THEATRI
PRINCIPIS·FEDERICI·CAESII·LYNCEI
S. ANGELI. ET. S. POLI. PRINC. I. MARCH. M. CAELII. II. &c. BARON. ROM.
DEPROMPTVM;
QVO
VNIVERSA. MELLIFICVM. FAMILIA. AB. SVIS. PRAE-GENERIBVS. DERIVATA
In suas Species, ac Differentias distributa, in Physicum conspectum adducitur.

とされてこなかった膨大な標本群を見過ごすことはなかった。一六三〇年から一六四〇年代にかけて、ダル・ポッツォはフラミンゴを初めとする外来の生物を解剖し、パトロンのフランチェスコ・バルベリーニの目を楽しませている[☆62]。死を迎える一六五七年までのあいだ、ダル・ポッツォは、自然の解剖とその図譜化に寄せる情熱によってその名をあまねく知られる存在であった。アカデミア・デル・チメントの会員であったカルロ・ダーティは、このローマの蒐集家に捧げた頌辞の中で述べている。「そして真の大山猫の眼（occhi di lince）をもって解剖を視透かそうと彼は望んだ。というのも、管見によれば、化学を別とするならば、自然を解剖することほど悦ばしい事柄はほかにないからである[☆63]」。解剖、博物図譜、顕微鏡観察を通して、リンチェイの会員たちは、アリストテレス的な実践から実験哲学（experimental philosophy）のエンブレムへと、解剖学を変容させる道を歩み始めたのである［参考図23］。

ローマの最新流行を追うことにかけては人後に落ちない有徳文化人たちは、リンチェイ会員たちが用いていた技術を、すぐさまほかの諸都市にも広めていった。一六六〇年代までには、「大山猫の眼をもって」する解剖は、イタリア宮廷文化の中心地としてローマと競いあっていた、フィレンツェの科学文化にも浸透していった。顕微鏡は、あらゆる自然の科学的調査をおこなう標準的な装置となり、博物学のミュージアムの鎹となった。ダーティが観察しているように、アカデミア・デル・チメントという集団は、解剖よりも化学的な実験の方に重きを置いており、動物を解剖するより、トッリチェッリの発明した真空器の中で呼吸しようとして苦しむ動物たちを見ることの方を好んだという。この化学偏重の通例に対する注目すべき例外として、解剖文化をトスカーナ宮廷においてふたたび活性化した人物であるレーディがいた。キルヒャーは、「地中生物」の特徴を詳細に記述するために、イエズス会の器具制作士がつくった顕微鏡を用い、ローマ学院のミュージアムに展示していた。これに対してレーディは、自然界の中でもっとも微細でもっとも困難な神秘を解き明かすために、大公が所有する器具コレクションを利用していた。キルヒャーもレーディもともに、解剖と実験を自然現象と相互に作用しあう模範的な手段とする、ひとつの文化に属していたのである。キルヒャーにとって新しい哲学の技術の数々は、古代の教養に新たな証明を与えるもの

参考図23――アカデミア・デイ・リンチェイのエンブレム〈大山猫〉（Archivio Linceo IV, fol. 244）

であったのに対して、レーディにとってそれらの技術は、古代の権威に対抗する科学知識の形態を創造するための機会を提供するものであり、リンチェイ学会の会員たちが着手した調査探求プログラムの継承を可能にしたものなのである。

一七世紀の半ばまでには、自然を解剖することは、好ましい社会的技能であったばかりでなく、カスティリオーネや宮廷人たちが会得すべきとした宮廷的なさりげなさ（スプレッツァトゥーラ）(sprezzatura) の一例ともなった[☆64]。レーディは、フェルディナンド二世およびコジモ三世に伺候する宮廷医師および博物学者として、バロック期イタリアにおけるもっとも科学的に熱い眼差しをもつ有徳文化人の集団のひとつの只中で自然の研究をおこなったのである。一六六七年──アカデミア・デル・チメントが解散した年──にレーディは、やがて当代の押しも押されぬ博物学者の一人へと彼を押しあげていくことになる、名声を獲得し始めたばかりであった。レーディは当時、『鎖蛇の観察報告』(*Osservatione intorno alle vipere*) を上梓したばかりで、次の著作『昆虫の発生に関する実験』(*Esperienze intorno alla generazione degl'insetti*) を完成する途上にあった。これら二冊の出版は、トスカーナの宮廷人たちのあいだで流行していた文化的探求のスタイルとして解剖を特権化していた実験方法の文化を記念するものであった。アルドロヴァンディが解剖を個人実験室（ストゥディオーロ）の中に限定していたのに対して、レーディは宮廷全体を自らの実験室に変えてしまった。ミュージアムの中に訪問者を迎え入れて実験を見せるために訪問者を招くよりも、レーディは、宮廷中のいたるところで──メディチ家の調剤局や実験室で、狩猟の途上で、夕食後の歓談中に、要するに自然をじっくりと精査するのに適した場所ならばどこでも──即座に解剖の実演にとりかかることで、自然を観衆にもたらしたのである。解剖は、もはや新アリストテレス主義者たちの特権ではなく、宮廷的な教養のひとつとなったのである。顕微鏡を手にもち、熱心な助手たちに囲まれて、レーディはますます、自然の研究を支配していく実験の礼儀作法を洗練させていったのである。

助手たちを使い、レーディは、毒の源泉を解明しようと一五〇匹の蛇の頭を切断し、あるいは針の仕組みを調べようと蠍を顕微鏡の下に置き仔細に検査した。さらには、樹が実際にその中に入っている生きものに生命を与えたのかどうか見るために、一万以上もの柏の没食子を切開している。もっとも注目すべきことに、レーディは、自然の観察を拒絶するか、もしくはア・プリオリな憶測によって見るという行為が影響されるのを容認するか、レーディの見解によれば、そのいずれからも生じうるパラドックスに関心を抱いていた。キルヒャーが蜂蜜水の中に蠅の死骸を入れ、そこから新たな蠅の一群が自然発生して湧いてくるのを観察すると、レーディは、即座に自らの検体を回収し、皿の覆いが外されている場合にのみより多くの蠅が生じるという反証を挙げている。またキルヒャーが、牡牛の糞が芋虫に似た、成長して蜜蜂になる長虫を発生させると主張したのに対して、レーディは、観察のために「キルヒャー師の指示に従って」糞のサンプルをトスカーナ大公の宮廷中に撒き散らした。観察の結果、その中に蜜蜂は一匹もいないものの、たしかに小さな羽虫や蠅が、空気に晒した糞の周りに群をなして蠢くのが確認できたが、封をした糞からは虫が湧いてくることはなかった[☆65]。さらには［キルヒャーの弟子］ボナンニが、蛇は心臓をもっていないというアリストテレス的な権威ある見解を証明するために顕微鏡を用いたと主張すると、レーディはこれを軽蔑して次のように応酬している。「地上の蛇に心臓があるかどうかを見るには、顕微鏡で視覚を補強する必要などあるはずがなく、ましてや目を細める必要すらない[☆66]」。新しい哲学のテクノロジーが十全にその能力を発揮するには、有効な実験方法論の存在が不可欠であった。このことは、実験の実演がくりかえしおこなわれ、高い社会的ステータスの貴顕たち――中でももっとも顕著な存在であったトスカーナ大公フェルディナンド二世とその兄弟のレオポルド――が申し分のない証言を与えることのできる、宮廷文化の中でのみ生みだされえたのである。

　レーディがその批判者たちに絶えず注意を喚起していたように、自然を解剖することは、純粋に実演論証的な科学というよりはむしろ実験検証的な科学へと成長していた。学者の信任よりも宮廷的権威が、実験する者のステータスと同様に、実験に立ち会う目撃者たちの信頼度を決定づけていたのである。このことは、イエズス会の博学教育者ボナンニのような人物に対して、宮廷人レーディが執行する解剖より優れた蛇の解剖を結実させることをこれまで不可能にしていたのである。実験の重要性を主張しながらも、なおアリストテレス的な自然観を後生大事に標榜し続ける、キルヒャーやボナンニなどの博物学者たちの陳述に頭をかかえたレーディは、彼らが「経験というものが無に等しいので目が見えなくなっているにちがいない」[67]と考えた。こうした人々を「宮廷にふさわしからぬ」と描写することは、同じことを別の言葉で表現したのに等しかった。レーディもそのイエズス会の敵対者たちもそれぞれが、自分たちが属する地方文化の期待に順応するように、解剖学的な実演と実験を形成していったのである。実験の観察に訪れる者たちは、ローマ学院のミュージアムに足を踏み入れたさいには、当然アリストテレス的なスペクタクルを、メディチ家の博物学コレクションの中でレーディが解剖を実験しているのを観察するさいには、反アリストテレス的な展示を期待したのである。論争を修辞学的な楽しみのもっとも高い形式とみなす観衆にとって、これら二つの研究形態のあいだの対照は、眼前で展開するスペクタクルへの楽しみをひたすら増幅させることになったのである。

かつてアルドロヴァンディがそうであったように、レーディもまた、常に自らの手で解剖作業をおこなうというわけではなかった。宮廷で占めるレーディの地位は、解剖作業のもっともありふれた側面をすべて助手に完成させることが求められており、そして妙技とも言える技巧が必要とされる展示の段階にいたってはじめてレーディが介入したのである。ほとんどの場合は、蛇獲人のソッツィが通常の実験作業を遂行した。一六八一年にソッツィは、雄とみなされていた蛇が雌であることを証明しようとして、大量の蛇を解剖している (dal taglio anatomico)。レーディは続いて、ソッツィの判定を確証するため、それらの蛇を大公殿下の顕微鏡で検視し、この新たなテクノロジーに最終的な裁定を下させようとしたのである。同じ年に、レーディ、ジョヴァンニ・アルフォンソ・ボレッリ、そして二人のイングランド人訪問者たちは、ティルマンノ・トルトゥイーノが毒殺された犬を解剖するのに立ち会っている。[68] なにかしら下等なもの——たとえば家鼠や栗鼠など——を解剖標本として選んださいに、レーディはありあまった閑暇がその気を起こさせたのだと、その理由を説明する必要にかられた。「こうしたものを解剖して無聊を慰めております」と、レーディはヤーコポ・ダル・ラーポに宛てて、アルティミーノにある狩猟地から一六八一年に書き送っている。[☆69] 大公の動物園に収容されているより珍しい外来の動物——たとえば死後にレーディに下賜された熊など——を解剖するために不可欠であった解剖をめぐる宮廷的さりげなさは、高貴な種ではないが解剖学的観点からは重要な生きものを切開することによって培われた。一六七〇年代までに、レーディは、宮廷の同僚ステーノと並び、自然を不断に解剖することを通して「視る」という不確実な要素を孕んだ営為をふたたび確実性をもたらす完全な状態に修復した博物学者として、あまねく知られる存在となっていた。たとえば、フランチェスコ・ダンドレーアのような客人がフィレンツェを訪れたさいに、彼らは、「レーディ殿による動物の解剖をぜひとも見せていただく栄誉」に与かることはできないだろうかと懇願している。[☆70]

一六六六年にステーノがトスカーナに赴任すると、これによって、突然にわか解剖熱が吹き荒れ、レーディとこのオランダ出身の解剖学者は、宮廷内のいたるところで生きとし生けるものの大虐殺をくりひろげ、妙技を互いに競いあいながら、大公とその宮廷人たちに感銘を与えた。「偉大なる名声を得た解剖学者」というステーノの評判は、はるか以前から聞こえていた。トスカーナ来訪の前年にパリで、彼は脳を熟練した手さばきで解剖してみせ、立ち会った学者たちの舌を巻いている。ステーノにとって、自然を解剖することは、知識を増進させるための主要な手段であった。彼がメディチ宮廷に腰を落ち着けたことによって、宮廷のエートスとして解剖学が当時関していた流行はいっそう確固たるものとなった。自然の表面を浅薄に引っ掻くだけの一般的な解剖法を批判し、ステーノは、「解剖における不可侵な規範としての古代の法則」に頼ることのない、新たな解剖学を提唱した。[☆71] ステーノはなによりもまず実験中心的な解剖学者であり、反アリストテレス主義的なトスカーナの科学文化が彼にとってはたいそう居心地良かったのである。到着してわずか数カ月後には、早くも大公殿下の御前で「さまざまな不思議に満ちた実験」を展覧してみせ、レーディとも懇意になっている。レーディは一六六七年に、ヴィンチェンツォ・ヴィヴィアーニに宛てて詳しく物語っている。

ステーノ殿は、昼も夜も私とテーブルをともにする栄誉を与えてくださいました。教養に満ち、それでいて好意的なその会話を私は存分に堪能することができたのです。さらにわれわれは閑暇を惜しんで、フィレンツェの宮廷を中心に、くる日もくる日も解剖をくりかえし、驚嘆すべき観察をおこなっています。[☆72]

ステーノとの共同作業をする中で、レーディは、古代から語り継がれてきた信念の誤りを示し、彼ほど実験重視の傾向もなく解剖学的機知も有していなかった、アルドロヴァンディからキルヒャーにいたる博物学者の誤った声明を解体する恰好の契機を見いだしたのである。レーディと同様にステーノは、大公フェルディナンド二世を新たな解剖学にとっての雅量あるパトロンとして称讃している。「動物誌の記述は、これまで、閣下が私に解剖することをお許しくださったさまざまな動物のおかげで、ずいぶんと進展してまいりました」と、ステーノは一六六七年に書いている。[☆73]ステーノは、カトリックに改宗すると次第に科学的活動から霊的な勤行へと道を譲るようになったものの、彼のフィレンツェ滞在は、時代を先導する自然解剖学者の一人としてレーディの地位を強固なものとした。二人がともに、精巧で豪奢なスペクタクルを上演して、大公の無聊を慰めていたのである。

レーディとステーノによってフィレンツェで培われた宮廷的な解剖合戦は、バロック期のほかの実験劇場においてもそのまま再現されている。ローマでは、チャンピーニの創設した自然学-数学アカデミー（Accademia Fisico-Matematico）が、レーディの昆虫実験を、一六七八年に再演している。[☆74]しかしそこでは、アカデミー会員の中に傑出したイエズス会士が数名含まれていたという事実を無視して、アカデミーが、自分たちがおこなった実験の結果に基づけばレーディの説に与することになるにもかかわらず、自然発生説を擁護することはなかった。実のところ当時の人々の中で、実験法についてのイエズス会のプログラムとレーディの方法論としてより洗練された自然の探求とのあいだに、対立を認めている者はほとんどいなかった。そのかわり、同時代の人々が両者を見て気づいたのはむしろ、標本の展示、実験器具類の活用、そして実験の提唱といった共通する特性であった。実際ボローニャにおいて、レガーティは、顕微鏡、すなわち「もっとも驚異に満ちた自然の創造物の容器であり劇場」たるこの器具の使い方を有徳文化人たちに実際に演じて見せたという点で、キルヒャーとレーディを等しく称讃している。[☆75] ミラノにおいてはセッターラが、レーディ、ステーノ、キルヒャーらとの交友を享受している。ステーノがセッターラのミュージアムを訪れたさいに、医師パオロ・テルツァーゴが解剖学的技能を発揮する機会が訪れた。「そのほかのさまざまな解剖の実演の中でも、セッターラ家の邸館で若い雌牛の卵巣を、マンフレード氏の立ち会いのもと、（彼が解剖に付し）、卵（ママ）［胚］を抽出し、その皮質を入念に剝がした」[☆76]。

ステーノは、この種の解剖学的な宮廷的さりげなさ（スプレッツァトゥーラ）の創始者として、テルツァーゴの妙技を鑑賞するのにもっとも適した観者であった。もしキルヒャーがミラノを訪問したとすれば、セッターラはまちがいなく、このローマの友人とのあいだに交わした数知れない学術的な書簡が製作を成功に導いた、発火鏡や磁気器具類を見せたことだろう。当の哲学的な立場がどのようなものであれ、バロック期のミュージアムの中では、あらゆる自然が展覧に供されており、そしてとりわけ高度な技術を要する解剖実演、たとえばテルツァーゴがセッターラとステーノのためにおこなったような解剖が、当時の実験文化を定義する至芸／妙技（virtuosità）の基準を現実のものとしていたのである。自然を解剖すること——当初は大学と人文主義者の書斎／実験室（ストゥディオ）におけるアリストテレス主義的なプログラムを支える目的で始められたこの実践は、蒐集家たちがパトロンのために開示してみせるそのほかのすべての自然のスペクタクルと平行してその存在を主張し、宮廷、アカデミー、そしてミュージアムで演じられる一種の劇場形式へと発展していったのである。

自然のスペクタクル

博物学者たちは、研究の一形態として解剖術という機能に磨きをかけていくため、ミュージアムの展示標本を利用する一方で、彼らはまた、それ自体にスペクタクル性を秘めている蒐集展示品にも惹かれていった。解剖は、手足を切断することによって、標本の意味を明らかにする。解剖実演の最終段階には、標本生物は、一連の観察報告と図譜化を経ると、もはやその生きものがかつてどのような姿をしていたのかさえ想像することのできない、肉体から分離した個々の部分の山と化してしまう。自然を解剖するという営為は、知識を生みだしはするが、自然を保存するものではなかったのである。この理由から、蒐集家たちの多くは、せっかく手に入れた貴重な標本を解剖するのに二の足を踏むことがままあった。考えてみればなるほど、鰐やアルマジロや極楽鳥といった標本を、解体することなく五体満足の状態で展示するほうがよほど喜ばしいことではないだろうか。アルドロヴァンディのような博物学者でさえ、解剖学を知識を獲得するための主要な手段と考えていたのだが、風変わりな珍しい標本はそのまま保存することを好んだ。完全に未知の品種が手に入った場合は、少なくともその品種がヨーロッパでごく普通に入手できるようになるまでは、十分に新しい情報を提供してくれるその外見的特徴をじっくり観察することで、彼らは論じあっていたのである。ミュージアムの中に運びこまれた生命ある標本を解剖すべきかそれとも保存すべきか、どちらにするか頭をかかえていた博物学者たちも、解剖することなく鑑定しうる非生命体の標本については、当然のこととして熟視熟考を加えている。珍しい動物を手に入れると、やがては記憶されるべき解剖がなされ、それぞれの生物の個々の解剖が詳細に記録されるのだが、しかしそうした事象は、当時姿を現わしつつあった公共の知識としての実験(experimentia)という文化的基準にそぐわないものとなっていた。レーディのような宮廷博物学者のみが、解剖の真に実験的形態を創造するための十分な量の標本に常に接することができたのである。「自然観察はくりかえし経験することを必要とする」と、ボッコーネは助言しながら、実験中心的な実践活動を定義している。[☆77] 驚くべき変形能力を秘めた非生命体の蒐集展示品は、自然魔術の遺産に大きく依拠したミュージアムの実験文化がもつもうひとつの側面を明示する。くりかえし「経験」可能なスペクタクルをもたらしたのである。

自然魔術は、科学の実演論証的な文化を発展させる、とりわけふさわしい枠組みを提供した。著作『大いなる術の先駆』(*Prodromo all'Arte Maestra*, 1670)の中で、イエズス会士のラーナ・テルツィは「経験」を、ベーコンが博物学を三つの部門に分けたのを模倣して、三つの異なるカテゴリーに分類している。第一のカテゴリーは「すべての物質的かつ感覚的な事柄」の発生に関連するもの、第二のカテゴリーは超常現象に、そして第三のカテゴリーは「人為的経験」に関連するものである。この第三カテゴリーの項目下に、ラーナ・テルツィは自然魔術を包括し、自然魔術とは「自然科学の一部門をなし……並外れた驚異的な効果を生じさせる」ものであるとする[☆78]。博物学者たちは、生物の解剖学的な構造を明るみに出すのと同じぐらい、自然の[非生物の]対象物が秘める能力に魅せられていた。蒐集家の習性として、彼らは特別な資質を秘めているという評価の高い対象物に引き寄せられたのである。王立協会の招待客は、協会の実験プログラムの中の成功例だけを見せられ、失敗例を目にすることは決してなかったが[☆79]、それと同じように、ミュージアムの訪問者の大多数もまた、自然魔術の規範が提供しうるもっとも結果の予測しやすい実験でもてなされた。たとえば、上品に編まれた石綿の衣服はいくら火に焼べても頑として燃えるのを拒み、発光石は暗闇で怪しく光り、精巧な機械の内部に仕込まれた磁石はどこへいくともわからぬ動きを生みだし、レンズがはるか遠方で火を熾すと思えば、歪んだ鏡が視覚のプロセスを疑わしい冒険へと誘う。博物学者と観衆は、互いにこれらの活動に参入しあうことによって、ミュージアムの内部空間で遂行される活動の将来性についての公共文化を築きあげていった。

自然を実験するということは、哲学的知識の検証であるばかりか、社会的権力の証明でもあった。「自分に権力か財力がありさえすれば、大公殿下、私は数え切れないほどの驚異に満ちた秘密を実験に付したことでしょう。というのも、私はそれら秘密の多くに通じているからです」と、アルドロヴァンディは、実験者としての大公の優位性を認めたうえで、フランチェスコ一世に宛てて一五七七年に書き送っている[☆80]。実験というものを理解するにあたって、宮廷人や貴族はそれを閑暇が生みだす楽しみと思い描いていた。何か新しいもの、あるいは目新しくなくてもとにかく何か驚異的なものを見たいと願う観衆を前にして、博物学者は、驚異を「経験」(experientia)の主要な形態へと仕立てる、実験を創出していったのである。ミュージアムをめぐるコンテクストにおける自然魔術の伝統の復活は、たとえばデッラ・ポルタやキルヒャー、ショットやセッターラといった人々の仕事にもっとも顕著に見てとることができるように、宮廷で流行したパラドックスへの鍾愛を満たすとともに、哲学的な正当性を与えることによって展示の力を増幅させることになった。自然魔術の伝統はさらに、博物学者に資源／富を巧みに操作する者（マニピュレイター）というイメージを付与することに力を及ぼした。世の中の秩序を意のままに再配列することのできる君侯や貴族たちをいつも見ているせいか、ミュージアムをよく訪れる人々は、そこに同じように自然を意のままに操る蒐集家のイメージを見いだして、内心大いに喜んだのである。

この時代に隆盛を見た「秘密の書」(libri secretorum) は、逸名作家の『多様で驚異に満ちた秘密』(*Secreti diversi et miracolosi*, 1563) の出版者がパドヴァの解剖学者ファッロッピアを描写しているように、博物学者を「自分の手をひっきりなしに動かして実験また実験に明け暮れる」根っからの実験好きの人種として描いている。[☆81]「秘密」という言葉は、蒐集家がミュージアムの中でその機能を有効にするのにも似た、その種の自然に関する実践的な知識を説明するものであった。デッラ・ポルタのような自然哲学者たちは、自分がそれまでに蓄積し経験した秘密の総量に、名声の基礎を置いていた。パトロンであるルイージ・デステ枢機卿に宛てた書簡で、デッラ・ポルタは、「二〇〇〇を超える医学の秘密やそのほかの不可思議なことども」を蒐集し、それらを検証するために、自分自身はおろか、友人やパトロンたちをも貧窮させてしまったと自慢げに語っている。[☆82]デッラ・ポルタの著作『自然魔術』(*Magia naturalis*) が、たちどころにこのイメージをイタリア全土に広めた。ジガンティのような蒐集家は、自身のミュージアムを美しく装うために、常にさらに多くの「自然の秘密」を求めて奔走し、デッラ・ポルタが占有していると主張していた自然の絶対的な知識と完全なる制御を自ら成し遂げることを夢見ていた。[☆83]

アルドロヴァンディの場合、同時代の人々は、彼のミュージアムを深遠なる知識の完全なる貯蔵庫と想像することによって、彼の成功のレヴェルを認めていた。「水が流れてやがて海に注ぐように、あらゆる驚異的な事物や、もっとも美しく深玄なる自然の秘密の数々が、貴殿の名高いミュージアムの中に集積されることだろう」と、イエズス会士ジョゼッフォ・ビアンカーノは嘆息混じりに述べている。自らの予言を成就させるべく、ビアンカーノは自分だけが知っていた「美しい秘密を二つ」、この博物学者に提供している[☆84]。秘密は、ジローラモ・ルシェッリが注意を喚起しているように、「ごく小さなもの」であり、それゆえ微細で、貴重で、一見ミュージアムの中にごった返している瑣末な展示品のように見えるものである[☆85]。これらの秘密はしばしば、難解で、異国情緒にあふれ、あるいはいくぶんうさんくさい、科学的成果のスペクタクル性や劇場性を堪能できる教養ある観衆に向けられた知識を表象していた。解剖術は、知識を公開することによって秘密を開示するものであったが、自然のスペクタクルは、自然の神秘をいや増しに高め、そして自然の隠された特質を賦活させる蒐集家の力を高めるものであった。ルネサンスの学者たちがアルドロヴァンディの意見を「最高の真実」として引き合いに出すとき、彼らは秘密を所有することによってもたらされる力に確証を与えていたことになるのである[☆86]。

後期ルネサンスのフィレンツェでは、大公フランチェスコ一世と庶子のドン・アントニオの二人が、自然魔術を宮廷的な知識の一形態とする、カジーノ・ディ・サンマルコの実験工房における活動を通して、その成功を保証するために欠くことのできない社会的な威信を実験文化に対して与えたのである。ドン・アントニオは、「ナポリ人ジョヴァン・バッティスタ・ポルタが有する種々の多様な秘密」と題されたものをその中に含む、彼ら父子がそれをもとに多くの実験を推進した、各種の秘密に関する膨大な量の手稿コレクションを所有していた[☆87]。一五七七年にアルドロヴァンディは、大公の実験工房を実際に見学するという明確な目的をもって、フィレンツェに旅行している。「昼夜を問わず作業して自然界の多様な秘密を探求され……秘密を解き明かされ、実験によって効能を試されたあとに、大公殿下は、寛大にして礼儀正しくそれを病人のために役立てておられる」という大公についてのアルドロヴァンディの描写は、デッラ・ポルタを模範と仰ぐ、君主‐実践家としてのフランチェスコのイメージを鮮やかに浮かびあがらせている。「二回の訪問で、八時間ものあいだ、大公殿下はもったいなくも私に、ご自身が自ら実験された、驚異に満ち、高潔で魅惑的な秘密の数々をお見せくださいました」とアルドロヴァンディは記している。[☆88] 当然のこととして、このメディチ家の君主がいつも自分で実験をおこなっていたわけではなく、しばしば「異なる部屋で異なる計画に携わる幾人もの親方(マエストロ)たち」にそれを委任しており、アルドロヴァンディは、こうした君侯にふさわしい知識の生産に立ち会うのに価値のある博物学者として、自らに特権が与えられていることを理解したのである。[☆89] 解剖のさいに実際の執刀をおこなう外科医がアルドロヴァンディを助けていたのと同じように、フランチェスコ一世もまた、自らのアイディアを物質的な存在へと具体化させるために技芸家(クラフトマン)たちを雇っていた。しかしながら、カジーノの工房で成し遂げられたすべての研究成果に対する名誉は大公自身に帰されていた。アルドロヴァンディと同じように、大公もまた自然哲学者であり、実験者ではあったが、技芸家ではなかったのである。

アルドロヴァンディのフィレンツェ訪問が示しているように、大公の実験工房は、同朋の有徳文化人たちを実験文化の中へ導き入れる、一種のイニシエーションの場と化していた。秘密はもはや、医師や自然哲学者の教本の中に埋もれている存在ではなくなった。科学的蒐集の世界に統合されることによって、秘密はいまや、科学の劇場的文化の一翼を担う存在となったのである。大公が、自然魔術や製薬化学の実験活動に資本を投資することによってはじめて、カルツォラーリやインペラートといった蒐集家たちの社会的ステータスが上昇することとなった。薬種商として彼ら蒐集家は、これらの術策において、ほかの博物学者たちを教化するのに必要な技能や器具類を所有していたのである。カルツォラーリは実際、蒸留装置を自慢げに展示していたし(ミュージアム・プラン1を参照)、インペラートは、自然の化学的な調査研究に孜々として邁進する博物学者という名声を享受していた。フィオラヴァンティによって「数々の珍奇なる秘密と高貴なる実験の庇護者」[☆90]と称讃されたカルツォラーリは、博物学者たちをバルド山の丘陵地へと案内するだけではなく、一行を自らの実験室まで連れてきて、採集したサンプルの検証作業をもおこなった。マッティオーリは研究を進めるにあたり、カルツォラーリが無限に築きあげていく博物標本に大幅に頼っていたため、都合二度にわたってこの薬種商のミュージアムを長期に訪れ、一五七一年にはここで二カ月もの時を過ごしている。「ヴェローナのカルツォラーリ氏が手紙で知らせてくれたのだが、今年貴君は彼のもとを訪れて、邸内の劇場に収められた美しい蒐集品を残らず見たそうですね」と、マッティオーリはアルドロヴァンディに宛てた手紙に書きとめている。「実は私も、ほんの少しまえまで彼のもとを訪れていたのです」[☆91]。トスカーナ大公が、高価なガラス製品を製作し外国産の成分や原料を試験する完全な工房／実験室を営む十分な財力を有していたのに対して、博物学者の大半は、自然に関する化学的な知識を得るためには、薬剤師や蒸留抽出師と知己になり、さらには薬種商のミュージアムへと足繁く通う必要を感じていたのである。

一五七二年にアルドロヴァンディがカルツォラーリのミュージアムを訪れたさいのハイライトのひとつは、アルドロヴァンディ自身も参加した石綿（アスベスト）の実験であった。アルドロヴァンディはそのときの出来事をノートに記録している。

> われわれは、彼の邸館内で実験を遂行し（habbiam' fatto esperienza）、石綿を、燃え盛る蠟燭の炎にかざしてみた。すると、ぱっと火がつき、炎に包まれたので、そのまま焼けて灰になるものと皆が思った。けれども、炎から出して冷ましてみると、その実体も外観も、火に焼べるまえとまったく変わらぬ状態であった。このとき私とともに実験室（ストゥディオ）にいたルッカの偉大な医学博士にして哲学博士のマルカントニオ・メノーキ氏が、この実験の真実性を証言してくれるだろう[☆92]。

一六世紀の半ばには、石綿は比較的新種の物質であり、その特異な性質はほとんどわかっておらず、多くの関心が寄せられていた。パラドックスを秘め、展性に富み、そして無限のスペクタクルを生みだすことができる石綿という物質は、当時姿を表わしつつあった実演文化にまことによく適合するものであった。アルドロヴァンディ自身も、「スペクタクルを提供するために」、ミュージアムに膨大な量の石綿を保持していた[☆93]。すっかり石綿の虜になってしまったインペラートは、北方の文通仲間に頼んでサンプルをとりよせたばかりか、石綿の実験を描いた図解を自身の『博物誌』の中に収載している[☆94]（図18）。それどころか、この石綿の実験が、著作全体の中でインペラートの描いた唯一のものであった。

一七世紀を迎えるころになると、石綿の実験は単なる性能実演から、手の込んだ娯楽の一種へと発展し、イタリア中の貴族や外国人訪問客の目を楽しませるようになった。その中でももっとも有名なものが、セッターラがミラノでおこなった石綿の実験であろう。セッターラは、発明家としての技量を存分に発揮して、石綿で財布をこしらえた。そして、

石綿製の財布を何度となく、並みいる貴顕諸侯たちの目の前で、赤々と火のついた大量の木炭の中に投げこんだ。中でもひときわ、インスブルック大公とトスカーナ大公妃のお二人は、実験のなりゆきを興味深げにまじまじと見つめておられた。実験の最中、火傷をする方は一人もいなかった[☆95]。

蒐集家たちはしばしば、記念品として、そして彼らの高度な技術を証明するものとして、石綿を編んだ小さな装身具を訪問者への贈りものとしている。たとえばキルヒャーは石綿の地図を所有していて、これをローマ学院に展示していたし、「アルドロヴァンディの書斎」（Studio Aldrovandi）には、同じ物質で編んだ羽の生えた上着が収蔵されていた[☆96]。アルドロヴァンディがカルツォラーリのもとを訪れたことがきっかけとなって始まった石綿の実験についての膨大な論及は、この種の実験（experimentia）が、ミュージアムにおける実験活動というものをいかによく定義づけていたかを示唆している。もともと自然が生みだす好奇に満ちた効果の一例として始められたものが、ほどなく、高貴な身分の観衆が楽しむに値する質の高い、巧みに考案された自然の神秘の解明とそのパラドックスが展覧される、大いに嗜みのある実験へと変貌を遂げた。一七世紀までに石綿が生みだした自然の知識は内容的にはごく小さ

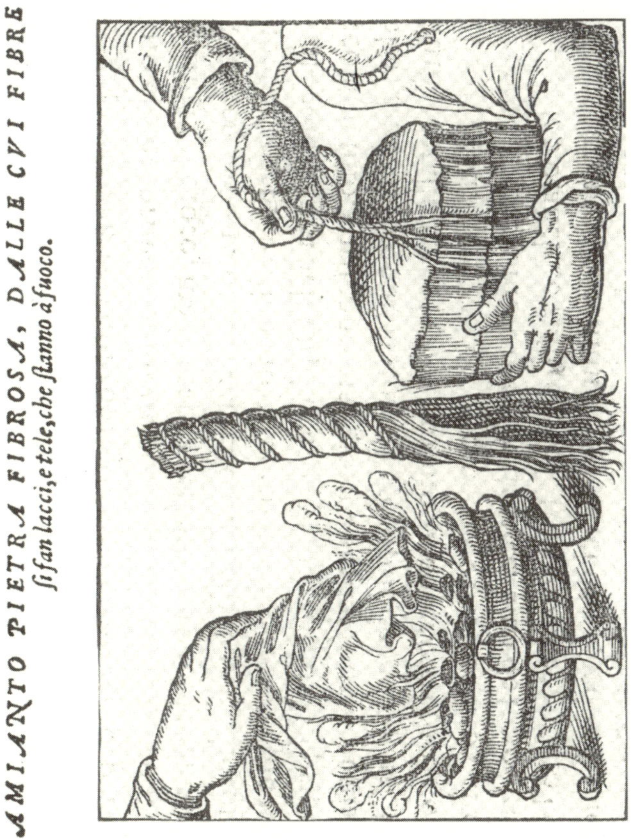

AMIANTO PIETRA FIBROSA, DALLE CVI FIBRE
si fan lacci, e tele, che stanno à fuoco.

図18——インペラートによるアスベストの実験
(Ferrante Imperato, *Dell'historia naturale*, Napoli, 1599)

なものであったが——実際バロック期の蒐集家は、その燃焼性の原因について、アルドロヴァンディが言っていたこと以上のことを付け加えることはできなかった——それでもなおその社会的価値は多大なものであった。つまり石綿は、自然魔術を自然を展示するのにふさわしい枠組みとする、恰好の実例となったのである。

カルツォラーリは、ヴェローナ唯一の名声ある蒐集家ということで人気を満喫していたが、インペラートは、ナポリにおいて、卓越した博物学者かつ実験家としてデッラ・ポルタと競いあっていた。休むことなく鉱物学や冶金学の研究に専念し、さらには外国産の疫病治療薬の配合の実験に没頭することで、インペラートは、知識がテクスト的存在であるとする人文主義者たちの視点から自然はさらに人為的に理解されねばならないとする方向へ視点を変えていく。当時の実験文化を確立するのに大きな力を発揮した。マッティオーリはインペラートを、「自然の秘密を探求するにあたっての勤勉さと機敏さ」ゆえに称讃している。[☆97]バルトロメオ・マランタやリンチェイの会員のニコラ・アントニオ・ステッリオーラのような医師は、テリアカ薬を初めとする数々の医薬の研究開発で、インペラートと緊密な共同作業をおこなっており、また同じくリンチェイの会員のコロンナは、植物と化石の研究を進めるために、この薬種商のコレクションに大きく依拠していた。インペラートのミュージアムでマランタは、テリアカ薬に溶かしこむ成分として必要なワインの正確な割合を決定するために一連の検証作業をおこない、「そしてついに、フェッランテ・インペラート氏が勤勉に何度もくりかえし検査することで得られた経験に助けられて、正しい調合の確立に成功した」。[☆98]インペラートのミュージアムでなされた数々の経験は、「アルドロヴァンディの書斎」でなされたものと似ていないこともない。もっともインペラートは、訪れてくる客人たちが自分よりも社会的ステータスの高い医師たちであったため、彼自らが親しく蒐集展示品の特性を実際に論証しなければならなかったのではあるが。アルドロヴァンディもインペラートもどちらも、観察や実験の結果を互いに共有する博物学者たちの広範囲にわたる書簡のネットワークに属していたのである。

そこから良薬を抽出するために自然界の物質を実験する過程で、インペラートは自然界の構成について興味を抱くようになり、自然界のあらゆる領域を調査し、カタログ化し、カテゴリー化するために、まず自らのミュージアムの蒐集展示品を利用することから着手した。身籠もった毒蛇のサンプルを捕獲入手すると、蛇の生殖について詳しく知ろうと、これを一時間おきに観察している。また彼は、協力者たちとともに蟾蜍（ひきがえる）を大量に捕まえ、「蟾蜍（がま）石」(pietra di rospo)と言われるものが蛙の頭蓋部と頭皮のあいだでかたちづくられるのではなく、事実は普通のものと同じ石であることを論証しようとした。蟾蜍石なるものの正体を暴露することは、化石が非有機体から生成された存在であることを否定するのと同様に、自然とは意味深長で神秘的な類似に満ち無限に変容可能なものとする、デッラ・ポルタの自然観と真っ向から対立するものであった。これに対してインペラートは、自然の発生原因はその解明に普通の観察者がもつ能力を超えるものを必要とはしていないと主張していた。彼は、さまざまな粘土塊が浮くかどうか試すためにそれらを水に入れてみるような、また自然を魔術的な驚異などではなくごく普通の現象に満ちた知解可能な総体として強調するような、数々の実験を遂行したのである[☆99]。多様な物質の化学的特性に強い関心をもつ一薬種商として、インペラートは自らの所有に帰したほとんどすべての薬剤の原材料を加熱しそして蒸留した。それでも、同時代の多くの人々が必死に捜し求めていた「賢者の石」の探索に乗りだすことはなかった。一七世紀初頭の博物学者の多くがそうであったように、インペラートもまた段階的に、実験法を、解剖台の上で始まり化学実験室の中で完結する自然界の解剖プロセスを完成させる手段とみなすようになっていった。インペラートの視点からすれば、自然を解剖することも自然を検証することも、ともに実用的な知識を生みだすという点では同じ価値ある研究の形態であった。

自然を蒐集し蒸留／抽出するという共通の興味を抱いていたにもかかわらず、インペラートとデッラ・ポルタはルネサンス博物学者の二つの異なる傾向を典型的に代表していた。両者の角逐は、政治的な側面の差異ばかりではなく哲学的な側面の差異からも生じていた[☆100]。インペラートが、自然そのものからのみ、そして医薬を改良するために、自然を研究すると公言していたのに対して、デッラ・ポルタは、博物学を自然魔術研究の序章と理解していたのである。彼らのミュージアムを訪問した人々は、これら二つの研究形態の差異を強調する証言を残している。一六〇一年に、ペレスクはナポリを訪れ、ピネッリからの書簡のおかげで、これら二つのミュージアムへの入館を許可された。デッラ・ポルタはペレスクの来訪をたいそう喜び、このフランス人学者を招いていくつかの実験を観察させている。「ペレスクは、これまで書斎に収蔵されていたあらゆるオブジェや貴重な宝物群を目にしたばかりではなく」と、ガッサンディは記している、「あらゆる種類の実験にも立ちあうことができた」。ペレスクが極めつけのスペクタクルの数々を目撃したことによって友情が芽生え、デッラ・ポルタのミュージアムでの最初の出会いは、この二人の博物学者に深い「親交」を結ばせることになった。[☆101] ペレスクがここで内々に関与したのは、誰にでも見せることができる石綿のような安全な実験の検証作業ではなく、いまだ結果の定まらぬ、不確実な作業過程に関する議論とその実演であった。それはおそらく、磁石を使った実演検証か、基底物質を貴金属へと変成させる作業か、鏡を使った実験であったのではないかと思われる。個人的な友情関係と専門的な技量とを具えていることがその世界に参入する必要条件である、蒐集をめぐる社交的な世界と標本や情報の交換をめぐる科学文化とのあいだの境界を横断し、デッラ・ポルタは、自らの実験劇場で展開する内密な作業過程を観察することをペレスクに許したのである。

これとは逆に、インペラートのミュージアムへの訪問は、ペレスクにとってとりたてて記憶すべきことを引きだすことができなかった。深遠な秘密の知識に魅了された人文主義者として、ペレスクは必然的に、インペラートよりもデッラ・ポルタの方にはるかに惹かれるものを感じたのである。デッラ・ポルタは、ペレスクと彼の深遠で難解な秘密についての理解を分かちあい、のちにキルヒャーも同じことをすることになるのだが、さらにペレスクの百科全書的な学識を享受することができた。それに対して、インペラートは、彼の学識ある訪問客とただ自然について話しあうことができたにすぎなかった。インペラートは、［キルヒャーのように］古代の神々の彫像やオベリスクを、マジック・ランタンを、伝声管を、歪曲鏡を、その他の人文主義的な教養を示すようなオブジェを、そのミュージアムの中に所蔵しているわけではなかった［参考図24］。つまるところ、彼は、実験／経験（experimentia）を学術界へと媒介するようないかなる蒐集展示品も収蔵していなかったのである。インペラートはオブジェを蒐集したが、人文主義的な言語感覚を身につけるための「智慧」は獲得していなかった。それゆえ、秘密の共有に参入する学識ある会話を交わすことができなかったのである。

一七世紀の初頭に、古典的権威の価値というものに対して人々の態度に変化が見られるようになると、哲学的に考察するための能力には有害だがスペクタクルとしては魅力的な人文主義的な装いがインペラートに欠如していることを意に介さない、新たな観者がインペラートのミュージアムにもくるようになった。デッラ・ポルタの観察に対する態度をインペラートの経験主義と比較しながら、トンマーゾ・カンパネッラはこう所見を述べている。「それでもなお、篤学の士デッラ・ポルタは自らを鼓舞してこの実験という科学を召喚したのであるが、それはただ歴史的に呼び戻しただけであって、そこにはいかなる解釈もなされていなかった。一方インペラートの実験室（ストゥディオ）こそは、この科学の全貌を明らかにするための基礎となりうるものであった」[☆102]。インペラートの実験（experimentia）に対する行動的な意志と、デッラ・ポルタの実験を哲学的カテゴリーのひとつとするさらなる形式的な用法とを識別して、カンパネッラは、自然という書物から直截に読みこむこの蒐集家のほうに好意的な評価を与えた。デッラ・ポルタが、自らの所蔵に帰したオブジェを用いて歴史的真理を実地で検証してみせたのに対し、インペラートは、自らのミュージアムを、蒐集展示品をめぐる事象からというより蒐集展示品そのものから直接知識を生みだすための空間とみなしていた。デッラ・ポルタの立場は、ジローラモ・ルシェッリのそれと非常によく似ており、ルシェッリは、自らが創設したアカデミア・セグレータ（Accademia Segreta［秘密のアカデミー］）の実験室で、「印刷された書籍や古代および現代の手稿の中から再発見しうるあらゆる秘密を倦むことなく実験していた」[☆103]のである。ルシェッリはペン・ネームで出版された『ドンノ・アレッシオの秘密』を著わした人物で、この作品はアルドロヴァンディ、チェージ、ヤン・エックのような博物学者が必ず蔵書としたものであり[☆104]、その人気はデッラ・ポルタの『自然魔術』と

参考図24A——ラムセスのオベリスク（Giorgio de Sepi. *Romani Collegii Societatis Iesu Musaeum Celeberrimum*, Amsterdam, 1678）
参考図24B——エジプトの護符とお守りと魔除けの小像（A. Kircher, *Oedipus aegyptiacus IV*, Roma, 1652-54）

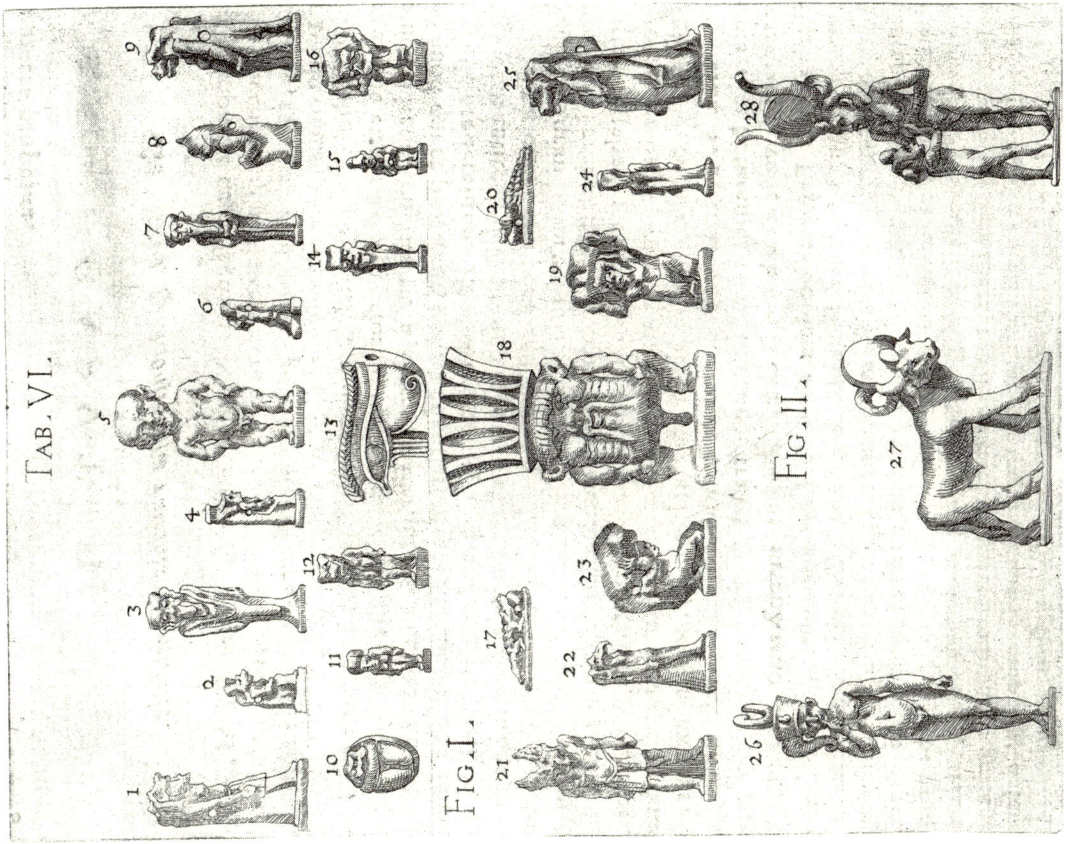
TAB. VI.
FIG. I.
FIG. II.

参考図24C——マジック・ランタン（Johann S. Kestler. *Physiologia kircheriana experimentalis*, Amsterdam, 1680）

参考図24D——太陽熱集光発火鏡（A. Kircher, *Ars magna lucis et umbrae*, Roma, 1646）

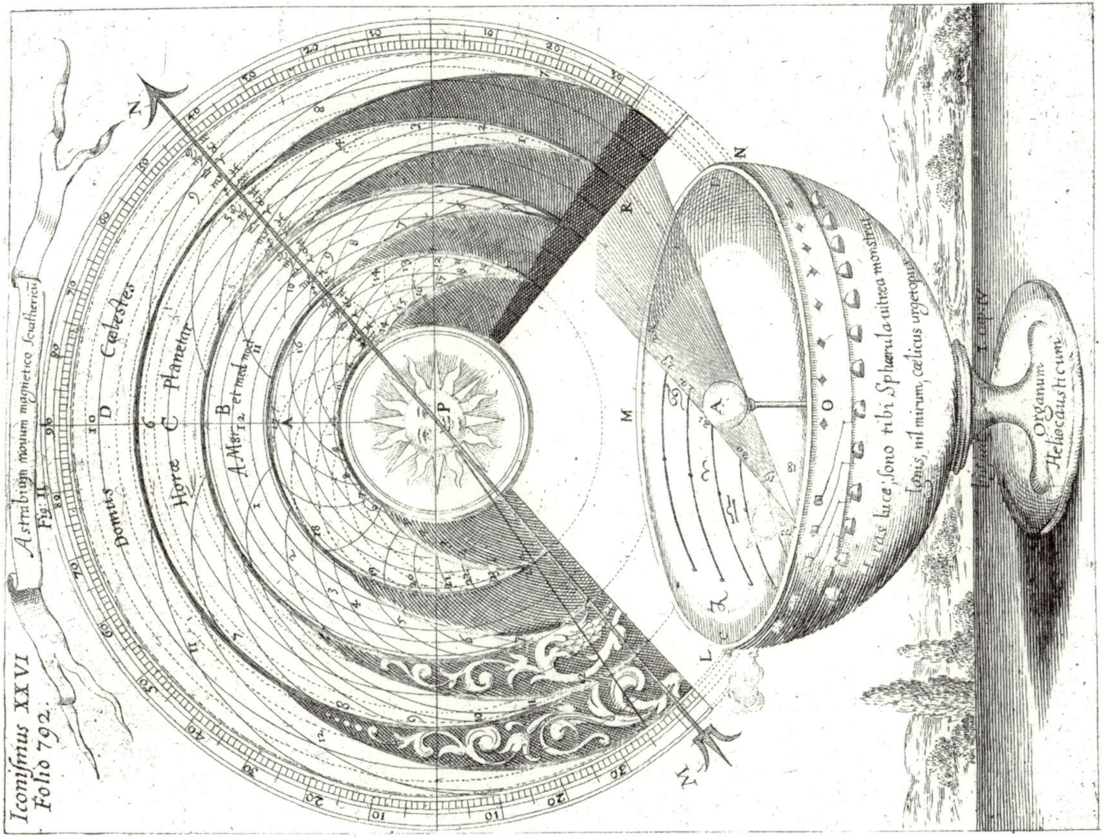

Iconismus XXVI
Folio 792.
Domus
Horæ
Planetar
Cœlestes
Organum
Heliocausticum

肩を並べるほどであった。彼が典型的に体現していたのは、後期ルネサンスの実験文化における、自然魔術と文献知識に特権的な場を与える自然哲学者たちの人文主義的共同体である。しかしながら、ナポリにアカデミア・デイ・リンチェイの支部が形成されるに及んで、インペラートのミュージアムは、この街の実験文化において重要な役割を演じ始めるようになる。デッラ・ポルタのミュージアムがリンチェイ支部の公的な中心拠点ではあったが、ナポリ支部の会員の大半が、中でもステッリオーラとコロンナの二人はとりわけ、ルネサンスの魔術師（マグス）デッラ・ポルタの書斎（ストゥディオ）よりも、薬種商インペラートのミュージアムの雰囲気が気に入っていた。

チェージがはじめてデッラ・ポルタとインペラートの二人に出会ったのは、一六〇四年にナポリを旅行したさいのことである。両者とも、ローマから訪れたこの貴紳を自らのミュージアムに迎え入れて会談し、当地の科学文化へとチェージを誘った。「二人との会話から非常に多くのことを学びました。もっとも不思議に満ちた秘密の数々を手に入れることができましたし、今後も入手できることでしょう」と、ローマへの帰途、チェージはステッルーティに宛てて報告している。「ナポリで人生の最良の時をこの二人のもとで過ごしたのですが、真に実り多き時でありました」[☆105]。デッラ・ポルタとインペラートの両名をアカデミア・デイ・リンチェイの活動の軌道に乗せようとするチェージの決定は、自然哲学の新しい方向をどこに求めるべきかという問いをめぐる彼自身の出口のない葛藤を如実に反映している。デッラ・ポルタは、イタリア中で知らぬもののいないほど著名な実験家であり、また偉大なる名声を獲得した哲学者でもあった。したがって、この人物がアカデミア・デイ・リンチェイの中心的なメンバーとなることにはなんらの疑問もなかった。そして、少なくともアカデミー創設の揺籃期においては、チェージは慧眼にも、自然科学を再構築するための必要不可欠の基礎を自然魔術が提供すると信じていたのである。自然魔術こそは、当時入手することができる感覚的知識のもっとも包括的な形態であった。

チェージは、自然魔術に付随する科学技術にも興趣を覚えていた。一六一〇年にチェージがナポリを二度目に訪れたさいに、デッラ・ポルタは、このローマの貴公子とその同伴者のステッルーティを、自らの実験の中でももっとも名高いもののひとつである集光発火鏡を使う実験に立ちあうように誘っている。「われわれがナポリのデッラ・ポルタ邸に滞在したさいには、思わず目を瞠るような事象を幾度となく観察した……」と、ステッルーティは書いている。

> 彼は、四フィートの距離から、あらゆる樹木を、まだ青々と葉の茂っているものでも、燃やしてしまう水晶のレンズを所有している。そしてポルタ氏はチェージ殿に、このレンズの際限なく火を点けることができる放物線状の断面について説明してみせた。その原理は、彼が『自然魔術』の中で不明確に論じていたものである。しかしローマには、同じような金属鏡を作成する方法を知っている者がいなかったので、チェージ殿はその実験を試みることもできなかったし、またそれがどのような原理で作用するのかもご存知ではなかった。☆106

チェージを初めとする訪問客を観衆にデッラ・ポルタによって上演された実演興行は、光学的な幻像、天然磁石、集光発火鏡などを用いた実験であり、まさしく『自然魔術』の中につめこまれていた秘密そのものであった。ガリレオの顕微鏡と同じく、こうした実験器具はアカデミーの「驚異」(mirabilia)であり、実験器具を所有することが哲学的に新しい方向性を指し示すのと同じ意味をもつとみなす、会員たちの貴族的な趣向を反映するものでもあった。

もっとも、コロンナのようなリンチェイの会員は次第に、自然研究からその人文主義的な源泉すなわち自然魔術の伝統という装いを剝ぎとる、より急進的な認識論を発展させはじめるにつれて、チェージもまたデッラ・ポルタとの交際を次第に疎ましいものと感じるようになっていった。一六二〇年代を迎えるころには、アカデミア・デイ・リンチェイの実験主義のモデルはわずかに変化を見せ始めていた。秘密解明の文化と魔術的な実演を楽しみ続けていた一方で、チェージは錬金術師がアカデミーの会員に名を連ねることに難色を示し、また自身は「新」博物学の記述に忍耐強くとりくんでいた。ほかのリンチェイの会員たちも続いて、同じ道を歩み始めた。一六二六年にヴィルジニオ・チェザリーニに捧げた讃辞の中で、チェージの従兄弟でありまたリンチェイの会員でもあった大司教アゴスティーノ・マスカルディは、このローマの貴族が「化学的な蒸留をおこない、また人並みはずれた勤勉さでもって、自らの目でしかと薬用物質や鉱物の変容過程を見届けるために、ただ思索にだけ興じる知性には理解しがたい、実験にとりくんだ」[107]という事実を称讃している。チェザリーニは、言葉を変えれば、デッラ・ポルタよりもインペラートのような博物学者をモデルとして自己形成をおこなったのである。

デッラ・ポルタは、一六一五年に没するまで、ナポリでおこなった興味深い実験の数々をチェージに報告し続け、このローマの貴公子と最良の秘密を共有していた。「先般、遠くから声が伝わる秘密を貴公に宛ててお送りいたしたが」と、一六〇九年にデッラ・ポルタは、はたしてチェージがその秘密をもう実験してみたのかどうか（havesse fatto l'esperienza）尋ねて、書いている。そして一六一二年、デッラ・ポルタはついに賢者の石の創成に成功したと、知人を通じて公表した。[108]しかし、このころにはすでに、チェージは、デッラ・ポルタとのコミュニケーションのすべてを構成していた秘密の交換には、さしたる感銘を受けなくなっていた。そんな折、新たなスペクタクルが彼の眼前でくりひろげられ、そのひとつは、賢者の石などというとらえどころのない物質よりはるかに触知的かつ実体的であって、彼が先導する方向をエンブレム的に示していた。一六一一年の春、ガリレオはリンチェイ会員たちを前にして、ボローニャの錬金術師が発見した、のちに「ボローニャ石」とも、あるいはより詩情豊かに「太陽海綿石」（spongia solarie）とも呼ばれた、石の冷光（無熱光）出す力を実演してみせた。[109]同じ年の六月までには、ファーベルはインペラートにこの「ボローニャ石」（lapis Bononiensis）の存在を知らせている。この最新の自然の好奇をぜひとも見てみたいと熱望すると同時に、その力があまりにも自然魔術の領域に接近しすぎているこの物質に多少の疑念も抱きつつ、インペラートは用心深く、「自然の産物ではなく、人工的なものにちがいない」[110]と予測している。燐に近い性質をもち、またどこにでもある天然磁石とのあらゆる種類の比較検証がなされたこの「太陽海綿石」は、さっそく新哲学を代表する物質となると同時に、アリストテレス的科学がいまだ珍奇な現象を伝統的な自然哲学体系の中にとりこむ力があることを証明する物質ともなったのである。

　続く二年のあいだ、リンチェイ会員たちはガリレオに、自分たちのミュージアムのためにその石のサンプルを送るよう懇願している。そして一六一三年の春には、「発光石を詰めた箱」が、チェージの邸館に送り届けられた。チェージはガリレオに感謝状をしたためている。「満腔の謝意を表わします。この石こそは、まさにこれ以上貴重なものはないと言っていいほどの一品です。さっそくにも、今の今までローマにはこの石が存在しなかったため味わうことができなかったスペクタクルを楽しんでみることにいたします[☆三]」。石綿と似て、人を没頭させてやまないパラドックスを尽きることなく生産するこの「ボローニャ石」(lapis Bononiensis) は、数々の複合的な実験を提供し、博物学者たちはこれを大いに楽しんだ。たとえば、イエズス会士ニッコロ・カベーオや、パドヴァ大学教授フォルトゥーニオ・リチェーティといった名だたるアリストテレス主義者たちは、この発光石を伝統的哲学体系の中に包括する方途を見いだした。彼らは、この石が光を保持する能力は磁力の一形態であると言明してみたり、あるいはもっと大胆な仮説を呼びだし、問題の論点として原子論を喚起する者まで現われた。それに対して、リンチェイ会員のような哲学愛好家のグループは、この「太陽海綿石」に自分たちの思索的な感性がぞくっと刺激されるのを感じ、新しい哲学という「危険な」(反カトリック的な) 知識のほうへ引き寄せられていった。

　インペラートのミュージアムの活動は、実験のためのこれらの新たな指針に何不自由なくしっくりと収まるものであった。この薬種商は、事実、「ボローニャ石」(lapis Bononiensis) のような難解な現象を解読することにかけては、デッラ・ポルタなどよりはるかに役に立つ存在であることを示してみせたのである。自然界に存在するものの特性に向けた鑑識眼に満ちた態度によってインペラートは、一六一五年にデッラ・ポルタの後を継いでアカデミア・ディ・リンチェイのナポリ支部の総代となった。コロンナの研究支援をとりつけることができた。会頭チェージを筆頭に、コロンナも、ファーベルも、インペラートも、みな植物と鉱物に対する共通の興味を共有し、とりわけ化石とそのほかの「多義的物体」に強い関心を示したのである。リンチェイの会員のドイツ人テーオフィロ・ミュラー

参考図25A——ロサーノ近郊の地熱の噴きだす石化木採集の場（Stelluti. *Trattato del Legno fossile minerale*, 1637）

参考図25B——石化木（*Natural History of Fossils XVI*, fol, 5. Windsor, Rl 25644）

参考図25C——アイアン・ストーン（*Natural History of Fossils XIV*, fol, 50. Windsor, Rl 25579）

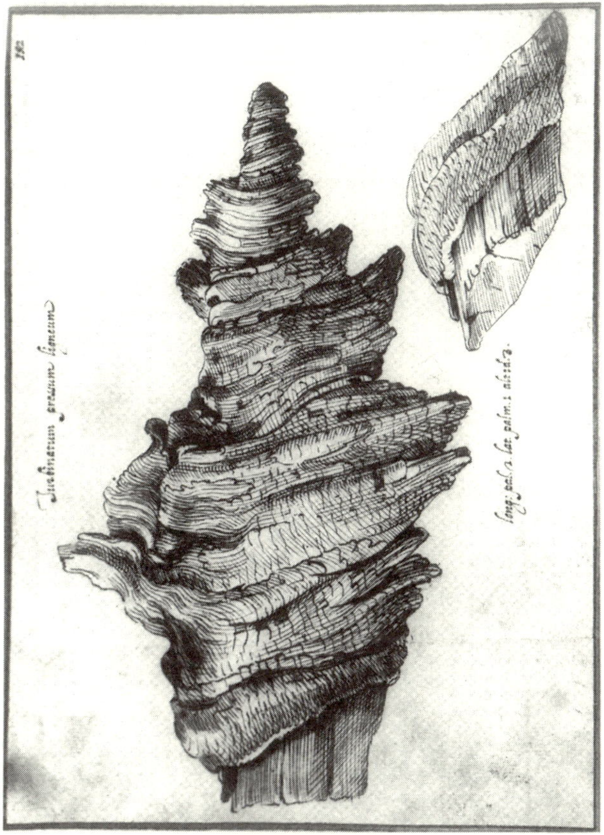

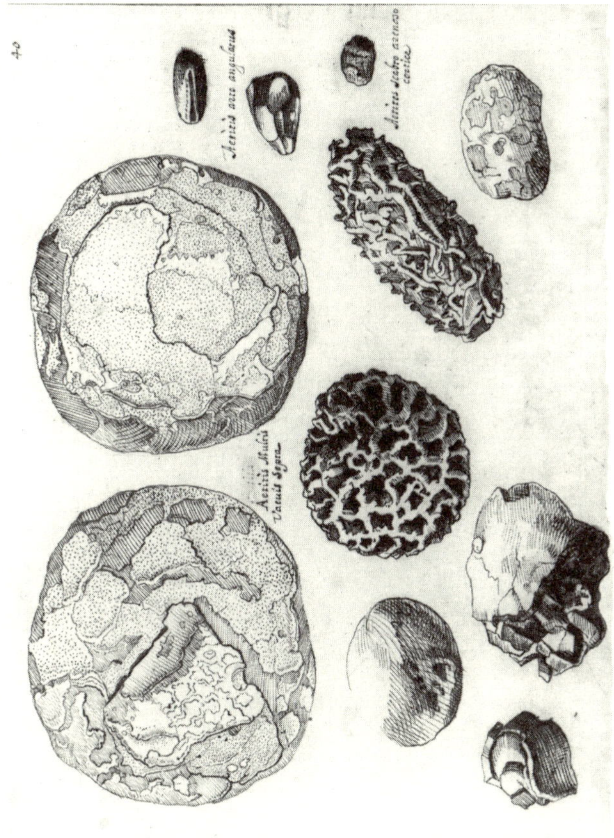

がナポリを訪れたさい、ファーベルは彼に、インペラートへの紹介状を書いている。「ミュラー殿が拙宅を訪れると、すぐさま私の自然の劇場を、加えて私の植物標本の中の生あるものすべてをお見せしました」と、薬種商はファーベルに報告している。☆112

チェージがナポリを二度目に訪れたさい、インペラートから、ゆくゆくはこのローマの貴公子がとりくむ金属の特性をもつ植物（metallophytes）の研究に活用されることになる、見慣れない標本をひとまとめにして贈られた。☆113 チェージは、金属性植物――チェージはこれをとらえがたいという点ではガリレオの「太陽海綿石」に匹敵するものとみなしていた――がアクアスパルタ近郊で発見されると、ファーベルをともなってインペラートのもとを足繁く訪れ、この植物の見慣れない特質について意見を求めている。おそらくインペラートは、のちにステッルーティの『石化木論』（*Trattato del legno fossile minerale*）の中に収録される、この植物を用いた実験について助言を与えたのだろう。それによれば、金属性植物の欠片が「アクアスパルタにあるチェージ殿下の邸館内の一室で、すべて木質化した状態で、数カ月後に、発見された。それを見た（チェージ殿下と）一同は驚嘆の念に打たれないではいなかった」。☆114 ローマとナポリのあいだで頻繁なコミュニケーションが交わされた結果、リンチェイ会員たちは徐々に、インペラートの助けもあって、化石の有機的な起源を裏づける実証資料を収集していった［参考図25］。チェージの金属性植物はさらに、有機物と非有機物が常にはっきり区別しうるものではないということを示す証拠も提供した。チェージはナポリの薬種商インペラートを称讃してやまなかったが、それにもかかわらず、ただの一度も彼をアカデミー会員の候補として考えたことはなかった。インペラートはたしかに、新しい哲学を擁護する者たちすべてが称讃を贈るに値する、精励な実験家であった。しかし彼は、一介の薬種商であって、貴紳階級ではなかったため、イタリアの貴族社会を大いに楽しませる最新の自然のスペクタクルを生みだし、それを解釈することでリンチェイ会員たちの活動を支援するという栄光に甘んじるよりはかなかった。

問題のオブジェ

コロンナとの共同作業を進める中で、インペラートは、初期近代におけるもっとも白熱した議論のひとつに参画することになった。すなわち、化石をめぐる論争である。学者たちが指摘しているように、「化石物質」をめぐる定義は、一六世紀から一七世紀にかけての期間に劇的に変化している。[☆115] 一七世紀を迎えるころには、化石の非有機的な性質には広く疑問が投げかけられていた。コロンナやステーノのような博物学者が示唆するところでは、化石は、ただ単に自然の戯れによって生みだされたものではなく、説明できない力で模写された外観をもつ動物や植物の非有機的な類似物などでもなく、むしろ有機体の残存物か、あるいは生物が生きたまま印刻されたものであった。こうした議論は、ロバート・フック、ジョン・レイ、ジョン・ウッドワードなどのイングランドの博物学者たちの著作の中で、さらに拡張と洗練の度合いを加えていったものの、化石をめぐる科学と神学の泥沼の論争がその束縛を解かれて解決を見るのはさらにのちの時代になってからのことである。「この問題についての真理を見つけだすために」と、アシュモリアン・ミュージアムの館長であったエドワード・ロイドは一六九〇年にジョン・レイに宛てて書いている。「なによりも、貝殻、骨格、魚類、珊瑚、海綿動物類などの、さらには石化物と考えられる標本の、豊富なコレクションより以上に、貢献すると思われるものはありません」[☆116]。アルドロヴァンディ、メルカーティ、インペラートのようなルネサンスの博物学者が営んだミュージアムが、後代の鉱物学と古生物学の標準的な姿となる、化石をめぐる議論と蒐集活動とのあいだの関係の解明に着手した。

実験室をユートピアとして定義したヨーハン・ヴァレンティン・アンドレーエは、文献学的な研究と経験主義的な実践活動とのあいだの境界が溶けあう両義的な空間を記述している。「古代人の生産技術を用いて自然を地中から掘削し抽出したものをあますことなく詳細な検証実験に付すならば、自然が偽りなく忠実に開示されたかどうかを知ることができるだろう」[☆117]。テクストと蒐集活動が発生させる蒐集展示品の対決は、表象とは、複製とは、そして科学的な権威の本質とは何かという夥しい問題を開示する。化石は、自然が造形したものの中で、それが集めやすいかどうかによって意味が変化する、その最たる事例である。キルヒャーが口にしているように、化石は「好奇の心をもつ人物のミュージアム」でよく見られ、彼らの好奇心は、生命のとる形態の類似というパラドックスによってかきたてられたのである。[☆118]化石はまず、問題の知識というよりもスペクタクル性を内に含んでいたのである。

著作『舌石論』(*De glossopetris dissertatio*, 1616) の中でコロンナは、インペラートのコレクションを、自然の正しい哲学化の作業にとりくむことができる場所として喧伝している。コロンナは、「石化したオブジェ」を記述するにあたり、これを、化石を初めとするパラドックスに満ちた自然現象を説明するためのごく一般的な表現であった「自然の戯れ」などではなく、植物や動物が石の中に実際に印刻されたものであると喝破している。コロンナは、こう助言をしている。「そしてもし読者諸兄が、これらの化石を入手する手段をもちあわせていない場合には、筆者の友人であるインペラートのミュージアムを訪れるとよい」。[☆119]ミュージアムをパラドックスを解決するための空間とみなした博物学者は、なにもコロンナがはじめてではない。一六世紀の末に、アルドロヴァンディと、やはりインペラートの助力を得ていたメルカーティは、自然界における類似の問題の調査研究に貢献する環境として、ミュージアムのイメージを強調していた。アルドロヴァンディは、ローマへの旅行を次のように回想している。私の滞在中にメルカーティは、「『金属学』(*Metallotheca*) に収蔵されたあらゆる鉱物類を、同じようにして (教皇の) 庭園で栽培しているすべての植物類を、たいへん注意深く見せてくださったうえ、さらに私が所有していない種はすべてその一部を私に提供してくださった」。[☆120]アルドロヴァンディはのちに、この旅で得た成果と多くのほかの交換で得た鉱物を、著作『金属ムーサエウム』(*Musaeum metallicum in libros IIII. distributum*) の中に収録した。一六四八年まで出版されなかったこの著作で、著者は、化石のうちのいくつかは未完成の有機体であり、「形状印刻石」のすべてが自然の絵筆によって描かれているわけではないとする仮説を、慎重な筆運びで示唆している[☆121][参考図26]。しかしながら、アルドロヴァンディは如才なく、あくまでも化石を非生物の奇形の一形態と思い描いておきたかったがゆえに、ある生物が生成の途中で石の中に閉じこめられてしまった原因については黙して語らなかった。

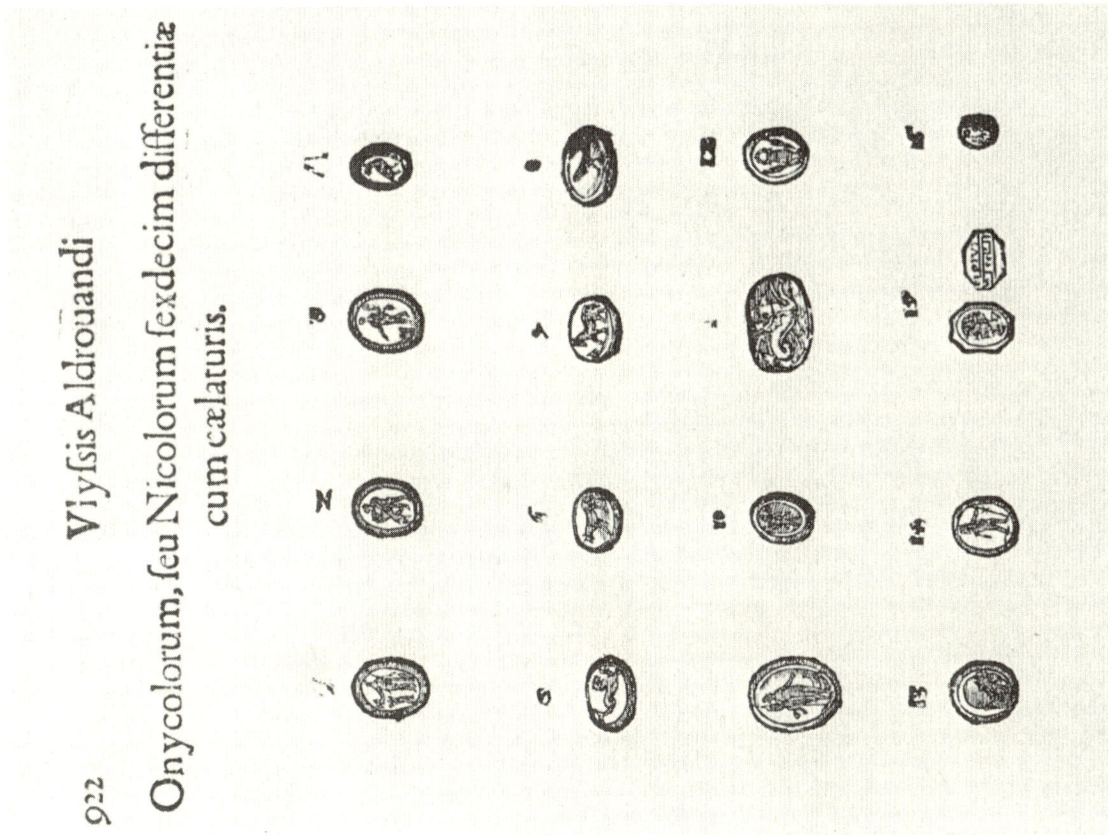

922
Vlyſsis Aldrouandi
Onycolorum, ſeu Nicolorum ſexdecim differentiæ
cum cælaturis.

参考図26 A——宝石／形状刻印石（U. Aldrovandi, *Musaeum Metallicum*, 1648）

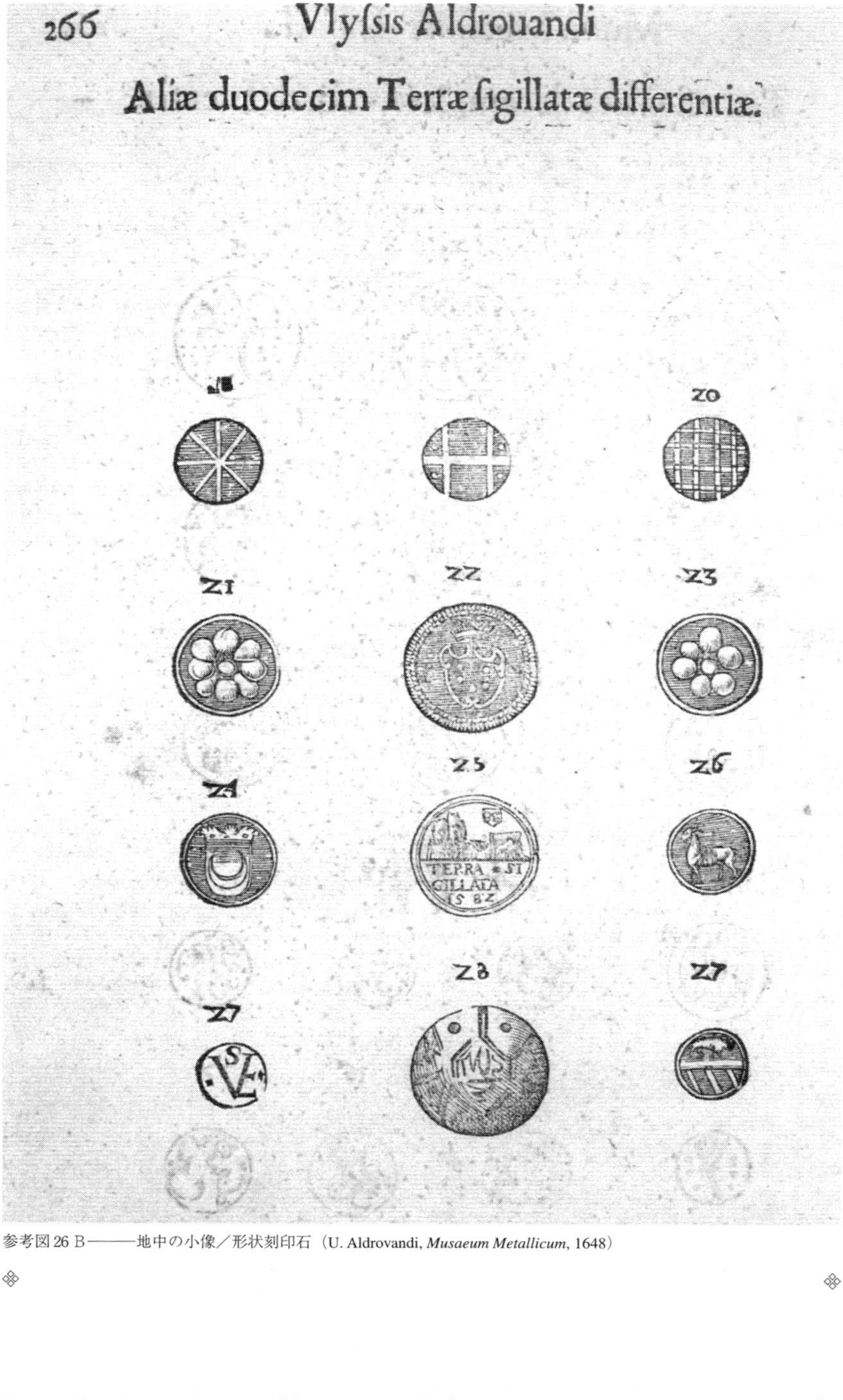

参考図26 B———地中の小像／形状刻印石（U. Aldrovandi, *Musaeum Metallicum*, 1648）

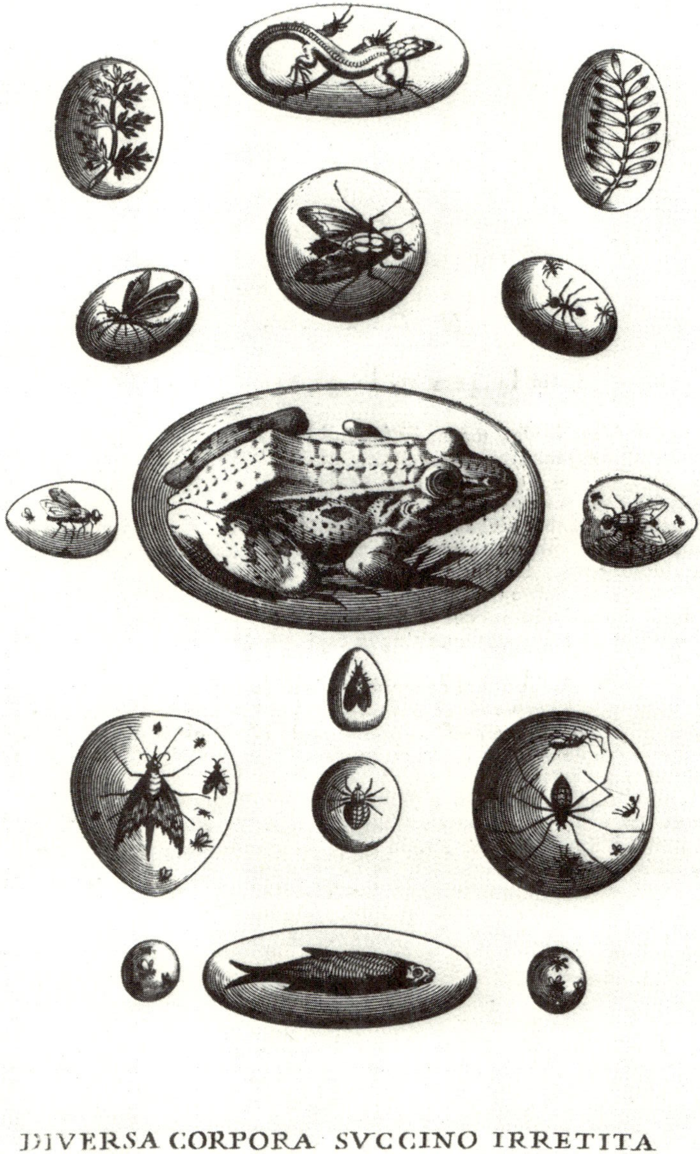

参考図26 C———琥珀に閉じこめられた動物（M. Mercati, *Metallotheca*, Roma, 1717）

化石研究の結論を練りあげるために、アルドロヴァンディは、何百もの、石を満たす極小の線描、宝石類、琥珀に閉じこめられたオブジェ、そしてメルカーティの『金属陳列室』を構成していた実物の化石標本などを、これらの標本間に見られる多様な類似や差異に注意を向けることによってその起源についての何らかの洞察が得られるのではないかという希望を抱き、それらを精査したのである（図19）。化石の起源に関して、徐々に懐疑論が優勢を占めるようになっていったにもかかわらず、アルドロヴァンディもメルカーティもアリストテレス主義への献身傾倒のあまり、一般的に容認されていた理論を根本的に覆すことはできなかった。そのかわりに彼らは、彼らのミュージアムで展示されている実物の化石標本をそれと結びつけることによって、化石をめぐる古典的な言説を強化する道を選択したのである。化石を実際に感覚的に体験することは、彼らのミュージアムに収蔵されている別種の標本同士の類似が実は共通の起源を指し示しているという示唆を次第に強めていった。それでもまだ標本同士のあいだには、ほかにも多くの神秘的な親近性が見られ、人間の理性的思惟の力を巧みにはぐらかしてしまうのである。「ムゼーイ・ヴァティカーニ」（Musei Vaticani）が収蔵する証拠標本を使って古代の権威をとりのぞいてしまうのではなく、アルドロヴァンディとメルカーティは、自分たちが支持している認識の体系に対する信念を強固なものとするために、ある特定の種についてその欠点を詳しく論評することを選ばざるをえなかったのである。

一七世紀までには、コロンナ、ステーノ、そしてシチリアの画家アゴスティーノ・シッラは、化石生成をめぐる新しい理論の議論にとりかかるため、さまざまなミュージアムからさまざまな証拠を招集した。鮫の歯と「舌石」（glossopetrae）とを詳細に比較検討した結果、さっそく旧来の認識体系に最初の亀裂が生じた。コロンナの先導に続くかたちで、ステーノとシッラは、化石とその生ある姿／形態とを比較検証した結果をそれぞれ出版し、どちらも化石の有機的起源を提唱している。コロンナと同様に、彼らもまたいろいろな蒐集家の仕事に依拠することで、自身の仮説を補強している。著作『鮫の頭部の解剖』（*Canis carchariae dissectum caput*, 1667）において、ステーノは、化石生成をめぐる一般的な信条を、確たる物質的な証明もなしに一概に非難することには躊躇を感じている。しかし

図19——化石キャビネット（M. Mercati, *Metallotheca*, Roma, 1717）

ながら、セッターラの訪問を受けて、その懸念もいくぶん和らぐこととなった。

この余興的な作品があとは印刷に回されるばかりであったころに、博物学に関する並々ならぬ知識をもち、また自らのミュージアムを拡充するべく飽くことなき情熱を傾けていることで誰からも知られていた、ミラノの司教座聖堂参事会員マンフレード・セッターラ氏が当地を訪問したさいに、彼が所有している稀少なオブジェの中に、私の推測にとってむしろ明らかに好ましい証拠となる多くのものが含まれていると教えてくれたのです。この言葉を聞いたときには喜びもひとしおで、この人物の同意こそ、私の仮説に盤石の重みを与えるものといって過言ではないからです。[☆122]

ステーノの後記は、一七世紀まで、パラドックスを解決するためのコレクションの重要性を追認している。所有することは、証明のひとつの形態となったのである。とはいえステーノにとって、それは、やがては化石についての従来とは異なる解説を熟考することへと彼を導いていく、この「推測」に対してはあくまでも二義的なものであった。ステーノが証拠に対して細心の注意を払っていることはたしかに、「経験にしっかりと根ざしている」[☆123]ものとして、ボッコーネが彼の仕事を称讃した理由のひとつであった。一六七二年にステーノは、コペンハーゲンに一時的に帰省し、畏友のオーレ・ウォルムのミュージアムを訪れ、ウォルムが石の中に埋めこまれた魚の標本を観察させてくれたことを、レオポルド・デ・メディチに報告している。[☆124]論文を公表してから五年が過ぎてもいまだに、ステーノは正しい結論を導きだすことができたのかどうか迷い続けていた。

ステーノの動揺にとって、キルヒャーという人物は、部分的ではあるにせよ信頼を寄せるに値する人物であった。ローマでもっとも著名なカトリックの自然哲学者として、キルヒャーはステーノにとって改宗しているあいだの理想の姿であった。コロンナとステーノの著作が示したにもかかわらず、キルヒャーは、化石とは大地の地脈上を流れる神秘的な石化汁が生みだした、非有機的な存在なのだと固く信じて譲らなかった。ロバート・フックとジョン・レイが、懸案の事実関係を解決するために実験を通して化石を複製/再現しようとしたものの、それが不可能であることに頭を抱えていた一方で[125]、キルヒャーはローマ学院のミュージアムで、自然のあらゆる森羅万象の出現を司る普遍的な発生原理である、「生殖力」(vis spermatica)の実在を証明するべく数多くの実験を遂行していた。最終的な検証に向かって、キルヒャーは、尿を石灰化(固形化)し、あるいは「金属木」(arbor metallica)の標本を制作し、「結晶生成」を実演し、さらには石に大理石効果を生じさせるためにさまざまな化学成分を混ぜあわせたりしたのだが、これらすべては、自然がもつ造形的力能を実験的に「証明」しようとするものであった[126]。こうした実験の結果として化石が文字どおり生成されることなどありえなかったのだが、いずれの事例もが、いかなる人間の介入にも依存することなく、自然が自ら形成する手段の多くを表わしていた。オブジェを組みあわせ、そしてそれらを再び別のかたちに組みあわせることで、キルヒャーは類推による証明のひとつの形態を提示したのである。もし化学物質が自らの意志の力で石に「着彩」することができるのならば、と彼は主張する、自然がこれと同じことを、すなわち植物や動物のイメージをそっくりそのまま映しだすかのような岩石をかたちづくることを、神の御心に従っておこなうことができない理由などあろうはずはない。

キルヒャーは化石論争に実験的知識の問題として接触したのだが、これは自然哲学と感覚的経験との正しい関係をめぐる議論への彼自身の関心を反映したものであった。アカデミア・デル・チメントの会員たちと同じく、キルヒャーもまた、証明を確たるものにするための手段として、一七世紀を通じて発展していく実験のプログラムに熱狂的に賛同した。新しい哲学の指針に従って、彼は、さまざまな仮説を実験検証し、そしてその中から選ばれるべき新たな仮説を決定している。キルヒャーは、彼の秘蔵っ子であったペトルッチが確言しているように、「(何か)自分の目で見たものであれば、あまりにたやすく信じてしまい、それを断言する、実験をしない連中[127]」の一人にはなりたくないと考えていた。著作『キルヒャーの実験自然学』(*Physiologia Kircheriana Experimentalis*, 1680)——イエズス会士のもっとも成功を収めた実験三〇〇の集成——の中で、ヨーハン・ケストラーもまたこのイメージを追認し、自分の師を、「自らの普遍的な科学に基礎を置いた夥しい実験によって全世界に称讃の念を起こさせた、われらの時代の驚嘆すべき奇跡である」[☆128]と描写している。デッラ・ポルタの『自然魔術』で論じられている実験の多くが再試行しえないものであったため、キルヒャーはこの先人を、まちがった考えに基づいて実験する人物というだけでなく、いかさま師で不敬な輩というラベルを貼った。それにかえて、キルヒャーは自らを、ローマ学院のミュージアムに入ってくるあらゆるものを実験検証することによって、虚偽の中から真理を、不合理から合理を見極めることができる、カトリックの魔術師と称した。キルヒャーは、化石が自然に生成するプロセスを、「その目で見た」のである。それ以上、いかなる証明が必要だというのであろうか。

著作『地下世界』(*Mundus Subterraneus*) が世に出ると、ステーノから王立協会の会員にいたるまでの博物学者は、この著作を熱心に読み、著者キルヒャーが遂行した実験を再演しようと企てた。一六六五年、失望の念をなかば顕わにしながら、オルデンバーグはボイルに次のような報告をしている。「キルヒャーの著作からわれわれが選びだした最初の実験は」うまくいきませんでしたので、「おそらく次のものも結果は同じでしょう」[☆129]。キルヒャーによる化石実験は、『地下世界』に収載されたその他多くの事例と同じく、ほかのどこでもなく、イエズス会の神学校とそのほかのカトリックの研究施設においてのみ、その驚くべき効力が発揮されうるものであった。自然界のとる形状についてキルヒャー自身がア・プリオリな想定に縛られていた以上、彼が遂行する実験はどれもみな、新しい哲学の最新技術をもってしても、アリストテレス的博物学の教義を裏づける結果しか生みださなかった。

シッラの古代の化石生成説に対する最新の論難の書『感覚によって蒙昧を覚まされるべき空虚なる思索』(*La vana speculazione disingannata dal senso*, 1670) が刊行されたころには、彼はすでに、旧套の自然哲学者であることによって生じるあらゆる疑念を、感覚による経験のみが博物学にとっての唯一の基盤であると言明することで払拭してしまった。当時の自然研究における最新の傾向を推し量るうえで常に指標となっていたボッコーネは、シッラに対して次第に熱狂的な賛同を募らせていく。一六七一年にボッコーネは、「海胆（Echinus）とそれが石化した標本との比較」を進展させるため、レーディに「フィレンツェの好奇なる人士のミュージアム」を調査するよう説得しているが、これはシッラの論文を読んだうえでの反応であったことは疑いようがない。一六七八年、ローマに滞在中に、ボッコーネはようやくこのシチリア人の同志と会うことができた。その二年後、ボッコーネはマリアベッキに、シッラがおこなった「去勢された動物の局部についての観察」を目にすることができたと報告している。[☆130] 一方スティーノは、自分の発見が暗示するものについて依然として躊躇しており、キルヒャーに対する忠誠のために折衷案をとろうと思案して、「同じひとつの現象を多くの方法で説明することが可能であり、自然さえもが、その生産過程で異なる多様な手段を用いて同じ結果を追い求めるのである」と如才なく述べている。[☆131] シッラは、しかしながら、あらゆる知識を対象自体から獲得したコロンナのような観察者として自らを提示した。シッラにとっては、文献よりも対象そのもののほうが、はるかに権威をもって話しかけてきたのである。一八世紀まで植物と動物の中間的存在とみなされていた、珊瑚についての調査研究から得られた決定的成果を誇示しながら、ボッコーネは、自身の科学的研究が、珊瑚以外の曖昧な検体の分類についても、同様の確実な結果を導きだすことができたと公表している。植物の解剖学的かつ生理学的な特性を珊瑚と比較してから、ボッコーネは、外的形態は植物と見えても内的構造は植物ではないがゆえに、珊瑚は鉱物の一種とみなされねばならないと宣言している。[☆132] シッラと同じくボッコーネもまた、パラドックスの解決をもっとも重要な目標として心に描いていたのである。

化石は、ミュージアムの実験文化を形成した数ある解決しがたい対象／事物のうちのほんの一例にすぎない。蒐集という営為は、決して中庸な知識を生みだすものではなく、またミュージアムという場も、哲学化をおこなうためには決して「客観的な」空間ではありえなかった。博物学者たちが実験（experimentia）をオブジェの所有と関連づけたように、この新しい知識形態の意義について結論を下す必要に迫られていることに気がついた。自然を展示する目的は何か。キルヒャーがこの問いに対して、磁石の実験は、「学識ある人々にとっては調査研究」として、「無知で教養のない者には称讃を喚起させる」目的で、「王侯と有力貴顕の方々には気散じ」として意図したものであると応えたとすると、はからずも彼は実験という企図が孕む両義性を強調していたことになる。[☆133]トスカーナ大公フェルディナンド二世のようなパトロンは、アカデミア・デル・チメントがおこなう実験活動を支援する一方で、キルヒャーの演じる最新のスペクタクルに対しては声を大にして熱望している。「予は待ち望んでおるのだ、そなたの都合のよいときに、予のもとに送ってくれることになっている、珍品奇物や実験の数々を」と、一六五九年にフェルディナンド二世はキルヒャーに書き送っている。[☆134]

博物学者もそのパトロンも、実験というものに対して最終的にどういう態度をとったものか決めあぐねていたのであるが、そうしたどっちつかずの態度はオブジェの展示方法にも反映している。あるコンテクストの中では、天然磁石という物質が、ミュージアムの蒐集展示品として、天動説を補強するかあるいは地動説の議論を展開するのに必要な材料を提供するかという、競いあう二つの宇宙論のあいだの選択の自由を表象していた。しかし、キルヒャーやショットがローマ学院で遂行した人工魔術の実演興行においては、天然磁石は見る目に楽しいオブジェと化し、懸案の問題を解決しようなどということは微塵もありえなかった。[☆135]地球と太陽をともに宇宙の中心とみなすことが可能であった、ティコ・ブラーエの折衷的な宇宙体系を擁護することをイエズス会が決定せざるをえなかったのと同様に、天然磁石は、もっとも伝統的なアリストテレス主義者にとってさえ、新しい哲学がかもしだすパラドキシカルな魅力をその身から発散していた。たしかに磁石など、展示しないでしまっておくか、あるいはそのほかのオブジェの下に埋もれたままにしておくほうが安全であったにちがいない。ところが、天然磁石を蒐集したイエズス会士たちは、それらをミュージアムの中心的なスペクタクルにするべく精巧な方法を、伝統にとらわれずに考えだしていったのである。

磁力作用のような論争点に対して折衷的な姿勢をとる一方で、キルヒャーは、その存在が伝統的な自然哲学を擁護するための物質的証明を構成するようなオブジェの数々を展示していた。一六四五年に彼は、トッリチェッリの発明になる新しい機械を用いた真空実験にメディチ枢機卿の邸館で立ち会っている。すぐさまキルヒャーは反証実験を組織し、自身のミュージアムで大々的にこれを実演してみせ、新しい哲学が主張する最新学説を論駁している。健全なアリストテレス主義者として、自然が真空を忌み嫌うことをキルヒャーはよく理解していたのである。役に立たないエア・ポンプの次には、成功するはずのない永久運動機関をとりあげ、アリストテレス物理学の理論どおりに、無限の運動性など不可能であることを証明してみせた。「キルヒャーは、これを促すというよりむしろ諫めるために、永久運動機関に関する別種の実験を自らのミュージアムで展覧した」と、デ・セーピは記している。[☆136] キルヒャーにしてみれば、永久運動などというものは新しい哲学における「賢者の石」とでも言うべき観念であり、古代の錬金術師たちが想い描いた例の魔法の石と同じくらいとらえどころのないものであった。それでもこのことは、永久運動の効力を再現する機械を組み立ててみたいという欲望をキルヒャーにかきたててはいる。バロック期の自然哲学を特徴づける実験実演文化にあっては、見解なるものはすべて、教本のページからとりだしてミュージアムの展覧にとりいれ、展示されねばならなかった。視ることと信じることがひとつとなったのである。

この思慮深いとも言える小径を進み続け、キルヒャーは、錬金術師たちにも攻撃の矛先を向け、（あるオブジェが高度の存在へと向かう）幻想的な変容を生じさせ、たとえばホムンクルス（homunculus）のようなありえない発生をもたらすことができると嘯(うそぶ)いたことで、化学という技芸(アルテ)を堕落させたと非難している。それにかわるものとしてキルヒャーは、敬虔さの度合いばかりでなく何かが生じうる可能性（蓋然性）についての限界をも確定しようとする試みとして、「ヘルメス的実験」というプログラムを発展させたのである。真の変容というものが自然界には存在する。そしてキルヒャーは、自然がもつ変容能力を証明するもっとも重要な証拠である化石を筆頭に、自身が蒐集することのできた変容の数々を実際に提示している。スウェーデンのクリスティーナ女王は一六五七年にローマ学院のミュージアムを訪問したさい、キルヒャーが原形（反復）発生する植物のひとつである「不死鳥草」を実験に付すのをその眼で見守っている。[☆137] キルヒャーは、自らのヘルメス的実験を、実験で証明することも不可能で公然と展示することも不敬虔な錬金術からは厳格に区分していた。またミュージアムの中の数々のオブジェを利用することで、古代の哲学と現代の新しい哲学のどちらについても、過度に思索的な傾向とは関係を絶っており、こうすることでキルヒャーは、すべての自然哲学者たちにとって共通の中道的方向を用意することになる綜合（ジンテーゼ）を打ち立てようと奮闘していた。こうした前提を彼が立てると、レーディを初めとするアカデミア・デル・チメントの会員たち、そして王立協会がそれに対して反応し、巻き起こった疑念や嘲笑にキルヒャーは永く悩まされることになったのである。

これとは対照的に、弟子のラーナ・テルツィは、自著『大いなる術の先駆』(*Prodromo all'Arte Maestra*) を発表すると、イングランドの自然哲学者たちから暖かい歓迎を受けた。師のキルヒャーとは異なり、テルツィは賢者の石の存在を信じており、それは、「トスカーナ大公のギャラリーに収蔵されている、一部がすべて鉄で、そのほかの部分は……純金であると思われる」一個の爪の標本についての検視を部分的な根拠としていた。キルヒャーの実験主義を模倣しながらも、ラーナ・テルツィは、彼が「金属を変成することができるかどうかということについての一切の疑念を払拭するために、錬金術とそのほかの実験を自ら試み、自らの眼で実見」したうえではじめて、錬金術をひとつの知識形態として擁護したのである。[☆138] ラーナ・テルツィの著作においては、一七世紀という時代を通して涵養されてきた実験主義的な好奇心は、もはや伝統的な哲学の拘束によって抑制されなくなっていた。ありとあらゆる信念とされていたものを検証に付したいと思っていたラーナ・テルツィは、師のキルヒャーが嫌悪していた錬金術的なプログラムを要約しただけでなく、ベーコンやボイルらの研究を称讃し、それらを自らの百科全書的な著作の中に組み入れることにたどりついた。イエズス会のアリストテレス的プログラムの境界を侵食することで、実のところラーナ・テルツィは、この体系の終局の解体作業に参画していたのである。すべては実験 (experimentia) の名のもとに。

一七世紀の中葉までに、蒐集という営為はアリストテレス主義の博物学者、イエズス会士の実験主義者、そして自称ベーコン主義者やガリレオ主義者、そして科学的活動にとって蒐集は欠くことのできない要素であると主張するすべての人々に、広く容認された実践となったのである。ミュージアムに収蔵されたオブジェの数々は、それ自体に権威があるわけではなく、むしろ真理を生みだそうとする主張を修正するための試金石としての役割を果たしていたのである。権威は、もはや規範的なテクストにだけではなく、実験を遂行する博物学者の個々の証言にも、その基礎を置かなくなっていった。[139] 中世の自然哲学者たちに共通の科学文化をもたらし、その中で効果的に作動していた、言説のスコラ主義的共同体によってはもはや統合されなくなっていた。初期近代の博物学者たちは、崩壊しつつあった旧套社会にかわる新たな社会集団を形成する必要性に直面したのである。自然を実験することが、そこに、哲学的にはいかなる共通性ももたないが、共通の先人一統と信念を共有し、同じ貴族的観衆を啓発するところの博物学者たちをひとつにまとめる、新たなコミュニケーションの基盤を提供した。実験は、「観客たちの視線のもとで」ミュージアムの趣旨／内容を公開するもっとも劇的な方法であった。[140] 特権的な知識を占有したいと要求する、社会の支配階級に属するエリートたちの眼前に配された博物学者たちの展示は、科学文化の新たな輪郭を社会的に正統な存在として示したのである。蒐集家たちは、蒐集展示品に宮廷のパトロンたちの興味を起こさせ、そして彼らが維持したいと望む哲学的立場が何であれそれを証明するために蒐集展示品を［驚異的なものに］変容させることで、社会的な要望と哲学的必要性としての実験（experientia）というものを確立したのである。ミュージアムは、『光と影の大いなる術』(*Ars magna lucis et umbrae*)の序文でキルヒャーが宣言しているように、すべてはその無限の中で、「感覚の世界劇場」を再現すべく存在しているのである。実験というものをいかなる特定の哲学的立場とも成功裡に連携させることができなかったことで、博物学者たちは結局、知的権威に対する苦闘を導き、そして異なる結論を立証するために同じ方法論に基づく、共通の基盤を提供するところの実験という方法を用いざるをえなかったのである。

第6章　医学のミュージアム

医学という学問はそのうち、売春宿もかくやとばかりの破目におちいると私は断固として確信せざるをえない。……なぜならいつか、あらゆる人がお医者さまと呼ばれるようになるであろうから。　——レオナルド・フィオラヴァンティ

かつて、一五七二年には「アルドロヴァンディの書斎」(Studio Aldrovandi)で解剖され、一六六〇年にはバルベリーニの書斎（ストゥディオ）で解剖されたドラゴンや、あるいはキルヒャーが特別な価値を与えた天然磁石などと同様に、毒蛇という生きものは、蒐集家が先を争って手に入れようとした花形としてそのステータスを謳歌していた。毒蛇はしばしば、医学的な有用性という理念に根拠をおいて自然を所有していた医師や薬種商のミュージアムで、そして医学的な知識が社会的な優位性をもたらすと認識していたイタリアの君侯貴紳が営むミュージアムで、その姿を誇示していた。初期の博物学のミュージアムを飾る蒐集展示品の多くがそうであったように、毒蛇もまた、もっとも大衆的なものからもっとも高価なものまで、当時使用されていた医薬の主成分であった。「そしてこれらの毒蛇こそはテリアカ薬の基礎なのである」とアルドロヴァンディは断言している。まず毒蛇を集めて解剖に付し、そののち成分として製剤することになるこのテリアカ薬こそは、最初にガレノスが「解毒剤の中でも王と言うべき解毒剤」と記述した薬であり、西欧ならびにイスラム社会で、古代から一八世紀にいたるまで延々と使用されてきたものである。[☆1]ガレノスは、『テリアカ薬について——ピソに』(*De theriaca ad Pisonem*)、『テリアカ薬について——パンフィルスに』(*De theriaca ad Pamphilum*)、『解毒剤について』(*De antidotis*)などにおいて、テリアカ薬を六四種の成分からなる調合薬であるとし、人類に知られているあらゆる疾病に効く妙薬であると認定している。前近代の医学のマクロコスモ

ス的な原理によれば、テリアカ薬は、人間の生理学的な複雑さをそのまま鏡に映しだすように案出されており、六四種の各成分それぞれが、人間身体の特定の部位や生理的機能に対応していたのである。多種多量にわたる単体薬をひとつの解毒剤の中に融合させた薬剤は文字どおり、薬学という技術すべてのミニアチュールを生産することになり、このテリアカ薬を服用した人物にはあらゆる病気を未然に防ぐ効果が保証された。「テリアカ薬には二種の主要な効能がある」と、マランタは自著『テリアカ薬とミトリダトゥム薬について』(*Della theriaca et del mithridato*, 1572)の中で述べている、「ひとつは健康を保持すること、もうひとつは病気を治癒すること」[☆2]。初期近代という時代を通して、一定の規模の組織的な医学活動をおこなうに十分な力を具えたイタリアの都市はどこも、通常医師協会が公認した公的な環境で毎年おこなわれるテリアカ薬の生産を、毒蛇を捕まえてこれを殺す五月に始まり、この国家公認薬とも言うべきテリアカ薬の調合がおこなわれる六月に幕を閉じる、手の込んだ儀式へと変えていった。この万能解毒剤を調剤する場面には、医師や薬種商ばかりでなく各国大使も参列していた。いわばこの儀式は、科学的な学識を自負する貴顕紳士にとっては、度外視することのできない恒例の行事であった。「テリアカ薬を調剤するために、数種の毒蛇を殺しているところです」と、ルッカの薬種商ジョヴァン・バッティスタ・フルケリが書き記している[☆3]。この時代、感染理論が新たに重要視されたことは、身体の平衡を回復することで病人を治療しようとする伝統的な体液医学と対照的に、文字どおりその本来的な効能が病気を体内から追いだす薬用合成物であったことから、一六世紀にテリアカ薬が人気を博するのに与って力があった[☆4]。一五七〇年代から一六五〇年代にかけて、テリアカ薬とその伝染性疾病に及ぼす効能は、疫病の発生が猛威をふるったことにより、ますますその存在意義を付加され、治癒効果を引き受けることになった[☆5]。

イタリアの貴族たちは、健康を維持するため、そしてさまざまな「毒」から有害効果を撃退するために、テリアカ薬を広範囲に消費し、テリアカ薬は上流階級の病気治療において見られる標準的な薬となった。貴族の罹病は、さほど裕福ではない患者に処方される医薬とは対照的に、高価な薬効成分——香辛料、外国産動物、貴重な鉱物類、要するにミュージアムの収蔵品そのもの――を必要とした。[☆6] その成分化がほかの万能解毒剤やよく知られた調合剤とテリアカ薬を差異化するこの毒蛇という生きものは、まさにこの種の薬効材料を供給した。毒を解くとともに毒を生みだすものでもある毒蛇は、とりわけこの世の善と悪の共存を体現するものとみなすキリスト教文化においては、高度に意味深長な生きものであった。罪を認めることによって魂が救済されるのと同様に、毒蛇の身を飲みこむことが、とりわけその蛇がテリアカ薬の調剤用として調合されたものであればそれだけ、身体を病気から救うものとなったのである。博物学者たちが自らの活動を特徴づける重要な要素のひとつとして毒蛇の蒐集に光を当てることを選んだことは、毒蛇を、たとえそれが解決しがたいものであっても、特権的な存在とする自然魔術や共感医学の伝統を彼らがいまだに信奉していることを示していた。学者たちはまた、医学と博物学の親密な関係を強調している。毒蛇を解剖し、そして「単体薬物」――調合薬に不可欠とされた諸成分――と選定された自然の種々の部分を検分することによってはじめて、テリアカ薬のような医薬を、ガレノスの時代のオリジナルな状態へと復元させることができたのである。毒蛇、一角獣の角、糞石、蛇石などの薬効を秘めているとされたオブジェの効果を検証することによってはじめて、その効能が確証された。したがって、初期近代の博物学者が培った蒐集という慣習は、直接に医学の改革と結びつくものであった。医学は、自然哲学と同様に、判断基準を見定め実験することで真理を生みだす科学という公共文化のうちに自らの活動領域を見いだしたのである。

一五七七年七月、アルドロヴァンディは二匹のリビア産毒蛇を、トスカーナ大公フランチェスコ一世から下賜されている。送り届けられた蛇たちは異なる二つの形態を呈していた。ひとつは急使が運んできた箱の中でうねうねと動き回っていた実物の蛇、もうひとつはフィレンツェの宮廷画家ヤコポ・リゴッツィがこれを水彩図譜に描き、一匹に永遠の生命を賦与したものであった[図20]。図譜の方は、アルドロヴァンディの要請に応えて作成されたものである。アルドロヴァンディはフランチェスコ一世に、二匹のうち一匹が自分の挿絵画家が来着するまえに死んでしまっていたため、蛇をボローニャに発送するまえに大公のために描いたリゴッツィの図譜のように、一匹が生前の自然の状態でどのように見えたのかを正確に記録することができなかったと説明している。けれども、手にした機会をむだにすることなく、アルドロヴァンディは、死んだ毒蛇を「私のミュージアムに移して」保存すると断言している[☆7]。一五八〇年に彼は、大公殿下から下賜された標本を実験観察した結果をフランチェスコ一世に報告している。アルドロヴァンディは、毒と解毒剤とを対決させる古典的な実験をおこない、毒液がどれほど長く影響力を持続するのかを測定しようと試みたのである。実験の開始時点で二匹の蛇はすでに死んでいたのだが、標本から抽出した毒液を口に含んでみると、毒液がまだ効力をしっかりと保持していることに、アルドロヴァンディは気づいた。毒気を察知するや、彼は口から吐きだし、すぐさま「一二年ものの逸品、完全無類のテリアカ薬をひとつまみ口に入れた」[☆8]。こうして、アルドロヴァンディのミュージアムが収蔵する多くのオブジェと同様、毒蛇もまた実り多き医学知識を生みだしたのである。

アルドロヴァンディが大公からのこの儀礼的な贈りものをことさらに記念化してみせたのには、二つの理由があった。第一は、それが著名な学芸庇護者（パトロン）からの贈りものであり、両者がともに、自然の研究に興味を抱いていることを証言するものであったからである。蛇を受けとったとき、アルドロヴァンディはつい先ごろ、大公のコレクションを訪問し、その内容物について大公自身とうちとけた会話を交わした、フィレンツェへの旅路から戻ってきたところであった。疑いようもなく、この毒蛇という贈りものは、フランチェスコ一世がアルドロヴァンディとの関係を今後も続けるのに乗り気であることの表徴であった。そして第二に、これらの二匹の毒蛇がまさに、ボローニャの医師協会（Collegio medicorum）とのあいだでえんえんと続いた真のテリアカ薬の成分をめぐる辛辣な議論にアルドロヴァンディが決着をつけた直後に届いたからである。そもそも今回のフィレンツェ行は、一五七七年六月にローマから戻る途中に、いわば後思案の産物として——彼は決して事を偶然に委ねるような性格ではないのだが——なされたものである。アルドロヴァンディはこの年の春をほぼすべて、彼の代理となって医師協会との仲裁に入り、そして彼の味方となって論争を解決してくれるよう、教皇グレゴリウス一三世への説得を成功させるため、教皇の

図20——ヤコポ・リゴッツィが描くトスカーナ大公の毒蛇標本
（BUB, Aldrovandi. Tavole di animali, IV, c. 132）

都市ローマで過ごしている。こうして、二匹の毒蛇の彼のミュージアムへの出現は、次に述べるような、さらにもうひとつの重要な意義を含んでいた。すなわち、この二匹の毒蛇は、イタリア全土のとは言わないまでも、少なくともボローニャにおける薬学知識の裁定者として、いまやアルドロヴァンディが揺るぎない権威であることを証言するものであった。教皇はすでに、教皇の従兄弟にあたるこの学者の地位を復権させるよう医師協会に強く命じることによって、この分野においてアルドロヴァンディが首位の座にあることを承認していた。トスカーナ大公は、医学上の必要知識を得るべく自然の研究を改善するこのボローニャの博物学者のたゆまぬ努力を現実にありありと思いださせる、とっておきの二匹の毒蛇を提供することによって、この決定にさらなる重みを加えたのである。

自然の蒐集家の多くがそうであったように、アルドロヴァンディは、医学的実体として自然を研究する正規の学問である、ガレノスやディオスコリデス、そしてアヴィケンナを初めとする中世の註釈者たちによって規定された「医学素材（薬物）」（materia medica［以下「マテリア・メディカ」と表記］）の改良を彼の主要な目標とみなしていた。イタリアに博物学のミュージアムが出現したことは、医学的職能の変容と密接に関連していた。アルドロヴァンディの書斎への訪問者記録は、いったいどれほどの人数の医師、外科医、薬種商、医学生、医学教授が彼のミュージアムを訪れたのか正確に把握することはできないものの、アルドロヴァンディの文通／情報交換の相手として姿を現わす多くのこうした職種の医学の実践に携わる人々がアルドロヴァンディの活動にとって重要な聴衆であり、またもっとも重要な蒐集家のグループのひとつであることを裏づけている。☆9 多様でそれぞれ異なる視点から、医師、薬種商、医学教授といった人々はすべて、蒐集という営為を、医学知識を前進させ、さらには医学の共同体における自らの地位を向上させるのに必要不可欠な活動であるとみなしていたのである。

薬種商は、彼らの職業的活動の本質的要求として、薬種店で販売する医薬の成分を構成する標本／材料を蒐集した。蒐集は、自然が供給することのできる極めつきの外国産の医薬成分を所有していると宣伝することによって、カルツォラーリやインペラートといった人々の社会的ステータスを上昇させることになった。インペラートが自身のミュージアムを「薬種商の職能には欠かせぬ、無数の珍品奇物で満ち溢れている」と描写したとき、彼はいみじくも蒐集活動の背後にある職業的目標を定義していたのである。[☆10] インペラートが陳列室に展示していた品目はそれぞれ、顧客に販売していた医薬品の権威に満ちた性格を強化していたのである。医師や患者は薬剤の効能とその希少性とを結びつけて考えており、この規準によって、さまざまなオブジェがミュージアムに収蔵される道が拓かれたのである。蒐集はそれ以上に、医薬の素材となる可能性を広げることによって、自然の知覚可能な実体に精通した医師と薬種商に特権的ステータスを与える、優れた医学的実践を定義した。薬種商たちは、職能的な興味から、ミュージアムの構成内容を意図的に自然界に限定した最初の蒐集家でもあった。それ対して医師たちは、マテリア・メディカ（医学素材）を教授し実践することに大きな重要性を置く医学的専門家として伝統に単純に追従しただけであった。「私の自然の劇場は、ひたすら自然の産物のみによって構成されている」と、インペラートは主張していた。「それらは、私が蒐集しその日付を書き入れた、幾千もの鉱物、動物、そして植物である」[☆11]。自然の獲得を、古代遺物、絵画、その他の定評ある人文主義的オブジェの獲得と同一の地平で考える蒐集家が多かった中で、インペラートのような薬種商は、医学的に必要不可欠な知識として自然を定義していたのである。

これとは異なる視点から、すなわち自然の観察者にしてマテリア・メディカの実践者という彼らの新たなイメージに適合させるために、医師たちはますます自然の標本を蒐集するようになった。「われらがあらゆる地域から集めなくてはならぬのは医学の貯蔵庫を富ませるたぐいの品々であり、ついては、かのアルゴー探検隊のごとく、われわれもまた旅路の途次から黄金の羊毛をもち帰らねばならぬのである」と、バルトリンは自著『医学的巡礼について』(*De peregrinatione medica*)の中で勧めている。「医師の目を惹きつけるあらゆるものを」[☆12]。一六世紀中葉までに、医師たちは一般に自然の研究を優れた医学的かつ薬学的実践をおこなうための基盤として認識するようになった。「自らの職能が有する真の手段、すなわち合成薬だけでなく単体植物についての医学の薬学的側面を実際に知悉することなくしては、ガレノスも証言しているように、（医師たるものは）熟練した専門家になることはできない」と、アルドロヴァンディは主張している。「まず個々の単体薬物を知ることなしに、われわれはいかなる医薬も調剤することはできない」[☆13]。博物学を医学教育の重要な要素にしようとする要求は、イタリアのほぼすべての大学の医学部における特定のカリキュラムの改革をうながすこととなった。博物学の恒久的な講座が開設され、植物園が設立され、そしてミュージアムが知識伝授の中心施設として新たな卓越性を与えられるようになる。一六世紀の末には、イタリアで医学の学位を取得しようとする者は、瞬く間にヨーロッパ中の大学に広まって慣例となったように、単体薬物に関するなんらかの知識をもたずに卒業することはできなかった。博物学は、医師になるために要求される「専門知識」の一部となったのである。

医学のカリキュラムの変化はただちに、現実に医学を実践している医師たちに新たな責務を帯びさせることとなった。自然を蒐集し研究することへの関心が次第に高まるにつれ、医師協会は薬学の統制を視野に入れた彼らの権限の範囲を再定義せざるをえなくなった。一学術領域としての博物学の新たな正当性は、こうした知識を有する医師たちとわずかな数の薬種商に、医学を探求するための別の新たな信任を与えた。医師たちは、単体薬物を医学的に用いることで鍛えあげた知識を駆使して、ちょうど解剖学研究が外科医や助産婦たちへの監督の強化を正当化したように、薬種商に対する統制をいっそう強化していった。蒐集活動は、医学的職能の多様な構成要員を眼に見えるようにしたばかりでなく、ガレノスの時代以来、医学の中に忍びこんできた「錯誤」を抹消する手段を彼らに提供したのである。それは、古代の医学的学知の復興を第一の目標に掲げていた人文主義的な研鑽を積んだ医師たちの権威を強化し、またそれによって、古代の学問分野を再生する作業に参画していた医学の共同体に属するメンバーたちの社会的ステータスも上昇した。一六世紀から一七世紀にかけて生起してきた医学についての論争の中で、新たな医学的学知の知的な目標と位階的かつ集権的な医学職能の強化という社会的な目的が、ここに合体していったのである。

一六世紀の後半五〇年に、博物学者たちの共同体すべて巻きこんだテリアカ薬をめぐる論争以上に事を詳らかにするものは存在しない。古代伝来のすべての医薬の中でもっとも精巧かつ包括的なものとして、テリアカ薬は、薬剤成分の特性と有効性について、そして解毒剤としての効能について、数え切れないほどの論争の焦点となった。万能薬としてのテリアカ薬の効力を問うよりも、博物学者たちは——専制政治そのものを批判するよりも国王の邪悪な顧問官を弾劾する家臣たちのように[☆14]——医学の職能に忍びこんでいる有害な調剤法や不適当な施療法などを厳しく槍玉に挙げたのである。こうしたアプローチは、ルネサンス期の医師たちに、既存の医学体系を完全に破棄することではなく、むしろそれを改革するための起動力を与えた。自然を蒐集することによって、博物学者たちは、テリアカ薬に含まれる単体薬物のガレノスの規範的なリストと実在する検体とを対照させて比較検討することを余儀なくされ、調剤成分リストの内容を活性化していった。多くの探査行がなされ、文献上の記述と異なる標本の綿密な比較検証がなされるようになり、そして情報、検体、意見を交換しあう博物学者たちの広範なネットワークが発展するにつれて、テリアカ薬を原初の状態に復元することに献身する、ダイナミックな医学文化が姿を現わした。医師や薬種商たちは、メディチ家から下賜された二匹の毒蛇のような医学的な標本を書斎（ストゥディオ）／実験室に運び入れ、それらと彼らのミュージアムの収蔵品を用いて、テリアカ薬の成分の純度について、そして古代の薬物の入手が不可能な場合には代替成分の薬効について、決定していったのである。

すでに第4章と第5章で論じたように、ある標本を同定するということは、単に経験知の問題ではなく、権威の問題でもあった。ルネサンスも終焉を迎えようとするころ、イタリアに姿を現わしつつあった専門職能のヒエラルキーの中では、自然を蒐集しない医師は、経験による知識だけでなく、最新の潮流に従って蒐集する同じ医師たちがもつ社会的ステータスをも身に帯びることはなかった。薬種商は経験（experientia）は有していたが、学術的な適性に劣るがゆえに、知識は有していなかった。彼らはアルドロヴァンディのような医学の専門家たちが下す結論を支持することはできたものの、自然についての独自の意見を確立するだけの能力を有していなかったのである。自然を蒐集するという営為は医学的活動における競合領域に新たな境界を示したものの、一方で医学の職能のさまざまな部門はいまだに特権を用心深く守り続けていたのである。大学のカリキュラムにマテリア・メディカが導入されたことを通して、またこの種の知識の形態が果たした中心的な役割を通して、そしてそれが参画する医薬の調合と配布についての議論をかたちづくる実践――蒐集すること、解剖すること、実験すること――を通して、博物学という学問は、初期近代の医学文化を特徴づける重要な要素としてその姿を現わしたのである。

マテリア・メディカの役割を再考する

テリアカ薬についての議論を再開するまえに、テリアカ薬が導かれてきた制度上の展望を考察する必要がある。蒐集活動も大学のカリキュラム改革も、どちらも人文主義的な文化が医学という専門領域に与えた衝撃の中から生まれたものである。古典籍への新鮮な眼差しとわずかな新しい文献の出現は、書斎（ストゥディオ）と大学の双方の空間において新たな活動を生みだした。名だたる自然の蒐集家の多くは医学の専門家でもあり、ほかの医学を職業としない蒐集家も、必ず大学において医学の初歩的訓練を受けていた。したがって彼らは、徐々に高まるマテリア・メディカへの関心を反映した医学のカリキュラムから恩恵を受けるとともに、それを変容させる地位にあった。一六世紀の半ばまでは、ヨーロッパの大学体系の医学のカリキュラムにおいて、博物学はほとんどあるいはまったくその役割を果たすことはなかった。「フェッラーラには、ほかの面では申し分ない知識を具えている多くの医師がいたが、その中でもほんの一握りの医師が単体薬物の知識をもっているにすぎない」と、一五七九年にアルフォンソ・パンチョが述べている。[☆15] アルドロヴァンディは、人生を捧げた博物学研究の中で生じた変化を回想しながら、彼の知識獲得法を、「過去数百年にわたって無知と沈黙の薄闇の中に埋もれてきた知的能力」[☆16]として記述している。伝統的な医学教育は、探究の適正な哲学的形態ではないとされた。解剖学や化学、そして博物学のような主題に研究の場を与えることはなかった。「優れた医師になろうとする者は、まず最初に哲学者でなくてはならない」と、ジョヴァンニ・バッティスタ・シルヴァティコは、ミラノの医師協会の歴史を書く中で忠告している。[☆17] 医学は、哲学の研究をしているうちにいつのまにか医学の研究へと——この二つのあいだのどこかで博物学を見落としながら——移行していく、決して失われることのない次元の知識の一部をなしていた。

医学のカリキュラムに経験を重視する構成要素——解剖学的実習、植物種の実地観察、化学的実験——が導入されてもなお、医学教授たちは依然として実践を超えて理論を称揚し続けた。ミュージアムそのものが、これら二つのカテゴリーの間の両義的な関係を反映していたのである。「コスタが私に見せてくれた珍品奇物が、ふとしたきっかけで医学的な議論から哲学的な問題の考察へと私を導いていったのである」と、マントヴァの医師マルチェッロ・ドナーティのミュージアムを見分したさいに、ジョヴァン・バッティスタ・カヴァッラーラが想い起こしている。[☆18] 感覚的な情報の重要性に接することが増えていくにもかかわらず、医師たちはなお、医師という職能の先入観を忠実に反映していて、マテリア・メディカよりも自然哲学の議論を優先させるという姿勢を示し続けた。自然の研究を哲学と等しい地位にまで高めようとするアルドロヴァンディのような博物学者の企図と、そしてフランチェスコ一世のような君侯の宮廷的な娯楽としての自然の研究の成功があってはじめて、それは医師たちのあいだで流行の研究形態となったのである。

イタリア各地の大学の医学カリキュラムに対する博物学の導入は、医薬を合成する各種の物質を鑑定できるように医師たちを訓練するために、マテリア・メディカの実践的な実地教授に対する要望が次第に高まってきたことに端を発した。「手段と補助金のことを知らずして、いったい誰が能力を発揮できるというのか」と、一五四三年にガスパーレ・ガブリエーリが語気を強めている。[☆19] 一六世紀の初頭、医師たちは自然の研究を、医学修練にとっては周辺的なものとみなしていたが、その半世紀後には、もはや周辺の無用な知識だなどとは言っていられなくなった。「このジョヴァン・アンジェロ君は、医薬の調合の実践に手を染めなくてはならない」と、ジョヴァン・ピエトロ・ジュドーリが一五六一年にアルドロヴァンディに宛てて、かつて交わした約束をアルドロヴァンディに想い起こさせながら記している。「単体薬物とそのほかのさまざまな薬学の核心に関する知識を彼に会得させるため、貴殿の邸館で彼を接待してくださるというお約束でした」[☆20]。アルドロヴァンディは、ボローニャ大学を卒業して一〇年と経たぬうちに、単体薬物についての技能(アルテ)を医師に修得させるために自らのミュージアムを活用することで、すでに医学のカリキュラム改革のプロセスに積極的に携わっていたのである。

医学や博物学への人文主義的な探求が、これらの変革の背後にあって起動力として機能した。テオフラストスの植物学著述の再発見とガレノス、ディオスコリデス、プリニウス、アヴィケンナなどの著作の権威ある版の出版は、マテリア・メディカに、ほとんどの医師たちが安住していた文献的宇宙において傑出したステータスを与えることになった。ギーニ、ファッロッピア、アルドロヴァンディなどの医学や博物学の教授たちは、医学のこの側面における復興に大きく貢献した人々であった。彼らの努力を通して、分類や同定、そして医学的有用性をめぐる人文主義的な議論が、マテリア・メディカを医学へと統合するテクストに基づいて講義をおこなうという決定が下されたことにより、医学教室の中にもたらされた。一六世紀の後半を通してくりかえし版を重ねていくことになる、一五四四年のマッティオーリによる『ディオスコリデス「医学素材論」論議』(*I discorsi ne i sei libri della materia medicinale dei Pedacio Dioscoride*)の登場によって、この著作の重要ではあるがこれまでとりたてて注目されてこなかった主題に学者たちが注意を向けるようになった。その同じ年には、ギーニがピサ大学教授就任公開講義で鉱物を論じたディオスコリデスの著作を講読していたのである[☆21]。一五五〇年代までには、イタリアの大学という大学で教授たちがディオスコリデスの著作を講義の中に組み入れるようになっていた。「ファッロッピア教授はまだディオスコリデスについての講義を開講しておりません」と、医学生のアンニーバレ・テレンティが一五五八年の秋にパドヴァ大学からアルドロヴァンディに宛てて書き記している。「けれども、すぐに開講なさるものと信じております。そこで、もし閣下が教授に私を推薦する書状を数行でも書き送ってくださいますなら、単体薬物学講座の受講が容易となり、私にとってこれ以上の喜びはありません」[☆22]。その当時刊行されていたディオスコリデスの新版に基づいてカリキュラムを構成した大学教授は、解剖学者ファッロッピア一人ではなかった。一五九四年から一六一六年にかけてパドヴァ大学の単体薬物学講座の教授を務めたプロスペロ・アルピーノは、このあいだに少なくとも八回にわたって通年の講義をディオスコリデスに充てている[23]。アルドロヴァンディは、一五五四年にパドヴァを旅行したさいにファロッピアに力を貸しており、一五五六年から一五六六年にかけてボローニャ大学でディオスコリデスの著作『医学素材論（薬物学）』（*De materia medica*）全五巻のすべてを講義している。「ディオスコリデスの著作」をミュージアムの蔵書中で唯一特筆に値すると考えていた友人のジガンティと同様に、アルドロヴァンディは、マッティオーリによって刊行されたディオスコリデスの著作を補完し、より洗練したものへと彫琢する、『医学素材論』の注解を執筆して、この古代権威の著述に際立った評価を与えていた[24]。これが要するに、ディオスコリデスの講義だけではなく、ガレノスの『単体薬物の性質と効能について』（*De simplicium medicamentorum temperamentis ac facultatibus*）やアヴィケンナの『医学典範』（*Canon medicinae*）第二書といった関連テクストを教えるにさいして、彼やそのほかの教授たちがしばしば用いたテクニックであった[25]。つまり講義、翻訳、註釈を通して、彼らは、講義室とミュージアムの双方において、マテリア・メディカの古代の伝統を復興していったのである。

薬種商たちは、医師たちが享受していた医学教育にじかに接することはできなかったが、それでも同じ人文主義的な文化を吸収し、これに参画していた。インペラートはたとえば、新たな、より真正なガレノスの指針に従ってテリアカ薬を調剤するために、（サレルノで教えていた）マランタと共同作業にとりくんでいる。マントヴァの医師フィリッポ・コスタは、マランタの著作『テリアカ薬とミトリダトゥム薬について』（*Della theriaca et mithridato*）が輪郭を描いた指針に従い、「メスエ［＝イブン・マーサワイヒ］の規定とは異なり、ガレノスの規定に合致する」調剤能力についてインペラートを称讃している。マランタ自身が、インペラートはディオスコリデスの概説した処方に則ってすべての調剤成分を抽出したと、読者に対して請けあっている[26]。人文主義的な医学カリキュラムで研鑽を積んだ医師たちの先導のもとで、薬種商たちは、マテリア・メディカの背後に潜んでいた新たな哲学を医学の現場へと変換したのである。

一五四三年一一月三日の講義の席上、フェッラーラ大学の単体薬物学講座初代教授のガスパーレ・ガブリエーリは、学術的な規範として、博物学の研究を再活性化する必要性をうまく要約している。彼は、医師たちのあいだにマテリア・メディカに対する関心が欠如していることを公然と非難して、次のように述べている。

私の意見では、こうした態度は、ただひたすら医学の中で植物の知識を扱う部分が自分たちには関係しないという連中の信念から出来している。彼らは[医学の]この部門の研究全体を、もっぱら薬剤師、薬種商、助産婦といった輩にまかせてしまっている。こうして現在、薬草医学の知識はまるごと、無教養で、愚かで、迷信深い助産婦たちの手の中に握られている。驚くなかれ、際限のない過誤がこうした無能力から生じているのだ。☆27

一六世紀の医学のカリキュラム改革は、医学のあらゆる側面で、大学教育を受けていない医療実践者たちの役割を極小にまで狭めることになった。ガレノスやディオスコリデスやアヴィケンナらのテクストを綿密に再読すると、医療の実践ばかりでなく医学の研究においても、マテリア・メディカの重要性が明らかになってくる。その結果として、医師たちは古代の権威を引き合いに出して、マテリア・メディカを学術的なカリキュラムにとりこむことによって、徐々に薬種商たちの知識を奪いとっていったのである。

ガレノスもディオスコリデスも、哲学的な規範としての医学は最高位の学芸であり、その実践者はもっとも優れた治癒能力を具えるという論拠に基づき、薬種商の医師への従属を正当化していた。ガレノスの語るところでは、哲学は真理へと到達する手段であり、そしてただ医師のみが、その学識の力能によって哲学を知悉していると主張することができるのである。☆28 古典的な規範によれば、薬種商は単なる「医療の製造者」(pharmacopolai)とみなされているにすぎず、医師たちこそこれらの医療とは何かを決定する存在とみなされていた。博物学者たちは、博物学を大学のカリキュラムの中にとりこむことで、医学の研究の中に博物学を組み入れる尊ぶべき知的伝統を再活性化させたのである。「思うに、薬物学が必要不可欠なものであることは衆目の事実である」と、ディオスコリデスは『医学素材論』の序で述べ、こう続けている。「薬物学は医学のあらゆる技芸と密接に関連し、また医学のあらゆる部分と揺るぎない絆を築きあげているからである」。紀元一世紀に生きたこの医師はまた、医学に益するあらゆる対象の知識を獲得する適切な方法についての簡明な要約を提供している。「というのも私は、これ以上はないという精確さをもって、直接観察を通してあらゆる対象の知識を得るべく、そして世にあまねく受け入れられている文献情報の真偽を調べるべく、研究を遂行してきたのである」[☆29]。この陳述こそが、後期ルネサンスのイタリアの医学部で制定されたカリキュラム改革の基盤を形成したのである。

他のさまざまなテクスト、たとえばプリニウスの『博物誌』(*Naturalis historia*) のようなテクストの発行部数が増加し、批判的な検討が加えられたこともまた、医学のカリキュラムに博物学が導入されるのに与って力があった。プリニウスをめぐるもっとも辛辣な議論が交わされた地であったフェッラーラでは、アントニオ・ムーサ・ブラサヴォーラとその弟子のガスパーレ・ガブリエーリやアマート・ルシターノ（著名なポルトガルのディオスコリデス註解者）が、博物学を医学教育に不可欠なものとした。「植物学の知識を得たいと願い、あるいは医学という学識を学びたいと思う者は誰でも、フェッラーラへいくことをお勧めする」と、ルシターノは記している[☆30]。同じくブラサヴォーラの師弟であったファッロッピアは、一五四七年から四八年にかけてフェッラーラ大学の単体薬物学講座で教鞭を執っており、そののちピサ大学とパドヴァ大学に移り、さらに輝かしい学術ポストを歴任した[☆31]。ブラサヴォーラの指導のもと、医師たちは、医学的な薬草（単体薬物）を鑑識する検証作業に必要とされる技術――古典文献から直接に得られた知識と結びついた経験 (experientia) ――を習得していった。同時代の多くの人々がそうであったように、ブラサヴォーラは、中世とルネサンスの学術界における主要な成果であった中世イスラムの註釈文献のラテン語訳に対して一切の価値を認めておらず、いかなる企図をも介することなく、直接ガレノスやディオスコリデスの言葉と向きあうことを好んだのである。古代の賢人の言葉に精通すればするほど、直接自然に親むことが増大し、それらが比較対照のために並置されたのである。ブラサヴォーラが主張しているように、これらの知識と経験のいずれもが、医薬の調合において、薬種商を監督する資格を医師に付与したのである。

フェッラーラ大学は、博物学とマテリア・メディカに対する関心の復活に関与した、数多くの大学の中でも最初で唯一の大学である。一五一三年に、教皇レオ一〇世がジュリアーノ・ダ・フォリーニョを単体薬物学講座の初代教授に任命している。一五二七年のローマ劫略にさいして「ラ・サピエンツァ」(La Sapienza［ローマ大学］)が一時閉学されると、この講座もまた一時的に休止せざるをえなかったものの、ローマで博物学が特別に脚光を浴びる世紀半ばにはふたたび復活し、教皇付きの医師アンドレア・バッチやリンチェイ会員のヨーハン・ファーベルが講座を受けもった。[☆32]強大な医学的特権をもつイタリア各地の大学は、ただちにローマの先導に従った。一五三三年までには、ヴェネツィア政府評議会が、パドヴァ大学に常設の単体薬物学講座を開設し、これに倣ってボローニャ大学とペルージャ大学が、それぞれ一五三四年と一五三七年に講座を開設している。[☆33]一五四三年にピサ大学が再び開学すると、大公コジモ一世は、傑出した博物学者ギーニにボローニャ大学を辞してピサ大学の単体薬物学講座の初代教授に就任するように懇願している。ヴァルキは、かつて学生時代にボローニャ大学で聴いたギーニの講義を回想しながら、「あらゆる鉱物についての、偉大なる知識であったばかりでなく、実践でもあった」と証言している。[☆34]

ボローニャ大学とピサ大学のギーニの薫陶を受けた学者たちは、フェッラーラ大学のブラサヴォーラの弟子たちと協力して、マテリア・メディカの教育を医学のカリキュラムにとって一般的な姿とする、博物学者の第一世代を形成した。中でも、アルドロヴァンディ、バッチ、チェザルピーノ、そしてファッロッピアなどはすぐさま、当時姿を現わしつつあったこれら下位区分の学術分野における自らのヘゲモニーを確立していった。一五八〇年代までには、パルマ、パヴィーア、そしてシエナのような規模の小さい大学にも単体薬物学講座が開設され、一六三八年には、メッシーナ大学でさえもがこの主題における確固たる地位を誇らかに示している。[☆35]アルドロヴァンディは、彼の学芸庇護者(パトロン)であるガブリエーレ・パレオッティのために作成したボローニャ大学の一五七三年の調査報告の中で、次のように述べている。博物学は、「大学におけるそのほかのあらゆる研究と同様に必要不可欠な分野であって、言うなれば、医師にとっては不可欠な、哲学者には有用な、そしてほかのあらゆる分野の学者にとっては楽しき学問となるでしょう」[☆36]。マテリア・メディカに注目した人文主義的研鑽を積んだ医師たちによって最初に確立された規範としての、そして彼らに学んだ学生の次の世代によって社会に広められた学問としての、博物学の制度的系譜は、アルドロヴァンディが参画した医学のカリキュラム改革の本質を理解することにおいて、彼の先見の明を証明している。

アルドロヴァンディ自身の経歴が、当時の医学部で進行していた変化をはっきりと示している。アルドロヴァンディは、一五四〇年代にボローニャ大学とパドヴァ大学で、最初に法学を学び、次いで哲学、論理学、そして数学へと関心を移し、一五五三年にボローニャ大学から医学と哲学の学位を授与されている。次の年の秋には、論理学の教授に任命されている。この時点で、アルドロヴァンディの博物学への興味は、すでに結晶化し始めていた[☆37]。それから一年と経たぬうちに、アリストテレスの主要著作のほとんどを購読する哲学の講義をおこなっている。「すでに数カ月まえより、貴殿の哲学教師としての名声はつとに聞き知っておりました」と、マランタは書いている。「しかし、単体薬物について［知識をおもちだと］は知りませんでした」[☆38]。アルドロヴァンディは、一五五六年にディオスコリデス『医学素材論』の講義を開始し、彼の概説によれば「自然哲学の全体を実践の段階に移すために」、一五六〇年まではテオフラストスの『植物原因論』（*De causis plantarum*）についての連続講義に着手している[☆39]。アルドロヴァンディは、大学の正規の課程でテオフラストスの植物学的著述についての講義をおこなった最初の人物であった。同様に彼は、ガレノスの薬学についての著述をカリキュラムに組み入れるのにも敏速であった。植物学者のチェーザレ・オドーネが一五四三年にギーニのあとを継いで単体薬物学講座（lectura de simplicibus）の教授として存在していたにもかかわらず、アルドロヴァンディの博物学講義があまりに評判が高かったため、ボローニャの評議会は意を決し、プリニウス的かつディオスコリデス的な趣旨に基づく博物学のあらゆる領野（化石、植物、動物に関する正規の自然哲学講義）を網羅する独立したポストを新たに設け、一五六一年一月二二日にアルドロヴァンディを任命している。その同じ年に彼は、ガレノスの『テリアカ薬について——ピソに』を医学生たちに講読することで、大学で博物学を教える最初の自然哲学者としてマテリア・メディカの新たな連続講義を正式に開始した。[40] 一五七〇年を迎えるころには、フィオラヴァンティは彼を「医学の三界を修めた真の教授」と呼ぶほどにまでなっていた。[41]

一〇年という時をかけてアルドロヴァンディは、アリストテレス、テオフラストス、ガレノス、ディオスコリデス、プリニウスらの論述に関する数え切れないほどの註解を著わしながら、論理学と哲学の講義からマテリア・メディカの講義へと比重を移していった。「私が教えているのは、医薬に有益たらんと志すあらゆる者たちに、正しく選ぶべき医療に有効な植物とは何かということです」と、一五八八年に大公フェルディナンド一世に宛てて彼は書いている。[42] アルドロヴァンディがおこなった講義の経歴は、植物学の講座をもつまえに自然哲学を教えていた、フェッラーラ大学のガブリエーリがたどった経歴とそっくり対応するものである。[43] これとは対照的に、パドヴァ大学のファッロッピアは、医学部としてのより重要な本分に対して、マテリア・メディカの講義を二義的なものとみなしていた。ファッロッピアは、このボローニャの博物学者が大学に新設された博物学講座のポストに着任した直後に、のちに有名になる一通の書簡をアルドロヴァンディに宛てて送り、その中で、アルドロヴァンディが医学をはるか後方に置き去りにしていると叱責の言葉を連ねている。ファッロッピアの見解では、博物学はあくまで、もっと重要な医学という学問を教授するための補助的な分野にすぎないのであって、アルドロヴァンディのような溢れる才能をもった哲学者に値するものではなかった。「貴方が将来、単なる本草家になってしまうなどと、そんなことを言うつもりはありません」と、ファッロッピアは書いている。

とはいえ、私をなにより落胆させたのは、貴方が講義内容を推移させてしまったことです——その専門分野が嫌いだというのではなく、貴方もご存知のように私自身も不相応ながらも同じ専門を講義しているのですが、

> 私は貴方が最初におこなっていた講義内容のほうが好ましいと思えるからなのです。そちらのほうが、あらゆる側面において誉れ高き学問だと私には思えるのです。もし貴方が、現在のポストを欲しいと望む者に任せて、機会があり次第、誇りをもって医学の分野へと再び戻ることができるならば、私は貴方を真の忠実なる友として抱擁するでしょう。かくなるうえは私も、医学にのみ邁進するため、自分の［マテリア・メディカにおける］責務と解剖学講義における責務から身を引くことを、その機会さえ訪れたならば、いつだってそうしたいと思っておりますし、実際にするでしょう。[☆44]

一六世紀の半ばまでにマテリア・メディカは医学のカリキュラムにおいて重要かつ必須の要素となったものの、理論的で実践的な医学を教えることで得られるようなステータスと俸給を得ることはできなかった。ギーニやアルドロヴァンディのような著名な博物学者は多くの同時代人に比べれば良い俸給を手にしていたが、アルドロヴァンディが勤めていたのと同じ時期にボローニャ大学の医学部で理論医学を教えていたカルダーノやメルクリアーレといった医学者と比べれば、それでもその額は著しく低いものであった。[☆45]

博物学を教えようというアルドロヴァンディの決意は、明らかに伝統的な学問の道に進んでいれば確実に高額な俸給を手にすることができたはずである以上、より高い職業的な成功を獲得しようという動機に基づいていた。多くの自然の蒐集家と同じように、彼にとって、大学という機関は博物学を正統な研究領域として確立するための、そして博物学者たちが発展させてきた観察と文献に基づく実践に市民権を与えるための、もっとも確実な方法論を提供する場であった。[☆46]宮廷への出入りを許されたことが博物学者たちへの注目を大いに高めたのに加えて、彼ら博物学者が大学に姿を現わしたことは、熱い青雲の志を抱く医師や自然哲学者たちの教育に直接影響を及ぼすことになった。マテリア・メディカが制度的な認可を受けたことで、博物学者たちは蒐集活動の範囲を、非公式の個人的な博物室や薬草園から学問としての公式な空間へと拡張する機会を得たのである。制度的な承認は、やがて医学のカリキュラムにおける博物学の成功を示す中心的な存在となる植物園のための資金を拠出することによって、ルネサンス期の博物学者たちがすでに実践していた活動にさらなる推進力を与えることになったのである。

生きたミュージアム

探査行の途次で、そしてミュージアムで、自然を観察する機会は訪れたが、それはまた、新しいマテリア・メディカの課程を履修した医学生たちの精査のために、地球上の隅々から間断なく集められた植物の茂る大学植物園の中でもおこなわれた。一五四三年、ピサ大学に単体薬物学講座が開設されたのと時を同じくして、ヨーロッパではじめての出現となる植物園の形成の準備が開始され現実のものとなった。博物学者たちはこぞって、大公コジモ一世の先見を、「単体薬物を栽培する公共の植物園を最初に建設され、そのおかげで比類なき学究ギーニ氏が公開講義のあとで単体薬物を実際に学者たちに見せることができるようになった」と称讃している[☆47]。ギーニは、ピサ植物園の統括者としては、理想的な有資格者であり、早くも一五三九年には、実際に単体薬物を示しながらガレノスを講義している[☆48]。トスカーナの最初の世襲君主としてコジモ一世は、ピサ大学を国家の安寧を示す公的な象徴にしようという考えを抱いていた。綺羅星のごとき学術研究者たちと解剖学劇場や植物園のような進取の気概に富む教育施設は、ピサ大学の名声を日増しに高めていき、トスカーナにさらなる光彩を添えることになった[☆49]。コジモ一世の活動は、ほかの君侯たちに、彼らの領国の医学部の名声を維持するためにも、コジモ一世の革新に対抗するべく挑戦を突きつけることになった。ほどなくして、パドヴァ大学（一五四五年）、ボローニャ大学（一五六八年）、メッシーナ大学（一六三八年）などを初めとして、フィレンツェ（一五五〇年）にもローマ（一五六三年）にも、植物園が次々と開設された[☆50]。植物園内に栽培されている育種を利用しながら、博物学者たちは、自然を研究するさいの実地教授の重要性を強調していった。「医師は、病人に健康を誘引する手段を知悉するべきである」と、アルドロヴァンディはガレノスを引用しながら所見を述べている[☆51]。植物を蒐集栽培することは、この目標を満たすための重要なステップであった。

ギーニが統括する植物園は、ほどなくして、互いのミュージアムを訪問しあうのと同じように、他大学から学者たちが参集する場となった。ボローニャ大学から学位を授与されてまだまもない一五五三年に、アルドロヴァンディはさっそくピサを訪れ、その地で彼は次のように語っている。

> 稀代の学究ルカ・ギーニ氏の庭園で栽培されている稀少な薬草をことごとく選別し描写することができた。ギーニ氏が園長を務めるこの薬草園は、氏のためにコジモ大公殿下が命じてつくらせたものであり、したがって園内のこれら美しい植物品種を研究する学者たちはすべて、コジモ殿下の恩義を受けていることになる。[☆52]

ミュージアムや薬種店と同様、植物園もまた、出会いのための共通の場を提供することで、学者間の交流を促進することとなった。医学生たちがここで植物学の勉学にいそしんでいた一方で、貴族貴顕たちは彼らの余暇を彩る「会話のはずむ空間」のひとつとして植物園を楽しんでいた。一六〇九年にロレンツォ・ピニョーリアは、ヴェネツィアの蒐集家パオロ・グアルドに、プロスペロ・アルピーノが彼をパドヴァの「植物園の開園記念講義」に誘ってくれたと知らせている。[☆53]こうした流儀で教授たちは、大学という領域を超えた聴衆を獲得するために、植物学の講義を利用したのである。

植物園でおこなわれる活動の医学的意義は、都市全体に対してもその重要度を増していった。純粋な薬効成分の獲得に人々がとり憑かれていた時代にあって、植物園の存在は、とりわけ衛生局が各地域間の医薬の取引を禁止した疫病の流行時には、それぞれの地方自治体に対して薬効植物の安定した供給を保証していた。植物園で珍重されていた栽培種の多くはテリアカ薬の成分であった。「真の［インド原産の］カルダモン（Amomo）を見たのは、もうかれこれ四〇年まえのことであり」と、アルドロヴァンディはエヴァンジェリスタ・クアットラーミに宛てた手紙の中で追憶している。「パドヴァの庭園でアロイージョ・アングイッラーラ氏が私に見せてくれたのです」[☆54]。植物園内で自然を蒐集できるようになったことは、医学の状況を物質的な面から改良していった。こうした研究環境の中で学者たちは、ガレノスの解毒剤を忠実に復元するのに不可欠な単体薬物の同定について決定していったのである。マッティオーリは、ヴェネツィアの評議会がパドヴァ植物園の運営費用をまかなっているのを称讃しつつ、こう論評している。「ここを訪れる医学生たちや医師たちはすべて、何年もかけて世界のさまざまな地域を跋渉せずとも、単体薬物に関する技能を容易に上達させ、その知識をただちに手に入れることができるであろう」[☆55]。植物園は、博物学者たちが探査行から携えてきた標本から構成されていただけでなく、探査行そのものにとってかわる——ある時代に蒐集された医学的かつ植物学的知識をも吸収しうる自然の実験室と言うべき——ものにもなった。「これらの公私にわたる植物園は、そこでおこなわれた講義とともに、自然の事物が解明される根拠となり」と、アルドロヴァンディは述べている。「われわれが絶えず発見しつつある新しい世界と密接に結びついているのである」[☆56]。

先蹤ギーニの轍みに倣って、アルドロヴァンディもまた、植物園の開設を、ボローニャの評議会に対して早くも一五五四年に打診し働きかけている。一五六八年、ついに植物園の開設に対する公式な認可が下ると、アルドロヴァンディは同園を一五七一年までチェーザレ・オドーネと共同で管理にあたり、その後は没するまで単独で園長職にあたった[☆57]。「睨下ならば、すぐにご理解いただけるものと信じております。小生の講義とそれに手足のごとくに連携する庭園施設とが、大学にとってもっとも有益であり、また必要なものであるということが」と、彼はパレオッティ枢機卿に宛てて一五七三年に書いている。「それはまた首席医師局（Protomedicato）および薬物学すべてにとって欠くことのできぬ主要な基礎であり、今から何年もまえにパドヴァとピサで莫大な費用をかけて創設された施設に類するものなのです」[☆58]。アルドロヴァンディは、植物園という存在を、すべての医療に従事する者に対する許認可と検閲を監督／監視する、医学と薬学の統制機構と位置づけている。それはまた、医療を実践するうえで遭遇するさまざまな問題に対処するための訓練を、医学のカリキュラムの中に組み入れたいという要請に具体的なかたち

で応えるものでもあった。［参考図27］

さまざまな医師、薬種商、そして各大学附属植物園の園長に及ぶ多岐にわたる交友関係を利用して、アルドロヴァンディは一〇年間で一五〇〇以上の薬効植物の標本を集め、ヨーロッパでも屈指の豊穣さを誇る薬効植物のコレクションをつくりあげた[☆59]［参考図27］。「貴殿がボローニャに公共の薬草園を創設されたと聞き、たいへん嬉しく思います」と、マランタは一五七〇年に書き送っている。「それも驚くほど短いあいだに、莫大な品種の植物とその種子を集めたというではありませんか[☆60]」。ボローニャの植物園を訪問する人々は、ピサの植物園長カサボーナのようなほかの植物園長も含まれており、一五八三年の来訪のさいには、アルドロヴァンディの個人庭園と大学植物園を残らず見学している[☆61]。同じようにアルドロヴァンディ自身もまた、たとえば一五七一年にヴェローナを訪問したさいなどには、きまって帰路にパドヴァに立ち寄り、ヴィーラントと栽培種の比較検討をおこなっている。門下生たちが旅に出るときには、アルドロヴァンディは彼らに、ほかの植物園から栽培標本を蒐集し、そして何を見たのか報告するように指示している[☆62]。訪問や標本交換の終わりのない循環を通して、植物園はその規模と重要性を成長させていった。

大学の附属植物園の設立は、園長となる人物の、栽培標本と種子の蒐集能力にかかっていた。ボローニャ大学の附属植物園と「アルドロヴァンディの書斎」の保管管理者を務めたバルトロメオ・アンブロジーニは、一六二九年に、「毎年数度にわたって新しい植物を植物園にもたらしてくれる数人の外国人庭師を住まわせている」として称讃されている[☆63]。アルドロヴァンディと知友の博物学者たちとのあいだでやりとりされた植物のリストは、こうした標本交換のプロセスが彼らの教育と研究活動のあらゆる側面に浸透していたことを指し示している。蒐集は、夏の植物採集行だけにかぎられていたのではなく、一年を通しておこなわれていた。「カミッロ・パレオッティ殿がバルデッロとチェザルピーノに言い渡したことを、そして（大公殿下が）バルデッロに命じ、ピサの植物園から私が望むものはなんでも私に送るようにとりはからってくださったことを忘れないでおくこと」と、アルドロヴァンディは自

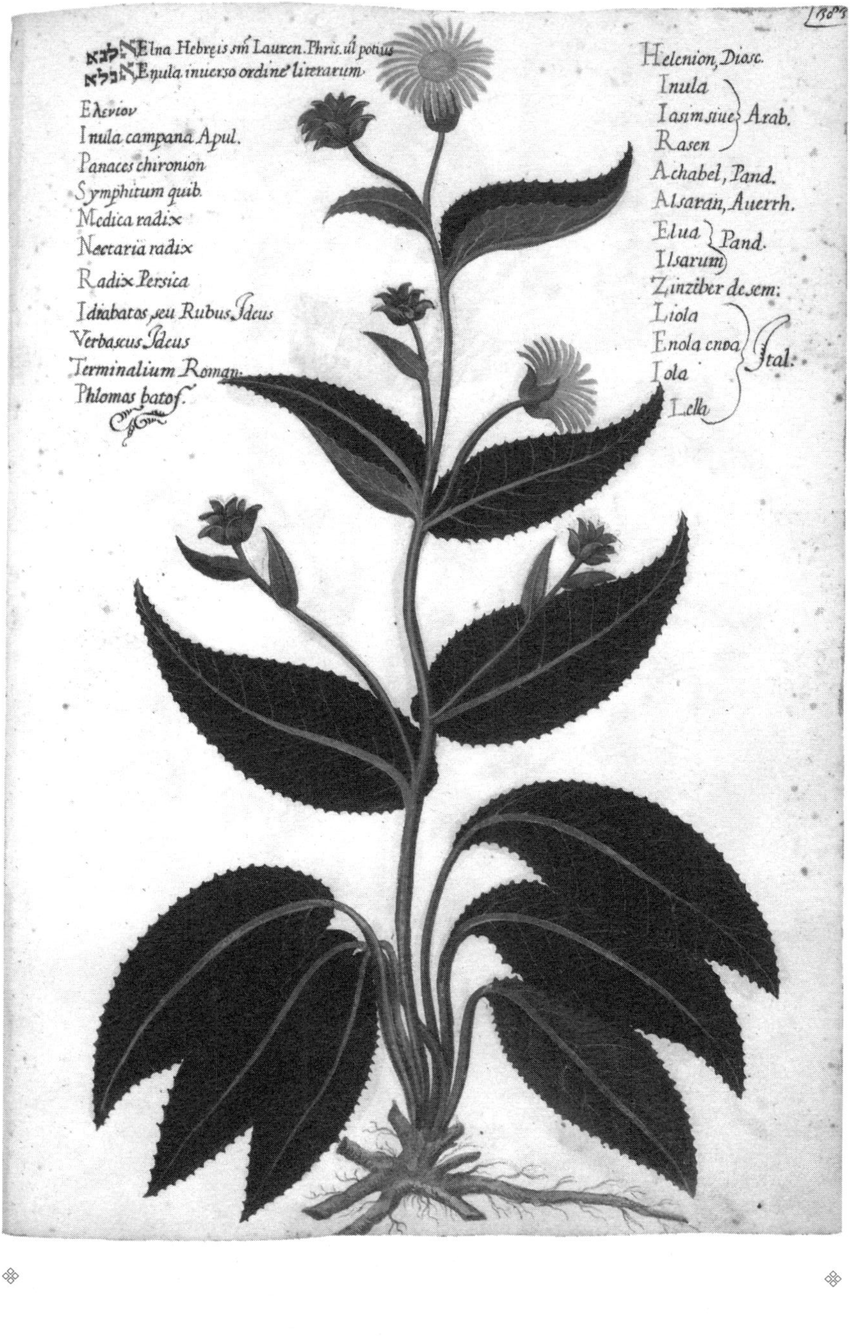
Elna Hebręis sm̃ Lauren. Phris. uł potius
Enula inuerso ordine literarum
Ελενιον
Inula campana Apul.
Panaces chironion
Symphitum quib.
Medica radix
Nectaria radix
Radix Persica
Idiabatos, seu Rubus Ideus
Verbascus Ideus
Terminalium Roman.
Phlomas batos.
Helenion, Diosc.
Inula
Iasim siue
Rasen
Arab.
Achabel, Pand.
Alsaran, Auerrh.
Elua
Ilsarum
Pand.
Zinziber de sem:
Liola
Enola enva
Iola
Lella
Ital.

参考図27A（右）——赤接骨木（U. Aldrovandi, Tavole di piante, I, c. 14）
B（上）——小車草／旋覆花（U. Aldrovandi, Tavole di piante, IX, c. 383）

分のノートに走り書きしている。☆64 こうした交換活動が、博物学者のあいだの流入と流出を通して栽培標本を常に置き換えさせることで、生きた実験室としての植物園というイメージを高め、そうした環境でこそ、彼らは講義や研究をおこなうことができたのである。

大学植物園に付属するものとして博物学のミュージアムが設けられたことは、医学のカリキュラムの中で、実物の見分と観察という営為が新たに重要視されたことを強調している。ちょうど解剖学演習の実施が検体の腐食速度がゆるやかな冬の時期にかぎられていたのと同じように、生態標本を用いた研究も、当然のこととして、季節に従うものであった。ピッロ・マリア・ガブリエッリは、「研究者たちに見せるための」一三〇種の植物からなるリストを編んだものの、シエナ大学で彼の講義に割りあてられた時間は、一六八四年から八五年にかけて、わずか四〇種しか実地に観察することを許さなかった。☆65 しかし、医学のカリキュラムの新しい指導方針は、観察という営為を医師たる者が生涯にわたって学ぶべきもののひとつであると要求している。ミュージアムに収蔵された骨格、岩石、鉱物、乾燥植物（アルドロヴァンディは植物を乾燥させて保管する技法を完成させたと主張していた☆66）の標本類、そして博物図譜などが、季節に合わせてなされていた解剖学の演習や植物学の実地観察を補完した。ピサとパドヴァの植物園は、一六世紀の末までにそこに所蔵されるべきコレクションを完備している。「トスカーナ大公フェルディナンド殿下は、地上の標本用の各部屋に加え、殿下のピサの庭園に付設される予定の、地下世界の事物を収める部屋を計画なされている」と、アルドロヴァンディは述べている。☆67 またパドヴァ植物園は、「たとえば鋳造、蒸留、そしてそれに類する作業を含む、医薬物質に直接関係する多様で異なる操作に利用しうる多くの部屋や居室」によって囲まれていた。☆68 ピサとパドヴァでは、植物園がミュージアムに先行して建設された。さらにボローニャでは、「アルドロヴァンディの書斎」がすでに植物園の設立に先行して存在し、大学のミュージアムの建設に代替するものとして利用されていた。

アルドロヴァンディのコレクションは、彼が大学教授職にあったあいだは実地教授の目的で利用され、一七世紀にはそのまま大学附属のミュージアムへと変貌を遂げた。アルドロヴァンディの後継者として博物学講座の教授となり、また「アルドロヴァンディの書斎」の初代管理者となった、フランドルの博物学者ヨーハン・コルネリウス・ウターヴェルは、一六〇六年に、ボローニャ大学の運営委員会に対して、ミュージアム内の標本を講義用に借しだすよう要請している。

> まだ記憶にも新しい、かの比類なき学究ウリッセ・アルドロヴァンディ教授は、その蔵書を自然を蒐集した書斎(ストゥディオ)とともに、学生たちの便宜のためにこれらが保存されるべきであるとして、高貴なる委員諸賢に遺贈されました。教授は、長年にわたって小生が示してきた奉仕を認め、小生を任命してこれらの資料の管理にあたらせ、そしてもし相応の必要が生じたさいには、これらの資料をすべて使うことを認めてくださいました。したがって、それぞれの講義が終わったあとで、その内容に応じていくつかの資料を実際に手にとって学生たちに見せたいと考えており、そのためこれらの資料の寛大なる貸与をここに要請する次第です。[☆69]

一七世紀までには、この要請が物語っているように、ミュージアムと植物園は、イタリアの大学におけるマテリア・メディカの教育の中に完全に統合されていった。かつて人文主義者たちの個人ミュージアムで開始された実地検証と実験主義の文化は、医学のカリキュラムの中にその存在の場を見いだしたのである。

医学のカリキュラムにおけるマテリア・メディカの成功の一例として、一五六四年にパドヴァ大学は、講座を二つの専門職――単体薬物の講座職と、これとは独立し、植物園の管理者が受けもつことが多かった「単体薬物の展示者」(ostensor simplicium)という専門職――に分割した。ペルージャ大学もまた、単体薬物に関する教育を、理論と実践の二つに分割する決定を下した。[☆70]そもそも、こうした区分がなされるようになったことは、大学教育の中に博物学が成功裏に組みこまれたことを反映している。一人の人間にこれらすべての機能を統合しようとするアルドロヴァンディの企て――解剖学理論の講義も人体解剖の実技もどちらも遂行可能であるというヴェサリウスの劇的な声明と同様の手段――にもかかわらず、医学のカリキュラムの旧風墨守とした構造は、そうした理論と実践の伝統的な区分をとりはらおうとすることを拒んでいた。多くの大学で、教授は植物園に立ち、彼が陳述する植物を「提示係」(ostensor) が示して見せるかたわらで講義をしたのであり、このことはまた、当時の博物学に普及していた観察のレトリックというものを、哲学者としての博物学者とその学者が理解しようと奮闘する対象とのあいだの距離を確実に増幅することによって、突き崩していく行為であった。博物学者たちが観察と実地検証を医学の研究に必須の要素とするのにつれて、同じ時期に平行して解剖学者たちによって教授される解剖学実習も強化され、そのため博物学者たちは成功の両義的な意味と折りあいをつけなければならなかった。新たな学問の制度的認定は体制への恭順を意味した。そして医学のカリキュラムの規範は、経験的な学問を、学術的ヒエラルキーの中でも最下層に位置させたのである。アルドロヴァンディや、とりわけチェザルピーノのような博物学者たちの、博物学にさらなる哲学の衣をまとわせようとする努力は、本質的に保守的である学術世界に新たな形態の学問を導入することがいかに困難であったかということを映しだしているのである。

ルネサンス期の大学における新しい医学のカリキュラムは、生態標本と文献記述と美術的表象という三者の関係をよりよく理解することを学んだ、新たな世代の医師を生みだした。「マッティオーリが『アンドロサケス』(androsaces) だと記している植物を見ました」と、アンブロージョ・マリアーノはアルドロヴァンディに宛てて書いている。「しかしながら、貴殿のもとを訪れたさいに見せていただいた植物の中には、マッティオーリが描いている挿絵に適合するような品種はなにも見なかったと確信しております」。アルドロヴァンディの恩師であったフランチェスコ・ペトロッリーニは、「その手に常にディオスコリデスとプリニウスを携えたまま、あらゆる薬草について議論を展開する」[☆71]と、ある医師の書斎(ストゥディオ)への訪問を記述している。蒐集家たちが、気の合う学者仲間たちとの交流を通じてこうした実物検証の実践に着手した一方で、医学のカリキュラムの中で達成された数々の改革は、この新たな科学文化に対して公的な承認をもたらした。そして、博物学講座の最初の教授たちや、黎明期のミュージアムや植物園の保管管理者たちの努力は、マテリア・メディカの研究を、それ以前に擁していたよりもはるかに広範な聴衆に向けて大きく開いたのである。

職能の管理規制

マテリア・メディカの医学のカリキュラムへの導入は、伝統的に薬種商が独占してきた知識の分野を、医師の支配する領域へともたらした。そして、このことは重要な職能的細分化を意味した。自然を統御することは、多くの医師たちが論じているように、教育を受けていない医療実践者を支配下に置くことを知的なレヴェルで正当化した。「こんなことをとやかく議論するのは私の領分ではないのだが」と、ピエトロ・フマガッリはアルドロヴァンディに宛てて、博物学教育を通して医療の実践活動を改良しようという彼の計画に応じて書いている。「だが、あえて言おう。愚かな者たちにとって、植物の知識とは、薬種商かさもなくば庭師に属することになっている、ちょうど、魚の知識が漁師の、……鳥の知識が鷹匠のものであるように。そうすることで、各人が自分の無知を弁護しているのである」[☆72]。アルドロヴァンディのような博物学者の百科全書的なプログラムは、医師こそこうした知識間の障壁をとりのぞく能力を有する存在であるはずだと、こうした伝統的な知識の区分に対して異議を唱えている。蒐集家の多くが思い描いていたように、医師の責務は、彼らに博物学の新たな技能を授けるとともに、彼らの活動を仔細にわたって統制することにより、医師以外の医療実践者たちの無知蒙昧と戦うことであった。薬種商こそは「医師から学ぶべきであって、医師が彼らから学ぶのではない」と、アルドロヴァンディは論じている。エステ家の公爵アルフォンソ二世付きの植物学者であったエヴァンジェリスタ・クアットラーミは、この評価に賛同の意を示し、あらゆる医師にマテリア・メディカの研究を必須のものとして推奨している。そうすれば彼らは理解するにちがいない、「あらゆる種類のいんちき薬種商（Spetialetto）たちに、真の単体薬物のなんたるかも知らぬままにあれこれの解毒剤を調合させておくことが、いったいどれほど恐ろしいことかを」[☆73]。医学の職能の世界に統制の新たなメカニズムが導入されたことによって、一六世紀の末までには、医師が現場の医療実践者たちを監督することが一般的な慣行として定着していった。

医療の実践活動を頂点から法的に規定しようという願望は、医師たちが長年にわたって抱き続けてきた目標であった一方で、自然の蒐集と研究が、医学の専門職能を規制するための新たな道具ともなった。一六世紀には、外科施療者、薬種商、産婆などを初めとする、そのほかすべての非公認の医療実践者は、彼らが学術的な医学の世界の厳しい監視の下にあることに気がつくことになる[☆74]。医師たちは、ガレノスを引き合いに出し、彼らがそのほかの医療実践者たちに対して課す新たな要求や規制を正当化するものとして、哲学的な権威を召喚した。「こうして、ちょうど建築家が煉瓦職人を統括するように、医師は薬種商の上に立たねばならないという結論が導かれる。このことはガレノスがさまざまな場で証明していたことであり、これによって過誤の発生が未然に防がれるのである」[☆75]。医師たちはますます、自分たちが干渉の度合いを強めれば強めるほど、患者に処方する薬剤の品質が高められることになると確信するようになった。薬学を薬種商のなすがままにはさせずに、医師たちは医薬の調剤とその普及をめぐるさまざまな活動を職務として遂行するために、マテリア・メディカの新たな知識を駆使したのである。ミュージアムと植物園は、いかなる薬種商よりも自然について知悉しているという医師たちの主張の根拠となった。こうした環境のもとで医師たちは、薬種商の経験（experientia）と医師の知識（scientia）とを結合したのである。蒐集という営為は、実際には、薬学を統制するためのメカニズムとなり、高度な知識に欠ける粗忽な医療実践者たちに対抗するための競合戦略のひとつであった。

中世以来、医療実践の統制は、主としてギルドと大学の責務であった。一六世紀を通して、医学の専門職能を再編成するのに与って力のあった、医師協会と首席医師局（Protomedicato）という、二つの監督機関がより顕著な力を発揮するようになった。これら二つの機関が重要性を増していったことは、政治的な中央集権化と社会の漸進的な貴族社会化から生じた、専門職能の正当化の新たな形態を例証するものであった。[☆76] フィレンツェでは、一五六〇年に大公コジモ一世が、医師協会の創立メンバーを構成する一二名の医師を自ら直接任命した。世襲君主が統治する都市では、通例、この新たな医学母体の創設と宮廷における医師の地位の上昇は連動しており、医学的なヒエラルキーを既存の社会構造に接木するものであった。[☆77] ボローニャ、ヴェローナ、ミラノ、ナポリといった諸都市における医師協会の形成は、イタリア半島に割拠していたさまざまな領土国家におけるこれらの機関の従属的な地位を反映している。任命は君主から直接下るのではなく、領主の存在を表に出さずに(in absentia)、なおかつ領主の利益を代表する、地方の行政府を通じてなされた。どのような過程を経て任命が下ったのであれ、創設されるやいなや医師協会はたちどころに権威を確立し、医師の学位の認定と免許の発行を執行するとともに、疫病の流行にさいしては衛生局に勧告をおこない、加えて伝統的にギルドが有していた各種の統制権限をも奪いとっていったのである。[☆78]

これと雁行する動きを見せたのが多くの薬種商ギルドで、自ら組織の改変をおこない、薬剤師協会へと変貌を遂げていった。人材選択の基準はここでも、同じ原理に従って作用した。同業者の中でも社会的に身分の高い者、あるいは地方政府と懇意の者が、薬種商の活動を管轄する役職に選ばれたのである。フィレンツェやローマといった都市では、宮廷薬種商が、薬剤師協会において傑出した地位を保持した。概して言うならば、これらの団体において長として推された薬種商は、いずれも地方の医学組織と強固な絆を有している人物であった。というのも、こうした役職に就く人物には、同業者たちがこれらの医学機関から職務の検閲を受けるさいに、医師協会ならびに首席医師局に協力することを要求されたからである。この最後の要因が、ミュージアムを営む薬種商を、公的な職務の有望な候補者へと仕立てあげることになる。医薬の状態を改善すべく蒐集を営んだ博物学者たちと同様に、彼ら薬種商もまた、自らの職能を高貴なものにしたいという要請から薬学ミュージアムを営んだ医師と同じ目標を共有していた。たとえば、カルツォラーリもインペラートも、それぞれ職業的にあまねく知られた高い地位を享受していた。ヴェローナでは、カルツォラーリとその甥はともに、評議員としての公務をこなすかたわら、さまざまな行事に「来賓」として出席していた。ナポリでは、インペラートが薬種商ギルドを統括する評議会の一員に名を連ねており、これは彼が博物学者として名声を博していただけでなく、スペイン総督とも懇意の仲であったからである。[☆79]自然を占有すること（possessing nature）は、医療活動に従事する者のあいだの区分ばかりでなく、専門職能の集団相互のあいだの差異を際立たせる役割を果たした。薬種商であれ医師であれ、ともかく蒐集を営む博物学者という人種が、医学的ヒエラルキーの頂点に昇りつめていったのである。

首席医師局は、イタリアのシチリア王国に一三九七年に創設されたものを嚆矢とするが、この制度が、医学の専門職能に関するあらゆる側面を監督するための特別な権限を付与された医師というカテゴリーを生みだすことによって、医師とその他の医療実践者とを区分する流れをさらに加速させた。また同時に、改革にもっとも興味を示す薬種商たちを、地方協会の支配からは比較的自由な立場にあった医師たちの統括下に配することによって、医師協会と薬剤師協会のそれぞれの主要メンバー同士を結びつける役割も果たした。彼らが、医学界の中で新興のエリート層を形成していく。主席医師局は、アルドロヴァンディのような博物学者たちが発展させた「専門的知識」という概念を要約する存在であった。主席医師局は、しばしば君主から直接任命された一部の傑出した医師たちによって構成され、伝えられるところでは、ギルドや医師協会や薬剤師協会などの特定の利害集団からは分離独立されており、したがって彼らの活動を公平に評価することができたのである。主席医師の多くは——ボローニャのアルドロヴァンディや一六二八年にミラノの公爵付き主治医（protofisico）に任命されたロドヴィーコ・セッターラ[☆80]のような——蒐集家であった。彼らの営むミュージアムが、医薬の調合の正しい手順をめぐって生じるさまざまな論争を調停するという権威を付与したのである。

スペインでは、カール五世が主席医師局を一五二三年に設置し、これが時をおかずに、スペインの支配下にあったナポリ王国とミラノ公国に支部を展開した。[☆81]教皇領の中では、ローマに一五世紀末に姿を現わしたものを嚆矢とし、医師協会の会長がこの首席医師局の公務を管掌していた。さらに教皇レオ一〇世はボローニャで、より古い「医師に課せられた責務」(assumpti contra empyricos)を前身とする、最初の首席医師局(Protomedicato)を一五一七年に発足させている。一五五三年――アルドロヴァンディが医師協会に入会した年――にはいまだ、ボローニャの部局はローマの主席医師局の直轄管理下に置かれており、したがって大規模な改革に着手する権限は有していなかった[☆82]。それでもボローニャの部局は、一五六〇年代を通して徐々に教皇庁の管轄から脱却し、主席医師局に課せられた医療の監督義務を同市の医療実践を改革しようとする医師協会の関心／意図と緊密に提携させるために、ボローニャの医師協会との関係を深めていった。状況の変化／進展の多くは、アルドロヴァンディの努力によるところが大きい。「なんとも恥ずかしいことに、大学都市ボローニャともあろう街が、医薬の調剤現場になくてはならぬ役職だというのに、自前の主席医師局すら擁していないのである。さらには、他の都市にはみな設けられている、薬種商たちが指導書として従うべき『解毒薬調剤方』(*Antidotarium*)もここにはないのだ[☆83]」。アルドロヴァンディはいくぶんかレトリックを駆使しながらこう不名誉を嘆いている。というのも、この文章を書いたとき、すでに彼は主席医師局の公務を管掌していたからである。主席医師局の権限を明確に規定した同時代の人々と同じく、アルドロヴァンディもまた、異なる監督機関同士が自立性を強固に備え、また緊密に提携することによって、医療改革をより効果的に断行しうると確信していた。

主席医師局に任命された医師たちは、とりわけ医学革新の中心地を自負したボローニャのような都市においては、なかば無制限とも言ってよい権限を手中にした。「薬学の世界にはびこる過誤の数々を、この目的のために協会から任命された、医師や主席医師局をおいてほかに、いったい誰が矯正できるというのか」と、アルドロヴァンディは問うている[☆84]。医学の専門職能を統制しようとする関心／意図は、ついには薬種商がたどる経歴のあらゆる段階の管理／監督を確立しようとする原動力となった。薬種商への免許公布は、段階的に医師協会と主席医師局の責務へと移っていき、薬種商ギルドが自らの職能を統制することはもはや認められなくなっていた。ヴェローナの薬種商ギルドが一五六八年に定めた会則によれば、薬種商が開業するためには二名の医師による審査が必要とされた[☆85]。

こうした審査は、当該人物が単体薬物の知識（語源学および分類学を含む）を有しているかどうか、医療の基本文献に精通しているかどうか、処方箋から薬を正しく調合する能力を有しているかどうか、といった項目を調べるものであった。[☆86] ここでもっとも重要な点は、医師たちによる薬種商への免許公布が、彼らの上下関係を確立したということである。「われわれは、医師たちを応分の敬意をもって遇します」とは、モデナの薬種商ギルドが定めた会則の第四条である。[☆87]

医学界は、薬種商が独立して活動することを確実に不可能にする、数多くの組織的方法を案出していった。『よこしまな薬種商たちの欺瞞をめぐる対話』（*Dialogo de gl'inganni d'alcuni malvagi speciali*, 1572）の中で、医師ジョヴァン・アントニオ・ロデットは、ブレーシャの評議会に対してこう忠告している。「いかなる薬種商と言えども、医師もしくはほかの薬種商がその場に同席せぬ場所では、いかなる医薬の調剤をもなしてはならない」。[☆88] これはすでに、ミラノ、フィレンツェ、フェッラーラで標準的な慣行として実施されていた。薬種商に対する免許公布の権限に加えて、主席医師は、二年もしくは三年に一度、販売されている解毒剤の品質検査をおこなうために市内の薬種商を一軒残らず査察して回り、各種の薬剤が、医師協会が公式に発布する処方箋に則って調剤されていることを保証したのである。シエナではたとえば、一五六〇年に発行された薬種商ギルドの会則を見ると、主席医師と二名の薬種商から構成された、医薬の調合ならびにその成分を検査する委員会の設立が勧告されている。一六世紀の中葉には、たとえば一五六八年にサヴォア公国で発布された条例によれば、薬種商たちは「まず最初に主席医師にその旨を報告することなしには、いかなる医薬の調合も」おこなうことはできなかった。[☆89] 標準の製薬手順に対して目にあまる違反を犯した場合には、罰金の徴収がおこなわれた。その額はたとえば、一五六〇年のシエナでは四〇ソルディ、一五六八年のヴェローナでは二五ドゥカーティ、一五七三年のボローニャでは五〇スクーディであった。都市によって罰金額がさまざまに異なるのは、理想を現実に適応させるのがいかに困難であったかという事情を疑いなく反映している。というのも、薬種商たちは、経済的な理由からあるいは単なる便宜的な動機から、医師たちが定めた基準を平然と無視し続けていたからである。それでもなお、これらの諸改革を実行するのに与って力のあった医師たちは、イタリアの各地で辛抱強く単体薬物を検査し、調合法を調べて回った。そうして彼らがつくりあげた医療活動の統制システムは、半島中でそののち、実に驚くべき継続性を見せることになる。「こうして、以下のことがぜひとも必要となる。すなわち、すでにわれわれがボローニャで実施しているように、成分が適法であるかどうかを検査するために、まず最初に首席医師が監査をすることなくして、いかなる医薬も薬種商が単独で調合することがあってはならない」。このようにアルドロヴァンディは、フェッラーラにおいて同種の改革にとりくんでいる最中であったクアットラーミに宛てた書簡で助言している[☆90]。

医療活動の統制を目的とする特定の公的機関が設立されるのと時を同じくして、「解毒薬調剤方」も新たに作成され、これは医師協会がお墨つきを与えた医薬とその調合成分をカタログ化して出版したものであった。『ボローニャ解毒剤調剤方』(*Bologna Antidotarium*, 1574)は、同市の医師協会によって公刊されたものであり、アルドロヴァンディの努力の賜物と言ってもいいもので、この種の刊行物としてはヨーロッパでも最初のもののひとつであった[☆91]。ヴェローナ薬種商ギルドの会則を読めば明白なように、「解毒剤調剤方」は、医薬の調剤方法を標準化することにより、薬学の統制に中心的な役割を演じたのである。「医薬の製造認可を得ようとするものは何人といえども、今後は、信義と誠意のかぎりにおいて、もっとも優れた医師協会の刊行する『解毒剤調剤方』の調合法として規定された、適正な単体薬物およびその他のすべての調剤成分を処方せねばならない義務を負う[☆92]」。とりわけ重要な薬剤であったテリアカ薬、ミトリダトゥム薬（免毒／抗毒薬［mithridatum］）、「生命の水」(acqua vitae) などの調合に関しては、半年ごとに首席医師が監察をおこない、たびたび薬瓶に封印をしては、標準処方に準拠しているかどうかを証明に付した。「『生命の水』を多種雑多な成分から調合する輩が実に多く、たとえばコリアンダーだのシナモンだのクローヴだの砂糖だの、ほかにもこれと似たり寄ったりの材料を用いて薬をつくっては、まるで自分が医師でもあるかのように、これらの薬品まがいのものを、これは疝痛に効くだの、子宮熱の薬だの、胃痛を抑えるだのと言って、病人に処方して回っている」。サヴォア公国の薬種商ギルドが一六一八年に定めた会則は次のように語っている。

> したがって、同会は以下の規定をおこなう。いやしくもわがギルドのメンバーたちがこれらの当該の水薬を処方しようと欲する場合は、定められた手順を踏み、かつ医師の承認が必要であること。そして薬瓶の上部には封印を施し、使用した成分を明記すること。違反すれば、法的に罰せられるものとする。さらに人々を薬物の濫用から保護するため、われらが首席医師を派遣し、上述した調剤手順がしかるべく遵守されているかを調べるため、上記の薬瓶および水薬を六カ月ごとに検査させるものとする。

首席医師がこうした訪問検査をおこなうさいには、薬種店に並ぶ製薬材料が新鮮であるかどうかも同時に検査するように、薬種商ギルドから要請されていた。そして店内に一年以上配架されている単体薬物については、これを監視下のもとで処分することが求められた[☆93]。これらの事例すべてにおいて、統制制度の官僚化が綿密にかたちづくられるにつれて、公認の医療活動と非公認の活動とのあいだに截然たる区分が引かれるようになり、成功がその人物の社会的地位にかかっていたため、医療活動に従事する人々のあいだで重要性を増していった社会的差異を明確に分節化していったのである。

　薬学界に統制をもちこもうとする博物学者たちの最大の関心事のひとつが、薬種商たちが使用する薬の調剤成分の品質であった。「もし、これまでに代用されてきた単体薬物をすべて数え挙げてみよと言われたら、それが詐欺を目的としたものであれ、あるいは単なる無知からであれ、一年で一番昼が長い日を選んで数えあげたとしても時間が足りないだろう」と、ロデットは書いている[☆94]。旅行が流行し、世界のよく知られていない地域への探検が頻繁に実施されるようになると、それにともない薬品成分の探査もおこなわれるようになった。こうしてどこを見渡しても、かつてはただ一種の物質しか選択する余地のなかったところに、いまや数百という種類の単体薬物が成分として溢れることになったのである。こうした状況から二つの異なる結果が生じた。すなわち一方では、ガレノスの時代以来、すっかり理解不能になっていた古代の解毒剤の調剤成分が再び利用可能となった。クアットラーミは、誤った薬剤を失われたオリジナルの成分と錯誤して使っている同時代人を叱責しつつ、こう述べている。「もし彼らが、(テリアカ薬について)書かれたさまざまな著作家たちの著述を読んでいたのならば、彼らはきっと、すでに失われてしまったものと信じられていた主だった単体薬物すべてを高貴なる殿下がいとも簡単に世界の各地から入手することができるのだということを理解したことでしょう――それらの薬物材料はまさしく、古代の人々がその輝かしい技量で調合法を編みだした当時に自生していたものとまった同じ品種なのであります」[☆95]。古代の単体薬物を復元することは、古代文献の復元と同じく、マテリア・メディカを改革しようとする自分たちの努力が確かな実を結ぶのを見た医師たちのあいだに、ある種の楽観主義の風潮を生みだした。蒐集家たちは、古代人の医薬調合法を復元再生するのに十分な物質的環境を構成する能力を有していることの証として、正真正銘の単体薬物を所有していることをひときわ強調してみせた。ゲラルド・チーボは、双頭の毒蛇を発見したとき、これこそガレノスの記述にある蛇にちがいあるまいと雀躍し、ただちにアルドロヴァンディに書簡をしたため、アルドロヴァンディはこの分類を追認している[☆96]。医師たちは、医薬用の「正しい」成分の品目数を増やし詳しい解説を加えたとして、カルツォラーリやインペラートといった薬種商を称讃している[☆97]。単体薬物を蒐集し、比較検討することは、古代の、すなわち「権威ある」薬物学の復興のためにはなくてはならない階梯であった。

その一方、人々が旅行をし、蒐集を営むことによって、「薬局方」(pharmacopoeia)の中に新種の単体薬物が導入されていった。癒瘡木脂(guaiacum)が梅毒の標準的な治療薬となったように[☆98]、こうした新種の薬用物質は、医学の専門職能が受け入れざるをえなかった、新たな物質的現実を象徴していた。これらの新しい現実に対して、斯界が示した最初の反応はかなり保守的なものであった。「外来植物」(exotica)の流行に圧倒されている医師や薬種商を批判して、ヤン・エックは以下のような意見を述べている。「彼らときたら、アフリカ、アジア、ヨーロッパ、新世界の産物を処方箋に寄せ集めては、危険なうえに検査も済んでいないそれら新奇な薬物を次から次へと混ぜあわせて患者に処方しようとするが、中には私が決して手を出すまいと心に決めた薬物さえも含まれている」[☆99]。このような警告は、旧風墨守を信条に訓練を積んだ学者たちの知的保守主義ばかりではなく、市場に流通する新旧の公認されていない医薬の数々に対する関心の高まりを反映している。種々の代用薬物が古代の医薬とは似ても似つかぬ狂薬を つくりだすのを見た当時の人々は、テリアカ薬のような複雑な製法の解毒剤がまとう奇怪な姿に思わずぞっとしたのである。「実を言えば、テリアカ薬の成分を検分してみるのが楽しくてしかたがない」と、フィオラヴァンティは喜びの声をあげている。「互いに効能を打ち消してしまうような薬物が、いったいどれだけ混ざっているのか調べてみるのだ。……これと同じことが、ミトリダトゥム薬の中に混入された毒性物質についても言え、もしこれらを単体で患者に処方したら、たちどころに死にいたらしめることだろう」[☆100]。

古代の「薬局方」をさらに詳しく検分した成果に加え、入手できる薬剤成分の範囲が拡張したこともあいまって、医師や薬種商たちは、伝統的な解毒剤が効能をもたなかった症状に効く、新しい薬の調合に乗りだすようになった。現代では完璧なテリアカ薬の調合はついにかなわなかった、と嘆くマッティオーリは、かわりにテリアカ薬とミトリダトゥム薬の製薬成分を組みあわせて、「蠍油薬」(olio di scorpione) と呼ばれる、彼の手になるもっとも著名な調合薬を編みだした。マントヴァのアントニオ・ベルティオーリはこの新薬を指して、これこそが「真の液状テリアカ薬」だと評しているほどで、一五七五年の疫病流行にさいしては、奇跡的な治癒効力を発揮したのだという。製薬には一一三種の成分を必要とし(これは通常のテリアカ薬に使うおよそ二倍の量)、親友であったカルツォラーリが調剤にあたった。できあがった薬は、彼自身の著名なテリアカ薬と並べて、ヴェローナにあるカルツォラーリの「金鐘」(Campana d'oro) 薬種店で販売された[☆101]。

マッティオーリの医薬が典型的に示していたのは新しい知識がもたらす歓迎すべき側面であり、医師たちがこの新薬をすんなりと受け入れて称讃したのは、マッティオーリが斯界において確固とした地位を築いていたのに加え、それが古代の権威に基盤を置いた薬であったからである（マッティオーリは二種の古代の薬を組みあわせて、ひとつの現代の新薬をつくりだしたのである）。しかしその一方で、薬学の新知識にともなって生じた危険な先例も存在した。教育を受けていない医療実践者たちはさまざまな新薬を製造したが、それらはいずれも、医師協会、薬剤師協会、主席医師局といった権威筋から承認を受けてはおらず、そのひとつとして「天使の油薬」（olio angelico）なるものがあって、これは一六五六年に片面刷り（ブロードシート）の大判広告で、「テリアカ薬のあらゆる効能ばかりでなく、さらなる効き目あり」という謳い文句で宣伝されていた。[☆102] かつてマッティオーリは、古代人が定めた規定を満たしてはいないものの、当時の不完全なテリアカ薬やミトリダトゥム薬の代替薬として蠍油薬を開発したのだが、その一方で非公認の医療実践者たちは、古代の医薬と直接に競合し、その権威の土台を揺るがす調合薬を生みだした。医薬製造の手法を管理し、標準化する作業を通して当時の医学の専門家たちが願ったのは、フィオラヴァンティのような非公認の医療実践者たちが大手を振って活動し、成功を収めるのを封じこめることであった。彼は、「生命の霊薬」（elixir vitae）だの「舐剤」（electuary）などを市場に送りだしては、公認免許を持つ医師や薬種商たちに大損害を与えていたからである。

一六世紀の中葉までに、当惑するほど大量の効力ある医薬が勢ぞろいし、たとえばアルフォンソ・パンチョを初めとする首席医師は、君侯に進言して、マテリア・メディカについての十分な知識を有する医師のみを主席医師局に任命すべきであると進言している。「何よりも必要なのは、薬種店を巡回訪問する当の人物が、誠実であるのはもちろんのこと、単体薬物に関して十分な知識を有していることです」[☆103]。いまや自然を蒐集することと観察することが、薬物学を成功裏に統制するための前提条件となる。「ガレノスの著作には、ちょうど現代の薬種商たちが店先に薬物を保管しているのと同じように、当時のローマの医師たちが製薬用の単体薬物を保管していたと記されていなかっただろうか」と、アルドロヴァンディは書いている。[☆104] もしガレノスが生きていたのならばきっと、ルネサンス期のミュージアムが収蔵していた標本の多くが彼の解毒剤を製剤するための材料であることを認めたにちがいない。

「インペラートは喜び勇んで受けとることでしょう」。クアットラーミ師が貴兄に送ったホワイト・シナモンと、それから少量の本物の没薬（costes / myrrha / murra）を。私は師が記したテリアカ薬成分についての書簡をここ三日ほど手元に置いています」[☆105]。ピネッリは、ライデンのカロルス・クルシウスに宛ててこう報告している。アルドロヴァンディは、大公フランチェスコ一世に、博物学者自身が「亜 - 菖蒲根」（pseudo-calamus）だと同定した品種であり、古代のテリアカ薬を調合する材料の代替物として承認されている新品種のひとつである、インド産の植物を一株贈っている。アルドロヴァンディは二度目のフィレンツェ旅行のさいに、薬種商ステーファノ・ロッセッリのミュージアムを訪問しており、そこにペルー・バルサム［中南米産の豆科の樹から採れる芳香性合油樹脂］と真の没薬が収蔵されていたことに関心を示している。前者は、ガレノスとディオスコリデスが述べる古代のバルサムの代替物となりうるものであり、後者は、博物学者たちが一六世紀に復活させた古代の単体薬物の一例であった[☆106]。そして両者ともに、テリアカ薬の調合には欠かせない成分であった。

博物学者たちは、薬種店で見分した単体薬物に対して反証を提示するために、自らが営むミュージアムの収蔵品を存分に活用した。蒐集の目的は、大半の博物学者が認めているように、古い薬物検体と新しいそれとを対決させ、真偽を見定め、そして医療に用いるためのもっとも安全かつ効果的な成分配合を決定することであった。医学的に薬効の高い標本の所有は、マテリア・メディカについての権威であることに信任を与えることになった。蒐集家たちの垂涎の的であった標本として一角獣の角があり、世評によれば、この角は身体に触れることなく毒を体内から追い払う効能があるという。一五六五年にマッティオーリはプラハから、皇帝マクシミリアン一世よりじきじきに下賜された「真正かつ正統な一角獣の角」のサンプルを、「毒に抗するもっとも強力な解毒剤として用いることができるように」[☆107]カルツォラーリに送っている。さまざまな動物の胃の中から発見される無機物が石灰化した糞石なる物質は、ミュージアムでよく展示される標本のひとつであった。一角獣の角の場合と同じく、この石もまた、多くの贋物が出回っていたにもかかわらず、大量の商品が本物の標本を入手しようとする人々に売り捌かれていた。「最初に実験してみることなしには、何人にも（この石の）購入を勧めることはできない」と、アルドロヴァンディは忠告している。「私のミュージアムにも、実験によってもっとも完璧な効能をもつことが証明された（この石の）欠片が所蔵されている。何年もまえに、この同じ石で実験を成功させたフランドル人から寄贈されたものである」[☆108]。

蒐集家たちによって珍重されたあらゆる単体薬物の中でも、バルサム――テリアカ薬の再調合のために復原された最後の成分のひとつ――ほど正体のつかめぬものもなかった。一五八〇年代にいたるまでは、バルサムを所有していると主張する博物学者は一人もいなかった。アルピーノ――そのバルサムを復原したと目されていた博物学者――は、ヴェネツィア大使付きの医師としてカイロに赴任した期間（一五八一―八四年）に蒐集したエジプト産のバルサム樹液（opobalsamum）こそオリジナルの芳香剤であると主張することで、この特殊な単体薬物について世間から注目を集めていた。薬種商のジョヴァン・パオロとアントニオ・ベルティオーリが、一五九四年にマントヴァで東方種バルサム（balsamo orientale）を栽培生産したさい、二人はアルピーノにその正当性の証明を依頼している。アルピーノはこの依頼に対して、パドヴァの植物園でアルピーノ自身が所有する「権威ある」品種と比較することでその検証をおこなっている[☆109]。一方で、ヌエバ・エスパーニャ［中米を中心としたスペインの広大な植民地］で採れるバルサムが、入手困難なエジプト産種の格好の代替品となると主張する者もいた[☆110]。一五八六年にステーファノ・ロッセッリがペルー産バルサムを実際にアルドロヴァンディに提示したことは、この主張を証拠立てている。どのバルサムを使用するかの好みは人それぞれであったが、とにかく新旧二つのバルサムがイタリア中のミュージアムで見られることになった。一六三九年に二人の薬種商が、ジョヴァンニ・ナルディのもとに真のバルサム樹液の標本を送ったさい、ナルディはこれを大公の鋳造所付設の実験室に所蔵されているバルサムと比較している。この時点でもまだ、鋳造所には、かつてアルドロヴァンディとアルピーノがフランチェスコ一世に贈った標本が保管されていたのである[☆111]。

ミュージアムを医学知識の集積する場とする展覧／実演文化は、やがて医師協会や薬剤師協会の会則の中に、そして主席医師局を運営する規約の中に、正式に承認されることになる。一五六九年にパレルモの薬種商ギルドがおこなった改革は、すべての薬種商は「誰もがそれを見ることができるように、窓の前で調合し、窓の前に［調合薬を］展示すべきである」と要請していた。展示することは、調合が有効であるという認証を受けるための主要な手段となった。メッシーナ大学植物園の設立者にして学識豊かなローマの医師ピエトロ・カステッリは、一六三七年にメッシーナで、六二種の成分からなるテリアカ薬の調合を、医師協会の支援を受けて主宰している。「見て、嗅いで、味わって、触ってみて、それぞれの単体薬物を最新の注意を払って検査した――そしてついに、すべての成分が検証され、拍手喝采のうちに是認された」[☆112]。医学もまた、スペクタクルを探求の正当な形態のひとつとする、科学の劇場的文化の一角をなす領野であった。かつて錬金術師たちは秘密裏に霊薬の調合をおこなったのであるが、医師や薬種商たちはむしろ、認証を獲得するプロセスの最終段階として、公共の場で展示することを強調したのである。たとえばヴェローナでは、薬種商のジョヴァンニ・ポーナが、自らのテリアカ薬調合成分のリストを主席医師局に提出している。またナポリでは、リンチェイ会員のステッリオーラが、首席医師のジョヴァンニ・アントニオ・ピサーノを招き、自著『テリアカ薬とミトリダトゥム薬に関する小論』(*Theriace et mithridatia Nicolai Stelliolae Nolani libellus*, 1577) の中で叙述した解毒剤の組成について、検証を受けている。また同様に、ステッリオーラとデッラ・ポルタの二人は、フラ・ドナート・デレミータの「生命の霊薬」(elixir vitae) を、リンチェイ学会で公開展示することでその正しさを認証している[☆113]。このような活動を通して、観者の役割についての定義が高度に進み、真実を見分ける能力のある者こそがその資格を有することとなったのである。社会的に有力な地位を有し、人文主義的な学究にうちこめる能力があり、そして高度な嗜みを具えていること――これらすべてが、観者のイメージを完全なものとし、主席医師局に任命される医師や薬種商たちの義務を定義する明確なカテゴリーとなったのである。

医薬を三日間にわたって展覧／実演することが、医師協会によってイタリア全土に布告され、専門職能の特権と公共の展示との関係を要約するものとなった。一五六八年に発布された、ヴェローナ薬種商ギルドの会則には次のような規定がある。

テリアカ薬、ミトリダトゥム薬、そのほかのあらゆる医薬を調合したいと望む者は、……調剤成分を閲覧したいと望む者たちの利便を鑑み、まずはじめに調剤成分のすべてを三日間にわたって展示公開するのでなければ、何人と言えども調剤作業を開始することはできない。三日が経過したのちも、誉れ高き医師協会がそれらの製薬成分に対して認可を与えるまでは、調合にとりかかることはできない。これに違反したものには、罰金一〇ドゥカーティを課するものとする。[☆114]

真のバルサムの組成について、ベルティオーリ兄弟がマントヴァで一五九四年に作成した記述は、この展覧プロセスにさらなる光を投げかけている。公爵付きの印刷業者フランチェスコ・オサンノは、次のように報告している。

三日間、昼夜にわたって……製薬成分のすべてが、大聖堂広場、(マントヴァ公爵の)薬剤局の前で、非常に壮麗かつ大規模な展覧に供された。展覧ののち、協会所属の医師たちおよび公国外の学識者たちが、成分すべてについて詳細をきわめた検証を遂行した。その結果、実に良質で、このうえなく優れたものであると認められ称讃された。

三日間の展覧の最後の日に、バルサムそのものが、「かつてないほどの恩恵と壮麗な祝典と大いなる栄誉のうちに調合された」[☆115](con tanto fausto, festa & honore, che nulla più)。オサンノが示唆しているように、製薬成分の品質ばかりでなく、執りおこなわれる儀式の壮麗さが、マントヴァ産バルサムの成功を確約したのである。都市内の指折りの医師たちやアルピーノのような公国外からの賓客の眼前で執りおこなわれた展覧は、その場に居合わせたあらゆる学者を観者へと仕立てあげ、一六世紀の医学と薬学を変容される科学の公共文化を言祝ぐものであった。

自らの権威を検証する蒐集家

蒐集、博物学に対する新たな姿勢、そして薬物学の統制、これら三者が結ぶ関係は、一五六〇年代から一五七〇年代にかけて巻き起こったテリアカ薬の調合をめぐる一連の論争に、その輪郭をもっとも明瞭に描きだしている。いかなる特定の専門職能集団にもまして、自然の蒐集家こそが、一六世紀末のテリアカ薬論争における最良の学識を具えた権威ある調停者として立ち現われた。成分の純粋性に対する強迫観念と、古代の人々の医学知識のレヴェルを達成し凌駕したいという欲望は、医学の職能の世界に、その知的秩序を明確に映しだす社会的なヒエラルキーを生みだした。テリアカ薬をめぐるこれらの論争は、いかにして言語が社会的な実践活動をかたちづくっていたかを表わす格好な例を提供している。というのも、新しい科学の記述モデルの同定化と分節化によって、蒐集家たちは医学という世界の社会的輪郭を描きだしたのである。

エヴァンジェリスタ・クアットラーミは、一五九五年に「テリアカ薬およびミトリダトゥム薬の調合に関する論文を執筆する」ための構想を論じており、この著作はその二年後に『テリアカ薬およびミトリダトゥム薬に関する非常に有益かつ必須の論攷』(*Tractatus perutilis utgue necessarius ad Theriacam, Mitridaticamque antidotum*) として出版された。その構想の中で彼は、これらの解毒薬剤がたどってきた激動の歴史について省察している。「さまざまな共和国の医師協会が当該テーマに関して執筆した種々の論文を読むにつけ、ページの上に溢れる幾多の論戦——長くて、それでいて不毛な論争の数々——をそこに見いだすのである」[☆116]。クアットラーミがここでとくに言及している論争とは、いったい何を指しているのだろうか。製剤成分の同定に関する数多の意見の相違——クアットラーミはたとえば、アルドロヴァンディと論争を展開し、イタリアの毒蛇はガレノスが記述した品種と同じものだとする説に異議を唱えている[☆117]——の中でもとくに、この植物学者は疑いなく、一〇年以上にもわたって、カルツォラーリとアルドロヴアンディのテリアカ薬をめぐって勃発した論戦の数々を念頭に置いていた。この二人の博物学者だけが医薬の組成をめぐる激しく辛辣な議論の応酬に巻きこまれていると考えていたわけではないが、しかしながら二人がそれぞれの環境に応じてとった行動は、本章が前節までに論じてきた、ヒエラルキー、知識、権威をめぐる新たな関係性を縮約していた。

一五六六年にカルツォラーリは、『ヴェローナにある金鐘（カンパーナ・ドーロ）印の薬種商フランチェスコ・カルツォラーリの書簡——彼のテリアカ薬に対するペルージャのスカルチーナ某による虚言と誹謗について』（*Lettera di M. Francesco Calceolari spetiale al segno della campagna d'oro, in Verona. Intorno ad alcune menzogne & calonnie date alla sua theriaca da certo Scalicina perugino*）を、ヴェローナのアンジェロ薬種店（spetieria dall'Angelo）で徒弟をしていたエルコラーノ・スカルチーナの批判に応えて、上梓した。スカルチーナは大胆不敵にも、カルツォラーリが解毒剤を調剤する方法ばかりでなく、近年博物学者たちが復原したという、芹子（apio）、浜空穂（orobio）、海葱（scilla）などの「失われた」単体薬物が含まれているという主張にも攻撃を加えた。これに遡ること五年まえ、スカルチーナはすでに、これらの成分は信ずるに足る確かな権威があるわけではないと根拠もなく主張し、テリアカ薬の調合に用いることを公然と批判していたが、彼の唱えた異議を医師協会は退けている。最終的にカルツォラーリは、学識豊かなアルドロヴァンディに伺いを立て、これらの新たな成分に対するお墨つきを得ている。「今年の復活祭は、貴殿が処方した手順どおりにテリアカ薬を調合するつもりです」と、カルツォラーリはアルドロヴァンディに宛てて、一五六一年の三月三日に書き送っている。[☆118] カルツォラーリのテリアカ薬が真正かつ有効であることを証明するのに、イタリアでもっとも著名な博物学者の承認以上にいったい何が必要だというのであろうか。一五六六年にカルツォラーリが先のテリアカ薬を改良して第二ヴァージョンを発表すると、これがヴェローナの医師協会からもゲスナーやマッティオーリといった名だたる博物学者からも承認を受けたのだが、発表の数カ月後に、スカルチーナは自ら調合したテリアカ薬をもってカルツォラーリの処方の揺るぎない権威に戦いを挑んだ。「私がおこなった最初のテリアカ薬の調合を目にしたため、かの男に、自分でも雇用主のためにテリアカ薬を製剤したいという欲望がむくむくと湧き起こり、私のテリアカ薬を初め、ほかのすべてのテリアカ薬に挑戦してやろうという気を起こさせたのである」[119]。

スカルチーナがカルツォラーリを攻撃しようと意を決したときにはすでに、このヴェローナの薬種商は、真正のガレノス薬の調合者として国際的な名声を享受し始めていた。彼の著作『バルド山への旅』(*Il viaggio di Monte Baldo*)は、いかにして「薬学に必要な薬草類を直接かつ簡便に入手する」かを博物学者たちに教える書物であり、加えて医薬用の単体薬物の蒐集家としてのカルツォラーリの名を高めるのに与って力があった。ヨーロッパ中の医師たちが、ヴェローナの彼のミュージアムを目指してやってきては、薬学にまつわる種々の疑問に助言を求めたのである。「いやしかし、斯界においてもっとも厳格緻密なる人物、『金鐘(カンパーナ・ドーロ)』薬種店を営む、このフランチェスコ・カルツォラーリ師についてはいったい何を言うことができるというのか」と、フィオラヴァンティは声を挙げている。「(彼は)ありとあらゆる種類の医療用調合成分を所有し、そのため世界中がこの男に驚嘆している」[120]。同時代の人々は薬種商としてのカルツォラーリの技能を高く評価しており、「彼のテリアカ薬に比肩しうるものは、ガレノスの時代よりこの方、ひとつも存在しない」。カルツォラーリが一五六一年と六六年に世に送りだしたテリアカ薬がこれほどの名声を博したのは、それらがガレノスの調合薬と顕著な近親性を見せていたからである。一五六一年に調合した最初のテリアカ薬には六種の代替成分が用いられており、これだけでもすでに既存のいかなるテリアカ薬と比べてその数は少なかったのだが、さらに一五六六年の第二ヴァージョンともなると、その数はさらに減って三種となった。さまざまな品種を蒐集し、それらを比較検討することによって、カルツォラーリは曖昧模糊として実態のつかめなかった、たとえば、バルサム、カルダモン(アモモ)、没薬(ミルラ)、甘松香、アスパラート、レムノス土、大理石、芳香葦などの製薬成分の実体を次々と突きとめていった。まさにこれらの薬材がいったいどこで採れるのかが不明であったために、この二〇年ほど医学界は混乱をきたしていて、マッティオーリもこれまで真のテリアカが調合できたはずはないと訝っている。古代の医薬を復元することに成功したという事実を公に喧伝するべく、カルツォラーリは自身のミュージアムのうち一室をまるまるテリアカ薬の製剤成分を収蔵するために充てることで、訪問客が階下の店頭で購入することのできる調合薬が純正なものであることを強調している[☆121]「ミュージアム・プラン1」。したがって、スカルチーナがカルツォラーリによる発見の正確性を疑問に付したとき、その行為はまさに、当時の医学界に出現しつつあった新たな社会的秩序の基盤そのものに異議を唱えることになったのである。「私は人生のすべてを捧げて、偉大なる人々や友人たちの助けを借りながら真の単体薬物の検体を見つけだすべく邁進し、そしてほぼすべてのテリアカ製剤用成分を発見したと思われる時点に達してはじめて調合を開始したのであるが、その作業は（スカルチーナが貴殿をそう信じこませたように）秘密裏にではなく、およそこの種の作業を試みる者が望みうる最高の承認を受けて、わが都市の内外でおこなったのである」と、カルツォラーリは応答している[☆122]。反論するにさいしてこの薬種商は、医薬のミュージアムを創設することに援助を与え、また製造した調合薬を正式に認可する公的かつ正統的な医学の世界と、自分がいかに強固な絆を結んでいるかを強調した。

植物学の真理を探求し、その成果を臨床医学の実践へと変換／適用したカルツォラーリの成功は、ヴェローナの医師協会や薬剤師協会、あるいは著名な博物学者たちによって与えられた夥しい証明書（fedi）が証言している。王立協会がおこなう数々の実験に認証を与えていた立会人制度のように、一六世紀の医師や薬種商たちもまた、自ら知識の特権的地位を確固たるものとするためのメカニズムを調えていったのである[☆123]。実験は、識別能力を具えた観衆の眼前でおこなわれ、彼らの有する知識を具体的に提示したのである。たとえばマッティオーリは、カルツォラーリのテリアカ薬に対して検証実験をおこない、成功した事例のいくつかを、薬効に対する「奇跡的な証拠」にして「認証」であると記している[☆124]。出版に供されたテクストが認証のプロセスを正式に承認したのに対し、博物学者のあいだで交わされた書簡類はさらに直截的な検証の役割を果たしていた。医師や薬種商たちは、この種の記述証言を、書き手が権威を有する人物であればあるほど、そして証言の数が多ければ多いほど、それだけ当の解毒剤の効能を証明する一種の証拠書類として用いていたのである。カルツォラーリは自らの立場の名誉と正当性を確認するため、一五六六年版に発表したテリアカ薬に関する多くの証言を集めている。例の薬種商の徒弟がカルツォラーリのテリアカ薬に正当な承認を与えた統制機構に攻撃をしかけたさい、彼はこうした機能の中では完全な「アウトサイダー」であることが際立って明らかとなった。スカルチーナはとくに、医学の職能の世界で社会的ヒエラルキーを恒久的に築きあげる手段となっていた公的な認証システムに対して、批判の矛先を向けたのである。☆[125]この人物の目には、カルツォラーリのテリアカ薬の成功は、社会的権威と正統医学との親密な関係を象徴しているものと映った。カルツォラーリが営むミュージアム、植物採集行、そして医学の学術世界との交流、こうした制度として定義された領域から、彼のような身分の低い薬種商徒弟は排除されていたのである。

医学の専門職能の世界とは、スカルチーナが悔し涙を飲みつつ学習したように、個々人が自ら判断を下すことができるわずかな余地さえ残されていない、自動永続化システムであった。「『金鐘（カンパーナ・ドーロ）』の薬種商が製剤したテリアカ薬が驚異的な効能を発揮したとしても、別段驚くことではない」と、マッティオーリは論評している、「われわれの時代につくられたほかのどの解毒剤よりも少ない代替成分で製薬されているのを知っているがゆえに」。☆[126]カルツォラーリのテリアカ薬へのマッティオーリの鑑定／評価は、注目すべきことに第一にはその属性が断定しうることであった。というのも、マッティオーリはカルツォラーリが「真の」成分であるとしてテリアカ薬の調剤に用いたカルダモン（アモモ）、没薬（ミルラ）、アスパラートなどの単体薬物を検査したうえで認定しており、マッティオーリ本人の博物学者としての権威もまた、この解毒薬の成功にかかっていたのである。カルツォラーリのテリアカ薬に承認を与えた学者たちがみなそうであったように、マッティオーリもまた、テリアカ薬をめぐる議論をうまく利用して、自分がガレノスの単体薬物を同定する能力があるということを宣伝する好機としたのである。地方の医学当局から公認を受け、名だたる博物学者すべてから褒め称えられたこのカルツォラーリのテリアカ薬は、医薬を素材の面から改善しようという動きの中で、蒐集の重要な役割を証言している。この薬の成功はまた、人文主義的医学の高揚する勢いと、そして医療実践を改革するのに博物学者たちが採用したテクニックの数々を映しだしていたのである。

ヴェローナにおけるテリアカ薬をめぐる論争は、医学の専門家ならびに貴族階級の顧客たちが定義したように、ほかのなににもまして「真理」は正統な医学共同体の中にこそ存在するという認識を確立した。医療活動に携わる者で、この文化の恩恵に浴していない人々は、「偽医者」のラベルを貼られるに値し、時にはもっとひどい呼称を授かることさえあった。カルツォラーリは、スカルチーナを「経験一辺倒の藪医者」と呼び、「日々喧噪の渦巻く広場で偽医者が言葉巧みに売りさばく、悪臭のする脂身、香油、……効き目の弱いバルサム、あげくに第五精髄などを処方」して怪薬を混ぜあわせる連中に彼を配することで、スカルチーナが正統な医学共同体の外の存在であることを強調したのである[☆127]。スカルチーナは、換言すれば、アルドロヴァンディのミュージアムの芳名録に訪問者として署名を求められることのない人種であった。スカルチーナがいくら理を通したとしても、それは医学の専門規範を擁護する実践家の正統な発言とは異なり、社会的な信頼度というものが欠けていたため、いかなる重要性も有していなかった。スカルチーナがいくら実地の展示を試みても、カルツォラーリのテリアカ薬の調合実演をめぐって執りおこなわれる祝祭的な承認儀式とは対照的に、虚しいスペクタクルに終わるばかりであった。マッティオーリは、またスカルチーナのことを念頭に置いて、「盛り土の上に自前の薬効スペクタクルを披露して大衆受けを狙い……偽りのテリアカ薬を世界一だなどと嘘八百を並べ立てて売りさばく」[☆128]ような偽医者を槍玉にあげてこきおろしている。スカルチーナは、どこの薬種店からも終身雇用契約の保証を得ることができず、都市から都市へと放浪を続けることを余儀なくされた。結局のところ彼は、社会的地位の高い名誉を重んじる医学の専門家たちが蛇蝎のごとくに忌み嫌った、放浪施療師とも言うべきタイプを体現していたのである。もしも、スカルチーナがカルツォラーリのテリアカ薬に異を唱えた時点で、すでに彼がこうした世界に属していなかったと仮定した場合でも、イタリアでもっとも著名な薬種商の信用を傷つけようとした彼の企ては、その後の彼の運命を封印したにちがいない。

スカルチーナという人物は、カルツォラーリを支援した博物学者たちの共同体に自分も所属したいというかなわぬ望みを抱き続けたものの、この特権的なサークルに加入するために必要な技量を獲得するのに自らが無力であることも自覚していた。カルツォラーリを攻撃する以前には、さまざまな機会をとらえて、彼の知己を得ようとしている。一五五〇年代にスカルチーナは、カルツォラーリが企画するバルド山への著名な植物採集行に参加して植物分類に関する議論をしようと意気込んでみたものの、有無を言わさず放逐されている。というのも、カルツォラーリは自分の助手と名声ある人々しかこの採集行への参加を認めなかったので、スカルチーナが同行に値するなどということは絶対にありえないことだった。彼がこうした機会から排除されたことは、その後に続くさらなる失望の前触れにすぎなかった。ペルージャにわずかばかり滞在したのちにヴェローナに戻ったスカルチーナは、カルツォラーリの「金鐘(カンパーナ・ドーロ)」薬種店に働き口を求めたものの、ここでもすげなく門前払いをくらっている。ここにきてスカルチーナがようやく実感したのは、彼が薬種商のギルドに加入するためにふさわしい信任状というものを所有していないという事実であった。スカルチーナへの応酬の中でカルツォラーリは、自分とあの論争好きな徒弟とのあいだを分かつ、社会的かつ専門職能的な隔たりを強調したのである。「あの男は私が調合したテリアカ薬に文句をつけてきた」と、カルツォラーリは憤懣を顕わにする。「この御仁はずいぶんと自分のことを高く評価しているようで、自家製の薬がよほど自慢らしい。実際のところは、卑劣な、金銭目当ての薬種商徒弟にすぎないのに、まるで自分は薬剤師の中の薬剤師なのだとでも言わんばかりである」[☆129]。この薬剤師の中の薬剤師というカテゴリーこそ、カルツォラーリが自分のためにとっておいた称号であった。蒐集家として、また地方の薬種商ギルドのもっとも著名なメンバーとして、彼は自分が医学の専門世界の中で自らの高い地位をしっかりと築きあげたと感じていたのである。

カルツォラーリとの激越な議論の応酬が沈静化したのち、スカルチーナの運命は、この二人のテリアカ薬製造家のたどったまったく逆の結末が不可避のものであったことを強烈に物語っている。この論戦から、カルツォラーリは数々の栄誉と数多の見返りを獲得し、斯界における知名度もぐんと上昇した。それに対してスカルチーナは、医学界の手で「恥辱の只中で、生きながらにして葬られた」[☆130](sepulto vivo cum gran sua vergogna)。カルツォラーリの信用を失墜させるどころか、スカルチーナは、自らが職業的に前進しようとすれば通らねばならないあらゆる路を自らの手で断ってしまったのである。気がつけば、街から街へあてどもなく放浪する境遇へと身をやつし、医療活動を試みるも、多くのカルツォラーリの支持者たちが待ちかまえていた、パドヴァでもヴェネツィアでもフェッラーラでもうまくいくはずがなかった。ついには故郷のペルージャに戻って旅の荷を解き、その後はぷっつりと消息が途絶えてしまった。スカルチーナがとうに忘却の彼方に置き去られてからも、カルツォラーリはなおも知れ渡った評判から利益を享受し続けた。このエピソードが進展しているあいだ、カルツォラーリの名誉は元通りに回復したばかりでなく、むしろ高まりさえした。事件が沈静してから数年たってから、彼はアルドロヴァンディに宛てた書簡の中で、論戦のおかげでテリアカ薬の売上が伸びたことを報告している。「膨大な量のテリアカ薬を捌いておりまして、これはもう驚異としか言いようがないほどです。薬がこれまでにもたらし、また現在ももたらし続けている奇跡的な薬効に山のような礼状が寄せられ、役立っております」。顧客たちは、カルツォラーリが調合した貴重な解毒剤をたとえ一粒でもいいから手に入れたいと願って、「金鐘（カンパーナ・ドーロ）」薬種店に列をなした。「一昨日、ミラノからきたという紳士が私のもとを訪れて、ある評議会議員のためにテリアカ薬を買い求めました」と、カルツォラーリはアルドロヴァンディに書き送っている、「そして、この紳士は一六スクーディ金貨を、テリアカ薬と蠍油薬の代金として支払っていきました」[☆131]。一五八〇年代に、ヨアヒム・カメラリウスがニュルンベルクからカルツォラーリに書簡をしたため、テリアカ薬を求めた折には、この薬種商は次のように言い切ることができるまでになっていた。「これは稀少な品でございまして、たいへんに値が張ります。なにしろ誉れ高き協会、偉大なるヴェローナ市、そしてわが評議会がそろってお墨付を与えてくださっております。と申しますのも、かつてガレノスがローマ皇帝たちに処方したのと同じ成分を用いて調合された、完璧なできばえでございますゆえ」。この点をさらに推し進めて、ついにはこう言い放っている。「世界中にこの薬がいきわたるものと信じています。ここ数日、リヨンとアントウェルペンの港に荷を発送しておきましたから」[☆132]。このカルツォラーリという、世界を自らの薬の中に封入した薬種商は、いまや自らの薬を世界中に売りさばいて満足の極みにあった。

毒蛇と解毒剤と蒐集家

一五六〇年代に勃発したテリアカ薬をめぐる論争を通じて、アルドロヴァンディは好意をもってカルツォラーリを援護し、助言や支援を与えた。論争が終息したのち、続く一〇年ほどのあいだ、今度はカルツォラーリに対して好意の見返りを要求している。医学の専門家たちは、一五七四年から七七年にかけてボローニャで勃発したテリアカ薬をめぐる論争に明らかなように、自分たちの特権的な世界に闖入してくる侵犯者たちに対して一致結束して対処した。今回の場合は、しかしながら、挑戦は下からではなく上からつきつけられた。というのも、市が製造するテリアカ薬の品質に対する首席医師としての彼の判断に反論する医師協会の権限に異論を唱えたのは、アルドロヴァンディその人であったからである。この件に関するアルドロヴァンディの勝利は、地方の医師や薬種商たちからの断固たる抵抗などものともせず、カルツォラーリとの論争の教訓、すなわち蒐集家こそ頂点に君臨する人種であるという主張を補強する結果となった。

一五七四年、ウリッセ・アルドロヴァンディとアントニオ・マリア・アルベルギーニがボローニャ市の首席医師に選出された[☆133]。すでに論じたように、主席医師局という機関は公認の医療活動の特質を規定するばかりではなく、市の医学文化の中で利害の対立するさまざまな権威筋――この場合、ボローニャの行政府、教皇庁の官僚主義、医師協会、薬剤師協会など――のあいだをとりもつ役割も帯びていた。アルドロヴァンディがこの役職を務めるのはこれがはじめてではなかった。一五六〇年代には、ローマ教皇特使からアルドロヴァンディに直々にお達しがあり、首席医師の役務に就任し、地方版「解毒薬調剤方」の出版を監督するように要請を受けている。「というのも、特使殿の目には、アルドロヴァンディこそは首席医師の職務にふさわしいと映ったからで、当該の主題に関して彼がおこなっている公開講義が決め手となった」[☆134]。さらに特使は疑いなく、アルドロヴァンディが、協会会長に在職していた一五五四年に、薬種商ギルドを医師協会の直轄管理下に置くことに成功していたという過去の業績をも念頭に置いていたはずである。アルドロヴァンディが十分な資格を有していることは明白であったにもかかわらず、医師協会は、医療の実践に携わったことのない者が就任するぐらいなら国外から人材を招聘したほうがましだと主張して、この度の彼の任命に対して強硬に反対した。彼らが望んでいたのは、協会の古参のメンバーの中から首席医師を選出し、それに続いて次期候補を推挙することであり、つまり最初は協会の最長老であるアントニオ・ファーヴァが就任し、そのあとをアルベルギーニが引き継ぐことであった。アルドロヴァンディ本人も、自分が部外者の立場であることを十分に意識していた。なぜなら、医療を実践したこともなければ、大学で医学を講義したこともなかったからである。[135] したがって、いくばくかの危惧を抱きながらも、結局は首席医師の公務を引き受け、医学改革のプログラムに着手することとなった。

カルツォラーリと同じく、アルドロヴァンディもまた、博物学者の共同体の中にあっては誰もが認める高いステータスを享受していた。首席医師に選出されたころまでにはすでに、数え切れないほどの医師や薬種商たちが解毒剤の調合について彼に意見を求め、あるいは処方箋の写しを乞うていた。「さもなければ、ボローニャで製剤されているミトリダトゥム薬の処方箋と、そしてそれに含有されている代替薬物についての情報を送っていただきたいのです」と、マランタはアルドロヴァンディに一五五八年に書き送っている。「といいますのも、わが都市で処方箋を作成しようとは考えていないからです。すでに、名だたる都市という都市に書簡をしたためて、同様の要請をいたしています。いったいどの調合法がわれわれにとって最善であるのかを決めることができるようにです」。カルツォラーリはアルドロヴァンディの専門的見解を非常に高く評価していて、このボローニャの博物学者のお墨付きがなければ彼自身のテリアカ薬も成功することはなかっただろうと感じていた。「いまかいまかと心待ちにしているところです……先述したテリアカ薬に関する情報を、おそらくは貴殿のご助言がなければ、この薬を調合することはかないますまい」と、彼はボローニャの解毒剤処方箋の写しを要請する文言に続いて、一五五八年にアルドロヴァンディに書き送っている。その三年後に、「加えてもし、テリアカ薬に関する何か有益なご助言がありましたら……」と、アルドロヴァンディに念を押している。「どうぞ、われらの友情のよしみでご教示ください」。インペラートもやはり同じように、アルドロヴァンディに頼っていた。「わが親愛なるアルドロヴァンディ殿から何か稀少な品を賜ることはできぬものかと――中でもとくに、テリアカ薬の成分となる何かを」と、彼は一五七三年に書き送っている。このナポリの薬種商はまた、ガレノスのテリアカ薬を正しく調合するために適した毒蛇の同定についてもアルドロヴァンディの意見を求めている。インペラートは一年の三つの異なる時期を選んで毒蛇を殺し、それぞれを自分で解剖してみたのだが、繁殖能力のある蛇とそうでない蛇との差異をどうしても見分けることができず、アルドロヴァンディに助言を仰いでいる。[☆136]

ほかの蒐集家と同様に、アルドロヴァンディもまた、テリアカ薬の製剤成分に関する自身のコレクションの評価記録を公表している。「わがミュージアムには、ポルトガルよりとりよせた本物の巨大な肉桂塊（シナモン）がある。正真正銘の成分として、すでにこれまでに二度、テリアカ薬の調合に用いている」。[☆137] アルドロヴァンディは、カルツォラーリのようなテリアカ薬の調合の特別公演をおこなわなかったが、その影響力の面ではほぼ等しいものがあった。彼の営むミュージアムは、ガレノスが記述する医薬を調合するための権威ある場のひとつと化した。慣例では通常、主席医師局は年長のメンバーの邸館で会合を開くことになっていたのだが（このボローニャの場合ではファーヴァもしくはアルベルギーニ）、かわりにメンバーたちは集合の場所として「アルドロヴァンディの書斎」（Studio Aldrovandi）を選んだのである。「しかし、全員が満場一致でアルドロヴァンディの邸館で会合するべきだという意見に同意した。というのも、メンバー各位が疑義を抱いている感覚的事物すべてが彼のミュージアムに孜々たる努力の末に集められており、会合のたびごとに、それらをその場で目にすることができるからである」。[☆138] 一五六〇年代から一五七〇年代の初頭にかけて、委員会はここでたびたび会合を開き、『ボローニャ解毒剤調剤方』（*Bologna Antidotatium*）のための製薬素材の解説とその調合方法を決定していったのである。

アルドロヴァンディが主席医師に選出されると、彼の医療用単体薬物の蒐集熱に一層拍車がかかった。ヨーロッパ中にいる学芸庇護者（パトロン）や友人たちの支援を受けながら、純粋なガレノスのテリアカ薬の調合に必要な単体薬物を可能なかぎり博捜していったのである。すでに本書の第5章で見たように、アルドロヴァンディは集めた単体薬物を単に観察しただけでなく、それらを積極的に検証していった。毒蛇の卵の中における胎児の占める位置についてのクアットラーミの質問に、自分が同じ疑問を抱いていたころを回想して応えている。「当時は、自邸で飼育していた毒蛇を次々に解剖しては、並み居る研究者たちを前にして、タリアコッツィ氏とともにすべてを観察したものである」。のちにレーディがバロック期のフィレンツェを舞台にくりひろげる数々の毒物実験を先取りするかたちで、アルドロヴァンディもまた、この伝説の万能薬（パナケイア）の効能のほどを検証するために、さまざまな毒を強制的に接種させた雄鶏を検体に使って、テリアカ薬の調合をあれこれと試している。[☆139] 要するにこれらが、アルドロヴァンディが主席医師局のメンバーの前に誇示してみせた「感覚的事物」であった。

カルツォラーリはガレノスのテリアカ薬をオリジナルの状態に複製することで満足していたのであるが、アルドロヴァンディはもっと大胆に、現代の調合法——自分や友人たちが調合したもの——の方が古代の規範を凌駕しているとさえ主張した。「折に触れて何度も主張してきたことだが、管見では、今日われわれは、かつてガレノスの時代に作成されたテリアカ薬よりさらに完璧なものを調合することができるのである」[☆140]。彼は蒐集を営み、実験を執りおこなうことによって、古代の伝統の註釈者というよりは、むしろその継承者となった。このように、自分は成功を収めているのだと認識したことによって、勢い薬種店に対する検査にも力が入ることとなり、首席医師として三カ月ごとにおこなう巡検は厳しいものとなった。アルドロヴァンディがとりわけ目を光らせたのが、店頭で販売されているテリアカ薬の品質で、医師協会が承認した処方箋とつきあわせては、検査をおこなっていった。薬種商たちは、腐敗した単体薬物や、調合に失敗した薬剤を、公衆便所に投棄することを強制された[☆141]。友人のパレオッティをはじめとするトレント宗教会議の改革者たちに自らをなぞらえ、アルドロヴァンディは自分が、医学をありうべきオリジナルの状態に復元するという目的をもった、医学における異端と戦う十字軍であると考えていた。彼に反抗する医師や薬種商たちは、新たな医学の正統信仰の道へと改宗させるか、さもなくば医学の専門世界から抹殺する必要のある「異端」の宣告を受けた。「改革」というイデアは、元来は人文主義者たちが古代の学識の復興を記述するのに使い始めたもので、トレント宗教会議下のイタリアでは、新たなそしてさらなる直接的な意味合いがそこに加わるようになった。やがては異なる地域の衛生局を統合しようとする企図を予期させる一連の動きの中で、アルドロヴァンディは、首席医師局の権限を拡張して、カトリック世界の全域をくまなく統轄する世界規模のシステムとすることを提案した☆142。こうして、より新しく完全なテリアカ薬を創造することが、やがては新たな医学的かつ宗教的秩序を形成する試みへと発展していった。

一五七四年に再び首席医師に選出されるころまでには、アルドロヴァンディには支援者も増えていたものの、敵対者の数もその同じ数だけ増えていた。薬物学の実践における数々の不調和／矛盾と医学の専門職能の過誤訂正能力の欠如を明らかにすることで、アルドロヴァンディは、医学の共同体の中で特権的な地位をもたらす上位の研究領域をもつ「アウトサイダー」として自己を提示したのである。「貴兄たち（医師たち）は、（薬種商どもの）詐術はただの似非魔術だと考えて、ご自身を欺いておられるが、言わせていただけば、つぶっている目を開こうとするものには誰にでも、そんな詐術など容易に看取できるのである☆143」と、ロデットは自著『よこしまな薬種商たちの欺瞞をめぐる対話』(*Dialogo de gl'inganni d'alcuni malvagi speciali*)の中で所見を述べている。盲目で適性を欠く医師協会に対するアルドロヴァンディの厳しい態度は、彼らが自然研究に対する興味を欠いていることに対する、同様の苛立ちをも反映させていた。なぜなら、これこそ、薬種店の検査に必要な特質を医師たちにもたらしてくれる知識だからである。アルドロヴァンディは、彼らが「解毒剤調剤方」の作成に関与するのも、改革の遂行に携わるのも、しぶしぶ認めていたにすぎない。逆に医師たちは、権利侵害者として彼に憤りを感じていた。このように、アルドロヴァンディと協会のほかのメンバーとの軋轢は、一五七四年のテリアカ薬論争をめぐる不和以前に、すでにはっきりと表面化していたのである。

> 医師協会の首席医師になった一五七四年に、彼（アルドロヴァンディ）は、サン・サルヴァトーレの薬種店で、可能なかぎりの注意を傾注してテリアカ薬の調合をおこなった。用いた代替成分の数は、かつてのどの調合よりも少なかった。というのも、真の没薬（ミルラ）とカルダモン（アモモ）を発見したからであった。このテリアカ薬は、誰もが見物できるようにと、四日から六日にわたって公共の展示に供された。そして首席医師の方々と医師協会の全員が訪れ、これを承認した。☆[144]

このテリアカ薬は、一五七四年の「解毒剤調剤方」で規格化されたもので、ガレノスが規定する成分を六一種使用しており、代替成分はわずか二種目のみであった。これはカルツォラーリが一五六六年に調合した有名なテリアカ薬よりさらに一種目少ないものであった。アルドロヴァンディがボローニャ製のテリアカ薬を再調合しようと決めたのは、別の単体薬物の蒐集家がもたらしたこれらの二成分を新たに加えて調剤に成功した、ヴェネツィア、ヴェローナ、パドヴァ、ナポリ、フェッラーラなどのほかの都市の事例に基づいたものであった。☆[145] ここでもまた、博物学者たちの広範な共同体が、地方における医療実践の姿を決定したわけである。

医師協会および薬種商ギルドは、最初のうちこそアルドロヴァンディが提唱したテリアカ薬を受け入れたものの、その後一転して、「この没薬（ミルラ）とカルダモン（アモモ）は協会の同意なしにテリアカ薬に混入された成分である」☆[146]という理由で、これらの新たな成分の付加を却下した。こうした批判に対する反証として、アルドロヴァンディは、これらの新成分が「真正の正統な単体薬物である」という証拠を提示している。実際、著名な医師のメルカーティなどは、イタリア中を驚異的な速さで襲った疫病流行にさいして、これらの薬物が効果を発揮したことを報告している。事実、一五七五年から七七年にかけて疫病が再び猖獗を極めたことが、アルドロヴァンディのテリアカ薬をめぐる論争がこれほどまで加熱した理由の一端でもあった。一五六〇年代は、比較的疫病の流行が沈静化していた時期であって、テリアカ薬の調合といっても、それは主として専門的能力についての議論の域を出るものではなかった。ところが一五七〇年代に入ると、それは生きるか死ぬかの大問題にまで発展したのである。「私の住む都市では、人々は恐怖におののいて毎日を生きております」と、アルドロヴァンディはカミッロ・パレオッティに宛てて一五七六年に書き送っている。「打ち続く熾烈な疫病の影に怯えながら」[☆147]。批判者たちの抵抗を制するかたちで、アルドロヴァンディのテリアカ薬は地方の薬種店で販売に供された。さしあたって、彼はこの論争において優位な立場を確保することになったわけである。

一五七五年、グレゴリウス一三世が教皇位に就いて三年が経過した年、ボローニャの医師と薬種商たちは、同郷出身者の大出世に敬意を表わし、聖年記念の特別テリアカ薬を製造しようと決議した。これはとりもなおさず、最高のテリアカ薬を調合する能力があると主張するアルドロヴァンディに対するあからさまな挑戦でもあった。一五七五年六月一一日に、医師協会の会長と首席医師たちは「メローネ薬種店」(speciaria del melone) に参集し、パイ状の口内錠(トローチ)の出来具合を検分した。これは、毒蛇の肉にパン粉をまぶし、ほかにもあれこれと成分を加えて焼きあげたケーキで、材料はどれもごく最近用意したものばかりであった。実践経験に長けた目でこれらの品を見たアルドロヴァンディは、問題の毒蛇がまだ殺されてまもないことに気がついた。これは、蛇を殺すのは(「太陽が牡牛座に位置する」)四月の末が最適であるとするガレノスの規範に、明らかに抵触する違反行為であった[☆148]。また豊富な解剖の経験から――あるいは単に自分の指導を得ずに作業をした薬種商は必ず過誤を犯すであろうという確信からか――彼は、雌の毒蛇が身籠っていることにも気がついた。加えて、雄の蛇まで混じっている始末で、さらにひどいのは、この蛇どもがラヴェンナ産ということであった。塩気のある、海岸近辺に棲息する蛇から製造したテリアカ薬は、必ずと言っていいほど、服用者に激しい喉の渇きを覚えさせる[☆149]。言うまでもないことだが、アルドロヴァンディはこの口内錠を、テリアカ薬の正当な成分として認めることを拒絶した。この決断に、もう一人の首席医師であるアルベルギーニも同意の意向を示した。アルドロヴァンディが勝ち誇って書き記しているように、この聖年記念テリアカ薬は、彼自身が作成した比類なき解毒剤を凌駕するにはいたらなかったのである。

これに対し、医師協会側の応酬は、迅速かつ断固たるものであった。一二名のメンバーのうち九名までもが、例のテリアカ薬を製造した薬種商の肩をもち、投票の結果、アルドロヴァンディには五年、アルベルギーニには二年のあいだ、それぞれ現職を追放する決定がくだされたのである——二人が帯びている職責に、疑いなく応分の負担を課すことを目的とする処分であった。医師協会の見地からすれば、アルドロヴァンディの行為は、恐ろしい疫病が流行している期間に価値ある解毒剤の頒布を遅滞させ、さらには医師協会への信頼をも揺るがす許しがたいものであった。「そしてアルドロヴァンディは、彼らが道理よりも票決のほうを優先させたという事実に驚きを隠せなかった」[☆150]。すると今度はその返報として、教皇特使と評議会が問題に介入し、聖年記念テリアカ薬の販売を禁じる措置をとった。医師協会とは異なり、彼らはこの博物学者の怒りを買うことはできなかった。なにしろアルドロヴァンディは教皇グレゴリウス一三世の血縁であるばかりか、自然界の奇事異聞に関する教皇の助言役も務めていたのである。これは、ヴェローナにおけるカルツォラーリをとりまく状況とは対照的であった。ヴェローナでは、あらゆる分野の正統な医学と薬物学とが結束し、一丸となって無許可営業の医療に対して対決したのに対し、いまやボローニャの博物学者が置かれた状況は錯綜を極めたものであった。そのあたりの事情をなによりも雄弁に物語っているのは、相互に侵食しあうさまざまな権限をもつ権威筋——医学界、市当局、教会権力——同士が、裁定決定のプロセスになにがしかの権限を主張することでつばぜりあいをくりひろげたということである。カルツォラーリ自身がヴェローナの医学組織の中にしっかり組みこまれていたのに加え、蒐集家たちが形成する広範な共同体にも属していたことによって、スカルチーナとの対決にさいして彼らの一貫した支持をとりつけることに成功したカルツォラーリとは異なり、アルドロヴァンディは、地方の医学組織からの支持がほとんど期待できない状況にあった。そのかわり彼は、自らが博物学者の共同体の中で享受している知名度を活用し、さらに行政府および教皇庁の官僚制度との私的な政治的絆を利用することで、事態の打開を計ったのである。

「それどころか私は、よこしまな人々からさまざまな迫害を受けましたが、そのような攻撃も、最終的には真実を擁護する結果に終わったことは、貴殿もご承知のごとくです」と、アルドロヴァンディは、フィレンツェ在住の教皇大使（nuncio）モンシニョール・ボロニェッティに宛てて一五七六年に書簡をしたためている。

> なぜなら、テリアカ薬を調合する目的で、新たに殺された毒蛇そのものに問題があったのに加え、殺す時期も季節外れときたわけですから。私のこの見解は、ヨーロッパ中の各国の協会が、正しいと認めてくれました……このたびの一件では、わずらわしい訴訟につきあわなくてはならず、つい最近まで、大きな悩みの種となっておりました。こんなことにかかずらわっていると、自然の研究どころではなくなってしまい、自分の名誉を守るのに必死でした。[☆151]

カルツォラーリの事例と同様に、アルドロヴァンディもまた、証言記録をあれこれと集めることによって自らの信頼性を確立していった。『テリアカ薬をめぐる論議』（*Discursus circa thaericam*, 1583）の著者として知られるバッチも、あるいはカルダーノも、インペラートも、みな私的な宣誓供述書を書いて、支持に回ってくれた。フィレンツェ、フェッラーラ、マントヴァ、ローマ、そしてナポリの各都市の医師協会から送られてきた同種の宣誓書には、ドナーティ、メルクリアーレ、そしてピサーノといった、いずれも首席医師である著名な医師たちの署名が記してあった。[☆152]「まもなくフェッランテ・インペラートより貴殿に連絡があることと思います。先日インペラートから、貴殿の学識あふれるお手紙を見せていただき、さっそくわれわれの協会の意向をとりまとめておきましたから、貴殿の主張がいっそう権威を増すことを願っております。われわれ一同は、毒蛇を採集する時期に関する貴殿の判断が適切であることを認め、また例の口内錠（トローチ）の製造法には欠陥があるものと判断いたしました」。ナポリの首席医師であったジョヴァンニ・アンドレーア・ピサーノは書き送っている。「私はこの宣誓書を自ら執筆し、一同に提示したうえで、協会の会長に署名をしてもらいました」[☆153]。広範な書簡のネットワークを通じて、アルドロヴァンディは、医師や薬種商の手広い支持を集めることに成功した。支援に回った医師や薬種商たちは、この問題を、より幅広い薬物学の統制と規格化を強く擁護していた蒐集家と、依然として理論と実践とのあいだの伝統的な区分という観点から眺めていた医療実践家（医師）との、起きるべくして起きた論争と受けとめていた。

医学界に毒蛇に関する誤った情報が出回っていることを論じながら、アルドロヴァンディはこう思いをめぐらせている。「彼らはもっとも卑賤な者どもからこの情報を学んだのである——偽医者や占い師、あるいはゴシップ・メイカー（ceretani, chioromatori e circonforani）のたぐいから」[☆154]。カルツォラーリがそうであったように、アルドロヴァンディもまた、自らの立場を正統派医学に等しいものと考えていた。誹謗者たちに「偽医者」のラベルを貼ることはさすがにできなかった——なにしろ、彼らは皆、自分もその一員に復帰することを望んでいた医師協会のメンバーであった——が、アルドロヴァンディは、ボローニャの小路をさまよい歩くスカルチーナもどきのいかがわしい医療実践者たちから、彼らが単体薬物に関する知識を得ていることについては、遠回しにではあるがその判断を論駁している。これとは対照的に、アルドロヴァンディが有する知識は、あてにならない情報やいかがわしい情報が溢れる市井の広場からではなく、自らのミュージアムに由来する確たるものであった。医師協会から追放されてしばらくして、アルドロヴァンディは、医師協会のメンバーに加えて、ボローニャ市の行政長官と大司教を招き、毒蛇の適正な状態を観察する機会を設けている。立ちあった貴顕はそのときの模様をこう記録している。「アルドロヴァンディ氏の邸館に赴き、新しく手に入れた毒蛇の状態を見せてもらった。ガスパール・タリアコッツィ氏が解剖にあたり、その場にはアルベルギーニ教授を初め、ほかにも多くの学者たちが居合わせた。執刀が終わると、アルドロヴァンディ教授はこう言い放った。医師協会の医師たちが命じてつくらせたテリアカ薬用の口内錠（トローチ）は良質のものではありません。なぜなら、成分となる毒蛇を適正な時期に採取していないからです」[☆155]。この観察会において、テリアカ薬の公開スペクタクルとミュージアムの実験文化とがひとつに収斂したのである。

ヴェローナでの一件が数カ月で解決を見たのに対し、アルドロヴァンディとボローニャの医師協会とのあいだの問題は、三年ものあいだ長く尾を引いた。地方の論議では解決できなかったため、教皇特使が訴訟をローマに移すこととなった。アルドロヴァンディが一五七七年の三月に、兄弟に宛てて書いているように、「君がそう思っているように、僕がローマにいくことが最後の解決策になるだろう」[☆156]。彼の兄弟は、自伝の中で、この出来事を次のように回想している。

> 真実で武装し、パレオッティ枢機卿とジョヴァンニ・アルドロヴァンディ卿の見解でしっかり身を固め、彼はローマへと旅立った。一五七七年三月一日のことである。当地に着くや、グレゴリウス一三世猊下の足元に身を投げだし、起こった出来事のすべてを、ありのままに陳述した。そのさい、ほかの都市の医師協会が示した判断と確証のすべてを一緒に提示したのだった。そしてついに教皇猊下は、ご自身の判断を下された。卿は正義を欲するかね、とお尋ねになりながら、教皇個人の決定を言い渡し、最後にこう言葉を締めくくった。アルドロヴァンディには「すべての名誉と威厳」(ad omnes honores et dignitates)が回復されるべきである[☆157]。

アルドロヴァンディとアルベルギーニが晴れて医師協会に復位したことは、このボローニャの博物学者がイタリアの医学界に占めるステータスを証言するものとなった。教皇グレゴリウス一三世と個人的なつながりを有していたこと、家系がボローニャ地方の政治文化で有力な存在であったこと、この二点が、医師協会の見解に対する異議申し立てが認められるのに影響力を及ぼしたのは確実である。しかしながら、アルドロヴァンディがマテリア・メディカの教師ならびに蒐集家として名声を博していたこともまた、この今回の結末を必然的なものとしたのである。医師協会の信頼は失墜し、彼の名誉は回復された。

一五七四年から七七年にかけて続いた、アルドロヴァンディとボローニャの医師および薬種商との論争は、前者が作成したテリアカ薬の名声をさらに高める結果となった。「今日手に入れることのできる最高のテリアカ薬は、ボローニャで製造されるものである」と、バルダッサーレ・ピサネッリは『疫病に関する論考』(*Discorso sopra la peste*, 1577)で書いている。「筆者はこれを高く評価し、ほかのいかなるテリアカ薬よりも優れたものだと断言する。その第一の理由は、この薬が膨大な努力を傾注してつくられたという点で、さらにウリッセ殿は単体薬物に精通しており、正真正銘の純粋な素材のみを用いて製薬しているからである」☆[158]。一六世紀末のもっとも著名なテリアカ薬をめぐる論争で、いわば勝利を勝ちとった原告として、アルドロヴァンディはそののちに起こる数々の議論を裁定する立場を得た。「いま、テリアカ薬のために、わが街の薬種商の一人とともに多忙を極めております」と、博物学者のポンピリオ・タリアフェッリはパルマから一五九〇年代に書き送っている。「これまでに同薬に関し、わが市の医師たちを相手に議論を重ねてもきたのですが、それでも氷解せぬ数々の疑問がありまして、それらについて、貴殿のご意見をまずはお聞かせいただけると幸甚であります」☆[159]。アルドロヴァンディが医師協会を相手に激論をくりひろげてからというもの、その後の数十年間は、問題の単体薬物についての意見を請い求める者から、ミュージアムに収蔵している標本を探している者まで、学者からの問いあわせが殺到した。また同様に、彼の作成したテリアカ薬の純粋性は、カルツォラーリが一五六六年に調合したものにとってかわることとなり、未来の世代が凌駕しようとする基準薬となったのである。

一五七〇年代を通じて博物学者たちは、解毒剤の成分をめぐって激しい議論をくりかえし、あるいは個々の症例を論ずるにあたって医薬の材料を実際に試みている。一五七〇年から七二年にかけて、ブレッシャの医師協会は、テリアカ薬があらゆる伝染性熱病に有効だとする説を擁護したとして、医師ジローラモ・ドンツェッリーノとジュゼッペ・ヴァルダーニョを除名処分にしている☆[160]。一五七七年にはステッリオーラがマランタを擁護し、カルダモン(amomo)の代替成分として菖蒲(acoro)の使用を非とするパドヴァのヴィーラントとマルコ・オッドからの批判を退けている。二〇年が経過しても、クアットラーミはこの同じ議論に巻きこまれていた。☆161 ミラノでは、一五九〇年代を通じて、医師協会が、かつてガレノスがローマ皇帝のために処方したのと同じテリアカ薬を調合することが可能か否かをめぐって延々と議論をくりかえしていた。☆162 これらの議論はすべて、古代の知識が現代の物質と遭遇するミュージアムや薬種店の中で生じた、製薬成分の分析鑑定に端を発している。一六世紀の末には、アルドロヴァンディ、カルツォラーリ、インペラート、マッティオーリといった蒐集家は、蒐集、観察、実験などの営為を通じて自然研究を再活性化することで、博物学を「暗黒時代」の闇からつかみだすことに成功し、大いなる満足感を味わっていた。彼ら蒐集家は、医学の知識はかつてガレノスやディオスコリデスの時代に到達したレヴェルにまでは決してたどりつくことができず、また自然研究の古代の権威たちを決して超えることはできない、という観念に挑戦したのである。一六世紀と一七世紀においては、テリアカ薬を復活させ、再構成することは、博物学コレクションという企図がいったいどこまで成功を収めたのかを測る、またとない指標の役割を果たしていたのである。

蒐集とは、本章を通じてこれまで見てきたように、知識と知識が角逐をくりひろげる圏域のようなものであり、さらに正確を期すならば、そうした知識／情報の所有を目論む、さまざまに異なる意図／目的であった。初期近代イタリアの薬種商たちが蒐集活動をおこなったのは、発明家としての自らのステータスを確保し、あるいは貴紳たちに医薬を供給するという自らの立場を保持するためであった。それに対して医師や大学教授たちは、ミュージアムを、その扉を開ければ教養を積んだ医療家たちの眼前に博物学の世界が立ち現われる、一種の宝物庫とみなしていた。こうした営為の中で、蒐集／ミュージアムは、医学の経験的な世界を、ギーニやアルドロヴァンディやほかのマテリア・メディカの教授たちが創出したアカデミーの世界の中に包みこんだのである。経験的な実践活動をアカデミックな言説のうちに吸収したことによって、非公認の医療実践者たちが衰退する決定的な一歩となったのだと仮定することは、少し誇張しすぎであろう。しかしながら、医師協会ならびに首席医師局が創出した官僚的規制システムは拡大の一途をたどり、「偽医者」――合法性という観念が必然的に内包するものとしてのみ結晶化された軽蔑的な意味合いを帯びるカテゴリー——の活動を押さえこもうと企てたことはたしかである。だが、医師協会ならびに首席医師局が合法医療と非合法医療とのあいだに横たわる深い溝を強調すればするほど、これら「偽医者」の存在そのものが、彼らの権威を掘り崩していくことになったのである。

一七世紀の半ばには、テリアカ薬の調合成分に関する話題は、もはや博物学のミュージアムにおいてさして話題にのぼることもなくなった。イタリアから疫病がなくなるとともに、蒐集家たちは前世紀までのように、解毒剤の品質にこだわりつづける理由がなくなってしまったのである。それでも医学にまつわる蒐集展示品は、意味の異なる枠組みを与えられて、ミュージアムから姿を消すことはなかった。ローマ学院ではキルヒャーが、あいかわらず蛇石に関する検証実験をくりかえし、その薬効をテリアカ薬と比較したりしていた。彼は一六六三年に、一匹の犬を毒蛇に嚙ませておいて、蛇石を用いて解毒治療するという実験を公開して観衆を供応している。[☆163] ただし蛇石がキルヒャーを魅了したのは、それが薬効を有するからという理由ではなく、彼が提唱する普遍的磁気理論を劇的に証明するものであったからである。

同じころフィレンツェでは、レーディが、大公薬種局が調剤する解毒剤の基礎を形成する、毒蛇を初めとする多数の動物を使った各種の実験を敢行していた。しかし、レーディは毒蛇それ自体の治癒効果に特別な関心を抱いていたわけではなかった。彼が毒蛇を研究したのは、医薬として使うためというよりは、毒液の生理機能を理解するためであった。レーディは大量の毒蛇を片端から解剖した結果、ついには、妊娠していない毒蛇を探そうなどという考えは笑止千万であると言明することで、それまで無傷であったガレノス主義の解剖学者というアルドロヴァンディの権威の前提を突き崩すにいたる。「毒蛇はどれもいつも卵を孕んでいるではないか。一月と五月に確実に卵を孕むなどということがどうして言えるのだろうか」[☆164]。レーディは、ルネサンス医学への批判を続けながら、解毒剤の効能を検証することをもはや有効な知識の形態とみなさなくなったのである。「もっとも難解で虚偽に満ちた実験とは医薬に関するものであり、なぜなら顕著で総体的な不確実性というものがあらゆる医薬につきものであるから」と、彼は自著『自然のさまざまな事物に関する実験』(*Experienze intorno a diverse cose naturali*)の中で書いている。[☆165]アルドロヴァンディからキルヒャーにいたる博物学者たちが提唱した実験というもの対するレーディの懐疑心は、一七世紀の末に展開する博物学のミュージアムの再編成を予見するものであった。そしてこの時期になると、治療という観点よりも分類という観点の方が、収蔵品をめぐる主要な関心事となっていく。[☆166]集められるオブジェ自体は変わらなかった。ただその意味だけが、変化していったのである。

第3部　交換の経済学

ミュージアムの出現は、自然の研究をはっきりと新たな方向へ向け、さらに博物学者のアイデンティティを再定義した。「博物学」は、一六世紀の半ばより以前には、明確にそれと識別しうる企図とは言えず、その理由の一斑は、「博物学者」という存在がその像（イメージ）を結晶化させていなかったことにある。博物学の復興と、宮廷やアカデミー、そして大学、さらには一般的な初期近代イタリアの貴族文化におけるその関心の高まりは、自然を研究する人々に、彼らの研究の特異性や潜在的魅力をいっそう自覚させることになった。彼らはそれに対して、自分自身の提示の仕方に大きな注意を向けることで応じた。自伝文学や肖像画は、こうした進展過程をたどることをわれわれに可能にする。イメージへの関心は、しかしながら、印刷物として醸成されたわけではなかった。なによりもまず、行動として胚胎したのである。博物学者たちは、社会的に流動性を有するほかの階層と同じく、さまざまに異なる分野のエリート階層を相互に結びつけていた、〈権力者による学術と芸術の社会的かつ経済的な庇護戦略（patronage）〉のネットワークと成功裏に関係を生みだしえたかという点を、社会的地位の上昇度を計る重要な尺度とみなしていた。この学芸庇護（パトロネージ）こそは、書簡や贈答品のやりとり、あるいは〈情報と蒐集の宮廷仲介者（brokaer）〉の存在によって確立されていく、社会的な成功と失敗を決定づける要因であったのである。君侯、教皇、貴顕紳士といった人々は、実験を実際にその目で確かめ、ミュージアムで調合される医薬品に認可を与えることで、成功を収めた著名な博物学者たちが宮廷やアカデミーの世界へと進出する後押しもおこなったのである。王侯貴顕たちは、学芸庇護活動を通して、ミュージアムを貴族世界の中心的相貌のひとつとする、蒐集品の継続的な交換、そして重要な訪問者の饗応などを推し進めていった。

本書第3部ではこれらのさまざまに異なる活動を、交換のプロセスとの関連から考察していく。「交換」という営為は、すべてのその多様な形態において、蒐集家という人種とミュージアムという空間を発生させた。交換こそは、エリート社会を規定し、初期近代の社会のすべての事象を定義していた主要な社会的メカニズムであった。第7章では、蒐集家のアイデンティティと関連するものとして、交換という行為の隠喩的な活用事例を探求していく。模倣（imitatio）――人文主義者たちが特別な価値を与えた表現形態のひとつ――は、蒐集家のアイデンティティの核心をなすものであった。過去と現在とのあいだの有機的な関連を明確に表現できるようになると、博物学者は、彼らの「高貴さ」があらかじめ運命として定められていたと感じるようになっていく。彼らの生と研究に意義を与えるためのモデルや古典的な範例（exempla）を探し求めて、彼らは、自分こそは文芸界の人々が称讃する古典の主要人物の物語を生きながらにして体現する人物であると自覚するようになった。百科全書主義的な言語に拠りつつ、試みにおいて彼らに先んじていた著名な人々のイメージを参照し、さらには発見というメタファーを駆使して、人々は自らを「発明／創出」したのである。このことは、文学、哲学、宗教のそれぞれのイメージを計画的に操作し、そして古代と現代の範例（exempla）を巧みに総合することによって成し遂げられた。アイデンティティを絶えず交換し続ける能力こそは、まさしく蒐集家であるという純度保証となったのである。

自己というものの人文主義的な発明／創出によって鍛えあげられた象徴的構造は、学芸庇護者と宮廷仲介者と蒐集家たちの社会的な相互関係の中に、その類似現象を見いだす。第8章では、自然を蒐集するという営為の背後にある、人間関係のネットワークの輪郭が描きだされる。蒐集にまつわる事象は、初期近代イタリアの学芸庇護システムを解明するための決定的な機会を提供する。社会的に異なるさまざまな立場の人々のあいだで交わされた無数の共同作業の成果として生まれたミュージアムは、社会のヒエラルキー構造と、そしてエリート世界のさまざまな部門の相互作用を促進したコミュニケーションの過程を反映しているのである。学芸庇護者(パトロン)たちが博物学者たちに、高価な贈りものや特権、そして時には金銭を下賜したりする一方で、宮廷仲介者(ブローカー)たちの存在がこうした権力者の寛大さを可能にしたのである。というのも、博物学者たちの中で、権勢のある君主と直接に接触し交渉できるほど社会的に十分高いステータスを得たものは、ほとんどいなかったからである。博物学者たちは、ヒエラルキーの頂点に接触することを可能にする、宮廷仲介者たちの力添えに頼っていたのである。また宮廷的ヒエラルキーの外では、情報仲介者たちは、異なる地域で活動する博物学者と蒐集家を別の地域の博物学者と蒐集家に紹介する役割を果たし、個々の学者間の議論を仲介し、時には論争を解決するために調停に乗りだすことさえあった。学芸庇護者(パトロン)としての役割のみを果たせばよい、非常に高いステータスを有する人物を別とすれば、蒐集家たちの大半は、時に学芸庇護者(パトロン)となり、時に情報仲介者(ブローカー)となり、あるいは時に庇護依頼者(クライアント)ともなったのである。こうした複合した役割を果たすことによって、蒐集家たちは自らのミュージアムの成功を確実なものとし、そして博物学者たちの共同体における立場を確固たるものとした。博物学は人文主義者たちの書斎(ストゥディオ)と薬種商の製剤室でその歩みを始めたものの、一六世紀初頭の段階ではいまだ、どちらも大きな社会的威信を集めているというわけではなかった。それが一七世紀の末になると、博物学者たちは、宮廷、アカデミー、サロンといった場に、要するに社会的にもっとも好ましい環境の中で、自らの地位を当然の権利として主張できるまでになった。宮廷の学芸庇護(パトロネージ)を求める人文主義者としてその旅路を始め、最終的に自らが恩恵を分け与えることのできる宮廷人へとたどりついたわけである。

第7章　蒐集家の発明／創出

自己‐認識が、ほかのあらゆる知識に先行されねばならない。

——トルクァート・タッソ

一五九五年に作成した遺言の中に、ヴェネツィアの評議会議員にして数学者であり、そして科学器具の蒐集家でもあったヤコモ・コンタリーニは、「自分の書斎および蔵書を永久に保管するため」にそれらを遺産に組み入れ、次のような言葉で始まる記述を遺している。「かつて私が所有し、また現在所有しているものの中で、もっとも親愛なるもののひとつは、私個人に対する栄誉や尊敬のすべてがそこから出来した、わが書斎（ストゥディオ）である」[☆1]。類なき名声を生みだす源泉となった自身のミュージアムに対するコンタリーニの特別な愛着は、蒐集家であれば誰にでも共通する心情を映しだしている。たとえば、アルドロヴァンディが一六〇三年に作成した遺言の詳細にわたる指示や、アルフォンソ・ドンニーノが一六五一年にイエズス会のローマ学院に遺贈したさいの詳細にわたる指示は、自らのイメージを構築しそれを保持しようとする方法のひとつとして、蒐集することへの同じような執着を明らかに示している。コンタリーニの遺言の中でもっとも興味を惹きつけられるのは、彼が蒐集と社会的な美徳との間の関係を統合する明快さである。「栄誉」と「尊敬」という表現は、軽々しく用いられるべき言葉ではなかった。どちらも、蒐集家たちが属する嗜みある社会の性格を定義していたからである。コンタリーニが自らのミュージアムを、これらの特性を生みだす「唯一無二の」源泉と描写したさい、彼は貴族のアイデンティティ形成におけるミュージアムの重要性を強調していたのである。ミュージアムは、単にコンタリーニが抱く欲望や興味の結果生まれたものではなく、もっとも本質的な意味において、それは所有者自身の自我でもあった。ヴェネツィアの書斎の中で、彼という人間存在そのものの核が展示されていたのである。

貴族階級の中でもエリートに属する人々の多くがそうであったように、蒐集家もまた、虚と実のあわい(ヴァーチャル)の自我／主体性(アイデンティティ)をどのように装うべきかという難問にとり憑かれていた。蒐集家たちは、ミュージアムの中でオブジェを記述し、そして提示しかつ解釈することで、この難問を探求していた。彼らの学芸庇護者(パトロン)や訪問者、そして読者は、蒐集家たちが自己を表象しようとするイメージの充当に承認を与えることによって、そして模範的な人物像という規範に対して彼ら自身の粉飾を加えることによって、蒐集家のアイデンティティの推論を重ねた形成に寄与した。「人は、生まれるのではなく、かたちづくられるものである」と、エラスムスは書いている。[☆2] 蒐集家たちは、この訓言を縮図として示していた。知識が集積すると、単に自然についての理解度が深まったばかりでなく、この蒐集という営為に携わる人々のアイデンティティまでもが明確なかたちをなしてきたのである。初期近代イタリアの宮廷と貴族の世界では、蒐集は自己を審美化するための方法のひとつとなった。[☆3] ミュージアムは、アイデンティティを構築するための素材とそれを公表する手段を供給した。自己-認識は、表現を換えれば、社会的な認識でもあった。自分自身を叙述するために社会から隔絶した、あのモンテーニュでさえもが、自己-認識を展示の一形態として理解していた。彼が目指したのは、著作『エセー』(*Essais*)第二巻でも述べているように、「この世界という劇場の中に登場すること」であった。[☆4] エラスムスやモンテーニュといった人々が、自らの存在を著述の中で開示していったのに対し、蒐集家たちは自己のペルソナを、ミュージアムを通して、あるいはそこから生まれる著作や視覚作品を通して表明することで、人文主義者たちの「自己-成型」の概念を、複合してはいるものの強力な魔力の飛び交う結末へと導いていったのである。

一六世紀は、フランク・ウィッガム、スティーヴン・グリーンブラット、そしてほかの多くの研究者が指摘しているように、「個人のアイデンティティをめぐる新たな概念」の先駆けとなった時代であった。[☆5] 当時の学者たちは、内的な叡智へといたる道程としてアウグスティヌスに範をとる内省／自己-省察を依然として称揚し続けていたものの、徐々にではあるが、自己というものを探求するためのそれとは異なる旅程をたどる根拠を発見していったのである。人々をとりまく現実世界は、さらなる信仰上の企図から人々を別のところに誘うように、内面の自己と対立して存在するわけではなかった。そうではなく、世界は、解明／啓蒙の手段をもたらす存在としてあったのである。旅行、発見、そして蒐集といった営為はすべて、アイデンティティをめぐる人々の感覚を深化させるのに役立った。☆6 一六世紀を生きた貴顕紳士たちの大半が理解していたように、世界の懐へと飛びだしていき、そして家の中に世界をもち帰ってはじめて、人々は「アイデンティティ」を構成する一連の知識を獲得することができたのである。この時代に著わされた宮廷文学――カスティリオーネの『宮廷人』(*Il Cortegiano*) やデッラ・カーサの『ガラテーオ』(*Galateo*) といった作品――は、それぞれの人が自ら成形したイメージに基づいて役割を演じるという処世術（メッセージ）を強調している。そこには、なされるべき選択、見習うべきモデル、展示されるべきイメージがあった。自己は、思想的に明確に表現されなければならず、そして美しく潤色されていなければならなかった。人文主義は、これらの自己省察と外向性／社交性との新たな形態が展開するための、主たる場であった。個々人の過去および現在の行為が、蒐集家たちを、知識と自己-認識の探求へと導いたのである。「ルネサンス期の古典古代の伝統の再発見は、批評的行為であるけれども想像力の所産でもあり、古代の再発見であるけれども古代の発明／創出（invenzione）でもあった」と、アンソニー・グラフトンは見解を述べている。☆7 アイデンティティを形成するための蒐集の活用は、人文主義的な言説のもつ創造力についての豊富な事例をわれわれに提供している。古代世界が提示する最良のイメージ群を、自然と技芸が生みだす最良のオブジェと組みあわせることによって、蒐集家は自分自身を発明／創出した（inventato）のである。

自らの拠って立つ基盤を社会の中で築きあげる能力を手にしたのは、主として並はずれた手段を意のままに操ることのできる、特権的な人々であった。初期近代の社会にあっては（おそらくどの社会にあっても）、自己変容の潜在能力を誰もが有していたものの、その中で目の前に差しだされた可能性を十全に利用し尽くすことのできる者はごく少数しかいなかった。さらに、自己変容の完成に必要な資源を自在に操れる存在となれば輪をかけて少なかった。アイデンティティの形成作業に成功した事例として、われわれは、田舎者で詐欺師として名を馳せたアルノー・デュ・ティルの事例を想起するまでもなく、チェッリーニ、ミケランジェロ、そしてガリレオのような人々を、難なく思い浮かべることができる。[☆8]自然の蒐集家たちと同様に、これら三人の学者はみな、比較的良質の教育を受けた人々であって、それぞれの大志に導かれて、イタリア各地の宮廷の圏域へと参入していった。この宮廷という、競争好きな社会的環境の中に身を置くことで、自らを誇示し、神話化しようとした三人の願望は、さらに増幅されることになったのである。イタリアこそは、おそらくヨーロッパのほかのどの国にもまして、この種の活動が縦横に展開する素地をもっていた地域であった。複雑に入り組んだ政治情勢は、文化的競合を惹き起こし、最終的には、多種多様な統治者の要求に貢献する活動をおこなう個々人の社会的な上昇を誘導したのである。一六世紀を通して、視覚芸術、音楽、文学、科学知識の探求に携わっていた人文主義者たちの社会的ステータスは、宮廷における彼らの知名度と直接呼応して上昇していった。一五〇六年にアルブレヒト・デューラーは、ドイツにおける彼への待遇に比べてイタリアの好意的な反応を評して、次のように述べている。「ここイタリアでは私は紳士、母国では一介の居候」。[☆9]そうした見解は、ミケランジェロやチェッリーニのような、過度の自意識と自信をもつ人々の「芸術家」としてのステータスについての発言から生みだされた。宮廷におけるそのほかすべての文化活動が人気を博すようになるにつれて、博物学者、哲学者、そして蒐集家といった、中でも宮廷生活を飾り立てる人文主義者たちのステータスも同様に上昇していくこととなった。一六世紀までには、知識を展示するという営為は、優れて宮廷的な美徳として称揚されるまでになっていた。宮廷の内でも外でも──これは宮廷社会の価値観を全体として鏡映していた貴族社会についても確実に言えることであるが──蒐集家たちは、芸術家がそうであったように、自らが舞台の中心に立っていることに気がついたのである。蒐集家たちが有する百科全書的な好奇心は、ある種の創造的かつ公共的な着想というものを縮約していたのであり、この着想こそ貴族たちが称讃してやまない美徳であった。

アイデンティティの構築は、人文主義者としての教育を消化吸収した人々にとっては、とりわけ興味の尽きない挑戦であった。ルネサンスの個人主義が生みだしたものとしてアイデンティティというイメージを抱いたブルクハルトとは正反対に、当時の人々はさまざまに連鎖する共同体の関係性の中で自らの位置を確定していった。[☆10] 家系、専門職能、社会、宗教の各集団、学術の世界などのすべてが、人文主義者たちに、アイデンティティを形成するための手立てを与えた。それぞれの世界を集合的に作用させることで、人生を彩るさまざまな出来事やシンボルから一滴も余さずに意味を搾りとることを知悉していた教養豊かな紳士が切り拓くことのできる、知識探求に可能な筋道を定義していったのである。自らを展示のためのオブジェとして構築するという任務に、多くの点において、蒐集家こそがまさに理想の適任者であった。当時の人々が、学校の授業で最初に出会うことになる叙事詩譚や道徳論には、模範的な人物の話で溢れ、彼らの美徳は模倣する価値のあるものとみなされていた。これら文献上の規範を通して世界を眺めかつ理解することは、同じような人文主義的教育の恩恵を受けて育ったほかの者たちと分かちあうことになる、共通の理解の枠組みをもたらしたのである。さらにこの枠組みはまた、彼ら以外の社会階層と、すなわちミュージアムへの入場を拒否される人々と彼らを完全に分離することになった。なぜならこれらの人々は、ほかのなににもまして、知識の審美化という行為に参加していなかったからである。「というのも、そうした虚構や幻影は観者の視線を釘づけにするからである」と書くエラスムスは、人生の再構築に発明／創出されたイメージがいかに必要であるかを強調していたのである。[☆11] 蒐集家は、人文主義文化にもっとも明確に携わった人々の中にあって、自らのもてる数々の社会的かつ知的な才能を総動員して、きらびやかなブリコラージュをつくりあげることに成功した人々であった。[☆12] 蒐集家の営むミュージアムがそうであったように、彼らもまた、先人たちから引き継いだ文化のさまざまな断片から構成されたモザイクであった。蒐集家は、同時に、きわめて唯一無比にして大いに派生的な存在であり、彼らが生を営む共同体からはいまだ定義も受けず包摂もされていない彼らの比類なき活動に対して、個人的な認知を獲得しようと決意していたのである。

人文主義的語彙は、それを通して自己-定義を成就する、‘imitatio’（模倣）、‘exempla’（範例）、そして‘inventio’（発明／創出）という、三つの重要なモデルを蒐集家に提供した。[☆13] これら知識の形式上のカテゴリーは、その再-叙述力によって現在にも光を投げかける、弾力性に富んだひとつの総体として過去を提示するのである。‘imitatio’（模倣）は、「模倣」という活動一般を記述するもので、この概念はルネサンス期の言説に広く浸透し、人文主義者たちもこれを高く評価した。蒐集家たちを自分の経験の源泉にまでさかのぼることを可能にする旅ほど記憶に残る自己-発見の旅はほかにない、たとえその源泉がどのようなものであったとしても。模倣は、トマス・グリーンが述べているように、二つの「人文主義的総体の競合する可能性」を提示するものであった。[☆14] 一人の人物を模倣するのとひとつの文化をそっくり模倣するのとでは、どちらがより良いのであろうか。学者たちの慣行はそのどちらのモデルも有効であると承認していたので、蒐集家たちもそれに応じて双方を活用していたものの、わずかに後者のほうに重点を置くことが多かった（要するに、彼らはいくつものアイデンティティを蒐集しようとしていたのである）。模倣を通して、蒐集家たちは、教養ある訪問者や読者がすぐに理解しうる、よく知られた物語の中に自らの地歩を固めたのである。やがて蒐集家たちは、これらの物語を、個人的な旅行遍歴へと編み変えていった。古代文化を再興しようという普遍的な企図に自らも参画するかたわらで、蒐集家たちが同時にその企図が孕む知的かつ倫理的な規範にも魅かれていったのは、この古代との対話を永久化し、また変容させることに、自分は「個人の資格で」貢献しているのだという揺るぎない信念があったからである。

模倣の地球的視野の企図に、蒐集家たちもまた、モデルの選択と組みあわせを通して参画していく。同時代の人々の多くがそうしたように、彼らもまた、「範例のレトリック」に価値を認め、これを自らの生に意味を付与する枠組みとして活用していった。‘exempla’は、模倣に値する「範例」を定義し、この「範例」は、その言葉や行為が西欧文化の倫理規範を構築するような著名な人々のことを指していた。「著名な人々の範例ほどに私を感動させるものはほかにない」と、ペトラルカは書いている。これらの著名な人々に自己を同一化し、その人生を再演しながら生きていくことで、人々は社会の本質的な真理に近づくことができるのである。ティモシー・ハンプトンが範例に関する議論の中で述べているように、「ルネサンスの読者にとって、『最良の時代の偉大なる魂たちを実践する』ことは、モンテーニュが言葉で表わしているように、過去からの理想的なイメージとの関係において自己を規定していくことであった」[☆15]。ミュージアムに集められたオブジェと同じように、「範例」もまた、知識を所有する能力のある個人を（ほかの人が）同定する手がかりを与えた。これら数々の範例は、過去を、現代という時代を成型するイデアの源泉として強調することで、人文主義者たちの古代復興という企図の歴史的に生起可能な性格を強化したのである。

'inventio'（発明／創出）という言葉は、人文主義者たちが、彼ら自身の文化と彼らが評価してやまない古典文明との間に時の架け橋を構築しようとする過程を指し示している。当時の言語感覚では、この 'inventio'（発明／創出）という言葉は二つの主要な意味を担っていた。第一には、人間がもつ芸術性ならびに創意に関する稀有なる瞬間を同定するものであり、ちょうどポリドーロ・ヴェルジリオ（ポリドーア・ヴァージル）の『事物の発明／創出者について』（*De inventoribus Rerum*, 1499）が、その概略を描きだしている。プリニウスを模倣する中で、ポリドーロ・ヴェルジリオは発明／創出者（inventor）を「事物を生みだす最初の存在」と定義している[☆16]。発明／創出者は、その人物が成した貢献が「文明」を定義する知識の集積のうちに加えられていく個々の存在のことを言うのである。いわば彼らは、新たなプロメテウスであった。「発明／創出者」というカテゴリーのもとに、ジョン・イーヴリンは「勤勉で好奇心旺盛な、人工のそして自然の珍品奇物の蒐集家たち」を数え入れている[☆17]。知識の発明／創出という行為には、発見のプロセスとオブジェの所有が意味する知的財産という概念とのどちらもが含まれていた。たとえばアルドロヴァンディは、医学的に有益な数々のオブジェを集積していき、その量が古代の人々が知っていた数を凌駕するにいたると、自分は「古代の発明／創出の人々」にとってかわったと書き記している。彼はまた、自分にとりわけ重要なオブジェを提示してくれた個々の人の名前を書きこんだ謝辞を、「発明／創出の人に栄誉を与える」ひとつの手段として理解していた。[18] アルドロヴァンディの視野から見れば、「発明／創出の人」は知識を所有している者の謂であり、こうしたイメージはおそらく、当時さまざまな版が出回っていた。ポリドーロ・ヴェルジリオの件の著作を読んで、そこから選り抜いたものであろう。ほかの蒐集家たち――たとえば、デッラ・ポルタ、セッターラ、そしてキルヒャー――が、'inventio'（発明／創出）を明確に技術革新と結びつけて考えていたのに対し、アルドロヴァンディは、この用語の広い人文主義的定義を適用したのである。

'inventio'（発明／創出）はまた、蒐集家が自らの才能を展示することを通して物語／歴史を記述する能力であった。'imitatio'（模倣）のイデアと 'exempla'（範例）の活用とを包含することで、この 'inventio'（発明／創出）という能力は、まさにこの想像力を駆使した企図から生じる図像学的なプログラムや視覚的な物語叙述のための「主題の選択と解釈」を定義したのである。[19] フィレンツェの宮廷人文主義者ヴィンチェンツォ・ボルギーニが説明しているように、'inventio'（発明／創出）は、もっぱら「精神の修練」（una fatica tutta mentale）にして、「詩人、歴史家、哲学者などのほか、画家、彫刻家、建築家には必須の」もっとも優れた学問の形態であった。[20]「発明／創出」（invenzioni）は、フィレンツェのパラッツォ・ヴェッキオにある大公フランチェスコ一世の「ストゥディオーロ」を飾っており、またアルドロヴァンディがボローニャ郊外に構えていた田園のヴィッラの壁面をも飾っていた。どちらの事例でも、その図像は、蒐集家の経験と権威を明確に著わす古典的な文学的表象に依拠したものとなっていた。すなわち、フランチェスコ一世は新たなプロメテウスとして、アルドロヴァンディは新たなオデュッセウス／ウリクセスとして。蒐集家は、オブジェやイメージの展示を通して、くりかえし、くりかえし、自分自身を発明／創出したのである。

自己を展示する

ミュージアムに収蔵されたオブジェすべてが蒐集家というイメージを形成していた一方で、特定の蒐集展示品は、蒐集という営為そのものへの自己‐言及的な側面に光を投げかけていた。これらの蒐集展示品は、知識形成の人文主義的な物語の中に位置を占めることで、蒐集家すべてが捜し求めた超自然的な叡智の獲得の困難さを寓意的に表象していた。とりわけ二つの品目が、知識と自己認識とのあいだの弁証法を視覚化していた。すなわち、カメレオンと鏡である。これらの存在が、ミュージアムを、プロテウスとナルキッソスという、二つの競合する人間のイメージが交差する場と化したのである。オウィディウスが描くプロテウスは「変幻自在な姿をもつ」半神であり、それに対してナルキッソスは美しい若者で、水面に見入りつつ、「彼の目を欺いている自分の影によって、炎と燃えている」[☆21]（泉井久之助訳［以下同］）。プロテウスという存在が、人間および自然がもつ変容能力——トマス・グリーンが「自我の変容」と呼んだもの[☆22]——を象徴しているのだとすれば、ナルキッソスの寓話は、自己‐讃美と自己‐認識との区別がつかないことの危険を警告する物語であった。オウィディウスが言うように、ナルキッソスは「泉に映った自らの姿に魅せられて」、最後には、あまりに見つめすぎ、愛しすぎたために、滅び去ろうとしているのである。事物に内在している特性が、ミュージアムを訪れた人々の脳裏に古典古代の神話を生き生きと喚起するような、そうしたオブジェを展示することで、蒐集家たちはこれら二つの異なるイメージと戯れていたのである。

カメレオンは、ミュージアムというミュージアムで見ることができた。「もっとも近くのものの」の色彩をそっくり身にまとうことのできる、特異な能力を秘めた生きものとして、蒐集家好みの、自然のパラドックスを典型的に体現する存在であった[☆23]。ジガンティは彼自身のミュージアムの収蔵目録にカメレオンの標本とその図解を掲載しており、セッターラは雄と雌の両方の標本を所有していた。キルヒャーのような博物学者たちは、カメレオンに対して実験をおこない、この生きものの色彩変容能力の源泉を解明しその応用範囲を定めようとした[☆24]。デッラ・ポルタは、自著『人間の観相学について』（*Della fisionomia dell'uomo*, 1586）の中にカメレオンを収録し、「われわれが自邸で飼育している」この生きものを、読書する顔の要領を図解するのに使う古代の彫像のひとつと比較対照のため並置している[☆25]（図21）。カメレオンも彫像も、アイデンティティの柔軟性や順応性を示す例としてテクストの中で扱われている。デッラ・ポルタは疑いなく、調査の特別な対象としていた自然の変幻自在なありようを解明する手がかりを得るために、ミュージアムの中でカメレオンを飼育していたのである。「ころころと顔を変えるプロテウスの、いったいどの結び目を解いたらつかまえることができるのか」と、ホラティウスは書いている[☆26]。デッラ・ポルタのミュージアムが所蔵していたカメレオンと古代彫像こそは、人間のアイデンティティと自然のルネサンス期のイメージを結びつけていた。その「結び目」を提供してくれるものであった。カメレオンと古代の彫像は、蒐集家たちをして、自然の変転する特質を研究することと、ある意味ではそれらを所有することを可能にし、そして人間もまた変幻自在なプロテウス的特質をもつのだということを記憶にとどめさせたのである。

カメレオンという生きものは、古典古代ばかりか同時代も、引喩に満ち満ちたオブジェであった。教養を具えた訪問者であれば、カメレオンを見たときに、ピーコ・デッラ・ミランドラの『人間の尊厳についての演説』(*Oratio de hominis dignitate*, 1486)のことを頭に思い浮かべない人はいなかった。宇宙における人間の地位についての、この古典的な人文主義的記述において、ピーコは人類のことを「限定されない本性をもった被造物」と記述している。人間は変容する存在であり、その半ば神的な身分のゆえに、自然のあらゆるイメージを自らの中にとりいれることができる。「[人間の]このカメレオン[性]を称讃しない者などいるだろうか」と、ピーコは讃美している[☆27]。この一節を念頭において考えるならば、ミュージアムの中にどうしてカメレオンが必要であったのかが明確になる。つまりカメレオンは、ほかのなににもまして、世界の人文主義的な解釈では、もっとも密接に人間に類似していたのである。エドガー・ウィントが、ピーコのイメージを分析しながら書いているように、「自己-変容の過程を大胆に追及する中で、人間は、あたかも自分自身を探求するかのごとくに、世界を探求した」[☆28]。ミュージアムは、自己と世界の探求という、この二つの本質的には切り離すことのできない活動が交差するところを省察し、注釈を加える、主要な場となったのである。

自著『カメレオンについて』(*De camaeleonibus*)の中で、一七世紀オランダの博物学者イザーク・スホーキウスは、

図21——デッラポルタのカメレオン（Giovan della Porta, *Della fisonomia dell'uomo*, Padova, 1613）

カメレオンの色彩変容を芸術的表現の一形態になぞらえて、「ちょうど仮面をつけて演技する役者のようだ」としている。[☆29]デッラ・ポルタは、多くの自然科学の論著ばかりでなくいくつかの演劇作品も手がけているので、おそらくこのアナロジー［類比］には賛同するにちがいない。もしスホーキウスがオランダ共和国ではなくイタリアで暮らしていたのであれば、きっとカメレオンを宮廷人になぞらえたことであろう。周囲の空気にそっと溶けこむその能力は、宮廷人たちが用いる偽装という社会的な徳目をひとつの生得の特性へと仕立てあげた。カメレオンは換言すれば、内面の自己を覆い隠し、時には自己そのものを失う危険さえも冒しながら、常に外観をころころと変容させては周囲の環境に適応していく、蒐集家と彼らのミュージアムの訪問者たちが好んでおこなう振る舞いをそっくり映し示している存在であった。蒐集家は、あらゆる人に対してあらゆる存在になることができると時に自覚したとしても、彼らの飼育するカメレオンが社会における彼らの位置を皮肉たっぷりに表わしているのを思い知ることになる。哲学的な視点から見るならば、ピーコの新プラトン主義的な宣言を体現するカメレオンという存在が想起させるのは、一個のミクロコスモスたる人間の能力であり、自らの運命を切り拓くことのできる才能であった。また社会的な利点という面から見るならば、カメレオンが喚起するのは、人文主義者たちが描いた人類のイメージを、誇示という行為それ自体を目的とする宮廷的なエートスへと変容させる世界であった。

ピーコの『人間の尊厳についての演説』はまた、プロテウスのイメージを、自己という人文主義的な概念の中心に据えた。「アテナイ人アスクレピオスは、変身し自分自身を変容させるこの本性を証拠として、人間は秘儀の内にあるプロテウスによって象徴されると言ったが、それはまったく正当なことなのです」[☆30]。ピーコの解釈では、自己が変容を遂げることは、どこかしら自然の変容よりも高尚なところがあるのだが、それにもかかわらず自己変容の能力そのものは自然から由来するのである。人間と自然の双方を表象するプロテウスという存在は、こうした自己と自然の結びつきを象徴している。ジャン＝クロード・ブリュノンが論じているように、ピーコは『演説』の中でプロテウスを称讃してはいるものの、一六世紀の半ばになるまで、プロテウスの形姿が実際にエンブレム文献の中に姿を現わすことはなかった。その段階にいたってさえ、この神格が演ずるのは美徳というよりはむしろ悪徳の方であって、不実、異端、悪魔的魔術といった特性をまとわされていたのである。一七世紀の半ばになるまで、プロテウスが本来の肯定的な属性、すなわち変容を司る神としての属性を回復することはなかった。ルネサンス期の社会は、プロテウスが、カメレオンを初めとする身体的に実体の定まらぬ存在が縮図として示す自然を宰領することを認めたのに対して、バロック期の世界は、プロテウスを自然を、意のままに操ることのできる発明／創出者として再創造した。[☆31]プロテウスは次第に、自然というよりむしろ技芸(アルテ)を、蒐集の対象というよりむしろ蒐集家そのものを表象するようになっていった。プロテウスは自らを変容させつつ、世界を、推移し進展する状態へと再創造したのである。

ピーコをカトリック世界における真の哲学者であるとみなして熱烈に称讃していたキルヒャーは、プロテウスを自身のミュージアムを統べる中心的なテーマのひとつとしていた。たとえば、ミュージアムを訪れた者は、そこで観者に自分の頭があたかもさまざまな動物の形に変容するかのようなイリュージョンを与える「鏡石のプロテウス」(Proteus Catoptricus) と呼ばれる部屋に入ることが許され、あるいは「金属のプロテウス」(Proteus Metallorum) ——これは金属を変成させるという趣向のキルヒャーの著名な実験のひとつであった(といってもそれが不敬な錬金術まがいの方法ではないことはキルヒャー自身がくりかえし読者に注意を促していた) ——なる部屋も観覧することができたのである。[☆32]バロック期のミュージアムに広く流布していたプロテウスのイメージは、その当時徐々に芽生えつつあった感覚、すなわち「人間カメレオン」がついに物質世界において触知可能な存在になったという感覚を反映していた。キルヒャーのミュージアムは、依然として「変化する自然」を言祝ぎ続けていたその一方で、「人が変化させることのできる自然」というイデアにより大きな力点を置くようになっていった。[☆33]オブジェ——本質的な真理を読み解く術(アルテ)としての観相学というデッラ・ポルタの視点を掘り崩すものとなる、カメレオンから仕掛鏡にいたる——の選択と展示を通してプロテウスのイメージを探求しながら、蒐集家たちは、解釈者としての、最終的には自然の支配者としての自らのイメージを高めていった。彼ら蒐集家こそは、変容する自己を典型的に縮図化して示していたのである。

鏡という対象もまた、ナルキッソスの物語を道徳的な教訓へと改訂するためには欠くことのできないものであった。ルネサンス期のミュージアムの中で、実際の鏡を所蔵しているところはごくわずかであり、そもそも鏡（改良を重ねて銀の下地を塗ったもの）は、当時のヨーロッパでは一六世紀の初頭になってやっと登場したものであった。[☆34] ミュージアムの蒐集展示品としての鏡は、一七世紀まで事実上存在しなかったにもかかわらず、蒐集家にとっては探求すべきメタファーとして存在していたのである。アルドロヴァンディのヴィッラは、本質的に彼の個人ミュージアムであり、その第二室の壁面を飾っていたのは鏡に映った自分自身に見入る青年のイメージであった。そのイメージの下には、「汝自身を知れ」(Nosce te ipsum) というモットーを読むことができたという。図の下方には、ナルキッソスのイメージを囲いこむように、一体のハルピュイアと一体のキマイラが描かれ、自己-認識にいたる途上で出会う偽りの道や障害を表象していた。このエンブレムの註釈の中で、アルドロヴァンディはこう書き記している。「自らの容貌に恋焦がれるのはいともたやすく、内なる自己を知悉するのはむずかしい、といつの時代にも言われてきた」[☆35]。アルドロヴァンディにとって、そうした認識は、ヴィッラの壁を飾るナルキッソスのエンブレムを寓意的な形態でとりまいている、コレクションの品々を熟視することによって獲得されたのである。

リナ・ボルツォーニが、アルドロヴァンディのヴィッラにおける図像学的プログラムを研究した論文で述べているように、三部屋を装飾していた総計三七のインプレーサ群は、主にこの博物学者のコレクションを形成していたオブジェを描いたものであった。自らの蒐集展示品をエンブレムへと彫琢することによって、アルドロヴァンディは、それらを人文主義文化が真理であるとした解釈の形式的カテゴリーに充てはめることで意味を明確にしていったのである。この「教訓化された博物学のミュージアム」の中心部に、ナルキッソスのイメージが鎮座していて、「彼の見つめる水鏡が、忘我の境位へと青年を導き、アイデンティティのあらゆる感覚を麻痺させるにいたった」[☆36]。これとは対照的に、アルドロヴァンディの鏡――映っているのは、彼自身というより彼の世界と彼のミュージアム――は、決して彼を道に迷わせることはなかった。カルダーノと同じように、その著名な自伝を執筆するにあたり「自分自身を知ること」を指針として選択したこの人物と同じように、アルドロヴァンディは、ナルキッソスの二の轍を踏まぬための指針として、自己の内よりもむしろ外の世界を見てみたいという欲望を抱いていた。[☆37]彼のヴィッラを飾りたてていた数々のエンブレムは、常にこの目標をアルドロヴァンディに喚起していたのである。

一七世紀までには、ナルキッソスの物語は蒐集家ばかりか観者にとっても熟視すべき教訓となった。エンブレムというよりはむしろミュージアムの中の新しいテクノロジーが、このナルキッソス神話の復活に与って大きな力があった。デッラ・ポルタは、彼が内側に「汝自身の姿に魅惑されることなかれ」(forma ne capiaris tua) という句を刻みこんだ、銀の器について記述しており、この器から飲んだ客人が「自己愛におちいって、ナルキッソスのような死を迎える」ことのないように警告を発したのである。[☆38]バロック期のミュージアムに、鏡と、反射して煌めく表面をもつ事物が増殖したことによって、ナルキッソスの存在がプロテウスの存在と競合するようになった、片や唯一なる存在として、片や無限なる存在として。どちらのイメージも、アイデンティティ喪失の危険ときわどく戯れる、一方は凍りついた熟視を通して、もう一方は変幻自在の模倣を通して。たとえばセッターラは、ミラノに構えていたミュージアムの中に、計算を施したうえで鏡を設置し、訪問者を驚かせようと目論んだ。いやそればかりか、「自己愛をもつものであれば誰でも自らの姿が水面に映っているのを見ることができる、不純物をとりのぞいた水晶のごとくに輝く水」を展示し、ナルキッソスがくっきりと水面に映った自分の姿に魅入られた状況を再創造しようとさえ試みている。[☆39]またコスピは、部屋の直上に鏡を設置して、訪問者たちが自らの姿を、ミュージアムの中に映しだすことができるようにすることで、反射映像をミュージアムの収蔵品に加えている。[☆40]バロック時代の鏡は、ナルキッソスのイメージを反語化し、意味をくつがえしてしまった。観者のイメージを歪め、変容させ、繁殖させることによって、鏡は、視ることが決して透明で明白な活動ではないということを示唆していた。これらの鏡は、ナルキッソスが見つめていた水鏡とは異なり、外観から看取できる以上のことをあばいて見せる可能性を秘めていた。そして最後に鏡は、視ることがひとつ以上の美学を有するということを提示したのである。バロック期のミュージアムの訪問者は、ルネサンス期のそれよりもはるかに明瞭に、自らが展示されるオブジェと化していることを理解したのである。素朴に「オブジェに見入る」というよりも、人々はむしろ、常に「オブジェを通して見」ていたのであり、時にはオブジェに嵌めこまれた意味を見定めるべく自らの姿を見つめていたのである。

カメレオンがそうであったように、鏡もまた、蒐集家とミュージアムの双方を象徴していた。リナ・ボルツォーニが、フランチェスコ一世のコレクションを扱った研究で述べているように、「かくして（ストゥディオーロに）入室する公子は、同時に自己の内面にも入室することになるのである」[☆41]。それぞれのオブジェは、ミュージアムという百科全書的な総体を通してのみ開示された、蒐集家のアイデンティティの断片的なイメージを映しだしていた。アルドロヴァンディがナルキッソスをエンブレムに採用したさいに示唆していたように、蒐集という営為は、自己-認識へと通じる真の道程であった。人間のアイデンティティは自然の奥底に隠れ潜んでいる、ちょうどピーコが人間はカメレオンに分類しうると宣言したように。観相学に高い価値を置いていたような社会にあっては、蒐集家は、自然の表徴を読みとるのにもっとも長けた存在であり、これらの隠れた類似をもっともよく理解することのできる人間であった。ファン・カラムエルは、キルヒャーを「智慧の鏡」と描写しており、この人口に膾炙した百科全書的イメージによって、このイエズス会士がもつ、時代の知識すべてをことごとく吸収し反映する能力を暗示していたのである[☆42]。蒐集家とは、自分だけを見つめていた神話の世界のナルキッソスではなく、世界を見つめることで自分自身を発見した、新たなるナルキッソスであった。

ウリッセ／ウリクセス／オデュッセウス

自己-認識とは、ヘオルヘス・ファン・デン・アベーレが書いているように、「オデュッセウスのごとき冒険心」

だと言える。[☆43] われわれはすでに本書の第4章において、旅行というものが、いかにしてルネサンス期の博物学者たちの経験を形成したのかを見た。人文主義者たちはみな、自己発見の旅とは自分たちの共通財産なのだと主張していたが、アルドロヴァンディの場合には、ウリッセというその名前［このイタリア語名は、ラテン語では「ウリクセス」、古典ギリシア語では「オデュッセウス」にあたる］ゆえに、この旅路はさらに個人的な意味合いを帯びることになった。名はすべてを予示する[☆44]（Nomina sunt omina）。「オデュッセウスとは誰であったのか」、とアルドロヴァンディはくりかえし自らに問うている。その男は、トロイア戦争の英雄であり、「広大な精神を有し、……のちには長きにわたってはるか遠くまで放浪を続けた」。カスティリオーネにとっては、オデュッセウスとは「受難と忍耐」のモデルであり、最後まで生き延びて、数々の冒険からさまざまな事柄を学んだ者であった。[☆45] あるいはルドヴィーコ・ドルチェのような一六世紀中葉の人文主義者たちにとっては、オデュッセウスとは際立って嗜みある人物であり、貴顕連が称讃してやまない倫理的な美徳を体現する存在であった。それはどこかしら、運命（fortuna）が美徳（virtù）を打ち負かすことを許さぬような、そんな人物として彼らの目には映ったのである。どのような人物像として想定されるのであれ、オデュッセウスは、ルネサンスの人文主義者たちが涵養すべきもっとも重要な「範例」（exempla）のひとつであった。彼が表象していたのは、逆境の克服、経験に由来する知識、丹念な教導を通じて得られる智慧といった徳目であった。オデュッセウスは、ただ故郷に帰ることを目的としてひたすら旅を続けた男であった——蒐集家にとって、競いながらも見習うべき完璧なモデルであった。

ホメロスの著作は、アルドロヴァンディのほかにも多くの人文主義者に霊感を授けた。たとえば、キルヒャーを庇護した主要な人物の一人であり、自らも蒐集を営んでいたブラウンシュバイク＝リューネブルク公国のアウグスト公は、ヨーロッパ中を旅行してまわり、帰ると自らのヒッツアケルのことを「（オデュッセウスの）イタケー」と呼んでいる。[☆46] 古代人たちが通った道をふたたびたどっていく中で、人文主義者たちは自らのアイデンティティがもつさまざまに異なる側面をその過程に割り当てていった。ジガンティのような蒐集家たちは、鑽仰するにふさわしく、また展示するべき著名人（viri illustres）の一人としてホメロスを聖者に祀りあげ、その大理石像を称讃の対象としている。アルドロヴァンディの同時代人であるジョゼフ・スカリジェは、ホメロスの全著作を読破し記憶することによって、わずか二一日間でギリシア語を独学修得したことを愛着を込めて想起している[☆47]。スカリジェは、ホメロスの言葉を原著で読みぬくという挑戦を自伝の中心主題とし、自らを学者としての模範的な人生を歩んだ存在として描きだしている。これに対してアルドロヴァンディは、古代言語の神秘への秘儀伝授を目指したのではなく、むしろ自分自身を知悉するための鍵（キー）として『オデュッセイア』を読んでいる。『オデュッセイア』と同じく、アルドロヴァンディ自身の物語もまた「英雄譚」であり、活動的な生活の中から立ち現われてくる沈思黙考の生活を描いたものであった。この古代の叙事詩の内容を新たに解釈することで、アルドロヴァンディは自らの宿命とめぐりあったのである。

アルドロヴァンディの人生は、名前が示す密かな類似に基づいて象られたものであり、その要所要所においてホメロスの叙事詩を要約するかたちで反復していた。アルドロヴァンディ一族は、ホメロスとの特別な関係を有していたものと思われる。ウリッセの父親テセオは、息子の博物学者が描くところでは「非常に聡明な人物で、高尚な文学に通じるとともに、俗語の雄弁にも長け」、三人の息子のうちの二人までを、『イリアス』ならびに『オデュッセイア』の主人公にちなんで、すなわちアキレス（アキッレ）とオデュッセウス（ウリッセ）と命名した[☆48]。弟のアキッレが聖職に就いたとき、テセオと改名して父親を偲んでいる。アキッレの名が一族から消えてしまうのを遺憾に思ったアルドロヴァンディは、自分の庶子であり、そして唯一の息子であった男の子に、この名前を授けた。ところが不運なことに、この名前が予示するものが現実となってしまった。一五七七年七月、まだ一〇代半ばであったアキッレは、一家の邸館の回廊から転落死してしまったのである。慰めようのないほどの悲劇にアルドロヴァンディは、このトロイア戦争に倒れた英雄にふさわしい、悲嘆に打ちひしがれた弔辞を書いている[☆49]。だが同時に彼は、自分はホメロスの叙事詩が課す運命を逃れることはできないのだと悟った。彼が博する名声の源泉は、同時に悲しみの元図でもあった。悲しみを受けずしては、名声を享受することができなかったのである。息子の死から一〇年を経るあいだに、アルドロヴァンディは、ホメロスのオデュッセウスとボローニャのウリッセとを結ぶ関係の撚り糸を、異なる二つの媒体の上に織りあげていく作業にとりかかった。ひとつは連作絵画という媒体で、これはサン・アントニオ・ディ・サヴェーナに所有していたヴィッラ（これはポルタ・サン・ヴィターレのところの市壁のすぐ外側に位置していた）の主室を装飾するものであり、もうひとつは自伝文学という媒体であった。アルドロヴァンディはこの二つの媒体を主たる活動の場として、ホメロスの智慧に依拠し、また彼自身の経験を頼り、さらには自ら蒐集したオブジェを参照しながら、人文主義者としての創意への情熱を存分に注ぎこんでいった。

自伝の冒頭部分でも、あるいはホメロスに題材をとった絵画連作の劈頭においても、アルドロヴァンディの人生がオデュッセウス冒険譚の枠組みに沿ったものであるということに表現の力点が置かれていた。「この作品は、オデュッセウスの偉業の中でもひときわ輝かしい事跡の数々を、実際に起こった歴史的順序に従って（che realmente segue l'ordine de tempi）物語り、あるいは表象することとなるであろう」と、アルドロヴァンディは、ホメロスの連作絵画を自己分析した文章で述べている。リナ・ボルツォーニが注記しているように、アルドロヴァンディは意図的に、彼自身の個人遍歴および歴史感覚を表現するのにもっとも適した時間的枠組みを生みだすために、原テクストの構成秩序（オーダー）を逸脱することを選択している[☆50]。こうして、大広間（sala maggiore）を飾る一三枚の連作パネルはまず、オデュッセウスが病気を装って故郷のイタケーから離れることを避けようとする情景と、リュコメデスの娘たちの中から女装したアキレウスを見破る情景で幕を開け、最後は、ミネルウァ女神が世界に平和を回復したのち、オデュッセウスと魔女キルケーのあいだに生まれたテレゴノスが、それと知らずに父親を殺してしまう情景で幕を閉じている。息子を失った父親の悲しみの深さを推し量るなら、アルドロヴァンディ本人に息子アキッレの姿をありありと思いださせるこの二つのイメージ――アキレウスとテレゴノス――が、パネルの最初と最後に配されてホメロスの連作絵画を枠取っていたことは偶然ではない。この二作にはさまれて、オデュッセウスが旅の途次で敢行した数数の注目すべき出来事が展開されている。

アルドロヴァンディは自伝の中で、ヴィッラの壁面装飾を描いたさいの着想をメッセージとして強化しつつ、旅人オデュッセウスのイメージを自らのアイデンティティをあらかじめ規定する姿として設定している。本人が回顧しているように、「彼の（世界の中に）飛びだしてみたいという渇仰」は、アルドロヴァンディのもっとも初期の記憶のひとつであった。やがてこの欲求に導かれてイタリア中を放浪し、さらにはスペインやフランスにも足を伸ばして、異国異風や未知のものに対する嗜好を存分に涵養することになる。同名の主人公が物語中で経験したように、アルドロヴァンディもまた旅の途次でさまざまな危険に遭遇した。神話世界ではオデュッセウスに公然と敵対した海神ネプトゥヌスが、途中で何度も行く手をさえぎった――このような出来事はヴィッラを飾るホメロス連作画では一〇番目のパネルに描かれており、旅の途次であやうく溺死しそうになった場面が補足されていた。アルドロヴァンディはまた空腹にも耐え、時には盗賊や海賊の度重なる襲撃も受けたりしたが、からくも生き延びた。物語のオデュッセウスを真似て、ウリッセもまた、「自らの生命と乗組員を救うために」その手に剣を握ったのである[☆51]。換言すれば、アルドロヴァンディは、危険に満ちた冒険と英雄的功業に溢れた青年時代を存分に満喫したのであり、あるいは少なくとも、齢六四に達した老アルドロヴァンディが自らの生涯を執筆すべく腹を据えたときに、このように自らの若年時代を回顧したのである。ちょうどオデュッセウスが、敵の目をごまかすために二度も乞食の姿に身をやつした――この出来事は、連作画では三番目と一一番目のパネルに描かれている――ように、ウリッセもまた、身分を偽って旅をするほうが得策だということに気がついた。巡礼者ウリッセと乞食のオデュッセウスは、どちらも、自ら謙遜をまとうことによって、知識を手に入れたのである。原作『オデュッセイア』の中でオデュッセウスはシシュフォスに出会い、その姿を仔細に眺めている。これを受けてアルドロヴァンディは、この、決して艱難辛苦を終えることのできない男（interminabilis hominis labor）の運命を忘れずに記録し、ヴィッラを飾るエンブレムのひとつにシシュフォスの姿をしっかりと描きこんでいる。ミネルウァ女神の教導に従い、良心と仰ぐことによって、古代と現代の二人のオデュッセウスは、偉大なる道徳的な旅に乗りだしたのである。旅の最後に、知識ばかりでなく平和もまた二人を待ち受けており、国外での波乱に満ちた悲しき生活のあとに故国で安らかなる死を迎えるという[テイレシアスの]予言がなされていた。「そなたの最期はどうかといえば、それは海から離れたところで訪れる――それも頗る安らかな死で、恵まれた老年を送りつつ、老衰して果てることになる。そしてそなたを囲む民もまた栄えるであろう」[☆52]（松平千秋訳）。息子の死から数年、テリアカ薬論争による不本意な日々の続く一五八〇年代半ばに、これらのイメージを頭に思い描きながら、アルドロヴァンディはホメロスの叙事詩に智慧を見いだした。まさに彼の名前そのものが、人生の節目となる出来事を決定していったのである。

　アルドロヴァンディが意図したのは、ホメロスの連作絵画と、そしてそれと隣接するインプレーサで飾られたヴィッラの二室とを、ボローニャにある自邸のミュージアムに端を発する展示空間の延長とすることであった。都鄙のどちらかを選びとる、といった人文主義者に典型的なジレンマにおちいるよりも、アルドロヴァンディはむしろ、どちらの環境の利点をも享受したわけである。ヴィッラは、ミュージアムの目的――自然すべてを展示し検分するという目的――を再現するものではなく、かわりにその内容に別の角度から光を当てるものであった。都会の喧騒から逃れ、アルドロヴァンディは、彼の活動の専門家としてあるいは教育家としての意味というよりも、一連の精密なイコノグラフィーの中に瞑想的思索の結果として提示された、彼個人の活動について熟慮することであった。オデュッセイア連作画の各情景、および室内を飾るインプレーサのすべてに付されたラテン語の格言は、当時流行したエンブレム・ブックを模倣することによって考えだされたもので、訪問者たちはこれらの文言を読むことで、それぞれのイメージを読解するための鍵を手に入れたのである。また、アルドロヴァンディがそれらのイコノグラフィーについて書いた註釈を見るならば、彼がこのヴィッラを個人的にどのように解釈していたのかを知るさらなる洞察を与えてくれる。実際のところ、自らの名前についての語源考察から始まる、それは道徳的自伝とでも言うべきものであった。ちょうどアルドロヴァンディのミュージアムを訪れた人々が、総観一覧表を参照しながら館内の自然を解読していったように、このヴィッラを訪れた人々も、アルドロヴァンディが入念に選び抜いたイメージ群をめぐって配された言葉を読むことによって、館主がもつ「第二の自我」を解読する特権的な接触を可能にしたのである。ヴィッラは、蒐集した単なる標本を、自意識を映しだす道徳的な蒐集展示品へと変容させることによって、ミュージアムが開始したところのものを完成の境位へと導いたのである。

ヴィッラの図像学的プログラムは、一五七〇年代のテリアカ薬論争にめでたく勝利したところで幕切れとなる。アルドロヴァンディの自伝の中で未解決のままに残された数々の疑問をも解決している。自伝を書き進める中で、さすがに未来まで予見することはできなかった。自伝という文学ジャンル自体が、そうした未来予見的な行為を許容していないからである。実際、自伝の末尾に追加された資料は、自伝を完成させるというより、若年時代の細部についての理解を深めるものであった。そのかわりアルドロヴァンディは、『オデュッセイア』を語り直し、エンブレムを選択することを通して、その作業を完結させた。ヴィッラのインプレーサ第一室には、たとえば、書物と豊穣の角をもつ世界の頂点に座った少年の姿として、運命のイメージが表象されていた。「未来における有為転変」(Reliquorum vicissitudo)と、アルドロヴァンディはこのインプレーサに註釈を加えている。知識を表わす二つの正統的表象の所有者としての運命の像は、権威を体現するものとして書物を位置づけ、人文主義的な百科全書的知識を象徴するものとして豊穣の角を見立てた、蒐集家の大志を明確に反映している。これら二つの表象を運命像の手に配することによって、アルドロヴァンディは、蒐集が未来を支配するための手段であるということを遠回しに示唆したのである。知識を所有することだけが、時の流れの生みだす紆余変転に対処することができるのである。これに続く、たとえば鶴のイメージのようなインプレーサは、片方の脚を岩の上に置いて自らを支えており――「叡智は熟慮によって増す」(Cura sapientia crescit)――このメッセージをさらに確固たるものとしている。

かつて大公フランチェスコ一世が、フィレンツェの自らのストゥディオーロを装飾するために、彼自身の着想による連作画を発注してから一五年ほどのちに、アルドロヴァンディが自らのヴィッラを装飾するさい、彼は後期ルネサンス文化が有していた寓意的なイメージの力というものを確実に意識していた。「精神のミュージアム」(musaeum moralis)を創出し、これをごく一部の選び抜かれたパトロンたちにのみ公開することによって、アルドロヴァンディは人文主義文化の主導的な解釈者の中に位置することになった。アルドロヴァンディは、インプレーサという表現形式を、「高貴なる魂が高雅にして雅量あふれる意図を抱いていることを明瞭に示す」ための知識の一形態として定義し、彼自身の内的自己を開示するものとしてヴィッラの三つの部屋をエンブレムに充てている[☆53]。これらのインプレーサは自然の懐への航海から生まれた成果であった。ホメロスの連作画を註釈した文章が新たなるオデュッセイアの存在を訪問者たちに解き明かしたのと同様に、これらのインプレーサは手中に収めたいとする智慧を獲得する彼の能力を証言していた。残念なことに、ヴィッラを訪れた人たちがヴィッラを装飾していたこの着想にどのように反応したのかは、はっきりと知る手立てが残されていない。おそらくは、一介の市民がこのような君侯にこそふさわしい一個の美学を独自に創出することができたということに、大きな感銘を受けたにちがいないだろう。その多くの異なる目的の中でも、アルドロヴァンディのヴィッラは、宮廷風の風雅な知識を操る能力のある男という彼のステータスを高めることになった。アルドロヴァンディはここで、かつてヴァザーリの助けを借りてフランチェスコ一世のためにその創案(inventioni)を具体化した人文主義者ボルギーニに等しい存在となったばかりか、さらにまた、あまり繊細な表現ではないものの、自らの人生が図像学的に表象され解釈されるに値するものであることを示した点では、ルネサンスの君侯にも類比しうる存在となったのである。

アルドロヴァンディは、ホメロス連作画に関する註釈を次のような言葉で締めくくっている。「これが、われわれがはっきり説明しようとしたことなのである……この新たな『オデュッセイア』を、いわば、オデュッセウスのもっとも高貴なる行為と過ちの数々を、この物語に馴染みの薄い訪問者の眼により理解しやすく示すことができるように[☆54]」。ヴィッラを飾るイメージ群を目にすることができたのは一部の特権的な訪問者であり、彼らが私的な訪問者であるとは考えられない。かわりにそれらは、選ばれし人々のための選ばれしイメージであった、と言うことができるだろう。アルドロヴァンディは、市の公務（negotium）から逃れたいと思ったとき、よくヴィッラに引きこもり、親しい人々――主人の内面の自己が展覧されているのを理解する能力のある訪問者たち――を内々に招いて、閑暇をともに楽しんだ。ガブリエーレ・パレオッティのような有力な朋友たちは、こうした環境のもとで自然の研究に興じたのであった。このヴィッラは、もっとも厳密な意味において、独居の場ではなく、余暇を楽しむための空間であった。大広間に通じる四つの扉のひとつには、こんなモットーが上部に掲げてあった。「尊敬に値する人士たちが、市民たちとの実り豊かな交際から、共有の果実を摘み集めるのは理に適ったことである」[☆55]。アルドロヴァンディのヴィッラは閑暇（otium）の産物であり、学識豊かな人々が交わす会話の中から姿を現わしたものであった。それはまた、アルドロヴァンディの人生行路を広大な精神的エンブレムへと変容させると同時に、彼とその知友たちが愛してやまなかった学知の形態を記念碑化してもいたのである。

ヴィッラを装飾するための創案（inventioni）の選択と構成を事前に計画する段階で、アルドロヴァンディが、彼の調査旅行とその成果を列挙する自伝などより多面的に自らのステータスを明らかにしうる、究極の自画像として、ヴィッラの装飾を思い描いていたことはまったく疑う余地がない。しかしながら、アルドロヴァンディはここで立ち止まることはなかった。アルドロヴァンディは、自らの博物コレクションの中でも極めつけの蒐集展示品――毒蛇、極楽鳥、駝鳥、蝶、蟹、狒狒、一角獣、向日葵、等々――のイメージで満たされ、装飾された四つの部屋に加えて、さらにこのヴィッラに存在する六点の肖像画を記録している。どちらも画家ロレンツォ・ベニーニの手になる、アルドロヴァンディと二番目の妻であるフランチェスカ・フォンターナの肖像画、またメディチ家のフランチェスコ一世とフェルディナンド一世の肖像画、さらには「野人」（homo sylvester）とその娘「毛無垢戯少女」（puella hirsuta）の六枚であった[☆56]。アルドロヴァンディは、この肖像画専用のギャラリーにおいてもまた、彼自身を構成する要因をもう一度定義している。二人のメディチ家の君主は、アルドロヴァンディの社会的アイデンティティを定義しながら、彼が研究活動をおこなううえで学芸庇護（パトロネージ）がいかに重要な役割を果たしたのかを思いださせてくれる。「貴台、フランチェスコ殿下は、偉大なる行為は偉大なる人物にこそふさわしいのだということを、貴台の美徳、お姿、お名前、天賦の才（ingenium）を通してお示しになられた」と、アルドロヴァンディは書き記しながら、自らの庇護依頼者としての資質は学芸庇護提供者のそれを鏡映するものであることを、それとなく示しているのである。

怪物的な生きものを描いた二葉のイメージは、自然のアイデンティティという概念を強調している。ペドロ・ゴンザレス、すなわちアルドロヴァンディが言うところの「野人」とその娘は、ちょうどアルドロヴァンディがヴィッラの建築を完成させていた時期にあたる一五八〇年代にボローニャを訪れている。二人の訪問は、同市最大の蒐集家の興味を惹きつけたばかりでなく、画家ラヴィーニア・フォンターナに興味を抱かせたようで、彼はゴンザレスの娘の姿をスケッチに残している。☆57 アルドロヴァンディは、野人の肖像画の下に、これと似た生きものを猿とまちがえた農民の逸話を付している。そして「毛無垢戯少女」の肖像画の下には、こう書いている。「私の肖像画は、顔も手も一面、毛に覆われていますが、でも服の下には素肌が広がっているのです（at sub veste rigent caetera membra pilis）」。これら二幅のイメージは、ミュージアムにカメレオンが御目見得したときに最初に喚起した、人間のいまだ解明されていない性質というテーマを再び想い起こさせる。われわれは決して完全に、自分がそうだと思っているような存在ではないのだ、とアルドロヴァンディは示唆しているのである。神のような存在にまで昇りつめようといくら努力しても、自然は常になにかしらの方法で、われわれ人間の地上的で動物的な側面を思い返させる。アルドロヴァンディ夫妻のイメージを囲んでいる四幅の肖像画は、夫婦がその中に位置している道徳的領域の二つの異なる極点を反映していた。一方に位置するのは、威厳、美徳、そして名声、すなわち人間の高貴さであり、偉大な君主にして卓越した学芸庇護者でもあった人物の肖像画を通して見られるものであった。対してもう一方には、どの珍品キャビネットを飾っても恥ずかしくない、蒐集家と彼が蒐集の結果構成した世界との境界を刻印する、肉体的にいまだ解明されていない二つのイメージがあった。自身を事象の只中に（in medias res）位置づけることで、アルドロヴァンディは、世界の平衡を保つ者としての蒐集家の役割を解釈したのである。

自らの肖像画の下に、アルドロヴァンディは次のような言葉を記している。「これは汝アリストテレスの姿でなく、オデュッセウスを描いたもの。たとえ容貌は似ておらずとも、その天稟には違いなし」。一五九九年にこの肖像画を複製して、『鳥類学』（*Ornithologiae hoc est de avibus historiae libri XII*）の第一巻に掲載している（図22）。ヴィッラに保有されていたそのほかのイメージと同様に、また「自然」という形態として彼の著作の中に姿を表わしている多くのイメージと同様に、この肖像画は彼の公的なペルソナと私的な自己とのあいだの強いつながりを証言していた。一五九九年版の肖像画こそは、おそらく彼が作成したほかのどの肖像画にもまして、知的業績、道徳的美徳、過去との競合という三者を結ぶ関係を強調するものであった。ウリッセ（オデュッセウス）の「イメージ」（imago）の下には、アリストテレスの「天賦の才／才知」（ingenium）が位置している。「才知」は、発明／創出者（inventor）の属性（アトリビュート）であった。アルドロヴァンディは、新たな「オデュッセイア」を完成させはしたけれども、人生を完璧なるものへと仕立てる能力については、これを否定していた。ヴィッラを訪れたものは、ホメロス連作画の前を通り、三室のエンブレム室を抜け、そして最後にこの驚くべき肖像画の前に立つことになる。そこでアルドロヴァンディは、ヴィッラのイメージ群を統べる自伝的衝動とでも言うべきものに対し、新たな、そしてより深いレヴェルの意味を与えたのである。

自伝に掲載されたこの肖像画——残念ながらオリジナルは散佚してしまったため、唯一実見可能なもの——を見ると、そこにはエンブレム的な特質を認めることができる。アリストテレスに扮したアルドロヴァンディの姿をとりまいているのは、彼自身が研究した生きものたちである。そもそもこの肖像は鳥類学の著作に付されているものだが、その文脈は必ずしも内容に即したものにはなっていない。いやそれどころか、付随して描きこまれているイメージ群——獅子、蝶、孔雀、梟、鷲、等々——は、鳥類学の主題というよりもむしろ、ヴィッラを飾っていたインプレーサを想い起こさせる。これら生きものたちの存在が、アリストテレスの知的遺産を受け継いでいるというアルドロヴァンディの主張の基礎をかたちづくっている。けれどもその継承の形態は、きわだって人文主義的な偏

図22——アリストテレスとしてのアルドロヴァンディ
(Ulisse Aldrovandi, *Orithologiae hoc est de avibus libri XII*, Bologna, 1599)

愛を示していた。「才知」は、少なくとも同時代人の眼には、本質と外観を分離していた隔たりの固定に疑問を突きつけるかのような新たなイメージを創造する、才能に恵まれた芸術家たちに帰される特質であった。アルドロヴァンディの肖像画は、まさにこれと同じ、隔たりを揺動する特性を共有していた。肖像画の主題を定義している言葉は、オウィディウス『変身物語』(*Metamorphoses*) さながらに、オデュッセウスの「イメージ」(imago) の中からアリストテレスの「才知」を前面に浮かびあがらせようとしているかのように見える。「野人」と「毛無垢戯少女」がそうであったように、アルドロヴァンディ自身もまた、人間の何とは定まらぬ未解明のアイデンティティを表象していたのである。

一六〇二年の『鳥類学』に掲載された別の肖像画中に付された言葉は、この点をさらに強調している。ジョヴァンニ・ヴァレージョの手による八〇歳代のアルドロヴァンディの肖像画に付された銘文は、疑いなくこの絵は一五九九年の肖像画を明確に参照しており、「汝の肖像を描くことはできても、驚くべき天分をもつ汝の魂を描くことはできない」[☆58](Effigiem potuit pingere, non animi dotes mirificas) と言明している。これら二つの銅版肖像画は、彼自身が書き記した言葉を通してはじめて、アルドロヴァンディのアリストテレスとの自己同一化に内なる眼を開くことができるということを示唆しているのである。魂と才知を見つけだすことができるのは、テクストの中であって、決してイメージの中ではなかった。アルドロヴァンディの姿を囲む視覚的資料の夥しさにもかかわらず、彼は常に意味の源泉としての言葉の世界に回帰していた。彼の著作やヴィッラを飾ったイメージは、それらの考究(メディタツィオーネ)の成果なしに理解しうるものはひとつとしてなかったのである。[☆59]

ヴィッラのイメージ群との関連で考察に値する、アルドロヴァンディを描いたもう一幅の肖像画がある。《毛人のアッリーゴ、狂人のピエトロ、侏儒のアモン》というタイトルの、アゴスティーノ・カラッチがオドアルド・ファルネーゼ枢機卿のために制作したイメージで、一五九八年から一六〇〇年にかけて完成したと言われる(図23・参考図28)。美術史家たちはこのボローニャの画家カラッチがこの作品で本当にアルドロヴァンディの肖像画を描こうと

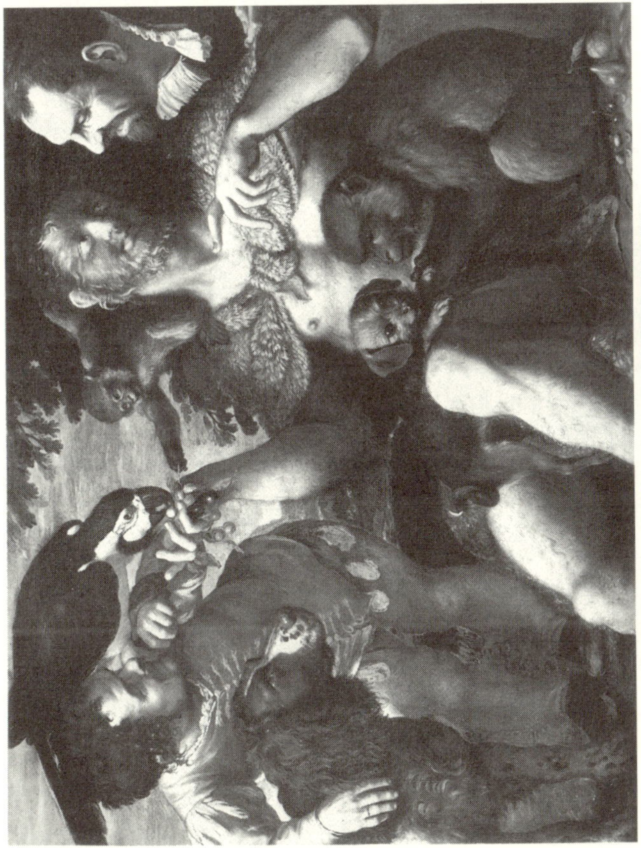

図23——アゴスティーノ・カラッチ
《毛人のアッリーゴ、狂人のピエトロ、侏儒のアモン》一五九八—一六〇〇年頃
ナポリ　カポディモンテ美術館

参考図28——「毛無垢戯少女」（アッリーゴの娘）
（Innsbruck, Kunsthistorisches Museum, Sammlungen Schloss Ambras）

したのかどうかを確定できていないものの、画面の右上に登場する人物の容姿がアルドロヴァンディのほかの肖像画の姿と非常に良く似ていることはたしかである。それにもまして注目すべきは、周囲に群がる生きものたちの姿であり、どれもみな、ローマのファルネーゼ枢機卿が宮廷で愛玩していたものであった。このうち侏儒を除くすべての生きものが、アルドロヴァンディのヴィッラを装飾する別のイメージの中にも登場している[☆60]。われわれは次のように結論できるかもしれない。カラッチはおそらく、彼と彼の二人の兄弟で当時の芸術シーンを支配していたところのボローニャの、アカデミー時代からアルドロヴァンディと知己であり、彼が生を営んでいる二つの世界を二重に表わす肖像画としてこの絵を描こうとしたのである。ひとつは、ローマの宮廷文化であり、そこでは枢機卿が生ある驚異を家族同様に住まわせており、もうひとつは、ボローニャの百科全書的文化であり、そこではカラッチの自然を絵画で表現しようという興味がアルドロヴァンディの蒐集活動とよく調和していたのである。はたしてカラッチが実際に、アルドロヴァンディのヴィッラのインプレーサか「毛無垢戯少女」の肖像画を眼にしたかどうかは定かではない。けれども画家は、このヴィッラに足を運ぶことのできたボローニャの人文主義者たちのグループとつながりをもっていた。たとえカラッチ自身がヴィッラに足を踏み入れることがなかったにせよ、アルドロヴァンディの依頼を完成させるためにヴィッラに出入りした芸術家の数を考慮に入れれば、彼は確実にその存在自体を知っており、そしておそらくそれがどういう内容なのかも把握していたであろう。いずれにしても、一五九六年に彼がこの博物学者の肖像画――まさにこの肖像は『鳥類学』の一五九九年版に収録されている――を彫版し、そしてアルドロヴァンディのイメージを広く知らしめるのに一役買っていたのである[☆61]。

カラッチの絵画には、ヴィッラのイメージを構成していたさまざまな要素が一堂に会している。しかしながらこの作品では、それらのイメージの関係は、エンブレム的表象に公的な意味を付与するアルドロヴァンディの言葉によって計画されたものではない。画中では、「野人」(homo sylvester)と「知ある人」(homo sapiens)が無言の会話をしている。「狂人のピエトロ」の体は画面の中へと入りこんでいて、その目はしっかりと野人の眼差しと意を通じている。イタリアでもっとも教養の深い人物の顔を狂人のイメージに擬して描いたのは、きわめて典型的な人文主義的行為であり、とりわけホメロス連作画の第一パネルに狂気を装うオデュッセウスの姿が描写されていたことからも明らかである。野人の左手が見せる身振りは、われわれの注意を、それぞれの自然すべてが調和に満ちた触れあいを交わしている画面の残余の部分へと向けさせる。生きものすべてが、構図の上で男に親密に接することで彼の本質を明らかにしている。鸚鵡と猿の姿は鑑賞者に動物の世界に発見することのできる多くの人間的特性を想い起こさせ、その一方で、二頭の犬は自然を馴化する人間の能力を呼び起こさせる。「侏儒のアモン」は、「毛人のアッリーゴ」と「狂人のピエトロ」との交感から生じた、変幻自在のプロテウス的な比喩的描写を完成させている。この侏儒はさらに、その出現によって自然から人類種を識別する境界を突き崩す奇形性、すなわち自然の過誤というもうひとつの側面を表象している。この作品の中でカラッチは、アルドロヴァンディ自身の自画像中で提起されているテーマのほとんどに、何らかのかたちで言及しようと対処している。『鳥類学』に掲載された博物学者の公式な肖像画にも表わされていたように、カラッチの絵画は、私的な自己への凝視と公的な蒐集家としての顕示との絶えることのない相互作用を反映しているのである。

アルドロヴァンディによるイメージ作成は、オデュッセウスとアリストテレスのイメージを再考案しただけでは終わらなかった。多様な意味を込めて、このボローニャの博物学者はまた、古代の博物学者の化身としての自らのアイデンティティを完全なものとするイメージの数々、すなわち自らを新たなガレノスあるいは新たなプリニウスとして示そうとしたのである。これら古代の著名人は、「アルドロヴァンディの心を揺り動かした」人たちであり、それはちょうどペトラルカがキケロやウェルギリウス、そしてとりわけアウグスティヌスとの邂逅によって大いに心を揺り動かされたのと同じであった。それでもアルドロヴァンディは、自らが必要とした「範例」(exempla) を、古代の学識の神聖なる殿堂に限定したわけではなかった。さらに「甦った」(redivivus) 博物学者としての自らのイメージを発見者としての自らのイメージに並置し、自らを新たなるコロンブスとして造形している。モデルとしてコロンブスを選んだということは、断絶ではなく継続を表象する意図であった。コロンブスこそは新たなオデュッセウス、世界を変容させる航海をなしたさまよえる精神であり、アルドロヴァンディもまた、新たな発見を求めて同じような野心溢れる企図に乗りだすことを希求したのである。ジャーコモ・アントニオ・ブオーニは、アルドロヴァンディが敢行した数々の植物採取遠征を念頭に置いて、彼のことを「新しいオデュッセウスとも言うべき」人物として描写し、古代と同時代がそれぞれに抱く探検者のイメージをひとつに結びあわせてみせた。[☆62] けれどもアルドロヴァンディの採集の旅は、世界を股にかけて彷徨したオデュッセウスやコロンブスなどの旅と、そのまま同列に論じることができるものではなかった。一五七〇年代を通じて、博物学者がそのキャリアの絶頂を迎えていたとき、彼はこの不釣合いな状況を是正しようと試みている。オデュッセウスや（医学の専門能力において）ガレノスのような古代人が開始し、近年にはコロンブスが一新してみせた探検という大航海を、彼自身も完成させようとして、自らの自然研究をも完成させる新大陸への探索行を企図したのである。

ルネサンス期の博物学者たちの多くがそうであったように、アルドロヴァンディもまた探検航海の文献をむさぼるように読み漁っている。コロンブスの書簡集の書写を二種類所有していたのをはじめ、オビエドの著わしたインド諸国の、アコスタの著わした南米の博物誌も所有していた。一五六二年頃、この博物学者ははじめて、そのとき書き進められつつあった新しい発見行の物語において、自分が位置しているであろう場所のヴィジョンを表現し始めている。「新たに発見されたインド諸国にいってみたいという夢想を抱くようになってからすでに一〇年が過ぎた」と、『自然論義』（*Discorso naturale*）の中で、一五七二年から七三年にかけて書き綴っている。「そして万難を排して、この探検航海を敢行する方途を、かのクリストファー・コロンブスの顰みに倣って見つけてみたいものだ」。アルドロヴァンディは、自分こそがこの種の大航海を請け負うための資質を具えた唯一無二の人物であると思っていた。またコロンブスと同じく、プリニウスの熱心な読者でもあった。かのジェノヴァ人船乗りとは異なり、彼の人文主義的教育と哲学的鍛錬とによって、観察した対象の意味をすべてにわたって理解する下地を自ら具えていると考えていたのである。「加えて自分は、アラビア人、ギリシア人、古代ローマ人、あるいはそのほかの作家たちが当該主題について書き記した内容を知悉しており、もしかの地に実際にいくことができたのなら、世界に偉大な成果をもたらすことができるであろう。もしヨーロッパ世界にこの一大企図を敢行するのに適した人物がいるとすれば、それは（決して慢心からではなく）この私であると信じる」[63]。『われわれの時代のさまざまな時に自然の劇場を豊かにした学究の人士録』（*Catalogus studiosorum virorum, qui aetate nostra variis temporibus naturae theatrum locupletarunt*）の中でアルドロヴァンディは、その「精励、努力、警戒心」を称讃し、コロンブスの名を収録している[64]。コロンブスは、古代人の美徳を捨てることなく新奇なるものをもたらすことに成功した同時代人という人物像を具現しており、それゆえ競合／模倣するに値する人物であったのである。

一五七〇年代と八〇年代を通して、アルドロヴァンディはさまざまなパトロンにかけあって、新世界への探検行に対する資金援助を得ようと画策した。その一環として、教皇がこの企図に興味を抱いてくれることを期待して、著作『自然論義』を教皇グレゴリウス一三世の子息に献呈している。教皇グレゴリウスの反応がないことがわかると、アルドロヴァンディはほかの有望なパトロンに矛先を転じている。一五七〇年代の半ばに、彼はボローニャに滞在していたスペイン国王フェリペ二世の代理使節に話をもちかけている。「この企図において私が意図しておりますものは、かの勤勉にして才気縦横なるクリストファー・コロンブスの偉業と類似のものであって、まだ記憶にも新しい出来事でございますが、カトリックの国王の篤き援助のもとに、かの提督は新たな国々を発見することに成功し、そこから得られる莫大な利益と栄誉を国王と彼自身のものとしたのです」と、アルドロヴァンディは、スペイン神学校の校長（Cardinale Protettore）に説明している[65]。彼はこの人物に要請を国王にとりなしてくれるよう督励している。かつてスペイン王国がイタリア人探検家を支援したという先例をフェリペ二世に想い起こさせることで、アルドロヴァンディは、自らをコロンブスと同一視し、探検家のパトロンとして歴史的に運命づけられているスペインの現支配者の役割を国王が果たすことに拍車をかけようと望んだのである。こうすることで彼は、自らのために自らが選択したイメージを完成に向かわせようとした。しかし残念なことに、フェリペ二世は、宮廷のお抱え博物学者たちの一人に惜しみない支援を与えるという決定を下した。一五七〇年から七七年にかけて、国王はスペイン宮廷付き医師フランシスコ・エルナンデスをメキシコに送りこみ、現地の動植物相をカタログ化し、その地で慣習となっている医療実践についての情報を集めるように命じたのである。☆66

スペイン国王から援助を獲得しようとする一方で、アルドロヴァンディは、ボローニャのヴィッラの肖像画ギャラリーにおいて不朽の名声を顕彰してみせたパトロンたちのことも忘れていたわけではなかった。フェルディナンド一世が一五八七年の兄の死にともないトスカーナ大公の座に就くと、時をおかずにアルドロヴァンディは大公に手紙をしたため、新大陸探検の支持を懇願している。「雅量あふれる敬虔なカトリック教国の君主フェルディナンド国王とイサベラ女王ご夫妻が、コロンブスの立てた賢明なる企図に援助をさしのべ、もって新大陸の発見をうながした事例は私を大いに感動させました」と、フェルディナンド一世に向かって思いの丈を打ち明けている。☆67 この時点で、アルドロヴァンディはすでに齢六五を数えており、もはや長い困難な旅への情熱を保ち続けることはできなかった。それでもなお、自ら夢見るファンタジーにいつまでも固執し、メディチ家の君侯たちに、新発見の栄光をほかの君侯たちに奪われてはならないと、しきりに勧説している。いわばアルドロヴァンディはメディチ家のコロンブスたろうとしたのである。ここで再びアルドロヴァンディは、自分が為そうとしていた探検航海を、他人が成功させるのを目の当たりにすることになる。一五九〇年代、彼がボローニャの自邸に腰をすえ、すっかり視力の衰えた目をいたわり、傷ついた自尊心をなだめていたまさにそのとき、若き大公付き植物学者カサボーナは、コルシカ島とクレタ島を目指す探査行の途上にあった。アルドロヴァンディは自らが旅に参加するかわりとして、自邸のミュージアムからこの遠征行を指揮することで満足するよりはかなかった。☆68 今回の事例では、親から授かったオデュッセウスというアイデンティティよりも、自ら選びとったコロンブスというアイデンティティが、強力であることが証明されたわけである。

「現代人の才知とは決して古代人と比べて劣っているものではなく、ただ異なっているだけである」というアルドロヴァンディの主張にもかかわらず、生涯のあらゆる時点において彼が発した言葉や実際の行為は、後者（古代人）の方が強度を及ぼしていることは火を見るより明らかである。[☆69] そしてまさにアルドロヴァンディが過去と結んだ関係こそ、初期の伝記作家たちが称揚した点であった。ロレンツォ・クラッソは、一六六六年のアルドロヴァンディ称讃の辞を次のような言葉で開始している。「われわれの世代はもはや、アリストテレスがいたからといって古代を嫉んだりはしない……われわれにはウリッセ・アルドロヴァンディがいるからである」。アルドロヴァンディが自身の異なるイメージを発展させようとする秩序を反転させて、クラッソはまず、アリストテレスから説き起こし、オデュッセウスをもって擱筆した。「寄る年波に疲れ果て、いやそれにもまして、弛まぬ学究活動によってすっかり消耗したあげく、これぞオデュッセウスにふさわしいことだが、彼は学識の茫洋たる大海を縦横に漕ぎ渡った末に、一六〇五年五月四日、満ち足りた人生の幕を閉じた」。[☆70] アルドロヴァンディの新たなる「オデュッセイア」は、コロンブスの進んだ道をたどり直すことではなく、自然を知悉するための核心を衝く知識の多様な形態を自らのものとすることで達成されたのである。アリストテレスやガレノス、そしてプリニウスの外見をまとおうとも、あるいは次なるコロンブスになろうと画策しようとも、アルドロヴァンディは、彼の採るべき行路をまえもって定めていた、自らの名前に値する誇るべき人生を歩んだのだと言うことができる。自然を蒐集しながら、彼は自分自身をも蒐集に値する対象へと仕立てあげたのである。ロレンツォ・クラッソの著作『文人頌』（*Elogi d'huomini letterati*）の中に姿を現わすばかりか、誰あろうパトロンその人であるマッフェオ・バルベリーニ、すなわち未来の教皇ウルバヌス八世からも詩をもって顕彰され、アルドロヴァンディは著名人の殿堂（ギャラリー）へと迎え入れられたのである。このギャラリーこそは、博物学者自身が、過去との絶えざる対話という機能を強調することによって、その形成を助長したものであった。[☆71]

「彼自身のミュージアム」——デッラ・ポルタ

自分自身を知るために自然を探査した蒐集家は、アルドロヴァンディ一人というわけではなかった。彼が身に帯びていたのは、きわめて重要な人文主義的トポスのこのうえない表明にほかならなかった。自己‐認識は、人が到達したいとする、もっとも困難なそしてとりもなおさずもっとも望ましい知識の形態であり、そして自然は、博物学者のアイデンティティの陰影を浮彫りにする考究の対象であった。エンブレム、神話学、文学的引喩を駆使することによって、蒐集家は、自らの文化に鏡映した古代のイメージを衣装として身にまとうことで、複雑に入り組んだ寓意の糸を紡ぎだしたのである。ミュージアムに収蔵していたオブジェと同様に、これらの寓意的イメージは知識の複合的な形態を生みだす能力を有していた。[☆72] こうした寓意を紡ぎだす技能を広く世に知らしめることは、百科全書的な伝統を保持し、それを拡張発展させるための必要不可欠な要素であった。

この哲学をもっとも十全に反映していた博物学者は誰かと言えば、デッラ・ポルタをおいてほかにいない。アルドロヴァンディとは対照的に、デッラ・ポルタは自伝的な情報を断片ですら残していない。彼は『自伝』を執筆しなかっただけでなく、貴族に好まれたナポリの南方の海沿いの行楽地、ヴィーコ・エクエンスの彼のヴィッラに、装飾のための「発明／創出」(inventioni) の連作を依頼したわけでもなかった。全体として、デッラ・ポルタは、おそらく秘密を好む彼の性格を反映して、アルドロヴァンディよりもはるかに「私的」な生活を送ったのだと言える。アルドロヴァンディは自らの生涯における出来事をミュージアムのオブジェと同じようにはっきりと目に見えるかたちで提示したが、これに対してデッラ・ポルタはヴィッラやナポリの一族の邸館で営む活動を神秘のヴェールに包むことを好んだ。デッラ・ポルタは、魔術師(マグス)としての役割を博物学者に装わせる、ある系統の異なる哲学的伝統の連綿と続く知的な力を身に映しだしていた。デッラ・ポルタにとって、自らの人生の細部を不鮮明なままにしておくことは不可欠のことであった。アイデンティティを覆い隠すことは、自然の秘密を支配する者としての彼のイメージを完成させたのである。このような重要な差異が存在するにもかかわらず、デッラ・ポルタは自己を形成するにあたって、本質的にはアルドロヴァンディと同じ手段を用いた。彼は、彼のヴィッラとミュージアムを、その弁証法的な関係がアイデンティティを完成させるための相互に補完しあう活動の場として提示し、そして自らのイメージ（imago）と才知（ingenium）の双方を表わす鍵となるシンボルを発展させるために、当時流行していたエンブレム的な慣行を利用している。

同時代の人々の多くがそうであったように、デッラ・ポルタもまた、自らのヴィッラを閑暇の場とみなしていた。「彼は、次から次へと［彼のミュージアムへ］来館する訪問者に疲れると、ナポリからそう遠くないヴィッラのひとつに引きこもって自分自身をとりもどしている」[☆73]。自己の感覚を再び回復させるための環境として、このプラデッレのヴィッラこそは、デッラ・ポルタの魔術師（マグス）としてのイメージにとってなくてはならないものであった。社会から隠棲する（ritirarsi）ことによってはじめて、自らのアイデンティティを再発見する（ritrovarsi）ことができたのである。この隠棲環境のもとで彼は、農学の実験の数々を執りおこない、その成果のいくつかは『自然魔術』（*Magia naturalis*）で言及されており、のちに著作『ヴィッラ』（*Villae...libri XII*, 1592）の中にすべて収録された[☆74]。アカデミア・デイ・リンチェイのデッラ・ポルタの会員記録によれば、ヴィーコ・エクエンスの地もまた隠棲の環境を提供する場であり、デッラ・ポルタはここに引きこもって喜劇作品を執筆することで、都市でとりくんでいる「さらなる真摯な研究」を離れ、精神をくつろがせるよすがとしていたのだという。この地にはチェージを初めとする貴紳たちを招待し、文明社会への燃える情熱から隔絶した「哲学的観照」への喜びを共にするよう誘っている[☆75]。アルドロヴァンディが、自ら所有する田園の飛び地を利用して異なる目的のための異なる形態のミュージアムを再創造したのに対して、デッラ・ポルタは、自らのヴィッラを余暇の空間として称揚し、実り多き有用な活動を営む場ととらえていた。ヴィッラの環境こそは、効験を秘めた魔術の実践に関心を抱く自然哲学者という彼のアイデンティティを完成させ、また学究がもたらす文明技術の支配者というイメージをも高める機能を果たしたのである。

デッラ・ポルタのヴィッラを装飾していた「発明／創案」を知る手がかりは何も残されていないが、彼がエンブレム学に精通しており、あらゆる自然を倫理哲学的ミュージアムとするカメラリウスの『シンボルとエンブレムの集成』(*Symbolorum et Emblematum ... Collecta*, 1593-1604) のような著作を愛読していたことはよく知られている。エンブレムは、ミュージアムの中よりもヴィッラの中でよりよく創造されうる知識の一形態であった。多岐にわたる人文主義的な学識の構成要素をひとつにまとめるジャンルとして、エンブレムは修辞学的な機知や学術的な閑暇が生む至上の成果を視覚的に表現するものであった☆76。エンブレムは、パトロンとして学芸を奨励しようと望む、そしてまたこうした展示の形態が彼らのアイデンティティと結びついていた君侯や貴族たちのあいだで学者のステータスを高めることになった☆77。アルドロヴァンディの事例では、彼がいかにしてミュージアムとヴィッラのあいだでエンブレムを駆使したのかを、その創意から数々の出版著作にいたるまでたどることができた。デッラ・ポルタの事例では、その軌跡はおそらく似たようなものであったと思われるのだが、その痕跡は同じほどには明らかではない。

エンブレムは、デッラ・ポルタの著作の中に活路を見いだし、知友たちとの知的交流においても核を形成した。『植物観相学』(*Phytognomonica*, 1588) の扉のエンブレムは、たとえば、チェージが大山猫 (lynx) を自らのアカデミーのシンボルとする着想源となったものである。しかしながらこの大山猫のエンブレムはもともと、その表徴を解読するために自然を蒐集していた、デッラ・ポルタその人を象徴するものであった。デッラ・ポルタはチェージに次のように書き送っている。「いまだかつて何人も思い及ぶことはなかった『植物観相学』をこのたび発見できたことを鑑みるならば、私は思考によって、植物の秘密を貫き見たのだと思われるのです。著述家たちがみな口をそろえて語っている、その視力は山をも貫き通すというあの大山猫を、拙著のインプレーサとすることにし、そしてその下に『注視し、そして知得する』(Aspicit et inspicit) というモットーを添えました☆78」。このエンブレムを通じてデッラ・ポルタが誇らかに宣言したように、彼こそは、自然のイメージ (imago) から自然の才知 (ingenium) を抽出することによって、その鋭敏な天性が彼をして自然の秘密を貫き見ることを可能にする自然哲学者であった［参考図29］。大山猫は、デッラ・ポルタが彼の天界、人間、植物の観相学の論文の中で普及させ、同時代の人々に自ら実践するよ

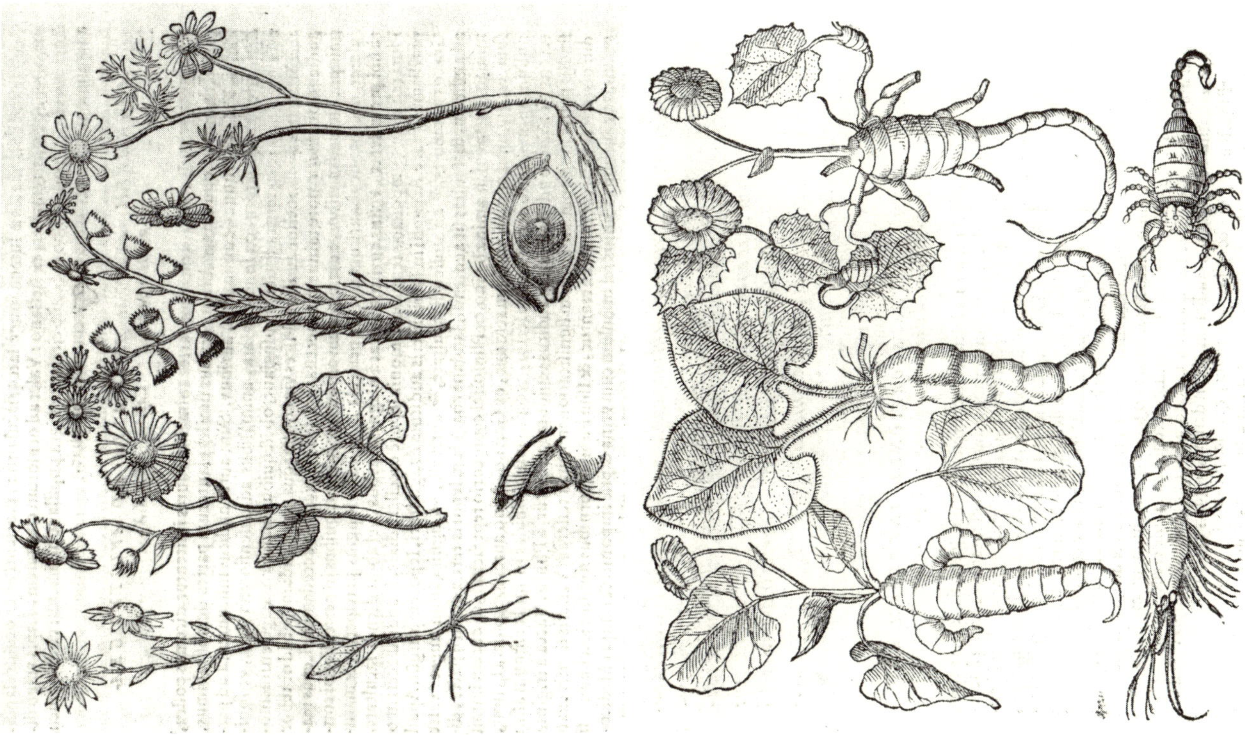

参考図29——眼病の治療にふさわしい植物（上）と球状根と海老と蠍（下）
（Giovanni Battista della Porta, *Phytognomonica*, Napoli, 1588）

うに誘った、自然を読解するプロセスのメタファーとなった。誰がすべてに有効な解読法を解読できるのだろうか。これは、そのような難題を糧に育った人文主義者の読者に訴えかけるべく意図された、ひとつの挑戦であった。

アカデミア・デイ・リンチェイの会員であったあいだに、デッラ・ポルタはチェージに宛てて、アルドロヴァンディの三つのインプレーサの部屋に相応するテクスト版とも言うべき、自身が創作した二五のエンブレムのリストを送っている。[☆79]これらエンブレムのうちの多くは友人たちへの贈りものであったが、そのうち少なくとも六つはデッラ・ポルタ個人のエンブレムであった。中でももっとも著名なものが大山猫のエンブレムであった。デッラ・ポルタはまた自らを、コンパス、オークの木、葡萄の蔓、蠟燭、頭の頂点に目がついた魚としてエンブレム化している。彼がコンパスであるのは、「私は誇らかに自分の数学者としての専門職を提示したいからではなく、私の希望として、モットー『我は測らずして測る』(Metior, ne metiar) をもって測られるために」であった。このように、彼は、世界を囲いこむ自らの能力が慎み深いこと、すなわち思慮分別の美徳を例証化したのである。またオークの樹は、ウェルギリウスの謙虚を象徴するものであった――「我は登らんがために降る」(Descendo ut ascendam)。これら以外のエンブレムは作者の無私無欲ぶりを謳うものであった。そのひとつでデッラ・ポルタは、「自らの豊穣ゆえに潰え去る」(Perit ubertate sua) というモットーとともに、果実の重みによって撓る葡萄の蔓であり、それは彼が「彼の多くの友人たちを助けるために自らを与えた」からであった。[☆80]同様に蠟燭のエンブレム――「自らを滅し去る、他人が生きるために」(Morior mihi, ut vivam aliis) ――もまた、「友人を喜ばすために自らを消尽する」男の運命を示している。これらの異なるすべてのシンボルは、しばしば彼自身の心の平安を犠牲にしてまで、自らの知識を他人が利用できるようにした男としてのデッラ・ポルタのイメージを強化した。時として、デッラ・ポルタの高い知名度が災いして、自己の創造感覚を解消させる徴候を示すこともあった。この創造感覚とは、彼の才知 (ingenium) を刻印する意義深い対象の創造を通して、新たに獲得されようとする何かであった。それらは、ミュージアムの活動を超えてヴィッラの平穏のほうを決定的に好むと宣明しつつも、それでもやはり市民生活に参画する義務を感じ、そして実際に彼のミュージアムでなされる学術交流から多大な満足を得ていた一人の学者の、トポスであった。

デッラ・ポルタの最終的なエンブレムである、天を見据える魚の形象は、瞑想的な生活という側面を強調するためのものであった。けれども、デッラ・ポルタが自ら物語っているように、彼に敵対する人々はそれを、知的な感覚混乱の表徴として、両義的な正統派的信仰という理由でカトリック当局から不興を買い続けるものとして、悪意に満ちた解釈を加えた。彼が意図したように自らの敬虔を象徴化するどころか、かえって自身の怪物ぶりを指し示すことになってしまったのである[☆81]。エンブレム的な知識は、解釈が互いに競合するこのエピソードが示しているように、絶えず意味付与され続けるものである。その知識が表象／代行していたのは人文主義的文化がもつ変容のさまざまな可能性であって、この文化においては、アイデンティティという概念はミュージアム内で変容を閲するオブジェと同じくらいに変幻自在なものであった。デッラ・ポルタがこれらのエンブレムをナポリの文芸愛好家たちやリンチェイ会員たちのあいだに流布させたことは、火を見るより明らかである。これらのエンブレムは、ナポリとローマのアカデミア・デイ・リンチェイで提起された、あのデッラ・ポルタという人物はいったい誰でどういう人物なのかという議論の基礎をかたちづくった。アルドロヴァンディと同じく、デッラ・ポルタもまた、文芸界の意見をもとに造形される一人の学者であった。そのことが、知的モザイクを生みだす手段をこの学者に与え、そして彼の記憶を想起させるイメージが適切なものであったということも確実にしたのである。

デッラ・ポルタのエンブレム研究に応じて、チェージは、デッラ・ポルタに対するアカデミア・デイ・リンチェイの公式見解を象った。ナポリの魔術師のメダルを一六一三年に鋳造させている。アカデミーのデッラ・ポルタの会員記録には、このメダルが、「デッラ・ポルタの苗字［門(ポル)・扉(タ)］と紋章を暗にほのめかしており、そこを通って自然が、彼女自身を哲学者たちに示すために、そのもっとも秘匿にして深奥なる隠れ家から姿を現わすことになる真の扉である」と記述している[☆82]。メダルの表には、デッラ・ポルタの肖像が刻まれていた。裏には、「暴かれた自然」(Natura reclusa)という言葉の下に、裸身の女性像が浮彫りになっていた。その髪の毛は炎と燃え、地球を右手に豊穣の角を左手にもち、彼女の目の前には険しい断崖がそびえ、そこに開け放たれた扉がうがたれている。扉の上方には、疑いもなく彼の仲間のリンチェイ会員たちである哲学者の一団が、ぼんやりと確認できた。自然が世界の只中へと姿を見せる瞬間を観察しようとする彼ら哲学者たちこそは物言わぬ目撃者であって、自然の神秘を人々の目に見えるように開放するという、デッラ・ポルタの枢要な役割を証言していたのである。アルドロヴァンディの名前が旅行者としての彼の運命をあらかじめ定めた一方で、デッラ・ポルタの姓は、彼を隠された意味と開示された智慧とのあいだを結ぶ、一個の扉たらんことを彼に運命づけた。デッラ・ポルタは扉であり、彼の精神はその扉の錠を開ける鍵であった。その扉を開け放つことによって、無知という牢獄に長年つながれていた自然は、ようやく解き放たれたのである。

そのようなイメージはまた、デッラ・ポルタの後期の著作——たとえば彼の『天の観相学について』(*Della celeste fisionomia: libri sei*) の一六一六年のイタリア語版に収録された彼の肖像画の下に付された詩文——や、彼の死後に書かれた頌徳詩の中にも見られる。デッラ・ポルタの論文を多数所蔵していた、一七世紀後半のナポリの学者ロレンツォ・クラッソは、「地上のいかなる富もかなわぬ不滅の秘宝をその中に秘蔵した扉」[☆83]としてデッラ・ポルタを描写したマリーノの詩を出版している。扉のイメージは、それが閉鎖だけでなく開放をも示唆するために、デッラ・ポルタの場合にはとりわけ人を惹きつけるイメージとなった。はたしてデッラ・ポルタという人物は、リンチェイ会員たちが思い描いたように、自然を完全に陽光のもとへと出現させる哲学者であったのだろうか、それともごくわずかな隙間から自然の富が漏れでるのを時々垣間見せることを許しつつも、自然のもっとも内奥の秘密を保護する守護者であったのだろうか。「〈扉(ポルタ)〉は純粋で不朽の黄金からつくられ、そこから、あらゆる光を眩ませる光が発出する」と、マリーノは詠んでいる。デッラ・ポルタのヤヌス的相貌のもつイメージは、自然哲学者たちの競合する世界において、旧と新の探求の形態をかわるがわる体現する、彼が占めていた両義的な立場を反映するものであった。しかしどちらのイメージも、当代の知恵に通じる扉の番人というデッラ・ポルタが果たしていた役割を承認するものではあった。アルドロヴァンディと同じように、彼もまた、自然の百科全書的なイメージを定義するべく、豊穣の角にいったい何を盛るのかの選別を託された一人であった。

チェージとデッラ・ポルタが、彼らのアイデンティティの象徴的な意味をさらに彫琢するエンブレムを交換した一方で、デッラ・ポルタはまた、百科全書主義者にしてルネサンスの魔術師という彼のアイデンティティを完成させるために、自らの著作を有効に利用している。ここにデッラ・ポルタの肖像画が二枚ある。ひとつは四〇代後半の、もうひとつは六四歳の姿を描いたものであり、いずれも彼が自然の研究に対してどのような関係にあったのかを傍証してくれる。最初の肖像画は、『自然魔術』の一五八九年版から採ったもので、その後に続く観相学に関する諸著作でくりかえし用いられている[☆84]（図24）。このイメージの中では、デッラ・ポルタ自身が観相学的な分析の対象となっている――すべてを貫き通す大山猫の眼力がここでは内面に向けられているのである。かつて著作『人間の観相学について』（*Della fisonomia dell'huomo*）の開巻劈頭で、彼のもっとも重要な学芸庇護者であるルイージ・デステ枢機卿の観相学的分析――「猊下の面貌を飾るその光彩、威厳、壮麗たる造形こそは、いかにも注目すべきなり[☆85]」――から筆を起こしたように、今回は観相学者自身の顔を分析するようにと読者に提供したのである。彼のパトロンがそうであったように、デッラ・ポルタもまた、古典古代の理想に合致する高貴なる容貌をしていた。頭は「小さいというよりは少し大きく」、これは賢慮と聡明さを示すものであった。また鼻はこの人物の社会的ステータスを物語っていた――「長い鼻、それも口元まで伸びる鼻をもっている人物は、高貴にして（uomo da bene）豪胆なり」とアリストテレスがアレクサンドロスに宛てて書き送っている」。そして最後に、デッラ・ポルタの表情がかもしだす厳粛さは、「煥発する才気」を有し「精神の善良さ」をもって鳴る、フェッラーラ公エステ家のアルフォンソ二世やベッサリオン枢機卿といった名だたる著名人たちと同日に論じられるべき特徴であった[☆86]。デッラ・ポルタは要するに、高い社会的ステータスをもち、教養のある人々が望む、あらゆる自然の特性と社会的美徳を体現していたのである。彼が位置していたのは古代遺物の蒐集と自然の蒐集とが交差する場であって、この二つの活動こそは、観相

図24——デッラ・ポルタの観相学
(Giovan Battista della Porta, *Della fisonomia dell'uomo*, Venezia, 1615 ed.)

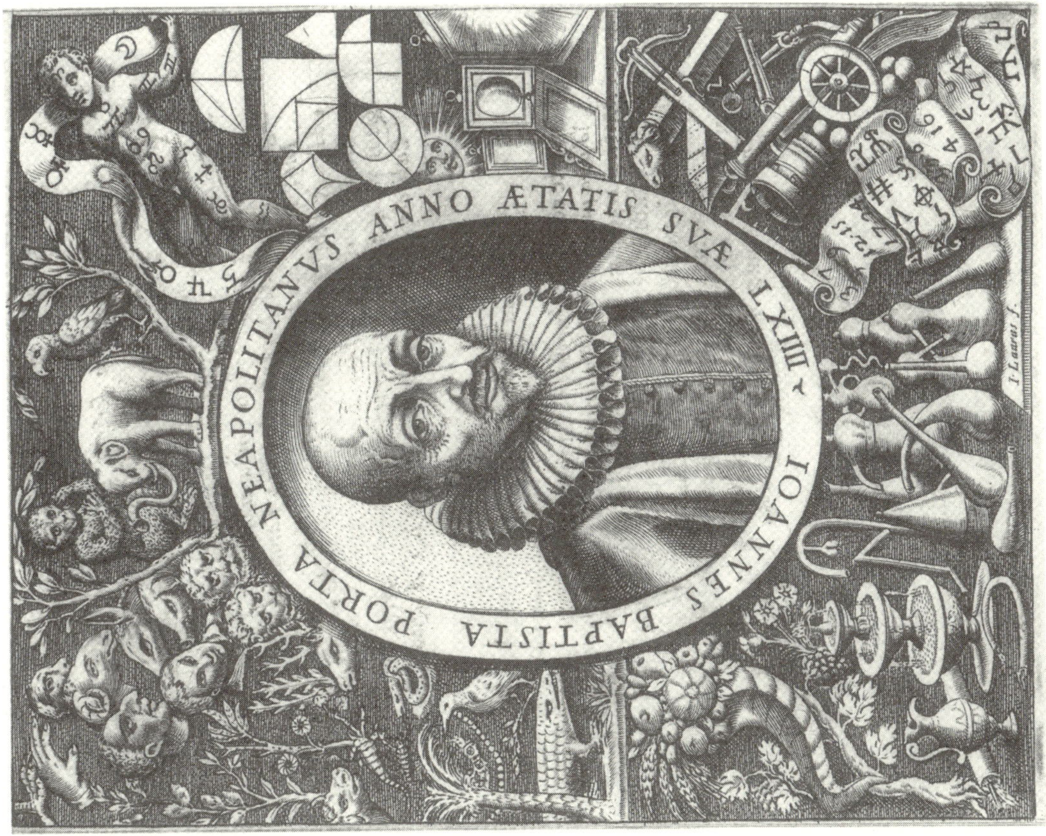

図25——百科全書主義者デッラ・ポルタ
(Giovan Battista della Porta, *De distillatione*, Roma, 1608)

学の研究を完成させるのに必要な素材を提供してくれるものであり、両者が切り結ぶ場に立つ彼こそは、これらの二つの異なる学術活動の連関を目に見えるかたちで映しだす鏡（あるいは同時代人が呼び習わしたように扉として）の役割を果たしていたのである[☆87]。

デッラ・ポルタの一五八九年の肖像画は、のちに出版された著作『蒸留について』（*De distillatione*, 1608）に収載される新たなイメージの前奏曲をなすものであった（図25）。ミケーレ・ラックが注目したように、この肖像図は「彼自身のミュージアム」（musaeum sui ipsius）であった。アルドロヴァンディを描いた一五九九年の肖像画と同様に、この肖像図でもやはりデッラ・ポルタの周囲を彼が研究対象としていたイメージがぐるりと囲んでいる。画面左上に見えるのは、植物、動物、人間の顔で、これらは著作『人間の観相学について』および『植物観相学』の主題であった。デッラ・ポルタの頭の直上には、人間性と緊密に結びついた三匹の動物――猿、象、鸚鵡――がいる。画面の下方に目を移すと、左下には豊穣の角が置かれており、その脇には彼の農学の調査に由来する器具類が配され、それらはすべて著作『ヴィッラ』に集成されている。彼の肖像画の左側には自然界の知識を暗示する世界が描かれている一方で、右側には人間の技巧の多様性が展示されている。占星術、幾何学、光学、軍事技術、暗号術、それから錬金術および化学実験に用いる蒸留器類が、デッラ・ポルタを描いたイメージの右半分を覆っている。それらは、『自然魔術』、『文字の秘密の暗号について』（*De furtivis litterarum notis*, 1563）、『反射について』（*De refractione*, 1593）、『気学、および曲線の諸要素について』（*Pneumaticorum libri III cum duobus libris curvilineorum elementorum*, 1601）、『築城について』（*De Munitione*, 1608）といった著作の内容を喚起する。ミケーレ・ラックが書いているように、「このイメージの中に、著者の作品の総体的な表象が如実に示されており、それは彼の活動を集約し……生涯の研究を通じて成し遂げた幾多の発見の中でも最良のものが、一個のミクロ・ミュージアムを形成している[☆88]」。まさしくデッラ・ポルタの生涯の絶頂を視覚化した一幅である。一五八九年の肖像画が、デッラ・ポルタをただ学識の一形式、すなわち観相学の権威としてのみ描いていたのに対し、一六〇八年の肖像画は、彼が知識のあらゆる形態を制御する者であることを確証している。

デッラ・ポルタの周囲をぐるりと囲むオブジェは、自然界をめぐるたゆまぬ哲学的探求における最重要の中心的存在として、彼を提示している。しかしながら、それらの記憶術的機能は、アルドロヴァンディの肖像画に現われたそれとはまったく異なるものであった。デッラ・ポルタのイメージは、人文主義者たちの議論の中で発明／創出(inventio)の意味が変化をきたしたことを、如実に反映していたのである。アルドロヴァンディの肖像画が一連の倫理的美徳を想起させたのに対して、デッラ・ポルタの周囲を囲む人工器具類は彼の発見を宣伝するものであった。カルダーノの顰みに倣って、デッラ・ポルタは自らを「発明／創出の人」(vir inventionum) とみなしていた。[☆89] アルドロヴァンディとデッラ・ポルタのあいだに横たわる知的な距離とでも言うべきものは、カルダーノによって多くの点で架橋されている。アルドロヴァンディと同様、カルダーノもまた、彼の生きた生涯を特別なものとするのに与って力のあった、コロンブスをはじめとする探険家たちの営為を非常に高く評価していた。「私の人生において、まったく当然であるとはいえ並はずれた状況の中で、まず第一にもっとも異例なことは、全世界が知られるようになったこの世紀に私が生を受けたということである」と、一五七五年の自伝中で書き記している。[☆90] カルダーノにとって、発見は、彼が生きている時代についてだけでなく自然を探査するための方法論についても、記述されるべきものであった。彼の継続的な知識の検証——彼は生涯に二万四〇〇〇の問題を解決したと豪語している——は、彼に「発明／創出の人」という称号をもらたした。彼自身の眼にも多くの同時代人の視点にも、カルダーノという人物は、多岐万般にわたる主題について最初の重要な知識を再三再四確立したことから、発明／創出者（inventor）と映ったのである。これこそ、デッラ・ポルタが魔術師としてのアイデンティティを最終的に確立すべく、自らの肖像のまわりに多様な技術を配置してみせたときに、彼がなんとか肩を並べようと奮闘したモデルであった。

ウィリアム・イーモンが技術と魔術に関する研究の中で詳細に論じたように、一六世紀の末から一七世紀において自然魔術の伝統が復興したことによって、発明／創出者としての魔術師というイメージが高まることになった。[☆91]

デッラ・ポルタという人物が、この潮流を見事に体現している。自然の表徴を読み解く観相学に大いなる矜持を抱く一方で、自分にはまた、先蹤の自然魔術師たちが駆使した技巧を凌駕する能力もあるのだという点も熱心に喧伝している。たとえば、自著『自然魔術』の中で集光発火鏡を論じたさいには、自らを古代人と直接対決させている。「エウクレイデス、プトレマイオス、アルキメデスらが発見したものをここで記述し、そしてそれに加えて、新たな発明が古いものよりどれほど優れているかを読者が判断できるように、われわれ自身の発明も記述しよう」[☆92]。これらの調査研究の中でももっとも主要なものは、船を炎で包みこむことによってローマ軍の艦船をシュラクサエの港に入らせなかったという、集光発火鏡を使ったアルキメデスの著名な実験を再現検証することであった。この実験を成功裏のうちに実行するためのアルキメデスの能力を疑問に付しながら、デッラ・ポルタは自らを、古代人たちが達成したあらゆる成果を凌駕する能力がある魔術師として喧伝した。

私は諸君に、ほかのものよりもはるかに優れていて、私の知るかぎりこれまでに誰一人として記述した者はおらず、あらゆる古代人の発明と、われわれの時代のそれをも凌駕するものを、お目にかけよう。思うに、おそらく人間の知性をもってしては、これを超えるものを創案することは今後も不可能であろう。このレンズは、たかだか一〇パッソや二〇パッソ、あるいは一〇〇パッソや一〇〇〇パッソ程度の任意の距離から発火させるためのものではなく、実に無限の距離から彼方に発火させる力を有している[☆93]。

これらの鏡は、一六〇八年の肖像画でも際立った存在を見せ、自然の力を活用することに秀でたデッラ・ポルタの能力を象徴する存在であった。鏡はまた、プリニウス的な意味での創案者、すなわち自然ととりくむことによって新たな知識を創出する哲学者として、デッラ・ポルタがその名を受けるに値する人物であることを確証していた。彼の肖像画が出現してから二年が過ぎると、デッラ・ポルタは、ガリレオによって広く普及していた望遠鏡のイメージを肖像画の中に描きこんでいないという事実を後悔している。「筒の中に接眼レンズをはめこむ発明は私のものなのです」と、チェージに書き送っている。「そしてパドヴァ大学講師のガリレオが、それを借用して手を加えたのです」[☆94]。デッラ・ポルタは、自然をエンブレム的な知識の無限の源泉ととらえ、それゆえこの自然こそは博物学者としての自己のアイデンティティを形成するための基盤であるとみなしていたのだが、その一方で、彼は次第に人工魔術を、それを通じて自然を知るための彼の主張を確立する手段と見るようになった。そうすることで彼は、人間と自然との関係を媒介する機器類を創作する自らの能力から、自己のアイデンティティを完全に引きだしたセッターラのようなバロック期の蒐集家のための舞台を設えたのである。デッラ・ポルタは、彼の伝記作家クラッソが記しているように、「科学的な事物を創案するのに鋭い洞察力をもち」、「通常の知識の限界」を超えでた哲学者であった[☆95]。蒐集という営為は彼に、新たな形態の知識を創造する手段を授け、そしてミュージアムという空間は、その中で彼の驚くべき能力が展示されるべき環境となったのである。

発明／創出者セッターラ

ほかのどんな蒐集家にもまして、マンフレード・セッターラこそは、発明／創出者たる役割を演じきった人物であった。ダニエッロ・クレスピの手になる、おそらくマンフレードがヨーロッパならびにレヴァントへの一六二二年から二九年にかけての旅行から戻ってまもないころに制作されたセッターラの肖像画は、自らの発明／創出になる作品のひとつを手にした若き聖職者を表わしている。描きこまれた発明品は、繊細に細工され、優美な曲線を描いて基台から立ちあがる象牙の塔で、穴の穿たれた中空の球が上部と下部を連結している（図6）。セッターラの表情は、そうでなくてさえ真面目な顔立ちが、ことさらわざとらしく描いてある。アルドロヴァンディやデッラ・ポルタを描いた肖像とは対照的に、セッターラのイメージは、顔よりもむしろ手を強調したものとなっている。いかにも洗練されたその手つきは、ブロンズィーノが描いた若い貴族の肖像を彷彿とさせる身振りを示している。優雅な手さばきで発明／創出の作品を手中に収めつつ、同時代人の人々がしばしば呼び習わした「マンフレード殿の御手」は、技術を宮廷的なさりげなさ（スプレッツァトゥーラ）へと変容させたのである。この同じ手が、のちの肖像画においては、外側に向かって拡張するしぐさを見せ、セッターラが座すテーブルの上に展示されたあらゆる驚異を飼い慣らすことを意図した身振りである（図26）。ここでは、人工器具類の集塊が、彼が有する発明／創出の才がどれほどの広がりをもつのかを視覚的に要約している。鞴（ふいご）の付いたバグパイプ（スカラベッリはこれを「ソルデッリーナ」[sordellina] と呼んでいる）、繊細に細工された優雅な小立像、渾天儀など、これらはいずれもセッターラが自ら考案したものである。これらの考案物は、いわばセッターラのミュージアムのミクロコスモスとも言うべきこのイメージの中に一緒に配置されることにより、芸術と科学がもつ多様性を暗示しているのである。セッターラは、各分野の技巧を操るのに必要な技術を体得することによって、これら多様性の世界を支配したのであった。「彼は、生成するというより、機能するものを生産した」と、彼の伝記作家パストリーニが記している☆96。セッターラは、当代のメカニカル・アーツ（熟練的技芸）を高貴なものにしようとする流れを反映した存在であり、一六世紀末から始まるこの潮流は、ガリレオのような数学者、あるいはカルダーノやデッラ・ポルタといった自然魔術者たちの尽力によるものであった☆97。セッターラが掲げた発明／創出者としてのイメージが成功を博したという事実は、一七世紀という時代にあって、機械およびその機械が生みだす知識が新たなステータスを獲得したことを証言するものである。

セッターラの発明／創出者としての経歴は、ピサとシエナで学んだ大学時代に端を発するもので、そのときからメディチ家を初めとする有力な庇護者たちの注目を集めていた。彼のミュージアムには、ガラスの球状容器に入った渾天儀が一基あり、「私がピサ大学にいた一六二一年に、自らの手で制作したものである」という。この機器類の制作にあたってセッターラが果たした役割を誰かがまちがえることのないように、こう付け加えている。「そして私はこれらの精密な小機器の発明／創出者であった」☆98。おそらくは人脈を通じて、たとえばドン・アントニオ・デ・メディチなどの君侯階級の発明／創出者たちが営む工房や、あるいは当時はすでに没していたフランチェスコ一世

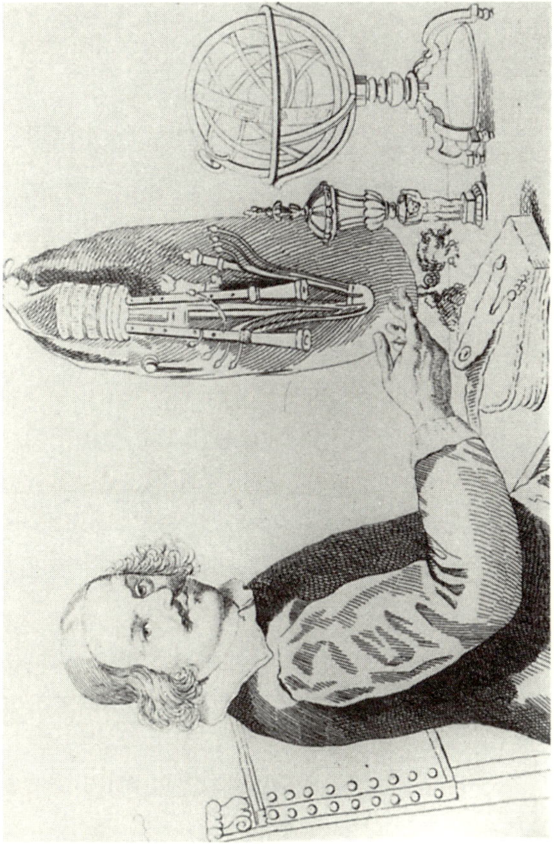

図26 セッターラの肖像画（Antonio Aimi, Vincenzo De Michele, and Alessandro Morandotti, *Musaeum Septalianum: una collezione scientifica nella Milano del Seicnento*, Firenze: Giunti Marzocco, 1984）

やフェルディナンド一世が使用した鋳造場を訪れ、つぶさに見る機会があったのだろう。これらの場所が、セッターラ自身の実験工房の着想源となったことはまずまちがいない。セッターラ版の新「オデュッセイア」とでも言うべき旅路を終えて、一六二九年にイタリアに戻ってきてから、彼はミラノに腰を落ち着け、一六三〇年に、パンターノ通りにあった家族の居館のすぐ近くのサン・ナザーロ教会の司教座聖堂参事会員に任命されている。著名な医師であった父親のルドヴィーコ・セッターラが一六三三年に亡くなると、マンフレードはその後を継いで、家族のコレクションを管理維持するという任務にあたることになった。自邸のミュージアムと、工房を構えたサン・ナザーロ教会の回廊とを行き来して仕事に励むうちに、ほどなくしてセッターラは、蒐集家としてのステータスを確立し、注目すべき発明／創出者として名をなすようになった。たとえば、ヨーロッパにおける磁器製造の先駆的開発者の一人であるヴァルター・フォン・チルンハウゼンのような人物は、セッターラと会うことを特別に望み、彼の発明品について彼と議論をするためにミラノに旅行した。一六八〇年の彼の死のころには、セッターラは「ミラノのアルキメデス」という称号を獲得していた。[99]

博物学者たちが、熱心に鑽仰すべき学究としてアリストテレス、ガレノス、プリニウスらを讃美したのに対し、数学者や技師たちは、アルキメデスのうちに同じ役割を見いだしていた。[100] たとえば、一五世紀の建築家フィリッポ・ブルネッレスキは「第二のアルキメデス」なる称号を与えられたが、これはひとえに彼が建築設計の技能に秀でていたからであった。また一六世紀と一七世紀の自然哲学者たちのうち、メカニカル・アーツに興味を抱いていたものたちの大半は、アルキメデスを手本と仰いでいた。ガリレオは彼［ブルネッレスキ］のことを「もっとも聖なるアルキメデス」と呼んで称讃したが、これほどまでの惜しみのない讃辞は、アリストテレスをはじめ、そのほかのいかなる古代人たちに対しても軽々しく用いられることはなかった。フィレンツェの宮廷数学者や哲学者たちは、この称号をたとえば、イエズス会の数学者ボナヴェントゥーラ・カヴァリエーリのような同時代人たちに付与し、彼のことを「新たなるアルキメデス」と呼んでいる。カヴァリエーリの存在が、セッターラ自身の機械学に対する興味を煽り立てたということも十分に考えられる。というのも、このイエズス会士はミラノの出身であるほか、集光発火鏡をめぐる議論にも参加しているからである。セッターラはカヴァリエーリの『集光発火鏡』（*Lo specchio ustorio*, 1650）を読み、これを下敷きとして、曲面鏡を用いたさまざまな実験をおこなっている[☆101]。アルキメデスが具現化していたのは、哲学的教養を実践的知識と結合する能力であった。その存在は、初期近代のイタリアにおいて、メカニカル・アーツの高尚化を象徴するエンブレムとなり、彼がなした数々の実験は文学的トポスと化し、これらの実験を再現構築しようとして、人々は競いあったのである。セッターラのような追随者たちにとって、自分がアルキメデスに比されることは、ほかのなににもまして至上の讃辞であったのである。

技芸家-学者としての能力を駆使して、セッターラは細心の注意を払いながら、自分は物質的な利潤よりもむしろ哲学的な利益のために発明／創出する者であるというイメージを醸成していった。フランシス・ベーコンと同様に、セッターラもまた技術というものを、それを支配することが自然哲学の目標を前進させる有益な知識の一例と考えていた（セッターラがベーコンの著作を読んだというたしかな証拠はないが、王立協会とのあいだに往復書簡を交わしていることからすれば、彼がベーコン的プログラムの掲げる目標に多少なりとも通暁していたことがうかがわれる）。彼が発明したもの、中でも宝石や象牙や磁器といった高価な素材を用いた創作については、高い価値が付与されていたにもかかわらず、セッターラは決してそれらを売ろうとはしなかった。スカラベッリが貴族の読者たちに請けあったように、「金銭を求める心根は、平民根性の最たる特長であるが、セッターラはそのようなものとは無縁の存在であった[☆102]」。

自分は、腕をたよりに生活の糧を稼ぐ職人と自らを明確に区別する一方、セッターラはまた、コスピやモスカルドといった蒐集家たちからも一線を画していた。彼らのミュージアムは――アルドロヴァンディやデッラ・ポルタのヴィッラと同じく――余暇を過ごす場所であった。蒐集を「宮廷での青年時代に高貴なる気晴らしとして」始めたコスピと、そのミュージアムが「有閑生活」の賜物であったモスカルドは、セッターラのギャラリーを訪れる観衆を典型的に示していた[☆103]。けれども彼らは、セッターラ自身が抱く、「自然-哲学に通じた実践者たち」が集う学術的な功業のなされる場としてのミュージアムのイメージを具現している人物ではなかった。「発明／創出し、それを試行錯誤のすえに具体化し、そして蒐集する」——これはパストリーニがセッターラの姿を描くさいに用いた言葉である——ことが、相互に補完しあうことでミュージアムの実験的生活を定義していたのである。[☆104] セッターラが一六八〇年に没したさい、ミラノのイエズス会ブレラ神学校の総長は、同会がセッターラを追悼して建立した仮設の霊廟に四本の円柱を立て、それぞれの円柱が故人たる蒐集家を生前導いていた四つの力を表象していた。すなわち、実践、叡智、美徳、技芸の四柱である。最初の円柱には、次のモットーが刻みこまれた——「無為よりも偉大なる死を」[☆105](Potius mori quam otiari)。アルキメデスを「第二の自我(アルター・エゴ)」として選ぶことで、セッターラは自らを、実践に知的正当性を与える自然哲学者として造形したのである。君侯たちを迎え入れ、あるいは深い学識が盛られた書物のページをめくるその両の手が、同時にまた人間の知識とその創造の美を完全なものとするために働いたのである。

セッターラはいわば、人文主義的哲学者と数学者たちのあいだでアルキメデスに新たな卓越した地位を与えた、二つの伝統が交わる地点に位置していた。彼は一方で、ガリレオに惜しみない称讃を送り、そしてアカデミア・デル・チメントの会員たちとも定期的に書簡を交わしあっていた。セッターラのミュージアムは、ガリレオが主唱する機械的発明のプログラムを要約したものであり、イタリアの貴族たちのあいだに、この流れを浸透させるのに与って力があった。黒檀や「そのほかの外国産の木材」で制作された長身で優雅な望遠鏡や、顕微鏡、渾天儀、アストロラーベ、そして「私自身の手で制作したガリレオ創案のコンパス」などといった機器類で満たされたミュージアムは、蒐集文化に対して新哲学がもたらした物質的な衝撃を証言している。[☆106] これらの機器類はすべて、セッターラを技芸(ars)と学知(scientia)の新たな統合のモデルとして提示しながら、人間の発明／創出の才と科学的知識の関係に光を当てるものであった。他方でセッターラはまた、テクノロジーの世界における魔術師というアルキメデスのより古いイメージを体現する人物でもあった。ロジャー・ベーコンやアルベルトゥス・マグヌスと同様、アルキメデスもまた、自然魔術の伝統の中で発展してきた、人間の創意／創案という秘められた能力についての学術的神話の焦点となった。アルキメデスを崇拝した自然哲学者はガリレオひとりではなかった。たとえば、セッターラと同時代を生きたオカルト哲学者ロバート・フラッドは、アルキメデスを「完全なる自然魔術師の原型」と表現している。☆107 デッラ・ポルタやカンパネッラやフラッドのような自然哲学者の眼には、アルキメデスの神性はより強力で文字どおりの意味を帯びていた。アルキメデスは不可能なことを可能にする技術者であったのである。セッターラもまた、このイメージを涵養している。スカラベッリがミュージアムに展示されていた自動機械人形（アウトマータ）の記述中でコメントしたように、「彼［セッターラ］は、動きに霊を吹きこむことによって眼に生気を与えたり、真なる原因を徹底的に調べるために魂を抜きとったりする」☆108。

シュラクサエに攻め寄せたローマの艦隊をアルキメデスが独力で集光発火鏡を使って炎上させたという逸話（およそ紀元前二一四年から二一二年の出来事と推定される）は、彼の自然魔術師としての名声の核を形成した。この出来事の英雄的な状況と、その後の戦闘におけるアルキメデスの高貴な死は、放浪者オデュッセウスの物語にも匹敵するひとつのトポスを形成し、それゆえ模倣に値するものとみなされたのである。一七世紀も中葉を迎えるころになると、数学的魔術を扱った大衆向けの作品が現われ、この逸話を、ユピテルに変身したアルキメデスが侵略する艦隊の上に稲妻を打ち落とす、炎に包まれた、超人的なスペクタクルへとつくりかえてしまう。☆109 カルダーノ、デッラ・ポルタ、カンパネッラなどの先導者たちの跡に従いつつ、セッターラはこのアルキメデスの挿話を、自らおこなった曲面鏡実験にとっての古典的典拠（locus classicus）とした。スカラベッリが、セッターラ・ミュージアムの彼のカタログの冒頭に書いたように、アルキメデスの伝説は「歴史的物語」（racconto historico）であり、それゆえセッターラの真摯な努力を記述するにあたっての恰好な出発点であった。☆110 それは、セッターラの創意のミュージアムを、蒐集という営みを過去との絶えざる対話とする壮大な人文主義者たちの説話の中に位置づけることになった。セッターラは、マンフレードとしてのイメージ（imago）をまといつつ、アルキメデスの才知（ingenium）をも帯びることによって、アルドロヴァンディら先導者たちが確立した存在形態を踏襲したのである。

「アルキメデスの偉大なる才知」は、天球儀の作成のような日常的な次元においても、シュラクサエでの戦闘の再演のような驚異的な次元においても、セッターラの創意／創案と対抗／調和させられていく[☆111]。後者の実験をおこなうにあたっては、キルヒャーの助力を仰いでもいる。シチリアへの小遠征の途次、キルヒャーはシュラクサエ［シラクーサ］へも足を伸ばして、アルキメデスの疑わしい偉業が、本当に可能であったのかどうかを検証している。そして港を計測した結果、彼はしかるべき種類の鏡を用いれば可能であると結論した［参考図30］。ローマに帰還すると、望みどおりの効果を発揮する能力のある鏡を製作するために、イタリアでもっとも腕が立つ職人を熱心に探し始めた。こうした努力の過程で、やはり同様の問題にとりくんでいたセッターラと知己を得たのである。一六四〇年代から七〇年代にかけて、彼らは互いの実験の成功例について結果を交換しあっている。キルヒャーが著作『光と影の大いなる術』（*Ars magna lucis et umbrae*）を一六四六年に出版するころまでには、セッターラは鏡を使って一五ペース（歩幅）の距離から発火させるアルキメデスの実験の再現に成功している[☆112]。キルヒャーは、アルキメデスの鏡と艦船との間の半分に等しい距離から対象を発火させることのできる、セッターラの鏡の性能について証言するほかの教会関係者からの手紙を採録してさえいる。一六六八年七月、セッターラは、銀と鉛を溶かしてつくった鏡を用いて、一六ブラッチャの距離から発火させることに成功したと報告している。翌月には、キルヒャーに宛ててこう知らせている。「巨大な鏡を製作しました……この鏡から望みどおりの結果が得られるものと期待しています」[☆113]。セッターラは着実に歩みを進め、二〇〇〇年以上まえにアルキメデスがシュラクサエ包囲戦のさいに用いたという鏡の性能に、徐々に近づいていった。

バロック期の自然哲学者たちにとって、アルキメデスの実験を成功裏のうちに再現することは、かつてカルダーノやデッラ・ポルタらが無数の集光発火鏡を用いてアルキメデスを凌駕しようとした初期の試みを信用に値しないものとし、そしてイエズス会が提唱する改革された自然魔術と古代機械学の復興との絆を強固なものとした。キルヒャーとショットの人工魔術に関する論文の注意深い読者であったセッターラは、これらの効果を人間の才能の限

参考図30——魔術的反射光学（A. Kircher, *Ars magna lucis et umbrae*, Roma, 1646）

界を超えたものではないとする、自然魔術における正統的な立場を体現していた。「真の人工魔術は、現実的な効果を生みだす。アルキタスが木材から空飛ぶ鳩を作成したように……アルキメデスが彼方の艦隊に向けたレンズで艦船を炎上させたように、ダイダロスが錘もしくは水銀の作用によって動く彫像を制作したように」。カンパネッラはこう書き記して、キルヒャーやセッターラといった蒐集家たちが執心していた技術的な驚異（mirabilia）を列挙している。「実のところ、これらの技術はいかなる奇跡（ミラーコロ）も生みだしはしないのである」[☆114]。アルキメデスが操ったのと同じ能力を主張しつつも、セッターラはそれらの能力に決して超自然的な性質を付与しようとはしなかった。彼の機械類の作動が神秘的に見えるのは、そこに神や悪魔の力が介入しているからではなく、むしろ人間の技巧に起因するものなのであった。そして、彼がその肖像画においてくりかえし強調しているように、彼のミュージアムは、奇跡ではなく、発明／創出の劇場であった。

セッターラが一六八〇年に没すると、親族のほか、サン・ナザーロ聖堂の信心会や、ブレラ神学校のイエズス会学士たちがこぞって、故人である発明／創出者を記念する公的な「アカデミー」を組織した。式辞が起草され、数々のエンブレムが創案され、そして数寄を凝らした墓廟がイエズス会神学校に建立された。ジョヴァンニ・マリア・ヴィスコンティの著作『サン・ナザーロ聖堂で執り行われたマンフレード・セッターラの葬儀』（*Exequiae in tempio S. Nazarii Manfredo Septalio Patritio Medolenensi*, 1680）に収録されている数々のエンブレムは、いずれもセッターラのコレクションの中のオブジェから採られ、彼の死ばかりでなく、その生涯をも解釈しようとするものであった。たとえば円周をなぞるコンパスの下には、「われわれは世界を十分に充たす」（Satis est implevimus orbem）というモットーが付され、航海用機器類の精度を上げるのにセッターラが貢献したことへの暗示となっている。デッラ・ポルタと同様に、彼もまたコンパスをエンブレムとして用い、世界を円周内に囲いこむことのできる自らの能力を示したのである。またバグパイプのエンブレム——直立した状態ではなく空気が抜かれて萎んでいる——は、セッターラの死を機知をこめて象徴している。モットーは、「わが息は果つ」（Deficit spiritus meus）とある。そのほかのイメージにお

図27——「永遠なるものはなにもなし」
(Giovanni Maria Visconti, *Exequiae in tempio S. Nazari Manfredo Sptalio Patritio Mediolanensi*, Milano, 1680)

いては、「死」が、「名は葬儀によって偉大となり」(Maius ab exequis nomen) という銘を刻んだ、ミラノの聖職者を称えるコインを鋳造しながら、発明／創出の人セッターラにとってかわり、ミュージアムにあるもっとも高価なオブジェをいくつか手にして実験にいそしんでいる。ヴィスコンティの著作に収録されたエンブレムでは、ミュージアムが収蔵するあらゆるオブジェが、どこかしら「死を忘るなかれ」(memento mori) の表現形式となっているのである。かつてセッターラによって生命を賦与されたこれらのオブジェたちは、時の経過、名声という束の間の美徳、そして死の不可避性を象徴する追憶のオブジェへと姿を変えたのである。

とりわけ二つのエンブレムが、セッターラの発明／創出の才を巧みに活用して、一種の視覚的な注解となっている。そのうち最初のエンブレムでは、「死」が永久運動装置に手を伸ばして、球の落下運動をさまたげている。付されたモットーは「永遠なるもの何もなし」(Nihil perpetuum [図27])。セッターラの制作した永久運動装置は、彼のコレクションの中でもとりわけ名声を博したオブジェのひとつであった。この装置は、セッターラのミュージアムを描いたイラストにも、左手のギャラリーの入口に目立つように飾られて姿を現わし、また一六四〇年代から一六六〇年代にかけて制作された、ミュージアムのさまざまな器具類を描いた水彩画の中にもその存在を示している。スカラベッリはこの発明品を、カタログの中で次のように記述している。「これらの装置の運動の永遠性のうちに、マンフレード師の御手は常に、この運動そのものが彼の発明／創出の才に等しいのだということを証明して見せたのだ。師は、非凡な技巧でもって、轆轤で精密に加工し、切り削り、彫刻を施し、すべてをひとつに結合して、真鍮製の一二の輪からなる永久運動装置を制作したのである[☆115]」。セッターラの存命中、この永久運動装置はミュージアムの入口部分に聳立し、絶えず新たな発明展示品を生みだし、古くなったものを改良する制作者の創意／創案を記念するモニュメントとなっていた。いまや「死」の伸ばす手が、「マンフレード師の御手」を止め、それとともに、葬儀の場に置かれることによって会葬者たちにあらゆる事物の移ろいやすさと有限性を想い起こさせた永久運動装置もまた動きを止める。自らの宗教信条からアリストテレス主義自然学のいくつかの形態に専心することになった一人の自然哲学者として、セッターラはこの教訓を喜んで享受したにちがいない。

ヴィスコンティのエンブレムは、セッターラの曲面鏡をなおざりにすることはなかった。アルキメデスの実験は、それとは別のエンブレムの主題となり、そこでは「死」が鏡の前に立ち、頭上高く振りかざしたその大鎌は紅蓮の炎に包まれている。「かくして光輝は死を迎え入れ」(Sic splendor collectus abit)。ここではセッターラと彼のミュージアムは、アルキメデスの集光発火鏡の操作者となるよりも、むしろその力の犠牲者とされている。この最後のエンブレムは、われわれが先にナルキッソスの寓話のうちにも見いだした教訓、すなわち鏡に映った自らの姿に見入ることへの警句を思いださせる。またそれは、セッターラのミュージアムが儚い存在にすぎないことも強調しており、そしておそらくは、人間の生みだすあらゆる種類の制作物は、ちょうど考案者である人間が永久に生きることができないのと同じように、束の間の存在にすぎないことを物語っている。そのことを、パストリーニが彼の『弔辞』(*Orazion funebre*, 1680)で嘆いたように、「これらの同じ驚異を、かつてマンフレード師のご厚意にあずかって楽しく眺めていた、これらの同じ作品を、今また、同じだけの苦痛をもって眺めることになろうとは。というのも、師が亡くなった今となっては、いかなるものも称讃に値しなくなってしまうように思われるからである」[☆116]。蒐集家を失ったミュージアムは、もはやミュージアムではありえなかったのである。

セッターラの家族や友人一同は、こうした見解を言葉で表明するだけではなく、実際の行動を起こした。彼のミュージアムのオブジェすべてが、イエズス会神学校の司祭と生徒たちの行列によって、彼の自邸からブレラ神学校まで運ばれ、そこで手の込んだ葬儀に参画した。神学校の成員たちによって擬人化された彼の発明品たちは、その庇護のもとでかつてセッターラが作業をしたさまざまなムーサたち——物理学、光学、音楽——と競いあいながら、ラテン語のエピグラムを朗読した。ミラノの偉大な蒐集家を追悼する道徳的な葬送行進(パジャント)は、伝統的なトランペットの吹奏ではなく、「名声」によるセッターラ考案の通話管からの轟音によって幕を開けた。セッターラの葬儀は、故人のオブジェ、家族、友人たちが総出で参画してセッターラの生涯を共同で吟唱してみせるという、いわばイエズス会の劇場とでも言うべきものであった。天蓋を支える四本の円柱には壁龕が穿たれ、そこには故人に連なるもっとも著名な祖先の像が設置された。そして墓を飾ったのは、セッターラの生涯からとった三つの情景である。それぞれ、エジプト行の途中でトルコ艦隊に遭遇した危機的場面、ローマの地下墓地（カタコンベ）からやすやすと脱出してみせた場面、研磨術を、スペインの将軍ドン・ファン・デ・アウストリア（フェリペ四世の庶子）、ヴィンチェンツォ・ゴンザーガ、カラチェーナの侯爵の各々に首尾よく教授した場面である。☆117 最初の二つのパネルが、若年期のキャリア形成途上における重要な場面――旅行の敢行とキリスト教の迷宮の制覇――を描いているのに対し、三番目のパネル画は、蒐集家の生活からとった模範的な情景を描いている。スカラベッリは実際、各々「個人的にこのミュージアムに栄誉を授け」、司教座聖堂参事会員のもとで自ら徒弟修行をおこなったその三人の訪問を回想している。☆118 セッターラのミュージアム・カタログからさまざまな逸話をとりあげ、あるいは故人が所有していたものを墓廟に運びこむことによって、イエズス会神学校の修辞学者たちは、このミラノのアルキメデスたる人物の生涯を再現してみせ、そしてその死とともにミュージアム自体をも荼毘に付したのである。オブジェの数々は、所有者の死後も存在し続けた。しかし、発明家を欠いた発明品とは、いったい何なのであろうか。

アエネアスからヘルメスへ

先導者および同時代の人たちが駆使したさまざまな発明／創出の技術をすべて自家薬籠中のものとしながら、キルヒャーはさらに、イメージ形成のプロセスをかつてない高みへともたらした。「範例」（exempla）となる規範（キャノン）の抽出を神話時代の古代エジプトにまで拡張しながら、キルヒャーを初めとするほかのヘルメス主義学者たちが理解していたように、彼は原初の知識の探求を十全に描きだすアイデンティティを求めて、時を遡ってある境位へと到達した。アルドロヴァンディがアリストテレスを乗り越えてコロンブスたろうとし、あるいはセッターラがガリレオとの競合を可能にするべく新たなるアルキメデスという役割を嬉々として享受したのに対して、キルヒャーは自己をアエネアスと同一化することから開始し、最後はヘルメスとして生を終えた。各人が、それぞれに古代を出発点に据えてはいる。けれどもほかの二人は、あくまでも現在を前進させるための手段として古代を用いていたのだが、キルヒャーはひとりこの潮流に反旗を翻した。彼の目標は、「新たな人々」の筆頭に立つことではなく、もっとも古代的な人間として生きることであった。他の二人が同時代の英雄たちと競合するために古代の外套を脱ぎ捨てたのに対し、キルヒャーはひとつの形態の古代を、別の形態の古代と交換したのである。彼の議論するところでは、古代の全体を探索することによってのみ、彼は自己の考古学を完成させることができたのである。

生をうけた時点から、キルヒャーが修道会に入ることは予め定められていたかに思われる。彼が授かった二重のクリスチャン・ネーム――「教会人アタナシウス」――は、誕生のときから、彼を神聖な使命を完遂する意志のある人物として選びだした。混乱に満ちた四世紀のアレクサンドリアの司教であり、修道院運動の創設者の一人でもあった聖アタナシウスの祝祭日（五月二日）に産声をあげたため、彼の父親は、息子の誕生を聖人に感謝し、また宗教改革という宗教的な激動期に一五年にわたってヘッセン－ダルムシュタット公国から追放されていた彼の守護聖人であるフルダの大司教の帰還を祝って、アタナシウスと名づけた。父親のヨーハン・キルヒャーが、この二人の司教のあいだに、ある種の平行現象を認めていたことはまちがいない。というのも、聖アタナシウスはアリウス派との教義論争において、キリスト教正統教義を擁護すべく「志操を堅固に保ち、堅忍不抜の精神を貫き通した」ため、それが原因で追放され迫害をこうむったのであり、地方の大司教であるフルダもまた断固とした不屈の姿勢をもって、新たな形態をまとって登場した異端に対して教会を擁護する立場を貫いたからである。[☆119] 生まれた男の子にアタナシウスという名をつけることによって、父ヨーハン・キルヒャーは、守護聖人であり崇敬する大司教の道徳的美徳を分け与えようと願ったのである。キルヒャーが長じてイエズス会に入信した時点で、彼は信仰の擁護において人後に落ちないことで著名な修道会に身を投じ、カトリック教会に奉仕する人生を決意することによって、出生時に授かった使命のうちのひとつを満たしたことになる。

名を授かった聖人アタナシウスに模するかのように、キルヒャーはプロテスタント派の傭兵たちの手によって追放刑に処され、また宗教上の迫害にも耐え忍ばねばならなかった。しかし彼は、三〇年戦争の惨禍が吹き荒れるドイツから逃れたため、彼の心の故郷たる「アレクサンドリア」に帰還することはかなわなかった。一六三四年にローマにたどりつくとキルヒャーは、かつてこの地で数年を過ごした守護聖人アタナシウスばかりでなく、故国を離れることを余儀なくされた一人の古典的英雄アエネアスにも自己を同一化した。「敬虔なるアエネアス」とウェルギリウスが呼ぶこの人物は、英雄的な冒険を試みるもそれを果たせず、ついには重圧に耐え切れずに押しつぶされてしまう。彼はオデュッセウスではなかった。「要するに、ホメロス描くオデュッセウスのような人物をわれわれの時代に捜し求めても、たやすく見つかるものではない」と、ペトルッチはキルヒャーの著作を総合する中で、おそらくは幾多の学者たちをしばしば追い立てた一七世紀の政治および宗教的な大騒乱を念頭に置いて書いている。[☆120] アルドロヴァンディとセッターラが、故国への安全な帰還を予知する万全の準備をしたうえで、自らの冒険行を新たなる『オデュッセイア』として描きだしたのに対して、キルヒャーは自らの航海を新たなる『アエネイス』として思い描いた。彼は、帰る場所などどこにもないさすらいの旅人であった。運命は、彼をドイツから追放し、イタリアに導くよう定めていた。ちょうど女神ユノがアエネアスについて語ったように、「彼は運命の命ずるところにしたがって、イタリアにやってた」のである。[☆121] そして、キルヒャーのイタリア到着もまた予め定められていたかのように思われる。マルセイユからウィーンに赴き、そこで宮廷数学者となる予定であったものが、二度にわたるウィーン行の不成功の結果、キルヒャーははからずも自分がローマにいることに気づいた。ローマでは、ほどなく彼の上位修道士たちが、ペレスクとフランチェスコ・バルベリーニの仲介のおかげで、キルヒャーがウィーンのかわりにローマの神学校において、クリストファー・シャイナーの後を継いで数学教授に就任することができるだろうと知らせてくれた。「神慮というものには、ただただ驚嘆するばかりである」、とキルヒャーは自伝に記している。[☆122]

キルヒャーにとってウェルギリウスの著作は、それを通じて彼のイタリアとの最初の出会いを解釈する、古典的トポス（locus classicus）となった。学校時代に『アエネイス』について教育を受けていた彼は、おそらく同僚のイエズス会士ヤコブス・ポンタヌスによるウェルギリウスについての網羅的な註釈とも言える学術論文を、彼の人文主義的ファンタジーの導き手として利用したのであろう。[☆123] アエネアスと同じように、キルヒャーもまた、自国の文化が破壊される現場を目の当たりにし、そして異国の地において新たな文明が開化するさまを目にした。二人とも、国から国へとさまよい歩き、新たなる祖国を探して回った。アエネアス自身が、『アエネイス』第一巻で自分の境遇について語る次の言葉は、キルヒャーの口から発せられたとしてもなんらの違和感もないであろう。すなわち、「わたくしこそは敬神の、アエネアスと申すもの。故郷の神々戴いて、敵中わずかに逃れ出で、船に搭じて来ましたが、ほまれは高く天上に、知られたものたるわたしです。いまわたくしはイタリアを、祖国と目ざして行くところ、そこに至高のユピテルの、血をひく一族興そうと」[☆124]（泉井久之助訳）。

キルヒャーの自伝をひもとけば、そこには三〇年戦争がいったいどれほどの衝撃をこの人物に与えたのかを知ることができる。数度にわたって、間一髪死をまぬがれた瞬間――ヴュルツブルクのイエズス会神学校を逃げださねばならなかったときには、蔵書のすべてとメモ類のことごとくをのちに残していかなくてはならなかった――があり、またプロテスタント軍がカトリック側の拠点を次々と落としていくさまを、トロイアの陥落（そしてのちにはエジプトの滅亡）になぞらえて語っている。キルヒャーは自らを、ある規則的な間隔をおいてくりかえされる文明の興隆と滅亡という壮大な人類の物語に、特権的な立場で参画している存在と解していた。瓦礫と化したドイツの地を追われた身として、キルヒャーは、自分の使命はどこかほかの土地にあり、そして教皇都市ローマでの営々たる努力が最終的にはハプスブルクの領土における文化の再生に貢献するであろうと考え、自らを納得させたのである。彼の任務は、ウェルギリウスがローマに託したそれと一致していた。すなわち、「広く諸族を統治して、平和を与え法を布く」[☆125]ことである。ローマ市内のオベリスク群を改修し、あるいは自身のミュージアムをトレント公会議以降の教会世界を統べる新たな学問を展示する中心として活用することを通して、キルヒャーはカトリック教会の至上権の復興に貢献し、かくして新たなるアエネアスとなったのである。キルヒャーが最後に刊行した著作のひとつのタイトルが『ラティウム』(*Latium*, 1671) であったのも、うなずけるというものである。アエネアスが築きあげた文明を、キルヒャーが発掘したのである［参考図31］。

自分はもう一人のアエネアスなのだという、キルヒャーが抱いたこの認識をさらに確証してくれたのは、一六三七年から一六三八年にかけて、ナポリからシチリアにかけて旅行をしたときであった。エトナ山およびヴェスヴィオ山の噴火に関連して、ウェルギリウスの神への祈りについては、すでに本書でも議論をしてある。アエネアスが敢行した冥府行はたしかに、キルヒャーもまたそこで「たぎる焔」[☆126]の急流を実見することになる、地下世界への探検行の論理的出発点であった。『地下世界』第一巻の口絵［参考図32］は、キルヒャーの冒険行がウェルギリウス的な文脈のもとにあったことを強くほのめかしている。そこには、『アエネイス』第六巻に記述されているように、吹きだす息によって大地を形成する一二の風神の姿が描かれ、次のような引用文が付されている。「霊気が［宇宙の］内部を養い、精神は［宇宙の］各部分に浸透して、大塊全体を動かす」[☆127]。『アエネイス』をくりかえし読解することで、キルヒャーは、黄泉の国でアンキセスが息子のアエネアスの問いに説き語るくだりを、同様のアニミズム的な世界概念に根拠を置く自身の自然哲学を詩的に確証してくれるものとして変質させたのである。この一節は、事実、キルヒャーの著作中に常に顔を出すライト・モティーフにさえなった。ウェルギリウスのコスモロジカルな宣言は、『エジプトのオイディプス』の中で生き生きと描きだされるエジプトのコスモロジーを包摂するものであり、ミュージアムでなされた磁気効果の実演に光彩を添えるものであった。キルヒャーは、「黄道十二宮儀」のひとつの上に、隠れた磁石の働きによって二つの円柱間を飛びながら、時の経過を示す鳥をとりつけた。そしてウェルギリウスの著名なエピグラムの続く半分が、その周りを囲んでいた。「精神は、大塊全体を動かし、この巨大な身体［宇宙］と融合する」[☆128]［参考図33］。『アエネイス』の中に、世界の隅々に浸透し世界を秩序づける、神秘的な親和力にまさにぴったりの表現を発見したのである。ウェルギリウスに深く思索をめぐらせることによって、キルヒャーは自分自身

参考図31――『ラティウム』の口絵（A. Kircher, *Latium*, Amsterdam, 1671）

ATHANASII KIRCHERI
E SOC. JESU
MUNDUS
SUBTERRANEUS.
AMSTERODAMI,
Ex Officina JANSSONIO-WAESBERGIANA.
1678.
Jo. Paul. Schor delin. Romæ.
Theod. Matham sculpsit.

参考図33——磁気の動きによって時の経過を示す機械（A. Kircher, *Magnes sive de arte magnetica*, Roma, 1641）

参考図32——『地下世界』第１巻の口絵（A. Kircher, *Mundus subterraneus I*, Amsterdam, 1665）

についてより多くを知り、自然についての理解を一層深めた。彼のミュージアムは、こうして得た知識を展示するための場となったのである。

キルヒャーのアイデンティティの探求は、守護聖人であるアタナシウスと彼が選びだした詩神であるウェルギリウスへの忠誠を宣言しただけでは終わらなかった。キリスト教徒としてあるいは古典文化に基盤を置く者として自己を定義するこれらの初期の試みは、キルヒャーをさらなる典範の追及に駆り立てた。こうして一六六〇年代までには、手に負えないほどの数のアイデンティティが勢揃いし、そのうちのいくつかは自らつくりあげたものであり、またいくつかは称讃とともに贈られたものであった。そのひとつでキルヒャーは、数字を素早く巧みに操作することから「蘇ったピュタゴラス」とされ、このイメージを確証するように、著作『数論、すなわち数の隠された神秘について』(*Arithmologia sive de abditis numerorum mysteriis*, 1665)の口絵[参考図34]には、この古代ギリシアの数学者が姿を見せている。☆[129] またゲオルク・フィリップ・ハルトデルフは、キルヒャーがアタナシウスという聖人の像(imago)のうえに、ダイダロスとアルキメデスの才知(ingenium)を重ねて自らを誇示したのだ、と述べている。☆[130] 彼が新たなアルキメデスとされたのは、セッターラと情熱を分かちあいつつ、集光発火鏡や永久機関装置を開発し、あるいは古典的な機械装置を再稼動させようと熱意を燃やしたからである。また、自動機械人形や飛行装置を考案し、迷宮のイメージを自在に操るその姿は人々を魅了し、彼を新たなダイダロスの名にふさわしいものにした。ダイダロスのつくりあげた迷宮は、キルヒャーこそが、アリアドネの糸をもつ者としてそれを解き明かすべき存在であった。☆[131]

キルヒャーは、磁石を使った一連の実験のひとつとして、アルキタスの考案した空中を飛ぶ鳩の装置を再現してみせ、これがダイダロスとしてのキルヒャーというイメージを一層強固なものにした。あたかも自然魔術の教則本からそのまま飛びだしてきたような、ミュージアムにおけるこの飛翔鳩の公開実験が成功すると、キルヒャーは自ら飛行する術を知悉しているにもかかわらず、教皇から飛ぶことを禁止されているのだ、というまことしやかな風評が世間に広まった。☆[132] この噂を否定する一方で、キルヒャーはそれにもかかわらず、自分にはダイダロスとその息

参考図34——『数論、すなわち数の隠された神秘について』の口絵
（A. Kircher, *Arithmologia sive de abditis numerorum mysteriis*, Roma, 1665）

子のイカロスが有していた力が二つながら具わっているというイメージを、そののちも涵養し続けた。イカロスとは異なり、しかしながら、たとえ太陽を目指して近づいていったとしても墜落の憂き目にあうことはなかったであろう。イエズス会士ニコラウス・モールは、キルヒャーの著作『忘我の旅』(*Itinerarium exstaticum*, 1656) の序文で次のように述べている。「イカロスが天空を横切って飛んだというのは寓話にすぎない。……ところがアタナシウス・キルヒャーがその才知によって天空を一周したというのは寓話などではない。……さらにそのうえ、キルヒャーが飛翔したのはイカロスよりもどれほど幸福であったことだろう」[☆133]。キルヒャーは常に、自らの才知(ingenium)を、宗教、哲学、神話上の主要人物との連想を通して示唆していたように、模倣するに足るアイデンティティのうち、およそ彼が吸収できないものなどひとつとして存在しなかった。「おお、なんたる広大無辺な知識、なんたる深遠玄妙な知識」と、ジャコモ・スカフィーリはイエズス会に宛てた一六五二年の書簡の中で感無量の声を挙げている[☆134]。

『エジプトのオイディプス』を一六五二年から五四年にかけて刊行することによって、キルヒャーは、自分こそは人文主義者たちの世界に知られている最古の形態の叡智に精通しているのだと主張しながら、読者に新たな装いのイメージ群を開示してみせた［参考図35］。彼の命名からしてすでに、将来エジプトへと目を向けることを予兆していたのである。(聖)アタナシウスとして、キルヒャーは自らを、かつて東西教会を統合しようとする試みのうちにエジプトのキリスト教信仰を宰領した聖人の化身としてイメージしたのである。ちょうど彼のオベリスク改修作業がエジプトの壮麗をローマに回復させたように、彼の新しい哲学が、騒然とした世界に調和をもたらすことであろう。ヘルメス主義は、この至上の統合のための主要な場を提供した。聖アタナシウスは、ヘルメス主義は彼の奉じる正統キリスト教信仰の希薄化としてたしかに糾弾していたのであるが、このことは彼の名前を受け継いだ人物が、これらの異なる形態の聖なる知識に調和をもたらそうとする企図を妨げはしなかった。深奥なる秘密を有する場所として、エジプトの地に特権的な地位を与えていたルネサンスおよびバロックの思索的文化に育まれたキルヒャーは、ヘルメス主義のイメージ群をたくみに利用して、「古代の叡智」(prisca sapientia) を所有するものとしての自

参考図35 A——『エジプトのオイディプス』の口絵
（A. Kircher, *Oedipus aegyptiacus*, Roma, 1652）

Latus Orient.
Latus Meridion.
Latus Boreale
Latus Occident.
LVDOVISIVM.
PRINCIPI
FILIO.
Interpres
Roma a. 1654.

参考図35B——フェルディナント三世に捧げられたサルスティウスのオベリスク（Giorgio Sepi, Romani *Collegii Societatis Iesu Musaeum Celeberrimum*, Amsterdam, 1678）
参考図35C——カノープス出土のヒエログリフの彫られた彫像（A. Kircher, *Oedipus aegyptiacus*, Roma, 1652）

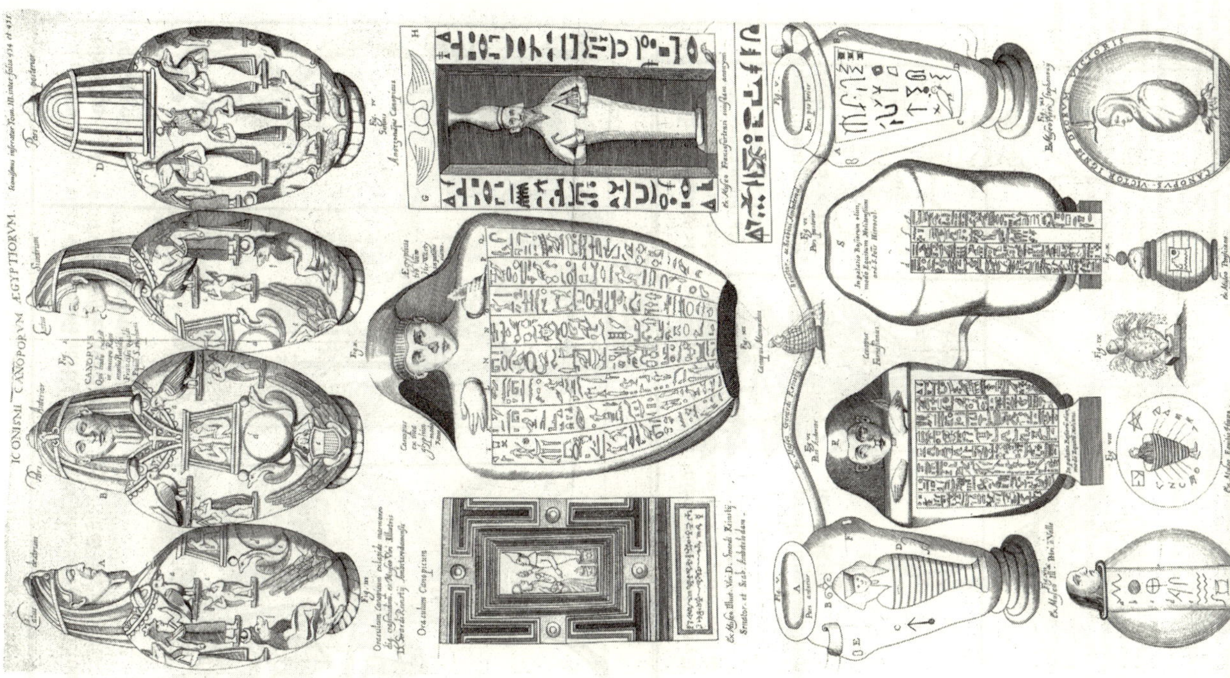

らの能力を喧伝したのである。

出版物やミュージアムにおいてくりかえし証明されていた、キルヒャーの言語への精通は、エジプトの神秘を解き明かす学者としての彼のイメージの基盤となった。ヒエログリフの解釈者としての彼の成功に基づいて、キルヒャーは最初、自らを新たなオイディプスとみなしていた［参考図36］。彼のエジプトに関する作品が次々と出版されると、同時代人たちは、彼がこの称号を帯びるための権利の有無を決定するために、キルヒャーに対して、古代の碑文、現代の暗号、その他の秘文字といった新たな謎の数々をもって挑戦してきた。「雅兄、煥発する才気のオイディプス殿よ、スフィンクスを有する貴殿ならば、いともたやすく解釈を導きだされることでしょう」と、キルヒャーに読解を挑んだ暗号を同封した書簡中の一節で、ゴットフリート・アロイシウス・キンナーは書いている。☆135 情報伝達の問題に時代全体がとり憑かれていた当時にあっては、キルヒャーの卓越した言語能力はほとんど神にも等しい地位にまで彼を押しあげたのである。

オイディプスとの自己同一化は、キルヒャーのヘルメスとしての啓示への序曲にすぎなかった。オイディプスとして、彼はヘルメス的言語の神秘を解き明かし、ヘルメスとして、彼はそれらの秘密の奥義を会得したものとなり、このような形態の知識をただ解釈するばかりでなく、生産する能力を有する識者となった。『エジプトのオイディプス』の序文の中に、キルヒャーを崇拝する英国人から贈られた、以下に引用する詩が添えてある。

汝こそトリスメギストスの名声にふさわしく、
並みいるヘルメスを超える正当なるヘルメスたらん、
三重をなす大智のゆえに。☆136

この冒頭献辞は、本文中で確証される内容をあらかじめ告知していた。すなわちキルヒャーは、ヘルメスの後継者

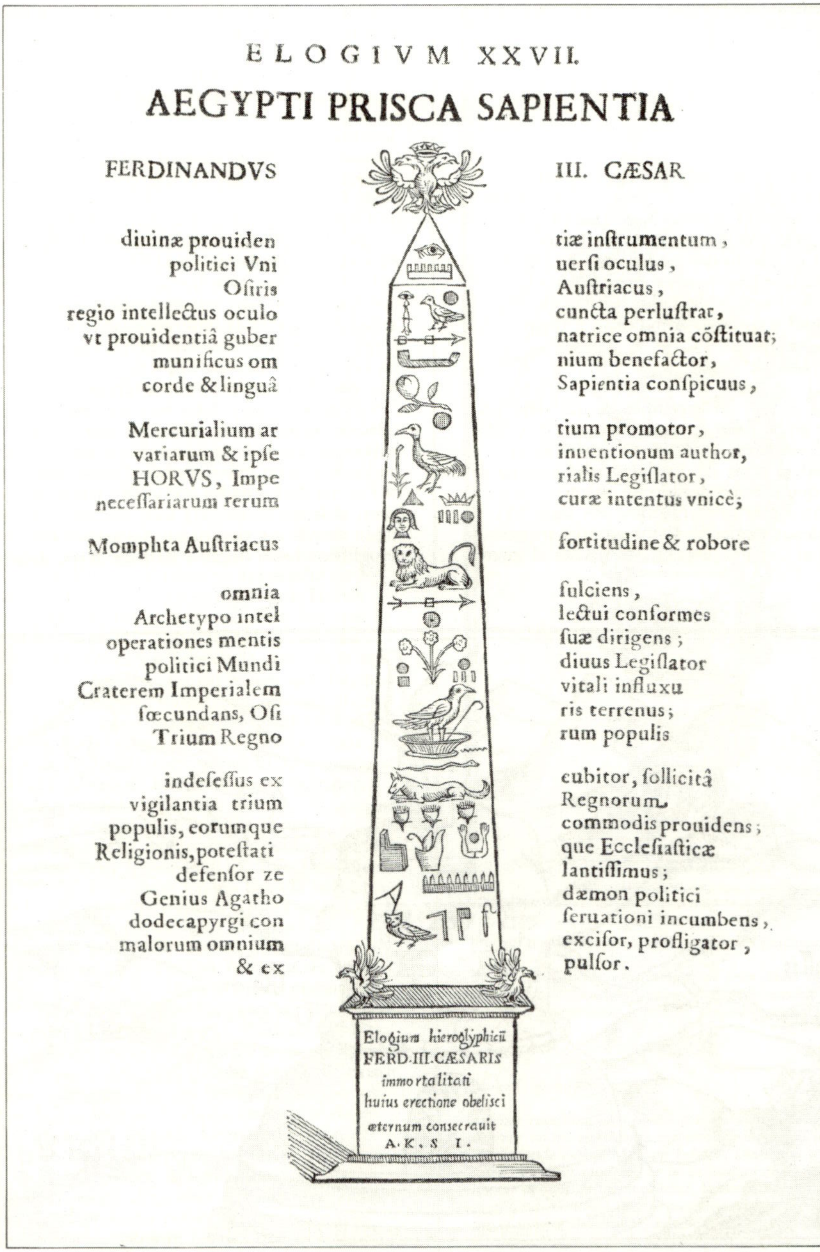

ELOGIVM XXVII.

AEGYPTI PRISCA SAPIENTIA

FERDINANDVS III. CÆSAR

diuinæ prouiden tiæ instrumentum,
politici Vni uersi oculus,
Osiris Austriacus,
regio intellectus oculo cuncta perlustrat,
vt prouidentiâ guber natrice omnia cōstituat;
munificus om nium benefactor,
corde & linguâ Sapientia conspicuus,

Mercurialium ar tium promotor,
variarum & ipse inuentionum author,
HORVS, Impe rialis Legislator,
necessariarum rerum curæ intentus vnicè;

Momphta Austriacus fortitudine & robore

omnia fulciens,
Archetypo intel lectui conformes
operationes mentis suæ dirigens;
politici Mundi diuus Legislator
Craterem Imperialem vitali influxu
fœcundans, Osi ris terrenus;
Trium Regno rum populis

indefessus ex cubitor, sollicitâ
vigilantia trium Regnorum
populis, eorumque commodis prouidens;
Religionis, potestati que Ecclesiasticæ
defensor ze lantissimus;
Genius Agatho dæmon politici
dodecapyrgi con seruationi incumbens,
malorum omnium excisor, profligator,
& ex pulsor.

Elogium hieroglyphicū
FERD. III. CÆSARIS
immortalitati
huius erectione obelisci
æternum consecrauit
A. K. S. I.

参考図36 A——エジプトの古代の叡智（A. Kircher, *Oedipus aegyptiacus*, Roma, 1652）

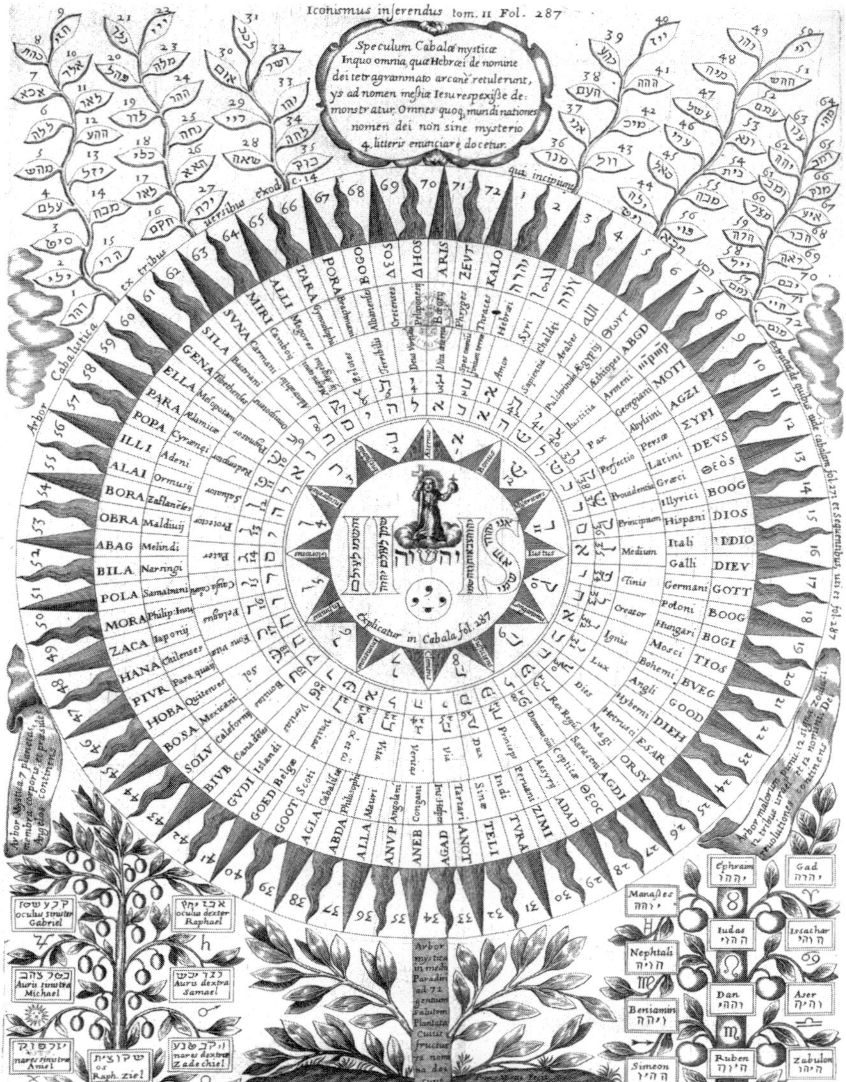

参考図 36 B（上）——神の 72 の数（数の神秘の一覧表）

参考図 36 C（左）——時の車輪／数学的ヒエログリフ
（A. Kircher, *Oedipus aegyptiacus*, Roma, 1652）

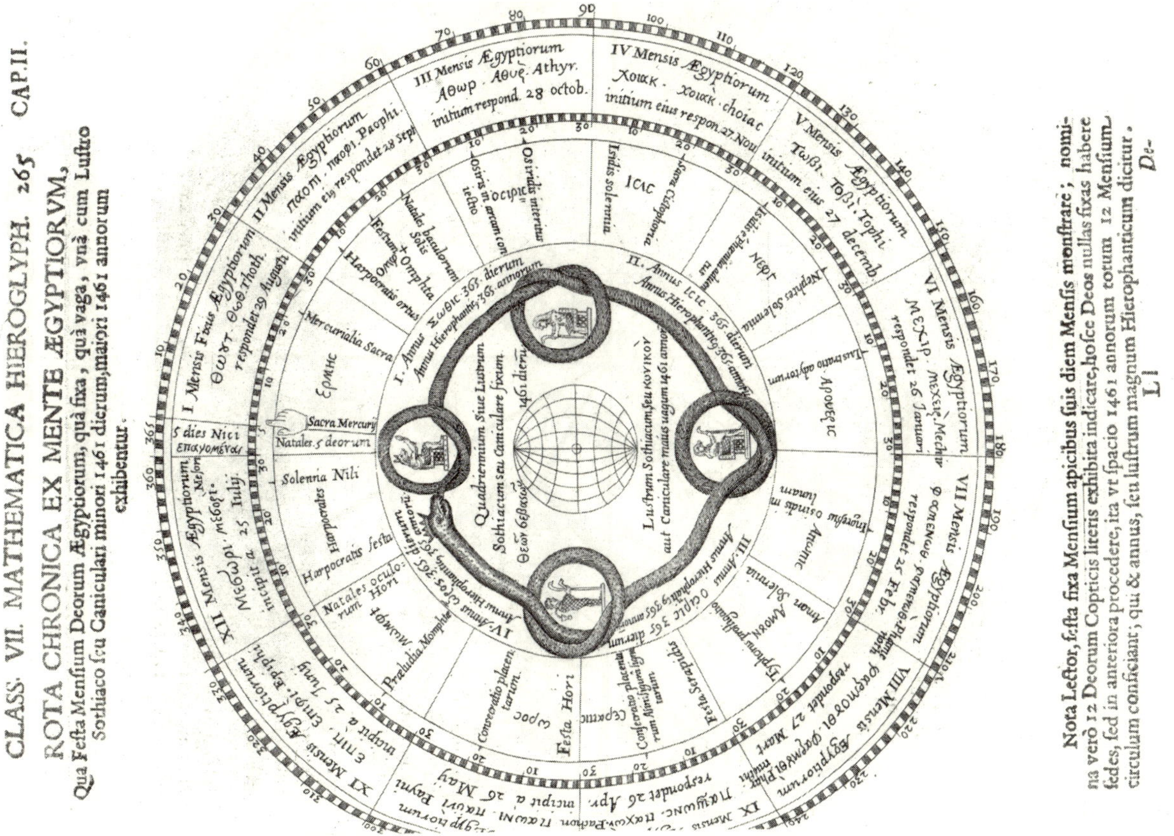

CLASS. VII. MATHEMATICA HIEROGLYPH. 265 CAP.II.
ROTA CHRONICA EX MENTE ÆGYPTIORVM,
Qua Festa Mensium Deorum Ægyptiorum, quà fixa, quà vaga, vnà cum Lustro Sothiaco seu Caniculari minori 1461 dierum, maiori 1461 annorum exhibentur.
Nota Lector, festa fixa Mensium apicibus suis diem Mensis monstrare; nomina verò 12 Deorum Copticis literis exhibita indicare, hosce Deos nullas fixas habere sedes, sed in anteriora procedere, ita vt spacio 1461 annorum totum 12 Mensium circulum conficiant; qui & annus, seu lustrum magnum Hierophanticum dicitur. De-
L l

という称号を獲得しつつ、ヘルメスの有する叡智と学識の広がりを凌駕したのである。ラクタンティウスが述べているように、ヘルメスは「あらゆる種類の学識に最高度に精通し、そのため多くの事柄や技芸についての知識を通してトリスメギストスの称号を獲得した」。またアレクサンドリアのクレメンスは、ヘルメスが三六のエジプト哲学を扱ったものを含む四二の著作を完成させたと書き残して、キルヒャーに達成すべき具体的な目標を与えている。☆137 三八の著作を刊行したキルヒャーは、総計においてヘルメスに迫らんとする勢いであった。さらに、まちがいなくキルヒャーが執筆したと思われる未刊行の手稿群を勘定に入れるとすれば、ちょうどアルドロヴァンディがアリストテレスとプリニウスを追い抜いたように、彼はヘルメスを凌駕していた。エジプトの学識を蘇生させたと宣言する一方で、キルヒャーはなおも、そのエジプトの英雄を自らのイメージとして再表象化することで、新たなるエジプトの新たなるヘルメスたらんとしたのである。

ヘルメスとの自己同一化は、彼の多くの著作の口絵に、もっとも明確に見ることができる。書記にして伝達者――二つのもっとも主要なヘルメス的トポス――というイメージは、それこそいたるところに見られる。たとえば『地下世界』第二巻の口絵（図13）では、キルヒャーは女性の詩神の姿で描かれ、イシス像の足下に座り、その手はヒエログリフを描いている。☆138 そのポーズからは、ヒエログリフを解読しているのか創案しているのかは判断に迷うところではあるが、それでもキルヒャーは、ヘルメスが「秘密の碑銘」を刻みこんだオベリスクについて瞑想をめぐらせている。☆139 キルヒャーはメルクリウス［ヘルメス］によってその作業を中断されていて、その介入は、この同じ神がアエネアスを［地下世界に］導いたことを予想どおり想い起こさせるもので、今度はこのイエズス会士を地下世界の探訪へと指し向けている。メルクリウスはまた、再び手に羽根ペンをもって、口絵に「カルデア人の占星術、ギリシア哲学、ピュタゴラスの数学、エジプトの叡智」と題された著作『パンフィリのオベリスク』（*Obeliscus Pamphilius*, 1650）を上にして積み重ねられた本の上に肘を付いている。神話の人物と化したキルヒャーを導いている。ラテン化されたヘルメスとして、彼はドイツのヘルメスに対する「第二の自我（アルター・エゴ）」とも言うべき存在であり、そして両者はともに、キルヒャーの歴史記述の中でエジプトのヘルメスとして新たな肉体をまとって生まれ変わるのである。

キルヒャーを書記として描いた肖像は、オシリス神の書記たるヘルメスとの類比をとりわけ強調するものである。「ヘルメスは万象にわたる事柄を目にし、見たものを理解した。そして理解したものを、ほかの者に解き明かす能力を有していた……発見した事柄に関しては、これを書版に刻みこみ、その内容の大部分を誰にも語ることなく、これらの書版を安全に隠し置き、のちの世に、世界中の人々がこれを探し求めることができるようにした」[☆140]。たとえば、ペトルッチの著作『キルヒャーの研究を擁護する先駆』（*Prodomo apologetico alli studi chircheriani*）の口絵では、キルヒャーは、彼の研究の困難さを象徴する鰐の上に座り、オシリスと自然の豊饒性のシンボルである太陽のライオンの下に位置している[☆141]（図28）。キルヒャーの前には、知識を形成するために読破し、自ら執筆した書籍が堆く積まれている。キルヒャーは、しかしながら、書物にではなく巻物に何か書きこんでいる。口絵の画面を横切って広がるこの巻物は、この人物が修得した知識の総体を提示している——すなわち、幾何学、数秘学、音楽、占星術、錬金術、など。デッラ・ポルタが自身のイメージの周囲を本質的に自ら追究した同じ百科全書的オブジェで囲んでみせたのに対して、キルヒャーはヘルメス的賢者という自身のイメージを保持しながら、彼の知識を秘密裏に開示することを選んだ。彼は、ヘルメスが開始し、そのあとに続いた哲学者たちが継承した、知識の記録を完成させる書記であった。自らの形姿を、ヘルメス的な学識の解釈者にして発明者として描きだすことによって、キルヒャーは、時代が脈々と継承してきた叡智が自らのものであることを宣言したのである。

ヘルメスとしてのキルヒャーのイメージは、彼の唯一の天文学（占星術）についての論攷であり、テオディダクトゥスとキリスト教のメルクリウス［ヘルメス］たる天使コズミエルとの対話形式で書かれた、著作『忘我の旅』において完成を見る。この論攷の口絵において、キルヒャーは著作『地下世界』から開始された彼自身の肖像制作を仕上げている（図29）。キルヒャーはウェルギリウスとともに冥府に降り立ち、ヘルメスとともに天上に昇ったのである。キルヒャーのヘルメス化した自己は、危険に満ちた飛行を安全ならしめる聖なる調停者をもたなかった、イカロス

図28——百科全書主義者キルヒャー（Gioseffo Petrucci, *Prodomo apologetico alli studi chircheriani*, Amsterdam, 1677）

図29——キルヒャーの忘我の旅（Athanasius Kircher, *Iter exstaticum coeleste*, Wurzburg, 1671 ed.）

のような墜落の運命からは逃れることを可能にした。『ヘルメス選集』（*Corpus Hermeticum*）の言葉に導かれ、キルヒャーは宇宙を彷徨した。「……人間は天までも登ってそれを測定し、天の上部にあるものがいかなる様であるか、その下部にあるものがいかなる様であるかを知り、そのほかすべてのことを正確に学ぶ。そしてなによりも優れている点は、地から去らなくとも上方にいたるということである。彼が届くことのできる距離はこれほどに長大なのである」（荒井献・柴田有訳）。ショットは、キルヒャーの対話編の序論において、キルヒャーの魂が天上をさまよっているあいだに師がトランスに近い状態にあるのを目撃したさいのことを詳しく語りながら、そのような非物質的な航海は実際に可能なのだと確証している。『ヘルメス選集』の第一一書において、精神がヘルメスに解き明かしているように、「（おまえは）また、霊魂に天へと翔るように命ずるのだ。すると、翼さえも必要としないであろう」[☆142]。彼の初期の著作群を見れば、キルヒャーがオイディプスを模倣することに成功したことが高言されているのと同じように、この著作『忘我の旅』を繙けば、ひとりヘルメスのみが匹敵することの可能な新たな段階の、霊的かつ哲学的な地平にキルヒャーが到達したことが喧伝されているのである。この忘我の夢の中で、魂の上昇、知識の増進、エジプトの再生が、三つながら同時に生じているのである。

著作『忘我の旅』が、『エジプトのオイディプス』の上梓からわずか一年しか時を隔てずに出版されたのは、決して偶然ではなかった。一六五〇年代は、キルヒャーのイメージ創出作業の最盛期であった。さまざまなオベリスクの改修に携わることで、ファビオ・キージが一六五五年にアレクサンデル七世として教皇に就任するのに臨席している。その同じ年に、スウェーデンのクリスティーナ女王がローマに来訪し、「アレクサンドリアのクリスティーナ」の称号を得たのも目撃している[☆143]。これら三人の人物——キルヒャー、キージ、クリスティーナ——がローマにおいて運命的な邂逅を遂げたことにより、カトリックにおけるヘルメス主義復興運動の集合中心地としてのローマ市のイメージがますます強固なものとなり、またキリスト教徒のヘルメスたるキルヒャーの役割もいよいよ重要なものとなった。新たなるアレクサンドリアの地で、キリスト教のオシリス神とイシス女神によって庇護されている自分自身を見いだしたキルヒャーは、およそ二〇年前、自分をエジプトの地から送りだした「運命」が用意しておいてくれたものをここにいたってついに理解したと確信したのである。かつてひとつの帝国が没落するさまを目の当たりにした彼であったが、異国の地においてその新たな再生復活を今度は身をもって証言したのである。これら連鎖する出来事の中で、キルヒャーは、アタナシウス、アエネアス、そしてヘルメスとしての自らのアイデンティティをひとつにまとめ、それらを自伝の中で提示する人文主義者的総体のうちに組みあげたのである。

フィリップ・フォン・ツェーゼンは一六六二年にキルヒャーを評して、「疑いなく、今世紀の学識ある人々の中では不死鳥たる存在である」と描写して、キルヒャーが自らを常に変容させ、絶えず再生拡大させる能力を有していると公言している。[☆144] キルヒャーは不死鳥を、自著の中で突出した象徴として際立たせている。不死鳥は、ペトルッチの著作『擁護する先駆』の口絵にも、それ自身を新たに生まれ変わらせる自然の能力を示すヒエログリフとして姿を現わし、そのことはキルヒャーのミュージアム中に反響している。「再生した不死鳥」は、キルヒャーが訪問客たちに実演してみせたもっとも著名なヘルメス的実験のひとつであった。[☆145] キルヒャーのアイデンティティは、古典的、初期キリスト教会の教父的、そしてヘルメス主義的なイメージ群の、諸神混淆的なアマルガムの中から立ち現われてきた。ミュージアムに収蔵された数々の展示品は、これらの異なる形態の権威の交差を、たえず確言し続ける存在であった。再生の観念は、ウェルギリウス的ならびにヘルメス主義的な自然哲学の心臓部とも言うべきものであり、彼のミュージアムを背後から衝き動かす推進力でもあった。[☆146] これら二つの議論が相互に補完しあっているということは、キルヒャーが自らのために選びとった二つの主要なアイデンティティもまた、相互補完の関係にあることを強化するものであった。ミュージアムの展示品がそうであったように、このイエズス会士の蒐集家もまた、文明の曙から彼自身が生きた時代の事象まで、果てしのない年代上の広がりを横断する、連鎖しあうアイデンティティを所有することで、複合する真理を体現する存在であった。

アウグスティヌスの『告白』（*Confessiones*）やロヨラの『霊操』（*Ejercicios espirituales*）といったテクストに慣れ親し

んで育ったキルヒャーは、召命により、真の知識を求めて視線を内部に向かわせる訓練を受けていた。アウグスティヌスが記憶の「修道院（クラウストゥラ）」へと隠遁していったのに対して、キルヒャーはこれらの同じ内面的な大建造物に「回廊（ガッレリーア）」のラベルを貼りつけた。そして彼は、このギャラリーの中に世界のイメージ群を配したのである。アルドロヴァンディやデッラ・ポルタとは異なり、しかしながら、キルヒャーは自己省察に必要な静寂を与えてくれるいかなるヴィッラも所有していなかった。だが人生も終盤にさしかかったころ、ようやく、都市の世俗的な気苦労から逃れることのできる方途を見いだした。一六六一年に彼は、聖エウスタキオが牡鹿の角に乗って現われるキリストの姿を幻視した場所を特定する過程で、古代の教会の廃墟を発見した。キルヒャーはこの教会をメントレッラの地に再建し、これを聖母マリアの神殿（聖所）とする一方で、自らのヴィッラとしても活用し、定期的にこの地に隠遁に訪れた。一六七四年に友人の一人に出した書簡で、次のような手紙を書き送っている。

> 貴殿からの、心待ちにしていた書簡をうれしく拝読いたしました。といってもローマではなく、広漠たるモンテ・エウスタキアヌム（Monte Eustachianum）、別名ヴルトゥレッリ（Vulturelli）の物寂しさに浸ってです。毎年秋がめぐってくると、世のあらゆる喧騒を逃れて、この地を訪れるのが習慣となっています。抱えている仕事をすべて脇へ押しやって、ただ神の勤めにのみ没頭する……ああ、しかし、この地にまでも、私のもとを訪問したいという学者たちの要求は追いかけてきます。貴殿はそんな私のことを、こんな風に評することができるでしょう。「カリュブディスの渦巻きを避けようとする者は、かわりに海の洞窟に住む六頭の女怪物スキュラに喰われてしまう」☆147、と。

これまでに見てきたほかの蒐集家たちと同様に、キルヒャーもまた、隠棲地での閑暇と都市の用務とを完全に分離することは不可能だということを発見するにいたる。ミュージアムはローマに残してくるものの、哲学大系を構築する認識空間たる「回廊（ガッレリーア）」は彼と共に在ったのである。

科学的自己

アルドロヴァンディ、デッラ・ポルタ、セッターラ、そしてキルヒャーは、蒐集家のアイデンティティを分節化する中で、それぞれに異なる道筋を描いている。アルドロヴァンディとセッターラは、それぞれ博物学と力学（機械学）の復興の代表者として、異なった形態の科学的範例を分担しながら、彼らのイメージを発展させるために鍵となる古典的トポスに拠った。デッラ・ポルタは特徴的に、自らもその一部である古典的なトポスにおけるいかなる能力をも否定し、古典的な素材を練りあげるかわりに、彼自身の考案したもののエンブレムを創案することを好んだ。それとは異なり、キルヒャーは、一連のイメージ群を渉猟し、自己に対して抱いた至上のヴィジョンたる、新たなるヘルメスというステータスを確立しようとした。これらのアイデンティティを発明／創出し、交換しながら、この四人の蒐集家たちは、彼らの個人的なモザイクを完成させるために、学術文化の源泉の数々に依拠したのである。彼らは、科学文化が急速な変容を閲していた時代にあっても、依然として人文主義的思考が有効に機能していたのだということを自ら証言しているのである。

彼ら四人が自らのイメージに仕上げの筆を揮っていたまさにその一方で、新たに台頭してきた知的文化は、新しくより近代的なアイデンティティへと導く、新たな分析の技術を提案することで、もはや人文主義的な発明／創出の実践の有効性を否定し始める。ガリレオは、このもうひとつの文化を体現していた。人文主義的な学識からさまざまな恩恵を享受してはいたものの、ガリレオはしかしながら、人文主義的文化が主張する科学的な権威というものは拒否していた。ケプラーへの手紙の中で、彼が反対している自然哲学者たちのタイプについて記述しながら、彼は書いている。「この手の人々は、哲学とは『アエネイス』や『オデュッセイア』といった書物のようなもので、真実とは世界や自然の中ではなく、蒐集やテクストの中に見つかるものだと考えているのだ（私は彼らの言い回しを真似ている）。貴殿とともに、笑い続けて、良き永い時を過ごしたいものだ」[148]。彼がこの厳しく鋭い文章を書いていたとき、たしかにガリレオが念頭に置いていたのは、古代ギリシアと古代ローマの叙事詩物語に遡る学識の伝統の継承者であった、アルドロヴァンディやキルヒャーといった博物学者であったにちがいない。手紙の受取人であるケプラーとは異なり、ガリレオが認めようとしなかったのは、これら新旧の異なる探求形態が相互に補完しあう可能性であった。デッラ・ポルタと彼のエンブレムをその活動の中心的特徴としたアカデミア・デイ・リンチェイの文化に参加する一方で、ガリレオは、彼らが常に稼働させていた文化的ツールの有効性を否定する人々の集団にも属していたのである。ここでわれわれは、自らを「学識の裸体画」として描きだしたアゴスティーノ・シッラを、自然哲学者の新たなイメージのプロトタイプとして考えることができる[149]。蒐集家たちの人文主義的なブリコラージュを拒絶することで、今度は彼らが「科学的」自己を発明／創出したのである。

第8章　学芸庇護者、宮廷仲介者、そして戦略

このわれわれの世紀は、ヨーロッパのさまざまな地域で、有徳文化人（virtuoso）の支援者に事欠くことはない。

——ウリッセ・アルドロヴァンディ

ミュージアムは、初期近代ヨーロッパの真髄と言うべき、学術と芸術を庇護する権力者（patron）と庇護を依頼する博物学者や芸術家など（clients）の織りなす、庇護／被庇護の文化形態（patraonage culture）であった。ルネサンス期イタリアにおけるミュージアムの出現は、宮廷文化とそれにともなう行動様式の興隆と軌を一にしており、バロック期イタリアにおけるその要塞化は、絶対主義国家にとって、この種の文化的機構が担っていた重要性を証言している。[☆1] 人文主義者の学識が、自らの拠点を次第に宮廷とアカデミーに見いだしていくにつれて、ミュージアムは学問の世界と政治の世界を結ぶ新たな絆の視覚的表現となった。君主なるものは、マキァヴェッリがこの主題に関する著名な論考で述べているように、自らの徳を映しだす鏡として、卓越したもののあらゆる形態を高く評価する、「能力を鍾愛する者」であった。[☆2] 君侯たちは蒐集家たちを庇護することによって、学識があり気前よく恩恵を施す者という自らの役割を知らしめようとした。またオブジェを獲得するのと同じ情熱をもって、庇護依頼者たちを獲得することによって、君侯たちは自然と人間双方の資源を自由に操っていることを誇示した。君侯たちは自らを、ミュージアムを形成する展示の文化の、もっとも重要な観衆へと仕立てたのである。

博物学者たちも同様に、君侯の学芸庇護を受けることによって恩恵に浴していた。彼らもまた、同じ情熱でもって学芸庇護者たちを蒐集し、ミュージアムに飾られた肖像画やメダルにおいて、またアルドロヴァンディの『われ

われの研究に援助をくださった人士たちの目録』(*Catologus virorum qui nostra studia adiuvarunt*) のような百科全書的な一覧表において、学芸庇護者たちを展示した[☆3]。危険性は高く、長く、困難な道のりであったが、それだけに報酬も大きかった。短期的な視点から見れば、まずは声望が約束され、さらに宮廷においてステータスを得るか、またはイタリアで権勢を誇る一族のひとつと公的関係を築くことができた。長期的な視点から見れば、不朽の名声が可能となった。博物学者たちは、著作を刊行し、ミュージアムを寄贈することによって、時のもたらす破壊から身を守ろうと企てたのである。蒐集家も学芸庇護者も、社会の最前線に立とうと努力をしているにもかかわらず、やがては忘却の淵に沈み、そして最終的には、この社会の、幸運に見離され、才能にも地位にも恵まれなかった者たちと同じ運命を分かちあうことになるのではないかという恐怖を抱いていた。蒐集家たちは、政治的制度としての宮廷が徐々にその権力を増大させることによって育んできた、競合する文化交換システムに身を投じつつ、自らの社会的地位を上昇させるための手段として、ミュージアムと博物学という学問分野の価値を高めたのである。学芸庇護者たちは、教養ある為政者に対して惜しみない讃美を浴びせる人文主義的文化の指針に敏感に反応し、同じように、蒐集家たちとの関係から恩恵も得ていた。彼らは「君主＝実践家」にして「君主＝賢者」として、つまり、学問と権力との連関を理解しうる為政者として認知されることになった[☆4]。

昨今では、初期近代のパトローネージは、よく採りあげられる研究主題となっている。とくに近年は、科学史家のみならず、美術、文学、音楽、政治というジャンルの歴史研究者たちからも関心が注がれ始めている[☆5]。パトローネージが召喚されたのは、個々の実践家たちの華々しい成功を、自然哲学者たちの集団としての地位の上昇を、そして科学のさまざまな領野の知的な正当化を説明するためであった。マリオ・ビアジョーリが、ガリレオに関する著作で述べているように、パトローネージとは単に、困窮した哲学者たちが糊口を凌ぐための経済的手段であったと考えるべきではない。多くの場合、パトローネージは学者たちの存在理由であった。科学の実践活動に携わる者たちは、各自の目的に合致するようにパトローネージの構造を形成していったが、彼らはすべて、この世界で成功を収めるためにはこのメカニズムを知悉する必要があることを認知していた。あらゆる表現形態、とりわけ「新奇なもの」に信頼を与える名声や地位を得るためには、パトロンを所有しなければならなかった。お気に入りのクライアントたちの作品を喧伝しようとするパトロンのさまざまな尽力があってはじめて、彼らは貴族社会を支配していた、宮廷に基盤を置く新たな文化的エリートに属することができたのである。

ミュージアムには、エリート社会のさまざまな領域を結びつける能力があるため、それを通してわれわれは、このプロセスを詳細に考究することができる。この空間の中で頻繁におこなわれたアイデンティティやオブジェの交換は、パトロネージのシステムにとってのミュージアムの意義を映しだしている。蒐集家はパトロンに対して、彼らのクライアントへの熱意を表明するための多様な手段を申しでた。贈りもの、訪問、そして刊行物は、いずれもミュージアムとその創設者を顕彰するのに貢献した。その見返りとして、蒐集家たちは君侯たちに対して、多くの献身の証を浴びせかけた。返礼品、著作の献呈、そして特定のパトロンに関連する事物の戦略的配置はいずれも、君主たちのイメージ形成のプロセスに貢献するものだった。[☆6] 彼らが教訓を引きだしたのは、タッソの『無愛想』(*Malpiglio*)に登場する想像上の宮廷人などからであり、この作中人物はこう断言している。「宮廷人たる者の本懐とは、君主が名声と栄誉を獲得することである。そしてこの君主からは、宮廷人自身の名声と名誉が、あたかも泉から湧きでる水のごとく、流れでてくる」。[☆7] 蒐集家は、エリート社会のほとんどの者を招き入れる学問的空間の創出者として、君主が自らのイメージを宮廷を超えて押し広げ、強化することを可能にした。彼らは、イタリアにおいて共和国的な表現形式が、より貴族的な振る舞いに道を譲ったとき、新たな政治的文化にとっての重要な喧伝役を演じたのである。[☆8]

このプロセスの一例として、カルツォラーリの例を考察したい。一五九〇年にこの薬種商は、ゴンザーガ家のヴィンチェンツォ一世の肖像が刻みこまれた、黄金の鎖がついたメダルを手にもつ肖像画を描かせている。このマントヴァの公爵は、同年にミュージアムを訪問したおりか、あるいはその少しあとに、メダルを贈答したのである。明らかにこれは、公爵が好んだ感謝の形式であり、たとえば一六〇四年にはガリレオに対しても、軍事用のコンパスへの返礼として、同じ贈りものを送ったことをわれわれは知っている。初期近代の為政者たちの多くと同様に、ヴィンチェンツォ一世もまた、クライアントへの贈りものとしては、貴金属からつくられた自分自身の肖像に勝るものはない、と考えていた。他方、クライアントたちはしばしば鎖を売り払い、メダルだけを保管していた。カルツォラーリは、フィレンツェやローマからあまりに遠く離れた場所に住んでいて、ほかのパトロンの気を引くことは期待できず、また薬種商という職業のゆえに社会的上昇の可能性もかぎられていたので、このゴンザーガ家とのつながりを宝物のように大切にした。一六〇二年の遺言書で彼は、甥に対してミュージアムのすべての品々を遺贈すると書き記したが、ただし「一〇〇ドゥカートの価値があるルビーつきの指輪」だけは除いてあった。薬種商がこの指輪を妻のために残したのは、単に経済的な価値からばかりではなく、それが「マントヴァ公からの贈りもの」、したがってゴンザーガ家に仕えたことを想起させる貴重な形見だったからである[☆9]。カルツォラーリが肖像画の中に誇らしげに描きこんだ公爵のメダルや、ミュージアム内のテリアカ薬瓶、乾燥植物、動物標本などに混じって飾られた公爵の指輪は、蒐集という営為を、ひいては蒐集家を高貴化するものだった。実際、カルツォラーリのゴンザーガ家のクライアントという地位は、彼のアイデンティティにとって、自らのテリアカ薬が純粋であることよりも重要だったのだろう。というのも、多くの社会において、後者の信望を保証するのは前者だからである。

この章では、ミュージアムのパトロネージの輪郭と、これらの営為が博物学の領野、および個々の蒐集家の経歴にとってもつ意味について幅広く描きだすことにしたい。それは、パトロネージのシステムにおける、継続と断絶の両面を探究することになるだろう。宮廷仲介者の利用、献呈の言語、出版の助成というような構造的な特徴が、アルドロヴァンディからキルヒャーにいたるまでの蒐集家たちを結びつけている。彼らはまた、博物学者たちの世代が重なったり、特定の支配的一族が継続して発揮した政治力が影響したために、パトロンの一部を共有することがあった。イタリア国内では、メディチ家と教皇によるパトロネージのみが、本章が対象とする全期間にわたって存在していた。メディチ家は最初、世襲の支配者として新たに得た政治権力を文化的に正当化するクライアントたちを養っていたのだが、一七世紀の半ばには、一族の政治力の表現は、芸術と学問の偉大なパトロンとしての名声に依拠するようになっていた。エドワード・ゴールドバーグが、大公国の首邑フィレンツェにおけるパトロネージの研究において慧眼にも論じているように、トスカーナの国家が軍事力と経済力の双方において衰退するのにともなって、メディチ家にとってはパトロネージが、ヨーロッパの指導的為政者たちと肩を並べるための唯一の手段となった。[☆10]トスカーナ大公国は、領土の広さや軍事力においては、台頭著しいフランス王国やサヴォア公国といった絶対主義諸国に太刀打ちできなかったが、それにもかかわらず、文化的生産の中心地としては、両国を凌ぐことこそできないまでも、少なくとも対等に自らの役割を演じ続けたのであった。こうしてメディチ家は、イタリアでもっとも著名な蒐集家たちを、一族のクライアントおよび代理人(エージェント)として惹きつけ、そして援助したのである。

歴代の教皇たちはパトロネージを、政治構造の重要な要素として遂行してきたのだが、一六世紀および一七世紀に教皇庁の宮廷が長足の発展を遂げると、この従来からの路線にも一層の拍車がかかった。メディチ家の歴代の大公のように、初期近代の教皇たちもまた、ルネサンスから絶対主義的政治体制への移行を成功裏のうちに終えた。ウルバヌス八世の治世(一六二三―四四年)までには、教皇の宮廷はヨーロッパ最大のものとなり、教皇はもっとも輝かしい君主となった。[☆11]教皇の権力のもつ特異な性格にもかかわらず、ルネサンスおよびバロック期の教皇たちは、世俗的支配者たちと共通する多くの特徴を分かちもっていた。教皇は、地方の政治的文化と密接に結びついたイタリアの支配的一族の中から選出されたので、彼らが世俗的な営為を教会の管理の中にもちこんだとしても驚くべきではない。教皇権は、事実上、第一の政治機構となり、イタリアの支配的一族はその座を求め、それを通じて自らの権勢を拡張しようとした。そこにはとりわけ、名声への渇仰が存在していた。パトロネージは歴代の教皇たちに、聖なる都市ならびにキリスト教世界の支配者としての役割を強化する一連のイメージを付与することによって、この目標を達成するための手段を提供したのである。[☆12]宗教改革の勃発によって自らの名望が低下してきたこととを察知した初期近代の教皇たちは、都市ローマの外観をつくりかえ、そして宗教的制度としての教皇権の権威を強化しつつ、君主としての教皇の喧伝に寄与するクライアントたちを支援した。メルカーティやキルヒャーのような蒐集家たちは、この両方の点においてパトロンに貢献したのである。ミュージアムは、初期近代の教皇権が抱いた帝国的ヴィジョンをミニチュア化して表わしており、カトリックの特権として自然および知識を占有していることを表象し、また個々の教皇の活動を栄光化するものだった。いわばそれは、カトリック文化を革新するための出来合い（レディ・メイド）の装置だったのである。メディチ家の場合と同様に、教皇の地上国家においても、一七世紀の中葉から繁栄に翳りが見えはじめたことは、パトロネージのプログラムを加速することになった。壮麗さは、傾いた経済を回復させることも、弱体化した軍事力を再生させることもなかったが、しかしそれによって、不安定に直面していた教皇権は栄誉と名声を保つことができたのである。

イタリアの他の、パトロンとしての支配的一族は、それぞれの政治的盛衰によって浮沈をくりかえしていた。一六世紀には、フェッラーラ、マントヴァ、パルマ、ウルビーノの公爵たちが、メディチ家や教皇に対抗しつつ、もっとも奇特な君主という称号をめぐって競いあっていた。一七世紀の半ばになると、イタリア半島内の地元勢力にあっては唯一サヴォイア公のみが、メディチ家を筆頭に、教皇の座を占め、ローマの文化的生を一手に掌握していたバルベリーニ家やキージ家のような支配的一族に匹敵する権勢を誇っていた。イタリアの外では、依然としてスペインならびにオーストリアの両ハプスブルク家が、クライアントとしての蒐集家たちを惹きつけていた。イタリア半島のかなりの面積——ミラノ公国、ナポリ＝シチリア王国——を支配下に置いていたスペイン人は、イタリアの臣民の文化的探求に対して投資をおこなうつもりはなかった。スペイン総督のような本国から指名された役人が、デッラ・ポルタ、インペラート、セッターラのミュージアムに庇護を与えることはあったが、スペイン国王がこれに相応するような関心を、青年時のデッラ・ポルタのようにクライアントが遠路はるばるスペインの宮廷まで自ら赴くことがないかぎり、これら蒐集家たちの科学的な活動に対して示すことはなかった。かつてアルドロヴァンディが悔しさを噛みしめたように、スペインのハプスブルク家の君主たちは、当然にも、国外から才能ある人物を輸入するよりは、国内の才能ある人物の努力を支援する方を好んだのである。そして一七世紀になって、彼ら自身の繁栄に翳りが見えはじめると、この態度はますます顕著になるばかりであった。[☆13]

これとは対照的に、オーストリアのハプスブルク家の皇帝たちは、イタリアに次第に魅力を感じるようになり、見込みのあるクライアントを見いだそうとした。神聖ローマ皇帝として彼らは、ローマ、すなわち自分たちがかろうじて頭に載せている皇帝冠を正当化する古代の根拠との特別なつながりを感じとっていた。一六世紀末から一七世紀にかけてイエズス会の勢力が強くなり、この二つのカトリック帝国の学問的文化を結びつける媒介を提供した。イタリアと中央ヨーロッパとの、キルヒャーを典型とするような学者たちの往来を通して、ハプスブルク家の皇帝たちはローマを、優れてカトリックの君主であるという自らの政治的神話を洗練する場所とみなすようになった。イエズス会の著名な知識人たちが戦乱で疲弊した地域を離れてローマへと移住し、イエズス会のドイツ人学院へ学者たちが流入することによって、ハプスブルク家は教皇都市におけるクライアントたちの安定した供給源を確保したのである。同家によるキルヒャーのような蒐集家のパトロネージは、カトリックであれプロテスタントであれ、ドイツのほかの諸侯たちに対するモデルを提供した。一七世紀の半ばまでに、ドイツ語を母語とする学生で、かつてのようにイタリアの大学に在籍する者は減少していった。中央ヨーロッパに新設された大学、あるいは拡張された大学が、彼らに自宅の近くで同等の教育を受ける機会を提供し始めたからである。[☆14]しかし、さらに多くのドイツの諸侯や貴顕や学者はローマに旅行し、その魅力を、中でもとりわけキルヒャーのミュージアムを見学した。キルヒャーは、神聖ローマ帝国の威光を遠くローマの地にまでいきわたらせ、そのミュージアムを通して皇帝と教皇の野心を結びつけていたクライアントであった。

蒐集という営為を規定している社会的および政治的構造が、蒐集品、個人、そして制度の間の複合的な関係を証言している。鍵となる人物たちに具わっていた、自らを宮廷の世界に参入させる能力が実際に、貴紳の余興としての蒐集活動の成功を確実なものとし、そしてこの成功が今度は、宮廷における博物学者の地位を強固なものにした。君侯の権力を象徴的に表象する新しい方法の探求が、実りあるパトロネージ関係を築きあげるための新たな機会を提供した。博物学者たちが、大学、アカデミー、薬種商、そして宮廷のあいだをやすやすと動き回ることができたということは、これらの異なる文化的制度の相互連関性を明らかにするとともに、社会的相互作用のある形態を促進する場所としてのミュージアムの重要性を確証している。ミュージアムは、初期近代の文化にあって中心的な課題であった、社会的協調のシステムを定着させ、これを維持したのである。貴顕たちは、知識を所有するためだけではなく、また宮廷生活の活力をそのままに自邸で再生しようとしてミュージアムを創設した。コレクションに生命を吹きこんだ交換活動を再構成することによってわれわれは、ミュージアムと蒐集家、そして博物学の新たなステータスと、貴族文化の成長の関係について、より正確な理解を得ることができるのである。

アレクサンドロス大王を探すアリストテレス

博物学者たちのアイデンティティを形成していた古典古代の範例（exempla）はまた、パトロンとクライアントとの関係についての彼らの認識について伝えている。その中でも筆頭に位置するのは、アレクサンドロス大王のクライアントとしてのアリストテレスの歴史的イメージであった。アルドロヴァンディ、メルカーティ、ボナンニのような異なる博物学者たちが、そしてイタリアの外では、イングランドの自然哲学者ジョン・ディーが、自分自身のパトロンとのあいだで築きあげたいと望んだ関係の類似形態として、このイメージを召喚した。[☆15] アレクサンドロス大王は、君侯たちが称讃する統率者としての諸徳を体現していた。すなわち彼は、教養があり、軍務を機敏にこなし、そして広大な領土を統率し、叡智（sapientia）と権力（potentia）を結合した、幸運な支配者の典型であった。[☆16] 蒐集家たちは、自分のパトロンは「アレクサンドロス大王の轍に倣っておられる」、あるいはより一般的に「古代の王や君侯を模倣されている」ことを示唆した。[☆17] というのは、これによって、パトロンと蒐集家自身の振る舞いを規定するコードが確定され、このコードを通して彼らは、自らの知的プログラムと社会的な要請を合致させることができたからである。この精神のもとに、植物学者エヴァンジェリスタ・クアッドラーミは、パトロンであるエステ家のアルフォンソ二世の興味を喚起し、テリアカ薬の研究への助成を得ようと試みている。「この機会をご活用されるならば、大公殿下はただちどころに、世界中の君侯たちから称讃されることになるでしょう。といいますのも、かくも重要な一種の調合薬を、まさに古代の発明家や皇帝や王たちが調合した仕方で手にする、実に最初の君主となられるからです」[☆18]。エステ家に奉公して二〇余年後、クアッドラーミは自らのことを当代のミトリダテス王に仕える新たなアンドロマコスと、新たな皇帝に仕えるガレノスと、当代のアレクサンドロス大王に仕える新たなアリストテレスとみなしていたのである。

アリストテレスは、古代世界におけるもっとも名高い指導者たちの一人［アレクサンドロス大王］に対する教師として、また哲学者として、成功したクライアントの諸徳を具現化していた。アリストテレスは、自らの著作に対して惜しみない助成をおこなう皇子の愛護を確実なものとした博物学者であった。その見返りとして、アリストテレスは不滅の言葉を通してアレクサンドロス大王に永遠の名声を付与した。礼儀作法の手引書の作家たちはほどなくして、この古代とルネサンスのあいだのパトロネージのシステムの類比関係に気づいた。「そしてアリストテレスは、良き宮廷人の作法を用いつつ、アレクサンドロス大王の偉業を書き記した著作家であった」と、カスティリオーネは『宮廷人』の中で述べている[☆19]。初期近代の博物学者たちは、その知性のゆえだけでなく、また研究を完成させ、それを書物において記録するための財源を確実なものとするために彼が用いた方法のゆえに、アリストテレスを適切なモデルとして仰いだ。アリストテレスは、「ルネサンスの宮廷人」という用語が存在する以前に（avant la lettre）、すでにこうした人物なのであった。

博物学者たちが、日頃から自分のパトロンたちに想い起こさせていたように、アレクサンドロスの権勢はもっぱらアリストテレスの言葉を介して後世に伝えられた。「マケドニアの偉大な王アレクサンドロスが、これほどの称讃と栄光を獲得したのは、明らかに自らの師であるアリストテレスに命じて動物誌を執筆させたからである」と、アルドロヴァンディは述べている。さまざまな君侯たちに宛てた書簡の中で、アルドロヴァンディは臆面もなく、アレクサンドロス大王の帝国は束の間でしかなく、大王が残した物質的な記念碑は、オジマンディアス［古代エジプトの王］のものと同様に、時とともに朽ちていったことを喚起している。これとは対照的に、アリストテレスの言葉は一九〇〇年あまりの時を生き延びている。「もしアレクサンドロス大王が今日生きていたならば、彼が成し遂げた数々の著名な偉業で、なににもまして輝かしい栄光を獲得したのが動物誌であったことに驚くことでしょう」。君侯たちの偉業はすぐにその輝きを失ってしまったが、知識は永遠であった。まさにアルドロヴァンディが自らの「もう一人の自己」(alter ego［アリストテレス］)を超えたように、彼のパトロンたちもまた、パトロネージという偉大な行為を通して、アレクサンドロス大王を凌ぐ能力を継承したのである。

たとえば、一五七七年にトスカーナ大公フランチェスコ一世との面会を果たしたのち、アルドロヴァンディは、「長きにわたる比類なき名声」と、アレクサンドロス大王と比べても「さらに偉大な栄光と名誉」のゆえに大公を称讃することを怠っていない。[☆20]マケドニアの王は、動物研究に対してのみパトロネージの活動をおこなったのに対して、メディチ家の君主は自分自身を自然すべてのパトロンとしたのである。アルドロヴァンディの友人であったメルカーティもまた、このイメージを喚起し、自著『金属学』(*Metallotheca*)中のクレメンス八世に対する献辞で次のように述べている。「アリストテレスが動物誌を執筆するのにさいして、アレクサンドロス大王に献身を惜しまず多大なる能力を注いだのだとすれば、キリスト教世界のすべてにいきわたっている権威である貎下に捧げますこの拙著には、いったいどれほどの献身と能力が注ぎこまれたものかと、貎下にはご期待していただけるでしょう」。[☆21]フランチェスコ一世がアレクサンドロス大王よりも知的な能力の面で卓越していたとすれば、クレメンス八世はその支配圏の広大さで古代の王を凌駕したのである。このイメージを操作することによって、博物学者たちは君侯たちに対して、パトロネージを真摯に考えないさいの危険について想い起こさせたのである。

クレメンス八世に献呈された、アルドロヴァンディの『鳥類学』(*Ornitholigiae hoc est de avibus hisotoriae libri XII*, 1599)第一巻の口絵には、三つのイメージが目立つように描かれている。左側では、アリストテレスが自著をアレクサンドロス大王に捧げ、右側では、プリニウスが自著『博物誌』を皇帝ウェスパシアヌスに差しだし、そして下部では、アルドロヴァンディ自身が自著を教皇に献呈している[☆22](図30・参考図37)。現実のパトロンたちはあまり信用できなかったので、博物学者のクライアントとしての立場は弱いものであったが、観念上のパトロンとの確固たる関係は、自分自身を定義するための社会的なモデルの継続性を保証したのである。アルドロヴァンディは、彼のパトロンに図像学的に翻案されたアイデンティティを割りあて、自らのイメージを成功したクライアントとして強化することによって、古代ギリシア・ローマの最良の伝統を背景に、自らの宮廷界への参入を喧伝したのであった。四〇年にもわたる努力の末に、彼はついに、博物学の最初の巻を刊行する資金を得るために十分な数のパトロンを集めることに成功した。初期近代の知識人たちの多くと同様に、アルドロヴァンディもまた、印刷術を古代人たちの業績に肩を並べることを可能とする枢要な媒体とみなしていた。「信じられないことだが、しかし事実である。速筆の筆記者が一年かけて書く以上のものを、たった一人の男がわずか一日で印刷するのである[☆23]」。アルドロヴァンディは、自らの考えを世に広めるため選んだこの手段に抱いていた楽観主義にもかかわらず、この目的に到達するのは、当初思い描いていたよりもむずかしいことに気づいた。出版事業というのは——のちに百科全書派の多くもこのことを知ることになるのだが——費用がかさみ、きわめて時間がかかるものなのである。こうした理由から、多数の学者たちは、印刷文化の方に惹かれてはいても、手写本の伝統にこだわり続けていた。このような妥協的な状況であるからこそ、出版という勝利はいっそう甘美なものとなる。それは、一人の学者が実際に、自分はアリストテレスを、言葉や業績の点ばかりではなく、パトロンと執筆者自身を不朽なものとする媒体の点においても凌駕した、と宣言することのできる瞬間だった。

アルドロヴァンディにとって、アレクサンドロス大王のクライアントとしてのアリストテレス、というイメージ

VLYSSIS ALDROVANDI
PHILOSOPHI AC MEDICI
BONONIENSIS.
Historiam Naturalem in Gymnasio Bononiensi
Profitentis,
ORNITHOLOGIAE
HOC EST
DE AVIBVS HISTORIAE
LIBRI XII.
AD CLEMENTEM VIII.
PONT. OPT. MAX.
CVM
INDICE SEPTENDECIM LINGVARVM
COPIOSISSIMO.
BONONIAE
Apud Franciscum de Franciscis Senensem.
CIↃ. IↃ. XCIX
SVPERIORVM PERMISSV.
VESP.
IMP.
PLIN.

図30——クレメンス八世に著作『鳥類学』を献呈するアルドロヴァンディ
（U. Aldrovandi, *Ornitholigiae hoc est de avibus hisotoriae,* Bologna, 1599）

参考図37——暗森鴨と「インドの鼠」（U. Aldrovandi, Tavole di animali, VI, c. 99）
鴨の版画（U. Aldrovandi, *Orinithologiae*, 1599, p. 235）

Ornithologiæ. Lib. XIX. 235

DE ANATIBVS QVIBVSDAM GERMANIÆ INFERIORIS, ET MARITIMÆ, MEANCA, TELA, ET SLVPO, ET C. ANATE FERA MINORIBVS. Cap. XLV.

は、自分自身がパトロネージを獲得しようと企てるさいのライト・モチーフとして機能した。自分自身を君主の愛顧を受けるクライアントとして確立することによって、彼の生存中も死後も、ミュージアムは常に活力を与えられたし、さらには財政的な支援を得ることによって自著の出版が可能になった。一五六〇年代までに、アルドロヴァンディは教皇領第二の都市であるボローニャにおいて、入手しうる財源を使い果たしてしまっていた。すでに大学においては有力な地位を享受していたが、この環境において、それ以上の進展を望むことはほとんどできなかった。彼は、教皇特使であった大司教パレオッティとも、またカルダーノが「みな貴族で、驚くほど慇懃に振る舞い、教養が豊かで経験に富み、輝かしい人々」と述べている、市の評議会議員たちとも親しい間柄にあった。[☆24] しかしボローニャには、彼の明確な目標にとって必要な宮廷文化が欠けていた。この時期に、アルドロヴァンディは、自らの企図を捧げるにふさわしい君主から確実なパトロネージを得ようと運動を開始した。

マッティオーリが神聖ローマ帝国の皇帝マクシミリアン二世付きの侍医に指名されたことによって、アルドロヴァンディは君主のパトロネージを獲得するための、最初の機会を得ることになった。マッティオーリがプラハについてまもない一五六八年に、アルドロヴァンディはさっそく彼に宛てて書簡をしたため、ハプスブルク家の支配者が、イタリア半島周辺の島々への科学的な探査行を援助してくれる気があるかどうかを尋ねている。これにマッティオーリは慎重に答えている。「あなたが書き送ってくれた、もし資金を提供してくれる王か王子がいるならば、クレタ、キプロス、それからギリシア方面の群島や、シチリア、コルシカといった島々を巡りたいという探査行については、よく考えてみました。しかし、私が仕える王にしても、あるいは王子にしても、まちがいなく資金を提供してくれるとは保証できませんし、自ら進んで提供してくれるかどうかも断言できません」。[☆25] こうして皇帝からは拒絶されたので、アルドロヴァンディは国内で運を試し続けることになる。それから二年後、彼の名は、高位聖職者で、ジガンジティの雇用者であるルドヴィーコ・ベッカデッリがしたためた書簡の中に現われる。ベッカデッリはボローニャにごくわずかの期間滞在しただけであったが、そのさいさまざまな請願が、クライアントたちから寄せられてきた。「このボローニャという街は、崇敬なるモローネ猊下にお仕えするこの私にとっては、推挙と多くの請願からなる悪夢のようなところです」と、ベッカデッリはローマの友人に書き送っている。こうした嘆願者たちの中にアルドロヴァンディの姿もあり、ベッカデッリは彼のことを親しい友人と記している。「彼は、猊下に推挙されることを望んでいます。猊下がなにがしか、この大学の益となるようなことをお望みであることを、よく承知しております」[☆26]。教皇領内でもっとも著名な大学の講師としてアルドロヴァンディは、教皇が大学に恩恵を施したおりには、自分がその利得に与りたいと望んだのである。ベッカデッリやパレオッティのような友人たち、そして、ボローニャを訪ねる教皇特使たちは、彼に教皇庁への関心を呼び起こさずにはいなかった。

遅々とではあったが、しかし確実に、一五六〇年代のローマとフィレンツェでパトロンとの関係を成功させていったことで、アルドロヴァンディは自信をつけ、次に国外の専制君主に働きかけて、自分の研究に興味を抱くようにもちかけている。彼がフェリペ二世を標的としたのは理に適っている。このスペイン王は、イタリアに領土的野心を抱く支配者であり、その国民たちはイタリアの大学へと通っていることもあって、世界のこの一角でおこなわれている活動によく通じていた。ボローニャ市には王の代理使節たちが駐在していたため、アルドロヴァンディは、信用のおける宮廷仲介者（ブローカー）たちを通して、フェリペ二世に接近することができた。一五六七年には、スペイン人学院の院長に書簡をしたため、その中で、ハプスブルク家の君主のクライアントとなるのに十分な資質を具えている旨を申し立てている。彼はこの書簡を、自分が王とのあいだに築こうとしている関係の歴史的な性格について明らかにしながら、次のように始めている。「私の研究を遂行するには、あのマケドニアのアレクサンドロス大王のような人物がパトロンとなり、そして、大王が師のアリストテレスを庇護したように、私にも援助を与えてくださる必要があります」。そして彼は、新たなコロンブスとして敢行しようと望んでいる遠征について述べながら、新世界の自然を総合的に研究することは、かのフェルディナンドとイサベラの国王夫妻の子孫［フィリペ二世］による財政支援があってはじめて可能となる、と説得している。スペイン国王のパトロネージを得ることは、アルドロヴァンディが自ら選びとった古代と現代のアイデンティティを実現するために必須の要件であった。庇護の見返りとしてアルドロヴァンディは、「私が手がける著作および研究はすべて、アリストテレスがアレクサンドロス大王に対しておこなったように、当然のことながらわがパトロンである陛下に捧げられる」ことを約束している。[☆27] このことによって、アルドロヴァンディとフェリペ二世は、お互いの運命を、十全にまっとうすることになるだろう。そして、アルドロヴァンディは、ルネサンス期のマケドニアとも言うべき「新たなスペイン」の動植物誌を記すことによって、新たなアレクサンドロス大王としてのフェリペ二世の役割を確証することになったはずである。のちに、フェリペ二世がこの役目を自分にではなくて、王のお抱えの宮廷医師エルナンデスに与えたことを知って、アルドロヴァンディは落胆したが、それでもスペインの君主に対して自分の企図を知らせ続けた。彼の友人たちは、マドリッドを訪問すると必ず、ハプスブルク家の王に対してアルドロヴァンディを称讃した。[☆28]

一五七〇年代になると、アルドロヴァンディは、ついに自分にも価値あるパトロンを獲得すべき時が訪れた、と思い描くようになった。パレオッティが大司教に任命され、彼の従兄弟のグレゴリウス一三世が教皇冠を戴く身分となった。そして必然的な世代交代によって現われた、若く有力な君主たちは、まだパトロネージを与えるクライアントのリストを完全に埋めきってはいなかった。アルドロヴァンディはまず最初に、従兄弟の教皇からとりかかった。新教皇の就任にさいして出現したドラゴンの解剖をめぐる諸活動のひとつとして、アルドロヴァンディはただちに、教皇グレゴリウス一三世はどのような返礼をすべきかを示唆している。すなわち、「私にはパトロンが必要なのです」と、アルドロヴァンディは、グレゴリウス一三世の庶子で、一五七二年にカステル・サンタンジェロの主となったばかりのジャーコモ・ボンコンパーニに嘆願しているのである。[☆29] しかし教皇の意向をいくら注意深く見守っていても、グレゴリウス一三世が彼の従兄弟の科学研究に興味を示そうとする気配は一向になかった。一五七六年になると、アルドロヴァンディは、教皇との関係について不満を顕わにしている。アルドロヴァンディは、フィレンツェに赴任していた教皇大使に宛てて、「多くの理由から、私は自分がおこなった偉大な研究の数々を、このもっとも幸福な教皇の統治のあいだに、貴殿の手にお渡しすることができるものと希望しておりましたが、自分はよほど運に見放されたようです」と書いている。[☆30]その翌年、アルドロヴァンディはローマを訪れて教皇に拝謁し、テリアカ薬をめぐる論争の調停を懇願したとき、この不運な出来事を利用して、教皇に対する個人的な請願をもう一度試みるまたとない機会とした。ローマに向けて発つ少しまえに、弟のテセオに宛てた書簡では、「おそらく、著作を出版するためのなにがしかの助成を、教皇睨下からいただくことができるだろう」とほのめかしている。グレゴリウス一三世はおそらく、アルドロヴァンディと医師たちとの論争を調停したことが、この厄介な従兄弟に与えようと配慮したパトロネージのすべてであると感じていたのであろう。それか数カ月後、アルドロヴァンディは博物学の「図譜を印刷させるために君侯たちの助成」を得ようと、弟の助力を求めている。[☆31]アルドロヴァンディが教皇から引きだした約束がなんであろうと、それらは、自分のアレクサンドロス大王を見つけたという確信を彼に抱かせるには十分ではなかったのである。

教皇グレゴリウス一三世が抵抗し続けたために、アルドロヴァンディは自らの足場を築く努力を、新たにメディチ家の宮廷へと向けることになった。一五六〇年に彼は、コジモ一世からもたらされたピサ大学のおける教授職という申し出は断わっているが、その後もトスカーナ大公との良好な関係は維持していた。コジモ一世が一五七四年に亡くなると、その後継者フランチェスコ一世とのあいだに強固な関係を築く機会が訪れた。一五七七年、ローマから戻る途中でフィレンツェに立ち寄ることを決めたという事実は、テリアカ薬をめぐる論争で一躍名を成したアルドロヴァンディが、その名声を利用して新たなパトロンを得ようと画策しているという印象を強めた。大公所有のコレクションを訪問し、メディチ家の宮廷にいる知己たちとの親睦を改めて深めたのち、フランチェスコ一世こそは自らのアレクサンドロス大王であるという確信を得て、アルドロヴァンディはボローニャへの帰路についた。そして彼は、すぐに大公に対して、パトロネージ関係を新たに始めるときには決まって用いる誇張した表現を用いながら、大公がクライアントとしてのアルドロヴァンディから独占的な献身を得たことを確証し、「アルドロヴァンディの書斎」(Studio Aldrovandi)から次のような讃辞をしたためた。「正直に申しあげて、ヨーロッパ中の君主の中で、殿下ほどにやすやすと、これら自然科学の諸学を増進させることのできる方をほかには見たこともありません」と、一五七七年に彼は書いている[☆32]。アルドロヴァンディは、書簡や贈りものを送り、あるいは刊行物を約束することによって、メディチ家の宮廷博物学者となることを望んでいたのである。

しばらくのあいだ、アルドロヴァンディはこの独占的な特権を存分に享受した。フランチェスコ一世は彼に無数の恩恵を与え、その中には宮廷画家のヤコポ・リゴッツィの活用もあった。この画家はメディチ家コレクションの品々を描くばかりでなく、ボローニャを訪れて、「アルドロヴァンディの書斎」に収められた数々の標本を美しい水彩画に描きとっている[☆33]。自伝の中でアルドロヴァンディは、フランチェスコ一世との関係に触れて、二人はお互いに偉大な贈りものの数々を交換しあった仲だと述べている。

大公殿下はアルドロヴァンディ博士にあまたの恩恵を下賜してくださったばかりか、珍奇で美麗な品々をいくつも贈答してくださり、将来についても次のように約束された。外国産の工芸品で貴殿にふさわしいと思うものがあればなんなりと一点を贈呈しよう。それから私が同じ品を二点入手したときには、かならず一方を送ることにしよう。いままでも、植物、種子、金属、生き生きと描かれた鳥やら、そのほかのものを送ってきたのだから。これらの品々はアルドロヴァンディ博士のミュージアムにおいて、そして同様に、博物学の中に認めることができるだろう。同著で博士は大公殿下のことを回想しているが、博士の所有する「自然の劇場」に、気前よく贈りものをしてくださった方々に対しては、彼はいつもそうしていたのである。

アルドロヴァンディは一五八六年に、フランチェスコ一世に次のように書き送っている。「このたび殿下が愚生に贈ってくださった品々がどれほど貴重なものであるのかは、筆舌に尽くしがたいほどであります。……その一部はミュージアムに保管して、殿下を永遠に記念するものとしております。殿下が私に贈ってくださる品々はすべてこのようにしておりますし、そしてまるで鏡を覗きこむように、これらの品々に見入っては、遠くから殿下のことを崇敬申しあげております」[☆34]。アルドロヴァンディは、メディチ家の庇護を受けた博物学者としての立場を確実なものとすると、自らのミュージアムをメディチ家のコレクションを拡張したものとして宣伝し始めた。フィレンツェの宮廷で見られるものと同じ蒐集品を多数収蔵することによって、彼のミュージアムは、支配者の美徳を映しだす「君主の鏡」という、当時人口に膾炙したメタファーを実体化した空間となった。この種の表象がその頂点を極めたものが、アルドロヴァンディがヴィッラに飾ったフランチェスコ一世の肖像画であり、そこにはアリストテレスに見立てたアルドロヴァンディの肖像が添えられていた。大公の肖像画の下に添えられたエピグラムには、アレクサンドロス大王の名こそはっきりとは現われないものの、偉大なる人々の輝かしい業績に対する数々の暗示から、その類比関係は疑うべくもなかった[☆35]。

フランチェスコ一世はこの種の追従をとくに好んだ人物であった。神聖ローマ皇帝ルドルフ二世と同じく、彼もまた、自らの周囲に才能ある人々を集め、学識ある支配者というイメージを高めようとした君主であった。大公と重要な博物学者たちとの関係について触れながら、大公付き植物学者のジュゼッペ・カサボーナは次のように記している。「ウリッセ・アルドロヴァンディやメルカーティといった人々は、まるで兄弟同士であるかのように親しげに大公に書簡を書き送り、談笑に打ち興じ、そして同じテーブルを囲んで席に着いていた」[☆36]。フランチェスコ一世は博物学者たちに対して、宮廷付き天文学者や数学者たちよりも高いステータスを与えた。彼らは宮廷での晩餐に招かれることはあったが、大公と同じテーブルにつくことはなかったのである。アルドロヴァンディは、フィレンツェにはなかなか足を運ぶことはなかったが、大公の博物学への個人的な関心のおかげでメディチ家から寵愛を得る身となった。彼からの称讃と忠誠に答えて、フランチェスコ一世は、カミッロ・パレオッティやアレッサンドロ・ファルネーゼ枢機卿がおこなったように、ボローニャの評議会に嘆願書を書き送り、アルドロヴァンディが求めている俸給の増額と植物園維持のための臨時給付金の支給を要請している。一五八五年に伯父がなくなったおりに、アルドロヴァンディ一族は重要な称号［土地所有権］を失ってしまうかもしれない危機に立たされた。グレゴリウス一三世がこの称号を親族にではなく、自分の財務官に与えるという決定をしたためで、そこにフランチェスコ一世がこの問題へ介入し、大公のクライアントが「名誉と尊厳」を回復できるようにはからっている。☆37 それゆえアルドロヴァンディが博物学の完成に向けて邁進していたときに、フランチェスコ一世が常にボローニャの博物学者に寄せる愛顧の一部として、出版の費用もまかなってくれるのにちがいないと確信したのももっともなことであった。

　初期近代イタリアのパトロネージ市場は、諸侯たちの政治的な浮沈にあわせて変動をくりかえした。政治的な停滞や君主の時ならぬ死は、すなわち数多くのプロジェクトの消滅を意味した。このような変化が起こると、クライアントたちは、急に権力を得た新たなパトロンの周辺に再編され、彼らへの忠誠を表明した。一五八七年のフランチェスコ一世の死は、こうした機会のひとつだった。そのさい、イタリア中の博物学者が固唾を呑んで見守っていたのは、はたして弟のフェルディナンド一世が、兄が示したのと同様の寵愛を自分たちの研究に注いでくれるかどうかという点であった。フィレンツェではカサボーナが、パトロンが「いなくなって」しまったいま、はたして宮廷には何か自分のために残されているものはあるだろうか、と嘆いている。そして、かつてフランチェスコ一世の庇護を受けていた友人たちに頼みこんで、「貴殿との親交の開始を確実なものとするために」、新しい大公に書簡をしたためるように請願している。しかしほどなく、カサボーナの心配は杞憂であることが明らかになった。フェルディナンド一世はこの植物学者に指示して、大公の名において、重要な博物学者や君主＝賢者たちと書簡を交換させ、自らが科学的な事柄に関心をもっていることを喧伝しようとしたのである。それからまもなく、カサボーナはピサ植物園の拡張作業に関わっている自らの姿を見いだすことになる。この事業にはギャラリーの建設も含まれており、そこにはカサボーナのための「ストゥディオーロ、すなわち博物学のミュージアム」も設置されることになっていた。☆38 フェルディナンド一世は、兄が築きあげた学術パトロネージの世界を、解体するどころかむしろ一層充実することを選んだのである。

フェルディナンド一世が大公位を継いでまだまもないころに、アルドロヴァンディは急いで新しい支配者に書簡をしたため、メディチ家との関係を喜んで続けようとする意志を確言している。

殿下が私にお示しになる、その絶えることなき情愛に満ちた御庇護に鑑みまして……私はたしかに駆り立てられ、己のもてる知識と不眠の努力をことごとく投入して、すぐさま殿下に訴えようと思いたちました。もちろん私は、諸徳と教養人の保護者にして後援者であられる大公フェルディナンド・メディチ殿下に訴えていることを承知しております。しかし私は日頃よりから慎ましく、理性をもって慎重に振る舞うことを旨としておりますので、私の要求などは、近年君主の方々を悩ませている深刻な心配事の数には入らないであろうと存じます。

アルドロヴァンディは、フェルディナンド一世がまだ枢機卿であったころのローマにおける出会いを新しい大公に想い起こさせ、そしてフェルディナンド一世が彼の弟に対して注いだ寵愛を、フランチェスコ一世のクライアントであった彼に振り向けるように望んでいる。こうした理由から、アルドロヴァンディは、「もっとも高貴にして誉れ高きメディチ家」として称讃している。「御一家は、常に教養人たちに手を差し伸べられ、これを保護し、助け、恩恵を施し、資金の援助をなされてきました。御一家の中には、レオ、クレメンス、ジョヴァンニ、コジモ、アレッサンドロ、フランチェスコのお歴々、そしてフェルディナンド大公殿下はこの最後のお方を、世襲のしきたりによって継承されました」[☆39]。アルドロヴァンディは、フェルディナンド一世が永きにわたる君主のパトロネージの伝統に連なることを示しながら、彼が新たなアレクサンドロス大王となるべく運命づけられていると主張している。ただし、新たなアリストテレスに庇護を与えてはじめて、この世襲財産を要求することができるのではあるが。

フェルディナンド一世は、アルドロヴァンディのクライアントの志願を認めはしたものの、かつてフランチェスコ一世が与えたような寵愛に満ちたステータスは彼に提供しなかった。アルドロヴァンディにはもはや、大公と同じテーブルに着くことのできる博物学者としてのステータスは望むべくもなく、単に大公の恩恵を求めて群がる大勢の中の一人にすぎなくなった。「大公殿下はたしかに、偉大なる事業を企図したいという切なる願いを示されておられる」と、大公の宮廷医師メルクリアーレはアルドロヴァンディに書き送っている[40]。このように安心させておきながら、アルドロヴァンディの出版事業を支援する段になって、実際フェルディナンド一世が見せた薄情ぶりには、われわれも驚かされる。彼は喜んで、カサボーナに指示してアルドロヴァンディと自然物（naturalia）を交換させた——結局のところこの種の恩恵を施すことはたいした出費ではなかった——のだが、アルドロヴァンディの著作『鳥類学』を出版するための資金援助に対してはほとんど関心を示さなかった。アルドロヴァンディは、かつてフランチェスコ一世をアレクサンドロス大王という鋳型に嵌めこむことに成功したのだが、弟のフェルディナンド一世は、この称号にかたくなに抵抗したのである[41]。アルドロヴァンディは大公に対して、自分の著作をすべて捧げると約束した。これは二〇年ほどまえにフェリペ二世に対しておこなったのと同じ提案であったのだが、それでもフェルディナンド一世の態度はまったく変わらなかった。彼は、メディチ一族とこの学識の高い博物学者との伝統的な関係を維持することは歓迎したものの、国庫にさらなる負担をかけるような出費は快く思わなかったのである。一五九三年にメルクリアーレはアルドロヴァンディに対して、彼の年齢と著作の未完成を主たる二つの理由として挙げながら、援助の要求を諦めるように勧めている。そして「今日では、大公殿下のお心は、出費よりも蔵入の方に傾いておられるのです」と結んでいる。その同じ年、メルカーティが——少なくとも彼は四人の教皇たちに寵愛されたクライアントであったにもかかわらず——自著『金属学』を出版にこぎつけることなく、突然の死を迎えると、アルドロヴァンディは自分も同じ運命に見舞われるのではないかと心配し始めた[42]。「今日、われらの君侯たちの多くがほかのあらゆる事柄にご執心なさっているのは、学問にいそしむ者どもにとっては、なんたる幸運と言うべきか」と、彼は苦々しげに書きつけている[☆43]。アルドロヴァンディは、メディチ家だけに心を向けるのではなく、イタリアのすべての君侯たちとの新たな接触を求めようと心を決めたのである。

一五九〇年代までに、アルドロヴァンディはもはや、新たなアレクサンドロス大王を見いだそうという楽観的な希望は抱かなくなっていた。そのかわりに彼が頼ろうと欲したのは、「アリストテレスが擁していた人物ではなく、重要度の点では少し及ばぬ」パトロンたちであった[☆44]。ローマは言うまでもなく、さらにマントヴァ、パルマ、フェッラーラ、ウルビーノといった各地の宮廷との接触を図ることで、彼には別の可能性が生じてきた。グレゴリウス一三世がアルドロヴァンディの博物学の出版にほとんど関心を払わなかったのに対して、それ以降の教皇たちはこの計画に対して大きな興味を示した。クレメンス八世は、メルカーティの『金属学』を刊行することはなかったが、アルドロヴァンディの『鳥類学』に関しては、一五九八年にボローニャを訪問して以来、第一巻を完成させるための資金提供をおこない、こうして教皇は、口絵の中でアレクサンドロス大王として描いてもらう権利を得たのである（図30）。アルドロヴァンディはクレメンス八世の姿を、彼の「アリストテレス」に対するアレクサンドロス大王として描くことに決めたが、この『鳥類学』が完成を見たのは、人々が寄せてくれた無数の協力が積み重なった結果であることも理解していた。著作中で扱った鳥類に関する数多くの標本を著者のもとまで送り届けてくれた多くの君侯や学者たちを初めとして、本文を飾る木版画の費用負担を申し出た者もいれば、印刷業者への支払いを肩代わりしてくれる者もいたのである。友人のカステッレッティが述べているように、アルドロヴァンディの『鳥類学』を制作する作業は、「あらゆる個々の人物の能力を超えていた[☆45]」。彼の仕事は、たった一人のパトロンとの排他的な関係から生みだされたというよりも、むしろ複数のパトロンや友人たちが長い年月にわたって支援をしたことによって完成を見たのである。

謝辞を公表するというのは、実に微妙な作業である。あまりに多くのパトロンたちの名を挙げると、個々の人物の重要性を減じることになるし、他方、支援者の名を省略したならば、その人々を道徳的に蔑ろにしたことになる。

マッティオーリからアルドロヴァンディへの書簡は、一冊の著作を出版するのに複雑な手続きが必要だったことを明らかにしている。マッティオーリはこの書簡で、友人を一人失ったことを嘆いている。この友人はもう彼に書簡を送ってくることはあるまい、というのも、最新版のディオスコリデス註解において、この友人への謝辞を省いてしまったからである。「ヨーロッパの各地に在住し、私に宛てて毎日、書簡を送ってくる私の大事な友人たちが、もし彼らの名を謝辞に挙げなかったばかりに、皆が敵方にまわってしまうのならば、私は著作や何か有益なことをもはや書くまいと誓うことにしよう。というのも、書けば書くほど友人を失うことになるからである」[☆46]。アルドロヴァンディもまた、自らの言葉と謝意を印刷に供するとき、このような問題に対処しなければならなかった。手書きの献辞が、出版時に添える謝辞を試す機会となった。カルツォラーリのような友人や、教皇大使ボロニェッティのような宮廷仲介者、あるいはグレゴリウス一三世のようなパトロンはみな、それぞれ個別に献呈された論考を受けとっている[☆47]。

献辞が、謝意を示すためのもっとも公的な形態であった一方で、著作の贈呈もまた、パトロンとクライアントとの絆を強めた。ナタリー・ゼーモン・デイヴィスが指摘しているように、初期近代文化におけるパトロネージのメカニズムを明るみに出すために、歴史家はしばしば献辞にこだわりつつ分析しているが、書物が現実の贈りものとして果たした役割についてはほとんど注目を払っていない[☆48]。書物に付された献辞は、印刷されたページの上でパトロンとクライアントとを結びつけることによって、両者の絆を強固なものとする。しかしながら、書物を贈答することもまた、著者が生みだす知的成果における、パトロンや友人たちの役割を再確認するのである。それは、過去の援助に対して謝意を表明する手段であったし、また将来の企図の庇護を新しいパトロンに懇請する手段でもあった。アルドロヴァンディは、君侯たちへの感謝の表明として、価値と贅沢さを具えた書物、とりわけミュージアムのカタログや博物学著作などの多くの図譜を掲載した書物を献呈することで、自らのパトロンの範囲を拡大しようと望んだのである。アルドロヴァンディがパトロンたちに贈った『鳥類学』には、しばしば手彩色の図譜が加えられ、あるいは見返しに各人に固有のエピグラムが添えられることもあった。そしてアルドロヴァンディは周到に、このエピグラムをどのように読解すればよいかの指示を、献本に添えられた書簡の中に、口絵の註解として与えている。[☆49]また別の著作には、どのように、そしていつ、読むべきかについての教示が付されていた。たとえばフェデリコ・ボッロメーオに贈った著作の場合は、「閣下のいつもの御慈悲と慇懃ぶりによって、もったいなくも拙著をお受けとりくださるものと存じます。さらにお時間のあるときに、ざっとページに目を走らせてくだされば、私にとりましては幸甚でございます」[☆50]。このようなさまざまな様態は、口絵に込められた「公式な」パトロネージのメッセージの曖昧さを強調している。アルドロヴァンディはクレメンス八世を、印刷上では公式なパトロンとして認めていたが、自著を贈呈する仕方においては、教皇がアレクサンドロス大王の称号を独占することを反古にしたのである。アルドロヴァンディが示唆しているように、アレクサンドロス大王というアイデンティティは、クライアントの役割における自らのイメージと同様に変容しうるものであった。

一五九九年に『鳥類学』第一巻が出版されたのは、かつてローマの古代遺物に関する論文を発表してからほぼ四〇年後にあたり、アルドロヴァンディはこの著書をパトロンたちに贈答することによって謝意を表明している。この『鳥類学』が完成を間近に控えていた一五九〇年代の半ばに、彼はパトロンと友人たちについて、いくつかの名簿をノートに書きつけている。これらの人物は、著作が出版されたあかつきには、著者から献呈を受けとることになるはずであった。一五九五年の最初の名簿には、トスカーナ大公、教皇、それから当時の教皇特使であったモンタルトと並ぶ冒頭部分に、続いてパレオッティとガリレオの名が含まれている。著作出版の一年まえである一五九八年までに、先の名簿は若干の改変がなされた。パトロンの不慮の死、教皇国家における絶えざる官職の異動、そして新たなパトロンの幸運な出現によって、名簿の構成は変更された。こうしてクレメンス八世がいまでは名簿の筆頭に名を連ね、以下には教皇の甥であるモンタルト枢機卿、ハプスブルク皇帝ルドルフ二世と続き、さらには北イタリアの地方国家を支配する諸侯たちが続き、そこにはメディチ、ファルネーゼ、デッラ・ロヴェーレの各家の君主たちが、そしてヴェネツィア共和国、ボローニャの評議会、ミラノの評議会議長が含まれている。アルドロヴァンディはこの名簿に、どのタイプの版を贈呈するかについての指示も忘れずに記入している。それによれば、国家首長たちはみな、装丁したフォリオ版を受けとり、ガエターノやボッロメーオといった枢機卿たちは、大司教やボローニャ駐在の教皇副特使と同様に縮小版を受けとり、他方、評議会議員、親類縁者、メルクリアーレ、カメラリウス、アルピーノのような友人、助手のウターヴェルは、製本されていない、ページづけのない版を受けとることになっていた。[☆51] つまり、書物の物理的な外面が、受け手のステータスを示しているのである。パトロンたちは、大型の豪華版、芸術作品と言うべきものを受けとるのに対して、同僚たちは文字が印刷されただけのもので満足しなければならなかったのである。

アルドロヴァンディは一五九四年に出版の初期契約を結ぶさいに、業者に対して特別に注文をつけている。「印刷に供される各作品ごとに、それぞれ一五部を別刷りとすること。これは、上記のアルドロヴァンディ氏が君侯、枢機卿、あるいは氏が恩義を感じているそのほかの人物たちに贈与するためのものとする。というのも、ミュージアムのためにさまざまな品々を獲得するさい、これらの方々が支援してくださったからである」。[☆52] この限定版は特別な紙に印刷され、書物の通例の外観とは区別できるように配慮された。アルドロヴァンディは、このような特別限定版を、重要なパトロンたちに、たとえばそのうちの一人、フェッラーラおよびモデナの公爵たるエステ家のアルフォンソ二世には、「いとも高貴な御エステ家に対して私が過去に捧げ、また現在も捧げ続けているこのうえない献身のゆえに特別に」献呈したのである。[☆53] アルドロヴァンディはこれとほぼ同じ言辞を、パルマおよびピアチェンツァの侯爵への贈りものに添えた手紙でもくりかえしている。彼は、「私ならびに家族の者が、きわめて高貴なる御家から賜っております恩恵は、莫大にして顕著なものでございます」と、一五九九年にファルネーゼ家の公爵に確言している。

> この私が抱いております心情、これはささやかなものかもしれませんが、それでもこの心情を込めました私の献身の表明を、すでに殿下のご兄弟たる令名高い枢機卿閣下がなされたのと同様に、殿下がもったいなくもご鑑賞いただきますよう、ここに謹んで懇願いたします。枢機卿閣下がボローニャを御幸のさい、この同じ書物を差しあげましたところ、閣下はご親切にも、私のミュージアムを訪問することを所望され、こうして御ファルネーゼ家に仕える人々に対して常々満足をお与えになるのと同様な仕方で、私のことも遇してくださったのでした。☆54

こうして、書物の献呈がパトロンとクライアントとの関係を再強化する機会を提供した。書物の贈呈は、博物学者の側からの謝意の印であり、書物の受領は、パトロンの善意が継続されるという証であった。気の進まぬフェルディナンド一世でさえ、書物の献呈に対しては丁重な返答をおこなう義務を感じたのである。「ふと時間ができると、気晴らしに、こっそり書物を繙いては、いくらか読み進めている。そのたびに、貴殿が贈ってくれた著作を、たいへんありがたく思っている」と、大公はアルドロヴァンディに書き送っている。☆55

アルドロヴァンディは、その後も続いて有力な権勢をもつパトロンたちの追求に余念がなかったが、他方で教皇との接触を図ってくれた地方の教皇庁官吏たちや教皇庁の多くの人々をなおざりにすることもなかった。たとえば、『鳥類学』の第二巻と第三巻は、ボローニャの教皇特使であったモンタルト枢機卿アレッサンドロ・ペレッティにも献呈されている。☆56 アルドロヴァンディは、感動的な書簡をエステ家やファルネーゼ家に宛てて送っていたが、次著の『昆虫について』(*De animalibus insectis libri septum*, 1602) を捧げる人物としては、ウルビーノ公フランチェスコ・マリア二世・デッラ・ローヴェレを選んだ。

> 公爵殿下に、わが『昆虫について』をお贈りいたします。拙著を栄光きわまる殿下の御名に捧げることにより

まして、私が殿下に対して日頃感じております大きな恩義のいくばくかをお返し、さらには殿下に対する深い献身を示す何かの表徴を残したいという多年にわたって私が抱いていた願みをかなえることができたと存じます。☆57

アルドロヴァンディが一六〇五年に没するまえに準備した最後の著作は、（さらに助手のウターヴェルの手による編集を受けて）死後に出版され、献呈の辞は妻のフランチェスカ・フォンターナが執筆している。☆58 彼女がこの著作『無血動物の化石について』（*De reliquis animalibus exanguibus libri quatuor*, 1606）をボローニャの評議会に捧げたのは実に適切な措置であった。というのは、このころまでに評議会は、アルドロヴァンディのミュージアムを市に寄贈するという条件で、彼の遺稿を出版する作業を引き受けていたからである。「貴紳たちの多くが、これらの博物学が世にもたらすであろう有用性について証言しております」と、カミッロ・パレオッティは評議会に宛てた書簡で書き、アルドロヴァンディが提出した出版費用負担の要請を後押ししている。「とりわけ彼のミュージアムを実際に訪れたきわめて誉れ高き方々、たとえばパレオッティ、ガエターノ、スフォルツァ、ヴァリエーリ、ボッロメーオ、アスコラーノ、スフォンディアート、セーガの各氏、そのほかの多くの方々が」☆59。アルドロヴァンディは、自分の生地を越えてパトロンを捜し始めたのであるが、最終的にもっとも永続的な支援を見いだしたのは生地であるボローニャにおいてであった。

強力なコネクション

後期ルネサンスのイタリアにおいて卓越した博物学者としてのステータスを築きあげるために、アルドロヴァンディは、いくつもの宮廷や共和国にわたって広範に築いた関係を活用した。パトロンたちが愛顧を与えることによってクライアントたちを満足させていたのだとすれば、宮廷仲介者たちは異なる党派間の交流を促進する役割を担っていた。宮廷文化と貴族文化は、間接的な接触という原理に基づいて機能しており、そして科学文化もまた、このような戦略を反映していた。もし君主があまりに気安く家臣と触れあうならば、威厳は損なわれるであろう。親しさと同様に距離もまた、人物の権勢を規定する。これはアルドロヴァンディが、自らのアイデンティティを形成する過程でつかみとった訓戒であった。[☆60] 支配者が近づきがたい存在であれば、対面を願うクライアントたちの念願がかなって、ついに君主と直接接触する機会を得たときの達成感は増大する。というのは、このことが、特権的な内輪のサークルへ入会したことを表わし、権力の中枢へいかなる仲介も経ずに到達することを可能にしたからである。このような親密さは、すでにアルドロヴァンディの事例において見たように、用意周到な交渉を経たうえでようやく獲得された。ある君侯の関心を惹くためには、その仲介者と懇意になる必要があった。彼らが、君主への仲介という贈りものを供給していた。仲介者は、パトロネージの交渉の場で中心的な役割を担っており、クライアントたちが社会的および政治的なヒエラルキーを昇っていくさいに彼らを導いたのである。[☆61] 仲介者は不在の（in absentia）パトロンとクライアントの両方を代表していた。彼らの介入は、必ずと言っていいほど、相互交換の成果を決定づけたのである。仲介者の存在がわれわれに気づかせるように、パトロネージ活動は、たった一度の行為で関係が完了するものではなかった。何週間、何カ月、ときには何年ものあいだにわたる関係を培うことによって、パトロンに対するクライアントの成功のレヴェルは決定されたのである。

初期近代イタリアにおける宮廷的仲介システムは、互いの友情関係を宣言することと、学芸庇護者（パトロン）、宮廷仲介者（ブローカー）、庇護依頼者（クライアント）のあいだの正確な社会的な距離を厳密に測定することとの、奇妙な混淆の上に成り立っていた。パトロンとクライアントの関係を仲介するということは、この時代にあって本質的に望ましいものであった。なぜなら彼らは、少なくとも名目上はどちらとも利害関係をもたない当事者として、その存在が出会いのコンテクストを明確にするところの交換の目的を双方に信頼させ、どちらの側からもよく知られた人物として社交的に必要とされていたからである。宮廷仲介者たちの地位は、社会階級のどこかひとつの層に収まるというようなものではなかった。

この仲介という営為をもっとも明瞭に形式化し分節化したのは、たしかにエリート文化であり、仲介のプロセスは、初期近代の社会のあらゆる側面において中枢的なものだったのである。イタリアの宮廷で高いステータスを占める貴族たちが非公式にこの役割を演じることもあれば、教皇特使や大使が公務の一環として交換の実務を差配することもあった。たとえばルカ・ギーニは、トスカーナ大公の宮廷外交官やヴェネツィアに駐在するフィレンツェ大使を活用して、パドヴァにいるアングイッラーラから植物をとりよせており、こうすることによって、アングイッラーラに対し、これは単なる友人間の交換ではなく、国家の事業であることに気づかせているのである[62]。また宮廷においては、支配者と特別に近しい人々、とりわけ宮廷医師や国務長官が、パトロンとクライアントの双方から信頼を寄せられることになった。彼らは、君侯たちの医学上の、また国務上の「秘密」を知っているがゆえに、同時代人の目には強力な権勢をもつ者と映ったのに加えて、他方で君主の庇護を願う博物学者たちが操る人文主義文化の言葉を同じように話すことができる教養ある人々でもあった。

バッチ、チェザルピーノ、メルカーティといった教皇の侍医たち、そしてフェッラーラのパンチョ、フィレンツェのメルクリアーレやレーディなどの宮廷医師たちは、博物学者たちの共同体において高いステータスを享受した。彼らの博物学に対する関心はイタリアの宮廷への博物学の導入に直接的に貢献し、さらに彼らは、宮廷のない都市で研究していたアルドロヴァンディのような友人たちを登用するために自らの地位を利用した。メディチ宮廷の秘書官であったベリサリオ・ヴィンタのような人物は、学者たちの懇願に耳を傾け、彼らの要請を折を見計らっては大公にとりついでいる[63]。こうしたステータスの高い宮廷人たちと関係を結ぶアルドロヴァンディの能力こそは、ステータスを重視する環境にあって、彼自身への注目度を測る尺度だった。アルドロヴァンディは、初期近代の支配者たちに対して魅力的な貢献──自然の掌握を通して支配者たちの統治を栄光化すること──を提供したばかりでなく、また彼が自らの要求を成就したいと考えたさいには、もっとも適切なルートを意を尽くして利用することで、宮廷的儀礼に精通していることを自ら示したのである。

宮廷の外部においてさえ、上流階級の学者たちは、お互いの接触をよく知られた仲介者を通して始めることを好んだ。人文主義者の知的共同体を創出しそれを維持することに身を捧げた、ギーニ、アルドロヴァンディ、ピネッリ、ペレスク、キルヒャーなどの学者は、卓越した徳をもつ者としてその名を高めていった。彼らは、共通の関心を抱く学者たちを結びつけ、有望な学生を名声ある人物に紹介し、さらには知的財産をめぐる論争を調停したのである。宮廷仲介者は、自然の蒐集という営為をとりまいていた紹介、交渉、策謀という一連の操作を通して、自らをエリート社会の異なる領域を結びつける人物として示し、自分自身の認知度を高めたのである。そしてもっとも重要なことは、彼らが、ある世代の学者たちとそれに続く世代とのあいだに一種の連続する意識をつくりだしたことである。一六〇一年にピネッリが没したとき、まだイタリアに滞在していたペレスクは、すぐさま故人の書簡交換者たちに手紙をしたため、「ピネッリ氏のすべての御友人に対して今後もご奉仕いたします」と約束している。[☆64]この衝動は、かつて師のギーニが一五五六年に没したさい、その役割を引き受けるようにアルドロヴァンディを誘動した同じ精神的指標に則っている。仲介者たちが自ずから継承されることによって、初期近代の学術的な共同体は、先の世代の文化的遺産を破損することなく周期的に自己再生することができた。この枠組みの確固さと、その同時代の政治的文化への適合性が、学術界のパトロネージ・ネットワークをほとんど手つかずのまま二〇〇年近くにわたって維持したのである。

アルドロヴァンディが仲介者を利用し、また自らもほかの学者たちのために仲介者としての役割を演じていたという事実は、パトロネージのメカニズムを明らかにしている。会話と交換の場として、ミュージアムは理想的な形態であり、この種の相互作用にもっとも適した空間であった。宮廷仲介者は、成功するミュージアムをつくるために必要な道具をすべて、すなわち贈りもの、訪問者、情報を供給した。コミュニケーションのネットワークを通じて、彼らは、蒐集家の手の届く範囲を地方という環境を越えて拡大し、その名を売りこむことによって、文芸界や各地の宮廷における蒐集家の存在感を増していった。しばしばアルドロヴァンディは、将来を嘱望される被庇護者たち（protégés）に対して、この種の喧伝活動に参加するように求めていた。彼らはヨーロッパ中を旅しながら、師の書簡を運び、師の関心事を彼にかわって代弁した。たとえばエーフェルト・ファン・フォルステンが一五九〇年代にオランダ共和国に戻ったさいには、すぐさま師の書簡をレイデンのクルシウスに送り届けたばかりか、エンクホイゼンにあったパルダヌスのミュージアムを訪問し、そこで師の興味を惹きそうなものを探して情報を知らせている。[☆65]同様にカメラリウスもまた、イタリアを旅行しているときには、各地の博物学者たちを結ぶ宮廷人としての役割を果たした。「貴殿からの書簡を、ヨアヒム・カメラリウス氏の手から受けとりました」と、マランタはアルドロヴァンディに宛てて書いている。「氏はかなりの学識をおもちで、礼儀正しい若者であり、貴殿の弟子であることを、誠実な態度で示してくれました」。[☆66]フォルステンやカメラリウスのような若い学者たちを使って書簡を届けさせることは、アルドロヴァンディの社会的な名声を向上させることにはならなかったが、学術界の隅々にまで彼という知的な存在を知らしめたのである。またアルドロヴァンディはしばしば、若い学者たちに庇護を与えており、のちに彼らが学術的な共同体や宮廷において地位を占めたさいには、彼らからの好意を期待することができた。ほどなくして彼らは、アルドロヴァンディが博物学者たちの共同体と対話を続けることを容易にし、またさまざまな情報を集めて彼の百科全書的な好奇心を満足させたのである。

各地に遣わした使者たちが「アルドロヴァンディの書斎」に送り届ける情報は、彼が知己を得るに値する新たな蒐集家たちの存在について彼に注意を促した。そして彼は、宮廷の作法を身につけ、貴顕の儀礼に通じた人物として、細心の注意を払いながら蒐集家たちとの接触を図った。「オランダはロッテルダムの街に、自然の事物をことのほか鍾愛しており、山のように蒐集している一人の博士がいると聞きました」と、グリエルモ・マスカレッリは書き送っている。「この博士は、毎日のようにインドから送り届けられる貴重で珍しい品々も所有されているとのことです。そこでわが敬愛する先生にあられましては、たとえばフォルステン氏やそのほかのオランダの友人を介して、先生の書斎（ストゥディオ）を富ます稀少な品々を手に入れるために、この人物の知己を得て（fare amicizia）はどうかと存じます」。[☆67]

アルドロヴァンディが弟子たちを仲介人として利用したのは、君侯たちが博物学者のミュージアムについて、それが十分な注意を払うだけの価値があると評価するさいのプロセスを反映したものであった。たとえばサヴォア公は、アルドロヴァンディのミュージアムを実見したいと考えても、ただちに自ら訪ねたりすることはなかった。そのかわり、使節としてポンペオ・ヴィツィアーノを派遣し、彼は一六〇四年当時のアルドロヴァンディの書斎の全容をあますところなく書き記し、「このミュージアムの質について知りたがっている」公爵にとどこおりなく報告している。[☆68] おそらくこの訪問は、宮廷人や君侯の「代理人」らが、アルドロヴァンディのミュージアムのためにお膳立てしてきた、数多くの盛大な訪問儀式の掉尾を飾るひとつであった。アルドロヴァンディもサヴォア公も、それぞれに仲介人を用いることによって、ともに名誉について共通の関心を分かちあっていたのである。もしかりに、自らが博している名声と比べて劣っている人物と関係を築くようなことにでもなれば、そのプロセスにおいて、自分自身を貶めることになったからである。

アルドロヴァンディは、その経歴の初期に、ギーニとマッティオーリから、すなわち一六世紀半ばのイタリアにあってもっとも名声を博していた博物学者から信頼を勝ちとることに成功した。このことがあってほどなく、彼は、大きな影響を及ぼす仲介人としての評判を確立した。カルツォラーリのような友人たちは、アルドロヴァンディを介して――「貴方と私の庇護者たる」――ギーニに対して敬意を表わしている。一五五〇年代の半ばまでには、多くの学者たちが、アルドロヴァンディを博物学者の共同体においてもっとも重要な仲介人とみなすようになった。「私には、貴殿ほどに目をかけてくれ、また愛情を注いでくれる友人にして偉大なパトロンはほかに知らないし、過去にも知りえなかった」と、ヴィーラントは一五五五年に書いている。[☆69] またカルツォラーリがマッティオーリと対面することを望んだときには、アルドロヴァンディに紹介の労をとってくれるように頼んでいる。「これは、貴殿が私に与えてくれる恩恵の中でも最たるものとなることでしょう」と、彼は釈明している。「というのも、知己を得られれば、ときおりマッティオーリ殿に書簡をしたため、なにがしかの事柄を学ぶ手段をもつことになるのですから」。カルツォラーリにとってこの件は、よほど気にかかっていたらしく、数日後には再び懇願をくりかえしている。「別の書簡でも貴殿に書き送ったことですが、貴殿の計らいで、御大ピエトロ・アンドレーア・マッティオーリ師の知己をわずかでも得ることができましたら、どれほど貴重なものとなることでしょう」[☆70]。

一五五六年にギーニが没すると、アルドロヴァンディは、科学界の仲介人としての役割を公式に継承することになった。ほとんど間髪を入れずに、彼は自らが、マランタとマッティオーリとのあいだに勃発した、ギーニ所有の論文と植物乾燥標本との相続をめぐる争いの調停役となっていることに気がつく。自分は巻きこまれたくないとアルドロヴァンディが考えたのはもっともであるが、それにもかかわらず、友人たちによって、「中立の立場の人間として、二人の友人として、さらには当該の問題にもっとも精通している者として」調停をおこなうのが義務であると説き伏せられたのである[☆71]。アルドロヴァンディは生涯を通してこの種の論争の調停をおこなっていたのであり、学識だけではなく名声にも魅せられたクライアントたちを惹きつけるようになった。カルツォラーリやマッティオーリの甥たちは、アルドロヴァンディ邸の玄関に現われて、自分たちの一族の名の力で、何か恩恵を得ることを望んだ。中でもパオロ・カルツォラーリは大胆にも詩を作成して、アルドロヴァンディへの献身を表明している。

> アルドロヴァンディに、われもまた
> 挺身せんと願う、わが伯父の轍みに倣いて。
> そしてもし、いまは奉公かなわぬとても、
> わが生命のあるかぎり敬愛しつづけることに、なんの迷いがあろうか[☆72]。

アルドロヴァンディは、かなり拙い詩であると思ったとしても、彼の心情を汲みとったことはまちがいない。

アルドロヴァンディは、若い学者たちを助け、さほど地位にはめぐまれていない同僚たちに手を差し伸べながら

も、自分自身の利益を追及することも忘れてはいなかった。彼の蒐集家としての成功は、彼の企図に対する新しい援助形態を生みだした、重要な仲介人たちの支援をとりつける能力があったからである。アルドロヴァンディにとって、もっとも実り多き果実をもたらすことになったのは、人文主義者ピネッリとの邂逅であった。ナポリ出身のピネッリは、生涯の大半をナポリとパドヴァのあいだを往復して過ごした。パドヴァでは、非公式のアカデミーを自邸の「書斎／展示室(ストゥディオ)」で開催しており、これにはアルドロヴァンディ、ガリレオ、ペレスクといった綺羅星のごとき人物が名を連ねた。パドヴァに移住するまえに、ピネッリはナポリの地に植物園を開設し、これがマランタやインペラートのような博物学者たちの興味を引いている[☆73]。彼は、飽くことを知らぬ蒐集家としてヨーロッパ中を旅し、書籍、手写本、自然の産物(ナトゥラリア)、古代遺物を求め、旅の途中で各地の学者たちに書簡を届け、あるいは受けとったりした。アルドロヴァンディがはじめてピネッリに個人的に会ったのは一五八八年のことで、この人文主義者が彼のミュージアムを見学するためにボローニャに立ち寄ったおりである[☆74]。両者は、これ邂逅の以前にも、少なくとも二年にわたって書簡を交換していた。一五五六年一〇月、ルイージ・ダル・レオーネがアルドロヴァンディに、「わが師にしてパトロンたる」ギーニとピネッリのクライアントとして、自分を紹介したのがきっかけであった[☆75]。

探査行を積み重ねたことにより、ピネッリは、多くの博物学者が互いに知己を得る中心軸たる存在となった。インペラートは彼のことを、適切にも「学者たちのパトロン」と呼んでいる[☆76]。このナポリの薬種商がアルドロヴァンディと直接面識を得たいと望んだとき、彼はピネッリに仲介の労を依頼している。一五七二年にアルドロヴァンディに宛てた書簡の中で、ピネッリは、インペラートのことを、「貴殿の熱烈な崇拝者であり、その彼の名において、ここにわずかばかりの品々を『テリアカ薬について』とともにお贈りいたしました」と記している。それから一年後、ピネッリはふたたびアルドロヴァンディに書簡を宛て、インペラートの書簡の交換を始めたいという希望を想い起こさせている。

> いまやこのインペラート氏は貴殿の高徳にひどく魅了されておりまして、どうしても献身を捧げたいと望んでいるほどです。貴殿は、彼に何か指図をお与えになることに勝る贈りものはないことがお分かりになるでしょう。……そこでお願いなのですが、どうか彼の願いに応えて、書簡を送っていただけないでしょうか。その中で、彼のマテリア・メディカに関する博識と、彼が大量に集めた珍奇な品々のコレクションを称讃しつつ、貴殿についてくるようにと、彼に暖かい言葉をかけてあげていただきたいのです。そうすれば、貴殿は素晴らしい友人を手に入れることになることを、私はお約束いたします。

アルドロヴァンディが沈黙を守ったので、ピネッリもこれには業を煮やし、アルドロヴァンディ自身の場合に彼が仲介して成功へと導いたことを示唆し、ピネッリに負っている恩義をこの博物学者に想い起こさせている。「いやしくも私に対して感謝の念の示す気がおありなら (farmi cosa grata)、どうか私のところまでインペラート氏に対する返答を届けていただきたい。そのさいには、氏に対する称讃をほんの少し含めることをお勧めしておきます。というのも、氏の単体薬物研究への冒険心をより大胆に進めさせるためには、これ以上の方策はないからです[☆77]」。もしピネッリの援助がなければ、アルドロヴァンディおよびイタリアのほとんどの博物学者にとって、互いの連絡はもちろんのこと、北ヨーロッパの同朋たち、たとえばバーゼルのヤーコプ・ツヴィンガー、ライデンのクルシウス、ニュルンベルクのカメラリウスとの交流は困難なものになったはずである[☆78]。言うまでもないことだが、アルドロヴァンディは時を措かずにインペラートと書簡の交換を始めた。

ピネッリに支援されて、アルドロヴァンディが文芸界での地歩を固めていったのは、次世紀におけるペレスクとキルヒャーの関係と同様だったが、他方、ピネッリ以外の仲介者によっても、アルドロヴァンディはさまざまな君侯たちとの関係を増大させていった。これらの仲介者たちがアルドロヴァンディのことを喧伝したために、博物学は、政治的エリートがたしなむ宮廷風の娯楽としていっそうの流行を見た。トスカーナにおいては、メルクリアーレとの友好関係が、メディチ家に首尾よくとりいるうえで決定的であった。すでにわれわれが見たように、この宮廷侍医はアルドロヴァンディに対して、大公の寛大さの限界に留意するように促していた。メルクリアーレはこうした警告を発したが、それでもアルドロヴァンディの請願を大公フェルディナンド一世に対して何度もとりついでいる。アルドロヴァンディは、一五九一年の一月にフェルディナンド一世に宛てた書簡の中で、自らのミュージアムのためにいくつかの品目を所望するための前口上として、メルクリアーレが大公に対して、自らの献身ぶりを示すこと（far riverenzia）を求めている。そして次のように続けている。

そしていまは、メルクリアーレ氏のおかげで私は、これらの美しい外国産の動物たちについて知りまえしたので、同様に氏がこれらの標本をひとつずつ私が受けとれるようにしてくださるのではないかと、大公殿下のかぎりない仁慈と、仲介者の方の世評に鑑みつつ、私は希望を抱くことになりました。

それから数カ月のちに、アルドロヴァンディは大公に対して、「卓越したメルクリアーレ殿を介して」送られた七つの植物について感謝を表わしている。[☆79] メルクリアーレはアルドロヴァンディの『鳥類学』のために、大公からの実質的な援助を引きだすことはできなかったのだが、その宮廷における高いステータスのおかげで、メディチ家のコレクションの中から貴重な品々を彼のために入手することができた。アルドロヴァンディが自著をいくつか大公に献呈したいと願ったさいにも、メルクリアーレに頼んで彼の手から贈呈してもらっている。この宮廷医師は単に書物を渡したのみならず、フェルディナンド一世の好ましい反応について報告を返している。[☆80]

フィレンツェの宮廷のほかの仲介者たちもまた、フィレンツェにおける君主のパトロネージの変遷についての、メルクリアーレの記録を確証している。アルドロヴァンディの甥にあたる、ローマ教皇庁から派遣されたボローニャ大使ジュリアーノ・グリッフォーニやパレオッティ大司教のような仲介者は、アルドロヴァンディからの挨拶状を大公に渡し、そのおりに耳にした宮廷内のゴシップすべてを携えて帰途についている。[☆81] フランチェスコ一世の統治時代には、フィレンツェにいた教皇特使ボロニェッティ、カサボーナ、そして宮廷人文主義者ロレンツォ・ジャコミーニのような友人たちのおかげで、アルドロヴァンディはトスカーナで起こる出来事を逐一把握することができた。仲介者たちにとりいる新しい機会を常にうかがっていたアルドロヴァンディは、ボロニェッティが一五七六年に教皇特使に任命されるやいなや、すぐに祝意を表明している。

当座のところの、貴殿に示すことのできる謝意としましては、なにをおいてもまず、日頃から私に抱いておられる善意に感謝することに尽きるものです。私が何も懇請せずにいても、貴殿は、私が大公殿下の目にとまるようにとりはからってくださり、その大公殿下に私は、計り知れない恩義を感じております。そのほかにも、私のことを殿下の耳に入れてくださった貴紳の方々がいらっしゃることは存じており、そのようなお方の一人である、ピエトロ・アントニオ・バルド氏には、私のミュージアムをご訪問されたのち、大公殿下に私のことを想い起こさせていただきました。

それから一年後、ボロニェッティはこのアルドロヴァンディからの突飛なレトリックに返報して、フィレンツェを訪問したさいに、フランチェスコ一世にアルドロヴァンディのことを個人的に推挙している。[☆82] パトロン、クライアント、仲介者たちは、単なる義務感から交流していたわけではなかった。むしろ、危険度の計算、正真正銘の愛情、そして社会的な返礼の複雑な絡みあいが、何を為すべきかという彼らの決心を定めていたのである。

宮廷植物学者であったカサボーナもまた、アルドロヴァンディにとっては、交友を培うべき重要な人物であった。カサボーナがボローニャを一五八三年に訪ねたさいには、アルドロヴァンディは自ら手をとって彼を蒐集品見学行に案内している。「カサボーナ氏には私の庭園と、それから公共の植物園とをお見せしました」と、彼は、カサボーナの雇用主であるフランチェスコ一世に宛てて書いている。「そして、ここに見いだされるあらゆるものの擁護者(パトロン)となっていただきました」[☆83]。パトロネージは、単に相互の利害や善行の関係を証明するためだけではなく、また他者がもつ文化的な財産の象徴的な所有も含意していた。アルドロヴァンディがカサボーナを自分のミュージアムのパトロンとしたのは、この博物学者を大公の公的な使節として認めていたからである。カサボーナを丁重にもてなし、あたかもフランチェスコ一世に対するがごとくに遇したことによって、彼は大公に喜んで仕えようとする態度を伝えたのであり、大公の寵愛を受けている人物はすべて、アルドロヴァンディにとって「パトロン」なのであった。カサボーナのような仲介者は、その地位を、自らが仕えている君主たちから引きだしていたのである。カサボーナが、技術的にはアルドロヴァンディと比べて劣っていることは事実であった――年齢も若く、教養もさほどなく、知名度の点でも及ばない博物学者であった――が、それにもかかわらず、宮廷人として高い社会的ステータスを享受したのである。

同様に、宮廷に雇用されていた人文主義者たちもまた、もっぱら大学に雇用されていたアルドロヴァンディよりも高い威厳を享受していた。フィレンツェへの二回目となる訪問を企画するさいにアルドロヴァンディは、大公の動静を知るためにロレンツォ・ジャコミーニに相談している。

> 大公殿下が現在フィレンツェにいらっしゃるかどうか、あるいはいつご滞在になられる予定であるのかを、もし貴殿がご教示くだるならば幸甚でございます。といいますのも、当地を訪問しようかといま考えているところでありまして、おそらくは五月末の休暇のさいか、あるいはそのもう少しまえの時期を予定しております。その折にはぜひとも、大公殿下の御手に口づけする栄光にまみえ、知友たちやパトロンの方々も訪ねてみるつもりであり、わけても、大公殿下が自らお集めになったと私にお書きになっている、きわめて珍しい品々を目にし、それらについて書き記すことによって、私の動植物誌を飾り立てたく存じます。

フランチェスコ一世が一五八七年に崩御すると、アルドロヴァンディはジャコミーニ――弔辞を草する任にあった――に書簡を送り、彼らに共通のパトロンを失ったことに哀悼の意を表し、さらに、新大公の歓心を買うための戦略を試している。そのうえアルドロヴァンディはこの宮廷人に、「私に格別の御厚意を示していただきまして、あなたの大公殿下の御手に私からの書簡をお渡しいただき、そのさいに、いくばくかの口添えをしていただけないでしょうか」と依頼している[☆84]。個々の重要な決定事項――一五七七年および一五八六年のフィレンツェ訪問、および一五九九年の『鳥類学』出版――にあたって、アルドロヴァンディは大公に自らの事情を申し立てるために、別の仲介者を利用している。仲介者の交代は、宮廷のヒエラルキーの変転を反映したもので、寵臣たちのリストは常に変化していた。自分のメッセージが功を奏するように、アルドロヴァンディは、さまざまな仲介者たちの変化する評判をよく知悉している必要があった。アルドロヴァンディの代理人としての仲介者の地位は、そのまま彼自身の上にも影を映しだすことになったのである。

アルドロヴァンディの、宮廷の政治的な風潮を読む能力は、またローマにおいても試された。教皇庁の複雑きわまりないパトロネージに通暁することは、メディチ家との交渉以上に時間がかかり、煩わしいものだった。多くの枢機卿たちから敬意を払われていた弟のテセオや、甥のグリッフォーニのような親類たちが、教皇庁の迷宮の中で彼を導いたのである。世俗の宮廷の多くと同様に、教皇庁もまた、一六世紀に入ると博物学を奨励し始めた。バッチ、チェザルピーノ、メルカーティといった錚々たる博物学者たちが教皇侍医として選出されたことは、この方針を確証するものである。これらアルドロヴァンディの友人たちが主席医師（archiatro）の地位に任命される以前から、すでに書簡の相手たちが、ローマで彼を待ち受けている可能性について、興奮した口調で彼に知らせていた。一五六三年にローマを訪れたアントニオ・コンパニョーニは、マッティオーリによるディオスコリデスの翻訳によって火がつけられ、博物学が宮廷人たちのあいだで熱狂的な人気を博しているのを目の当たりにした。「今日、教皇の宮殿で人々がしきりに言の葉に乗せているものは、鉱物や植物や、あらゆる種類の動物たちの話題と……それにマッテイオーリの奇特さについてです……貴殿とも以前に議論しましたように」と、彼はアルドロヴァンディに知らせている。コンパニョーニはこの友人に、この恵まれた環境を上手に利用して教皇の関心を惹くように勧めている。

> 私は、開廊の建設に携わっている人物と話をしました。この開廊には全宇宙誌を収めることになっていますが、私が貴殿の書斎／展示室のことを話しますと、彼は、宇宙誌の上部を飾るパネルを何枚か装飾するために、貴殿が所有している、植物や鳥類を描いた大量の博物図譜を用いたいと希望しています。彼は私に、貴殿が写実的に描いた植物や鳥類を、それぞれの品種の名称とともに入手できないか、と頼んでいます。そうすれば、彼はアムリオ枢機卿に個々の品種を解説できるし、もしそれらが枢機卿の気に入るならば、教皇睨下にお話することもあるでしょう、とのことです。アムリオ枢機卿はこの開廊の装飾に携わっており、これは、おそらくこの世でもっとも美しい空間となることでしょうし、また貴殿に対して、教皇睨下のご関心を引く機会をもたらすことでしょう。[☆85]

アルドロヴァンディがこの要求に応えて、著名な博物図譜を一部送り届けたかどうかは定かではない。しかしながらこの一件は、教皇の関心を彼の仕事に向けるために、友人やパトロンたちが計らってくれた数多くの機会の最初のものだった。

一五六〇年代から七〇年代にかけて、弟のテセオ、甥のグリッツフォーニ、それからメルカーティを初めとする友人たちが、アルドロヴァンディをローマで名の通った博物学者にするために努力した。テセオはアルドロヴァンディを、ローマの博物学者イッポーリト・サルヴィアーニに、またファルネーゼ家の司書にして考古学者であったフルヴィオ・オルシーニに紹介している。さらに彼は、アルドロヴァンディが一五七七年にローマを訪れたさいに、オルシーニ家の庭園で昼食をふるまい、自然界の興味深い事柄について歓談し、そしてオルシーニに、アルドロヴァンディの子どもの名付け親になる約束をとりつけている[☆86]。テセオはまた、兄のことを、ヴァティカン図書館の館長であったグリエルモ・シルレートにも紹介したに相違ない。膨大な書籍と手写本のコレクションを管理していたシルレートは、教皇庁の文化活動の動向を隅々まで、直接に把握していたのであった。ボローニャに帰還するやいなや、アルドロヴァンディはさっそくこの枢機卿でもあった司書に宛てて長文の書簡をしたため、教皇庁における仲介人としての役割を懇請している。

> 私は、名誉ある給付金を下賜してくださる高邁な君主かパトロンを、必要としております。これは、私的な利用のためではなく、世の利益のためでございます。書記、写字生、彫版師、画家を多数を雇うことができますならば、私が抱えている高貴な研究の数々を、はるかに円滑に進めることができます。睨下が私の著作の出版を助成してくださいますならば、これ以上にありがたい恩恵を想像することができません。

アルドロヴァンディは、自分の懇願の重要さを理解していたので、書簡を結ぶにあたって絢爛なるレトリックの綾を駆使して、シルレートが教皇に近しいがゆえに振るうことのできる権能について理解するように、彼に想い起こさせている。「もし私が、書簡で述べるべき限度を逸脱してしまったのであれば（se ho passato il segno del scrivere）、睨下にはあられましては、なにとぞご寛恕いただきますよう願うばかりです。というのも、私がこのようにかりたてられましたのは、ローマを訪れましたさいに、睨下がたいへん暖かく私を遇してくださったからなのです[☆87]」。アルドロヴァンディはこのシルレートのうちに、パトロンである大公フランチェスコ一世にも等しい、仲介人としての潜在的な能力を認めていた。大公は同様な内容の書簡を、一五七七年にアルドロヴァンディから受けとっている。アルドロヴァンディは、学術出版にともなう困難をよく理解していた。学識者であるシルレートに訴えることによって、教皇を説得して出版費用を供出させることのできる、強力な仲介人を得ようと望んだのである。

アルドロヴァンディの甥にあたるグリッフォーニは、テセオが切り拓いた教会との結びつきをさらに拡張していった。彼は義務を忠実に果たし、アルドロヴァンディからの請願をメルカーティに忠実に伝え、この伯父の論考の数々を、サン・シスト枢機卿、エンリコ・ガエターノ、フェデリコ・ボッロメーオなどの教会のパトロンたちに送り届けている。「伯父様からの書簡を、ローマから何を送ってほしいかを記したメモとともに、受けとりました」と、グリッフォーニは一五六七年に返事を書いている。彼の最大の使命は、教会のパトロネージにつながりそうな好ましい兆候を叔父に伝えることであった。「サン・シスト枢機卿猊下が、伯父様のことを、私に尋ねてこられました」と、一五七三年には書き送っている[☆88]。グリッフォーニは教皇庁の外交上の役職についており、多くの都市に特使として赴いたので、必然的にピネッリの役割を引き継ぐことになった。活動の拠点はあくまでローマではあったが、北はミラノの地まで足を伸ばし、そこで伯父から預かっていた書簡をフェデリコ・ボッロメーオに届けている。「誉れ高きボッロメーオ猊下が、生まれもっての雅量の御心から、もったいなくも私のために、いったいどれほど御尽力くださったのか、また教皇猊下に連なります権能を、どれほど私事のために用いてくださったのかを、甥のジュリアーノ・グリッフォーニ師より知りました」と、アルドロヴァンディはボッロメーオに宛てて一六〇一年に書き送っている。「猊下がおられなかったら、けっしてよい結果を見ることはなかったことでしょう」。しかしながら、同じ書簡の中でアルドロヴァンディは、甥が彼の利益を代表していることに関して、ある不満も漏らしている。「そして私はよく承知しております、……まもなく実現するでしょう、と甥が私に書き送ってきた請願は、私の利害よりもむしろ彼の利害に関わるものであることを[☆89]」。それに比べてボッロメーオは、パトロネージを求めて苦労する必要がない偉大な人物なので、より公平無私な仲介者となるだろうと、アルドロヴァンディは示唆している。

グリッフォーニに懸念を抱いてはいたが、それにもかかわらず、アルドロヴァンディは『鳥類学』をガエターノに献呈するという名誉ある役目を彼に委ねている。ガエターノや、そのあとを継いだモンタルトなど教皇特使たちは、教皇庁の官僚制度の中にあって、もっとも高い地位にある高位聖職者であった。彼らが出向いた任地についてローマに送った情報は、まちがいなく教皇の耳にも届いたのである。これら両名は、ボローニャに関する報告書の中で、アルドロヴァンディの研究について歴代の教皇たちの関心を喚起しており、彼の手稿を確実に出版するためには必須の人物だったのである。『鳥類学』とともに、グリッフォーニは次のような彼の書簡を手渡している。

猊下が折に触れて施してくださいます、さまざまな恩恵も度重なりますれば、いまや猊下が私に対して、ご好意を寄せてくださっていることは、確かなものと思っている次第であります。つきましては、ここに献上いたします拙著『鳥類学』もまた、笑みを浮かべながら嘉納してくださることを信じて疑いません。……この拙著は、猊下が私のために、いまは懐かしきシクストゥス五世教皇猊下からとりつけていただいたご支援によって、ようやく日の目を見た所産でございます。[☆90]

ピネッリやメルクリアーレと同様に、ガエターノもまた、アルドロヴァンディにとってのもっとも有力な仲介者の一人であった。ガエターノは、教皇と接触する手段をもたらしたのであり、これは、たとえ従兄弟が教皇冠を戴いていたときでさえも、博物学者が自身の力では得ることのけっしてかなわないものであった。

ローマの仲介者たちが、教皇庁の宝庫から資金を調達するための権限を行使して、アルドロヴァンディが訴える経済的な窮状を軽減した一方で、ほかの友人たちは、彼のミュージアムを説得するための道具として用いるように、彼に促している。クレメンス八世が一五九八年にボローニャに到着するのに先立って、ベルナルド・カステッレッティは、請願を教皇のもとに届けるためにもっとも適切な方法を、次のように勧めている。

ところで、私は貴殿に次のように述べずにすますわけにはいきません。すなわち、彼らはまず教皇猊下をお連れして、ボローニャの各所を手短に案内するでしょうし、そこには必ずや、教皇庁の高官や枢機卿たちも大勢やってきて、貴殿のミュージアムに立ち寄ることでしょう。そうすれば当然のこととして、教皇睨下は多様な自然の事物を蒐めた美しいコレクションについて、また貴殿がこれらのすべてについて博物学を書きあげ、それを公にしたいと望んでいるという事情についてよく知るところになるでしょう。[☆91]

それから一年後、『鳥類学』は刊行された。アルドロヴァンディは、出版費用を引き受けた教皇やほかのパトロンたちへの恩義を公に表明しているが、他方で彼は、この事業を真にお膳立てした仲介者たちの重要性を認めることを忘れることはなかった。

たしかに、アルドロヴァンディただ一人が、仲介人たちに頼っていたわけではなかった。ほかの博物学者たちも同じ社会的メカニズムを活用して、自分の発見を伝え、知己の輪を広げ、パトロネージを獲得したのである。たとえばジョヴァンニ・ポーナは、ローマのファルネーゼ家の植物園を管理していたトビアス・アルディーニから、植物を入手したいと思ったとき、ファーベルに宛てて書簡をしたため、交換を仲介してくれるように頼んでいる。[☆92]あるいはむしろ、一七世紀に、上流階級のあいだにさらなる貴族的な作法が出現していくのにつれて、仲介のシステムが一層明確化していったのである。ヒエラルキーがより強調されることによって、宮廷の医師や博物学者たちの権能や威厳が増大した。たとえばレーディは、大公フェルディナンド二世ならびにコジモ三世の信頼篤き人物として、バロック期フィレンツェの宮廷で、フェルディナンド一世統治下にメルクリアーレが有していたものよりもはるかに大きな権力を行使していた。同様に、コスピが、遠い親類のメディチ家と結んだ関係は、かつてアルドロヴァンディが結んだものよりも、はるかに正式なものであった。メディチ家の宮廷で青年期を過ごしたコスピは、そののち、故郷の街に戻って「ボローニャにおけるトスカーナ大公代理」の職に就いている。こうして彼は、美術品の取引や獲得に、レオポルド枢機卿とコジモ三世の用命で従事するかたわら、娘婿のアンニバーレ・ラヌッツィと二人でトスカーナとボローニャの有徳文化人（ヴァーチュオーゾ）たちの交流を仲介している。モンタルバーニと助手のレガーティは、レーディの刊行物を、このラヌッツィの手から受けとっており、次いでラヌッツィは、両名からの返答の書簡をフィレンツェに届けている。[☆93] このコスピの事例が示唆しているように、蒐集家とはパトロネージの受容者であるだけでなく、またしばしば、自らのパトロンたちの影響力を、宮廷の境界を超えて広めていったのである。

バロック期のローマでは、フランチェスコ・バルベリーニとその仲間たちが、この教皇都市における趣味の裁定者であることを自認していた。教皇ウルバヌス八世没後の、わずかな追放期間を別にすれば、彼らはこの都市の文化生活を事実上、独占的に支配していた。[☆94] アカデミア・デイ・リンチェイの会員たちは、バルベリーニのパトロネージがなければ、あのように著名な存在にはならなかったであろうし、またキルヒャーも、彼らの支援がなければ、ローマ社会であれほど早く身を立てることはできなかったであろう。すでにわれわれが見たように、ピネッリの庇護を受け、またバルベリーニとも懇意だったペレスクが、キルヒャーを、教皇都市の人文主義文化へと導いたのである。一七世紀中葉の学問的世界を活気づけていた「書簡上の交際」が、アルドロヴァンディのようなルネサンスの人文主義者たちが発展させたコミュニケーション・システムを不滅のものとした。諸観念の伝播と、その提唱者の社会的な上昇は、手を携えて進んだ。仲介者は、蒐集家と同様に、機知に富み、学識ある人物であった。しかし彼らはまた、重要度が増していく蒐集と博物学を、管理する価値のある対象と考えた熟練の政治家でもあった。宮廷仲介者たちの関与によってミュージアムは、君主たちが学問と芸術のパトロンとしての自らの名声を喧伝し、そして蒐集家たちが宮廷人としてのステータスを高めていく枢要な場のひとつになったのである。

ドラゴン、蜜蜂、鷲について

博物学者たちは、仲介者たちを説き伏せて、自らの利益を代理させつつ、その一方で、パトロンたちを楽しませるためのメッセージを密かに込めた贈りものを創出することを怠らなかった。蒐集家たちは、君侯たちと懇意になる機会を常に希求し、エンブレム的な価値を帯びたオブジェの研究へと自ずから向かっていった。ガリレオが木星の衛星を、メディチ家を称える神話の一形態へと変形させたことは珍しい事例ではなかったが、とはいえガリレオの事例は、科学文化が宮廷という政治的風土の中でいかにして地歩を築いていったのかに関するもっとも際立った例のひとつである。ガリレオの『星界の報告』(*Sidereus nuncius*,1610)を飾る献辞のインクがまだ乾くか乾かないかのうちに、ほかの自然哲学者たちも、いかにして彼の行為を真似るべきかを熟慮し始めた。たとえばペレスクは、四つの「月」[衛星]による政治的神話を、フランスの君主政体へのメッセージに適用しようと思案している。その結果、彼は、二つの衛星の名称をカトリーヌとマリーと再命名することによって、フランス王家に嫁いできたメディチ家の二人の人物に名誉を付与しようと提案した。[☆95]ガリレオがこの主題について、さらなる発表を(そして疑いなく、自ら創案したメディチ王朝のイメージをダイナミックに高めようと)意図していることがわかったので、ペレスクはこの計画の遂行を断念せざるをえなかった。しかしながら、ペレスクがガリレオの献辞のもつ重要性をたちどころに理解したという事実は、当時の自然科学者たちが、いかにこのようなエンブレム的なメッセージに慣れていたのかを示唆している。

ガリレオが、象徴的な比喩表現(イメジャリー)を展開させることに成功したのは、たしかに、アルドロヴァンディのような、大志に燃えたほかの宮廷人たちの努力を観察したことに負っている。実際に、ガリレオがメディチ家の関心を自著に引きつけようとしておこなった試みは、アルドロヴァンディが君侯のパトロネージを得るべく画策した努力に、驚くほど似ているのである。われわれはすでに、アルドロヴァンディが自分自身のアイデンティティを形成するさいに発揮した、エンブレム作家としての技能を観察した。彼はまた、この才能をパトロネージを確保するための戦略において利用している。宮廷に入るために、アルドロヴァンディは自らを、各々の君侯をとりまいている自然に関する比喩表現(イメジャリー)の精通者につくりあげた。このことは、彼に、自らが支配する博物学の特定の一面をそれぞれ、異なる君侯たちに献呈することを可能にした。自然の総体を研究しているうちに、いつしか彼は、その多くが自らにふさわしい独自の象徴として自然界のオブジェを強調していたイタリアの支配的な一族が用いる君主としてのエンブレムのほぼすべての題材を、蓄積しえていたのである。こうした知識で武装したアルドロヴァンディは、自らの博物学を、政治的文化に対する註解として提示したのである。

アルドロヴァンディによる、一五七二年のドラゴンに関する分析は、科学的なエンブレムを創出しようとする、もっとも意義深い企図を表わしている。ボローニャでのドラゴンの出現は、彼が選んだパトロンであるグレゴリウス一三世との実り多き関係を予見するものだった、とのちに彼は論じている。この異象とアルドロヴァンディが演じた解釈者としての役割は世間の広範な注目を集めたために、彼が、この潜在的に破壊的な対象を安全なものへと中和化したことへの感謝のしるしとして、教皇から贈りものとステータスを賜ることができると信じたのもやむをえないことであった。[☆96]しかし、そうした結末は訪れなかったので、彼は自らの努力を別の方向に向けるようになった。マントヴァのゴンザーガ家の君主たちは、四羽の鷲から成る盾形紋章をもっていた。アルドロヴァンディはこのことを忘れることなく、『鳥類学』の中でこれらの鷲がもつ意味について完璧な歴史を提示し、ゴンザーガ家のエンブレムについて詳細な議論を添えている。また彼は、四足獣誌においても、伝説的なゴンザーガ家の馬を称讃している。[☆97]アルドロヴァンディは、イタリアでもっとも有力の一族たちと結びつく自然に関する比喩表現（イメジャリー）を自らの論考中にちりばめながら、これらの諸侯の中で少なくとも一人は博物学が一族の名に栄光をもたらす新奇な手段であることに気づくことを期待していたのである。ガリレオとは異なり、アルドロヴァンディの場合は、ある君主のイメージの永続的な特徴となるような、自然に関わるエンブレムを創出することはなかった。そのかわりに彼は、すでに存在していた政治的シンボリズムの諸相を明瞭化したのである。この類似のメカニズムによってパトロンたちの知遇を得ようとするアルドロヴァンディの試みはそれでもなお、科学文化における、この表象形態の重要性を示している。君侯たちが自然哲学や博物学に惹かれたのは、単にその内容のためではなかった。むしろ彼らは、これらを、象徴的な内容を通じて自らの権力を強化する、ひとつの認識形態とみなしていたのである。

ほかの蒐集家たちは、政治的なイメージの操作において、さらに高い成功を収めていた。ローマでは、リンチェイ会員たちが自らの刊行物をバルベリーニ家に献呈していた。ステッルーティは、「石化木」に関する論考と、ペルシウスの翻訳を、フランチェスコ・バルベリーニに捧げた。前者の著作の序において、彼が述べているように、「私が拙著を殿下に捧げましたのは、自然の隠された部分について考察されるという、殿下の高雅な趣好のゆえにでありますし、また、殿下が［拙著の］冒頭に付してくださいました、実に価値ある、かつ卓越したご証言によりまして、私が偽りの、途方もないことを提示しているのではないということをほかの人々に保証していただいたゆえにであります」[☆98]。バルベリーニ一族との結びつきによって、アカデミーの会員の活動は威厳を、ひいては信頼を獲得したのである。ウルバヌス八世が一六二四年に教皇に選出され、さらには同年に教皇の弟である枢機卿がアカデミーに加入したので、リンチェイ会員たちは、ローマでもっとも有力な一族のクライアントであることを、ますます誇示するようになった。それから一年の後、ファーベルはウルバヌス八世と謁見したあとで、こう報告している。「私がそれをバルベリーニ枢機卿に捧げたことを、教皇猊下は喜んでおられた」[☆99]。

会員たちがもっとも努力を傾注したのが、バルベリーニ家の盾形紋章を飾る蜜蜂を研究した論考である『蜜蜂館』（*Apiarium*）の刊行であり、これもまた、教皇の甥である枢機卿に捧げられていた。それを教皇権に二重に結びつけるイメージである「都市の（ウルバヌスの）蜜蜂」に関する探究であると説明しながら、チェージと彼のアカデミー会員たちは、おそらくはガリレオ自身が用いた政治的なエンブレムから影響を受けて、宮廷における自分たちの地位を向上させるために計画された成果であると公然と述べている。「この著作は、パトロンの方々にわれわれが捧げる一層の献身を示すために、そして、自然観察というわれわれの特定の研究を進めるために刊行されました」と、チェージはガリレオに知らせている。コロンナは、チェージがすでにその論考を教皇と甥の枢機卿とに献呈したことをたしかめたうえで、「この版本は、まさしくパトロンの趣好を楽しませるためだけに刊行されたものであって、自らの労苦に微塵も光を当てるようなものではない」[☆100]という理由で、ナポリの蜜蜂に関する自らの研究を終結させるかもしれないとほのめかしている。顕微鏡を駆使した研究の成果を君侯へのメッセージに変換しようとするリンチェイ会員の努力が、教皇庁の宮廷における彼らの地位の向上にどれほど資したかについては、明確な成果を確認することはできない。不運なことに、一六三〇年のチェージの早すぎる死、そして一六三三年のガリレオの断罪は、このような関係性がどのようにかたちで機能／再生することになるのかについて、われわれが把握することを不可能にしている。しかし、リンチェイ会員たちは、科学的な著作の中に政治的なメッセージを織りこむことによって、かつてアルドロヴァンディが開始したパトロネージ戦略を継続する博物学者として自らを刻印しているのである。彼らもまた、君侯たちからの支援がなければ成功を収めることはできなかったのであり、バルベリーニ家を新たな博物学に対する「自然界の」パトロンに仕立てることによって、彼らの著作が教皇庁において関心を呼ぶようになったのである。蜜蜂を、新しい実験哲学とその装置がもたらす新奇な世界に結びつけることによって、彼らは教皇からアカデミーに対するパトロネージを得ようと望んだのである。

初期近代のすべての自然哲学者の中で、キルヒャーは、自分の研究を政治的なヒエログリフへと変容させることにおいて卓抜な技能を発揮した。彼は、君侯からのパトロネージを惹きつけようとして、成功および部分的成功を含めて、少なくとも一〇〇を下らない企図について受益者となった。イエズス会における教育を通して、彼はエンブレムを使いこなすための正式な訓練を受けており、キルヒャーはこの技能を、自著の寓意的な口絵や献辞においてだけではなく、また『キリスト教君主の政治的模範』（*Principis christiani archetypon policticum*, 1672）の中でも実演／立証している。このハプスブルク家のエンブレム・ブックは、若き皇子たちにカトリックの支配を栄光化する数々の象徴を教示することを意図していた。こうしてキルヒャーは、アルドロヴァンディやリンチェイ会員たちよりも十分に準備を調えたうえで、政治的な言語と比喩表現（イメジャリー）を自らの研究の提示において統合したのである。

キルヒャーのもっとも成功したエンブレムは、ハプスブルク家の鷲であった。ウィリアム・アシュワースが指摘しているように、キルヒャーと、ハプスブルク家の他のクライアントたちの多くは、自分と皇帝の宮廷とのつながりを表示するために、このエンブレムをくりかえし使用した。[☆101]キルヒャーは、口絵という口絵に双頭の鷲を顕著にあしらい、パトロンのこれ以上はないステータスを読者に印象づけている。キルヒャーにとって、鷲はきわめて扱いやすいオブジェであり、彼のミュージアムと著作にくりかえし登場している。彼がローマ学院で使用した、あるいはミュージアムで恒久的に展示した実験装置は、すべてハプスブルクの鷲の周りを旋回していた。マジック・ランタンは、ミュージアムの壁面に鷲の図像を神秘的に投影し、曲面鏡は鷲の姿をおよそ考えつくあらゆる方向に歪曲して見せ、磁石製の玩具や日時計、そしてほかの技術的発明品もすべて鷲を中に収容していた。[☆102]ほかの蒐集家たちはミュージアム内にさまざまな君侯の肖像画を収めていたが、キルヒャーはもっとも重要なパトロンの紋章を展示のライト・モティーフとしている。キルヒャーによる政治的なエンブレムの独創的な使用は、バロック期のヨーロッパにあって、なぜ彼がもっとも成功したクライアントの一人となったのかを、われわれが理解する一助となっている。

大多数の支配者たちと同様に、ハプスブルク家も本質的には、自然に対して特別の興味を示して肩入れするようなことはなかった。ハプスブルク家はクライアントたちを、その学者としての高い名声を皇帝の宮廷に迎え入れるための根本条件としていたが、しかしその科学的な技能のゆえに選んだのではなかった。アルドロヴァンディの教皇グレゴリウス一三世との限定的な成功、リンチェイ会員たちのバルベリーニ家との懇意、そしてキルヒャーのハプスブルク家の関心を惹きつける能力は、エンブレム作家としての技能に左右されていたのである。[☆103]自然は、自らの学徒たちに対して、把捉すべき無数の象徴を提供し、その各々が、パトロンと学者を結びつける絆となりえた。博物学者たちが博物学を、どの程度まで宮廷風談論の様式として提示しうるのかは、この原理の理解力に基づいていた。パトロンの獲得に成功できるかどうかは、博物学を、知識の象徴形式を自然の解読の中心に据える人文主義的学識の様式に転換する能力にかかっていた。キルヒャーの手によって加速させられたこの傾向は、彼の著作がもつ政治的文脈の重要性をますます強調することになる。キルヒャーは、自然の研究を君侯たちとそのクライアントにのみふさわしい主題として提示し、自らの学識をハプスブルク家のパトロネージ・システムにおける自らの地位を確保するために用いたのである。

エジプトへの帰還

四代にわたる教皇のクライアントであり、二代の神聖ローマ皇帝、およびドイツとイタリアの多くの君侯たちから庇護を受け、学術界の宮廷仲介者であったキルヒャーは、初期近代ヨーロッパでもっとも成功した自然哲学者であったかもしれない。一七世紀の半ばにおける、キルヒャーの瞠目すべき傑出した社会的上昇は、パトロネージのネットワークについての彼の深い理解に少なからぬ部分を負っている。ヨーロッパ中から訪問者が、彼に会うためにローマにやってきた。キルヒャーとそのミュージアムは、この都市の文化生活において不可欠な部分と考えられていた。ルーカス・シュルツクは一六七〇年に次のように書いている。「実際もし、貴殿にお目にかかることもご挨拶をすることもできずに私がローマを去るようなことになりましたら、自分はローマではなにも見なかったのだ、と思うことになるでしょう」[☆104]。キルヒャーの数多くの著作は、彼の名声の確立に大いに寄与した。これらの著作は、イエズス会の神学校と布教団の広範なネットワークのおかげで、また本人の高名な学者たちへ著作を送り届ける努力によって世界中で読まれ、ローマ学院のミュージアムに展示されていた探究プログラムを喧伝することになったのである。

ほかの蒐集家たちと同様に、キルヒャーもまた著作を出版することの重要性を認識していた。書物は、パトロンやほかの学者たちがその価値を評価することのできる方法として、ミュージアムの中で、そして書簡の中でおこなわれる交流を記録するためのもっとも効果的な手段であった。キルヒャーが先導者たちよりも深く理解していたように、書物とは蒐集という経験を商品化したものであった。書物はほかのオブジェの蒐集から生みだされるオブジェであり、またそれ自体で蒐集対象となるべきものだった。キルヒャーの著作は、高価な図版類、さまざまな献辞、ミュージアムの創設に寄与した贈りものやパトロンへの多くの言及を収めており、パトローネージ文化が放射した途方もない香気であった。これらの著作は、キルヒャーがパトロンたちを惹きつけるのに成功したことを示す物的証拠である。アルドロヴァンディは生前に、二〇〇本近くの論考のうちのわずか四冊を出版するのがやっとであったが、キルヒャーは生涯に四〇冊近くを上梓している。そして、この四〇という数字も、キルヒャーの実験を、デ・セーピ、ケストラー、ラーナ・テルツィ、ペトルッチ、そしてショットなどの弟子たちが刊行したものは含んではいない。キルヒャーの著作の内容をめぐっては、科学界の反応は大きく異なっていたが、しかし科学者たちは、君侯たちの言語を操る彼の能力については敬服せずにはおられなかった。オルデンバーグ、ボイル、ハイヘンスのような人々は、キルヒャーの百科全書的な思弁を嘲笑したが、しかし彼を無視するわけにはいかなかった。キルヒャーのコネクションは、一世代まえのアルドロヴァンディとまさに同様に、彼を文芸界における強力な宮廷仲介者としたのである。

キルヒャーのミュージアムの成長と彼の著作の出現は、彼のパトローネージ戦略がもたらした二重の示威表明であった。ローマ学院のミュージアムの訪問者が最初に目にする光景のひとつは、皇帝レオポルト一世に対する顕彰であり、それに続いてドンニーノの彫刻コレクションが、さらに「さまざまな王、君主、後援者、門弟たちの肖像画」が展示されている。ウルバヌス八世、インノケンティウス一〇世、アレクサンデル七世、クレメンス九世らの教皇、フェルディナント二世、フェルディナント三世、レオポルト一世らの神聖ローマ皇帝、そしてスペイン国王フェリペ二世、ルイ一四世、大公フェルディナンド二世、ブラウンシュバイク＝リューネブルク公国のアウグスト公およびその息子のフェルディナント・アルブレヒトといった支配者たちの肖像が、ギャラリーの壁面を飾っていた。ドンニーノの彫刻コレクションを目立つ位置に設置したのは避けられないこと――彼が最初に彫刻コレクションを寄贈したおかげでミュージアムは可能となった――であったが、さまざまな支配者の肖像画の設置は、彼らのパトロンとしての重要性を明示している。レオポルト一世の肖像画がミュージアムの最初に置かれ、ハプスブルク家のパトロネージの重要性を強調している。キルヒャーをクライアントとして寵愛した教皇だったアレクサンデル七世の肖像は、ミュージアム内のいたるところに、時にはまったく予期せぬ箇所に飾られていた。[☆106] 入口の肖像画ギャラリーは、ミュージアムを絶対主義の集合的表象と化している。ルイ一四世は、キルヒャーに庇護を与えたことはなかったのだが、権力のメッセージを増大させるために登場している。アウグスト公は、政治的には比較的重要ではない人物で、プロテスタントであったが、キルヒャーへの支援のゆえに、ギャラリー内に然るべき場所を与えられている。いたるところに姿を現わす皇帝や教皇の肖像は訪問者たちに、ローマ学院のミュージアムが、あらゆる国家の権力を糾合し、ミュージアムが内包する普遍的な知識を確証する政治的劇場であることを想い起こさせたのである。

キルヒャーの光学的展示はアレクサンデル七世の肖像ばかりではなく、また「ある距離から見ると上下が逆転する、さまざまなパトロンたちの肖像」[☆106]も含んでいた。訪問者たちには、あたかも肖像が空中を浮遊しているかのように見えた。君主たちの肖像がリズミカルに、次々と、技術を駆使したパズル、文学的なエンブレム、芸術的な装飾という諸形態をとって現われ、キルヒャーのパトロンたちを、ミュージアムの諸活動の中に直接組み入れたのである。キルヒャーは、ローマにおいて、すなわちカトリックの中心であり、また人文主義的な学術観によれば古典古代の発祥の地において、君主たちの権力を喧伝することによって、それを正当化したのである。パトロンたちは、実験プログラムへの財政的支援を通して、キルヒャーの自然へのアプローチを暗黙裏に唱道していた。キルヒャーは、ハプスブルク家の鷲たちに、アリストテレスの自然哲学の教条を「論証」させる装置を創案し、パトロンたちの目的を自らの目的へと転化させることによって、知的秩序、宗教的秩序、そして政治的秩序のあいだの関係性を強化している。

キルヒャーの肖像画ギャラリーが歴代の教皇や皇帝たちを包含するために拡張していった一方で、彼の著作は、支援する君侯たちのネットワークの広さを映しだしていた。彼がローマに着いて最初にやるべきことは、教皇の支援を得ることであった。キルヒャーの『コプト語、すなわちエジプト語の先駆』(*Prodoromus coptus sive Aegyptiacus*, 1636)、すなわち、彼のエジプト語研究がもたらした最初の成果はフランチェスコ・バルベリーニに献呈されている。ペレスクもまた、このコプト語の語彙集の刊行を早めるために、キルヒャーに対して最初となる助成金を与えて資金を融通している。しかしながら、ペレスクは保護を与える相手に向かって慎重に、バルベリーニが「主にこの仕事を促進し、また彼の名誉のゆえに君はそれに向かった」のだから、彼がこの待望久しい著作にとっての唯一のパトロンは自分自身であると感じるようにすべきである、と警告している。☆[107] バルベリーニの肖像画を自らのミュージアムの誉れ高い場所に置いていたペレスクは、教皇の甥である枢機卿との関係を危うくするよりは、匿名の支援者でいることを選んだのである。ペレスクの役割とは、バルベリーニ家の別のクライアントであったダル・ポッツォとの書簡でくりかえし述べられているように、キルヒャーとバルベリーニ家との関係を促進することだった。キルヒャーに財政援助を約束したあとのある日、ペレスクは気がかりな様子でダル・ポッツォに書簡をしたため、「産婆としての役回りを引き受けて」(farvi officio di obstetrice)、キルヒャーの著作を生みださせるようにうながしている。☆[108] イエズス会士キルヒャーは、バルベリーニ家の認可を受けて秘教的学識を運ぶ一種の導管であり、その「父親」は学術のパトロンたる枢機卿フランチェスコ・バルベリーニであった。

バルベリーニ家との関係が首尾良く進んだので、ローマにおけるキルヒャーの地位は確固たるものとなった。ペレスクとバルベリーニ家の口添えの結果、キルヒャーから教鞭をとる義務が実質的に免除されたため、彼は一日のすべての時間を学究的な仕事に没頭することができるようになった。☆[109] 彼のローマでの恵まれた環境は、ドイツの学術界とのあいだに新たな関係を築き、ハプスブルク家の皇帝フェルディナント三世の関心を自らの探究に引き寄せることを可能にする基盤をもたらした。キルヒャーは神聖ローマ帝国中に広がる交信網を利用して、この目標を達成した。一六四〇年代までには、ボヘミア出身の学者、クロンラントのマルクス・マルキが皇帝の宮廷に出入りするようになり、そこでフェルディナント三世の侍医となって、ローマにいる友人キルヒャーのために、資金援助の交渉をおこなっている。キルヒャーは皇帝に対して自著の内容を知らせるとともに、ヘリオトロープを描いた版画を初めとする贈りものを送った。マルキの仲介によって、キルヒャーはハプスブルク家の皇帝の寵愛を受ける身となった。一六四一年に皇帝は、スウェーデンの将軍が所有していた一連の暗号文書を入手したさいに、さっそくキルヒャーの語学の才能を利用している。文書はすぐにローマに送られ、キルヒャーに解読が委ねられた。ローマとウィーンの距離にもかかわらず、キルヒャーは皇帝フェルディナント三世とその息子のレオポルト一世、そして宮廷の多くの学者たちと緊密な関係を保っていた。三〇年戦争の終結以前においても、皇帝はキルヒャーに対してウィーンを訪れるように説得を試みていたし、またマルキがキルヒャーをともなってエジプトに旅行することも喜んで許可するつもりだったが、これは実現にはいたらなかった。☆110 著作の献呈が、これらの絆を強固なものとするうえで重要な役割を果たしていたのである。

キルヒャーは著作のいくつかを、イタリアのパトロン、とりわけ教皇アレクサンデル七世に献呈してはいるが、この栄誉は、当初はハプスブルク家のために留保されていたものである。「キルヒャー師は多くの著作に対して、皇帝陛下に多大なる恩恵をこうむっているため、もっとも気前のよいパトロンに捧げるべき謝意のしるしを表わす機会を逃すことはなかった」と、ペトルッチは述べている。☆111 キルヒャーは、自著『磁石、すなわち磁力の術について』（*Magnes sive de arte magnetica libres tres*, 1641）と『復元されたエジプトの言語』（*Lingua Aegyptiaca restituta*, 1643）を、フェルディナント三世に献呈している。ペレスクとウルバヌス八世が世を去ると、教皇庁は彼の研究にさほど関心を示さなくなった。そしてキルヒャーは、もっとも完成度が高く、かつ費用がかさむエジプトに関する著作、『エジプトのオイディプス』（*Oedipus Aegyptiacus*）の刊行を援助するパトロンを惹きつけるように努力を重ねざるをえなくなった。一六四〇年代を通して、この著作を出版させるべく努力をくりかえしては挫折する、といった状態が続いた。キルヒャーは、ハプスブルク家のパトロネージを得るべく努力を再開し、『光と影の大いなる術』（*Ars magna lucis et umbrae*, 1646）を、皇帝の息子であるフェルディナント大公に捧げ、また『普遍的音楽学』（*Universal Musurgia*, 1650）を皇帝の兄弟にあたるレオポルト・ヴィルヘルムに献呈している。そして再びマルキの助けをかりてキルヒャーは、皇帝フェルディナント三世を説得して、『エジプトのオイディプス』の印刷に必要な特殊な活字の費用を支払うために、三〇〇〇スクーディという巨額な資金を獲得した。フェルディナント三世は、この二巻からなる百科全書的著作にきわめて満足し、キルヒャーに一〇〇スクーディの給付金を与えている。[☆112] 当時の多くの著作家と同様に、キルヒャーも『エジプトのオイディプス』のさまざまな部門を、それぞれ別のパトロンに献呈している。皇帝がパトロンの筆頭ではあったものの、レオポルト・ヴィルヘルム、フェルディナント四世、レオポルト一世、マルキ、そして神聖ローマ帝国の高名な学者たちのほとんどが謝意を表わすに値したのである。また献呈者ばかりでなくその内容においても、この著作は、皇帝の宮廷に対する集合的な讃辞であった。

キルヒャーは自著『復元されたエジプトの言語』の序文において、フェルディナント三世のことを「三倍に偉大なる王」(Trismegistan King)と呼んでいる。また『エジプトのオイディプス』ではさらにこのイメージを練りあげて、フェルディナント三世を、キルヒャーへのパトロネージによって、古代の叡智(prisca sapientia)を復興させたがゆえに、「ヘルメス・トリスメギストスの秘儀的哲学の崇拝者」であると称讃している。キルヒャーは、フェルディナントを二四の言語によって褒め讃えながら、「オーストリアのオシリス」と呼んでいる。[☆113] アレクサンドロス大王の探求が、アルドロヴァンディのアリストテレスとしてのイメージを完結させたのとまさに同様に、新たなオシリスの発見は、新たなヘルメスを自負するキルヒャーの主張を確証したのである。三〇年戦争を終結に導いた皇帝として、フェルディナント三世はオシリスの称号に値した。キルヒャーによれば、オシリスとはノアの息子ハムの別名で、大洪水後にエジプトに国家を建設した人物である。ハプスブルク家の国家が、事実上灰燼に帰したあとに復興を遂げたことは、聖書に記された大災害のあとに、エジプトが勃興したことと平行関係にある。『エジプトのオイディプス』で展開する神話において、古代エジプトの政治的文化は、ハプスブルク家の専制国家のそれを反映していた。[☆114] キルヒャーがフェルディナント三世のクライアントとなったのは単に自著を喧伝するためだけではなく、また自分の

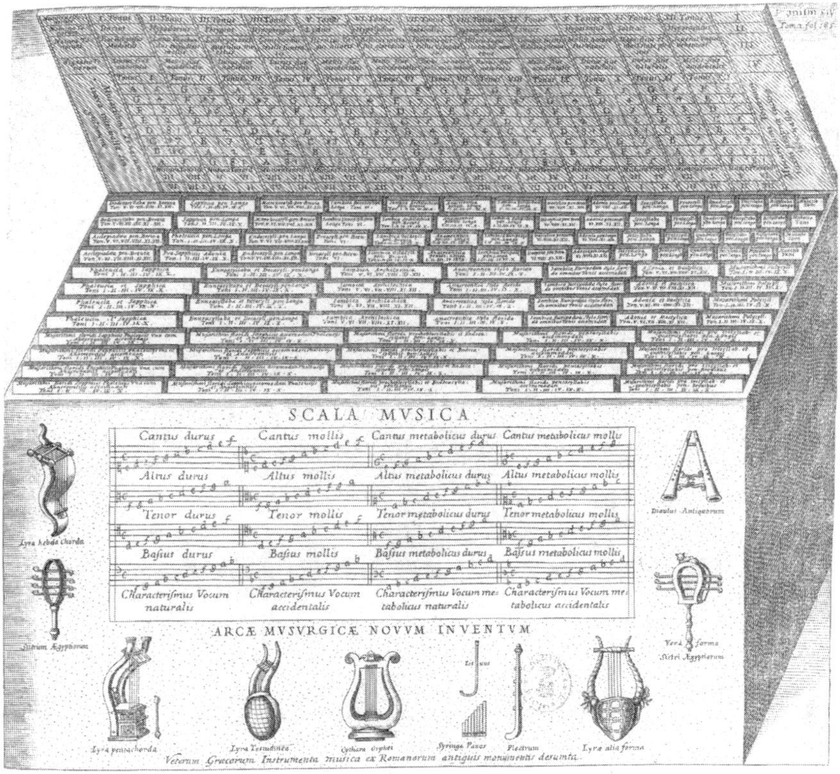

参考図38 A———組合式音楽機械箱（A. Kircher, *Musurgia universalis II*, Roma, 1650）
B———機械式自動オルガン（A. Kircher, *Musurgia universalis II*, Roma, 1650）

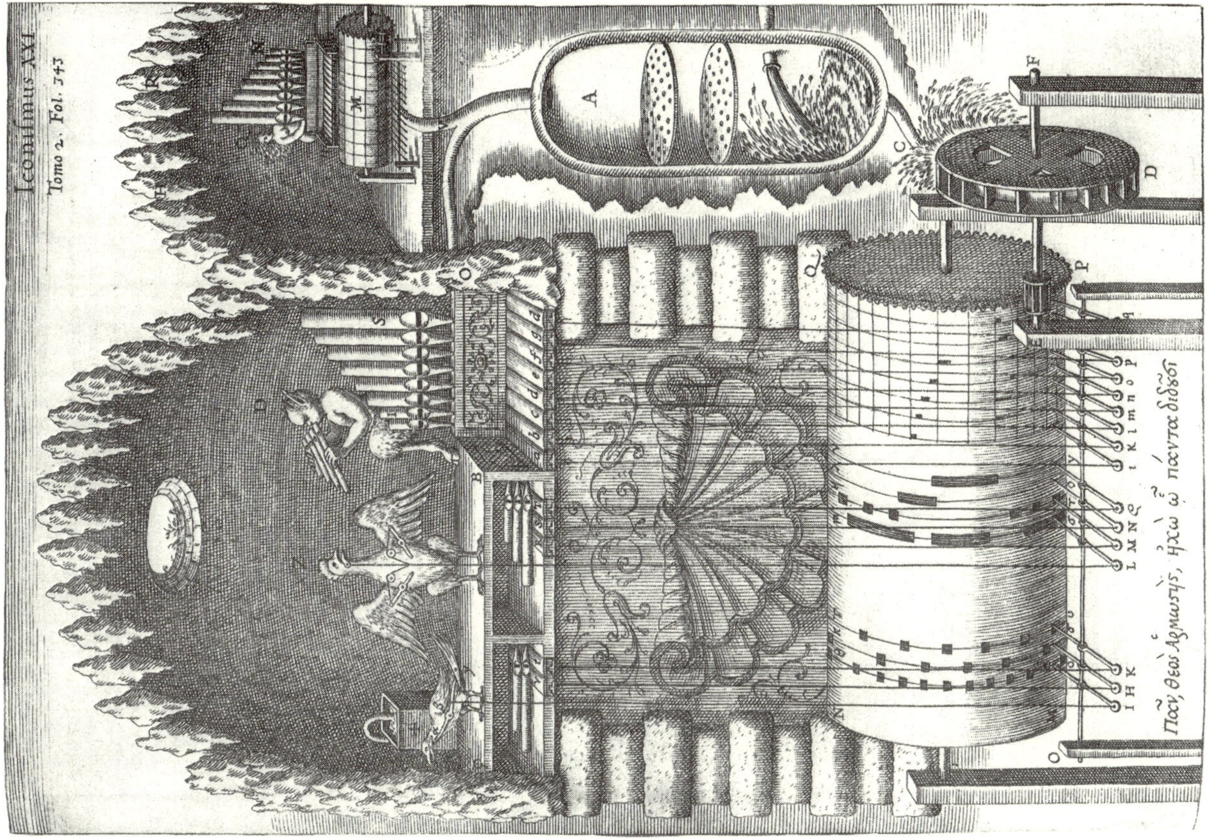
Iconismus XXI
Tomo 2. Fol. 343

運命を完成させるためでもあった。

キルヒャーがその後もハプスブルク家の宮廷と良好な関係を保ち続けたことは、彼がパトロンたちをよく理解していたことを示唆している。一六五八年にレオポルト一世が皇帝位に就いたとき、彼も一族とこのイエズス会士の蒐集家との関係を継続した。キルヒャーは、上述の給付金に加え、一六六九年には一〇〇スクーディを、さらに一六七〇年には六〇〇スクーディを受けとっている。[☆115] レオポルト一世は、キルヒャーの人工的で普遍的な言語に関する研究の主要なパトロンとなった。キルヒャーは、『新たな普遍的な多言語書記法――結合術によって発見された』(*Polygraphia nova et universalis ex combinatorial arte detecta*, 1663)、『知識の大いなる術』(*Ars magna sciendi*, 1669)、『バベルの塔』(*Turris Babel*, 1679) を彼に献呈している。キルヒャーは、音響学に関する研究書である、『新音響学』(*Phonurgia nova*,1673) について、イタリアでパトロンを見いだすことができずに、皇帝に援助を求めている。一六七二年に、キルヒャーはヒエロニムス・ランゲンマンテルに宛てて次のように書いている。「[この] パトロンには再びお願いすることはできないでしょうから、どなたか国外の御方に頼らざるをえません」。疑いもなくキルヒャーは、ローマの「貴族たちの邸宅には音響の装置が展示されている」のだから、彼らのうちの誰かが彼の計画に関心を示すだろうと思っていた。[☆116]［参考図38］。しかし、期待していたようにはならなかったので、彼は『新音響学』の出版を実現させるために、皇室の宮廷との強いコネクションに頼ることになった。一六六〇年代までにキルヒャーは、ハプスブルク家を喧伝する主要人物の一人となっていた。フェルディナント三世とレオポルト一世がともに認識していたように、キルヒャーの著作が巷間に流布することによって、学識ある君主という名声が著しく高まることになった。政治権力がしだいに衰えていくにつれて、彼らもメディチ家と同様に、支配力の威厳を維持しようとするうえでイメージが有する価値を理解していたのである。

アルドロヴァンディと同様に、キルヒャーもまた、複数のパトロンとの関係をそれぞれ明確化するために、範例となるレトリックを駆使した。彼は、『地下世界』(*Mundus subterraneus*) の第一巻、および『エジプトのオベリスク』

(*Obeliscus aegypticus*, 1666) を献呈したアレクサンデル七世を「復活したオシリス」と評している。[☆117] キージ家出身のこの教皇は、シエナでの学生時代からセッターラの友人であり、またキルヒャーのパトロンとして、自己の統治の輝きを高めるために学術の庇護をおこなう(パトロナイズする)君主＝賢者であると認じていた。彼の治世のもとで、ローマの再建、ならびに古代モニュメントの復原がすみやかに続けられた。[☆118] キルヒャーは、オベリスク群の修復、とりわけサンタ・マリア・ソプラ・ミネルヴァ聖堂の前に置かれたベルニーニ作の象の上に立つオベリスクの修復にあたり、アレクサンデル七世の主要な顧問として、パトロンとパトロン自身の明白な運命観を訴えかけることになる図像的プログラムを発展させる必要十分な機会を得たのである[参考図39]。『エジプトのオベリスク』の献辞において彼は、自らの喧伝役としての役割を、次のように強調している。「学識あふれる古代人たちのこのオベリスクは、聖下の庇護のもとで再び生命を吹きこまれ、聖下の命によって復活し、聖下の御名を輝かしい栄光で包むべく建立されたもので、その栄光は世界の四隅にまで届き渡り、そしてアレクサンデル聖下の治めるヨーロッパ、アジア、アフリカ、アメリカに向かって話しかけることでしょう」[☆119]。キルヒャーは古代モニュメントの復原を、政治的および宗教的調和の宣言を介して、同様にヨーロッパの「廃墟」を回復する、新たな世界秩序の象徴として提示した。すでにフェルディナント三世は病に臥し、また神聖ローマ帝国がふたたび崩壊の危機に瀕するかに見えていたとき、教皇位に就いたアレクサンデル七世は、新たなオシリスとして歓迎されたのである。自分を囲む政治的環境に常に敏感であったキルヒャーは、かつてバルベリーニ家とパンフィーリ家から出た教皇たちが財政的にも軍事的にも蕩尽して以来、弱体化していた教皇庁の力が、彼を庇護した帝国のパトロンたちの権力が衰退しつつあるように見えたときに、新たな力を獲得したことを感じとっていた。この機会を逃すことなく、キルヒャーはウィーンからローマへと自らの関心の方向を替えた。

一六五〇年代と六〇年代を通じて、キルヒャーはパトロンたちの輪を広げる作業に力を傾けている。彼は複数の教皇や皇帝たちのクライアントとして、誤って卑小な君侯たちから庇護を受けて主要なパトロンたちの名誉を傷つ

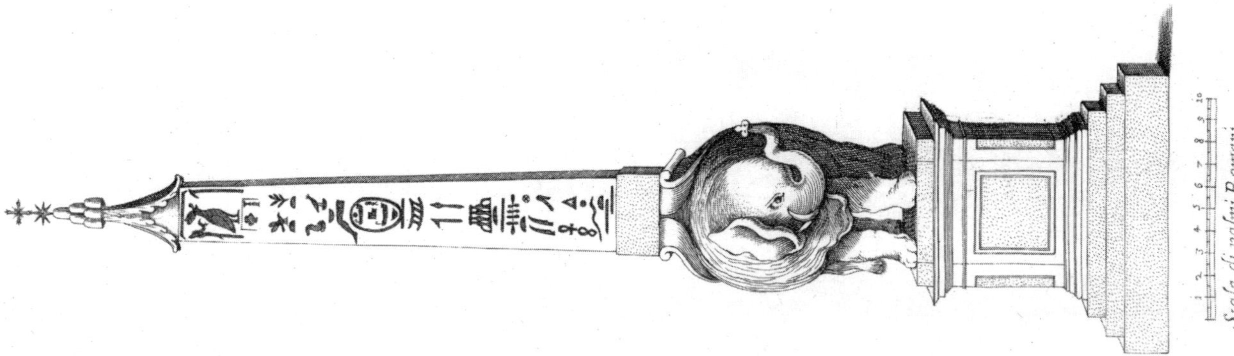

参考図39A——サンタ・マリア・ソプラ・ミネルヴァ聖堂の前の、ベルニーニによる像のオベリスク
(Giorgio de Sepi, *Collegii Societatis Iesu Musaeum Celeberrimum*, Amsterdam,1678)

参考図39B——バルベリーニのオベリスク（Giorgio de Sepi, *Collegii Societatis Iesu Musaeum Celeberrimum*, Amsterdam,1678）

けないように、新たなパトロンを注意深く選んだ。キルヒャーは、イタリアとドイツの両方に引き続いて足場を維持しようとする望みつつ、バロック期ヨーロッパにあってもっとも傑出した二人の君主＝賢者、すなわちレオポルド・メディチとブラウンシュバイク＝リューネブルク公国のアウグスト公との関係を追い求めた。一六五〇年にキルヒャーは、これら両名と最初の接触をもった。その年の一月に彼は、すでに愛書家であることで有名だったアウグスト公との書簡の交換を始めている。四月にはレオポルド公がローマを訪れている。宮廷の公式記録によれば、一六五〇年四月二七日、「殿下は、数学者にして偉大な教養文化人であるイエズス会士キルヒャー師の邸宅に立ち寄られた」。レオポルド公がフィレンツェに帰ったのちも、キルヒャーはレオポルド公およびその兄であるトスカーナ大公フェルディナンド二世に著作を献呈して、接触を保ち続けた[120]。メディチ家の君主たちが普遍言語に魅了されていることを知ると、キルヒャーはすかさず、彼の新たな伝達形式の一例を送っている。「私は、ようやく殿下のもとに、以前にお約束した言語の人工的な機密を、小さな筐の中に納めて、お届けできることになりました。これまでにこの機密をお教えしたのは、わずかに、畏れ多くもわが庇護者であられる皇帝陛下と、同様に、私の研究の偉大な促進者であられる大公レオポルド殿下のみであります[121]」。このイエズス会士の蒐集家は、レオポルド公に対して、自らの研究のパトロンとして彼が保持している交友関係を知らせることで、彼が皇帝およびその兄弟たちと同等の地位にあることを示したのである。

一六六八年三月、レオポルドは枢機卿に選出された。彼は任務に就くためにローマに帰還した。四月も終わりになると、枢機卿はいまやすっかり自分が、科学や文化の研究にこのうえない娯楽を見いだし、余暇を費やしていることに気づいた。枢機卿は兄のトスカーナ大公に宛ててこう書いている。「これらの職務から逃れることのできる時間には、メダルや絵画や彫刻を鑑賞するために、もっとも有名な陳列室や工房を訪ねて喜びを見いだしています[122]」。五月には、レオポルドは、先の訪問のあとに建造されたギャラリーを鑑賞するために、ローマ学院を再び尋ねたい旨の希望を表明している。枢機卿が学院への訪問日を変更すべく指定してきた日が、キルヒャーが不在の日であったため、ローマのイエズス会は混乱におちいった。「メディチ家の枢機卿殿が、より早く［キルヒャー師のおられるときに］わが学院に栄誉を授けてくだされればよいのですが」と、ドメニコ・ブルナッチは走り書きを、キルヒャーに急いで届けている。

> そのようなわけで、われわれは、貴殿がすぐにでも戻ってくることができるように、貴殿と従者のために一頭の馬を送ります。……万難を排してでも、遅れることのないようにしていただきたい。このたびの機会に貴殿が列席することが、もっとも重要なのですから。それから、早めに到着するように努めて、ギャラリー内の品々を整理していただきたい。☆[123]

残念なことに、キルヒャーの往復書簡からは、この二度目の訪問のさいに実際に何が起こったのか、そしてキルヒャー自身がとどこおりなく到着したのかどうかを知ることはできない。レオポルドは、フィレンツェでアカデミア・デル・チメントと数々の科学的活動かつ文化的活動を先導してきたパトロンとして、キルヒャーが関係を望む人物の規準に適う君侯の一人であった。ローマ学院のミュージアムの肖像画ギャラリーに枢機卿の容姿を加えることは、ミュージアムの輝きを一層増すことであった。

キルヒャーはこれと同等の情熱を注いで、アウグスト公の肖像を、この名声の広間に飾ろうとした。アウグスト公は一六五六年に肖像画を送ることを約束していたのだが、ローマが疫病で壊滅していたので、発送を先延ばしにしていた。キルヒャーは心配しながら公の代理人に、肖像画をミュージアムに飾って公共の展覧に供し、アウグスト公を「そのほかの学識あるドイツとイタリアの君主たちのあいだに」配置したいという彼の希望を想い起こさせている。☆[124] 版画の肖像がようやく一六五九年に到着すると、キルヒャーは「ただちに黄金の額縁に嵌めこみ、高貴なる身分に生まれた公の雅量、智慧、高潔を映しだす鏡としてわがギャラリーに配しました」。彼はこう続けている。

「わがギャラリー、すなわちミュージアムには、世界中のあらゆる国々から訪問者がまいります。そして、ある君侯を『この世界の劇場』で知らしめようとするならば、ここにその方の肖像画を展示すること以上に最善な策はございません」。公の肖像画は、アウグスト公がキルヒャーに与えた模範的なパトロネージを喧伝すること、そして公の支配者としてのイメージに輝きを加えることという二重の目的に役立つものだった。キルヒャーは自らの行為の政治的な含意に常に敏感であったため、自らのミュージアムにアウグスト公の肖像を飾ることが、この種の展示に慣れている、より強力な権力をもつ支配者たちよりも、公にとってはるかに重要な意味をもつことを理解していた。翌年の冬になっても彼は、「わがミュージアムの最良の場所に」展示してある肖像画が引きおこし続けている驚くべき反応について、縷々語っている。☆125

アウグスト公は『普遍的音楽学』(*Musurgia universalis*, 1650)を受けとった、見込みのあるパトロンたちの一人であった。アウグスト公、シュレザヴィヒ＝ホルシュタイン＝ゴットルフ公フリードリヒ三世、そしてスウェーデンのクリスティーナ女王らはすべて、好意的な反応を示している。☆126キルヒャーの研究に対するアウグスト公の関心は、はじめはあまり期待できるものではなかったが、次第に高まっていき、とりわけイエズス会士が新しい人工言語の開発に従事していたあいだはそうであった。一六六〇年、キルヒャーはアウグスト公に、『新たな普遍的な多言語書記法――結合術によって発見された』の序となるべき、『全世界の言語をひとつの言語に還元する新案』(*Novum hoc inventum quo omnia mundi idiomata ad unum reducuntur*)の手写本を贈呈している。キルヒャーは、この作品の特異な性格を強調しながら、これは君侯たちのためだけに書かれた著作と述べ、またレオポルド・デ・メディチに対した場合と同様に、アウグスト公に対しても、ほかにこの著作を受けとったのはアレクサンデル七世とレオポルト一世だけであることを告げておもねっている。☆127この贈りものを受けとったほかの人々とは異なり、アウグスト公は当該の分野については多少とも精通していたからである。一六二四年に彼は、グスタウス・セレヌスという偽名で暗号学に関する著作を書いていた。公は如才なく、彼もまた当該分野には通暁していることをキルヒャーに想い起こさせるために、キルヒャーが『新たな普遍的な多言語書記法』の中では言及するのを怠った、自著『暗号詩法と暗号図法』（*Cryptometrices et cryptographiae libri IX*）を一六六四年に贈っている。この見落としにもかかわらず、アウグスト公は、彼の息子フェルディナンド・アルベルトがローマを訪れたさいに案内をした謝礼として送った一〇〇ドゥカート金貨に加えて、二〇〇インペリアル金貨の給付金を下賜している。

アウグスト公のうちにキルヒャーは、彼の研究の学問的意義について真に関心を抱き、さらに「彼の魅力的な著作のさらなる出版」を熱心に支援するパトロンを見いだした。キルヒャーは、アウグスブルク在中の公の代理人であるヨーハン・ゲオルク・アンケルに宛てて、一六六四年六月に次のように書き送っている。「公が私に対して示されました親切な行為のおかげで、多くの事柄を刊行することができました。それがなければ、けっして刊行されなかったことでしょう」[☆128]。地方の君侯のパトロネージについて次第に幻滅していったキルヒャー——「このような君主はイタリアには見いだすことができません」と、彼は公に宛てて不快感も顕わに書き送っている[☆129]——は、アウグスト公を、視界に射しこむ新たな光とみなした。彼は『地下世界』において、琥珀に閉じこめられた蜥蜴の贈りもののことをとりわけ誇示し、また『エジプトのオベリスク』の序文において、公に対して感謝の言葉を浴びせかけている。キルヒャーはまた、『光と影の大いなる術』第二版に加えて、元来はトスカーナ大公に捧げる予定であり、現在では原稿が失われてしまった著作『エトルリアの旅』もアウグスト公に献呈する計画を公言している。アウグスト公は、後者の主題が明らかにイタリア色の強いものだったので、彼の行動の妥当性に関してはいささかの戸惑いを見せてはいるものの、このイエズス会士の献身には大いに満足し、彼が没するまでの二年間に七〇〇インペリアル金貨を送っている。一六六六年までに、アウグスト公はすでにキルヒャーに対して多くの贈りものと給付金を下賜しており、その中には公のさまざまな肖像を鋳造した金と銀のメダルの数々も含まれていて、この年にキルヒャーは公のことを、「王者の雅量を示す模範、あらゆる君主たちが見習うべき範例」と呼んでいる[☆130]。

キルヒャーは公式にアウグスト公をもう一人のオシリスとして顕彰することはできなかった——想像力をいく

ら逞しくしても、ブラウンシュバイク＝リューネブルク公国をエジプトに匹敵する帝国とみなすことはできなかった——ものの、このパトロンにふさわしいアイデンティティを、ヘロドトスの『歴史』（*Historiae*）を読みこむことによって公に付与することを怠らなかった。キルヒャーがアウグスト公に一六五一年に告げているように、公は「もっとも学識高き者ポリュクラテス」に対する、もう一人の「エジプト王アマシス」であった[☆131]。アマシスの治世は「エジプト史上もっとも繁栄した期間」であり、彼は学識にあふれ、創意に富んだ王であり、また豊かな贈りものの付与者であった。他方、ポリュクラテスは「単なる人間として生まれた者の筆頭」で、帝国に憧れ、サモス島の支配者として君臨したが、オロエテスの手によってキリストと同じように処刑されている。アマシスはポリュクラテスに、自分の姿を刻んだ二体の木製の彫像を送り、これらはヘロドトスが『歴史』を執筆していたときには、まだサモス島のヘラ神殿の前に立っていた。ポリュクラテスは、「アマシス王と友情の契りを結んだこと」に栄誉を与えるために、「王に贈りものを送り、お礼に王からも贈りものを受けとった[☆132]」。すでに書籍の蒐集や学問のパトロネージを通じて学問の統治を確立していたアウグスト公に比較して、キルヒャーは自らを新興の学者として示すことによって、アマシス王とポリュクラテスの偉大な友情という歴史的な範例が、彼ら自身の関係にも影響を及ぼすことを願った。すでにフェルディナント三世は三〇〇〇スクーディの給付金を彼に下賜していたが、アウグスト公にも同様のパトロネージを請いながら、キルヒャーはアウグスト公を、彼が描く神聖ローマ帝国のエジプト的理念の中に組みこんだのである。

一六五五年は、キルヒャー自身にとって「驚嘆すべき合」が起きた年である。アレクサンデル七世の教皇への選出、そしてスウェーデンのクリスティーナ女王のローマへの到着は、キルヒャーの諸計画にとって、実に魅力的な可能性を提供した。クリスティーナ女王はすでに、キルヒャーの著作への関心を表明していた。キルヒャーが、見込みのあるパトロンに自己を紹介するときにしばしば用いた戦術によって、まずは女王に自著を何冊か送ると、クリスティーナ女王は、その贈りものに感謝する礼状をしたため、さらには彼女に著作を献呈することを計画しているかどうかを彼に尋ねている。これに答えてキルヒャーは、スウェーデンの君主からの助成を請願し、「助産婦の御手」への感謝として、女王に『忘我の旅』（*Itinerarium extaticum*, 1656）を献呈している。[133] 女王がローマに華々しく入市行進をおこない、公式に宣誓して新教を破棄する一カ月あまりのあいだに、彼女はローマ学院を二度にわたって訪問している。キルヒャーは女王の御幸に先立って十分に準備を調えていた。「単体薬物や博物学に深甚なる御関心を抱かれている」スウェーデンのクリスティーナ女王が到着する少しまえに、キルヒャーはヴァティカン図書館の司書であるルーカス・ホルステニウスに書簡をしたため、「ギャラリー内の装置のいくつか」を記述した冊子とともに女王に贈呈する予定の、ミュージアムのカタログを完成させるための助成金を求めている。[134]

一月一八日、女王が最初に学院を訪問したさいには、当然にもキルヒャーの指示のもとで、イエズス会士たちは学院全体を、エンブレムとエピグラムと碑銘に、とりわけ「著名なヒロイン」を顕彰するものに満ちた劇場へと変容させた。第二回目の訪問は一月三一日で、女王はこのとき聖具室、図書館、薬品調合室、ミュージアムを巡回している。[135] キルヒャーは個人的に、この王家の訪問客の前で、選りすぐった実験をいくつかおこなった。クリスティーナ女王はとりわけ磁石仕掛けの時計について称讃し、またフェニックス神話を反復する著名な「植物の再生」の展示にも満足の意を表わしている。この特別な訪問客にとっては、後者の実験は重要な意味をもっていた。というのも、クリスティーナ女王自身が一種の不死鳥で、プロテスタントからカトリックへと変容した君主だったからである。女王はつい先日、カトリックへ入信するにさいしてアレクサンドラの名を得ており、実際に自らのアイデンティティを更新したのだった。

御幸の最後に、キルヒャーは女王に二つの贈りものを渡した。ひとつは、ダヴィデの『詩篇』のアラビア語訳で、ソロモンの神殿、およびモーセの幕屋に関する章句のインデックスも付されていた。この二つの建物は智慧の館に関連するものであり、クリスティーナ女王はこれらを建設するためにローマを訪れたのだった。キルヒャーは、サンタ・マリア・ソプラ・ミネルヴァ聖堂が立つ地を、かつてのイシス神殿跡であると同定しており、これが彼のメッセージにさらなる次元を加えることとなった。アレクサンデル七世とキルヒャー自身がそうであったように、クリスティーナ女王もまた、この教皇都市の歴史的遺跡が予兆している運命をまっとうするためにローマにやってきたのである。彼女は新たなイシス、すなわちオシリスの妻であり、ヘルメスのパトロンでもあった。キルヒャーの第二の贈りものは、このメッセージを明白なものにしている。それは小型のオベリスクで、次の碑文が三つの言語で刻みこまれていた。「偉大なるクリスティーナ、再生したイシスが、古代エジプトの秘密の表徴が刻印されているオベリスクを建立し、伝え、聖別する」[☆136]。以前にもキルヒャーは、「ヒエログリフの讃辞」を刻印したオベリスクをフェルディナント三世のためにつくり、『エジプトのオイディプス』において特別に誇示していた。教皇アレクサンデル七世には、わざわざオベリスクを創案する必要はなかった。というのは、その地位のゆえに彼は、ローマ中にある古代のオベリスクのパトロンとなったからである。キルヒャーは、ハプスブルク家の皇帝とスウェーデンの女王に彼ら自身のヒエログリフを贈呈することによって、自らが政治および宗教の再統合の鍵と目していた古代の学識の復興に彼らも携わっていることを喧伝した。一六五六年四月、ショットはキルヒャーに書き送っている。「スウェーデン女王陛下が貴殿のミュージアムに御幸なされたこと、心からお祝い申しあげます」[☆137]。オシリスとイシスの二神が同じ年にローマに出現したことで、ついにキルヒャーはエジプトへ帰還したのである。

すでにほかの蒐集家たちについて見たように、キルヒャーのパトロネージをめぐる儀礼の理解力が、彼のミュージアムの支援者を得ることに成功する鍵だった。アルドロヴァンディと同様に、キルヒャーも蒐集と出版は相互に補完しあう表示形式とみなしており、これが文芸界での彼の名声を高め、宮廷文化への道を彼に拓いたのである。バロック期のほかの蒐集家たちは、主たる一人のパトロンに対して請願し、一人の君侯とのあいだに独占的な関係を築きあげることを望んだが、キルヒャーはそのかわりに当時の政治的文化全体を自らの劇場とした。もしわれわれが、たとえばセッターラとコスピの活動を少しでも考えてみるならば、そこにキルヒャーとの対照を見てとることができる。セッターラは、ピサでの学生時代にメディチ家の知己を得ることによって、フィレンツェを訪れ、フィレンツェの学術コミュニティとの関係を維持する機会を得ている。フェルディナンド二世もコジモ三世も、ミラノまで贈りものを送り続けた。コジモ三世が一六六四年にセッターラのミュージアムに訪れたのち、疑いもなく先代のコジモ二世のもとで成功したガリレオの例を再び得たいという期待をもって、セッターラはテルツァーゴに命じて、若き公子にミュージアムのカタログを献呈している。[☆138] アルドロヴァンディやキルヒャーに比べると、はるかに小さな規模ではあるが、セッターラはこのきわめて有望なパトロンとの実り多き関係を維持しようと必死だったのである。

セッターラがメディチ家のミラノにおける主たるクライアントであったのに対して、コスピはこの同じ関係をボローニャで映しだしていた。アルドロヴァンディやキルヒャーと同じく、コスピもまた自らのミュージアムに関する著作を贈りものとして分配し、レガーティのカタログ八〇〇部のうち、その大部分を「イタリアの君侯、枢機卿、功績ある騎士たちの多く[☆139]」に贈っている。しかしコスピは、きわめて特徴的なことに、この著作をもっとも重要なパトロンである、一六七〇年から大公位に就いていたコジモ三世との絆をより強固にするための手段とみなしていた。版画によるミュージアムの描写を見ると（図9参照）、コスピが家紋として受け継いだ盾紋の一角に、メディチ家の紋章がとくに際立って表わされている。またレガーティのカタログは、コスピが若年の身でフェレンツェ宮廷に出入りしていたこと、そして彼のミュージアムをメディチ家のさまざまな人物たちが訪問して、贈りものを与えたことを強調している。セッターラもコスピも（あるいはモスカルドのような蒐集家も）、学識あふれる大著を生みだすような、広大な規模の研究プログラムを遂行することはなかった。彼らにとって展示という営為は、出版に向かうための端緒ではなく、それ自体が最終目的であった。彼らは、著作の出版資金を融通してくれるパトロンたちを探すというよりも、むしろカタログの出版に投資することで、贈りものや訪問を通じてミュージアムに栄誉を授けてくれた王侯貴顕たちへの謝意を表明した。その結果、セッターラやコスピにとっては、自然の百科全書を完成させるためにアルドロヴァンディやデッラ・ポルタやキルヒャーが必要としていた規模のパトロネージは、ほとんど必

要なかったのである。[☆140]

ほとんどのミュージアムは、その維持にあたって固定した収入源よりもパトロネージに依存することがはるかに多かったため、創設者が他界したのちは存続することがなかった。さらにメルカーティを除けば、科学的蒐集家たちは誰も、ある特定の宮廷と固定した関係を結ぶことはなかったのであり、ヴァティカン宮殿の「メタロテーカ[鉱物博物館]」さえも、メルカーティが時ならず一五九三年に死去したのちに、最初に消えてしまったミュージアムのひとつであった。[☆141]アルドロヴァンディのミュージアムが生き残ったのは、常例ではなく、むしろ例外であったと思われる。たとえば、一七〇二年になってはじめて、教皇クレメンス九世のパトロネージを得ようと努力したボナンニのおかげで、カトリック教会はローマ学院のミュージアムに対する永続給付金の下賜を認めた。こうしてわれわれは、このミュージアムを贈りもの、善意、そして自らの財源によって維持するために、キルヒャーが払った努力に驚嘆せざるをえないのである。[☆142]この理由から、蒐集家たちは数多くのパトロンたちの知己を得るために精緻な計画を案出して、各々のパトロンとの関係が唯一のものではないことを知られても、けっして彼らを傷つけることがないように配慮したのである。彼らはすべて、ミュージアムの存続のためにパトロネージがいかに重要であるかを、十分すぎるぐらいに理解していたのであった。

ほとんどの蒐集家は、一六一〇年に大公コジモ二世付きの数学者兼哲学者となったガリレオの例のような、特定の君主とのあいだに独占的な関係を築こうという試みに成功することはなかったが、これは本人たちの努力が欠けていたからではなかった。すでにアルドロヴァンディも気づいていたように、ミュージアムを、パトロンへの唯一無二の贈りものとすることは、とりわけ困難になっていた。というのも、ガリレオがメディチ家の名を命名した[木星の]衛星とは異なり、もはや蒐集は一六世紀の末までには完全にエリート文化の中にとりこまれており、したがって新奇なものではなくなっていたのである。[☆143]キルヒャーの時代になると、自らの名声に関心があった貴族たち——関心のない貴族などいただろうか——はほぼすべてが、自邸の片隅にコレクションを押しこんで所蔵していた。

単に蒐集という行為だけでは、もはや君主の気を惹くことはほとんどできなかった。見込みのあるパトロンに向けてアルドロヴァンディやキルヒャーが放ったメッセージは、彼らが成功するための決定的要素であった。彼らは、自己定義の訓練として始まった叙事詩的な物語を完成させようとして、特定の支配者に結びつく、彼らがすでによく知悉していたイメージを完成できるかどうかにその命運をかけた、クライアントとして自らを提示した。黎明期の絶対主義国家に仕えた人文主義者たちは、自らのパトロンの足下にモニュメントを築きあげるべく、世界の資源を集積した。多くの点において蒐集家たちは、自分が仕えている君侯たちの熱望を察知し、要求を予測することにもっとも長けた集団であった。というのは、蒐集家たちもまた、死にものぐるいで時と戦い、ほかの多くの学者たちがこうむった、自らの知識を砂漠の砂のうちに埋もれさせるという宿命を、ヒエログリフでさえ記録に残すことができなかった喪失を、回避しようと試みたからである。

エピローグ　古いものと新しいもの

ミュージアムを不朽のものとすることで、その世界観を保持しようとしたルネサンスとバロックの博物学者たちの果敢な試みにもかかわらず、彼らがもっとも恐れていたことが現実のものとなった（彼らが想像していた理由によってではないが）。一六八〇年にキルヒャーが没して一世紀も経たないうちに、新しい世代の学者たちが、自然の百科全書という人文主義的な前提もろとも、この知識を包摂していたミュージアムを無効にしたのである。キルヒャーとセッターラのミュージアムの実験生活を活気づけていた技術的驚異は、もはや実際に役立つコレクションの道具というより歴史的な珍品奇物と化し、より性能の高い顕微鏡、大きな望遠鏡、ライデン瓶にとってかえられた。保存技術の進歩は、アルドロヴァンディやカルツォラーリ、そしてインペラートが遺した細かく砕けた植物標本や脆弱な動物の死骸を、自然の瞬間を永遠にとどめる蠟の注入や塩水溶液やそのほかの方式の恩恵を受けていた一八世紀の博物学者たちにとって、実質上無用の長物と化してしまった。こうした物質的進歩以上に重要なことは、しかしながら、アルドロヴァンディの後継者たちの実践を支えてきた知的かつ理論的な前提であった。というのも、彼らはついに、リンチェイ会員たちが一七世紀の初頭に試みていたこと、つまり新しい自然の百科全書を創案することに成功したからである。

啓蒙主義の博物学の新しさは、部分的には自然へのアプローチの仕方にあったが、主たる要因はその創案をめぐるレトリックにあった。ビュフォンやリンネ、さらにラッツァーロ・スパッランツァーニのような追随者たちは、新世代の筆頭たること、二〇〇〇年以上もの間、眠っていた学問分野の再建者たることを自認していた。[☆1] 彼らは、彼らの有利な視点からすれば、過去への尊敬の念によって麻痺させられてしまった文化の過剰と無知を具現していた、初期の博物学者たちに対する論駁のうえに、自分たちの議論を据えた。先行者たちの運命に関する数々の逸話は、博物学がいかに以前とは異なるものになったかを説明するのに役立った。たとえば『学術文献集成』(*Collections Académiques composée des mémoires, actes ou journeaux des plus célébres académies et sociétés ...*, 1755-79) の第五巻で、ヤン・スワンメルダムの『自然の聖書』(*Biblia naturae*) の編纂者は、このオランダの解剖学者が一六七〇年代に自分のコレクションを売却しようとして失敗した顛末を語っている。アムステルダムの蒐集家でもあった彼は、教育と公の場での研究の長い経歴から身を引いて、個人で知的な興味を追求したいと望んでいた。一六六七年、そのキャビネットに一万二〇〇〇フロリンを支払う用意のあることを、大公フェルディナンド二世が申しでたが、現地フィレンツェにまで赴いてその設置を監督し、メディチ宮廷に出入りする科学通の有徳文化人(ヴァーチュオーソ)の仲間入りをすることが条件として出されたため、断わってしまった。しかし数年たっても、誰も引き受け手がいなかったため、スワンメルダムは改めて一万五〇〇〇フロリンを提案したが、それは明らかにあまりにも高騰しすぎた価格であった。この博物学者は結局、不満を抱いたままはるかに低い価格でコレクションを売り渡さざるをえなかった、と語り手は報告している。さらにこの一八世紀の伝記作家は、「だが、これはまだ博物学の時代の話ではない」と、ため息とともに結んでいる。[☆2]

ルネサンスとバロックの博物学への啓蒙主義の視点は、初期の蒐集活動に関する議論を適切な結論へと導く。右の逸話が示しているように、啓蒙主義の哲学者たちは、先行者たちに好意的ではなかった。自然を理解しようとする先の世代の努力を、自己正当化した優越感からくる謙遜の感覚で回顧しながら、一八世紀の博物学者たちは、その学問分野の正史を書き換えてしまったのである。彼らにとって博物学という科学は、一八世紀になるまで存在しておらず、そのときかつての珍品奇物のキャビネットは、高度にベーコン主義的目的をもち、分類法と分類学についての議論に基づいて組織された博物学のミュージアムにとってかわられたのである。ディドロは、『百科全書』（*Encyclopédie*）の「博物学のキャビネット」の項でこの点を強調し、一八世紀における博物学の成功を、新しい蒐集の習慣の成果として提示している。[☆3] 啓蒙主義が打ち立てた博物学と蒐集との関係をめぐる時代区分は、今日もなお持続している。というのもわれわれは、ビュフォンやリンネ、さらにスワンメルダムの論文の匿名編纂者と同様に、ルネサンスの博物学（Renaissance natural history）は啓蒙主義の自然史（the Enlightenment history of nature）と鮮明に差異化されうるものであると、いまも信じ続けているからである。

一八世紀になると、ミュージアムのイデアは、公共の制度的な圏域に入っていった。オックスフォードのアシュモリアン・ミュージアムが、およそ三〇年にわたって有料で入館を許可していたちょうどそのころ、ピョートル大帝は、ライプニッツの助言を受け入れて一七一四年にザンクト・ペテルブルクに公共のミュージアムを設立し、まさにその同じ年にボローニャに科学研究所のミュージアムが設立された。[☆4] イギリスでは、ハンス・スローンの豊富な遺贈品が大英博物館の基礎となり、一七五三年に開館した。ビスカリ侯が、イギリスの蒐集家トマス・ハリスに、カターニアの「エトナ山アカデミー」（Accademia degli Etnei）に一七五八年に開設された博物学ミュージアム選りすぐりの貝やそのほかの海産標本を所蔵する書斎を寄贈すると、この英国の有徳文化人（ヴァーチュオーソ）はこれを記念して「寄贈者とその贈りものを長く記憶にとどめるため」に、それを大英博物館に設置した。[☆5] もし一世紀まえならば、おそらくハリスは、その遺贈品を自分で管理し、個人コレクションの質を高めようとしたことだろう。しかし、国家のアイデンティティを定義するミュージアムの登場は、記憶を、個人の肖像というよりもむしろ国民の集団的な表象とする、より制度的な概念として想い描くことを可能にした。一八世紀の末になると、女帝マリア・テレジアや大公ピエトロ・レオポルドのような啓蒙主義時代の支配者たちは、彼らの芸術や科学のコレクションを、一七七三年にミラノのブレラ美術館の開設を通して、そして一七七五年にフィレンツェの医学博物学陳列館が、一七八九年にウフィッツィ・ギャラリーが公共機関への寄贈というかたちを通してそれらの対象を観覧しやすいものにした。[☆6] 公共のミュージアムの発展とともに、かつてアルドロヴァンディやキルヒャーによって設立されたミュージアムのコレクションは、より大きなものに吸収されるか、あるいは埃とともに放置されるかのどちらかになった。前者の場合、コレクションの廃棄は、創設者が描いたミュージアムのヴィジョンの整合性を破壊してしまうことになる。後者の場合、パトロンや来館者の衰退によって、過去の文化の記念碑となり、その死が宣告されることになる。

一八世紀の末に大陸を席巻した革命という政治的風潮は、それを維持していた支配者たちと同じようにミュージアムを変容させた。あらゆる事例の中でもっとも特筆すべきことは、一七九三年七月二七日のルーヴル美術館の開館である。ジョルジュ・バタイユは、この流れの中で「近代のミュージアムの起源はギロチンの発達と結びついている」と感想を述べている[☆7]。一八世紀の半ば、ディドロはすでに、一二〇〇人から一五〇〇人もの人々が毎日、パリ王立植物園にある博物学のキャビネットを訪れており、その世紀の暮れ方にはおそらく、さらに多くの人々が、革命後の共和制とその後の第一帝政の非神聖化された光景を見にやってくることだろうと予見していた[☆8]。革命の渦巻くヨーロッパのルソー的な風潮の中で、コレクションはもはや、私的な個人のものでも、教会のもの――一七七三年のイエズス会の体制／秩序の廃止は、彼らの文化的な諸制度の衰退を加速させた[☆9]――でも、あるいは君侯の個人的所有物でもなかった。彼らは、解体された状態におちいったミュージアムを、新しいイメージに適応させるために、調整し、維持管理し、新しい形態をとるほかの文化機関と並べて配置した。フィレンツェの新しい医学と博物学のキャビネットのミュージアム・カタログを書いたフェリーチェ・フォンターナは、この文脈の中で、次のような修辞的技巧を用いている。「すべてのものが秩序よく整理されているので、公共の利益のためというよりも、支配者たちの偉大さを見せびらかそうとしているほかのキャビネットでは何年もかかってしまうようなことでも、ほんの数日で多くのことを学ぶことができる[☆10]」。一七七五年にピエトロ・レオポルドが発した文学的美辞麗句は、レトリックを凝らして国家的ミュージアムを君侯個人のものから遠ざけようとしながら、その世紀の終わりのさまざまな宮廷や貴族たちのコレクションの運命を予告していた。

もちろんわれわれは、単に社会的統制や政治的激変のメカニズムの一例として、真の意味で「公共の」ミュージアムが出現したために、宮廷的そして都市的なルネサンスのミュージアムが凋落したとみなすことはできない。このような解釈は、大碩学の折衷的な個人ミュージアムや、一九世紀のジャーナリスティックな精神を具現している蠟人形館、医学的な奇形をカーニヴァルの見世物へと変えた祝祭の怪物興行などの特例を勘定に入れてはいない。☆[11] 蒐集は常に、きわめて個人的な出来事となる可能性を秘めている。しかしながら、われわれがここで考察した特殊なタイプのミュージアムの歴史は、一八世紀以降ますます、国家の提唱する制度の歴史へと変わっていった。確実な収入源をもつ科学組織の設立、一パトロンの生涯を超えて持続するその永続性、さらに科学の公的な有用性についての一八世紀と一九世紀の考え方に合致する教育的目的などが、初期近代のミュージアムの境界を定めていた科学共同体の両義的な概念を結晶化させた。

このような変容の背後には、ミュージアムに形態を与え誘導してきた政治文化の新しい概念があった。一八世紀のミュージアムの創設者たちは、そうした制度の背後に国家／国民的な意図があることをはっきりと明言していた。イタリアは政府によっても言語によってもまだ統一されていない地域であったが、そのイタリアにおいてさえ、「啓蒙主義者たち」——イタリアの哲学者たちは自らをそう呼んでいた——は、ミュージアムを、それによっていっそう国家／国民的な文化が実現される主要な手段のひとつとみなしていた。一七世紀の末に、このようなイメージがおぼろげに現われる——たとえば一六六七年にレーディが『イタリア博物誌』(*Historia naturale d'Italia*)を著わしたことに示唆されているように☆[12]——のをわれわれは目にするものの、そのイデアは一八世紀の初頭まで十分に系統立てられてはいなかった。ヴェローナの貴族で古物蒐集家のシピオーネ・マッフェイがこの変容を具体化した。マッフェイは、ヴェローナに碑文のミュージアムの設立を計画——一七一六年に開始され、一七四五年に実際に公開された——し、語の伝統的な意味／含蓄を超えてイタリアのすべての地域にまで及ぶ「祖国」を構想した。☆[13] 彼の「石碑ミュージアム」(museo lapidario)の主たる目的のひとつは、イタリアを比類のない世界にしている価値ある古物が「失われたり、これ以上国外に流出したりすることのない」ように保全することであった。一七一七年に彼が、トスカーナ大公の古物商アントン・フランチェスコ・マルミに宛てて書いているように、「たしかにこのミュージアムは、なにがしかの名誉をイタリア全土にもたらすことだろう」[☆14]。マッフェイは、古物を、文化的な歴史遺産のひとつの形態として思い描き、このイメージはのちに保存や修復のプログラムにとって基本概念となるものであった。博物学のコレクションでさえ、このようなレトリックを免れてはいなかった。自然もまた、歴史遺産の一形態となり、保存に値するものとされたのである。『エウガネイの山々の博物学に関する書簡形式の先駆』（*Prodromo in forma di lettere dell'istoria naturale de' Monti Euganei*, 1780）において、アントニオ・カルロ・ドンディは、自然の蒐集を、「祖国に捧げる立派な奉仕」の一手段として記述し、次のように続けている。

> ただわたしが残念に思うのは、われわれの山々の産出品を蒐集し、……それらを組織立てて秩序よく並べることで、国家／国民のためのキャビネットをつくろうという有益な考えをこれまで誰も抱いてはこなかったということであります。多くの学識ある博物学者たちが、いろいろな機会に特異な品々を蒐集してきましたが、それらは、ただ単にその特異性において扱われるか、あるいはなんらかの彼らの理論に適合するために集められたにすぎず、完璧なコレクションの体裁すらとってはいなかったのです。しかし、望ましいのはそのような完璧なコレクションでありましょう[☆15]。

ヴェローナにあるマッフェイの「石碑ミュージアム」（museo lapidario）が歴史的な宝物を展示していたのと同様に、ドンディも、イタリアの自然の資源を陳列する「博物学の公共ミュージアム」を思い描いたのである。

ミュージアムはこうして、新しい公共図書館、読書クラブ、さらにはより正統とは言えない観衆をも受け入れるそのほかの文化機関と、その歩みをともにすることになる。コルシーニ図書館が一日に四時間開放されることになった一七五五年に、「これほど選りすぐりの書籍という資産が、卓越せるコルシーニ閣下によって、個人の私的な利用から広く公に利用できるものへと移譲されたことは、いかに寛大で称讃すべきことか、それは理解するにあまりあることです[☆16]」と、大修道院長クエルチは書いている。コルシーニ図書館に先がけて、ミラノのアンブロジアーナ図書館が一六〇九年に、ローマのカザナテンセ図書館が一六九八年に、アントニオ・マリアベッキの指導のもとフィレンツェのメディチ図書館が一七四七年に、さらに同じくフィレンツェのマルチェッリアーナ図書館が一七五二年に、相次いで公に開放されていた。こうした科学的かつ文化的諸制度の新しい宣伝活動は、博物学のミュージアム、図書館、あるいは美術ギャラリーへの入館を個人的に管理し、もっぱら同じ社会的かつ文化的世界に属する貴顕にのみ制限していた蒐集家の衰退を告げ、観料を払った公衆の入館を認める公認学芸員の方を良しとした。私的な蒐集家たちは、一八世紀にも重要な役割を果たし続け、ディドロが観察したように、その数はこの時代にも増大していた。しかし、彼らはもはやかつてのように、学術界全体がともに進むところの中心軸とはなりえなかった。ますます、その機能を、個人ではなく公共機関が担うようになっていったのである。

一八世紀の文化的公共機関の開放性が、博物学の再定義に重要な貢献をした。ミュージアムがますます公共の現象になっていくにつれ、設立に携わった学識者たちは、好奇心ばかりで鑑識眼のない無学の観衆から自分たちを区別することがますます困難になっていった。一六世紀と一七世紀の博物学とその蒐集活動を定義していた二つの特徴は、ここにおいて変更されることになる。好奇心は、知的探究にとってもはや価値ある前提ではなくなり、むしろ「アマチュア」のしるしとなるのである。博物学は、もはや医学や哲学というカテゴリーのもとに包摂されるのではなく、ある種の自律性を獲得する。独立した研究領域としての博物学という認識は、逆説的なことだが、かつて自然を探求するという行為と人間と人間がつくりだしたものを観察するという行為とを統合していた、百科全書的な構造の解体と機を一にしていた。まさに自然の劇場が一般公衆のあいだの流行現象になると、それが博物学の分野で有していた同時代的な探求との密接な結びつきは、衰退していく。こうして博物学は実際、ミュージアムそのものがそうであったように、公共の消費の対象となったのである。アマチュアの自然の蒐集家について記述しながら、ビュフォンは次のように述べている。

> いかなる博物学の先行研究もなく、この種のコレクションをもとうと望む人たちのほとんどは、余暇の人たちであり、余暇以外にはほとんど時間を割こうともしない。彼らは、娯楽を求め、偉業を成し遂げた好奇の心をもつ人の列に並び称せられることに関心を向けているのである。[☆17]

その数年後、ラマルクは、「博物学の陳列室」から「好奇心の陳列室」を区別し、両者の目的の相違を強調した。すなわち、前者は諸科学の発展に寄与するのに対して、後者は娯楽のためのものなのである。初期の博物学者たちはこれら異なる活動を融合させたが、啓蒙運動の後継者たちは徹底的に両者を区別しようとした。哲学的博物学者（philosophical naturalist）や文芸愛好家（dilettante）という用語は有徳文化人（virtuosi）という用語にとってかわり、それはまた、自然哲学者、医師、薬種商、宮廷人、そして貴族にとって共通の文化的基盤を提供する、非正統的なカテゴリーとなった。ミュージアムが公共のものになればなるほど、一八世紀の新しい文化的で社会的なエリートは、彼らの目的と観衆をますます差異化しようと努めるようになった。

一八世紀になると博物学コレクションは数々の公共のオークションに供されるようになり、このことは、博物学者とアマチュアとの区別を際立たせるのに貢献した。「好奇の心をもった人々はむしろこの種の競売を愛好している」と、一七三六年にジェルサンは書いている。[☆18]「彼らは、競売を娯楽とみなしており、楽しむためにやってくるのである」。彼らは、ビュフォンの『博物誌』（*Histoire naturelle générale et particulière*, 1749）を熱心に買い占めたのと同じ観衆であり、この書物は、一七四九年に初版が出て、わずか六週間で完売した。ルネサンスの博物学者たちの学識ある好奇心は、科学的探求の性質に関する彼らの概念にとって欠くことのできないものであったが、いまやそれは、不本意なことに啓蒙主義の博物学者たちの慎重に考え抜かれた論証的な実践と著しく異なる、科学に対するアマチュアの興味を表わす感情へと貶められたのである。こうした状況をビュフォンはその博物誌の序論で巧みに述べている。「こうした著しい欠点はこの世紀のうちに完全に排除された」[☆19]。

これに付随して、一八世紀の博物学者たちが主張するところによると、真の自然の研究はひとえに、表向きさらに体系的で規範的な蒐集のアプローチのためにルネサンスの好奇心の陳列室を飛び越えて、より経済的な方針にそって博物学を再組織化しようとする彼らの努力によって開始されたのである。ボローニャの科学研究所の設立者、ルイージ・フェルディナンド・マルシーリは、「学者たちに自然について教えるというよりも、若者を喜ばせ、ご婦人方や無知な者たちの称讃を誘発するのに役立つ」ようなコレクションを嘲笑った[☆20]。のちにこの研究所の研究員になるスパッランツァーニも同様に、「標本室（ストゥディオ）を設けて、二つの小さなクリスタル片の間に蝶を優雅に挟んで蠟で封じ、ただちに見事な蝶一つひとつにリンナエウスの名称に基づいて命名していた……が、実際には、蝶に関する博物学の知識は微塵ももちあわせてはいなかった、ボローニャでの研究時代に知りあった若い騎士」のような同時代人たちを軽蔑している[☆21]。一六世紀には、博物学者たちはミュージアムそのものが新しい博物学を古いそれから識別したと主張している。一八世紀になると、こうした識別は、自然を占有するという行為よりもむしろ、この同じ区分を生みだす、オブジェを秩序づける方法論となった。このような動きに連動して、蒐集家たちは、疑いなく初期のコレクションの特徴であったオブジェについてのよりエンブレム的な描写（ポートレイアル）に対する反作用として、ミュージアムのオブジェに添えられた文字による描写（デスクリツィオーネ）により注意を向けるようになった。新しいカタログと新しいラベルは、古いオブジェに新しい意味を賦与した。フィレンツェに新しく開設された公共の科学ミュージアムの一七七五年のカタログで、「もしも、蠟製の解剖学模型のこの計り知れないコレクションがいかなる説明もないままに放置されているとしたら」と、フェリーチェ・フォンターナは書いている。「それはおそらく、ほかの多くのミュージアムのようになってしまい、公共の利益のためというよりも、外国人の称讃のためのものになってしまうだろう」[☆22]。

博物学と蒐集をめぐる新しいレトリックの大半は、王立協会のベーコン的野心と、大陸へのそのイデアの転位に起源をもっていた。王立協会の博物陳列館（Repository）の使命は、たとえば、あらゆる科学のコレクションを統合することで、私的な企図を公的なものに変えるということにあった。王立協会の最初の歴史家であるトマス・スプラットは一六六七年に、「目下のところは各キャビネットに封印されている、驚くべき発明品の数々を、王立協会は徐々に購入できるようになるだろう。そして、それらをひとつの共通の収蔵品とするならば、あらゆる機会にすべての人の利用に公開して役立てることができるだろう」と所見を述べている。[☆23] ロバート・フックとネヘミア・グリューの指導のもと、王立協会は、自然哲学者たちだけに観衆を限定しなかったアルドロヴァンディやキルヒャーのような大陸のコレクションと、劇的な対照をなすものとしてミュージアムを構想した（そこでは観衆はこの協会ないしは同じ趣旨の各協会の会員だけに限定された）。「こうしたコレクションの利用は、しばしばそう考えられ信じられているように、娯楽や驚異や鑑賞のためではないし、また子どもが絵を見て驚いたり喜んだりするようなものでもない」と、ロバート・フックは説明している。「そうではなくて、自然哲学にもっとも有能で熟達した人が真剣かつ念入りに研究するためのものである」。[☆24] 理論上、ミュージアムは、王立協会が諸科学に植えつけようと望んだ科学的な方法論や自然の理法に特有な概念と結びついていた。「彼［フック］は、この博物陳列館を、ウィルキンズ博士によって構成された自然の種すべてをランクづけする厳密な方法論に従って、いくつかの主要な項目に体系化することに着手した。これは、近々刊行される博士の著書『普遍言語』（*Universal Language*）の中で紹介されるであろう」。[☆25] このようにコレクションは、ベーコン説の有益性と修正主義の分類学とをひとつに溶けあわせる、王立協会の「実験哲学」を披露するために構想されたのである。

博物学の復興というレトリックにおける秩序と分類の強調は、啓蒙主義の蒐集家たちの実践の中でより大きな力となって再現した。一七世紀の終わりには、ベーコン主義は、何人かのイタリアの主導的な博物学者たちの想像力をとらえていた。ボローニャの科学研究所の設立者マルシーリは、こうした学者たちの世代に属していた。[☆26] マルピーギにとってと同様、彼にとっても、「アルドロヴァンディの書斎」（Studio Aldrovandi）に見られる時代遅れの組織化は、科学という学問の中心地としてのイタリアの「後進性」を日々思いださせるものにちがいなかった。科学研究所の創設にあたって彼が最初におこなったことのひとつが、実質的にアルドロヴァンディとコスピの豊かな蒐集品を吸収し、それをアリストテレス的というよりもベーコン的なものに変容させる、新しいミュージアムをかたちづくるということであったのは、それゆえ驚くことではない。コレクションの組織化は、科学的文芸愛好家（dilettanti）から自然の研究者（studiosi di natura）を区別するための重要な方法論を提供した。

マルシーリとスパッランツァーニのような蒐集家は、それぞれパヴィーアとスカンディアーノの博物学のミュージアムの創設者であり、ルネサンスの博物学者や啓蒙主義時代のアマチュアに見られる「妄想じみた解釈や連関」と「真の博物学」との間の差異に光を当てる「方法論的秩序」を探索した。マルシーリは、植物学、動物学、そして古生物学などにおける、新たに姿を現わした下位区分を含む諸科学の新しい学問分野上の区分を反映するように類別された、科学研究所のための部屋をパラッツォ・ポッジに所有していた。そのため、一七七六年にここを訪れたコワイエ神父は、「大法官ベーコンのアトランティスが実現された」と描写している[☆27]。トリノの大学附属ミュージアムのような一八世紀のそのほかの科学的コレクションもまた、新しいガイドラインにそって蒐集収蔵品を配分し、植物学、電気器具、そして「骨化した珍品奇物」などという個別の部屋を設けていた[☆28]。博物学の全体を定義しているさまざまな下位カテゴリーを物理的に分割／分類することによって、一八世紀の蒐集家たちは、すべての蒐集収蔵品を一緒に配置していた、ルネサンスの博物学者たちの「誤った論理的一貫性」を回避しようと望んだのである[☆29]。

一七四二年以来、科学研究所のミュージアムに統合されていたアルドロヴァンディとコスピのコレクションは、一八世紀における自然の分類法を反映させるために再配分された。これら初期の各コレクションの整合性を破壊することによって、研究所のメンバーは、その「近代的な」原理に賛同するミュージアムを築こうと希望した。「アルドロヴァンディの書斎」の最後の保管管理者で、科学研究所の最初の所長となったレリオ・トリオンフェッティに宛てた手紙の中で、マルシーリは、科学研究所の博物学部門の組織化に関連して、「混乱をきたさないようにする必要がある」と書いている。☆30 それから約四〇年ののちに、研究所に寛大な寄付をしたベネディクト一四世は、ボローニャの彼の仲介者に、「それらが何らかの目的に貢献すること、そして研究所が『アルドロヴァンディの書斎』のような最後を迎えることなく永く存続することは、神の思し召しであります」と書き送っている。☆31 所有者が他界するやいなや散逸してしまった多くのコレクションは、その企図がいかに一時的な性格のものであったかを、蒐集家たちに気づかせることになった。一八世紀の語法では、証明しうる有用性だけが記憶の儚さに対抗でき、そしてミュージアムの永続性を保証できたのである。

啓蒙主義の博物学者たちの手中に落ちたルネサンスの蒐集家たちの運命は、この時代、ヨーロッパ全土で生じていた博物学の書き直しという普遍的な動向を反映していた。科学研究所のコレクションの組織化を「自然の法則に近い」ものであると記述したさい、ジュゼッペ・モンティは、ルネサンスの博物学が、自然の各部分を明らかにするのではなくアレゴリーや神秘の覆いをかけることで自然を精密に表象するというよりむしろ歪めてしまったとする、当時一般に支持されていた信念を反映していたのである。☆32 啓蒙主義時代のミュージアムに収蔵されたオブジェは、人文主義的な学問を探究するための試金石というよりも、いまやそれ自身のために「語りだした」。スパッランツァーニもまた、自然との新しい関係を反映させるために彼のコレクションを整えている。そのことを彼は一七七八年に、「自然の創造物を分類し秩序立てるために私が採用した方法論は、もっとも著名な近代の博物学者たちから、あるいはより適切に言えば、自然そのものから引きだしたものである」☆33と説明している。このように、自然の明晰なヴィジョンを可能にする新しい分類体系にとらわれていた時代において、ただディドロのような懐疑主義者たちだけが、「陳列室の秩序は自然の秩序ではありえない。自然は何よりもまず、崇高なる無秩序を好むものである」と示唆していた。それにもかかわらず、コレクションの組織化に対するディドロの規範もまた、方法論的秩序の重要性を強調し、「博物学の研究にもっとも適した方法で配置された」ミュージアムを称讃している。[☆34]マルシーリ、ビュフォン、リンネ、スパッランツァーニ、そしてその同時代人たちによる博物学の再組織化は、彼らが提唱した新しい分類体系を通してと同じく、彼らが蒐集することに与えた新しいイメージを通してもたらされた。トリノの大学附属ミュージアムの利用規約の著者は、「まさしく、よく組織化されたミュージアムは普遍的な博物学にふさわしい」と所見を述べている。「見事に完成されたわかりやすい一冊のすぐれた書物さながらに、……一目で把握することができる」[☆35]。新たな分類学と「理論的な実験」によって、一八世紀の蒐集家たちは、自然という書物を広く読みやすいものにできる、と主張した。これと比較すれば、ルネサンスの博物学者たちのアプローチは確定的なものではなく、詮索好きではあるが細部を見分けることのできない彼らの眼に自然という書物を開くことに対する彼らの両義性が反映しているように思われる。

自然という書物を平明なものにすると主張することによって、啓蒙主義の蒐集家たちは、ミュージアムを「さまざまな学芸と科学の完成」に捧げるという彼らの要求を満たした。[☆36]こうして、一八世紀ヨーロッパの新しい公共のミュージアムは、進歩という啓蒙主義のイデアと結びついた。一八世紀に、フィレンツェの科学ミュージアムの保管管理人であったフェリーチェ・フォンターナは、訪問者たちに次のように断言している。

> フィレンツェの新しいミュージアムで見ることのできるこれらのもの［観察機械］は、ほかの陳列室にある観察機械をはるかに凌ぐほど完璧ですばらしいものなので、自然の正しい法則を証明し、これまで哲学者たちに知られていなかった真実を発見するのに、驚くほど役立つのです。

過ぎし日のミュージアムとは対照的に、「科学資料のこの膨大なコレクション」は、「人民を啓蒙し、彼らにさらなる教育を施すことによって彼らを幸福にするために、定評のある寛大さをもって、その秘蔵の品々を開放した、トスカーナにおいて諸科学を発展させようと考える大公レオポルト一世」のような啓蒙的な支配者の着想によるものである」[☆37]。底抜けの楽天家でも自分のことをそれ以上うまく言うことはできなかっただろう。

一八世紀の蒐集活動の言語は、啓蒙主義の博物学者がルネサンスとバロックのミュージアムの前提を理解するのに歴然と無力であったことを劇的に表わしている。アルドロヴァンディやキルヒャーのような蒐集家たちが明確に、彼らのミュージアムを自然すべて——知識すべてではないとしても——の貯蔵庫として構想していたのに対して、啓蒙主義の蒐集家たちは、彼らが信奉する目的がこれと類似して見られることを拒絶した。別の分類法とともに、自然についての別の言語が生みだされたが、そうした言語は、翻訳に多くの余地を提供するものではなかった。先行者たちの編みだした終わりのないアナロジーをめぐって、一八世紀の博物学者たちによって明示された懸念は、単に先行者たちの活動の棄却を通告しただけでなく、そうした体系の前提における純粋な混乱をも表明していた。ビュフォンの『博物誌』の一七五〇年のドイツ語版への序文の中で、アルブレヒト・フォン・ハラーは「彼らは理論体系をもたなかったのだが、必要としてはいたのである」と書いている[☆38]。啓蒙運動の世界観の中に、ルネサンスのミュージアムの宇宙論的な意義／重要性が存在することはできず、そうした意義／重要性は、一八世紀における博物学の新しい場／空間とは社会的にも知的にも同じ基準では比較しえないものであった。自然のひとつの選択可能な分類学を表象するどころか、それはもはや体系とすらなりえなかったのである。

アルドロヴァンディとキルヒャーの仕事に対するこうした一八世紀の評価は、啓蒙主義の博物学者たちがルネサンスの博物学の主眼点を純粋に理解していなかったという意見を裏づけている。『博物誌』の序文の中でビュフォンは、アルドロヴァンディに関する見解を詳細に述べている。

あらゆる博物学者たちの中でもっとも博識で骨身を惜しまない人物、アルドロヴァンディは、六〇年もの間研鑽を積んだ末に、博物学に関する膨大な著作を残し、その大部分は、彼の死後に相次いで出版された。だがも

> し、この主題にとって無益で奇妙な議論を除けば、その分量は十分の一にまで縮小することができよう。もちろん、その冗長さ——これがその著作を圧倒していると言いたい——にもかかわらず、彼の著作が博物学全体の中で最良のもののひとつに数えられることに変わりはない。その研究計画は良質で、分類も賢明であり、区別もはっきりとしていて、記述もかなり正確、つまり単調だが真理に忠実である。[しかしながら]沿革はよろしくない。しばしば寓話が挿入されているため、その著者はあまりにも軽信な性格であるように見えてしまうのである。[☆39]

啓蒙主義の博物学者たちは、ルネサンスのアリストテレス的な百科全書主義の遠大さを称讃すると同時に、認識論的な観点から見ると、そこには不必要な情報が含まれているとして厳しく非難した。ビュフォンが混乱の元凶とみなした資料——エンブレム、格言、教訓、さらにはふんだんに盛りこまれた文学や詩の引用——こそまさしく、アルドロヴァンディの博物学を人文主義的テクストたらしめているものである。啓蒙主義の哲学者たちがもっとも激烈に拒絶したのは、自然を人文主義的な探求の対象とする博識の文化であった。

一七世紀のイギリスの自然哲学者たちは、キルヒャーの錬金術やその他の迷信じみた学芸に対する非難を高く評価する一方で、彼の見境のない好奇心を嫌悪した。一六六一年、ロバート・サウスウェルはロバート・ボイルに、「他方で彼[キルヒャー]は、たいへんな軽信家と評されており、奇妙な話でも、もっともらしいものならばなんでも、聞き及んだものはすべて、印刷しようとするのです」と書き送っている。[☆40] 次の半世紀の間に、自然哲学者たちは、キルヒャーについての見解をさらに見直し、彼の軽信に基づく実践からますます距離をとろうとした。「彼は霧を通して真理を見ようとした」と、パドヴァの医学教授アントニオ・ヴァッリスネーリは書いている。

> 彼はそれ[真理]をつかんでいたが、堕落した古代の誤謬でそれを混乱させてしまった。そのような先入観は、

古い学派の教義によって彼の脳裏に植えつけられたものである。とはいえ、彼が永遠の称讃に値するとすれば、それは彼が民衆から自分を区別したためであり、彼は、想像力を正しく働かせることで多くの人を凌ぎ、のちの世代がよりよく思考するための基礎を残したのである。[☆41]

年代的に啓蒙主義の時代と接近していることによって、キルヒャーは、アルドロヴァンディほど「他者」として描きだされることはなかった。それに対して、アルドロヴァンディは——二世紀という隔たりによって——ビュフォンやヴァッリスネーリのような博物学者たちが熱狂的に否定し去った科学的な伝承の知識の中にどっぷりと埋没しているように見えた。[☆42]

一七五〇年以前には生命科学が沈滞していたという広範な一八世紀的理解が持続していたにもかかわらず、ビュフォンやリンネが登場する以前の長い間、博物学が活動的で必要不可欠な企図であったことは明らかである。啓蒙運動の博物学は、多くの観点において、ルネサンスの博物学者たちによって着手された批判的探求の伝統の論理的な頂点であった。経験の強調、方法論や秩序への関心、そして権威／典拠(オーソリティ)への両義的な態度、これらはすべて、一六世紀と一七世紀における博物学の要素的特徴であった。これらの要素はまた、それが終焉をもたらすまでの長い間、人文主義文化が生みだし続けた所産でもあった。啓蒙主義がルネサンスの博物学をいかに特徴づけようとも、ルネサンスの博物学は、そののちの自然の書き直しよりもはるかに深く「実験的」——触覚的、感覚的、経験主義的——なものであった。一八世紀の戦略は、少なくとも博物学という学問分野にとっては、見ることを留保することであった。より多くを見るというよりむしろ、啓蒙主義の科学はあまり多くを見ない。そしてそうすることで、包括的な構成概念ではなく唯一無二の概念となる、自然の理解というミュージアムの目的を再定義する。こうした主張は最初、経験的に基礎づけられた企図としての近代科学というわれわれの一般的な概念をもたらす直感に反するように見えるかもしれないが、それは探求の一形態としての博物学の軌道から生まれでたのである。百科全書的な企図として、ルネサンスとバロックの博物学は、初期の自然の蒐集家たちの注意を引いたすべての新しい「事実」を収容／調整しようと努めた。[43] リンネの好んだ言葉のひとつを引き合いに出せば、「自然界の理法」(economia) への関心は、解釈者が彼らの着手した自然の百科全書を完成させるとは決して思うことのできない、度を超した物質文化に対する不可避の反応であった。

自然を研究することに向けた「近代的」姿勢の起源が、こうした根本的に前近代的な文化にあるとすれば、その社会的輪郭をどのように考えるべきなのだろうか。博物学は、学者の議論のための主題として始まり、宮廷の余暇の対象となった。一八世紀のうちに宮廷文化が凋落しても、博物学は、アカデミー、サロン、そして読書クラブに常に出入りする紳士としてふさわしい、重要な貴族的活動であり続けた。たとえば、天文学や数学といったほかの科学的学問の形態から博物学を切り離して見ようとする傾向にもかかわらず、それらはいずれも同じ社会的文脈の中から発展してきた。博物学者、解剖学者、天文学者、数学者、そしてほかの多くの科学的な研究者たちは、宮廷とアカデミーと大学のあいだを躊躇することなく動き回っていたのである。彼らの互いに共存する能力は、この時代の標準的な教科書的イメージが提供し続けるように、ひとつのグループを「古代派」、もうひとつのグループを「近代派」というラベルを貼ることを、われわれに困難にさせている。たとえばもっとも顕著な例をあげるなら、ガリレオは、蒐集することを中心的活動とした博物学者たちと同じ科学の社会的システムに参画していたのであり、アルドロヴァンディの世界とキルヒャーの世界を完璧に橋渡しする存在である。ガリレオもまた、大公フェルディナンド一世のようなルネサンスの君主たちの支持をとりつけ、世に出るために、ピネッリ、メルクリアーレ、そしてヴィンタのような宮廷仲介者たちの力を借りねばならなかったのである。キルヒャーと同じくガリレオも、教皇の宮廷に入るには、バルベリーニの学芸庇護（パトロネージ）が重要な意味をもつことを認識していた。[44] 自分を支持してくれる学芸庇護者（パトロン）のネットワークを固めるために、「夢に見るようなめぐりあわせ」を熱望していたガリレオと同様に、アルドロヴァンディも、新しいパトロンであるフェルディナンド一世の一五八七年の大公即位を、「たいへん幸運なめぐりあわせ」(congiuntura molto opporutuna) と記している。つまり、表向き自分より近代的な相手[ガリレオ]と同じ社交的言語と修辞的戦略が活用されていたのである[☆45]。より「近代的な」感受性とは異質なものとして、人文主義的な学問や宮廷の学芸庇護の世界から身を引くどころか、ガリレオは、その舞台の中心に身を置いていたのである。

アルドロヴァンディやキルヒャーのような蒐集家たちの社会的立場とガリレオのような数学者との間に何らかの区別をつけようとするならば、われわれは、ガリレオがアカデミックな学問の文化との関係を断ち切るために宮廷に入る決意をしたことに注目しなければならない。アルドロヴァンディとキルヒャーが、彼らの制度的なアイデンティティを置き去りにすることなく宮廷に参入したのに対して、ガリレオは、宮廷を唯一の研究の場とすることを選んだ。威信あるボローニャの医学部で確固とした位置を築いていたアルドロヴァンディは、地位や名声を得るために革命を起こす必要はなかった。またキルヒャーも、ローマ学院とのつながりの中で同じような快適な環境を共有していた。集団としてみると、博物学者たちは、ほかの博物学者や蒐集家、そして芸術家との密接なつながりに見られるように、彼らの学問分野が明らかにより審美的な機能に基づいていたことにより、数学者たちよりもはるかに確実な位置を宮廷で確保していた。反対に、審美的にそれほど心地良くもなければ、哲学的にも下位にある数学のような学問分野の研究者として、ガリレオは、自分の知的な実践を正当化するために、新しい社会的アイデンティティを必要としていた。哲学者としての彼のより大きな成功は、科学的なものではなく、修辞的な性格のものであり、庇護依頼者(クライアント)としての失敗は、政治的な性格のものであった。アルドロヴァンディとガリレオとキルヒャーの世界が多くの点で交差しあうことは、さらに、このフィレンツェの数学者が人文主義の文化から恩恵を受けていたことを強調している。人文主義は宮廷の言語であり、話を聞いてもらおうとすれば、哲学的な立場いかんにかかわらず、この言語を物語る必要があった。

ルネサンスおよびバロックの博物学とガリレオの科学との社会的通底は、科学史における重要な契機としての諸科学の啓蒙主義的認識の意義を、通例言われているような理由からではなく、さらに強めるものである。一七五〇年までには、ルネサンスのミュージアムの社会的機能はもはや、博物学者のイメージにそぐわなくなっていた。博物学者＝宮廷人は、いっそう「専門的」な立場を打ちだした博物学者にとってかわられ、しかも彼らは、個々の支配者の個人的な寛大さよりも、むしろ制度に基づく学芸庇護（パトロネージ）のシステムを力と頼んでいた。ルネサンスとバロックのイタリアの政治文化が、博物学者たちにより高いステータスと顕彰のための機会を提供したのと同じように、啓蒙主義時代のイタリアの政治的風潮は、権威というものの新たな位置を生みだした。ここでもまた、啓蒙主義の博物学者たちがその社会的で認識論的な優越性を確立したのは、注意深く組み立てられたイメージと言語の戦略的な活用を通してであった。

初期近代の科学は、常に変異する社会的かつ政治的状況、制度的基盤、都市エリートの文化的期待といったものの所産であった。博物学のミュージアムの出現は、これら異なる諸要素がいかに交差しあっているかを研究するうえで模範的な事例を提供している。ミュージアムは、それらが生みだす知識と同様に、複合した存在であり、初期近代の文化にとっても近代の文化にとっても、その意義を考察する方法はまだ数多く存在する。ボローニャで最初の博物学のミュージアムのひとつをアルドロヴァンディに立ちあげさせた動機は何だったのか、ローマの中心で人文主義的百科全書を完成させる運命にあるとキルヒャーに自覚させたのは何だったのか、われわれは決して十分に理解することはできないだろう。彼らの権威／典拠への敬意、彼らの過去との創造的な同一化は、一六世紀と一七世紀のもっとも革新的な科学的で知的な活動のいくつかにその舞台を提供する、注目すべき新しい制度を生みだした。彼らは、学問を展示の一形態とする彼らの意欲を通して、都市のエリートたちに、自然の研究――そのもっとも広い意味での「科学」――を普及させた。彼らのミュージアムにおいて、新しい科学文化は形成されたのである。

啓蒙主義の博物学者たちにとってと同様に、われわれにとってもまた、この「新しさ」の形態を理解することは困難だとしても、それが存在したという事実を否定することはできない。一六世紀と一七世紀を通して、ヨーロッパの主導的な知識人たちは、その探求をミュージアムの中の自然を通しておこなっていた。この舞台を唯一無比の知識の空間とすることで、ヨーロッパ中の博物学者たちに、その発見や見解を伝達する共通の規範（プロトコル）を打ち立てることを可能にした。文芸界の作法と宮廷の作法を結びつけることで、彼らは、科学的知識を社交的なものにするのにもっとも適した人物として、自分たちを位置づけたのである。学問の魅力を広げることで、博物学者たちはまた、同時代の政治的風潮を把握する術を身につけた。自然の支配は、絶対主義のレトリックと手を携えて進行した。ミュージアムは、いかに政治権力、知識の新しい形態、そして自然を超えた力が結合されうるかという、実際見ることのできる顕著なしるしとなった。これらの変容のどれひとつとして、古いものと新しいものという標準的な二分法に簡単に適合するものはなく、われわれは、この弁証法の意義／重要性を再検討することをここで立派に成し遂げることができた。内容と同時に文脈に、科学的所産の文化的意味と同時に社会的ステータスと知的アイデンティティとのあいだの関係に、肉薄した視線を注ぎ、初期近代の科学の特徴描写を詳細に述べることで、はじめてわれわれは、科学革命を定義するものについてのわれわれのイデアを再考することができるのである。

原　註

プロローグ

☆1——Biblioteca Angelica, Roma, ms. 1545, f. 219 (*Il museo di Michele Mercati compendiato, e riformato*).

☆2——Corrado Dollo, *Filosofia e scienza in Sicilia* (Padova, 1979), p. 360 (Messina, 24 Aprile 1669).

☆3——Silvio Bedini, "The Evolution of Science Museums," *Technology and Culture* 6 (1965):1-29. この研究は、実証主義的ではあるが、この主題について情報に通じた概観を示してくれる。また次の最近の研究は、「もうひとつの制度」としての初期の科学ミュージアムの社会的で文化的な意味について、短いが暗示的な視点を提示している。Carlo Maccagni, "Le raccolte e i musei di storia naturale e gli orti botanici come istituzioni alternative e complementari rispetto alla cultura delle Università e delle Accademie," in *Università, accademie e società scientifiche in Italia e in Germania dal Cinquecento al Settecento*, ed. Laetitia Boehm e Ezio Raimondi (Bologna, 1981), pp. 283-310. ジュゼッペ・オルミは、以下の研究で、後期ルネサンスとバロックのより広い文脈の中で、博物学のミュージアムを総合的に見てみようと提案している。Giuseppe Olmi, "Ordine e fama: il museo naturalistico in Italia nei secoli XVI e XVII," *Annali dell'Istituto storico italo-germanico in Trento* 8 (1982): 225-274. オルミの論文を英語で参照したい読者には、次のものがある。"Science-Honour-Metaphor: Italian Cabinets of the Sixteenth and Seventeenth Centuries", in *Origines of Museums*, pp. 5-16.

☆4——蒐集に関する基本的研究には次がある。Julius von Schlosser, *Die Kunst- und Wunderkammern der Spätrenaissance* (Leipzig, 1908). より最近のものとしては次を見よ。Luigi Salerno, "Arte e scienza nelle collezioni del Manierismo", in *Scritti di storia dell'arte in onore di Mario Salmi* (Roma, 1963), Vol. III, pp. 193-213. 蒐集のイコノグラフィーに見られるような、自然と人工との遊び心にあふれる関係というシュロッサーの理論をさらに練りあげたものとして、次の研究がある。Adalgisa Lugli, *Naturalia et mirabilia: il collezionismo enciclopedico nelle Wunderkammern d'Europa* (Milano, 1983). 美術蒐集とミュージアム一般の歴史に関するより形式的なアプローチについては次を参照。Paola Barocchi, "Storiografia e collezionismo dal

Vasari al Lanzi," in *Storia dell'arte italiana* (Torino, 1981), Pt. I, Vol. II, pp. 5-81; Simona Savini Branca, *Il collezionismo veneziano nel'600* (Padova, 1964). あるいは以下のモノグラフも参照。Renato Martinoni, *Gian Vincenzo Imperiali. Politico, letterato e collezionista genovese del Seicento* (Padova, 1983). ジュゼッペ・オルミは以下の論文において、蒐集の制度化を、初期近代のヨーロッパの新しい政治・文化的基盤と関連づけている。"Alle origini della politica culturale dello stato moderno: dal collezionismo privato al *Cabinet du Roy*," *La Cultura* 16 (1978): 471-484. オルミはまた次の論文で、蒐集と百科全書的伝統との関係に焦点を合わせている。"Dal teatro mondo ai mondi inventariati. Aspetti e forme del collezionismo nell'eta moderna," in *Gli Uffizi: Quattro secoli di una galleria*, ed. Paola Barocchi e Giovanna Ragionieri (Firenze, 1983), pp. 233-269. 私の研究は、初期近代におけるミュージアムと好奇心の場との関係に関するクシシトフ・ポミアンの研究に大きな影響を受けている。*Collectors and Curiosities: Paris and Venice, 1500-1800* (London, 1990)［『コレクション——趣味と好奇心の歴史人類学』吉田城・吉田典子訳、平凡社、一九九二年］. アシュモリアン・ミュージアム三百年記念の次の会議録は、初期近代の蒐集の歴史に関するもっとも最新の研究について、包括的で完璧な参考文献を提供してくれる。Oliver Impey and Arthur MacGregor, eds., *The Origins of Museims: The Cabinet of Curiosities in Sixteenth- and Seventeenth-Century Europe* (Oxford, 1985). この主題に関するミュージアムの専門職の観点については次を参照されたい。Eilean Hopper-Greenhill, *Museums and the Shaping of Knowledge* (London, 1992).

☆5——BUB, *Aldrovandi*, ms.110.「ああ、願わくば、本が読者を楽しませることができるように／君のムサエウムが装飾によって飾られんことを。／インド、リビア、新世界より、大いなる富がムサエウムに送られ、あらゆる種類のもので飾り立てられている。／描かれた板、大理石、青銅で飾られている。それは、古くてしかも新しい手が鍛える技」。

☆6——Cristina Acidini Luchinat, "Niccolò Gaddi collezionista e dilettante del Cinquecento," *Paragone* 359-361 (1980): 167 (n. 10).

☆7——David Murray, *Museums: Their History and Their Use* (Glasgow, 1904), Vol. I, pp. 19-20.

☆8——Michael T. Ryan, "Assimilating New Worlds in the Sixtennth and Seventeenth Centuries," *Comparative Studies in Society and History* 23 (1981): 519-538. この研究では、ヨーロッパ人たちが「新世界」を「旧」へと読み替えていった過程が詳細に述べられている。

☆9——Tommaso Garzoni, *Piazza universale di tutte le professioni del mondo* (1585; Venezia, 1651 ed.), p. 155.

☆10——ギーニの生涯の詳細についてはほとんど知られていないため、とりわけアルドロヴァンディやマッティオーリなどのほかの博物学者たちについての議論に関連して論じることにする。

☆11——Bruno Accardi, "Michele Mercati (1541-1593) e la Metallotheca", *Geologica Romana* 19 (1980): 1-50. この論文は今でも、メル

カーティの仕事を個別に扱った唯一のものである。

☆12——ピネッリについては次を見よ。Paolo Gualdo, *Vita Joannis Vincentii Pinelli* (Augsburg, 1607); Marcella Grendler, "Book Collecting in Counter-Reformation Italy: The Library of Gian Vincenzo Pinelli (1535-1601)," *Jornal of Library History* 16 (1981): 143-151.

☆13——C. Raimondi, "Lettere di P. A. Mattioli ad Ulisse Aldrovandi", *Bullettino senese di storia patria* 13, fasc. 1-2 (1906):16.「薬草」とは、とりわけハーブのような自然の植物のことだが、薬用調合物の基礎となるようなすべての自然物を含みうる。

☆14——マッティオーリについてもっとも納得のいく議論は次を見よ。Jerry Stannard, "P. A. Mattioli: Sixteenth Century Commentator on Dioscorides," *Bibliographical Contributions, University of Kansas Libraries* 1 (1969): 59-81. 次の研究は、さまざまな登場人物たちとのあいだで、マッティオーリがいかにダイナミックに状況に対処していたかについて、すぐれた概観を与えてくれる。Richard Palmer, "Medical Botany in Northern Italy in the Renaissance," *Journal of the Royal Society of Medicine* 78 (1985): 149-157.

☆15——レーディについて、および彼のライヴァルたちとの関係について代表的な最近の研究には、次のものがある。Bruno Basile, *L'invenzione del vero. La letteratura scientifica da Galileo ad Algarotti* (Roma, 1987). レーディ一般については以下を参照。Jay Tibby, "Cooking (with) Clio and Cleo: Eloquence and Experiment in Seventeenth-Century Florence", *Journal of the History of Ideas* 52 (1991): 417-439; Paula Findlen, "Controlling the Experiment: Rhetoric, Court Patronage and the Experimental Method of Francesco Redi (1626-1697)," *History of Science* 31 (1993): 35-64. ボッコーネとボナンニに関しては、良い二次文献はないが、とりあえず次を参照。Bruno Accardi, "Paolo Boccone (1633-1704)—A Practically Unknown Excellent Geo-Paleontologist of the Seventeenth Century," *Geologica Romana* 14 (1975): 353-359; idem, "Illustrators of the Kircher Museum Naturalistic Collections," *Geologica Romana* 15 (1976): 113-122. キルヒャー研究の分野はその芽を出しはじめたばかりで、本書でもいたるところで参照されるだろう。

☆16——顕著な例外はエリック・コクランの以下の研究である。Eric Cochrane, *Tradition and Enlightenment in the Tuscan Academies 1690-1800* (Roma, 1961); ibem, *Florence in the Forgotten Centuries 1527-1800* (Chicago, 1973). さらに次も参照。*Italy 1530-1630*, Julius Kirshner, ed. (London, 1988). ジュディス・ブラウン、ブレンダン・ドーレイ、エリザベス・グリーソン、ジョン・マリーノ、ジョン・マーティン、ローリー・ヌスドルファー、アン・ヤコブソン・シュッテといった歴史家たちもまた、初期近代のイタリアの肖像を完成させようとし始めている。

☆17——ここでの私の見解は、以下の古典的な研究によってなされた指摘のいくつかと対応している。Walter Houghton, "The

English Virtuoso in the Seventeenth Century," *Journal of the History of Ideas* 3 (1942): 51-73, 190-219.

☆18——Felice Gioelli, "Gaspare Gabrieli. Primo lettore dei semplici nello Studio di Ferrara (1543)," *Atti e memorie della Deputazione provinciale ferrarese di storia patria*, ser. 3, 10 (1970): 34.

☆19——Paolo Boccone, *Museo di fisica e di esperienze* (Venezia, 1697), p. 267.

☆20——ここでは、この問題を是正しようと試みている若干の最近の研究を示すにとどめよう。William B. Ashworth, Jr., "Natural History and the Emblematic World View," in *Reappraisals of the Scientific Revolution*, David C. Lindberg and Robert S. Westman, eds. (Cambridge, 1990), pp. 303-332; Harold Cook, "Physick and Natural History in Seventeenth-Century England," in *Revolution and Continuity: Essays in the History and Philosophy of Early Modern Science*, Peter Baker and Roger Ariew, eds. (Washington, DC, 1991); Karl H. Dannenfeldt, *Leonhardt Rauwolf: Sixteenth-Century Physician, Botanist and Traveller* (Cambridge, MA, 1968); F. David Hoeniger, *The Development of Natural History in Tudor England* (Charlotte, VA, 1969); idem, *The Growth of Natural History in Stuart England from Gerard to the Royal Society* (Charlotte, VA, 1969); Joseph M. Levine, "Natural History and the Scientific Revolution," *Clio* 13 (1983): 57-73; Karen Rees, "Renaissance Humanism and Botany," *Annals of Science* 33 (1976): 519-542; Alice Stroup, *A Company of Scientists: Botany, Patronage, and Community at the Seventeenth-Century Parisian Royal Academy of Sciences* (Berkeley, 1990); Barbara Shapiro, "History and Natural History in the Sixteenth-and Seventeenth-Century England," in Barbara Shapiro and Robert G. Frank, Jr., *English Scientific Virtuosi in the Sixteenth and Seventeenth Centuries* (Los Angeles, 1979), pp. 1-55. 初期近代の博物学について包括的に扱った唯一の研究には次のものがある。Scott Atran, *Cognitive Foundations of Natural History: Towards an Anthropology of Science* (Paris and Cambridge, U. K., 1989).

第1章 「閉ざされた小部屋の中の驚異の世界」

☆1——引用はイングランドの蒐集家ジョン・トラデスカント（一五七〇年—一六三八年頃）の次の碑銘による。

陸の、海の、空の、珍らかなるものを、
選びとりて、蒐集は姿を現わす。
それらは（胡桃の中に閉じこめられたホメロスの『イリアス』さながらに）、
閉ざされた小部屋の中の驚異の世界。

以下を参照。Arthur MacGregor, "The Tradescant: Gardeners and Botanists," in *Tradescant's Rarities: Essays on the Foundation of the Ashmolean Museum 1683*, Arthur MacGregor, ed. (Oxford, 1983), p. 15.

☆2———BUB, *Aldrovandi*, ms. 70, c. 24r.

☆3———BUB, *Aldrovandi*, ms. 3, n. p. 「年の柵が、二度、三〇〇年もの永い時に加えられると、／ドラゴンは、ボローニャの地所で、二度、シュッシュッという音を立てる。／そしてまさにちょうどそのとき、天の軸によってもまた、ローマ市で、王の笏をもてるドラゴンがシュッシュッと音を立てる。／なんという、世界の第三の偉業、はたまた第二のオリュンポスであることか。／かくして、卓越せるウリッセ・アルドロヴァンディは、幸運にも作家のドラゴンとなるだろう。／君は熱望していた。名声あるこのアルドロヴァンディが、全世界に繁栄をもたらすことを。／幸福なるウリッセは、あらゆるものを君よりもさらに欲する。／いまや彼は、小宇宙たるムーサエウムを有しているのだ」。

☆4———BUB, *Aldrovandi*, ms. 3. さらに彼の『蛇・ドラゴン誌』（*Serpentium et draconum historiae libri duo*, Bartolomeo Ambrosini, ed. [Bologna, 1639]）を参照。

☆5———BUB, *Aldrovandi*, ms. 82, cc. 372v-373r (Bologna, 6 Settembre 1578). この博物学者は、トスカーナ大公に、『二本の足をもつ奇怪なドラゴンについて』（*Del dragone da duoi piedi monstruoso*）と題された本の抜粋を送った。

☆6———ここで私は、オッタヴィア・ニッコリの以下の研究と同じ見解をとっている。Ottavia Niccoli, *Prophecy and People in Renaissance Italy*, trans. Lydia G. Cochrane (Princeton), pp. 189-196. とはいえ、一五二七年のローマ劫略以後、驚異の出来事のもつ予言的な含意が完全に消滅したというニッコリの議論には、私は同意できない。むしろ、一六世紀の後半から一七世紀にかけて、驚異現象の「世俗化」と「科学化」のプロセスが徐々に進行したと言えるであろう。

☆7———BUB, *Aldrovandi*, ms. 3, c. 21 (Imola, 1 Giugno 1572).

☆8———BUB, *Aldrovandi*, ms. 38 (2), II, c. 173 (Ferrara, 6 Luglio 1572).

☆9———BUB, *Aldrovandi*, ms. 38 (2), II, c. 177 (Ferrara, 25 Novembre 1572).

☆10———G. B. Toni, *Spigolature aldrovandine XVIII*, p. 308 (Padova, 25 Agosto 1572); p. 310 (Padova, 2 Decembre 1572).

☆11———BUB, *Aldrovandi*, ms. 82, cc. 372v-373r; Mattirolo, p. 382 (Bologna, n. d., 1588).

☆12———BUB, *Aldrovandi*, ms. 38 (2), IV, c. 349 (Roma, 13 Maggio 1573); ms. 70, cc. 23v-24r.

☆13———BUB, *Aldrovandi*, ms. 3, c. 8r (Bologna, 13 Giugno 1572).

☆14———Aldrovandi, *Discorso naturale*, p. 186. 強調は筆者による。

☆15———Lorraine Daston, “Marvelous Facts and Miraculous Evidence in Early Modern Europe,” *Critical Inquiry* 18 (1991):106. さらに以下も参照。William B. Ashworth, Jr., “Remarkable Humans and Singular Beasts,” in Joy Kenseth, ed., *The Age of the Marvelous* (Hanover, NH, 1991), pp. 113-144, esp. pp. 120ff; Katharine Park and Lorraine Daston, “Unnatural Conceptions: The Study of

Monsters in Sixteenth- and Seventeenth-Century France and England," *Past and Present* 92 (1981): 20-54. この主題に関する参考文献は膨大な数にのぼるため、ここではもっとも関連性の高いものだけを引いておく。

☆16——この表現は、ガリレオが、一六〇九年にメディチ家の主役たちと出会ったことと、パトロンであるコジモ二世がトスカーナ大公に昇格したこと、一六二四年に『贋金鑑識官』(*Il saggiatore*) が出版されたことと教皇ウルバヌス八世が即位したこととの「驚嘆すべき巡りあわせ」(mirabil congiuntura) を記述するさいにも使っている。以下を参照。Pietro Redondi, *Galileo Heretic*, trans. Lydia G. Cochrane (Princeton, 1986), pp. 68-106; Mario Biagioli, "Galileo's System of Patronage," *History of Science* 28 (1990): 14-17.

☆17——これはまったく私の推測である。一五七二年、タリアコッツィはボローニャ大学を卒業したばかりで（一五七〇年）、まさにその大学で教師としての履歴を開始しようとしていた。ところが、この解剖学者は一五七五年に、アルドロヴァンディと医学部の医師達との間に起こった毒消しの論争に巻きこまれ、毒蛇の本性を証明するために博物学者の書斎で解剖をおこなった。このことは、私の推測にある程度の信憑性を与えてくれるだろう。本書の第六章、および以下を参照。Jerome Pierce Webster, *The Life and Times of Gaspare Tagliacozzi Surgeon of Bologna 1545-1599* (New York, 1950), pp. 67-79.

☆18——チェーザレ・ドノフリオは、次の研究の中でこの塔の内外にあったこのような数々のドラゴンを再現している。Cesare d'Onofrio, *Roma val bene un'abiura: storie romane tra Cristina di Svezia, Piazza del Popolo e l'Accademia d'Arcadia* (Roma, 1976), pp. 26-27, 30.

☆19——Luciano Berti, *Il Principe dello studiolo: Francesco I dei Medici e la fine del Rinascimento fiorentino* (Firenze, 1967), p. 58.

☆20——Lorenzo Legati, *Museo Cospiano a quello del famoso Ulisse Aldrovandi e donato alla sua patria dall'illustrissimo Signor Ferdinando Cospi* (Bologna, 1677), p. 8; Giovanni Cristofano Amaduzzi, Roma, 1 Giugno 1782, in *Anecdota litteraria* (Roma, 1783), Vol. IV, p. 369. アルドロヴァンディについての基本的研究は以下の二つ。Giuseppe Olmi, *Ulisse Aldrovandi: scienza e natura nel secondo Cinquecento* (Trento, 1976); Sandra Tugnoli Pattaro, *Metodo e sistema delle scienze nel pensiero di Ulisse Aldrovandi* (Bologna, 1981).

☆21——BUB, *Aldrovandi*, ms. 136, XXVII, c. 198r (Milano, 22 Settembre 1598).

☆22——Fantuzzi, p. 156 (Goritia, 12 Luglio 1553).

☆23——BAV, *Vat. lat*. 6192, II, f. 657r.

☆24——G. B. de Toni, "Il carteggio degli italiani col botanico Carlo Clusio nella Biblioteca Leidense", *Memorie della R. Accademia di*

Scienze, Lettere ed Arti di Modena, ser. III, Vol. X (1912): 146 (Bologna, 14 Marzo 1602).

☆25——BUB, *Aldrovandi*, ms. 21, IV, c. 176 (Bologna, 23 Giugno 1595), in Lodovico Frati, "Le edizione delle opere di Ulisse Aldrovandi", *Rivista delle biblioteche e degli archivi* 9 (1898):163. アルドロヴァンディの書斎の歴代の管理者たちは以下のごとく。ヨーハン・コルネリウス・ウターヴェル（一六一〇—一九年）、バルトロメオ・アンブロジーニ（一六三一—五七年）、オヴィディオ・モンタルバーニ（一六五七—七一年）、ジョヴァンニ・バッティスタ・カッポーニ（一六七一—七五年）、シルヴェストロ・ボンフィリオーリ（一六七五—九六年）、ジョヴァンニ・ドメニコ・グリエルミーニ（一六九六—九八年）、ジョヴァンニ・ドメニコ・ドネッリ（一六九八—一七三三年）、フィリッポ・アントニオ・ドネッリ（一七三四—四二年）。そのほかに、ジャチント・アンブロジーニ、ロレンツォ・レガーティ、レリオ・トリオンフェッティらが管理人を補佐していた。以下を見よ。Christiana Scappini e Maria Pia Torricelli, *Lo Studio Aldrovandi in Palazzo Pubblico (1617-1742)*, Sandra Tugnoli Pattaro, ed. (Bologna, 1993).

☆26——生前にアルドロヴァンディは四冊の本を出版した。『鳥類学』（*Orinithologiae hoc est de avibus historiae libri XII,* Bologna, 1599-1603）全三巻と『昆虫について』（*De animalibus insectis libri septum,* Bologna, 1602）である。博物学を始める以前には、『ローマ全域の家や土地に見られる古代ローマの彫刻について』（*Della statue romane antiche, che per tutta Roma, in diversi luoghi e case si veggono,* Roma, 1556）を出版した。アルドロヴァンディの二番目の妻フランチェスカ・フォンターナの生前に、『無血動物について』（*De reliquis animalibus exanguibus libri quatuor,* Bologna, 1605）が出版された。ウターヴェルは、アルドロヴァンディの『魚類について』（*De piscibus libri V. et de cetis lib[rus] unus,* Bologna, 1612）と『四足獣について』（*De quadrupedibus solidipedibus volumen integrum,* Bologna, 1616）を、さらにT・デンプスターとともに『全四足獣誌』（*Quadrupedum omnium bisulcorum historia,* Bologna, 1621）を出版した。アンブロージは以下の四冊を出版した。『胎生の四足獣について、および卵生の四足獣について』（*De quadrupedibus digitatis viviparis libri tres, et de quadrupedibus digitatis ovipars libri duo,* Bologna, 1637）、『蛇・ドラゴン誌』（*Serpentium et draconum historiae libri duo,* Bologna, 1639）、『怪物誌』（*Monstrorum historia, cum parallipomenis historiae animalium,* Bologna, 1642）、『金属ムーサエウム』（*Musaeum metallicum in libros IIII. distributum,* Bologna, 1648）。アルドロヴァンディの著作の最後の出版は、モンタルバーニとレガーティによる『樹木学』（*Dendrologiae naturalis scilicet arborum historiae libri duo,* Bologna, 1667）である。

☆27——ASB, *Assunteria di Studio. Requisiti di Lettori*, Vol. I, n. 27 (1 Aprile 1634).

☆28——BUB, Cod. 559 (770), XXI, f. 406 (Antonio Francesco Ghiselli, *Memorie antiche manoscritti di Bologna*).

☆29——Laur., *Redi* 211, f. 426 (Bologna, n. d.).

☆30——モンタルバーニによる『樹木学』（*Dendrologiae*, Bologna 1667）の出版は、アルドロヴァンディの名前で出版されたほかの多くの著作と同じく、ほとんどアルドロヴァンディの研究に基づいてはいなかった。そのことは、モンタルバーニがキルヒャーやレーディと交わした書簡からも明らかで、その中で彼は、自分の名前がまず最初に登場しないことを妬んでいる。カッポーニの場合、彼が管理者の任にあったのはわずか四年間（一六七一—七一年）のことで、何か事を成し遂げるにはたしかにあまりにも短い期間であった。

☆31——BUB, Cod. 738 (1071), XXIII, n. 14 (*Decreto per la concessione di una sala al Marchese Ferdinando Cospi apresso lo Studio Aldrovandi*, 28 Giugno 1660). 一六九六年のミュージアムの収蔵目録によれば、アルドロヴァンディの書斎は第一室に、図書館は第二室に、ボローニャの教皇特使代理は第三室に、コスピのコレクションは第四室にあった。以下を参照。BUB, Cod. 384 (408), Busta VI, fasc. II (*Inventario dei mobili grossi, che si trovano nello Studio Aldrovandi e Museo Cospiano*, 12 Marzo 1696). ミュージアムの遺贈に関する簡単な要約については以下を参照。Laura Laurencich-Minelli, "Museography and Ethnographic Collection in Bologna during the Sixteenth and Seventeenth Centuries", in *Origines of Museums*, p. 22; G. B. Comelli, "Ferdinando Cospi e le origini del Museo civico di Bologna," *Atti e memoria della R. Deputazione di Storia Patria per le Provincie di Romagna*, ser. 3, Vol. VII (1889): 96-127.

☆32——BUB, Cod. 559 (770), XXI, f. 406.

☆33——Lorenzo Legati, *Breve descrizione del museo dell'Illustrissimo Signor Cavaliere Commendatore dell'Ordine di San Stefano Ferdinando Cospi* (Bologna, 1667), p. 10.

☆34——これらの活動のことをマルピーギがどう考えていたかについて、私がここでほんの少し考察を加えたのは、当時、哲学的環境が変化するとともに、自然研究に対する態度が多様化しつつあったことに、読者のみなさんの注意を促すためである。ボローニャにおける「新」哲学の影響についての議論は次を見よ。Marta Cavazza, *Settecento Inquieto. Alle origini dell'Istituto delle Scienze di Bologna* (Bologna, 1990).

☆35——Philip Skippon, *An Account of a Jouney Made thro'Part of the Low-Countries, Germany, Italy and France*, in *A Collection of Voyages and Travels*, A Churchill and S. Churchill eds. (London, 1752 ed.), Vol. VI, p. 572; Kircher, MS, Vol. II, p. 93; Francesco Redi, *Osservazioni di Francesco Redi Academico della Crusca intorno agli animali viventi che si trovano negli animali viventi* (Firenze, 1684), p. 2; William Bromley, *Remarks made in Travels through France and Italy* (London, 1693), p. 123.

☆36——Howard Adelmann, ed., *The Correspondance of Marcello Malpighi*, 5 vols. (Ithaca, 1975), Vol. II, p. 789; Vol. IV, p. 1655. ボンフ

イリオーリはこの間の管理人であった。

☆37——初期近代科学における「文明化の過程」の役割については以下を参照されたい。Mario Biagioli, "Scientific Revolution, Social Bricolage and Etiquette," in *The Scientific Revolution in Natural Context*, Roy Porter and Mikulas Teich, eds. (Cambridge, U.K., 1992), pp. 11-54; Daston, "Baconian Facts, Academic Civility and the Prehistory of Objectivity," *Annals of Scholarship* 8 (1991): 337-363; Steven Shapin, "A Scholar and a Gentleman: The Problematic Identity of the Scientific Practioner in Early Modern England," *History of Science* 29 (1991): 279-327. すべてのケースにおいて出発点はノルベルト・エリアスの次の研究にある。Norbert Elias, *The Civilizing Process,* Vol. I: *The History of Manners*, and Vol. II: *Power and Civility*, trans. Edmund Jephcott (New York, 1982).［ノルベルト・エリアス『文明化の過程』赤井慧爾・中村元保他訳、法政大学出版局、一九七七—七八年］。

☆38——*Anecdota litteraria*, Vol. IV, p. 369. 二〇世紀初頭に大学図書館にアルドロヴァンディのミュージアムが再建されたことに関してはさらに次を見よ。F. Rodoriguez, "Il museo aldrovandiana della Biblioteca Universitaria di Bologna," *Memorie della accademia delle scienze dell'Istituto di Bologna. Classe di scienze fisiche* 8 (1958): 5-55; Carlo Gentili, "I musei Aldrovandi e Cospi e la loro sistemazione nell'Istituto," in *I materiali dell'Istituto delle Scienze* (Bologna, 1797), pp. 90-99.

☆39——BUB, *Aldrovandi*, ms. 70, cc. 16v-17v.

☆40——Maximilian Misson, *A New Voyage to Italy* (London, English trans., 1695), Vol. II, pp. 186-187.

☆41——Richard Lassels, *The Voyage of Italy, or a Compleate Jouney through Italy. In Two Parts* (London, 1670), Vol. I, p. 148.

☆42——カルツォラーリとモスカルドのコレクションの雑然としたオブジェはヴェローナの自然史ミュージアムで見ることができる。同じく、セッタータのコレクションの陳列品の多くは、ミラノの自然史ミュージアムとアンブロジアーナ図書館に散逸している。近年コスピのコレクションが再現されたように、キルヒャーのコレクションを再び蒐集しようという議論があるが、私の知るかぎり何も実行には移されていない。

☆43——Francesco Imperato, *Discorsi intorno a diverse cose naturali* (Napoli, 1628), sig. 3.

☆44——Paolo Boccone, *Osservazioni naturali* (Venezia, 1697), p. 295.

☆45——CL, Vol. II, p. 163 (Napoli, 10 Giugno 1611).

☆46——カッシアーノ・ダル・ポッツォの業績を見渡すには次の近年の研究を参照。Francesco Solinas, ed., *Cassiano dal Pozzo. Atti del Seminario di Studi* (Roma, 1988).

☆47——CL, Vol. I, p. 110 (Madrid, 2 Giugno 1608).

☆48——リンチェイ・アカデミーについての最新の研究は次である。Richard Lombardo, *"With the Eyes of a Lynx": Honor and Prestige in the Accademia dei Lincei* (M.A. thesis, University of Florida, Gainesville, 1990).

☆49——ガリレオの苦境についてはさらに次を見よ。Mario Biagioli, *Galileo Coutier* (Chicago, 1993).

☆50——PUG, *Kircher*, ms. 565 (XI), f. 84 (Rimini, 13 Novembre 1672).

☆51——キルヒャーに関する主要な研究には以下のものがある。P. Conor Reilly, S. J., *Athanasius Kircher S. J. Master of a Hundred Arts 1602-1680* (Wiesbaden, 1974); Valerio Rivosecchi, *Esotismo in Roma barocca: studi sul Padre Kircher* (Roma, 1982); Mariastella Casciato, Maria Grazia Ianniello e Maria Vitale, *Enciclopedismo in Roma barocca: Athanasius Kircher e il Museo del Collegio Romano tra Wunderkammere e museo scientifico* (Venezia, 1986); Dino Pastine, *La nascita dell'idolatoria: l'Oriente religioso di Athanasius Kircher* (Firenze, 1978).

☆52——"Epilogo di P. Philippo Buonanni," *Giornale de' letterati d'Italia* 37 (1725): 370, 375.

☆53——Misson, *A New Voyage to Italy*, Vol. II, p. 139.

☆54——Filippo Bonanni, *Ricreatione dell'occhio e della mente nella osservatione delle chiocciole* (Roma, 1681), p. 129.

☆55——Laur., *Redi*, 211, f. 410 (Settala to Redi, Milano, 12 Marzo 1675). この驚くべき手紙では、セッターラがレーディに、ロバート・ボイルとエマヌエーレ・テザウロの死を伝えている。「どう考えても普通の人間とは思えない、二人の卓越した人物。かつて私の先生であった、可哀想なテザウロは、齢八〇を超えたところで卒中で天に召されました」。

☆56——Silvia Rota Ghibaudi, *Ricerche su Lodovico Settala* (Firenze, 1959), p. 47; Angelo Paredi, *Storia dell'Ambrosiana* (Milano, 1981). セッターラのミュージアム一般と、ミラノの市立自然史ミュージアムにおける一九八四年の再建については以下を参照。Vincenzo de Michele, Luigi Cagnolaro, Antonio Aimi, Laura Laurencich, *Il museo di Manfredo Settala nella Milano del XVII secolo* (Milano, 1983); Antonio Aimi, Vincenzo de Michele e Alessandro Morandotti, *Musaeum Septalianum: una collezione scientifica nella Milano del Seicento* (Milano, 1984). セッターラの蒐集活動に関するより学術的な研究は次を参照。Carla Tavernari, "Manfredo Settala, collezionista e scienziato milanese del '600," *Annali dell'Istituto e Museo di Storia della Scienza di Firenze* 1 (1976): 43-61; idem, "Il Museo Settala. Presupposti e storia," *Museologia scientifica* 7 (1980): 12-46.

☆57——*The Correspondence of Henry Oldenburg*, A. Rupert Hall and Maria Boas Hall, eds. and trans. 9 vol. (Madison, WI, 1965-1973), Vol. III, p. 456 (Milano, 1 Agosto 1667).

☆58——たとえば次を見よ。G. Inchisa della Rocchetta, "Il museo di curiosità del Card. Flavio I Chigi," *Archivio della società romana di storia patria*, ser. 3, 20 (1966): 141-292.

☆59——イエズス会に特に注目することで、バロックの科学を議論した啓発的な研究に次のものがある。Clelia Pighetti, "Francesco Lana Terzi e la scienza barocca," *Commentario dell'Ateneo di Brescia per il 1985* (Brescia, 1986): 97-117. この一節の題材の多くは彼女の論文に負っている。さらに以下の論文も参照。Timothy Hampton, ed., "Baroque Topographies: Literature / History / Philosophy," *Yale French Studies* 80 (New Haven, 1991); Pamela Smith, *The Business of Accademy: Science and Culture in Baroque Europe* (Princeton, in print).

☆60——その数字は単に目安となる値でしかない。とはいえ、マリオ・チェルメナーティによれば、初期近代のイタリアには二五〇以上もの博物学のミュージアムがあったという。Cermenati, "Francesco Calzolari e le sue lettere all'Aldrovandi," *Annali di botanica* 7 (1908): 83.

☆61——「嗜みある会話」の形式としてのミュージアム・カタログに関するジェイ・トリビーの研究は、この点で基本的なものである。Jay Tribby, "Body / Building: Living the Museum Life in Early Modern Europe," *Rhetorica* 10 (1992): 139-163. この主題に関する興味深い理論的総括については次を見よ。Werner Hullen, "Reality, the Museum and the Catalogue," *Semiotica* 80 (1990): 265-275.

☆62——Martin Rudwick, *The Meaning of Fossils: Episodes in the History of Paleontology* (Chicago, 1985, 1976), p. 12.

☆63——とはいえ、両者とも目録化されている。ジガンティの目録は次に再録されている。Gigliola Fragnito, *In museo e in villa: Saggi sul Rinascimento perduto* (Venezia: Arsenale, 1988), pp. 175-201.

☆64——Giovanni Battista Olivi, *De reconditis et praecipuis collectaneis ab honestissimo, et solertissimo Francisco Calcelari Veronensi in Musaeo adservatis* (Verona, 1584).

☆65——Ferrante Imperato, *Dell'historia naturale* (Napoli, 1599).

☆66——Benedetto Ceruti e Andrea Chioco, *Musaeum Francesci Calceolari Iunioris Veronensis* (Verona, 1622). 私が抜粋した箇所の原文は以下のとおり。"in quo multa ad naturalem moralemque Philosophiam spectantia, non pauca ad rem medicam pertinentia erudite proponuntur, et explicantur, non sine magna rerum exoticarum supellectile..."

☆67——Ibid., p. 26.

☆68——Andrea Chiocco, *Discorso delle imprese* (Verona, 1601).

☆69——Ceruti e Chiocco, *Musaerum Francesci Calceolai Iunioria Veronensis*, pp. 392-394.

☆70——Ibid., sig. *2r. "Quantae dignitationis CALCEOLARIUM nostrum esse arbitramur; a quo Primarii Italiae Principes imitatione pernobilii [sic] exemplum sibi forsam [sic] habere voluerunt." [われわれは信じている。われわれのカルツォラーリがいかに尊重す

べき人物であるかを。人々は、模倣によって彼から、イタリアの名高き第一人者の模範を得ようと望んだ]。

☆71——Rosario Villari, *La rivolta antispagnola a Napoli. Le oigini 1585-1647* (Roma, 1987 ed.; 1967), pp. 51, 58, 107-108, 113-117. さらに次も参照。Enrica Stendardo, "Ferrante Imperato. Il collezionismo naturalistico a Napoli tra '500 e '600, ed. alcuni documenti inediti," *Atti e memorie dell'Accademia Clementina*, nouva serie, 28-29 (1992): 43-79.

☆72——Ferrante Imperato, *Dell'historia naturale*, sig. a.2v; Ferrante Imperato, *Discorsi*, p. 18. フェッランテはその著作を、ジョヴァンニ・ディ・ヴァレスコ、カスティリアの武官長、ミラノの司政者に献呈している。

☆73——Giovanni Bernardino di Giuliano, "Al Lettore," in Francesco Imperato, *Discorsi naturali*, n. p.

☆74——この傾向はヴィッラーリの中で議論されている。Villari, *La rivolta antispagnola a Napoli*, pp. 113-117.

☆75——この一件についてはさらに次の拙論を参照。Paula Findlen, "The Economy of Scientific Exchange in Early Modern Italy," in Bruce Moran, ed., *Patronage and Institutions: Science, Technology and Medicine at the European Courts, 1500-1750* (Woodbridge, U.K.: 1991), pp. 12-15.

☆76——このリストは以下の目録に基づく。*Note overo memorie del museo del Conte Lodovico Mascardo Nobile Veronese* (Verona, 1672). この目録は他の多くのものとともに以下に再録されている。Barbara Balsinger, *The 'Kunst-und Wunderkammern': A Catalogue Raisonné of Collecting in Germany, France and England*, 2 vols. (Ph. D. diss., University of Pittsburgh, 1970), Vol. I, pp. 331-342.

☆77——Paolo Maria Terzago, *Musaeum Septalianum Manfredi Septalae Patritii Mediolanensis industrioso Labore constructum* (Tortona, 1664): idem, *Museo o galleria adunata dal sapere, e dallo studio del signor Canonico Manfredo Settala nobile milanese*, Pietro Scarabelli, trad. (Tortona, 1666). スカラベッリは翻訳者として挙げられているが、テルツァーゴのテクストを翻訳する以上のことをしたのは明らかであり、それゆえ私は以後、著者として彼に言及する。

☆78——Scarabelli, *Museo o galleria adunata dal sapere*, sig. +3r.

☆79——Legati, *Museo Cospiano*; Moscardo, *Note overo memorie del museo.*

☆80——モスカルドのコレクションには、一七世紀半ばに散逸したカルツォラーリのミュージアムに収蔵されていたオブジェが多く含まれていた。

☆81——ここで私は以下の研究の議論を踏まえている。Houghton, "The English Virtuoso in the Seventeenth Century," *Jornal of the History of Ideas* 3 (1942), pp. 192-211.

☆82——このテーマについてはさらに以下の拙論を参照。Findlen, "Jokes of Nature and Jokes of Kowledge: The Playfulness of

Scientific Discourse in Early Modern Europe," *Renaussance Quarterly* 43 (1990): 292-331.

☆83——この点は以下に負っている。William Ashworth, "Remarkable Humans and Singular Beasts," in Kenseth, *The Age of the Marvelous*, p. 140.

☆84——Stephen Greenblatt, *Marvelous Possessions: The Wonder of the New World* (Chicago, 1991), p. 21.［スティーヴン・グリーンブラット『驚異と占有』荒木正純訳、みすず書房、一九九四年］。

☆85——ファビオ・キージについての簡潔な議論は次を参照。Richard Krautheimer, *The Rome of Alexander VII 1655-1667* (Princeton, 1985), pp. 8-14.

☆86——ヤン・ファン・ケッセルやヤン・ブリューゲルのようなフランドルの画家たちとイタリアとの密接な関係については以下を参照。Stefania Bedoni, *Jan Breughel in Italia e il collezionismo del Seicento* (Firenze e Milano, 1983); D. Bodard, *Rubens e la pittura fiamminga del Seicento nelle collezioni pubbliche fiorentine* (Firenze, 1977); *I fiamminghi e l'Italia. Pittori italiani e fiamminghi dal XV al XVIII secolo* (Venezia, 1951).

☆87——De Sepi, pp. 3, 37.

☆88——Legati, *Museo Cospiano*, p. 213.

☆89——このテーマは「怪奇機械」に関する以下の魅力的な議論の中で詳細に扱われている。Zakiya Hanafi, *Matters of Monstrosity in the Seicento* (Ph.D. diss., Stanford University, 1991), ch. 3.

☆90——Gilles Deleuze, The Fold, *Yale French Studies* 80 (1991): 227.［ジル・ドゥルーズ『襞』宇野邦一訳、河出書房新社、一九九八年］。

☆91——Inchisa della Rocchetta, "Il museo di curiosita del Card. Flavio I Chigi," pp. 184-85, 187.

☆92——Scarabelli, *Museo o galleria adunata dal sapere*, pp. 5, 8.

☆93——Ibid., p. 8; De Sepi, p. 2. キルヒャーはまた、キリスト復活も再現するよう助言している（p. 30）。明らかに、セッタラとキルヒャーは、ほかの人々と同様に、こうした特殊な「秘密」を共有していたが、誰からそれが始まったかを特定するのは困難である。

第2章　パラダイムの探求

☆1——Claude Clemens, *Musei sive bibliothecae tam privatae quam pubicae extructio, cura, usus* (Leiden, 1635), sig. *4v. 蒐集に関わる用語についてのもっと詳しい議論は次の拙論を参照。Paula Findlen, "The Museum: Its Classical Etymology and Renaissance

Genealogy," *Journal of the History of Collections* 1 (1989): 59-78. 初期近世における言葉の力と起源の探求に関する広い議論については次を参照。Frank L. Borchardt, "Etymology in Tradition and in the Northern Renaissance," *Journal of the History of Ideas* 29 (1968): 415-429; Marian Rothstein, "Etymology, Genealogy and the Immutability of Origins," *Renaissance Quarterly* 43 (1990): 332-347.

☆2——用語の相互交換性への言及は数多い。たとえば次を見よ。BUB, *Aldrovandi*, ms. 38 (2), VOl. I, c. 229, c. 259; ms. 41, c. 2r; ms. 136, Vol. XXVI, cc. 38-39; ASB, *Assunteria di Studio, Diversorum*, tome X, no. 6.

☆3——「ムーサエウム」に類似していると考えられるこれら数々の用語の出典に関しては以下を参照。Berti, *Il Principe dello studiolo*, pp. 194-195; Murray, *Museums*, Vol. I, pp. 34-38; Salerno, "Arte e scienza nelle collezioni del Manierismo," pp. 193-214; Wolfgang Liebenwein, *Studiolo. Storia e tipologia di uno spazio culturale*, Claudia Cieri Via, ed. (Modena, 1988). 考慮すべきほかの言葉には次のものがある。arca(櫃、箱)、cimelarchio(宝箱)、scrittoio(机、書斎)、pinacotheca(絵画館)、metallotheca(金属陳列館)、kunstkammer(美術の部屋)、wunderkammer(驚異の部屋)、kunstschrank(美術の戸棚)。

☆4——ティモンの「ムーサイの檻」に関するもっと詳しい議論については以下を参照。Luciano Canfora, *The Vanished Library: A Wonder of the Ancient World*, Martin Ryle, trans. (Berkeley, 1989) [ルチャーノ・カンフォラ『アレクサンドリア図書館の謎』竹山博英訳、工作社、一九九九年]; Steve Fuller and David Gorman, "Burning Libraries: Cultural Creation and the Problem of Historical Consciousness," *Annals of Scholarship* 4 (1987): 105-119.

☆5——Protesta di D. Teodoro Bondini a chi legge, in Legati, *Museo Cospiano*, n. p.

☆6——PUG, *Kircher*, ms. 568 (XIV), f. 143r (Trapani, 15 Giugno 1652).

☆7——PUG, *Kircher*, ms. 565 (XI), f. 292r (Cocumella, 9 Settembre 1672).

☆8——ARSI, *Rom*. 138. *Historia* (1704-1729), XVI, f. 182r (Filippo Bonanni, *Notizie circa la Galleria del Collegio Romano*, 10 Gennaio 1716). ドミニク・デュ・カンジュは、中世ラテン語の標準的な辞書のひとつである『中世基本ラテン語彙集』(*Glossarium Mediae et Infimae Latinitatis*) の著者であった。

☆9——アリストテレスに関する標準的な研究は以下を参照。G. E. R. Lloyd, *Aristotle: The Growth and Structure of His Thought* (Cambridge, U.K., 1968). [G・E・R・ロイド『アリストテレス——その思想の成長と構造』川田殖訳、みすず書房、一九七三年]。

☆10——Charles B. Schmitt, *Aristotle and the Renaissance* (Cambridge, MA, 1983); Edward Grant, "Aristotelianism and the Longevity of the Medieval World View," *History of Science* 16 (1978): 93-106.

☆11——アヴィケンナの評価については次を参照。Nancy Siraisi, *Avicenna in Renaissance Italy: The Canon and Medical Teaching in Italian Universities after 1500* (Princeton, 1987). ガレノスについては次を参照。Owsei Temkin, *Galenism: The Rise and Decline of a Medical Philosophy* (Ithaca, NY, 1973).

☆12——ヘルメス主義に関するフランセス・イエイツの研究は古典の域にある。Frances Yates, *Giordano Bruno and the Hermetic Tradition* (Chicago, 1964). たとえばキルヒャーに関する私の議論の多くはこの研究に負っている（pp. 416-423）。より最近の見解については次を参照。Brian P. Copenhaver, "Natural Magic, Hermeticism and Occultism in Early Modern Science," *Reappraisals of the Scientific Revolution*, Lindberg and Westman, eds., pp. 261-301.

☆13——Ashworth, "Natural History and the Emblematic World View," pp. 313-316.

☆14——アシュウォースは、アルドロヴァンディがそれぞれの品目を分類している見出しの完全なリストを作成している。アルドロヴァンディの様式の実例を見たければ、読者は次を参照されたい。*Aldrovandi on Chickens: The Ornithology of Ulisse Aldrovandi (1600) Volume II, Book XIV*, L. R. Lind, trans. (Norman, OK, 1963).

☆15——デッラ・ポルタについては次を見よ。Luisa Muraro, *Giombattista della Porta mago e scienzato* (Milano, 1978). カルダーノについては次を見よ。Alfonso Ingegno, *Saggi sulla filosofia di Cardano* (Firenze, 1980).

☆16——この主題についてはさらに次を参照。Zakiya Hanafi, "Monstrous Machines," *Matters of Monstrosity in the Seicento*, ch. 3.

☆17——Copenhaver, "A Tale of Two Fishes: Magical Objects in Natural History from Antiquity through the Scientific Revolution," *Journal of the History of Ideas* 52 (1991): 373-398.

☆18——初期近世の文化における「好奇心／珍品奇物」（curiosity）についての議論は、以下を参照。Jean Céard et al., *La curiosité a la Renaissance* (Paris, 1986); Daston, "Neugier and Naturwissenschaft in der frühen Neuzeit," in Andreas Gröte, ed., *Macrocosmos im Microcosmos: Die Welt in der Stube* (in press); Pomian, "The Age of Curiosity," in Idem, *Collectors and Curiosities*, pp. 45-64. 両義的な印象を与える「好奇心／珍品奇物」は、「驚異」という属性を帯びることによって積極的な印象をもつことになると言えるだろう。「驚異」にはなんら否定的な含意はない。この点を明確にしてくれたことに関して、パメラ・スミスに感謝したい。

☆19——Houghton, "The English Virtuoso in the Seventeenth Centiry," p. 56.

☆20——中世の百科全書主義については以下を参照。Lynn Thorndike, "Encyclopedias of the Fourteenth Century," in Idem, *A History of Magic and Experimental Science*, Vol. III, pp. 546-567; Maurice de Gandillac et al., *La pensée encyclopédique au Moyen Age* (Neuchatel, 1966). 初期近代の百科全書主義についてのさまざまな見解については以下を参照。Ann M. Blair, *Restaging*

Jean Bodin: "The Universae naturae theatrum" (1596) in Its Cultural Context (Ph.D. diss., Princeton University, 1990); Anthony Grafton, "The World of The Polyhistors: Humanism and Encyclopedism," *Central European History* 28 (1985): 31-47; idem, "Humanism, Magic and Science," in *The Impact of Humanism on Western Europe*, Anthony Goodman and Augus Mackay, eds. (London, 1990), p. 107; Daniel Defert, "The Collection of the World: Accounts of Voyages from the Sixteenth to the Eighteenth Centuries," *Dialectical Anthropology* 7 (1982): 11-20. ミシェル・フーコーの次の著書は古典的研究である。Michel Foucault, *The Order of Things* (English trans., New York, 1970), pp. 17-45［ミシェル・フーコー『言葉と物』渡辺一民・佐々木明訳、新潮社、一九七四年］.

☆21――このテーマについては以下を参照。Hans Blumenberg, *La leggibilità del mondo. Il libro come metafora della natura*, Bruno Argenton, trad. (Bologna, 1984): *Die Lesbarkeit der Welt*, Frankfurt, 1981]; James J. Bono, *The Word of God and the Languages of Man* (in press[1995]); Ernst Curtius, "The Book as Symbol," in Idem, *European Literature and the Latin Middle Ages*, pp. 302-347［E・R・クルツィウス『ヨーロッパ文学とラテン中世』南大路振一・岸本通夫・中村善也訳、みすず書房、一九七一年］; Paula Findlen, "Empty Signs? Reading the Book of Nature in Renaissance Science," *Studies in the History and Philosophy of Science* 21 (1990): 511-518; Eugenio Garin, "La nuova scienza e il simbolo del mondo," in Idem, *La cultura filosofica del Rinascimento italiano* (Firenze, 1961), pp. 451-465.

☆22――このすばらしい一節は以下に詳述されている。Hans Blumenberg, *La leggibilità del mondo*, p. 58.

☆23――BNF, *Cod. Magl.* II, 1, 13, f. 16r (Agostino Del Riccio, *Arte della Memoria*, 1595).

☆24――Blumenberg, *La leggibilità del mondo*, p. 73.

☆25――Bonanni, *Ricreatione*, p. 2.「貝を集める」(conchas legere) という表現はオウィディウス(『愛の技法』三・一二四)とキケロ(『雄弁家について』二・二二)に見られる。以下を参照。*Thesaurus linguae latinae*, Vol. VII, pt. 22, p. 1123. アルドロヴァンディもまたこの表現を格言として議論している。Aldrovandi, *De mollibus, crustaceis, testaceis, et zoophytis* (Bologna, 1606), p. 250.「格言で『貝を集める』と言われるのは、精神の気晴らしを求めて没頭する者についてである」。

☆26――Federico Cesi, *Del natural desiderio di sapere et institutione de'Lincei per adempimento di esso*, in *Scienziati del Seicento*, Maria Luisa Altieri Biagi e Bruno Basile, ed. (Milano, 1980), p. 44.

☆27――Paolo Boccone, *Museo di fisica e di esperienze* (Venezia, 1697), p. 117.

☆28――BMV, *Archivio Morelliano*, ms. 103 (= *Marciana* 12609), f. 20.

☆29――Bonanni, *Ricreatione*, p. 21.

☆30——ファブリキウスの企ては以下において完全に再構成された。Andrew Cunningham, “Fabricius and the Aristotle Project in Anatomical Teaching and Research at Padua,” in *The Medical Renaissance of the Sixteenth Century*, A. Wear, R. K. French, and I. M. Lonie, eds. (Cambridge, 1985), pp. 195-222, esp. pp. 199-200.

☆31——Haward B. Adelmann, *The Embroyological Treatise of Hieronymus Fabricius of Aquapendente*, 2 vols. (New York, 1942, repr. 1967); Tugnoli Pattaro, *Metodo e sistema delle scienze nel pensiero di Ulisse Aldrovandi*, p. 151; BUB, *Aldrovandi*, ms. 86.「アカントロジー（棘学［Acanthology］）」は文字どおり棘の研究を意味し、棘性の植物であるアカンサスに由来する。アルドロヴァンディの関心を引いたのは、この種の遊び心のある新造語である。その新造語は、同定をめぐる博物学者のジョークであるばかりでなく、知の刺々しい性質に関する人文主義者のジョークでもあった。

☆32——Cunningham, “Fabricius and the Aristotle Project,” p. 211.

☆33——Andrea Cesalpino, *Questions péripatéticiennes*, Maurice Dorolle, trad. (Paris, 1929). ルネサンスのアリストテレス主義に関するもっとも優れた研究は次のものである。Charles Schmitt, *Aristotle in the Renaissance* (Cambridge, 1983). チェザルピーノの著作についての洞察豊かな議論は次を参照。Artan, *Cognitive Foundations of Natural History*, pp. 138-158.

☆34——Tugnoli Pattaro, *Metodo e sistema delle scienze nel pensiero di Ulisse Aldrovandi*, pp. 37-39.

☆35——Schmitt, *Aristotle in the Renaissance*, p. 11.

☆36——Francisco Sanches, *That Nothing is Known (Quod nihil scilitur)*, Elaine Limbrick, ed., and Douglas F. S. Thomson, trans. (Cambridge, U.K., 1988).

☆37——伝統の「擁護者」としての人文主義者のイメージは、アンソニー・グラフトンの次の研究で詳しく論じられている。Anthony Grafton, *Defenders of the Text: The Traditions of Scholarship in an Age of Science, 1450-1800* (Cambridge, MA, 1991).

☆38——BUB, *Aldrovandi*, ms. 97, cc. 440-443r; idem, *Bibliologia* (1580-1681), ms. 83; idem, *Bibliotheca secondum nomina authorum*, ms. 147; Conrad Gesner, *Bibliotheca universalis* (Tiguri, 1545).

☆39——Aldrovandi, *Discorso naturale*, p. 195; BUB, *Aldrovandi*, ms. 97. 後者には彼の「方法」（methodi）の例が豊富にある。「諸科学の秩序と一般的区別に対応する」彼の図書館の編成については、cc. 440-443r を参照。

☆40——Schmitt, *Aristotle in the Renaissance*, p. 59. サンドラ・トゥニョーリ・パッタロはこのような「図表」（tabulae）のいくつかを自著に再録している。

☆41——Aldrovandi, *Discorso naturale*, p. 193.

☆42——BAV, *Vat. Lat.* 6192, Vol. II, f. 656r; BUB, *Aldrovandi*, ms. 70. c. 9v.

☆43——Michele Mercati, *Metallotheca* (Roma, 1717), p. 144. メルカーティの観察は、アルドロヴァンディの『化石の研究法』（*Methodus fossilium*, BUB, *Aldrovandi*, ms. 92）と比較される価値がある。

☆44——BUB, *Aldrovandi*, ms. 70, c. 7r.

☆45——アルドロヴァンディによる「普遍的統語論」（*syntaxes universali*）についての短い議論は次を見よ。BUB, *Aldrovandi*, ms. 70, c. 9v.

☆46——*Il Museo del Cardinale Federico Borromeo*, Luigi Grasselli, trad. (Milano, 1909), p. 44.

☆47——BAV, Vat. Lat. 6192, Vol. II, f. 656v.

☆48——Antonio Gerbi, *Nature in the New World* (Pittsburg, 1985), pp. 61-63.

☆49——Plinius, *Histiria naturalis,* trans., H. Rackham, *Natural History* (Cambridge, MA, 1938), Vol. I, p. 13 (preface, 17-18).

☆50——Aldrovandi, *Discorso naturale*, p. 184. アルドロヴァンディの蒐集品の番号については次を見よ。BAV, *Vat. Lat*. 6192, Vol. II, c. 656r; BUB, *Aldrovandi*, ms. 70, c. 66r; ms. 80, cc. 460-481.

☆51——Richard Lassels, *The Voyage of Italy, or A Compleat Journey Through Italy. In Two Parts* (London, 1670), Vol. I, pp. 147-148.

☆52——BUB, *Aldrovandi*, ms. 136, Vol. XXVIII, c. 126r (Viadanae, 29 June 1599).

☆53——ASMo, *Archivio per le materie. Storia naturale*, Busta I (Bologna, 16 Dicembre 1577).

☆54——Blair, *Restaging Jean Bodin*, pp. 4ff, esp. p. 51. この主題をアカデミーの伝統という文脈において論じた優れた研究は次を見よ。Richard J. Durling, "Girolamo Mercuriale's *De modo studendi*," *Osiris*, ser. 2, 6 (1990): 195.

☆55——Mattirolo, p. 381 (1588).「パンデキオン」（pandechion）という語の起源と用法についてはプリニウスを見よ。Pliny, *Natural History*, p. 15 (preface, 28). プリニウスはここで、πανσέκται（「合切蔵」）の議論をしている。さらに次も参照。Lewis and Short, *Latin Dictionary*, p. 1296.「Pandere」は、「広げる」「伸ばす」「拡張する」「襞を解く」、つまり「開く」ことを意味する。「普遍の森」（selva universalis）という概念はよく知られた文彩であった。たとえばパオロ・チェルキが指摘したように、トンマーゾ・ガルツォーニもしばしば使っている。Paolo Cerchi, *Enciclopedismo e politica della rinascimento: Tommaso Garzoni* (Pisa, 1980), pp. 32-33. 同じように、マントヴァのゴンザーガ家の宮廷にあったゼノッビオ・ボッキの庭とミュージアムも、同時代人たちに「自然の事物の森」と呼ばれていた。Ceruti e Chiocco, *Musaeum Francesci Calceolari*, sig. *4v.

☆56——Trence Cave, *The Cornucopian Text: Problems of Writing in the French Renaissnce* (Oxford, 1979). この一節は「コピア」（cpoia）の定義をめぐる彼の議論による。それによれば、「コピア」とは「豊饒」のみならず「宝物」（thesaurus）をも意味して

いる。

☆57——BUB, *Aldrovandi*, ms. 91, c. 522r; BMV, *Archivio Morelliano 103 (= Marciana 12609)*, f. 9.

☆58——Olivi, *De reconditis et praecipuis collectaneis*, sig. ++4v, p. 2.

☆59——Cicero, *De oratore* III.xxi.125, in Cave, *The Cornucopian Text*, p. 6.

☆60——BUB, *Aldrovandi*, ms. 105; Tugnoli Pattaro, *Metodo e sistema delle scienze nel pensiero di Ulisse Aldrovandi*, p. 15.

☆61——Ricc. Cod. 2438, I, f. 1r (Bologna, 27 Giugno 1587).

☆62——ジャン・ボダンについての研究の中でアン・ブレアは次のように指摘している。「さらに備忘録においては事実の諸カテゴリーのあいだに差異はない。この意味で〈軽信〉は生の観察と共存しうる」。Blair, *Restaging Jean Bodin*, p. 4.

☆63——Nicolo Serpetro, *Il mercato delle maraviglie della natura* (Venezia, 1653).

☆64——Garzoni, *Piazza universale*.

☆65——BUB, *Aldrovandi*, ms. 136, Vol. III, c. 180.

☆66——BUB, *Aldrovandi*, ms. 54; Mattirolo, p. 382; Paolo Prodi, *Il Cardinale Gabriele Paleotti* (Roma, 1959-1967), Vol. II, pp. 542-543; Giuseppe Olmi and Paolo Prodi, "Gabriele Paleott, Ulisse Aldrovandi e la cultura a Bologna nel secondo Cinquecento," in *Nell'età di Corregio e dei Caracci. Pittura in Emilia dei secoli XVI e XVII* (Bologna, 1986), pp. 215, 225.

☆67——BUB, *Aldrovandi*, mss. 51 and 56, c. 446.

☆68——Kircher, *Diatribe de prodigiosis crucibus* (Roma, 1661).

☆69——AI, Fondo Paleotti. 59 (F 30) 29/11, f. 14 (Bologna, 30 Luglio 1594).

☆70——アルドロヴァンディの挿絵については次を見よ。Giuseppe Olmi, "Osservazioni della natura e raffigurazione in Ulisse Aldrovandi (1522-1605)," *Annali dell'Istituto Italo-Germanico in Trento* 3 (1977): 105-181.

☆71——プリニウスの過ちについては次を見よ。Arturo Castiglione, "The School of Ferrara and the Controversy on Pliny," in E. A. Unterwood, ed., *Science, Medicine and History* (London, 1953), pp. 593-610; Ricc. Cod. 2348, Pt. I, lett. 91 (Bologna, 27 Luglio 1587).

☆72——Arlene Quint, *Cardinal Federico Borromeo as a Patron and Critic of the Arts and His Musaeum of 1625* (New York, 1986), p. 233. もっと読みやすくするために私は彼女の訳文に変更を加えた。

☆73——Aldrovandi, "Avvertimenti," Barocchi, *Trattati*, p. 513. 挿絵については次を見よ。BUB, Aldrovandi, *Miscellanea di animali e piante depinte, Tavole di animali, Tavole di piante*.

☆74——BUB, *Aldrovandi*, ms. 38(2), Vol. I, c. 76 (Padova, 19 Settembre 1561).

☆75——Sanches, *That Nothing Is Known*, p. 172.

☆76——Ibid., p. 222. 接触の時代における博物誌については以下を参照。Gerbi, *Nature in the New World*; Margaret T. Hodgen, *Early Anthropology in the Sixteenth and Seventeenth Centuries* (Philadelphia, 1964); Wilma George, "Sources and Backgrounds to Discoveries of New Animals in the Sixteenth and Seventeenth Centuries," *History of Science* 18 (1980): 79-104.

☆77——CL, Vol. II, p. 210 (Tivoli, 21 Ottobre 1611); Cesi, *Del natural desiderio di sapere*, p. 47.

☆78——アカデミア・デイ・リンチェイの歴史は、ガリレオとの関係のためにこれまでにもしばしば語られてきた。数々の論文や、ジュゼッペ・ガブリエーリによって刊行された写本を参照できるとはいえ、このアカデミーに関する決定的な研究はまだなされていない。より最近の研究としては以下のものがある。Jean-Michel Gadaier, "I Lincei: i soggetti, i luoghi, le attività," *Quaderni storici* 16 (1981): 763-787; Lombardo, *With the Eyes of a Lynx*; Giuseppe Olmi, "'In essercito universale di contemplatione, e prattica': Federico Cesi e i Lincei," in *Università, accademie e societa scientifiche in Italia e Germania dal Cinquecento al Settecento*, Laetitia Boehm e Ezio Raimondi, ed. (Bologna, 1981), pp. 169-235; idem, "La colonia lincea di Napoli," in *Galileo e Napoli*, Fabrizio Lomonaco e Maurizio Torrini, ed. (Napoli, 1987), pp. 23-58; Redondi, *Galileo Heretic*, pp. 80-97.

☆79——Carlo Dati, *Delle lodi del commendatore Cassiano dal Pozzo* (Firenze, 1664), n. p.

☆80——この一節は、チェージの百科辞典に関する以下の議論に基づいている。Pietro Redondi, *Galileo Heretic*, pp. 86-88. 私は、リンチェイ・アカデミーに関するルドンディの示唆に富む描写に多くの点で賛同するが、一点だけ重要な見解の相違がある。すなわち、私は、アカデミー会員たちの修辞学と彼らの現実の実践とをはっきりと区別しており、その点についていくらかここで詳述した。

☆81——Cesi, *Del natural desiderio di sapere*, p. 48.

☆82——Redondi, *Galileo Heretic*, p. 83; Cesare Vasoli, *Enciclopedismo del Seicento* (Napoli, 1978).

☆83——CL, Vol. I, p. 89.

☆84——Giuseppe Gabrieli, "L'orizzonte intellettuale e morale di Federico Cesi illustrato da un suo zibaldone inedito", *Rendiconti della R. Accademia Nazionale dei Lincei. Classe di scienze morali, storiche e filologiche*, ser. 6, 14, fasc. 7-12 (1938-1939): 676-678; Clara Sue Kidwell, *The Accademia dei Lincei and the "Apiarium": A Case Study of the Activities of a Seventeenth Century Scientific Society* (Ph.D.diss., University of Oklahoma, 1970), p. 307.

☆85——CL, Vol. I, pp. 13-14.

☆86——CL, Vol. II, pp. 732-733 (Acquasparta, 20 Gennaio 1621).

☆87——M. M. Slaughter, *Universal Languages and Scientific Taxonomy*, p. 53; Atran, *Cognitive Foundations of Natural History*, pp. 135-137.

☆88——CL, Vol. I, p. 778 (Acquasparta, 19 Novembre 1622); Vol. II, p. 947 (Acquasparta, 29 Settembre 1624).

☆89——CL, Vol. III, p. 1201 (Napoli, 26 Ottobre 1629).

☆90——Cesi, *Phytosophicae Tabulae*, in Altieri Biagi e Basili, *Scienziati del Seicento*, p. 72.

☆91——Cesi, *Del natural desiderio di sapere*, p. 47.

☆92——Slaghter, *Universal Languages and Scientific Taxonomy*, p. 3.

☆93——BANL, *Archivio Linceo*, ms. 18, cc. 12-15, 23-25r, esp. 12v (Jan Eck, *Epistolarum medicinslium*).

☆94——BUB, *Aldrovandi*, ms. 136, XIII, c. 294r; XIV, c. 165; XIX, c. 156v; XXV, c. 83 (Napoli, 28 Giugno, 28 Luglio, e Agosto 1590, and 30 Settembre 1595). 小判鮫についてはさらに次を見よ。Copenhaver, “A Tale of Two Fishes.”

☆95——CL, Vol. III, pp. 1190-1191 (Napoli, 16 Dicembre 1628). コロンナはおそらくアルドロヴァンディの以下の書物に言及している。Aldrovandi, *De mollibus, crustaceis, testaceis, et zoophytis* (Bologna, 1606).

☆96——Redondi, *Galileo Heretic*, p. 87.

☆97——これらの図表は以下に再録されている。Kidwell, *The Academia dei Lincei and the Apiarium*, pp. 134-139.

☆98——ステッルーティは、自ら訳したペルシウスの『諷刺詩』の脚注にもっと詳細な見解を発表することになる。Stelluti,*Persio tradotto* (Roma, 1630).

☆99——Kidwell, *Apiarium*, p. 261.

☆100——CL, III, p. 1032 (Roma, 22 Marzo 1625).

☆101——Kidwell, *Apiarium*, p. 285.

☆102——Nicolas-Claude Fabri de Peiresc, *Letteres à Cassiano dal Pozzo (1626-1637)*, Jean-François Lhote et Danielle Joyal eds., (Clermon-Ferrand, 1989), p. 112 (10 Settembre 1633). ペレスクからペルペリーニへの手紙（10 Settembre 1633）は次を参照。Cecilia Rizza, *Peiresc e l'Italia* (Torino, 1965), pp. 89-90.

☆103——Rivosecchi, *Esotismo in Roma barocca*, p. 49 (Roma, 18 Marzo 1634).

☆104——この表現は以下に基づく。Daniello Bartoli, *La Cina*, Bice Garavelli Mortara, ed. (Milan, 1975), p. 27. 初期近世の科学文化におけるイエズス会の役割を概観したものとしては次を参照。Steven J. Harris, “Transposing the Merton Thesis: Apostolic

Spirituality and the Establishment of the Jesuit Scientific Tradition," *Science in Context* 3 (1989): 29-65.

☆105——Eric Iverson, *The Myth of Egypt and Its Hieroglyphs* (Copenhagen, 1961).

☆106——Reilly, *Athanasius Kircher*, p. 38. エジプト、コプト語、ヒエログリフに関するキルヒャーの著作は以下のとおり。『コプト語、すなわちエジプト語の先駆』(*Prodromus coptus sive Aegyptiacus,* Roma, 1636)、『復原されたエジプトの言語語』(*Lingua Aegyptiaca restituta,* Roma, 1643)、『エジプト教会、すなわちコプト教会の典礼』(*Rituale ecclesiae Aegyptiae sive cophtitraum,* s. l., 1647)、『パンフィリのオベリスク』(*Obeliscus Pampholius,* Roma, 1650)、『エジプトのオイディプス』(*Oedipus Aegyptiacus,* Roma, 1652-1654)、『エジプトのオベリスク』(*Obeliscus aegyptiacus,* Roma, 1666)、『秘儀の導師スフィンクス』(*Sphinx mystagoga,* Amsterdam, 1676)。

☆107——Peiresc, *Lettere à Cassiano dal Pozzo*, p. 134 (4 Maggio 1634).

☆108——De Sepi, p. 10. キルヒャーの知の百科全書におけるヒエログリフの重要性については以下の研究で議論されている。Rivosecchi, *Esotismo in Roma barocca*, p. 50ff.

☆109——Gioseffo Petrucci, *Prodromo apologetico alli studi chircheriani* (Amsterdam, 1677), Praefatio.

☆110——Giuliana Mocchi, *Idea , mente, specie: Platonismo e scienza in Johannes Marcus Marci (1595-1667)* (Soverzia Manelli, 1990); Pighetti, "Francesco Lana Terzi e la scienza barocca."

☆111——Evans, *The Making of the Habsburg Monarchy*, pp. 311-345, 419-450.

☆112——De Sepi, p. 38.

☆113——Clemens, *Musei sive bibliothecae* (Leiden, 1635), pp. 2-4, 523. ピエトロ・レドンディは自著『異端者ガリレオ』の中で次のように述べている。「知的独占権の装置として、一七世紀初頭に設立された巨大な図書館は、人文主義的で神学的な伝統文化の根強さと威光を顕わしていた。この文化は、博識と註釈の新たな道具をつくりだしていたのである。こうして図書館は、あらゆる知的前線において、カトリックの改革と宗教闘争を支持するもっとも近代的な武器となった」。Pietro Redondi, *Galileo Heretic*, Raymond Rosenthal, trans. (Princeton, 1987).

☆114——この主題に関してもっとも有益な総括に次の研究がある。William Ashworth, "Catholicism and Early Modern Science," in *God and Nature: Historical Essats on the Encounter Between Christianity and Science*, David Lindberg and Ronald Numbers, eds. (Berkley and Los Angels, 1986), pp. 136-166. さらに次も参照。Martha Baldwin, "Magnetism and the Anti-Copernican Polemic," *Journal for the History of Astronomy* 16 (1985): 155-174.

☆115——Kircher, *Oedipus Aegyptiacus* (Roma, 1652-1654), Vol. III, p. 6.

☆116——Cesare Vasoli, *Enciclopedismo nel Seicento* (Napoli, 1978), p. 45.

☆117——以下の二つの例を参照。Kircher, *Ars magna sciendi* (Amsterdam, 1669), sig. ***2v; idem, *Arithmologia* (Roma, 1665), p. 73.

☆118——一七世紀の文化におけるアリストテレスの位置はほとんど研究されてはいない。以下は今日もなお基本的研究である。Guido Morpurgo Tagliabue, "Aristotelismo e Barocco," in Enrico Castelli, ed., *Retorica e barocca*, Atti del III Congresso Internazionale di Studi Umanistici, Vol. 3, 1954 (Roma, 1955), pp. 119-195. とはいえ、この問題を提起しているエマヌエーレ・テザウロの『アリストテレスの望遠鏡』（*Cannocchiale aristotelico*）に関する専門的な文献は多数存在している。

☆119——Schmitt, *Aristotle in the Renaissance*, p. 97; Gabriele Baroncini, "L'insegnamento della filosofia naturale nei Collegi Italiani dei Gesuiti (1610-1670): Un esempio di nuovo aristotelismo," in Gian Paolo Brizzi, ed., *La "Ratio studiorum". Modelli culturali e pratiche educative dei Gesuiti in Italia tra Cinque e Seicento* (Roma, 1981), pp. 185-192, 213-215.

☆120——*Ratio studiorum*, in Edward Fitzpatrick, ed., *Saint Ignatius and the Ratio Studiorum* (New York, 1933), p. 168. 知に対するイエズス会の神学的立場についてのもっと詳しい議論は次を見よ。Rivka Feldhay, "Knowledge and Salvation in Jesuit Culture," *Science in Context* 1 (1987): 195-213.

☆121——Peiresc, *Letteres à Cassiano dal Pozzo*, p. 161 (29 Dicembre 1634).

☆122——この点は以下で簡潔に議論されている。Joselyn Godwin, "Athanasius Kircher and the Occult," in John Fletcher, ed., *Athanasius Kircher und seine Beziehungen zum gelehrten Europa seiner Zeit*, Wolfenbüttler Arbeit zur Barockforschung, 17 (Wiesbaden, 1988), p. 17.

☆123——Kircher, *Oedipus Aegyptiacus* (Roma, 1652-1654), ii, I, classis I, p. 6, in Evans, *The Making of the Habsburg Monarchy*, p. 437.

☆124——Bartoli, *De' simboli trasportati al morale,* in Mario Praz, *Studies in Seventeenth-Century Imagery* (Roma, 1964), p. 19 ［マリオ・プラーツ『綺想主義研究』伊藤博明訳、ありな書房、一九九八年］.

☆125——「表徴術」（ars signata）に関するより広い議論は次を参照。Massimo Luigi Bianchi, *Signatura rerum, Segni, magia e conoscenza da Paracelso a Leibniz* (Roma, 1987).

☆126——Kircher, *Arithmologia*, p. 280.

☆127——Kircher, *Ars magna lucis et umbrae* (1646 ed.), p. 769. この題材と引用は以下に依拠している。Godwin, "Athanasius Kircher and the Occult," in Fletcher, *Athanasius Kircher*, p. 23.

☆128——磁石に関するキルヒャーの見解について、もっと詳細な議論は以下を見よ。Baldwin, "Magnetism and the Anti-Copernican Polemic."

☆129——Vasoli, "Considerazioni sull 'Ars magna sciendi,'" in *Casciato*, p. 73.

☆130——Kircher, *Magneticum naturae regnum* (Roma, 1667), p. 3.

☆131——この例と、向日性の植物についての例は、以下による。De Sepi, pp. 1, 18.

☆132——Kircher, *Magnes sive de arte magnetica* (Köln, 1643 ed.), in Ulf Scharlau, *Athanasius Kircher (1601-1680) als Musikschrifsteller: Ein Beitrag zur Musikanschauung des Barock* (Marburg, 1969), p. 6.

☆133——Giambattista Della Porta, *Natural Magick*, Derek J. Price, ed. (New York, 1957; reproduction of 1658 ed.), p. 3 .

☆134——Kircher, *Ars magna lucis et umbrae*, p. 772.

☆135——普遍言語に対するキルヒャーの関心については次を参照。George E. McCracken, "Athanasius Kircher's Universal Polygraphy," *Isis* 39 (1948): 215-228. これに関連したキルヒャーの著作には次の三つのがある。『エジプトのオイディプス』(*Oedipus Aegyptiacus*, 4 vol., Roma, 1652-1654)、『新たな普遍的な多言語書記法』(*Polygraphia nova et universalis,* Roma, 1663)、『知識の大いなる術』(*Ars magna sciendi,* Amsterdam, 1669)。

☆136——この一般的論点がまた別の視野から議論されているものとして、以下の研究がある。David F. Mungello, *Curious Land: Jesuit Accommodation and the Origins of Sinology*, Studia Leibnitiana Supplementa, 26 (Stuttgart, 1985): 134-187; Céard, "De Babel à la Pentecôte: La transformation du mythe de la confusion des langues au XVIe siècle," *Bibliothèque d'Humanisme et Renaissance* 42 (1980): 588-592; Thomas C. Singer, "Hieroglyphics, Real Characters, and the Idea of Natural Language in English Seventeenth-Century Thought," *Journal of the History of Ideas* 50 (1989): 50-51.

☆137——PUG, *Kircher*, ms. 563 (IX), f. 311r.

☆138——アダルジーザ・ルーリの以下の研究に、こうした塔のいくつかの図版が掲載されている。Adalgisa Lugli, *Naturalia et mirabilia*, figs. 144-147.

☆139——Kircher, *Turris Babel* (Amsterdam, 1679), p. 38. ジョスリン・ゴドウィンの以下の研究にキルヒャーのこの本の内容が要約され図版も掲載されている。Joscelyn Godwin, *Athanasius Kircher*, pp. 34-43.

☆140——Kircher, *Turris Babel*, sig.3v, pp. 10, 26. キルヒャーの同時代人メルセンヌもまたこうした問題に魅了された。以下を参照。Peter Dear, *Mersenne and the Learning of the Schools* (Ithaca, NY, 1988), pp. 171-191ff.

☆141——この主題に関する古典的な研究は次のものである。Don Cameron Allen, *The Legend of Noah: Renaissance Rationalism in Art, Science and Letters* (Urbana,IL, 1963).

☆142——Caspar Neickelius, *Museographia* (Leipzig, 1727), p. 9; Rudwick, *The Meaning of Fossils*, p. 12; Arther MacGregor, "Collectors and

Collections of Rarities in the Sixteenth and Seventeenth Centuries," in MacGregor, ed., *Tradescant's Rarities: Essays on the Foundation of the Ashmolean* (Oxford, 1983), p. 91; Salerno, "Arte, scienza e collezioni nel Manierismo," p. 193.

☆143——BUB, *Aldrovandi*, ms. 41 (22 Ottobre 1635).

☆144——Gerbi, *Nature in the New World*, p. 37.

☆145——Antonio Favaro, ed., *Le Opere di Galileo Galilei*, 2a ed. (Firenze, 1934), vol. XII, pp. 246, 258. 一六一六年三月一一日、サグレドはガリレオに次のように書き送っている。「部屋はノアの箱船のように、あらゆる種類の動物に満ちており、箱だけを欠いている」(p. 246)。

☆146——BAV, *Vat. lat.* 11258, in Marcello Fagiolo, "Il giardino come teatro del mondo e della memoria," in Fagiolo, ed., *La città effemera e l'universo artificiale del giardino*, p. 133.

☆147——Georg Caspar Kirchmayer, *Dissertationes de paradiso, ave paradisi manucodiata, imperio antediluviano, & arca Noae, cum descriptione Diluvii*. In Thomas Crenius, *Fascis IV. exercitationum philologico-historicarum* (Leyden, 1700), Vol. II, p. 130.

☆148——ドン・キャメロン・アランとジョスリン・ゴドウィンの研究がこの情報をうまく要約している。Allen, *Legend of Noah*, pp. 182-191; Godwin, *Athanasius Kircher*, pp. 25-33. キルヒャーのミュージアムのアルマジロについては次を見よ。De Sepi, p. 27.

☆149——以下の要約に基づく。Allen, *Legend of Noah*, pp. 80-81; Godwin, *Ahanasius Kircher*, p. 26.

☆150——Kircher, *Arca Noë*, in Railly, *Athanasius Kircher*, p. 169.

☆151——この興味深い主題については、テリアカ薬をめぐる論争を扱う第6章で詳しく論じる。

☆152——Lugli, *Naturalia et mirabilia*, p. 73.

☆153——Evans, *The Making of the Habsburg Manarchy*, p. 340.

☆154——Lugli, "Inquiry as Collection," *RES* 12 (1986): 120.

☆155——ドラゴンについてはすでに第1章で論じた。「石化木」(legno fossili minerale)については次を見よ。Kircher, MS, Vol. II, pp. 65-66.

☆156——Lugli, "Inquiry as Collection," p. 120.

☆157——ガリレオ-デカルトによる珍品奇物蒐集(curiosità)への批判はポミアンの次の研究に素描されている。Pomian, *Collectors and Curiosoties*, pp. 46-78.

☆158——Ibid., p. 77.

☆159——二、三の例で十分だろう。スティーヴン・ムラニーは、好奇心(curiosità)を認識論のアンチテーゼとみなすことで、驚異と探求を対照させている。Steven Mullaney, "Strange Things, Gross Things, Curious Customs: The Rehearsal of Cultures in the Late Renaissance," *Representations* 3 (1983): 42. この中で彼は、雑然とした好奇心を「科学」のアンチテーゼとみなすジャン・セアールの路線に従っている(Jean Céard, *La nature et des prodiges*, p. 49)。クシシトフ・ポミアンですら、珍品奇物蒐集の文化についてのすばらしい研究において、珍品奇物蒐集と神学と科学はまったく異なるカテゴリーであると論じ、それゆえ一七世紀末の医師ピエール・ボレルは「科学革命以前に自然を一瞥している」と述べている。Pomian, *Collectors and Curiosites*, pp. 47, 62-64, 77.

☆160——怪物の猫に関する記述はすべて以下による。Legati, *Museo Cospiano*, pp. 26-30. 同じカタログに登録されているものに関するさらに詳細な分析は次を見よ。Tribby, "Body / Building,"; Hanafi, *Matters of Monstrosity in the Seicento*, ch. 2.

☆161——Legati, *Museo Cospiano*, pp. 145-146.

☆162——Giuseppe dal Papa, *Della natura dell'umido e del secco* (Firenze, 1686), p. 7, in Brendan Dooley, "Revisiting the Forgotten Centuries: Recent Work on Early Modern Tuscany," *European History Quartely* 20 (1990): 546 (n. 53).

☆163——*Works of the Honourable Robert Boyle*, Vol. VI, pp. 195-196, in Clelia Pighetti, *L'influsso scientifico di Robert Boyle nel tardo '600 italiano* (Milano, 1988), p. 95.

☆164——Vasoli, *L'enciclopedismo del Seicento*, pp. 88-89.

第3章　知識の場

☆1——Alfonse Dupront, "Espace et humanisme," *Bibliothèque d'Humanisme et Renaissance* 8 (1946): 8.

☆2——Richard Goldthwaite, "The Empire of Things: Consumer Demand in Renaissance Italy," in *Patronage, Art and Society in Renaissance Italy*, F. W. Kent and Patricia Simons, eds. (Oxdord, 1987), p. 171.

☆3——Ibid., p. 173.

☆4——Paolo Colliva, "Bologna dal XIV al XVIII secolo: 'governo misto' o signoria senatoria," in *Storia dell'Emilia Romagna*, Aldo Berselli, ed. (Imola, 1977), pp. 13-34; Eric Cochrane, *Florence in the Forgotten Centuries, 1527-1800* (Chicago, 1973).

☆5——ポール・グレンドラーは目下、一六〇〇年までのイタリアの大学に関する研究を完成させつつある[Paul F. Grendler, *The Universities of the Italian Renaissance*, Johns Hopkins University Press, 2002]。簡単な概観については以下を参照。Richard Kagan, "Universities in Italy, 1500-1700," in *Les universités européennes du XVIe au XVIIIe siècles. Histoire sociale des populations étudiantes*, Domonique Julia, Jacques Revel et Roger Chartier, ed. (Paris, 1986), Vol. I, pp. 153-186.

☆6——とはいえ、チメント・アカデミーはトスカーナの自然哲学者たちだけからなっていたことに留意されたい。イタリアのアカデミーに関する文献は膨大だが、ここでは基本的な数点だけを挙げておこう。Gino Benzoni, "Per non smarrire l'identità: l'accademia," in *Gli affani della cultura. Intellettuali e potere nell'Italia della Controriforma e barocca* (Milano, 1987), pp. 144-199; Eric Cochrance, "The Renaissance Accademies in Their Italian and European Setting," in *The Fairest Flower* (Firenze, 1985), pp. 21-39; idem, *Tradition and Enlightenment in the Tuscan Academies, 1690-1800*; Michel Maylender, *Storia delle academie d'Italia*, 5 voll. (Bologna, 1926-1930).

☆7——Gian Paolo Brizzi, *La formazione della classe dirigente nel Sei-Settecento. I seminaria nobilium nell'Italia centro-settentrionale* (Bologna, 1976).

☆8——Goldthwaite, "The Empire of Things," pp. 173-174.

☆9——Dati, *Delle lodi del commendatore Cassiano dal Pozzo*, s. l.

☆10——ジェイ・トリビーによって詳細に論じられた点を、ここで私はくりかえしているだけである。

☆11——CL, Vol. II, p. 441 (Roma, 1 Luglio 1614).

☆12——この点に関しては次を参照。Pierre Bourdieu, *Distinction: A Social Critique of the Judgement of Taste*, Richard Nice, trans. (Cambridge, MA, 1984) ［ピエール・ブルデュー『ディスタンクシオン——社会的判断力批判』石井洋二郎訳、新評論、一九八九年］.

☆13——Walter Ong, "System, Space and Intellect," p. 68. 散漫な言説的文化から視覚的文化への移行というオングの輪郭を、ジェイ・トリビーは、はっきりとミュージアムに結びつけている。Jay Tribby, *Eloquence and Experiment*, chap. 1.

☆14——Claudia Cieri Via, "Il luogo della mente e della memoria," in Wolfgang Liebenwein, *Studio. Storia e tipologia di uno spazio culturale* (Modena, 1988), p. xiv.

☆15——ペルクッシーナのサンタンドレアにあるマキアヴェッリの書斎（scrittoio）の写真は以下に掲載されている。Sebastian de Grazia, *Machiavelli in Hell* (Princeton, 1989).

☆16——Dupront, "Espace et humanisme," p. 8; Adi Ophir, "A Place of Knowledge Recreated: The Library of Michel de Montaigne," *Science in Context* 4 (1991): 163-189.

☆17——Steven Shapin, "The House of Experiment in Seventeenth-Century Engrand," *Isis* 79 (1988): 384-388; idem, "The Mind Is Its Own Place: Science and Solitude in Seventeenth-Century Engrand," *Science in Context* 4 (1991): 194. シェイピンの念頭にある規範

は、イタリアで発展した哲学的伝統にはうまく当てはまらないが、フランスとイギリスにはよく当てはまり、デカルト、パスカル、ボイル、ニュートンのような自然哲学者たちに適応される。この対照は、科学的言説のもつ文化的特異性を証明するもうひとつの論拠となる。

☆18――Chatelet-Lange, Le Museo di Vanres, *Zeitschrift für Kunstgeschichte* 38 (1975): 279-280; Franzoni, "Rimembranze d'infinite cose," in *Memoria dell'antico nell'arte italiana*, Salvatore Settis, ed. (Torino, 1984), Vol. 1, p. 333.

☆19――John Amos Comenius, *Orbis Sensualium Pictus* (London, 1659), p. 200.

☆20――Paolo Cortesi, *The Renaissance Cardinal's Ideal Palace: A Chapter from Cortesi's De Cardinalatu*, Kathleen Weil-Garris and John F. d'Amico, eds. and trans. (Roma, 1980), p. 71.

☆21――BPP, *Ms. Pal.* 1010, c. 208r, in Fragnito, *In museo e in villa*, p. 161.

☆22――Ibid., p. 13.

☆23――Giovanni della Casa, *Galateo*, Konrad Eisenbichler and Kenneth R. Bartlett, trans. (Toronto, 1990), p. 4.

☆24――Raimondi, "Le lettere di P. A. Mattioli," p. 53 (Praga, 29 Novembre 1560).

☆25――*The Civil Conservation of M. Steven Guazzo*, George Petty and Bartholomew Young, trans. (London, 1581-1584; reproduction, New York, 1925), Vol. I, p. 39. このテクストのいちばん最近の分析は以下を見よ。Giorgio Patrizi, ed., *Stefano Guazzo e la civil conversazione* (Roma, 1990).

☆26――Guazzo, *Civil Conversation*, Vol. I, p. 31.

☆27――Cortesi, *The Renaissance Cardinal's Ideal Palace*, p. 85.

☆28――Ambr., ms. D.332 inf., ff. 68-69 (Bologna, 17 Nobember 1597); BUB, *Aldrovandi*, ms. 21; Vol. IV, c 347r; CL, Vol. I, p. 403; Vol. III, pp. 1046, 1076.

☆29――*Lettere dell'ecc. Cavallara all'ecc. Girolamo Conforto* (1586), in Dario Franchini et al., *La scienza a corte*, p. 49. 強調は筆者による。

☆30――Fragnito, *In museo e in villa*, p. 174. 管見によれば、この一節はガリレオに基づくものである。コスタに関してはさらに次を見よ。Dario Franchini et al., *La scienza a corte*, esp. pp. 41-51.

☆31――この論考の各セクションは以下に再録されている。Daniello Bartoli, *Scritti*, Ezio Raimondi, ed. (Milano, 1960).

☆32――宗教と嗜み（civility）の文化との関係については以下を参照。Jacques Revel, "The Uses of Civility," in Ariès and Duby, *A History of Private Life*, III, *Passions of the Renaissance*, Roger Chartier, ed., p. 182; Carlo Ossola, *Dal "cortigiano" all' "uomo di mondo"* (Torino, 1987), p. 139.

☆33——Denise Aricò, *Il Tesauro in Europa. Studi delle tradizione della Filosofia Morale* (Bologna, 1987), p. 8. さらに同じ著者の次の研究も参照。"Retorica barocca come comportamento: buona creanza e civil conversazione," *Intersezioni* 1 (1981): 317-349.

☆34——Daniel Georg Morhof, *Polyhistor literarius, philosophicus et praticus* (Lübeck, 1747; 1688), Vo. I, p. 165.

☆35——Emanuele Tesauro, *La filosofia morale* (Venezia, 1729 ed.), p. 287.

☆36——とりわけ以下の二つの論文を参照。Manfred Beetz, "Der anstädige Gelehrte"; Emilio Bonfatti, "Vir aulicus, vir eruditus," in *Res Publica Litteraria: Die Institutionen der Gelehrsamkeit in der frühen Neuzeit* (Wiesbaden, 1987), Vol. I, pp. 155-191.

☆37——Morhof, *Polyhistor*, Vol. I, pp. 123, 151. このテクストに関する簡便な議論は次を見よ。Arpad Steiner, "A Mirror for Scholars of the Baroque," *Journal of the History of Ideas* 1 (1940): 320-334.

☆38——Ibid., Vol. I, p. 165.

☆39——*Phonurgia nova* (Campidonae, 1673), p. 112. 同じく以下のキルヒャーも参照。*Musurgia Universalis* (Roma, 1650). これらの装置に関する議論と挿図については以下を見よ。Reilly, *Athanasius Kircher*, p. 141; Godwin, *Athanasius Kircher*, pp. 70-71.

☆40——この世界に関する基本的な研究はノルベルト・エリアスのものである。Norberto Elias, *The Court Society*, Edmund Jephcott, trans. (New York, 1983) ［エリアス『宮廷社会』波田節夫他訳、法政大学出版局、一九八一年］. さらに次も参照。Maurice Magendie, *La politesse mondaine et les theories de l'honnêteté en France, au XVIIe siècle, de 1600 à 1660*, 2 vols. (Paris, 1925). 一七世紀におけるフランスとイタリアの科学文化の比較についてはマリオ・ビアジョーリの次の研究を見よ。Mario Biagioli, "Scientific Revolution, Social Bricolage and Etiquette." さらにジェイ・トリビーの近著も参照。

☆41——Boccone, *Recherches et observations naturelles sur la production de plusieuts pierres* (Paris, 1671), p. 97.

☆42——Ibid., p. 110.

☆43——旧体制（アンシャン・レジーム）下における蒐集の役割については以下を参照。Antoine Schnapper, "The King of France as Collector in the Seventeenth Century," *Journal of Interdisciplinary History* 17 (1986): 185-202; idem, *Le géant, la licorne, la tulip: Collections francaises au XVIIe siècle. I. Histoire et histoire naturelle* (Paris, 1988); Pomian, *Collectors and Curiosities.*

☆44——BUB, *Aldrovandi*, ms. 34, Vol. I, c. 6r.

☆45——Franzoni, "Rimembranze d'infinite cose," p. 358.

☆46——BMV, *Archivio Morelliano*, ms. 103 (= *Marciana* 12609), f. 29.

☆47——Incisa della Rocchetta, "Il museo di curiosità del card. Flavio Chigi," p. 141.

☆48――Umberto Tergolina-Gislanzoni-Brasco, "Francesco Calzolari speziali veronese," *Bolletino storico italiano del'arte sanitaria* 33, f. 6 (1934): 15.

☆49――Benedetto Coturgli, *Della mercatura e del mercato perfetto* (1573), p. 86, in Franzoni, "Rimembranze d'infinite cose," p. 307. デュ・カンジュによる書斎（studiolum）の定義――「研究のおこなわれる小部屋、博物室、小教室。実験のための小室、すなわち小博物館、文庫を、われわれは書斎と呼ぶ」――もまた、寝室に隣接してミュージアムが置かれたいくつかの例を示している。Du Cange, *Glossarium Mediae et Infimae Latinitatis*, Vol. VI, p. 395.

☆50――Cortesi, *The Renaissance Cardinal's Ideal Palace*, p. 85.

☆51――Girolamo Cardano, *Sul sonno e sul sognare*, Mauro Mancia e Agnese Grieco, ed., Silvia Montiglio e Agnese Grieco, trad. (Venezia, 1989).

☆52――Fulco, "Il museo dei fratelli Della Porta," p. 26 (item 61). 一七世紀のフランスで発展したキャビネットは、主寝室の奥にあるクローゼットという意味を言外にもっていた。

☆53――Dionisotti, "La galleria degli uomini illustri," p. 452. この主題に関するもっと広範な概観については以下を見よ。Orest Ranum, "The Refuges of Intimacy," in Ariès and Duby, *A History of Private Life*, Vol. III, pp. 207-263.

☆54――Leon Battista Alberti, *The Books on Architecture*, James Leoni, trans. (1715), Joseph Ryckwert, ed. (London, 1965), vol. 17, p. 107［レオン・バッティスタ・アルベルティ『建築論』相川浩訳、中央公論美術出版、一九八二年］. 小プリニウスがラウレンティウムにあった自分の別荘を記述しているところによると、図書室＝書斎は寝室の近くにあった（*Epist*. II. 17）。

☆55――Leon Battista Alberti, *The Family in Renaissance Florence*, Renée Neu Watkins, ed. and trans. (Columbia, SC, 1969), p. 209. この一節はリーベンヴァインの研究でも議論されている。Liebenwein, *Studiolo*, pp. 41-42.

☆56――Elias, *The Court Society*, p. 49.

☆57――C. M. Brown, "'Lo insaciabilie desiderio nostro di cose antique': New Documents on Isabella d'Este's Collection of Antiquities," in *Cultural Aspects of the Italian Renaissance*, Cecil H. Clough, ed. (New York, 1976), pp. 324-353. スウェーデンのクリスティーナについては次を見よ。Gilbert Burnet, *Some Letters Containing an Account of what seemed most Remarkable in Travelling through Switzerland, Italy, Some Parts of Germany, & c. In The Year 1685 and 1686* (London, 1689), p. 244.

☆58――Jean Bethke Elshtain, *Public Man, Private Woman: Women in Social and Political Thought* (Princeton, 1981), pp. 3-16.

☆59――カストルにあったピエール・ボレルのミュージアムの銘は以下のごとくであった。「この場所（好奇心をそそる場所）で立ち止まれ。なぜなら、汝はここで家中にひとつの世界を、つまり博物室を所有しているのだから。それは、珍しいすべてのものを要約した小宇宙である」。*Catalogue des choses rares de Maistre Pierre Borel*, in *Lea Antiquitez, Raretz, Plantes, Minereaux, & autres choses considerables de la Ville, & Comte de Castres d'Albigeois* (Castres, 1649), p. 132.

☆60——Forli, Bobliotheca Comunale, *Autografi Piancastelli*, vol. 51, c. 486r (15 June 1595). 「ジョヴァン・コルネリオ」とは、ヨーハン・コルネリウス・ウターヴェルのことである。

☆61——BUB, *Aldrovandi*, ms. 43, Vol. X, c. 284r.

☆62——リナ・ボルツォーニもルチアーノ・ベルティもともに「書斎」が両義的なあり方をしていたという点で見解を一にしている。 Bolzoni, "L'invenzione dello stanzino," p. 264; Berti, *Il Principe dello studiolo*, p. 83.

☆63——Sir Robert Dallington, *Survay of the Great State of Tuscany. In the yeare of our Lord 1596* (London, 1605), p. 24.

☆64——ウフィツィ美術館の変貌についてはさらに次を見よ。 Paola Barocchi e Giovanna Ragionieri, ed., *Gli Uffizi. Quattro secoli di una galleria* (Firenze, 1983), 2 voll.

☆65——Andreas Libavius, *Commentarium ... pars prima* (1606), Vol. I, p. 92, in Owen Hannaway, "Laboratory Design and the Aim of Science: Andreas Libavius and Tycho Brahe," *Isis* 77 (1986): 599. デュ・カンジュを引用しつつハナウェイが指摘しているように、'laboratorium'という語は、古典古代よりのちの用語で、おそらくは修道院に起源をもつが、ミュージアムの拡張と平行して、一六世紀以降、いっそう近代的な内包を発展させてきた（p. 585）。秘密と公開の対立という問題については次を参照。 William Eamon, "From the Secrets of Nature to Public Knowledge: The Origins of the Concept of Openness in Science," *Minerva* 23 (1985): 321-347.

☆66——Wolfram Prinz, *Galleria. Storia e tipologia di uno spazio architettonico*, Claudia Cieri Via, ed. (Modena, 1988), p. vii; Nencioni, "La galleria delle lingue," in Barocchi, *Gli Uffizi*, Vol. I, p. 17. ディオニソッティ、フランツォーニ、ネンチョーニ、プリンツの各研究者は、一六世紀の末に「ガッレリーア」（galleria）という言葉が蒐集の用語としてフランスから導入されたことで、ミュージアムの新しい空間的枠組みにも変化の兆しが見られるようになった点を指摘している。たとえば当時のある記述によると、ミュージアムは「散策の場」（un luogo passaggiare）と対応する。 Franzoni, "Rimembranze d'infinite cose," p. 335. チェッリーニは自伝の中で、「ガッレリーア」を「開廊」（loggia）あるいは「通廊」（androne）と呼んでいる。 Dionisotti, "La galleria degli uomini illustri," p. 449. リチャード・セネットは自書において、「公的」（public）を動きとして、つまり、文字どおりそこを通り抜ける空間として定義している。この定義はたしかに、ギャラリーの歴史的発展とも対応するものである。 Richard Sennett, *The Fall of Public Man*, p. 14 ［リチャード・セネット『公共性の喪失』北山克彦・高階悟訳、晶文社、一九九一年］.

☆67——Gerard Lebrot, *Baroni in città. Residenze e comportamenti dell'aristocrazia napoletana 1530-1714* (Napoli, 1979), p. 11.

☆68——Vincenzo Scamozzi, *Dell'Idea dell'architettura universale* (Venezia, 1615), in Liebenwein, *Studiolo*, p. 305 (n. 248).

☆69——BUB, *Aldrovandi*, ms. 25, c. 304r (8 Aprile 1574).

☆70——この有名な詩句は、数多くの学者によって議論されてきた。とりわけ以下を参照。Liewenwein, *Studiolo*, p. 135; Nencioni, "La galleria delle lingue," pp. 18-19; Lina Bolzoni, "Teatro, pittura e fisiognomica nell'arte della memoria di Givan Battista Della Porta," *Intersezioni* 8 (1988): 486.

☆71——Legati, *Museo Cospiano*, p. 111; Liebenwein, *Studiolo*, p. 134.

☆72——Ovidio Montalbani, *Curae analyticae* (Bologna, 1671), pp. 5, 15. 縮小辞の使用は、ミュージアムのもつ小宇宙のような可能性——世界の縮図——と戯れる言葉の工夫で、ほかのテクストにも同様に登場する。たとえばジョヴァン・バッティスタ・カヴァッツァーラは、マントヴァの医師フィリッポ・コスタのコレクションを「小書斎」(Studiolino) と呼んでいる。"Lettera dell'eccell.mo Cavallara," in *Discorsi di M. Filippo Costa* (Mantova, 2a ed., 1586), sig. Ee. 3v.

☆73——読書の身振りについては以下を参照。Peter Burk, "The Language of Gesture in Early Modern Italy"; Joneathe Spicer, "The Renaissance Elbow," in *A Cultural History of Gestures*, Jan Bremmer and Herman Roodenburg, eds. (Ithaca, NY, 1991), pp. 171-128.

☆74——Camillo, *Opere* (Venezia, 1560), Vol. I, pp. 66-67.

☆75——この口絵とコレクションについては、以下に詳細な分析がある。Tribby, "Body / Building."

☆76——Patricia Waddy, *Seventeenth-Century Roman Palaces: Use and the Art of Plan* (Cambridge, MA, 1990), p. 59. ここで彼女はとりわけ彫刻と絵画のギャラリーについて論じているが、その論点はもっと広く適用できるように思われる。

☆77——このタイプの編成は、ボローニャの市庁舎の「行政長官」の区画に顕著である(ミュージアム・プラン5)。とはいえ、寝室の奥の部屋は「ガッレリーア」で、たしかにこれらの部屋の公的な正確を反映している。

☆78——Waddy, *Seventeenth-Century Roman Palaces*, pp. 3-10.

☆79——E. S. de Beer, ed., *The Diary of John Evelyn* (Oxford, 1955), Vol. II, p. 330.

☆80——Lebrot, *Baroni in città*.

☆81——不幸なことにも、アルドロヴァンディの生前のミュージアムの編成に関しては、ほとんど記録は残っていない。次の二つの資料からかすかに手掛かりが得られるだけである。ひとつは、弟のテセオに送った手紙で、一五七六年のカテリーナ・コルナーロの表敬訪問のことが記されている (BUB, *Aldrovandi*, ms. 35, cc. 203v-204r [164v-165r])。もうひとつは、ポンペオ・ヴィッツィアーノからサヴォイに向けられた一六〇四年の報告である（BCAB. B. 164, ff. 301-302r）。

☆82——BUB, Cod. 394 (408), Busta VI, f. II; Cod. 559 (770), XXI, f. 406.

☆83——John Ray, *Travels through the Low Countries, Germany, Italy and France, With curious observations* (London, 1738), Vol. I, p. 200.

☆84——当時のボローニャの政治構造に関する唯一の全般的な議論は、なお以下のものが有効。Paolo Colliva, "Bologna dal XIV al XVIII secolo: 'governo misto' o signoria senatoria," in *Storia della Emilia Romagna*, Aldo Berselli, ed. (Bologna, 1977), pp. 13-34.

☆85——ASB, *Assunteria di Studio. Diversorum*. 10, n. 6 (*Carte relative allo Studio Aldrovandi*); Ferdinando Rodoriguez, "Il Museo Aldrovandiano della Biblioteca Universitaria," *Archiginnasio* 49 (1954-1955): 207.

☆86——レガーティは自著『コスピのミュージアム』（*Museo Cospiano*）の序文でこのように記述している。

☆87——William Bromley, *Remarks Made in Travels Through France and Italy* (London, 1693), pp. 122-124; Ray, *Travels*, Vol. I, p. 200; Skippon, *An Account of a Jouney*, pp. 572-573.

☆88——Fantuzzi, pp. 76, 84.

☆89——Roberta Rezzi, "Il Kircheriano, da museo d'arte e di meraviglie a museo archeologico," in *Casciato*, pp. 296-300. さらにレッツィは、ギャラリーに関するボナンニの記述から得られる要点をまとめ、ローマ神学校のミュージアムの位置を再構成する一連の興味深い試みを提示している。

☆90——*A Tour in France and Italy made by an English Gentleman, 1675*, in *A Collection of Voyages and Travels* (London, 1745), Vol. I, p. 428.

☆91——Gian Paolo Brizzi, "Caratteri ed evoluzione del teatro di collegio italiano (secc. XVII-XVIII)," in Mario Rosa, ed., *Cattolicesimo e lumi nel Settecento italiano* (Roma, 1981), pp. 177-204.

☆92——ARSI, *Rom. Historia* (1704-1729), 138, XVI, f. 174v.

☆93——Benzoni, *Gli affari della cultura*, p. 25.

☆94——「実験の闘」というイメージは、スティーヴン・シェイピンによってその論考「実験の家」の中で導入された（pp. 374ff）。「知識の闘」はどこにあったのかと問うことで、私はその問題をさらに拡張させたいと思う。

☆95——Johann Georg Keysler, *Travels through Germany, Bohemia, Hungary, Switzerland, Italy and Lorrain*, English trans. (London, 1760), Vol. III, p. 259.

☆96——二通の手紙は以下に見られる。UBE, *Briefsammlung Trew*, Calzolari, 4 ; Imperato, 10. また二通とも以下に再録されている。

Giuseppe Olmi, “Molti amici in varii luoghi: studio della natura e rapporti epistolari nel secolo XVI,” *Nuncius* 6 (1991): 13.

☆97——Raimondi, “Le lettere di P. A. Mattioli,” p. 38 (Plaga, 29 Gennaio 1558).

☆98——BAV, *Vat. lat*. 6192, Vol. II, f. 657r (Bologna, 23 Luglio 1557).

☆99——PUG, *Kircher*, ms. 560 (VI), f. 111 (Roma, 23 Ottobre 1671), in Rivosecchi, *Esotismo in Roma barocca*, p. 141.

☆100——全般的な概観は次を見よ。Guy Fitch Lytle, “Friendship and Patronage in Renaissance Europe,” in *Patronage, Art and Society in Renaissance Italy*, F. E. Kent and Patricia Simons, eds. (Oxford, 1987), pp. 47-62.

☆101——Raimondi, “Le lettere di P. A. Mattioli,” p. 27 (Goritia, 19 Settembre 1554).

☆102——Ronald F. E. Weisman, *Ritual Brotherhood in Renaissance Florence* (New York, 1982), p. 27. 友情と、個人的空間への接近については、この文献の三二ページ以下を見よ。

☆103——Guazzo, *Civil Conversation*, Vo. II, p. 114.

☆104——Richard C. Trexler, *Public Life in Renaissance Florence* (Ithaca, NY, 1991, 1980), p. 139.

☆105——Raimondi, “Lettere di P. A. Mattioli,” p. 51 (Praga, 16 Settembre 1560).

☆106——*The Works of the Honourable Robert Boyle*, Vol. VI, p. 299, in Pighetti, *L’influsso scientifico di Robert Boyle*, p. 95.

☆107——BNF, *Magl*. VIII. 496, f.4v (Roma, 11 Agosto 1678).

☆108——Jacob Spon, *Voyage d’Italie, de Dalmatie, de Grece, et du Lévant, fait aux années 1675 & 1676* (Den Haag, 1724 ed.), Vol. I, p. 26.

☆109——André Robinet, *G. W. Leibniz Iter Italicum (Mars 1689-Mars 1690). La dynamique de la Republique des lettres. Nombreux textes inédits*, Studia dell’Academia Toscana di Scienze e Lettere La Colombaria, (Firenze, 1987), Vol. 90, p. 309 (31 Dicembre 1689).

☆110——イタリアへの旅行者の役割については次を見よ。Peter Burke , *The Historical Anthropology of Early Modern Italy* (Cambridge, U.K., 1987). 初期近世のイタリアへの案内書は以下の本で包括的に目録化され分析されている。Ludwig Schudt, *Italienreisen im 17. und 18. Jahrhundert* (Wien, 1959). 旅行についてのもっと理論的な議論は、次を参照。Georges Van Den Abbeele, *Travels as Metaphor from Montaigne to Resseau* (Minneapolis, 1992).

☆111——Sir Andrew Balfour, *Letters Write to a Friend,...Containing Excellent Direction and Advices For Travelling thro' France and Italy* (Edinburgh, 1700), pp. 96, 230-231.

☆112——Ray, *Travels*, Vol. I, p. 220; Skippon, *An Account of a Journey*, p. 572.

☆113——Ray, *Op. laud*., Vol. i, p. 200, in Murray, *Museum*, Vol. I, pp. 80-81.

☆114——この主題についてはさらに次を参照。Pighetti, *L’influsso scientifico di Robert Boyle*. さらに、ボイルとイギリスの紳士的言説に関するスティーヴン・シェンピンの近著『真実の社会史』（*The Social History of Truth*）を参照。

☆115――Burnet, *Some Letters*, p. 244.

☆116――BUB, *Aldrovandi*, ms. 38 (2), Voi. II, c. 37 (Modena, 12 Ottobre 1561).

☆117――この一節は、スティーヴン・シェイピンが「学者と紳士」という題の論文で論じている学者と紳士のイメージと見事に重なりあう。明らかに、強力な連帯をつくりだすうえで、イタリア紳士の医師たちはイギリス紳士の学者たちよりはるかに成功を博した。

☆118――BUB, *Aldrovandi*, ms. 38 (2), Vol. II, c. 106; Vol. III, c. 121r; Vol. IV, c. 212r.

☆119――Gassandi, *The Mirrour of True Nobility and Gentility*, Vol I, p. 25; Vol. II, p. 41.

☆120――Reilly, *Athanasius Kircher*, pp. 148-149.

☆121――W・クリスティー神父からアンドリュー・レスリー神父への手紙（Paris, 20 Gennaio 1652）は次を参照。Edward Chaney, *The Grand Tour and the Great Rebellion: Richard Lassels and The Voyage of Italy in the Seventeenth Century*, Biblioteca del viaggio in Italia (Genova, 1985), Vol. 9, p. 104.

☆122――Nicolaus Steno, *Epistolae et epistolae ad eum datum*, Gustav Scherz, ed. (Hafniae, 1952), Vol. I, p. 208 (Innsbruck, 12 Maius 1669).

☆123――Lassels, *The Voyage of Italy*, Vol. I, sig. f.r, pp. 4, 217.

☆124――Tesauro, *La filosofia morale*, pp. 276-277.

☆125――私はこれを、ボローニャにあったイエズス会の神学校の一六四〇年の規則から直接に引いている。これは以下で公刊されている。Brizzi, *La formazione della classe dirigente*, p. 238.

☆126――ゲスナーの『友人録』（*Liber amicorum*）は、国立医学図書館に所蔵されている。その内容については次の論文で議論されている。Richard J. Durling, “Conrad Gesner’s *Liber amicorum* 1555-1565,” *Gesnerus* 22 (1965): 134-157.

☆127――Giambattista Pastori, *Orazione funebre* (1668), in Folgari, “Il Museo Settala,” p. 91.

☆128――Gassendi, *The Mirrour of True Nobility*, Vo. II, p. 41.

☆129――Arthur MacGregor, “Collectors and Collections of Rarities in the Sixteenth and Seventeenth Centuries,” in *Tradescant’s Rarities*, MacGregor, ed., p. 80.

☆130――BUB, *Aldrovandi*, mss. 41 and 110.

☆131――BCAB, B. 164, f. 301r (Pompeo Vizano, *Del museo del S.r Dottore Aldrovandi*, 21 Aprile 1604).

☆132――BUB, *Aldrovandi*, ms. 41, c. 2r (*Liber in quo viri nobilitate, honore et virtute insignes, viso musaeo quod Excellentissimus Ulyssis*

Aldrovandus Illustriss. Senatui Bononiensi dono dedit, propri nomina ad perpetuam rei memoria scribunt)。とはいえ、一五六六年の登録——暗示的なことに第一番目の署名はガブリエーレ・パレオッティである——を皮切りに、この著作はアルドロヴァンディの生前からはじまり、一六四四年三月まで続く。

☆133——「卓越した医師、ヨアヒム・カメラリウス博士、さまざまな自然の事物、とりわけ植物についての多くの著書を執筆した」。

☆134——登録の見本は次を見よ。Alessandro Tosi, ed., *Ulisse Aldrovandi e la Toscana* (Firenze, 1989), pp. 439-442.

☆135——ここで私は、実験室の技師に関するスティーヴン・シェイピンのいくつかの指摘を反復している。Steven Shapin, "The Invisible Technician," *American Scientist* 77 (1989): 554-563.

☆136——BUB, *Aldrovandi*, ms. 35, cc. 203v (Bologna, 29 Maggio 1576).

☆137——PUG, *Kircher*, ms. 556 (VII), f. 40; Villoslada, *Storia del Collegio Romano*, pp. 276-277. キルヒャーは続いてその著『忘我の旅』(*Iter Exstaticum*)をクリスティーナに献呈した。同時代人たちがクリスティーナをどう見ていたかは明らかではない。たしかに、批判者たちの眼には、彼女のジェンダーは、疑わしくはないとしても、あいまいに映った。しかし、科学サロンを組織したり、文芸界の人々が訪れる図書館を設立したり、チャンピーニの物理・数学アカデミーを保護したりというクリスティーナの成功は、アカデミア・デイ・リンチェイの時代における学識ある女性への態度からの変化を予兆していた。かつては、アカデミーやミュージアムの科学文化に公式に女性が参加することはなかったのである。こうした状況についてはさらに次を参照。Susanna Åkerman, *Queen Christina of Sweden and Her Circle: The Transformation of a Seventeenth-Century Philosophical Libertine* (Leiden, 1991).

☆138——女性との会話については以下を見よ。Guazzo, *Civil Conversation*, Vol. I, pp. 231-249.

☆139——Lombardo, *With the Eyes of a Lynx*, pp. 42-43. 私はまた、リチャード・ロンバルドの次の未完の論文にも負っている("Representing the Accademia dei Lincei: The Luca Valerio Affair")。この一般的主題についてはさらに次を参照。David F. Noble, *A World Without Women: The Christian Clerical Culture of Western Science* (New York, 1992).

☆140——別の文脈では次を参照。Jed, "Making History Straight: Collecting and Recording in Sixteenth-Century Italy," in Jonathan Crew, ed., *Reconfiguring the Renaissance: Essays in Critical Materialism*, Bucknell Review, vol 35, no. 2 (Lewisburg, PA, 1992), pp. 104-120.

☆141——Margaret King, *Women of the Renaissance* (Chicago, 1992), pp. 194-198ff.

☆142——Paolo Boccone, "Indice delle Materie, delle Osservazioni Naturali, e de' Cavalieri, Letterati, a' quali sono indirizzate, e dedicate,"

Osservazione naturali (Bologna, 1684). 二六通の手紙のうち、一〇通は貴族と領主（signoli）に、六通は伯爵と評議会議員に、二通が侯爵（marchesi）に、それぞれ一通ずつ法律家と聖堂参事会議員に宛てられている。残りの六通だけが、自然に対して「専門的な」興味を抱く人たち、つまり四人の医学の教師と一人の数学の教師、そして一人の首席医師（protomedico）に宛てられている。

☆143——Fantuzzi, p. 84.

☆144——Gassendi, *The Mirrour of True Nobility and Gentility*, Vol. II, p. 176.

☆145——Ken Arnold, *Cabinets for the Curious: Practicing Science in Early Modern English Museums* (Ph.D.dess., Princeton University, 1991).

☆146——Peter Dear, "Totius in verba: Rhetoric and Authority in the Early Royal Society," *Isis* 76 (1895): 145-161; Steven Shapin and Simon Schaffer, *Leviathan and the Air-Pump: Hobbes, Boyle and the Experimental Life* (Princeton, 1985). 私はすでにこの章の前半において、シェイピンの最近の論文から多くを引用した。

☆147——Zacharias Conrad von Uffenbach, *Oxford in 1710*, W. H. Quarrell and W. J. C. Quarrell, eds. (Oxford, 1928), pp. 2-3, 24, 31; Martin Welch, "The Foundation of the Ashmolean Museum" and "The Ashmolean as Described by its Earliest Visitors," in *Tradescant's Rarities*, MacGregor, ed., pp. 41-69.「公共」のミュージアムの原型としてのアシュモリアンというイメージは、当時の記述の中でこの「公共の」という言葉が強調されていることにも良くあらわれている。ボレルは、一六四九年のミュージアムリストで、もともとオックスフォードにあったトラデイスカントのコレクションを「公共のキャビネット」として抜擢しているが、これが一六八三年にアシュモールのもとに統合されるものの前身である。シュヴァリエ・ド・ジョクールは、「知識のさまざまな分野の発展と完成のために大学が設立した」ミュージアムと呼んでいる（"Musée," *Encyclopédie*, Vol. X, p. 894）。クルスカ・アカデミーがアルドロヴァンディに言及したように、『オックスフード英語辞典』（*OED*, Vol. VI, p. 781）の 'museum' の項目では、イギリスにおけるこの語の使用をかたちづくった点で、アシュモリアン・ミュージアムの規範的な役割が強調されている。

☆148——Zacharias Conrad von Uffenbach, *London in 1710*, W. H. Quarrell and Margaret Mare, trans. (London, 1934), p. 98.

☆149——Valentini, *Museum museorum oder der allgemeiner Kunst- und Naturalien Kammer* (Frankfurt, 1714), sig. xx2r.

☆150——Cochrane, *Florence in the Forgotten Centuries*, p. 255.

☆151——BNF, *Ms. Gal*. 278, pp. 145r-146r, in W. E. Knoeles Middleton, ed. and trans. *Lorenzo Magalotti at the Court of Charles II. His Rerazione d'Inghiliterra of 1668* (Waterloo, Ontario, 1980). トラデイスカントと王立協会のコレクションに関する議論は、

このミドルトンの研究の一四〇ページに見ることができる。

☆152——Ibid., p. 62.

☆153——Ibid., p. 140.

第4章　科学の巡礼

☆1——Erasmus, "The Godly Feast", in *The Colloquies of Erasmus*, Craig R. Thompson, trans. (Chicago, 1965), p. 48. ロクス・アモエヌス（心地よき地［locus amoenus］）のイメージは、人文主義的な探求においてはとりわけ重要なものである。ロクス・アモエヌスとみなされた場所は、一種の哲学的思索を促し、これが知識へと通じていった。

☆2——Carlo Ossola, *Autunno del Rinascimento: "Idea del Tempio" dell'arte nell'ultimo Cinquecento* (Firenze, 1971), pp. 243-263; Fragnito, *In museo e in villa*, pp. 174-175.

☆3——Richard Palmer, "Medical Botany in Northern Italy in the Renaissance", *Journal of the Royal Society of Medicine* 78 (1985): 154; Anthony Grafton, "Rhetoric, Philology and Egyptomania in the 1570s: J. J. Scaliger's Invective against M. Guilandinus's *Papyrus*," *Journal of the Warburg and Courtauld Institutes* 42 (1979): 167-194. 北欧における人文主義と博物学の比較研究については以下を参照。Peter Dilg, "*Studia humanitatis et res herbaria*: Euricius Cordus als Humanist und Botaniker," *Rete* 1 (1971): 71-85.

☆4——*Lettera di M. Francesco Calzolari spetiale* (Cremona, 1565), sig. Cr; "la cognitione de' semplici non più haversi dal legger libri, quando insieme non vi sia conguinta la sperienza de gli occhi stessi..."

☆5——Aldrovandi, *Discorso*, p. 180.

☆6——Daston, "Baconian Facts"; idem, "The Factural Sensibility", *Isis* 79 (1989): 452-470.

☆7——以下に収録。Edward Lee Greene, *Landmarks of Botanical History*, Frank N. Egreton , ed. (Stanford, 1983), Vol. II, p. 543.

☆8——以下に収録。Dannenfeldt, *Leonhard Raulwolf*, p. 31.

☆9——Raimondi, "Lettere di P. A. Mattioli," p. 23.

☆10——Jerome Turler, *The Traveiller* (London, 1575), p. 33.

☆11——Girolamo Cardano, *The Book of My Life*, Jean Stoner, trans. (New York, 1962, 1930), p. 101.

☆12——Aldrovandi, *Discorso naturale*, p. 216. ガレノスに関するその他の言及は以下に含まれている。Balfour, *Letters*, ii; Bartholin, *On Medical Travel*, p. 49; Dannenfeldt, *Leonhard Rauwolf*, p. 4; Raimondi, "Lettere di P. A. Mattioli," p. 28. 古代人の模倣に関しては次の文献で論じられている。Reeds, "Renaissance Humanism and Botany," pp. 524-528.

☆13——人文主義と旅行の関係については、以下を参照。Jonathan Haynes, *The Humanist as Traveler: George Sandy's Relation of a Journey begun An. Dom. 1610* (Rutherford, NJ, 1986).

☆14——Bartholin, *On Medical Travel*, pp. vi, 47. 以下に続く引用は、同書の四七ページと五〇ページから。

☆15——Holgar Jacobaeus, *Museum Regium, seu catalogus rerum tam naturalium quam artificialium* (Hafnia, 1696).

☆16——"Elogio di P. Philippo Buonanni," *Giornale de' letterati d'Italia* 37 (1725): 365-366.

☆17——BUB, Aldrovandi, ms. 21, Vol. IV, c. 91r.

☆18——Anguillara, *Semplici*, p. 15, in Greene, *Landmarks of Botanical History*, Vol. II, p. 734.

☆19——Emilio Chiovenda, "Francesco Petrollini botanico del secolo XVI," *Annali di botanica* 7 (1909): 443.

☆20——以下の引用は次の資料から。Aldrovandi, *Vita*, pp. 6-8.

☆21——Kircher, *Vita admodum P. Athanasii Kircher Societatis Iesu Viri toto orbe celebratissimi* (Augsburg, 1684), pp. 46-47.

☆22——Aldrovandi, *Vita*, p. 9.

☆23——Raimondi, "Lettere di P. A. Mattioli," p. 28.

☆24——キルヒャーの願いは受け入れられず、同僚のドイツ人イエズス会士アダム・シャールに宣教師の役が与えられた。シャールはのちに中国皇帝つきの天文学者兼顧問の職についている。

☆25——この法則があてはまらない例としてセッターラを挙げることができる。彼は一六二〇年代に七年の歳月を旅行に費やし、とくにレヴァント地方を重点的に回っている。旅行範囲が広大な領域に及んだにもかかわらず、彼もまた、若かりしころの冒険旅行という人生パターンにあてはめて考えることができる。

☆26——Kircher, *Historia Eustachio-Mariana* (Roma, 1665); idem, Vita, p. 63. この出来事については以下の文献に述べられている。Godwin, *Athanasius Kircher*, pp. 13-14.

☆27——Bartholin, *On Medical Travel*, p. 57. エルナンデス（Hernandez）に関しては以下を見よ。David Goodman, *Power and Penury: Government, Technology and Science in Philip II's Spain* (Cambridge, 1988), pp. 22-29. ラウヴォルフ（Rauwolf）およびレヴァント地方へ出かけていったその他の旅行家たちについては以下を見よ。Dannenfeldt, *Leonhard Rauwolf*.

☆28——Oreste Mattirolo, *L'opera botanica di Ulisse Aldrovandi (1549-1605)* (Bologna, 1897), pp. 64, 90-91; A. Baldacci and P. A. Saccardo, "Onorio Belli e Prospero Alpino e la Flora dell'isola di Creta," *Malpighia* 14 (1900): 143; Tergolina-Gislanzoni-Brasco, "Francesco Calzolari," p. 10.

☆29——F. Ambrosi, "Di Pietro Andrea Mattioli e del suo soggiorno nel Trento," *Archivo Trentino* 1 (1882): 49-61; Palmer, "Medical botany in Northern Italy," p. 152.

☆30——以下を見よ。Prospero Alpino, *De medicina Aegyptiorum* (Venezia, 1591) ; *De plantis Aegypti* (Venezia, 1592).

☆31——Kircher, *China Illustrata*, Charles D. Van Tuyl, trans. (Muskegee, OK, 1987), p. iv.

☆32——これらの興味深い議論をめぐる主要な研究は以下を見よ。Lynn Thorndike, "The Attack on Pliny," in his *A History of Magic and Experimental Science*, Vol. IV, pp. 593-610; Castiglioni, "The School of Ferrara and the Controversy on Pliny"; Karen Reeds, "Renaissance Humanism and Botany," pp. 523-525; Charles G. Nauert, Jr., "Humanists, Scientists and Pliny: Changing Approaches to a Classical Author," *American Historical Review* 84 (1979): 72-85.

☆33——以下に収録。Green, *Landmarks of Botanical History*, Vol. II, p. 551. ただし訳文には適宜変更を加えた。

☆34——Ibid., p. 709; Agnes Arber, Herbals, *Their Origin and Evolution* (Cambridge, 1986, 1912), pp. 138-143.

☆35——Mattirolo, *L'opera botanica di Ulisse Aldrovaidi*, pp. 90-91; Raimondi, "Lettere di P. A. Mattioli," pp. 32-33.

☆36——チーボについてのさらなる研究は以下を見よ。E. Celani, "Sopra un Erbaio di Gherardo Cibo conservato nella R. Biblioteca Angelica di Roma," *Malpighia* 16 (1902): 181-226; *Gherardo Cibo* alias "Ulisse Severino da Cingoli" (Firenze, 1989); Lucia Tongiorgi Tomasi, "Gherardo Cibo: Visions of Landscape and the Botanical Sciences in a Sixteenth-Century Artist," *Journal of Garden History* 9 (1989): 199-216.

☆37——以下の議論は、ルチーア・トンジョルジ・トマージの論文（"Gherardo Cibo"）に全面的に拠ったものである。同論文において女史は、チーボが作成した図譜の多くに、植物採集家の姿がくりかえし描かれている点に着目し、これらをチーボが発展させた「肖像画」であると論じている。きわめて興味深い指摘である（pp. 202-205）。

☆38——この発言が記されたマッティオーリの書簡は、以下に収録されている。Celani, "Sopra un Erbaio di Gherardo Cibo," p. 216.

☆39——以下に収録。Green, *Landmarks of Botanical History*, Vol. II, p. 672.

☆40——Tongiorgi Tomasi, "Gherardo Cibo," pp. 205-206.

☆41——Ibid., p. 205.

☆42——以下に収録。Green, *Landmarks of Botanical History*, Vol. II, p. 695.

☆43——Aldrovandi, *De animalibus insectis libri septum* (Bologna 1602). 以下に収録。Willy Ley, *Dawn of Zoology* (Englewood Cliffs, NJ, 1968), p. 158.

☆44——以下を見よ。Shapin, "Invisible Technician."

☆45——このフレーズは、以下の著作から採ったものである。Mikhail Bakhtin, *Rabelais and His World*, Helene Iswolsky, trans.

(Bloomington, IN, 1984), p. 465. [『フランソワ・ラブレーの作品と中世ルネサンスの民衆文化』、川端香男里訳、四〇七ページ、せりか書房、一九七四年]。

☆46——Prospero Borgacci, *La fabrica de gli speziali* (Venezia, 1567), p. 183, in Palmer, "Medical Botany in Northern Italy," p. 149.

☆47——BUB, *Aldrovandi*, ms. 143, Vol. III, c. 127v.

☆48——BUB, *Aldrovandi*, ms. 136, Vol. VIII, c. 183r.

☆49——Bakhtin, *Rabelais and His World*, pp. 456-457. [前掲書、川端香男里訳、四〇一ページ]。この点に関する、そのほかの興味深い研究としては以下のものがある。Roy Porter, "The Language of Quackery in England 1660-1800," in *The Social History of Language*, Peter Burke and Roy Porter, eds. (Cambridge, 1987), pp. 73-103.

☆50——Ambr., ms. S.85 sup, c. 250r, in Fragnito, *In museo e in villa*, p. 197.

☆51——BUB, Cod. 526 (688), c. 1r; BUB, Aldrovandi, ms. 136, Vol. XIX, c. 154r.

☆52——BUB, ms. 136, Vol. XVI, c. 214.

☆53——この点は、マルコ・フェッラーリが、初期近代の文化における「秘密の書」の位置づけを論じるさいに指摘している。以下を参照。Marco Ferrari, "I secreti medicinali," in *Cultura popolare nell'Emilia Romagna. Medicina, erbe e magia* (Milano, 1981), p. 86.

☆54——ボローニャのアルドロヴァンディ・コレクションのうち、とくに参照した資料は手稿一三六番から一四三番にかけてである。これらのノートは年代順、地域別にまとめられており、一五六六年から一六〇一年にかけてのものが収められている。

☆55——Costanzo Felici, *Lettere a Ulisse Aldrovandi*, Giorgio Nonni, ed. (Urbino, 1982), p. 39 (Rimini, 20 Ottobre 1557).

☆56——BUB, Aldrovandi, ms. 136, Vol. X, c. 221 (Giganti a Aldrovandi, 29 Luglio 1584); Chiovenda, "Francesco Petrollini," p. 445 (13 Aprile 1553).

☆57——BUB, *Aldrovandi*, ms. 38, Vol. I, c. 225r (Venezia, 9 Maggio 1554).

☆58——Sforza Pallavicino, Del bene, pp. 346-347, in Carlo Ginzburg, "High and Low: The Theme of Forbidden Knowledge in the Sixteenth and Seventeenth Centuries," *Past and Present* 73 (1976): 37.

☆59——Bartholin, *On Medical Travel*, pp. 151-152.

☆60——Charles Webster, "Paracelsus and Demons: Science as a Synthesis of Popular Belief," in *Scienze, credenze occulte, livelli di culture*, pp. 13-14.

☆61——Bakhtin, *Rabelais and His World*, pp. 153-154.［前掲書、川端香男里訳、一三六ページ］。また次も見られたい。Peter Burke, *Popular Culture in Early Modern Europe* (New York, 1978).

☆62——BUB, *Aldrovandi*, ms. 136, Vol. XXV, c. 59r (Evangelista Quattrami a Aldrovandi, Ferrara, 20 Dicembre 1595).

☆63——Aldrovandi, *Discorso naturale*, pp. 180-181.

☆64——Vallieri, "Le 22 lettere di Bartolomeo Maranta," p. 749 (Napoli, 5 Agosto 1554).

☆65——Aldrovandi, *Vita*, pp. 28-29.

☆66——以下を見よ。René Descartes, *Treatise on Man*, Thomas Steele Hall, trans. (Cambridge, MA, 1972), pp. xii-xiii.

☆67——BUB, *Aldrovandi*, ms. 38 (2), Vol. II, c. 4 (Roma, 8 Febraio 1560).

☆68——BUB, *Aldrovandi*, ms. 38 (2), Vol. III, c. 2r (Bologna, 7 Settembre 1558).

☆69——BUB, *Aldrovandi*, ms. 136, Vol. IX, c. 5v (Genova, 22 Febbraio 1579); c. 129r (n.d.).

☆70——BUB, *Aldrovandi*, ms. 136, Vol. XII, c. 2r (Rimini, 9 Settembre 1586); ms. 136, Vol. XI, c. 94v (1585-1586); ms. 136, Vol. IX, cc. 3v-4 (Anguisciola to Aldrovandi, Piacenza, 9 Luglio 1579).

☆71——Olidi, *De reconditis et praecipius collectaneis*, sig. +3r. (9 Aprile 1581).

☆72——BUB, *Aldrovandi*, ms. 137, Vol. I, c. 34r (n.d.).

☆73——BUB, *Aldrovandi*, ms. 38 (2), Vol. II, c. 19 (Ferrara, 23 Aprile 1559).

☆74——Aldrovandi, *Discorso naturale*, p. 194.

☆75——Raimondi, "Letter di P. A. Mattioli," p. 32 (Ratisbona, 19 Gennaio 1557).

☆76——Fioravanti, *Dello specchio di scientia universale* (Venezia, 1564), p. 38r.

☆77——William Eamon, "Books of Secrets in Medieval and Early Modern Europe," *Sudhoffs Archiv* 69 (1985): 43-44; idem, "Science and Popular Culture in Sixteenth-Century Italy," *Sixteenth Century Journal* 16 (1985): 478, 480. アルドロヴァンディもまた、複数の蒸留抽出師との交流があったことが、次の資料にざっと目を通しただけでもうかがわれる。BUB, *Aldrovandi*, ms. 38 (2).

☆78——Bartholin, *On Medical Travel*, p. 58.

☆79——BUB, *Aldrovandi*, ms. 76, c. 8v (Genova, 20 Novembre 1598).

☆80——Anguillara, *Semplici*, p. 39; Psuedo-Falloppius, *Secreti diversi et miracolosi* (Venezia, 1563), p. 6r.

☆81——Reeds, "Renaissance Humanism and Botany," p. 528.

☆82——Ray, *Travels*, p. 187; Balfour, *Letters*, p. 235.

☆83——ポーナのミュージアムについては、次の彼の著作を見よ。*Index multarum rerum quae repositorio suo [Johannis Ponae] adservantur* (Verona, 1601).

☆84——Tergolina-Gislanzoni-Brasco, "Francesco Calzorari," p. 6.

☆85——Chiovenda, "Francesco Petrollini," pp. 443-444.

☆86——Cermenati, "Francesco Calzolari," p. 102.

☆87——Raimondi, "Le lettere di P. A. Mattioli," p. 26; also Palmer, "Medical botany in Northern Italy," p. 150.

☆88——Raimondi, "Le lettere di P. A. Mattioli," p. 24.

☆89——De Toni, *Spigolature aldrovandiane* XI, p. 10.

☆90——Cermenati, "Francesco Calzolari," p. 100.

☆91——Raimondi, "Le lettere di P. A. Mattioli," p. 56.

☆92——Calzorari, *Il viaggio di Monte Baldo*, p. 4. 以下に続く引用は、それぞれ順に同書の四、六、一一、一六、一五ページから採ったものである。

☆93——以下を見よ。Robert M. Durling, "The Ascent of Mount Ventoux and the Crisis of Allegory," *Italian Quarterly* 18 (1974): 7-28. この論文に留意するように助言をくれたケン・グーウェンス（Ken Gouwens）氏にこの場を借りて謝意を表わす。

☆94——以下の引用は次の資料から採った。Francesco Petrarca, "The Ascent of Mount Ventoux," in *The Renaissance Philosophy of Man*, Ernst Cassirer, Paul Oskar Kristeller, and John Herman Randall, Jr., eds. (Chicago, 1948), pp. 36-46.

☆95——Raimondi, "Le lettere di P. A. Mattioli," p. 15.

☆96——この用語は、次の資料から借用した。Durling, "The Ascent of Mount Ventoux," pp. 11, 13.

☆97——Durling, "The Ascend of Mount Ventoux," p. 25.

☆98——*The Divine Comedy of Dante Alighieri: Inferno*, Allen Mandelbaum, trans. (Barkeley and Los Angeles, 1980; Toronto, 1982), p. 19 (II, 142).

☆99——Ibid., p. 265 (XXIX, 5-6).

☆100——以下の記述は、次の文献に収録されている資料を簡約したものである。Godowin, *Athanasius Kircher*, p. 13; Reilly, *Athanasius Kircher*, pp. 5-13; and Kircher, MS, Vol. I, sig. **2r-**4r.

☆101——Kircher, *China illustrate*, p. 180.

☆102――以下を見られたい。Kircher, "Aetnae descriptio," in MS, Vol. I, pp. 200-205.

☆103――Ibid., sig. **3v.

☆104――ヴェスヴィオ山の噴火の情景に関しては、次を参照。Kircher, MS, Vol. I, sig. **3v and **4r.『地下世界』から引用した一節は、以下の著作に翻訳されている。Reilly, *Athanasius Kircher*, p. 71.

☆105――Kircher, MS, Vol. I, sig. **3v.

☆106――Gassendi, *Mirror of True Nobility and Gentility*, p. 38.

☆107――Bartholin, *On Medical Travel*, pp. 69, 73.

☆108――Kircher, *Vita*, pp. 53-54.

☆109――Kircher, MS, Vol. I, p. 201.

☆110――*Lucan's Civil War*, P. F. Widdows, trans. (Bloomington, 1988), p. 18 (I, 603-606); Lucretius, *On the Nature of Things*, Palmer Bovie, trans. (New York, 1974), p. 204 (VI, 682).

☆111――*The Aeneid of Vergil*, Brian Wilie, ed., and Rolfe Humphries, trans. (New York, 1987), p. 194 (VIII, 433-442).

☆112――Dante, *Inferno*, p. 59 (VII, 10-11).

☆113――キルヒャーの磁気理論については彼の次の著作を見よ。*Ars magnesia* (Würzburg, 1631); *Magnes, sive de Arte Magnetica* (Roma, 1641); *Magneticum regnum* (Roma, 1667).

☆114――Lucretius, *On the Nature of Things*, p. 34 (I, 728).

☆115――この遠征行に関する詳しい議論は以下を見よ。Tongirogi Tomasi, "L'isola dei semplici," *KOS 1* (1984): 61-78; Olmi, "Molti amici in varii luoghi," pp. 23-26.

☆116――ASF, *Mediceo* 830, c. 293r, in Tosi, *Ulisse Aldrovandi e la Toscana*, p. 387.

☆117――BUB, *Aldrovandi*, ms. 143. ここで用いたノートのタイトルは、アルドロヴァンディがベリサリオ・ヴィンタ（Belisario Vinta）宛の書簡で記しているものである。

☆118――BUB, *Aldrovandi*, ms. 21, Vol. IV, c. 170r.

☆119――CL, Vol. II, p. 175 (Tivoli, 21 Ottobre 1611). このエピソードは、次の論文でも議論されている。Gabrirella Belloni Speciale, "La ricerca botanica dei Lincei a Napoli: corrispondenti e luoghi," in *Lomonaco and Torrini, Galileo e Napoli*, pp. 59-79.

☆120――CL, Vol. II, pp. 243, 359 (San Polo, 29 Giugno 1612; Monticelli, 1 Giugno 1613).

☆121――Peiresc, *Letttres à Cassiano dal Pozzo*, pp. 172, 176, 180, 185, 192. ステッルーティが述べているように、石化植物はトーデ

イの近郊で見つかった。

第5章　経験／実験の遂行

☆1———この点に関しては、以下の未刊行論文に負っている。William J. Ashworth , "The Garden of Eden: Evolution of a Seventeenth-Century Image" (Hisotry of Science Society, Seattle, WA, 1990). この論文はレーディの図版を、自然のイメージの変化という、大きな文脈の中で論じている。用いているイメージはそれぞれ、以下の著作から採ったものである。*FrancisciRedi Patritii Aretini Experimenta circa generationem insectorum ad nobilissimum virum Carolum Data* (Amsterdam, 1671) ; *Francisci Redi Nobilis Aretini, Experimenta circa res diversas naturals speciatim illas, quae ex Indiis adferuntur. Ex Italico Latinitate donata* (Amsterdam, 1675).

☆2———この点に関してのさらに徹底した議論は、次の論文を見よ。これはレーディの『鎖蛇の観察報告』(*Osservazioni intorno delle vipere*, 1664)を分析した研究である。Jay Tribby, "Cooking (with) Clio and Cleo: Eloquence and Experiment in Seventeenth-Century Florence," *Journal of the History of Ideas* 52 (1991): 417-439.

☆3———初期近代の実験文化に関する書誌は、本章の各所に記載しておいたが、読者はとりわけ、ピーター・ディア、サイモン・シェーファー、スティーヴン・シェイピンらの論考を参照されたい。またジェイ・トリビーの研究に加えて、レーディについてさらなる議論を参照したい向きは次を見よ。Bruno Basile, *L'invenzione del vero. La letteratura scientifica da Galilei ad Algarotti* (Roma, 1987); Findlen, "Controlling the Experiment."

☆4———*Francesco Redi on Vipers*, Peter K. Knoefel, trans. and ed. (Leiden, 1988), p. 47.

☆5———Paolo Rossi, "The Aristotelians and the 'Moderns': Hypothesis and Nature," *Annali dell'Istituto e Museo di Storia della Scienza di Firenze* 7 (1982): 5.

☆6———Ophir, "A Place of Knowledge Recreated," p. 165.

☆7———Ashworth, "The Garden of Eden: Evolution of a Seventeenth-Century Image," passim.

☆8———BUB, *Aldrovandi*, ms. 6, Vol. I, c. 40r; BMV, *Archivio Morelliano*, ms. 103 (=Marciana 12609), f. 29.

☆9———これと同じテーマについて論じた類似の研究には次のものがある。Steven Shapin and Simon Schaffer, *Leviathan and the Air-Pump: Hobbes, Boyle and the Experimental Life* (Princeton, 1985).

☆10———Shapin, "The House of Experiment," p. 373. 次も見よ。Hannaway, "Laboratory Design and the Aim of Science"; Giovanna Ferrari, "Public Anatomy Lessons and the Carnival: The Anatomy Theatre of Bologna," *Past and Present* 117 (1987): 50-106.

☆11——Andrew Wear, "William Harvey and the 'Way' of Anatomists," *History of Science* 21 (1983): 234. オーウェン・ハンナウェイが述べているように「科学はもはや単に知識の一種（scientiaを有すること）ではなく、徐々に、一種の活動（科学をおこなうこと）となっていったのである」。Hannaway, "Laboratory Design and the Aim of Science," p. 586. この科学の変容を広く推し測るための知的指標については次を参照。Ong, "System, Space and Intellect in Renaissance Symbolism," p. 69ff.

☆12——Shapin and Schaffer, *Leviathan and the Air-Pump*, p. 36.

☆13——この点を私に明らかにしてくれたビル・イーモン氏に謝意を表わす。

☆14——初期近代のイタリア文化が有していた劇場的性格についての概説は次を参照。Burke, *Historical Anthropology of Early Modern Italy*. また科学の分野に限定した、より立ち入った議論は次を見よ。Ferrari, "Public Anatomy Lessons and the Carnival."

☆15——Ambr., ms. S.85 sup., cc. 242r, 243r, in Fragnito, *In museo e in villa*, pp. 182, 184. "far l'esperienza" というフレーズを文字どおりに訳すと、「実験をおこなうこと」あるいは「実験すること」といったほどの意味になる。

☆16——PUG, *Kircher*, ms. 563 (IX), f. 230v (Bologna, 26 Settembre 1663).

☆17——これは、外科医のアンブロワーズ・パレが、アリストテレス『形而上学』（981a: 1-5）をパラフレーズしながら、経験を定義して述べたものである。*Les Oeuvres d"Ambroise Paré* (Paris, 1585), p. 1214.

☆18——Anguillara, *Semplici*, pp. 14-15.

☆19——BUB, ms. 21, Vol. IV, c. 36.

☆20——Benedetto Varchi, *Questione sull'alchemia* (1544), Domenico Moreni, ed. (Firenze, 1827), p. 34.

☆21——Boccone, *Museo di piante rare della Sicilia, Malta, Corsica, Italia, Piemonte e Germania* (Venezia, 1697), pp. 1-2.

☆22——Luke Demaitre, "Theory and Practice in Medical Education at the University of Montpellier in the Thirteenth and Fourteenth Centuries," *Journal of the History of Medicine* 30 (1975): 114; Thorndike, *A History of Magic and Experimental Science*, Vol. VI, p. 21.

☆23——これらの言葉は、『天文対話』（*Dialogi*）の中でサルヴィアーティの言葉として語られるものである。以下に収録。Neil W. Gilbert, *Renaissance Concepts of Method* (New York, 1960), p. 230. ガリレオによるこの語の使用法に関する広範な議論は次を見よ。Ibid., p. 230ff; Gabriele Baroncini, "Sulla Galileiana 'esperienza sensate'," *Studi secenteschi* 25 (1984): 147-172. この主題に関する研究は、今なお以下の文献が古典的地位を占めている。Charles Schmitt, "Experience and Experiment: A Comparison of Zabarella's View with Galileo's in *De Motu*," in Idem, *Studies in Renaissance Philosophy and Science* (London, 1981), VIII, pp. 80-138. ザバレッラとガリレオの比較はロッシもおこなっている。Paolo Rossi, "The Aristotelians and the

'Moderns' ," esp. pp. 19-20.

☆24——Peter Dear, "Jesuit Mathematical Science and the Reconstitution of Experience in the Early Seventeenth Century," *Studies in the History and Philosophy of Science* 18 (1987): 134. 同じ著者による次の論文も参照。"Totius in verba," pp. 152-153. 中世と初期近代における経験の観念の区分は、決して絶対的なものではないことに注意されたい。ボッコーネは著作中において 'esperienza' という言葉を、ガリレオが使ったのと同じ意味でくりかえし使用しているが、その彼でさえ、ある箇所ではアリストテレス的語法で経験を定義している。すなわち「自然においては、原因の知れぬ事柄が無数にある。それゆえに、経験のみで満足することが必要となるのである」。*Museo di piante rare*, p. 12.

☆25——ベーコン的「事実」と蒐集に関する広範な議論は次を見よ。Arnold, *Cabinets for the Curious*; Daston, "The Factual Sensibility," pp. 452-467; idem, "Baconian Facts."

☆26——Eamon, "Secrets and Popular Culture in Sixteenth-Century Italy," p. 484.

☆27——Laur., *Redi* 222, c. 244r (Milano, 4 Gennaio 1671).

☆28——In Pericle Pietro, "Epistolario di Gabriele Fallopia," *Quaderni di storia delle scienze e della medicina* 10 (1970): 53 (Padova, 15 Novembre 1560).

☆29——Best., *Est. It.*, ms. 833 (Alpha G I, 15) (Padova, 9 Ottobre 1561).

☆30——Olivi, *De reconditis et praecipuis collectaneis*, sig. +4v, p. 13.

☆31——Imperato, *Dell'historia naturale*, pp. 166-176.

☆32——Anguillara, *Semplici*, pp. 37-38.

☆33——De Toni, *Spigolature aldrovandiane III*, p. 10 (Bologna, 22 Novembre 1576). たとえば以下を見よ。Leonardo Fioravanti, *De' capricci medicinali* (Venezia, 1573), p. 156v.

☆34——BUB, *Aldrovandi*, ms. 21, Vol. IV, c. 72, in Aldo Andreoli, "Un inedito breve di Gregorio XIII a Ulisse Aldrovandi," *Atti e memoria dell'Accademia nazionale di scienze, lettere e arti di Modena*, ser. 6, 4 (1962): 138. 引用したアルドロヴァンディの一節は、『霊魂論』(*De Anima*, 432a7)ならびに『感覚と感覚されるものについて』(*De sensu et sensatum*)で全般的に議論された主題を、ポスト・アリストテレス主義的な立場から読解したものである。同様の議論が、ウィリアム・ハーヴェイの述作にも見られる。次を見よ。Wear, "William Harvey and the 'Way of Anatomists'," p. 237.

☆35——BUB, *Aldrovandi*, ms. 25, Vol. XV, c. 308v (Della Nuntiata, 8 Aprile 1574).

☆36——Ezio Raimondi, "La nuova scienza e la visione degli oggetti," *Lettere italiane* 21 (1969): 265ff. ライモンディの上掲論文では、

この視覚優位の傾向を馴抉するにさいしてルシアン・フェーヴル（Lucien Febvre）の諸著作に依拠している。両者がともに示唆するのは、ルネサンス期の博物学者が臭覚と聴覚に比重をおき、視覚はそれらよりも下位に位置していたということである。これに対して私は、あらゆる感覚が相対的に同じ価値を有していたものとしてみたい。

☆37——Tribby, “Cooking (with) Clio and Cleo,” pp. 438-439.

☆38——Fabio Colonna, *La sambuca lincea* (Napoli, 1618), in Giuseppe Olmi, “La colonia lincea di Napoli,” in Lomonaco e Torrini, *Galileo e Napoli*, p. 54.

☆39——Aldrovandi, *Discorso naturale*, p. 193.

☆40——この点は、とりわけ次のジェイ・トリビーによる最近の研究に明確に示されている。Jay Tribby, “Cooking (with) Cleo and Clio."

☆41——Gottfried Voight, *Deliciae physicae* (Rostock, 1671), p. 143.

☆42——Peiresc, *Letters à Cassiano dal Pozzo*, n. 6, p. 127.

☆43——Varchi, *La prima parte delle lezzioni di M. Benedetto Varchi nella quale si tratta della genarazione del corpo umano, e de' mostri*, “Proemio,” n. p.; *Lezzione di M. Benedetto Varchi, sopra la generazione de' mostri...fatta da lui publicamente nell'Accademia Fiorentina la prima & seconda domenica di luglio, l'anno 1548* (Firenze, 1560), p. 94r. このテクストに関するさらに詳細な議論は以下を見よ。Hanafi, *Matters of Monstrosity in the Seicento*, ch. 2.

☆44——Olmi, “Molti amici in varii luoghi,” n. 77, p. 28.

☆45——王立協会内における同様の「資格のある観察者」に関する議論は、以下を見よ。Shapin and Schaffer, *Leviathan and the Air-Pump*, esp. pp. 55-60.

☆46——Ferrari, “Public Anatomy Lessons and the Carnival.”

☆47——次を見よ。BUB, *Aldrovandi*, ms. 21, Vol. III, c. 167r.

☆48——In Olmi, “Molti amici in varii luoghi,” p. 29.

☆49——BUB, *Aldrovandi*, ms. 70, c. 8r.

☆50——BUB, *Aldrovandi*, ms. 21, Vol. IV, in “Un inedito breve di Gregorio XIII,” p. 138.

☆51——Aldrovandi, *Ornithologiae* (1599), Vol. I, p. 27, in Thorndike, *A History of Magic and Experimental Science*, Vol. VI, p. 281. テリアカ薬をめぐる議論でタリアコッツィが果たした役割については、詳しくは本書の第6章を参照されたい。

☆52——*Aldrovandi on Chickens*, pp. 76, 91; Alessandro Simili, “Spigolature mediche fra gli inediti aldrovandi,” *Archiginnasio* 63-65 (1968-

1970): 35.

☆53——鷲の解剖については以下を見よ。Thorndike, *A History of Magic and Experimental Science*, Vol. VI, p. 269. 猿については次を参照。Ricc., Cod. 2438, Pt. I, lett. 91 (Bologna, 27 Giugno 1587).

☆54——BUBが所蔵する以下の文献のコピーを見よ。*De' secreti del Reverendo Donno Alessio Piemontese* (Venezia, 1564-1568), Pt. I, p. 157r. フィオラヴァンティに関するさらなる研究は次を参照。Eamon, "'With the Rules of Life and an Enema': Leonardo Fioravanti's Medical Primitivism," in *Renaissance and Revolution: Humanist, Scholars, Craftsmen and Natural Philosophers in Early Modern Europe*, J. V. Field and Frank A. J. L. James, eds. (Cambridge, U.K., in press).

☆55——手紙の全文は、以下に収録されている。Olmi, "Molti amici in varii luoghi," pp. 29-30.

☆56——BANL, *Archivo di S. Maria in Aquiro*, ms. 412, f. 84v.

☆57——Cl, Vol. II, pp. 869-870 (Roma, 20 Aprile 1624).

☆58——Kircher, MS, Vol. II, p. 90.

☆59——CL, Vol. II, p. 924 (Bellosguardo, 23 Settembre 1624); Kidwell, *The Accademia dei Lincei and the "Apiarium,"* pp. 82-84.

☆60——Francesco Stelluti, *Persio tradotto* (Roma, 1630), in Giuseppe Gabrieli, *Contributi alla storia della Accademia dei Lincei* (Roma, 1989), Vol. I, p. 354.

☆61——Ibid., pp. 354, 361.

☆62——Solinas, "Percorsi puteani: note naturalistiche ed inediti appunti antiquari," in Idem, *Casciano dal Pozzo*, pp. 103-106.

☆63——Dati, *Delle lodi del Commendatore Cassiano dal Pozzo*, n.p.

☆64——解剖学的な「さりげなさ」(nonchalance)についてのさらなる議論は以下を見よ。Biagioli, "Scientific Revolution, Social Bricolage and Etiquette," p. 19.

☆65——Kircher, MS, Vol. II, pp. 358, 360-361, 367-368; Redi, *Experiments on the Generation of Insects*, Mab Bigelow, trans. (Chicago, 1909), pp. 34, 43.

☆66——Redi, *Osservazioni intorno agli animali viventi*, p. 58.

☆67——Redi, *Experiments on the Generation of Insects*, p. 81.

☆68——Wanda Bacchi, "Su alcune note sperimentali di Francesco Redi," *Annali dell'Istituto e Museo di Storia della Scienza di Firenze* 7 (1982): 52-54.

☆69——*Lettere di Francesco Redi patrizio aretino* (Firenze, 1779), Vol. I, p. 81.

☆70――Antonio Borelli, "Francesco d'Andrea nella corrispondenza inedita con Francesco Redi," *Filologia e critica* 7 (1982): 168.

☆71――Nicolaus Steno, *A Dissertaion on Anatomy of the Brain*, Edv. Gotfredsen, ed. (Copenhagen, 1950), p. 35.

☆72――In Lionello Negri, Nicoletta Morello e Paolo Galluzzi, *Niccolò Stenone e la scienza in Toscana alla fine del '600* (Firenze, 1986), pp. 25, 27.

☆73――Steno, *Elementorum myologia specimen,* in *Steno. Geological Papers*, p. 69.

☆74――BNF, *Magl*. VIII. 496, f. 5r (Roma, 11 Agosto 1678).

☆75――Legati, *Museo Cospiano*, p. 215.

☆76――Bartolomeo Corte, *Notizie istoriche*, p. 189, in Belloni, "La medicina a Milano fino al Seicento," in *Storia di Milano* (Milano, 1958), Vol. XI, pp. 640-641.

☆77――Boccone, *Museo di piante rare*, p. 51.

☆78――Francesco Lana Terzi, *Prodromo all'Arte Maestra*, Andrea Battistini, ed. (Milano, 1977), pp. 54, 56.

☆79――Shapin, "The Invisible Technician."

☆80――BUB, *Aldrovandi*, ms. 6, Vol. I, c. 47r.

☆81――Puseudo-Falloppious, *Secreti diversi et miracolosi*, n.p.

☆82――BEst, *Est. It.*, ms. 835 (Alpha G 1, 17) (Napoli, 27 Giugno 1586).

☆83――BUB, *Aldrovandi*, ms. 136, Vol. VIII (12 Maggio 1580).

☆84――BUB, *Aldrovandi*, ms. 136, Vol. XXXI (Piacenza, 10 Novembre 1602).

☆85――Ruscelli, *De' screti del Reverendo Donno Alessio Piemontese*, pt. IV, sig.*2r.

☆86――BUB, *Aldrovandi*, ms. 136, Vol. XIX, c. 155v.

☆87――ドン・アントニオの各種の「秘密の書」は以下に所蔵されている。BNF, Magl. *XVI*, 63, I. ドン・アントニオを詳細に論じた唯一の研究に次のものがある。P. Convi, *Don Antonio de' Medici e il Casino di San Marco* (Firenze, 1892). ただし、より近年の次の研究も見よ。Paolo Galluzzi, "Motivi paracelsiani nella Toscana di Cosimo II e di Don Antonio dei Medici: Alchimia, medicina, 'chimica'e riforma del sapere," in *Scienza, credenze occulte, livelli di cultura* (Firenze, 1982), pp. 32-62.

☆88――BUB, *Aldrovandi*, ms. 6, Vol. I, cc. 30v-31r, 33r.

☆89――In Berti, *Il Principe dello studiolo*, p. 58.

☆90――Fioravanti. 引用箇所の同定はできなかった。

☆91——*Lettere di Pietro Andrea Mattioli*, p. 59 (Trento, 20 Marzo 1572); Tergolina-Gislanzoni-Brasco, "Francesco Calzolari," p. 12.

☆92——BUB, *Aldrovandi*, ms. 136, Vol. V, c. 181r (1569-1570).

☆93——BUB, *Aldrovandi*, ms. 51, Vol. I, c. 17v.

☆94——E. Migliorato-Garavini, "Appunti di storia della scienza del Seicento: tre lettere di Ferrante Imperato ed alcune notizie sul suo erbario," *Rendiconti dell'Accademia Nazionale dei Lincei. Morali*, ser. 8, VII (1952): 37 (Napoli, 10 Marzo 1596).

☆95——In Folgari, "Il Museo Settala," p. 114. また次も参照のこと。Terzago, *Museo o galleria adunata dal sapere*, p. 232. 石綿の実験に関するそのほかの議論については以下を参照。Lassels, *The Voyage of Italy*, Vol. I, pp. 125-126; *The Diary of John Evelyn*, Vol. II, p. 502; Anon., *A Tour in France and Italy Made by an English Gentleman*, 1675, p. 419; Mission, *A New Voyage to Italy*, Vol. I, p. 121.

☆96——Kircher, MS, Vol. II, p. 67; *The Correspondence of Henry Oldenburg*, Vol. V, pp. 299-300.

☆97——Mattioli, *Discorsi attorno ai libri di Dioscoride*, in Neviani, "Ferrante Imperato," p. 36.

☆98——Maranta, *Della theriaca e del mithridato* (Venezia, 1572), pp. 211, 218.

☆99——ブルーノ・アッコルディがこれらの活動の簡便な見取り図を描いている。Bruno Accordi, "Ferrante Imperato (Napoli, 1550-1625) e il suo contributo alla storia della geologia," *Geologica Romana* 20 (1981): 47, 51, 54.

☆100——この点はジュゼッペ・オルミが十全に論じている。Giuseppe Olmi, "La colonia lincea di Napoli," in *Lomonaco and Torrini, Galieo e Napoli*, pp. 40-41. ここでさらに思いだしておくべきなのは、インペラートがスペイン総督からの訪問客を歓待したのに対し、デッラ・ポルタのほうは（反スペイン的）政治活動の嫌疑をかけられていたという点である。

☆101——Gassendi, *Mirror of the True Nobility and Gentility*, Vol. I, pp. 28, 45.

☆102——Tommaso Campanella, *Del senso delle cose e della magia*, Antonio Brutes, ed. (Bari, 1925), pp. 221-222. カンパネッラがこの論文を執筆したのは、事物の共感と反感をめぐる、デッラ・ポルタとの公開討論という文脈が背景にあった。この討論は、デッラ・ポルタが『植物観相学』（*Phytognomia*）を出版した直後に勃発した。

☆103——In William Eamon and Françoise Peheau, "The Accademia Segreta of Girolamo Ruscelli: A Sixteenth-Century Italian Scientific Society," *Isis* 75 (1984): 339-340.

☆104——BUB, *Aldrovandi*, ms. 148; BANL, *Archivo Linceo*, ms. 32; BANL, *Archivo di Santa Maria in Aquiro*, ms. 412, ff. 62r, 74v. 現在ボローニャ大学図書館で見ることのできる「秘密の書」の多くは、もともとはアルドロヴァンディが所蔵していたものである。彼自身の記銘や注記から、それと判断できる。

☆105——CL, Vol. I, p. 41 (Roma, 17 Luglio 1604).

☆106——CL, Vol. I, p. 155 (Fabriano, 18 Luglio 1611).

☆107——Agostino Mascardi, *Orazioni e discorsi* (Milano, 1626), p. 9, in Rodondi, *Galileo Heretic*, p. 95.

☆108——Ibid., Vol. I, p. 115 (Napoli, 28 Agosto 1609); Vol. II, p. 300 (Napoli, 16 Dicembre 1612).

☆109——「太陽の海綿石」の哲学的な重要性は以下で議論されている。Rodondi, *Galileo Heretic*, pp. 5-27. 本書におけるこの石をめぐる議論は、上掲書の同章に収録された資料に基づいたものである。ロドンディはこの石をバリウム硫化物と同定している。

☆110——CL, Vol. II, p. 163 (Napoli, 10 Giugno 1611).

☆111——Ibid., p. 357 (Monticelli, 30 Maggio 1613).

☆112——BANL, *Archivo di S. Maria in Aquiro*, ms. 420, f. 362 (Napoli, 6 Aprile 1612).

☆113——Stelluti, *Persio tradotto*, p. 170, in Gabriele, "L'orizzonte intellettuale e morale di Federico Cesi illustrato da uno suo zibaldone inedite," pp. 678-679.

☆114——Stelluti, *Trattato del legno fossile minerale*, p. 8.

☆115——たとえば、以下の研究を参照。Rachel Laudan, *From Mineralogy to Geology: The Foundation of a Science, 1650-1830* (Chicago, 1987); Nicoketta Morello, *La nascita della paleontologia: Colonna, Stenone e Scilla* (Milano, 1979); Roy Poter, *The Making of Geology: Earth Science in Britain 1660-1815* (Cambridge, U. K., 1977); Paolo Rossi, *The Dark Abyss of Time: The History of the Earth and the History of the Nations from Hooke to Vico*, Lydia G. Cochrane, trans. (Chicago, 1984); and Rudwick, *The Meaning of Fossils.*

☆116——Lhywd to Ray, 25 November 1690, in Joseph M. Levine, *Dr. Woodward's Shield: Hisotry, Science and Satire in Augustan England* (Berkeley, 1977), p. 29.

☆117——Johann Valentin Andreae, *Christianopolis*, Felix Emil Held, trans. (New York, 1916), p. 197.

☆118——Kircher, MS, Vol. II, p. 38.

☆119——Fabio Colonna, *De glossopetris dissertatio* (1616), in *Morello, La nascita della paleontologia*, p. 83. 自然の戯れ（lusus naturae）に関するさらなる議論は以下を見よ。Findlen, "Jokes of Nature and Jokes of Knowledge."

☆120——Tosi, *Ulisse Aldrovandi e la Toscana*, p. 415 (Bologna, 29 Agosto 1595).

☆121——Schnapper, *Le géant, la licorne, la tulipe*, p. 19.

☆122——Nicholas Steno, *The Earliest Geological Treatise*, Avel Garboe, trans. (London, 1958), pp. 44-45. 同書のタイトルはわかりやすくするために原題を意訳してある。ラテン語の原タイトルは以下のとおり。*Canis carchariae dissectum caput.*

☆123——Boccone, *Museo di fisica* (Venezia, 1697), p. 181.

☆124——Steno, *Epistolae*, p. 278 (Copenhagen, 19 Novembre 1672).

☆125——Rossi, *The Dark Abyss of Time*, p. 14.

☆126——Kircher, MS, Vol. II, pp. 27, 42, 52-53, 335-336.

☆127——Petrucci, *Prodomo apologetico*, p. 79. これは、ピーター・ディアーがアカデミア・デル・チメントの実験主義を評して記した言葉を、そっくりパラフレーズしたものである。ディアーの議論はについては次を見よ。"Narratives, Anecdotes and Experience: Turning Experience into Science in the Seventeenth Century," in Dear, ed., *The Literary Structure of a Scientific Argument* (Philadelphia, 1991), p. 133. ディアーは、イエズス会の数学者たちの実験主義的な作品についての研究をおこなっているが、これは博物学および自然魔術の伝統に関する私自身の議論と、重なる部分が大いにある。

☆128——Johann Kestler, *Physiologia Kircheriana Experimentalis*, in *Thorndike, A Hisory of Magic and Experimental Science*, Vol. VI, p. 569.

☆129——*The Corrensppondence of Henry Oldenburg*, Vol. II, p. 615 (21 Novembre 1665).

☆130——Laur., *Redi* 209, f. 217 (Paris, 8 Settembre 1671) ; BNF, Magl. VIII. 496, ff. 7, 19 (Roma, 17 Dicembre 1678; 10 Maggio 1680).

☆131——In Morello, *La nascita della paleontologia*, p. 139.

☆132——Boccone, *Recherches et observations curieuses sur la nature du corail blanc & verge, vray de Dioscoride* (Paris, 1671), p. 2.

☆133——Kircher, *Magneticum naturae regnum*, p. 346.

☆134——PUG, *Kircher*, ms. 556 (II), f. 63 (Firenze, 18 Novembre 1659).

☆135——『自然と人工の普遍的魔術』(*Magia universalis naturae et artis*, 1657-1659)の中で、ショットはこう述べている。「これらの物質(磁石)は、キルヒャー師が人工魔術に関する講義をおこなうさいにミュージアムの中で提示して見せたものであり、著者自身もまた、師とまったく同じ場所で、磁石を用いた実演を三年間にわたっておこなった」。以下に引用されている。Baldwin, "Magnetism and the Anti-Copernican Polemic," p. 170.

☆136——Middleton, "Science in Rome, 1675-1700," p. 139; De Sepi, pp. 47, 57. 永久運動を哲学者の石と見なす以下のイメージは、パメラ・スミスの見解に依拠したものである。

☆137——錬金術に対してイエズス会がとった態度を包括的に研究したものとしては、以下を参照。Marths Baldwin, "Alchemy in the Society of Jesus," in Z. R. W. von Martels, ed., *Alchemy Revisited: Proceedings of the International Conference on the History of Alchemy at the Univetsity of Groningen 17-19 April 1989* (Leiden, 1990), pp. 182-187. キルヒャーがおこなったヘルメス的実験に関しては次を見よ。De Sepi, p. 45; Schotto, *Ioco-seriorum naturae et artis, sive magiae naturalis centuriae tres* (Würzburg, 1666), Century II, p. 138ff.

☆138——Lana Terzi, *Prodromo all'arte Maestra*, pp. 193, 196. ラーナ・テルツィに関するさらなる研究は以下を見よ。Pighetti, "Francesco Lana Terzi e la scienza barocca"; Vasoli, "Sperimentarismo e tradizione negli 'schemi' enciclopedici di uno scienziato gesuita del Seicento," *Critica storica* 17 (1980-1981): 101-127.

☆139——ピーター・ディアーもこの点について、王立協会の初期メンバーたちが駆使していた修辞的戦略を論じながら、同様の指摘をおこなっている。Peter Dear, "Totius in verba," pp. 146, 152, 157.

☆140——Scarabelli, *Museo o galleria adunata dal sapere*, sig. +3r.

第6章　医学のミュージアム

☆1——BUB, *Aldrovandi*, ms. 6, Vol. II, c. 153r (Bologna, 13 Agosto 1573); ms. 21, Vol. III, c. 134. テリアカ薬をめぐっては、以下にあげる二つの重要な研究がある。Gilbert Watson, *Theriac and Mithridatium: A Study in Therapeutics* (London, 1966); Thomas Holste, *Der Theriakkrämer: Ein Beitrag zur Frühgeschichte der Arzneimittelwerbung*, Würzburger medizinhistorische Forschungen, 5 (Hannover, 1976). 中世のテリアカ薬に関する議論は次を見よ。Michael McVaugh, "Theriac at Montpellier 1285-1325," *Sudhoffs Archiv* 56 (1972): 113-144; William Eamon and Gundolf Keil, "'Plebs amat empirica': Nicholas of Poland and His Critique of the Medieval Medical Establishment," *Sudhoffs Archiv* 71 (1987): 180-196. イスラム医学におけるテリアカ薬の議論に関しては次を見よ。Gary Leiser and Michael Dohls, "Evliya Chelebi's Description of Medicine in Seventeenth-Century Egypt," *Sudhoffs Archiv* 71 (1987): 197-216. 本章を通して私は、一六世紀におけるテリアカ薬の議論を扱ったさまざまな研究を参照しつつ、中でもとりわけ、オルミ（Olmi）、パルマー（Palmer）、ローザ（Rosa）などの優れた研究に言及することになるだろう。

☆2——Maranta, *Della theriaca et del mithridato*, pp. 8, 163. テリアカ薬によって治療すると評判だった病種は、疫病、梅毒、癲癇、卒中、喘息、カタル、そのほか身体を苦しめるあらゆる病魔であった。次を見よ。Girolamo Donzellino, *De natura causis, et legitima curatione febris pestilentis...in qua etiam de theriacae natura ac viribus latius disputatur* (Venezia, 1570), c. 14v.

☆3——ヴェネツィアでのテリアカ薬調剤の儀式については次を見よ。Angelo Schwartz, ed., *Per una storia della farmacia e del farmacista*

farmacista in Italia. Venezia e Veneto (Bologna, 1981), pp. 48-49. ボローニャの事例については以下を参照。Piero Camporesi, *La miniera del mondo. Artieri, inventori, impostori* (Milano, 1990), pp. 261-262; BUB, *Aldrovandi*, ms. 38(2), Vol. III, c. 119 (Lucca, 24 Aprile 1571).

☆4——Melissa P. Chase, "Fevers, Poisons and Apostemes: Authority and Experience in Montpellier Plague Treatises," in *Science and Technology in Medieval Society*, Pamela O. Long, ed. (New York, 1985), pp. 153-169; Vivian Nutton, "The Seeds of Desease: An Explanation of Contagion and Infection from Greeks to the Renaissance," *Medical History* 27 (1987): 1-34. キャサリン・パークとナンシー・シライシ両氏に謝意を表する。彼らによって本節の議論を洗練することができた。

☆5——ここでとくに念頭に置いているのは、一五七五年から七七年、一六三〇年から三一年、一六五六年から五七年にかけての汎流行病である。これらの疫病に関する人口統計的研究については、次を見よ。Lorenzo del Panta, *Le epidemie nella storia demografica italiana (secoli XIV-XIX)* (Torino, 1980), pp. 138-178. これらの疫病に関する文献は膨大な数にのぼるため、ここでは英語で読めるもののみをいくつか挙げておくにとどめる。M. Cipolla, *Fighting the Plague in Seventeenth-Century Italy* (Madison, WI, 1981); Giulia Calvi, *History of a Plague Year: The Social and the Imaginary in Baroque Florence*, Dario Biocca and Bryant T. Ragan, Jr., trans. (Berkeley, 1989); Richard Palmer, *The Control of Plague in Venice and Northern Italy 1348-1600* (Ph.D. diss., University of Kent at Canterbury, 1978). 疫病への治療薬としてテリアカ薬が推奨されていた点を示す資料は以下を参照。Mercati, *Instruttione sopra la peste* (Roma, 1576), p. 95; Giovan Filippo Ingrassi, *Informatione del pestifero e contagioso morbo* (Palermo, 1576), in Dollo, *Filosofia e scientia in Sicilia*, p. 26; Girolamo Ruscelli, *De' secreti del donno reverendo Alessio* (Venezia, 1564-1568 ed.), Pt. I, p. 49v.

☆6——ロドヴィーコ・セッターラは、大蒜や玉葱といった野菜を用いた治療を「農民と貧者のテリアカ薬」と呼び、このテリアカ薬という医薬の社会的な特殊性に光を当てる事例となっている。Settala, *Preservatione dalla peste* (Milano, 1630), p. 37. 次も参照。Piero Camporesi, *Bread of Dreams: Food and Fantasy in Early Modern Europe*, David Gentilcore, trans. (Chicago, 1989), pp. 73, 103. カンポレージが述べているように、下層階級のために広く用いられた薬は、主として植物の薬効に基づくものであった。

☆7——BUB, *Aldrovandi*, ms. 6, c. 3r (Bologna, 19 Settembre 1577).

☆8——BUB, *Aldrovandi*, ms. 6, Vol. II, c. 57V (Bologna, 15 Agosto 1580).

☆9——図表2が示すように、訪問者のうちの六%が、医学に専門的に従事する人々であると確定できる。しかしそのほかの大学教授・学位保持者・学者で構成される六〇・四%のうち、いったいどれほどの人数が医学の学位を取得していたのかは、つまびらかではない。

☆10——Imperato, *Dell'historia naturale*, sig. A.2. ボワティエの薬種商ポール・コンタンもまた自身のキャビネットを指して「薬種商の素材の源泉」と記している。これについては次を見よ。Barbara Balsiger, *The 'Kunst-und Wunderkammern': A Catalogue Raisonné of Collecting in Germany, France and England 1565-1750* (Ph.D. diss., University of Pittsburgh 1970), pp. 144-145.

☆11——In Neviani, "Ferrante Imperato," p. 75 (Napoli, 25 Settembre 1597).

☆12——Bartholin, *On Medical Travel*, p. 57.

☆13——Aldrovandi, *Discorso naturale*, p. 203.

☆14——この感極まる類比を示唆してくれたアンソニー・グラフトン氏に感謝する。

☆15——AMo, *Archivo per materie. Storia naturale. Naturalisti e semplicisti* (1579).

☆16——AI, *Fondo Paleotti*, ms. 59 (F30) 29/7 (Bologna, 11 Dicembre 1585).

☆17——Giovan Battista Silvatico, *Collegi Mediolanensis Medicorum origo* (Milano, 1607), pp. 26-27, in Carlo Cipolla, *Public Health and the Medical Profession in the Renaissance* (Cambridge, 1976), p. 4.

☆18——*Discorsi di M. Filippo Costa*, sig. Ee.4v.

☆19——Gioelli, "Gaspare Gabrieli," p. 38.

☆20——BUB, *Aldrovandi*, ms. 38(2), Vol. I, c. 216 (Masera, 31 Agosto 1561).

☆21——Alberto Chiarugi, "Le date di fondazioni dei primi orti botanici del mondo," *Nuovo giornale botanico italiano*, n.s. 60, 4 (1953): 815.

☆22——BUB, *Aldrovandi*, ms. 38(2), Vol. IV, c. 359 (Padova, 13 Novembre 1558). ジョン・リドルの計算によると、ディオスコリデスの『医学素材論（薬物学）』（*De materia medica*）は一六世紀だけでも四九のラテン語版と四三の俗語訳版が出ており、本書に関する別々の三二六の註解書は九六の版を数えた。次を見よ。Riddle, *Dioscorides on Pharmacy and Medicine* (Austin, TX, 1985), p. xix.

☆23——Giuseppe Ongaro, "Contributi alla biografia di Prospero Alpini," *Acta medicae historiae Patavia* 8-10 (1961-1963): 118. ルネサンス医学におけるディオスコリデスの重要性についての概略は次を参照。Jerry Stannard, "Dioscorides and Renaissance Materia Medica," in M. Florkin, ed., *Materia Medica in the XVIth Century*, Analecta Medico-Historica, 1 (Oxford, 1966), pp. 1-21.

☆24——Tugnoli Pattaro, *Metodo e sistema delle scienze nel pensiero di Ulisse Aldrovandi*, pp. 150-152; Fragnito, *In museo e in villa*, p. 198. アルドロヴァンディの註解については以下を参照。BUB, *Aldrovandi*, ms. 77, Vol. I-III; Vol. XVI, c. 98; Vol. I, cc. 92-148;

Vol. IV, pp. 2-9r, 44-48r.

☆25——これら二著作に関する広範な議論は以下を見よ。 Owei Temkin, *Galenism: The Rise and Decline of a Medical Philosophy* (Ithaca, 1973); Nancy Siraisi, *Avicenna in Renaissance Italy: The Canon and Medical Teachings in Italian Universities after 1500* (Princeton, 1987), esp. pp. 74-124. ガレノスのテクストがたどった変遷については次を参照。 Richard J. Durling, "A Chronological Census of Renaissance Editions and Translations of Galen," *Journal of the Warburg and Courtauld Institute* 24 (1961): 230-305.

☆26——*Discorsi di M. Filippo Costa*, p. 48; Maranta, *Della theriaca et mithridato*, p. 238.

☆27——Gioelli, "Gaspare Gabrieli," pp. 37-38.

☆28——Temkin, *Galenism*, p. 10.

☆29——In Riddle, *Dioscorides on Medicine and Pharmacy*, p. 21.

☆30——Amato Lusitano, *Commentarium in Discoridem*, Vol. V, p. 372, in Gioelli, "Gaspare Gabrielli," p. 6. ブラサヴォーラについてのさらなる議論は以下を参照。 Thorndike, "Brasavola and Pharmacy," in Idem, *A History of Magic and Experimental Science*, Vol. V, pp. 445-471.

☆31——Giovanni Cascio Pratilli, *L'Università e il Principe: Gli Studi di Siena e di Pisa tra Rinascimento e Controriforma* (Firenze, 1975), p. 149; Alessandro Visconti, *La storia dell'Università di Ferrara 1391-1950* (Bologna, 1950), p. 46.

☆32——Filippo Maria Renazzi, *Storia dell'Università di Roma* (Roma, 1804), Vol. II, pp. 65-66. バッチが単体薬物講座の教授の任にあったのは一五六七年から一六〇〇年までであり、その後をファーベルが継ぎ、同ポストを一六三〇年まで勤めた。これについては次を参照。 Alessandro Simili, " Alcune lettere inedite di Andrea Bacci a Ulisse Aldrovandi," *Atti del XXIV Congresso Nazionale di Storia della Medicina* (Roma, 1969), p. 428.

☆33——ボローニャについては次を見よ。 Sabbatani, "La cattedra dei semplici fondata a Bologna da Luca Ghini," *Studi e memorie per la storia dell'Università di Bologna*, ser. 1, 9 (1926): 13-53. ペルージャ大学単体薬物講座の初代教授はフランチェスコ・コロンボ（ブラトーネとの綽名）であった。次を参照。 Giuseppe Ermini, *Storia dell'Università di Perugia* (Bologna, 1947), pp. 207, 506.

☆34——Benedetto Varchi, *Questione sull'archimia*, Domenico Moreni, ed. (Firenze, 1827), p. 34.

☆35——Alessandro d'Alessandto, "Materiali per la storia dello studium di Parma (1545-1622)," in Gian Paolo Brizzi, Alessandro d'Alessandro e Alessandro del Fante, *Università, Principe, Gesuiti. La politica farnesiana dell'istruzioni a Parma e Piacenza (1545-1622)* (Roma,

1980), pp. 61, 63; Gioelli, "Gasper Gabrieli," p. 8; Danilo Marrara, *Lo studio di Siena nelle riforme del Granduca Ferdinando I (1589 e 1591)* (Milano, 1970), p. 20; Cascio Pratilli, *Università e Principe*, p. 80; Arturo Nannizzi, "I lettori dei semplici nello Studio senese," *Bullettino senese di storia patria* 16 (1909): 42-50; Dollo, *Modelli scientifici e filosofici nella Sicilia spagnola*, p. 150.

☆36——BCAB, s. XIX. B. 3803, c. 5r (Ulisse Aldrovandi, *Informazione del rotulo del Studio di Bologna*, 27 Settembre 1573).

☆37——早くも一五五一年には、ギーニの知己を得ている。当時ギーニはピサ大学で教鞭をとっていたのだが、夏の休暇にはよくボローニャを訪れていた。かつてフランス人博物学者ギョーム・ロンドレとの邂逅がそうであったように、このギーニとの交友もまた、彼のその後の知的関心が向かう方向に決定的な影響を与えたと言える。

☆38——Vallieri, "Le 22 lettere di Bartolomeo Maranta all'Aldrovandi," p. 743 (Napoli, 6 Marzo 1558).

☆39——Aldrovandi, *Vita*, p. 13. ギーニはアルドロヴァンディに頼みこんで、貴君のテオフラストスの講義録を送ってはくれないか、とさえ言っている。次を参照。De Toni, *Cinque lettere di Luca Ghini ad Ulisse Aldrovandi* (Padova, 1905), p. 11 (Pisa, 16 Ottobre 1553). Schmitt, "Science in the Italian University in the Sixteenth and Early Seventeenth Centuries," in *The Emergence of Science in Western Europe*, Maurice Crosland, ed. (New York, 1976), p. 43 (see BUB, *Aldrovandi*, ms. 78(1)). テオフラストスの著作が再び注目を集めるようになった経緯についての概観は次を見よ。Schmitt, "Theophrastus in the Middle Ages," in Idem, *The Aristolerian Tradition and Renaissance Universities* (London, 1984), III, pp. 251-270.

☆40——アルドロヴァンディ自身、自己の経歴についての最良とも言える要約を自伝中で述べている。*Vita*, pp. 10-14. また以下も参照。BUB, *Aldrovandi*, ms. 25, c. 300r; Tugnoli Pattaro, *Metodo e sistema delle scienze nel pensiero di Ulisse Aldrovandi*, pp. 148-151; Mattirolo, p. 373.

☆41——Fioravanti, *Tesoro della vita umana*.

☆42——彼の研究報告より引用。この報告はとりわけ彼の次の研究について述べたものである。*Commentaria in libros quisque Dioscoridis de Materia Medica*; Mattirolo, p. 782.

☆43——Gioelli, "Gaspare Gabrielli,C p. 11.

☆44——Di Pietro, "Epistolario di Gabriele Fallopia," p. 56 (Padova, 23 Gennaio 1561).

☆45——カルダーノは五二一スクーディの報酬を、医学理論講義（一五六二年から五七〇年）の代償として受けとっていたのに対し、アルドロヴァンディの俸給は四〇〇スクーディであった。次を参照。Alessandoro Simili, *Gerolamo Cardano lettore e medico a Bologna, Nota II* (Bologna, 1969), pp. 9-10. 一方でメルクリアーレは一六世紀イタリアを代表する著名な医師であったが、総計五四〇〇リラという破格の給金を受けとって、医学理論の授業（一五八七年から九三年）をおこなっていた。彼が着任したポストは、ボローニャ市民以外の人間に対して特別に用意されたものであった。次を参照。Simili, *Gerolamo Mercuriale lettore e medico a Bologna, Nota II* (Bologna, 1966), p. 6.

☆46——ひとつの学術領野として博物学が確立される過程は、天文学、数学、解剖学といった学問と似通った軌跡をたどっている。以下を見よ。Mario Biagioli, "The Social Status of Italian Mathematicians, 1450-1600," *History of Science* 27 (1989): 41-95; Robert Westman, "The Astronomer's Role in the Sixteenth Century: A Preliminary Study," *History of Science* 18 (1980): 105-147. 解剖学に関して、この界隈の事情を探った同種の研究書はまだないが、最近ではダニエル・ブラウンシュタインが当該テーマについて研究にとりくんでいる。

☆47——Aldrovandi, *Vita*, p. 27.

☆48——Sabbatani, "La cattedra dei semplici," p. 20.

☆49——ピサ大学の再編成については、次を参照。Nancy Siraisi, "Giovanni Argenterio and Sixteenth-Century Medical Innovation," *Osiris*, ser. 2, 6 (1990): 163-165.

☆50——一七世紀の末葉までには、植物園はさらにパレルモにも、ニッコロ・ジェルヴァージによって開設されている。植物園の開園をめぐる事情については多少の誤記が散見されるものの、以下の研究が概要をまとめている。P. A. Saccardo, "Contribuzioni alla storia della botanica italiana," *Malpighia* 8 (1894): 476-517; Chiarugi, "La date di fondazioni dei primi orti botanici del mondo," pp. 785-839. また以下の研究も見よ。Azzi Visentini, *L'orto botanico a Padova*; Tongiorgi Tomasi, "Il giardino dei semplici dello Studio pisano," in *Livorno e Pisa*; Baldacci, "Ulisse Aldrovandi e l'orto botanico di Bologna," in *Intorno alle vita e alle opere di Ulisse Aldrovandi*, pp. 161-172; Dollo, *Modelli scientifici e filisofici nella Sicilia spagnola*, pp. 149-151; Cesare de Seta, Gianluigi Degli Esposti e Cristoforo Masino, *Per una storia della farmacia e del farmacista in Italia. Sicilia* (Bologna, 1983), pp. 38-39, 42.

☆51——BUB, *Aldrovandi*, ms. 25, c. 304r.

☆52——Aldrovandi, *Vita*, p. 27.

☆53——Ongaro, "Contributi alla biografia di Prospero Alpini," p. 110.

☆54——BUB, *Aldrovandi*, ms. 70, cc. 13r, 41r. アンゲイッラーラはパドヴァ植物園の初代園長職を一五四六年から六一年まで務めている。

☆55——"Il Mattioli a gli studiosi lettori," in *I discorsi di M. Pietro Andrea Mattioli ne i sei libri della materia madicinale di Pedacio*

Dioscoride Anazarbeo (Venezia, 1557 ed.), n.p.

☆56——BUB, *Aldrovandi*, ms. 70, c. 62r.

☆57——Antonio Baldacci, "Ulisse Aldrovandi e l'orto botanico di Bologna," in *Intorno alla vita e alle opere di Ulisse Aldrovandi*, p. 4.

☆58——BCAB, s. XIX, B. 3803, c. 6v.

☆59——BUB, *Aldrovandi*, ms. 70, c. 13r. アルドロヴァンディによれば、人類はこれまで古代人と現代人の成果をあわせても、わずか二〇〇〇種あまりの植物しかカタログ化することができなかったのであるが、この数字を彼自身がコレクション活動を通じて凌駕したのだという。植物園の設立によって、そうした品種固定数の限界への挑戦が可能になったことを物語っている。*Discorso naturale*, pp. 182-183.

☆60——Valleri, "Le 22 lettere di Bartolomeo Maranta all'Aldorvandi," p. 770 (Molfetta, 9 Aprile 1570).

☆61——De Rosa, "Ulisse Aldrovandi e la Toscana," p. 213 (Bologna, 1 Settembre 1583). カサボーナは植物園に付設された「ガッレリア・ピサーナ」の初代館長であった。Tongiorgi Tomasi, "Inventario della galleria e attività iconografica dell'orto dei semplici dello Studio pisano tra Cinque e Seicento," *Annali dell'Instituto e Museo di Storia della Scienza di Firenze* 4 (1979): 22.

☆62——Aldrovandi, *Vita*, p. 19. アルドロヴァンディの弟子エフエラルト・ファン・フォルステンはアルドロヴァンディからの書簡を渡すために一五九六年に、ライデンのカルロス・クルシウスを訪ねている。

☆63——ASB, *Assunteria di studio. Requisiti dei lettori*, vol. I, n. 27.

☆64——BUB, *Aldrovandi*, ms. 143, Vol. III, c. 220v. チェザルピーノはギーニのあとを継いでピサ大学の単体薬学講座の教授になっている。

☆65——Nannizzi, "I lettori dei semplici nello Studio Senense," p. 49.

☆66——Aldrovandi, *Vita*, p. 26.

☆67——BUB, *Aldrovandi*, ms. 134, Vol. X, c. 2v; Tongiorgi Tomasi, "Inventario della galleria," pp. 21-27; idem, "Il giardino dei semplici dello studio pisano," in *Livorno e Pisa*, pp. 514-526.

☆68——Girolamo Porro, *L'Horto de i semplici di Padova* (Venezia, 1572), sig. +4v-5r.

☆69——ASB, *Assunta di Studio. Diversorum.*, tome 10, n. 6 (*Carte relative allo Studio Aldrovandi,* Bologna, 21 Ottobre 1606).

☆70——Chiarugi, "Le date di fondazione dei primi orti botanici del mondo," p. 826; Ermini, *Storia dell'Università del Perugia*, pp. 210, 288. あるいは、一七九〇年に記された、理論（theoria）と実践（practica）それぞれの講師たちの義務を規定した次の記述を引いてもよいかもしれない。同主題がどのように分割されたのかを理解する一助となるだろう。「単体薬物学の理論の講師は、植物園内にて、医学に関連する植物について語らなければならない。他方、実践の講師は、講義で示される植物の準備に意を尽くさなければならない」。

☆71——BUB, *Aldrovandi*, ms. 38(2), Vol. I, c. 260 (Mecerata, 25 Maggio 1555); De Toni, *Spigolature aldrovandiane* VII, pp. 511-512 (15 Novembre 1553).

☆72——BUB, *Aldrovandi*, ms. 38(2), Vol. IV, c. 19r (Roma, 27 Aprile 1565).

☆73——BUB, *Aldrovandi*, ms. 70, c. 14v; ASMo., *Archivo per le materie. Botanica. Naturalisti e Semplicisti*, f. 2 (Ferrara, 12 Settembre 1595).

☆74——この主題に関して、そのほかの地域を扱った比較可能な研究としては次を見よ。Alison Klairmont Lingo, *The Rise of Medical Practitioners in Sixteenth-Century France: The Case of Lyons and Montpellier* (Ph.D. diss., University of California, Berkeley, 1980) ; Charles Webster, ed., *Health, Medicine and Mortality in the Sixteenth Century* (Cambridge, 1979). 中世における免許付与のプロセスに関しては次を見よ。Vern L. Bullough, "Training of Nonuniversity-Educated Medical Practitioners in the Later Middle Ages," *Bulletin of the History of Medicine* 27 (1959): 446-458; Pearl Kibre, "The Faculty of Medicine at Paris, Charlatanism, and Unlicensed Medical Practices in the Later Middle Ages," *Bulltetin of the History of Medicine* 27 (1953): 1-20.

☆75——Aldrovandi, *Discorso naturale*, p. 203.

☆76——この点に関してはアンソニー・グラフトンに負っている。これら二機関の発展の全容を詳細に追った研究は次を見よ。Richard Palmer, "Physicians and the State in Post-Medieval Italy," in Andrew W. Russel, ed., *The Town and State Physician in Europe from the Middle Ages to the Enlightenment* (Wolfenbüttel, 1981), pp. 47-61.

☆77——医師協会に関する本書の議論は以下の研究から引いたものである。Carlo Cipolla, *Public Health and the Medical Profession in the Renaissance* (Cambridge, U.K., 1976), pp. 72-75. また以下も見よ。Richard Palmer, "Medicine at the Papal Court in the Sixteenth Century," in Vivian Nutton, ed., *Medicine at the Courts of Europe 1500-1837* (London, 1990), pp. 49-78.

☆78——一六世紀以前のイタリアにおける医療活動の概観については次を見よ。Katharine Park, *Doctors and Medicine in Early Renaissance Florence* (Princeton, 1985).

☆79——ASVer., *Arte Speziale*, vol. 26, c. 19v; vol. 31, c. 94r et passim; Belloni Speciali, "La ricerca botanica dei Lincei a Napoli," p. 75.

☆80——Rota Ghibaudi, *Ricerche su Lodovico Settala*, p. 40. セッターラはまた、一六三〇年にミラノの衛生局の理事の一人であった。このポストのおかげで、医療活動のさらに別の側面を規制する権威を手に入れている。Cipolla, *Public Health*, p. 37. ゲスナーについては次を参照。Mario Maragi, "Corrispondenze mediche di Ulisse Aldrovandi coi paesi germanici," *Pagine di storia della medicina* 13 (1969): 106.

☆81——Goodman, *Power and Penury*, pp. 222-229; John Tate Lanning, *The Royal Protomedicato: The Regulation of the Medical Profession in the Spanish Empire*, John Jay Tepaske ed. (Durham, NC, 1985); and L. De Rosa, "The 'Protomedicato' in Sourthen Italy: XVI-XIX Centuries," *Annales cisalpines d'histoire sociale*, ser. 1, 4 (1973): 103-117.

☆82——主席医師職に関する包括的な議論は次を見よ。Palmer, "Physicians and the state in post-medieval Italy," pp. 57-59. ボローニャの事例については次を参照。Giuseppe Olmi, "Farmacopea antica e medicina moderna: la disputa sulla Teriaca nel Cinquecento Bolognese," *Physis* 19 (1977): 277; Edoardo Rosa, "La teriaca panacea dell'antiquita approda all'Archiginnasio," in *L'Archiginnasio: Il Palazzo, l'Università, la Bibliotheca*, Giancarlo Roversi, ed. (Bologna, 1987), Vol. I, pp. 327-328. トスカーナ地方については次を参照。A. Garosi, "Medici, speziali, cerusici e medicastri nei libri del protomedicato senese," *Bulletino senese di storia patria*, n.s. VI, 42 (1935): 1-27; idem, "I protomedici del Collegio di Siena dal 1562 al 1808," *Bulletino senese di storia patria*, n.s. IX, 45 (1938): 173-181.

☆83——Aldrovandi, *Vita*, p. 16.

☆84——BUB, *Aldrovandi*, ms. 70, c. 14v.

☆85——ASVer., *Arte Speziali*, n. 26, c. 12r.

☆86——Francois Prevet, *Les statuts et règlements des apothicaires* (Paris, 1950), Vol. V, p. 1142. ここで記しておきたい興味深い点は、医療免許の公布事情ならびに医学部カリキュラムの変化の過程が、フランスとイタリアでは驚くほど似通っている、という事実である。アリソン・リンゴが述べているように、薬種商に対する免許発布制度は、モンペリエでは一五七二年に始まった。医学部に植物学講座が開設されてまだ一〇年と経たぬ早さである。モンペリエ大学医学部長であったローレン・ジュベール（Laurent Joubert）のもとで、医学教育と医療実践の再編成がおこなわれているが、これはボローニャ大学でアルドロヴァンディの指導のもとにおこなわれた改革をそっくり再現するものであった。次を参照。Lingo, *The Rise of the Medical Practitioners in Sixteenth-Century France*, pp. 68, 132-134, 145.

☆87——BEst., Mss. Campori, y.Y. 5.50 (APP. 1694), c. 9v.

☆88——Giovan Antonio Lodetto, *Dialogo de gl'inganni d'alcuni malvagi speciali* (Venezia, 1572), p. 19. 私がボローニャ大学図書館（BUB）で参照した本書のコピーは、アルドロヴァンディの個人蔵書であった。このことは、アルドロヴァンディが実践的な応用方法の発展に意を砕いていたことを示すものである。それは、ボローニャ大学やその他の医学教育プログラムが輩出しつつあった、新しいカリキュラムで教育を受けた医師たちの用途に資するためであった。

☆89——Siena, *Biblioteca Comunale degli Intronati*, ms. 116, A IV, 7, cc. 32v-35v; Prevet, *Les status et reglements des apothicaires*, Vol. VII, p. 1653 (20 Ottobre 1568).

☆90—— Siena, *Biblioteca Comunale degli Intronati*, ms. 116, A IV, 7, cc. 33r; ASVer., *Arte Speziale*, n. 26, c. 13r; ASB, *Archivo dello studio bolognese. Collegi di medicina e d'arti. Nucleo attuario*, ms. 248, tome V (Atto delli speziali dell'Arte, 15 Aprile 1573); BUB, *Aldrovandi*, ms. 70, c. 52v.

☆91——Olmi, "Farmacopea antica e modicina moderna," p. 224. 解毒剤調剤法は、シチリアでは一六三七年まで刊行されず、ミラノでも一六六八年まで現われなかった。次を参照。Dollo, *Modelli Scientifici e Filosofici nella Sicilia spagnola*, pp. 152-155; Luigi Belloni, "La medicina a Milano," in *Storia di Milano* (Milano, 1958), Vol. XI, p. 693.

☆92——ASVer., *Arte Speziale*, n. 26, c. 13r.

☆93——Prevet, *Les statuts et reglements des apothicaries*, pp. 1659-1660 (1 Aprile 1618). フィオラヴァンティは、製薬に古びた材料を用いることが、しばしば効能の減退に通じると推測している。すなわち、「このうえない単体薬物は、店先に置かれていると変質をきたす」。次を見よ。"Perche sono infiniti semplici, che stanno nelle botteghe, mutano qualità"; Fioravanti, *De' capricci medicinali* (Venezia, 1573), p. 41r.

☆94——Lodetto, *Dialogo*, p. 21r.

☆95——ASMo., *Archivo per le materie. Botanica. Naturalisti e semplicisti* (Dalle stanza della catellina [Ferrara], 12 Settembre 1595).

☆96——De Toni, *Spigolature aldrovandiane* III, p. 11.

☆97——マランタによる、インペラートの「素晴らしきミルラ」への称讃を見よ。Maranta, *Della theriaca et del mithridato* (Venezia, 1572), p. 92. カール・ダンネンフェルトは、単体薬物の同定にまつわる典型的な混乱の事例を次の論文で考察している。Karl Dannenfeldt, "Egyptian Mumia: The Sixteenth Century Experience and Debate," *The Sixteenth Century Journal* 16 (1985): 163-180.

☆98——Anna Foa, "The New and the Old: The Spread of Syphilis (1494-1530)," in *Sex and Gender in Historical Perspective*, Edward Muir and Guido Ruggiero, eds. (Baltimore, 1991), pp. 26-45; and Robert S. Munger, "Guaiacum, the Holy Wood from the New World," *Journal of the History of Medicine and Allied Sciences* 4 (1949): 196-229. 古代の医薬を現代のもので代用しようとする似たような試みについては、次を見よ。Karl H. Dannenfeldt, "The Introduction of a New Sixteenth Century Drug: Terra Silesiaca," *Medical History* 28 (1984): 174-188.

☆99——BANL, *Archivo Linceo*, ms. 18, c. 10r (San Candriglia, 5 Febbraio 1603).

☆100——Fioravanti, *Dello specchio di scientia universale* (Venezia, 1564), pp. 35v-36r.

☆101——Antonio Bertioli, *Delle consideratione di Antonio Berthioli spora l'olio di scorpioni dell'eccellentissimo Matthioli* (Mantova, 1585), p. 8; Tergolina-Gislanzoni-Brasco, "Francesco Calzolari," p. 9. ドン・アントニオ・メディチは、サン・マルコ工房に由来するノートの中で、「マッティオーロの抗毒油」の製法を記載している。次を参照。BNF, *Magl.* XVI, 63, vol. I, ff. 105-108. 医師のジローラモ・ドンツェッリーノは同薬を推奨して、伝染性熱病を抑える外用薬として用いるように指示している。これは、内服薬としてのテリアカ薬とは対照的である。次を参照。Linda Redmond, *Girolamo Donzellino, Medical Science and Protestantism in the Veneto* (Ph.D. diss., Stanford University, 1984), pp. 94-95. 古代薬学の回復に対してマッティオーリが抱いていた悲観主義についての議論は次を参照。Thorndike, *A Hisotry of Magic and Experimental Science*, Vol. VI, p. 225; Palmer, "Pharmacy in the Republic of Venezia," p. 100ff.

☆102——このブロードシートは以下に翻刻されている。Marco Ferrari, "I secreti medicinali," in *Cultura popolare nell'Emilia Romagna. Medicina, erbe e magia*, p. 87.

☆103——ASMo., *Archivo per materie. Storia naturale. Naturalisti e semplicisti* (1579).

☆104——Aldrovandi, *Discorso naturale*, p. 203.

☆105——In Neviani, "Ferrante Imperato," p. 75 (Venezia, 16 Febbraio 1598).

☆106——BUB, *Aldrovandi*, ms. 6, Vol. I, cc. 5v-6r; ms. 136, Vol. XI, cc. 66v-67r.

☆107——In Bruno Accordi, "The Musaeum Calceolarium of Verona Illustrated in 1622 by Ceruti and Chiocco," *Geologia Romana* 16 (1977): 39. また次も参照。Andrea Bacci, *L'Alicorno*.

☆108——Simili, "La pietra 'bezoar' in una relazione inedita dell'Aldrovandi e del Fonseca," *Atti del XVI Congresso Nazionale della Società Italiana di Storia della Medicina* (Bologna-Ravenna, 1959), pp. 401-402. また次も参照。Francesco Pona, *L'Amalthea overo della pietra bezoar orientale* (Venezia, 1626).

☆109——Giovan Paolo e Antonio Bertioli, *Breve avviso del vero balsamo, theriaca et mithridato* (Mantova, 1596), pp. 5, 9.

☆110——Palmer, "Pharmacy in the Republic of Venezia," pp. 109-110; Nicolo Monardes, *Delle cose che vengono portate dall'Indie Occidentali*, Trad. it. (Venezia, 1584), p. 15.

☆111——Giovanni Nardi, *Due lettere sopra il balsamo* (n.p., 1639), sig. A2r-A3v.

☆112——Cesare de Seta, Gianluigi Degli Esposti, e Cristoforo Masino, *Per una storia della farmacia e del farmacista in Italia. Sicilia*, pp. 55, 57.

☆113——Stelliora, *Theriace et mithridatia Nicolai Stelliolae Nolani libellus* (Napoli, 1577); Belloni Speciali, "La ricerca botanica dei Lincei a Napoli," in Lomonaco e Torrini, *Galileo e Napoli*, pp. 76-77; De Toni, "Il carteggio degli italiani col botanico Carolo Clusio," pp. 161-162 (Verona, 8 Agosto 1606).

☆114——ASVer., *Arte Speziali*, n. 26, c. 13v.

☆115——Bertioli, *Breve avviso*, p. 5.

☆116——ASMo., *Archivo per le materie. Botanica. Naturalisti e semplicisti* (Dalle stanze della Castellina, 12 Settembre 1595), f. 1.

☆117——BUB, *Aldrovandi*, ms. 70, c. 18v.

☆118——Cermenati, "Francesco Calzolari," pp. 114-115 (9 Febbraio e 3 Marzo 1561).

☆119——*Lettera di M. Francesco Calceolari Spetiale al segno della Campana d'Oro*, in *Verona, Intorno ad alcune menzogne & colonnie date alla sua Theriaca da certo Scalcina Perugino* (Cremona, 1556), sig. Br.; Tergolina-Gislanzoni-Brasco, "Francesco Calzolari," p. 8.

☆120——Calzolari, *Il viaggio di Monte Baldo*, p. 4; Fioravanti, *De' capricci medicinali*, p. 259.

☆121——Prospero Borgarucci, *Della fabrica de li speziali* (Venezia, 1566), p. 400; Cermenati, "Francesco Calzolari," p. 118 (Verona, 18 Gennaio 1568); Palmer, "Pharmacy in the Republic of Venezia," p. 109. 一五六一年および一五六六年のテリアカ薬に関する記録は以下で見ることができる。ASVer., *Antico Archivio del Comune*, Reg. 610 (Minutes of the College of Physicians 1469-1569), ff. 197v, 221r-v. カルツォラーリのテリアカ薬の陳列室に関しては次を見よ。Tergolina-Gislanzoni-Brasco, "Francesco Calzolari," p. 12.

☆122——Calzolari, *Lettera*, sig. B. 2r.

☆123——Ibid., sig. Bv, B.3v-B.4r. 証明書の類は *Lettera* の巻末に収載されている。シェイピンとシェーファーが提唱した「ヴァーチャルな立証」の概念についての詳しい議論は第5章を参照。

☆124——Mattioli, *Discorsi*, pp. 7, 12.

☆125——Calzolari, *Lettera*, sig. Dv-D.2r.

☆126——Mattioli, *Discorsi* (Venezia, 1565 ed.), VI. 40, in Tergolina-Gislanzoni-Brasco, "Francesco Calzolari," p. 8.

☆127——Fabrizio Cortesi, "Alcune lettere di Giovanni Pona," *Annali dei botanica* 6 (1908): 424 (Verona, 19 Marzo 1625). これらはカルツォラーリ本人の言葉ではなく、ヴェローナの別の薬種商／蒐集家の口から出たものであるが、ここに発露している感情は、カルツォラーリの心情を代弁するのにふさわしいものであろう。

☆128——Mattioli, *Discorsi*, p. 684. 偽医師についてのさらなる議論は次を参照。Lingo, "Empirics and Charlatans in Early Modern France," *Journal of Social History* 20 (1986): 588; Camporesi, "Speziali e ciarlatani," in *Cultura popolare nell'Emilia Romagna*,

Medicina, erbe e magia, pp. 137-159.

☆129——Calzorlari, *Lettera*, sig. A.4v.

☆130——Cermenati, “Francesco Calzolari,” p. 117 (Verona, 18 Gennaio 1568).

☆131——Ibid., p. 121 (Verona, 20 Novembre 1571).

☆132——In Olmi, “Molti amici in varii luoghi,” p. 15.

☆133——アルベルギーニはボローニャ大学の医学教授であった人物。哲学（一五三三年から三八年）、医学理論（一五三九年から四三年、一五四五年から六二年）、臨床医学（一五七四年から八七年）をそれぞれ教えている。以下を参照。Dallari, *I rotuli...dello studio bolognese*, Vol. II.

☆134——Aldrovandi, *Vita*, p. 16; Rosa, “La teriaca panacea dell’antichità approda all’Archiginnasio,” pp. 328-330.

☆135——BUB, Aldrovandi, ms. 70, cc. 17v-18r.

☆136——Vallieri, “Le 22 lettere di Bartolomeo Maranta all’Aldrovandi,” p. 752 (Napoli, 23 Gennaio 1558); Cermenati, “Francesco Calzolari,” p. 107 (Verona, 10 Settembre 1558), p. 114 (Verona, 6 Febbraio 1561); BUB, *Aldrovandi*, ms. 38(2), Vol. I, c. 253 (Napoli, 10 Luglio 1573); Neviani, “Ferrante Imperato,” p. 66 (Napoli, 10 Luglio 1573).

☆137——BUB, *Aldrovandi*, ms. 70, c. 32v.

☆138——Aldrovandi, *Vita*, p. 17.

☆139——BUB, *Aldrovandi*, ms. 70, cc. 22r, 25v. テリアカ薬をめぐる議論においてタリアコッツィが果たした役割については次を参照。Teach Gnudi and Webster, *The Life of Gaspare Tagliacozzi*, pp. 67-75.

☆140——BUB, *Aldrovandi*, ms. 70, c. 26.

☆141——Aldrovandi, *Vita*, p. 18; idem, *Discorso naturale*, pp. 201-202, 218; Olmi, “Farmacopea antica e medican moderna,” p. 228.

☆142——Olmi, “Falmacopea antica,” p. 221. 衛生局を連環させようとする試みについての議論は次を見よ。Cipolla, *Fighting the Plague in Seventeenth-Century Italy*, pp. 19-50.

☆143——Lodetto, *Diagolo de gl’inganni d’alcuni malvagi speciali*, p. 11v.

☆144——Aldrovandi, *Vita*, p. 20. また次も参照。BUB, *Aldrovandi*, ms. 21, Vol. III, c. 133v.

☆145——Rosa, “La teriaca panacea dell’antichità,” p. 334; BUB, *Aldrovandi*, ms. 21, Vol. III, c. 135.

☆146——Aldrovandi, *Vita*, p. 20.

☆147——BUB, *Aldrovandi*, ms. 97, c. 372v (Bologna, 19 Settembre 1576).

☆148——アルドロヴァンディは占星術的な日時の重要性（「太陽が牡牛座にあるとき」）については明言していないが、これがテリアカ薬の調合をめぐる高度なシンボリズムを喚起させるシグナルであったことはまちがいないだろう。

☆149——Aldrovandi, *Vita*, pp. 21-22; BUB, *Aldrovandi*, ms. 21, Vol. III, cc. 133-183; ASB, *Archivo dello Studio Bolognese. Collegi di medicina e d'arti. Nucleo Antico*, ms. 197. *Misc. Protomedicatus 1559-1600* (1 Luglio 1575).

☆150——ASB, *Archivio dello Studio Bolognese. Collegi di medicina e d'arti. Nucleo Antico*, ms. 218. *Libro segreto dall'anno 1575 al 1594*, c. 3r (9 Luglio 1575); Aldrovandi, *Vita*, p. 22.

☆151——BUB, Cod. 596-EE, n. 1, c. 2v (Bologna, 9 Aprile 1576).

☆152——Aldrovandi, *Vita*, pp. 23-24. 証言集のコピーは次を参照。 BUB, *Aldrovandi*, ms. 21, Vol. IV, cc. 348-355. カルダーノの意見は次に収録されている。 Simili, *Gerolamo Cardano lettore e medico a Bologna*, p. 124.

☆153——BUB, *Aldrovandi*, ms. 21, Vol. IV, c. 348r (Napoli, 10 Dicembre 1575).

☆154——BUB, *Aldrovandi*, ms. 70, c. 20v. 広場がにせ医者の活動拠点であったことについては次を見よ。 Camporesi, *La miniera del mondo*, p. 274.

☆155——ASB, *Archivio dello Studio Bolognese*, ms. 197. *Misc. Protomedicatus 1559-1600*, n. p. (1 Luglio 1575).

☆156——BUB, *Aldrovandi*, ms. 97, c. 353v (Bologna, 9 Marzo 1577).

☆157——Aldrovandi, *Vita*, p. 24. 一五七七年五月に発布された教皇大勅書の詳細については、次を参照。 Aldo Andreoli, "Ulisse Aldrovandi e Gregorio XIII," *Strenna storica bolognese* 11 (1961): 11-19; idem, "Un inedito Breve di Gregorio XIII a Ulisse Aldrovandi," *Atti e memorie dell'Accademia Nazionale di scienze, lettere e arti. Modena*, ser. 6, 4 (1962): 133-149.

☆158——Pisanelli, *Discorso sopra la peste* (Roma, 1577), in Olmi, "Farmacopea antica e medicina moderna," p. 206 (see footnote 40). ピサネッリはボローニャ大学にて医学理論を教えた（一五五九年から六二年）人物。

☆159——BUB, *Aldrovandi*, ms. 136, Vol. XIX (1592-1593), c. 152v (Parma, n.d.).

☆160——Redmond, *Girolamo Donzellino*, pp. 59-123; また次も参照。 Giuseppe Valdagno, *De theriaca usu in febribus pestilentibus* (Brescia, 1570); Vincenzo Calzaveglia, *De theriaca abusu in febribus pestilentibus* (Brescia, 1570); Girolamo Donzellino, *De natura, causis, et legitime curatione febris pestilentis...in qua etiam de theriacae natura ac viribus latius disputatur* (Venezia, 1570); idem, *Libri de natura, causis, et legitima curatione de febris pestilentibus* (Venezia, 1571); idem, *Eudoxi Philalethis adversus calumnias et sophismatat cuiusdam personati, qui se eu androphilacten nominavit. Apologia* (Verona, 1573).

☆161——Stelliola, *Theriaca et mithridatia libellus*, esp. p. 15; Quattrami, *Tractatus perutilis atque necessarius ad theriacum, mitridaticamque*

(Ferrara, 1597). アンドレア・バッチは自著（*De dignitate theriacae* [Bologna, 1583]）をオッドに宛てている。

☆162——Thorndike, *A History of Magic and Experimental Science*, Vol. V, pp. 470-471.

☆163——Kircher, *Magneticum naturae regnum* (Amsterdam, 1667), p. 61. この出来事は以下の著作でも論じられている。Idem, *China Illustrata*; Petrucci, *Prodomo apologetico*.

☆164——*Francesco Redi on Vipers*, p. 27. これらの出来事に関するさらに詳しい議論は次を見よ。Tribby, "Cooking (with) Clio and Cleo."

☆165——Redi, *Experienze intorno a diverse cose naturali*, p. 153.

☆166——Pomian, *Collectors and Curiosities*, p. 101.

第７章　蒐集家の発明／創出

☆1——Paul Lawrence Rose, "Jacomo Contarini (1536-1595), a Venetian Patron and Collector of Mathematical Instruments and Books," *Physis* 18 (1976): 120.

☆2——In Thomas Greene, "The Flexibility of the Self in Renaissance Literature," in *The Disciplines of Criticism: Essays in Literature, Theory, Interpretation and History* (New Haven, CT, 1968), p. 248. また次も参照。Stephen Greenblatt, *Renaissance Self-Fashioning from More to Shakespeare* (Chicago, 1980).

☆3——このプロセスに関して、チューダーおよびステュアート朝期のイングランドを論じた興味深い論考としては次を参照。Patricia Fulmerton, *Cultural Aesthetics: Renaissance Literature and the Practice of Social Ornament* (Chicago, 1991).

☆4——Montaigne, *Essais*, II, in Paul Delany, *British Autobiography in the Seventeenth Century* (London, 1969), p. 12.

☆5——Frank Whigham, *Ambition and Privilege: The Social Tropes of Elizabethan Courtesy Theory* (Berkeley, 1984), p. 186. その新奇さをどこに置くか、という点についての私の議論は、それを個人の性格の「与えられた」ものから「獲得された」ものへの変化とみなすウイッガム（Whigham）のものとは異なっている。

☆6——この過程を手短にまとめた論考としては次を参照。Defert, "The Collection of the World," pp. 11-20.

☆7——Grafton, *Defenders of the Text*, p. 103. ジェイ・トリビーもまた、人文主義を発明／創出的な言説（inventive discourse）とみなす議論を展開している。彼の以下の小論を参照。Jay Tribby, "Body / Building," "Cooking (with) Clio and Cleo"; "Of Conversational Dispositions and the *Saggi*'s Proem," in Elizabeth Cropper, Giovanna Perini, and Francesco Solinas, eds., *Documentary Culture: Florence and Rome from Grand-Duke Ferdinand I to Pope Alexander VII* (Bologna, 1992), Villa Spellman Colloquia, vol.

3, pp. 379-390..

☆8——Biagioli, “The Social Status of Italian Mathematicians, 1450-1600,” pp. 48-49. 非エリート階級における初期近代のアイデンティティの概念、ならびにアルノー・デュ・ティル（Arnaud du Tilh）のいかさま師ぶりについては次を参照。Natalie Zemon Davis, *The Return of Martin Guerre* (Cambridge, MA, 1983).

☆9——In Peter Burke, *The Italian Renaissance: Culture and Society in Italy* (Princeton, 1986), p. 76 (13 Ottobre 1506).

☆10——この点については、筆者は以下の研究の議論に賛意を示したい。Natalie Zemon Davis, “Boundarires and the Sense of Self in Sixteenth-Century France,” in *Reconstructing Individualism: Autonomy, Individuality, and the Self in Western Thought*, Thomas C. Heller, Morton Sosna, and David E. Wellbery, eds. (Stanford, 1986), p. 53.

☆11——Erasmus, *In Praise of Folly* (1511), in David Quint, *Origin and Originality in Renaissance Literature: Versions of the Source* (New Haven, CT, 1983), p. 12.

☆12——アイデンティティの確立にさいしてブリコラージュの手法を用いることに関しては、次の文献でも議論されている。Biagioli, *Galileo Courtier*; Shapin, “A Scholar and a Gentleman.”

☆13——このほかにも「競合」（aemulatio）のような関連するカテゴリーがあるが、ここでは議論を明確にするために、形式のジャンルに関する議論を単純化して述べてある。

☆14——Thomas M. Greene, *The Light in Troy: Imitation and Discovery in Renaissance Poetry* (New Haven, CT, 1982), p. 151.

☆15——Timothy Hampton, *Writing from History: The Rhetoric of Exemplarity in Renaissance Literature* (Ithaca, NY, 1990), pp. 3-4. 次も参照。John D. Lyons, *Exemplum: The Rhetoric of Example in Early Modern France and Italy* (Princeton, NJ, 1989).

☆16——Copenhaver, “The Historiography of Discovery in the Renaissance: The Source and Composition of Polydore Vergil’s *De inventoribus Rerum*, I-III,” *Journal of the Warburg and Courtauld Institutes* 41 (1978): 192-214; Denys Hay, *Polydore Vergil: Renaissance Historian and Man of Letters* (Oxford, 1952), pp. 52-78.

☆17——Evelyn, *Numismatica* (London, 1697), p. 282, in Murray, *Museums: Their History and Their Use*, Vol. I, p. 171. これはまた、アダルジーザ・ルーリが提唱した「作者」としての蒐集家というイメージをも追認するものである。次を参照。Adalgisa Lugli, “Inquiry as Collection,” p. 69.

☆18——BUB, *Aldrovandi*, ms. 70, c. 26v; ms. 136, Vol. XXV, c. 157.

☆19——Zirka Zaremba Filipczak, *Picturing Art in Antwerp 1550-1700*, p. 31. また次も参照。Bolzoni, “Parole e immagini per il ritratto di un nuovo Ulisse: l’ ‘invenzione’ dell Aldrovandi per la sua villa di campagna,” in Cropper, *Documentary Culture*, pp. 326-330. 本

章を通じて展開する、発明／創出（inventio）の概念をめぐる私の議論は、当該主題に関するリナ・ボルツォーニの秀抜このうえない研究に多くを負っている。

☆20——In Bolzoni, "L' 'invenzione' dello Stanzino di Francesco I," p. 261.

☆21——Ovidius, *Metamorphoses*, Mary M. Innes, trans. (Harmondsworth, Middlesex, U. K., 1955), pp. 50, 80. ルネサンス期の図像学におけるナルキッソスについて、さらに詳しい議論は次を参照。Cristelle, Baskins, "Echoing Narcissus in Alberti's *Della Pittura*," *Oxford Art Journal* (1993, in Press).

☆22——Greene, "The Flexibility of the Self," p. 260.

☆23——Della Porta, *Della fisonomia dell'uomo*, Mario Cicognani, ed. (Parma, 1988), p. 62.

☆24——Fragnito, *In museo e in villa*, pp. 196, 198; Ambr., Cod. Z.388 sup, f. 79; Petrucci, *Prodomo apologetico*, p. 79.

☆25—— Della Porta, *Della fisonomia dell'uomo*, p. 62.

☆26——Horace, *Epistels* I. 1, 90, in Greene, "The Flexibility of the Self," p. 247 (n.9).

☆27——Pico della Mirandola, *Oration on the Dignity of Man*, in Kristeller, Cassirer, and Randall, *The Renaissance Philosophy of Man*, pp. 224-225.

☆28——Edgar Wind, *Pagan Mysteries in the Renaissance* (New Haven, CT, 1958), p. 158. 次の文献でもピコの『尊厳』を分析している。Greene, "The Flexibility of Self," pp. 242-243.

☆29——In Edmund Goldsmid, ed. and trans., *Un-Natural History, or Myth of Ancient Science* (Edinburgh, 1886), Vol. III, p. 11.

☆30——Pico, *Oration*, in Kristeller, Cassirer, and Randall, *The Renaissance Philosophy of Man*, p. 225.

☆31——Jean-Claude Brunon, "Protée et Physis," *Baloque* 12 (1987) : 15-22.

☆32——De Sepi, pp. 38, 46.

☆33——Brunon, "Protée et Physis," p. 21.

☆34——Georges Gusdorf, "Conditions and Limits of Autobiography," in James Olney, ed., *Autobiography: Essays Theoretical and Critical* (Princeton, NJ, 1980), p. 32.

☆35——BUB, *Aldrovandi*, ms. 99, c. 40v. この点は次の研究においても議論されている。Mario Fanti, "La villeggiatura di Ulisse Aldrovandi," *Strenna storica bolognese* 8 (1958): 30; Bolzoni, "Palore e immagini," p. 341.

☆36——Bolzoni, "Palore e immagini," p. 337.

☆37——Cardano, *The Book of My Life*, p. 49. なお「汝自身を知れ」の箇所は訳文を変更してある。

☆38——Gabrieli, *Contributi*, Vol. I, p. 753.

☆39——Scarabelli, *Museo o galleria adunata dal sapere*, p. 1.

☆40——Legati, *Museo Cospiano*, p. 213.

☆41——Bolzoni, "L' 'invenzione' dello Stanziono di Francesco I," p. 282.

☆42——PUG, *Kircher*, ms. 564 (X), f. 181v (n.p., 4 August 1663).

☆43——Van Den Abbeele, *Travel as Metaphor*, p. xv.

☆44——Bolzoni, "Palore e immagini," p. 317.

☆45——Homer, *The Odyssey*, Walter Shewring, trans. (Oxford, 1980), p. 1; Castiglione, *The Book of the Courtier*, p. 331. その核心において、アルドロヴァンディの冒険旅行を定義するのは、「かくも名高きウリッセスは」(Sic notus Ulysses?) というウェルギリウスの問いである。

☆46——Fletcher, "Kircher and Duke August of Wolfenbüttel," in *Casciato*, p. 283. 初期近代ドイツの文化に、ホメロスがどれほどの影響を与えたのかについては、次の研究を参照。Thomas Bleicher, *Homer in der deutchen Literatur (1450-1740)* (Stuttgart, 1972).

☆47——Fragnito, *In museo e in villa*, p. 197; George W. Robinson, ed. And trans., *Autobiography of Joseph Scaliger* (Cambridge, MA, 1927), p. 31. スカリジェが自伝を執筆するにあたって、自身のアイデンティティを学者として造形していった点についての議論は、次を参照。Anthony Grafton, "Close Encounters of the Learned Kind: Joseph Scaliger's Table Talk," *American Scholar* 57 (1988): 581-588.

☆48——Aldrovandi, *Vita*, p. 5.

☆49——彼が兄弟や甥に宛てた「慰問書簡集」を参照。BUB, *Aldrovandi*, ms. 91, cc. 417-428, ms. 97, cc. 339-345, ms. 150.

☆50——BUB, *Aldrovandi*, ms. 99, c. 2r, in Fanti, "La villeggiatura di Ulisse Aldrovandi," p. 27. Bolzoni, "Palore e immagini," p. 328.

☆51——Aldrovandi, *Vita*, pp. 6-7.

☆52——Homer, *Odyssey*, p. 131.

☆53——BUB, *Aldrovandi*, ms. 99, in Fanti, "La villeggiatura di Ulisse Aldrovandi," p. 29.

☆54——Ibid., p. 27.

☆55——Ibid., p. 32. このテーマについて、一六世紀のほかの人文主義者たちの活動を論じた魅力的な論考は、次を参照。Fragnito, "Il ritorno in villa," *In museo e in villa*, pp. 65-108.

☆56——すべての作品について以下の論文が議論をおこなっている。Fanti, "La villeggiatura di Ulisse Aldrovandi," pp. 35-36. 同論文には各肖像画の下に付されていた銘文が採録してある。また次も参照。Bolzoni, "Parole e immagini," pp. 346-347.

☆57——Kenseth, *Age of the Marvelous*, pp. 329-330, 333. 次も参照。Lavinia Fontana, *Portrait of the Daughter of Pedro Gonzales* (ca. 1583), in the Pierpont Morgan Library, New York.

☆58——Aldrovandi, *Ornithologia* (Bologna, 1602), n.p. 一五九九年および一六〇二年の両方のイメージについて、以下の研究が簡潔に論じている。Diane DeGrazia Bohlin, *Prints and Related Drawings by the Carracci Family* (Washington, DC, 1979), pp. 334-335. 両イメージとも、アルドロヴァンディの助手であり後継者でもあったヨーハン・コルネリウス・ウターヴェエルのサインが記してあって、この人物がそれぞれのイメージを作成するさいに与って力のあったことは明らかである。またジョヴァンニ・ヴァレーショ（一五七九年頃—一六三三年）はボローニャの画家。

☆59——この点はボルツォーニも同様に指摘している。次を参照。Bolzoni, "Palore e immagini," p. 329-330.

☆60——この絵をめぐる議論は次を参照。Fanti, "La villeggiatura di Ulisse Aldrovandi," pp. 36-38; Giuseppe Olmi and Paolo Prodi, "Art, Science, and Nature in Bologna circa 1600," in *The Age of Corregio and Carraci: Emilian Painting of the Sixteenth and Seventeenth Centuries* (Washington, DC, 1986), pp. 213-236. 問題の絵画は同書の二六一項から二六二項にかけて採録され、作者の同定がなされている。

☆61——Bohlin, *Prints and Related Drawings by the Carracci*, p. 334; Olmi and Prodi, "Art, Science, and Nature," p. 229. カラッチが作成したのはアルドロヴァンディの図像であって、その周囲の枠については、ボーリンの説によれば、ジョヴァンニ・ヴァレーショが担当した。アルドロヴァンディを描いた、現在ベルガモのカッラーラ美術館が所蔵している油彩画もアゴスティーノ・カラッチ（一五八四頃—八六年）に帰されている。

☆62——Giacomo Antonio *Buoni, Del terremoto* (Modena, 1572), p. 45r.

☆63——Aldrovandi, *Discorso naturale*, pp. 208, 210. アルドロヴァンディが新世界対して抱いた興味に関しては、次の研究が詳細に論じている。Mario Cermenati, "Ulisse Aldrovandi e l'America," *Annali di botanica* 8 (1906): 3-56.

☆64——BUB, *Aldrovandi*, ms. 21, Vol. II, c. 580. この点は次の著作も論じている。Tugnoli Pattaro, *Metodo e sistema delle scienze nel pensiero di Ulisse Aldrovandi*, p. 91.

☆65——BUB, *Aldrovandi*, ms. 66, c. 361r (Bologna, 12 November 1576).

☆66——このエピソードに関するさらなる議論は次を参照。Goodman, *Power and Penury*, pp. 234-238.

☆67——BUB, *Aldrovandi*, ms. 21, Vol. II, c. 12 (Bologna, n.d.).

☆68——この点についてはすでに第4章で議論した。次を参照。BUB, *Aldrovandi*, ms. 21, Vol. IV, c. 170r (Bologna, 29 Agosto 1595); Galluzzi, "Il mecenatismo mediceo e le scienze," p. 199.

☆69——BUB, *Aldrovandi*, ms. 21, Vol. IV, c. 49r.

☆70——Lorenzo Crasso, *Elogi d'huomini letterati* (Venezia, 1666), Vol. I, pp. 135, 137.

☆71——クラッソは、バルベリーニがアルドロヴァンディを詠んだ詩を三作、同書中で採録している。次を参照。Ibid, pp. 137-138. この詩は彼による次の著作にも収められている。*Poemata* (Roma, 1631), pp. 186, 215-216. リナ・ボルツォーニはバルベリーニを指して、「新たなオデュッセウス」にとっての「新たなホメロス」の役割を果たした人物、と述べている。"Parole e immagini," p. 318.

☆72——この点によく合致するのが、クシシトフ・ポミアンの「記号保持体」（semiophore）としてのミュージアムというイメージである。

☆73——BANL, Archivio Linceo, ms. 4, in Gabrieli, *Contributi*, Vol. I, p. 678. ヴィッラに関するこのイメージは、以下の研究が提示したイメージのひとつと合致する。Fragnito, *In museo e in villa*.

☆74——『ヴィッラ』（*Villae...libri XII*, Frankfurt, 1592）を上木する以前に、デッラ・ポルタはこの農業百科全書のうち二つのセクションを出版している。*Suae villae pomarium* (Napoli, 1583); *Suae villae olivetum* (Napoli, 1584).

☆75——Gabrieli, *Contributi*, Vol. I, pp. 678, 680. また次も参照。Louise George Clubb, *Giambattista Della Porta Dramatist* (Princeton, 1965), pp. 4-7, 19-20.

☆76——エンブレムに関しては膨大な先行研究があり、文献の数は今なお増え続けている。本研究にもっとも関連が深いものに以下のものがある。Ashworth, "Natural History and the Emblematic World View"; Wolfgang Harms, "On Natural History and Emblematics in the Sixteenth Century," in Allan Ellenius, ed., *The Natural Sciences and the Arts*, Acta Univrsitatis Upsaliensis, Figura Nova, vol. 22 (Uppsala, 1985), pp. 67-83.

☆77——自然哲学者たちはいかにして、自らがもてるエンブレム造形の技量を駆使することで、パトロンたちとのあいだに寓意的な関係を築きあげることに成功したのか、という点に関する興味深い事例研究としては次を参照。Mario Biagioli, "Galileo the Emblem Maker," *Isis* 81 (1990): 230-258.

☆78——Gabrieli, *Contributi*, Vol. I, p. 754; Vol. II, pp. 1664, 1670. ガブリエーリは、アルドロヴァンディもまた大山猫を論じるにあたって同じモットーを用いていることを注記しており、小カメラリウスの『動物エンブレム集』（*Emblemata animalia*）がその共通の源泉であると推測している。デッラ・ポルタのケースでは、この大山猫のイメージがカメラリウスの出版著作から採られたものではないことは確実である。というのも、カメラリウスの著作の第一巻が現われるのはようやく一五九三年になってからのことだからである。

☆79――これらは以下で見ることができる。BANL, *Archivo Linceo*, ms. 9, ff. 21-22. また次の文献にも採録されている。Gabrieli, *Contributi*, Vol. I, pp. 752-754.

☆80――これはデッラ・ポルタお気に入りのイメージで、二回も使っている。

☆81――Gabrieli, *Contributi*, Vol. I, p. 754: "Ha portato l'autore per impresa l'uranoscopio, pesce che ha gli occhi sopra la testa, che mira semplre il cielo, col motto: Ex animo, quasi volesse dire che aspira al cielo con tutto il core, ma i suoi inimici l'interpretato altramente: Recedo lussatus, non sanatus."

☆82――Ibid., Vol. I, p. 679. メダルを利用して、デッラ・ポルタが自身のミュージアムをアカデミア・デイ・リンチェイに寄贈させるように画策したいきさつについては、以下で論じられている。CL, Vol. II, pp. 347-348.

☆83――Crasso, *Elogii d'huomini letterati*, Vol. I, p. 174. マリーノの詩の全文は以下のとおり。

ここに〈扉〉があり、徳が、見事な業によって、	Ecco la PORTA, ove con bel lavoro
堅い杉の中に装飾帯を彫りこんでいる。	Virtù suoi fregi in saldo cedro intaglia
〈扉〉は、地上の富裕さにおいて匹敵するものがない、	PORTA che chiude l'immortal tesoro,
不滅の財宝を封じている。	Cui null'altra richezza in terra agguaglia
〈扉〉は純粋で不朽の黄金からつくられ、	PORTA di fino, e incorrutibil'oro
そこから、あらゆる光を眩ませる光が発出する。	Ond'esce luce che ogni luce abboglia.
それゆえ、天を〈扉〉と呼ぶことができるだろう。	Si che può ben del Ciel dirsi la PORTA,
というのは、それが世界に、唯一の美しい〈太陽〉をもたらすからだ。	Poscia ch'al mondo un si ben SOLE apporta.

☆84――この二枚の肖像画に関する出版史的な経緯については次を参照。Gabrieli, *Contributi*, Vol. I, p. 752. デッラ・ポルタを描いた三枚目の肖像画は、エル・グレコの手になる。

☆85――Della Porta, *Della fisonomia dell'huomo*, p. 7.

☆86――Ibid., pp. 119-120, 161, 179.

☆87――この点は、次の論考でも強調されている。Lina Bolzoni, "Teatro, pittura e fisiognomica," esp. pp. 492-495. また次の文献に収録されたジョヴァン・バッティスタ・マスクリ（Giovan Battista Masculi）の詩も参照のこと。Crasso, *Elogii d'huomini illustri*, Vol. I, p. 173-174. この詩は、デッラ・ポルタの観相学たることを意図した作品であるという。

☆88——Michele Rak, "L'immagine stampata e la diffusione del sapere scientifico a Napoli tra Cinquecento e Seicento," in Lomonaco e Torrini, *Galileo e Napoli*, p. 320.

☆89——カルダーノが自伝の中で、アンドレア・アルチャーティがこの称号を授けたと主張している。次を参照。Cardano, *De propria vita liber*, in Idem, *Opera Omnia* (Lyon, 1663), Vol. I, pp. 40, 47. また次も参照。*The Book of My Life*, pp. 219, 254.

☆90——Cardano, *The Book of My Life*, p. 189.

☆91——Eamon, "Technology as Magic in the Late Middle Ages and the Renaissance," *Janus* 70 (1983): 171-212, esp. pp. 197-198.

☆92——Della Porta, *Natural Magic*, p. 371.

☆93——Ibid., p. 375.

☆94——Gabrieli, *Contributi*, Vol. I, p. 644. ファーベル宛ての書簡で、デッラ・ポルタはこう書いている。「あなたは、イングランド人、ベルギー人、フランス人、イタリア人、そしてドイツ人がそれぞれ望遠鏡を発明したと主張していることに大いに驚いている、と書いておられます。本当の発明者である私は、喧噪の中でただ沈黙するのみです」(Ibid.,p.648)。この論争についての詳細な議論は次を参照。Albert van Helden, "The Invention of the Telescope," *Transactions of the American Philosophical Society* 67, pt. 4 (Philadelphia, 1977).

☆95——Crasso, *Elogii d'huomini illustri*, pp. 170-171.

☆96——Giovan Battista Pastorini, *Orzaion funebre per la morte dell'illustriss[imo] Sig[nor] Can[onico] Manfred Settala* (Milano, 1680), p. 19.

☆97——この主題に関するさらなる議論は次を参照。Biagioli, "The Social Status of Italian Mathematicians"; W. R. Laird, "The Scope of Renaissance Mechanics," *Osiris*, ser. 2, 2 (1986): 43-68; Paul Lawrence Rose, *The Italian Renaissance of Mathematics* (Genéve, 1975). この主題についての出発点となる古典的研究は以下を参照。Paolo Rossi, *Philosophy, Technology and the Arts in the Early Modern Era*, Salvator Attanasio, trans. (New York, 1970).

☆98——Ambr., Cod. Z. 387 sup., f. 18.

☆99——Rota Ghibaudi, *Ricerche su Lodovico Settala*, p. 46; Ami, De Michele e Morandotti, *Musaeum Septalianum*, pp. 29-30.

☆100——本節の資料は次から引いたものである。W. R. Laird, "Archimedes Among the Humanists," *Isis* 82 (1991): 628-638.

☆101——Gino Fogolari, "Il Museo Settala," *Archivo storico lombardo*, ser. 3, 14 (1900): 91; Tavernari, "Il Museo Settala: Presupporti e storia," pp. 27, 42 (see footnote 59). 次を参照。*Lo specchio ustorio di P. F. Bonaventura Cavalieri* (Bologna, 1650).

☆102——Scarabelli, *Museo o galeria adunata dal sapere*, p. 199.

☆103——Legati, *Museo Cospiano*, n.p.; *Note overo del museo di Lodovico Moscardo*, n.p. カタログの第二版が刷られるころまでには、

モスカルドは伯爵位についていた。おそらくは、ミュージアムが好評を博したためであろう。次を参照。lmi,“Science-Honour-Metaphor, “ in *Origins of Museums*, pp. 13-14.

☆104——Scarabelli, *Museo o galeria adunata dal sapere*, p. 35; Pastorini, *Orazion funebre*, in Tavernari, “Il Museo Settala,” p. 26.

☆105——I. A. Alifer, *Manfred Septalio Academia Funebris publice habita* (Milano, 1680), in Fogolari, “Il Museo Settala,” p. 121.

☆106——Tavernari, “Il Museo Settala,” p. 23; Ambr., Cod. Z387 sup., f. 11.

☆107——Eamon, “Technology and Magic,” p. 200.

☆108——Scarabelli, *Museo o galleria adunata dal sapere*, p. 38.

☆109——次を参照。Heinrich van Etten, *Mathematical Recreations* (London, 1653), pp. 129-130, in Eamon, “Technology and Magic,” p. 201.

☆110——Scarabelli, *Museo o galeia adunata dal sapere*, p. 4.

☆111——Ibid., p. 20.

☆112——Kircher, *Ars magna lucis et umbrae*, pp. 764-765. アルキメデス本人の偉業を描いた彫版画が同書の七六四ページに再現されている。二名の証言者によれば、セッターラが実験を成功裏に敢行したのは一六四四年のことであったという。

☆113——PUG, *Kircher*, ms. 564 (X), ff. 87r, 99r (Milano, 22 Agosto and 11 Luglio 1668). キルヒャーの往復書簡集は、アルキメデスの実験やその他の形態の数学的魔術に対する関心を示す、代表的な事例となってくれるだろう。次の資料を参照。PUG, *Kircher*, ms. 557b (IIIb), ff. 237-238.

☆114——Campanella, *Magia e grazia*, in Eamon, “Technology and Magic,” p. 198.

☆115——Ambr., Cod. Z.387 sup., f. 1r; Scarabelli, *Museo e galleria adunata dal sapere*, p. 37.

☆116——Pastorini, *Orazion funebre*, in Aimi, De Michele e Morandotti, *Musaeum Septalianum*, p. 29.

☆117——葬儀アカデミーなるものが次に論じられている。Alifer, *Accademia funebris*. また次の文献に要約されている。Fogolari, “Il Museo Settala,” pp. 119-121.

☆118——Scarabelli, *Museo o galleria adunata dal sapere*, p. 214.

☆119——Kircher, *Vita*, pp. 1, 4; Reilly, *Athanasius Kircher*, pp. 24-25. アレクサンドリアのアタナシウス（二九五年―三七三年）に関しては次を参照。W. H. C. Frend, *The Early Church* (Philadelphia, 1965), pp. 146-157; Henry Chadwick, *The Early Church* (Harmondsworth, Middlesex, U. K., 1967), pp. 137-144.

☆120——Petrucci, *Prodomo apologetico*, p. 159. 両叙事詩の英雄の差異を簡潔に分析した研究としては以下のものがある。R. D.

Williams, *The Aeneid* (London, 1987), p. 80ff.

☆121——*The Aeneid of Vergil*, Brian Wilkie, ed., and Rolf Humphries, trans. (New York, 1987), p. 234 (X, 67). またディドに対するアエネイスの返答も参照。イタリアは私のために選ばれた目的地ではない、と答えている（IV, 361）。ただし上掲書の編者たちは、この巻の節の番号づけを変更してしまっているので、読者の便宜をはかってほかの版に基づく標準番号を示してある。

☆122——Kircher, *Vita*, p. 52.

☆123——Jacobus Pontanus, *Symbolarum libri XVII quivus P. Virgili Maronis Bucolica, Georgica, Aeneis ex probatissimis auctoribus declarantur, comparantur, illustrantur* (Augsburg, 1599). ウェルギリウスが初期の人文主義文化に与えた衝撃についての議論は次を参照。Craig Kallendorf, *In Praise of Aeneas: Vergil and Epideictic Rhetoric in the Early Italian Renaissance* (Hanover, NH, 1989).

☆124——Virgil, *Aeneid*, p. 13 (I, 378-380).

☆125——Ibid., (VI, 852). ただし掲載した訳文は次に拠る。Williams, *The Aeneid*, p. 39.

☆126——Ibid., p. 141 (VI, 550). このエピソードについてのさらなる議論は本書第4章を参照。

☆127——Virgil, *Aeneid* (VI, 726-727). この口絵に関する本章の議論は、以下の研究に依拠した。Tongiorgi Tomasi, "Il simbolismo delle immagini: i frontespizi delle opere di Kircher," in *Casciato*, p. 173. またゴドウィンの次の著作に収録されている翻訳が、これまでに私が参照してきた中でもっともすばらしい。Godwin, *Athanasius Kircher*, p. 86. このフレーズをめぐる古典的な文脈に関しては次を参照。Philip R. Hardie, *Virgil's Aeneid: Cosmos and Imperium* (Oxford, 1986), pp. 51-83.

☆128——Kricher, *Oedipus Aegyptiacus*, II, i, p. 418, in Godwin, *Athanasius Kircher*, p. 60; de Sepi, p. 21. 後期ルネサンスのウェルギリウス註釈家たちも、やはりこれらの言葉のうちに、新プラトン主義ならびにヘルメス主義の思想を読みとる可能性に気がついていた。次を参照。Pontanus, *Symbolarum libri XVII Virgilii*, pp. 1503-1505.

☆129——PUG, *Kircher*, ms. 568 (XIV), f. 52 (Napoli, 7 Dicembre 1652).

☆130——PUG, *Kircher*, ms. 557b (IIIb), f. 251r: "Daedalus ingenio monstras imitabile Coelum, atque Archimedis machina quaq[ue] tua est."

☆131——このイメージに関するさらなる議論は、本書第2章を参照。

☆132——Gaspar Schott, *Magiae universalis naturae et artis* (Bamberg, 1672 ed.), p. 253.

☆133——これらのフレーズは、次の著作に付された献呈詩から抜粋したものである。Kircher, *Iter exstaticum* (Würzburg, 1660 ed.), n. p.

☆134——PUG, *Kircher*, ms. 568 (XIV), f. 143r (Trapani, 15 Giugno 1652).

☆135——PUG, *Kircher*, ms. 557 (XIII), f. 248 (Reichenbach, 4 Gennaio 1656).

☆136——Krcher, *Oedipus Aegyptiacus* (Roma, 1652), n. p.; in Yates, *Giordano Bruno*, p. 416.

☆137——*The Divine Pymander and Other Writings of Hermes Trismegistus*, John D. Chambers, trans. (New York, 1975, 1882), pp. viii-ix, p. 141. ラクタンティウスに関しては、翻訳を適宜改変して引用した。

☆138——あるいはキルヒャーをオルフェウスである、とすることもできるだろう。図版の下部に続く銘からはそのような判断も可能となる。

☆139——Walter Scott, ed. and trans., *Hermetica* (Boston, 1985, 1924), Vol. I, p. 493.

☆140——Stobaeus, *Exerpt XXIII*, in ibid., p. 459.

☆141——キルヒャーの図版のイコノロジーに関する詳細な議論は、次の著作の図譜に付された分析を参照。Rivosecchi, *Esotismo in Roma batocca.*

☆142——Scott, *Hermetica*, Vol. I, pp. 205, 211. これらのフレーズについての興味深い議論は次を参照。Garth Fowden, *The Egyptian Hermes: A Historical Approach to the Late Pagan Mind* (Cambridge, U. K., 1986), p. 109.

☆143——次を参照。Åkerman, *Queen Christiana of Sweden and Her Circle*, pp. 259-261.

☆144——In Fletcher, "Astronomy in the Life and Correspondence of Athanasius Kircher," *Isis* 61 (1970): 52.

☆145——De Sepi, p. 45.

☆146——次を参照。Fowden, *The Egyptian Hermes*, p. 108, on palingenesia.『アエネイス』第六巻の中のフレーズに集中して現われる、ウェルギリウスの再生のイメージに関しては、すでに以前の章で論じてある。

☆147——Kircher, *Historia Eustachio-Marirana* (Rome, 1665), in Reilly, *Athanasius Kircher*, p. 176. キルヒャーの自伝の後半部分は、この聖地の発見とその使用に関して紙幅が大幅に割かれている。ここから、この出来事がどれほど彼にとっては重要であったのかがわかる。これとは対照的なのがミュージアムについての言及で、これは自伝中にはほとんど見られない。おそらくは、他の箇所で十分に論じ尽くしてあるからであろう。

☆148——Kepler, *Gesammelte Werke*, Vol. XVI, p. 329, in Grafton, *Defenders of the Text*, p. 2. 人文主義と科学の関係に関して、私がここで展開した議論は、グラフトンの著作とおおむね似通った路線であると言える。ガリレオ自身のアイデンティティを形成した叙述と、少なくとも後世の人々の目に映ったものに関しては、次を参照。Michael Segre, *In the Wake of Galileo* (New Brunswick, NJ, 1991), pp. 107-126.

☆149——Scilla, *Vana speculazione*, in Morello, *La nascita della paleontologia*, p. 158. デッラ・ポルタ自身が古典文化の伝統に依拠し

ていた側面については、次を参照。Andrea Garaffi, *La filosofia del Manierismo. La scena mitologica della scrittura in Della Porta, Bruno e Campanella* (Napoli, 1984).

第8章　学芸庇護者、宮廷仲介者、そして戦略

☆1———絶対主義と科学文化の関係は、以下の文献が論じている。Biagioli, "Scientific Revolution, Social Bricolage and Etiquette"; Evans, *The Making of the Habsburg Empire*, ch. 9 and 12; David S. Lux, *Patronage and Royal Science in Seventeenth-Century France: The Académy de Physique in Caen* (Ithaca, NY, 1989); Smith, *The Buisiness of Alchemy*. 蒐集と政治文化の関連については、次を参照。Olmi, "Dal 'Teatro del Mondo' ai mondi inventariati," p. 251; idem, "Ordine e fama," pp. 247-249, 256-257.

☆2———Machiavelli, *The Prince*, in Eamon, "Court, Academy and Printing House," in Moran, *Patronage and Institutions*, p. 32.

☆3———ボローニャ大学図書館蔵アルドロヴァンディ資料の第三および第四部に収録。このカタログについてはすでに第3章で論じてある。BUB, *Aldrovandi*, ms. 110.

☆4———この主題に関しては次を参照。R. J. W. Evans, *Rudolf II and His World: A Study in Intellectual History 1576-1612* (Oxford, 1973); Bruce Moran, *The Alchemical World of the German Court: Occult Philosophy and Chemical Medicine in the Circle of Moritz of Hessen (1572-1632)*, Sudhoffs Archiv: Zeitschrift für Wissenschaftsgeschichte, 29 (Stuttgart, 1991); idem, "German Prince-Practitioners: Aspects of Development of Courtly Science, Technology and Procedures in the Renaissance," *Technology and Culture* 22 (1981): 253-274.

☆5———当該主題をめぐる包括的な議論は、以下の二編の論集を参照。Guy Fitch and Stephen Orgel (eds.), *Patronage in the Renaissance* (Princeton, 1981); Kant and Simons, *Patronage, Art and Society in Renaissance Italy*. 科学の分野におけるパトロネージについては以下を参照。これらは本章で述べた内容と平行する議論となっている。Mario Biagioli, "Galileo's System of Patronage"; id, *Galileo Courtier*. また当該主題に関する最新の研究の典型例としては次のものがある。Moran, *Patronage and Institutions*. また、ニコラス・クルーリー（Nicholas Clulee）、リサ・サラゾーン（Lisa Sarasohn）、リチャード・ウエストフォール（Richard Westfall）、ロバート・ウエストマン（Robert Westman）といった研究者たちも、初期近代のさまざまな側面を扱ったそれぞれの著作中で、パトロネージに関して紙幅を割いている。

☆6———蒐集家同士、もしくは君主とのあいだで、贈答品の交換がどれほど重要な役割を帯びていたかについて、さらなる議論は以下を参照。Findlen, "The Economy of Scientific Exchange in Early Modern Italy," in Moran, *Patronage and Institutions*, pp. 5-24. これと関連して、初期近代の文化における贈答品交換の重要性についての議論は、以下を参照。Biagiori,

"Galileo's System of Patronage," *History of Science* 28 (1990): 18-25, 38-41; Natalie Zemon Davis, "Beyond the Market: Books as Gifts in Sixteenth-Century France," *Transactions of the Royal Historical Society*, ser. V, 33 (1983): 69-88; Marcello Fantoni, "Feticci di prestigio: il dono alla corte medicea," in *Rituale, ceremoniale, etichetta*, Sergio Bertelli e Giuliano Crifo, ed. (Milano, 1985), pp. 141-161; Fragnito, *In museo e in villa*, p. 167; Paolo Galluzzi, "Il mecenatismo mediceo e le scienze," in *Idea, istitutione, scienze ed arti nella Firenze dei Medici* (Firenze, 1980), p. 207; Sharon Kettering, "Gift-giving and Patronage in Early Modern France," *Franch History* 2 (1988): 133-151; Olmi, "Molti amici in varii luoghi."

☆7——Tasso, *Dialogues*, p. 171. 以下にも同様の指摘がある。 Eamon, "Court, Academy and Printing House," in Moran, *Patronage and Institutions*, p. 30.

☆8——当該主題に関する概括は次を参照。 Lauro Martines, *Power and Imagination: City-States in Renaissance Italy* (New York, 1979), pp. 218-337; Cochrane, *Italy 1530-1630*, pp. 33-49.

☆9——Tergolina-Gislanzoni-Birasco, "Francesco Calzorali," p. 15; Franchini et al., *La scienza a corte*, p. 124; Biagioli, "Galileo' s System of Patronage," pp. 19-20; Fantoni, "Feticci di prestigio," p. 143. カルツォラーリの件の肖像画は、フランキーニの著作に採録されている。

☆10——Goldberg, *Patterns in Late Medici Art Patronage*; idem, *After Vasari: History, Art and Patronage in Late Medici Florence* (Princeton, 1988). 包括的な議論は次を参照。 Cochrane, *Florence in the Forgotten Centuries*; R. Burr Litchfirld, *Emergence of a Bureaucracy: The Florentine Patricians 1530-1790* (Princeton, 1986).

☆11——当該主題に関するとりわけすばらしい研究は以下を参照。 Paolo Prodi, *The Papal Prince: One Body and Two Souls, The Papal Monarchy in Early Modern Europe*, Susan Haskins, trans. (Cambridge, U.K., 1987); Laurie Nussdorfer, *Civic Politics in the Rome of Urban VIII* (Princeton, 1992).

☆12——イメージ形成の過程については次を参照。 Charles L. Stinger, *The Renaissance in Rome* (Bloomington, 1985).

☆13——一六世紀および一七世紀におけるスペインの政治・文化的な役割については、次を参照。 J. H. Elliot, *Spain and Its World 1500-1700* (New Haven, CT, 1989); Anthony Pagden, *Spanish Imperialism and the Political Imagination* (New Haven, CT, 1990).

☆14——Evans, "German Universities After the Thirty Years' War," *History of Universities* 1 (1981): 169-190.

☆15——本節のタイトルは次の著作から採ったものである。 Nicholas H. Clulee, *John Dee's Natural Philosophy: Between Science and Religion* (London, 1988), pp. 189-199. この文献で著者が議論しているのは、「キリスト教世界のアレクサンドロス」に仕える「キリスト教世界のアリストテレス」という、ディーが自分自身に対して抱いた観念であり、アレクサンドロスになぞらえられたのは、エリザベス一世やルドルフ二世をはじめ、ディーの著作に興味を示してくれたさまざまな諸侯たちであった。これに対して本節においては、アルドロヴァンディとメルカーティが、それぞれにこの古代のイメージを用いた事例を検討していく。ボナンニのケースについては、彼自身の著作『気晴らし』（*Ricreatione*）の序文を参照。

☆16——この両者の結合については次の文献が論じているが、アレクサンドロス大王への言及はない。Eamon, "Court, Academy and Printing House," in Moran, *Patronage and Institutions*, p. 33.

☆17——In Ludovico Frati, "Le edizioni dell opere di Ulisse Aldrovandi," *Riviste delle biblioteche e degli archivi* 9 (1898): 164; Aldrovandi, *Discorso naturale*, p. 231.

☆18——ASMo, *Archivio per materie. Storia naturale*, b. 1(Dalle stanze della Castellina, 12 Settembre 1595).

☆19——Castiglione, *The Book of the Courtier*, p. 332.

☆20——BUB, *Aldrovandi*, ms. 6, Vol. I, cc. 38r-40r (Bologna, 15 Settembre 1577). 本章でくりかえし引用する手稿形態の書簡は、以下に収録されている。Tosi, *Ulisse Aldrovandi e la Toscana*. アレクサンドロスに関するそのほかのイメージの事例については、以下を参照。BAV, *Arch. Mor.*, Vol.. 103 (=Marc. 12609), ff. 27-28; BUB, *Aldrovandi*, ms. 6, Vol. I, cc. 38, 40r; ms. 66, cc. 355-356; Aldrovandi, *Discorso naturale*, p. 180.

☆21——Mercati, *Metallotheca*, p. Lii.

☆22——Aldo Adversi, "Ulisse Aldrovandi bibliofilio, bibliografo e bibliologo del Cinquecento," *Annali della scuola speciale per archivisti e bibliotecari dell'Universita di Roma* 8, n. 1-2 (1968): 180.

☆23——出典を明らかにすることはできなかったが、この文言はボローニャ大学図書館蔵のアルドロヴァンディ資料（BUB, *Aldrovandi*）に収蔵されているものである。

☆24——Cardano, *The Book of My Life*, p. 63. アルドロヴァンディの一族もまた、評議会の議席権を代々継承する貴族であり、彼自身、同市の政治生活において積極的な役割を果たしている。たとえば関税監査役に何度か奉職したこともあったし、果ては一五九一年に司法長官にも選出されている。これは評議会の実務機関であった。こうして、この博物学者は、度重なる公債の公布、高額の賃金、植物園への追加資金といったさまざまな要求を定期的におこなうにさいして、評議会の指示をとりつけることを期待できたのである。BUB, Cod. 559 (770), Vol. XV, pp. 167, 226, 376, 682, 701, 979; AI, Fondo Paleotti 59 (F 30) 29/7, c.lr (Bologna, 11 December 1585).

☆25——Raimondi, "Lettere di P. A. Mattioli," p. 38 (Prague, 29 Gennaio 1558).

☆26——BPP, ms. Pal. 1010, c. 373v (Bologna, 17 Agosto 1560).

☆27——BUB, *Aldrovandi*, ms. 66, cc. 355v, 367r (Bologna, 12 November 1567).

☆28——BUB, *Aldrovandi*, ms. 38 (2), Vol. IV, c. 55r.

☆29——Aldrovandi, *Discorso naturale*, p. 180.

☆30——BUB, Cod. 596-EE, n. 1, f. 2v (Bologna, 9 Aprile 1576).

☆31——BUB, *Aldrovandi*, ms. 97, cc. 354r, 319r (Bologna, 9 Marzo and 14 Dicembre 1577).

☆32——BUB, *Aldrovandi*, ms. 6, Vol. I, c. 11 (Bologna, 19 Settembre 1577).

☆33——たとえば以下の資料。BUB, *Aldrovandi*, ms. 70, c. 21r. 画家リゴッツィに関しては次を参照。*Mostra di disegni di Jacopo Ligozzi*, M. Bacci e A. Forlani, ed. (Firenze, 1961); Tongiorgi Tomasi, "L'immagine naturalistica a Firenze tra XVI e XVII secolo," in *L'immagine anatomico-naturalistica nelle collezioni degli Uffizi* (Firenze, 1984). リゴッツィの素描の多くは、現在でもウフィツィ美術館の素描室か、あるいはボローニャ大学図書館の「アルドロヴァンディ資料」、とりわけ「動物画」の項で見ることができる。

☆34——Aldrovandi, *Vita*, p. 28; Mattirolo, pp. 375-376 (Bologna, 5 Maggio 1586).

☆35——肖像画に関する議論は、第7章参照のこと。

☆36——UBE, *Briefsammlung Trew, Casabona*, n. 17, in Olmi, "Molti amici in varii luoghi," p. 17. フランチェスコ一世の活動についてのさらなる議論は次を参照。Berti, *Il Principe dello studiolo*.

☆37——Tosi, *Ulisse Aldrovandi e la Toscana*, pp. 284-288, 301-303; Ronchini, "Ulisse Aldrovandi e i Farnesi," p. 9 (Bologna, 23 Settembre 1585).

☆38——UBE, *Casabona*, n. 23, 25, in Olmi, "Molti amici in varii luoghi," pp. 19-21.

☆39——BUB, *Aldrovandi*, ms. 21, Vol. II, cc. 11-12, n.d.

☆40——BUB, *Aldrovandi*, ms. 136, Vol. XXXV, c. 3v.

☆41——次を参照。Mattirolo, "Le lettere di Ulisse Aldrovandi a Francesco I e Ferdinand I," p. 384 (Bologna, 27 Novembre). 一六世紀におけるメディチ家の運命の意味については次を参照。Janet Cox-Rearick, *Dynasty and Destiny in Medici Art: Pontormo, Leo X, and the Two Cosimos* (Princeton, 1984).

☆42——メルカーティは教皇の侍医および博物学者として、ピウス五世、グレゴリウス一三世、シクストゥス五世、クレメント八世の四人の教皇に仕えた。彼はおそらく、一六世紀末にわずかな統治期間で世を去ったさらに三人の教皇にも仕えたことだろう。教皇が変わるたびに宮廷の役職も変動するのが普通であったから、これほどの長期にわたって役職を保持したというのは驚くべきことである。次を参照。Palmer, "Medicine at the Papal Court in the Sixteenth Century," in Nutton, *Medicine at the Courts of Europe*, pp. 49-78.

☆43——BUB, *Aldrovandi*, ms. 136, Vol. XIX, c. 154r (Pisa, 1593); ms. 21, Vol. IV, c. 169r (San Antonio di Savena, 29 Agosto 1595).

☆44——BUB, *Aldrovandi*, ms. 66, c. 356v.

☆45——BUB, *Aldrovandi*, ms. 76 (Genova, 26 Novembre 1598).

☆46——Raimondi, "Le lettere di P. A. Mattioli," p. 22 (Goritia, 20 Maggio 1554).

☆47——BUB, *Aldrovandi*, ms. 6, Vol. II, c. 57r; ms. 34, Vol. I.

☆48——Davis, "Beyond the Market," pp. 69-70.

☆49——たとえばアルドロヴァンディは、フィレンツェにいる国務大臣のベリサリオ・ヴィンタに宛ててこう書き送っている。「貴殿のご君主殿に、エピグラムを添えた一冊をお送りしようと思った次第です。そしてこのエピグラムは、口絵の真向かいに貼っていただきたく存じます。殿下に対する尊奉の念の表明であるとともに、エピグラムも口絵もともに、愚生のことを記憶にとどめておいてくださるのに役立つものと存じます」。Tosi, *Ulisse Aldrovandi e la Toscana*, p. 389 (Bologna, 6 Aprile 1599). フェルディナンド一世に対する同様の教示を記した書簡はほかには一通も残っていないが、ピサ大学図書館には、アルドロヴァンディのエピグラムを添えた大公所有のコピーが収蔵されている（これもまたトージの著作に採録してある）。「大公にあっては偉大な事柄がふさわしいことを知りつつも、私はここに、小さい贈りものの書物を送呈する。私は、常に崇敬している殿下を、これからも崇敬する。私は、殿下が寛大な心でこの書物を受けとりになり、それに目を通されることを願う。というのも、君侯の部屋にふさわしい多くのものをお持ちの方として、実際、殿下はなおざりにはしないだろうから」。

☆50——Ambr., G. 186 inf. (118) n.p. (Bologna, 11 Ottobre 1600).

☆51——BUB, *Aldrovandi*, ms. 136, XXV, cc. 84v-85r; ms. 136, Vol. XXVII, cc. 64v-65r, 214v-215r. また『鳥類学』第二巻のための贈答者リストも参照。ms. 136, Vol. XXX, c. 304.

☆52——In Sorbelli, "Contributo alla bibliografia delle opere di Ulisse Aldrovandi," in *Intorno alla vita e alle opere d'Ulisse Aldrovandi*, pp. 73-74.

☆53——Best., Est. It. 833 (Alpha G, I, 15) (Bologna, 2 Maggio 1599).

☆54——Ronchini, "Ulisse Aldrovandi e i Farnese," p. 14 (Bologna, 4 Maggio 1599).

☆55――BUB, *Aldrovandi*, ms. 136, Vol. XXXI, c. 238r (Villa Ferdinanda, 16 Ottobre 1604). また次も参照のこと。Tosi, *Ulisse Aldrovandi e la Toscana*, pp. 394, 398.

☆56――アルドロヴァンディの出版費用を供出してくれたその他の人物は、フランチェスコならびにフェルディナンド・メディチを初めとして、フランチェスコ・マリア二世・デッラ・ローヴェレ、ガブリエーレ・パレオッティ、ジョヴァン・バッティスタ・カンペッジ、ジョヴァン・ヴィンチェンツォ・ピネッリ、さらにはアルドロヴァンディの兄弟のテセオなどがいた。Adversi, "Ulisse Aldrovandi bibliofilio, bibliografo e bibliologo del Cinquecento," pp. 96-97. マヨリカ(Majorica)の大司教であったカンペッジは、出版費用として1000スクーディという際立った贈りものをしている。次を参照。Frati, "Le edizioni delle opere di Ulisse Aldrovandi," p. 162.

☆57――Aldrovandi, *De animalibus insectis libri septum* (Bologna, 1602); Mattirolo, p. 392 (Bologna, 4 Settembre 1602).

☆58――Aldrovandi, *De reliquis animalibus exanguibus libri quartuor, post mortem eius editi nempe de mollibus, crustaceis, testaceis, et zoophytis* (Bologna, 1606).

☆59――AI, *Fondo Pareotti*, ms. 59. F30 (30/2), c. 2r (*Memoriale del Dottore Aldrovandi*, n.d., ca. 1596).

☆60――Elias, *The Court Society*.

☆61――今までのところ、仲介者たちの役割を歴史的に考察した研究は少ない。次を参照。Biagioli, "Galieo's System of Patronage"; Findlen, "The Limits of Civility and the Ends of Science" (unpub. paper); Kettering, *Patorons, Brokers and Clients in Seventeenth-Century France* (Oxford, 1986).

☆62――A. Sabbatani, "Il Ghini e l'Anguillara negli orti di Pisa e di Padova," *Rivista di storia della scienze mediche e naturali*, n. 11-12, ser. 3(1923): 308.

☆63――ヴィンタについては次の文献が論じている。Biagioli, "Galileo's System of Patronage," passim. またヴィンタとアルドロヴァンディが交わした書簡のやりとりについては、次を参照。Tosi, *Ulisse Aldrovandi e la Toscana*, pp. 274-275, 368-379, 383, 388-389, 399-402.

☆64――In Rizza, *Peiresc e l'Italia*, p. 19.

☆65――BUB, *Aldrovandi*, ms. 136, vol. XXV, c. 133 (Dordrecht, 19 Luglio 1596).

☆66――Vallieri, "Le 22 lettere di Bartolomeo Maranta all'Aldrovandi," p. 767 (Napoli, 4 Marzo 1562). パドヴァ植物園長であったジャコモ・アントニオ・コルトゥーゾ、そしてヴェネツィアのロドヴィーコ・マイエターノもまた、カメラリウスを介して書簡を受けとっている。次を参照。BUB, *Aldrovandi*, ms. 382, Vol. I, c. 238r (Padova, 14 Agosto 1562), c. 267 (Venezia, 23

Settembre 1562).

☆67——BUB, *Aldrovandi*, ms. 136, Vol. XXV, c. 109r (Köln, 3 Novembre 1596).

☆68——BCAB, B. 164, c. 302r.

☆69——Fantuzzi, p. 100; De Toni, *Spigolature aldrovandiane XI*, p. 12 (Padova, 4 Gennaio 1555).

☆70——Cermenati, "Francesco Calzolari," p. 95 (20 Settembre 1554); p. 100 (23 Settembre 1554).

☆71——Fantuzzi, pp. 180-187, 227-228; *Spigolature aldrovandiane XVIII*, pp. 304-305 (Padova, 18 Novembre 1561).

☆72——BUB, *Aldrovandi*, ms. 136, Vol. XXVII, c. 8r. この詩は一五九九年の作。

☆73——De Toni, *Spigolature aldrovandiane XVIII*, pp. 297-299.

☆74——BUB, *Aldrovandi*, ms. 38(2), Vol. I, c. 91 (Napoli, 18 Settembre 1558).

☆75——Ibid., c. 220 (Napoli, 3 Ottobre 1556).

☆76——Imperato, *Dell'historia naturale*, n. p.

☆77——De Toni, *Spigolature aldrovandiane XVIII*, p. 308 (Padova, 25 Agosto 1572); p. 311 (Padova, 21 Maggio 1573); p. 312 (Padova, 6 Agosto 1573).

☆78——Migliorato-Garavani, "Appunti di storia della scienza nel Seicento," pp. 36-37; De Toni, "Il Carteggio degli Italiani col botanico Carlo Clusio," pp. 154, 170.

☆79——Mattirolo, p. 386 (19 Giugno1591; 27 Novembre 1591).

☆80——Tosi, *Ulisse Aldrovandi e la Toscana*, p. 427 (Pisa, 22 Aprile 1599). カサボーナもまたカメラリウスのために、同様の口利きをしている。次を参照。Olmi, "Molti amici in varii luoghi," p. 17.

☆81——Mattirolo, pp. 364, 368, 370, 377, 384.

☆82——BUB, Cod. 596-EE, n. 1(Bologna, 9 Aprile 1576), f. 2r; Aldrovandi, *Vita*, p. 27.

☆83——In De Rosa, "Ulisse Aldrovandi e la Toscana," p. 213 (Bologna, 1 Settembre 1583).

☆84——Ricc., Cod. 2438, pt. I, lett. 89r (Bologna, 29 Aprile 1586); lett. 94 (Bologna, 2 Novembre 1587). アルドロヴァンディは予定していたフィレンツェ探訪を、一五八六年の六月一三日から二三日にかけておこなっている。その折には、カサボーナのミュージアムを訪ね、画家ヤコポ・リゴッツィの書斎を覗き、大公の植物園やグロッタの数々を見学し、そのほかにもさまざまな個人コレクションを回っている。次を参照。BUB, *Aldrovandi*, ms. 136, Vol. XI, cc. 32-66. トスカーナ宮廷における文芸作品の作成にジャコミーニが果たした役割について、詳細な議論は次を参照。Berti, *Il Principe dello studiolo*, pp. 44, 58, 204, 223 (n.6). ジャコミーニはまた、ジガンティに対しても、宮廷の動静を逐一知らせている。

☆85——BUB, *Aldrovandi*, ms. 38(2), Vol. I, c. 229 (Roma, 17 Aprile 1563).

☆86——Ibid., vol. IV, c. 66 (Roma, 30 Maggio 1573); vol. II, cc. 1-4 (Roma, 1557-1560); Ambr., ms. S. 80 sup., f. 260r, n.d. メルカーティもテセオとは面識があった。アルドロヴァンディとの書簡のやりとりは、テセオを介しておこなうことがよくあった。

☆87——BAV, Vat. lat., ms. 6192, vol. 2, ff. 656v-657r (Bologna, 23 Luglio 1577). シルレートについては次を参照。Irena Backus et Benoit Gain, "Le Cardinal Guglielmo Sirleto (1514-1585), sa bibliothèque e ses traductions de Saint Basile," *Melange de l'école française de Rome* 98 (1986).

☆88——Mercati, "Lettere di scienziati dell'Archivo Segreto Vaticano," pp. 67-68 (Bologna, 31 Marzo 1599); BUB, *Aldrovandi*, ms. 38(2), Vol. IV, c. 342r (Roma, 29 Ottobre 1567), c. 349 (Roma, 13 Maggio 1573).

☆89——Ambr., G. 188 inf. (233) (Bologna, 17 Febbraio 1601).

☆90——Mercati, "Lettere di scienziati dell'Archivo Segreto Vaticano," pp. 67-68 (Bologna, 31 Marzo 1599).

☆91——BUB, *Aldrovandi*, ms. 76 (Genova, 26 Novembre 1598).

☆92——Cortesi, "Alcune lettere inedite di Giovanni Pona," p. 419 (30 Dicembre 1618). 一六二六年に、アルディーニはフランチェスコ・バルベリーニのミュージアム管理人になっている。

☆93——Goldberg, *Patterns in Late Medici Art Patronage*, p. 36; Laur., Redi 222, c. 33r (Bologna, 17 Dicembre 1667); c. 293r (Bologna, 18 Settembre 1668).

☆94——当該の主題についてのさらなる議論は次を参照。Haskell, *Patrons and Painters*.

☆95——Biagioli, "Galileo the Emblem Maker"; Gassendi, *Mirrour of True Nobility and Gentility*, Vol. I, pp. 145-146.

☆96——このエピソードについては、第1章で詳細に論じてある。

☆97——Franchini et al., *La scienza a corte*, pp. 98-99, 106-107.

☆98——Stelluti, *Trattato*, p. 3-4.

☆99——CL, vol. III, p. 1003 (Roma, 27 Luglio 1625).

☆100——CL, vol. III, pp. 1066, 1100 (?, 1625 e Napoli, 13 Febbraio 1626).

☆101——Ashworth, "The Habsburg Circle," in Moran, *Patronage and Institutions*, pp. 137-168.

☆102——次の著作の口絵を参照。*Magnes sive de arte magnetica and Ars magna lucis et umbrae*. また以下の著作の各ページに収録されている図像も参照。*Ars magna lucis et umbrae* (e.g., p. 364); *Oedipus Aegyptiacus* (e.g., vol. III, p. 257).

☆103——この言い回しは、次の論文から借用した。Biagioli, "Galileo the Embrem Maker."

☆104——PUG, *Kircher*, md. 559 (V), f. 140 (Roma, 17 Ottobre 1670).

☆105——De Sepi, pp. 2, 6. アレクサンデル七世のイメージについては本書第1章参照のこと。

☆106——Ibid., p. 38.

☆107——PUG, *Kircher*, ms. 568, vol. XIV, f. 374 (Aix, 6 Settembre 1634). 次を参照。Fletcher, "Claude Fabri de Peiresc and the Other French Correspondents of Athanasius Kircher (1602-1680)," *Australian Journal of French Studies* 9 (1972): 260.

☆108——Peiresc, *Letters à Cassiano dal Pozzo*, pp. 147-147 (7 Settembre 1634).

☆109——Ibid., p. 254 (31 Ottobre 1636).

☆110——Fletcher, "Johann Marcus Marci Writes to Athanasius Kircher," *Janus* 59 (1972): 98-101.

☆111——Petrucci, *Prodomo apologetico*, p. 18.

☆112——Evans, *The Making of the Habsburg Monarchy*, p. 434. 『光と影の大いなる術』の口絵図版については、次で論じられている。Ashworth, "The Habsburg Circle," in Moran, *Patronage and Institutions*, p. 142. キルヒャーは『数論』(*Arithmologia*, 1665)もまたレオポルト・ヴィルヘルムに捧げている。

☆113——Kircher, *Oedipus Aegyptiacus*, vol. I, sig. ++v and Elogium XXVII.

☆114——Evans, *The Making of the Habsburg Monarchy*, p. 436; Rivosecchi, *Esotismo in Roma barocca*, p. 59.

☆115——Fletcher, "Athanasius Kircher and the Distribution of His Books," *The Library*, ser. 5, 23 (1968): 114.

☆116——Langenmantel, *Fasciculus epistolarum* (Augsburg, 1684), p. 48 (Roma, 9 Ottobre 1672); Kircher, *Phonurgia nova*, p. 91.

☆117——De Sepi, p. 12. 本節の題材は、次の研究でも議論されている。Rivosecchi, *Esotismo in Roma barocca*, pp. 136-143.

☆118——De Michele et al., *Il Museo di Manfredo Settala*, pp. 2-3; Krautheimer, *The Roma of Alexander VII*.

☆119——Kircher, *Obelisci Aegyptiaci nuper inter Isaei Romani rudera effosi interpretatio Hierogyphica* (Roma, 1666), n.p.

☆120——ASF, *Mediceo Principato*, ms. 5396, f. 761 (27 Aprile 1650), in Goldberg, *After Vasari*, p. 19; BNF, *Autografi Palatini*, II, 70 (Roma, 31 Maggio 1655). この二番目の書簡でキルヒャーは、レオポルド公に『エジプトのオイディプス』の第二巻を贈答している。

☆121——PUG, *Kircher*, ms. 563 (IX), f. 99 (Roma, n.d.).

☆122——In Goldberg, *After Vasari*, p. 23 (Roma, 27 Aprile 1668).

☆123——PUG, *Kircher*, ms. 564 (X), f. 165 (Roma, 12 Maggio 1668).

☆124——Jacob Burckhard, *Historia Bibliothecae Agostoae quae Wolffenbutteli est, duobus libris comprehensa* (Wolfenbüttel, 1774), vol. II, p. 147 (Roma, 7 Marzo 1659).

☆125——In Fletcher, "Kircher and Duke Agosto of Wolfenbüttel," in Casciato, p. 285; Burckhard, *Historiae Bibliothecae Agostoae*, vol. II, p. 130 (Roma, 3 Gennaio 1660). 資料は、グレゴリアーナ教皇大学（Pontificia Università Gregoriana, Roma）およびヴォルフェンビュッテルのヘルツォーク・アウグスト図書館（Herzog August Bibliothek）に収蔵されている交信書簡である。この交信書簡は以下に要約があり、またその一部が以下に翻刻されている。Fletcher, "Athanasius Kircher and Duke Agosto of Brunswick-Lüneburg," in Fletcher, *Athanasius Kircher*, pp. 99-138.

☆126——一六五〇年の一一月に、フリードリヒはキルヒャーに三〇〇インペリアル金貨を下賜している。アウグスト公は一六五一年まで返事をよこしていない。次を参照。Fletcher, *Athanasius Kircher*, p. 101. そのほかにも、たとえばハプスブルク家やバヴァリア選帝侯といったパトロンたちが、同書のコピーを受けとっている。

☆127——Fletcher, "Kircher and Duke Agosto of Wolfenbüttel, " in *Casciato*, p. 286.

☆128——Ibid., p. 288 (Wolfenbüttel, 5 Febbraio 1664; Roma, 24 Giugno 1664).

☆129——Ibid., p. 291 (Roma, 24 Luglio 1666).

☆130——Ibid. (Roma, 10 Luglio 1666). アウグスト公は一六六六年九月一七日に崩御している。

☆131——Zacharias Goeze, *Ad Agostoam D. B. & L. Athanasii Kircheri S. J. Epistolae tres* (Osnabrück, 1717), sig. A. A. 4v.

☆132——*The History of Herodotus*, E. H. Blakeney, ed., George Rawlinson, trans. (New York, 1910), vol. I, pp. 206, 208 (II. 177, 182); vol. II, pp. 230, 268 (III. 39, 122).

☆133——PUG, *Kircher*, ms. 561 (VII), f. 50 (Roma, 11 Novembre 1651); ms. 556 (II), f. 174 (n.d.); Fletcher, "Athanasius Kircher and the Distribution of His Books," pp. 114-115.

☆134——CL, vol. III, p. 1254 (Roma, 1649-1650); BAV, *Barb. Lat.*, ms. 6499, f. 120 (Roma, 15 Ottobre 1655).

☆135——Villoslada, *Storia del Collegio Romano*, pp. 276-277.

☆136——De Sepi, pp. 12, 38; Åkerman, *Queen Christina of Sweden and Her Circle*, pp. 226-227; Fletcher, "Astronomy in the Life and Correspondence of Athanasius Kircher," p. 57.

☆137——PUG, *Kircher*, ms. 561 (VII), f. 40 (Würzburg, 1 Aprile 1656).

☆138——Tavernari, "Manfred Settala," pp. 47-48; idem, "Il Museo Settala," p. 29. 自身が所有していた機械装置の驚異に関して、セッターラはこう述べている。「最初の遊戯装置は、私がピサの学生時代に作成したもので、これが大公殿下の目にとまって知遇を得ることとなった。その当時私はまだ年端のいかぬ若造であったが、殿下の母君も同様にお若く、このお方は皇帝陛下のご姉妹であった」。Ambr., Cod. Z. 387 sup., f. 21.

☆139——ASB, *Fondo Ranuzzi-Cospi, Vita del Sig. Marzo. e Bali Ferdinando Cospi*, c. 37, in Olmi "Ordine e fama," p. 257; Goldberg, *Patterns in Late Medici Art Patronage*, p. 38.

☆140——本章では、デッラ・ポルタのことは省略することにしたが、これは紙幅の都合上やむをえなかったまでのことである。だが彼もまたアルドロヴァンディやキルヒャーと同様の活動を展開している。次を参照。Clubb, *Giambattista della Porta Dramatist*, pp. 13-56; Eamon, "Court, Academy and Printing House," in Moran, *Patronage and Institutions*, pp. 39-41.

☆141——Olmi, "Science-Honour Metaphor," in *Origins of Museums*, p. 6.

☆142——ARSI, *Rom.* 138. *Historia* (1704-1729) XVI, f. 180v.

☆143——この点は次でも同様に指摘されている。Mario Biagioli, "Scientific Revolution, Social Bricolage and Etiquette."

エピローグ

☆1——リンネをめぐる論争——最後のアリストテレス主義者か、それとも最初の近代人か——は、この問題の複雑さを示している。次を見よ。Sten Lindroth, "The Two Faces of Linnaeus," in Tore Frängsmyr, ed., *Linnaeus: The Man and His Work* (Berkeley, 1983), pp. 1-62.

☆2——*Collections academiques cincernant l'histoire naturelle et botanique, la physique experimentale et la chymie, la medicine et l'anatomie* (Paris, 1755-1779), Vol. V, pp. vii-xii.

☆3——Diderot, "Cabinet d'histoire naturelle," p. 489.

☆4——Oleg Neverov, "'Her Majesty's Cabinet' and Peter I's *Kunstkammer*," in *Origins of Museums*, pp. 54-61.

☆5——Abate Domenico Sostini, *Descrizione del museo d'antiquaria e del gabinetto d'istoria naturale di sua eccellenza il sig[no]r Principe di Biscary Ignazio Paterno Castello* (Catagna, 1776), pp. 47-48.

☆6——一八世紀に開館されたミュージアムと美術館の年代の簡単な一覧は、以下のアンソロジーを参照。Marco Cuaz, *Intellettuali, potere e circolazioni delle idee nell'Italia moderna 1500-1700* (Torino, 1982), p. 35.

☆7——George Bataille, "Museum," *October* 36 (1986): 25.

☆8——Diderot, "Cabinet d'histoire naturelle," p. 490.

☆9——このような文化の落葉の一例が、イエズス会から利権を譲り渡されたものをもとに設立された、ミラノのブレラ美術館である。Cuaz, *Intellettuli, potere e circolazioni delle idee*, p. 33.

☆10——Felice Fontana, *Saggio del real gabinetto di fisica e di storia naturale di Firenze* (Roma, 1775), p. 34. このコレクションの形成についてはさらに次を参照。Ugo Schriff, “Il museo di storia naturale e la facolta di scienze fisiche e naturale di Firenze,” *Archeoin* 9 (1928): 88-95, 290-324.

☆11——社会的統制の理論を初期近代の諸制度に過度に適用することに対する最近の批判については、次を見よ。Brendan Dooley, “Social Control and Italian Universities:From Renaissance to Illuminismo,” *Journal of Modern History* 61 (1989):205-239.

☆12——Laur, *Redi* 209, f. 319 (Genova, 9 Gennaio 1667).

☆13——Giordana Mariani Canova, “Il Museo Maffeiano nella storia della museologia,” *Atti e memorie di agricoltura, scienze e lettere di Verona*, ser. 6, 27 (1975-1976); Licisco Magagnato, Lanfranco Franzoni, Arrigo Rudi e Sergio Marinelli, *Il Museo Maffeiano riaperto al pubblico* (Verona, 1982).

☆14——Scipione Maffei, *Epistolario* (1700-1755), Celestino Garibotto, ed. (Milano, 1955), Vol. I, p. 222 (Verona, 2 Settembre 1716); pp. 242-243 (Verona, Aprile 1717). イタリアのナショナリズム、教皇の統治に関する新たな概念、そしてコレクションの関係については、以下の研究で論じられている。Carolyn Springer, *The Marble Wilderness: Ruins and Representations in the Italian Romanticism, 1775-1850* (Cambridge, 1987), esp. pp. 21-38. 一八世紀初頭のイタリアについては次を見よ。Brendan Dooley, *Science, Politics and Society in Eighteenth Century Italy: The* Giornale de’ Letterati d’Italia *and Its World* (New York, 1991).

☆15——Antonio Carlo Dondi Orologio Padovano, *Prodromo in forma di lettere dell’istoria naturale de’Monti Euganei* (Padova, 1780), pp. 10-11.

☆16——Abate Querci, *Novelle letterarie*, in Cuaz, *Intelletuali, potere e circolazioni delle idee*, p. 83.

☆17——Buffon, “Initial Discourse,” in *From Natural History to the History of Nature*, John Lyon and Phillip R. Sloane, eds. (Notre Dame, IN, 1981), p. 107.

☆18——Lamarck, *Mémoire*, in Yves Laissus, “Les vabinets d’histoire naturelle,” in *Enseignement et diffusion des sciences en France au XVIIIe siècle*, Rene Taton, ed. (Paris, 1964), pp. 667, 669. 博物学のオークションはほぼ一六〇〇年頃にイギリスで始まったが、同じような関心がフランスでも見られるようになるのは、一八世紀になってからである。以下を参照。J. M. Chalmers-Hunt, ed., *Natural History Auctions 1700-1972* (London, 1976).

☆19——Buffon, “Initial Disourse,” in Lyon and Sloane, *From Natural History to the History of Nature*, p. 110. 一七世紀と一八世紀におけ

る好奇心の文化に関する議論については次を見よ。Pomian, *Collectors and Curiosities*, pp. 45-64.

☆20——Olmi, "Science-Honour Metaphor," in *Origins of Museums*, p. 15.

☆21——Biblioteca Municipale di Reggio Emilia, *Ms. Regg*. B 144, in Maria-Franca Spallanzani, "La collezione naturalistica di Lazzaro Spallanzani," in *Lazzaro Spallanzani e la biologia del Settecento*, Giuseppe Montalenti e Paolo Rossi, ed. (Firenze, 1982), p. 597.

☆22——Fontana, *Saggio del real gabinetto*, p. 32.

☆23——Thomas Sprat, *History of the Royal Society* (1667), Jackson I. Cope and Harold Whitmore Jones, eds. (St. Louis, MO, 1958), p. 75.

☆24——Robert Hooke, *Posthumous Works* (1705), in Hugh Torrens, "Early Collecting in the Field of Geology," in *Origins of Museums*, p. 211.

☆25——Sprat, *History of the Royal Society*, p. 251. この点と、当時におけるその他の科学の分類体系については次を見よ。Slaughter, *Universal Languages and Scientific Taxonomy*. ところが実際には、王立協会のミュージアムにもまた、世界中から集められた自然や人工の驚異があふれており、それまでのミュージアムとほとんど異なっているようには見えなかった。

☆26——Maria Cavazza, *Settecento inquieto. Alle origini dell'Istituto delle Scienze di Bologna* (Bologna, 1990), esp. pp. 119-148.

☆27——Spallanzani, "La collezione naturalistica di Lazzaro Spallanzani," p. 595; idem, "Le Camere di storia naturale dell'Istituto delle Scienze," pp. 147, 158-159, 161. スパッランツァーニの蒐集営為についてはさらに次を参照。Idem, *La collezione naturalistica di Lazzaro Spallanzani: I modi e I temi della sua formazione* (Reggio Emilia, 1985).

☆28——トリノの大学ミュージアムの規約による。以下を参照。Cuaz, *Intellettuali, potere e circolazione delle idee*, pp. 88-90.

☆29——実際ビュフォンは、明らかに非体系的なルネサンスの分類法を記述するときにこの用語を用いた。"Initial Discourse," in Lyon and Sloane, *From Natural History to the History of Nature*, p. 101.

☆30——Gian Giuseppe Bianconi, ed., *Alcune lettere inedite del Generale Conte Luigi Ferdinando Marsigli al Canonico Lelio Trionfetti per la fondazione dell'Istituto dell Scienze di Bologna* (Bologna, 1849), pp. 27-28. アルドロヴァンディとコスピのコレクションの再編については次を見よ。ASB, *Assunteria dell'Istituto. Diversorum*, Busta 12, n. 13; Busta 13, n. 35; Giuseppe Gaetano Bolletti, *Dell'origine e de' progressi dell'Istituto delle Scienze di Bologna* (Bologna, 1751), p. 25.

☆31——BUB, *Benedetto* XIV, ms. 4331 (II, 7: 57), c.116 (Roma, 24 Luglio 1754). ベネディクト一四世による協会への遺贈については次を見よ。ASB, *Assunteria dell'Istituto. Diversorum*, Busta 12, n. 5; Busta 13, n.5.

☆32——Spallanzani, "Le 'Camere di storia naturale' dell'Istituto delle Scienze," p. 157.

☆33——idem, "La collezione naturalistica di Lazzaro Spallanzani," p. 595. たとえばこの生物学者は、リンネの『自然のミュージアムの建設』(*Instructio musei rerum naturalium*, Uppsala, 1751) を称讃とともに引いている。もちろん、このような透明性の主張を字義どおりに受けとることは困難である。どちらかと言えば、別の分類体系を証明したり論駁したりするために陳列品を利用することは、彼らの順応性をさらに暴露するだけであった。

☆34——Diderot, "Cabinet d'hitoire naturelle," p. 490.

☆35——Cuaz, *Intellettuali, potere e circolazioni delle idee*, p. 87.

☆36——少なくともこれは、一七〇八年の手紙の中でライプニッツがピョートル一世にそのコレクションについて助言していることである。Neverov, "'His Majesty's Cabinet' and Peter I's Kunstkammer," in *Origins of Museums*, pp. 55-56.

☆37——Fontana, *Saggio del real gabinetto*, pp. 1-2.

☆38——ここでの私の議論は、次の研究に負うところが大きい。Mario Biagioli, "The Anthropology of Incommensurability," *Studies in the History and Philosophy of Science* 21 (1990): 183-209; Albrecht Von Haller, Forward, in Lyon and Sloane, *From Natural History to the History of Nature*, p. 301. 彼はまたこうも言っている。「これら偉大なる人たちはいかなる体系ももたなかった」(p. 302) と。

☆39——Cermenati, "Ulisse Aldrovandi e l'America," p. 7, n. 1.

☆40——Murray, *The Museum: Its History and Its Use*, Vol. I, p. 106.

☆41——Paola Lanzara, "Kircher un botanico ?," in *Enciclopedismo in Roma barocca*, p. 338.

☆42——これら二つの世界のあいだで一八世紀の自然哲学者を論じた興味深い研究は、次を見よ。Cesare Vasoli, "L'Abate Gimma e la Nova Encyclopedia (Cabbalismo, Lullismo, magia e 'nova scienza' in un testo della fine del Seicento)," in *Studi in onore di Antonio Corsano* (Bari, 1970), pp. 787-846.

☆43——Daston, "The Factual Sensibility," pp. 452-470.

☆44——Biagioli, *Galileo Courtier*; Redondi, *Galileo Heretic*. 私がこのエピローグの最後に述べたコメントは、この二人の研究に負うところが大きい。

☆45——BUB, *Aldrovandi*, ms. 21, Vol. II, c. 11, n.d.

略語一覧

AI	Archivio Isolani, Bologna
Ambr	Biblioteca Ambrosiana, Milano
ARSI	Archivum Romanum Societatis Iesu
ASB	Archivio di Stato, Bologna
ASMo	Archivio di Stato, Modena
ASVer.	Archivio di Stato, Verona
BANL	Biblioteca dell'Accademia Nazionale dei Lincei
BAV	Biblioteca Apostolica Vaticana
BCAB	Biblioteca Comunale dell'Archiginnasio, Bologna
BEst.	Biblioteca Estense, Modena
BL	British Library, London
BMV	Biblioteca Marciana, Venezia
BNF	Biblioteca Nazionale, Firenze
BPP	Biblioteca Palatina, Parma
BUB	Biblioteca Universitaria, Bologna
Laur.	Biblioteca Laurenziana, Firenze
PUG	Pontificia Università Gregoriana, Roma
Ricc.	Biblioteca Riccardiana, Firenze
UBE	Universitätsbibliothek, Erlangen

Casciato — Mariastella Casciato, Maria Grazia Ianniello, e Maria Vitale, eds., *Enciclopedismo in Roma barocca: Athanasius Kircher e il Museo del Collegio Romano tra Wunderkammer e museo scientifico* (Venezia, 1986).

CL — Giuseppe Gabrieli, "Il Carteggio Linceo della Vecchia Accademia di Federico Cesi (1603-30)," *Memorie della R. Accademia Nazionale dei Lincei, Classe di scienze morali, storiche e filologiche*, ser. 6, v. VII, fasc. 1-3 (Roma, 1938-1941).

De Sepi — Giorgio de Sepi, *Romani Collegii Societatis Iesu Musaeum Celeberrimum* (Amsterdam, 1678).

Discorso naturale — Sandra Tugnoli Pattaro, *Metodo e sistema delle scienze nel pensiero di Ulisse Aldrovandi* (Bologna, 1981).

Fantuzzi — Giovanni Fantuzzi, *Memorie della vita e delle opere di Ulisse Aldrovandi* (Bologna, 1774).

Mattirolo — Oreste Mattirolo, "Le lettere di Ulisse Aldrovandi a Francesco I e Ferdinando I Granduchi di Toscana e a Francesco Maria II Duca di Urbino," *Memoria della Reale Accademia delle Scienze di Torino*, ser. II, 54 (1903-1904): 355-401.

MS — Athanasius Kircher, *Mundus subterraneus* (Amsterdam, 1664).

Origins of Museums — Oliver Impey and Arthur MacGregor, eds., *The Origins of Museums: Cabinets of Curiosities in Sixteenth- and Seventeenth-Century Europe* (Oxford, 1985).

Vita — Ludovico Frati, "La vita di Ulisse Aldrovandi scritta da lui medesimo," in *Intorno alla vita e alle opere di Ulisse Aldrovandi* (Imola, 1907), pp. 1-29.

文献一覧

I　マニュスクリプト

ボローニャ、イゾラーニ文書館（Archivo Isolani, Bologna）

Fondo Paleotti. 59 [F. 30]

29/1-14. Ulisse Aldrovandi, *Lettere*.

30/1. Ulisse Aldrovandi to the Assunti dello Studio.

30/2. Camillo Paleotti, *Memoriale del Dottore Aldrovandi*.

30/3. Camillo Paleotti to the Congregatione sopra l'Indice.

32. Camillo Paleotti and Ulisse Aldrovandi. *Mazzo di cataloghi di piante di deversi paesi*.

ボローニャ、国立文書館（Archivo di Stato, Bologna）

Archivo dello Studio Bolognese. Collegi di medicina e d'arti. Nucleo antico.

197. *Misc. Protomedicatus* 1559-1600.

217-218. *Libri segreti*.

248. *Recapiti per il protomedico e per la fabbrica della teriaca*.

Assunteria dell'Istituto. Diversorum.

Assunteria di Studio. Diversorum, 10. n. 6. *Carte relative allo Studio Aldrovandi.*

Assunteria di Studio. Requisiti dei lettori.

ボローニャ、アルキジンナージオ市立図書館（Biblioteca Comunale dell'Archiginnasio, Bologna）

B. 164. Pompeo Viziano, "Del Museo del S[igno]r Dottore Aldrovandi" (1604).

s. XIX. B. 3803. Ulisse Aldrovandi, *Informazione del rotulo del studio di Bologna de Ph[ilosoph]i e Medici all'Ill[ustrissi]mo Card. Paleotti* (1573).

Coll. Autogr., XLVIII, 12705. Ovidio Montalbani. *Lettera.*

ボローニャ、大学図書館（Biblioteca Universitaria, Bologna）

Mss. Aldrovandi.

Cod. 384 (408), Busta VI, f. II. *Inventario dei mobili grossi, che si trovano nello Studio Aldrovandi e Museo Cospiano* (12 Marzo 1696).

Cod. 559 (770). *Memorie antiche manuscritte di Bologna raccolte et accresciute sino a'tempi presenti dall'Ab[ate] Ant[onio] Francesco Ghiselli.*

Cod. 595-Y, n. 1. *Catalogo dei libri dello Studio di Ulisse Aldrovandi* (25 Maggio 1742).

Cod. 738 (1071), XXIII, n. 14. *Decreto per la concessione di una sala al Marchese Ferdinando Cospi appresso lo Studio Aldrovandi* (28 Giugno1660).

Ms. 4312. Jacopo Tosì, *Testacei cioe nicchi chiocciole e conchiglie di piu spezie con piante marine &c. Regalo del Ser[enissi]mo Cosimo III Gran Duca di Toscana al Senator, Marchese, Bali, e Decano Ferdinando Cospi; da questo collocati a publico commodo nel Museo Cospiano fra le altre Curiosità de l'Arte, e della Natura da esso adunate* (1683).

フィレンツェ、メディチェア＝ラウレンツィアーナ図書館（Biblioteca Medicea-Laurenziana, Firenze）

Codici Ashbrunhamiani, 1211. *Ulysses Aldrovandi Opera Varia Inedita.*

Mss. Redi 203, 209, 221, 222, 224.

フィレンツェ、国立中央図書館（Biblioteca Nazionale Centrale, Firenze）

Autografi Palatini, II, 70. Athanasius Kircher to Cardinal Leopoldo de'Medici.

Magl. II, 1, 13. Agositino del Riccio, *Arte della memoria* (1595).

Magl. VIII, 496. Paolo Boccone, *Lettere ad Antonio Magliabecchi* (1677-1699).

Magl. VIII, 505. Filippo Bonanni, *Lettere ad Antonio Magliabecchi* (1688-1714).

Magl. VIII, 1112. Manfredo Settala, *Lettere ad Antonio Magliabecchi* (1662-1678).

Magl. XIV, 1. *Discorso brevissimo sopra le quattro figure et frutto Indiano mandati al Sereniss[i]mo Granduca di Toscana dal Dottor Aldrovandi.*
Magl. XVI, 63 (1-4). *Apparato della Fonderia dell'Illustrissimo et Eccellentiss. Sig. D. Antonio Medici. Nel quale si contiene tutta l'arte Spagirica di Teofrasto Paracelso & sue medicine. Et altri segreti bellisime* (1604).
Targioni Tozzetti, 56 (1). *Agricoltura teorica del Padre Agostino del Riccio.*
Targioni Tozzetti, 56 (2). *Agricoltura sperimentale del P. Agostino del Riccio.*

フィレンツェ、リッカルディアーナ図書館（Biblioteca Riccardiana, Firenze）
Cod. 2438, Pt. I, lett. 66, 89, 91-93. Ulisse Aldrovandi and Antonio Giganti to Lorenzo Giacomini.

フォルリ、市立図書館（Biblioteca Comunale, Forlì）
Autografi Piancastelli. 51. Ulisse Aldrovandi to Camillo Paleotti and Giovan Vincenzo Pinelli.
Autografo Piancastelli. 1214. Two letters of Athanasius Kircher.

ロンドン、大英図書館（British Library, London）
ADD. MSS. 10268. Letters to Pietro Vettori.
ADD. MSS. 22804. Kircher to Alessandro Segni (1677-1678).
Sloane. 3322, 4063, and 4064. Filippo Bonanni to James Petiver (1703-1713).

ミラノ、アンブロジアーナ図書館（Biblioteca Ambrosiana, Milano）
Cod. 387-389 sup. *Del Museo Settala.*
D. 198 inf., ff. 110-118. Ulisse Aldrovandi, *De sepe prudentii.*
D. 332 inf., ff. 68-69. Ulisse Aldrovandi to Ascanio Persio; ff. 165-168 Adriano Spigelio to Giovan Vincenzo Pinelli.
G. 140 inf. (37); 141 inf. (15); 144 inf. (49); 186 inf. (118); 188 inf. (233). Ulisse Aldrovandi and Michele Mercati to Federico Borromeo.
R. 119 sup., f. 133. Ulisse Aldrovandi to Girolamo Mercuriale.
S. 80 sup., f. 260. Letter of Ulisse Aldrovandi.
S. 85 sup., f. 235r. *Il museo di Antonio Giganti.*

モーデナ，国立文書館（Archivo di Stato, Modena）

Archivo per le materie. Letterati. Giovan Battista Della Porta and Michele Mercati.

Archivo per le materie. Medici. B. 19(95). Leonardo Fioravanti.

Archivo per le materie. Storia naturale.

モーデナ，エステンセ図書館（Biblioteca Estense, Modena）

Mss. Campori y.H.1.21-22 (338-339). *Disegni originali che sono descritti nell'Opera scritta in Latino dal Dott[or] Fis[ico] Collegiato Paolo Maria Terzago, tradotto in Italiano con aumente dal Dott[or] Fis[ico] Pietro Francesco Scarabelli e stampata in Voghera nel 1666 in un Volume in 4to da Eliseo Viola.*

Mss. Campori y.Y.5.50 (APP. 1694). *Capitoli e statuti del Collegio de Spetiali della Città di Modena.*

Est. It. 833 (Alpha G I, 15). Ulisse Aldrovandi to the Duke of Modena (1599).

Est. It. 835 (Alpha G I, 17). Giovan Battista della Porta to Cardinale d'Este (1580-1586).

ナポリ，国立図書館（Biblioteca Nazionale, Napoli）

Ms. Branc. II F 19, c. 208. *In Ulyssis Aldrovandi museum.*

Ms. Branc. I E 1, cc, 309-315. *Dubitationes aliquot observantq[ue] in Itinerarius Extatico Doctiss. Patris Athanasii Chircheri S.J.*

Ms. Branc. IV B 13, cc. 91-119. Athanasius Kirchier to Domenico Magri.

パルマ，国立文書館（Archivio di Stato, Parma）

Epistolario scelto, b. 1 (Ulisse Aldrovandi).

パルマ，パラティーナ図書館（Biblioteca Palatina, Parma）

Ms. Pal. 1010; 1012, f. 1. *Lettere di Ludvico Beccadelli.*

ピサ，国立文書館（Archivio di Stato, Pisa）

Università. 530, 4. *Spese occorse nel viaggio fatto da un simplicista per ritrovare piante e minerali d'ordine di S. A. S.*

Università. 531, 5. *Inventario della galleria e giardino de semplici di S. A. S. in Pisa.*

Università. Versamento II. Sez. G. 77, cc. 363-364 (333-334). *Professori alla cura del giardino dei semplici 1593-1614 and Semplicisti 1547-1628.*

ローマ、ヴァティカン文書館（Archivo Secreto Vaticano, Roma）

Fondo Borghese. Ser. III, t. 72a. *Legislazione in Polonia del Card. Ippolito Aldrovandini. Lettere diverse 1588-89*, ff. 379-501 (Michele Mercati).

ローマ、イエズス会文書館（Archivum Romanum Societatis Ies, Roma）

Fondo Gesuitico. 1069/5, cassetto III, n. 1. *Atto originale antico di consegna al N[ost]ro Museo della Galleria di Alfonso Donnino* (1651).

Rom. 138. *Historia* (1704-1729). XVI. Filippo Bonanni. *Notizie circa la Galleria del Collegio Romano* (10 Gennaio 1716).

ローマ、国立アカデミア・デイ・リンチェイ図書館（Biblioteca dell'Accademia Nazionale dei Lincei, Roma）

Archivo Linceo. ms. 18 Jan Eck, *Epistolarum medicinalium.*

Archivo Linceo. ms. 31. *Rerum medicarum Novae Hispaniae thesaurus seu plantarum animalium mineralium mexicanorum historia et Francisci Hernandez* (Roma, 1649).

Archivo Linceo. ms. 32. *Inventario dei beni appartenenti all eredità di Federico Cesi con i relativi prezzi di stima.*

Archivo di S. Maria in Aquiro. 412. *Interessi di Giovanni Faber medico.*

Archivi di S. Maria in Aquieo. 420. *Lettere a Giovanni Faber.*

ローマ、アンジェリカ図書館（Biblioteca Angelica, Roma）

Ms. 1545. *Il Museo di Michel Mercati compendiato, e riformato in cui si contengono disposte con nuovo ordine, e brevemente spiegato tutte le figure da lui fatte incidere e poi date alle stampe.*

ローマ、ヴァティカン教皇庁図書館（Biblioteca Apostolica Vaticana, Roma）

Autograft Ferrajoli. Raccolta prima. Vol. 6, ff. 182-188. Athanasius Kircher to Raffaele Maffei.

Barberini Latini. 4252. *Botanologia esotica.*

Barberini Latini. 4265. *Giardinetto secreto del em. Sig. card. Barberini*.
Barberini Latini. 6457, ff. 37-39. Athanasius Kircher to Francesco Barberini.
Barberini Latini. 6499, ff. 19-20. Athanasius Kircher to Lucas Holstenius.
Mss. Chigi. F. IV.49. *Beatissimo Patri Alexandro Septimo Pont. Opt. Maximo Athanasius Kircherus infirmus servus felicitatem*.
Mss. Chigi. F.IV.64. *Diatribe arithemetica de priscis numerorum notis earumque origine et fabrica*.
Mss. Chigi. J.VI.225. Athanasius Kircher to Alexander VII.
Vaticani Latini. 6192, vol. 2, ff. 656-657. Ulisse Aldrovandi to Cardinal Guglielmo Sirleto.
Vativani Latini. 8258, ff. 17-22. Francesco Stelluti, *Breve trattato della natura, e qualita del legno fossile minerale ondato*.
Vaticani Latini. 9064, ff. 83-92. Kircher misc.

ローマ、ヴィットーリオ・エマヌエーレ国立図書館（Biblioteca Nazionale Vittorio Emmanuele, Roma）
Fondo Gesuitico. 893. Daniele Bartoli. *Lettere*.
Fondo Gesuitico. 1334. Filippo Buonanni. *Biblioteca Scriptorum Societatis Jesu*.

ローマ、グレゴリアーナ教皇庁大学（Pontifica Università Gregoriana, Roma）
Mss. 555-568 (I-XIV). *Carteggio Kircheriano*.

シエナ、イントロナーティ市立図書館（Biblioteca Comunale degli Intronati, Siena）
Ms. 116 (A IV, 7).
cc. 26-42. *Statue & capitoli dell'Arte degli Speziali del 1560*.
cc. 45-48r. *Memoria sull'origine della Accademia degli Ardenti* (1602).
Autografi Porri. filza 5a. n. 85 (K XI, 53). Athanasius Kircher to Raffaele Maffei.

ヴェネツィア、マルチャーナ国立図書館（Biblioteca Nazionale Marciana, Venezia）
Archivo Morelliano. 103 (=*Marciana* 12609). *Catalogo delle cose naturali mandate al Serenissimo Francesco de' Medici Gran Duca di Toscana dal Dottore Ulisse Aldrovandi Bolognese*.

Mss. Italiani IV, 133 (=Marciana 5103). *Raccolta delle inscrittioni, cossi antiche, come moderne, quadri, e pitture, statue, bronzi, manui, medaglie, gemme, minere, animali, petriti, libri, instrumenti methematici che si trovano in Pustiria nella cosa et horti, che sono di me Girolamo de Galdo q. Emilio Dr. che serve anco per Inventario MDCXLIII nel mese di Decembre 27.*

ヴェローナ 国立文書館（Archivo di Stato, Verona）

Arte speziale, n. 25. *Raccolta di parti, ordini, giudici e terminazioni in favor de' speziali da medicinali.*

Arte speziale, n. 26. *Ordini, statui, capituli formati per regola e governo della magnifica arte specieri* (1568).

Arte speziale, n. 31. *Libro dell'arte degli speziali* (1589-1658).

ヴェローナ 市立図書館（Biblioteca Civica, Verona）

Ms. 151 O. Ognibene Rigotti, *De Ponae familiae nobilitate historicum documentum.*

Ms. 2047. *Produzioni marine cioé cochle, altioni, turbineti, coralloide madrepore, fuchi, e simili. Raccolte, e delineate da me Fra Petronio da Verona capuccino infermiere nel santiss[i]mo Rendetore di Venezia* (1724).

II 第一次資料

Aldrovandi, Ulisse. *De animalibus insectis libri septum* (Bologna, 1602).

———. "Avvertimenti del Dottor Aldrovandi," In *Trattati d'arte del Cinquecento*, Paola Barocchi, ed. (Bari: Laterza, 1961), vol. 2, pp. 511-517.

———. *Dendrologia* (Bologna, 1648).

———. *De mollibus, crustaceis, testacies, et zoophytes* (Bologna, 1606).

———. *Monstrorum historia* (Bologna, 1642).

———. *Musaeum metallicum* (Bologna, 1648).

———. *Ornithologiae hoc est de avibus historiae libri XII* (Bologna, 1599).

———. *De piscibus libri V et de cetis lib[rus] unus* (Bologna, 1613).

Alifer, Joannes Andrea. *Manfredo Septalio Academia funebris publice habita in classe rhetoricae Collegi Braydensis Societatis Jesu* (Milano, 1680).

Anecdota litteraria ex miss. codicibus eruta, vol. 4 (Roma, 1783).

Anguillara, Luigi. *Semplici dell'Eccellente M. Luigi Anguillara, liquali in piu pareri a diversi nobili huomini scritti appaiono* (Venezia, 1561).
Bacci, Andrea. *L'Alicorno* (Firenze, 1573).
Balfour, Andrew. *Letters Write to a Friend,...Containing Excellent Direction and Advices for Travelling thro' France and Italy* (Edinburgh, 1700).
Bartholin, Thomas. *On the Burning of His Library and On Medical Travel*, Charles D. O'Malley, trans. (Lawrence: University of Kansas Press, 1961).
Bartoli, Daniele. *La ricreatione del savio in discorso con la natura e don Dio* (Roma, 1659).
Bellori, Giovan Pietro. *Nota delli musei, librerie, galerie, et ornamenti di statue e pitture ne' palazzi, nelle case, e ne' Giardini di Roma* (Roma, 1664).
Bertioli, Antonio. *Delle considerazioni di Antonio Berthioli Mantovano sopra l'olio di scorpioni dell'eccellentissimo Matthioli* (Mantova, 1585).
Bertioli, Giovan Paolo, e Antonio Bertioli. *Breve avviso del vero balsamo, theriaca et mithridato* (Mantova, 1596).
Bocchi, Zenobio. *Giardino de'semplici in Mantova* (Mantova, 1603).
Boccone, Paolo. *Museo di fisica e di esperienze variato, e decorato di osservazioni naturali* (Venezia, 1697).
———. *Museo di piante rare della Sicilia, Malta, Corsica, Italia, Piemonte, e Germania* (Venezia, 1697).
———. *Osservazioni naturali* (Bologna, 1684).
Bolletti, Giuseppe Gaetano. *Dell'origine e de'progresso dell'Istituto delle Scienze di Bologna* (Bologna, 1751).
Bonanni, Filippo. *Musaeum Kircherianum* (Roma, 1709).
———. *Rerum naturalium historia*, Giovan Antonio Battarrra, ed. (Roma, 1773).
———. *Ricreatione dell'occhio e della mente nell'osservatione delle chiocciole* (Roma, 1681).
———. (pseud. Godefrido Fullberti). *Riflessioni sopra la relatione del ritrovamento dell'uova di chioccile de A. F. M. in una lettera al sig. Marcello Malpighi* (Roma, 1683).
Borgarucci, Prospero. *La fabrica de gli speziali* (Venezia, 1566).
Borromeo, Federico. *Federici Cardinalis Borromei Archiepisc. Mediolani Museum* (*Il museo di Cardinale Federigo Borromeo, Arcivescovo di Milano*), Luigi Grasselli, trad. (Milano, 1909).
Bromley, William. *Remarks made in Travels through France and Italy* (London, 1693).
Buoni, Giacomo Antonio. *Del terremoto* (Modena, 1572).

Burnet, Gilbert. *Some Letters Containing an Account of what seemed most Remarkable in Travelling through Swizerland, Italy, Some Parts of German, &c. In the Years 1685 and 1686* (London, 1689).

Calzolari, Francesco. *Lettera di M. Francesco Calceolari spetiale al segno della campagna d'oro, in Verona. Intorno ad alcune menzogne & calonnie date alla sua theriaca da certo Scalcina perugino* (Cremona, 1566).

———. *Il viaggio di Monte Baldo* (Venezia, 1566).

Camillo, Giulio. *L'idea del theatro dell'eccellent. M. Giulio Camillo* (Firenze, 1550).

Campanella, Tommaso. *Del senso delle cose e della magia*, Antonio Bruers, ed. (Bari: Laterza, 1925).

Capparoni, Pietro. "Una letterra inedita di Manfred Settala." *Rivista di storia critica delle scienze mediche e naturali* 5 (1914): 348-350.

Cardano, Girolamo. *The Book of My Life*, Jean Stoner, trans. (New York: Dover, 1962).

Castelli, Pietro. *Discorso della differenza tra gli semplici freschi et i secchi con il modo di seccarli* (Roma, 1629).

Ceñal, Ramon. "Juan Caramuel. Su epistolario con Atanasio Kircher, S. J." *Revista de filosofia* 12 (1953): 101-147.

Cermenati, Mario. "Francesco Calzolari e le sue lettere all'Aldrovandi." *Annali di botanica* 7 (1908): 83-108.

Ceruti, Benedetto, e Andrea Chiocco. *Musaeum Francisci Calceolari Iunioris Veronensis* (Verona, 1622).

Cesalpino, Andrea. *De metallicus libri tres* (Roma, 1596).

———. *De plantis libri XVI* (Firenze, 1583)

———. *Questions péripatéticiennes*, Maurice Dorolle, trad. (Paris, 1929).

Cesi, Federico. "Del natural desiderio di sapere et instituzione de' Lincei per adempimento di esso." In *Scienziati del Seicento*, Maria Altieri Biagi e Bruno Basile, ed. (Milano: Ricciardi, 1980).

Clemens, Claude. *Musei, sive bibliothecae tam privatae quam publivae extructio, instructio, cura, usus* (Lugduni, 1635).

Cortesi, Fabrizio. "Alcune lettere inedite di Ferrante Imperato." *Annali di botanica* 6 (1907): 121-130.

———. "Alcune lettere inedite di Giovanni Pona." *Annali di botanica* 6 (1908): 411-425.

———. "Una lettera inedita di Tobia Aldini a Giovan Battista Faber." *Annali di botanica* 6 (1908): 403-405.

Cortesi, Paolo. *The Renaissance Cardinal's Ideal Palace: A Chapter from Cortesi's De Cardinalatu*, Kathleen Weil-Garris and John F. Amico, eds. and trans. (Roma: Edizioni dell'Elefante, 1980).

Costa, Filippo. *Discorsi di M. Filippo Costa sopra le compositioni degli antidoti, & medicamenti, che piu si costumano di dar per bocca* (Mantova, 1586 ed.)

Dati, Carlo. *Delle lodi del commendatore Cassiano dal Pozzo* (Firenze, 1664).

Della Casa, Giovanni. *Galateo*, Konrad Eisenbicher and Kenneth R. Bartlett, trans. (Toronto: Center for Renaissance and Reformation Studies, 1990). ［デッラ・カーサ『ガラテーオ——良きたしなみの本』池田廉訳、清水弘文堂、一九六一年］。

Della Porta, Giovan Battista. *Criptologia*, Gabriela Belloni, ed. e trad. (Roma: Centro Internazionale di Studi Umanistici, 1982).

———. *Della fisionomia dell'huomo di Giovan Battista Della Porta napolitano*, Giovanni di Rosa, trad. (Napoli, 1598 ed.)

———. *Natural Magick*, Derek J. Price, ed. (New York: Dover, 1957).

———. *Phytognomonica* (Napoli, 1588).

De Rosa, Stefano. "Ulisse Aldrovandi e la Toscana. Quattro lettre inedite dello scienziato a Francesco I e Ferinando I de'Medici e a Belisario Vinta." *Annali dell'Istituto e Museo di Storia della Scienza* 6 (1981): 203-215.

De Sepi, Giorgio. *Romani Collegii Societatus Jesu Musaeum Celeberrimum* (Amsterdam, 1678).

De Toni, G. B. "Il carteggio degli italiani col botanico Carlo Clusio nella Biblioteca Leidense." *Memorie della R. Accademia di scienze, lettere ed arti di Modena*, ser. 3, 10, Pt. II (1912): 113-270.

———. *Cinque lettere di Luca Ghini ad Ulisse Aldrovandi* (Padova: Tipografia Seminario, 1905).

———. "Spigolature aldrovandiane I. I placiti inediti di Luca Ghini nei manoscritti aldrovandiani di Bologna." In *Atti del Congresso dei naturalisti italiani* (Milano: Tipografia degli Operai, 1907), pp. 3-5.

———. "Spigolature aldrovandiane II. Scritti aldrovandiani nella Biblioteca Ambrosiana di Milano." In *Atti del Congresso dei naturalisti italiani* (Milano: Tipografia degli Operai, 1907), pp. 5-7.

———. "Spigolature aldrovandiane III. Nuovi dati intorno alle relazioni tra Ulisse Aldrovandi e Gherardo Cibo." *Memorie della R. Accademia di scienze, lettere ed arti di Moderna*, ser. 3, 7 (1907):3-12.

———."Spigolature aldrovandiane V. Ricordi d'antiche collezioni veronesi nei manoscritti aldrovandiani." *Madonna verona* 1, f. 1 (1907): 18-26.

———. "Spigolature aldrovandiane VI. Le piante dell'antico orto botanico di Pisa ai tempi di Luca Ghini." *Annali di botanica* 5 (1907): 421-425.

———. "Spigolature aldrovandiane VII. Notizie intorno ad un erbario perduto del medico Francesco Petrollini e contribuzione alla storia dell'erbario di Ulisse Aldrovandi." *Nuovo giornale botanico italiano*, n.s. 14, 4 (1907): 506-518.

———. "Spigolature aldrovandiane VIII. Nuovi documenti intorno a Giacomo Raynaud farmacista di Marsiglia ed alle sue relazioni con Ulisse Aldrovandi." *Atti della Reale Istituto Veneto di scienze, lettere ed arti* 68, Pt. II (1908): 117-131.

———. "Spigolature aldrovandiane IX. Nuovi documenti intorno Francesco Petrollini, prima guida di Ulisse Aldrovandi nello studio delle piante." *Atti del Rreal Instituto Veneto di scienze, lettere ed arti* 69, Pt. II (1909-1910): 815-825.

———. "Spigolature aldrovandiane X. Alcune lettere di Gabriere Fallopia ad Ulisse Aldrovandi." *Atti e memorie della R. Deputazione di storia patria per le provincie modenesi*, ser. 5, 7 (1913): 34-46.

———. "Spigolature aldrovandiane XI. Intorino alle relazioni del botanico Melchiorre Guillandino con Ulisse Aldrovandi." *Atti della R. Accademia di scienze, lettere ed arti degli Agiati in Rovereto*, ser. 3, 17, f. 2 (1911): 3-25.

———. "Spigolature aldrovandiane XII. Di Tommaso Bonaretti, medico reggiano, corrispondente di Ulisse Aldrovandi." *Atti e memorie della R. Deputazione di storia patria per le provincie modenesi*, ser. 5,7 (1913): 82-99.

———. "Spigolature aldrovandiane XIV. Cinque lettere inedite di Antonio Compagnoni di Macerata ad Ulisse Aldrovandi." *Rivista di storia critica delle scienze mediche e naturali* 6, 3 (1915): 479-486.

———. "Spigolature aldrovandiane XVI. Intorno alcune lettere di Ulisse Aldrovandi esistenti in Modena." *Atti e memorie della R. Deputazione di storia patria per le provincie modenesi*, ser. 5, 13 (1920): 1-10.

———. "Spigolature aldrovandiane XVII. Lettere inedite di Francesco Barozzi." *Ateneo veneto* 40 (1917): 133-140.

———. "Spigolature aldrovandiane XVIII. Lettere di Giovanni Vincenzo Pinelli." *Archivo di storia della scienza* 1 (1919-1920): 297-312.

———. "Spigolature aldrovandiane XIX. Il botanico padovano Giacomo Antonio Cortusa nelle sue relazioni con Ulisse Aldrovandi e con altri naturalisti." In *Contributo del R. Istituto Veneto di scienze, lettere ed arti alla celebrazione del VII centenario della Università di Padova* (Venezia: Carlo Ferrari, 1922), pp. 217-249.

———. "Spigolature aldrovandiane XX. Gentile dalla Torre veronese e le sue relazioni con Ulisse Aldrovandi." *Atti dell'Accademia d'agricoltura, scienze e lettere di Verona*, ser. 4, 25 (1923): 147-151.

———. "Spigolature aldrovandiane XXI. Un puglio di lettere di Giovanni Odorico Melchiori Trentino a Ulisse Aldrovandi." *Atti del Reale Istituto Veneto di scienze, lettere ed atti* 84, Pt. II (1924-1925): 599-624.

Diderot, Denis. "Cabinet d'histoire naturelle." *Encyclopédie ou dictionnaire raisonné des sciences, des arts et des métiers* (Paris, 1751), tom. 2, pp. 489-492.

Documenti inediti per servire alla storia dei musei d'Italia, 4 voll. (Firenze: Bencini, 1878-1880).

"Elogio di P. Philippo Buonanni." *Giornale de' letterati d'Italia* 37 (1725): 360-388.

Fantuzzi, Giovanni. *Memorie della vita di Ulisse Aldrovandi* (Bologna, 1774).

———. "Ulisse Aldrovandi. " In Idem, *Notizie degli scrittori bolognesi* (Bologna, 1781), vol. 1, pp. 165-190.

Fedeli, Carlo. "Un nuovo documento sul primo orto botanico pisano." *Rivista di storia delle scienze mediche e naturali*, ser. 3, n. 7-8 (1923): 177-181.

Felici, Costanzo. *Lettere a Ulisse Aldrovandi*, Giorgio Nonni, ed. (Urbino: Quattro Venti, 1982).

Fioravanti, Leonardo. *De' capricci medicinali dell'eccellente medico, & cirugico M. Leonardo Fioravanti Bolognese* (Venezia, 1573).

———. *Del compendio dei secreti rationali* (Torino, 1580).

———. *Dello specchio di scientia universale* (Venezia, 1564).

———. *Il tesoro dell vita umana* (Venezia, 1582).

Florio, Luigi di. "Una lettera inedita di Ulisse Aldrovandi." *Pagine di storia della medicina* 9 (1965): 40-45.

Fontana, Felice. *Saggio del real gabinetto di fisica e di storia naturale di Firenze* (Roma, 1775).

"Frammenti del processo di Ulisse Aldrovandi (Bologna, 5 luglio 1549)."In Camillo Renato, *Opere*, Antonio Rotondò, ed. (Firenze: Sansoni, 1968), pp. 224-227.

Frati, Ludovico, ed. "La vita di Ulisse Aldrovandi scritta da lui medesimo." In *Intorno alla vita e alle opere di Ulisse Aldrovandi* (Imola, 1907).

Friedlander, Paul. "Athanasius Kircher und Leibniz. Ein Beitrag zur Geschichte der Polyhistorie im XVII. Jahrhundert." *Rendiconti della Pontificia Accademia Romana di Archeologia* 13, f. 3-4 (1937): 229-247.

Gabrieli, Giuseppe. "Il carteggio linceo della vecchia accademia di Federico Cesi (1603-1630)." *Memorie della R. Accademia Nazionale dei Lincei. Classe di scienze morali, storiche e filologiche*, ser. 6, Vol. VII, f. 1-4 (1938-1942).

Garzoni, Tommaso. *La piazza universale di tutte le professione de mondo* (Venezia, 1651 ed.).

Gassandi, Pierre. *The Mirrour of True Nobility & Gentility. Being a Life of the Renowned Nocolaus Claude Fabricius Lord of Peiresk, Senator of the Parliament at Aix*, W. Rand, trans. (London, 1657).

Ginori Conti, Piero. *Lettere inedite di Charles de l'Ecluse (Carolus Clusius) a Matteo Caccini* (Firenze: Olschki, 1939).

Giovio, Paolo. *Libro di mons. Paolo Giovio de' pesci romani*, Carlo Zancaruolo, trad. (Venezia, 1560).

Gualtieri, Niccolo. *Index testarum conchyliorum quae adservantur in museo Nicolai Gualtieri* (Firenze, 1742).

Hall, A. Rupert, and Marie Boas Hall, eds. and trans. *The Correspondence of Henry Oldenburg*, 9 vols. (Madison: University of Wisconsin Press, 1965-1973).

Imperato, Ferrante. *Dell'historia naturale* (Napoli, 1599).

———. *Discorsi intorno a diverse cose naturali* (Napoli, 1628).
———. *De fossilibus opusculum* (Napoli, 1610).
Jaucourt, Chevalier de. "Musée."*Encyclopédie ou dictionnaire raisonné des sciences, des arts et des métiers* (Neufchastel, 1765), tom. 10, pp. 893-894.
Kestler, Johann. *Physiologia Kircheriana experimentalis* (Amsterdam, 1680).
Kircher, Athanasius. *Arca Noë* (Amsterdam, 1675).
———. *Arithmologia sive de abditis numerorum mysteriis* (Roma, 1665).
———. *Ars magna lucis et umbrae* (Amsterdam, 1671).
———. *Ars magna sciendi* (Amsterdam, 1669).
———. *Ars magnesia* (Würzburg, 1631).
———. *China Illustrata*, Charles D. Van Tuyl, trans. (Muskegeem OK: Indian University Press, 1987).
———. *Diatribe de prodigiosis crucibus, quae tam supra vestes hominium, quam res alias, non pridem post ultimum incendium Vesuvii Montis* (Roma, 1661).
———. *Iter extaticum coeleste* (Roma, 1656).
———. *Iter extaticum II* (Roma, 1657).
———. *Lingua Aegyptiaca restituta* (Roma, 1643).
———. *Magnes sive de arte magnetica libri tres* (Roma, 1641).
———. *Magneticum naturae regnum sive Disceptatio physiologica de triplice in natura rerum magnete* (Amsterdam, 1667).
———. *Mundus subterraneus* (Amsterdam, 1664).
———. *Musurgia universalis sive ars magna consoni et dissoni*, 2 voll. (Roma, 1650).
———. *Obelisci Aegyptiaci* (Roma, 1665).
———. *Obeliscus Pamphilus* (Roma, 1650).
———. *Oedipus Aegyptiacus*, 4 voll. (Roma, 1652-1654).
———. *Prodomus coptus sive Aegyptiacus* (Roma, 1636).
———. *Turis Babel* (Amsterdam, 1679).
———. *Vita admodum P. Athanasii Kircher Societatis Iesu Viri toto orbe celebratissimi* (Augsburg, 1684).

Kirchmayer, Georg Caspar. *Un-Natural History, or Myths of Ancient Science*, Edmund Goldsmid, ed. (Edinburgh, 1886).

Lana Terzi, Farncesco. *Prodomo overo saggio di alcune inventioni nuove* (Brescia, 1670).

Lasselm Richard. *The Voyage of Italy, or A Complete Journey through Italy*. In Two Parts (London, 1670).

Legati, Lorenzo. *Breve descrizione del museo dell'Illustiss. Sig. Cav. Commend. dell'Ordine di S. Stefano Ferdinandio Cospi* (Bologna, 1667).

———. *Museo Cospiano annesso a quello del famoso Ulisse Aldrovandi e donato alla sua patria dall'illustrissimo Signor Ferdinando Cospi* (Bologna, 1677).

Lumbroso, Giacomo. *Notizie sulla vita di Cassiano dal Pozzo* (Torino, 1874).

Mabillon, Jean, et D. Michael Germain. *Museum Italicum seu Collecto veterum scriptorum ex Bibliotecis Italicus*, 2 tom. (Paris, 1687-1689).

Maffei, Scipione. *Epistolario (1700-1755)*, Celestino Garibotto, ed., 2 voll. (Milan: Giuffré, 1955).

———. *Verona illustrata*, 4 voll. (Verona, 1731-1732).

Marani, Alberto. "Lettere di Muzio Calini a Ludovico Beccadelli." *Commentari dell'Ateneo di Brescia* 168 (1969): 59-143.

Maranta, Bartolomeo. *Della theriaca et del mithridato libri due* (Venezia, 1572).

Mattioli, Pier Andrea. *I discorsi nei sei libri della materia medicinale di Pedacio Dioscoride Anazarbeo* (Venezia, 1577).

Mattirolo, Oreste. "Le lettere di Ulisse Aldrovandi a Francesco I e Ferdinando I Granduchi di Toscana e a Francesco Maria II Duca di Urbino." *Memorie della Reale Accademia delle Scienze di Torino*, ser. II, 54 (1903-1904): 355-401.

Mercati, Angelo. "Lettere di scienziati dall'Archivo Segreto Vaticano." *Commentationes Pontificia Accademia Scientiarum* 5, vol. V, n. 2 (1941): 61-209.

Mercati, Michele, *Metallotheca* (Roma, 1717).

Middleton, W. E. Knowles, ed. and trans. *Lorenzo Mogolotti at the Court of Charles II. His Relazione d'Inghilterra of 1668* (Waterloo, Ontario, 1980).

Migliorato-Garavini, E. "Appunti di storia della scienza nel Seicento. I. Tre lettere inedite del naturalista Ferrante Imperato ed alcune notizie sul suo erbario." *Rendiconti della R. Accademia Nazionale dei Lincei. Classe di scienze morali, storiche e filologiche*, ser. 8, vol. 7, f. 1-2 (1952): 33-39.

Misson, Maximilian. *A New Voyage to Italy*, English trans., 2 vols. (London, 1695).

Montalbani, Ovidio. *Curae analyticae aliquot naturalium observationum Aldrovandicas cira historias* (Bologna, 1671).

Morhof, Daniel Georg. *Polyhistor literarius, philosophicus et praticus* (Lubeck, 1747, 1688).

Moscardo, Lodovido. *Note overo memorie del museo di Lodovico Moscardo novile veronese, academico filarmonico, dal medesimo descritte, et in tre libri distinte* (Padova, 1651).

Neickelius, C. F. *Museographia* (Leipzig, 1727).

Olivi, Giovan Battista. *De reconditis et praecipuis collectaneis ab honestissimo, et solertiss.mo Francesco Calceolari Veronensi in musaeo adservatis* (Venezia, 1584).

Pastrini, Giovan Battista, S. J. *Orazion funebre per la morte dell'illustriss. Sig. can. Manfredo Settala* (Milano, 1680).

Peiresc, Nicolas Claude Fabri de. *Lettres à Cassiano dal Pozzo (1626-1637)*, Jean-François Lhote et Danielle Joyal, ed. (Clermont-Ferrand, 1989).

Petrucci, Gioseffo. *Prodomo apologetico alli studi chircheriani* (Amsterdam, 1677).

Pietro , Pericle di. "Epistolario di Gabriere Fallopia." *Quaderni di storia della scienza e della medicina* 10 (1970).

Pliny. *Natural History*, John Bostock and H. T. Riley, trans., 7 vols. (London, 1855).

Pona, Francesco. *L'Amalthea overo della pietra bezoar orientale* (Venezia, 1626).

Porro, Girolamo. *L'Horto de i semplici di Padova* (Venezia, 1592).

Quiccheberg, Samuel. *Inscriptiones vel tituli theatri amplissimi* (München, 1565).

Raimondi, C. "Lettere di P. A. Mattioli ad Ulisse Aldrovandi." *Bullettino senese di storia patria* 13, f. 1-2 (1906): 3-67.

Ray, John. *Travels through the Low-Countries, Germany, Italy, and France. With curious observations* (London, 1738).

Redi, Francesco. *Esperienze intorno a diverse cose naturali, e particolarmente a quelle che ci son portate dall'Indie* (Firenze, 1686).

———. *Esperienze intorno alla generazione degl'insetti* (Firenze, 1668).

———. *Experiments on the Generation of Insects*, Mab Bigelow, trans. (Chicago, 1909).

———. *Francesco Redi on Vipers*, Peter Knoefel, ed. and trans. (Leiden: Brill, 1988).

———. *Osservazioni introno alle vipere* (Firenze, 1664).

Robinet, André. *G. W. Leibniz Iter Italicum (Mars 1689-Mars 1690). La dynamique de la République des lettres. Nombreux textes inédits*, Studia dell'Accademia Toscana di Scienze e Lettere "La Colombaria, " vol. 90 (Firenze: Olschki, 1987).

Ronchini, A. "Ulisse Aldrovandi e i Farnese." *Atti e memorie delle RR. Deputazioni di storia patria per le provinicie dell'Emilia*, n.s. 5, Pt. II (1880): 1-14.

Salviani, Ippolito. *Acquatilium animalium historiae* (Roma, 1554).

Scarabelli, Pietro (see Terzago, Paolo).

Schott, Gaspar. *Ioco-seriorum naturae et artis, sive magiae naturalis centuriae tres* (Würzburg, 1666).

———. *Physica curiosa, sive mirabilia naturae et artis libris XII*, 2 voll. (Würzburg, 1697).

———. *Technica curiosa, sive mirabilia artis, libris XII* (Würzburg, 1664).

Scilla, Agostino. *La vana speculazione disingannata dal senso. Lettera risponsiva circa i corpi marini, che petrificati si trovano in varii luoghi terrestri* (Napoli, 1670).

Serpetro, Niccolò. *Il mercato delle maraviglie della natura, overo istoria naturale* (Venezia, 1659).

Simili, Alessandro. "Alcune lettere inedite di Andrea Bacci a Ulisse Aldrovandi." In *Atti del XXIV Congresso Nazionale di Storia della Medicina (Taranto-Bari, 1969)* (Roma: Società italiana di storia della medicina, 1969), pp. 428-437.

Skippon, Philip. *An Account of a Journey Made thro' Part of the Low-Countries, Germany, Italy and France*. In *A Collection of Voyages and Travels*, A. Churchill and S. Churchill, eds. (London, 1752 ed.), vol. 6.

Spon, Jacob. *Voyage d'Italie, de Dalmatie, de Grece, et du Lévant, fait aux année 1675 & 1676*, 2 voll. (The Hague, 1724 ed.).

Stelluti, Francesco. *Persio tradotto* (Roma, 1630).

———. *Trattato del legno fossile minerale* (Roma, 1637).

Steno, Nicolaus. *The Earliest Geological Treatise* (1667), Avel Garboe, trans. (London, 1958).

Terzago, Paolo Maria. *Musaeum Septalianum Manfredi Septalae Patritii Mediolanensis* (Dertonae, 1664).

———. *Museo o galleria adunata dal sapere, e dallo studio del sig. Canonico Manfredo Settala nobile milanese*, Pietro Francesco Scarabelli, trans. (Tortona, 1666).

Tesauro, Emanuele. *Il cannocchiale aristotelico* (Torino, 1670 ed.).

———. *La filosofia morale* (Venezia, 1792 ed.).

Tosi, Alessandro, ed. *Ulisse Aldrovandi e la Toscana: Carteggio e testimonianze documentarie* (Firenze: Olschki, 1989).

Valentini, Michael Bernhard. *Museum museorum*, 2 voll. (Frankfort, 1704-1714).

Vallieri, Werner. "Le 22 lettere di Bartolomeo Maranta all'Aldrovandi." In *Atti del XIX Congresso Nazionale di Storia della Medicina (L'Acquilia, 1963)* (Roma: Società italiana di storia della medicina, 1965), pp. 738-770.

Varchi, Benedetto. *Questione sull'archimia*, Domenico Morani, ed. (Firenze: Stamperia Magheri, 1827).

Visconti, Giovanni Maria. *Exequiae in tempio S. Nazarii Manfredo Septalio Patritio Mediolanensi* (Milano, 1680).

Zanoni, Giacomo. *Istoria botanica* (Bologna, 1675).

Ⅲ 第二次資料

Accordi, Bruno. “Ferrante Imperato (Napoli 1550-1625) e il suo contributo alla storia della geologia.” *Geologica Romana* 20 (1981): 43-56.

———. “Illustrators of the Kircher Museum Naturalistic Collections.” *Geologica Romana* 15 (1976): 113-126.

———. “Michele Mercati (1541-1593) e la Metallotheca.” *Geologica Romana* 19 (1980): 1-50.

———. “The Musaeum Calceolarium of Verona Illustrated in 1622 by Ceruti and Chiocco.” *Geologica Romana* 16 (1977): 21-54.

———. “Paolo Boccone (1633-1704).” *Geologica Romana* 14 (1975): 353-359.

Advesi, Aldo. “Ulisse Aldrovandi bibliofilo, bibliografo e bibliologo del Cinquecento.” *Annali di scuola speciale per archivisti e bibliotecari dell'Università di Roma* 8, n. 1-2 (1968): 85-181.

Aimi, Antonio, Vincenzo De Michele, e Alessandro Morandotti. *Musaeum Septalianum: una collezione scientifica nella Milano del Seicento* (Firenze: Giunti Marzocco, 1984).

Åkerman, Susanna. *Queen Christina of Sweden and Her Circle: The Transformation of a Seventeenth-Century Philosophical Libertine* (Leiden: Brill, 1991).

Andreoli, Aldo. “Un inedito breve di Gregorio XII a Ulisse Aldrovandi.” *Atti e memorie dell'Accademia Nazionale di scienze, lettere e arti di Modena*, ser. 6, vor. 4 (1962): 133-149.

———. “Ulisse Aldrovandi e Gregorio XIII (e la teriaca).” *Strenna storica bolognese* 11 (1961): 11-19.

Arnold, Ken. *Cabinets for the Curious: Practising Science in Early Modern English Museums* (Ph.D. diss., Princeton University, 1991).

Ashworth, William B., Jr. “Catholicism and Early Modern Science.” In *God and Nature: Historical Essays on the Encounter Between Christianity and Science*, David C. Lindberg and Ronald L. Numbers, eds. (Berkeley, 1987), pp. 136-166.

———. “Natural Hisory and the Emblematic World View.” In *Reappraisals of the Scientific Revolution*, David C. Lindberg and Robert S. Westman, eds. (Cambridge, U.K.: Cambridge University Press, 1990), pp. 303-332.

Atran, Scott. *Cognitive Fondations of Natural History: Towards an Anthropology of Science* (Cambridge, U.K.: Camridge Univesity Press, 1989).

Azzi Visentini, Margherita. *L'Orto Botanico di Padova e il giardino del Rinascimento* (Milano: Edizioni il Polifilo, 1984).

Baldwin, Martha R. “Alchemy in the Society of Jesus.” In *Alchemy Revisited: Proceedings of the International Conference on the History of*

Alchemy at the University of Groningen 17-19 April 1989, Z. R. W. M. von Martels, ed. (Leiden: Brill, 1990), pp. 182-187.

———. "Magnetism and the Anti-Copernican Polemic." *Journal of the History of Astronomy* 16 (1985): 155-174.

Balsiger, Barbara. *The 'Kunst- und Wunderkammern': A Catalogue Raisonné of Collecting in Germany, France and England 1565-1750* (Ph.D. diss., University of Pittsburg, 1970).

Barocchi, Paola, e Giovanna Ragionieri, ed. *Gli Uffizi. Quattro secoli di una galleria*, 2 voll. (Firenze: Olschki, 1983).

Basile, Bruno. *L'invenzione del vero. La letteratura scientifica da Galileo ad Algarotti* (Roma: Salerno, 1987).

Battisti, Eugenio. *L'Antirinascimento* (Milano: Feltrinelli, 1962).

Bedini, Silvio. "The Evolution of Science Museums." *Technology and Culture* 6 (1965): 1-29.

Benzoni, Gino. *Gli affani della cultura: Intellettuali e potere nell'Italia della Controriforma e Barocca* (Milano: Feltrinelli, 1978).

Berti, Luciano. *Il Principe dello studiolo: Francesco I dei Medici e la fine del Rinascimento fiorentino* (Firenze: EDAM, 1967).

Biagioli, Mario. "Absolutism, the Modern State and the Development of Scientific Manners." *Critical Inquiry* 19 (1993, in press).

———. *Galileo, Courtier*. (Chicago: The University of Chicago Press, 1993).

———. "Galileo's System of Patronage." *History of Science* 28 (1990): 1-62.

———. "Galileo the Emblem Maker." *Isis* 81 (1990): 230-258.

———. "Scientific Revolution, Social Bricolage and Etiquette." In *The Scientific Revolution in National Context*, Roy Porter and Mikulas Teich, eds. (Cambridge, U. K.: Cambridge University Press, 1992), pp. 11-54.

———. "The Social Status of Italian Mathematisians, 1450-1600." *Hisotry of Science* 27 (1989): 41-95.

Bianchi, Massimo Luigi. *Signatura rerum. Segni, magia e conoscienza da Paracelso a Leibniz* (Roma: Salerno, 1987).

Blair, Ann. *Restaging Jean Bodin: The "Universae naturae theatrum" (1596) in its Cultural Context* (Ph.D. diss., Princeton University, 1990).

Blumenberg, Hans. *La leggibilità del mondo. Il libro come metafora della natura*, Bruno Argenton, trad. (Bologna: Il Mulino, 1984).

Boehm, Laetitia, e Ezio Raimondi, ed. *Università, accademie e società scientifiche in Italia e in Germania dal Cinquecento al Settecento* (Bologna: Il Mulino, 1981).

Bolzoni, Lina. "L''inventione' dello stanzino di Francesco I." In *Le arti del principato mediceo* (Firenze: Studio per le edizioni scelte, 1980), pp. 255-299.

———. "Palore e immagini per il ritratto di un nuovo Ulisse: l''invenzione' dell'Aldrovandi per la sua villa di campagna." In Elisabeth Cropper, ed., *Documentary Culture: Florence and Rome from Grand Duke Ferdinando I to Pope Alexander VII*, Villa Spelman Colloquia, vol. 3

(Bologna: La Nuova Alfa, 1992), pp. 317-348.
———. "Teatro, pittura e fisiognomica nell'arte della memoria di Giovan Battista della Porta." *Intersezioni* 8 (1988): 477-509.
Bizzi, Gian Paolo. *La formazione della classe dirigente nel Sei-Settecento: I seminaria nobilium nell'Italia centro-settentrionale* (Bologna: Il Mulino, 1976).
———. ed. *La 'Ratio studiorum.' Modelli culturali e pratiche educative dei Gesuiti in Italia tra Cinque e Seicento* (Rome: Bulzoni, 1981).
Burke, Peter. *The Historical Anthropology of Early Modern Italy* (Cambridge, U. K.: Cambridge University Press, 1987).
Capparoni, Pietro. *Profili bio-bibliografici di medici e naturalisti celebri italiani dal sec. XV° al sec XVIII°*, 2 voll. (Roma: Istituto Nazionale Medico Farmacologico, 1925-1928).
Casciato, Maristella, Maria Grazia Ianniello, e Maria Vitale, ed. *Enciclopedismo in Roma barocca: Athanasius Kircher e il Museo del Collegio Romano tra Wunderkammer e museo scientifico* (Venezia: Marsili, 1986).
Cascio Pratilli, Giovanni. *L'Università e il Principe: Gli Studi di Siena e di Pisa tra Rinascimento e Controriforma* (Firenze: Olschki, 1975).
Cavazza, Marta. *Settecento Inquiero. Alle origini dell'Istituto delle Scienze di Bologna* (Bologna: Il Mulino, 1990).
Céard, Jean. *La nature et les prodiges: l'insolite au XVIe siècle, en France* (Genéve: Droz, 1977).
Céard, Jean et al. *La curiosité à la Renaissance* (Paris: Société Française des Seizièmistes, 1986).
Cermenati, Mario. "Ulisse Aldrovandi e l'America." *Annali di botanica* 4 (1906): 3-56.
Chiovenda, Emilio. "Francesco Petrollini botanico del secolo XVI." *Annali di botanica* 7 (1909): 339-447.
Cochrane, Eric. *Florence in the Forgotten Centuries 1527-1800* (Chicago: The University of Chicago Press, 1973).
———. *Italy 1530-1630*, Julius Kirshner, ed. (London: Longman, 1988).
———. "The Renaissance Academies in Their Italian and European Setting." In *The Fairest Flower: The Emergence of Linguistic National Consciousness in Renaissacne Europe* (Firenze: Crusca, 1985), pp. 21-39.
Colie, Rosalie. *Paradoxia Epidemica: The Renaissance Tradition of Paradox* (Princeton, 1966).
Colliva, Paolo. "Bologna dal XIV al XVIII secolo: 'governo misto' o signoria senatoria?" In *Storia della Emilia Romagna*, Aldo Berselli, ed. (Imola: Edizioni Santerno, 1977), pp. 13-34.
Comelli, G. B. "Ferdinando Cospi e le origini del Museo Civico di Bologna." *Atti e memorie della Reale Deputazione de storia patria per le provincie della Romagna*, ser. 3, 7 (1889): 96-127.
Copenhaver, Brian. "Natural Magic, Hermeticism and Occultism in Early Modern Science." In *Reappraisals of the Scientific Revolution*, David

L. Lindberg and Robert S. Westman, eds. (Cambridge, U.K.: Cambridge University Press, 1990), pp. 261-301.

———. "A Tale of Two Fishes: Magical Objects in Natural History from Antiquity to the Scientific Revolution." *Journal of the History of Ideas* 52 (1991): 373-398.

Cortese, Nino. *Cultura e politica a Napoli dal Cinquecento al Settecento* (Napoli: Edizioni scientifiche italiane, 1965).

Covoni, P. F. *Don Antonio de' Medici al Casino di San Marco* (Firenze: Tipografia Cooperativa, 1892).

Cuaz, Marco. *Intellettuali, potere e circolazioni delle idee nell'italia moderna 1500-1700* (Torino: Loescher, 1982).

Cultura popolare nell'Emilia Romagna. Medicina, erbe e magia (Milano: Silvana Editoriale, 1981).

Dannenfeldt, Karl H. *Leonhardt Rauwolf: Sixteenth-Century Physician, Botanist and Traveller* (Cambridge, MA: Harverd University Press, 1968).

Daston, Lorraine. "Baconian Facts, Academic Civility and the Prehistory of Objectivity." *Annals of Scholarship* 8 (1991): 337-363.

———. "Factial Sensibility." *Isis* 7 (1988): 452-470.

———. "Marvelous Facts and Miraculous Evidence in Early Modern Europe." *Critical Inquiry* 18 (1991): 93-124.

Davis, Natalie Zemon. "Beyond the Market: Books as Gifts in Sixteenth-Century France." *Transactions of the Royal Historical Society*, ser. 5, 33 (1983): 69-88.

Dear, Peter. "Jesuit Mathematical Science and the Reconstitution of Experience in the Early Seventeenth Century." *Studies in the History and Philosophy of Science* 18 (1987): 133-175.

———. "Narratives, Anecdotes and Experiences: Turning Experience into Science in the Seventeenth Century." In *The Literary Structure of a Scientific Argument*, Peter Dear, ed. (Philadelphia: University of Pennsylvania Press, 1991).

———. "*Totius in verba*: Rhetoric and Authority in the Early Royal Society." *Isis* 76 (1985): 145-161.

Defert, Daniel. "The Collection of the World: Account of Voyages from the Sixteenth to the Eighteenth Centuries." *Dialectical Anthropology* 7 (1982): 11-20.

De Michele, Vincenzo, Luigi Cagnolaro, Antonio Aimi, e Laura Laurencich. *Il museo di Manfredo Settala nella Milano del XVII secolo* (Milano: Museo Civico di Storia Naturale di Milano, 1983).

De Rosa, Stefano. "Alcuni aspetti della 'commitenza' scientifica medicea prima di Galileo." In *Firenze e la Toscana dei Medici nell'Europa del '500* (Firenze: Olschki, 1983, vol. 2, pp. 777-782).

De Toni, G. B. "Notizie bio-bibliografiche intorno Evangelista Quattrami." *Atti del Reale Istituto Veneto di scienze, lettere ed arti* 77, Pt. II (1917-

1918): 373-396.
Dionisotti, Carlo. “La galleria degli uomini illustri.” In *Culture e società nel Rinascimento tra riforme e manierismi*, Vittore Branca e Carlo Ossola, ed. (Firenze: Olschki, 1984), pp. 449-461.
Dollo, Corrado. *Filosofia e scienze in Sicilia* (Padova: CEDAM, 1979).
———. *Modelli scientifici e filisofici nella Sicilia spagnola* (Napoli: Guida, 1984).
Dooley, Brendan. “Revisiting the Forgotten Centuries: Recent Work on Early Modern Tuscany.” *European History Quartely* 20 (1990): 519-550.
———. “Social Control and the Italian Universities: From Renaissance to Illuminismo.” *Journal of Modern History* 61 (1989): 205-239.
Durling, Richard J. “Conrad Gesner’s *Liber amicorum* 1555-1565.” *Gesnerus* 22 (1965): 134-159.
Eamon, William. “Arcana Disclosed: The Advent of Printing, the Books of Secrets Tradition and the Development of Experimental Science in the Sixteenth Century.” *History of Science* 22 (1984): 111-150.
———. “Books of Secrets in Medieval and Early Modern Europe.” *Sudhoffs Archiv* 69 (1985): 26-49.
———. “From the Secrets of Nature to Public Knowledge: The Origins of the Concept of Openness in Science.” *Minerva* 23 (1985): 321-347.
———. “Science and Popular Culture in Sixteenth-Century Italy.” *Sixteenth-Century Journal* 16 (1985): 471-485.
———. “The Secreti of Alexis of Piedmont, 1555” *Res Publica Litterarum* 2 (1979): 43-55.
Eamon, William, and Françoise Paheau. “The Accademia Sgreta of Girolamo Ruscelli: A Sixteenth-Century Italian Scientific Society.” *Isis* 75 (1984): 327-342.
Elias, Norbert. *The Court Society*, Edmund Jephcott, trans. (New York: Pantheon, 1983). [ノルベルト・エリアス『宮廷社会』、波田節夫・中埜芳之・吉田正勝訳、法政大学出版局、一九八一年]。
———. *The History of Manners*, Edmund Jephcott, trans. (New York: Pantheon, 1978).
Evans, R.J.W. *The Making of the Habsburg Monarchy: An Interpretation* (Oxford: Clarendon Press, 1979).
Fanti, Mario. “La villeggiatura di Ulisse Aldrovandi.” *Strenna storica bolognese* 8 (1958): 17-43.
Fantoni, Marcello. “Feticci di prestigio: il dono alla corte medicea.” In *Rituale, ceremoniale, etichetta*, Sergio Bertelli e Giuliano Crifo, ed. (Milano: Bompiani, 1985), pp. 141-161.
Feldhay, Rivla. “Knowledge and Salvation in Jesuit Culture.” *Science in Context* 1 (1987): 195-213.
Ferrari, Giovanna. “Public Anatomy Lessons and the Carnival: The Anatomy Theatre of Bologna.” *Past and Present* 117 (1987): 50-106.
Findlen, Paula. “Controlling the Experiment: Rhetoric, Court Patronage and the Experimental Method of Francesco Redi (1626-1697).” *History*

of Science 31 (1993): 35-64.

———. "The Economy of Scientific Exchange in Early Modern Italy." In *Patronage and Institutions*, Bruce Moran, ed. (Woodbridge, U.K.: Boydell and Brewer, 1991), pp. 5-24.

———. "Empty Signs? Reading the Book of Nature in Renaissance Science." *Studies in the History and Philosophy of Science* 21 (1990): 511-518.

———. "Jokes of Nature and Jokes of Knowledge: The Playfulness of Scientific Discourse in Early Modern Europe." *Renaissance Quartely* 43 (1990): 292-331.

———. "The Museum: Its Classical Etymology and Renaissance Genealogy." *Journal of the History of Collections* 1 (1989): 59-78.

Fletcher, John E. "Astronomy in the Life and Correspondance of Athanasius Kircher." *Isis* 61 (1970): 52-67.

———. "Athnasius Kircher and the Distribution of His Books." *The Library*, ser. 5, 23 (1968): 108-117.

———. "A Brief Survey of the Unpublished Correspondance of Athanasius Kircher, S. J. (1602-1680)." *Manuscripta* 13 (1969): 150-160.

———. "Claude Fabri de Peiresc and the Other French Correspondence of Athanasius Kircher (1602-1680)." *Australian Journal of French Studies* 9 (1972): 250-273.

———. "Johann Marcus Marci Writes to Athanasius Kircher." *Janus* 59 (1972): 95-118.

———. "Medical Men and Medicine in the Correspondence of Athanasius Kircher (1602-1680)." *Janus* 56 (1969): 259-277.

———. ed. *Athanasius Kircher und seine Beziehungen zum gelehrten Europa seiner Zeit*, Wolfenbüttler Arbeit zur Barockforschung, 17 (Wiesbaden, 1988).

Fogalari, Gino. "Il Museo Settala contributo per la storia della coltura in Minano nel secolo XVII." *Arichivo storico lombardo* XIV, 27 (1900): 58-126.

Foucault, Michel. *The Order of Things*, English trans. (New York: Vintage, 1970). [ミシェル・フーコー『言葉と物——人文科学の考古学』、渡辺一民・佐々木明訳、新潮社、一九七四年]。

Fragnito, Gigliola. *In museo e in villa: saggi sul Rinascimento perduto* (Venezia: Arsenale, 1988).

Franchini, Dario, et al. *La scienza a corte. Collezionismo eclettico, natura e immagine a Mantova fra Rinascimento e Manierismo* (Roma: Bulzoni, 1979).

Franzoni, Claudio. "'Rimembranze d'infinite cose.' Le collezioni rinascimentali di antichità." In *Memoria dell'antico nell'arte italiana*, Salvatore Settis, ed. (Torino: Einaudi, 1984), vol. 1, pp. 299-360.

Frati, Ludvico. *Catalogo dei manoscritti di Ulisse Aldrovandi* (Bologna: Zanichelli, 1907).

———. “Le edizioni delle opere di Ulisse Aldrovandi.” *Rivista delle biblioteche e degli archivi* 9 (1898): 161-164.

Fulco, Giorgio. “Per il ‘museo’ dei fratelli Della Porta.” In *Il Rinascimento meridionale. Raccolta di studi pubblicata in onore di Mario Santoro* (Napoli: Società Editrice Napoletana, 1986), pp. 3-73.

Fulmetron, Patricia. *Cultural Aethetics: Renaissance Literature and the Practice of Social Ornament* (Chicago: The University of Chicago Press, 1991).

Gabrieli, Giuseppe. “L’Archivo di S. Maria in Aquiro o ‘degli Orfani’ e le carte di Giovanni Faber Linceo.” *Archivo della società romana di storia patria* 51 (1929): 61-77.

———. “Il Carteggio Kircheriano.” *Atti della Reale Accademia d’Italia*, ser. 7, 2 (1941-1942): 10-17.

———. “L’orizzonte intellettuale e morale di Federico Cesi illustrato da un suo zibaldone inedito.” *Rendiconti della R. Accademia Nazionale dei Lincei. Classe di scienze morali, storiche e filologiche*, ser. 6, Vol. XIV, f. 7-12 (1938-1939): 663-725.

———. “Verbali delle adunanze e cronaca della prima Accademia Lincea (1603-1630).” *Atti della Reale Accademia Nazionale dei Lincei. Classe di scienze morali, storiche e filologiche*, ser. 6, vol. 2, f. 6 (1927): 463-510.

Galluzzi, Paolo. “Accademia del Cimento: ‘Gusti’ del Proncipe, filosofia e ideologia dell’esperimento.” *Quaderni storici* 48 (1972): 788-844.

———. “Il mecenatismo mediceo e le scienze.” In *Idee, istituzioni, scienze ed arti nella Firenze dei Medici* (Firenze: Giunti Martello, 1980), pp. 189-215.

Garin, Eugenio. “La nuova scienza e il simbolo del ‘libro’.” In Idem, *La cultura filosofica del Rinascimento italiano* (Firenze: Sansoni, 1961), pp. 451-465.

Garrucci, R. “Origine e vicende del Museo Kircheriano dal 1651 al 1773.” *Civiltà cattolica* 30, Vol. XI, ser. 10 (1879): 727-739.

Gherardo Cibo alias “Ulisse Sevino da Cingoli” (Firenze, 1989).

Ginzburg, Carlo. “High and Low: The Theme of Forbidden Knowledge in the Sixteenth and Seventeenth Centuries.” *Past and Present* 73 (1976): 28-41. [カルロ・ギンズブルグ「高きものと低きもの」、『神話・寓意・徴候』、竹山博英訳、せりか書房、一九八八年に所収]。

Gioelli, Felice. “Gaspare Gabrieli. Primo lettore dei semplici nello Studio di Ferrara (1543).” *Atti e memorie. Deputazione provinciale ferrarese di storia patria*, ser. 3, 10 (1970): 5-74.

Godwin, Joselyn. *Athanasius Kircher: A Renaissance Man and the Quest for Lost Knowledge* (London: Thames and Hudson, 1979). [ジョスリン・ゴドウィン『キルヒャーの世界図鑑』、川島昭夫訳、工作舎、一九八六年]。

Goldberg, Edward L. *After Vasari: History, Art and Patronage in Late Medici Florence* (Princeton: Princeton University Press, 1988).

———. *Patterns in Late Medici Art Patronage* (Princeton: Princeton University Press, 1983).

Goodman, David C. *Power and Penury: Government, Technology and Science in Philip II's Spain* (Cambridge, U. K.: Camdbidge University Press, 1988).

Grafton, Anthnoy. *Defenders of the Text: The Tradition of Scholarship in an Age of Science 1450-1800* (Cambridge, MA: Harvard University Press, 1991).

———. "The World of the Polyhistors: Humanism and Encyclopedism." *Central European History* 28 (1985): 31-47.

Greene, Edward Lee. *Landmark of Botanical History*, Frank N. Egerton, ed., 2 vols. (Stanford: Stanford University Press, 1983).

Gröte, Andreas, ed. *Macrocosmos im Microcosmos: Die Welt in der Stube* (Opladen, 1994).

Hampton, Timothy. *Writing from History: The Rhetoric of Exemplarity in Renaissance Literature* (Ithaca, NY: Cornell Press, 1990).

Hanafi, Zakiya. *Matters of Monstrosity in the Seicento* (Ph.D. diss., Stanford University, 1991).

Hannaway, Owen. "Laboratory Design and the Aim of Science: Andreas Libavius versus Tycho Brahe." *Isis* 77 (1986): 585-610.

Harris, Steven J. "Transposing the Merton Thesis: Apostolic Spirituality and the Establishment of the Jesuit Scientific Tradition." *Science in Context* 3 (1989): 29-65.

Haskell, Francis. *Patrons and Painters: Art and Society in Baroque Italy*, rev. ed. (New Haven: Yale University Press, 1980).

Houghton, Walter. "The English Virtuoso in the Seventeenth Century." *Journal of the History of Ideas* 3 (1942): 51-73, 190-219.

Immagine e natura. L'immagine naturalistica nei codici e libri a stampa della Biblioteca Estense e Universitari secoli XV-XVII (Modena: Edizioni Panini, 1984).

Impey, Oliver, and Arthur MacGregor, eds. *The Origins of Museums: The Cabinet of Curiosities in Sixteenth -and Seventeenth Europe* (Oxford: Oxford University Press, 1985).

Incisa della Rocchetta, G. "Il museo di curiosità del card. Favio I Chigi." *Archivo della società romana di storia patoria*, ser. 3, 20 (1966): 141-192.

Intorno alla vita e alle opere di Ulisse Aldrovandi (Imola, 1907).

Iverson, Eric. *The Myth of Egypt and Its Hieroglyphs* (Copenhagen, 1961).

Jed, Stephanie. "Making History Straight: Collecting and Recording in Sixteenth-Century Italy." In Jonathan Crew, ed., *Reconfiguring the Renaissance: Essays in Critical Materialism*, Bucknell Review, vol. 35, n. 2 (Lewisburg, PA, 1992), pp. 104-120.

Kenseth, Joy, ed., *The Age of the Marvelous* (Hanover, NH: Hood Museum of Art, 1991).

Kent, F. W., and Patricia Simons, eds. *Patronage, Art and Society in the Renaissance* (Oxford: Clarendon Press, 1987).

Kidwell, Clara Sue. *The Accademia dei Lincei and the "Apiarium." A Case Study in the Activities of a Seventeenth-Century Scientific Society* (Ph.D. diss., University of Oklahoma, 1970).

Laissus, Yves. "Les cabinets d'histoire naturelle." In *Enseignements et diffusion des sciences en France au XVIIIe siècle*, René Taton, ed. (Paris, 1964), pp. 659-712.

Laurencich-Minelli, Laura. "L'Indice del Museo Giganti: Interessi etnografici e ordinamento di un museo cinquecentesco." *Museologia scientifica* 1 (1984): 191-242.

Lebrot, Gerard. *Baroni in città. Residenze e comportamenti dell'aristocrazia napoletana 1530-1734* (Napoli: Società editrice napoletana, 1979).

Lensi Orlandi, Giulio. *Cosimo e Francesco de' Medici alchemisti* (Firenze: Nardini, 1978).

Liebenwein, Wolfgang. *Studiolo. Storia e tipologia di uno spazio culturale*, Claudia Cieri Via, ed. (Modena: Istituto di Studi Rinascimentali, 1989).

Litchfield, R. Burr. *The Emergence of a Bureaucracy: The Florentine Patricians 1530-1790* (Princeton: Princeton University Press, 1986).

Lombardo, Richard. *"With the Eyes of a Lynx": Honor and Prestige in the Accademia dei Lincei* (M.A. thesis, University of Florida, Gainesville, 1990).

Lomonaco, Fabrizio, e Maurizo Torrini, ed., *Galileo e Napoli* (Napoli: Guida, 1987).

Lugli, Adalsisa. "Inquiry as Collection." *RES* 12 (1986): 109-124.

———. *Naturalia et mirabilia: Il collezionismo enciclopedico nelle Wunderkammern d'Europa* (Milano: Mazzotta, 1983).

Lytle, Guy Fitch, and Stephen Orgel, eds., *Patronage in the Renaissance* (Princeton: Princeton University Press, 1981).

MacCracken, George E. "Athanasius Kircher's Universal Polygraphy." *Isis* 39 (1948): 215-228.

MacGregor, Arthur, ed. *Tradescant's Rarities: Essays on the Foundation of the Ashmolean Museum 1683* (Oxford: Oxford University Press, 1983).

Maragi, Mario. "Corrispondenze mediche di Ulisse Aldrovandi coi Paesi Germanici." *Pagine di storia della medicina* 13 (1969): 102-110.

Maravall, José Antonio. *Culture of the Baroque: Analysis of a Historical Structure*, Terry Cochran, trans. (Minneapolis: University of Minnesota Press, 1986).

Marrara, Danilo. *Lo Studio di Siena nelle riforme del Granduca Ferdinando I (1589 e 1591)* (Milano: Goiffrè, 1970).

———. *L'Università di Pisa come università statale nel Granducato mediceo* (Milano: Giuffrè, 1965).

Martinoni, Renato. *Gian Vincenzo Imperiali, politico, letterato e collezionista genovese del Seicento* (Padua: Antenore, 1983).

I materiali dell'Istituto delle Scienze (Bologna: CLUEB, 1979).

Mauss, Marcel. *The Gift: Forms and Functions of Exchange in Archaic Societies*, Ian Cunnison, trans. (New York: Norton, 1967). [マルセル・モース『贈与論』、有地亨訳、勁草書房、一九六二年]。

Middleton, W. E. Knowles. *The Experimenters: A Study of the Accademia del Cimento* (Baltimore: Johns Hopkins University Press, 1971).

Moran, Bruce T. "German Prince-Practitioners: Aspects in the Development of Courlty Science, Technology and Procedures in the Renaissance." *Technology and Culture* 22 (1981): 253-274.

———. ed. *Patronage and Institutions: Science, Technology and Medicine at the European Court, 1500-1750* (Woodbridge, U.K.: Boydell and Brewer, 1991).

Morello, Nicoletta. *La nascita della paleontologia nel Seicento: Colonna, Stenone e Scilla* (Milano: Franco Angeli, 1979).

Muraro, Luisa. *Giambattista della Porta mago e scienziato* (Milano: Feltrinelli, 1978).

Murray, David. *Museums: Their History and Their Use*, 3 vols. (Glasgow: Jackson, Wylie and Co., 1904).

Nauert, Charles G., Jr. "Humanists, Scientists and Pliny: Changing Approaches to a Classical Author." *American Historical Review* 84 (1979): 72-85.

Negri, Lionello, Nicoletta Morello, e Paolo Galluzzi. *Niccolò Stenone e la scienza in Toscana alla fine del '600* (Firenze, 1986).

Neviani, Antonio. "Di alcuni minerali ed altre rocce spedite da Michele Mercati ad Ulisse Aldrovandi." *Bullettino della società geologica italiana* 53, f. 2 (1934): 211-214.

———. "Un episodio dell lotta fra spontaneisti ed ovulisti. Il padre Filippo Bonanni e l'abate Anton Felice Marsili." *Rivista di storia delle scienze mediche e naturali* 26, f. 7-9 (1935): 211-232.

———. "Ferrante Imperato speziale e naturalista napoletano con documenti inediti." *Atti e memorie dell'Accademia di Storia dell'Arte Sanitaria* 35, f. 2-5 (1936): 3-86.

Nussdorfer, Laurie. *Civic Politics in the Rome of Urban VIII* (Princeton: Princeton University Press, 1992).

Olmi, Giuseppe. "La colonia lincea di Napoli." In *Galileo e Napoli*, F. Lomonaco e M. Torrini, ed. (Napoli: Guida, 1987), pp. 23-57.

———. "Farmacopia antica e medicina moderna: La disputa sulla teriaca del Cinquecento." *Physis* 19 (1977): 197-246.

———. "'Molti amici in varii luoghi.' Studio della natura e rapporti epistolari nel secolo XVI." *Nuncius* 6 (1991): 3-31.

———. "Ordine e fama: il museo naturalistico in Italia nei secoli XVI e XVII." *Annali dell'Istituto storico italo-germanico in Trento* 8 (1982): 225-274.

———. "Alle origini della politica cultura dello stato moderno: dal collezionismo privato al Cabineto du Roy." *La Cultura* 16 (1978): 471-484.

———. "Osservazione dell natura e raffigurazione in Ulisse Aldrovandi (1522-1605)." *Annali dell'Istituto storico italo-germanico in Trento* 3 (1977): 105-181.

———. *Ulisse Aldrovandi. Scienza e natura nel secondo Cinquecento* (Trento: Libera Università degli Studi di Trento, 1976).

Olmi, Giuseppe, e Paolo Prodi. "Gabriele Paleotti, Ulisse Aldrovandi e la cultura a Bologna nel secondo Cinquecento." In *Nell'età di Correggio e dei Caracci: Pittura in Emilia dei secoli XVI e XVII* (Bologna: Nuova Alfa, 1986), pp. 213-235.

Ong, Walter. "System, Space and Intellect in Renaissance Symbolism." In Idem, *The Barbarian Within and Other Fugitive Essays and Studies* (New York: Macmillan, 1962), pp. 68-87.

Ophir, Adi. "A Place of Knowledge Re-Created: The Library of Michel de Montaigne." *Science in Context* 4 (1991): 163-189.

Palmer, Richard. "Medical Botanuy in Northern Italy in the Renaissance." *Journal of the Royal Society of Medicicne* 78 (1985): 149-157.

———. "Medicine at the Papal Court in the Sixteenth Century." In *Medicine at the Courts of Europe 1500-1837*, Vivian Nutton, ed. (London: Routledge, 1990), pp. 49-78.

———. "Pharmacy in the Republic of Venice in the Sixteenth Century." In *The Medical Renaissance of the Sixteenth Century*, A. Wear, R. L. French, and I. M. Lonie, eds. (Cambridge, U.K.: Cambridge Univerisity Press, 1985), pp. 100-117.

———. "Physicians and the State in Post-Medieval Italy." In *The Town and State Physician in Europe from the Middle Ages to the Enlightment*, Andrew W. Russell, ed. (Wolfenbüttel, 1981), pp. 47-61.

Park, Katharine. *Doctors and Medicine in Early Renaissance Florence* (Princeton: Princeton University Press, 1985).

Park, Katharine, and Lorraine J. Daston. "Unnatural Conceptions: The Study of Monsters in Sixteenth-and Seventeenth-Century France and England." *Past and Present* 92 (1981): 20-54.

Pastine, Dino. *La nasicita dell'idolatria: l'Oriente religioso di Athanasius Kircher* (Firenze: La Nuova Italia, 1978).

Pighetti, Clelia. "Francesco Lana Terzi e la scienza barocca." *Commentari dell'Ateneo di Brescia per il 1985* (Brescia, 1986): 97-117.

———. *L'influsso scientifico di Robert Boyle nel tardo '600 italiano* (Milano: Franco Angeli, 1988).

Pomian, Krzysztof. *Collectors and Curiosities: Paris and Venive, 1500-1800* (London: Polity Press, 1990). [クシシュトフ・ポミアン『コレクション——趣味と好奇心の歴史人類学』、吉田城・吉田典子訳、平凡社、一九九二年]。

Ponlet, Dominique. "Musée et société dans l'Europe moderne." *Mélanges de l'école française de Rome* 98 (1986): 991-1096.

Prest, John. *The Garden of Eden: The Botanical Garden and the Re-Creation of Paradise* (New Haven: Yale University Press, 1981).

Prinz, Wolfram. *Galleria. Storia e tipologia di uno spazio architettonico*, Claudia Cieri Via, ed. (Modena: Istituto di Studi Rinascimentali, 1988).

Prodi, Paolo. *Il Cardinale Gabriele Paleotti (1522-1597)*, 2 voll. (Roma: Edizione di Storia e Letteratura, 1959-1967).

———. *The Papal Prince, One Body and Two Souls: The Papal Monarchy in Early Modern Europe*, Susan Haskins, trans. (Cambridge, U.K.: Cambridge University Press, 1987).

Quint, Arlene. *Cardinal Federico Borromeo as a Patron and a Critic of the Arts and his Musaeum of 1625* (New York: Garland, 1986).

Redondi, Pietro. *Galileo Heretic*, Raymond Rosenthal, trans. (Princeton: Pronceton University Press, 1987).

Reeds, Karen. *Botany in Medieval and Renaissance Universities* (Ph.D. diss., Harverd University, 1975).

———. "Renaissance Humanism and Botany." *Annals of Science* 33 (1976): 519-542.

Reilly, P. Conor, S. J. *Athanasius Kircher S.J. Master of a Hundred Arts 1602-1680* (Wiesbaden: Edizioni del Mondo, 1974).

Res Public Litteratura: Die Institionen der Gelehrsamkeit in der frühen Neuzeit, 2 voll. (Wiesbaden, 1987).

Riddle, John M. *Dioscorides on Pharmacy and Medicine* (Austin: University of Texas Press, 1985).

Rivosecchi, Valerio. *Esotismo in Roma barocca: studi sul Padre Kircher* (Roma: Bulzoni, 1982).

Rizza, Cecilia. *Peiresc e l'Italia* (Torino, 1965).

Rodrigez, Ferdinando. "Il Museo Aldrovandiano nella Biblioteca Universitaria di Bologna." *Archiginnasio* 49 (1954-1955): 207-223.

Rosa, Edoardo. "La teriaca panacea dell'antichità approda all'Archiginnasio." In *L'Archiginnasio. Il palazzo, l'università, la biblioteca*, Giancarlo Roversi, ed. (Bologna: Credito Romagnolo, 1987), vol. 1, pp. 320-340.

Rose, Paul Lawrence. "Jacomo Contarini (1536-1595), a Venetian Patron and Collector of Mathematical Instruments and Books." *Physis* 18 (1976): 117-130.

Rossi, Paolo. "The Aristotelians and the 'Moderns': Hypothesis and Nature." *Annali dell'Istituto e Museo di Storia della Scienza di Firenze* 7 (1982): 1-28.

———. *The Dark Abyss of Time: The History of the Earth and the History of the Nations from Hooke to Vico*, Lydia G. Cochrane, trans. (Chicago: The University of Chicago Press, 1984).

Rota Ghibaudi, Silvia. *Ricerche su Lodovico Settala* (Firenze: Sansoni, 1959).

Rudwick, Martin J.S. *The Meaning of Fossils: Episodes in the History of Paleontology*, 2d ed. (Chicago: The University of Chicago Press, 1985).

Ryan, Michael T. "Assmilating New Worlds in the Sixteenth and Seventeenth Centuries." *Comparative Studies in Society and History* 23 (1981): 519-538.

Sabbatani, Luigi. "La cattedra dei semplici fondata a Bologna da Luca Ghini." *Studi e momorie per la storia dell'Università di Bologna*, ser. 1, 9 (1926): 13-53.

———. "Il Ghini e l'Anguillara negli orti di Pisa e di Padova." *Rivista di storia delle scienze mediche e naturali*, ser. 3, n. 11-12 (1923): 307-309.

Saccardo, Pier Andrea. *La botanica in Italia* (reprint; Bologna: Forni, n.d.).

Salerno, Luigi. "Arte, scienza e collezioni nel Manierismo." In *Scritti di storia dell'arte in onore di Mario Salmi*, A. Marabotti, ed. (Roma, 1963), vol. 3, pp. 193-214.

Scappini, Cristiana, e Maria Pia Torricelli. *Lo Studio Aldrovandi in Palazzo Pubblico (1617-1742)*, Sandra Tugnoli Pattaro, ed. (Bologna: CLUEB, 1993).

Schaefer, Scott Jay. *The Studiolo of Francesco I de' Medici in the Palazzo Vecchio in Florence* (Ph.D. diss, Bryn Mawr Collge, 1976).

Schlosser, Julius Von. *Raccolte d'arte e di meraviglie del tardo Rinascimento*, Paola di Paolo, trad. (Firenze: Sansoni, 1974).

Schmitt, Charles. *The Aristotelian Tradition and Renaissance Universities* (London: Variorum, 1984).

———. *Aristotle and the Renaissance* (Cambridge, MA: Harverd University Press, 1983).

———. *Studies in Renaissance Philosophy and Science* (London: Variorum, 1981).

Schnapper, Antoine. *La géant, la licorne, la tulipe: Collections françaises au XVIIe siécle. I. Histoire et histoire naturelle* (Paris: Flammarion, 1988).

———. "The King of France as Collector in the Seventeenth Century." *Journal of Interdisciplinary History* 17 (1986): 185-202.

Schriff, Ugo. "Il museo di storia naturale e la facoltà di scienze fisiche e naturale di Firenze." *Archeion* 9 (1928): 88-95, 290-324.

Scienze, credenze occulte, livelli di culture (Firenze: Olschki, 1982).

Shapin, Steven. "The House of Experiment in Seventeenth Century England," *Isis* 79 (1988): 373-404.

———. "The Invisible Technician." *American Scientist* 77 (1989): 554-563.

———. "'The Mind Is Its Own Place': Science and Solitude in Seventeenth-Century England." *Science in Context* 4 (1991): 191-218.

———. "'A Scolar and a Gentleman': The Problematic Identity of the Scientific Practitioner in Early Modern England." *History of Science* 29 (1991): 279-327.

Shapin, Steven, and Simon Schaffer. *Leviathan and the Air-Pump: Hobbes, Boyle and the Experimental Life* (Princeton: Princeton University

Press, 1985).

Shapiro, Barbara, and Ross G. Frank, Jr. *English Scientific Virtuosi in the Sixteenth and Seventeenth Centuries* (Los Angeles: Clark Library, 1979).

Simcock, A.V. *The Ashmolean Museum and Oxford Science 1683-1983* (Oxford, 1984).

Simili, Alessandro. "Spigolature mediche fra gli inediti aldrovandiani." *L'Archiginnasio* 63-65 (1968-1970): 361-488.

Siraisi, Nancy G. *Avicenna in Renaissance Italy: The Canon and Medical Teaching in Italian Universities after 1500* (Princeton: Princeton University Press, 1987).

Slaughter, M. M. *Universal Languages and Scientific Taxonomy in the Seventeenth Century* (Cambridge, U.K.: Cambridge University Press, 1982).

Smith, Pamela H. *The Business of Alchemy: Science and Culture in Baroque Europe* (Princeton: Princeton University Press, in press).

Solinas, Francesco, ed. *Cassiano dal Pozzo. Atti del Seminario di Studi* (Roma: De Luca, 1989).

Spallanzani, Mariafranca. "Le 'camere di storia naturale' dell'Istituto delle Scienze di Bologna nel Settecento." In *Scienza e letteratura nella cultura italiana del Settecento*, Renzo Cremente e Walter Tega, ed. (Bologna: Il Mulino, 1984), pp. 149-183.

———. "La collezione naturalistica di Lazzaro Spallanzani." In *Lazzaro Spallanzani e la biologia del Settecento*, Giuseppe Montalenti e Paolo Rossi, eds. (Firenze: Olschki, 1982), pp. 589-601.

———. *La collezione naturalistica di Lazzaro Spallanzani: i modi e i tempi della sua formazione* (Reggio Emilia: Comune di Reggio nell'Emilia, 1985).

Stannard, Jerry. "Dioscorides and Renaissance Materia Medica." In M. Florkin, ed., *Materia Medica in the XVIth Century*, Analecta Medico-Historica, vol. 1 (Oxford, 1966), pp. 1-21.

———. "P. A. Mattioli: Sixteenth Century Commentator on Dioscoridees." *Bibliographical Contributions, University of Kansas Libraries* 1 (1969): 59-81.

Stella, Rudolf. "Mecenati a Firenze tra Sei e Settecento." *Arte illustrata* 54 (1973): 213-238.

Stewart, Susan. *On Longing: Narratives of the Miniature, the Gigantic, the Souvenir, the Collection* (Baltimore: Johns Hopkins University Press, 1984).

Tagliabue, Guido Morpurgo. "Aristotelismo e Barocco." In Enrico Castelli, ed., *Retorica e barocca*, Atti del III Congresso Internazionale di Studi Umanistici, vol. 3 (Roma 1955), pp. 119-195.

Tavernari, Carla. "Manfredo Settala, collezionista e scienziato milanese dell' 600." *Annali dell'Istituto e Museo di Storia delle Scienze* 1 (1976): 43-61.

———. "Il Museo Settala. Presupposti e storia." *Museologia scientifica* 7 (1980): 12-46.

Teach Gnundi, Maria, and Jerome Pierce Webster. *The Life and Times of Gaspare Tagliacozzi Surgeon of Bologna 1545-1599* (NewYork: Herbert Reichner, 1950).

Temkin, Owesi. *Galenism: The Rise and Decline of a Medical Philosophy* (Ithaca: Cornell University Press, 1973).

Targolina-Gislanzoni-Brasco, Umberto. "Francesco Calzolari speziale veronese." *Bollettino storico italiano dell'arte sanitaria* 33, f. 6 (1934): 3-20.

Thorndile, Lynn. *A History of Magic and Experimental Science*, 8 vols. (New York: Columbia University Press, 1923-1958).

Tongiorgi Tomasi, Lucia. "Gherardo Cibo: Visions of Landscape and the Botanical Sciences in a Sixteenth-Century Artist." *Journal of Garden History* 9 (1989): 199-216.

———. "Il giardino dei semplici dello studio pisano. Collezionismo, scienza e immagine tra Cinque e Seicento." In *Livorno e Pisa: due città e un territorio nella politica dei Medici* (Pisa: Nistri-Lischi e Picini, 1980), pp. 514-526.

———. "Immagine dell natura e collezionismo scientifico nella Pisa medicea." In *Firenze e la Toscana dei Medici nell'Europa del'500* (Firenze, 1983), vol. 1, pp. 95-108.

———. "Inventari della galleria e attività iconografica dell'orto dei semplici dello Studio pisano tra Cinque e Seicento." *Annali dell'Istituto e Museo di Storia della Scienza* 4 (1979): 21-27.

———. "L'isola dei semplici." *KOS* 1 (1984): 61-78.

———. "Projects for Botanical and Other Gardens: A Sixteenth-Century Manual." *Journal of Garden History* 3 (1983): 1-34.

Tribby, Jay. "Body / Building: Living Museum Life in Early Modern Europe." *Rhetorica* 10 (1992): 139-163.

———. "Cooking (with) Clio and Cleo: Eloquence and Experiment in Seventeenth-Century Florence." *Journal of the History of Ideas* 52 (1991): 417-439.

Tugnoli Pattaro, Sandra. *Metodo e sistema delle scienze nel pensiero di Ulisse Aldrovandi* (Bologna: CLUEB, 1981).

Vasoli, Cesare. *L'Enciclopedismo del Seicento* (Napoli: Bibliopolis, 1978 ed.).

Villoslada, Riccardo. *Storia del Collegio Romano dal suo inizio (1551) alla sorpressione della Compagnia di Gesù (1773)* (Roma: Università Gregoriana, 1954).

Violi, Cesarina. *Antonio Giganti da Fossombrone* (Modena: Ferraguti, 1911).

Viviani, Ugo. "La vita di Andrea Cesalpino." *Atti e memorie della R. Accademia Petrarcha di lettere, arti e scienze*, n.s. XVIII-XIX (1935): 17-84.

Watson, Gilbert. *Theriac and Mithridatium: A Study in Therapeutics* (London: Wellcome Historical Medical Library, 1966).

Westfall, Richard. "Science and Patronage: Galileo and the Telescope." *Isis* 76 (1985): 11-30.

Westman, Robert S. "The Astronomer's Role in the Sixteenth Century." *History of Science* 18 (1980): 105-147.

Whitehead, P.J.P. "Museum in the History of Zoology." *Museum Journal* 70 (1971): 50-57, 159-160.

Yates, Frances. *The Art of Memory* (Chicago: The University of Chicago Press, 1964). ［フランセス・イエイツ『記憶術』、玉泉八州男・青木信義訳、水声社、一九九三年］。

———. *Giordano Bruno and the Hermetic Tradition* (Chicago: The University of Chicago Press, 1964)

Zaccagnini, Guido. *Storia dello studio di Bologna durante il Rinascimento* (Genève: Olschki, 1930).

Zanca, Attilio. "Il 'Giardino de' semplici in Mantova' di Zenovio Bocchi." *Quadrante padano* II, 2 (1981): 32-37.

解説　『自然の占有』の位置づけ

プリンストン大学の美術史研究者トマス・ダコスタ・カウフマンは、一九九三年にまとめた論文集『自然の掌握——ルネサンスにおける芸術、科学、人文主義の諸側面』のために書き下ろした序文「パラダイムと諸問題」において、一九六〇年代の終わりから七〇年代初頭にかけて彼がヨーロッパ初期近代の研究に着手したときの学問的常識について回想している。すなわち、一五世紀から一七世紀にかけて芸術家たちは、「リアリティの獲得」を達成した。透視画法や油彩画の熟練を含む、絵画的イリュージョニズムの技術や新しい媒体の発見を通して、芸術家は次々と、自然界についての、以前よりもはるかに説得力のある模倣を達成する手段を発展させていった。

これと同時期に、一七世紀に開花することになる「新科学」のための基盤が形成された。一五世紀以降、自然界の探究はますます経験的なものとなり、最後には、自らが育成された、それ以前の魔術的実践やほかのオカルト的実践に含まれる諸探究を拒否するにいたった。人間の諸性質と物質との間に存在すると想定された照応に基づく推論は放棄された。そのかわりに、数学的分析の諸原理が、とくに天文学や機械学において採用されることになり、新しい宇宙論と新しい力学の創出へと導いたのである。爾来人間は、新しいテクノロジーと伴った実践的な知識によって、単に自然を理解し、熟考し、あるいはそれと競うだけではなく、またそれを支配することが可能となったのである（Thomas DaCosta Kaufmann, *The Mastery of Nature: Aspects of Art, Science, and Humanism in the Renaissance*, Princeton: Princeton University Press, 1993, p.3）。

このカウフマンの言明を少し敷衍するならば、ヨーロッパの一六世紀と一七世紀に、科学史家たちが「科学革命」と呼ぶ大きな科学的転換が生じたという共通認識が、すなわち、コペルニクス、ケプラー、ガリレオ、ベーコン、デカルト、ハーヴェイ、デカルト、ボイル、ニュートンといった人々が、各分野において、数学的思考、推論の過程、帰納法、実験を重視し、現代の科学へ通じる扉を開く科学的方法論の枠組みを確立したという共通認識が、その当時に形成されていたのである。

ところで、科学に関する歴史記述の方法論をめぐっては、一九三〇年代から一九六〇年頃まで内在主義者（internalist）と外在主義者（externalist）の間に論争が続いていた。前者は、科学の諸分野が基本的に独立し、自己完結的であって、内在的な論理によって発展すると主張し、他方、後者は、科学的な発展は、政治や経済などの外在的な要因によって規定されている、と主張していた。この対立が緩和されはじめた一九六二年に、トマス・S・クーンの『科学革命の構造』が刊行される。本書でクーンは、科学には「通常（規範的）科学」と「異常（革命的）科学」の二種類があると述べている。前者には特定の科学者集団によって維持される規範的基盤が存在しており、それが「パラダイム」と呼ばれるものである。そして、科学の発展は「累積的」なものではなく、パラダイムの転換による通常科学の解体と新たな創出、すなわち科学革命によって果たされるのである。クーンの理論は科学史の外にも大きな反響を呼び、パラダイムという用語はさまざまな文脈で使用されることとなった。

他方、一九六〇年代には、「科学革命」期の科学理論の形成について新しいアプローチが試みられた。たとえば、基本的には内在主義的な立場に依っているが、フランシス・イェイツの『ジョルダーノ・ブルーノとヘルメス主義的伝統』（一九六四年）は、ルネサンス科学の特徴は非合理的思考から合理的思考への転換であった、という伝統的見解に対して、宇宙を「魔術的力のネットワーク」と見るヘルメス主義的な世界観が変革の基盤にあった、と論じた。またニュートンに関しては、マックガイアーとラッタンシが論考「ニュートンと〈パーンの笛〉」（一九六六年）において、彼が新プラトン主義的およびピュタゴラス主義的な古代の知恵に関心を抱いていたことを明らかにし、そののちベティ・ジョー・ティーター・ダブズは『ニュートンの錬金術の基礎』（ケンブリッチ、一九七五年）において、ニュートンの錬金術研究が彼の物質理論の形成に影響を与えたことを仔細に論じた。

クーンの議論は、通常科学の担い手として「科学者集団」を措定することによって社会学的な視点を導入し、いわば外在主義的な科学史とも接点をもっていた。一九七〇年代になって、科学をこの方向から、しかし、「科学者（共同体）の社会学」に依拠するマートン流の科学社会学ではなく、「科学知識の社会学」（Sociology of Scientific Knowledge）を標榜するグループが登場した。それは、エディンバラ大学の科学論ユニットを中心とした「エディンバラ学派」であり、その代表者であるデイヴィッド・ブルアは一九七六年に科学社会学の「ストロング・プログラム」を発表した（『知識と社会的イメジャリー』、ロンドン）。ブルアはここで、誤った科学理論だけではなく正しい科学理論においても、影響力をもった社会学的成分が含まれていると主張した。科学的活動それ自体が、社会的な機能を果たしていることに注目し、抽象的な議論ではなく、ある特定の場所と時代において科学理論が生産され、流通され、消費される過程を実際的な社会的コンテクストの中で説明するこの方法論は、次第に重要性を増して現在に至っている。

その具体的な成果の一例を紹介するならば、一九七二年から八九年までエディンバラ大学で科学史を講じ、科学論ユニットに参与していたスティーヴン・シェイピンがサイモン・シェーファーとともに一九八五年に発表した『リヴァイアサンとエア・ポンプ――ホッブズ、ボイル、実験的生』（プリンストン）がある。この研究は、エア・ポンプをめぐるホッブズとボイルの論争を分析し、実験哲学の確立を当時の社会的背景のもとで描きだしている。実験装置を用いて見いだせる「事実」は、それ自体では自明でも万人に受容されうるものでもなく、信憑性を得るためにボイルは修辞的な方策を尽くした。そして、シェイピンは、こうした科学における信憑性の問題を一九九四年刊行の『真理の社会史――一七世紀イングランドにおける嗜みと科学』（シカゴ）でさらに探究している。彼は当時のイングランドにおける「紳士的な」文化と科学的実践との関係を解明し、信憑性の問題は「紳士的な」振る舞いの規範と慣習、すなわち信頼、嗜み、名誉、清廉を介して解答を与えられると論じた。

この一九九四年——カウフマンの『自然の掌握』刊行の翌年——には、『真理の社会史』以外にも注目すべき研究がいくつも上梓されている。その一冊は、宮廷における自然魔術の隆盛を解明したウィリアム・イーモンの『科学と自然の秘密——中世と初期近代の文化における秘密の書』(プリンストン)であり、もう一冊はパメラ・H・スミスの『錬金術の仕事——神聖ローマ帝国における科学と文化』(プリンストン)であり、そしてさらに一冊が、ここに訳出した、ポーラ・フィンドレンの『自然の占有——ミュージアム、蒐集、そして初期近代イタリアの科学文化』(Paula Findlen, *Possessing Nature: Museums, Collecting, and Scientific Culture in Early Modern Italy*, Berkely - Los Angeles - London: University of California Press, 1994)である。

原著で四四九ページに及び、この著作自体が「驚異の部屋である」(Stephen Shapin, in *American Historical Review*, February 1996, p.204)と評されている『自然の占有』の内容をまとめるのは至難の業である。しかし幸いにも、フィンドレンは本書の「プロローグ」において、明解に、しかも丁寧に本書の概略をわれわれに示している。すなわち、本書では、初期近代のヨーロッパにおけるミュージアムの出現、とりわけ、ひとつの空間の中に自然全体をとりこもうとするコレクションの出現の歴史と、学問分野としての博物学の発展の歴史が、イタリアを中心に語られている。換言すれば、蒐集・ミュージアム・アカデミー・パトロネージ等の問題群と、博物学・自然哲学・自然史等の問題群が——相互に関連させながら——設定されている。そして、これらの問題群が極太の横糸とすれば、それらを貫く縦糸が多数の博物学者(および学芸庇護者と宮廷仲介者)であり、その中でもボローニャ大学教授にして、「アルドロヴァンディの書斎」というコレクションを展覧したウリッセ・アルドロヴァンディ(一五二二—一六〇五年)と、ローマ学院に席を置くイエズス会士にして、「キルヒャーのミュージアム」を統轄したアタナシウス・キルヒャー(一六〇二—八〇年)が全編を通じての主人公として、コレクションと博物学の歴史的な変遷過程を明らかにしている。

また、フィンドレンが本研究を「科学文化（scientific culture）についての試論」と規定していることから、伝統的な科学史研究とは異なる観点からのアプローチを企てる、彼女の方法論的意図を読みとることができだろう。以下、本書が成立している研究史的な「場」について、フィンドレンが啓発された関連研究と本書以降の研究をいくつか紹介しながら、簡単な説明を試みたい。

まず蒐集をめぐる研究について彼女は、一九八七年に刊行された（英訳は一九九〇年）、クシシトフ・ポミアンの名著『蒐集家、愛好家、好事家――パリとヴェネツィア、一六―一八世紀』（パリ）から大きな影響を受けたことを認めている。『自然の占有』とは対象とする地域と時代を異にしているが、ポミアンが蒐集とミュージアムをめぐって提示する論点と分析手法（とくに第３章「好奇心の時代のヴェネト地方コレクション」と第８章「一八世紀ヴェネト地方の蒐集家、博物学者、古代遺物研究家」）は、みごとに本書にとりいれられている。またフィンドレンはジュゼッペ・オルミの、蒐集の制度化と政治・文化的基盤、そして蒐集と百科全書の研究に言及している。アルドロヴァンディ研究者でもあるオルミの諸論考は、現在は『世界の所蔵目録――初期近代における自然のカタログ化と知識の場所』（ボローニャ、一九九二年）にまとめられている。さらにフィンドレンは、アダルジーザ・ルーリの『自然的なものと驚異的なもの――ヨーロッパの驚異の部屋における百科全書的蒐集』（ミラノ、一九八三年）を参照している。計一四七枚に及ぶ良質の図版を含んだ同書は、近代初期ヨーロッパの「好奇心」の対象とそれを収蔵する場所について説得力ある議論を展開している。「自然の驚異」に関する最近の成果としては、ロレイン・ダストンとキャサリーン・パークの大著『驚異と自然の秩序、一一五〇―一七五〇』（Lorraine Daston and Katharine Park, *Wonders and the Order of Natre, 1150-1750*, New York: Zone Books, 2001）を挙げておきたい。

初期近代ヨーロッパの科学に関わるパトロネージについてフィンドレンは、とりわけ、イタリアにおけるそれの研究として、マリオ・ビアジョーリによる『宮廷人ガリレオ』（シカゴ、一九九三年）等の研究を挙げている。ビアジョーリが明確に示したように、イタリア・ルネサンスの科学者＝自然哲学者にとって、パトロネージとは糊口を凌ぐためにの経済的手段であったわけではなく、それ自体が彼らの活動の一部だったのであり、その点で彼らは正真正銘の宮廷人なのである。この問題については、ドイツの宮廷における錬金術研究で名高いブルース・モランが編んだ論文集『パトロネージと諸制度――ヨーロッパの宮廷（一五〇〇―一七五〇年）における科学、技術、医学』（ウッドブリッジ、一九九一年）が詳しく、フィンドレンも論考「初期近代イタリアにおける科学的交換のエコノミー」を寄稿している。科学アカデミーに関しては、アカデミア・デイ・リンチェイを対象としたデイヴィッド・フリードバーグの好著『大山猫の目――ガリレオ、友人たち、近代博物誌の端緒』（David Freedberg, *The Eye of the Lynx: Galileo, his Friends, and the Beginnings of Modern Natural History*, Chicago: University of Chicago Press, 2002）が最近刊行された。

イタリア・ルネサンスの博物学に関して参照すべき研究は、まずウィリアム・アシュワースの「博物学とエンブレム的世界観」（リンドバーグとウェストマン編『科学革命の再検討』所収、ケンブリッジ、一九九〇年）である。彼がここで明らかにしているのは、一六・一七世紀の博物学と以降の博物学との決定的な相違である。つまり、アルドロヴァンディなどの博物学は、プリニウス以来の伝統を受け継ぐ一方で、当時の人文主義から多大な影響を受けていた。ミュージアムが「知に関する人文主義的ヴィジョンの中心であった」（フィンドレン）とき、博物学の対象は否応なく、寓話・格言・エピグラム・エンブレム等の説明を内包せざるをえなかった。本書でもたびたび登場する博物学者ヨアヒム・カメラリウスは、むしろエンブレム・ブック『シンボルとエンブレム集成』の作家として知られていたのである。そのほかの研究としては、ニコラス・ジャーディーン他編の論文集『博物誌の諸文化』（ケンブリッジ、一九九六年）が重要であり、フィンドレンも論考「自然を宮廷化する」を寄稿している。以上、紙幅の関係で書誌的なデータは最小限に留めた。科学史関係の文献について詳しくは、スティーヴン・シェイピン『「科学革命」とは何だったのか――新しい歴史観の試み』（川田勝訳、白水社、一九九八年）の「文献解題」、およびジョン・ヘンリー『一七世紀科学革命』（東慎一郎訳、岩波書店、二〇〇五年）の「参考文献」を参照されたい。

『自然の占有』に関連して、フィンドレンは最近、パミラ・H・スミスとともに、きわめて刺激的な論文集『商人と驚異——初期近代ヨーロッパにおける商業、科学、芸術』(*Merchants and Marvels: Commerce, Science, and Art in Early Modern Europe*, ed. Pamela H. Smith and Paula Findlen, New York - London: Routledge, 2002)を編んだ。また、キルヒャーに関しては、浩瀚な論文集『アタナウス・キルヒャー——すべての知っていた最後の人間』(*Athanasius Kircher: The Last Man Who Knew Everything*, New York - London: Routledge, 2004)を上梓している。さらに、単著『断片的な過去——ミュージアムのイタリア・ルネサンスの起源』(*A Fragmentary Past: The Italian Renaissance Origins of the Museum*)の刊行が数年前から予告されている。

最後になったが、著者ポーラ・フィンドレンの経歴について簡単に紹介しておきたい。彼女は、マサチューセッツ州にあるウェルズリー・カレッジを卒業後、カリフォルニア大学バークレー校に学んで博士号を取得している。本書が刊行された一九九四年には、カリフォルニア大学デイヴィス校の歴史学科に所属していた。その後、ハーヴァード大学を経て、一九九六年にスタンフォード大学歴史学科に移り、現在はイタリア史を担当する「ウバルド・ピエロッティ」(Ubaldo Pierotti)教授であり、同時に「科学・技術・社会プログラム」(Science, Technology and Society Program)の責任者を務めている。また、グローニンゲン大学、パリ社会科学高等研究院、フォルジャー・シェイクスピア図書館、サン・パウロ・カトリック大学(ブラジル)などで客員教授として教鞭をとった経験をもつ。

フィンドレンの業績は各方面から高い評価を受けており、本書『自然の占有』は、「科学史協会」から科学史関係の年間最優秀著作に対する「ファイザー賞」(一九九六年)を、そして同時に、「アメリカ・カトリック歴史協会」からイタリア史関係の年間最優秀著作に対する「ハワード・マッラーロ賞」(一九九五年)を授与されている。学外の活動としては、学際的な雑誌『コンフィギュレイションズ』(*Configurations*)の共同編集責任者を務めている。なお、邦訳された論考には、「イタリア・ルネサンスにおける人文主義、政治、ポルノグラフィ」(リン・ハント編『ポルノグラフィの発明——猥褻と近代の起源、一五〇〇年から一八〇〇年へ』、正岡知恵他訳、ありな書房、二〇〇二年に所収)がある。

フィンドレンは、『自然の占有』に代表される、近代初期ヨーロッパの科学史のほかにも、近年はイタリアを中心

とした ルネサンス論とジェンダー文化論について、精力的に研究をすすめている。前者の代表的な仕事としては、イタリア・ルネサンスに関する基本的な一三本の論考を選択したアンソロジー『イタリア・ルネサンス——重要論文集』（*The Italian Renaissance: Essential Readings*, ed. Paula Findlen, Oxford: Blackwell, 2002）と、論文集『フィレンツェを超えて——中世・初期近代イタリアの輪郭』（*Beyond Florence: The Contours of Medieval and Early Modern Italy*, ed. Paula Findlen, Michelle M. Fontaine, and Duan J. Oscheim, Satanford: Stanford University Press, 2003）が挙げられる。後者については、ごく最近、近代イタリア女性史の研究者レベッカ・メスバーガーとともに、イタリア啓蒙期の女性学者四人のアンソロジー『知識のための戦い——一八世紀イタリアにおける女性の学問をめぐる論争』（*The Contest for Knowledge: Debates over Women's Learning in Eighteenth-Century Italy*, Ed. and tr. Rebecca Messbarger and Paula Findlen, Chicago - London: The University of Chicago Press, 2005）を編纂した。また、イタリアの第二番目の女性学士号取得者で、教壇からニュートンの光学と物理学を講じたラウラ・バッシ・ヴェラッティについてのモノグラフ『ニュートンを理解した女性——ラウラ・バッシとその世界』（*The Woman Who Understood Newton: Laura Bassi and Her World*）の刊行が予告されている。

浅学非才の訳者たちにとって、「驚異の部屋」ならぬ「驚異の書物」である本書、『自然の占有』の翻訳には膨大な時間と労苦を要した。分担は、第3章と第8章を伊藤が、それ以外を石井が担当したうえで、すべての訳稿を両者が徹底的に眼を通した。全力を尽くしたつもりではあるが、しかし、誤謬や誤解も見いだされるであろう。読者諸賢にはぜひご指摘いただくようお願いしたい。また、翻訳の初期の段階でお力添えをいただいた方々を初め、多くの方々にご協力いただいた。ここに深く御礼申しあげる。

二〇〇五年一一月

伊藤博明　識

291-92, 328
　『自然のさまざまな事物，とりわけインド諸島に産する事物に関する実験』
　（*Esperienze intorno a diverse cose naturali, e particolarmente a quelle che ci son portale dall'India*）
293-94, 438
レドンディ，ピエトロ（Redondi, Pietro）　114

ロイド，エドワード（Lhywd, Edward）　375
ロッシ，パオロ（Rossi, Paolo）　295
ロッセッリ，ステーファノ（Rosselli, Stefano）　412-13
ロデット，ジョヴァン・アントニオ（Lodetto, Giovan Antonio）　406, 408, 428
　『よこしまな薬種商たちの欺瞞をめぐる対話』
　（*Dialogo de gl'inganni d'alcuni malvagi speciali*）　406, 428
ロベル，マティアス（Lobel, Matthias）　98, 110
ロヨラ，イグナティウス（Loyola, Ignatius）　529
　『霊操』（*Ejercicios espirituales*）　529
ロンドレ，ギョーム（Rondelet, Guillaume）　250, 265, 684

ワ行
ワッディ，パトリシア（Waddy, Patricia）　177

ラッセルズ，リチャード（Lassels, Richard） 53, 96, 196
ラーナ・テルツィ，フランチェスコ（Lana Terzi, Francesco） 85, 121, 298, 335, 370, 585, 680
　『大いなる術の先駆』（Prodromo all'Arte Maestra） 335
ラヌッツィ，アンニーバレ（Ranuzzi, Annibale） 577-78
ラブレー，フランソワ（Rabelais, François） 250-51, 253, 265
ラマルク（Lamarck） 614
ラングネルス，アンドレアス（Langnerus, Andreas） 201
ランゲンマンテル，ヒエロニムス（Langenmantel, Hieronymus） 592
ランチャ，ヒエロニュモ（Lancia, Hieronymo） 322

リゴッツィ，ヤコポ（Ligozzi, Jacopo） 200-01, 375, 377, 550, 708, 711
リチェーティ，フォルトゥーニオ（Liceti, Fortunio） 87, 353
リバヴィウス，アンドレアス（Libavius, Andreas） 167
リーベンヴァイン，ヴォルフガング（Liebenwein, Wolfgang） 171
リンネ，カール（Linnaeus, Carl） 608-09, 619, 622-23, 718

ルイ 14 世（Lous XIV） 158, 585-86
ルカヌス（Lucanus） 280-81
　『内乱記』（*Bellum civile*） 280
ルクレティウス（Lucretius） 280-81
　『事物の本性について』（*De rerum natura*） 280
ルシターノ，アマート（Lusitano, Amato） 387
ルシェッリ，ジロラモ（Ruscelli, Girolamo） 337, 345
ルドフル 2 世（Rudolf II） 551, 557, 707
ルーリ，アダルジーザ（Lugli, Adalgisa） 138, 650, 695
ルルス，ライモンドゥス（Lullus, Raimonodus） 83

レイ，ジョン（Ray, John） 179, 182, 192, 265, 357, 365
レオ 10 世（Leo X） 388, 404
レオニチェーノ，ニコロ（Leoniceno, Nicolò） 225, 239
レオポルト 1 世（Leopold I） 585, 588-89, 592, 598, 620
レオポルト・ヴィルヘルム（Leopold Wilhelm） 589, 713
レガーティ，ロレンツォ（Legati, Lorenzo） 47, 68, 140-41, 171, 578, 603, 633, 659
レスリー，アンドリュー（Leslie, Andrew） 195
レッキ，ナルド・アントニオ（Recchi, Nardo Antonio） 112, 114
レーディ，フランチェスコ（Redi, Francesco） 18-19, 21, 45, 50, 58-59, 81, 212, 291-96, 298, 301, 305, 307-08, 310, 326, 328-34, 367, 370, 427, 437-38, 562, 577-78, 611, 629, 634, 636, 672
　『鎖蛇の観察報告』（*Osservatione intorno alle vipere*） 307, 328, 671
　『昆虫の発生に関する実験』（*Esperienze intorno alla generazione degl'insetti*）

メディチ，コジモ１世，デ・（Medici, Cosimo I de'） 388, 392-93, 403, 549
メディチ，コジモ２世，デ・（Medici, Cosimo II de'） 603-04, 632
メディチ，コジモ３世，デ・（Medici, Cosimo III de'） 328, 577, 603
メディチ，フェルディナンド１世，デ・（Medici, Ferdinand I de'） 38, 285, 335, 390, 398, 468, 478, 496, 552-54, 559, 55, 6577, 623, 709
メディチ，フェルディナンド２世，デ・（Medici, Ferdinand II de'） 287, 328-29, 332, 368, 577, 585, 596, 608
メディチ，フランチェスコ１世，デ・（Medici, Francesco I de'） 34, 38, 42, 143, 160, 163, 165-67, 337-38, 375-76, 383, 413, 452, 460, 466-69, 494, 542, 549-52, 554, 570-72, 574, 708
メディチ，レオポルド・デ（Medici, Leopoldo de'） 212, 329, 364, 577, 596-98
メディチ，ロレンツォ・イル・マニーフィコ（Medici, Lorenzo il Magnifico） 143
メルカーティ，ミケーレ（Mercati, Michele） 12, 18-19, 54, 93-94, 119-20, 357-58, 362, 429, 538, 540, 542, 551, 554-55, 572-73, 575, 604, 628, 644, 707-08, 712
　『金属学』（*Metallotheca*） 12, 93-94, 358, 362, 542, 554-55, 562
メルクリアーレ，ジロラモ（Mercuriale, Girolamo） 62, 201, 319-20, 391, 432, 554, 558, 562, 568-69, 576-77, 623, 684

モスカルド，ロドヴィーコ（Moscardo, Lodovico） 58-59, 68, 139, 497, 603, 635, 638, 702
モデラーティ，ジュリオ・チェーザレ（Moderati, Giulio Cesare） 252, 259
モルホフ，ダニエル・ゲオルグ（Morhof, Daniel Georg） 156, 211
　『博識家』（*Polyhistor*） 156, 211
モンタルト枢機卿（Montalto）→ペレッティ，アレッサンドロ
モンタルバーニ，オヴィディオ（Montalbani, Ovidio） 45, 47, 140-41, 171, 182, 192, 302, 578, 633-34
　『樹木学』（*Dendrologia*） 47, 634
モンティ，ジュゼッペ（Monti, Giuseppe） 618
モンテフェルトロ，フェデリーゴ・ダ（Montefeltro, Federigo da） 164
モンテーニュ，ミシェル・ド（Montaigne, Michel de） 148, 150, 208, 446, 451
　『エセー』（*Essais*） 446

　ヤ行
ヤコブセン，ホルガー（Jacobsen, Holgar） 227-78

　ラ行
ライプニッツ，ゴットフリート・ヴィルヘルム（Leibniz, Gottfried Wilhelm） 190-91, 609, 718
ラウヴォルフ，レオンハルト（Rauwolf, Leonhard） 226, 265, 665
ラクタンティウス（Lactantius） 524, 704
ラック，ミケーレ（Rak, Michelle） 490

ボンコンパーニ，ジャコモ（Boncampagni, Giacomo） 39, 548
ボンコンパーニ，フィリッポ（Boncompagni, Filippo） 38, 575
ポンタヌス，ヤコブス（Pontanus, Jacobus） 509
ボンディーニ，テオドーロ（Bondini, Teodoro） 78
ボンフィリオーリ，シルヴェストロ（Bonfiglioli, Silvestro） 190, 633-34

マ行
マガロッティ，ロレンツォ（Magalotti, Lorenzo） 212-13
マキアヴェッリ，ニッコロ（Machiavelli, Niccolò） 148, 150, 533, 653
マクシミリアン1世（Maximilian I） 412
マクシミリアン2世（Maximilian II） 261, 546
マスカルディ，アゴスティーノ（Mascardi, Agostino） 352
マスカレッリ，グリエルモ（Mascarelli, Guglielmo） 564
マスカレッリ，ジュリオ（Mascarelli, Giulio） 260
マッジョーティ，ラファエッロ（Maggioti, Raffaello） 119
マッティオーリ，ピエル・アンドレーア（Mattioli, Pier Andrea） 18, 20, 43, 112, 152, 188-89, 224, 226, 230, 236, 240-41, 244, 247, 261, 267, 271-72, 338-39, 342, 384-85, 394, 400, 410-12, 417-18, 420-21, 436, 546, 556, 565-66, 572-73, 628-29, 666, 690
『ディオスコリデス「医学素材論」論議』（*I discorsi ne i sei libri della materia medicle dei Padocio dioscoride*） 384
マッフェイ，シピオーネ（Maffei, Scipione） 611-12
マランタ，バルトロメオ（Maranta, Bartolomeo） 189, 254, 342, 374, 385, 389, 395, 425, 435, 564, 566-67, 689
『テリアカ薬とミトリダトゥム薬について』（*Della theriaca et del mithridato*） 374, 385
マリア・テレジア（Maria Teresa） 609
マリアーノ，アンブロージョ（Mariano, Ambrogio） 400
マリアベッキ，アントニオ（Magliabecchi, Antonio） 190-91, 367, 613
マリーノ，ジャンバッティスタ（Marino, Giambattista） 486, 700
マルキ，ヨハン・マルクス（Marci, Johann Marcus） 587-89
マルシーリ，ルイージ・フェルディナンド（Marsili, Luigi Ferdinando） 615-19
マルティーニ，マルティーノ（Martini, Martino） 45, 273
『支那新図』（Novus altras sinensis） 237
マルピーギ，マルチェッロ（Malpighi, Marcello） 46-47, 50-51, 56, 155, 190-93, 616, 634
マルミ，アントン・フランチェスコ（Marmi, Anton Francesco） 612

ミキエル，ピエル・アントニオ（Michiel, Pier Antonio） 188
ミケランジェロ・ブオナッローティ（Michelangelo Buonarroti） 448
ミッソン，マクシミリアン（Misson, Maximilian） 52, 57, 185

『歴史』（*Historiae*）　600
ペンタージオ，フェデリコ（Pentasio, Federiko）　319-20

ボーアン，カスパール（Bauhin, Caspar）　110-13, 200, 265
『植物学の劇場の指標』（*Pinax theari botanici*）　111
『植物学の劇場の先駆』（*Prodromos thatri botanici*）　111
ボーアン，ジャン（Bauhin, Jean）　265
ボイム，ミケーレ・ド（Boym, Michele de）　237
『支那の植相』（*Flora sinensis*）　237
ボイル，ロバート（Boyle, Robert）
56, 141, 150, 158, 190, 193, 195, 366, 370, 585, 621, 636, 654, 660
ボッコーネ，パオロ（Boccone, Paolo）
12, 18, 21, 23, 54, 88, 158-59, 190, 207, 284, 302-23, 307, 334, 364, 366-67, 629, 673
『自然学と経験のミュージアム』（*Museo di fisica e di esperienze*）　23, 88
『多くの岩石の形成に関する自然探求と観察』
（*Recherches et observations naturelles sur la production de plusierurs pierres*）　158
『珍花奇葉のミュージアム』（*Museo di piante rare*）　303
ボッロミーニ，フランチェスコ（Borromini, Francesco）　136
ボッロメーオ，フェデリーコ（Borromeo, Federico）　58, 266, 414, 577, 669
ポーナ，ジョヴァンニ（Pona, Giovanni）　113, 266, 414, 577, 669
『バルド山誌』（*Monte Baldo descritto*）　266
ボナンニ，フィリッポ（Bonnani, Filippo）　18, 21, 57, 59, 69, 79, 87-89, 93, 171,
185, 228, 287-89, 298, 329-30, 540, 604, 629, 659, 707
『巻貝の観察における眼と精神の気晴らし』
（*Recreatione dell'occhio e delle mente nell'osservatone delle chiocchiole*）　89, 707
『キルヒャーのミュージアム』（*Musaeum Kircherianum*）　69
ポミアン，クシシトフ（Pomian, Krzysztof）　139, 628, 651-52, 699
ホメロス（Homerus）　461-63, 465, 467, 475, 508, 697
『イリアス』（*Illias*）　462
『オデュッセイア』（*Odysseia*）　462, 464, 466-67, 508, 531
ホラティウス（Horatius）　60, 454
ポリュクラテス（Polycrates）　600
ボルガルッチ，プロスペロ（Borgarucci, Prospero）　249
ボルギーニ，ヴィンチェンツォ（Borghini, Vincenzo）　166, 452, 467
ボルゲーゼ，マルカントニオ（Borghese, Marcantonio）　50
ボルツォーニ，リナ（Bolzoni, Lina）　458, 460, 463, 657, 696, 698-99
ホルステニウス，ルーカス（Holstenius, Lucas）　601
ボレッリ，ジョヴァンニ・アルフォンソ（Borelli, Giovanni Alfonso）　330
ボロニェッティ，アルベルト（Bolognetti, Alberto）　432, 556, 570
『ボローニャ解毒剤調剤方』（*Bologna Antidotarium*）　407, 426

プリニウス（Plinius） 11-13, 17, 42, 57, 60, 81-82, 84, 87, 89, 94-99, 104-06, 107, 113, 115-16, 121, 141, 146, 217, 223, 225, 236, 249, 249, 265, 281, 309, 312, 384, 387, 389-90, 400, 475^76, 479, 492, 496, 524-43, 644-45
　『博物誌』（*Naturalis hisotoria*） 70, 94-95, 107, 116, 217, 236, 239, 387
フルケリ，ジョヴァン・バッティスタ（Fulcheri, Giovan Battista） 374
ブルナッチ，ドメニコ（Brunacci, Domenico） 597
ブルネッレスキ，フィリッポ（Burnelleschi, Filippo） 496
ブレア，アン（Blair, Ann） 97
フレデリク侯，ヘッセンの（Frederick von Hessen） 277
ブロムリー，ウィリアム（Bromley, William） 50, 182
ブロン，ピエール（Belon, Pierre） 235, 250
ブロンズィーノ，ヤコピーノ（Bronzino, Jacopino） 96, 493

ベーコン，フランシス（Bacon, Francis） 16-17, 45-46, 55, 86, 88, 167, 209, 223, 254, 304, 335, 370-71, 497, 608, 616-17, 673
　『学問の進歩』（*Advancement of Learnig*） 86
　『ニュー・アトランテス』（*New Atlantis*） 209
ベーコン，ロジャー（Bacon, Roger） 498
ベッカデッリ，ルドヴィーコ（Beccadelli, Ludovico） 151-53, 158, 546-47
ベッサリオン（Bessarion） 487
ベッリ，オノーリオ（Belli, Onorio） 236
ペッレグリーニ，マッテオ（Peregrini, Matteo） 155
　『賢者には宮仕えがふさわしいこと』（*Che al savio e convenevole il corteggiare*） 155
ペトラルカ，フランチェスコ（Petrarca, Francesco） 74, 86-87, 148, 153, 273-75, 278, 281, 289, 451, 475
ペトルッチ，ジョゼッフォ（Petrucci, Gioseffo） 121, 365, 508, 525, 529, 585, 588
　『キルヒャーの研究を擁護する先駆』（*Prodomo apologetico alli studi chircherini*） 121, 525, 529
ペトロッリーニ，フランチェスコ（Petrollini, Francesco） 229, 252, 267, 400
ベネディクトゥス14世（Benedictus XIV） 618
ペルシウス（Persius） 323, 581, 647
　『諷刺詩』（*Saturae*） 323, 647
ベルティオーリ，ジョヴァン・アントーニ（Bertioli, Giovan Antoni） 200, 410, 413.415
ベルニーニ，ジャンロレンツォ（Bernini, Gianlorenzo） 593-94
『ヘルメス選集』（Corpus hermeticum） 528
ペレスク，ニコラス＝クロード・ファブリ・ド（Peiresc, Nicolas-Claude Fabri de） 119-20, 125, 194-95, 208, 278, 284, 286-87, 289, 312-33, 344, 508, 563, 567-68, 578-79, 587-88, 647
ペレッティ，アレッサンドロ（Peretti, Alessandro） 557, 559, 575
ヘロドトス（Herodotus） 600

ファン・フォルセテン，エーフェルト（Van Vorsten, Evert） 564, 686
フィオラヴァンティ，レオナルド（Fioravanti, Leonardo）
261, 264, 306, 319, 338, 373, 390, 410-11, 418, 675, 689
フィチーノ，マルシリオ（Ficino, Marisilio） 82, 84, 119, 126
フェッリ，オッターヴィオ（Ferri, Ottavio） 259
フェッローニ，ジョヴァンニ・バッティスタ（Ferroni, Giovanni Battista） 47
フェリーチ，コスタンツォ（Felici, Costanzo） 251-52
フェリペ２世（Felipe II） 235, 477-78, 547-48, 554, 585
フェリペ３世（Felipe III） 123
フェリペ４世（Felipe IV）
フェルディナント・アルブレヒト，ブラウンシュバイク＝リューネブルク公国の
(Ferdinand Albercht von Brunswich-Lüneburg) 585, 599
フェルディナント２世（Ferdinand II） 585, 603
フェルディナント３世（Ferdinand III） 585, 587-89, 592-93, 600, 602
フェルディナント４世（Ferdinand IV） 589
フォークト，ゴットフリート（Voigt, Gottfried） 312
『自然学の楽しみ』（*Deliciae Physicae*） 312
ブオーニ，ジャーコモ・アントニオ（Buoni, Giacomo Antonio） 476
フォン・ウッフェッンバッハ，ザカリアス・コンラート
(Von Uffenbach, Zacharias Conrad) 209-11, 213
フォン・ハラー，アルブレヒト（Von Haller, Albrecht） 620
ブオンコンパーニ，ウーゴ（Buoncompagni, Ugo）
33, 38-41, 50, 200, 376, 430-31, 434, 477, 548-49, 552, 555-56, 580, 583, 708
フォンターナ，オラツィオ（Fontana, Orazio） 33
フォンターナ，フェリーチェ（Fonatana, Felice） 610, 615, 619
フォンターナ，フランチェスカ（Fontana, Francesca） 468, 560, 633
フォンターナ，ラヴィーニャ（Fontana, Lavinia） 469
フック，ロバート（Hooke, Robert） 212, 357, 365, 616
フマガッリ，ピエトロ（Fumagalli, Pietro） 255, 401
ブラサヴォーラ，アントニオ・ムーサ（Brasavola, Antonio Musa）
239, 244-45, 271, 387-88, 683
『単体薬物総覧』（*Examen omnium simplicium medicamentorum*） 239, 244
フラッド，ロバート（Fludd, Robert） 499
フラニート，ジリオラ（Fragnito, Gigliola） 151, 222
ブリューゲル，ヤン（Brughel, Jan） 639
ブリュノン，ジャン＝クロード（Brunon, Jean=Claude） 456
フランツォーニ，クラウディオ（Franzoni, Claudio） 160
ブリッツィ，ジャン・パオロ（Brozzi, Gian Paolo） 145
フリードリヒ３世，シュレスウィヒ＝ホルシュタイン＝ゴットルフの
(Duke Friedrich III von Schlewig-Holstein-Gottorf) 598

バルベリーニ，フランチェスコ（Barberini, Francesco）
55-56, 58, 109, 118-19, 197, 276, 321-23, 326, 373, 508, 578, 581, 587, 623, 647, 699, 712
バルベリーニ，マッフェオ（Barberini, Maffeo） 115, 479
パレオッティ，イッポーリタ（Paleotti, Ippolita） 202, 204
パレオッティ，ガブリエーレ（Paleotti, Gabriele）
99, 104, 198, 388, 394, 434, 468, 546-48, 569, 662, 710
パレオッティ，カミッロ（Paleotti, Camillo） 206, 261, 395, 427, 430, 551, 557, 560
パレオッティ，ガレアッツォ（Paleotti, Galeazzo） 179
パンチョ，アルフォンソ（Pancio, Alfonso） 35, 96, 382, 411, 562
パンフィーリ，カミッロ（Pamfili, Camillo） 50, 136
ハンプトン，ティモシー（Hampton, Timothy） 451

ビアヴァーティ，セバスティアーノ（Biavati, Sebastiano） 172, 183
ビアジョーリ，マリオ（Biagioli, Mario） 534, 655
ビアンカーノ，ジョゼッフォ（Biancani, Gioseffo） 337
ピエトロ・レオポルド（Pietro Leopold） 609-10
ピーコ・デッラ・ミランドラ，ジョヴァンニ（Pico della Mirandola, Giovanni）
454, 456-57, 460
　『人間の尊厳についての演説』（*Oratio de hominis dignitate*） 454, 456
ピサネッリ，バルダッサーレ（Pisanelli, Baldassare） 435, 693
　『疫病に関する論考』（*Discorso sopra la peste*） 435
ピサーノ，ジョヴァン・アントニオ（Pisano, Giovan Antonio） 414, 432-33
ピニョーリア，ロレンツォ（Pignoria, Lorenzo） 393
ピネッリ，ジョヴァン・ヴィンチェンツォ（Pinelli, Giovan Vincenzo）
18, 19, 35, 38, 164, 194-95, 201, 344, 412, 563, 567-68, 575-76, 578, 623, 629, 710
ピュタゴラス（Pythagoras） 514
ビュフォン（Buffon） 608-09, 614-15, 619-22, 717
　『博物誌』（*Histoire naturelle générale et particulière*） 614, 620
ピョートル大帝（Pyotr I） 609, 718

ファーヴァ，アントニオ（Fava, Antonio） 425-26
ファブリキウス，ヒエロニムス（Fabricius, Hieronumus） 89-91, 313, 321, 643
　『動物の全組織の劇場』（*Totius animalis fabricae theatrum*） 89
ファーベル，ヨーハン（Faber, Johann） 55, 109, 116, 286, 321-23, 352-53, 388, 577, 683, 701
ファルネーゼ，アレッサンドロ（Farnese, Alessandro） 551
ファルネーゼ，オドアルド（Farnese, Odoardo） 472, 474
ファッロッピア，ガブリエーレ（Falloppia, Gabriele） 271, 305, 336, 384, 387-88, 390
ファン・ケッセル，ヤン（Van Kessel, Jan） 69-72, 74, 234, 639
　《ヨーロッパ》 69-71, 74, 234
ファン・デン・アベーレ，ヘオルヘス（Van Den Abbeele, Georges） 460

トリオンフェッティ，レリオ（Trionfetti, Lelio） 618, 633
ドルチェ，ルドヴィーコ（Dolce, Ludovico） 461
トルトゥイーノ，ティルマンノ（Trutuino, Tilmanno） 330
トレクスラー，リチャード（Trexler, Richard） 189
トンジョルジ・トマージ，ルチーア（Tongiorgi Tomasi, Lucia） 241, 666
ドンツェッリーノ，ジロラモ（Donzellino, Girolamo） 435, 690
ドンディ，アントニオ・カルロ（Dondi, Antonio Carlo） 612
ドンニーノ，アルフォンソ（Donnino, Alfonso） 183, 445, 585
ドン・アントニオ（Don Antonio） 337, 494, 676, 690
『ドンノ・アレッシオの秘密』（*De' secreti del Reverendo Donno Alessio Piemontese*） 318

ナ行

ナルディ，ジョヴァンニ（Nardi, Giovanni） 413

ニュートン，アイザック（Newton, Isaac） 19, 150, 654

ネイケリウス，カスパル（Neickelius, Caspar） 131, 151
　『ムゼオグラフィア』（*Museographia*） 151

ハ行

ハーヴェイ，ウィリアム（Harvey, William） 89, 297, 673
ハイヘンス（Huygens） 585
パオロ，ジョヴァン（Paolo, Giovan） 413
パスカル（Pascal） 130, 654
パストリーニ（Pastrini） 494, 498, 505
　『弔辞』（*Orazion funebre*） 505
バッチ，アンドレア（Bacci, Andrea） 241, 388, 432, 562, 572, 683, 694
パッラヴィチーノ，スフォルツァ（Pallavicino, Sforza） 252
バーネット，ギルバート（Burnet, Gilbert） 192-93, 195
バフチン，ミハイル（Bakhtin, Mikhai） 253
パラケルスス（Paracelsus） 87, 123, 126, 131, 252, 261
バルゴエウス，パンクラツィオ・マッツァンガ（Bargoeus, Pancrazio Mazzangha） 64
パルダヌス，ベルナルド（Paludanus, Bernard） 200, 564
バルディ，ジョヴァンニ（Bardi, Giovanni） 147
バルトリ，ダニエッロ（Bartoli, Daniello） 126, 155
　『学者の気晴らし』（*La ricreatione del savio*） 155
バルトリン，トマス（Bartholin, Thomas） 227-28, 235, 252, 264, 278, 284, 289, 379
　『医学的巡礼について』（*De peregrinatione medica*） 227, 379
パルパリア，ヴィンチェンツォ（Parpaglia, Vincenzo） 151
バルフォー，アンドリュー（Balfour, Andrew） 191-92, 266

『道徳哲学』(*La filosofia morale*) 155
デ・セーピ，ジョルジョ（De Sepi, Giorgio） 74, 121, 127-28, 173, 186, 195, 369, 585
『イエズス会のローマ学院のいとも名高きムーサエウム』
(*Romani Colligii Societatis Jesu Musaeum Celeberrimam*) 128
デッラ・カーサ，ジョヴァンニ（Della Casa, Giovanni） 152, 154, 172, 204, 447
『ガラテーオ』(*Galateo*) 152, 155, 172, 194, 447
デッラ・ポルタ，ジョヴァン・ヴィンチェンツォ（Della Porta, Giovan Vincenzo） 164
デッラ・ポルタ，ジョヴァン・バッティスタ（Della Porta, Giovan Battista）
18, 20-21, 55, 61, 84, 113-15, 127-28, 131, 162, 164, 187, 261, 301, 322, 336-37, 342-43, 345, 350-53, 366, 414, 452-58, 480-82, 484-94, 497, 499-500, 502, 525, 530-32, 538, 603, 641, 677, 699, 700-01, 704, 715
『ヴィッラ』(*Villae...libri XII*) 481, 490, 699
『気学，および曲線の諸要素について』
(*Pneumaticorum libri III cum duobus libris curvilineorum elementorum*) 490
『自然魔術』(*Magia naturalis*) 84, 261, 301, 336, 345, 351, 366, 481, 487, 490, 492
『蒸留について』(*De distillatione*) 490
『植物観相学』(*Phytognomonica*) 113-14, 482, 490, 677
『築城について』(*De Munitione*) 490
『天の観相学について』(*Della celeste fisionomia: libri sei*) 486
『人間の観相学について』(*Della fisionomia dell'uomo*) 453, 487, 490
『反射について』(*De refractione*) 490
『文字の秘密の暗号について』(*De furtivis litterarum notis*) 490
デッラ・ローヴェレ，フランチェスコ・マリア二世（Della Rovere, Francesco Maria II） 559, 710
デュプロン，アルフォンス（Dupront, Alfonse） 143-44
デューラー，アルブレヒト（Dürer, Albrecht） 448
デュレ，クロード（Duret, Claude） 130
『この宇宙の言語の歴史の宝典』(*Thresor de l'histoire des langue de cest univers*) 130
テルツァーゴ，パオロ・マリア（Terzago, Paolo Maria） 68, 333, 603, 638
デル・リッチョ，アゴスティーノ（Del Riccio, Agostino） 87
デレミータ，フラ・ドナート（D'Eremita, Fra Donato） 414

ドゥランテ，カストール（Durante, Castor） 247
『新植物標本集』(Herbario novo) 247
ドゥルーズ，ジル（Deuleuze, Gilles） 75, 639
トッリチェッリ（Torricelli） 326, 368
ドナーティ，マルチェッロ（Donati, Marcello） 383, 432
トマス・アクィナス（Thomas Aquinas） 81
トミターノ，ベルナルディーノ（Tomitano, Bernardino） 90
ドュ・カンジュ，ドミニク（Du Cange, Diminique） 79
トラディスカント，ジョン（Tradescant, John） 131, 212-13, 630, 663

チェザリーニ，ヴィルジニオ（Cesarini, Virginio） 352
チェザルピーノ，アンドレーア（Cesalpino, Andrea） 90, 93, 113, 240, 388, 395, 400, 562, 572, 643, 686
『金属論』（*De metalicus libri tres*） 93
『植物論』（*De plantis libri XVI*） 90
『逍遥学派の諸問題』（*Questiones peripateticae*） 90
チェージ，フェデリコ（Cesi, Federico） 18, 54-56, 59, 67, 88, 93, 108-16, 118, 121, 124, 138-39, 147, 154, 205, 247, 277, 286, 322-24, 345, 350-53, 356, 481-82, 485, 487, 493, 581-82, 646
『新しく発見された石化木に関する論考』（*Tratto del legno fossile minerale nuovamento scoperto*） 118
『自然の劇場』（*Theatrum naturae*） 93
『植物学一覧表』（*Phytosophicae tabulae*） 110-12, 115, 247
『知への生来の欲求と，これを満たすためのリンチェイ会員たちの制度について』（*Del natural desiderio di sapere et instituzione de' Lincei per adempimento di esso*） 109
『蜜蜂館』（*Apiarium*） 110, 115-16, 323-24, 581
チェッリーニ，ベンヴェヌート（Cellini, Benvenuto） 448, 657
チェルーティ，ベネデット（Ceruti, Benedetto） 62, 64-65, 68
チーボ，ゲラルド（Cibo, Gherardo） 241-42, 244-45, 247, 296, 409, 666
チーボ，シピオーネ（Cibo, Sipione） 244
チャンピーニ（Cianpini） 332, 662
チルンハウゼン，ヴァルター・フォン（Tschilnhausen, Walter von） 496

ツヴィンガー，ヤーコプ（Zwinger, Jacop） 568
ツェーゼン，フィリップ・フォン（Zesen, Philipp von） 529

ディー，ジョン（Dee, John） 540, 706-07
ディアー，ピーター（Dear, Peter） 208, 304, 671, 679-80
ディオスコリデス（Dioscorides） 13, 20, 89, 92, 106, 218, 224, 226-27, 239-41, 244, 249, 271, 275, 296, 378, 384-90, 400, 412, 436, 556, 572, 682
『薬物素材論（薬物学）』（*De materia medica*） 227, 244, 384-85, 387, 389, 682
ティコ・ブラーエ（Tycho Brahe） 167, 368
ディドロ，ドニ（Diderot, Denis） 609, 613, 619
ディオニソッティ，カルロ（Dioonisotti, Carlo） 162, 657
デーヴィス，ナタリー・ゼーモン（Davis, Natalie Zemon） 556
テオフラストス（Theophrastus） 82, 89, 112-13, 223, 226, 249, 285, 384, 389-90, 684
『植物原因論』（*De causis plantarum*） 389
デカルト（Descartes） 17, 51, 139, 150, 255, 651, 654
テザウロ，エマヌエーレ（Tesauro, Emmanuele） 57, 69, 81, 140, 155, 189, 196, 636, 649
『アリストテレスの望遠鏡』（*Cannochiale Aristotelico*） 69, 81, 140, 649

55, 109, 118, 286, 350-51, 356, 581, 647, 670
『石化木論』（*Trattato del legno fossile minerale*） 356
スパッランツァーニ，ラッツァーロ（Spallanzani, Lazzaro） 608, 615, 617-19, 717
スフォルツァ，カテリーナ（Sforza, Caterina） 204-05
スプラット，トマス（Sprat, Thomas） 616
スホーキウス，イザーク（Schookius, Isaac） 454, 456
スローン，ハンス（Sloane, Hans） 609
スワンメルダム，ヤン（Swammerdam, Jan） 608-09

セーガ，フィリッポ（Sega, Filippo） 34
セッターラ，ロドヴィーコ（Settala, Lodovico） 57
セッターラ，マンフレード（Settala, Manfred） 18, 56-58, 68, 75-76, 84, 131-32, 141, 170, 173, 176, 197, 296, 301, 305, 308, 310, 323, 333, 336, 340, 364, 404, 452-53, 459, 493-500, 502, 504-06, 508, 531, 538, 593, 602-03, 607, 635-36, 639, 665, 681, 687, 702, 714
セレヌス，グスタヴス（Selenus, Gustavus） 598
『暗号詩法と暗号図法』（*Cryptometrices et cryptographiae libri IX*） 599
セルペトロ，ニコロ（Serpetro, Nicolò） 99, 104-05
『自然の驚異の市場』（*Il mercato delle maraviglie della medicina*） 104

ソッツィ，ヤーコポ（Sozzi, Jacopo） 307, 330

タ行

ダストン，ロレイン（Daston, Lorraine） 40
タッソ，トルクァート（Tasso, Torquato） 170, 445, 535
『イェルサレム解放』（*Gerusalemme liberata*） 170
ダーティ，カルロ（Dati, Carlo） 109, 146, 326
ターナー，ウィリアム（Turner, William） 265
ターラー，ジェローム（Turler, Jerome） 227-28
タリアコッツィ，ガスパーレ（Tagliacozzi, Gaspare） 41, 318-20, 427, 433, 632, 674, 692
タリアフェッリ，ポンピリオ（Taliaferri, Pompilio） 435
ダーリントン，ロバート（Dallington, Robert） 166
ダル・ストゥッツォ，ジョルジョ（Dal Stuzzo, Giorgio） 261
ダル・ポッツォ，カッシャーノ（Dal Pozzo, Cassiano） 55, 58, 109, 111, 118-20, 125, 146, 312, 323, 326, 587, 635
ダル・レオーネ，ルイージ（Dal Leone, Luigi） 567
ダル・ラーポ，ヤーコポ（Dal Lapo, Jacopo） 331
ダンテ（Dante） 276, 281
『神曲』（La divinna commedia） 276

サルヴィアーニ，イッポーリト（Salviani, Ippolito） 255, 573
　『水棲生物誌』（*Acquatilium animalium hisotira*） 255
サン・シスト枢機卿（San Sisto）→ブオンコンパーニ，フィリッポ
サンチェス，フランシスコ（Sanches, Francisco） 91, 107-08
　『知られざること』（*Quod nihil scitur*） 107

シェイピン，スティーヴン（Shapin, Steven） 150, 208, 297-98, 653, 661-63, 671, 691
　『リヴァイアサンとエア - ポンプ』（*Levisthan and the Air-Pump*） 298
シェーファー，サイモン（Schaffer, Simon） 208, 298, 671, 691
ジガンティ，アントニオ（Giganti Antonio）
　12, 61, 153-54, 158, 161-62, 250, 252, 300-01, 336, 385, 453, 461, 546, 637, 712
シゴーニオ，カルロ（Sigonio, Carlo） 210
シッラ，アゴスティーノ（Scilla, Agostino） 362, 366-67, 532
　『感覚によって蒙昧を覚まされるべき空虚なる思索』
　（*La vana speculazione disingannata dal senso*） 366
ジャコミーニ，ロレンツォ（Giacomini, Lorenzo） 98, 570-72, 711
ジュドーリ，ジョヴァン・ピエトロ（Giudoli, Giovan Pietro） 383
シュポン，ヤーコプ（Spon, Jacob） 190
シュミット，チャールズ（Schmitt, Charles） 81, 125
ジュリアーノ・ダ・フォリーニョ（Giuliano da Foligno） 388
シュルック，ルーカス（Schroeck, Lucas） 584
ジョーヴィオ，パオロ（Giovio, Paolo） 254
　『ローマの魚類について』（*De romanis piscibus libellus*） 254
ショット，ガスパール（Schott, Gaspar） 85, 121, 336, 368, 500, 528, 585, 602, 679
シルヴァティコ，ジョヴァン・バッティスタ（Silvatico, Giovan Battista） 382
シルレート，グリエルモ（Sirleto, Guglielmo） 574, 712

スカフィーリ，ジャコモ（Scafili, Giacomo） 79, 516
スカモッツィ，ヴィンチェンツォ（Scamozzi, Vincenzo） 170
スカラベッリ，ピエトロ・フランチェスコ（Scarabelli, Pietro Francesco）
　68, 75, 494, 497, 499, 504, 506, 638
スカリジェ，ジョゼフ（Scaliger, Joseph） 462, 697
スカルチーナ，エルコラーノ（Scalcina, Ercolano） 417-23, 431, 433
スキッポン，フィリップ（Skippon, Philip） 50, 182, 192
ステーノ，ニコラウス（Steno, Nicolaus） 195-96, 331-33, 357, 362, 364, 366-67
　『鮫の頭部の解剖』（*Canis carchariae dissectum cput*） 362
ステッリオーラ，ニコーラ・アントニオ（Stelliola, Nicola Antonio） 342, 350, 414, 435
　『テリアカ薬とミトリダトゥム薬に関する小論』
　（*Theriace et mithridatia Nicolai Stelliolae Nolani libellus*） 414
ステッルーティ，フランチェスコ（Stelluti Francesco）

ゲスナー，コンラート（Gesner, Conrad） 53, 61, 112, 197, 265, 417, 661, 687
『化石について』（*De rerum fosilium*） 61
『友人録』（*Liber amicorum*） 197, 661
ケプラー，ヨハネス（Kepler, Johannes） 84, 501, 532
ケントマン，ヨーハン（Kentmann, Johann） 84, 531-32
「化石の箱船」（Arca rerum fosilium） 61

コイター，ヴォルヒャー（Coiter, Volcher） 313
コスタ，フィリッポ（Costa, Filippo） 154, 385, 654, 658
コスピ，フェルディナンド（Cospi, Ferdinando） 46-47, 68, 75, 78, 140, 144, 171-74, 177, 179, 182, 459, 497, 577-78, 602-03, 617, 635, 717
ゴットゥヴィウス，アウグストゥス（Gottuvius, Augustus） 33
コッレヌッチョ，パンドルフォ（Collenuccio, Pandolfo） 239
『プリニウス擁護』（*Pliniena defensio*） 239
コトルーリ，ベネデット（Cotrugli, Benedetto） 162
コペルニクス（Copernicus） 56, 119
コーペンヘィヴァー，ブライアン（Copenhaver, Brian） 85
コメニウス（Comenius） 150
コルテージ，パオロ（Cortesi, Paolo） 151, 153, 162, 320
コルドゥス，エウリクス（Cordus, Euricus） 239
『植物学鑑』（*Botanologicon*） 239
ゴールドスウェイト，リチャード（Goldthwaite, Richard） 144, 146
ゴールドバーグ，エドワード（Goldberg, Edward） 537
コロンナ，ファビオ（Colonna, Fabio） 109-10, 112, 114-15, 118, 309, 323, 342, 350-51, 357-58, 362, 364, 581, 647
『エクフラシス』（*Ekphrasis*） 110
『舌石論』（*De glossopetris dissertatio*） 358
コロンブス（Columbus） 217, 475-79, 491, 506, 547
ゴンザーガ，ヴィンチェンツォ１世（Gonzaga, Vincenzo I） 535-36
ゴンザーガ，ヴィンチェンツォ２世（Gonzaga, Vincenzo II） 198, 506
ゴンザレス，ペドロ（Gonzales, Pedro） 469
コンタリーニ，ガスパーロ（Contarini, Gasparo） 151, 153
コンタリーニ，ヤコモ（Contarini, Jacomo） 445
コンパニョーニ，アントニオ（Compagnoni, Antonio） 572-73

サ行

サウスウェル，ロバート（Southell, Robert） 190, 621
サグレード，ジョヴァンフランチェスコ（Sagredo, Giovanfrancesco） 136
ザノーニ，ジャコモ（Zanoni, Giacomo） 45, 141, 192
ザバレッラ，ヤーコポ（Zabarella, Jacopo） 90, 672

『バベルの塔』（Turris Babel）　131, 133-34, 592
『パンフィリのオベリスク』（*Obeliscus pampholius*）　524, 648
『光と影の大いなる術』（*Ars magna lucis et umbrae*）　130, 592, 650
『秘儀の導師スフィンクス』（*Sphinx mystagoga*）　648
『復元されたエジプトの言語』（*Lingua aegyptiaca restituta*）　120, 588-89, 713
『普遍的音楽学』（*Musurgia universalis*）　79, 588, 598
『忘我の旅』（*Itinerarium exstaticum*）　232, 516, 525, 528, 601, 662
『ラティウム』（*Latium*）　510-11
キルヒャー，ヨーハン（Kircher, Johann）　507
キンナー，ゴットフリート・アロイシウス（Kinner, Gottfried Aloysius）　520

グアッツォ，ステーファノ（Guazzo, Stefano）　152-54, 188-89
『嗜みある会話』（*La civil conversatione*）　152
クアットラーミ，フラ・エヴァンジェリスタ（Quattrami, Fra Evangelista）
200, 393, 401, 407, 409, 412, 416, 427, 436, 541
グアルド，パオロ（Gualdo, Paolo）　393
グイッランディーノ，メルキオール（Guillandino, Melchior）
→ヴィーラント，メルキオール（Wieland, Melchior）
クヴィヒェベルク，ザムエル（Quiccheberg, Samuel）　197
クザーヌス，ニコラウス（Cusanus, Nicolaus）　86
クラッソ，ロレンツォ（Crasso, Lorenzo）　479, 486, 493, 699
『文人頌』（*Elogi d'huomini letterati*）　479
グラフトン，アンソニー（Grafton, Anthony）　447, 643, 682, 687, 704
グリエルミーニ，ドメニコ（Guglielmini, Domenico）　190-91, 633
クリスティーナ，スウェーデン女王（Christina）　163, 204-05, 369, 528, 598, 600-02, 656, 662
グリッフォーニ，ジュリアーノ（Griffoni, Giuliano）　569, 572-73, 575-76
グリュー，ネヘミヤ（Grew, Nehemiah）　616
グリーン，トマス（Greene, Thomas M.）　450, 453
グリーンブラット，スティーヴン（Greenblatt, Stephen）　69, 446, 639
クルシウス，カロルス（Clusius, Carolus）　43, 110, 112, 265, 412, 564, 568, 686
グレゴリウス 13 世（Gregorius XIII）
38-1, 50, 200, 431, 434, 477, 548-49, 552, 555-56, 580, 583, 708
グレゴリオ・ダ・レッジョ（Gregorio da Reggio）　43
クレスピ，ダニエッロ（Clemens, Daniello）　132, 493, 545-55, 557, 576, 708
クレメンス，クロード（Clemens, Claude）　77, 123
クレメンス８世（Clement VIII）　542-43
クレメンス９世（Clement IX）　585, 604

ケストラー，ヨーハン（Kestler, Johann）　366, 585
『キルヒャーの実験的自然学』（*Physiologia Kircheriana Experimentalis*）　365

キオッコ，アンドレーア（Chiocco, Andrea） 62, 64-65, 68
キオッコ，ニッコロ（Chiocco, Niccolò） 62
キケロ（Cicero） 87, 98, 153, 289, 475, 642
キージ，ファビオ（Chigi, Fabio） 70, 75, 160, 528, 639
キージ，フラヴィオ（Chigi, Flavio） 58
ギゼッリ，アントニオ・フランチェスコ（Ghiselli, Antonio Francesco） 45, 177, 182
ギーニ，ルカ（Ghini, Luca） 19-20, 224, 227, 235, 240-41, 246-47, 265, 267, 303, 384, 388-89, 391-94, 436, 562-63, 565-67, 628, 684, 686
『昆虫について』（De animalibus insectis libri septum） 246
キルヒマイアー，ゲオルク・カスパル（Kirchmayer, Georg Caspar） 136
キルヒャー，アタナシウス（Kircher, Athanasius） 7, 11, 16, 18-21, 30, 47, 48, 50, 56-60, 75-76, 79, 81, 84-86, 104, 118-28, 130-31, 136-42, 146, 156-58, 170, 172-73, 177, 183, 185-90, 195-96, 208, 225, 230-32, 237-38, 265, 276-78, 280-81, 284, 287, 289, 294, 296, 298, 301-02, 307-08, 310, 326, 329-30, 332-33, 336, 340, 358, 364-71, 373, 437-38, 452-53, 457, 460, 500, 502, 506-12, 514-17, 520, 524-30, 532, 536, 538-39, 563, 568, 578, 582-89, 592-93, 596-605, 607, 610, 616, 620-25, 629, 634-36, 639, 641, 648, 650-51, 655, 662, 668, 670, 679, 704, 713-15
『新たな普遍的な多言語書記法——結合術によって発見された』（*Polygraphia nova et universalis ex combinatorial arte detecta*） 130, 592, 598-99, 650
『エジプト教会、すなわちコプト教会の典礼』（*Lingua Aegyptiaca restituta*） 648
『エジプトのオイディプス』（*Oedipus Aegyptiacus*） 123, 125, 510, 516-17, 520, 528, 588-89, 602, 648, 650, 713
『エジプトのオベリクスク』（*Obeliscus aegyptiacus*） 592-93, 599, 648
『キリスト教君主の政治的模範』（*Principis christiani archetypon policticum*） 582
『コプト語、すなわちエジプト語の先駆』（*Prodromus coptus sive Aegyptiacus* ） 120, 587, 648
『新音響学』（*Phonurgia nova*） 592
『磁石、すなわち磁力術について』（Magnes, sive de arte magnetica libri tres） 83, 127, 588
『自然の磁力の支配』（*Magneticum naturae regnum*） 127
『磁力術』（*Ars magnesia*） 127
『支那図説』（China illustrata） 237-38
『全世界の言語をひとつの言語に還元する新案』（*Novum hoc inventum quo omnia mundi idiomata ad unum reducuntur*） 598
『数論、すなわち数の隠された神秘について』（*Arithmologia sive de abditis numerorum mysteriis*） 126, 514-15, 713
『地下世界』（*Mundus subterraneus*） 50, 83, 93, 141, 277, 281, 287, 294, 366, 510, 512, 523-25, 592, 599, 670
『知識の大いなる術』（*Ars magna sciendi*） 130, 592, 650
『ノアの箱船』（*Arca Noë*） 135-36

カラッチ，アゴスティーノ（Carracci, Agostino） 472-75, 698
《毛人のアッリーゴ，狩人のピエトロ，侏儒のアモン》 472-73
カラムエル，フアン（Caramuel, Juan） 460
ガリレイ，ガリレオ（Galilei, Galileo） 17, 19, 51, 54-56, 87-88, 109, 115, 118-19, 139, 141, 147, 170, 286, 297, 304, 322, 351-53, 356, 371, 448, 492, 494, 496, 498-99, 506, 531-32, 534, 536, 557, 567, 579-82, 603-04, 623-25, 632, 636, 646, 651, 654, 673, 704
『星界の報告』（*Sidereus nuncius*） 579
カール五世（Carl V） 66, 241, 404
カルダーノ，ジローラモ（Cardano, Girolamo） 84, 127, 131, 162, 201, 227-28, 391, 432, 459, 491, 494, 499-500, 546, 641, 684, 693, 701
ガルツォーニ，トンマーゾ（Garzoni, Tommaso） 99, 204, 644
『この世界の全職業からなる普遍の広場』（*La piazza universale di tutte le professioni del mondo*） 204
カルツォラーリ，パオロ（Calzolari, Paolo） 566
カルツォラーリ，フランチェスコ（Calzolari, Franesco） 18, 20, 54, 61-62, 64-65, 67-69, 98-100, 113, 158-60, 172-73, 187, 223-24, 236, 249, 266-67, 272-75, 285-86, 289, 296, 303, 308, 338-40, 342, 378, 403, 409-10, 412, 416-27, 431-33, 435-36, 535-36, 556, 565-66, 607, 635, 637-38, 691, 706
『ヴェローナにある金鐘印の薬種店主フランチェスコ・カルツォラーリの書簡——彼のテリアカ薬に対するペルージャのスカルチーナ某による虚言と誹謗について』（Lettera di M. Francesco Calceolari spetiale al segno della campagna d'oro, in Verona. Intorno ad alcune menzogne & calonnie date alla sua theriaca da certo Scalicina perugino） 417
『バルド山への旅』（*Il viaggio di Monte Baldo*） 266, 418
カルツォラーリ，フランチェスコ（小）（Calzolari, Franesco, Junior） 62, 64
カルパッチョ，ヴィットーレ（Carpaccio, Vittore） 149
《書斎の聖アウグスティヌス》 149
ガレノス（Galenus） 12-13, 82, 84, 92, 113, 218, 227, 296, 318, 373, 375, 378-81, 384-90, 392, 394, 402, 409, 411-12, 416, 418, 420, 423, 426-27, 429-30, 436-37, 475-76, 479, 496, 541, 641, 664, 683
『解毒剤について』（*De antidotis*） 373
『単体薬物の性質と効能について』（*De simplicium medicamentorum temperamentis ac facultatibus*） 227, 385
『テリアカ薬について——パンフィルスに』（*De theriaca ad Pamphilum*） 373
『テリアカ薬について——ピソに』（*De theriaca ad Pisonem*） 373, 390
ガンツィア（Ganzia） 193
カンパニョーニ，アントニオ・デ（Campagnoni, Antonio de） 252
カンパネッラ，トンマーゾ（Campanella, Tommaso） 345, 499, 502, 677
カンペッジ，ヴィンチェンツォ（Campeggi, Vincenzo） 170
カンペッジ，ジョヴァン・バッティスタ（Campeggi, Giovan Battista） 710

オサンノ，フランチェスコ（Osanno, Francesco） 415
オッソラ，カルロ（Ossola, Carlo） 222
オドーネ，チェーザレ（Odone, Cesare） 389, 394
オビエド，ゴンサロ・フェルナンデス・デ（Oviedo, Gonzalo Fernandez de） 231, 476
　『インディアスの一般史および博物誌』(*Historia general y natural de las Indias*) 231
オフィール，アディ（Ophir, Adi） 295
オリーヴィ，ジョヴァン・バッティスタ（Olivi, Giovan Battista） 62, 65, 68, 98, 305
オルシーニ，フルヴィオ（Orsini, Fulvio） 573-74
オルデンバーグ，ヘンリー（Oldenburg, Henry） 56, 58, 141, 190, 193, 208, 366, 585
オルミ，ジュゼッペ（Olmi, Giuseppe） 627, 677

カ行

カヴァッラーラ，ジョヴァン・バッティスタ（Cavallara, Giovan Battista） 154, 383, 658
カヴァリエーリ，ボナヴェントゥーラ（Cavalieri, Bonaventura） 496-97
　『集光発火鏡』(*Lo specchio ustorio*) 497
ガエターノ，エンリコ（Gaetano, Enrico） 198, 558, 560, 575-76
『科学人名事典』(*Dictionary of Scientific Biography*) 18
『学習要覧』(*Ratio studiorum*) 125
カサボーナ，ジュゼッペ（Casabona, Giuseppe）
231, 285, 395, 478, 551-52, 554, 570-71, 686, 711
カスティリオーネ，バルダッサーレ（Castiglione, Baldassare）
152, 172, 205, 328, 447, 461, 541
　『宮廷人』(*Il libro del cortegiano*) 152, 172, 205, 447, 541
カステッリ，ピエトロ（Castelli, Pietro） 414
カステッレッティ，ベルナルド（Castelletti, Bernardo） 252, 258, 264, 555, 576
カゾボン，イザーク（Casaubon, Isaac） 83
カターネオ，アルフォンソ（Cataneo, Alfonso） 193, 251, 260, 319-20, 323
ガッサンディ，ピエール（Gassandi, Pierre） 313, 344
ガッディ，ニッコロ（Gaddi, Niccolò） 12
カッポーニ，ジョヴァン・バッティスタ（Capponi, Giovan Battista） 45, 633-34
カプッチ，ジョヴァン・バッティスタ（Capucci, Giovan Battista） 50
ガブリエッリ，ピッロ・マリア（Gabbrielli, Pirro Maria） 398
ガブリエーリ，ガスパーレ（Gabrieli, Gaspare） 22, 383, 386-87, 390, 699
カベーオ，ニッコロ（Cabeo Niccolò） 353
カミッロ，アンニーバレ（Camillo, Annibale） 251
カミッロ，ジュリオ（Camillo, Giulio） 172, 310
　『記憶術』(*Ars memoriae*) 172
カメラリウス，ヨアヒム（Camerarius, Joachim）
113, 187, 200, 265, 423, 482, 558, 564, 568, 662, 700, 710-11
　『シンボルとエンブレムの集成』(*Symbolorum et Emblematum ... Collecta*) 482

『サン・ナザーロ聖堂で執りおこなわれたマンフレード・セッターラの葬儀』
（*Exequiae in tempio S. Nazarii Manfredo Septalio Patritio Medolenensi*） 502
ウィッガム，フランク（Whigham, Frank） 446, 694
ヴィツィアーノ，ポンペオ（Viziano, Pompeo） 197, 207, 565
ヴィッテンデル，ピエトロ・ディ（Wittendel, Pietro di） 201
ヴィーラント，メルキオール（Wieland, Melchior） 35, 106, 222, 235, 271, 395, 435, 565
ヴィンタ，ベリサリオ（Vinta, Belisario） 562, 623, 670, 709
ウィント，エドガー（Wind, Edgar） 454
ヴェサリウス，アンドレアス（Vesarius, Andreas） 84, 400
ウェア，アンドリュー（Wear, Andrew） 297
ウェスパシアヌス（Vespasianus） 543
ヴェスプッチ，アメリゴ（Vespucci, Amerigo） 136
ウェルギリウス（Vergilius） 280-81, 475, 484, 508-10, 529, 697, 703-04
『アエネイス』（*Aeneis*） 280, 508-10, 531, 704
ヴェルジーリオ，ポリドーロ（Vergilio, Polydoro） 451-52
『事物の発明／創出者について』（*De inventoribus Rerum*） 451
ウォルム，オーレ（Worm, Ole） 107, 364
ヴォルーラ，フラ・ジョヴァンニ（Volura, Fra Giovanni） 170
ヴォンデリウス，ヨハネス（Vondelius, Johannes） 130
ウターヴェル，ヨーハン・コルネリウス（Uterwer, Johan Cornelius）
339, 558, 560, 633, 657, 698
ウッドワード，ジョン（Woodward, John） 357
ウルバヌス８世（Urbanus VIII） 56, 70, 109, 322, 537, 578, 581, 585, 632

エヴァンス，R. J. W.（Evans, R. J. W.） 122, 138
エック，ヤン（Eck, Jan） 55, 110, 113-14, 345, 409
エステ，アルフォンソ２世（Este, Alfonso II d'） 35, 305, 401, 487, 541, 558
エステ，イザベッラ（Este, Isabella d'） 163
エステ，ルイージ（Este, Luigi d'） 336, 487
エラスムス（Erasmus） 222, 446, 449
エル・グレコ（El Greco） 700
エルナンデス，フランシスコ（Hernandez, Francisco）
110, 112, 114, 122, 235, 323, 478, 548, 665
『新スペイン由来の医学的事物の宝典』
（*Thesauri rerum medicarum Novae Hispaniae*） 110
『新メキシコ植物・動物・鉱物誌』
（*Nova plantarum animalium et mineralium Mexicanorum histoira*） 110

オウィディウス（Ovidius） 60, 64, 82, 87, 453, 472, 642
『変身物語』（*Metamorphoses*） 64, 472

アルベルギーニ，アントニオ・マリア（Alberghini, Antonio Maria） 424-26, 431, 433-34, 692
アルベルティ，レオン・バッティスタ（Alberti, Leon Battista） 163, 188, 656
　『建築十書』（*De re aedificatoria libri X*） 163
アルベルトゥス・マグヌス（Albertus Magnus） 11, 81, 498
アレクサンデル７世（Alexander VII） 70, 74-75, 528, 585-86, 588, 593, 598, 600, 602, 713
アレクサンドロス大王（Alexander Magnus） 540, 542-43, 547-49, 551, 554-55, 589, 706-07
アングイショーラ，アントニオ（Anguisciola, Antonio） 259
アングイッラ，フランチェスコ（Anguilla, Francesco） 35
アングイッラーラ，ルイージ（Anguillara, Luigi） 226, 229, 264, 266-67, 271-72, 275, 302, 305-06, 394, 562, 685
　『単体薬物』（*Semplici dell'Eccellente M. Luigi Anguillara, . . .*） 229, 272
アンケル，ヨーハン・ゲオルク（Anchel, Johann Georg） 599
アンドレーエ，ヨーハン・ヴァレンティン（Andreae, Johann Valentin） 357
アンドロマコス（Andromachus） 541
アンブロジーニ，バルトロメオ（Ambrosini, Bartolomeo） 44, 395, 633

イーヴリン，ジョン（Evelyn, John） 177, 195, 451
イェイツ，フランセス（Yates, Frances） 641
イサベラ女王（Isabella） 478
イーモラ，フィリッポ（Imola, Filippo） 40
イーモン，ウィリアム（Eamon, William） 304, 491, 672
インペラート，フェッランテ（Imperato, Ferrante） 18, 54, 61-63, 66-67, 69, 114, 158-59, 171-72, 177-78, 187, 296, 303, 305, 308, 310, 338, 340-45, 350, 352-53, 356-58, 378-79, 385, 403-04, 412, 426, 432, 436, 538, 567-68, 607, 677, 689
　『自然のさまざまな事物についての議論』（*Discorsi intorno a diverse cose naturali*） 67
　『博物誌』（*Dell'historia naturale*） 67
インペラート，フランチェスコ（Imperato, Francesco） 54-55, 65-67, 114, 172

ヴァイスマン，ロナルド（Weissman, Ronald） 188
ヴァザーリ，ジョルジョ（Vasari, Giorgio） 165-66, 467
ヴァゾーリ，チェーザレ（Vasoli, Cesare） 124
ヴァッリスネーリ，アントニオ（Vallisneri, Antonio） 621
ヴァルキ，ベネデット（Varchi, Benedetto） 302-03, 312-13, 388
ヴァルダーニョ，ジュゼッペ（Valdagno, Giuseppe） 435
ヴァレーショ，ジョヴァンニ（Valesio, Giovanni） 472, 698
ヴァレンティーニ，ミヒャエル・ベルンハルト（Valeintini, Michael Bernhard） 211
　『ミュージアムの中のミュージアム』（*Museum museorum, oder der allgemeiner Kujst- und Naturalien Kammer*） 211
ヴィヴィアーニ，ヴィンチェンツィオ（Viviani, Vincenzio） 331
ヴィスコンティ，ジョヴァン・マリア（Visconti, Giovan Maria） 502, 504-05

264, 267, 272, 274-76, 285, 296, 298, 301-02, 307-06, 309-10, 313, 316-21, 323, 328, 332, 334-35, 37-430, 342, 344-45, 357-58, 362, 373, 375-76, 378, 380-85, 388-95, 398-401, 404-05, 407, 409, 411-13, 416-17, 421, 423-38, 445, 451-52, 458-72, 474-82, 484-87, 491, 497, 506, 508, 524, 530-33, 536, 538, 540, 542-43, 545-61, 563-84, 589, 592, 602-05, 607, 610, 616-25, 628, 631-33, 635, 641-45, 647, 658, 662, 666-67, 670, 673, 677, 682, 684, 686, 688, 693, 697-99, 705, 707-12, 715, 717

『いとも卓越したウリッセ・アルドロヴァンディよりボローニャの令名高き評議会に与えられたミュージアムを見学した，高貴で名誉と徳のある要人たちが，永遠に記憶にとどめるべく自身の名前をしたためた書』（*Liber in quo viri nobilitate, honore et virtute insignes, viso musaeo quod Excellentissimus Ulyssis Aldrovandus Illustriss. Senatui Bononiensi dono dedit, propria nomina ad perpetuam rei memoriam scribunt*） 198

『怪物誌』（*Monstrorum historia, cum parallipomenis historiae animalium*） 633

『金属ムーサエウム』（*Musaeum metallicum in libros IIII. distributum*） 358, 633

『魚類について』（*De piscibus libri V. et de cetis lib[rus] unus*） 633

『昆虫について』（*De animalibus insectis libri septum*） 559, 633

『自然論義』（*Discorso naturale*） 319, 476-77

『四足獣について』（*De quadrupedibus solidipedibus volumen integrum*） 633

『樹木学』（*Dendrologiae naturalis scilicet arborum historiae libri duo*） 633

『棘学、あるいは万物の普遍史』（*Acanthologia, sive historia universalis omnium*） 89

『全四足獣誌』（*Quadrupedum omnium bisulcorum historia*） 633

『胎生の四足獣について，および卵生の四足獣について』（*De quadrupedibus digitatis viviparis libri tres, et quadrupedibus digitaits ovipars libri duo*） 633

『知の万象殿』（*Pandechion epistemonicon*） 97-99

『ドラコロギア』（*Dracologia*） 34-35, 38

『鳥類学』（*Orinithologiae hoc est de avibus historiae libri XII*） 260, 317, 320, 470, 472, 474-75, 543, 545, 554, 556-57, 559, 569, 572, 575-77, 580, 633

『蛇・ドラゴン誌』（*Serpentium et draconum historiae libri duo*） 631, 633

『無血動物について』（*De reliquis animalibus exanguibus libri quatuor*） 633

『ローマ全域の家や土地に見られる古代ローマの彫刻について』（*Della statue romane antiche, che per tutta Roma, in diversi luoghi e case si veggono*） 633

『われわれの研究に援助をくださった人士たちの目録』（*Catologus virorum qui nostra studia adiuvarunt*） 533

『われわれの時代のさまざまな時に自然の劇場を豊かにした学究の人士録』（*Catalogus studiosorum virorum, qui aetate nostra variis temporibus naturae theatrum locupletarunt*） 200, 477

アルドロヴァンディ，テセオ（Aldrovandi, Teseo） 462, 549, 572-75, 658, 710, 712

アルドロヴァンディ，ポンペオ（Aldrovandi, Pompeo） 179

アルパーゴ，アンドレーア（Alpago, Andrea） 266

アルピーノ，プロスペロ（Alpino, Prospero） 235-36, 385, 393, 413, 415, 558

人名／著作名／美術作品名　索引

ア行

アヴィケンナ（Avicenna）　82, 92, 218, 226, 378, 384-86, 641
　『医学典範』（*Canon medicinae*）　385
アウグスティヌス（Augustinus）　274-75, 447, 475, 529-30
　『告白』（*Confessiones*）　274, 529
アウグスト公，ブラウンシュバイク＝リューネブルク公国の（August von Brunswick-Lüneburg）　461, 585-86, 596-600, 714
アグリーコラ，ゲオルク（Agricola, Georg）　261, 265
アコスタ，ホセ（Acosta, Jose）　476
アゴスティーニ，イッポーリト（Agostini, Ippolito）　12
アシュモール，エリアス（Ashmole, Elias）　209
アシュワース，ウィリアム・B（Ashworth, William B.）　83, 296, 582, 641
アタナシウス，アレクサンドリアの（Athanasius Alexandrianus）　507, 514, 516, 529, 702
アマシス（Amasis）　600
アリオスト，ルドヴィーコ（Ariosto, Ludovico）　170
　『狂えるオルランド』（*Orlando furioso*）　170
アリストテレス（Aristoteles）　16-18, 20, 24, 42, 44-46, 52, 55, 57, 60, 81-82, 84, 87-95, 105-08, 112-13, 115-16, 118, 121, 125-26, 137-38, 140-41, 155, 217, 249, 153-54, 287, 296, 302, 304, 307-10, 317-21, 323, 326, 329-31, 333, 353, 362, 366, 368-70, 389-90, 470-72, 475, 479, 487, 496, 504, 506, 524, 540-43, 547-48, 551, 553, 555, 586, 589, 617, 621, 649, 672-73, 706, 715
　『動物誌』（*De historia animalium*）　90
　『動物発生論』（*De generatione animalium*）　90
　『動物部分論』（*De partibus animalium*）　90
　『弁論術』（*Rhetorica*）　155
　『倫理学』（*Ethica*）　155
アルキメデス（Archimedes）　310, 492, 496-500, 502, 505-06, 514, 702
アルジェント，リドルフォ（Argento, Ridofo）　193-94
アルチャーティ，アンドレーア（Alciati, Andrea）　701
アルディーニ，トビアス（Aldini, Tobias）　577, 712
アルドロヴァンディ，ウリッセ（Aldrovandi, Ulisse）　7, 11, 16, 18-21, 30, 33-35, 38-45, 47, 50-59, 61, 69, 75-77, 83-85, 87-93, 95-99, 101, 104-07, 109-11, 113-14, 116, 118, 121-22, 131, 138-39, 141, 144, 148, 150, 152-55, 160, 163-64, 167, 170-71, 178-83, 187-90, 192-94, 196-207, 211, 221, 223-32, 234-36, 240-41, 246-47, 252-53, 255, 258-61,

二〇〇五年一一月一五日初版発行

著者――ポーラ・フィンドレン

訳者――伊藤博明（埼玉大学教養学部教授・思想史／芸術論）
石井　朗（表象文化論）

装幀――中本　光

発行者――松村　豊

発行所――株式会社　ありな書房
東京都文京区本郷一―五―一五
電話　〇三（三八一五）四六〇四

印刷――株式会社　厚徳社

製本――株式会社　小泉製本

ISBN 4-7566-0588-5

自然の占有
ミュージアム、蒐集、そして初期近代イタリアの科学文化